工业烟尘

减排与回收利用

王 纯　张殿印　主编

王海涛　王 冠　副主编

·北京·

本书是一部环境工程技术手册。全书共分为十章，分别介绍工业烟尘减排和回收利用原理，电力工业、钢铁工业、建材工业、化学工业、有色金属工业、机械工业、炼焦工业、耐火材料工业以及其他工业生产的工艺过程、烟尘来源、烟尘排放特点、烟尘减排主要技术以及烟尘回收利用技术。

　　本书特点是内容丰富、概念清楚、联系实际、实用性强，可供大气污染治理和废物综合利用领域的科学研究人员、工程设计人员和企业管理人员阅读使用，也可供高等学校相关专业师生参考。

图书在版编目（CIP）数据

工业烟尘减排与回收利用/王纯，张殿印主编.
北京：化学工业出版社，2013.12
ISBN 978-7-122-18741-3

Ⅰ.①工… Ⅱ.①王…②张…Ⅲ.①工业废物-烟尘治理②工业废物-废物综合利用 Ⅳ.①X7

中国版本图书馆 CIP 数据核字（2013）第 248360 号

责任编辑：刘兴春　　　　　　　　　　　文字编辑：汲永臻
责任校对：蒋　宇　　　　　　　　　　　装帧设计：关　飞

出版发行：化学工业出版社（北京市东城区青年湖南街 13 号　邮政编码 100011）
印　　刷：北京永鑫印刷有限责任公司
装　　订：三河市万龙印装有限公司
787mm×1092mm　1/16　印张 49¼　字数 1298 千字　2014 年 8 月北京第 1 版第 1 次印刷

购书咨询：010-64518888（传真：010-64519686）　售后服务：010-64518899
网　　址：http://www.cip.com.cn

凡购买本书，如有缺损质量问题，本社销售中心负责调换。

《工业烟尘减排与回收利用》
编　委　会

主　　编　　王　纯　　张殿印

副 主 编　　王海涛　　王　冠　　肖　春　　庄剑恒　　安登飞　　高华东
　　　　　　徐　飞　　焦礼静

编写人员（按姓氏笔画排列）

王　冠	王海涛	王雨清	白洪娟	申　卓	宋善龙
闫　丽	刘　焘	李洪全	李鹏昊	卢　扩	朱法强
冯馨瑶	庄剑恒	安登飞	肖　春	陈　媛	张　鹏
张学义	张殿印	孟建基	段卫星	赵晓文	高华东
徐　飞	陶峥嵘	顾海根	黄　河	谢秀艳	焦礼静
路聪聪					

前　言

随着社会经济的发展，人们对生活质量越来越关注，对自身健康越来越重视。但是人类工作和生活的环境越来越不尽如人意，其中大气污染、雾霾天气是其中之一。因此大力推动工业企业大气污染治理，节能减排，回收利用，发展循环经济，保持生态平衡成为人们关注的重大课题和任务。

编写本书的目的在于补充该领域科技书籍的不足，增加近年出现的新技术、新装备、新成果，满足日益发展的工业大气污染控制需要，提高各种工业烟尘治理技术水平和废物回收利用技术水平。

全书共分为十章，分别介绍工业烟尘减排和回收利用原理，电力工业、钢铁工业、建材工业、化学工业、有色金属工业、机械工业、炼焦工业、耐火材料工业以及其他工业生产的工艺过程、烟尘来源、烟尘排放特点、烟尘减排主要技术以及烟尘回收利用技术。

本书特点是：（1）内容全面，包括主要工业生产烟尘来源、性质，各种治理方法，主要设备及综合防治技术；（2）联系实际，对叙述内容尽可能结合实际，全书列举许多工程应用实例；（3）技术新颖，用新规范、新术语编写，把近年出现的实践证明可行的新方法、新技术、新设备列在书中。编写文字力求重点突出、概念清楚、层次分明、深入浅出、图文并茂、内容翔实，并充分注意全书的完整性和系统性。读者通过本书可以对工业企业烟尘减排和回收利用有较全面的了解和掌握；对工业企业大气污染治理技术的开发、设计、管理均有切实的裨益和帮助。

参加本手册编写的人员，均在长期的科学研究、工程设计、技术管理、从事教育的工作中积累了较多基础理论知识和丰富的工程实践经验，并多有论文、著作问世，这些都为编撰好本书提供了有利条件。

杨景玲教授、邹元龙教授对全书进行了总审核。本书在编写、审阅和出版过程中得到了申丽、朱晓华、陈满科等多位知名专家的鼎力相助，在此一并深致谢枕。

本书在编写中参考和引用了一些科研、设计、教学和生产单位同行撰写的著作、论文、手册、教材和学术会议文集等技术资料，书后附有参考文献，在此对所有作者表示衷心感谢。

由于编著者学识和编写时间所限，书中疏漏和不当之处在所难免，殷切希望读者朋友不吝指正。

编者

2014.1

目 录

第一章 工业烟尘减排与回收原理／1

第二章 电力工业烟尘减排与回收利用／46

第四章　建材工业烟尘减排与回收利用／289

第五章　化学工业烟尘减排与回收利用／356

第八章　炼焦工业烟尘减排与回收利用／581

第九章　耐火材料工业烟尘减排技术/634

第十章　其他工业烟尘减排与回收利用／694

第一章

工业烟尘减排与回收原理

我国的大气环境污染是与工业生产的发展同时产生的。

为了实现我国的现代化建设目标，使工业发展与环境保护同步前进，做到在工业高速发展的同时创造一个清洁优美的大气环境，改革工艺，积极治理工业废气，防治大气污染是一项刻不容缓的任务。

第一节 工业烟尘概述

一、工业烟尘的含义与分类

从各种工业生产及其有关过程中排放的含有污染物质的气体，统称为工业废气。其中包括直接从生产装置中物料经过化学、物理和生物化学过程排放的气体。也包括间接地与生产过程有关的燃料燃烧、物料储存、输送、装卸等作业散发的含有污染物质的气体。本书所称烟尘既包括固体颗粒物，也包括气态污染物。

为了选择合理的烟尘治理技术路线，必须了解烟尘的种类、排放量、化学组成和排放特征。

通常，按工业生产行业和产品门类对工业烟尘进行分类。例如按行业分为钢铁工业烟尘、化学工业烟尘、电力工业烟尘和建材工业烟尘等，以及按产品门类分为焦炉气等。本书即按此分类法编写。

工业废气中含有的污染物是各种各样的，按其存在的状态可分为两大类：一类是气态物质，另一类是存在于气体中而形成气溶胶的颗粒物。在许多情况下，废气中既含有气态污染物，又含有颗粒物，例如燃料燃烧废气。

颗粒物在化学上也可分为两大类：一类是有机颗粒物，如蒽、萘等多环芳烃、油类颗粒物等；另一类是无机颗粒物，如矿物尘、金属及其氧化物粉尘等。有些颗粒物，既含有机物，又含无机物。也可以按其物理化学特性分为易燃易爆性粉尘、普通粉尘，亲水性粉尘、疏水性粉尘，放射性粉尘、非放射性粉尘，高比电阻粉尘、低比电阻粉尘等。颗粒物还可以按其形成的过程不同进行分类；第一类是固体物料经过机械性撞击、研磨、碾轧、粉碎而形成的粉尘；第二类是煤、石油等燃料燃烧产生的烟尘；第三类是物料通过各种化学或物理化学过程产生的微细颗粒物等。

颗粒物的粒径大于 $10\mu m$ 的称为粗颗粒，小于 $10\mu m$ 的称为细颗粒。细颗粒能长期悬浮在大气中而不沉降，故也称为飘尘。PM$_{2.5}$因其危害大而引起人们特别关注。

气态污染物在化学上可分为两大类，一类是有机污染气体，另一类是无机污染气体。有机污染气体主要包括各种烃类、醇类、醛类、酸类、酮类和胺类等；无机污染气体主要包括硫氧化物、氮氧化物、碳氧化物、卤素及其化合物等。气态污染物也可按其化学特性分为可燃性气体，不燃性气体；水溶性气体，难溶性气体；放射性气体，非放射性气体等。

二、大气污染的危害

（一）对人体的危害

一个成年人每天大约要呼吸两万多次。吸入的新鲜空气量达 $15\sim20m^3$，其重量约为每天所需食物或饮水量的 10 倍；而大气污染后，人们吸入空气又很难有别的选择，所以大气污染与人体健康有着极为密切的关系。

大气中的有毒物质通过呼吸直接进入人体，这是大气污染物侵入人体的主要途径，危害也最大。其他途径包括：附着在食物上或溶解于水中，随饮食侵入人体；通过与皮肤接触而进入人体。大气污染对人体危害大致可以分为以下几种类型。

1. 急性中毒

大气污染物浓度超过了人体短时间承受能力即发生急性中毒。

2. 慢性中毒

大气污染对人体健康的慢性毒害作用主要表现在人体遭受大气污染物低浓度长时间连续作用后出现患病率升高、病情加重及体质下降等方面。大气污染的慢性中毒还可以使某些有毒物质在人体内逐渐积累，造成体质下降。

大气污染对人体的危害是多方面的，除上述危害外，还能使人类生活条件与环境变坏，间接影响人体健康。

影响太阳辐射和小气候。大气遭受污染后，能见度降低，照度和紫外线强度减弱，阳光杀菌作用减弱，还使某些通过空气传播的疾病易于流行。

降低大气能见度。大气中的烟尘不仅降低大气能见度，还有助于促成雾霾天气，所以大气污染会影响飞机、车辆等交通工具的安全行驶，诱发交通事故。

影响居民卫生生活条件。大气污染物中的灰尘、煤烟长时间给人不快感觉，影响精神健康，更遭居民强烈不满。

损坏物品。当大气中有害气体浓度增加到一定程度时，遇湿成酸，会对建筑物、家庭用品及其他器物产生明显的腐蚀作用。

（二）种类繁多

气候的变化必然会对人类及人类的衣食住行条件乃至整个生物界产生巨大影响。大气污染对局部天气及全球气候的影响是多方面、错综复杂的，下面就其几个主要问题做简要介绍。

1. 二氧化碳对气候的影响

二氧化碳是大气的自然组成成分，它对辐射的选择吸收性能在地球能量平衡中起着重要作用。人类活动产生的一部分为海水溶解，一部分为生物所吸收，但还有约 50% 留在大气里，使得大气中的浓度不断上升，"温室效应"对人类生存环境产生巨大影响。

其他引起"温室效应"的气体还有氟里昂、一氧化二氮、甲烷等。

2. 固体颗粒对气候的影响

在大气中呈气溶胶状态存在的火山爆发喷出的尘埃、海水飞溅进入大气的盐分微粒、人类活动排入大气的粉尘与烟尘以及由于风力作用吹入大气的尘暴，这些都能够影响大气中能量辐射传输。固体颗粒以及云、雾等小水滴吸收太阳短波辐射并拦截地面长波辐射，使近地层大气温度上升，这与由此引起的射至地面的太阳辐射减弱，一起构成了能量的重新分配，其总的效果是日照减少，气温下降。又有人将这种现象称作"冷化效应"。

3. 酸雨对环境的危害

自 20 世纪 30 年代以来世界许多地方开始发现所降雨、雪变酸，到 50 年代北欧和美国东北部部分地区雨、雪的 pH 平均值竟低于 3～4，这样的 pH 值小于 5.6 的降水被称为"酸雨"。目前受酸雨危害的范围还在不断扩大，而且发展中国家酸雨发展的趋势也正在日益增强。另一方面酸雨的酸度也在不断增加。

酸雨给受害地区的工农业生产、人体健康、人民生活及生态系统造成严重危害，在国外酸雨有"空中死神"之称。酸雨使湖泊、河流等地表水水体酸化，使土壤酸化，土壤肥力大大降低；地下水遭受污染。由于大气污染物能够远程传输，所以酸雨成了全球性的环境问题，必须采取国际性的解决办法联合治理。

4. 臭氧层的破坏

离地球表面大约 10～50km 上空的平流层中的臭氧层，其浓度虽然不超过 0.001%，但它却能吸收太阳辐射到地球上的 99%的紫外线，起着保护地球上生物，使之免受紫外线的伤害的作用。近年来科学研究发现这一臭氧层正在遭到破坏，浓度降低，南极上空已经出现"空洞"。

大气平流层中臭氧含量减少的直接原因主要是大气中的氮氧化物增加和氟里昂的不断排放。氟里昂通常被用作制冷剂和用于化妆品，它的性质稳定，在大气中存留时间长；当其被气流推至高空平流层受到强烈紫外线照射后，会放出氯原子，氯原子与臭氧接触生成氯氧化合物和氧分子，氯氧化合物再与氧原子反应重新生成氯原子和氧分子，一个氯原子如此反复可以上千次地与臭氧反应使得臭氧分子受到破坏。航天航空事业的发展，特别是超音速飞机在平流层飞行，不断排放出 NO 和水汽，这些污染物在该层次中很难扩散和输移。当然平流层中的 NO 也可来源于地面污染源的排放。和氟里昂的作用相同，一氧化氮与平流层的臭氧发生反应，生成 NO_2 和 O_2，NO_2 再与氧原子反应生成 NO 和 O_2，如此循环。这种对臭氧转变为分子氧的催化作用可使臭氧层不断减少。有人估计 500 架超音速飞机两年内排出的 NO 足以使平流层的臭氧减少 3%～5%。

大气平流层中臭氧浓度减少，太阳紫外线对地面的辐射必然增加，紫外线辐射增加会对地球上的生物产生极为不利的影响，如在强烈紫外线照射下，会使人体免疫系统功能下降，皮肤癌增加，眼睛和呼吸器官受到危害。

保护臭氧层免于被污染破坏已成为当前国际上引人注意的环境问题。保护臭氧层的有效措施被认为有：减少氟里昂的生产和使用量，国际上对超音速飞机过境加以限制、减少 NO_x 的排放、减少氮肥的使用量和流失量。

三、工业企业排放大气污染物的特点

如上所述，工业企业是大气污染的主要污染源，其排放特点如下。

（1）集中固定源　工业企业生产地点固定，生产过程集中，所排放出的污染物对于邻近地区的大气环境污染最严重，随着离厂区距离的逐渐加大，污染情况逐渐减弱。例如，钢铁企业对大气的污染其影响范围基本为方圆 10km。

(2) 烟尘及有害气体排放量大　火力发电工业、冶金工业、石油化学工业等企业，生产规模大，烟尘、有害气体排放量大。轻工业生产规模虽较小，但涉及众多的行业，污染物排放总量也很大。

(3) 排放污染物种类繁多　现代化工业生产的产品种类繁多，涉及各种原料的炼制加工。不同的生产过程排放出各类污染物，基本上包括了大气污染物的所有种类。

(4) 连续排放　大多数企业生产不间断，每天向大气中连续排放大气污染物。

(5) 排放污染物的种类与具体的生产过程有关。

四、大气污染的防治原则

大气污染对人体健康有着巨大的危害（且不谈对经济发展和其他生物的影响）。人类为了维持自身的生存和发展，必然要采取对策对大气污染进行防治。

(一) 制定并执行合理的控制标准和法规

自然环境本身有一定的自净能力，如何合理地利用这种自净能力，且又适当控制生产和生活排放的大气污染物的数量，是制定政策和控制标准的出发点和基本理论根据。因此，只有对国家、社会、经济、生产、大气污染现状（危害程度）等诸多因素进行综合研究，在此基础上才能制定出大气污染物的控制标准。

1. 世界控制标准

世界卫生保健组织（WHO）对制定大气控制标准曾规定了以下四级标准（各国均以此为依据）。

第一级：对人对物尚看不出有什么影响的浓度和暴露时间，作为最低级标准。

第二级：对人感觉器官有刺激，对植物有害。以开始产生这种影响的浓度和暴露时间，作为第二级标准。

第三级：引起慢性病，使人的生理机能发生障碍或衰退，缩短人的寿命。产生这种影响的浓度和暴露时间，作为第三级标准。

第四级：感受污染敏感的人发生急症，甚至死亡。发生这种影响的浓度和暴露时间，作为第四级标准。

2. 中国大气质量标准

我国大气质量标准分为三级。

一级标准：能保护自然生态和人群健康，在长期接触情况下，不发生任何危害影响的大气质量。

二级标准：能保护人群健康和城市、乡村、动植物，在长期和短期的情况下，不发生伤害的大气质量。

三级标准：能保护人群不发生急、慢性中毒和城市一般动植物（敏感者除外）正常生长的大气质量。

根据这个原则标准，还应制定两个具体的数量标准。一是规定居住区大气中有害物质的最高容许程度的标准。在此浓度之下，污染物对人体无直接、间接危害及不良影响。此标准可简称为大气防护标准。二是规定有害物质的排放标准。有害物排入大气后，在大气中扩散、稀释，到居住区浓度会降低。当居住区最高容许浓度确定后，可以反算出有害物质的排放标准，以作为工程设计的计算依据。但是，由于大气气流运动的复杂性，使得反算出来的排放标准并不能很好的体现大气防护标准，往往有害物排放可达排放标准，但居住区有害物浓度却高于最高容许浓度的标准值。

为了能达到大气防护标准的要求，必须加强管理、严格执行环境保护法及有关条例，要做到有法可依、有法必依、执法必严。同时，还要对全民进行环境保护的教育，使每个人都能认识到环境保护的重要性，从而自觉地保护环境。

（二）合理制定社会生产和生活布局规划

对城市、大型工业企业、居民生活区、农副业开发区、风景旅游区等的布局，要进行合理规划。有害物排放量大的大型工业企业，原则上要远离城市、农副业开发区、风景旅游区等；工业企业的职工生活与工业生产区也要隔开一定的距离，并避免在其下风向建设居住区。如果钢铁企业的职工居住区远离厂区 8km 并在其上风向，居住区将基本不会受到厂区排放大气污染物的影响；若做不到相隔 8km，至少也要相隔 4km。另外，工业企业的厂址不要选择在四面丘陵或四面环山的谷地，这样的地形不利于有害物的扩散与稀释，易造成局部大气污染。

（三）开发清洁能源，实行清洁生产

使用清洁能源，是防止大气污染的根本措施之一。利用煤炭燃烧发电，不可避免地要向大气排放大量的污染物。全世界火电厂每年排入大气的污染物达几千万吨，这还不包括引起地球温室效应的二氧化碳。如能大力开发利用水力、风力、太阳能、地热等无污染的新能源，就可以大大减少大气污染物的排放。采用石油、天然气和核能源，其污染物的排放量也远比用煤少。

改革生产工艺，对老设备进行技术改造，是消除和减少大气污染的途径之一。如各种锅炉及燃煤工业炉窑产生的黑烟，是由于燃烧不完全造成的，而燃料燃烧不完全的原因，常常是通风不均匀，燃料或油滴颗粒太大，炉膛尺寸不合理以及其他因素造成的。若能改进燃烧装置，改善燃烧条件，增加自动化程度，就可以把黑烟消灭在燃烧过程中，或大大减少污染物的排放量。

（四）净化与回收废气

对工业废气中的有害物质实行净化回收，是保护环境的一项重要技术措施，有利于化害为利，变废为宝。从工业废气中分离回收有害物质有各式各样的方法，如从炼钢的转炉废气中回收利用一氧化碳，从焦炉废气中回收利用焦炉煤气，从有色金属冶炼尾气中回收硫酸等，目前已有成功的技术。

在净化回收烟尘时更注意发展循环经济。循环经济的特征是低开采、高利用、低排放。以便把经济活动对自然环境的影响降低到尽可能小的程度。

（五）尿素粉尘处理技术

城市、工业区的绿化造林，不仅可以满足人们娱乐、休息，达到美化生活的目的，而且在一定程度上还能净化受污染的大气。树木对烟尘、粉尘以及许多气态污染物，还有很大的阻挡过滤和吸收作用。

自 19 世纪以来，随着工业的发展，各种燃料的燃烧向大气中排出大量二氧化碳。近百年来大气中二氧化碳含量逐年增加，已引起并将加剧地球上气候的异常变化。绿色植物的光合作用具有吸收二氧化碳和放出氧气的功能，1hm² 阔叶林一天可以消耗 1t 二氧化碳，而释放出 0.73t 的氧气，1m² 生长良好的草坪，每小时可以吸收二氧化碳 1.5g。因此，世界性的大规模绿化，有助于缓解大气中二氧化碳含量逐年增加的趋势。

第二节　颗粒污染物减排原理与除尘器

粉尘粒子从气体中分离出来有多种方法，这些方法都是以作用力为理论基础。由于力的性质不同，使得气体中粒子分离有不同的机理和方法。

一、含尘气体的流动特性

（一）空气的压力和压力场

空气的流动是由压力差而引起的。在室内或管道内的空气，无论它是否在运动，都对周围墙壁或管壁产生一定压力。这种对器壁产生的垂直压力叫静压力。流动着的空气沿其运动方向所产生的压力叫动压力。静压力与动压力的代数和称为全压，均以帕斯卡（Pa）为单位而计量。空气流动空间的压力分布叫压力场。压力是时间与空间的函数，如果在一定的空间内，压力不随时间而变化，称为稳定的压力场；相反的则是不稳定的压力场。气流在管道中的流动主要由于通风机所造成的压力差而形成。由于局部泄漏或热源造成的空气密度差别，也可能形成室内或通风管道系统内的气体流动。在管道系统内任一点的能量（压力）关系可用下式表示：

$$p_T = p_d + p_{st} \tag{1-1}$$

式中，p_T 为全压，Pa；p_d 为动压，Pa；p_{st} 为静压，Pa。

动压是以空气流速形式表现的，又称速度压。在一个封闭空间内，如果没有空气流动时，则动压为零。动压与流速的关系为：

$$p_d = \frac{v^2 \rho_a}{2} \tag{1-2}$$

式中，v 为管道内气流速度，m/s；ρ_a 为空气密度，kg/m³。

所以，在管道中，如果测知某断面平均动压并知道空气的压力和温度，便可以计算出气流速度 v 以及相应的气体流量 Q。

$$v = \sqrt{2p_d/\rho_a} \tag{1-3}$$

$$Q = Fv \tag{1-4}$$

式中，Q 为管道中的气流量，m³/s；F 为测动压的管道断面积，m²。

气流在断面大小或形状变化的系统中流动时，其质量不变，即通过各个断面的空气重量是相等的，即

$$\rho_1 F_1 v_1 = \rho_2 F_2 v_2 = \cdots = G = \text{const} \tag{1-5}$$

式中，F_1、F_2 分别为断面 1、2 处的管道面积，m²；v_1、v_2 分别为断面 1、2 处的流速，m/s；ρ_1、ρ_2 分别为断面 1、2 处的空气密度，kg/m³；G 为气体流量，以质量或重量计，kg/s。

由于气体被看做不可压缩的，$\rho_1 = \rho_2$。于是上式可简化为：

$$F_1 v_1 = F_2 v_2 = Q = \text{const} \tag{1-6}$$

式（1-6）说明，在管道任一断面上的体积流量均相同。

（二）管道内气体的流动性质

气体在管道内低速流动时，各层之间相互滑动而不混合，这种流动称为层流。在层流状态下，断面流速分布为抛物线形，中心最大流速 v_c 为平均流速 v_p 的 2 倍，即

$$v_c = 2v_p \tag{1-7}$$

流速继续增加，达到一定速度时，气体质点在径向也得到附加速度，层间发生混合，流动状态发展为紊流，这时断面的流速分布也发生改变。表征管道内流动性质的是无量纲数值 Re，叫雷诺数。

$$Re = \frac{vD\rho}{\mu} \tag{1-8}$$

式中，v 为气流速度，m/s；D 为管道直径，m；ρ 为气体密度，kg/m³；μ 为气体动力黏性系数，Pa·s［或 kg/(m·s)］。

表征管道内气流状态的 Re 值有如下界线：

$Re \leqslant 1160$ 时，气体流动为层流；

$1160 < Re < 3000$ 时，两种流动状态均可能；

$Re \geqslant 3000$ 时，对一般通风管道常有的条件来说，气体流动都呈紊流状态。

（三）气流对球形尘粒的阻力

粉尘颗粒在气体中流动，只要颗粒与气流两者之间有相对速度，气体对粉尘颗粒就有阻力，该气体阻力为：

$$P_D = C_D A_p \frac{\rho_a v_p^2}{2} \tag{1-9}$$

式中，v_p 为尘粒相对于气流的运动速度，m/s；ρ_a 为空气密度，kg/m³；A_p 为尘粒垂直于气流方向的截面面积，m²；C_D 为阻力系数。

阻力系数 C_D 的大小与粉尘颗粒在气流中运动的雷诺数 Re_p 有关，Re_p 表示为

$$Re_p = \frac{v_p d_p}{v} = \frac{v_p \rho_a d_p}{\mu} \tag{1-10}$$

式中符号表示的意义同上。

球形尘粒阻力系数 C_D 与雷诺数 Re_p 的关系曲线如图 1-1 所示。

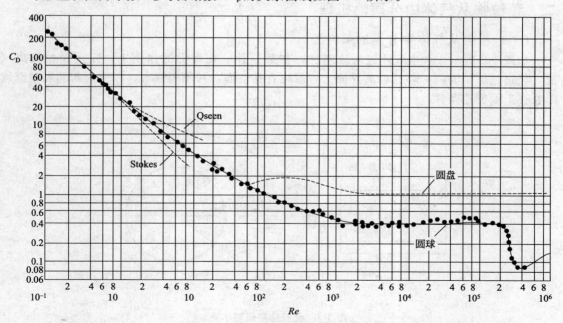

图 1-1 球形尘粒阻力系数与雷诺数的关系

由图 1-1 可以看出，在不同的 Re_p 范围，C_D 值的变化按不同规律发生，通常分成 4 个区

段，各有不同的表达式：

（1）$Re_p < 1$（层流区）时

$$C_D = 24/Re_p \tag{1-11}$$

这时，气流对尘粒的阻力为：

$$p_D = 3\pi/\mu d_p v_p \tag{1-12}$$

本区内按雷诺数的大小实际上又可区分为几种情况，相应有若干不同的计算阻力系数公式，但以斯托克斯式用得比较广泛。这个公式适合大多数过滤器的低速工况。

（2）$1 < Re_p < 500$（过渡区） 通常采用柯利亚奇克公式，认为它在 $3 < Re_p < 400$ 的情况下比较接近实际，该式为：

$$C_D = \frac{24}{Re_p} + \frac{4}{\sqrt[3]{Re_p}} \tag{1-13}$$

（3）$500 < Re_p < 2 \times 10^5$（紊流区） 这时 C_D 近似为一常数，$C_D \approx 0.44$，这时气流阻力和相对流速的平方成正比：

$$p_D = 0.55\pi\rho_n d_p^2 v_p^2 \tag{1-14}$$

（4）$Re_p > 2 \times 10^5$（高速区） 阻力系数反而降低，由 0.44 降到 $0.1 \sim 0.22$。

以上几种情况均适用于 d_p 远远大于空气分子运动平均自由程 λ 的粗粒分散系。对于除尘过滤技术是适用的（在温度为 20℃，压力为 101325Pa 条件下，$\lambda = 0.065\mu m$）。

当尘粒粒径接近 λ 时，尘粒运动带有分子运动的性质，另有修正关系。

在各种过滤为主的除尘器的工作过程中，气流必须通过滤料的多孔通道，而且流速经常限制在较低的区段内，若以雷诺值判别，含尘气流都处在层流状态下，所以斯托克斯定律是适用的。在过滤过程中，气流要绕穿相对稳定的滤料，它们或者是球形颗粒（对颗粒层堆积滤料来说），或者是圆柱形纤维滤材，这其中，相对运动的阻力也应大体参照上述关系。

二、颗粒物从气体中分离的机理

（一）粉尘从气体中分离的条件

如图 1-2 所示，含尘气体进入分离区，在某一种或几种力的作用下，粉尘颗粒偏离气流，经过足够的时间，移到分离界面上，就附着在上面，并不断除去，以便为新的颗粒继续附着在上面创造条件。

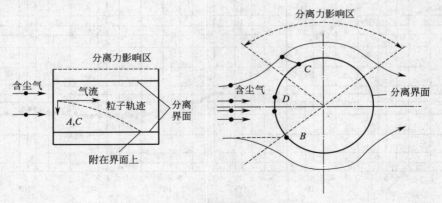

图 1-2　颗粒捕集机理示意

由此可见，要从气体中将粉尘颗粒分离出来，必须具备的基本条件如下。

（1）有分离界面可以让颗粒附着在上面，如器壁、某固体表面、粉尘大颗粒表面、织物与纤维表面、液膜或液滴等。

（2）有使粉尘颗粒运动轨迹和气体流线不同的作用力，常见的有重力（A）、离心力（A）、惯性力（B）、扩散（C）、静电力（A）、直接拦截（D）等，此外还有热聚力、声波和光压等。

（3）有足够的时间使颗粒移到分离界面上，这就要求分离设备有一定的空间，并要控制气体流速等。

（4）能使已附在界面上的颗粒不断被除去，而不会重新返混入气体内，这就是清灰和排灰过程，清灰有在线式和离线式两种。

（二）气体中粉尘分离主要机理

图 1-3 所示为从气体介质中分离悬浮粒子的物理学机理示意。其中，部分示意图表示粉尘分离的主要机理；而另一部分则表示次要机理。次要机理只能提高主要机理作用效果。但是，这样划分机理是有条件的，因为在某些除尘装置中，粉尘分离的次要机理可能起着主要机理的作用。

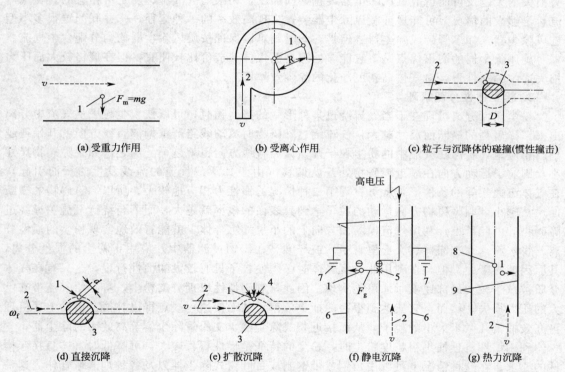

(a) 受重力作用   (b) 受离心作用   (c) 粒子与沉降体的碰撞(惯性撞击)

(d) 直接沉降   (e) 扩散沉降   (f) 静电沉降   (g) 热力沉降

图 1-3　从气流中分离粉尘粒子的物理学机理示意
1—粉尘粒子；2—气流方向；3—沉降体；4—扩散力；5—负极性电晕电极；
6—积尘电极；7—大地；8—受热体；9—冷表面

1. 粉尘的重力分离机理

以粉尘从缓慢运动的气流中自然沉降为基础，从气流中分离粒子是一种最简单，也是效果最差的机理。因为在重力除尘器中，气体介质处于湍流状态，故而粒子即使在除尘器中逗留时间很长，也不能期求有效地分离含尘气体介质中的细微粒度粉尘。

对较粗粒度粉尘的捕集效果要好得多，但这些粒子也不完全服从静止介质中粒子沉降速度为基础的简单设计计算。

粉尘的重力分离机理主要适用于直径大于 $100\sim500\mu m$ 的粉尘粒子。

2. 粉尘离心分离机理

由于气体介质快速旋转，气体中悬浮粒子达到极大的径向迁移速度，从而使粒子有效地得到分离。离心除尘方法是在旋风除尘器内实现的，但除尘器构造必须使粒子在除尘器内的逗留时间短。相应地，这种除尘器的直径一般要小，否则很多粒子在旋风除尘器中短暂的逗留时间内不能到达器壁。在直径约 $1\sim2m$ 的旋风除尘器内，可以十分有效地捕集 $10\mu m$ 以上大小的粉尘粒子。但工艺气体流量很大，要求使用大尺寸的旋风除尘器，而这种旋风除尘器效率较低，只能成功地捕集粒径大于 $70\sim80\mu m$ 的粒子。对某些需要分离微细粒子的场合通常用更小直径的旋风除尘器。

增加气流在旋风除尘器壳体内的旋转圈数，可以达到增加粒子逗留时间之目的。但这样往往会增大被净化气体的压力损失，而在除尘器内达到极高的压力。当旋风除尘器内气体圆周速度增大到超过 $18\sim20m/s$ 时，其效率一般不会有明显改善。其原因是，气体湍流强度增大，以及往往不予考虑的因受科里奥利力的作用而产生对粒子的阻滞作用。此外，由于压力损失增大以及可能造成旋风除尘器装置磨损加剧，无限增大气流速度是不相宜的。在气体流量足够大的情况下可能保证旋风除尘器装置实现高效率的一种途径——并联配置很多小型旋风除尘器，如多管旋风除尘器。但是，此时则难以保证按旋风除尘器均匀分配含尘气流。

旋风除尘器的突出优点是，它能够处理高温气体，造价比较便宜，但在规格较大而压力损失适中的条件下，对气体高精度净化的除尘效率不高。

3. 粉尘惯性分离机理

粉尘惯性分离机理在于当气流绕过某种形式的障碍物时，可以使粉尘粒子从气流中分离出来。障碍物的横断面尺寸越大，气流绕过障碍物时流动线路严重偏离直线方向就开始得越早。相应地，悬浮在气流中的粉尘粒子开始偏离直线方向也就越早。反之，如果障碍物尺寸小，则粒子运动方向在靠近障碍物处开始偏移（由于其承载气流的流线发生曲折而引起）。在气体流速相等的条件下，就可发现第二种情况的惯性力相应地较大。所以，障碍物的横断面尺寸越小，顺障碍物方向运动的粒子达到其表面的概率就越大，而不与绕行气流一道绕过障碍物。由此可见，利用气流横断面方向上的小尺寸沉降体，就能有效地实现粉尘的惯性分离。将水滴（在洗涤器、文丘里管中）或纤维（在织物过滤器中）应用于粉尘的惯性分离，其原因就在于此。但是在利用此类沉降体时必须使粒子具有较大的惯性行程，这只有在气体介质被赋予较大局部速度时才可能实现。因此，利用惯性机理分离粉尘，势必给气流带来巨大的压力损失。然而，它能达到很高的捕集效率，从而使这一缺点得以补偿。借助上述机理可高效捕集几微米大小的粒子，从而接近袋式除尘器、文氏管除尘器等高效率的除尘器。

利用惯性机理捕集粗粒度粉尘时，粉尘的特征是惯性行程较大，可降低对气体急拐弯构件的要求。在这种情况下可以用角钢或带钢制成百叶窗式除尘器以及各种烟道弯管作为这种构件，也可以在含尘气流运动路径中设置挡板，提高除尘效果。这种装置的效率较低，通常与重力沉降装置配合使用。

4. 粉尘静电力分离机理

静电力分离粉尘的原理在于利用电场与荷电粒子之间的相互作用。虽然在一些生产中产生的粉尘带有电荷，其电量和符号可能从一个粒子变向另一个粒子，因此，这种电荷在借助电场从气流中分离粒子时无法加以利用。由于这一原因，电力分离粉尘的机理要求使粉尘粒子荷电。还可以通过把含尘气流纳入同性荷电离子流的方法达到使粒子荷电。

为了产生使荷电粒子从气流中分离的力，必须有电场。电场是在顺沿含尘气流运动路径设置的异性电极上形成电位差的结果。在直接靠近积尘电极的区域，这些力的作用显示最为充分。

因为在其余气流体积内存在强烈湍流脉动。

荷电粒子受到的电力相当小，所以，利用静电力机理实现粉尘分离时，只有使粒子在电场内长时间逗留才能达到高效率。这就决定了电力净化装置——电除尘器的一个主要缺点，即由于保证含尘气流在电除尘器内长时间逗留的需要，电除尘器尺寸一般十分庞大，因而相应地提高了设备造价。

但是，与外形尺寸同样庞大的高效袋式除尘器相比，其独特优点是电力净化装置不会造成很高的压力损失，因而能耗较低。电力净化的另一个重要优点是，可以用来处理工作温度达 400℃ 的气体，在某些情况下可处理温度更高的气体。

至于用电力方法可捕集的粒子最小尺寸，至今还没有一个规定的粉尘细度极限。借助某些型式的电除尘器还可以有效地捕集工业气体中的微细酸雾。

（三）气流中粉尘分离的辅助机理

1. 粉尘分离的扩散过程

绝大多数悬浮粒子在触及固体表面后就留在表面上，以此种方式从该表面附近的粒子总数中分离出来。所以，靠近沉积表面产生粒子浓度梯度。

因为粉尘微粒在某种程度上参与其周围分子的布朗运动，故而粒子不断地向沉积表面运动，使浓度差趋向平衡。粒子浓度梯度越大，这一运动就愈加剧烈。

悬浮在气体中的粒子尺寸越小，则参加分子布朗运动的程度就愈强，粒子向沉积表面的运动也相应地显得更加剧烈。

上面描述的过程称为粒子的扩散沉降。这一过程在用织物过滤器捕集细微粉尘时起着特别明显的作用。

2. 热力沉淀作用

管道壁和气流中悬浮粒子的温度差影响这些粒子的运动。如果在热管壁附近有一不大的粒子，则由于该粒子受到迅速而不均匀加热的结果，其最靠近管壁的一侧就显得比较热，而另一侧则比较冷。靠近较热侧的分子在与粒子碰撞后，以大于靠近冷侧分子的速度飞离粒子，结果是作用于粒子的脉冲产生强弱差别，促使粒子朝着背离受热管壁的方向运动。在粒子受热而管壁处于冷态的情况下，也将发生类似现象，但此时，悬浮在气体中的粒子将不是背离管壁运动，而是向着管壁运动，从而引起粒子沉降效应，即所谓热力沉淀。

热力沉淀的效应不仅显现在粒子十分微细的情况下，且显现在粒子较粗的场合。但在第二种情况下热力沉淀的物理过程更为复杂，虽然这一过程的原理依然是在温度梯度条件下粒子周围的分子运动速度不同。

当除尘器内的积尘表面用人工方法冷却时，热力沉淀的效应特别明显。

3. 凝聚作用

凝聚是气体介质中的悬浮粒子在互相接触过程中发生黏结的现象。之所以会发生这种现象，也许是粒子在布朗运动中发生碰撞的结果，也可能是由于这些粒子的运动速度存在差异所致。粒子周围介质的速度发生局部变化，以及粒子受到外力的作用，均可能导致粒子运动速度产生差异。

当介质速度局部变化时，所发生的凝聚作用在湍流脉动中显得特别明显，因为粒子被介质吹散后，由于本身的惯性，跟不上气体单元体积运动轨迹的迅速变化，结果粒子互相碰撞。

引起凝聚作用的外力可以是使粒子以不同悬浮速度运动的重力，或者是在存在外部电场条件下荷电粒子所受的电力。

粒子的相互运动也可能是气体中悬浮粒子荷电的结果：在同性电荷的作用下粒子互相排斥，而在异性电荷的作用下互相吸引。

如果是多分散性粉尘，细微粒子与粗大粒子凝聚，而且细微粒子越多，其尺寸与粗大粒子的尺寸差别越大，凝聚作用进行越快。粒子的凝聚作用为一切除尘设备提供良好的捕尘条件，但在工业条件下很难控制凝聚作用。

三、除尘器的概念和分类

（一）除尘器的概念

在国家采暖通风与空气调节术语标准（GB 50155—92）中，明确了若干除尘器的具体含意，摘抄如下。

（1）除尘器　用于捕集、分离悬浮于空气或气体中粉尘粒子的设备，也称收尘器。

（2）沉降室　由于含尘气流进入较大空间速度突然降低，使尘粒在自身重力作用下与气体分离的一种重力除尘装置。本书称重力除尘器。

（3）干式除尘器　不用水或其他液体捕集和分离空气或气体中粉尘粒子的除尘器。

（4）惯性除尘器　借助各种形式的挡板，迫使气流方向改变，利用尘粒的惯性使其和挡板发生碰撞而将尘粒分离和捕集的除尘器。

（5）旋风除尘器　含尘气流沿切线方向进入筒体作螺旋形旋转运动，在离心力作用下将尘粒分离和捕集的除尘器。

（6）多管旋风除尘器　由若干较小直径的旋风分离器并联组装成一体的，具有共同的进出口和集尘斗的除尘器。

（7）袋式除尘器　用纤维性滤袋捕集粉尘的除尘器，也称布袋过滤器。

（8）颗粒层除尘器　以石英砂、砾石等颗粒状材料作过滤层的除尘器。

（9）电除尘器　由电晕极和集尘极及其他构件组成，在高压电场作用下，使含尘气流中的粒子荷电并被吸引、捕集到集尘极上的除尘器。

（10）湿式除尘器　借含尘气体与液滴或液膜的接触、撞击等作用，使尘粒从气流中分离出来的设备。

（11）水膜除尘器　含尘气体从筒体下部进风口沿切线方向进入后旋转上升，使尘粒受到离心力作用被抛向筒体内壁，同时被沿筒体内壁向下流动的水膜所黏附捕集，并从下部锥体排出的除尘器。

（12）卧式旋风水膜除尘器　一种由卧式内外旋筒组成的，利用旋转含尘气流冲击水面在外旋筒内侧形成流动的水膜并产生大量水雾，使尘粒与水雾液滴碰撞、凝集，在离心力作用下被水膜捕集的湿式除尘器。

（13）泡沫除尘器　含尘气流以一定流速自下而上通过筛板上的泡沫层而获得净化的一种除尘设备。

（14）冲激式除尘器　含尘气流进入筒体后转弯向下冲击液面，部分组大的尘粒直接沉降在泥浆斗内，随后含尘气流高速通过S形通道，激起大量水花和液滴，使微细粉尘与水雾充分混合、接触而被捕集的一种湿式除尘设备。

（15）文丘里除尘器　一种由文丘里管和液滴分离器组成的除尘器。含尘气体高速通过喉管时使喷嘴喷出的液滴进一步雾化，与尘粒不断撞击，进而冲破尘粒周围的气膜，使细小粒子凝聚成粒径较大的含尘液滴，进入分离器后被分离捕集，含尘气体得到净化，也称文丘里洗涤器。

(16) 筛板塔 筒体内设有几层筛板，气体自下而上穿过筛板上的液层，通过气体的鼓泡使有害物质被吸收的净化设备。

(17) 填料塔 筒体内装有环形、波纹形或其他形状的填料，吸收剂自塔顶向下喷淋于填料上，气体沿填料间隙上升，通过气液接触使有害物质被吸收的净化设备。

(18) 空气过滤器 借助滤料过滤来净化含尘空气的设备。

(19) 自动卷绕式过滤器 使用滚筒状滤料并能自动卷绕清灰的空气过滤器。

(20) 真空吸尘装置 一种借助高真空度的吸尘嘴清扫积尘表面并进行净化处理的装置。

(21) 除尘 捕集、分离含气流中的粉尘等固体粒子的技术。

(22) 机械除尘 借助通风机和除尘器等进行除尘的方式。

(23) 湿法除尘 水力除尘、蒸汽除尘和喷雾降尘等除尘方式的统称。

(24) 水力除尘 利用喷水雾加湿物料，减少扬尘量并促进粉尘凝聚、沉降的除尘方式。

(25) 联合除尘 机械除尘与水力除尘联合作用的除尘方式。

(26) 除尘系统 一般情况下指由局部排风罩、风管、通风机和除尘器等组成的，用以捕集、输送和净化含尘空气的机械排风系统。

（二）除尘器的分类

根据除尘器的不同分类方法可以分成许多类型，用于不同粉尘和不同条件。

1. 按除尘器类型与性能分类

详见表 1-1。

表 1-1 常用除尘器的类型与性能

型式	除尘作用力	除尘设备种类		适用范围				不同粒径效率/%		
				粉尘粒径/μm	粉尘浓度/(g/m³)	温度/℃	阻力/Pa	50μm	5μm	1μm
干式	重力	重力除尘器		>15	>10	<400	200~1000	96	16	3
	惯性力	惯性除尘器		>20	<100	<400	400~1200	95	20	5
	离心力	旋风除尘器		>5	<100	<400	400~2000	94	27	8
	静电力	电除尘器		>0.05	<30	<300	200~300	>99	99	86
	惯性力、扩散力与筛分	袋式除尘器	振打清灰	>0.1	3~10	<300	800~2000	>99	>99	99
			脉冲清灰					100	>99	99
			反吹清灰					100	>99	99
湿式	惯性力、扩散力与凝集力	自激式除尘器		100~0.05	<100	<400	800~1000	100	93	40
		喷雾除尘器			<10	<400		100	96	75
		文氏管除尘器			<100	<800	5000~10000	100	>99	93
	静电力	湿式电除尘器		>0.05	<100	<400	300~400	>98	98	98

2. 按捕集烟尘的干湿类型分类

详见表 1-2。

表 1-2 除尘器的干湿类型

除尘类别	烟尘状态	收 尘 设 备
干式除尘	干尘	重力除尘器、惯性除尘器、干式电除尘器、袋式除尘器、旋风除尘器
湿式除尘	泥浆状	水膜除尘器、泡沫除尘器、冲激式除尘器、文丘里除尘器、湿式电除尘器

3. 按除尘器除尘效率分类

详见表 1-3。

表 1-3　除尘器除尘效率类型

除尘类别	除尘效率/%	除尘器名称
低效除尘	约60	惯性除尘器、重力除尘器、水浴除尘器
中效除尘	60~95	旋风除尘器、水膜除尘器、自激除尘器、喷淋除尘器
高效除尘	>95	电除尘器、袋式除尘器、文丘里除尘器、空气过滤器

4. 按工作状态分类

按除尘器在除尘系统的工作状态，除尘器还可以分为正压除尘器和负压除尘器两类。按工作温度的高低分为常温除尘器和高温除尘器两类。按除尘器大小还可以分为小型除尘器、中型除尘器、大型除尘器和超大型除尘器等。

5. 按除尘设备除尘机理与功能的不同分类

根据《环境保护设备分类与命名》（HJ/T 11—1996）的方法分：除尘器分为以下 7 种类型。

（1）重力与惯性除尘装置　包括重力沉降室、挡板式除尘器。

（2）旋风除尘装置　包括单筒旋风除尘器、多筒旋风除尘器。

（3）湿式除尘装置　包括喷淋式除尘器、冲激式除尘器、水膜除尘器、泡沫除尘器、斜栅式除尘器、文丘里除尘器。

（4）过滤层除尘器　包括颗粒层除尘器、多孔材料除尘器、纸质过滤器、纤维填充过滤器。

（5）袋式除尘装置　包括机械振动式除尘器、电振动式除尘器、分室反吹式除尘器、喷嘴反吹式除尘器、振动式除尘器，脉冲喷吹式除尘器。

（6）静电除尘装置　包括板式静电除尘器、管式静电除尘器、湿式静电除尘器。

（7）组合式除尘器　为提高除尘效率，往往在前级设粗颗粒除尘装置，后级设细颗粒除尘装置的各类串联组合式除尘装置。

此外，随着大气污染控制法规的日趋严格，在烟气除尘装置中有时增加烟气脱硫功能，派生为烟气除尘脱硫装置。

（三）除尘器的适应因素

1. 各种除尘设备对各类因素的适应性

见表 1-4。

表 1-4　各种除尘设备对各类因素的适应性

除尘器名称＼因素	粗粉尘	细粉尘	超细粉尘	气体相对湿度高	气体温度高	腐蚀性气体	可燃性气体	风量波动大	除尘效率>99%	维修量大	占空间小	投资小	运行费用小	管理困难
重力沉降室	★	⊗	⊗	☑	★	★	★	⊗	⊗	★	⊗	★	★	★
惯性除尘器	★	⊗	⊗	☑	★	★	★	⊗	⊗	★	★	★	★	★
旋风除尘器	★	☑	⊗	☑	★	★	★	☑	⊗	★	★	⊗	☑	☑
冲激除尘器	★	★	☑	★	☑	☑	☑	☑	☑	☑	★	☑	☑	☑
泡沫除尘器	★	★	⊗	★	☑	☑	☑	☑	☑	☑	☑	☑	☑	☑
水膜除尘器	★	★	☑	★	☑	☑	☑	☑	☑	☑	☑	☑	☑	☑
文氏管除尘器	★	★	★	★	★	☑	☑	☑	★	☑	☑	☑	☑	☑
袋式除尘器	★	★	☑	☑	☑	☑	⊗	★	★	☑	⊗	☑	☑	⊗
颗粒层除尘器	★	★	☑	☑	☑	☑	⊗	☑	☑	☑	☑	☑	☑	⊗
电除尘器（干）	★	★	☑	☑	☑	☑	⊗	☑	★	☑	⊗	☑	★	☑

注：1. 粗粉尘，指 50%（质量）的粉尘粒径大于 $75\mu m$；细粉尘，指 90%（质量）的粉尘粒径小于 $75\mu m$；超细粉尘，指 90%（质量）的粉尘粒径小于 $10\mu m$。

2. ★——适应；☑——采取措施后可适应；⊗——不适应。

2. 除尘设备运行评价

主要包括：①除尘器主要技术性能达到设计指标，包括处理风量、设备阻力、漏风率、除尘效率、排放浓度及其专项技术指标；②除尘器达到性能稳定、长期可靠连续运行，除尘率达到设计要求，设备完好率、同步运转率较高；③各项除尘设备运行费用指标清晰，运行费用成本指标，纳入生产成本管理；④建立正规的除尘设备运行管理制度，当除尘器运行中存在问题时，容易采取必要的完善措施。

（四）粉尘粒径与除尘器选择关系

在粉尘的物理特性中，粉尘粒径大小，是关键的特征数据，因为粒径大小与粉尘的其他许多特性是相关联的。图 1-4 示出粉尘类别、粒径范围和应采取除尘设备的相关关系。

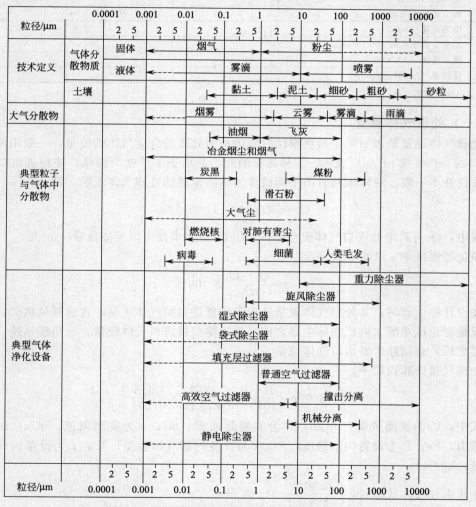

图 1-4　粉尘颗粒物特性及粒径范围与相应除尘器

四、除尘器的性能表示方法

除尘器性能包括处理气体流量、除尘效率、排放浓度、压力损失（或称阻力）、漏风率等（见表 1-5）。若对除尘装置进行全面评价，不应包括经济指标除尘器的安装、操作、检修的难易等因素。对每种除尘器还有些特殊的指标（见表 1-6）。

表 1-5　技术性能检测方法

序号	技术性能	检测方法	序号	技术性能	检测方法
1	处理风量/(m³/h)	皮托管法	4	除尘效率/%	重量平衡法
2	漏风率/%	风量(碳)平衡法	5	排放浓度/(mg/m³)	滤筒计重法
3	设备阻力/Pa	全压差法			

表 1-6　特种专业指标

序号	特种指标	袋式除尘器	湿式除尘器	静电除尘器
1	过滤风量/(m³/min)	0		
2	水气比/(kg/m³)		0	0①
3	喉口速度水气比/(m/s)		0	
4	电场风速/(m/s)			0
5	比集尘面积/[m²/(m³·s)]			0
6	驱进速度/(cm/s)			0
7	排放量/(kg/h)	0	0	0

① 适用湿式静电尘器。

（一）处理气体流量

处理气体流量是表示除尘器在单位时间内所能处理的含尘气体的流量，一般用体积流量 Q（单位：m³/s 或 m³/h）表示。实际运行的除尘器由于不严密而漏风，使得进出口的气体流量往往并不一致。通常用两者的平均值作为该除尘器的处理气体流量，即

$$Q = \frac{1}{2}(Q_1 + Q_2) \quad (\text{m}^3/\text{s}) \tag{1-15}$$

式中，Q_1 为除尘器进口气体流量，m³/s；Q_2 为除尘器出口气体流量，m³/s。

净化器漏风率 σ 可按下式表示：

$$\sigma = \frac{Q_1 - Q_2}{Q_1} \times 100\% \tag{1-16}$$

在设计除尘器时，其处理气体流量是指除尘器进口的气体流量，在选择风机时，其处理气体流量对正压系统（风机在除尘器之前）是指除尘器进口气体流量，对负压系统（风机在除尘器之后）是指除尘器出口气体流量。

处理风量计算式如下：

$$V_0 = 3600 F v \frac{B+P}{101325} \times \frac{273}{273+t} \times \frac{0.804}{0.804+f} \tag{1-17}$$

式中，V_0 为实测风量，m³/h；F 为实测断面积，m²；v 为实测风速，m/s；B 为实测大气压力，Pa；P 为设备内部静压，Pa；t 为设备内部气体温度，℃；f 为设备内气体饱和含湿量，kg/m³。

在非饱和气体状态时，$\dfrac{0.804}{0.804+f} \approx 1$。

在计算处理气体量时有时要换算成气体的工况状态或标准状态，计算式如下：

$$Q_n = Q_g(1 - X_w)\frac{273}{273+t_g} \times \frac{B_a + p_g}{101325} \tag{1-18}$$

式中，Q_n 为标准状态下的气体量，m³/h；Q_g 为工况状态下的气体量，m³/h；X_w 为气体中的水汽含量体积百分数，%；t_g 为工况状态下的气体温度，℃；B_a 为大气压力，Pa；p_g 为工况状态下处理气体的压力，Pa。

（二）除尘器设备阻力（或称压力损失）

净化器的设备阻力是表示能耗大小的技术指标，可通过测定设备进口与出口气流的全压差而得到。其大小不仅与除尘器的种类和结构型式有关，还与处理气体通过时的流速大小有关。通常设备阻力与进口气流的动压成正比，即

$$\Delta p = \zeta \frac{\rho v^2}{2} \quad (\text{Pa}) \tag{1-19}$$

式中，Δp 为含尘气体通过除尘器设备的阻力，Pa；ζ 为除尘器的阻力系数；ρ 为含尘气体的密度，kg/m^3；v 为除尘器进口的平均气流速度，m/s。

由于除尘器的阻力系数难以计算，且因除尘器不同差异很大，所以除尘总阻力还常用下式表示：

$$\Delta p = p_1 - p_2 \tag{1-20}$$

式中，p_1 为设备入口全压，Pa；p_2 为设备出口全压，Pa。

对大中型除尘器而言，除尘器入口与出口之间的高度差引起的浮力应该考虑在内，浮力效果是除尘器入口及出口测定位置的高度差 H 和气体与大气的质量差（$\rho_a - \rho$）之积，即

$$p_H = Hg(\rho_a - \rho) \tag{1-21}$$

一般情况下，对除尘器的阻力来说，浮力效果是微不足道的。但是，如果气体温度高，测定点的高度又相差很大，就不能忽略浮力效果，因此要引起重视。

根据上述总阻力及浮力效果，用下式表示除尘器的总阻力损失：

$$\Delta p = p_1 - p_2 - p_H \tag{1-22}$$

这时，如果测定截面的流速及其分布大致一致时，可用静压差代替总压差来校正出入口测定截面积的差别，求出压力损失。

设备阻力，实质上是气流通过设备时所消耗的机械能，它与通风机所耗功率成正比，所以设备的阻力越小越好。多数除尘设备的阻力损失在 2000Pa 以下。

根据除尘装置的压力损失，除尘装置可分为：

① 低阻除尘器——$\Delta p < 500\text{Pa}$；

② 中阻除尘器——$\Delta p = 500 \sim 2000\text{Pa}$；

③ 高阻除尘器——$\Delta p = 2000 \sim 20000\text{Pa}$。

（三）除尘效率

指含尘气流通过除尘器时，在同一时间内被捕集的粉尘量与进入除尘器的粉尘量之比，用百分率表示，也称除尘全效率。除尘效率是除尘器重要技术指标。

1. 除尘效率

除尘效率系指在同一时间内除尘装置捕集的粉尘质量占进入除尘装置的粉尘质量的百分数。通常以"η"表示。

若除尘装置进口的气体流量为 Q_1、粉尘的质量流量为 S_1、粉尘浓度为 C_1，装置出口的相应气体流量为 Q_2、粉尘质量流量为 S_2、粉尘浓度为 C_2，装置捕集的粉尘质量流量为 S_3，除尘装置漏风率为 φ，则有：

$$S_1 = S_2 + S_3$$

$$S_1 = Q_1 C_1 \qquad S_2 = Q_2 C_2$$

根据总除尘效率的定义有：

$$\eta = \frac{S_3}{S_1} \times 100\% = \left(1 - \frac{S_2}{S_1}\right) \times 100\% \tag{1-23}$$

或
$$\eta = \left(1 - \frac{Q_2 C_2}{Q_1 C_1}\right) \times 100\% = \frac{C_1 - C_2(1+\varphi)}{C_1} \times 100\% \qquad (1-24)$$

若除尘装置本身的漏风率 φ 为零，即 $Q_1 = Q_2$，则式(1-24) 可简化为：

$$\eta = \left(1 - \frac{C_2}{C_1}\right) \times 100\% \qquad (1-25)$$

通过称重利用上面公式可求得总除尘效率，这种方法称为质量法，在实验室以人工方法供给粉尘研究除尘器性能时，用这种方法测出的结果比较准确。在现场测定除尘器的总除尘效率时，通常先同时测出除尘器前后的空气含尘浓度，再利用上式求得总除尘效率，这种方法称为浓度法。由于含尘气体在管道内的浓度分布既不均匀又不稳定，因此在现场测定含尘浓度有时要用等速采样的方法。

有时由于除尘器进口含尘浓度高，满足不了国家关于粉尘排放标准的要求，或者使用单位对除尘系统的除尘效率要求很高，用一种除尘器达不到所要求的除尘效率时，可采用两级或多级除尘，即在除尘系统中将两台或多台不同类型的除尘器串联起来使用。根据除尘效率的定义，两台除尘器串联时的总除尘效率为：

$$\eta_{1-2} = \eta_1 + \eta_2(1-\eta_1) = 1 - (1-\eta_1)(1-\eta_2) \qquad (1-26)$$

式中，η_1 为第一级除尘器的除尘效率；η_2 为第二级除尘器的除尘效率。

n 台除尘器串联时其总效率为：

$$\eta_{1-n} = 1 - (1-\eta_1)(1-\eta_2)\cdots(1-\eta_n) \qquad (1-27)$$

在实际应用中，多级除尘系统的除尘设备有时达到三级或四级。

【例】 有一个两级除尘系统，除尘效率分别为 80% 和 95%，用于处理起始含尘浓度为 8g/m³ 的粉尘，试计算该系统的总效率和排放浓度。

解：该系统的总效率为

$$\eta_{1-2} = \eta_1 + (1-\eta_1)\eta_2 = 0.8 + (1-0.8) \times 0.95 = 0.99 = 99\%$$

经两级除尘后，从第二级除尘器排入大气的气体含尘浓度为

$$C_2 = C_1(1-\eta_{1-2}) = 8000 \times (1-0.99) = 80 \, (\text{mg/m}^3)$$

2. 除尘器的分级效率

除尘装置的除尘效率因处理粉尘的粒径不同而有很大差别，分级除尘效率指除尘器对粉尘某一粒径范围的除尘效率。图 1-5 列出了各种除尘器对不同粒径粉尘的除尘效率。从中可

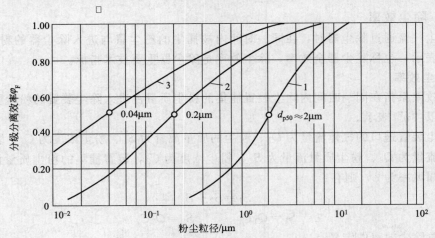

图 1-5 各种除尘器的分级除尘效率曲线

1—旋风除尘器；2—湿式除尘器；3—袋式除尘器、静电除尘器、文氏管除尘器

以看出，各种除尘器对粗颗粒的粉尘都有较高的效率，但对细粉尘的除尘效率却有明显的差别，例如对 $1\mu m$ 粉尘高效旋风除尘器的除尘效率不过 27%，而像电除尘器等高效除尘器的除尘效率都可达到很高，甚至达到 90% 以上。因此，仅用总除尘效率来说明除尘器的除尘性能是不全面的，要正确评价除尘器的除尘效果，必须采用分级除尘效率。

分级除尘效率简称分级效率，就是除尘装置对某一粒径 d_{pi} 或某一粒径范围 $d_{pi}\sim d_{pi}+\Delta d_p$ 粉尘的除尘效率。实际生产中粉尘的粒径分布是千差万别的，因此，了解除尘器的分级效率，有助于正确地选择除尘器。分级效率通常是用 η_i 表示。

根据定义，除尘器的分级效率可表示为：

$$\eta_i = \frac{S_{3i}}{S_{1i}} \times 100\% \tag{1-28}$$

或

$$\eta_i = \frac{S_3 g_{3i}}{S_1 g_{1i}} \times 100\% = \eta \frac{g_{3i}}{g_{1i}} \times 100\% \tag{1-29}$$

式中，S_{1i}、S_{3i} 分别为除尘器进口和除尘器灰斗中某一粒径或粒径范围的粉尘质量流量，kg/kg；S_1、S_3 分别为除尘器进口和除尘器灰斗中的粉尘质量流量，kg/kg；g_{1i}、g_{3i} 分别为除尘器进口和除尘器灰半中某一粒径或粒径范围的粉尘的质量分数（即频率分布）。

因为有

$$S_{1i} = S_{2i} + S_{3i} \tag{1-30}$$

所以分级效率也可以表达为：

$$\eta_i = \left(1 - \frac{S_2 g_{2i}}{S_1 g_{1i}}\right) \times 100\% = \left(1 - p\frac{g_{2i}}{g_{1i}}\right) \times 100\% \tag{1-31}$$

根据除尘装置净化某粉尘的分级效率计算该除尘装置净化该粉尘的总除尘效率，其计算公式为：

$$\eta = \sum(\eta_i g_{1i}) \tag{1-32}$$

式中，g_{1i} 的意义同前。

【例】 进行高效旋风除尘器试验时，除尘器进口的粉尘质量为 40kg，除尘器从灰斗中收集的粉尘质量分别为 36kg。除尘器进口的粉尘与灰斗中粉尘的粒径分布见表 1-7。

表 1-7　粉尘粒径分布

粉尘粒径/μm	0～5	5～10	10～20	20～40	>40
试验粉尘 g_1/%	10	25	32	24	9
灰斗粉尘 g_3/%	7.1	24	33	26	9.9

计算该除尘器的分级效率。

解：根据式(1-29)

$$\eta_i = \frac{S_3 g_{3i}}{S_1 \times g_{1i}} \times 100\%$$

对于 0～5μm 的粉尘

$$\eta_{0\sim5} = \frac{36 \times 7.1}{40 \times 10} = 63.9\%$$

5～10μm 的粉尘

$$\eta_{5\sim10} = \frac{36 \times 24}{40 \times 25} = 86.4\%$$

10～20μm 的粉尘

$$\eta_{10\sim20} = \frac{36 \times 33}{40 \times 32} = 92.8\%$$

20～40μm 的粉尘

$$\eta_{20\sim40} = \frac{36 \times 26}{40 \times 24} = 97.5\%$$

>40μm 的粉尘

$$\eta_{>40} = \frac{36 \times 9.9}{40 \times 9} = 99\%$$

（四）除尘器排放浓度

1. 排放浓度

当排放口前为单一管道时，取排气筒实测排放浓度为排放浓度；当排放口前为多支管道时，排放浓度按下式计算：

$$C = \frac{\sum\limits_{i=1}^{n}(C_i, Q_i)}{\sum\limits_{i=1}^{n}Q_i} \tag{1-33}$$

式中，C 为平均排放浓度，mg/m^3；C_i 为汇合前各管道实测粉（烟）尘浓度，mg/m^3；Q_i 为汇合前各管道实测风量，m^3/h。

2. 粉尘排放速率

除尘效率是指除尘器捕集粉尘的能力，是用来评定除尘器性能的，在国家大气污染物排放标准（GB 16297）中用未被捕集的粉尘（即排出的粉尘）来表示除尘效果。未被捕集的粉尘量占进入除尘器粉尘量的百分数称为透过率（又称穿透率或通过率），用 P 表示，显然

$$P = \frac{S_2}{S_1} \times 100\% = (1-\eta) \times 100\% \tag{1-34}$$

可见除尘效率与透过率是从不同的方面说明同一个问题，但是在有些情况下，特别是对高效除尘器，采用透过率可以得到更明确的概念。例如有两台在相同条件下使用的除尘器，第一台除尘效率为 99.9%，第二台除尘效率为 99.0%，从除尘效率比较，第一台比第二台只高 0.9%；但从透过率来比较，第一台为 0.1%，第二台为 1%，相差达 10 倍，说明从第二台排放到大气中的粉尘量要比第一台多 10 倍。因此，从环境保护的角度来看，用透过率来评定除尘器的性能更为直观。用排放速率表示除尘效果更实用。

（五）漏风率

漏风率是评价除尘器结构严密性的指标，它是指设备运行条件下的漏风量与入口风量之百分比。应指出，漏风率因除尘器内负压程度不同而各异，而国内绝大多数厂家给出的漏风率是在任意条件下测出的数据，缺乏可比性，为此，必须规定出标定漏风率的条件。袋式除尘器标准规定：以净气箱静压保持在 -2000Pa 时测定的漏风率为准。其他除尘器尚无此项规定。

漏风率的测定方法如下。

1. 风量平衡法

漏风率按除尘器进出口实测风量值计算确定：

$$\varphi = \frac{Q_2 - Q_1}{Q_1} \times 100\% \tag{1-35}$$

式中，φ 为漏风率，%；Q_1 为除尘器入口实测风量，m^3/h；Q_2 为除尘器出口实测风量，m^3/h。

漏风系数 α 按下式计算确定：

$$\alpha = \frac{Q_2}{Q_1} \tag{1-36}$$

2. 碳平衡法

在烟气工况比较复杂的条件下，可以采用碳平衡法来确定漏风系数

$$\alpha = \frac{Q_2}{Q_1} = \frac{(CO+CO_2)_1}{(CO+CO_2)_2} \tag{1-37}$$

式中，$(CO+CO_2)_1$ 为除尘设备入口处 CO、CO_2 的浓度，%；$(CO+CO_2)_2$ 为除尘设备出口处 CO、CO_2 的浓度，%。

（六）除尘器的其他性能指标

1. 耐压强度

耐压强度作为指标在国外产品样本并不罕见。由于除尘器多在负压下运行，往往由于壳体刚度不足而产生壁板内陷情况，在泄压回弹时则砰然作响。这种情况凭肉眼是可以觉察的，故袋式除尘器标准规定耐压强度即为操作状况下发生任何可见变形时滤尘箱体所指示的静压值，规定了监察方法。

除尘器耐压强度应大于风机的全压值。这是因为虽然除尘器工作压力没有风机全压值大，但是考虑到除尘管道堵塞等非正常工作状态，所以设计和制造除尘器时应有足够的耐压强度。

2. 除尘器的能耗

烟气进出口的全压差即为除尘设备的阻力，设备的阻力与能耗成比例，通常根据烟气量和设备阻力求得除尘设备消耗的功率：

$$P = \frac{Q\Delta p}{9.8 \times 10^2 \times 3600\eta} \tag{1-38}$$

式中，P 为所需功率，kW；Q 为处理烟气量，m^3/h；Δp 为除尘设备的阻力，Pa；η 为风机和电动机传动效率，%。

在计算除尘器能耗中还应包括除尘器清灰装置、排灰装置、加热装置以及振打装置（振动电机、空气炮）等能耗。

3. 液气比

在湿式除尘器中，液气比与基本流速同样会给除尘性能以很大的影响。不能根据湿式除尘器型式求出液气比值时，可以用下式计算：

$$L = \frac{q_w}{Q_i} \tag{1-39}$$

式中，L 为液气比，L/m^3；q_w 为洗涤液量，L/h；Q_i 为除尘器的入口的湿气流量，m^3/h。

洗涤液原则是为了发挥除尘器的作用而直接使用的液体，不论是新供给的还是循环使用的，都是对除尘过程有作用的液体。它不包括诸如：气体冷却、蒸发、补充水、液面保持用水、排放液的输送等使用上的与除尘无直接关系的液体。

五、除尘装置的选择要点

选择价廉、运转和维修管理简便、节省能源，又能满足当地环境保护要求的除尘器，应该考虑以下一些主要因素。

（1）需要达到的最低除尘效率或排尘浓度。

（2）烟气流的含尘浓度，粉尘的粒径分布、密度、比电阻、亲水性、黏性、毒性等。

（3）含尘烟气流的排气量及其变化范围，气体的温度、压力、黏度、露点等。

（4）除尘器及其配件的价格、安装费、运行费、管理费、维修费、除尘器的使用寿命、回收粉尘的价值等。

（5）含尘烟气流中是否有其他有害气体，或是否有可燃性气体或爆炸性气体。

（6）需要处理粉尘的爆炸性极限。

（7）除尘器占用空间的大小。

（8）要根据当地的具体情况和条件，本单位操作、维护管理水平，再根据各种除尘器的性能来选定所需要的除尘器。

第三节　气态污染物净化原理与装置

气体净化方法按其作用原理可分为三种：吸收法、吸附法和催化法。下面简要介绍这些方法的基本原理和装置。

一、吸收净化法原理

吸收净化法是一种常用的、基本的控制方法。它采用液体吸收剂除去烟气中一种或多种气体组分。因此，被除去的气体组分能溶于吸收液中是这种方法的必要条件。实际中所遇到的烟气多为混合气体。选择某种溶液作为吸收剂，混合气体中一种或几种组分被吸收，被吸收的组分称为溶质，不被吸收的组分称为惰性气体。

吸收操作有两种情况：一种是在吸收过程中吸收剂与组分之间不发生化学反应，吸收主要靠组分的分压作用，因此这种吸收不完全；另一种是在吸收时组分与吸收剂之间发生化学反应，其吸收作用主要不是靠组分的分压，因此这种吸收可能完全。

吸收操作是在气液两相间进行的传质过程。要了解这个过程，必须研究气液两相间的平衡条件及组分在气相和液相中的扩散和传质系数等问题。

（一）气液两相间的平衡

如前所述，气体组分能溶于吸收剂中是吸收操作的必要条件。溶解于吸收剂中的气体量不仅与气体、液体本身性质有关，而且还与液体温度以及气体的分压有关。在一定温度下，气体的分压愈大，则溶解于吸收剂中的气体量愈多。亨利定律表明了气体中某种组分的分压与接触的液体中含有该组分的浓度之间的平衡关系，用公式表示为：

$$c = Hp \tag{1-40}$$

式中，c 为吸收液中某种组分的浓度，g/100g 吸收剂；p 为气体中该组分的分压力，Pa；H 为与组分、吸收剂以及温度有关的常数。

假定有一个容器里面盛有液体，在液体上面有一定的气体空间，液体中溶解有某种溶质。在这种情况下，溶解于液体的溶质便会解脱出来，同时也有气体组分溶解于液体之中，经过一段时间达到平衡状态。换句话说，在平衡状态下，同一时间里溶解于液体中的气体分子数量等于从液体中解脱出来的该种组分的分子数量。

亨利定律也可改写成下列形式：

$$p = \frac{1}{H}c = \bar{H}c \tag{1-41}$$

式中，$\bar{H}$ 为亨利系数。

亨利定律不适用于浓吸收液的情况，对气体与液体发生化学反应的情况也不适用。

（二）斐克定律与扩散系数

气液两相间平衡的假定条件是每一相中某种组分的浓度都是均匀的。实际上，在传质过程中，不论在气相中还是液相中某种组分的浓度都是不均匀的，扩散物质总是从浓度较高处向较低处扩散。怀特曼曾提出这样一个模型来说明溶质在气、液相中的扩散和传质过程。在气相和液相界面的上下有一层薄气膜和一层薄液膜，扩散阻力主要产生于气膜和液膜里。在气相中溶质在分压差作用下向界面扩散。由于界面上溶质分子数增加，打破了原来的平衡状态，从而一部分溶质分子进入液相，再建立起新的平衡状态。进入液膜的溶质由于浓度差的作用向液相主体扩散。

斐克定律说明了扩散流动与浓度梯度的关系：

$$G = -DF\frac{d_c}{d_\Sigma}\tau \tag{1-42}$$

式中，G 为扩散溶质量；F 为界面面积；$\frac{d_c}{d_\Sigma}$ 为浓度梯度；τ 为时间；D 为扩散系数。

公式中的负号表示扩散从高浓度向低浓度方向进行。溶质在气相中的扩散系数值与溶质的性质、气体的温度和压力有关。溶质在液相中的扩散系数要比在气相中低得多。

上面所讨论的传质过程仅局限于层流运动中的分子扩散。实际上，多数是湍流扩散占优势，传质过程变得十分复杂，因而出现了许多新的吸收传质理论，如渗透理论、表面更新理论、综合薄膜-表面更新理论、边界层理论、经验方法等。

（三）吸收传质基本方程式

下面列出吸收传质的基本方程式：

$$G = K_q F(p_q - p_y)t = K_q F\Delta p t \tag{1-43}$$

式中，G 为被吸收的溶质量；F 为气、液界面面积；Δp 为推动力；t 为气、液接触时间；K_q 为气膜传质的总传质系数。

这个公式与传热公式相类似。用这个公式根据已知条件可进行吸收传质的计算。公式中被吸收的溶质数量可按物料平衡计算求得，气液接触时间可根据试验值取得，也可以根据塔内烟气流速和所要求的塔高求得。然而计算推动力、传质系数和气液接触表面积比较麻烦。下面简要叙述这些问题。

传质推动力是烟气中被吸收的溶质的分压力与吸收液中该种溶质平衡压力之差。在吸收塔里，气、液流动接触有同向流动和逆向流动两种情况，见图1-6。

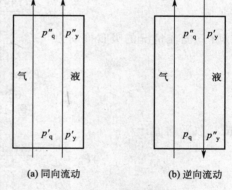

图 1-6 吸收塔气、液流动

当气液逆向流动时，烟气在出吸收塔之前接触到浓度较低的新吸收液，而从吸收塔出来的液体则接触进入吸收塔的高浓度气体，所以吸收液的利用率较高，烟气净化较好。对于同向流，烟气进吸收塔时，气液浓度差较大，出吸收塔处气液浓度差较小。如果吸收塔进口和出口处的最大和最小推动力之比小于2，即：

$$\frac{p'_q - p'_y}{p''_q - p''_y} = \frac{\Delta_1}{\Delta_2} < 2$$

则平均推动力可按算术平均值计算：

$$\Delta p_p = \frac{\Delta_1 + \Delta_2}{2} \tag{1-44}$$

如果在吸收塔出口处推动力很大，则平均推动力应该按对数平均值计算：

$$\Delta p_p = \frac{\Delta_1 - \Delta_2}{\ln\frac{\Delta_1}{\Delta_2}} \tag{1-45}$$

【例】 假设含16％的氟化氢气体用氢氟酸溶液吸收，溶液进口温度为400℃，出口温度为50℃，氢氟酸进口浓度为30％，出口浓度为35％，吸收塔对氟化氢气体的净化效率为80％，烟气的总压力为101332.3Pa，要求计算逆向流和同向流的吸收推动力。

解： 进入吸收塔的烟气中，氟化氢气体的分压力等于101332.3×0.16＝16213.2Pa。出口烟气中氟化氢的分压力按已知条件计算。假设处理的烟气量为V，已知进入吸收塔烟气含氟化氢为16％，净化效率为80％，因而出口的烟气中剩余的氟化氢等于（1－0.8）×0.16V＝0.032V。初始烟气中有惰性气体0.84V，因而出口烟气总体积为（0.032＋0.84)V（计算中未考虑水蒸气体积和体积的变化）。由此可计算出口烟气的氟化氢含量为：

$$\frac{0.032V}{0.872V}\times100\%=3.67\%$$

相应的氟化氢分压力等于0.0367×101332.3＝3720.0Pa。

按参考书中氟化氢溶液的蒸气压布罗舍经验公式计算，可得到30％氢氟酸40℃时，其分压力为659.9Pa，35％氢氟酸55℃时，其分压力为2394.6Pa。

计算逆流情况的吸收推动力

$$
\begin{array}{ccc}
入口 & & 出口 \\
16213.2 & \to 气体 \to & 3720.0 \\
2394.6 & \leftarrow 液体 \leftarrow & 659.9 \\
\hline
差\ 13818.6 & & 3060.1
\end{array}
$$

如按算术平均值计算，则

$$\Delta p_p=\frac{13818.6+3060.1}{2}=8439.4\text{Pa}$$

计算同向流情况的吸收推动力

$$
\begin{array}{ccc}
入口 & & 出口 \\
16213.2 & \to 气体 \to & 3720.0 \\
659.9 & \to 液体 \to & 2394.6 \\
\hline
差\ 15553.3 & & 1325.4
\end{array}
$$

按对数平均值计算：

$$\Delta p_p=\frac{1555.3-1325.4}{2.3\lg\dfrac{1555.3}{1325.4}}=\frac{14227.9}{2.3\times1.069}=5786.8\text{Pa}$$

从上述计算例题可以得出：

① 气液逆流的吸收推动力比同向流的大，因而能够减小吸收塔的尺寸。

② 如果气体溶质易溶于吸收液中，或吸收液上气体溶质的分压力不大或者能与吸收液进行化学反应，则吸收液的平衡分压力可取零。在此情况下，同向流和逆向流的推动力接近相等。

③ 对于难溶气体，同向流的吸收效果不好。

传质系数与传热系数类似。如前所述，溶质靠紊流扩散接近于气体边界层（气膜），穿过界面进入液体层流层（液膜），最后依靠紊流运动、分子扩散进入液相本体中。在气相和液相本体中靠紊流扩散传质，过程进行得很迅速，阻力可以忽略。而在气膜和液膜中传质则很缓慢，传质系数主要取决于双膜总阻力R值。R值等于液膜阻力r_y和气膜阻力r_q之和，即$R=r_q+r_y$。传质系数与阻力是倒数关系，因此总传质系数$K=\dfrac{1}{R}$，气膜传质系数$k_q=\dfrac{1}{r_q}$，液膜传质系数$k_y=\dfrac{1}{r_y}$。将这些关系式代入阻力公式得：

$$\frac{1}{k} = \frac{1}{k_q} + \frac{1}{k_y} \tag{1-46}$$

因气体和液体浓度单位不同,液膜传质系数应乘以亨利系数,最后得到:

$$K = \frac{1}{\frac{1}{k_q} + \frac{1}{\bar{H}k_y}} \tag{1-47}$$

对于易溶气体,吸收过程主要取决于气膜阻力,液膜阻力可以忽略。相反,难溶性气体则忽略气膜阻力,仅考虑液膜阻力。

传质系数的计算和选取可以在专门著作中找到详细的论述和具体的计算公式。

气液接触表面积的计算方法因塔型的不同而异。填料吸收塔的气液接触表面积即填料被湿润的表面积,查填料特性表可得到所选用的数据。对于喷淋吸收塔、喷射吸收塔装置的气液接触表面积难以直接求得。为此采用了容积传质系数的概念。容积传质系数与传质系数之间的关系为:

$$K_r = Kf \tag{1-48}$$

式中,f 为吸收塔 1 m^3 有效容积的接触表面积。

下面是计算用填料吸收塔净化氟化氢气体的例题。

【例】 要处理的烟气量为 10000m/h,初始烟气氟化氢分压为 666.7Pa,烟气平均温度为 40℃,用碳酸钠溶液作吸收剂,要求净化效率为 95%,计算吸收塔的主要尺寸。

解:因为用含有过剩碳酸钠的溶液作吸收剂,所以溶液的氟化氢平衡分压力为零。净化后烟气中氟化氢分压力为 666.7×0.05=33.3Pa (0.25mm 汞柱)。

吸收对数平均推动力为:

$$\Delta p_p = \frac{666.7 - 33.3}{2.3\ln\frac{666.7}{33.3}} = 211.8\text{Pa}$$

吸收净化的氟化氢量:

$$\frac{10000(666.7 - 33.3)}{101324.7} = 62.5 \text{ m}^3/\text{h}$$

$$\text{或} \quad \frac{62.5 \times 20}{22.4} = 56\text{kg/h}$$

式中,20 为氟化氢的相对分子质量。

为了说明计算方法,采用老式的木栅板填料,木板厚度为 10mm,水平中心间距为 30mm,即缝隙为 20mm,则烟气流通截面积占 20/30=67%。

1m^2 塔截面积,1m 高的填料表面积为 66m^2。

吸收塔截面上烟气流速采用 1m/s,则塔的截面积为:

$$\frac{10000(273 + 40)}{3600 \times 273 \times 1} = 3.18\text{m}^2$$

吸收塔直径为 2m。

按填料烟气流通截面积计算烟气流速为:

$$\frac{1}{0.67} = 1.5\text{m/s}$$

对于易溶气体,传质系数可以用简单的公式计算:

$$K = \frac{0.0017M\omega^{0.75}(0.0011T - 0.18)^{0.25}}{(13.7 + \sqrt{M})d_{\text{当}}^{0.25}} \quad [\text{kg/(h·m}^2\text{·mmHg)}]$$

式中,M 为被吸收气体的相对分子质量;ω 为填料层烟气通过截面上的流速,cm/s;T 为

烟气的绝对温度，K；d_d 为填料的当量直径，mm，对于本例题

$$d_d = \frac{4 \times 0.67}{66} \times 0.04 \text{m}。$$

$$K = \frac{0.0017 \times 20 \times 150^{0.75}(0.0011 \times 313 - 0.18)^{0.25}}{(13.7 - \sqrt{20}) \times 4^{0.25}} = 0.036[\text{kg}/(\text{h} \cdot \text{m}^2 \cdot \text{mmHg})]$$

$$= 0.00027[\text{kg}/(\text{h} \cdot \text{m} \cdot \text{Pa})]$$

计算填料表面积

$$F = \frac{56}{0.00027 \times 211.8} = 979 \text{ m}^2$$

计算填料体积

$$\frac{979}{66} = 14.8 \text{ m}^2$$

计算填料高度

$$14.8/3.18 \approx 5\text{m}$$

二、吸附净化法原理

吸附净化法是一种日益受到重视的空气污染控制方法。吸附净化属干法工艺，它与湿法净化系统相比，具有流程较短、净化效率较高、没有腐蚀性、没有二次污染等一系列优点。

吸附的固体物质称为吸附剂，被吸附的物质称为吸附质。固体表面上的分子力处于不平衡或不饱和状态，当与吸附质接触时，某些吸附质分子被吸附在表面上，这种现象称为吸附。吸附法不仅用于空气污染控制，在水污染控制中也起着相当重要作用。这里仅讨论气相的吸附。

固体表面对各种物质的吸附能力很早就被人们发现。早在 1771 年谢列（Sheele）就发现了木炭能吸附气体。随后木炭在溶液脱色、水的消毒、去除酒精中杂质、制糖等方面得到了实际应用。1900 年奥斯特来科（Ostrejko）获制取活性炭的专利，其做法是将金属氯化物和含碳原料混合，然后进行炭化。它使现代商品活性炭得到了发展。第一次世界大战期间，毒气战促进了活性炭防毒面具的研究工作，从而又加速了吸附理论和技术的发展。

一般公认吸附有物理吸附和化学吸附两种。物理吸附主要由分子间相互引力引起，分子间引力又称范德华力，因此物理吸附又称为范德华吸附。物理吸附的特点是吸附质和吸附剂相互不发生反应，过程进行较快，参与吸附的各相之间迅速达到平衡，吸附热不大，与凝结热相同，物理吸附无选择性，吸附剂本身性质在吸附过程中不变化，吸附过程可逆。另一种是化学吸附或称为活性吸附。只有在吸附质和吸附剂之间有生成化合物的倾向时才会发生化学吸附。吸附质及吸附剂间化学作用的结果是在吸附剂表面上生成一种结合物，它不同于一般形式的化合物，被称为表面结合物。一般化学吸附进行缓慢，需要很长时间才能达到相间平衡。化学吸附热较物理吸附热大得多，接近于一般化学反应热。化学吸附具有选择性，在吸附过程中吸附剂本身的性质起着决定性的作用。化学吸附常常是不可逆的。

在实际吸附过程中，一般是物理吸附和化学吸附同时发生。低温时物理吸附占主要地位，高温时化学吸附占主要地位。

吸附过程完成之后，下一步操作是吸附剂再生。再生有两种情况：一种是吸附质有利用价值的，应在再生的同时进行回收；另一种是吸附质没有利用价值，应在再生时处理掉。

（一）吸附等温线和兰格缪尔方程

吸附方法的广泛应用促进了吸附理论的发展。为了阐明吸附过程的实质提出了各种理论

和学说，诸如位势论、多分子吸附学说（BET学说）、毛细管凝聚学说、静电学说、电吸附学说和兰格缪尔化学学说等。但现在尚没有一种理论能概括各种吸附现象。

尽管对吸附过程有各种解释，但都认为吸附质的数量与被吸附气体的压力以及过程的温度有关，可写成函数关系：

$$\alpha = f(p, t) \tag{1-49}$$

式中，α 为单位重量吸附剂吸附的物理量；p 为被吸附气体的分压力；t 为吸附过程的温度。

当温度一定时，

$$\alpha = f(p) \tag{1-50}$$

这个函数关系称为吸附等温式。以固体吸附剂吸附气体时可画出五种类型的等温曲线，也称为吸附等温线，见图1-7。

例如 $-195\,^\circ\text{C}$ 时用硅胶或铁催化剂吸附氮气属于类型 II 曲线，$79\,^\circ\text{C}$ 时用硅胶吸附溴属于类型 III 曲线，$50\,^\circ\text{C}$ 时用氧化铁凝胶吸附苯属于类型 IV 曲线，$100\,^\circ\text{C}$ 时以活性炭吸附水蒸气属于类型 V 曲线。

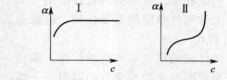
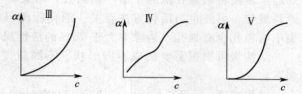

图 1-7　五种类型的吸附等温线
α—吸附量；c—气体浓度

兰格缪尔根据下面的基本假设提出了吸附等温方程式：①吸附剂吸附气体为单分子层吸附；②吸附过程包括气体被吸附剂表面吸附和由表面往气相中蒸发两个作用。在吸附开始阶段，与表面碰撞的每个吸附质分子都能吸附在表面上，随着吸附的进行，表面空位减少，吸附速率下降。另外已吸附在表面上的吸附质分子也会脱离表面而蒸发。表面上越接近饱和，蒸发速率就越大。最后，吸附和蒸发的速率相等而达到平衡。根据上述假设和分析经推导得出兰格缪尔方程式为：

$$\alpha = \frac{ABp}{1 + Ap} \tag{1-51}$$

式中，α 为单位重量吸附剂吸附的物理量；p 为吸附质在气相中的分压力；A 和 B 为与吸附剂和吸附质有关的常数。

兰格缪尔公式适用于第 I 类型等温线，而对多分子层吸附的等温线不能适用。

所谓多分子层吸附，就是第一层吸附质被吸附剂表面牢固地结合，第二层分子被第一层所吸附，第三层为第二层所吸附，依此类推。实际中应用的吸附，多数是多分子层吸附。布鲁瑙尔、埃梅特、特勒（Brunauer，Emmett，Teller）三人提出了多分子层理论的公式，简称为 BET 公式。在兰格缪理论的基础上，考虑吸附剂表面吸附了第一层分子之后，由于气体本身的分子引力的作用还可以继续发生多分子层吸附，从而推导出如下公式：

$$V = V_\text{m} \frac{Cp}{(p_\text{b} - p)\left[1 + (C-1)\dfrac{p}{p_\text{b}}\right]} \tag{1-52}$$

式中，V 为吸附达到平衡的气体吸附量；V_m 为固体表面上铺满单分子层时所需的气体体积；p 为平衡压力；p_b 为在一定温度下气体的饱和蒸气压力；C 为与吸附热有关的常数。

由于 BET 方程有许多假设，适用范围有限，在实际应用上不大方便，故主要用于测定固体的比表面积。

在试验的基础上，已确立了不同吸附剂对各种气体的吸附等温线，可在有关参考书中查到详细的资料。吸附等温线可用来研究吸附现象和吸附剂的特性，也是进行吸附计算的基础资料。

（二）吸附剂及其性质

一般来说吸附剂必须具有高度疏松的结构，有很大的暴露表面积，并能吸收大量的气体。正如前所述，吸附剂吸附的气体量取决于吸附剂和吸附质的性质、吸附剂的表面积以及气体的温度和分压力。一般吸附量的表示是以吸附剂的质量为基准，吸附的气体量以其百分率表示。吸附剂的表面积以 1g 吸附剂具有多少平方米的面积来表示，并称此为比表面积。吸附剂的微孔尺寸也是一个重要的特性。可以想象，一个大于微孔直径的分子不会渗入比其直径还小的微孔中。吸附剂的孔径范围为 $10\sim1000Å$（$1Å=10^{-10}m$）。

工业上常用的吸附剂有活性炭、硅胶和活性氧化铝等。

1. 活性炭

制造活性炭的原料有木材、泥煤、果核、椰壳、骨、血等。制造活性炭的方法很多，常用的方法是将原料在缺少空气的高温下干馏，制得粗炭。粗炭的活性很小，还需要进行活化处理，以便将堵塞孔隙的干馏产物除去，增大其比表面积。活性炭的优劣与原料有关，椰壳原料最佳，另外也与活化方法有关。活化程度以烧除率表示。烧除率在 50%～70%的活性炭中有粗孔也有细孔，烧除率大于 75%的活性炭孔隙大。

活性炭可根据需要制成不同形状、不同粒度颗粒或粉状。一般的活性炭技术指标范围如下：

堆积密度	$200\sim600kg/m^3$
灰分	0.5%～80%
孔容	$0.01\sim0.1cm^3/g$
比表面积	$600\sim1700m^2/g$
平均孔径	$7\sim17Å$
比热容	$0.84kJ/(kg\cdot℃)$
着火点	$300℃$

2. 硅胶

硅胶是用硅酸钠（水玻璃）与酸反应生成硅酸凝胶（$SiO_2\cdot nH_2O$），然后在 115～130℃下烘干、破碎、筛分，而制成各种粒度的产品。

硅胶主要用于气体脱水，这是因为它具有很好的亲水性。硅胶最大吸附量可达本身重量的 50%。硅胶吸附水分后，就降低了对其他气体的吸附能力，因而限制了硅胶的使用范围。

工业用硅胶的大概技术指标如下：

SiO_2含量	99.5%
堆积密度	约 $800kg/m^3$
比表面积	约 $600m^2/g$
比热容	$0.92kJ/(kg\cdot℃)$

3. 活性氧化铝

制备活性氧化铝的原料是氢氧化铝［$Al(OH)_3$］，氢氧化铝经焙烧、成型制得产品。活性氧化铝是部分水化的、多孔的、无定形的氧化铝。它具有优先吸附水分的特性，因此主要用作气体的干燥剂，也可用作无机物的吸附剂。但由于解吸再生比较困难，因而限制了它的使用范围。

活性氧化铝的技术指标如下：

松密度	$608\sim928kg/m^3$
比热容	$0.88\sim1.04kJ/(kg\cdot℃)$
孔容	$0.29\sim0.37cm^3/g$
比表面积	$210\sim360m^2/g$
平均孔径	$18\sim48\text{Å}$
再生温度	$200\sim250℃$
最高稳定温度	$500℃$

上述三种吸附剂在气体净化中，以活性炭的应用最多。这是因为活性炭对有机蒸气有很好的吸附性能，另一方面活性炭采用蒸汽作为再生介质不会遇到更多的技术困难，而对于硅胶和活性氧化铝则不能与水接触。

（三）吸附过程的计算公式

吸附过程的计算包括确定吸附剂的需要量、吸附过程的持续时间和吸附器的尺寸等。吸附装置有间歇式和连续式两种。本节只介绍间歇式吸附装置的计算公式。

1. 吸附质的平衡方程式

假设含有某种吸附质的烟气以速度 ω 穿过吸附剂层。取吸附剂层中单元容积，其各边长为 dx、dy、dz，单元容积中吸附剂颗粒间的空隙容积率为 V_0，则单元容积内吸附剂体积为 $dxdydz(1-V_0)$，能容纳的烟气体积则为 $dxdydzV_0$。

为了简化起见，假定烟气流是不可压缩流体且吸附质没有横向扩散，也就是说只在 X 轴方向上有浓度变化。在 $d\tau$ 时间里单元容积内吸附质含量的减少，等于由烟气流带进单元体内的吸附质的量与被该单元容积所吸附量之差。这里略去推导过程，而列出仅在 X 轴方向上浓度变化的吸附质平衡方程式：

$$-\omega\frac{\partial c}{\partial x}-\frac{\partial\alpha}{\partial\tau}=\frac{\partial c}{\partial\tau}V_0 \tag{1-53}$$

式中，c 为烟气中吸附质浓度；α 为以单位容积吸附剂为基数，在 $d\tau$ 时间里吸附的吸附质数量。

此平衡方程式是近似的，但仍可满足实际应用的需要。

2. 吸附传质方程

单位体积吸附剂所吸附的吸附质数量还可用下列方程式表示：

$$\alpha=\beta\Delta c\tau \tag{1-54}$$

式中，Δc 为烟气中吸附质浓度与吸附剂对该种吸附质的平衡浓度差；τ 为吸附时间，s；β 为质量传递系数，其定义是当浓度差为 $1kg/(m^3\cdot h)$ 时，在 1s 内从气流传递给 $1m^3$ 吸附剂的吸附质数量，s^{-1}。

根据相似理论和试验可以确定 β 值：

$$\beta=1.6\frac{D\omega^{0.54}}{\gamma^{0.54}d^{1.46}} \tag{1-55}$$

式中，γ 为气流的动力黏滞系数，m^2/s；D 为扩散系数，m^2/s；ω 为气流速度，m/s；d 为吸附剂颗粒直径，m。

3. 间歇吸附的持续时间

下面研究第一类型吸附等温线，可将这条曲线分为三段，分别求出计算持续时间的公式。

第一段可近似看作直线，并认为符合亨利定律，将其与吸附平衡方程、吸附传质方程联立求解得到计算吸附持续时间公式：

$$\sqrt{\tau}=\sqrt{\frac{H}{\omega}\sqrt{L}}-b\sqrt{\frac{H}{\beta}} \tag{1-56}$$

式中，τ 为间歇吸附持续时间，min；H 为无量纲亨利系数；ω 为吸附器截面上的气流速度，m/min；L 为吸附层高度，m；β 为质量传递系数，min^{-1}。

$$b=\Phi^{-1}\left(1-\frac{c}{0.54c_0}\right)$$

式中，c_0 为气流中吸附质的初始浓度，kg/m^3；c 为吸附器出口的吸附质浓度，kg/m^3。

$$\Phi(X)=\frac{2}{\sqrt{\pi}}\int_0^z e-z^2\,dz$$

上式为克朗波函数公式

第二段为曲线，由兰格缪尔等温方程、吸附平衡方程和吸附传质方程求解：

$$\tau=\frac{\alpha_0}{\omega c_0}\left\{L-\frac{\omega}{\beta}\left[\frac{1}{p}\ln\left(\frac{c_0}{c}-1\right)+\ln\frac{c_0}{c}-1\right]\right\} \tag{1-57}$$

第三阶段吸附量达到饱和并保持不变，α 为常数，与烟气中吸附质含量无关。吸附的持续时间可按下列公式计算：

$$\tau=\frac{\alpha_0}{\omega c_0}\left[L-\frac{\omega}{\beta}\left(\ln\frac{c_0}{c}-1\right)\right] \tag{1-58}$$

然而在实际工程中，吸附时间常用简化公式计算。这个公式是根据气流带入的吸附质数量等于吸附剂吸附量的关系求得：

$$\tau=\frac{G_1(\alpha_2-\alpha_1)}{\omega S c_0} \tag{1-59}$$

式中，G_1 为吸附剂重量；α_1 为吸附剂初始吸附质含量；α_2 为吸附剂终止吸附质含量；S 为吸附器截面积；c_0 为气流中吸附质的初始浓度；τ 为吸附时间；ω 为按吸附器整个截面计算的气流速度。

三、催化净化法原理

催化剂在化学工业、石油加工和食品工业中得到广泛应用。从统计资料知，有 80%～90% 的化工过程与催化剂发生联系。如此广泛应用，原因是催化方法具有许多优点，如它能加速反应而减少所需的设备量，催化剂能使反应在比较低的温度下进行，因此热力和动力消耗都比较少。催化剂不需要附加药剂，这样不仅可以节省费用，而且不会形成没有价值的副产品，更重要的是催化方法可以获得用其它方法不能得到的产品。

自从 1875 年沃·克莱门特发明了铂催化剂接触法的工业流程以来，新催化剂的开发应用以及催化作用的研究得到了飞快的发展。但是由于催化是一个非常复杂的问题，所以尽管提出了各种不同的理论（如活性中心理论、中间化合物理论、电子理论等），但至今还没有一个理论能普遍适用各种情况。

在环境保护技术领域里，通过催化法净化有毒气体和污水也越来越受到人们的重视。

（一）催化作用

某种物质加到化学反应体系后，能改变化学反应速率，而本身不发生化学变化，这样的物质叫做催化剂，其作用称为催化作用。催化反应可分为均相催化和多相催化。所谓均相催化就是催化剂和反应物质为同一相。多相催化则不是同一相。催化反应是在两相界面上发生的。用催化法净化烟气，催化剂为固相，反应物为气相，因此属多相催化。

与吸附过程相类似，催化过程可分解为 5 个步骤：

① 反应气体从气相本体扩散到固体催化剂表面；

② 反应气体被催化剂表面所吸附；

③ 反应气体在催化剂表面上进行化学反应；

④ 生成物从催化剂表面上脱附；

⑤ 生成物向气相本体中扩散。

从上述过程可以看出，吸附是多相催化的必经阶段。吸附在固体表面上的反应分子形成活化的表面中间化合物，使反应活化能降低，反应加速，最后从固体表面上脱附而得到产物。

什么叫活化能？催化又如何降低了反应活化能并加快了反应速率呢？下面以氮和氢合成氨的反应作为例子来说明。这个反应只有当氮和氢分子获得足够能量时才能实现。具有这样高能量的分子称为活化分子。处于活化状态能进行反应的分子所具有的最低能量与普通分子所具有平均能量的差称为该反应的活化能。对于非催化反应，经常采用升高温度的办法使反应分子获得应有的活化能，促使反应能够进行。催化反应则是由于催化剂的存在，使反应沿着活化能较低的新途径进行，见图 1-8。

设催化剂 K 能加速 A＋B ⟶ AB 的反应：

$$A+K \underset{k_2}{\overset{k_1}{\rightleftharpoons}} AK \qquad (1-60)$$

$$AK+B \xrightarrow{k_3} AB+K \qquad (1-61)$$

催化反应的活化能 $E=E_1+E_2-E_3$，它只需克服两个较小的能峰。非催化反应则需要克服一个活化能为 E_0 的较高能峰。由于活化能降低，故大大加快了反应速率。

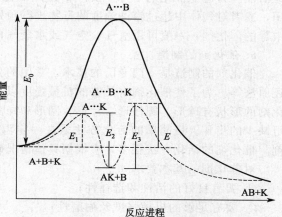

图 1-8　活化能与反应的途径

（二）催化剂

催化剂可以是气体、液体或固体，其中固体催化剂在工业上应用最广泛。固体催化剂由活性物质、助催化剂和载体所组成。

1. 催化剂的活性

催化剂的活性是衡量催化效能的重要指标。工业催化剂的活性通常以单位体积（或重量）催化剂在一定温度、压力、反应物浓度和空速条件下，单位时间内得到的产品量来表示。催化剂的活性与使用时间的长短有关。催化剂从开始使用经过一段时间后，活性逐渐增加到最大值，这段时间称为成熟期。此后，活性稍有下降，而保持某一定值，这个阶段称为活性保持期，这段时间越长对使用越有利。活性保持期之后，催化剂的活性随着使用时间的延长而下降，最后不能继续使用，必须再生或者更换新催化剂，这个阶段称为衰老期。

2. 催化剂的选择性

催化剂选择性是指某一种催化剂在一定条件下只对其中一种反应起加速作用。例如，甲酸用氧化锌催化后能分解为氢和二氧化碳，而用氧化钛催化时则分解为一氧化碳和水。催化剂的选择性在工业上具有特别重要的意义。

3. 助催化剂

将一种或多种物质加入到催化剂中，催化剂的活性可增加许多倍，这个现象叫做助催化作用。我们把能提高催化剂的活性、选择性或稳定性的物质称为助催化剂。例如，镍对一氧化碳或二氧化碳的氢化活性，只要加入 5％的氧化铈，就能提高近 12 倍。又如，在高温高压下用纯铁催化剂合成氨，催化活性下降很快，寿命不超过几小时。但是往熔融的 Fe_3O_4 中加入 Al_2O_3 而制成固熔体，然后在氢气中还原，则可使催化剂的寿命延长数年。

4. 载体

最初使用载体是为了节省催化剂活性物质和增大催化剂的比表面积。实际上，载体还可以改变活性物质的化学组成与结构，因而能提高催化剂的活性和改变选择性。它还可以改善催化剂的导热性和热稳定性，以避免因局部过热而烧毁催化剂。常用的载体有硅藻土、氧化铝、硅胶、活性炭、浮石、铁矾土和氧化镁等。

5. 催化剂中毒

催化剂在使用过程中，由于微量杂质的影响使其活性下降，这种现象称为中毒。中毒可分为暂时性中毒和永久性中毒。如合成氨所用的铁催化剂，由于氧和水蒸气引起的暂时性中毒，可用加热还原法使催化剂恢复活性。而由硫引起的永久性中毒，则用一般方法难以恢复其活性。为避免催化剂中毒，要严格按照催化剂所规定的毒物种类和容许的最高含量来选用，或者对气体中超过容许浓度的毒物进行预处理，使其降低到容许浓度以下。对于暂时性中毒的催化剂，一般可用氢气、空气或水蒸气再生。

6. 催化剂的制造

催化剂的制造是一门专门的技术，常用的方法有沉淀法、浸渍法、热分解法、熔融法和还原法等。为了使催化剂有足够的机械强度以及不同的形状和粒度，需要进行成形加工。催化剂的形状有球形、圆柱形、片形、网形和蜂窝形等。在制造过程中，催化剂表面活化是不可缺少的步骤。最简单的活化方法是在一定温度下煅烧。对于金属催化剂可用氢作为活化剂。催化剂的活化方法很多，应根据具体情况确定活化方法。

对催化剂的基本要求如下：
① 要有良好的活性和选择性；
② 要有足够的机械强度及耐磨性；
③ 抗毒性能和热稳定性好，寿命长；
④ 易于再生，可反复使用；
⑤ 价格便宜，易于成型；
⑥ 有适当的助催化剂、载体和稳定剂。

不同烟气的特点对催化剂提出了不同的要求。

工业炉窑排放的烟气量比化工生产的原料气量大得多，例如火力发电厂的大型锅炉排烟量每小时达百万立方米，钢铁工业的炉窑排烟量为每小时数十万立方米，有色冶炼厂的炉窑排烟量为每小时上万至数十万立方米。这就要求催化剂应具有较高的活性。对于处理有机气体的催化剂，要求能在低温下操作并能完全氧化。

烟气中含有毒气体的浓度较低，例如硝酸厂尾气中含氮氧化物浓度为 0.2％～0.5％，烧结机头烟气含二氧化硫浓度低于 0.5％，而容许排放标准则要求净化后的有毒气体浓度达到 10^{-6} 级，因此催化剂应具有极高的净化效率。

大多数烟气都是混合气体，常常含有灰尘和水蒸气等。因此要求催化剂有更好的抗毒性、化学稳定性和选择性。

烟气的流量、温度和组分等波动较大，为此要求催化剂能在较宽的操作条件下稳定工作。

四、热燃烧和催化燃烧

采用完全燃烧法来销毁大气污染物是比较有效的方法，为了达到完全燃烧，需要过量的氧气、足够的温度和高度的湍流，否则，由于不完全燃烧而形成的中间产物有时会比原来的化合物更为有害。

目前常用的方法有直接燃烧（燃烧温度在1100℃以上）、热力燃烧（燃烧温度为720～825℃）和催化燃烧（燃烧温度在300～450℃）。

（一）热力燃烧

当废气中可燃烧的有害组分浓度较低（几百个mg/L）、发热值仅为40～800kJ/m³时，不能靠它维护燃烧，必须采用辅助燃料来提供热量，使废气中可燃烧物达到着火温度而销毁，称之为热力燃烧。热力燃烧过程见图1-9。

热力燃烧是在废气充分湍流流动下，供给充分的氧，在反应温度下接触一定的时间，才能得到充分燃烧，所谓热力燃烧的三个条件：温度、停留时间和湍流。对不同的可燃烧的污染物的燃烧温度和停留时间是不同的，如表1-8所列。

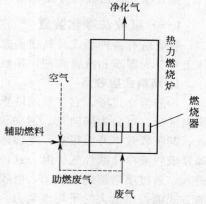

图1-9 热力燃烧过程示意

表1-8 热力燃烧所需温度和停留时间

可燃污染物	停留时间/s	反应温度/℃	净化效率/%
HC	0.3～0.5	590～680	>90
HC+CO₂	0.3～0.5	680～820	>90
甲烷、苯、二甲苯	0.3～0.5	760～820	>90
恶臭物质		540～650	50～90
	0.3～0.5	590～700	90～99
		650～820	>90
黑烟	0.7～1.0	760～1100	>90

（二）催化燃烧

催化燃烧主要用来治理工业有机废气和消除恶臭。在催化剂作用下，有机废气中的烃类化合物可以在较低温度下（300～400℃）迅速氧化，生成CO_2和H_2O，使气体得到净化。

催化剂是进行催化燃烧的关键，要求催化剂具有以下特点：①活性高，特别是在低温条件下的活性要高，以降低起燃点；②热稳定性好，即在高温下催化剂仍能保持其催化性能；③抗毒性好；④寿命长。

五、净化装置

净化塔和净化器是烟气净化系统中的主要设备。在工程设计中，根据已知的烟气成分、初始浓度、流量、温度和按工业企业有害物排放标准而确定的净化后的有毒气体浓度选择净化器的型式，计算其主要尺寸、物料平衡、操作参数和流体阻力等。

溶液吸收法常用的净化设备有：填料式吸收塔、喷淋式吸收塔、喷射式吸收塔、泡沫式吸收塔、湍球塔和文氏管吸收器等。

吸收净化中吸收液的选择非常重要，选择时应考虑下列要求：

① 对吸收的气体成分有较高的溶解度，以便提高吸收速率和减少溶剂用量；

② 挥发性小，减少损耗；

③ 化学稳定性好；

④ 无腐蚀性或低腐蚀性、无毒；

⑤ 价格低廉。

吸附法常用的净化设备有：固定床吸附器、流动床吸附器和输送床吸附器。

催化净化反应器可分为固定床反应器和流动床反应器两大类。

（一）吸收法净化装置

吸收塔有各种型式，其根本差别在于气液的接触方式和接触条件不同。气液接触方式大体上可分为雾滴和液膜两种，接触条件有湍流和层流两种。下面简述常用的吸收塔。

1. 填料式吸收塔

一般为立式塔。它主要靠塔里的填料提供较大的气液接触面积。填料式吸收塔按气液的流向区分，可分为同向流、逆向流和错流三种。同向流吸收塔是烟气和吸收液均从塔顶进入，其吸收效率开始很高，随即逐渐下降。只有推动力很大时，例如气体的溶解度很大或用碱性吸收液净化酸性气体时，这种塔型的吸收才是有效的。对于逆流吸收塔，烟气从塔下部进入，通过填料层向上流动，吸收液从塔的顶部向下喷淋，湿润填料表面向下流动。这种逆流方式能提供最大的平均推动力，故可得到最高的吸收效率。错流填料塔的烟气水平流过填料层，吸收液由上而下顺填料层流动。这种塔的阻力较低、消耗吸收液较少，但液体夹带较大，需装设好的除雾器。

填料式吸收塔的构造很简单，图1-10为逆流吸收塔。一般采用圆筒形外壳1，烟气由塔下部进气口2送入，穿过填料支撑搁板3和填料层4，再经过除雾器5分离雾滴，最后由烟气出口6排出。吸收液由管道7进入分配管8，均匀洒在填料层上，顺流而下，由塔底溢流管9排出。在填料层的下部塔体上有卸料口10，用以取出填料。在塔底最下部有清扫口11。如填料层较高时，中间应有液体再分配器12。

选择合适的填料是填料塔运行性能好坏的关键。常用的填料有：拉西环、鞍形填料、网带卷、波纹板、丝网填料等。要求填料具有耐腐蚀性和耐久性，有一定强度以免在输送和装卸中破损，气流阻力小及价格便宜等。

吸收液的分布方式能影响填料的润湿面积。图1-11（a）的液体分布方式不合适，图1-11（b）的分布方式较为合适。根据实践经验，每隔3m高的填料，液体需要重新分配一次。而整块填料床，一般不需要液体再分布，因液体基本上是垂直向下流动的。

填料塔按塔截面积计算的流速为0.3～1.0m/s，按塔截面积计算的吸收液流量为15～20L/(m²·h)，气流阻力约为490.3Pa，塔径一般不超过800mm，塔高可根据计算确定。

填料式吸收塔有多种优点，如塔的结构简单，没有复杂的部件；适应性较强，根据净化要求可更换不同的填料和增、减填料层高度；气流阻力小，能耗低；允许操作条件在较大范围内变化以及投资较低等，因而得到广泛应用。但对于含尘浓度较大的烟气，特别是易产生结垢的烟气不宜采用此种塔型。

2. 喷淋式吸收塔

这种吸收塔是依靠喷嘴将吸收液充分雾化，雾滴由上而下与烟气逆流接触，完成吸收过程。

图1-12为喷淋式吸收塔示意图。烟气从塔的下部进口管4进入均流段1。为使烟气在塔的整个截面上均布，一般采取进口管道向下转弯90°的方法。喷淋段2是塔的主要区段，其高度根据计算确定。塔的顶部为脱水段3，其中安装有除雾器，使气液分离。除雾器的类型根据要求选择。烟气经过除雾后从塔顶的排出管5排至烟囱。

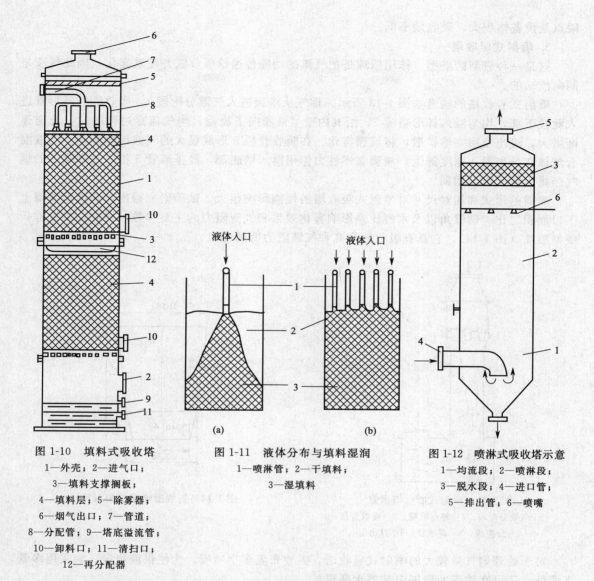

图 1-10　填料式吸收塔
1—外壳；2—进气口；
3—填料支撑搁板；
4—填料层；5—除雾器；
6—烟气出口；7—管道；
8—分配管；9—塔底溢流管；
10—卸料口；11—清扫口；
12—再分配器

图 1-11　液体分布与填料湿润
1—喷淋管；2—干填料；
3—湿填料

图 1-12　喷淋式吸收塔示意
1—均流段；2—喷淋段；
3—脱水段；4—进口管；
5—排出管；6—喷嘴

吸收液经喷嘴 6 喷洒洗涤烟气。喷嘴的型式和性能对于喷淋塔的操作条件和净化效果有非常大的影响。一般根据塔的喷淋强度（或水气比）和喷嘴的性能计算喷嘴的数量。按喷嘴的作用半径，将喷嘴均匀布置在塔的截面上。若喷嘴数量多，在一层截面上布置不完，可布置第二层和第三层。常用的喷嘴型式有 Y-1 型、单旋涡型、渐伸型和碗形等。喷嘴的安装方式要考虑便于维修和更换。

对于湿式吸收器来说除雾是必要的。如果除雾效果不好，不仅增加了吸收液的消耗，重要的是将吸收的有毒成分以另一种形式排入大气。常用除雾器的型式有：充填层除雾器、降速除雾器、折板式除雾器、旋风式除雾器和旋流板式除雾器等。降速除雾器构造最简单，阻力损失也小，但除雾效果较差。旋流板式除雾器的阻力略大于折板型，但其除雾效率可达 99%。

喷淋塔的空塔烟气流速一般采取 0.5～1.0m/s，水气比取 0.7～0.9，气流阻力约 200Pa。

喷淋塔的优点是结构简单，气体阻力小，比较适用于处理含尘气体和便于维护管理等，缺点是设备体积大，吸收效率低。

3. 喷射式吸收塔

这是一种较新的塔型，作用原理是把气流的动能传递给吸收液并使其雾化，因此气液是同向流动的。

喷射式吸收塔的构造如图 1-13 所示。烟气从塔顶进入气液分配段 1，吸收液经环形管进入此段下部，均匀溢入杯形喷嘴 2，沿其内壁呈液膜向下流动。当气流穿过喷嘴时，流速逐渐增大，流出喷嘴突然扩散，将液膜雾化。在吸收管段 3 形成极大的气液接触面积。气液混合流体在分离段 4 速度降低，液滴靠惯性力作用落入塔底部，经排液管 5 排出。净化后的烟气经排出管 6 排至烟囱。

喷嘴的形式和相对尺寸对喷射式吸收塔的性能影响很大。试验研究得出，圆锥形喷嘴上下口面积之比、圆锥角以及水气比是影响雾化效果和气流阻力的主要参数。研究结果推荐折线型喷嘴（图 1-14），它具有吸收效率高和气液阻力低的优点。

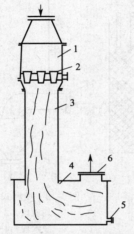

图 1-13 喷射式吸收塔示意

1—气液分配段；2—杯形喷嘴；3—吸收管段；

4—分离段；5—排液管；6—排出管

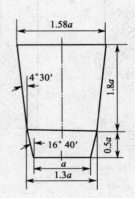

图 1-14 折线型喷嘴剂相对尺寸

对于处理烟气量较大的喷射式吸收塔，需要布置多个喷嘴。为使供液稳定，除采用多管进液外，还可在喷嘴的周围安装挡水环形板。

喷射式吸收塔的设计参数如下：喷嘴下口烟气流速为 26～30m/s；吸收段截面上烟气流速为 5～7m/s；气液分离段烟气流速低于 1.5m/s；液气比为 1～2；塔的气流阻力为 980.6Pa；吸收段高与塔径之比为 5～7。

喷射式吸收塔的优点是烟气穿塔速度高，因此处理同样烟气量塔的体积小；塔的结构简单，没有活动和易损部件；能处理含尘烟气，不易堵塞；维护管理方便；对易溶性气体的净化效率较高。缺点是气流阻力较大。在安装杯形喷嘴时，应保证喷嘴上缘在一个水平面上，以便吸收液均匀溢流，否则将影响雾化效果。

4. 筛板泡沫吸收塔

这是一种强化的吸收装置。它的作用原理是借助气体的动能，对液体的表面张力做功，形成强烈运动的不稳定泡沫层。这种泡沫不仅界面很大，而且不断更新，因此吸收效率极高。

观察泡沫层可明显看到三个不同区域。接近孔板底层是鼓泡区，气泡穿透连续的液体；

鼓泡区上面是泡沫区，传质和传热过程在此区内非常强烈，常用提高气流速度的方法，增加泡沫层高度，强化过程；最上面一层是雾沫区，有飞出和降落的大小雾滴。

一般采用多孔板即筛板形成气、液泡沫，因此称此种设备为筛板泡沫塔。根据吸收过程要求，可设计成单板塔或多板塔。根据吸收液溢流方式的不同，又可分为溢流或无溢流泡沫塔。

图 1-15 是单板溢流泡沫塔示意。泡沫塔外壳 1 可做成圆形或矩形截面的塔体。烟气从筛板 2 下部进气管 3 进入塔内。为了使气流在整块筛板上均匀分布，可做成环形进气口。烟气穿过筛板，形成泡沫层，完成吸收过程后，经顶部排气口 4 排出。吸收液用泵送至分布室 5，继续流经筛板至溢流室 6。溢流室中装有挡板 10，用以控制溢流量。最后，吸收液经溢流管 7 排入循环槽。如果烟气含有灰尘，为便于排出泥浆，则可将塔底部做成锥体 8，下部有泥浆排放管 9。

泡沫塔的筛板也可做成条缝状或由多根板条或钢管构成。筛板上气流通过的面积称为自由截面积，它取决于设备的用途和操作情况，一般取塔截面积的 10%～40%。无溢流筛板自由截面积

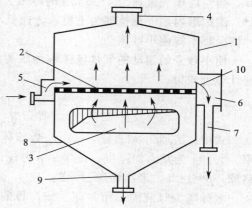

图 1-15 筛板泡沫吸收塔示意
1—外壳；2—筛板；3—进气管；
4—顶部排气口；5—分布室；6—溢流室；
7—溢流管；8—锥体；9—排放管；10—挡板

略大些。对于处理含尘烟气，采用无溢流泡沫塔可减轻筛板堵塞。但是无溢流泡沫塔没有溢流塔操作条件稳定。

设计筛板泡沫塔时，重要的是正确选择操作参数。作为烟气净化用的泡沫塔，按塔截面积计算的气体流速 $\omega_{气}=1～3m/s$，按此值计算塔的截面积。

对于筛板自由截面积 S_0 可用下列公式计算：

$$S_0 = \frac{\omega_q}{\omega_0 \phi} \times 100\% \qquad (1-62)$$

式中，ω_0 为通过筛板的烟气流速，根据要求的筛孔液体渗漏量来确定，一般 $\omega_0=6～13m/s$；ϕ 为筛板自由截面积与塔截面积之比。

供液量可根据物料平衡计算，但液、气比不得小于 $1:50$，因为小于此值达不到形成泡沫的条件。

传质系数和设备阻力与烟气、吸收液种类、性质以及操作条件有关。

筛板泡沫塔具有吸收效率高、设备尺寸小、操作费用低等优点。缺点是含尘气体易结垢堵塞筛孔。

5. 湍球塔

这种吸收塔是利用一定数量的轻质小球作为气液接触的媒体。图 1-16 是湍球塔示意。在塔顶上有喷头 1 喷洒吸收液，润湿小球 2 的表面。烟气从进气口 5 送入经导流叶片 4 和栅网 3，穿过球层，当气流速度达到足够大时，球层开始浮动、膨胀，小球互相碰撞、旋转并剧烈湍动。此时球表面液膜不断更新；烟气总是与新的液膜表面接触，因此有利于气体吸收。烟气继续向上经过叶轮脱水器 7 后

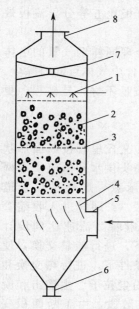

图 1-16 湍球塔示意
1—喷头；2—润湿小球；
3—栅网；4—导流叶片；
5—进气口；6—排液管；
7—叶轮脱水器；8—排气管

从塔顶排气管 8 排至烟囱。吸收液流至塔底由排液管 6 排入循环槽。

设计湍球塔时应根据烟气中有毒气体浓度和净化效率的要求确定采取一段、二段或数段球层。每段球层之间都有栅网，最上层栅网起拦球作用。球层膨胀高度可根据经验公式计算，当空塔烟气流速为 4～5m/s 时，最大膨胀高度为 900mm。

湍球塔内烟气流速甚为重要，流速低小球不能浮起，流速太高小球浮起落不下来，这两种情况都不能使小球湍动。

使小球开始湍动的气体流速称为临界流速，以 ω_1 表示。在没有吸收液喷淋时，临界流速计算公式为：

$$\omega_1 = \sqrt{\frac{2gd_Q(\gamma_Q - \gamma_q)\varepsilon^3}{\rho\gamma_q(1-\varepsilon)}} \tag{1-63}$$

式中，d_Q 为小球直径，m；γ_Q 为球体容量，kg/m^3；γ_q 为烟气容量，kg/m^3；ε 为孔隙率，%；g 为重力加速度，m/s^2；ρ 为球的阻力系数，小球直径 $d=38mm$，表面喷漆赛璐珞球，$\rho=14.6$，聚乙烯球 $\rho=12$。

湍球塔为气液固二相并存系统，目前尚无计算公式，只能上述公式为基础乘以修正系数，即

$$\omega_{sh} = \alpha\omega_1 \tag{1-64}$$

式中，α 为系数，$\alpha=1.5～3$。

小球应是空心轻质的。另外还应耐磨耐腐蚀，具有一定强度，以提高使用寿命。一般采用赛璐珞、聚丙烯和聚乙烯材料制作。

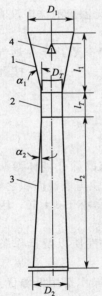

图 1-17　文丘里管示意
1—收缩管段；2—喉管；
3—扩散管段；4—喷头

直径较大的湍球塔内的气流容易在塔内产生偏流，影响球层均匀湍动，因而降低吸收效率。为解决偏流问题，可以在塔进气管以上安装导流板。有关资料介绍，十等分的导流板比五等分导流板效果要好。

湍球塔的优点是烟气穿塔流速高，因而处理同样烟气量的塔体积要小；气液接触表面积大、吸收效率高；对含尘气体可同时除尘，不易堵塞且流体阻力也较低等。缺点是小球质量不好，易破损，更换小球比较麻烦。

6. 文丘里管吸收器

这是一种高效传质、传热和除尘的设备。文丘里管按断面形状可分为圆形和矩形两种；按供水方式可分为喷头供水和溢流供水两种。图 1-17 为喷头供水圆形断面文丘里管示意。烟气进口管道连接收缩管段 1，烟气出口管段连接扩散管段 3。烟气进入收缩管由于断面积逐渐缩小，烟气流速渐大，到达喉管 2 流速达到设计值。由喷头 4 喷出的水滴在高速气流的作用下，进行能量交换，使水滴进一步雾化。气液在喉管段的强烈湍流条件下，进行热交换和质量交换。如果烟气中含有尘粒，则雾滴与粉尘粒子产生撞击和凝聚作用，可同时达到除尘目的。烟气进入扩散段，由于断面积变大，流速逐渐降低，相应动压减小，静压增大。因此，又称扩散段为静压恢复段。文丘里管的几何尺寸不同，静压恢复的程度也不相同。静压值大致能恢复 60%～85%。

文丘里管几何尺寸如下：收缩角 $\alpha_1=23°～25°$；扩展角 $\alpha_2=6°～7°$；喉管长度为当喉管直径 $D_T<250mm$，$l_T=250mm$；当 $D_T>250mm$，$l_T=D_T$；收缩管进口和扩散管出口直径

与相连接的管道直径相同。

文丘里管操作参数的确定：

烟气净化中文丘里管的喉管烟气流速 $\omega_T = 25 \sim 40 \text{m/s}$，水气比 $L = 1 \sim 1.5 \text{L/m}^3$。

文丘里管的阻力包括烟气与管壁摩擦阻力损失、管径变化引起的局部阻力损失以及气液能量交换所损失的能量。为了计算方便将文丘里管的总阻力表示为干湿阻力之和，即

$$\Delta p = \Delta p_g + \Delta p_s \tag{1-65}$$

$$\Delta p_g = \xi_g \frac{\omega_T^2 \rho}{2} \tag{1-66}$$

$$\Delta p_s = \xi_s \frac{L \omega_T^2 \rho}{2} \tag{1-67}$$

式中，Δp_g 为当文丘里管不喷水时的阻力；Δp_s 为当喷水时增加的阻力；ξ_g 为文丘里管干阻力系数；ξ_s 为文丘里管湿阻力系数；ω 为喉管内烟气流速，m/s；ρ 为烟气在喉管出口处，饱和状态下的密度，kg/m^3；L 为水气比，L/m^3。

文丘里管出口要连接除雾器，以便进行气液分离。对于烟气净化用文丘里管，一般采用空心塔作为脱水器，它既能进行气液分离，又兼有继续吸收净化的作用。

文丘里管吸收器具有净化效率高，用水量小、结构简单、操作维护方便等优点。缺点是阻力大、能耗高。在要求有较高净化效率的情况下，才考虑采用此种高能耗吸收器的方案。

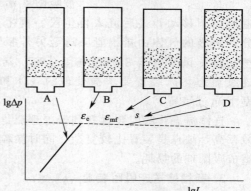

图 1-18　气体传过吸附剂层的
流动状况剂压降曲线

（二）吸附法净化装置

吸附过程一般包括三个步骤。第一步是烟气与吸附剂接触，吸附质有选择性地被吸附剂吸附；第二步是从烟气中分离吸附剂；第三步是吸附剂再生或卸出用过的吸附剂，换入新的吸附剂。吸附净化设备要保证上述三个步骤能顺利进行。目前所用的吸附净化设备有三种类型：固定床吸附器、流化床吸附器和输送床吸附器。

下面研究图 1-18 所示的气体穿过粒状吸附剂层的流动状况。气体流速较低时，吸附剂颗粒静止不动，气体只能通过颗粒间隙穿过，气体的压降较小。这种气固接触方式称为固定床吸附器。随着气体流速的增高，压降相应增大，当压降值达到 ε_e 时，即气体传递给吸附剂的能量等于单位床层面积上吸附剂的质量和吸附剂对器壁的摩擦力之和时，吸附剂颗粒就开始产生有限的乱动，这就是平稳的流态化床的流动状况。继续增大气体流速，固体颗粒间的尘隙也继续增加，床层膨胀，固体颗粒很像沸腾的液体。此时，顶部固气界面仍然清楚。从压降曲线上看，从 ε_e 点到 ε_{mf} 点，压降值没有增加，ε_{mf} 点是流态化床的工作点。气体流速再继续增加，床层进一步膨胀，当达到压降曲线上 s 点时，固体颗粒被气体带走，气体压降又开始增加，这就是稀相输送床流动状况。图中相应给出三种流动状况的气体压降和重量流速的关系曲线。

1. 固定床吸附器

固定床吸附器有立式、卧式和环形三种形式。立式固定床吸附器如图 1-19 所示。

烟气由顶部中心管进入吸附器底部，再均匀向上穿过吸附剂层，从排出管排出吸附

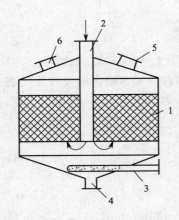

图 1-19　立式吸附器
1—吸附剂层；2—废气进入管；
3—蒸汽管；4—冷凝水排放口；
5—烟气排出口；6—解吸气体排出口

后的烟气。固定床吸附器没有气固分离的步骤，吸附剂的解吸操作也在吸附器中完成。吸附剂达到饱和后由蒸汽管通入蒸汽。同时关闭废气进入管和排气管上的阀门，打开管6的阀门，解吸气体由管6排出。吸附器底部中心管是排放冷凝水用的。

吸附剂床层采用钢框架支撑，其上铺金属网，金属网上铺一层砾石，高度大约100mm，砾石上再铺金属网，其上堆放吸附剂。在吸附剂上面再盖上金属网，并以重物压住。根据吸附过程的要求，吸附器外壳应有适当的保温层。

固定床吸附器的操作简单、能耗低，因此在烟气净化中得到广泛的应用。它的缺点是设备尺寸较大。

2. 流化床吸附器

图1-20是一个带再生的多段流态化吸附装置。被处理的气体经吸附段入口4进入，向上穿过吸附层1，某些组分被吸附在活性炭上，净化后的气体由出口5排出。活性炭逐层向下移动，最后流入再生段。再生蒸汽由入口6送入，经过再生床2解吸吸附的组分，解吸的气体由排出管7送至另外装置回收或处理。再生的活性炭靠气动输送管3送至高位旋风分离器8进行气固分离，活性炭重返吸附段。这种连续流态化床装置要求被处理的气体和吸附剂都要在固定的速率下通过装置。

连续流态化吸附装置有利于处理流量大的气体，装置尺寸小，效率高，缺点是装置比较复杂，同时炭粒由于机械摩擦而成炭粉，造成吸附剂的损耗。

3. 稀相输送床吸附装置

实际上输送床吸附装置就是烟气管道和配备的吸附剂料仓以及连续定量加料器等。被处理的烟气在风机的抽吸作用下进入烟气管道。在烟气管道的选定位置上设置吸附剂料仓，吸附剂定量连续地向烟气管道内加入。在烟气高速气流的带动下，吸附剂均匀分散在气相中，同时完成吸附过程。然后，携带有吸附剂的烟气进入气固分离器将吸附剂分离出来。如果吸附剂在一次吸附后未能达到饱和，可将其返回料仓进行多次循环吸附。饱和的吸附剂送再生装置或进行处理。

（三）催化反应器

工业催化反应器与吸附净化装置大同小异，可分为固定床和流化床两种型式。对于中小型装置多采用间歇操作的固定床反应器。大型装置则采用连续的流化床反应器。因为大多数催化反应是吸热或放热的过程，反应器内要维持一定的温度，这就要求反应器能输入或输出必要的热量。下面简要介绍几种常用的催化反应器。

1. 固定床催化反应器

在催化反应中，固定床反应器由于结构简单、造价低、易

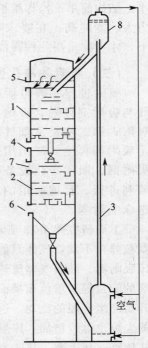

图 1-20　带再生的多段
流态化吸附装置
1—吸附层；2—再生床；
3—气动输送管；4—吸附
段入口；5—净化气体出口；
6—再生蒸汽入口；
7—解吸气体排出管；
8—高位旋风分离器

操作，所以应用最为广泛。它的缺点是催化剂层温度不均匀及当床层较厚或空速大时动力消耗高等。固定床催化反应器有许多种型式，下面仅介绍两种。

单段和多段绝热反应器：单段绝热反应器与固定床吸附器的构造相同。由于它没有换热设备，应用范围受到一定限制。应用较多的是多段绝热反应器，如图 1-21 所示。

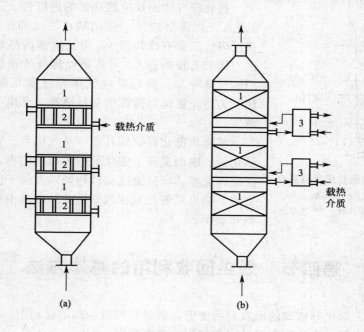

图 1-21 多段绝热反应器
1—催化剂层；2—列管式换热器；3—换热设备

反应器的层数可根据需要设置，在每层隔板上置放催化剂。图中给出两种型式：一种是在床层中间装有列管式换热器［图 1-21(a)］，另一种型式是在反应器外装有换热设备［图 1-21(b)］。被处理的气体从反应器下部进入，依次通过催化剂床层或换热管，最后，反应后的气体从顶部管排出。

本身换热型反应器的热利用方式甚为简便，它是利用温度较低的被处理气体来降低催化剂床层的温度，与此同时被处理气体达到预热的目的。图 1-22 中给出了三种基本换热型式的反应器。被处理的气体沿箭头方向流动，经过催化剂床层反应后排出。

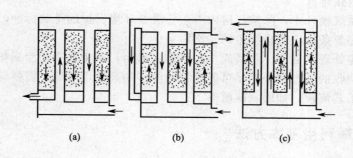

图 1-22 本身换热型反应器

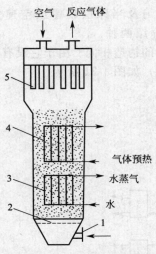

图 1-23　单层流化床反应器
1—进口管；2—分布板；
3—冷却器；4—预热器；5—过滤器

2. 流化床催化反应器

它的原理与流化床吸附器基本相同，型式种类颇多，这里仅介绍一种单层床有内部换热器的反应器，见图 1-23。

被处理气体由反应器底部的进口管 1 送入，经分布板 2 进入流化床反应区。催化剂在气流的作用下呈流态化。在反应区里装有冷却器 3，将反应器内热媒输出。在反应区上部装有预热器 4，可将被处理气体预热，同时将反应后的气体冷却。最后反应气体经过多孔陶瓷过滤器 5 分离。为防止催化剂微粒堵塞过滤器，采用空气周期地反吹清灰。

流化床催化反应器具有一系列优点。它可采用较细的催化剂，因而提高了催化剂的表面利用率，相应地提高了反应转化率，床层温度比较均匀以及便于催化剂的再生与更换。缺点是催化剂在激烈运动的气流中相互碰撞，易磨损和破碎。

第四节　烟尘回收利用的基本方法

企业的粉尘、烟尘有极高的回收利用价值，做得好可以全部回收利用，因此对减排收集的粉尘、烟尘、尘泥一定要千方百计回收利用，变废为宝。

一、烟尘处理与回收原则

粉尘处理与回收原则如下。

（1）粉尘处理与回收时首先应根据工艺条件、粉尘性能、回收可能性等条件考虑，其首先选择使粉尘直接重回生产系统方案。例如，除尘器下部的输灰装置直接纳入生产工艺过程，使粉尘回收利用。在不能直接回收时，通过输送、集中、处理，使粉尘间接回收到生产系统中。

（2）除尘装置排出的粉尘一般应以干式处理为主，便于有用粉尘的回收利用。当粉尘采用湿式处理时，以适当加湿不产生污水为原则；如存在污水应设置简易、有效的污水处理装置，不可将污水直接排放。

（3）在除尘系统设计中，除按厂房内卫生标准及环境保护的排放标准，统筹考虑粉尘的处理方法，创造必要条件，防止粉尘的二次污染。

（4）选择粉尘处理设备应注意其简单、可靠、密闭，避免复杂和泄漏粉尘。

（5）能直接回收的气态污染物尽可能直接回收，如高炉煤气等。需要转化、反应回收尽量选用宜回收的工艺流程，如回收硫酸等。

二、粉尘的处理利用基本方法

（一）湿式处理利用方式

除尘器排出的粉尘有湿式尘泥（含污水），处理方式见表 1-9。

表 1-9 湿式除尘器排出的尘泥（含尘污水）处理方式

处理方式	内容	使用条件	主要特点	设计注意事项
就地纳入工艺流程	除尘器排出的含尘污水就地纳入湿式工艺流程	允许就地纳入工艺流程时,应优先采用	(1)不需专设污水处理设施 (2)维护管理简单 (3)粉尘和水均能回收利用	对易结垢的粉尘应尽可能采用明沟输送,不能采用明沟输送时,管路上应有防止积灰和便于清理的措施
集中纳入工艺流程	将各系统排出的含尘污水集中于吸水井内,然后用胶泵输送到湿式工艺流程中	允许集中纳入工艺流程时,应优先采用	(1)污水处理设备较少 (2)维护管理简单 (3)粉尘和水均能回收利用	(1)对易结垢的粉尘应尽可能采用明沟输送;不能采用明沟输送时,管路上应有防止积灰和便于清理的措施 (2)需要考虑事故排放措施
集中机械处理	将全厂含尘污水纳入集中处理系统,使粉尘沉淀、浓缩,然后用机械设备将尘泥清除,纳入工艺流程或运往他处	大、中型厂矿除尘器数量较多,含尘污水量较大时采用	(1)污水处理设施比较复杂 (2)可集中维护管理,但工作量较大	(1)对易结垢的粉尘应尽可能采用明沟输送;不能采用明沟输送时,管路上应有防止积灰和便于清理的措施 (2)需要考虑事故排放措施 (3)清理出的尘泥含水量过高,必要时应增加脱水设备
分散机械处理	除尘器本体或下部集水坑设刮泥机等,将输出的尘泥就地纳入工艺流程或运往他处	除尘器数量少,但每台除尘器在排尘量大时采用	(1)刮泥机需经常管理和维修 (2)除尘器输出的尘泥可就地处理	(1)采用链板刮泥机时,应根据粉尘性质和数量,合理地确定刮板宽度和运行速度等 (2)净化有腐蚀性的含尘气体时,不宜采用刮泥机

（二）干式处理利用方法

除尘工程遇到的粉尘处理以干式为主。粉尘的干式处理有就地回收、集中处理和湿式处理三种方法，详见表 1-10。

表 1-10 干式除尘器排出粉尘的处理方式

处理方式	内容	使用条件	主要特点	设计注意事项
就地纳入	直接将除尘器排出的粉尘卸至料仓或胶带机等把粉尘返回生产设备中	除尘器排出的粉尘具有回收价值,并靠重力作用能自由下落到生产设备内时采用	(1)不需要设备粉尘处理设施 (2)维护管理简单 (3)易产生二次扬尘	(1)排尘管的倾斜角度必须大于物料的安息角 (2)粉尘以较大落差卸至胶带运输机等非密闭生产设备时,为减少二次扬尘,卸尘点应密闭,并将卸尘阀设在排尘管的末端
集中处理	利用机械或气力运输设备将各除尘器卸下的粉尘集中到预定地点集中处理	除尘器设备卸尘点较多,卸尘量较大,又不能就地纳入工艺流程回收时采用	(1)需设运输设备,一般应设加湿设备 (2)维护管理工作量较大 (3)集中后有利于粉尘的回收利用 (4)与就地回收相比,二次扬尘容易控制	(1)尽量选择产生二次扬尘少的运输设备 (2)除尘器向运输设备卸尘时,应保持严密,并设储尘仓和卸尘阀;卸尘阀应均匀,定量卸料并与运输设备的能力相适应 (3)在输送或回收利用过程中,如产生二次扬尘时应进行加湿处理
湿法处理	除尘器排下的粉尘进入水封,使之成为泥浆,而后输送到预定地点集中处理	大、中型厂矿除尘器数量较多,含尘污水量较大时采用	(1)无二次扬尘,操作条件好 (2)污水处理设施比较复杂 (3)可集中维护管理,但工作量较大	(1)为使粉尘和水均匀混合,对亲水性较差的粉尘,宜在除尘器灰斗或排尘管内给水 (2)对易结垢的粉尘应尽可能采用明沟输送;不能采用明沟输送时,管路上应有防止积灰和便于清理的措施 (3)需要考虑事故排放措施 (4)清理出的尘泥含水量过高,必要时应增加脱水设备

（三）粉尘的深度处理利用

所谓粉尘深度处理利用是把粉尘中某一种或几种有用物质进行深度处理并加以利用。如从高炉除尘灰中回收锌等。

三、气态污染物回收利用途径

1. 直接回收利用

工业生产中含有可燃气体应直接回收利用。例如，炼焦生产是最大废气发生源之一，其来源有以下几类：煤炉加热燃烧产生的废气；工艺过程中排放的烟尘（含扬尘）和废气；各工艺设备的逸散物，其中有烟尘、有害气体和成品的挥发物等。焦炉煤气是焦化产业主要的副产品之一，每炼 1t 焦炭会产生 430m³ 左右的焦炉气，成为荒煤气。

荒煤气中除净焦炉煤气外的主要组成见表 1-11。

表 1-11　荒煤气中除净焦炉煤气外的主要组成　　　　　单位：g/m³

成　　分	组　　成	成　　分	组　　成
水蒸气	250～450	硫化氢	6～30
煤焦油气	80～120	其他硫化物	2～2.5
苯族烃	30～45	氰化物	1.0～2.5
氨	8～6	吡啶盐基	0.4～0.5
萘	8～12		

经回收和净化后的煤气称为净焦炉煤气，也称回收煤气，焦炉净煤气的低热值约为 $17580\sim18420kJ/m^3$，密度为 $0.45\sim0.48kg/m^3$。因此，在钢铁联合企业中，经过回收的焦炉煤气是具有较高热值的冶金燃气，也是钢铁生产的重要燃料。在独立的炼焦企业，焦炉煤气经深度脱硫后，可供民用或送往化工厂用作合成原料气。

又如，炼铁工艺是利用铁矿石（烧结矿等）、燃料（焦炭，有时辅以喷吹重油、煤粉、天然气等）及其他辅助原料在高炉炉体中，经过炉料的加热、分解、还原造渣、脱硫等反应生产出成品铁水和炉渣、煤气两种副产品。高炉煤气的主要成分为：CO、CO_2、N_2、H_2、CH_4 等，其中可燃成分 CO、H_2、CH_4 的含量很少，约占 25%。CO_2 和 N_2 的含量分别为 15% 以及 55%。高炉煤气的热值为 $3500kJ/m^3$ 左右，气体中的可燃成分以来自于燃料中烃类化合物的分解、氧化、还原反应后的 H_2、CO 为主，高炉煤气可以作为锅炉的燃料利用。

再如，转炉吹炼过程中会产生大量高温烟气，由于转炉生产的不连续性，使得冶炼过程中各元素反应也是不均匀进行的，即在一炉钢冶炼的不同时期，烟气的成分、温度和烟气量是不断变化的，特别是在碳氧反应期会产生大量一氧化碳浓度较高的转炉煤气，其主要成分为：CO_2 15%～20%，O_2≤2.0%，CO 60%～70%，N_2 10%～20%，H_2≤1.5%。转炉煤气中含有较高浓度的 CO，且载能也较高，平均高达 $8000kJ/m^3$，因此，转炉煤气是钢铁企业重要的二次能源，对转炉煤气的回收利用将有利于降低钢铁企业的能源消耗。

2. 烟气中某些成分的回收利用

化工过程排放的污染物相当大的部分可回收利用，把烟气中的某些成分生成另一种物质，例如，利用含氟废气制成氟硅酸钠、氟化钠等，产生良好的经济效益。

又如，有色金属工业在氯化钛铁物料中、氯、碳同钛铁矿之类含铁矿石在高温下反应生成四氯化钛时，会产生大量粉尘，其主要组分为粒状氯化钛及其杂质二氧化钛（TiO_2）、焦炭与其他金属氧化物与氯化物，例如氯化镁和氯化锰。此种氯化炉尘理想的做法是使其成为生产有用产品诸如氧化铁和气态氯的原料；氯气可用于氯化钛铁矿。用来回收氧化铁和氯气的许多现有工艺方法，都是将氯化铁进行氧化。美国（专利 4060584 号）研究出一种回收氯气和氧化铁的改进方法。钛铁矿氯化产生的粉尘，主要含粒状氯化亚铁和包括焦炭与各种金属氯化物同氧化物在内的固体杂质，该法是在低温下连续多次氧化处理这种粉尘，回收粒状氧化铁和气态氯。

3. 烟气净化副产品的回收利用

在烟气净化时往往会有副产品，对副产品的回收利用意义重大。例如，电厂、烧结厂烟气湿法脱硫净化产生的脱硫副产品等都可以回收利用。这些副产品产生原因是，烟气中的 SO_2 溶于浆液后，与石灰石反应生成亚硫酸钙，继而被强制氧化生成硫酸钙，总的反应式为：

$$CaCO_3 + SO_2 + \frac{1}{2}O_2 + 2H_2O \longrightarrow CaSO_4 \cdot 2H_2O + CO_2 \tag{1-68}$$

浆液经旋流站、真空带式过滤机实现固液分离，得到石膏副产品。随着烟气脱硫的普及，副产品石膏与日俱增。控制脱硫石膏品质，拓宽其高附加值利用途径，是节约天然石膏资源、变废为宝的需要。

参 考 文 献

[1]　王纯，张殿印．废气处理工程技术手册．北京：化学工业出版社，2013.

[2]　张殿印，张学义．除尘技术手册，北京：冶金工业出版社，2002.

[3]　台炳华．工业烟气净化．北京：冶金工业出版社，1999.

[4]　杨飔．烟气脱硫脱硝净化工程技术与设备．北京：化学工业出版社，2013.

[5]　张殿印，申丽．工业除尘设备设计手册．北京：化学工业出版社，2011.

[6]　何争光．大气污染控制工程及应用实例．北京：化学工业出版社，2004.

[7]　张殿印，王纯．除尘工程设计手册．第2版．北京：化学工业出版社，2011.

[8]　孙一坚．简明通风设计手册．北京：中国建筑工业出版社，1997.

[9]　冶金工业部建设协调司，中国冶金建设协会编．钢铁企业采暖通风设计手册．北京：冶金工业出版社，1996.

[10]　北京有色冶金设计研究总院．重有色金属冶炼设计手册/冶炼烟气收尘通用工程常用数据卷．北京：冶金工业出版社，1996.

[11]　许居鹣．机械工业采暖通风与空调设计手册．上海：同济大学出版社，2007.

[12]　张朝辉，等．冶金资源综合利用．北京：冶金工业出版社，2011.

[13]　台炳华．工业烟气净化．北京：冶金工业出版社，1999.

[14]　王玉彬．大气环境工程师实用手册．北京：中国环境科学出版社，2003.

[15]　王纯，张殿印．除尘设备手册．北京：化学工业出版社，2009.

第二章

电力工业烟尘减排与回收利用

电力工业包括火力发电、水力发电、核电、热电等。火力发电对大气环境影响最大。火力发电引起的烟尘等有害物主要来源是工艺生产过程中产生的有害物及原料运输过程中产生的有害物。燃煤锅炉以其烟尘排放量大、废弃物多、污染严重而备受关注。

第一节　烟尘来源与特点

一、烟尘来源与组成

1. 烟尘来源

燃煤发电厂的生产过程是：经过磨制的煤粉送到锅炉中燃烧放出热量，加热锅炉中的给水，产生具有一定温度和压力的蒸汽。这个过程是把燃料的化学能转换成蒸汽的热能。再将具有一定压力和温度的蒸汽送入汽轮机内，冲动汽轮机转子旋转。这个过程是把蒸汽的热能转变成汽轮机轴的机械能。汽轮机带动发电机旋转而发电的过程是把机械能转换成电能。

根据上述火力发电厂的生产过程，其生产系统主要包括燃烧系统、汽水系统和电气系统，详见图2-1。

燃烧系统包括锅炉的燃烧设备和除尘设备等，燃烧系统的作用是供锅炉燃烧所需用的燃料及空气进行完好的燃烧，产生具有一定压力和温度的蒸汽，并排出燃烧后的产物——粉煤灰和灰渣。

汽水系统由锅炉、汽轮机、凝汽器和给水泵等组成，它包括汽水循环系统、水处理系统、冷却系统等。

电气系统由发电机、主变压器、高压配电装置、厂用变压器、厂用配电装置组成。

火力发电厂的电能生产过程是由发电厂的三大主要设备（锅炉、汽轮机、发电机）和一些辅助设备来实现的。即：一是在锅炉中，将燃料的化学能转换为蒸汽的热能；二是在汽轮机中，将蒸汽的热能转换为汽轮机轴的旋转机械能；三是在发电机中，将机械能转换为电能。

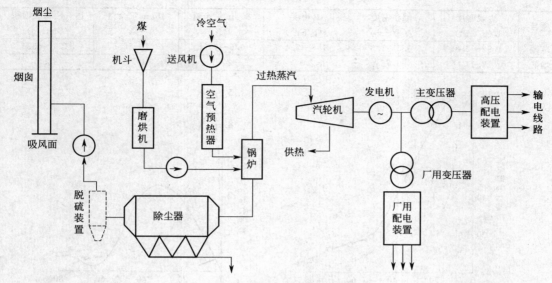

图 2-1　燃煤电厂工艺流程

火力发电厂排放废气主要是指燃料燃烧产生的烟气。烟气中主要污染物包括有颗粒状的细灰又称粉煤灰或飞灰；气体状的 SO_x、NO_x、CO、CO_2、Hg、烃类等。

煤粉的燃烧过程：煤粉在炉膛中呈悬浮状态燃烧，燃煤中的绝大部分可燃物都能在炉内燃尽，而煤粉中的不燃物（主要为灰分）大量混杂在高温烟气中。这些不燃物因受到高温作用而部分熔融，同时由于其表面张力的作用，形成大量细小的球形颗粒。在锅炉尾部引风机的抽气作用下，含有大量灰分的烟气流向炉尾。随着烟气温度的降低，一部分熔融的细粒因受到一定程度的急冷，呈玻璃状态，从而具有较高的潜在活性。在引风机将烟气排入大气之前，上述这些细小的球形颗粒，经过除尘器，被分离、收集，即为粉煤灰。

2. 粉煤灰化学组成

粉煤灰的化学成分与黏土质相似，其中以二氧化硅（SiO_2）及三氧化二铝（Al_2O_3）的含量占大多数，其余为少量三氧化二铁（Fe_2O_3）、氧化钙（CaO）、氧化镁（MgO）、氧化钠（Na_2O）、氧化钾（K_2O）及氧化硫（SO_3）等。粉煤灰的化学成分及其波动范围如下：二氧化硅 40%～60%，三氧化二铝 20%～30%，三氧化二铁 4%～10%（高者 15%～20%），氧化钙 2.5%～7%（高者 15%～20%），氧化镁 0.5%～2.5%（高者 5%以上），氧化钠和氧化钾 0.5%～2.5%，氧化硫 0.1%～1.5%（高者 4%～6%），烧失量 3.0%～30%。此外，煤粉灰中尚含有一些有害元素和微量元素，如铜、银、镓、铟、镭、钪、铌、钇、镱、镧族元素等。一般有害物质的质量分数低于允许值。

粉煤灰的矿物成分主要有莫来石、钙长石、石英矿物质和玻璃物质，还有少量未燃炭。玻璃物质是由偏高岭土（$Al_2O_3 \cdot 2SiO_2$）、游离酸性二氧化硅和三氧化二铝组成，多呈微珠状态存在。这些玻璃体约占粉煤灰的 50%～80%，它是粉煤灰的主要活性成分。粉煤灰的矿物组成主要取决于原煤的无机杂质成分（无机杂质成分主要指含铁高的黏土物质、石英、褐铁矿、黄铁矿、方解石、长石、硫等）与含量，以及煤的燃烧状况。

3. 烟尘物理性质

中国电厂粉煤灰物理性质见表 2-1。图 2-2 所示为日本煤粉锅炉粉尘的大量实测值中最粗和最细的粉尘分布。

表 2-1　中国电厂粉煤灰物理性质

项目	表观密度 /(g/cm³)	堆积密度 /(g/cm³)	真密度 /(g/cm³)	80μm 筛余量 /%	45μm 筛余量 /%	透气法比表面积 /(cm²/g)
范围	1.92~2.85	0.5~1.3	1.8~2.4	0.6~77.8	2.7~86.6	1176~6531
均值	2.14	0.75	2.1	22.7	40.6	3255

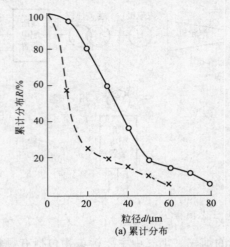

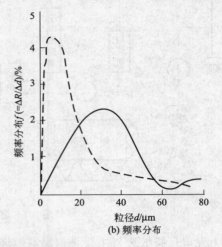

图 2-2　煤粉锅炉粉尘的粒径分布

二、烟尘的形成机理

(一) 燃煤过程颗粒物的形成

煤粉的燃烧过程比气体或液体燃料燃烧更为复杂。固体燃料燃烧产生的颗粒物通常称为烟尘，它包括黑烟和飞灰两部分。黑烟主要是未燃尽的炭粒，飞灰则主要是燃料所含的不可燃矿物质微粒，是灰分的一部分。

1. 煤粉燃烧过程

煤粉喷入炉内，受热后，首先蒸发出水分，继之从煤粉内部扩散出可燃性挥发分气体。炉内的氧气与挥发分气体相遇，在着火温度以上即迅速燃烧，此为同相燃烧。随着煤粉中挥发分不断向外扩散，煤粉粒子被干馏，逐渐形成为焦炭粒子。焦炭粒子与空气之间发生的燃烧为异相燃烧。不过焦炭燃烧比挥发分燃烧更为困难，因为燃烧过程产生的燃烧产物包围在焦炭粒子外围形成气层，增加了氧气分子向焦炭粒子表面扩散的阻力，为使氧气分子与焦炭粒子得到充分接触，获得完全燃烧，在实际燃烧过程中，通常将燃烧所需的空气分次（两次或三次）加入。

煤粉的燃烧时间不仅与煤粉的细度、挥发分的含量和火焰的燃烧温度有关，而且还与燃烧室的空间大小、过剩空气系数的大小以及二次空气加入方法和气流扰动状况等多种因素有关。据实践证明：煤粉愈细，挥发分及火焰燃烧温度愈高，燃烧时间就愈短。欲使不产生或少产生不完全燃烧的污染物，除保证有足够大的燃烧空间外，还应选用适宜的过剩空气系数，一般取用 $\alpha=1.2\sim1.3$。二次空气加入方法对煤粉实现完全燃烧，不产生或少产生污染物至关重要。二次空气的加入应使焦炭粒子外围气层受到强烈扰动，加快燃烧速度，促使煤粉燃烧得更完全。

2. 影响燃煤烟气中飞灰排放特征的因素

燃煤尾气中飞灰的浓度和粒度与煤质、燃烧方式、烟气流速、炉排和炉膛的热负荷、锅炉运行负荷以及锅炉结构等多种因素有关。

燃烧方式不同，排尘浓度可以相差几倍，甚至几十倍。

煤质（灰分和水分含量以及颗粒大小）对排尘浓度也有较大影响。一般灰分越高，含水量越少，则排尘浓度就越高。

（二）燃烧过程硫氧化物的形成

1. 燃料中硫的氧化机理

燃烧过程中硫的氧化物的形成不仅造成大气污染，而且由于它们的腐蚀性，会引起燃汽轮机和其他工业动力装置中一些严重的物理问题，也可能影响到氮氧化物的形成。因而研究硫化物氧化过程不仅在于它可能提供控制硫氧化物排放的其他新方法，而且对于其他污染物的生成机理及其浓度的影响也是很重要的。

含硫燃料燃烧的特征是火焰呈浅蓝色，这种颜色是由于反应：

$$O+SO \longrightarrow SO_2+h\nu \tag{2-1}$$

在所有情况下，它都作为一种重要的中间反应。

（1）H_2S　利用 H_2S 进行了大量含硫燃料氧化的实验研究，根据 H_2S 的氧化机理，能够用来研究 COS、CS_2、元素硫及有机硫等的燃烧过程。

萨克简（Sachzan）等的研究认为，H_2S 的氧化过程分三个阶段。首先，大部分 H_2S 被消耗掉，其燃烧产物主要是 SO_2 和 H_2O，主要反应为：

$$O+H_2S \longrightarrow SO+H_2 \tag{2-2}$$

$$SO+O_2 \longrightarrow SO_2+O \tag{2-3}$$

还有某种过程的链分支反应：

$$O+H_2S \longrightarrow OH+SH \tag{2-4}$$

在第二阶段，SO_2 浓度减少，OH 浓度达到其最大值，SO_2 达到其最终浓度。反应式(2-4)较反应式(2-2)所起的作用大。最后，当氢浓度达最大值时，水的浓度开始上升，其反应为：

$$H_2+O \longrightarrow OH+H \tag{2-5}$$

$$H+O_2 \longrightarrow OH+O \tag{2-6}$$

$$OH+H_2 \longrightarrow H_2O+H \tag{2-7}$$

（2）CS_2 和 COS　CS_2 是很易燃的，COS 则是 CS_2 火焰中的一种中间体。有人提出 CS_2 氧化的链起始反应为：

$$CS_2+O_2 \longrightarrow CS+SOO \tag{2-8}$$

由反应式(2-8)产生的 CS 使一系列链反应开始：

$$CS+O_2 \longrightarrow CO+SO \tag{2-9}$$

$$SO+O_2 \longrightarrow SO_2+O$$

$$O+CS_2 \longrightarrow CS+SO \tag{2-10}$$

$$CS+O \longrightarrow CO+S \tag{2-11}$$

$$O+CS_2 \longrightarrow COS+S \tag{2-12}$$

$$S+O_2 \longrightarrow SO+O \tag{2-13}$$

COS 火焰显示出两个区域，第一区中生成 CO 和 SO_2，在第二区中 CO 转化为 CO_2。链反应是由 COS 的光解诱发的：

$$COS+h\nu \longrightarrow CO+S \tag{2-14}$$

$$S+O_2 \longrightarrow SO+O$$

$$O+COS \longrightarrow CO+SO \tag{2-15}$$

$$SO+O_2 \longrightarrow SO_2+O$$

（3）元素硫　由上述讨论可知，所有硫化物的火焰中都曾发现元素硫，通常这种硫呈原子态或二聚硫（S_2）。低温下纯硫蒸发时，这些蒸汽分子性质上是聚合的，且分子式为 S_8。对 100℃ 左右的纯硫氧化的气相研究表明：此种氧化反应具有链反应特性。谢苗诺夫提出了下列链分支反应：

$$S_8 \longrightarrow S_7 + S \tag{2-16}$$

$$S + O_2 \longrightarrow SO + O$$

$$S_8 + O \longrightarrow SO + S + S_6 \tag{2-17}$$

反应生成物来自下列反应：

$$SO + O \longrightarrow SO_2 + h\nu \tag{2-18}$$

$$SO + O_2 \longrightarrow SO_2 + O$$

$$SO_2 + O_2 \longrightarrow SO_3 + O \tag{2-19}$$

$$SO_2 + O + M \longrightarrow SO_3 + M \tag{2-20}$$

纯硫氧化的唯一特点在于生成的 SO_3 占 SO_x 的百分比较通常情况比较高（约 20%）。

（4）有机硫化物　燃料中有机硫可能以硫醇、硫化物或二硫化物的形式存在，它们燃烧的主要产物都是二氧化硫。

在贫的硫醇氧化中，即使温度约为 300℃，其中的硫也全会被转化成 SO_2。当温度较低且在富燃料状态下，可以生成 SO，并可获得其他一些产物，如醛和甲醇。

二氧化硫的氧化是按照与硫化物类似的反应路线进行的，初始步骤为：

$$RCH_2SSCH_2R + O_2 \longrightarrow RCH_2S—S—CHR + HO_2 \tag{2-21}$$

接着又发生基的分解：

$$RCH_2S—S—CHR + O_2 \longrightarrow RCH_2S + RCHS \tag{2-22}$$

然后再通过氢的取代生成硫醇：

$$RCH_2S + RH \longrightarrow RCH_2SH + R \tag{2-23}$$

硫醇的氧化反应为：

$$RSH + O_2 \longrightarrow RS + HO_2 \tag{2-24}$$

$$RS + O_2 \longrightarrow R + SO_2 \tag{2-25}$$

最后生成烃基和二氧化硫。

2. SO_2 和 SO_3 之间的转化

低浓度的 SO_3 通过下述反应产生于燃烧过程中：

$$SO_2 + O + M \longrightarrow SO_3 + M$$

其中 M 是第三体，起着吸收能量的作用。M 过程本来是相当缓慢的，然而在炽热的反应区因氧原子浓度达到最大值，这个过程会迅速进行。在高温下，SO_2 可能会通过下列反应而被消耗：

$$SO_3 + O \longrightarrow SO_2 + O_2 \tag{2-26}$$

$$SO_3 + H \longrightarrow SO_2 + OH \tag{2-27}$$

$$SO_3 + M \longrightarrow SO_2 + O + M \tag{2-28}$$

最后一步是反应式（2-20）的简单可逆反应，是一种热分解过程。据估算结果表明，SO_3 的浓度最大值为 SO_2 浓度的 0.1%～5%，基本上与测量值一致。

（三）燃烧过程氮氧化物的形成

1. 形成过程

人类活动排入大气中的 NO_x，90% 以上是产生于各种燃料燃烧过程。NO_x 虽有多种，但从燃烧系统中排出的主要是 NO 和 NO_2。根据美国统计，大约 50% 以上的 NO_x 来自固定燃烧源，其余的主要来自汽车尾气。但进入 20 世纪 90 年代以后，我国大城市汽车尾气污染趋势加重，氮氧化物已成为少数大城市空气中的主要污染物。

燃烧过程中形成的 NO_x 分为两类。一类由燃料中含有吡啶（C_5H_5N）、咔唑（$C_{12}H_9N$）及氨基化合物（RNH_3）等氮化物，在燃烧时分解出的 NO 和 O_2 形成的 NO_x，由此生成的 NO_x 叫做燃料型 NO_x。由燃料燃烧生成的 NO_x 主要是 NO。在一般锅炉烟气中，只有不到 10% 的 NO 氧化成 NO_2。天然气中基本上不含氮化物。石油中的氮原子通常与碳或氢原子化合，大多为氨氮苯以及其他胺类。另一类是在高温燃烧下，由空气中的 N_2 和 O_2 反应生成的，由此而生成的 NO_x 叫做热力型，主要反应式为：

$$N_2 + O_2 \longrightarrow NO - 180kJ \qquad (2\text{-}29)$$
$$N + O_2 \longrightarrow NO + O \qquad (2\text{-}30)$$
$$N_2 + O \longrightarrow NO + N \qquad (2\text{-}31)$$
$$2NO + O_2 \longrightarrow 2NO_2 \qquad (2\text{-}32)$$

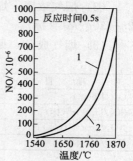

图 2-3　燃烧重油和天然气时 NO 生成量
1—重油；2—天然气

2. 含氮燃料形成 NO_x 的有关因素

化石燃料的氮含量差别很大。石油的平均含氮量为 0.65%（质量），而大多数煤的含氮量为 1%～2%。燃料 NO 的发生量除取决于燃烧工况外，还取决于燃料的种类和含氮的量。在燃料重油中，一般含有 0.1%～0.4%。

氮化物，燃烧转换率为 30%～50%，燃烧重油时燃料 NO 发生量如表 2-2 所示。图 2-3 是根据标准组成的重油和天然气，在过剩空气工况下，反应时间为 0.5s 时，计算出在不同温度下 NO 的发生量。由此图可以看出，燃烧温度高于 1600℃时，NO 的生成量急剧增加。

表 2-2　燃烧重油时燃料 NO 发生量

重油中含氮化物量/%	燃料 NO 量/$\times 10^{-6}$
0.1	41～68
0.2	82～137
0.3	125～105

在一般情况下，燃烧不同化石燃料，NO_x 的排放率如表 2-3 所示。

表 2-3　几类化石燃料的 NO_x 排放率　　　　　　　　　　单位：kg/10^7kcal

燃　料	一般工业	火力发电
天然气 9300（kcal/m^3）	3.7	6.7
燃料油 10^7（kcal/m^3）	8.6	12.2
煤 6600（kcal/kg）	15.2	15.2

注：1cal=4.18J。

3. 高温燃烧下形成 NO_x 的有关因素

高温燃烧下形成的 NO_x 量与燃烧温度、燃烧气体中氧的浓度以及气体在高温区停留的时间等有关。表 2-4 给出接近实际锅炉排烟气体的组成（$N_2 = 85\%$，$O_2 = 3\%$，$CO = 12\%$）时，NO 生成量与反应温度和停留时间的关系。由表 2-4 的实验数据可知，NO 的生成速度

表 2-4　NO 生成量与反应温度和停留时间的关系

温度/℃	生成 500mg/L NO 所需时间/s	平衡时 NO 浓度/(mg/L)
1316	1370	550
1538	16.2	1380
1760	1.10	2600
1982	0.117	4150

随燃烧温度的增高而加快。温度在 300℃ 以下时，NO 的生成量很少，燃烧温度高于 1500℃，NO 生成量显著增加。

三、烟气性质特点与危害

（一）烟气性质及特点

1. 烟气性质

（1）烟气温度　燃煤锅炉烟气温度 140～160℃；冲峰值 160～180℃。

（2）烟气浓度　煤粉炉 3.5g/m³（标）左右；层燃炉 10g/m³（标）左右；循环流化床 25～30g/m³（标）。

（3）烟气成分　见表 2-5。

表 2-5　燃煤锅炉烟气成分

项　　目	煤粉炉	层燃炉	循环流化床
O_2（体积比）	8～14	6～17	3～6
SO_2/[mg/m³（标）]	约 1600	约 1600	≤500
NO_x/[mg/m³（标）]	600～1300	约 1300	200～600
H_2O/%（体积比）	9～16		

2. 烟尘特点

（1）集中固定源　即燃煤锅炉生产地点固定，生产过程集中，生产节奏较强，便于烟气处理和操作。

（2）烟尘排量大　燃煤锅炉生产过程中产生大量的有害烟气。

（3）连续排放　燃煤锅炉 24h 不间断生产。

（4）粉尘粒度为 0.3～200μm，其中小于 5μm 的占粉煤灰总量的 20%。

（5）烟气中含有一定量的 SO_2，需要进行脱硫处理。

（二）燃煤锅炉烟气的主要危害

1. 可吸入颗粒物危害

近年来，关于 PM_{10}、$PM_{2.5}$ 的研究十分活跃。空气中的颗粒物，其空气动力径大于 10μm 者，比较容易从空气中沉降分离出来。但 PM_{10}，特别 $PM_{2.5}$ 不仅不易捕集，长时间飘浮在空气中容易吸入肺内。从图 2-4 中可看出 2.5～10μm 粒子基本上被鼻腔和上呼吸道捕

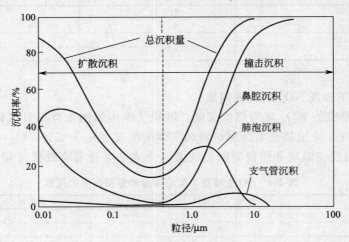

图 2-4　不同粒径颗粒在人呼吸系统中的分布

集，并通过痰和鼻腔分泌物排出，而小于 $2.5\mu m$ 的粒子不仅可以进入微支气管，甚至进入肺泡。

中国对空气中 PM_{10}、$PM_{2.5}$ 污染水平做出研究，表 2-6 为南方某市空气中 PM_{10}、$PM_{2.5}$ 的状况。

表 2-6　某市 PM_{10}、$PM_{2.5}$ 测试大气环境质量标准值

项目	$PM_{10}/(mg/m^3)$			$PM_{2.5}/(mg/m^3)$		
	n	范围	平均	n	范围	平均
交通干道	5	0.344~0.944	0.617	5	0.203~0.586	0.440
居民生活区	5	0.116~0.212	0.176	5	0.085~0.166	0.131
商贸饮食区	5	0.171~0.395	0.255	5	0.110~0.313	0.190
化工区附近	5	0.090~0.357	0.169	5	0.070~0.251	0.126
风景旅游区	5	0.068~0.356	0.183	5	0.044~0.238	0.134
总计	5	0.068~0.044	0.280	5	0.044~0.586	0.196

注：n 为 n 天日平均值。

美国 EPA 标准：$PM_{2.5}$ 日均值 $0.065mg/m^3$，年均值为 $0.015mg/m^3$，中国 GB 3096—1996 提出规定 PM_{10} 二级标准：日均值 $0.15mg/m^3$，年均值为 $0.06mg/m^3$。中国 PM_{10}、$PM_{2.5}$ 浓度均高于美国，也高于世界卫生组织的标准。

工夕溪谷的调查，若 PM_{10} 在 5 天内平均浓度增加 $10\mu m/m^3$，1 天内总死亡率增加 1.5%，呼吸系统疾病死亡率增加 3.7%，心血管系统疾病死亡率增加 1.8%，见图 2-5。

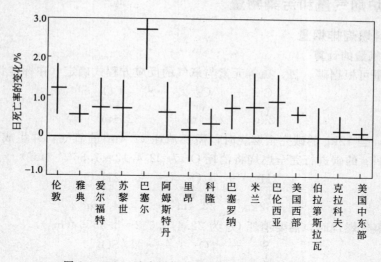

图 2-5　PM_{10} 浓度增加 $10\mu m/m^3$ 时日死亡率变化

2. SO_2 的危害

（1）对人体健康的危害　SO_2 是一种无色具有强烈刺激性气味的气体，易溶于人体的体液和其他黏性液中，长期的影响会导致多种疾病，如上呼吸道感染、慢性支气管炎、肺气肿等，危害人类健康。SO_2 在氧化剂、光的作用下，会生成使人致病甚至增加病人死亡率的硫酸盐气溶胶，据有关研究表明，当硫酸盐年浓度在 $10\mu g/m^3$ 左右时，每减少 10% 的浓度能使死亡率降低 0.5%。

（2）SO_2 对植物的危害　研究表明，在高浓度的 SO_2 的影响下，植物产生急性危害，叶片表面产生坏死斑，或直接使植物叶片枯萎脱落；在低浓度 SO_2 的影响下，植物的生长机能受到影响，造成产量下降，品质变坏。据 2003 年对我国 13 个省市 25 个工厂企业的统

计，因 SO_2 造成的受害面积达 2.33 万公顷，粮食减少 1.85 万吨，蔬菜减少 500t，危害相当严重。

（3）SO_2 对金属的腐蚀　大气中的 SO_2 对金属的腐蚀主要是对钢结构的腐蚀。据统计，发达国家每年因金属腐蚀而带来的直接经济损失占国民经济总产值的 2%～4%。由于金属腐蚀造成的直接损失远大于水灾、风灾、火灾、地震造成损失的总和，且金属腐蚀直接威胁到工业设施、生活设施和交通设施的安全。

（4）对生态环境的影响　SO_2 形成的酸雨和酸雾危害也是相当的大，主要表现为对湖泊、地下水、建筑物、森林、古文物以及人的衣物构成腐蚀。同时，长期的酸雨作用还将对土壤和水质产生不可估量的损失。

我国一次能源消耗以煤炭为主，火电处于主导地位，火电占发电装机总容量的 75%，电力行业是燃煤大户。2002 年，燃煤电厂 SO_2 排放量达到 666 万吨，占全国排放总量（1926 万吨）的 34.6%。燃煤电厂 SO_2 排放占全国工业 SO_2 排放比例由 1998 年的 41.6% 上升到 2002 年的 54.9%，上升了 13 个百分点。近几年由于治理力度加大，SO_2 排放总量开始减少。

随着我国加入世界贸易组织和全球环保意识的加强，控制和治理 SO_2 污染成为我国当前和今后相当一段时间内最为紧迫的环保任务之一。因为这不仅关系到我国社会和经济的健康和可持续发展，也由于 SO_2 和酸雨污染是全球性的，关系到我国的国际形象。因此，加强对 SO_2 污染的治理，不但具有经济效益，同时，它所带来的社会效益和环境效益更是不可估量的。

四、燃煤锅炉烟气量和污染物量

（一）燃料燃烧排烟量

1. 理论空气量的计算

理论空气量可根据碳、氢、硫等元素与氧气的反应方程式确定（在标准状态下，下同）。

$$C \quad + \quad O_2 \quad \longrightarrow \quad CO_2 \qquad (2\text{-}33)$$
$$12\text{kg} \quad 22.4\text{m}^3 \quad 22.4\text{m}^3$$

此式表明，当 12kg 的碳完全燃烧时，需要消耗 22.4m^3 的氧气，并生成 22.4m^3 的二氧化碳。所以，1kg 的碳进行完全燃烧将消耗 O_2 为 22.4/12＝1.8667（m^3）。

$$2H \quad + \quad O_2 \quad \longrightarrow \quad 2H_2O \qquad (2\text{-}34)$$
$$4.032\text{kg} \quad 22.4\text{m}^3 \quad 44.8\text{m}^3$$

则，1kg 氢气燃烧时，需要消耗 O_2 为 22.4/4.032＝5.5556（m^3）。

$$S \quad + \quad O_2 \quad \longrightarrow \quad SO_2 \qquad (2\text{-}35)$$
$$32\text{kg} \quad 22.4\text{m}^3 \quad 22.4\text{m}^3$$

即 1kg 硫燃烧时，需要消耗 O_2 为 22.4/32＝0.7（m^3）。

在 1kg 煤中含有 $(C_{ar}/100)\text{kg}$ 的碳、$(H_{ar}/100)\text{kg}$ 的氢和 $(S_{ar}/100)\text{kg}$ 的硫，所以，1kg 煤燃烧时，碳、氢和硫三种元素的需氧量应为：$1.8667 \times C_{ar}/100 + 5.5556 \times H_{ar}/100 + 0.7 \times S_{ar}/100$。

这些氧量并不全由空气来供给，这是因为，1kg 煤中还有 $(O_{ar}/100)\text{kg}$ 的氧，这部分氧是能够参与碳、氢、硫反应的。在计算理论空气量时，应将这部分氧量扣除，氧的分子量为 32，故 $(O_{ar}/100)\text{kg}$ 的氧在标准状态下的体积为 $0.7 \times O_{ar}/100(\text{m}^3)$。这样，1kg 煤燃烧所需空气中的氧量为：$(1.8667 \times C_{ar}/100 + 5.5556 \times H_{ar}/100 + 0.7 \times S_{ar}/100 - 0.7 \times O_{ar}/100)$。

由于空气中氧气的容积含量为 21%，所以，1kg 煤燃烧时所需要的理论干空气量为：

$$V^0 = 4.7619 \times (1.8667 \times C_{ar}/100 + 5.5556 \times H_{ar}/100 + 0.7 \times S_{ar}/100 - 0.7 \times O_{ar}/100)$$

2. 理论空气需要量

（1）固体和液体燃料　经简化后，燃烧 1kg 固体或液体燃料所需要的理论空气量可按式（2-36）或式（2-37）计算，式中的空气量是指不含水蒸气的干空气量。对于贫煤及无烟煤挥发分 $V_{daf} < 15\%$ 亦可按经验公式（2-38）计算，而对于挥发分 $V_{daf} > 15\%$ 的烟煤也可按经验公式（2-39）计算；对于劣质烟煤也可按经验公式（2-40）计算；而对于燃油也可按经验公式（2-41）计算：

$$V^0 = 0.0889C_{ar} + 0.265H_{ar} + 0.0333S_{daf} - 0.0333O_{ar} \tag{2-36}$$

$$L^0 = 0.1149C_{ar} + 0.3426H_{ar} + 0.0431S_{daf} - 0.0431O_{ar} \tag{2-37}$$

$$V^0 = 0.238 \times (Q_{net \cdot ar} + 600)/900 \tag{2-38}$$

$$V^0 = 1.05 \times 0.238 \times Q_{net \cdot ar}/1000 + 0.278 \tag{2-39}$$

$$V^0 = 0.238 \times (Q_{net \cdot ar} + 450)/990 \tag{2-40}$$

$$V^0 = 0.85 \times Q_{net \cdot ar}/4186 + 2 \tag{2-41}$$

式中，V^0、L^0 分别为需要的理论空气量，m^3/kg、kg/kg；$Q_{net \cdot ar}$ 分别为燃料低位发热量，kJ/kg。

（2）气体燃料　燃烧标态下其他燃料所需的理论空气量（同样是指干空气）可按式（2-42）、式（2-43）计算。也可按式（2-44）～式（2-47）近似计算：

$$V^0 = 0.02381\psi(H_2) + 0.02381\psi(CO) + 0.04762\sum(m+n/4)\psi(C_mH_n) +$$
$$0.07143\psi(H_2S) - 0.04726\psi(O_2) \tag{2-42}$$

$$L^0 = 0.03079\psi(H_2) + 0.03079\psi(CO) + 0.06517\sum(m+n/4)\psi(C_mH_n) +$$
$$0.09236\psi(H_2S) - 0.06157\psi(O_2) \tag{2-43}$$

燃气 $Q_{net \cdot ar} < 10500 kJ/m^3$ 时：　　　$V^0 = 0.000209Q_{net \cdot ar}$ （2-44）

燃气 $Q_{net \cdot ar} > 10500 kJ/m^3$ 时：　　$V^0 = 0.00026Q_{net \cdot ar} - 0.25$ （2-45）

对烷类燃气（天然气、石伴油生气、液化石油气）可采用：

$$V^0 = 0.000268Q_{net \cdot ar} \tag{2-46}$$

$$V^0 = 0.000268Q_{gt \cdot ar} \tag{2-47}$$

式中，V^0 为需要的理论空气量；$\psi(H_2)$、$\psi(CO)$、$\psi(C_mH_n)$、$\psi(H_2S)$、$\psi(O_2)$ 分别为燃气中各可燃部分体积分数，%；$Q_{net \cdot ar}$ 为标态燃气低位发热量，kJ/m^3；$Q_{gt \cdot ar}$ 为标态燃气高位发热量，kJ/m^3。

（3）过量空气系数 α　在锅炉运行中时间空气消耗量是大于理论空气需要量。它们二者的比值称为过量空气系数。在烟气计算时用 α 表示。对于锅炉炉膛来说，α 的大小与燃烧设备形式、燃料种类有关。对层燃炉、室燃炉及流化床炉膛过量空气系数 α_1 见表 2-7。

表 2-7　炉膛过量空气系数

炉型	链条炉				具有抛煤机链条炉		煤粉炉			油气炉	流化床炉
燃料	褐煤	烟煤	无烟煤		褐煤	烟煤	褐煤	烟煤	无烟煤	油气	
			6～13mm	<100mm							
α_1	1.3	1.3	1.3	1.5	1.3	1.3	1.2～1.25	1.2	1.2～1.25	1.1	1.1～1.2

3. 实际烟气量

（1）固体和液体燃料　燃烧 1kg 固体或液体燃料所产生的实际标态下烟气量可按式（2-48）计算：

$$V_y = V_{RO_2} + V_{N_2} + V_{O_2} + V_{H_2O} = V_{RO_2} + V_{N_2}^0 + V_{H_2O}^0 + 1.0161(\alpha - 1)V^0 \tag{2-48}$$

式中，V_y 为实际烟气比体积，m^3/kg；V_{RO_2}、V_{N_2}、V_{O_2}、V_{H_2O} 分别为实际烟气中 RO_2、N_2、O_2、H_2O 的比体积，m^3/kg；$V_{N_2}^0$、$V_{H_2O}^0$、V^0 分别为理论烟气中 N_2、H_2O、烟气的体积，m^3/kg；α 为所处烟道过量空气系数；V^0 为数值可根据式(2-36)、式(2-42)计算，α 值可参照表 2-9、表 2-10 选取。

V_{RO_2}、$V_{N_2}^0$、$V_{H_2O}^0$ 可按式(2-49)～式(2-51)计算：

$$V_{RO_2} = 0.01866C_{ar} + 0.007(S_{daf}) \tag{2-49}$$

$$V = 0.79V^0 + 0.008N_{ar} \tag{2-50}$$

$$V_{H_2O}^0 = 0.111H_{ar} + 0.0124M_{ar} + 0.0161V^0 + 1.24G_{wh} \tag{2-51}$$

式中，G_{wh} 为每千克燃油雾化用蒸气量，kg/kg，一般取 $0.3 \sim 0.6$。

若空气中含湿量 $d > 10g/kg$，则烟气空积还应加上修正量 ΔV_{H_2O}，其数值可按式(2-52)计算：

$$\Delta V_{H_2O} = 0.00161\alpha V^0(d - 10) \tag{2-52}$$

式中，ΔV_{H_2O} 为修正量，m^3/kg。

燃烧 1kg 固体或液体燃料所产生的实际烟气质量还可用式(2-53) 简化计算：

$$L_y = 1 - 0.01A_{ar} + 1.306\alpha V^0 + G_{wh} \tag{2-53}$$

式中，符号意义同前。

若空气中含湿量 $d > 10g/kg$，则烟气质量还应加上修正量 ΔL_y，其数值可按式(2-54) 计算：

$$\Delta L_y = 0.001306\alpha V^0(d - 10) \tag{2-54}$$

式中，ΔL_y 为修正量，kg/kg。

烟气量的近似计算也可按式(2-55) 进行：

$$V_y = [(\alpha'\alpha + \alpha'')(1 + 0.006M_{ZS}) + 0.0124M_{ZS}]Q_{net \cdot ar}/4187 \tag{2-55}$$

式中，V_y 为烟气量，m^3/kg；α'、α'' 为系数，见表 2-8；α 为所处烟道过量空气系数，见表 2-8；M_{ZS} 为折算水分，$M_{ZS} = 4187M_{av}/Q_{net \cdot ar}$。

表 2-8 系数 α'、α''

燃料种类	木柴	泥煤	褐煤	烟煤		无烟煤
				$V_{daf} \geqslant 20\%$	$V_{daf} < 20\%$	
α'	1.06	1.085	1.1	1.11	1.12	1.12
α''	0.142	0.105	0.064	0.048	0.031	0.015

(2) 气体燃料　标态下燃烧 $1m^3$ 气体燃料所产生的实际烟气量可按式(2-56) 计算，但其中 V_{N_2}、V_{O_2}、V_{H_2O} 分别按式(2-57)～式(2-59)计算：

$$V_{RO_2} = 0.01\psi(CO_2) + 0.01\psi(CO) + 0.01\sum\psi(C_mH_n) + 0.01\psi(H_2S) \tag{2-56}$$

$$V_{N_2} = 0.79\alpha V^0 + 0.01N_2 \tag{2-57}$$

$$V_{O_2} = 0.21(\alpha - 1)V^0 \tag{2-58}$$

$$V_{H_2O} = 0.01\psi(H_2) + 0.01\psi(H_2S) + 0.01\sum(n/2)\psi(C_mH_n) + 1.2\psi(d_g + \alpha V^0 d_s) \tag{2-59}$$

式中，d_g 为标态下燃气的含湿量，kg/m^3；d_s 为标态下空气的含湿量，kg/m^3。

燃烧 $1m^3$ 气体燃料所产生的实际烟气量也可按式(2-60) 近似计算：

$$V_y = V_y^0 + (\alpha - 1)V^0 \tag{2-60}$$

式中，V_y^0 为采用发热量估算的理论烟气量，m^3/m^3，见式(2-61)～式(2-63)。

对烷烃类燃气：

$$V_y = 0.000239Q_{net \cdot ar} + \alpha \tag{2-61}$$

式中，α 对天然气取 2，对石油伴生气取 2.2，对液化石油气取 4.5。

对炼焦煤气：

$$V_y = 0.000272Q_{net \cdot ar} + 0.25 \tag{2-62}$$

对低位发热量 $<12600 kJ/m^3$ 的燃气：

$$V_y = 0.000173Q_{net \cdot ar} + 1.0 \tag{2-63}$$

（3）烟气量的估算　锅炉生产 1t/h 蒸汽所产生的烟气量还可按表 2-9 估算。

表 2-9　烟气量估算表

燃烧方式		排烟过量空气系统 α_{py} ①	排烟温度/℃		
			150	200	250
层燃炉		1.55	2300	2570	2840
流化床炉	一般煤种	1.55	2300	2570	2840
	矸石、石煤等	1.45	2300	2570	2840
煤粉炉		1.55	2100	2360	2620
油气炉		1.20②	1510	1690	1870

① 若 α_{py} 不是表中数值，则 $V_y' = \alpha_{py}' / \alpha_{py} \times V_y$

② 油气炉为微正压燃烧时。

（4）漏风系数 $\Delta\alpha$　运行中的锅炉，由于锅炉炉膛内、外各烟道处内、外有压差存在，对负压运行的锅炉及各外烟道而言，则会有外界空气漏入炉膛和烟道内；对正压运行的锅炉炉膛，则会有烟气漏气进入大气。在锅炉额定负荷运行时，锅炉炉膛及各段烟道中的漏风系数 $\Delta\alpha$ 可参考表 2-10 取用。

表 2-10　额定负荷下锅炉各段烟道中的漏风系数 $\Delta\alpha$

烟道名称			漏风系数
室燃炉炉膛	煤粉炉		0.1
层燃炉炉膛	机械化及半机械化炉		0.1
	人工加煤炉		0.3
流化床炉炉膛	沸腾床炉悬浮层		0.1
	循环流化床炉炉膛、沸腾床炉沸腾层		0.0
对流烟道	过热器		0.05
	第一锅炉管束		0.05
	第二锅炉管束		0.1
	省煤器	钢管式	0.1
		铸铁式	0.15
	空气预热器		0.1
屏式对流烟道			0.1
除尘器	电除尘器、袋式除尘器、每级		0.15
	水膜除尘器	带文丘里	0.1
		不带文丘里	0.05
	干式旋风除尘器		0.05
锅炉后的烟道	钢制烟道（每 10m 长）		0.01
	砖砌烟道（每 10m 长）		0.05

（二）污染物排放量

1. 烟尘排放量和排放浓度

（1）单台燃煤锅炉烟尘排放量可按下式计算

$$M_{Ai} = (B \times 10^9 / 3600)(1 - \eta_c / 100)(A_{ar} / 100 + Q_{net \cdot ar} q_4 / 3385800)a_{fh} \tag{2-64}$$

式中，M_{Ai} 为单台燃煤锅炉烟尘排放量，mg/s；B 为锅炉耗煤量，t/h；η_c 为除尘效率，%；A_{ar} 为燃料的收到基含灰量，%；q_4 为机械未完全燃烧热损失，%；$Q_{net \cdot ar}$ 为燃料的收到基低位发热量，kJ/kg；a_{fh} 为锅炉排烟带出的飞灰份额，链条炉取 0.2，煤粉炉取景

0.9，人工加煤取 0.2～0.35，抛煤机炉取 0.3～0.35。

（2）多台锅炉共用一个烟囱的烟尘总排放量按式(2-65)计算。

$$M_A = \sum M_{Ai} \tag{2-65}$$

多台锅炉共用一个烟囱出口处烟尘的排放浓度按式(2-66)计算。

$$C_A = (M_A \times 3600)/[\sum Q_i \times (273/T_S) \times (101.3/p_1)] \tag{2-66}$$

式中，C_A 为多台锅炉共用一个烟囱出口处烟尘的排放浓度（标态），mg/m^3；$\sum Q_i$ 为接入同一座烟囱的每台锅炉烟气总量，m^3/h；T_S 为烟囱出口处烟温，K；p_1 为当地大气压，kPa；

2. 燃煤锅炉 SO_2 排放量

单台锅炉排放量可按式(2-67)计算：

$$M_{SO_2} = B \times C \times 278 \times (1 - \eta_{SO_2}) \times S_{ar}/50 \tag{2-67}$$

式中，M_{SO_2} 为单台锅炉 SO_2 排放量，m^3/s；B 为锅炉耗煤量，t/h；C 为含硫燃料燃烧后生成 SO_2 的份额，随燃烧方式而定，链条炉取 0.8～0.85，煤粉炉取 0.9～0.92，沸腾炉取 0.8～0.85；η_{SO_2} 为脱硫率，%，干式除尘器取零，其他脱硫除尘器可参照产品特性选取；S_{ar} 为燃料的收到基含硫量，%。

多台锅炉共用烟囱的二氧化硫总排量和烟囱出口处 SO_2 的排放浓度可参照烟尘排放的计算方法进行计算。

3. 燃煤锅炉氮氧化物排放量

单台锅炉氮氧化物排放量可按式(2-68)计算。

$$G_{NO_x} = 453000B(\beta n + 10^{-6} V_y C_{NO_x}) \tag{2-68}$$

式中，G_{NO_x} 为单台锅炉氮氧化物排放量，m^3/s；B 为锅炉耗煤量，t/h；β 为燃烧时氮向燃料型 NO 的转变率（%），与燃料含氮量 n 有关，一般层燃炉取 25%～50%，煤粉炉取 20%～25%；n 为燃烧中氮的含量（质量分数），%，燃煤取 0.5%～2.5%，平均值取 1.5%；V_y 为燃烧生成的烟气量（标态），m^3/kg；C_{NO_x} 为燃烧时生成的温度型 NO 的浓度（标态）（mg/m^3），一般取 93.8 mg/m^3。

多台烟囱共用一个烟囱的氮氧化物总排放量和烟囱出口处氮氧化物的排放浓度，可参照烟尘排放的计算方法进行计算。

第二节　燃煤电厂除尘和粉煤灰回收利用

一、燃煤电厂电除尘特点和选用

（一）电除尘设计条件

（1）系统概况。

（2）锅炉型号及制造厂。

（3）锅炉技术参考　包括：①最大连续蒸发（BMCR），t/h；②制粉系统（磨煤机型式）；③额定蒸汽压力，MPa；④额定蒸汽温度，℃；⑤给水温度，℃；⑥最大耗煤量，t/h；⑦空气预热器型式、过剩空气系数。

（4）脱硫方式　①脱硫型式；②脱硫方法及工艺。

（5）引风机　①引风机型式；②引风机型号。

（6）其他　①锅炉除渣方式；②锅炉除灰方式；③除尘器输灰系统型式。

（7）燃煤与烟尘性质 ①设计煤种；产地，元素分析；②飞灰成分分析；③飞灰粒度分析；④飞灰比电阻；⑤飞灰密度及安息角；⑥烟灰成分、烟气性质。

（8）厂址气象和地理条件。

（二）技术要求

（1）电除尘器型式。

（2）烟气量，m^3/h（工作状态下）和 m^3/h（标准状态下）。

（3）烟气温度，℃。

（4）除尘器承受的压力，Pa。

（5）设计条件下保证除尘效率，％；设计效率，％；校核煤种效率，％。保证效率是指设计条件下一台高压电供电设备所覆盖的收尘极板面积停止工作时的效率；设计效率指所有供电区全部工作下的效率；校核煤种效率是指以校核煤种为依据的设计效率。

（6）除尘器出口处烟尘排放浓度，mg/m^3，指标准状态下，干烟气并折算到过剩空气系数为 1.4 条件下的浓度。

（7）本体压力降，Pa。

（8）本体漏风率，％。

（9）保温材料、厚度及敷设方法，伴热方式等。

（三）主要控制参数

1. 性能参数

（1）处理烟气量 按下式确定。

$$Q_s = Q_y + Q_y \frac{\Delta a}{2} \tag{2-69}$$

式中，Q_s 为处理烟气量，m^3/h；Q_y 为招标书给定烟气量，m^3/h；Δa 为电除尘器本体漏风率，％。

（2）除尘效率和排放浓度 按设计煤种要求的烟尘排放浓度计算除尘器效率。同时计算"校核煤种"烟尘排放浓度，烟尘排放浓度限值执行国家标准。

（3）本体压力降 对 200MW 以下机组配套电除尘器，本体压力降小于 300Pa；对 300MW 以上机组配套电除尘器，本体压力降小于 200Pa。

（4）本体漏风率 对 200MW 以下机组配套电除尘器，本体漏风率小于 5％；对 300～600MW 机组配套电除尘器，本体漏风率小于 3％；对 1000MW 机组配套电除尘器，本体漏风率小于 2％。

（5）噪声 振打装置平台和整流变压器周围 1.5m 处，噪声小于 85db 要求。

2. 驱进速度

驱进速度与除尘效率的关系由多伊奇公式确定。烟气是给定的，只要准确地确定粉尘驱进速度，就能计算出所需要的收尘极板面积。但是，到目前为止还不能精确地用计算求出，准确地确定驱进速度是电除尘器选型设计的基础。工程设计中采用经验法或称类比法、试验法、综合法和数学模型法来确定驱进速度，其中设计者的经验是主要的。

燃煤含硫量与选取驱进速度的关系见表 2-11，该表是工程实例实际测量统计结果。

表 2-11 燃煤含硫量与驱进速度的关系

收到基硫/%	0.3	0.5	0.8	1.2	1.5	1.8	2.1	>2.5
驱进速度/(cm/s)	5.0	5.5	5.8	6.2	6.5	7.5	8.5	9.5

粉尘比电阻大于 $10^{13}\Omega\cdot cm$ 时，驱进速度应在 $4.0\sim5.0cm/s$ 之间选取；粉尘比电阻在 $10^{11}\sim10^{12}\Omega\cdot cm$ 时，驱进速度应在 $5.0\sim7.0cm/s$ 之间选取；粉尘比电阻在 $10^{4}\sim10^{10}\Omega\cdot cm$ 时，驱进速度应在 $7.5\sim10.0cm/s$ 之间选取。

粉尘中 $SiO_2+Al_2O_3$ 与驱进速度的选取关系见表 2-12，表 2-12 是设计电除尘效率 99.6% 时，工程实例实际测量统计结果。当粉尘中 Al_2O_3 含量大于 40% 时，驱进速度小于 $5.0cm/s$；当粉尘中 Al_2O_3 含量大于 45% 时，驱进速度小于 $4.0cm/s$；当粉尘中 Al_2O_3 含量大于 47% 时，慎重选择电除尘器。

表 2-12　粉尘中 $SiO_2+Al_2O_3$ 与驱进速度的关系

$SiO_2+Al_2O_3$/%	<80	80	85	88	92	95
驱进速度/(cm/s)	8.5	7.8	7.0	6.2	5.2	5.0

3. 比集尘面积

确定了驱进速度，按多伊奇计算出所需要的比集尘面积。驱进速度选取后，必须用比集尘面积经验量值进行比较校核，因此，需给出比集尘面积经验取值范围。

燃煤含硫量与比集尘面积关系见表 2-13。

表 2-13　燃煤含硫量与比集尘面积的关系

收到基硫/%	0.3	0.5	1.0	1.5	2.0	2.5	>3.0
$\eta=99.0\%[m^2/(m^3\cdot s)]$	90	80	65	60	55	50	40
$\eta=99.5\%[m^2/(m^3\cdot s)]$	110	100	85	75	68	60	53
$\eta=99.8\%[m^2/(m^3\cdot s)]$	140	135	125	105	90	85	75

对普通煤种和常规烟气条件下，当设计除尘器效率 $\eta<99.0\%$ 时，比集尘面积 $F>50m^2/(m^3\cdot s)$；当设计除尘器效率 $\eta=99.0\%\sim99.3\%$，比集尘面积 $F>70m^2/(m^3\cdot s)$；当设计除尘器效率 $\eta=99.3\%\sim99.5\%$，比集尘面积 $F>90m^2/(m^3\cdot s)$；当设计除尘器效率 $\eta>99.5\%$ 时，比集尘面积 $F>100m^2/(m^3\cdot s)$；当设计除尘器效率 $\eta>99.8\%$ 时，比集尘面积 $F>120m^2/(m^3\cdot s)$。

粉尘比电阻越高，比集尘面积选的就应越大。

粉尘中 $SiO_2+Al_2O_3>90\%$。设计除尘器效率 $\eta>99.5\%$ 时，比集尘面积 $F>100m^2/(m^3\cdot s)$，粉尘中 $SiO_2+Al_2O_3>95\%$。设计除尘器效率 $\eta>99.8\%$ 时，比集尘面积 $F>140m^2/(m^3\cdot s)$。

4. 电场烟气流速

电场烟气流速决定电除尘器有效断面积，应按表 2-14 选取。

表 2-14　电场烟气流速选取范围

除尘效率/%	<99.0	99.0～99.3	99.3～99.5	99.5～99.8	>99.8
电场烟气流/(m/s)	1～1.2	0.9～1.1	0.8～1.1	0.8～1.0	<0.9

电场数和单电场长度确定如下所述。

电场数是指串联电场数，也是高压供电分区的分界点，应按设计除尘效率划分电场数，见表 2-15。

表 2-15　除尘效率与划分的电场数

除尘效率/%	<99.0	99.0～99.3	99.3～99.5	99.5～99.8	>99.8
电场数量/个	3	3～4	4～5	4～5	≥5

单个电场长度以 4.0m 为宜。再增加电场长度，除尘效率提高缓慢，使收尘极板失去应

有作用，达不到设计比集尘面积应有的作用。

5. 电极振打加速度

收尘极板高度不宜超过15m。过高，会带来振打速度传递困难和分布更加不均匀，增大振打过程的"二次"扬尘量，增加气流分布均匀性难度，导致除尘效率降低。

（1）收尘极　对于普通煤种，最小振打加速度值不小于150g，且不大于500g，对于高比电阻、细粉尘适当增加振打加速度值；而对于低比电阻、粗粉尘应适当减小振打加速度值。

（2）放电极　对于普通煤种，由小框架固定放电极线，框架周边最小振打加速度值不小于200g，且不大于300g；对于管状芒刺线或整体放电极线圆管上最小振打加速度不小于50g，且不大于150g。

6. 气流分配及分布

对200MW以下机组配电除尘器，气流分布均匀性要求相对均方根值 $\sigma' \leqslant 0.25$；对300MW以上机组配电除尘器，气流分布均匀性要求相对均方根值 $\sigma' \leqslant 0.20$。

对200MW以下机组配电除尘器，两个室之间烟气流偏差小于5%；对300~600MW机组配电除尘器，两个室之间烟气流量偏差小于3%；对1000MW机组配电除尘器，各室之间烟气流量偏差小于2%。

7. 电除尘器本体

钢结构设计温度为300℃。当锅炉尾部燃烧时，允许在350℃冲击下正压运行30min无损坏。壳体材料和厚度根据被处理烟气性质而定，一般壳体墙板采用厚度不小于5.0mm碳结钢板。壳体应设有检修门、楼梯、平台、栏杆、护沿、人孔门、通道和安全装置等；在每个电场前后设人孔和通道；在顶部设检修门；圆形人孔门直径不小于600mm，矩形人孔门最小为450mm×600mm；所有平台设有栏杆和护沿，平台载荷应为4kN/m²；凡与高压相同的人孔门、引入线设置连锁装置。收尘极厚度应大于1.5mm，结构型式及要求应满足：

① 极板表面电场强度和电流分布均匀，火花电压高；

② 有利于粉尘在板面上沉积，经过定期振打又能顺利落入灰斗，同时具有防止二次扬尘功能；

③ 极板受温度影响变形小，并具有足够刚度；

④ 极板振打性能好，利用振打加速度均匀地传递到整个板面，具有良好清灰效果；

⑤ 形状简单，平面度好，制造容易；

⑥ 运输、安装、运行中不易变形。

放电极牢固可靠，电气性能良好，振打清灰性能好，不断或少断线，结构型式及要求应满足：

① 放电性能好，起晕电压低，通常曲率半径越大的放电极线，起晕电压越低；

② 放电强度高，电晕电流大，伏安特性曲线越低斜率越大，在相同外施电压条件下，电流也越大；

③ 对烟气条件变化适应性强，这是指对烟气流速、含尘浓度和比电阻等适应性强，在高烟气流速下效率下降少，处理高浓度粉尘时不发生电晕封闭，处理高比电阻粉尘时不产生或延缓反电晕的发生；

④ 机械强度高，不易断线，高温下不弯曲变形，耐腐蚀；

⑤ 放电极线固定，有利于维持准确极距，有利于传递振打力，易于清灰。

进气烟箱内设置气流分布装置，每台电除尘器进口烟箱应配置独立多孔板或其他形式均流装置，当一台电除尘器由两个以上室组成时，前置烟道内需设置导流板或分流板，设置位置、形状、尺寸均由模拟试验确定。

电除尘器支承及钢支架除考虑承受全部结构自重和检修荷载，风载、雪载、地震荷载等自然荷载外，还应考虑附加载荷，灰斗储灰应按高出上平面 2m 高度的灰量计算荷载，收尘极板积灰厚度按 15～20mm 计算荷载。

保温应保证电除尘器内烟气温度高于露点 10℃ 以上，保温层厚度应不小于 10mm，表面温度应不超过 60℃，护壳牢固美观。

8. 灰斗

灰斗钢板厚度不小于 5mm，灰斗应满足除尘器进口最大含尘浓度下满负荷运行 8～12h 的存灰量，按烟气流动方向一个电场设置一个灰斗，灰斗内应加装置阻流板，防止烟气窜流，灰斗斜壁与水平面夹角不小于 60°，相邻壁交角内侧，应作成圆弧形，圆角半径为 200mm，以保证灰尘自由流动。灰斗应有伴热装置，伴热负荷应能保持灰斗壁温不低于 120℃，且要高于烟气露点温度 5～10℃。

灰斗应设料位指示仪。

灰斗设置检修门和捅灰孔。

9. 电气设备

(1) 配备二路独立交流 380V，二相四线制，频率为 50Hz。当交流电源（+5%～10%）U_e。频率 50%Hz，当瞬时电压波动范围在 −22.5%U_e，历时 1min 不造成设备事故并能正常工作。电源允许最大不平衡负荷为 5kV。

(2) 整流变压器，不应有漏、渗油现象。工作时，不对无线电、电视、电话和其他厂内通信设备产生干扰。

(3) 所有电机应是全封闭式的，不因气象条件变化或环境的污秽而影响正常工作。外壳防护等级不低于 IP54。仪表和控制要求与其他设备控制盘（台）相协调，能防尘、防振、防小动物进入盘（台）内。属就地安装，其防护等级不低于 IP54，指示灯、信号控制准确，操作灵活。

(4) 必须配备烟尘连续检测和上位计系统，有条件的应配备总线系统。

(5) 所有检修门、人孔门、通向高压电气设备门均与高压电源系统有可靠联锁系统。

（四）燃煤电厂电除尘器选型设计

1. 选型设计条件分析

为使电除尘器选型正确，首先必须掌握系统概况、燃煤性质、飞灰性质、烟气成分分析、设计参数、厂址气象和地理条件、达到保证效率的条件等选型设计用基本资料。其次要进行选型设计条件对电除尘器性能的影响分析及性能要求分析。

影响电除尘器性能的因素很复杂，对燃煤电厂而言，它不但与工况条件即燃煤性质（成分、挥发分、发热量、灰熔融性等）、飞灰性质（成分、粒径、密度、比电阻、黏附性等）、烟气成分等有关，同时与电除尘器的技术状况（包括极配形式、结构特点、振打方式及振打力大小、气流分布的均匀性以及电场划分情况、电气控制特性等）有关，还与运行条件（包括操作电压、板电流密度、积灰情况、振打周期等）有关。

此外，还存在着诸如飞灰物相组分、显微结构（灰粒形状、孔隙率及孔隙结构、表面状况）、浸润性等方面对电除尘器性能的影响。虽然对这些方面的系统论述和定量计算还缺乏基础，但选型时应予注意。如灰的熔融温度与其成分有密切关系，灰中 Al_2O_3、SiO_2 含量越高则灰熔融温度越高，Na_2O、K_2O、Fe_2O_3、MgO、CaO 等有利于降低灰熔融温度。一般地，灰的熔融温度高对除尘不利。在飞灰粒径方面，当粒径 $>1\mu m$ 时，粉尘驱进速度与粒径为正相关，当粒径为 $0.1\sim1\mu m$ 时，粉尘的驱进速度最小；当粒径 $<0.1\mu m$ 时，粉尘驱进速度与粒径为反相关。在飞灰密度方面，当真密度与堆积密度之比 >10 时，电除尘器二次飞扬会明显增大，应给予注意。飞灰的黏附性，可使微细粉尘凝聚成较大的粒子，这有利于除尘。但黏附力强的飞灰，会造成振打清灰困难，阴、阳极易积灰，对除尘不利。一般地，粒径小、比表面积大的飞灰黏附性强。

在上述因素中，煤、飞灰成分对电除尘器性能影响最大。煤、飞灰主要成分含量分布（见表 2-16）。

表 2-16 国内煤、飞灰样主要成分含量分布

成分	变化范围/%	平均值/%	成分	变化范围/%	平均值/%
S_{ar}	$0.11\sim5.13$	0.87	MgO	$0.17\sim6.37$	1.35
Na_2O	$0.02\sim3.72$	0.69	Al_2O_3	$9.04\sim46.5$	26.33
Fe_2O_3	$1.52\sim25.88$	7.84	SiO_2	$20.7\sim70.3$	50.18
K_2O	$0.12\sim4.17$	1.16	$Ca(OH)_2$	$0.6\sim28.4$	6.34

研究表明，S_{ar}、Na_2O、Fe_2O_3、Al_2O_3 及 SiO_2 对电除尘器性能影响很大，其中 S_{ar}、Na_2O、Fe_2O_3 对除尘性能发挥可起到有利影响，Al_2O_3 及 SiO_2 则对除尘性能发挥有不利影响，煤、飞灰成分对电除尘器性能的影响是其综合作用的结果。

K_2O、SO_3、CaO、MgO、P_2O_5、Li_2O、MnO_2、TiO_2 及飞灰可燃物对电除尘器性能的影响相对较小，其中 K_2O、SO_3、P_2O_5、Li_2O、TiO_2 对除尘性能起着有利的影响，CaO、MgO 对除尘性能则起着不利的影响。

水分对电除尘器性能的影响是显而易见的。炉前煤水分高，烟气的湿度就大，粉尘的表面导电性就会较好，比电阻相对较低。在燃煤含水量很高的锅炉烟气中，水分对电除尘器的性能起着十分重要的作用。

煤的灰分高低，直接决定了烟气中的含尘浓度。对于特定的工艺过程和在一般含尘浓度范围内，驱进速度将随着粉尘浓度的增加而增大。但含尘浓度过大，会产生电晕封闭。出口粉尘浓度要求相同时，其设计除尘效率的要求也越高。烟气含尘浓度高，所消耗表面导电物质的量大，对高硫、高水分的有利作用折减幅度大。综合来讲，高灰分对电除尘器的烟尘排放是不利的。

当处于高 S_{ar} 煤条件时，S_{ar} 的含量对电除尘器的性能起着主导作用，而低 S_{ar} 煤条件时，S_{ar} 的影响相对减弱，主要取决于飞灰中碱性氧化物的含量、烟气中水的含量及烟气温度等。

2. 电除尘器适应性

1964 年，瑞典专家 S·麦兹（SigvardMatts）对经典的电除尘器设计公式 Deutsch 公式进行了修正，使用了表观驱进速度 ω_k 概念。简单地说，可以将 ω_k 看成是一个"收尘难易参数"。

一般情况下，煤、飞灰成分直接影响着 ω_k 值，ω_k 值的大小可评价电除尘器对粉尘的收尘难易程度，如表 2-17 所列。ω_k 值越大，电除尘器对粉尘的收集越容易。

表 2-17 电除尘器对煤种的除尘难易性评价

$\omega_k/(mm/s)$	<25	$25\sim35$	$35\sim45$	$45\sim55$	>55
除尘难易性	难	较难	一般	较容易	容易

对煤、飞灰样的 ω_k 值进行计算，得出 ω_k 的变化范围为 $20\sim63.11mm/s$，其平均值为 $45.26mm/s$。ω_k 值所对应的煤种的统计结果参考值见表 2-18。

表 2-18　ω_k 值所对应的煤种及项目统计结果

ω_k/(mm/s)	<25	25~35	35~45	45~55	>55
除尘难易性	难	较难	一般	较容易	容易
占煤种百分比/%	2.46	11.48	32.79	40.16	13.11
占项目百分比/%	2.9	11.60	28.99	40.57	15.94

同时对 100 套 300MW 以上机组配套电除尘器测试结果进行统计，得出：

① 实测除尘效率达到设计保证效率的电除尘器占总数的 96%；

② 在电场数量基本上为 4 个、比集尘面积（SCA）<110m²/(m³·s) 的情况下，出口粉尘浓度≤50mg/m³ 的电除尘器数占总数的 60%，其中≤30mg/m³ 的电除尘器数占总数的 18%。

说明对于中国多数的煤种，在适当增加电场数量和 SCA 的情况下，达到 50mg/m³ 甚至 30mg/m³ 的低排放是完全可以实现的。

通过综合煤、飞灰成分对电除尘器性能影响分析，国内煤、飞灰样 ω_k 值统计结果及电除尘器实测结果分析，认为，在排放标准已提高的今天，电除尘器仍有着广泛的适应性。

如何确定电除尘器的大小，以符合粉尘排放标准是电除尘器应用上的一个主要问题。选型过大，会增加成本，造成浪费；选型过小，会造成排放不达标，满足不了设计要求，后果则更为严重。电除尘器性能的发挥取决于多种客观因素，这些不断变化的因素，对决定电除尘器比集尘面积（SCA）大小，造成了复杂影响。

在决定比集尘面积时，驱进速度 ω 是关键参数。有的公司认为不能用理论计算的办法来求得 ω 值，因为为了选型而要精确地确定上述因素的定量关系，是非常困难的。另外一些公司也提出可以采用理论计算的方法，求得一个初始驱进速度 ω，然后经修正确定设计 ω 值。

在实际应用中，利用修正因数对偏差进行纠正是比较实用的。而修正因数可分为过程修正和设计修正。

（1）过程修正需要考虑的因素包括烟气温度及密度、烟气成分、颗粒尺寸分布、粉尘成分及比电阻、含尘量、烃类化合物、未燃烧的低比电阻颗粒等。其中，粉尘成分及比电阻这两个因素对驱进速度的影响显著，也是选型设计的首要因素。而高的粉尘浓度本身并不是高效除尘的一个限制因素，电除尘器在含尘量超过 2000g/m³ 时仍然得到成功的应用。

（2）设计修正则需要考虑电极类型、振打、在长度上的供电分区数量、供电分区大小、长高比、烟气流速等。其中，振打形式对电除尘器的设计非常重要。在复杂工况中采取不合理的振打将导致阳极板粉尘的堆积从而降低除尘效率。这些都是影响除尘性能或驱进速度的因素。

3. 技术经济性分析

为客观地选择综合经济性更好的除尘设备，在选型设计完成后，有必要对电除尘器与其它燃煤电厂用高效除尘设备（如袋式除尘器、电袋复合除尘器）进行技术经济性比较。比较项目包括技术特点（除尘效率、压力损失、适用范围等）、总费用（设备初始投资费用、电耗费用、年维修费用）、安全可靠性、占地面积。通过对在达到相同除尘效率前提下，各种除尘设备的技术经济性分析可得出如下结论。

（1）从投资角度看，对于国内大部分常用煤种，电除尘器都具有较好的技术经济性，运行管理压力也比袋式除尘器、电袋复合除尘器轻。另外，电除尘器采用配套的实用技术（先进的电控设备、烟气调质、粉尘凝聚器、移动电极电除尘器、机电多复式双区电除尘技术等）会进一步扩大其适用范围。

（2）从运行成本看，电除尘器的阻力低，风机运行能耗低，不需要滤料的更换，实际能耗也不高，节能运行后能耗明显低于其它除尘设备，所以运行费用电除尘器是比较低的。

（3）电除尘器的技术经济性往往与燃用煤种、飞灰特性及烟气成分等有着密切的关系。客观地说，各除尘设备的投资、运行的技术经济性与项目特定的情况密切相关，具体项目应具体分析。

4. 电除尘器选型设计建议

通过综合考虑，将表观驱进速度值（即 ω_k 值）作为基准，结合工程经验进行电除尘器选型设计是合理的。由于我国燃煤资源紧缺，部分电厂实际燃用煤种偏离设计值的情况较为突出，严重制约了这些电厂电除尘器的正常使用。为避免这种情况下所出现的电除尘器出口粉尘浓度超标问题，电除尘器选型设计时应适当增大比集尘面积和电场数量，也可采用配套实用技术，从而最大限度地为电除尘器长期高效运行提供条件。

另外值得注意的是，国家标准所要求的粉尘排放指的是烟囱排放，而不是电除尘器的出口粉尘浓度。事实上电除尘器后续的脱硫系统具有一定的除尘效果（大机组以湿法烟气脱硫系统为主，其除尘效率一般可达 60% 左右）。

煤、飞灰成分中的 S_{ar}、Na_2O、Fe_2O_3、Al_2O_3 及 SiO_2 对电除尘器性能影响最大，且其对除尘性能的影响是煤、飞灰成分综合作用的结果。因此很难直接由煤、飞灰成分对电除尘器的选型设计作具体的指导意见，这里的定性分析可供参考。

当满足下列至少一个条件时，其煤、飞灰的除尘性能一般较好：S_{ar} 含量＞2%（如西南地区的高硫煤）；Na_2O 或 Fe_2O_3 的含量远高于平均值（如晋北煤）；Al_2O_3 或 SiO_2 的含量远低于平均值（如神府东胜煤）；S_{ar}、Na_2O、Fe_2O_3 含量均偏高，而 Al_2O_3、SiO_2 均偏低。

当满足下列至少一个条件时，其煤、飞灰的除尘性能一般很差：S_{ar} 含量＜0.3%；Na_2O 或 Fe_2O_3 的含量远低于平均值（如兖州煤）；Al_2O_3 或 SiO_2 的含量远高于平均值（如准格尔煤）；S_{ar}、Na_2O、Fe_2O_3 含量均偏低，而 Al_2O_3、SiO_2 均偏高（如大同塔山煤）。

当满足 S_{ar} 含量＜0.3%、Na_2O 含量＜0.2%、（Al_2O_3＋SiO_2）的含量＞90% 或 Fe_2O_3 含量＜2% 四个条件中的一个及以上时，电除尘器的除尘性能很差，一般可称为困难状态，选型时应特别注意。

燃煤电厂电除尘器选型设计建议见表 2-19、表 2-20。

表 2-19　电除尘器适应性分析

除尘难易性	ω_k/(mm/s)	占统计项目总数量百分比	占统计煤种总数量百分比		适应性分析
容易	$\omega_k \geq 55$	15.94%	13.11%		推荐使用电除尘器
较容易	$45 \leq \omega_k < 55$	40.57%	40.16%	73.76%	推荐使用电除尘器
一般	$40 \leq \omega_k < 45$	16.67%	20.49%	86.06%	可以使用电除尘器（采取增加电场数量、比集尘面积及使用配套实用技术等方法）
	$35 \leq \omega_k < 40$	12.32%	12.30%	12.30%	
较难	$25 \leq \omega_k < 35$	11.60%	11.48%	13.94%	暂不推荐使用电除尘器
难	$\omega_k < 25$	2.90%	2.46%		

注："占统计项目总数量百分比"、"占统计煤种总数量百分比"均为参考值。

表 2-20　电除尘器适应性结论

ω_k/(mm/s)	电除尘器所需电场数量 /个	电除尘器所需比集尘面积 /[m²/(m³·s)]	电除尘器适应性分析结论
$\omega_k \geqslant 55$	≥4	≥110	推荐使用电除尘器
$45 \leqslant \omega_k < 55$	≥5	≥130	
$40 \leqslant \omega_k < 45$	≥5	≥140	
$35 \leqslant \omega_k < 40$	≥6	≥170	可以使用电除尘器,建议采用配套实用技术
$\omega_k < 35$	—	—	暂不推荐使用电除尘器

注：当煤种灰分高或电除尘器入口含尘浓度较大时，建议适当增加电场数量和比集尘面积，当采用配套实用技术时可适当减少电场数量和比集尘面积。

二、燃煤电厂袋式除尘特点和选用

燃煤电厂锅炉烟气除尘设备不仅是环保设备，也是电厂的主要生产设备之一（电厂的四大主机：发电机、汽轮机、锅炉、除尘器）。因此在设计袋式除尘器系统和滤料选择时，必须确保袋式除尘器的长期（锅炉及附属设备一般三年一个大修期）可靠运行，要充分考虑锅炉及其辅机的运行工况、燃料和灰尘特性及运行可能出现的问题。

在燃料不变的情况下，含尘烟气的特性主要取决于锅炉的燃烧工况。同时也取决于除尘系统的设计。而锅炉负荷的变化，粉磨机、省煤器、空气预热器的选型及运行工况，一次风机、二次风机用引风机的开度都直接影响烟气的含尘浓度；颗粒大小直接影响烟气量，烟气的粒度、含氧量及氮氧化物的含量；系统的漏风和保温也是不可忽视的因素。可以说锅炉的运行工况直接影响袋式除尘器系统，而袋式除尘系统的可靠性又直接关系锅炉的安全。如果除尘系统因破袋失效，会造成锅炉引风机叶轮磨损加快；滤袋粘灰严重，会增加阻力，减少引风机的抽风量，造成锅炉正压运行，这都是很危险的。所以，在设计燃煤锅炉袋式除尘系统时，一定要把除尘作为锅炉系统的一个重要环节，在系统设计时，自动检测、自动控制、故障判断和紧急措施都要有全面考虑。在制定操作规程和岗位责任制及维护管理方面也要具体落实。一个成功的燃煤锅炉烟气除尘系统项目必须有周全而合理的设计，选用可靠的仪器、仪表和设备，精心制造和维护，严格的操作规程。

（一）电厂烟尘特点

在我国电厂燃煤锅炉上使用布袋除尘系统还必须考虑我国电厂烟气的特点。

（1）国外电厂对燃煤品种的控制十分严格，而我国电厂燃煤品种波动大，不同煤种不仅燃烧值不同，而且灰分、杂质成分、含硫量均不相同。这样就造成烟气温度、烟尘含量、烟气成分都发生波动，给袋式除尘器运行管理带来极大困难。

（2）电厂烟气温度在 120～170℃ 范围波动。大多数电厂为了提高锅炉热效率，烟气温度正常在 130～150℃，运行中特殊情况下可略低于 130℃ 或高于 150℃。这个温度对于中等以上含硫量的煤种，正处于酸露点上，极易因酸结露腐蚀损坏滤袋。

（3）在锅炉点火阶段，要喷油助燃，常常因燃油雾化不好，燃烧不完全，使大量油雾附着于滤袋上使滤袋阻力居高不下。

（4）因锅炉设备故障可能产生烟气异常。例如发生炸管事故，产生大量水汽使布袋结露或空气预热器故障使烟气温度超限等。

为此，在我国电厂燃煤锅炉上使用袋除尘器必须采用以下措施。

（1）严格控制烟气温度波动，在温度增高时，采用喷雾降温或掺冷风等措施使温度迅速降到滤袋长期允许工作温度点上。并使袋式除尘器工作在酸露点之上 5～10℃。同时，要选用耐酸腐蚀滤料。

（2）为防止油雾附着滤料表面上将粉尘黏附无法清灰，必须对袋式除尘器喷入灰尘进行预涂尘，在锅炉点火前，进行滤袋的预涂灰工作。

（3）设置烟气旁路管道，当锅炉发生炸管时或异常超温时可开启旁路阀门，将烟气短路以保护除尘器。选用旁路阀门必须密封性好，且开闭方便灵活。

（4）如与油混烧，应尽量减少煤与油混烧的时间或减少混烧时的燃油量。煤与油混烧时应向管道喷入灰尘，并尽可能不清灰或减少清灰次数。

（5）根据燃煤电厂总图布置和生产工艺要求，袋式除尘器外形常区别于钢铁、水泥等行业的情况，其要求不要过长，而是长宽得当，适当宽一些。

（6）加强对除尘器的管理，从设计、制造、安装到运行整个过程每一个环节都要严格防止滤袋破损。若发现有滤袋产生泄漏，必须立即更换，要严格执行定期检查制度。

（7）在袋式除尘器中有旋转式低压脉冲袋式除尘器、管式低压脉冲除尘器和反吹风袋式除尘器以及这些除尘器改型或改进。其中管式脉冲除尘器运行良好，维护容易。

（8）电厂锅炉除尘器的输灰系统多采用气力输送装置，很少用机械输灰系统。

（二）燃煤电厂袋式除尘器的技术特点

袋式除尘并非是一项新的除尘工艺，它在冶金、建材等行业已有几十年的应用历史，早在八十年代初及九十年代初，袋式除尘在电力行业也有几次不成功的尝试。与冶金、建材行业的袋式除尘器不同，火力发电行业的袋式除尘器不仅仅是一种环保设备，它更是一种生产设备，因为它是整个发电工艺中的一个环节，因此，在火力发电行业对袋式除尘器的可靠性要求非常高，这种较高的可靠性要求主要体现在：

① 滤袋的整个使用寿命至少要确保一个大修期（4年），脉冲阀一般要求5年内免维修；

② 要求除尘器的运行状况在任何锅炉允许的工况下均能保持平稳，在锅炉运行出现短时间的极端异常工况时，应不至于对滤袋的使用寿命造成较严重的影响，因此，要求整个除尘系统必须在配备一套准确、可靠的检测及控制系统基础上，配备一套完善而有效的保护系统。

当前，袋式除尘器之所以在燃煤发电行业受到越来越多的重视，并且有日益普及的趋势，其主要原因是：

① 国家有关大气污染物排放标准及相关的政策法规日趋严格，推动了这项除尘技术的发展以及在燃煤电厂烟气除尘中的推广应用。

② 袋式除尘本身的技术进步，为其在燃煤发电行业的应用提供了可靠的技术保证，这些技术进步主要表现在清灰方式上的进步（经历了从机械振打清灰到大气反吹清灰到脉冲喷吹清灰这样一个不断发展过程）、高可靠性的脉冲阀以及能适应不同烟气性质（耐高温、高湿、耐腐蚀、抗氧化）并具有较高使用寿命的滤料产品的问世，以及在系统设计、本体结构设计以及监测控制技术等方面的不断成熟等。

从国内外燃煤电厂袋式除尘技术的发展及应用情况来看，可分为旋转喷吹及固定行喷吹两大技术流派。两者的差别主要是清灰方式的不同，其他方面并无实质性的差异。

两种袋式除尘器均将除尘器分成若干个除尘室。旋转喷吹脉冲袋式除尘器各除尘室中的滤袋呈同心圆排列，一般采用椭圆形滤袋，每个除尘室设一套旋转喷吹机构，由脉冲阀、旋转臂及传动机构组成，每个旋转臂上设若干喷嘴，整个旋转机构一边旋转，一边对着喷嘴下的滤袋进行喷吹清灰。而固定行喷吹袋式除尘器各除尘室中的滤袋呈行状排列，每行滤袋上设一喷吹管，每条滤袋上方对应一个喷吹孔，进行口对口喷吹。

从国内外燃煤电厂袋式除尘器的应用情况来看，采用固定行喷吹袋式除尘器要多于采用旋转喷吹袋式除尘器。部分原因可能是旋转喷吹袋式除尘技术主要被少数国外公司垄断所致。

（三）袋式除尘系统配置及设计要求

（1）袋式除尘系统适用条件　袋式除尘系统配置及功能设计应根据炉型、容量、炉况、煤种、气象条件、操作维护管理等具体情况确定。

燃煤电厂袋式除尘系统通常包括袋式除尘器、预涂灰装置、清灰气源及供应系统、排除灰系统、自动控制及监测系统、引风机、烟道及附件等部分，根据具体情况亦可增设旁路系统和紧急喷雾降温系统。紧急喷雾降温装置应安装在锅炉出口烟道总管的直管段上。喷嘴投入使用的数量根据烟气温升情况确定。喷水量和液滴直径应能保证雾滴在进入除尘器之前能完全蒸发。喷嘴应有防堵和防磨措施。

（2）袋式除尘系统的设计要求　袋式除尘系统的风量、阻力等参数应按锅炉最大工况烟气量来确定。

脱硫除尘一体化采用袋式除尘时，袋式除尘器应在脱硫或不脱硫状态下均能正常使用。袋式除尘器设计应同时考虑最高工作温度和最低工作温度。袋式除尘器出口烟气温度应高于酸露点温度10℃以上。不脱硫时袋式除尘器宜采用在线清灰。袋式除尘器应采用若干独立的过滤仓室并联运行，袋式除尘器并联过滤仓室数确定如下：

400t/h≤锅炉蒸发量＜670t/h，过滤仓室数不少于3个；锅炉蒸发量≥670t/h，过滤仓室数不少于4个。袋式除尘器的正常运行阻力宜控制在1000～1300Pa；高浓度袋式除尘器正常运行阻力宜控制在1400～1800Pa。袋式除尘器过滤仓室进、出口应设烟道挡板门，进口烟道挡板门应有防磨措施。烟道挡板门附近应设具有保温功能的检修门。烟道挡板门应可靠、灵活和严密。应具有自动和手动、阀位识别、流向指示、启/闭人工机械锁等功能。

（3）除尘系统的旁路阀泄漏率应为零，开启时间应小于30s，旁路烟道烟气流速可按40～50m/s选取。可在锅炉点火、烟温异常、"四管"爆漏等非正常状态下使用。应防止旁路阀积灰堵塞。

（4）袋式除尘器过滤仓室可根据具体情况设计制作成联体结构，但联体结构必须具有热膨胀补偿措施。袋式除尘器进出口应设补偿器。

（5）引风规选型与改造设计　对于新建项目的风机选择，无脱硫时袋式除尘器最大全压按不小于1500Pa选取；有脱硫时袋式除尘器最大全压按不小于20095Pa选取。

对于改造项目的风机选择，无脱硫时袋式除尘器最大阻力按不于1800Pa选取；有脱硫时袋式除尘器最大阻力按不小于2100Pa选取。

电除尘器改为袋式除尘器时，应对原引风机和电机的出力按新的风量、全压和功率进行校核。当原风机和电机的性能不满足时，应对引风机和电机进行更换或改造。

（四）袋式除尘器设计与选型

1. 一般规定

袋式除尘器的设计和选型应根据下列因素确定。

① 袋式除尘器进口烟气特性：流量、温度及波动、粉尘浓度、粒径分布、SO_2、NO_x、O_2、水蒸气含量等。

② 袋式除尘器入口的烟气酸露点。

③ 设计煤种、校核煤种、点火用燃油或燃气、飞灰的元素分析。

④ 锅炉型式、运行制度、检修周期。

⑤ 袋式除尘器烟尘排放浓度、设备阻力、工作压力、滤袋寿命等要求。袋式除尘器过滤面积按下式计算，即

$$S = Q/(60V) \tag{2-70}$$

式中，S 为过滤面积，m^2；Q 为最大烟气量，m^3/h；V 为过滤速度，m/min。

袋式除尘器的过滤速度应根据清灰方式、烟气和粉尘性质及滤料特性确定。无脱硫时不宜大于 $1.2m/min$，脱硫时不宜大于 $0.85m/min$，电-袋组合式除尘器可选择较高的过滤速度。

袋式除尘器的漏风率应小于 2%。

2. 袋式除尘器结构设计

袋式除尘器的进、出风方式应根据工艺要求、现场情况综合确定。应合理组织气流，减少设备阻力。应防止烟气直接冲刷滤袋。

袋式除尘器结构设计时，耐压强度根据工艺要求确定。一般情况下，负压按引风机铭牌全压的 1.2 倍来计取，不足 $-7800Pa$ 时，按 $-7800Pa$ 计取；按 $+6000Pa$ 进行耐压强度校核。

袋式除尘器结构按 $300℃$ 考虑。袋式除尘器结构设计应便于更换滤袋。中箱体应设保温人孔门；对于净气室高度大于 $2m$ 时，宜在箱体侧面设人孔门，箱体顶部宜设检修门，便于采光、通风和滤袋安装。除尘器灰斗内上部宜设检修走道或敷设钢板网挂钩。

袋式除尘器的梯子、平台、栏杆应符合国家标准的规定。

袋式除尘器的花板应平整、光洁，不应有挠曲、凹凸不平等缺陷。花板平面度偏差不大于其长度的 $2/1000$。各花板孔中心与加工基准线的偏差应不大于 $1.0mm$，且相邻花板孔中心位置偏差小于 $0.5mm$。花板孔径偏差为 $0 \sim +0.5mm$。花板厚度宜大于 $5mm$。

袋式除尘器结构应设有气流分布装置。袋式除尘器灰斗应设置料位计、加热和保温装置、破拱装置、插板阀。料位计与破拱装置不宜设置在同一侧面。灰斗内部应光滑平整，灰斗斜壁与水平面的夹角不小于 $60°$，除尘器灰斗相邻壁交角的内侧应做成圆弧状，圆弧半径以 $200mm$ 为宜。

袋式除尘器壳体保温、防水、外饰应符合要求。人孔门、检修门应保温。

袋式除尘器应设置固定支座和滑动支座。袋式除尘器本体结构、支架和基础设计应考虑恒载、活载、风载、雪载、检修荷载和地震荷载，并按危险组合进行设计。袋式除尘器的净气室内表面应刷高温防护涂料。

3. 除尘脱硫一体化高浓度袋式除尘器设计要求

高浓度袋式除尘器应满足以下特殊要求。

应具有强力清灰的功能，宜采用管式脉冲喷吹的清灰方式。应具有粉尘预分离功能。应具有气流分布装置。应具有防结垢、防磨和防堵的措施。灰斗排灰口尺寸不小于 $400mm \times 400mm$，也可采用船形灰斗。

灰斗应设置加伴热和保温装置。灰斗斜壁与水平面的夹角可适当加大。

4. 袋式除尘器滤料、滤袋及滤袋框架

袋式除尘器用滤料及滤袋应符合国家标准规定。袋式除尘器用滤袋框架应符合有关规定。

根据烟气条件和锅炉的运行工况，袋式除尘器宜选择聚苯硫醚（PPS）、聚四氟乙烯、玻璃纤维等耐高温材料制造的针刺滤料或复合滤料，还应根据需要对滤料进行热定型、浸渍等后处理。袋式除尘器滤袋应能长期稳定使用，使用寿命不低于 2 万小时，或投用年限不低于 2.5 年。寿命期内滤袋破损率应 $\leqslant 5\%$。滤袋与滤袋框架应有适宜的间隙配合。滤袋框架应作防腐处理。当滤袋框架结构为多节时，接口部位不得对滤袋造成磨损，接口形式应便于

拆、装。滤袋框架应有足够的强度和刚度，由专用焊接设备制作，焊点应牢固、平滑，不得有裂痕、凹坑和毛刺，不允许有脱焊和漏焊。袋式除尘器运行期间，滤袋备件不少于5%，滤袋框架备件不少于1%。滤袋寿命期前6个月应批量采购滤袋。当袋式除尘器出口浓度异常时，应及时采取相应措施进行处理。

5. 清灰装置

脉冲阀的设计选型应依据滤袋的数量、长度、直径、形状及所需气量等因素确定。

淹没式脉冲阀宜水平安装于稳压气包上，其输出口中心应与阀体中心重合，不得偏移和歪斜。输出口应与阀座平行。在正常使用条件下，膜片使用寿命应大于100万次。

喷吹管应有可靠的定位和固定装置，并便于拆卸和安装。脉冲袋式除尘器稳压气包的截面可以是矩形或圆形。稳压气包制造完成并检验合格后，应清除内部的焊渣等杂物。应将脉冲阀安装就位，并对各脉冲阀进行喷吹试验，确认喷吹正常。稳压气包和喷吹管与上箱体组装时，应严格保证喷吹管与花板平行，并使喷嘴的中心线与花板孔中心线重合，其位置偏差应小于2mm，喷嘴中心线与花板垂直度偏差应小于5°。在稳压气包出厂发运前，对稳压气包的所有敞口应予以封堵，避免杂物进入。对脉冲阀及电磁阀应有防雨、防撞等保护措施。

6. 袋式除尘器的气流分布

袋式除尘器气流分布的要求。控制袋束的迎面风速，避免含尘气体气流直接冲刷滤袋。进入除尘器箱体内的烟气流速不宜大于4m/s。能合理组织烟气向过滤区域分配和输送，实现各区域过滤负荷均匀。

对于燃煤锅炉袋式除尘器，在设计袋式除尘器的气流分布装置之前进行气流分布模拟试验，并在冷态试运行时进行现场测试和调整。各过滤仓室处理风量的误差不应大于10%。

7. 压缩空气系统

压缩空气系统主要用于脉冲喷吹袋式除尘器清灰和气动装置的气源供应。供给袋式除尘器的压缩空气参数应稳定，并应有除油、脱水、干燥、过滤装置。压缩空气系统的设计应符合要求。管路的阀门和仪表应设在便于观察、操作、检修的位置。减压阀应有旁通装置，其出口设压力表。气包和现场储气罐底部应设自动或手动放水阀，气包前应设压力表。储气罐与供气总管之间应装设切断阀。每个稳压气包的进气管道上应设置切断阀。压气总管内气体流速应小于15m/s，总管直径不得小于DN80mm。压缩空气管道宜架空敷设，在寒冷地区宜采用保温或伴热措施。储气罐应尽量靠近用气点，从储气罐到用气点的管线距离不宜超过50m。压缩空气管道的连接宜采用焊接，设备和附件的连接可采用螺纹、法兰连接。

8. 袋式除尘系统的供配电

袋式除尘系统的供配电设计应按 DL/T 5153、DL/T 5044、GB 50217、GB 50034、GB 50052 的规定执行。电厂锅炉袋式除尘系统用电属厂用Ⅰ类负荷，应设置独立的工作电源和备用电源，宜采用手动切换。所需电源应为交流 380V/220V，50Hz，三相四线制。当电源电压在下列范围内变化时，所有电气设备和控制系统应能正常工作：交流电源电压波动不超过±5%。

袋式除尘系统自动监控系统的供电按Ⅰ级要求，由电厂交流不停电电源提供一路交流备用电源，必要时设置 UPS 不间断电源。

袋式除尘器应有可靠的接地，与接地网的连接点不得少于4个，接地电阻应小于4Ω。

袋式除尘器应有照明。需照明的区域为：除尘器顶部清灰平台，除尘器灰斗卸输灰平台、楼梯平台、检修平台、现场操作箱等。重要的场合设置事故照明。检修照明电源使用的安全电压为 24V。

电气设备应有安全保护装置，室外电气、热控设备应设防护措施。

袋式除尘系统的低压配电柜应有不少于 15% 的备用回路。

过热负荷元件的选择应以电动机数据为依据，并与断路器的脱扣器整定值相配合，接地保护附件按需设置。

袋式除尘器本体上应设置检修电源。

袋式除尘器范围内电缆宜采用桥架敷设。电缆桥架应采用镀锌材料。

动力电缆、控制电缆和信号电缆均应选用阻燃型。

9. 袋式除尘系统的自动控制

袋式除尘系统的自动控制设计应按 DL/T 659 等的规定执行。

袋式除尘系统的控制除实现自动控制外，还应能实现手控操作。

袋式除尘系统中电动及气动装置应设就地控制箱，并设手动/自动转换开关。

袋式除尘监控系统宜按双 CPU、双电源、双网络冗余配置。

袋式除尘系统含尘烟道中的测量一次元器件应有防磨措施。管道压力测孔应有防堵措施。

袋式除尘系统的监测内容如下。

（1）袋式除尘系统应检测的内容为：

① 除尘器进出口压差显示及超限报警；

② 除尘器进出口烟气温度显示及超限报警；

③ 清灰气源压力显示及超限报警；

④ 灰斗灰位超限报警；

⑤ 回转式袋式除尘系统的罗茨风机电流及超限报警；

⑥ 设备运行状态显示及故障报警。

（2）袋式除尘系统选择性检测的内容为：

① 烟气流量；

② 喷雾降温系统给水压力及流量；

③ 出口烟尘浓度显示及超限报警；

④ 烟气含氧量及含氧量超高报警。

袋式除尘系统自动控制范围如下。

（1）袋式除尘系统应控制的范围为：

① 除尘器启动、停机联锁系统；

② 除尘器自动清灰系统；

③ 预涂灰装置（非灰罐车预涂灰系统）；

④ 烟道挡板门；

⑤ 灰斗加热系统；

⑥ 清灰气源系统。

（2）袋式除尘系统选择性控制的范围为：

① 喷雾降温系统；

② 旁路系统。

袋式除尘器清灰自动控制应具备定压差、定时和手动三种模式，可互相转换。

袋式除尘器应设进出口压差（或压力）监控。各过滤仓室应分别设有压差监控。

袋式除尘器温度监测仪表测点应设在除尘器进出口直管段，至少应有两个测试点，取其平均值。喷雾系统温度监测仪表测点应多点布置。除尘器灰斗加热温度监测仪表测点应布置在灰斗外侧。

烟道挡板阀控制。烟道挡板阀应设手动、自动两种控制方式，并在操作画面上显示阀门的开关状态。其执行机构在控制系统失电时，应保持失电前的位置或处于安全位置。

袋式除尘系统及其主要参数宜集中在一个画面上，运行参数的更新时间不大于1s。

控制系统应与监控系统有良好的兼容性、稳定性，对监控系统可根据需要进行相应的安全管理。

自动控制系统应具备储存袋式除尘器主要运行参数的能力，储存时段不少于2.5年。

10. 袋式除尘系统热工仪表

袋式除尘器进、出口总管上应设压力变送器。

每个过滤仓室花板上、下应设压差变送器。

压缩空气管路的减压阀前、后应设压力变送器。

温度检测可采用温度变送器或温度传感器。当采用热电偶时，应选用与仪表相匹配的补偿导线。

喷雾降温系统的供水回路应设压力变送器和流量计。供水压力监测也可采用压力开关。

监测烟气含氧量的氧量计宜装于袋式除尘器出口。变送器部分应设置于控制室，表头与变送器间采用屏蔽电缆。

每个灰斗应设高料位开关，也可增设低料位开关。应有料位开关防护措施。

在线监测仪器、仪表应定期校验。

（五）袋式除尘器在燃煤锅炉上应用状况

虽然近些年袋式除尘器在燃煤锅炉上发展如此迅速，但也经历过一段过程，特别在我国，20世纪80年代和90年代分别两次在电站锅炉上使用袋式除尘器，但都因滤袋寿命短、堵灰、烧袋、故障率高，甚至影响机组安全运行而告失败（这里有设计、制造、滤料、运行和维护等各方面的因素），使得袋式除尘器在燃煤锅炉上的使用受到一定的限制。1996年GEF（全球环境基金会）资助的"中国高效工业锅炉"项目开始实施，选定美国EEC（环境技术公司）、日本A. BITION（安必信株式会社）作为引进技术源，经过消化吸收于2001年在呼和浩特城市发展集团的4台燃煤锅炉设计制造了袋式除尘器，并取得了成功。近年来，袋式除尘技术发展迅速，尤其是大型低压脉冲长袋除尘器的出现，新的滤料与新的脉冲阀的问世，使得袋式除尘器工况的稳定性和可靠性有了充分的保证，掀起了第三次在燃煤锅炉上采用袋式除尘器进行烟气净化的浪潮。

袋式除尘器效率不仅高于其他除尘器，而且受粉尘特性和烟气成分的影响也很小，还有助于脱硫，国外有资料介绍袋式除尘器能脱硫10%～15%。

目前国内在燃煤锅炉烟气净化中采用的布袋除尘技术大致有以下5种。

（1）低压脉冲回转袋式除尘器 以德国鲁奇公司为代表，由于内蒙古丰泰发电有限公司的两台200MW机组袋式除尘器的成功运行，目前国内采用该技术并投入运行的有郑州热电厂、北京高景电厂等。该技术在应用过程中回转机构的稳定性制约着其在燃煤锅炉上的应用，另外在回转过程中的清灰无法做到"点到点"清灰，压缩气体浪费较大，且脉冲阀寿命难以与电厂大修同步。

（2）脉冲喷吹袋式除尘器（也称管式低压脉冲除尘器） 该技术是20世纪80年代初从瑞典菲达公司引进的，近二十多年来，已经成为国内生产脉冲袋式除尘器所有厂家的主导产品，是目前世界上应用最成功的布袋除尘技术，已成功运行在钢铁、水泥、化工、机械等行业。目前国内采用该技术并投入运行的有焦化电厂2号、3号炉，北京第二电厂，广州恒运电厂等。设计参数得当，均取得良好效果。

（3）定位反吹袋式除尘器　该技术是哈尔滨工业大学环保公司在1984年机械部引进美国久益（JOY）公司分室反吹袋式除尘器的基础上，结合国内的机械回转扁袋除尘器及箱式脉冲袋式除尘器特点的"专利技术"。目前有所应用，但因自身原因应用不广。

（4）"直通式"直进直出袋式除尘器　该技术是国电环境研究院承担国电集团300MW机组"燃煤电厂布袋除尘技术及设备研究"课题而设计出来的，本质是加大箱体脉冲喷吹袋式除尘器的一种形式。在试验取得成果的基础上，将该技术成功用于国电天津第一热电厂和马钢热电厂的电除尘改造工程中。

（5）电袋复合除尘器　国外早就有这样的电袋复合的除尘方式。近年在几个电厂的除尘器改造中得到应用，保留除尘器的一电场，并在二、三电场中拆除所有极线、极板改为袋式除尘器，这种除尘器称为"电袋复合除尘器"。该技术特别适合用于电除尘器改造工程。

三、电袋复合式除尘器技术

电袋复合式除尘器是利用静电力和过滤方式相结合的一种复合式除尘器。

（一）分类

复合式除尘器通常有三种类型。

1. 串联复合式

串联复合式除尘器都是电区在前、袋区在后，如图2-6所示；串联复合也可以上下串联，电区在下，袋区在上气体从下部引入除尘器。

前后串联时气体从进口喇叭引入，经气体分布板进入电场区，粉尘在电区荷电进入，部分被收下来，其余荷电粉尘进入滤袋区，滤袋区粉尘被过滤干净，纯净气体进入滤袋的净气室，最后从净气管排出。

2. 并联复合式

并联复合式除尘器电区、袋区并联如图2-7所示。

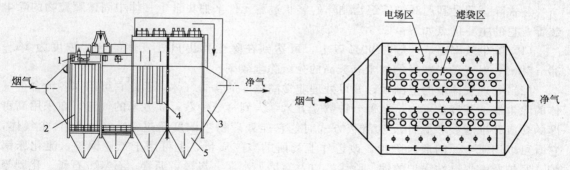

图2-6　电场区与滤袋区串联排列

1—电源；2—电场；3—外壳；4—滤袋；5—灰斗

图2-7　电场区与滤袋区并联排列

气流引入后经气流分布板进入电区各个通道，电区的通道与袋区的每排滤袋相间横向排列，烟尘在电场通道内荷电，荷电和未荷电粉尘随气流流向孔状极板，部分荷电粉尘沉积在极板上，另一部分荷电或未荷电粉尘进入袋区的滤袋，粉尘被吸附在滤袋外表面，纯净的气体从滤袋内腔流入上部的净气室，然后净气排出。

3. 混合复合式

混合复合式除尘器是电区、袋区混合配置如图 2-8 所示。

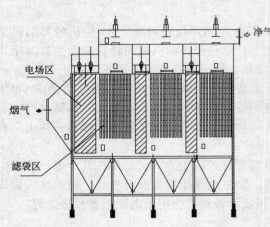

图 2-8 电场区与滤袋区混合排列

在袋区相间增加若干个短电场，同时气流在袋区的流向从由下而上改为水平流动。粉尘从电场流向袋场时，在流动一定距离后，流经复式电场，再次荷电，增强了粉尘的荷电量和捕集量。

此外，也有在袋式除尘器之前设置一台单电场电除尘器，称为电袋一体化除尘器，但应用比电袋复合式除尘器少。

（二）两种除尘器的特点

1. 电除尘器特点

电除尘器是利用强电场电晕放电使气体电离、粉尘荷电，在电场力的作用下使粉尘从气体中分离出来的装置，其优点是：①除尘效率高，可达到 99% 左右；②本体压力损失小，压力损失一般为 160~300Pa；③能耗低，处理 1000m³ 烟气约需 0.2~0.6kW·h；④处理烟气量大，可达 10^6 m³/h；⑤耐高温，普通钢材可在 350℃ 以下运行。

尽管电除尘器有多方面的优点，但电除尘器的缺点也是显而易见的，主要表现以下几个方面：①结构复杂，钢材耗用多，每个电场需配用一套高压电源及控制装置，因此价格较为昂贵；②占地面积大；③制造、安装、运行要求严格；④对粉尘的特性较敏感，最适宜的粉尘比电阻范围 10^4~$5×10^{10}$Ω·cm，若在此范围之外，应采取一定的措施，才能取得必要的除尘效率，最重要的一点是电厂锅炉燃烧低硫煤或经过脱硫以后的锅炉烟气粉尘比电阻无法满足电除尘器的使用范围要求，这时应用电除尘器，即使选择 4 个电场以上，也无法达到排放浓度小于 100mg/m³ 以下；⑤烟气为高浓度时，要前置除尘。

2. 袋式除尘器特点

袋式除尘器是利用纤维编织物制作的袋状过滤元件来捕集含尘气体中固体颗粒物的除尘装置，它的主要优点如下。

（1）除尘效率高，一般在 99% 以上，可达到在除尘器出口处气体的含尘浓度为 20~30mg/m³，对亚微米粒径的细尘有较高的分级除尘效率。

（2）处理气体量的范围大，并可处理非常高浓度的含尘气体，因此它可用作各种含尘气体的除尘器。其容量可小于至每分钟数立方米，大到每分钟数万立方米的气流，在采用高密度的合成纤维滤袋和脉冲反吹清灰方式时，它能处理粉尘浓度超过 700g/m³ 的含尘气体，它既可以用于尘源的通风除尘，改善作业场所的空气质量，也可用于工业锅炉、流化床锅炉、窑炉及燃煤电站锅炉的烟气除尘，以及对诸如水泥、炭黑、沥青、石灰、石膏、化肥等各种工艺过程中含尘气体的除尘，以减少粉尘污染物的排放。

（3）结构比较简单，操作维护方便。

（4）在保证相同的除尘效率的前提下，其造价和运行费用低于电除尘器。

（5）在采用玻纤和某些种类的合成纤维来制作滤袋时，可在 160~200℃ 的温度下稳定运行，在选择高性能滤料时，耐温可达到 260℃。

（6）对粉尘的特性不敏感，不受粉尘比电阻的影响。

（7）在用于干法脱硫系统时，可适当提高脱硫效率。

与电除尘器相比较而言，袋式除尘器在燃煤锅炉烟气处理中也是存在一定的缺点：

（1）不适于在高温状态下运行工作，当烟气温度超过260℃时要对烟气进行降温处理，否则袋式除尘器的高温滤袋也变得不适应。

（2）当烟气中粉尘含水分重量超过25％以上时，粉尘易黏袋堵袋，造成清灰困难、阻力升高，过早失效损坏。

（3）当燃烧高硫煤或烟气未经脱硫等装置处理，烟气中硫氧化物、氮氧化物浓度很高时，除FE滤料外，其他化纤合成滤料均会被腐蚀损坏，布袋寿命缩短。

（4）不能在"结露"状态工作。

（5）与电除尘相比阻力损失稍大，一般为800～1200Pa。

3. 袋式除尘器与电除尘器对比

两种除尘器在性能应用中的基本特性指标对比如下。

（1）原理的对比

① 袋式除尘器。采用不同的多孔滤料制作成袋状过滤元件（即滤袋），当含尘气体通过滤袋时，尘粒因惯性的作用与滤袋碰撞而被拦截，细微的尘粒（粒径1μm或更小）则因扩散作用（布朗运动）不断改变运动方向，从而增加了尘粒与滤袋接触的机会。尘粒与滤袋碰撞时产生的黏附作用与静电作用使滤料堆积在滤袋表面，形成滤饼（或称滤床），这种滤饼又通过筛分作用，得以捕集更细的尘粒。若除尘器的过滤方式为内滤式，则尘粒会被阻留在滤袋的内表面，而干净气体会通过滤袋纤维间的缝隙逸至袋外；若除尘器的过滤方式为外滤式，则反之。当尘粒堆积到一定程度后，借助重力的作用采用气力或机械的方法，将尘粒从滤袋上除去，粉尘收集后输送走。

② 电除尘器。在电除尘器的正负极上通以高压直流电，使两极间维持一个足以令气体电离的电场，当含尘气体通过高压电场时尘粒荷电（一般荷负电），并通过电场力的作用，使带电尘粒向极性相反的集尘极（正极）移动，沉积在集尘极上，从而将尘粒从含尘气体中分离出来，然后通过振打电极的方法使粉尘降落到除尘器下部的集料斗内收集并输送走。

（2）除尘效率的对比

① 袋式除尘器。袋式除尘器的除尘效率比静电除尘器高，并且对人体有严重影响的重金属粒子及亚微米级尘粒的捕集更为有效。通常除尘效率可达99.9％以上，排放烟尘浓度能稳定低于50mg/m³（标），甚至可达10mg/m³（标）以下，几乎实现了零排放。图2-9所示为袋式除尘器和静电除尘器的分级效率（对不同粒径粒子的除尘效率）的对比情况。

袋式除尘器高效的过滤机理决定了它具有稳定的除尘效率。针对目前国家的排放标准和排放费用的征收办法，袋式除尘器所带来的经济效益是显而易见的。

② 电除尘器。电除尘器的除尘效率虽然亦可达到99.9％以上，但由于控制及维护技术的要求较高，且电除尘器对粉尘的比电阻比较敏感，所以其除尘效率并不稳定，但在一般情况下也可达到排放要求。

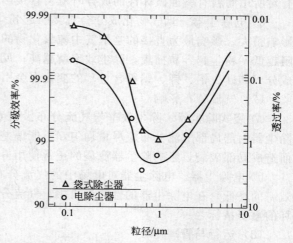

图2-9　袋式除尘器和电除尘器的分级效率

随着国家环保标准的进一步提高和越来越多的电厂燃用低硫煤（或者经过了高效脱硫），就电除尘器而言，要排放达标会变得越来越困难。

（3）烟尘浓度变化

① 袋式除尘器。烟尘浓度的变化只会引起袋式除尘器滤袋负荷的变化，从而导致清灰频率的改变（自动调节）。烟尘浓度高的滤袋上的积灰速度快，相应的清灰频率高，反之清灰频率低，而对排放浓度不会引起变化。

② 电除尘器。烟尘浓度的变化会直接影响粉尘的荷电量，因此也就直接影响了电除尘器的除尘效率，最终反映在排放浓度的变化上。通常烟尘浓度增加除尘效率提高，排放浓度会相应增加；烟尘浓度减小除尘效率降低，排放浓度会相应减小。

（4）风量变化影响

① 袋式除尘器。风量的变化会直接引起过滤风速的变化，从而会引起设备阻力的变化，但对除尘效率基本没有影响。风量加大设备阻力提高，引风机出力增加；反之引风机出力减小。

② 电除尘器。风量的变化对设备没有太大的影响，但电除尘器的除尘效率随风量的变化会较为明显。若风量增大，电除尘器电场风速提高，粉尘在电场中的停留时间缩短，虽然电场中的风扰动增强了电荷粉尘的有效驱进速度，但不足以抵偿高风速引起的粉尘在电场中驻留时间的缩短和二次扬尘加剧所带来的负面影响，因此除尘效率的降低会非常明显；反之，除尘效率会有所增加，但增加幅度不大。

（5）温度的变化影响

① 袋式除尘器。烟气温度太低，会发生结露并可能会引起"糊袋"及壳体腐蚀；烟气温度太高超过滤袋允许温度会造成"烧袋"而损坏滤袋。但如果温度的变化是在滤袋的承受温度范围内，就不会影响除尘效率。引起不良后果的温度是达到了极端的温度（事故/不正常状态），因此袋式除尘器必须设有对极限温度控制的有效保护措施。

② 电除尘器。烟气温度太低，结露就会引起壳体腐蚀或高压爬电，但有利于提高除尘效率；烟气温度升高，会引起粉尘比电阻升高而不利于除尘。因此烟气温度会直接影响除尘效率，且影响较为明显。

（6）烟气物化成分变化影响

① 袋式除尘器。烟气的物化成分对袋式除尘器的除尘效率没有影响。但如果烟气中含有对所用滤料有腐蚀破坏性的成分时就会直接影响滤料的使用寿命。

② 电除尘器。烟气物化成分会直接引起粉尘比电阻的变化，从而影响除尘效率，而且影响很大。影响最为直接的是烟气中硫氧化物的含量。通常硫氧化物的含量越高，粉尘比电阻越低，粉尘越容易捕集，除尘效率就越高；反之，除尘效率就越低。另外，烟气中的化学成分（如硅、铝、钾、钠等含量）的变化也会引起除尘效率的明显变化。

（7）气流分布影响

① 袋式除尘器。除尘效率与气流分布没有直接关系，即气流分布不影响除尘效率。但除尘器内部局部气流分布应尽量均匀，不能偏差太大。否则会由于局部负荷不均或射流磨损而造成局部破袋，影响除尘器滤袋的正常使用寿命。

② 电除尘器。电除尘器对电场中的气流分布非常敏感，气流分布的好坏直接影响除尘效率的高低。在电除尘器的性能评价中，气流分布的均方根指数通常是评价一台电除尘器好坏的重要指标之一。

（8）运行与管理比较

① 袋式除尘器。运行稳定，控制简单，没有高电压设备，安全性好，对除尘效率的干

扰因素少，排放稳定。由于滤袋是袋式除尘器的核心部件，且相对比较脆弱，易损，因此设备管理要求严格。

② 电除尘器。运行中对除尘效率的干扰因素较多，排放不稳定；控制相对较为复杂，高压设备安全防护要求高。由于电除尘器均为钢结构，不易损坏，相对于袋式除尘器，设备管理要求不是很严格。

（9）停机和启动

① 袋式除尘器。方便，但长期停运时需要做好滤袋的保护工作。可实现不停机检修，即在线维修。

② 电除尘器。方便，可随时停机，检修时一定要停机。

（10）设备投资比较

① 袋式除尘器。对于常规的烟气、粉尘条件，袋式除尘器的初期投资和电除尘器相近。

② 电除尘器。对于采用特殊煤种锅炉和低排放浓度，电除尘器的投资比袋式除尘器高。

（11）运行能耗比较

① 袋式除尘器。运行阻力高，风机能耗大，运行费用高。

② 电除尘器。运行阻力低，风机能耗小，电场能耗大。当电除尘器的电场数量超过 4 电场时电除尘器的能耗要比袋式除尘器高，电除尘器运行费用要比袋式除尘器高。

（12）维护费用比较

① 袋式除尘器。维护检修费用主要是滤袋更换费和少量零配件，更换时间 2～5 年。

② 电除尘器。维护维修费用主要是对集尘极（阳极板）、阴极线和振打锤等的更换。此项费用较高，但更换间隔的年限较长，约 6 年。

（三）电袋复合除尘器工作原理

电袋复合除尘器工作时含尘气流通过一预荷电区，尘粒带电。荷电粒子随气流进入过滤段被纤维层捕集。尘粒荷电可以是正电荷，也可为负电荷。滤料可以加电场，也可以不加电场。若加电场，可加与尘粒极性相同的电场，也可加与尘粒极性相反的电场，如果加异性电场则粉尘在滤袋附着力强，不易清灰。试验表明，加同性极性电场，效果更好些。原因是极性相同时，电场力与流向排斥，尘粒不易透过纤维层，表现为表面过滤，滤料内部较洁净，同时由于排斥作用，沉积于滤料表面的粉尘层较疏松，过滤阻力减小，使清灰变得更容易些。

图 2-10 给出了滤料上堆积相同的粉尘量时，荷电粉尘形成的粉尘层与未荷电粉尘层阻力的比较，从图 2-10 中可以看到，在试验条件下，经 8kV 电场荷电后的粉尘层其阻力要比未荷电时低约 25%。这个试验结果既包含了粉尘的粒径变化效应，也包含了粉尘的荷电效应。

由此可见电袋复合式除尘器是综合利用和有机结合电除尘器与袋式除尘器的优点，先由电场捕集烟气中大量的大颗粒的粉尘，能够收集烟气中 70%～80% 以上的粉尘量，再结合后者布袋收集剩余细微粉尘的一种组合式高效除尘器，具有除尘稳定，排放浓度 ≤50mg/m³（标），性能优异的特点。

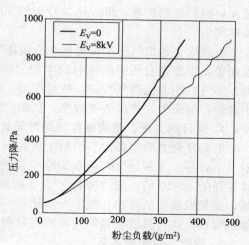

图 2-10 粉尘负载与压力降的关系

但是，电袋复合式除尘器并不是电除尘器和布袋除尘器的简单组合叠加，实际上在攻克了很多难题才使这两种不同原理的除尘技术相结合。首先要解决在同一台除尘器内同时满足电除尘和布袋除尘工作条件的问题；其次，如何实现两种除尘方式连接后滤袋除尘区各个滤袋流量和粉尘浓度均布，提高滤袋过滤风速，并且有效降低电袋复合式除尘器系统阻力。在除尘机理上，他们通过荷电粉尘使滤袋的过滤特性发生变化，产生新的过滤机理，利用荷电粉尘的气溶胶效应，提高滤袋过滤效率，保护滤袋；在除尘器内部结构采用气流均布装置和降低整体设备阻力损失的气路系统；开发出超大规模脉冲喷吹技术和电袋自动控制检测故障识别及安全保障系统等。

电袋复合式除尘器分为两级，前级为电除尘区，后级为滤袋除尘区，两级之间采用串联结构有机结合。两级除尘方式之间又采用了特殊分流引流装置，使两个区域清楚分开。电除尘设置在前，能捕集大量粉尘，沉降高温烟气中未熄灭的颗粒，缓冲均匀气流，滤袋串联在后，收集少量的细粉尘，严把排放关，同时，两除尘区域中任何一方发生故障时，另一区域仍保持一定的除尘效果，具有较强的相互弥补性。

（四）技术性能

1. 综合了两种除尘方式的优点

由于在电袋复合式除尘器中，烟气先通过电除尘区后再缓慢进入后级滤袋除尘区，滤袋除尘区捕集的粉尘量仅有入口的 1/4。这样滤袋的粉尘负荷量大大降低，清灰周期得以大幅度延长；粉尘经过电除尘区的电离荷电，粉尘的荷电效应提高了，粉尘在滤袋上的过滤特性，即滤袋的透气性能、清灰方面得到大大的改善。这种合理利用电除尘器和布袋除尘器各自的除尘优点，以及两者相结合产生的新功能，能充分克服电除尘器和布袋除尘器的除尘缺点。

2. 能够长期稳定地运行

电袋复合式除尘器的除尘效率不受煤种、烟气特性、飞灰比电阻的影响，排放浓度可以长期、稳定保持在低于 $50mg/m^3$（标）。相反，这种电袋复合式除尘器对于高比电阻粉尘、低硫煤粉尘和脱硫后的烟气粉尘处理效果更具技术优势和经济优势，能够满足环保的要求。

3. 烟气中的荷电粉尘的作用

电袋除尘器烟气中的荷电粉尘有扩散作用；由于粉尘带有同种电荷，因而相互排斥，迅速在后级的空间扩散，形成均匀分布的气溶胶悬浮状态，使得流经后级布袋各室浓度均匀，流速均匀。

电袋除尘器烟气中的荷电粉尘有吸附和排斥作用；由于荷电效应使粉尘在滤袋上沉积速度加快，以及带有相同极性的粉尘相互排斥，使得沉积到滤袋表面的粉尘颗粒之间有序排列，形成的粉尘层透气性好，空隙率高，剥落性好。所以电袋复合式除尘器利用荷电效应减少除尘器的阻力，提高清灰效率，从而设备整体性能得到提高。

4. 运行阻力低，滤袋清灰周期时间长，具有节能功效

电袋复合式除尘器滤袋的粉尘负荷小，由于荷电效应作用，滤袋形成的粉尘层对气流的阻力小，易于清灰，比常规布袋除尘器约低 500Pa 的运行阻力，清灰周期时间是常规布袋除尘器的 4~10 倍，大大降低了设备的运行能耗；同时滤袋运行阻力小，滤袋粉尘透气性强，滤袋的强度负荷小，使用寿命长，一般可使用 3~5 年，普通的布袋除尘器只能用 2~3 年就得换；这样就使电袋除尘器的运行费用远远低于袋式除尘器。

5. 运行、维护费不高

电袋复合式除尘器通过适量减少滤袋数量，延长滤袋的使用寿命、减少滤袋更换次数，

这样既可以保证连续无故障开车运行，又可减少人工劳力的投入，降低维护费用；电袋复合式除尘器由于荷电效应的作用，降低了布袋除尘的运行阻力、延长清灰周期，大大降低除尘器的运行、维护费用；稳定的运行压差使风机耗能有不同程度降低，同时也节省清灰用的压缩空气。

综上所述，加之科学的结构设计，具有易于清灰，运行压差低，使用寿命长，大大降低了运行维护费用。

（五）应用注意问题

由于袋式除尘器已有很好的除尘效果，如果增设预荷电部分，会使运行和管理更为复杂，所以电袋除尘器总的说是研究成果不少，而新建电袋除尘器工程应用不多。由于单一的静电除尘器烟气排放难以达到国家规定的排放标准，所以把电除尘器改造成电袋除尘器的工程实例很多，在水泥厂、燃煤电厂都有成功经验。依笔者之见，电袋复合除尘器适用于电除尘器改造工程中。

（1）保证烟尘流经整个电场，提高电除尘部分的除尘效果。烟尘进入电除尘部分，以采用卧式为宜，即烟气采用水平流动，类似常规卧式电除尘器。但在袋除尘部分，烟气应由下而上流经滤袋，从滤袋的内腔排入上部净气室。这样，应采用适当措施使气流在改向时不影响烟气在电场中的分布。

（2）应使烟尘性能兼顾电除尘和袋除尘的操作要求。烟尘的化学组成、温度、湿度等对粉尘的电阻率影响很大，很大程度上影响了电除尘部分的除尘效率。所以，在可能条件下应对烟气进行调质处理，使电除尘器部分的除尘效率尽可能提高。袋除尘部分的烟气湿度，一般应小于200℃而大于130℃（防结露糊袋）。

（3）在同一箱体内，要正确确定电场的技术参数，同时也应正确地选取袋除尘各个技术参数。在旧有电除尘器改造时，往往受原壳体尺寸的限制，这个问题更为突出。在"电-袋"除尘器中，由于大部分粉尘已在电场中被捕集，而进入袋除尘部分的粉尘浓度、粉尘细度、粉尘颗粒级配等与进入除尘器时的粉尘发生了很大变化。在这样的条件下，过滤风速、清灰周期、脉冲宽度、喷吹压力等参数也必须随着变化。这些参数的确定也需要慎重对待。

（4）使除尘器进出口的压差（即阻力）降至1000Pa以下。除尘器阻力的大小，直接影响电耗的大小，所以正确的气路设计，是减少压差的主要途径。

（六）电袋一体化除尘器应用实例

2台310t/h循环流化床锅炉，锅炉形式为高温高压循环流化床、自然循环单汽包、单炉膛、平衡通风、露天布置锅炉，固态排渣，额定蒸发量为310t/h，排烟温度为144℃，主要燃料70%为石油焦掺烧30%贫煤。锅炉采用炉内添加石灰石脱硫，为降低飞灰含碳量，锅炉配有飞灰再循环系统。锅炉的除尘系统采用电袋一体化除尘器。静电除尘器为双室单电场，整流电源规格为72kV/700mA，顶部为电磁振打，阳极振打点数为24点，阴极振打点数为12点。袋式除尘器为双室双袋束旋转喷吹袋式除尘器，脉冲阀为12″淹没式，清灰压力为0.085～0.1MPa，清灰用空气量18m³（标）/min。

1. 主要设备的设计参数

（1）除尘器整体的设计参数

① 每台除尘器入口烟气量：350000m³（标）/h。

② 除尘器入口烟气温度：正常144℃，最高169℃。

③ 除尘器入口含尘量：49g/m³（标）。

④ 除尘器出口含尘量：<30mg/m³（标）。

⑤ 除尘器的设计效率：99.96％。

⑥ 除尘器的保证效率：99.94％。

⑦ 本体漏风率<2％。

⑧ 本体阻力<1600Pa。

（2）电除尘器部分的基本设计参数　电除尘器部分的基本设计参数见表2-21。

表 2-21　电除尘器部分基本设计参数

序号	项　目	数值	序号	项　目	数值
1	最大烟气处理风量/(m³/h)	608400	10	烟气流速/(m/s)	0.93
2	最高烟气温度/℃	169	11	壳体设计压力/kPa　　负压	7500
3	电除尘有效断面积/m²	170		正压	6000
4	振打方式	顶部、电磁	12	每台除尘器灰斗数量/个	6
5	室数/电场数	2/1	13	灰斗加热形式	电加热
6	阳极板型式及总有效面积/m²	Copzel 3370	14	灰斗料位计形式	KNF-A
7	阴极线型式及总长度/m	针刺线 3400	15	整流变压器台数/台	2
8	电除尘效率/%	77.46	16	变压器的额定容量/kV·A	72
9	驱进速度/(cm/s)	7.0			

（3）袋除尘部分的基本设计参数　袋除尘部分的基本设计参数见表2-22。

表 2-22　袋除尘器部分设计参数

序号	项　目	数值	序号	项　目	数值
1	布袋除尘型式	低压脉冲旋转喷吹	11	布袋材料	PPS+防油防水处理
2	型号	LPPJFF760×4	12	袋笼材料	碳钢+表面防腐处理
3	过滤面积/m²	9728	13	脉冲阀数量/个	4
4	过滤风速/(m/min)	1.043	14	脉冲阀尺寸/in	12
5	处理烟气量/(m³/h)	608400	15	除尘器入口含尘浓度/[g/m³(标)]	49
6	阻力/Pa	800~1500	16	除尘器出口含尘浓度/[mg/m³(标)]	<30
7	除尘室室数/个	4	17	清灰用空气量/[m³(标)/min]	18
8	过滤风速/(m/min)	1.04	18	清灰压力/MPa	0.085~0.10
9	滤袋数/袋束数/(条/个)	760/4	19	壳体设计内压/Pa	−8000~+8000
10	滤袋规格/mm	φ130(当量)×8050			

2. 电除尘器主要技术性能

电除尘是引进产品，其主要技术性能如下：

（1）除尘器采用了顶部电磁振打技术，除尘器缩短了检修通道，使设备结构紧凑，占地面积小，利于工艺布置。

（2）电除尘器采用 G-OPZEL 双峰极板排作沉淀极，极板排整体刚性和稳定性好，振打力传递效果佳，防止二次扬尘效果好。

（3）除尘器采用管刺线作电晕极，直径 40mm 钢管贯穿钢针，钢管截面尺寸粗大，强度、刚度大，在恶劣的工况条件下，不变形、不断线，振打力传递效果好。

（4）除尘器阴极系统采用顶部电磁振打，可通过微机控制调节振打器的电流大小、通断，调整振打力、振打周期及时序，十分简单方便。可使电磁振打器在瞬间内完成多次连续振打。实践证明采用二次撞击使其板面的清灰效果大大提高，特别是对于高比电阻粉尘的清灰起到的效果更佳。

（5）除尘器由于采用了高可靠性的极板、极线和置于尘气之外的顶部电磁振打器，所以电场内部免维护，外部可不停机维护。

（6）除尘器配套的高压电源装置采用 MTC-G2 型高压硅整流变压器及其微机控制装置，应用独特的双 CPU 控制的设计理念，选用优质的元器件，保证产品质量及可靠性。

（7）除尘器的顶部振打控制装置采用 MRC 型顶部电磁振打微机控制装置，振打力、振打周期、振打时序可通过控制柜上的键盘设定参数而调节，有液晶显示器可显示每一振打器的工作状态及自动显示故障信息。

3. 旋转喷吹袋式除尘器性能特点

低压脉冲旋转喷吹袋式除尘器的清灰技术代表着脉冲清灰技术的发展方向和趋势，是当今世界上先进的脉冲清灰技术。

（1）除尘器整体阻力最低，运行成本降低　低压脉冲旋转喷吹袋式除尘器，烟气进出口采用特殊的进出气方式，除尘器内部烟气流场分布合理，实现了滤袋束周边烟气低速向四周扩散，避免了局部射流对滤袋的磨损，同时也避免了从灰斗上部进气引起的二次扬尘以及气流分布不均匀所引起滤袋负荷分布不均的情况，具有良好的空气动力学性能。本体阻力较国内外的行喷吹和分室定位反吹布袋除尘器有较大程度的下降，可以降低除尘器的运行成本，分室定位反吹除尘器行总阻力约为 1500～2000Pa，行喷吹除尘器总阻力约为 1200～1600Pa，而旋转喷吹除尘器阻力仅为 800～1200Pa，旋转喷吹除尘器采用特殊的进气方式和清灰方式保证了其最低的设备整体阻力。

（2）清灰系统制造简单、安装十分方便　由于低压脉冲旋转喷吹袋式除尘器喷吹机构的安装十分方便，其喷吹口无需十分准确地对准布袋。传统的行喷吹袋式除尘器的喷吹管上的每个喷嘴的中心必须十分准确地对准相对应布袋的中心，因此喷吹管需要专门的模具进行制造，并且在安装时需要进行专门的安装工具和严格的质量检查，才能保证安装的质量。标准要求喷吹管上的每个喷嘴的中心和布袋的中心安装完毕后误差为±2mm，否则中心偏差过大，脉冲喷吹压力会导致滤袋使用寿命缩短，严重时会导致滤袋的破损，影响除尘器的正常使用。

（3）滤袋的使用寿命相对延长　由于低压脉冲旋转喷吹袋式除尘器采用低压的脉冲清灰压力（喷吹压力仅为 0.085MPa）和良好的气流分布，同样的滤料与吊挂在目前国内和国外的行喷吹脉冲袋式除尘器（喷吹压力仅为 0.035～0.5MPa）上相比，可以提高滤料的使用寿命（据国外资料介绍可以提高 20%～40%）。

（4）脉冲数量减少、寿命长　采用大型脉冲阀，每只脉冲阀喷吹可以多达上千条滤袋，因此大大减少了脉冲阀的数量，一台炉配套的除尘器脉冲阀总数量仅为 4 个（常规除尘器约需要 200 个以上），设备的故障点大大减少。

由于大型脉冲阀的体积大，阀门的尺寸大、强度高、相应的膜片也明显加厚加强，脉冲的清灰压力从 0.35～0.5MPa 降低到 0.085～0.10MPa，因此不易损坏，使脉冲阀的使用寿命大大延长，脉冲阀的故障率和维修工作量大大减低，脉冲阀的平均寿命较常规的脉冲阀有较大幅度的提高。

（5）检修和更换滤袋更加方便，检修维护量少　由于脉冲清灰的旋转臂可以用手自由地转动，可以将布袋、袋笼方便地取出和装入，而无需像其他喷吹脉冲布袋除尘器那样，需要先拆除脉冲喷吹管后，才能进行滤袋的更换工作。并且旋转喷吹在出现个别滤袋破损后，可以用事先准备好的盖板将花板上的孔盖住就行了，而常规的脉冲除尘器则不行。

（6）清灰系统运行稳定可靠　由于采用了较少的脉冲阀，容易判断脉冲阀故障点的位置，而行喷吹技术采用数量多（约 400 个）的小口径脉冲阀，脉冲阀数量多，不易找到具体哪个脉冲阀出现故障，如果脉冲阀中有 2～3 个发生故障或关闭不严，压缩空气管道会造成泄漏，使压缩空气管道的压力降低，导致除尘器整个清灰系统不能正常工作，影响除尘器的正常使用。由于采用大和高的净气室结构，使更换滤袋的工作可以在净气室内完成，不受气候的影响。

4. 应用效果

除尘设备投产运行良好，设备阻力<1500Pa，排出口气体含尘浓度<30mg/m³。

四、燃煤电厂气力除灰技术

火力发电厂气力除灰是一种以空气为载体，借助于某种压力设备（高正压、低正压或负压）在管道中输送粉煤灰的方法。

（一）气力除灰系统的基本类型

根据粉煤灰体在管道中的流动状态，火力发电厂气力除灰的类型分为悬浮流（均匀流、管底流、疏密流）输送、集团流（或停滞流）输送、部分流输送和栓塞流输送等。例如，传统的大仓泵正压气力除灰系统属于悬浮流输送，小仓泵正压气力除灰系统和双套管紊流正压气力除灰系统介于集团流和部分流之间，脉冲气刀式气力输送属于栓塞流输送等。

按照输送压力种类，火力电厂气力除灰方式可分为动压输送和静压输送两大类别。悬浮流输送属于动压输送，气流使物料在输送管内保持悬浮状态，颗粒依靠气流动压向前运动。粉料在输送管内保持高密度聚集状态，且被所谓的"气刀"切割成一段段的料栓，料栓在其前后气流静压差的推动下向前运行，如脉冲气刀式、内重管（或外重管式）栓塞流气力输送技术。小仓泵正压气力除灰系统和双套管紊流正压气力除灰系统既借助动压输送，又有静压输送。

按照输送压力的不同，火力发电厂气力除灰的类型又可分为正压系统和负压系统两大类型。《电厂气力除灰设计技术规程》就是按照这种原则进行分类的，其中正压气力除灰系统包括大仓泵正压输送系统、气锁阀低正压气力除灰系统、小仓泵正压气力除灰系统、双套管紊流正压气力除灰系统、脉冲气刀式栓塞流正压气力除灰系统等。

空气斜槽气力提升泵系统是一种不同于上述系统的特殊输送方式。该系统的气源压力也为正压，但其系统结构、输送设备及系统布置等均与上述正压系统不尽相同。这种系统所具有的突出特点，使其在粉煤灰气力输送应用领域占有一席之地。火力发电厂气力除灰系统的基本类型及其特点见表2-23。

表 2-23　火力发电厂气力除灰系统的类型及特点

系统类型	主要设备	压力/kPa	系统出力/(t/h)	输送长度/m	灰气比/(kg/kg)	主要特点
高正压系统	大仓泵	200～800	30～100	200～500	7～15	系统出力和输送长度较大,适合厂外输送
低正压系统	气锁阀	<200	80	200～450	25～30	输送长度较短,单灰斗配置
负压系统	受灰器、负压风机、真空泵	−50	50	<200	2～10 20～25	输送长度较短,单灰斗配置
小仓泵系统	小仓泵	200～400	12	50～1500	30～60	输送长度较长,单灰斗配置
空气斜槽	空气斜槽	0.3～0.6	40	≤60	>30	连续输送,结构简单,磨损小,输送距离短,适合于就近输入灰库

（二）气力除灰系统设计

1. 一般要求

（1）气力除灰系统的选择应根据输送距离、灰量、灰的特性、除尘器类型和布置情况以及综合利用条件等确定。在输送距离上，可按下列条件选择。

① 当输送距离较短（小于或等于60m）而布置又许可时，宜采用空气斜槽输送方式；

② 当输送距离超过150m时，不宜采用负压气力除灰系统；

③ 当输送距离不超过1000m时，宜采用正压气力除灰系统；

④ 根据工程具体情况经技术经济比较，可采用上述系统的单一系统或联合系统。

（2）气力除灰系统的设计出力应根据系统排灰量、系统形式、运行方式等确定。

对采用连续运行方式的系统应有不小于该系统燃用设计煤种时排灰量50%的裕度，同时应满足燃用校核煤种时的输送要求并留有20%的裕度，对采用间断运行方式的系统应有不小于该系统燃用设计煤种时排灰量100%的裕度。必要时可设置适当的紧急事故处理设施。

（3）气力除灰系统单元的划分应根据锅炉容量确定。

① 出力670t/h及以下锅炉，每个单元不宜超过4台炉；

② 出力1000t/h锅炉，宜每1～2台炉为一单元；

③ 出力2000t/h及以上锅炉，宜1台炉为一单元，其设备可按2台炉一并布置，灰库可为2台炉公共设施。

（4）气力除灰的灰气比应根据输送距离、弯头数量、输送设备类型以及灰的特性等因素确定。

（5）气力除灰管道的流速应按灰的粒径、密度、输送管径和除灰输送系统等因素选取。

（6）压缩空气管道的流速可按6～15m/s选取。输送用压缩空气宜设空气净化装置，管道宜采用碳素钢管。

（7）设计气力除灰系统时，应考虑当地海拔和气温等自然条件的影响。

2. 负压气力除灰系统设计

负压气力除灰系统早在20世纪50～60年代就被我国采用，均安装于小容量机组上，由我国自行设计制造。负压气力除灰系统的气源压力在-0.06～-0.04MPa；输送当量长度一般不超过200m；常用作粉煤灰集中，系统出力一般为10～40t/h。

负压气力除灰系统需要在静电除尘器的灰斗下面安装物料输送阀（又称受灰器）向系统供灰。物料输送阀是负压气力除灰系统的主要设备。负压气力除灰系统的灰管连接和控制类似于低正压气力除灰系统。负压气力除灰系统对收尘装置要求较高，通常设2～3级收尘器。抽真空设备主要有负压罗茨风机、水环式真空泵、水抽子、汽抽子等。

负压气力除灰系统的不足之处为：运输距离短，一般用于粉煤灰集中；投资较大；检修维护工作量大；控制环节多，调试周期长；对运行、维护人员要求较高。

（1）负压气力除灰在每个灰斗下应装设手动插板门和除灰控制阀。

（2）当装设除灰控制阀且系统中设有多根分支管时，在每根分支输送管上，应装设切换阀，切换阀应尽量靠近输送总管。在每根分支管始端还应设有自动进风门。

（3）在抽真空设备进口前的抽气管道上应设真空破坏阀。

（4）当采用布袋收尘器作为收尘设备时，布袋收尘器风速不宜大于0.8m/min，布袋收尘器效率不应小于99.9%。

（5）布袋收尘器应装有自动脉冲反吹装置，吹扫用的压缩空气品质应达到仪表用压缩空气品质，其压力和耗气量按制造厂提供的资料选取。

（6）在计算系统出力时，应核算距收尘器最近和最远灰斗的输灰出力。如从最近的灰斗输灰出力大于收尘器负荷时，应采取适当措施限制其输灰出力，或选用处理能力更大的收尘器。

（7）在一定的输送距离和浓度条件下，采用除灰控制阀的负压气力除灰系统的出力主要取决于管道的直径，其关系可按表 2-24 确定。

表 2-24　系统出力与管径关系

管径/mm	系统出力/(t/h)	备　注
DN100	5	
DN125	5～8	
DN150	10～15	输送距离短时取上限，反之取下限
DN200	20～40	
DN250	40～60	

（8）负压气力除灰系统的出力可按下式计算

$$G_f = (Q/v_1)[(p_1 v_1 - p_2 v_2)/(m-1)]$$
$$[3.6/(V/2g + Lf + H + VfN\pi/2g)g] \tag{2-71}$$

式中，G_f 为负压系统的系统出力，t/h；Q 为负压设备进口空气流量，m^3/s；v_1 为负压设备进口空气比容，m^3/kg；v_2 为负压设备出口空气比容，m^3/kg；p_1 为负压设备进口空气压力，Pa（绝对）；p_2 为负压设备出口空气压力，Pa（绝对）；m 为绝热系数，可取 1.2；V 为管道平均流速，m/s；g 为重力加速度，$9.81m/s^2$；L 为输送水平距离，m；f 为摩擦因数；H 为垂直升高，m；N 为 90°弯头个数，当弯头小于 90°时，折算为 90°弯头。

3. 正压气力除灰系统设计

正压气力除灰系统是在 20 世纪 60 年代从水泥行业移植到电力行业的，并且发展了长距离的配管技术，已经日趋成熟，应用最多。据不完全统计，约 60 余座电厂装有这类设备，正压气力除灰系统一般以 0.8MPa 压缩空气作为气源，输送距离在 1000m 左右，曾经做过 1520m、2100m 试验，证实可以输送，但经济性有所降低。系统出力多在 10～60t/h。

从 20 世纪 80 年代开始，由于燃煤发电厂粉煤灰已作为一种资源被开发利用，广泛应用在建材、水利工程和道路建设等，同时国家对环境保护的要求不断提高，如要求水力除灰系统灰水零排放等。因此开始从国外引进气力除灰系统及其配套设备，在国内各科研机构和设备制造厂共同努力下，逐步完成气力除灰系统及其配套设备国产化，并提高系统及其配套设备运行的可靠性。目前国内燃煤发电厂的除灰方式已采用以气力除灰系统为主，不需要水力除灰系统或其他除灰方式作备用。

在正压气力除灰系统中一般采用仓泵作为发送器。仓泵是正压气力除灰系统的主要设备。仓泵容积 0.4～14m³，可以分为上引式、下引式、流态化、喷射式、"飞达"式等。

正压气力除灰系统的气源压力相对较高，因此输灰浓度高、输送距离远。全套设备可由国内生产，投资和运行费用较低。正压气力除灰系统环节较少、简单可靠。

根据我国电力部门的调查情况，正压气力除灰系统主要存在以下不足：

① 料位计、灰库库顶收尘器等部件需要进行改进；

② 需要在锅炉的静电除尘器下面设置粉煤灰集中装置。

根据我国电力部门的调查情况，采用低正压气力除灰系统的电厂主要有：南通、平圩等电厂。低正压气力除灰系统的气源压力在理论上不大于 0.2MPa，采用高压罗茨风机或高速回转风机提供压缩空气。输送当量长度不超过 2000m，系统出力一般大于 30t/h。

低正压气力除灰系统采用气锁阀作为发送器。气锁阀又称小仓泵，是低正压气力除灰系统的主要设备。气锁阀容积 0.7～1.7m³，在锅炉静电除尘器的每只灰斗下面各安装 1 个气锁阀，一般 4～8 个气锁阀接到 1 根分支输灰管上，各分支输灰管再并接到总输灰管上。

低正压气力除灰系统的优点是：将粉煤灰集中和输送集于一体；转运灰序可以远离厂房。低正压气力除灰系统的缺点是：投资高；检修维护工作量大；运行费用高；控制点多，调试时间较长；对运行、检修人员要求较高。

（1）当采用仓泵正压气力除灰时，宜采用埋刮板输送机或空气斜槽等机械设备，先将灰集中于缓冲灰斗，再用仓泵向外输送，缓冲灰斗的容积不宜小于进料设备 5min 的进料量。

（2）仓泵正压气力除灰系统，应设专用的空气压缩机，每台运行仓泵宜采用单元制供气方式，相应配一台空压机，当有措施能保证输送气源压力稳定时，也可采用母管制或公用制供气方式。

（3）仓泵进料时的排气宜排至烟道、除尘器入口，排气管出口应接至灰斗或灰库高料位以上；排气管上应设手动阀门，排气管布置应有一定斜度，避免积灰，当排气管较长时，还应考虑管道内的放灰和吹扫点。

（4）正压气力除灰的输灰管宜直接接入储灰库，排气通过布袋除尘器净化后排出。当采用布袋除尘器作为净化设备时，布袋除尘器风速不宜大于 0.8m/min，排气含尘量应符合 GB 162—1997 规定。

（5）布袋除尘器宜选用脉冲反吹方式对布袋进行吹扫，吹扫用的空气品质应为仪用空气品质，其压力和耗气量按制造厂提供的资料选取。

（6）当管道吹堵方式采用仓泵出口设置旁路泄压反抽，加压吹堵时，正压气力除灰系统可不设独立的吹扫空气管道。

（7）仓泵布置应满足下列要求。

① 集灰斗壁和下灰管道与水平面的夹角不宜小于 60°；

② 仓泵宜地上布置，仓泵的底部与地面净空宜为 300mm；

③ 在仓泵进料阀处应设检修维护平台。

（8）当采用正压系统时，在除尘器灰斗与仓泵之间应装设手动插板门；当采用多台仓泵时，出料管与主管汇合处夹角宜为 30°。

（9）压力式（仓泵）除灰系统中，直管沿程的压力损失可按下式计算

$$\Delta p_1 = \left[\frac{1}{2} (P_{kz} + 19.6 P_{kz} \lambda_k L \rho_{kz} V_{kz} / 2gD) - P_{kz} \right] \times (1 + K\mu) \tag{2-72}$$

式中，Δp_1 为压力式除灰系统中直管沿程的压力损失，Pa；P_{kz} 为除灰管终端绝对压力，Pa；λ_k 为空气摩擦阻力系数；L 为除灰管的直管长度，m；ρ_{kz} 为终端空气的密度，kg/m³；V_{kz} 为除灰管终端流速，m/s；g 为重力加速度，9.81m/s²；D 为除灰管的内径，m；K 为两相流系数；μ 为灰气比，kg/kg。

（10）气锁阀系统应在每个除尘器灰斗下装设气锁阀。

（11）气锁阀的气化板应供给洁净的空气。

（12）气锁阀的容积可按下式计算。

单个气锁阀排放

$$V = q_{mx} t / 3600 \rho_h k E \tag{2-73}$$

多个气锁阀排放：

$$V = q_{mx} [t + 0.4t(n-1)] / 3600 \rho_h k E n \tag{2-74}$$

式中，V 为气锁阀容积，m³；q_{mx} 为系统出力，t/h；E 为系统效率系数，考虑气锁阀在部分充满以及管道吹扫的影响，可按表 2-25 选用；k 为在气化状态下灰堆积密度系数，可取 0.75；n 为气锁阀同时排放个数；t 为气锁阀底阀开启时间，按表 2-26 选取，s；ρ_h 为灰堆积密度，t/m³。

表 2-25　系统效率系数

气锁阀排放个数 n	1	2	多个
系统效率系数 E	0.8	0.85	0.9

表 2-26　气锁阀底阀开启时间

气锁阀容积(V)/m³	0.7	1	1.42
气锁阀底阀开启时间(t)/s	25	30	40

　　(13) 当输送系统设有分支管系统时，每一分支管道上的气锁阀数量不宜多于 10 个。在每个分支管接入总管处应设切换阀。若采用分段变径时，在变径后的速度不应小于最小输送速度。

　　(14) 回转式风机进口应装设过滤器和消声器，出口处应装设消声器及弹簧止回阀和安全阀。

　　(15) 输送系统的分支管道宜与烟气的流动方向垂直布置。

　　(16) 气锁阀系统到每一分支管的空气输送管上应安装一孔板，孔板的孔径可按输送管道和平衡管道之间的压差为 7kPa 来确定。

　　(17) 当系统具有一个以上的分支管道时，在空气管（平衡管后）到每一分支管的水平管段上应安装一个弹簧止回阀，以防带灰气流倒流入平衡管内。

4. 空气输送斜槽设计

　　空气输送斜槽主要是利用气力和重力的作用，使粉煤灰沿着斜槽流动，从而达到输送的目的。常用作粉煤灰集中，在欧洲应用较多。根据有关资料，我国从 20 世纪 70 年代开始使用。空气输送斜槽结构简单，本身无转动部件，能耗较小；设备为国产，投资省。输送长度一般为数十米，其出力可以按照需要进行选配。

　　空气输送斜槽的不足之处为：为了满足安装坡度，在静电除尘器下面要留有较高的安装空间；锅炉启动阶段产生的油灰、粗灰、冷灰、杂物等非正常排灰，空气输送斜槽较难适应。

　　(1) 空气输送斜槽的输送量可按下式计算

$$Q_x = 3600 K_x bh V_x \rho' \tag{2-75}$$

　　式中，Q_x 为空气输送斜槽的输送量，t/h；b 为空气输送斜槽宽度，m；h 为灰层厚度，可取 0.10～0.15m；K_x 为系数，可取 0.9；V_x 为灰在空气输送斜槽中输送速度，m/s；ρ' 为流动状态时灰的密度，应由试验取得，当无试验资料时，可按下式计算：

$$\rho'_x = 0.75 \rho_n \tag{2-76}$$

　　式中，ρ'_x 为流动状态时灰的密度，t/m³；ρ_n 为灰的堆积密度，t/m³。

　　(2) 空气输送斜槽内灰的输送速度，可按下式计算

$$V_x = 38.5 R_r / 3ni/2 \tag{2-77}$$

　　式中，V_x 为空气输送斜槽内灰的输送速度，m/s；i 为空气输送斜槽的斜度，%；R_n 为水力半径，可按下式计算：

$$R_n = bh / (2h + b) \tag{2-78}$$

　　式中，b 为空气输送斜槽宽度，m；h 灰层厚度，m。

　　(3) 空气输送斜槽的布置应满足下列要求。

　　① 空气输送斜槽的斜度不应小于 6%；

　　② 空气输送斜槽宜考虑防潮保温措施；

　　③ 灰斗与空气输送斜槽之间应装设插板门和电动锁气器；

　　④ 落灰管与空气输送斜槽之间以及鼓风机与风嘴之间宜用软连接；

⑤ 电除尘器下分支斜槽的输送方向宜从一电场向三（四）电场方向输送。

（4）空气输送斜槽的单位耗气量可按 $1.5\sim2.5m^3$（标）/(min·m²)（透气层）选取，输送气源应采用热风，热风风温宜为 40～80℃。

（5）空气输送斜槽的总风压可由计算取得，一般风压可为 3～5kPa。风源宜由专用风机供给；专用风机可不设备用，有条件时也可由锅炉送风机供给。在空气输送斜槽的起点设置一个进风点，每隔 30m 处和转向处，宜各设置一个进风点和气室隔板。

（6）空气输送斜槽的排气宜接至锅炉除尘器入口烟道，其间应装设关断门。排气管应有一定斜度，避免积灰。

（三）气力除灰配套装置

1. 回转式风机及水环式真空泵

（1）负压气力除灰系统应设专用的抽真空设备。抽真空设备可选用回转式风机、水环式真空泵或水力抽气器等。

回转式风机及水环式真空泵的额定流量可按计算值的 110% 选取；回转式风机的额定风压可按系统计算值的 120% 选取；水环式真空泵的工作压力不宜大于 $-65kPa$。

当输送灰量较小（≤20t/h），除灰点分散，而且外部允许湿排放时，负压除灰系统的抽真空设备可采用水力抽气器。水力抽气器出口的灰浆，可利用高差自流至灰场或直接排入排浆设备。

（2）在一个单元系统内，当 1～2 台抽真空设备同时运行时，可设 1 台备用。同时运行 3 台及以上时，应设 2 台备用。

（3）气锁阀输送系统用的风机宜采用回转式风机。风机的额定风压可按系统计算值的 120% 选取。在一个单元系统内同时运行的风机为 1～2 台时，应设 1 台备用；同时运行 3 台及以上时，应设 2 台备用。

（4）回转式风机房及水环式真空泵房的布置应靠近负荷中心，且宜为独立建筑物，当与其他建筑物毗连或设在其内时，宜用墙隔开。

（5）回转式风机房及水环式真空泵房的布置应满足下列要求。

① 设备宜采用单列布置；

② 设备间的主要通道不宜小于 1.5m，设备与内墙之间的通道不宜小于 1.2m。

（6）设备所用冷却水参数应由制造厂提供，其水源宜由工业水提供，并宜考虑回收措施。

2. 空气压缩机

（1）除灰空气压缩机房的设计应符合 GBJ 29 的要求，空气压缩机房宜为独立建筑物，当与其他建筑物毗连或设在其内时，宜用墙隔开。

（2）空气压缩机房内，空气压缩机的台数宜为 3～6 台，对同一品质、压力的供气系统，空气压缩机的型号不宜超过两种。

（3）当运行的空气压缩机为 1～2 台时，应设 1 台备用；运行 3 台及以上时，可设 2 台备用。

（4）空气压缩机的排气量（m³/min）应满足系统设计出力计算容量的 110%；其出口压力不应小于系统计算阻力的 120%。

（5）空气压缩机的吸气口，应设置消声过滤装置，若吸气口设在室外，应设有防雨措施。

（6）储气罐应布置在室外。立式储气罐与机房外墙的净距不应影响采光和通风，并不宜小于 1m。空气压缩机与储气罐之间，应装止回阀。储气罐上应装设安全阀。

（7）空气压缩机的冷却水参数应由制造厂提供。在未取得资料时，其进水温度应低于 33℃，入口处的给水压力可为 0.07～0.3MPa，其水源宜由工业水供给。

（8）空气压缩机出口储气罐的容积应等于或大于仓泵压力回升阶段内所必需的容积。在系统用气点之前应设油水分离器。

（9）空气压缩机及后冷却器的冷却水质，应符合下列要求。

① 悬浮物含量不宜大于 100mg/L；

② pH 值不得小于 6.5，不宜大于 9；

③ 具有热稳定性。

（10）空气干燥装置的选择，应根据空气用途，经技术比较后确定。

（11）空气压缩机房的布置宜满足下列要求。

① 空气压缩机宜采用单列布置；

② 机房通道的宽度应根据设备操作、拆装和运输需要确定，空气压缩机组间通道净距不宜小于表 2-27 的规定。

表 2-27　空气压缩机组间通道的净距

名　　称		空气压缩机排气量/(m³/min)		
		$Q<10$	$10 \leqslant Q<40$	$Q \geqslant 40$
机组主要通道	单列布置	1.5		2
	双列布置	1.5	2.0	
机组之间或机组与辅助设备之间的通道/m		1.0	1.5	2.0
机组与墙之间的通道/m		0.8	1.2	1.5

3. 灰斗及灰库

（1）电除尘器一电场集灰斗的容积不宜小于 8h 的集灰量。

（2）除尘器灰斗应设有伴热及保温设施，灰斗内宜装设气化装置。

（3）除尘器灰斗的气化装置应为连续供气，每块气化板的面积宜为 150mm×300mm，用气量可为 0.17m³（标）/min。每个灰斗的进气管上宜安装调节装置。

（4）除尘器灰斗的气化系统应装设专用的气化风机，在一个单元系统内，当 1～3 台风机经常运行时，可设 1 台备用。风机的压力和流量应满足以下要求。

① 气化板灰侧压力等于 40kPa。

② 风机的压力等于分支管线供气压力（55kPa）加上最长管道阻力。

③ 风机的流量等于电除尘器灰斗气化总风量。

（5）除尘器气化空气应为热空气，气化系统应设专用空气加热器，加热器宜靠近除尘器灰斗布置，加热器后的气化空气管道应保温。

（6）除尘器灰斗不宜装设机械振打器。

（7）灰库的总容量可按外部转运条件确定。

① 当作储运灰库时，宜满足储存 24～48h 的系统排灰量。

② 当作中转灰库时，宜满足储存 8～10h 的系统排灰量。

③ 2 台 300～600MW 机组灰库宜合并设置，并宜按两个粗灰库、一个细灰库设置。

④ 灰库有效容积的计算可按灰库有效高度减少 1.5～2m 计算。

（8）灰库结构应按灰的物理特性设计：灰库底部排灰的标高应按转运设备要求确定。钢灰斗的保温措施应根据气象条件考虑。相邻的灰库宜设连通管及隔离阀。

（9）灰库库顶应设有真空压力释放阀。

（10）灰库设计为平底库时，在库底应设置气化槽。气化槽的设计应满足下列要求。

① 库底气化槽应均匀分布在底板上，其最小总面积宜不小于库底截面积的 15%，并应尽量减少死区。

② 气化槽的斜度宜为 6°。

③ 当库底设有 2 个排灰孔时，其中心距大于或等于 1.8m 时，应在两孔间用两段坡向相反的斜槽向两个排灰孔供料。

④ 库底斜槽每平方米气化空气量可按 0.62m³(标)/min 计算。

⑤ 在气化板灰侧的空气压力与灰的堆积密度有关，宜不大于 80kPa。

⑥ 各进气点的进风量应保持均匀稳定，各进气分支管上宜装设流量自动调节阀。

⑦ 靠近库底的侧壁应设人孔门。

（11）灰库设计为锥形库底时，则应满足下列要求。

① 斜壁与水平面夹角应不小于 60°。

② 第一排的两块气化板对称布置，并应靠近库底排出口处。

③ 第二排的四块气化板应在四个侧面对称布置。

④ 每块气化板的面积宜为 150mm×300mm，其用气量可为 0.17m³（标）/min，在气化板灰侧的压力可为 50kPa。

⑤ 灰库直筒部分应设人孔门。

（12）灰库气化系统应设专用气化风机，当 1～3 台风机经常运行时，可设 1 台备用。气化空气应为热空气。在系统中应装设专用空气加热器，加热器应靠近灰库布置。加热器后的气化空气管道应保温。

（13）灰库库顶应设排气布袋收尘器。对于负压气力除灰系统，其过滤空气量应为灰库气化空气量与灰库进灰置换排气量之和；对于压力式气力除灰系统，其过滤空气量应为灰库气化空气量、灰库进灰置换排气量及输送空气量之和。

（14）灰库卸灰设施应按下列原则配置。

① 每库至少设 2 个排出口。

② 当厂外采用水力输送时，应设制浆装置。

③ 当装卸干灰时，应设能防止干灰飞扬的装车（船）设施。

④ 当外运调湿灰时，应设灰水搅拌装置，加水量宜为灰质量的 15%～30%。

（15）当设有 3 座灰库或以上时，宜设有客货电梯。

4. 气力除灰管道

（1）气力除灰的管件和弯管应采用耐磨材料，管道布置应尽量减少 90°弯头。

（2）气力除灰的直管段材质的选择与除灰系统方式有关，宜采用普通钢管。若输送磨损性强的灰渣需要采用耐磨材料时，应通过技术经济比较后确定。

（3）除尘器灰斗下除灰控制阀或气锁阀装置的支管道接入除灰主干管时应水平或由上向下接入。

（4）气力除灰管道每段水平管的长度不应超过 200m，布置时宜采用管接头等补偿措施。

（5）气力除灰管道可沿地面敷设，也可架空敷设。输灰管道布置时应避免很长的倾斜管和 U 形或向下起伏布置。

（6）在灰斗出口处或灰管需要改变方向时，在拐弯前宜有不小于管径 10 倍的直管段。

（7）在较长距离输送的气力除灰系统中，除灰管应采用分段变径管。其分段数量和各段长度应由计算确定。

（8）长距离正压气力除灰管道根据系统需要沿线可设吹通管。吹通母管直径宜为$DN50\sim100$mm，支管直径宜为$DN50\sim65$mm，间距可为$15\sim20$m。吹通支管接入除灰管的夹角不应大于$30°$，并应在紧靠除灰管处的吹通支管上装设止回阀、旋塞阀或球阀。

当除灰管集中布置时，每$2\sim3$条除灰管可共用1条吹通母管。

（四）火力发电厂气力除灰技术特点

火力发电厂气力除灰方式与传统的水力除灰及其他除灰方式相比，具有如下优点：①节省大量的冲灰水；②在输送过程中，灰不与水接触；故灰的固有活性及其他物化特性不受影响，有利于粉煤灰的综合利用；③减少灰场占地；④避免灰场对地下水及周围大气环境的污染；⑤不存在灰管结垢及腐蚀问题；⑥电厂自动化程度较高，所需的运行人员较少；⑦设备简单，占地面积小，便于布置；⑧输送路线选取方便，布置上比较灵活；⑨便于长距离集中、定点输送。

火力发电厂气力除灰方式存在以下不足：①与机械输灰方式比较，动力消耗较大，管道磨损也较严重；②输送距离和输送出力受一定限制；③对于正压系统，若运行维护不当，容易对周围环境造成污染；④对运行人员的技术素质要求较高；⑤对粉煤灰的粒度和湿度有一定的限制，粗大和潮湿的灰不宜输送。

（五）气力除灰设备和选型

燃煤发电厂气力输送系统一般用于输送电除尘器灰斗内干灰、省煤器灰斗内粗灰、循环流化床锅炉底渣和锅炉烟气脱硫用的石灰粉等。根据不同类型的被输送物料特性、输送量和输送距离等客观条件，需要通过计算后才能确定所采用气力输送系统的类型，而所采用的气力输送系统类型又与发送设备（即给料设备）有密切关系，并需要有许多配套设备，才能构成一套完整的气力输送系统。

由于负压系统具有输送距离短（输送距离不超过150m）、输送速度大、磨损量大等特点，所以该系统不作为火力发电厂的主要除灰方式，而下引式气锁阀输送系统、下引式双套管气力输送系统、下引式串联制非流态化气力输送系统（典型代表为纽普兰气力输送系统）和上引式流态化并联仓泵浓相气力输送系统四套气力输送系统成为目前电力行业除灰的主要方式。

而纽普兰气力输送系统即下引式串联制非流态化气力输送系统，由于系统具有输送出力大、输送距离长、系统配置简单、气动控制阀门数量少、输送速度低、耗气量小、维护量及维护费用少等优点，所以一推向市场，就深受用户青睐，目前已成为国内气力输送系统的主流派，下面着重就该系统进行阐述。

纽普兰气力输送系统主要由气源系统、发送器系统、管路及阀门系统、料仓系统、PLC控制系统等组成。

1. 纽普兰气力输送系统配置

纽普兰气力输送系统既能适应静电除尘器灰斗处于积灰状态下定期出灰方式运行，也可以适应静电除尘器灰斗处于不积灰状态下运行。但在一般情况，纽普兰气力输送系统应采用静电除尘器灰斗定期出灰方式运行。

（1）系统组成

① 纽普兰气力输送系统由输送压缩空气系统、静电除尘器灰斗下发送器系统、输送管道及其相应的气动阀门、灰库和PLC控制系统等组成主要输送系统。纽普兰发送器根据系统出力主要有三种形式，即L型发送器、T型发送器、NPT型发送器。其中NPT型发送器输送距离最长，设备出力最大。

② 灰斗气化系统、灰库气化系统、仪用压缩空气系统等组成辅助输送系统。

(2) 工艺流程

系统工艺流程如图 2-11 所示。

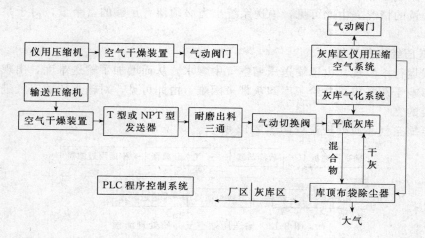

图 2-11　系统工艺流程

系统工艺流程图说明如下。

对于电除尘器灰斗气化系统，由于纽普兰气力输送系统采用灰斗低灰位运行，可取消该灰斗气化系统，采取加装灰斗吹堵系统，因此其系统及设备均不纳入 PLC 控制系统。

火力发电厂气力除灰系统一般采用 PLC 可编程控制器控制，自动化程度高，可节省人力资源。

对于气源系统，一般情况下设置专用输送空压机和采取单元制供应方式，这是为了保证输送压力和流量的稳定，而不至于因供应不足造成堵管。为了保证压力的稳定、风量的充足，往往在 PLC 控制程序上做限定和联锁，采取单元制间断运行，错开耗气尖峰，将空压机纳入 PLC 控制系统，以利于整个系统完整运行，但对于有些情况下电站实行全厂空压机站方式提供气源，此时可不将气源系统纳入控制系统。

由于灰库设备的特殊性，如灰库高高料位计、高料位计、低料位计要与输送系统联锁。灰库气化系统如罗茨风机、空气电加热器、灰库库顶布袋除尘器等要在除灰控制室进行控制，所以上述设备要纳入 PLD 控制系统。对于灰库汽车散装机、双轴加湿搅拌机可根据用户工艺需要，在 PLC 控制系统内实行监控，设备控制主要还是以就地控制为主。对于灰库距离除灰控制室较远的工况，还可在灰库区采用集中控制方式或另设 PLC 进行控制。

2. 输送系统单元划分

纽普兰气力输送系统可根据安装锅炉台数、静电除尘器灰斗数量、需要输送灰量和输送距离等条件，通过计算确定输送系统组合方式，通常有以下几种组合方式。

(1) 对于 670t/h 及以下锅炉，系统单元划分不宜超过 4 台炉；对于 1000t/h 锅炉，宜以每 1～2 台炉为一个系统单元；对于 2000t/h 及以上锅炉，宜以 1 台炉为一系统单元。

(2) 对于输送系统内部，单元划分如下。由于纽普兰气力输送系统采用串联制方式，对于电除尘器一电场，可根据灰斗数量和灰量大小，划分 2～4 个灰斗为一组输送单元，二、三、四电场可各设 1～2 组输送单元，各输送单元间可进行并联合用一根输送管道，对于小型机组，甚至三、四电场进行串联合为一个输送单元，对于纽普兰系统，最多可实行 8 个灰斗为一输送单元。

3. 单元输送系统出力确定原则

由于受发电负荷、锅炉燃烧煤质变化等因素的影响，输送系统设计出力与实际运行出力始终会有差距，当然也有发电机组没有达到额定发电负荷，锅炉燃烧煤质较好，没有达到锅炉额定排灰量的情况。由此可见，输送系统出力必须留有足够的富余量，对于系统应考虑到检修时间。

4. 输送压缩空气系统

在实践运行中发现，由于输送压缩空气中含水，从而增加了输送难度，出现输送超压和因灰潮而影响干灰品质，并给灰库卸灰带来困难。由此可见，对输送压缩空气进行品质处理是十分必要的。

输送压缩空气品质处理流程如图 2-12 所示。

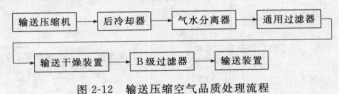

图 2-12　输送压缩空气品质处理流程

输送压缩空气处理后品质指标如下。

压力露点：＋20℃。

含油分：5mg/L（或 5ppm）。

含尘：5mg/L（或 5ppm）。

纽普兰输送系统的输送空压机，一般采用螺杆式，该机结构紧凑，性能稳定，出口含油、含水量少。

空压机的规格选取应根据系统计算所需用空气量再乘以 1.1～1.2 的富余系数进行圆整后作为输送空压机容量的依据，当采用空气干燥装置时，还应考虑空气干燥装置本体耗气量。由于纽普兰系统输送压力较低，具体输送压力根据输送距离而定，其值一般小于0.35MPa，但考虑到输送压力尖峰值，空压机额定压力选取为 0.75MPa。

过滤器具体规格型号可查制造厂家资料。

冷冻式空气干燥装置容易选择，计算如下。

$$Q_{冷} = Q_a K_A K_B K_C K_D \quad (m^3/min) \tag{2-79}$$

式中，Q_a 为输送系统需用空气量，m^3/min；K_A，K_B，K_C，K_D 为修正系数（见表 2-28）。

仪用压缩空气主要用于电磁阀及气动阀门的气缸，其品质好坏直接影响到气力输送系统正常运行，尤其是水分和含尘量，当冬天尤其是北方地区，如压缩空气中含水量超标，气源易结冰，此时气动阀门及电磁阀开关失灵；当含尘量超标时，电磁阀的阀芯及气缸活塞摩擦加剧，影响其使用寿命。

表 2-28　K_A，K_B，K_C，K_D 的修正系数

入口压力/MPa	K_A	入口温度/℃	K_B	环境温度/℃	K_C	压力露点/℃	K_D
0.3	1.09	35	0.62	21	0.81	1.7	1.00
0.4	1.07	38	0.71	24	0.83	4.0	0.93
0.5	1.05	40	0.86	27	0.84	6.0	0.89
0.6	1.03	42	0.95	32	0.89	8.0	0.84
0.7	1.00	45	1.00	40	1.00	10	0.81
0.8	0.97	50	1.07	44	1.00	12	0.78

仪表用压缩空气处理品质指标如下：

压力露点－20℃；

含油分 5mg/L；

含尘 1mg/L。

无热再生空气干燥装置的再生气耗如下：工作压力为 0.6MPa 时，再生气耗＜16％；工作压力为 0.7MPa 时，再生气耗＜14％；工作压力为 0.8MPa 时，再生气耗＜12％。

5. 发送器

在发送器进料口处安装气动圆顶阀，发送器按照其结构形式可分为 L 型、T 型、NPT 型，L 型发送器和 NPT 型发送器为钢板焊接结构，T 型发送器为铸造结构。布置形式为：L 型发送器为并联结构，合用一根输送管道或单设一根输送管道；T 型发送器和 NPT 型发送器串联合用一根输送管道。

在确定发送器装置的容积时，主要满足输送系统出力，同时考虑输送距离。

6. 阀门配置状况

对于发送器上所配置的阀门，根据其所接触的工作介质、工作压力、所起作用等，采用不同形式的阀门，对于进气阀组采用气动球阀并配有减压阀，可根据输送距离和输送介质等因素，调节输送压力，进料阀和出料阀采用圆顶阀，吹堵阀采用气动蝶阀等，上述所有气动阀门均通过 PLC 进行控制。

7. 发送器运行模式

在系统运行时，从控制系统角度上应优先考虑一电场输送单元输送，按照各电场灰量的大小分别从输送顺序考虑。当输送出力较大时，在 PLC 上应限制输送管道同时运行的数量，以减少输送系统的耗气量。

8. 输送气灰比

由于下引式串联制非流态化输送系统是一种输送浓度较高、输送压力低、输送速度低的系统，能有效而充分利用输送压缩空气，因此其输送气灰比的计算方法与常规正压气力输送系统计算方法有较大的差别。

9. 输送管道

（1）输送管道由于纽普兰气力输送系统采用低流速输送，而磨损量与速度的三次方成正比，所以其输送管道仅需采用厚壁无缝钢管。

（2）输送管道的管径取决于系统的输送出力与输送距离。

（3）输送管道数量与机组灰量、输送距离、工艺要求等密切相关。

（4）输送管道在布置时应注意以下几点。

① 输送管道应采用水平布置或垂直向上布置，应尽可能不采用倾斜布置方式。当因自然地形限制，必须采用倾斜布置时，其倾斜度应大于 50°。

② 输送管道在同一管径的条件下，其水平直段应大于 200m，否则需改变方向和布置方式。

③ 当输送管道的支管接入母管时，应采用水平接入或自上而下接入，不能采用自下而上的接入方法。

④ 根据输送管道热膨胀的计算，确定伸缩节数量。

⑤ 输送管道应设置固定支架和滑动支架。

10. 辅助输送系统

辅助输送系统可分为厂区内和灰库区内两部分。

（1）厂区内辅助系统

① 静电除尘器灰斗气化系统。

② 仪用压缩空气系统。

（2）灰库区辅助系统

① 平底灰库气化系统。

② 仪用压缩空气系统。

对于上述辅助系统，如灰斗和灰库气化系统中罗茨风机、空气电加热器可在 PLC 控制系统中进行控制。

11. 吹堵系统

采用正吹反抽原理进行吹堵，系统正常情况下不会发生堵管，当由于异常工况，管路出现堵管，管路出现高压并维持不下，此时 PLC 控制系统检测到堵管信号，关闭发送器的进气阀组和补气阀组，关闭出料阀，将输送管道上与电除尘器负压区相连的吹堵阀打开。此时输送管道内压力得以释放，输送管道内压力由正压变为负压，管道内输送介质被拉松，经过多次循环即可完成输送管道的吹堵工作。

12. 系统对设备故障的适应性

（1）当静电除尘器因故障一电场退出运行时 当电除尘器一电场停用或系统一电场发送器系统出现长时间不用时，电除尘器一电场的灰量会向二电场转移，输送系统通过 PLC 控制，二电场发送器自动承担输送一电场灰量，其他电场输送出力会依次提升输送。

（2）当系统内任一输送单元出现故障时 当任何一只发送器出现故障时，只需将该发送器所在的输送单元出料阀关闭，该单元即可退出运行进行检修而不影响整个输送系统正常运行。

（3）当输送压缩机故障时 备用输送压缩机自动投入运行。

（六）粉煤灰输送管道的布置要求

气力除灰系统的运行性能随着粉煤灰输送管道设计布置的不同而有很大变化。

1. 尽量减少弯头数量

灰气混合物在弯头处发生转向，产生局部阻力损失，消耗气源能量。灰粒因与弯管内壁外侧发生碰撞而突然减速，通过弯头后又被气流加速，如果在短距离内设置弯头过多，就会使在第一个弯头中减速的灰料还未充分加速又进入下一个弯头，这样，不仅造成输送速度间断并逐渐地减小，使两相流附加压力损失增大，而且还会造成气流脉动。当输送气流速度不足时，会使颗粒群的悬浮速度降低到临界值以下，从而引起管道堵塞。这也是为什么灰管堵塞往往从弯头开始的原因。因此，在配管设计中，应尽量减少弯头数量，多采用直管。

2. 采用大曲率半径的弯管

任何一个气力除灰系统，弯管的采用都是不可避免的。这时要求尽量采用大曲率半径的弯管。对于相同弯曲角度的弯管，弯管的压力损失明显小于成型直弯管件和虾腰管。弯管的压力损失不仅取决于弯曲角度，而且与曲率半径有关，曲率半径越大，压损越小。

3. 水平管与垂直管合理配置

燃煤电厂气力除灰系统的输送管道总是存在一定的高差。也许有人认为，若以倾斜直管相连接，可使输送管道长度达到最短，这样不仅可以降低输送阻力，而且可以减少工程投资。但实际情况并非如此。根据气固两相流悬浮输送理论及其相关试验可知，灰管内灰气混合物的流动状态是决定其输送阻力和输送效果的先决条件。气流在管内的流动越紊乱，则沿灰管断面的浓度分布越均匀，因而就越不容易堵塞。在长直倾斜管道中，气流的流动相对平稳，颗粒受到的垂直向上的扰动力较小，当这种扰动力不足以克服颗粒重力作用时，就会逐步产生颗粒沉降，出现灰在管底停滞，即形成空气只在管子上部流动的"管底流"，或者出现停滞的灰在管底忽上忽下的滚动流动，最终造成管道堵塞。如果采用长直水平管加垂直管的配管方式，则有可能造成灰尚未到达垂直管时，就已因颗粒沉降而发生堵管现象。因此，长水平灰管所需要的气流速度远比短输料管大。当输送管道中合理布置垂直管道时，上述不利情况将会得到有效改善。因为垂直管可以使即将沉降的颗粒群受到扰动。而且这种扰动力与重力的方向恰恰相反，其悬浮输送的作用是直接的、高效的。因此，有时采用水平管与垂直管组合配置反而比单一倾斜管更有利。当然，有些情况下可能采用倾斜管与垂直管的组合方式更合理。

4. 合理配置变径管

变径管俗称"大小头"，是长距离气力输送管道常用的一种管件。灰气混合物经过一段距离输送后，会因压力损失而消耗一定输送能量，这部分压损消耗的主要是气体的静压头。由于损失的能量以废热的能量形式传递到介质中，因此这一能量转换过程是个不可逆过程。对于等直径管道，管道延伸越长，压损越大，气流的压力就越低；而气流压力的降低，必然导致气体密度减小，气体膨胀，流速提高。密度的减小，将使气流携带能力下降，容易造成堵管；而气体流速的提高，又将提高灰粒对管壁的磨损。增设变径管使输送管径增大，可以使气流的静压提高，流速降低，从而能够有效避免上述情况的发生。同任何一种管件一样，变径管也存在一定局部压损。因此，燃煤电厂气力除灰系统设计中变径管的造型设计通常遵循下述原则。

① 变径管的扩张角（扩张段母线夹角）不应大于 $15°$。

② 变径后除灰管道的初始流速不宜低于 $10\sim12m/s$，变径除灰管道的末端流速为：负压系统不宜大于 $25m/s$，正压系统不宜大于 $40m/s$。此外，管道布置不应妨碍其他设备和线路。在尽可能不影响输送性能的前提下，应尽量减少穿越厂房或与其他大型设备空间交叉的次数。不仅要方便管路自身的维护检修，也应充分考虑到其他设备和管道的维护检修。在厂房内要减少横跨空间的管段，尽量沿墙壁和其他管道布置；在室外，尤其在跨越道路地段，通常采取距离地面 5m 以上的架空配管，避免影响交通。

五、粉煤灰的分选和综合利用

（一）粉煤灰的性质

粉煤灰的物理化学性质取决于煤的品种、煤粉的细度、燃烧方式和温度，以及粉煤灰的收集和排灰方法等。

1. 物理性质

粉煤灰是灰色或灰白色的粉状物，含水量大的粉煤灰呈灰黑色。它是一种具有较大内表面积的多孔结构，多呈玻璃状。其主要物理性质如下。

（1）相对密度 粉煤灰的相对密度一般为 $2\sim2.3$。

（2）松散干容重 指干粉煤灰在松散状态下的单位体积重量，一般为 $550\sim650kg/m^3$，高者达 $800kg/m^3$ 以上。

（3）孔隙率 指粉煤灰中空隙体积占总体积的百分率，一般为 $60\%\sim75\%$。

（4）细度 指粉煤灰颗粒的大小，常用 4900 孔/cm^2 筛筛余量或比表面积表示。粉煤灰细度一般为 4900 孔/cm^2 筛筛余量 $10\%\sim20\%$，或比表面积为 $2700\sim3500cm^2/g$。

2. 化学成分

粉煤灰的化学成分与黏土质相似，其化学成分及其波动范围如下：

SiO_2	$40\%\sim60\%$
Al_2O_3	$20\%\sim30\%$
Fe_2O_3	$4\%\sim10\%$（高者 $15\%\sim20\%$）

CaO	2.5%～7%（高者 15%～20%）
MgO	0.5%～2.5%（高者 5%以上）
Na_2O 和 K_2O	0.5%～2.5%
SO_3	0.1%～1.5%（高者 4%～6%）
烧失量	3.0%～30%

此外，粉煤灰中尚含有一些有害元素和微量元素，如铜、银、镓、铟、镭、钪、铌、钇、镱、镧族元素等。

3. 粉煤灰的矿物组成

粉煤灰是一种高分散度的固体集合体，是人工火山灰质材料。经岩相分析研究表明，粉煤灰的颗粒形态可分为空心玻璃微珠、炭粒、不规则玻璃及其他碎屑矿物。粉煤灰的物质组成中除含有一部分未燃尽的细小炭粒外，大多是二氧化硅（SiO_2）和三氧化二铝的固熔体（大多数形成空心微珠）及石英砂粒、莫来石、石灰、残留煤矸石、黄铁矿等。粉煤灰中主要组成及特征如下。

（1）无定形炭粒　表面疏松呈蜂窝状，黑中带灰色。

（2）空心微珠　是一种以硅铝氧化物为主的非晶质相，分布于微珠表层，呈微细粒中空球体，其中还有细小结晶相，如石英、莫来石、磁铁矿、赤铁矿和少量钙钛矿。石英、莫来石分布于表面，其他多数分布于微珠内部，微珠实际是一种多相集合体，系微米级粒度（1/4～150μm，大部分小于 40μm），颜色不一。

（3）不规则玻璃体　是破裂了的玻璃微珠及碎片，所以化学成分和矿物组成与微珠相同，另外还夹杂少量氧化铁、氧化钾等，粗细不等。

（4）石英　有的呈单体小石英碎屑，也有附在炭粒和煤矸石上成集合体的，多为白色。

（5）莫来石　多分布于空心微珠的壳壁上，极少单颗粒存在，它相当于天然矿物富铝红柱石，呈针状集合体分布于微珠壁壳上。

此外，还含有少量赤铁矿、磁铁矿、钙钛矿等结晶相矿物，所有这些矿物多以多相集合体形式出现。

4. 粉煤灰的活性

粉煤灰含有较多的酸性氧化物（SiO_2 和 Al_2O_3），它与其他火山灰质材料相似，即与石灰、水泥熟料等碱性物质混合加水拌合成胶泥状态后，产生水化反应，并生成不溶于水、化学性质稳定的含水硅酸盐和铝酸盐，而且具有一定的强度。

根据国内外的一些研究结果表明，粉煤灰的活性不仅决定于它的化学组成，而且与它的物相组成和结构特征有着密切的关系。通过高温熔融并经过骤冷的粉煤灰，产生了大量的玻璃体。玻璃体含有较高的化学内能，是粉煤灰具有活性的主要矿物相。玻璃体中包含的硅酸根和铝酸根（也称活性 SiO_2 和活性 Al_2O_3）含量愈多，活性愈高。

除玻璃体外，粉煤灰中的某些晶体矿物，如莫来石、α-石英等，只有在蒸汽养护条件下才能与碱性物质发生水化反应，常温条件下一般不具有明显的活性。少数含氧化钙很高的粉煤灰，由于其本身含有较多的游离石灰和一些具有水硬活性的矿物如硅酸二钙、三铝酸五钙等，因此这种粉煤灰加水后，即可自行硬化并产生一定的强度。

（二）粉煤灰分选技术

基于粉煤灰中含有碳、铁、铝以及粉煤灰空心微珠等有用组分，因此，综合回收和利用是消除粉煤灰危害，使之资源化的有效途径，而粉煤灰的分选，则是使之资源化的关键。目前国内外对粉煤灰分选及产品应用做了大量研究工作，并已取得一定进展。

1. 从粉煤灰中选炭

电厂锅炉在燃用无烟煤和劣质烟煤的情况下，由于经济燃烧还存在一些技术上的困难，因此，粉煤灰不能完全燃烧，造成粉煤灰中含炭量增高，一般波动于8%～20%。全国每年从电站粉煤灰中流失数百万吨的纯炭，不但使煤炭资源白白流失，造成极大的浪费，而且还由于粉煤灰中含有大量的炭，致使粉煤灰排放数量增加，更主要的是由于粉煤灰中含有未燃尽炭，会造成粉煤灰综合利用困难，影响了粉煤灰资源的开发，不利于环境保护。

为了降低粉煤灰中的含炭量和充分利用资源，我国不少部门进行了粉煤灰脱炭处理工作。粉煤灰脱炭可以用浮选法，也可以用电选法。

浮选法适用于湿法排放的粉煤灰，此方法是利用粉煤灰和煤粒表面亲水性能的差异而将其区分的一种方法。在灰浆中加入捕收剂（如柴油等），疏水的煤粒被其浸润而吸附在由于搅拌所产生的空气泡上，上升至液面形成矿化泡沫层，即为精煤。亲水的粉煤灰粒作为尾渣排除。为了使空气泡稳定，还需要往灰浆中加入一种药剂——起泡剂（如杂醇油、松尾油、X油等）以减少水的表面张力。粉煤灰选炭浮选流程如图2-13所示。

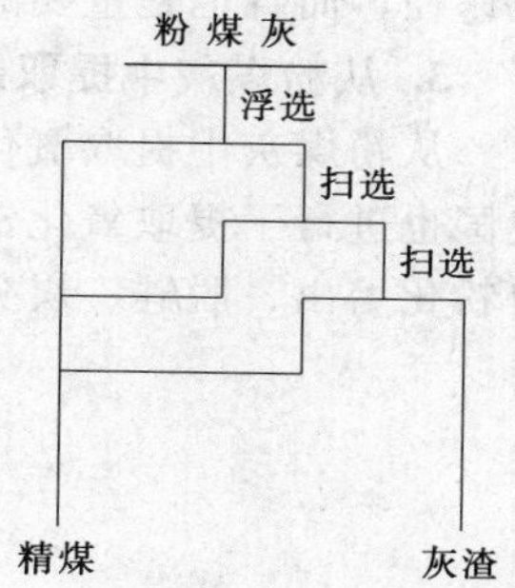

电选适用于干法排放的粉煤灰。其原理是利用粉煤灰在高压电场作用下，灰与炭导电性能的不同而进行分离的办法。粉煤灰是非导体物料（比电阻为$10^{10} \sim 10^{12} \Omega \cdot m$），炭粒是良导体物料（比电阻为$10^4 \sim 10^4 \Omega \cdot cm$）。在圆形电晕电场中，当粉煤灰获得电荷后，炭粒因导电性能良好，很快将所获电荷通过圆筒带走，并在重力惯性离心力作用下，脱离圆筒表面，被抛入导体产品槽中；而非导体的粉煤灰所获电荷在表面释放速度较慢，故在电场力作用下，吸收在圆筒表面上，被旋转圆筒带到后部，由卸料毛刷排入非导体产品槽中，从而达到灰炭分离（见图2-14）。

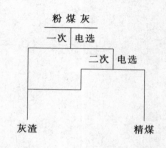

图 2-13　粉煤灰选炭浮选流程

经过选炭以后的低含炭尾灰是建材工业的优质原料，而浮选煤可以作为燃料用于锅炉燃烧和其他工业炉燃料或制活性炭等。粉煤灰选炭电选流程见图2-15。

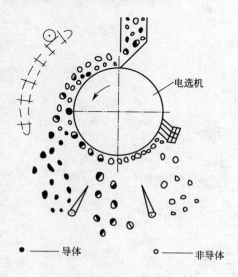

● —— 导体　　○ —— 非导体

图 2-14　电选机分选原理

图 2-15　粉煤灰选炭电选流程

2. 粉煤灰选铁

煤炭中除了可燃物炭外。还共生有许多铁矿物质，如黄铁矿（FeS_2）、赤铁矿（Fe_2O_3）、褐铁矿（$2Fe_2O_3 \cdot 3H_2O$）、菱铁矿（$FeCO_3$）等。煤炭经过电厂锅炉高温下燃烧，铁矿物质即转变为磁性氧化铁（Fe_3O_4），此种磁性氧化铁可以直接经磁选机选出。粉煤灰中含铁量（一般以 Fe_2O_3 表示）的范围在 8％～29％。

粉煤灰选铁可以用湿选，也可以干选，湿式磁选工艺的主要设施是：半逆流永磁式磁选机、冲洗泵和沉淀池。粉煤灰从湿式水膜除尘器下排出后，直接进入磁选机的给矿箱，铁粉选出后流入沉淀池沉淀，尾矿灰仍通过排灰沟排出。一般电厂采用两级磁选，在一、二级磁选机间加一台冲洗水泵，这样可以提高 4～5 个品位。两级磁选铁精矿的品位可达到50％～56％。

干粉煤灰磁选效果比湿粉煤灰磁选还好。根据试验，经过一级磁选，铁精矿品位即可达到 55％。从粉煤灰中选出的铁精矿可冶炼出合格生铁，达到国家一类生铁标准。

从粉煤灰中选铁具有工艺简单、投资省、成本低的优点。它不仅是粉煤灰综合利用的有效途径，而且也是重要的资源开发形式。

3. 从粉煤灰中提取氧化铝

从粉煤灰中提取氧化铝的石灰石烧结工艺，国外已有较深入的研究并已投入工业生产。我国也进行了提取氧化铝的试验研究，其工艺流程如图 2-16 所示，其主要环节为熟料烧成、自粉化熔出、脱硅、炭分和煅烧，它们的基本原理如下。

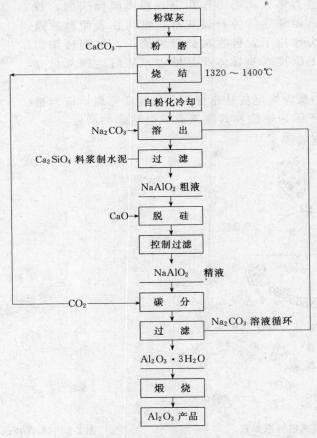

图 2-16　粉煤灰提取氧化铝工艺流程

（1）熟料烧成　主要是使粉煤灰中 Al_2O_3 与石灰石化合生成，可以被碱液分解出铝酸钠和铝酸钙（$5CaO \cdot 3Al_2O_3$ 和 $CaO \cdot Al_2O_3$），这给熔出 Al_2O_3 创造了必要的条件。

（2）熟料自粉化　当熟料冷却时，在约 650℃ 温度下硅酸二钙由 β 相转变为 γ 相，体积膨胀发生了熟料的自粉化现象，自粉化后几乎全部能通过 200 号筛孔。熟料自粉化为熔出提供了条件。

（3）熔出　用碳酸钠溶液溶出粉化料，其中的铝酸钙与碱反应生成铝酸钠进入溶液，而生成的碳酸钙和硅酸二钙留在渣中，便达到铝和硅、钙分离的目的，其反应式可用下式表示。

$$5CaO \cdot 3Al_2O_3 + 5Na_2CO_3 + 2H_2O \longrightarrow 5CaCO_3 \downarrow + 6NaAlO_2 + 4NaOH \qquad (2-80)$$

（4）脱硅　为保证产品氧化铝纯度，需进一步除去溶出粗液中的二氧化硅。

（5）碳分　是以 CO_2 与铝酸钠熔液反应，得到氢氧化铝，并使生成的 Na_2CO_3 循环使用。

（6）煅烧　是把氢氧化铝燃烧成氧化铝。

氧化铝可作电解铝的原料、人造宝石原料、陶瓷釉原料、高级耐火材料等。从粉煤灰中提取氧化铝后的残渣——硅钙渣，其作为水泥原料具有反应活性高、烧成温度低、利于节能、水泥标号高且性能稳定、配料简单、吃灰量大等特点，是生产水泥的一种优质原料。从粉煤灰中提取氧化铝和硅钙渣制水泥将会成为综合利用粉煤灰资源，消除环境污染的有效手段之一。

4. 从粉煤灰中提取玻璃微珠

（1）空心玻璃微珠的性质　粉煤灰中一般含有 50%～80% 的空心玻璃微珠，其细度为 $0.3 \sim 200 \mu m$，其中小于 $5 \mu m$ 的占粉煤灰总量的 20%。从粉煤灰中经分选出的空心微珠，按视密度的不同，一般可分为两类：视密度小于 1 的称为空心漂珠（简称漂珠）；视密度大于 1 的称为厚壁型空心微珠（简称沉珠）。沉珠与漂珠相比，具有壁厚、容重大、强度高、耐磨性好的特点。漂珠的壁厚为其直径的 5%～8%，壁上有细小针孔，珠壁密度为 $480kg/m^3$。沉珠壁厚为其直径的 30%，珠壁密实，密度为 $800kg/m^3$。沉珠一般可承受 $70 \sim 140MPa$ 的压力，最高能承受 $700MPa$ 的压力。

粉煤灰空心微珠的主要化学成分是由硅、铝和铁的氧化物，以及少量的钙、镁、钾、钠等氧化物所组成。从成分上分析，漂珠的二氧化硅（SiO_2）及三氧化二铝（Al_2O_3）的含量均比沉珠高；而漂珠的三氧化二铁（Fe_2O_3）、氧化钙（CaO）及二氧化钛（TiO_2）均比沉珠的含量低。

空心微珠具有颗粒细小、质轻、空心、隔热、隔音、耐高温、耐低温、耐磨、强度高及电绝缘等优异的多功能特性，其各项物理性能见表 2-29。

表 2-29　空心微珠的物理特性

密度/（kg/m^3）	视密度	熔点/℃	室温下比电阻/$\Omega \cdot cm$	抗压强度/MPa	硬度（维氏）/MPa
250～400	0.5～0.75	>1430	9.9×10^{11}	137.2～686	87.6～126.9

由于具有上述一些优良性能，使得空心玻璃微珠成为一种多功能的材料，它有以下几方面的用途。

① 可作为轻质、高强、耐火、防火、隔热、保温等建筑材料的原材料；

② 是塑料中较理想的填料，可以提高塑料的耐高温性能；

③ 可作为石油精炼过程中的一种裂化催化剂；

④ 可与一些树脂配制成耐高压的海底仪器和潜艇外壳；

⑤ 可作电瓷及其他电气绝缘材料的原材料；

⑥ 可用于航天飞行器的复合表面材料；

⑦ 可作为高级喷涂材料和防火涂料的填充材料；

⑧ 可制作汽车刹车片、军用摩擦片及石油钻机刹车片等制品；

⑨ 可用作聚乙烯人造革的填充剂；

⑩ 可用作人造大理石的填充料。

（2）分选空心微珠的方法　目前国内外从粉煤灰中分选空心微珠，大致可以分为两种方法：一是采用干法机械分选空心微珠；二是采用湿法分选空心微珠。这两种分选空心微珠的方法，在实际中都是可行的，这要根据具体情况而定。

在国内，采用干法机械分选方法中，有重离筛系的分选空心微珠设备，目前已初具规模，每日可以处理 30t 的粉煤灰。这套分选工艺包括分选空心微珠和选铁、炭，以及进行空心微珠的多种粒径分级。

其空心微珠分选装置由三个主要部分组成，即分选器、分离器、收集器。

分选器是采用重力分离法，在分选器的下部，设有卸料装置。当含有粉煤灰的气流由进气管道进入分选器时，由于气流通道断面的增大，使气体流速迅速下降，粉煤灰借本身重力的作用，有一部分逐渐下落到分选器灰斗中，根据等降原理，较重的粗颗粒，蜂窝状玻璃体、石英、莫来石、实心珠、铁珠和大颗粒炭粒，大部分都分别沉降在分选器内。还有大部分细小的空心微珠，超细微珠等随气流进入分离器。

分离器是利用气流旋转过程中作用于颗粒上的惯性离心力，使颗粒从气流中分离出来。由分选器通道未选下来的细小空心微珠，随气流进入分离器，经过分离器的分选，能将大部分细小的空心微珠分选出来，余下极少量的超细微珠随气流最后进入收集器。

收集器在分选装置的末端，它既是净化处理的装置，又是回收超细微珠的收集器。它能将由分离器未选下来的超细微珠绝大部分收集起来。

在湿法分选空心微珠的工艺中，在国内有用浮选法、溜槽法及分选单体矿物的重液变温法等。我国某电厂浮选流程如图 2-17 所示。

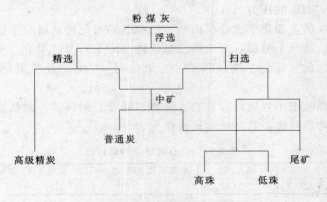

图 2-17　粉煤灰浮选流程

该厂用浮选分离方法回收产率为 22.2％的高档玻璃空心微珠及产率为 9.23％的中档玻璃微珠。

（3）空心微珠的主要用途

① 用作轻质耐火保温砖。利用空心微珠的隔热和耐高温性能，可生产各种轻质耐火砖和轻质保温砖，目前国内已有数十家保温材料厂，可批量生产各种型号的空心微珠轻质保温

耐火砖，这种保温砖的相对密度在 0.4～0.8 之间，抗压强度为普通耐火保温砖的 5 倍，抗折强度为普通耐火保温砖的 6 倍。这种轻质耐火保温砖，不仅可与普通硅酸铝耐火纤维炉衬的节能效果相媲美，而且生产成本仅为普通硅酸铝耐火纤维的 1/5。宝钢等重点企业大都应用空心微珠轻质耐火保温砖，取得了良好的效果。

中冶建筑研究总院利用空心微珠配制的不定形耐火材料，用作冲天炉的保温层，使用该保温材料后，炉内铁水熔化温度比原来提高 20℃，而炉子周围环境的温度降低了，改善了生产条件。

② 做成空心微珠保温帽和绝热板。空心微珠保温帽是新型高效的保温帽，其最大优点是在高温下具有优异的保温性能，它的综合性能优于国内目前现有的各类保温帽，成本只有普通保温帽的 30%～50%，可广泛应用于铸钢件的生产，是一项改善铸件质量，提高铸件成品率的产品。

空心微珠制成的绝热板，用于浇铸钢锭后，钢锭头部一次缩孔平坦，提高钢锭成坯率 1%～3%。国内用漂珠制成的绝热板，有的主要指标超过了英国福塞克和日本黑旗窑业的产品。

③ 作为建筑防腐涂料和防火涂料。目前国内生产的涂料型号虽多，但其中多数涂料的防火性能不佳，利用空心微珠中空腔气体的窒息性和本身的耐高温性能，生产出新型建筑防火涂料，具有非常好的防火性能。中冶建筑研究总院研制的防火涂料有良好的防火效果，利用空心微珠作防腐涂料也获得较好性能。

④ 作为塑料制品的填充剂。目前国内已有一批厂家利用粉煤灰空心微珠作为聚氯乙烯树脂的填充材料，如辽宁阜新塑料制品厂和黑龙江鸡西塑料制品厂等单位，利用空心微珠生产塑料地板、楼梯扶手、管道等建筑塑料，不仅能改善制品的成型等性能，而且降低了成本。

（三）粉煤灰的综合利用

1. 粉煤灰在水泥工业和混凝土工程中的应用

粉煤灰在水泥工业和混凝土工程中的应用是处理粉煤灰的一条主要途径，可应用在以下几个方面。

（1）粉煤灰代替黏土原料生产水泥　粉煤灰的主要化学成分为 SiO_2、Fe_2O_3、CaO、MgO 等，其中 SiO_2 和 Al_2O_3 的含量约占 70% 以上，这些化学组成同黏土类似，可用它来代替黏土配制水泥。水泥工业采用粉煤灰配料的优点之一是可以利用其中的未燃尽炭。如果粉煤灰中含有 10% 的未燃尽炭，则每采用 100 万吨粉煤灰，相当于节约 10 万吨燃料。经验表明，采用粉煤灰代替黏土作原料，可以增加水泥窑的产量，燃料消耗量也可降低 16%～17%。

（2）粉煤灰做水泥混合材　粉煤灰是一种人工火山灰质材料，它本身加水后虽不硬化，但能与石灰、水泥熟料等碱性激发剂发生化学反应，生成具有水硬胶凝性能的化合物。由于粉煤灰具有以上特性，所以可以用它作水泥的活性混合材。由硅酸盐水泥熟料和粉煤灰，加入适量石膏磨细制成的水硬性胶凝材料称为粉煤灰硅酸盐水泥，简称粉煤灰水泥。粉煤灰硅酸盐水泥中粉煤灰掺量一般为 20%～40% 为宜。

（3）粉煤灰制作无熟料水泥　将干燥的粉煤灰掺入 10%～30% 的生石灰或消石灰和少量石膏混合粉磨，或分别磨细后再混合均匀制成的水硬性胶凝材料，称为石灰粉煤灰水泥，即无熟料水泥的一种。为了提高水泥的质量，也可适当掺配一些硅酸盐水泥熟料，一般不超过 25%。无熟料水泥主要适用于制造大型墙板、砌块和水泥瓦等，也适用于要求不高的民用建筑工程，如基础垫层、砌筑砂浆等。

（4）粉煤灰作砂浆或混凝土的掺合料

粉煤灰是一种很理想的砂浆和混凝土的掺合料。粉煤灰颗粒大多呈球状，而且表面光滑，在配制混凝土中可起着"润滑"作用。在混凝土和砂浆中掺加粉煤灰代替部分水泥或细骨料，不仅能降低成本，而且可以改善混凝土和砂浆的性能。

2. 利用粉煤灰制作建筑材料

利用粉煤灰可生产多种建筑制品，现将几种应用较广的粉煤灰制品介绍如下。

（1）蒸制粉煤灰砖　蒸制粉煤灰砖是用粉煤灰和生石灰或其他碱性激发剂为主要原料，也可掺入适量石膏并加入一定量的煤渣或水淬矿渣等骨料，经原材料加工、搅拌、消化、轮碾、压制成型、常压或高压蒸汽养护后制成的一种墙体材料。经我国南方多年来的实践表明，将这种砖应用于一般工业厂房和民用建筑中效果尚好。

（2）烧结粉煤灰砖　烧结粉煤灰砖是利用粉煤灰、黏土及其它工业废料掺合而生产的一种墙体材料。其生产工艺和黏土烧结砖的生产工艺基本相同，只需在生产黏土砖的工艺上增加配料和搅拌设备即可。在烧结粉煤灰砖的配料中，粉煤灰掺量可达50%左右。

烧结粉煤灰砖与一般黏土砖相比，具有节省用地、节约燃料、提高产品质量的优点。

（3）生产蒸压泡沫粉煤灰保温砖　以粉煤灰为主要原料，加入一定量的石灰和泡沫剂，经过配料、搅拌、浇注成型和蒸压而成的一种保温砖，称为泡沫粉煤灰保温砖。其配比可采用粉煤灰78%～80%、生石灰20%～22%和适量泡沫剂。这种蒸压泡沫粉煤灰保温砖适用于1000℃以下各种管道冷体表面，高温窑炉中层保温绝热。

（4）粉煤灰硅酸盐砌块　粉煤灰硅酸盐砌块是以粉煤灰、石灰、石膏为胶凝材料，煤渣、高炉硬矿渣等为骨料，加水搅拌，振动成型，蒸汽养护而成的墙体材料。粉煤灰砌块密度为1300～1550kg/m³，抗压强度为10～20MPa，其它物理力学性能也能满足一般墙体材料的要求。

（5）粉煤灰加气混凝土　粉煤灰加气混凝土是以粉煤灰、水泥、石灰为基本材料，用铝粉做发气剂，经过原料磨细、配料、浇注、发气成型、坯体切割、蒸汽养护等一系列工序制成一种多孔轻质建筑材料，是一种良好的墙体材料。

生产粉煤灰加气混凝土是利用粉煤灰的有效途径之一，一个年产量为20万立方米的厂，每年可以利用粉煤灰10万吨，它是几种较好的粉煤灰建筑材料之一。

（6）粉煤灰陶粒　粉煤灰陶粒是用粉煤灰作为主要原料，掺加少量黏结剂和固体燃料，经混合、成球、高温焙烧而制成的一种人造轻骨料。

粉煤灰陶粒一般用来配制各种用途的高强度轻质混凝土，可以应用于工业与民用建筑、桥梁等许多方面。采用粉煤灰陶粒混凝土可以减轻建筑结构及构造的自重，改善建筑物使用功能，节约材料用量，降低建筑造价，特别是在大跨度和高层建筑中，陶粒混凝土的优越性更为显著。

3. 粉煤灰作为其他工业的原材料

粉煤灰除了作建筑工业材料外，还可以用作其他工业的原材料。

（1）粉煤灰制分子筛　分子筛是用碱、铝、硅酸钠等人工合成的一种泡沸滞石晶体，其中含有大量的水。当把它加热到一定温度时，水分被脱去而形成一定大小的孔洞。它具有很强的吸附能力，能把小于孔洞的分子吸进孔内，而把大于孔洞的分子挡在孔外，这样就可以把大小不同的分子进行筛分。

利用粉煤灰制分子筛所用的原料有三种，即粉煤灰、工业氢氧化铝和工业纯碱。

分子筛广泛用于化工、石油冶炼、橡胶工业、塑料工业、轻工业及农药、化肥等方面。

（2）粉煤灰作吸附剂和过滤介质　粉煤灰作为吸附剂，在处理废水方面有很多用处。

粉煤灰的吸附性能好，能有效地从废水中除去重金属和可溶性有机物；水能从粉煤灰中浸出石灰和石膏，可以有效地使无机磷沉淀，并中和废水中的酸。粉煤灰在改善污染的湖面水质方面是非常有效的，能使无机磷、悬浮物和有机磷的浓度显著下降，大大改善水的色度和性状。粉煤灰作过滤介质过滤造纸废水效果很好，还可用它从纸浆废液中回收木质素。

（3）粉煤灰作塑料填充材料　在塑料工业中，为了改善塑料的物理机械性能，常加入填充剂，大量加入填充剂还可降低生产成本。粉煤灰空心微珠是塑料工业极好的填充剂。目前用粉煤灰空心微珠作塑料填充剂生产的产品有水管、异型材、地板、洗澡盆、人造大理石等。在这方面，粉煤灰的空心微珠具有广阔的发展前景。

（4）粉煤灰轻质保温砖　粉煤灰空心微珠经与其他原料配料后，可以生产出质量较好的轻质黏土耐火材料——轻质耐火保温砖。这种砖的特点是保温时间长，耐火度高，热导率小，能减薄炉墙厚度，缩短烧成时间，降低燃料消耗，提高热效率，成本低等，现已广泛地应用于电力、钢铁、机械、冶金、军工、化工、石油、航运等工业方面。

4. 粉煤灰在农业上的应用

粉煤灰可直接施用于农田或利用粉煤灰生产化肥。

（1）粉煤灰直接施于农田　粉煤灰用作肥料，有以下几方面作用：

① 作为农作物生长的刺激剂。一般粉煤灰中含磷量为 $0.05\% \sim 0.1\%$，含钾量约为 0.5%，这是植物必需的营养要素。此外，尚含有硼、钼、钴、铜、锰、锌等微量元素，适量的微量元素可以促进植物的生长、发育，还可以增加农作物对病虫害的抵抗力。

② 增温作用。粉煤灰施入农田后，在早春低温时有着明显的增温作用，能促进壮苗早发，高产。粉煤灰的增温效果比商品增温剂还好。

③ 保墒作用。据测定，亩施 1% 粉煤灰的 $0 \sim 40cm$ 土层，较不施粉煤灰土的 $0 \sim 22cm$ 土层，田间持水量增加 2%，每亩可增加 $8m^3$ 有效水。

④ 使土壤疏松透气，增强净化力。施用粉煤灰的表层土密度为 $1.25g/cm^3$，而未施粉煤灰的土壤密度为 $1.41g/cm^3$。可见，粉煤灰对土壤的疏松、透气有明显的功效，在疏松透气良好的情况下，土壤的净化力可大大提高。

（2）生产钙镁磷肥　粉煤灰中含有钙元素 $3\% \sim 8\%$，含镁元素 $2\% \sim 5\%$，只要加适量的磷矿粉，并利用白云石作助溶剂（以增加钙和镁的含量），就可以达到钙镁磷肥的质量要求。

（3）生产硅钙肥　虽然粉煤灰中氧化硅含量可达 $40\% \sim 60\%$，但可溶性硅（即易被植物吸收的有效硅）含量仅 $1\% \sim 2\%$。因此，要使粉煤灰成为硅肥，必须将其可溶性硅含量提高 $15 \sim 20$ 倍。含钙量高的煤，经高温燃烧后，其可溶性硅含量较高，可作为硅钙肥使用。经农田试验证实，粉煤灰硅肥施用于我国南方缺硅的土壤上，对水稻有良好的增产作用，一般增产率为 10% 左右。

第三节　燃煤电厂 SO_2 减排和副产品回收利用

燃煤电厂 SO_2 减排办法有多种，有燃料洁净加工技术、造渣固硫技术和烟气脱硫技术，其中烟气脱硫是普遍采用的减排技术。本节介绍 SO_2 生成机理、各种减排技术和脱硫副产品的综合利用技术。

一、SO_2 生成机理

1. 煤中硫的形态

煤中的硫可分为有机硫和无机硫两大类。煤中无机硫来自矿物质中各种含硫化合物,它包括硫铁矿和硫酸盐硫,其中以黄铁矿硫为主,占无机硫总量的53.4%。煤中硫的分类见图2-18。有机硫化学结构十分复杂,至今对有机硫的认识还不够充分。但根据试验结果表明,煤的大分子网络中噻吩结构占70%,其余30%为芳香硫化物。

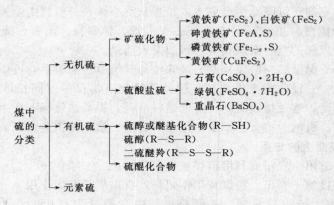

图2-18 煤中硫的分类

我国煤的含硫量变化值很大,从0.1%到10%不等,从地理上来讲东北三省煤的含硫量最低,我国高硫煤主要集中在四川、贵州、湖北、广西、山东和陕西省的部分地区。

各煤种含硫量有所区别,据统计肥煤平均硫分为2.33%,长焰煤为0.74%。

2. 煤炭硫分分级

我国煤炭硫的分级是按 GB/T 15224.2—94《煤炭硫分分级》的规定进行的,其具体分级见表2-30。

表 2-30 煤炭硫分分级

序号	级别名称	代号	硫分 $S_{t,d}$/%
1	特低硫煤	SLS	≤0.50
2	低硫分煤	LS	0.50～1.00
3	低中硫煤	LMS	1.00～1.50
4	中硫分煤	MS	1.50～2.00
5	中高硫煤	MHS	2.00～3.00
6	高硫分煤	HS	＞3.00

3. 全硫

根据煤中硫分能否在空气中燃烧,煤中硫分又可分为可燃硫和不可燃硫。有机硫、硫铁矿硫、单质硫都能在空气中燃烧,属于可燃硫。在煤炭燃烧过程中不可燃烧的硫残留在煤灰渣中,所以又称固定硫,硫酸盐就属于固定硫。

全硫是煤中各种形态硫的总和(S_t),即硫酸盐硫(S_s)、硫铁矿硫(S_p)、单质硫(S_{ei})和有机硫(S_o)的总和。

$$S_t = S_s + S_p + S_{ei} + S_o \tag{2-81}$$

4. 我国煤炭硫分的分布

(1)原煤硫分的分布 原煤硫分的分布是以24个矿区或煤田随机抽样结果来加以说明,

具体见表 2-31。

有 2-31 原煤硫分平均值、分级硫分及分布

硫分分级	国有煤矿			其他(乡镇煤矿)			全国原煤		
	产量/万吨	硫分/%	分布/%	产量/万吨	硫分/%	分布/%	产量/万吨	硫分/%	分布/%
<0.50	18713	0.34	28.21	15611	0.37	31.83	34323	0.36	29.75
0.50~1.00	23020	0.74	34.70	17318	0.69	35.31	40335	0.72	34.96
1.01~1.50	12055	1.21	18.17	3521	1.23	7.18	15576	1.22	13.50
1.51~2.00	3948	1.79	5.95	3879	1.75	7.91	7833	1.78	6.79
2.01~3.00	4749	2.48	7.16	2668	2.58	5.44	7216	2.53	6.43
3.01~4.00	2864	3.51	4.32	4349	3.38	8.87	7213	3.43	6.25
4.01~5.00	618	4.45	0.93	1071	4.49	2.18	1689	4.48	1.46
>5.00	364	6.69	0.55	626	6.16	1.28	990	6.36	0.86
小计	66331	1.09	100	49043	1.21	100	115175	1.14	100
平均硫分	1.09%			1.21%			1.14%		

（2）商品煤硫分的分布 商品煤硫分分布情况，见表 2-32。

表 2-32 商品煤硫分平均值、分级硫分及分布

硫分分级	全国商品煤			发电用商品煤			终端使用商品煤		
	产量/万吨	硫分/%	分布/%	产量/万吨	硫分/%	分布/%	产量/万吨	硫分/%	分布/%
<0.50	38544	0.32	30.47	10272	0.34	21.55	24312	0.32	35.01
0.50~1.00	43523	0.73	34.41	17965	0.75	37.69	21788	0.70	31.38
1.01~1.50	17078	1.21	13.50	9933	1.28	20.84	6213	1.18	8.95
1.51~2.00	8678	1.71	6.86	4768	1.72	10.00	3378	1.74	4.87
2.01~3.00	7792	2.47	6.16	1522	2.53	3.19	6058	2.56	8.73
>3.00	10879	3.90	8.60	3200	3.72	6.73	7679	3.98	11.06
小计	126494	1.13	100	47660	1.12	100	69428	1.19	100
平均硫分	1.13%			1.12%			1.19%		

（3）不同煤种硫的分布 全国 2093 个煤层煤样测定各煤种平均含硫量见表 2-33。

表 2-33 我国不同煤种的平均含硫量

煤种	样品数	煤干燥基含硫量/%			煤种	样品数	煤干燥基含硫量/%		
		平均值	最低值	最高值			平均值	最低值	最高值
褐煤	91	1.11	0.15	5.20	焦煤	295	1.41	0.09	6.38
长焰煤	44	0.74	0.13	2.33	瘦煤	172	1.82	0.15	7.22
不黏结煤	17	0.89	0.12	2.51	贫煤	120	1.94	0.12	9.58
弱黏结煤	139	1.20	0.08	5.81	无烟煤	412	1.58	0.04	8.54
气煤	554	0.78	0.10	10.24	样品总数	2093	1.21	0.04	10.24
肥煤	249	2.33	0.11	8.56					

（4）各地高硫矿区煤中硫赋存形态 各地高硫矿区煤中硫赋存形态，详见表 2-34。

表 2-34 各地高硫煤矿区硫的赋存形态

地区	煤层煤样/%				商品煤样/%			
	$S_{t,d}$	$S_{p,d}$	$S_{s,d}$	$S_{o,d}$	$S_{t,d}$	$S_{p,d}$	$S_{s,d}$	$S_{o,d}$
全国	2.76	1.61	0.11	1.04	2.76	1.47	0.09	1.20
华东	2.16	1.09	0.09	0.98	2.65	1.21	0.09	1.35

地区	煤层煤样/%				商品煤样/%			
	$S_{t,d}$	$S_{p,d}$	$S_{s,d}$	$S_{o,d}$	$S_{t,d}$	$S_{p,d}$	$S_{s,d}$	$S_{o,d}$
中南	3.20	1.62	0.12	1.46	3.42	1.53	0.07	1.82
西南	3.54	2.69	0.11	0.74	3.48	2.63	0.08	0.77
西北	2.82	1.14	0.09	1.59	2.36	1.04	0.07	1.25
华北	2.50	1.39	0.13	0.98	2.30	1.03	0.08	1.19
东北	2.70	1.91	0.17	0.62	2.66	1.67	0.30	0.69

5. 煤在燃烧过程中硫氧化物的生成机理

燃料在燃烧过程中生成的硫氧化物主要是 SO_2 和 SO_3 等，以 SO_x 表示。实践证明，其中 SO_2 的生成量约占 SO_x 生成总量的 70%～90%，一般平均值近似 80%。

（1）SO_2 的生成　煤中的有机硫化物（RS）和黄铁矿（FeS_2）燃烧生成 SO_2，其反应方程如下：

$$4FeS_2 + 11O_2 \longrightarrow 2Fe_2O_3 + 8SO_2 \tag{2-82}$$

$$RS + O_2 \longrightarrow SO_2 + R \tag{2-83}$$

（2）SO_3 的生成　SO_3 生成机理较为复杂，最新研究结果表明，SO_3 通过下列途径在炉内生成。

① 高温条件下的生成。高温条件下，生成的 SO_2 与自由氧原子反应生成 SO_3。

$$SO_2 + [O] \longrightarrow SO_3 \tag{2-84}$$

式中原子氧 [O] 可以有三种方式生成：氧在炉内高温离解，在受热面表面催化离解或在燃烧过程中按下列反应生成：

$$CO + O_2 \longrightarrow CO_2 + [O] \tag{2-85}$$

或

$$H_2 + O_2 \longrightarrow H_2O + [O] \tag{2-86}$$

所以燃烧温度越高，过量空气量越大，[O] 分解的越多，生成 SO_3 量增加。

② 富氧条件下的生成。在富氧运行条件下，SO_3 在烟气中含量会增加。降低过量空气量会使烟气中 SO_3 的浓度降低。

③ 催化反应的生成。催化反应生成 SO_3。当高温烟气流经过水冷壁积灰层时，由于灰中 V_2O_5 和 Fe_2O_3 的催化作用，使烟气中 SO_2 转化为 SO_3，催化反应按下列过程进行：

$$V_2O_5 + SO_2 \longrightarrow V_2O_4 + SO_3 \tag{2-87}$$

$$5SO_2 + 3O_2 + V_2O_4 \longrightarrow V_2(SO_4)_5 \tag{2-88}$$

$$V_2(SO_4)_5 \longrightarrow V_2O_5 + 5SO_3 \tag{2-89}$$

试验表明，催化作用温度范围为 425～625℃，在 550℃ 达到最大值。

④ 煤中硫酸热解生成。煤中碱土金属硫酸盐（$CaSO_4$ 和少量 $MgSO_4$）热解生成 SO_3。

$$CaSO_4 \longrightarrow CaO + SO_3 \tag{2-90}$$

热解温度约 1000℃，当 1400～1500℃ 以上反应强度骤升，但硫酸盐量很少。

SO_3 气体可以通过灰层直接与金属壁面的氧化铁膜生成硫酸铁

$$Fe_2O_3 + 3SO_3 \longrightarrow Fe_2(SO_4)_3 \tag{2-91}$$

值得注意的是，根据化学平衡状态原理，SO_2 可以氧化成 SO_3，但同时 SO_3 也可以分解成 SO_2 和 [O]。

液体燃料中的硫多以元素硫、硫化氢、噻吩和硫酸等形式存在，由于我国油燃料均在低硫油和中硫油范围内（中东石油属于高硫油），况且其 SO_2、SO_3 生成机理与煤燃料雷同，故不详述。

气体燃料含硫很少，一般均能满足现行排放标准的要求。

任何一种煤的可燃硫部分在煤的燃烧过程中几乎全部和氧燃烧，反应生成 SO_2。由此可知，影响 SO_2、SO_3 的生成主要因素是燃料中可燃硫的含量、过量空气系数和炉内火焰温度。

我国煤种中以 $CaSO_4$ 和 $MgSO_4$ 等硫酸盐形态存在的无机硫很少，SO_2 释放温度也很低，在 1200℃ 已几乎全部释放。因此，SO_2 生成量与煤的含硫量有关，其影响较大。而燃烧温度、过量空气系数也有影响，但不大。

二、工业型煤固硫技术

人们早就认识到，燃烧型煤能显著提高煤的燃烧效率和减少烟尘排放，是防治煤烟型大气污染的有效途径之一。20 世纪 60 年代，我国开始工业型煤技术开发和研究工作，当时研发的目的是充分利用煤末问题；内容则是有关工业型煤成型、强度，工业型煤用黏合剂的选择方面。进入 80 年代人们在工业型煤成型技术已日臻成熟基础上，在工业型煤中加固硫剂，开辟了新的治理气态污染物途径。目前型煤燃烧烟气黑度低于 0.5 林格曼级，烟气量减少 60%，SO_x 和强致癌物苯并 [a] 芘减少 50%，而 NO_x 下降 25%，节煤率可达 15%～25%。这是本书中唯一可降低五项指标的燃烧技术。

现仍制约工业型煤燃烧技术发展的问题有两方面：一是对工业型煤（民用除外），未形成统一的制煤、仓储、运输能力；二是改烧型煤是立足于原炉型（链条炉等）基础上的，这样不仅不能全面反映其效果，而且锅炉容量较小，难以对治理 SO_x 起作用。因此，亟须解决的问题是研发适用于燃用型煤的新型锅炉。这里所指工业型煤燃烧固硫技术不是传统技术如链条炉改烧型煤，而是利用新型燃烧装置来进行燃煤的污染物净化。

1. 工业固硫型煤的煤质要求及煤质的调整

我国工业锅炉试烧型煤表明，在目前没有足够应用数据的条件下，工业固硫型煤包括各种配料在内（黏合剂、固硫剂）的整体煤质。

（1）通过配煤调整煤质　当遇到单一煤种煤质指标不能满足燃烧要求时，可通过两种以上煤种混合后形成新的煤质指标，这就是通过配煤调整煤质。

（2）灰熔点的调整　灰熔点对每个单一煤种来讲是固定的，灰熔点的三个特征温度为变形温度（DT）、软化温度（ST）和流液化温度（FT）。我国动力用煤主要品种的软化温度多在 1300℃ 以上，从燃烧固硫角度考虑，其 ST＞1200℃ 为宜，因此有时需通过配煤达到灰熔点的需求。

（3）提高工业型煤反应活性的途径　与原煤反应活性一样，型煤的反应活性是指在一定温度条件下，与氧气、CO_2、水蒸气等气相介质的反应能力。反应能力越大，其活力越强，其气化、燃烧性能和燃烧效果也就更高。通过测试可比较型煤或煤的活化性。简化方法可采用固定碳和 CO_2 的还原率来表示反应活性。

具体做法是在相当于脱除挥发分后焦炭燃烧的条件下，通入 CO_2 气流（并控制其温度），测出出口气流中 CO_2 量，并将减少部分换算成 CO_2，其出入口 CO_2 的百分比即为还原率。

型煤的燃烧属于气-固两相反应。从固体方面分析，实际燃烧工况反应活性的进气浓度影响因素，可归纳为颗粒度、固相组分、颗粒的孔结构、孔表面性质和孔隙率等。

加入活性煤可提高反应活性，如上述（1）和（2）中提到的都是通过配煤来改变煤质，（1）是通过配入煤种来改变煤性质以满足燃烧要求；（2）是通过配入煤种来改变型煤的 ST，使其＞1200℃。

如图 2-19 所示，原煤为重庆松藻无烟煤，加入一定活性煤（30% 的中梁山烟煤）后的型煤反应活化性比较见三条试验曲线，它们表明配煤可提高型煤反应活性的效率，显著高于一般非配煤。

控制成型工艺及选取合理技术参数可提高型煤的活性。

① 料煤细化。型煤的料煤粒度越小，制成型煤内表面积越大，内表面上物质分子结构缺陷和价键不饱和部位越多，越有利于提高型煤的反应活性。在采用胶黏剂低压成型固硫型煤时，经多次试验结果分析，料煤粒径大小，对型煤强度、固硫率均有影响。根据其技术经济分析，料粒在 $0.5\sim3mm$，强度值（$1\sim3mm$ 颗粒占 1/4 时强度最高）和反应活化性均较好。

② 控制型煤成型压力及胶黏剂的选择。型煤制作、运输、燃烧过程中必须保持一定的强

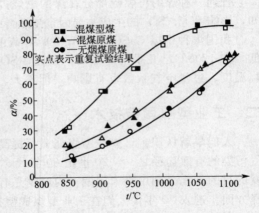

图 2-19　反应活性比较

度，但成型压制中加压过大，粒径（粉碎）改变和孔隙率减小，从而影响型煤反应活性，因此推荐低压成型工艺。

试验结果表明，压制型煤压力达 25MPa 时，型煤的强度主要取决于胶黏剂。继续增加压制压力，对提高型煤强度极其有限。目前低压成型的型煤所用胶黏剂，从提高反应活性来讲，宜选用有机胶黏剂。

③ 添加活性剂。目前添加的活性剂就是市场出售的助燃剂，如有必要可适量加一些，通常添加量约占总量的 0.1% 左右。活性添加剂不仅能提高型煤活性，而且对固硫也起促进作用。

2. 燃煤过程中 SO_2 释放规律

我国煤种主要含有机硫和黄铁矿硫，以 $CaSO_4$ 和 $MgSO_4$ 等硫酸盐形态存在的很少，故 SO_2 释放温度较低。从试验结果（图 2-20）上可以看出，原煤中的硫在温度达到 800℃ 之前已接近全部释放，温度 800℃ 是出现 SO_2 峰值浓度的温度。

型煤燃烧固硫是通过型煤（含固硫剂）在其燃烧过程中有效扼制 SO_2 的排放的。固硫效果好坏取决于固硫剂与燃烧释放 SO_2 的及时反应能力。若固硫反应滞后，或虽同步反应但固硫速率明显低于 SO_2 释放速率，则固硫率自然会低。图 2-20 中包括加入不同固硫组分后，每次升温过程中都会出现 SO_2 释放峰的试验曲线，但其释放温度均不到 600℃。同时图 2-20 还表明煤中加入固硫剂后，低温段固定下来的硫在高于 1000℃ 又开始重新放出。上述结果表明，固硫配比要抓两头，即抓低温反应活性和高温分解速率。

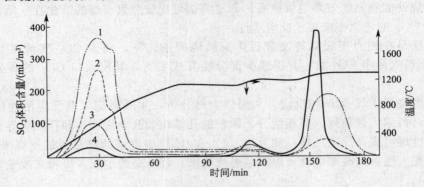

图 2-20　煤燃烧过程中 SO_2 释放规律

（注：1～4 表示固硫剂不同）

3. 固硫剂的选择及其固硫机理

（1）固硫剂的选择　国内外常用的固硫剂多为钙基固硫剂，这是由它来源广、原料易得、价格低、固硫产物在 1100℃ 以下有较好的抗高温分解性能等因素决定的。常用钙基固硫剂有石灰、消石灰、电石渣、石灰石和白云石等。

（2）钙硫固剂固硫的化学原理　由于煤的自身组分结构复杂，在制作型煤又加入胶黏剂和固硫剂等物质，会使煤质结构发生改变，而且其不同温度段的化学反应及其产物结构难以确定，一般是通过化学反应基本原理结合试验结果说明机理。

① 固硫剂热分解反应

$$CaCO_3 \longrightarrow CaO + CO_2 \tag{2-92}$$

$$Ca(OH)_2 \longrightarrow CaO + H_2O \tag{2-93}$$

② 固硫合成反应

$$Ca(OH)_2 + SO_2 \longrightarrow CaSO_3 + H_2O \tag{2-94}$$

$$CaO + SO_2 \longrightarrow CaSO_3 \tag{2-95}$$

③ 中间产物的氧化反应和歧化反应

$$2CaSO_3 + O_2 \longrightarrow 2CaSO_4 \tag{2-96}$$

$$4CaSO_3 \longrightarrow CaS + 3CaSO_4 \tag{2-97}$$

④ 固硫产物高温分解反应

$$CaSO_3 \longrightarrow CaO + SO_2 \tag{2-98}$$

$$CaSO_4 \longrightarrow CaO + SO_2 + [O] \tag{2-99}$$

而反应式 $CaSO_4 \longrightarrow CaO + SO_2 + [O]$ 中的氧 $[O]$ 又与 CO 与氢等还原性物质反应。

实际固硫过程中发生反应远不止这些，如白云石另一种热分解产物 MgO 及其他金属氧化物的固硫合成反应等。

反应式（2-94）和式（2-95）表明，石灰石或白云石都得经过热分解生成 CaO 才能有效固硫。由其燃烧温度可知，对于流化床炉内脱硫，一般燃烧温度 850～950℃ 较为合适；对于型煤固硫，应选高温固硫，但应考虑 $CaSO_3$ 和 $CaSO_4$ 的热分解影响，（一般 $CaSO_3$ 热分解温度为 1040℃，$CaSO_4$ 热分解温度与其纯度有关）一般为 1100～1320℃。

因此层燃工业型煤锅炉，一方面进行着固硫合成反应，另一方面存在着固硫产物发生的分解反应。总体来讲，以热分解反应过程为主，这就是一般情况下固硫率低的原因。

4. 型煤的制备及其燃烧装置

过去所谓烧型煤是指在层燃前加成型机（圆盘造粒、螺旋挤压和对辊成型），制成型煤送入层燃室的燃烧方式。总的来讲，这种燃烧方式仅适用小型锅炉。为寻求中型乃至大型锅炉能燃固硫型煤，必须从两方面进行技术突破，这就是固硫型煤制作工厂化和研发固硫型煤专用燃烧装置。

（1）固硫型煤的统一配送及制作工厂化　固硫型煤制作工艺包括料煤制备、固硫剂配制和混合成型三个程序。统一配送、制作工厂化含义是，在一个城市或地区建设若干个固硫型煤配送中心，它从原煤购进贮存开始，到配煤调质、固硫剂配制、混合成型制成商品型煤，并按用户需要量直供用户为止。这是发展燃用固硫型煤的前提，这样做的优越性不言而喻。

（2）研发固硫型煤专用燃烧装置是烧固硫型煤的关键　直到目前为止有关书籍、文献对型煤制作工艺研究得多，但对于型煤的燃烧装置仅局限于层燃炉试烧阶段。由于层燃炉（链条炉）并非是为燃固硫型煤而设计的炉型，因此制约了固硫型煤燃烧技术的发展。

图 2-21 所示固硫型煤锅炉设计中考虑了型煤燃烧与层燃一样，飞灰量小，保留了类似层燃（由型煤组层）的型煤火床。受热面布置使炉内燃烧温度在 850～900℃ 之间，在稳定燃烧、满足锅炉未完全燃烧损失的前提下，避开高温度热分解而提高固硫率。

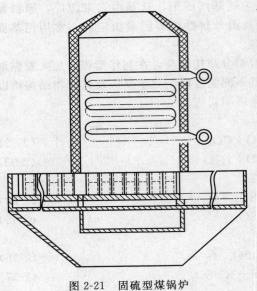

图 2-21　固硫型煤锅炉

5. 工业固硫剂的用量及 Ca/S 的选择

固硫剂的用量是依据煤的含硫量按 Ca/S 计算的。一般情况下，可选取 Ca/S＝2 左右。燃煤含硫量较高时，Ca/S 比可往上调；反之，应下调。试验证实，在加有 SiO_2 和 Fe_2O_3 添加剂，炉内燃烧温度 1250℃ 时，含硫量 3％ 型煤，在 Ca/S＝1.5 条件下固硫率仍能达到 60％ 以上。添加剂的配比作为技术秘密不公开，但从有关资料分析，按有效组分含量计不超过 1％，如 Fe_2O_3 用量仅为 0.4％。固硫剂的粒度应在 0.10～0.15mm（100～150 目）之间。钙基固硫剂用量计算如式(2-100) 所示：

$$m = \frac{Rm_c S_c}{32 \sum_{i-1}^{n} \dfrac{P_i}{M_i}} \qquad (2\text{-}100)$$

式中，m 为固硫原料用量，kg；R 为 Ca/S 值；m_c 为用煤量，kg；S_c 为煤的含硫率，％；P_i 为固硫剂有效组分的质量百分比含量，％；M_i 为固硫剂有效组分分子量。

三、燃用水煤浆脱硫技术

水煤浆（coal water mixture）是一种由微煤粒、水并掺入少量化学添加剂的液态混合物。水煤浆中煤粉与水的含量分别为 70％ 和 30％，化学添加剂约为总量的 1％。水煤浆的制造工艺流程见图 2-22。

首先将原料煤湿磨成 50～200μm 的粒状，经分流器分流，粒径合格的煤粉浆液通过真空脱水浓缩后入混合器，再加入适量的化学添加剂和水，经混合并连续搅拌，这样制备好的水煤浆就可以入贮罐贮存以备用户使用。

在水煤浆的制造过程中，为了保证水煤浆的流动性和稳定性，必须加入适当的化学添加剂。根据煤的浓度与流动特性，所使用的添加剂种类有所不同，分为非离子型和离子型。

水煤浆的流动特性有以下两个特点。

① 具有最佳的屈服应力，因而在静态

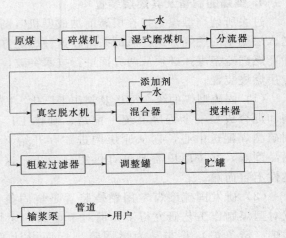

图 2-22　水煤浆制浆工艺流程

和动态时的稳定性好。

② 水煤浆虽是非牛顿液体，但在一定的剪切速率下，具有牛顿液体的特性，因而易于管道输送。水煤浆表面黏性与剪切率之间的相互关系可以根据不同的添加剂以及煤粉粒径分布进行最佳的混合来加以确定。

在制浆过程中可以进行净化处理。经过湿磨并分流后的煤浆，在进入真空脱水器之前，预先进行一次浮选净化，通过浮选工艺能除去原煤中 50％ 以上的灰分和 40％ 以上的无机硫（黄铁矿）。对于有机硫，可在制浆中掺入脱硫剂（石灰石），即可在水煤浆燃烧过程中进行有效的脱硫。

由于水煤浆与燃料油有同等良好的处理性和燃烧性，可以在压力下给浆，能作为煤气发生器的原料用，故水煤浆可望成为煤气联合循环发电厂的一种理想燃料。

通过国内外多年的实践，水煤浆的特征可以归纳为以下几点：

（1）可以用管道输送，用罐储存，节省运输、储存费用。

（2）在运输、储存过程中安全性好，不会发生火灾，罐区不属危险物区，可缩小罐区用地。没有飞尘对环境和人体的影响。

（3）可以直接进炉喷雾燃烧，与煤粉炉相比，节省了原煤及制粉系统的设备、土建、运行费用。

（4）燃烧稳定，点火、停炉方便，负荷变动适应性与烧重油时相似，未燃损失小。

（5）可实施煤的清洁燃烧，减少灰、粉尘、SO_2、NO_x 的排放量，有利于环境保护。

四、流化床燃烧脱硫的机理

1. 燃烧过程中 SO_2 的形成

煤中的硫以黄铁矿（FeS_2）、有机硫（$C_xH_yS_x$）和硫酸盐三种形式存在。在燃烧条件下，黄铁矿和氧反应如下：

$$4FeS_2 + 11O_2 \longrightarrow 2Fe_2O_3 + 8SO_2 \tag{2-101}$$

有机硫在大于 200℃时，可以部分分解，释放 H_2S、硫醚、硫醇和噻吩等物质。这些物质有较低燃点，在大于 300℃时即可燃烧生成 SO_2，未分解的部分和氧直接反应燃烧：

$$C_xH_yS_z + \left(x + \frac{1}{4}y + z\right)O_2 \longrightarrow zSO_2 + xCO_2 + \frac{1}{2}yH_2O \tag{2-102}$$

硫酸盐硫分解温度较高，理论上讲为 1350℃。通常情况下，流化床锅炉燃烧中硫酸盐硫分不会分解，但遇有 MnO_2、Cl 存在时，即使低于 1000℃也会部分分解。图 2-23 为典型高硫煤硫的释放结果。由图中可以看到 SO_2 的释放主要发生在 850℃以下。由于流化床燃烧温度较低，一般不存在高温分裂的氧原子与 SO_2 催化成 SO_3 的情况，但是在受热面的积灰和氧化膜催化作用下，可有少量 SO_3 产生，常规流化床占总 SO_x 的 0.5％～2％，而增压流化床可达3％～5％。

2. 煅烧

在常压流化床锅炉中石灰石或白云石中的 $CaCO_3$ 遇热先煅烧分解为多孔 CaO：

$$CaCO_2 \longrightarrow CaO + CO_2 \tag{2-103}$$

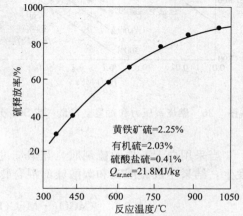

黄铁矿硫=2.25%
有机硫=2.03%
硫酸盐硫=0.41%
$Q_{ar,net}$=21.8MJ/kg

图 2-23　煤中硫释放率与燃烧温度的关系

由于煅烧过程中二氧化碳的析出会产生并扩大石灰石中的孔隙（见图 2-24），从而为连续的硫酸盐化反应准备了更大的反应面积。

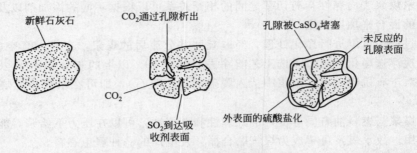

图 2-24　脱硫剂煅烧及其硫酸盐化

煅烧反应的速率相对比较快，其条件是在 CO_2 的分压小于给定温度下的平衡分压 p_e 时，或者燃烧中的温度比这一 CO_2 分压所对应的煅烧平衡温度更高时才会发生。

$$p_e = 1.2 \times 10^6 \exp(-E/RT) \quad (MPa) \tag{2-104}$$

式中，E 为活性能，159000kJ/kmol；R 为通用气体常数，8.314kJ/(kmol·K)。

图 2-25 为燃烧室压力和过剩空气量（或 CO_2 分压）对煅烧平衡温度的影响曲线。可以看出烟气中 CO_2 的分压取决于过剩空气量的总压力。例如，过剩空气量为零时，如果 CO_2 在烟气中体积份额为 18.5%，则对应燃烧压力为 0.1MPa 和 1.0MPa 的 CO_2 分压分别为 0.0185MPa 和 0.18MPa。图 2-25 还给出不同过剩空气量和燃烧室压力下燃用普通燃料的煅烧温度或者煅烧最低允许温度，由式（2-104）或图 2-25 求出。如 CO_2 的分压为 0.018MPa 和 0.18MPa 时，则对应平衡温度分别为 789℃和 944℃。增压流化床主燃烧区域烟气中 CO_2 分压较高。在典型燃烧温度下，$CaCO_3$ 不能煅烧，见图 2-26。

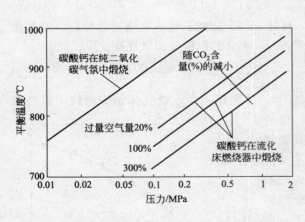

图 2-25　燃烧室压力和过量空气量（或 SO_2 分压）

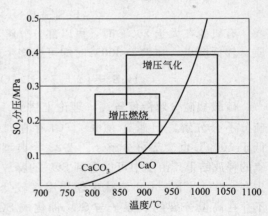

图 2-26　温度和 SO_2 压力对 $CaCO_3$ 煅烧分解的影响

当采用白云石作脱硫剂时，其煅烧过程较为复杂些。它是先进行热分解，约在 620℃下发生，结果生成碳酸钙和碳酸镁的混合物：

$$CaCO_3 \cdot MgCO_3 \xrightarrow{620℃} CaCO_3 + MgCO_3 \tag{2-105}$$

对于碳酸镁，无论是在常压流化床还是在增压流化床燃烧情况下，均是不稳定的，并进行快速煅烧：

$$(CaCO_3 + MgCO_3) \longrightarrow (CaCO_3 + MgO) + CO_2 \qquad (2\text{-}106)$$

五、烟气脱硫技术

烟气脱硫技术有数十种之多，以下介绍几种主要技术，其中石灰-石膏法为主流技术。

（一）石灰-石膏法

石灰-石膏法是采用石灰石或石灰的浆液吸收烟气中的 SO_2，属于湿式洗涤法，该法的副产物是石膏（$CaSO_4 \cdot 2H_2O$），国外以日本应用最多，国内曾进行过工业试验。

1. 方法原理

该方法是用石灰石或石灰浆液吸收烟气中的 SO_2，首先生成亚硫酸钙 $\left(Ca_2SO_3 \cdot \frac{1}{2}H_2O\right)$，然后将亚硫酸钙氧化生成石膏。因此就整个方法的过程而言，主要分为吸收和氧化两个步骤。该方法的实际反应机理是很复杂的，目前还不能完全了解清楚。整个过程发生的主要反应如下。

（1）吸收
$$CaO + H_2O \longrightarrow Ca(OH)_2 \qquad (2\text{-}107)$$

$$Ca(OH)_2 + SO_2 \longrightarrow CaSO_3 \cdot \frac{1}{2}H_2O + \frac{1}{2}H_2O \qquad (2\text{-}108)$$

$$CaCO_3 + SO_2 + \frac{1}{2}H_2O \longrightarrow CaSO_3 \cdot \frac{1}{2}H_2O + CO_2 \uparrow \qquad (2\text{-}109)$$

$$CaSO_3 \cdot \frac{1}{2}H_2O + SO_2 + \frac{1}{2}H_2O \longrightarrow Ca(HSO_3)_2 \qquad (2\text{-}110)$$

由于烟气中含有 O_2，因此在吸收过程中会有氧化副反应发生。

（2）氧化　在氧化过程中，主要是将吸收过程中所生成的 $CaSO_3 \cdot \frac{1}{2}H_2O$ 氧化成为 $CaSO_4 \cdot 2H_2O$：

$$2CaSO_3 \cdot \frac{1}{2}H_2O + O_2 + 3H_2O \longrightarrow 2CaSO_4 \cdot 2H_2O \qquad (2\text{-}111)$$

由于在吸收过程中生成了部分 $Ca(HSO_3)_2$，在氧化过程中，亚硫酸氢钙也被氧化，分解出少量的 SO_2。

$$Ca(HSO_3)_2 + \frac{1}{2}O_2 + H_2O \longrightarrow CaSO_4 \cdot 2H_2O + SO_2 \uparrow \qquad (2\text{-}112)$$

2. 工艺流程及设备

石灰-石膏法的工艺流程如图 2-27 所示。

将配好的石灰浆液用泵送入吸收塔顶部，与从塔底送入的含 SO_2 烟气逆向流动。经洗涤净化后的烟气从塔顶排空。石灰浆液在吸收 SO_2 后，成为含亚硫酸钙和亚硫酸氢钙的混合液，将此混合液在母液槽中用硫酸调整 pH 值至 4 左右，用泵送入氧化塔，并向塔内送入 490kPa（5kgf/cm²）的压缩空气进行氧化。生成的石膏经稠厚器使其沉积，上清液返回吸收系统循环，石膏浆经离心机分离得成品石膏。氧化塔排出的尾气因含有微量 SO_2，可送回吸收塔内。

（1）吸收设备　由于采用石灰石或石灰浆液作为吸收剂，易在设备内造成结垢和堵塞，因此在选择和使用吸收设备时，应充分考虑这个问题。一般应选用气、液间相对气速高、塔持液量大、内部构件少、阻力降小的设备。常用的吸收塔可选用筛板塔、喷雾塔及文丘里洗

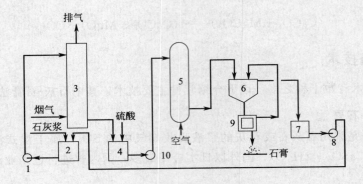

图 2-27　湿式石灰石（石灰）-石膏法工艺流程

1、8、10—泵；2—循环槽；3—吸收塔；4—母液槽；5—氧化塔；6—稠厚器；7—中间槽；9—离心机

涤器等，国内曾用过大孔径穿流塔和湍球塔。表 2-35 给出了国外各种吸收塔的比较，可用作参考。

表 2-35　石灰/石灰石法各种洗涤器的比较

形　式	SO₂/%		吸收率 /%	烟气量 /[kg/(m²·h)]	液体量 /[kg/(m²·h)]	液气比 /(L/m³)	传质单元数 (N_{OG})	总传质系数 $K_{g}a$ /[kg·mol /(m³·h·Pa)]	阻力 /Pa	备　注
	入口	出口								
栅条填充塔	0.128~ 0.144	0.01~ 0.04	70~ 92	5000~ 10500	4800~ 13600	0.5~ 1.5	1.2~ 2.4	2.96×10⁻⁴ 1.09×10⁻³	<250	十字栅格 10% CaCO₃ 料浆
	0.08	0.006	93	11000	32000	3.2	2.4	2.36×10⁻⁴	745	(12×18) m, 高 30m 英国班克赛德电站
文氏管洗涤器	0.13~ 0.14	0.02~ 0.08	36~ 86	60① m/s	—	0.4~ 2.1	0.5~ 2.0	4.93×10⁻³~ 2.17×10⁻²	3240~ 6080	10% CaCO₃ 料浆
喷雾塔	0.3	0.03	90	1460	7600	5.5	2.3	1.09×10⁻⁴	—	直径 6.4m,高 11m,喷嘴 139 个,6% Ca(OH)₂ 料浆
MCF② 洗涤器	0.13~ 0.14	0.01~ 0.05	80~ 92	15000~ 23000	5000~ 10000	0.3~ 0.6		4.24×10⁻³~ 6.42×10⁻³	1470~ 1960	10% CaCO₃ 料浆

① 文氏管洗涤器的 60m/s，系指喉颈处气速。

② MCF 洗涤器为三菱错流式洗涤器的简称。

（2）氧化塔　为了加快氧化速度，作为氧化剂的空气进入塔内后必须被分散成细微的气泡，以增大气液接触面积。若采用多孔板等分散气体，易被堵塞，因此在日本采用了回转圆筒式雾化器，见图 2-28。该雾化器圆筒转速为 500~1000r/min，空气被导入圆筒内侧形成薄膜，并与液体摩擦被撕裂成微细气泡。该设备氧化效率约为 40%，较多孔板式高出 2 倍以上，且没有被浆料堵塞的危险。

3. 操作影响因素

为了使吸收系统具有较高的 SO₂ 吸收率，以及减少设备的结垢与堵塞，应注意以下诸因素的影响。

（1）料浆的 pH 值　料浆的 pH 值对 SO₂ 的吸收影响很大，一般新配制的浆液 pH 值约在 8～9 之间。随着吸收 SO_2 反应的进行，pH 值迅速下降，当 pH 值低于 6 时，这种下降变得缓慢，而当 pH 值小于 4 时，则几乎不能吸收 SO_2。

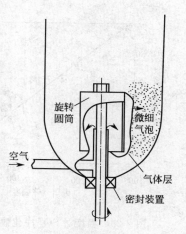

图 2-28　回转式雾化器

pH 值的变化除对 SO_2 的吸收有影响外，还可影响到结垢、腐蚀和石灰石粒子的表面钝化。用含有石灰石粒子的料浆吸收 SO_2，生成 $CaSO_3$ 和 $CaSO_4$，pH 值的变化对 $CaSO_3$ 和 $CaSO_4$ 的溶解度有着重要影响，表 2-36 中给出了不同 pH 值情况下 $CaSO_3$ 和 $CaSO_4$ 的溶解度数值。从表中数据可以看出，随 pH 值的升高，$CaSO_3$ 溶解度明显下降，而 $CaSO_4$ 溶解度则变化不大。随 SO_2 的吸收，溶液 pH 值降低，溶液中溶有较多的 $CaSO_3$，并在石灰石粒子表面形成一层液膜，而 $CaCO_3$ 的溶解又使液膜的 pH 值上升，溶解度的变小使液膜中的 $CaSO_3$ 析出并沉积在石灰石粒子的表面，形成一层外壳，使粒子表面钝化。钝化的外壳阻碍了 $CaCO_3$ 的继续溶解，抑制了吸收反应的进行，因此浆液的 pH 值应控制适当。采用消石灰浆液时，pH 控制为 5～6，而采用石灰石浆液时，pH 值控制为 6～7。

表 2-36　50℃ 时 pH 值对 $CaSO_3 \cdot \frac{1}{2}H_2O$ 和 $CaSO_4 \cdot 2H_2O$ 溶解度的影响

pH 值	溶解度/(mg/L)			pH 值	溶解度/(mg/L)		
	Ca	$CaSO_3 \cdot \frac{1}{2}H_2O$	$CaSO_4 \cdot 2H_2O$		Ca	$CaSO_3 \cdot \frac{1}{2}H_2O$	$CaSO_4 \cdot 2H_2O$
7.0	675	23	1320	4.0	1120	1873	1072
6.0	680	51	1340	3.5	1763	4198	980
5.0	731	302	1260	3.0	3135	9375	918
4.5	841	785	1179	2.5	5873	21995	873

（2）石灰石的粒度　石灰石粒度的大小直接影响到有效反应面积的大小。一般说来，粒度越小，脱硫率及石灰利用率越高。石灰石粒度一般控制在 200～300 目。

比较了不同来源的石灰石认为，只要粒度相同，不同类型石灰石的处理效果没有什么不同。

（3）吸收温度　吸收温度低，有利于吸收，但温度过低会使 H_2SO_3 与 $CaCO_3$ 或 $Ca(OH)_2$ 间的反应速率降低，因此吸收温度不是一个独立可变的因素。温度对 SO_2 净化效率的影响见图 2-29。

（4）洗涤器的持液量　洗涤器的持液量对 $CaCO_3$ 与 H_2SO_3 的反应是重要的，因为它影响到 SO_2 所接触的石灰石表面积的数量。$CaCO_3$ 只有在洗涤器中与 SO_2 和 H_2O 接触，才能大量溶解，因此洗涤器的持液量大对吸收反应有利。

（5）液气比（L/V）　液气比除对吸收推动力存在影响外，对吸收设备的持液量也有影响。增大液气比对吸收有利，如图 2-30 所示。当 pH＝7、液气比（L/V）值为 15 时脱硫率接近 100％。

（6）防止结垢　石灰-石灰石湿式洗涤法的主要缺点是装置容易结垢堵塞。造成结垢堵塞的固体沉积，主要以三种方式出现：因溶液或料浆中的水分蒸发而使固体沉积；$Ca(OH)_2$ 或 $CaCO_3$ 沉积或结晶析出；$CaSO_3$ 或 $CaSO_4$ 从溶液中结晶析出，石膏"晶种"沉积在设备表面并生长，形成结垢堵塞。为防止固体沉积，特别是防止 $CaSO_4$ 的结垢，

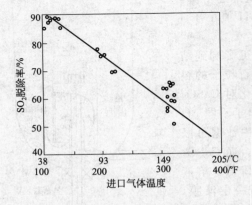

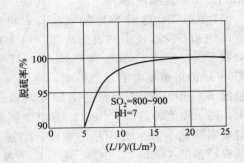

图 2-29　温度对 SO₂ 净化效率的影响　　　　图 2-30　L/V 与脱硫率的关系

除使吸收器应满足持液量大、气液相间相对速度高、有较大的气液接触表面积、内部构件少、压力降小等条件外，还可采用控制吸收液过饱和和使用添加剂等方法。

控制吸收液过饱和的最好方法是在吸收液中加入二水硫酸钙晶种或亚硫酸钙晶种，提供足够的沉积表面，使溶解盐优先沉淀在上面，减少固体物向设备表面的沉积和增长。

向吸收液中加入添加剂也是防止设备结垢的有效方法，目前使用的添加剂有镁离子、氯化钙、己二酸等。

己二酸在洗涤浆液中起缓冲 pH 值的作用，抑制了气液界面上由于 SO₂ 的溶解而导致的 pH 值降低，使液面处 SO₂ 浓度提高，从而可以加速液相传质。使用己二酸作为添加剂，对流程不需作任何改变，并且可以在浆液循环回路的任何位置加入。己二酸的加入可以大大提高石灰石利用率，据统计，在 SO₂ 去除率相同时，在无己二酸系统，石灰石的利用率仅为 65%～70%，使用己二酸，利用率可提高到 80% 以上，因而减少了最终的固体废物量。一般情况下 1t 石灰石己二酸的用量为 1～5kg。

可以采用加入 MgSO₄ 或 Mg(OH)₂ 的方法向吸收液中引入 Mg²⁺。Mg²⁺ 的引入改变了吸收液的化学性质，使 SO₂ 以一种可溶盐的形式被吸收，而不是以亚硫酸钙或硫酸钙的形式被吸收。根据溶度积常数，亚硫酸镁的溶解度约为亚硫酸钙溶解度的 630 倍，使溶液中亚硫酸根离子活度大大增加。这不仅大大改善了吸收 SO₂ 的效率，同时也使钙离子浓度减少。由于石膏溶解度比亚硫酸钙溶解度大很多，即使是略为降低钙离子浓度，也足以防止石膏饱和，所以镁离子的加入可以使系统在未达饱和状态下运行，防止了结垢问题。

钙盐及镁盐的溶解度见表 2-37。

表 2-37　钙盐及镁盐的溶解度

化 学 式	溶解度/(g/100g H₂O)		备　注
	冷　水	温　水	
Ca(OH)₂	0.185(0℃)	0.077(100℃)	
CaCO₃	0.0065(20℃)	0.002(100℃)	溶于 H₂CO₃ 成为 CaHCO₃
CaHCO₃	16.15(0℃)	18.4(100℃)	
CaCO₃·½H₂O	0.0043(18℃)	0.0027(100℃)	溶于 H₂SO₃ 成为 CaHSO₃
CaHSO₃	—	—	估计与 CaHCO₃ 的溶解度相接近
CaSO₄·2H₂O	0.223(0℃)	0.205(100℃)	溶于酸中

化 学 式	溶解度/(g/100g H₂O)		备 注
	冷 水	温 水	
$Ca(NO_3)_2$	102(0℃)	376(151℃)	
$Ca(NO_2)_2$	77(0℃)	417(90℃)	
$Mg(OH)_2$	0.0009(18℃)		
$MgSO_3 \cdot 6H_2O$	0.646(25℃);1.956(60℃)		
$MgSO_4$	26.9(0℃);68.3(100℃)		

（二）钠碱双碱法

钠碱双碱法是以 Na_2CO_3 或 $NaOH$ 溶液为第一碱吸收烟气中的 SO_2，然后再用石灰石或石灰作为第二碱，处理吸收液，产品为石膏。再生后的吸收液送回吸收塔循环使用。

1. 方法原理

各步骤反应如下。

（1）吸收反应

$$2NaOH + SO_2 \longrightarrow Na_2SO_3 + H_2O \tag{2-113}$$

$$Na_2CO_3 + SO_2 \longrightarrow Na_2SO_3 + CO_2 \tag{2-114}$$

$$Na_2SO_3 + SO_2 + H_2O \longrightarrow 2NaHSO_3 \tag{2-115}$$

该过程中由于使用钠碱作为吸收液，因此吸收系统中不会生成沉淀物。此过程的主要副反应为氧化反应，生成 Na_2SO_4：

$$2Na_2SO_3 + O_2 \longrightarrow 2Na_2SO_4 \tag{2-116}$$

（2）再生反应　用石灰料浆对吸收液进行再生：

$$CaO + H_2O \longrightarrow Ca(OH)_2 \tag{2-117}$$

$$2NaHSO_3 + Ca(OH)_2 \longrightarrow Na_2SO_3 + CaSO_3 \cdot \frac{1}{2}H_2O \downarrow + \frac{3}{2}H_2O \tag{2-118}$$

$$Na_2SO_3 + Ca(OH)_2 + \frac{1}{2}H_2O \longrightarrow 2NaOH + CaSO_3 \cdot \frac{1}{2}H_2O \downarrow \tag{2-119}$$

当用石灰石粉末进行再生时，则

$$2NaHSO_3 + CaCO_3 \longrightarrow Na_2SO_3 + CaSO_3 \cdot \frac{1}{2}H_2O \downarrow + CO_2 \uparrow + \frac{1}{2}H_2O \tag{2-120}$$

再生后所得的 $NaOH$ 液送回吸收系统使用，所得半水亚硫酸钙经氧化，可制得石膏（$CaSO_4 \cdot 2H_2O$）。

（3）氧化反应

$$2CaSO_4 \cdot \frac{1}{2}H_2O + O_2 + 3H_2O \longrightarrow 2CaSO_4 \cdot 2H_2O \tag{2-121}$$

2. 工艺流程

钠碱双碱法吸收、再生工艺流程见图 2-31。

烟气在洗涤塔内经循环吸收液洗涤后排空。吸收剂中的 Na_2SO_3 吸收 SO_2 后转化为 $NaHSO_3$，部分吸收液用泵送至混合槽，用 $Ca(OH)_2$ 或 $CaCO_3$ 进行处理，生成 Na_2SO_3 和不溶性的半水亚硫酸钙。半水亚硫酸钙在稠化器中沉积，上清液返回吸收系统，沉积的 $CaSO_3 \cdot \frac{1}{2}H_2O$ 送真空过滤分离出滤饼，过滤液亦返回吸收系统。返回的上清液和过滤液在进入洗涤塔前应补充 Na_2CO_3。过滤所得滤饼（含水约 60％），重新浆化为含 10％ 固体的料浆，加入硫酸降低 pH 值后，在氧化器内用空气氧化可得石膏。

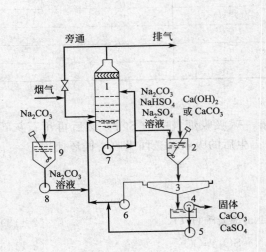

图 2-31 双碱烟气脱硫法的一般流程
1—洗涤塔；2—混合槽；3—稠化器；4—真空
过滤器；5～8—泵；9—混合槽

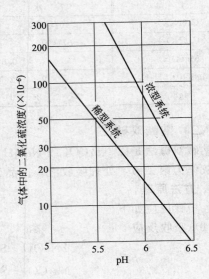

图 2-32 在 1 大气压和 130℉（54.4℃）下，
于亚硫酸钠/亚硫酸氢钠/硫酸钠溶液上，
气体中 SO_2 的平衡浓度与 pH 值的关系

3. 注意问题

（1）钠碱双碱法依据洗涤液中活性钠的浓度，可分为浓碱法与稀碱法两种流程。一般说来，浓碱法适用于希望氧化率相当低的场合，而稀碱法则相反。当使用高硫煤、完全燃烧并且控制过量空气在最低值时，如采用粉煤或油作为锅炉燃料时，宜采用浓碱法；当采用低硫煤或过剩空气量大时，如治理采用自动加煤机的锅炉烟气时，宜采用稀碱法。

浓碱法所用设备小，所需吸收液量少，故其设备投资与操作费用一般较稀碱法小。

（2）结垢问题　在双碱法系统中有两种可能引起结垢：一种是硫酸根离子与溶解的钙离子产生石膏的结垢，另一种为吸收了烟气中的 CO_2 所形成的碳酸盐的结垢。前一种结垢只要保持石膏浓度在其临界饱和度值 1.3 以下，即可避免；而后一种结垢只要控制洗涤液 pH 值在 9 以下，即不会发生。

（3）硫酸钠的去除　硫酸盐在系统中的积累会影响洗涤效率，因而应予去除。可以采用硫酸盐苛化的方法予以去除，但系统必须在低 OH^- 浓度即在 0.14mol/L 以下的条件下操作，同时系统中 SO_4^{2-} 浓度在足够高的水平；也可以采用硫酸化使其变换为石膏而去除，在采用回收法生产石膏时可以采用此法。

（4）吸收液的 pH 值　出口烟气中 SO_2 含量和吸收液 pH 值有关，吸收液面上 SO_2 平衡浓度关系见图 2-32。

ADL/CEA 公司的浓碱法，实际操作的文丘里管排出吸收液 pH 值一般控制在 4.8～5.9 之间，而 FMC 公司采用吸收剂为 Na_2SO_3，其吸收液 pH 值控制为 6.2～6.8。

（5）吸收液气比　提高液气比可以提高净化效率，但系统阻力也随之增加，当采用文丘里管吸收时，其液气比对出口 SO_2 浓度和阻力的影响见图 2-33 所示。

（三）氧化镁法

氧化镁法是以氧化镁作为吸收剂吸收烟气中的 SO_2，其中以氧化镁浆洗—再生法工业应用较多，其脱硫效率可达 90％ 以上。

1. 方法原理

将氧化镁制成浆液，用此浆液对 SO_2 进行吸收，可生成含结晶水的亚硫酸镁和硫酸镁。然后将此反应物从吸收液中分离出来并进行干燥，最后将干燥后的亚硫酸镁和硫酸镁进行煅烧分解，再生成氧化镁。因此该方法的主要过程为吸收、分离干燥和分解三部分。

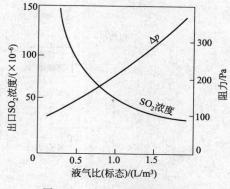

图 2-33 文丘里吸收时阻力和液气比的关系

（1）吸收 吸收中发生如下化学反应：

$$MgO + H_2O \longrightarrow Mg(OH)_2 （浆液） \tag{2-122}$$

$$Mg(OH)_2 + SO_2 + 5H_2O \longrightarrow MgSO_3 \cdot 6H_2O \tag{2-123}$$

$$MgSO_3 \cdot 6H_2O + SO_2 \longrightarrow Mg(HSO_3)_2 + 5H_2O \tag{2-124}$$

$$Mg(HSO_3)_2 + Mg(OH)_2 + 10H_2O \longrightarrow 2MgSO_3 \cdot 6H_2O \tag{2-125}$$

吸收过程中的主要副反应为氧化反应：

$$Mg(HSO_3)_2 + \frac{1}{2}O_2 + 6H_2O \longrightarrow MgSO_4 \cdot 7H_2O + SO_2 \tag{2-126}$$

$$MgSO_3 + \frac{1}{2}O_2 + 7H_2O \longrightarrow MgSO_4 \cdot 7H_2O \tag{2-127}$$

$$Mg(OH)_2 + SO_3 + 6H_2O \longrightarrow MgSO_4 \cdot 7H_2O \tag{2-128}$$

由以上反应可知，吸收液中的主要成分为 $MgSO_3$、$Mg(HSO_3)_2$ 和 $MgSO_4$。

（2）分离、干燥 将吸收液中的亚硫酸镁与硫酸镁分离出来并进行干燥，主要目的是通过加热除去这些盐中的结晶水。

$$MgSO_3 \cdot 6H_2O \xrightarrow{\triangle} MgSO_3 + 6H_2O \uparrow \tag{2-129}$$

$$MgSO_4 \cdot 7H_2O \xrightarrow{\triangle} MgSO_4 + 7H_2O \uparrow \tag{2-130}$$

（3）分解 将干燥后的 $MgSO_3$ 和 $MgSO_4$ 煅烧，再生氧化镁，副产 SO_2。在煅烧中，为了还原硫酸盐，要添加焦炭或煤，发生如下反应：

$$C + \frac{1}{2}O_2 \longrightarrow CO$$

$$CO + MgSO_4 \longrightarrow CO_2 \uparrow + MgO + SO_2 \uparrow \tag{2-131}$$

$$MgSO_3 \xrightarrow{\triangle} MgO + SO_2 \tag{2-132}$$

$MgSO_4$ 在吸收液中的存在虽然不利于吸收，但通过煅烧还原，仍可将其再生为 MgO 而不会在系统中积累。

2. 工艺流程与设备

MgO 浆洗-再生流程见图 2-34。

锅炉燃烧排出的烟气在文氏管洗涤器内用氧化镁浆液进行洗涤，脱去 SO_2。洗涤后的气体排空。部分吸收液引出吸收系统送去分离，用离心机将 $MgSO_3$、$MgSO_4$ 结晶分出后送转

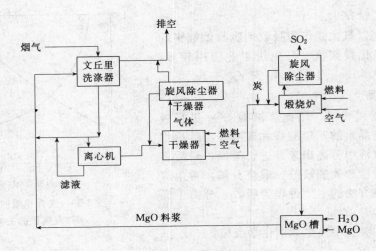

图 2-34　MgO 浆洗-再生法工艺流程

鼓干燥器干燥，滤出母液返回吸收系统。干燥的 $MgSO_3$、$MgSO_4$ 在回转窑煅烧，煅烧时，窑内要加入焦炭和煤以还原 $MgSO_4$。煅烧后的 MgO 重新制成浆液在吸收中循环使用。煅烧气中含有 $10\%\sim16\%$ 的 SO_2 可送去制酸。

　　吸收中主要设备为开米柯文氏管洗涤器，其结构如图 2-35 所示。

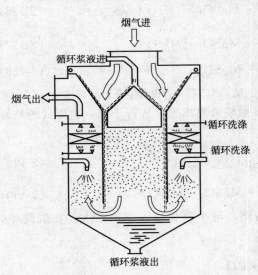

图 2-35　开米柯文氏管洗涤器

　　烟气由洗涤器顶器引入，在文氏管喉颈与循环浆液发生强烈雾化作用，强化了气液接触，能得到较好的脱硫效果。吸收后气体在排出前经除沫器除去雾沫。因除沫器定期进行清洗，洗涤器内壁因循环液的不断冲刷，因而不会结垢和堵塞，可连续长期运行。该洗涤器处理气量大，可达 90 万立方米/（小时·台）的水平，且能适应较大的气量波动。

3. 主要影响因素与指标

　　（1）吸收液的 pH 值　　吸收液的 pH 值决定于吸收液的组成，当吸收液中 $\dfrac{Mg(HSO_3)_2}{MgSO_3}$ 的值增大时，溶液的 pH 值降低；当吸收液中的 $MgSO_4$ 量增大时，溶液的 pH 值降低。$MgSO_4$ 含量及 $\dfrac{Mg(HSO_3)_2}{MgSO_3}$ 值对 pH 值的影响见图2-36（条件：洗涤浆液温度 $25\sim70℃$，$MgSO_4$ 含量为 $0\sim10\%$）。吸收液的 pH 值的降低，导致液面上 SO_2 平衡分压值的提高，使脱硫效率降低。为保证吸收效率，应使 $MgSO_3$ 保持一定含量，并尽量使其避免氧化为 $MgSO_4$，因此一般应控制浆液 pH 值为 7。

　　（2）煅烧温度　　煅烧时的分解产物与煅烧温度有关，在 $300\sim500℃$ 时，产物除 MgO 及 SO_2 外，还有硫酸盐、硫代硫酸盐、元素 S 等，其中以硫酸盐为主。随煅烧温度的升高，硫代硫酸盐逐渐减少，而以分解出 SO_2 为主。当温度超过 $900℃$ 时，所有副产物均不稳定，并为 SO_2 所代替。所以煅烧温度一般控制为 $800\sim1100℃$。见图 2-37。

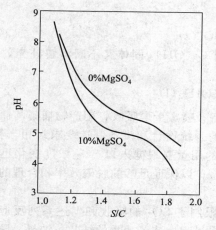

图 2-36　MgSO$_4$ 和 $\dfrac{Mg(HSO_3)_2}{MgSO_3}$ 比率对 pH 值的影响　　　　图 2-37　煅烧温度与气氛对产品的影响

（3）阻氧剂的加入　　为了抑制 MgSO$_3$ 的氧化，可在吸收系统中加入氧化抑制剂（阻氧剂）。苯酚、对苯二胺及各种 α 型醇、酮和酯均可作为抑制剂，较常用的为对苯二胺。

（四）喷雾干燥法

喷雾干燥法，实际上是一种半干半湿法。利用喷雾干燥的原理向热烟气中喷入石灰浆液并形成雾滴，烟气中的 SO$_2$ 与雾滴中的 Ca(OH)$_2$ 发生化学反应。生成性质稳定的、溶解度低的 CaSO$_3 \cdot \frac{1}{2}$H$_2$O 及少量的 CaSO$_4 \cdot 2$H$_2$O，从而达到脱除 SO$_2$ 的目的。细小雾滴可以提供较大的反应表面积，提高了脱硫效率。雾滴在吸收 SO$_2$ 的同时，被烟气干燥，生成固体粉末，大部分随烟气排出脱硫塔，用袋式除尘器或静电除尘器将粉末捕集，净化后的烟气因温度降低不多，直接排入大气。

1. 化学过程

喷雾干燥法是一个既有物理变化，又有化学变化的多相反应过程。物理过程系指液滴的蒸发干燥及烟气的冷却增湿。液滴从蒸发开始到干燥完成所需的时间，对吸收塔的设计非常重要。影响液滴干燥时间的因素有液滴大小、液滴含水量以及趋近绝热饱和温度值（ΔT）。液滴的干燥分为两个阶段：第一阶段基本上属于液滴表面水的自由蒸发，蒸发速率快而相对恒定。随着水分蒸发，液滴中固体含量增加，当液滴表面出现显著固态物质时，便进入第二阶段。由于蒸发表面积变小，水分必须穿过固体物质从颗粒内部向外扩散，干燥速率降低，液滴温度升高接近烟气温度，最后由于其中水分蒸发殆尽形成固态颗粒而从烟气中分离。

当雾化的浆液在吸收塔中与烟气接触后，吸收液开始蒸发，烟气被冷却并增湿，石灰浆同 SO$_2$ 反应生成干粉产物，整个反应呈现气相、液相和固相三种状态，反应步骤如下：

SO$_2$ 被液滴吸收

$$SO_2(g) + H_2O \Longrightarrow H_2SO_3 \text{ (l)} \tag{2-133}$$

吸收的 SO$_2$ 同溶解的吸收剂反应

$$Ca(OH)_2(l) + H_2SO_3(l) \Longrightarrow CaSO_3(l) + 2H_2O \tag{2-134}$$

液滴中 CaSO$_3$ 达到过饱和后，结晶析出

$$CaSO_3(l) \Longrightarrow CaSO_3(s) \tag{2-135}$$

部分溶液中的 CaSO$_3$ 与溶于液滴中的氧反应，氧化成硫酸钙

$$CaSO_3(l) + \frac{1}{2}O_2(l) \Longrightarrow CaSO_4(l) \tag{2-136}$$

CaSO₄ 溶解度低，结晶析出

$$CaSO_4(l) \Longrightarrow CaSO_4(s) \qquad (2\text{-}137)$$

在脱硫过程中溶解的 $Ca(OH)_2$ 不断消耗，同时 $Ca(OH)_2$ 固体又不断溶解补充，以维持脱除 SO_2 的反应继续进行。

$$Ca(OH)_2(s) \Longrightarrow Ca(OH)_2(l) \qquad (2\text{-}138)$$

喷雾干燥法系统主要由 4 个部分组成：浆液制备，喷雾干燥吸收，副产物捕集和储运。

虽然喷雾干燥法的原理和装置都较简单，但它的系统设计和设备制造要求却相当精确。在操作上对自动控制的要求比较严格，不仅吸收剂的用量要根据入口 SO_2 浓度变化迅速加以调整，同时还要根据烟气温度的高低调节液体用量，以保证足够的脱硫效率和合理的吸收剂利用率。

在塔内，雾滴中水分因迅速蒸发而减少，因而限制了 SO_2 的吸收和上述系列反应。在实际操作中，要求液滴必须在达到塔壁前干燥，干燥过程加速了盐类的结晶，结果，颗粒成为不规则的球状（晶态颗粒一般在湿式洗涤系统中才能形成）。更大的影响是由于颗粒的干燥抑制了吸收剂的溶解，这就是它相对于湿式系统吸收剂利用率低的原因。不过，对于低硫煤系统，通过灰渣再循环可以增加吸收剂利用率。

在烧中高硫煤（含硫大于 2%）条件下，石灰用量会成倍增加。为了避免带入过多的水分，使出口烟气温度下降，造成不良后果，应提高石灰浆液的固体物料浓度以控制 SO_2 排放。然而，石灰浆的浓度是有限度（50%）的，过高则流动性差，影响雾化。这时就要靠提高入口烟气温度来增加石灰浆的投量，如当 SO_2 浓度在 $10000mg/m^3$ 以上时（相当于含硫 4.2% 的煤），入口烟气温度要相应提高到 177℃，以蒸发更多的石灰浆液带入的水分。同时要掺加氯化钙，使高稠度的液滴，尽量处于湿润状态以提高脱硫效率。据尼露公司称已成功地用于燃煤含硫高达 6% 的烟气处理，脱硫率可保持在 90% 以上，但钙硫比超过 1.5，脱硫渣大大增加，而且基本上采取完全抛弃，故限制了这种 FGD 工艺在高硫煤上的应用。近年，德国已成功地利用脱硫渣作为转窑原料，生产硫酸和水泥。

2. 喷雾干燥法的主要技术条件

旋转喷雾干燥装置高速离心雾化的液滴平均直径为 $20 \sim 100\mu m$，必须在接触塔壁、落入底斗前 10s 时间内，与热烟气充分接触并完全干燥，为的是不让脱硫渣粘壁和不在阀门、螺杆输送器中结块造成堵塞。

喷雾干燥器出口烟气温度要求尽可能低，入口温度为烟气带来的热量充分用于蒸发石灰乳中的水分，同时要求脱硫渣在喷雾干燥器中的 10s 内保持尽可能长的湿润时间，以提高 SO_2 的吸收率。因为 SO_2 应先与液滴中的水分水合，然后与 $Ca(OH)_2$ 反应。但是出口温度一般应在 70℃ 以上，比露点温度（通常约为 60℃）高出 10℃ 左右（Δt），以防止出口烟气结露，使金属材料受到腐蚀，当使用布袋除尘器时露水会使布袋上的灰尘板结，导致清灰失效，布袋受损。

图 2-38 表示不同温差（Δt）下脱硫率与钙硫比的关系。

由图 2-38 可见，温度差 Δt（出塔烟气温度与湿球温度之差）越低，脱硫率越高。但当达到或低于湿球温度时，将会有结露产生，使除尘设备无法运行，并对金属有腐蚀性，因此考虑到烟气温度和雾滴干燥的不均匀性及调节系统的误差，在运行中必须保持一定的 Δt。

在喷雾干燥脱硫工艺中，灰渣再循环是一项改善脱硫过程的有效措施。将吸收塔和除尘器底部收集的部分灰渣送进循环浆池和配浆池。通常，循环浆液中含固量为 45%。灰渣参与循环有不少益处，因为灰渣中含有碱性飞灰和未反应的石灰，它们可以减少新鲜石灰的添加量。同时，灰渣颗粒给浆液雾化过程提供雾滴核心，增加了浆液单位质量的表面积，从而加快了反应速率和干燥速率，不仅有利于提高脱硫率，而且可能减小塔的体积和降低烟气出口温度。实际运行证明，在同等条件下，低硫时采用灰渣再循环可减少石灰用量50％左右，使钙硫比从3.1降至1.5。

假若雾滴全部由新鲜浆液组成，则在反应过程中，表面生成一层反应产物，这一惰性层阻碍了反应的进一步进行，并且随着雾滴水分的蒸发，未反应的吸收剂很难继续扩散，最后形成一个残余反应物核心。但当有循环的固体颗粒充当雾滴核心时，可明显减少残余反应物的比例。图2-39表示有无灰渣再循环时脱硫效率与钙硫比的关系。

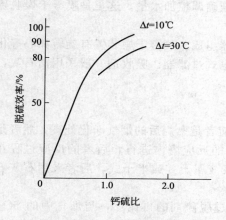

图2-38 不同温差（Δt）下脱硫率
与钙硫比的关系

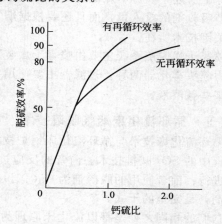

图2-39 有无灰渣再循环条件下
脱硫率与钙硫比的关系

此外，灰渣再循环还能利用飞灰的摩擦性减轻设备和管道中的结垢和堵塞问题。但是再循环流程必须选用耐磨性能好的给料泵和雾化喷嘴材料。

在喷雾干燥脱硫系统中，由于反应物的生成大幅度增加了烟气颗粒物浓度，因此配用除尘效率高的电除尘器或袋式除尘器是十分必要的。

在配用电除尘器的情况下，由于所有的固体颗粒物外表都覆盖着一层$CaSO_3$和$CaSO_4$，使颗粒物表面比电阻不受煤种变化的影响，这就可使除尘器的运行状态始终保持在最佳点，具有高的除尘效率。

在配用袋式除尘器的情况下，由于烟气要穿过滤袋上的积灰层，灰层中的残余碱性物质会对烟气中的SO_2再一次吸收。由于此处的钙硫比很高，所以其脱硫效率不可忽视，一般占整个系统的10％以上。因此，采用袋式除尘器与之配套比较相宜。但由于脱硫系统中固体产物和处理后的烟气湿度较大，应采取如下措施。

（1）低压脉冲清灰方式。

（2）终产物中含水量较高，在灰斗中有可能发生黏结、架桥。因此除将灰斗保温外，还加有伴热装置。

（3）为了防止因故障引起烟气温度骤升而使滤料遭受损坏，选用耐高温的NOMEX滤料。此滤料可耐温250℃，要求进口烟温不高于200℃，承受压力0.4MPa。

由于锅炉用煤量和含硫量的变动，使烟气的数量和SO_2浓度常有波动。而SO_2的多少又决定石灰投料量的大小，也就是说可用石灰投料量来控制出口烟气中的SO_2浓度。从热量平衡方程式可知：

$$Q=(T_1-T_2)Vc=WH \tag{2-139}$$

式中，T_1、T_2 分别为烟气进、出口温度；V、c 分别为烟气的流量和比热容；W 为浆液的水量；H 为水的蒸发热。

当 T_1 恒定，而 V 增大时，则释出热量大，T_2 升高，可以蒸发更多的水分；如果发现 T_2 过低，$\Delta T < 10℃$ 时，为保护设备，便需要减少水分的投入。也就是说可用增减水分来控制出口烟气温度 T_2。这就是在煤种（含硫量）和负荷（烟气量）波动的情况下，用石灰投料量大小来控制 SO_2 排放和用加水量来控制出口烟气温度的两个自动化控制回路，使喷雾干燥器系统能保持正常运转。

综上所述，喷雾干燥法对自动控制水平要求很高，不但要根据入口烟气的 SO_2 浓度迅速调节吸收剂的投入量，而且还要根据烟气的温度准确调控加水量。这正是喷雾干燥脱硫工艺的关键技术所在。

喷雾干燥脱硫系统主要由喷雾干燥装置和过滤器组成。喷雾干燥装置有旋转离心雾化器和压力喷头雾化器两种。过滤器主要使用袋式和静电式过滤器。吸收剂一般采用消石灰，也可用某些碱溶液。

（五）循环流化床烟气脱硫技术

循环流化床技术与循环流化床锅炉技术不同，前者是燃烧后的烟气净化处理，后者是燃烧过程中的 SO_2 减排技术。前者的反应过程在专门的反应塔内进行，后者的反应过程在锅炉内进行；前者使用的脱硫剂为 $Ca(OH)_2$ 干粉或浆液属干式或半干式，后者采用石灰石为脱硫剂，是完全的干式。

它们的相同之处是都以流化床原理为基础，通过脱硫剂的再循环，与烟气中的 SO_2 反复接触，达到脱除和减少 SO_2 排放，提高脱硫剂的利用率和脱硫效率的目的。它们的化学反应原理基本相同，都是 CaO 或 $Ca(OH)_2$ 与 SO_2 作用，生成 $CaSO_3$ 和 $CaSO_4$。但循环床锅炉技术是加入的 $CaCO_3$ 先经炉膛高温热解获得 CaO，而循环流化床湿法烟气脱硫系统（FGD）是直接使用 $Ca(OH)_2$，利用 $Ca(OH)_2$ 在反应塔内多次的再循环，使烟气中 SO_2、HF、HCl 等气体与吸收剂充分接触，接触时间多达 30min，从而大大地提高了吸收剂的利用率，在 Ca/S（摩尔比）为 $1.2 \sim 1.5$ 时，该工艺的脱硫率可达 $93\% \sim 97\%$，大体相当于湿法脱硫工艺的水平。工艺流程如图 2-40 所示。

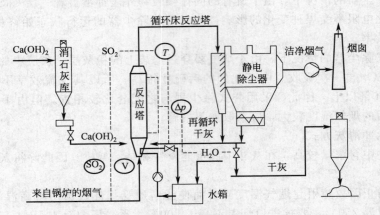

图 2-40　循环流化床烟气脱硫系统工艺流程（CFB）

该系统主要由吸收剂制备、反应塔、吸收剂再循环和电除尘器组成。锅炉排出的未经除尘或经过除尘后的烟气从反应塔下部进入。反应塔下部为一文丘里管，烟气在喉管得到加速，在渐扩段与加入的消石灰粉和喷入的雾化水剧烈混合，$Ca(OH)_2$ 与烟气中的 SO_2、

SO_3、HCl 和 HF 等气体发生化学反应，生成 $CaSO_4$、$CaSO_3$、$CaCl_2$ 和 CaF_2 等。同时，由于烟气中有 CO_2 存在，还会消耗一部分 $Ca(OH)_2$ 生成 $CaCO_3$。

脱硫后的烟气在反应塔出口的烟尘质量浓度高达 $1000g/m^3$，进入电除尘器前，先经一个百叶窗式分离器，该百叶窗式分离器的除尘效率为 50%。随后经电除尘后的烟气温度为 $70\sim75℃$，不必再加热，可直接从烟囱排出。从百叶窗分离器及电除尘器下部捕集的干灰，一部分送回循环反应塔的再循环灰入口，另一部分送至干灰库。

进入反应塔的烟气是否要经预除尘，取决于飞灰的综合利用要求。脱硫用的消石灰粉可直接利用商品消石灰，也可用生石灰现场消化制取。反应塔喷入的雾化水量，由控制反应塔出口的烟温高于露点温度的差值（ΔT）来决定，ΔT 值愈小，脱硫效率愈高，但塔内固体物料的粘壁可能性也越大。因此，一般控制 ΔT 为 $20\sim30℃$。反应塔是 CFB 工艺中的关键设备，设计文丘里段是为了使气流在整个容器内达到合理分布，气流首先在文丘里喉部被加速。而再循环物料、新鲜 $Ca(OH)_2$ 粉和增湿水均从渐扩段加入，和烟气充分混合后进入反应塔柱形段。这段内烟气空塔流速一般设计为 $1.8\sim6m/s$，从而使塔内固体物料在烟气上升速度的作用下处于悬浮循环状态，同时适应锅炉负荷 30%～100% 变动的需要。通过固体物料的多次循环，使脱硫剂在塔内的停留时间长达 30min。而烟气在反应塔内停留时间设计仅为 3s，从而大大提高了吸收剂的利用率和反应塔脱硫效率。

据 Bischoff 称，单个文氏管的烟气最大处理能力为 40 万立方米/小时，如处理更大的烟气量则应采用多个文氏管。

为保证系统最佳的脱硫效果，该系统采用以下 3 个自动控制回路。

（1）根据反应塔出口烟气量和烟气中原始 SO_2 质量浓度控制消石灰粉的给料量，以保证按要求的脱硫效率所必需的 Ca/S 摩尔比。

（2）根据反应塔出口处的烟气温度直接控制反应塔底部喷水量，以确保反应塔内的温度处于尽可能地接近露点的最佳反应温度范围内，喷水量的调节方法一般采用离心式回流调节喷嘴，通过调节回流水压来调节喷水量。

（3）循环流化床内的固气比或固体颗粒质量浓度是保证其良好运行的重要参数。沿床高度的固气比可以通过沿床层底部和顶部的压差 Δp 来表示。固气比越大，表示固体颗粒的质量浓度越大，因而塔的阻力损失 Δp 越大。总阻力：

$$\Delta p = \Delta p_v + \Delta p_s \tag{2-140}$$

Δp_v 决定于烟气流速，Δp_s 决定于固体颗粒物的浓度。据 Bischoff 介绍，Δp_v 约为 $600Pa$，Δp_s 在 $400\sim1000Pa$ 之间。调节固气比的方法是通过调节分离器和除尘器下所收集的飞灰排量，控制送回反应塔的再循环干灰量，从而保证床内适宜的固气比。

所产生的脱硫灰组成大致如下：

$CaSO_3 \cdot \frac{1}{2}H_2O$	64%
$CaSO_4 \cdot \frac{1}{2}H_2O$	10%
$CaCO_3$	18%
$Ca(OH)_2$	2%
$CaCl_2 \cdot 2H_2O$	6%

在国外，这种灰渣主要用于回填、筑路和加工成墙板。

（六）石灰/石灰石直接喷射法

石灰/石灰石直接喷射法是将石灰石或石灰粉料直接喷入锅炉炉膛内进行脱硫。

1. 方法原理

石灰石的粉料被直接喷入锅炉炉膛内的高温区，被煅烧成氧化钙（CaO），烟气中的 SO_2 即与 CaO 发生反应而被吸收。由于烟气中氧的存在，在吸收反应进行的同时，还会有氧化反应发生。由于喷射的石灰石在炉膛内停留时间很短，因此在这短时间内应完成煅烧、吸附、氧化的反应，主要包括如下反应过程：

$$CaCO_3 \xrightarrow{\triangle} CaO + CO_2 \uparrow \tag{2-141}$$

$$CaO + SO_2 + \frac{1}{2}O_2 \longrightarrow CaSO_4 \tag{2-142}$$

在采用白云石（$CaCO_3 \cdot MgCO_3$）或当石灰石中含有 $MgCO_3$ 时，还会发生如下反应：

$$MgCO_3 \xrightarrow{\triangle} MgO + CO_2 \uparrow \tag{2-143}$$

$$MgO + SO_2 + \frac{1}{2}O_2 \longrightarrow MgSO_4 \tag{2-144}$$

在锅炉温度下，烟气脱硫主要按反应式（2-133）进行，其平衡常数 K 可按下式计算：

$$K = \frac{[CaSO_4]}{[CaO]} \times \frac{1}{c_{SO_2} c_{O_2}^{1/2} p^{3/2}} \tag{2-145}$$

式中，$[CaSO_4]$、$[CaO]$ 分别为 $CaSO_4$、CaO 固体浓度；c_{SO_2}、c_{O_2} 分别为 SO_2、O_2 的摩尔百分数。

常压时 $p = 101325Pa$（1atm），$[CaSO_4] = [CaO] = 1$，则上式简化为：

$$c_{SO_2} = \frac{1}{K c_{O_2}^{1/2}} \tag{2-146}$$

可求出反应时 SO_2 平衡浓度值。表 2-38 列出了 CaO、MgO、$Ca(OH)_2$ 与 SO_2 反应时的 SO_2 平衡浓度。

表 2-38 CaO、MgO、Ca(OH)₂ 与 SO₂ 反应时的 SO₂ 平衡浓度

反应式	O_2 浓度/%	温度/℃	平衡常数 K	SO_2 平衡浓度/(mL/m³)
$CaO + SO_2 + \frac{1}{2}O_2 \rightleftharpoons CaSO_4$	2.7	870	2.61×10^8	0.02
		925	2.54×10^7	0.24
		980	3.12×10^6	2.0
		1040	4.62×10^5	13
		1090	8.15×10^4	75
		1370	97.05	63000
	1.0	870		0.04
		980		3.2
		1090		120
		1370		100000
	5.0	870		0.02
		980		1.4
		1090		55
		1370		46000

反 应 式	O_2 浓度/%	温度/℃	平衡常数 K	SO_2 平衡浓度/(mL/m^3)
$MgO+SO_2+\frac{1}{2}O_2 \rightleftharpoons MgSO_4$	2.7	590	1.33×10^8	0.05
		650	5.96×10^6	1.0
		700	3.81×10^5	16
		760	3.34×10^4	180
		815	3.78×10^3	1600
		870	5.40×10^2	11000
$Ca(OH)_2+SO_2 \rightleftharpoons CaSO_4+H_2O$①	2.7	150	7.7×10^{-18}	2.4×10^{-10}
		260	1.1×10^{-8}	2.0×10^{-8}
		370	1.0×10^{-4}	1.0×10^{-4}
		425	3.3×10^{-3}	6.9×10^{-4}

① $Ca(OH)_2$ 与 SO_2 反应时的 SO_2 平衡浓度系在气相中 H_2O 浓度为 7.1%（体积）时的值。

2. 工艺流程

工艺流程可参照图 2-41 所示。该流程运转费用较低，但脱硫效率不太理想。

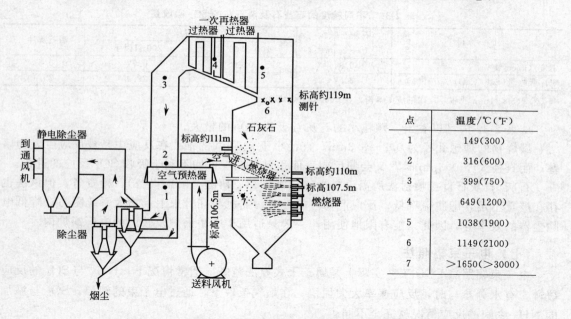

点	温度/℃（℉）
1	149（300）
2	316（600）
3	399（750）
4	649（1200）
5	1038（1900）
6	1149（2100）
7	＞1650（＞3000）

图 2-41 用石灰石直接喷射法从烟气中脱除 SO_2 的流程图

3. 工艺条件讨论

（1）固体粉料分解温度　石灰石喷入锅炉高温区时，按式（2-141）煅烧分解，$CaCO_3$ 分解温度与烟气中 CO_2 浓度有关。$CaCO_3$ 分解温度与 CO_2 平衡浓度间的关系见图 2-42。可以看出，烟气中 CO_2 浓度高时，$CaCO_3$ 分解温度相应升高。一般锅炉烟气中 CO_2 浓度在 14% 左右，$CaCO_3$ 分解温度约为 765℃，低于此温度将发生式（2-141）的逆反应。

白云石的分解温度低于 $CaCO_3$ 的分解温度，约为 344℃。

（2）脱硫反应的有效温度　从表 2-39 可以看出，烟气温度越低，CaO 与 SO_2 反应时 SO_2 平衡浓度也越低，有利于脱硫反应的进行。但温度低时，反应速率慢，因此实际上反应应在较高的温度下进行。但当氧含量在 2.7% 的情况下，当烟气温度超过 1160℃ 时，由于 SO_2 平衡浓度过高，脱硫反应实际已无法进行，因此一般 CaO 与 SO_2 的有效反应温度为

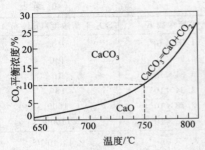

图 2-42　CaCO₃ 分解温度与
CO₂ 平衡浓度关系

950～1100℃。

MgO 与 SO₂ 的有效反应温度约为 800℃。

Ca(OH)₂ 与 SO₂ 的有效反应温度更低，由于 Ca(OH)₂ 在较低温度下即可分解而转变为 CaO，因此高温时与 SO₂ 的反应和 CaO 相同。

（3）煅烧温度与"烧僵"　煅烧 CaCO₃ 所得到的 CaO 之所以能吸收 SO₂，主要是由于 CaO 内部形成很多微孔，孔隙率高，供反应的表面积较大。但煅烧温度过高，将导致微孔破坏，使氧化钙再结晶，多孔体变为密实体，即所谓"烧僵"。"烧僵"后的 CaO 闭塞了孔隙，减少了反应面积，降低 SO₂ 渗透量，对脱硫不利。由于锅炉炉膛温度高，在膛内较短的停留时间内，石灰石要完成煅烧和吸收 SO₂ 的反应，完全避免烧僵是不可能的，因此石灰石的喷射温度和喷入位置的选择就是非常重要的。

（4）石灰石的粒度和煅烧物孔径　石灰石的粒度对脱硫效率的影响见表 2-39。

表 2-39　不同粒度的石灰石及消石灰的 SO₂ 吸收量

项　　目	石灰石颗粒 (1～2mm)	石灰石片[①]		消石灰片[①]
		100～200 目	200 目以下	
密度/(g/cm³)	0.94	0.86	0.77	0.83
SO₂ 吸收量(SO₂/CaO)/(g/100g)	20.2	27.1	29.4	29.4

① $\phi(5\times1)$mm 的压片，切割成 4 等份，在 1000℃下煅烧 3h。

从表 2-39 中可以看出，颗粒小的石灰石吸收 SO₂ 的量大。

煅烧物的理想孔径为 $0.2\sim0.3\mu m$。直径小于 $0.1\mu m$ 的细孔在反应中易被反应生成物堵塞；而直径大于 $0.3\mu m$ 时，又会使反应表面积迅速减少，均不利于吸收 SO₂ 反应的进行。

石灰/石灰石直接喷射法所需设备少（只需贮存、研磨与喷射设备），投资省，但该法也存在严重不足，即脱硫率低；反应产物可能形成污垢沉积在管束上，增大系统阻力；降低电除尘器的效率等，因此只能有限地使用，一般只适用于中小锅炉及较旧的电厂锅炉内。

（七）电子束辐照法

电子束辐照法 FGD 工艺实际上是属于干式氨法范畴。通常情况下，NH₃ 与 SO₂ 的反应缓慢，有水分参与时，反应速率大大加快。在烟气条件下，通过电子束的辐照，SO₂ 与添加的 NH₃ 之间的反应情况就完全不同了。

1. 反应机理

电子束辐照法烟气脱硫脱氮的基本概念建立在光化学烟雾反应机理上。烟气中 SO₂ 和 NOₓ 经电子束照射后转化成气溶胶微粒。这种微粒易于用电除尘器或袋式除尘器收集除去。

化石燃料燃烧排放的烟气，主要由 N₂、O₂、H₂O 与少量 SO₂ 和 NOₓ 等组成。用电子束照射烟气，它的能量主要为 N₂、O₂、H₂O 吸收，生成强氧化性 OH 基、O 原子和 HO₂ 基。这些强氧化基团，将烟气中 SO₂ 和 NOₓ 氧化成雾状硫酸和硝酸，进而与添加的 NH₃ 作用得到粉末状铵盐。

电子束辐照烟气的反应机理可用图 2-43 描述。

脱硫脱氮过程包括以下几个步骤。

（1）活性基团的生成　烟气经电子束照射，大部分能量被氮、氧及水蒸气吸收并生成化学反应性很强的活性基团。

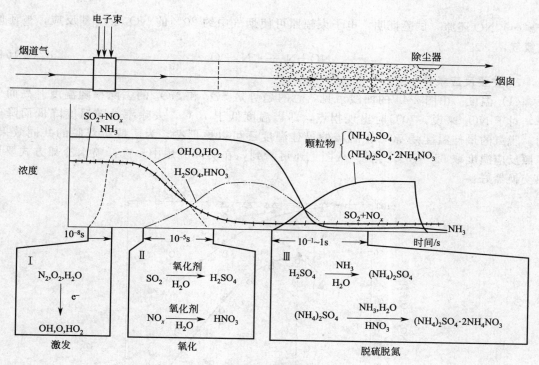

图 2-43　电子束辐照法反应机理

$$N_2 、O_2 、H_2O \xrightarrow{\text{电子束照射}} OH、O、HO_2、N \tag{2-147}$$

（2）SO_2 及 NO_x 的氧化　烟气中的 SO_2 和 NO 与上述活性基团反应，分别被氧化成硫酸（H_2SO_4）和硝酸（HNO_3）。

$$SO_2 \begin{cases} \xrightarrow{OH} HSO_3 \xrightarrow{OH} H_2SO_4 \\ \xrightarrow{O} SO_2 \xrightarrow{H_2O} H_2SO_4 \end{cases} \tag{2-148}$$

$$NO \begin{cases} \xrightarrow{OH} HNO_2 \xrightarrow{O} HNO_3 \\ \xrightarrow{HO_2} NO_2 + OH \\ \xrightarrow{O} NO_2 \xrightarrow{OH} HNO_3 \\ \phantom{\xrightarrow{O} NO_2} \xrightarrow{O} NO_3 \underset{}{\overset{NO_2}{\rightleftharpoons}} N_2O_5 \underset{}{\overset{H_2O}{\rightleftharpoons}} 2HNO_3 \end{cases} \tag{2-149}$$

（3）生成硫铵及硝铵　生成的硫酸和硝酸，与添加的氨（NH_3）发生中和反应生成的硫铵 [$(NH_4)_2SO_4$] 及硝铵（NH_4NO_3）微粒。与此同时，烟气中的少量 SO_3 和残余未反应的 SO_2、H_2SO_4、HNO_3 和 NH_3，在微粒表面和集尘器内继续进行热化学反应，最终也生成硫铵副产物。

$$SO_2 + \frac{1}{2}O_2 + H_2O + 2NH_3 \longrightarrow (NH_4)_2SO_4 \tag{2-150}$$

$$H_2SO_4 + 2NH_3 \longrightarrow (NH_4)_2SO_4 \tag{2-151}$$

$$HNO_3 + NH_3 \longrightarrow NH_4NO_3 \tag{2-152}$$

$$SO_3 + 2NH_3 + H_2O \longrightarrow (NH_4)_2SO_4 \tag{2-153}$$

（4）NO 还原　试验证明，电子束辐照可使烟气中约 20％的 NO 与 N 基反应，被还原成氮气：

$$NO + N \longrightarrow N_2 + O \tag{2-154}$$

2. 主要反应条件

（1）温度　由图 2-44 的曲线可见，总的趋势是 SO_x 和 NO_x 的去除率随温度升高而下降，对于 NO_x 来说，70℃时出现拐点，即当温度低于 70℃，去除率是随温度降低而降低的。脱氮的最佳温度是 70℃，脱硫的最佳温度还可以更低些，为了取得双脱的共同效果，辐照反应温度取 65～70℃为宜。从图上还可看到，在实际应用中，选择喷水冷却方式要比热交换器好。

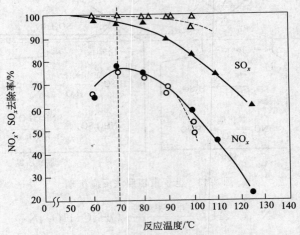

图 2-44　NO_x、SO_x 去除率和反应温度的关系

烟气量：3000m³/h；NO_x 质量浓度：241mg/m³；SO_x 质量浓度：572mg/m³；

NH₃ 质量浓度：441mg/m³；辐照剂量：18kGy；

———— 用热交换器冷却；------ 用喷水塔冷却

在相同的辐照条件下，70℃时的脱硫脱氮率比 90℃时高 15％。

（2）NH₃ 的添加量　NH₃ 的添加量以 SO_2 和 NO_x 总量的化学计量比来计算确定。图 2-45 显示了 SO_2、NO_x 去除率与添加 NH₃ 的关系。脱硫效率随 NH₃ 添加量的增加而上升。

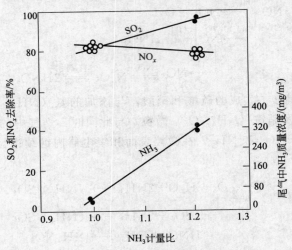

图 2-45　SO_2 和 NO_x 去除率与添加 NH₃ 关系

当加入氨量与 SO_2 和 NO_x 的化学计量比为 1：1 时，SO_2 和 NO_x 去除率在 80% 以上。随着 NH_3 量再增加，SO_2 去除率也增加，而 NO_x 去除率变化不大。但放空尾气中 NH_3 浓度也增加。

（3）辐照剂量　在适宜条件下，电子束法的脱硫效率在 95% 以上，几乎与常规湿式工艺相同，是干式工艺不能企及的。

图 2-46 为两种典型温度条件下的脱硫效率曲线。低温时的脱硫效率高，同时随辐照剂量的增加而急剧上升，在辐照剂量 9kGy 时达到 90%，辐照剂量增至 15kGy 时可达 95% 以上的脱硫率。

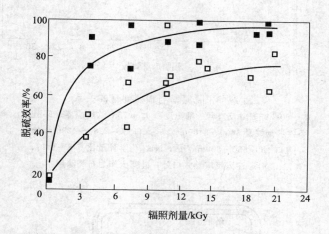

图 2-46　脱硫效率与辐照剂量的关系

■—73～77℃（反应器外部温度）；□—80～85℃（反应器外部温度）

条件：烟气量 6300～7600m³/h；入口 SO_2 2280～4290mg/m³；

入口 NO_x 620～880mg/m³；NH_3 化学计量比 0.84～1.17；

NH_3 注入反应器入口处；不注入硅藻土

图 2-47 为脱氮效率与辐照剂量的关系。脱氮效率也随剂量的增加而上升。约在 18kGy 时可得到 80% 以上的脱氮率。

NO_x 的去除率随电子束剂量增加而增加，在剂量为 15～20kGy 时出现高值。脱硫效率随剂量增加而提高的幅度比脱氮效率的大得多，而尾气中 NH_3 的浓度随剂量增加而减少。

3. 电子束发生原理

电子束辐照脱硫工艺的关键设备是电子束发生装置。电子束发生装置主要由直流高压电源和电子加速器组成。其中电子加速器是核心部分，如图 2-48 所示。

电子束的发生原理与电视显像管的原理类似。直流高压电源装置将输入的数百伏交流电压升变成数百千伏直流电压向加速器供电。电子束加速器是在高真空中由加速器管端部的白热灯丝发热释放出来热电子，通过加速器被加速成高速电子束。电子束经扫描，由照射窗射入辐照反应器。

电子加速器发生的电子束能量与施加电压的电位差成正比，而电子的流动速度与电位差的平方根和系统电流的大小成正比。电子束的功率为加速电压与电子束电流的乘积。系统内大约 90% 的电能可转变成电子束的能量。电子束穿透气体的能力，与电子束中电子的能量或加速电压成正比，而与气体的密度成反比。当处理烟气时，电子通过 800kV 的势场而被加速，在借助分子碰撞减小到热速度之前，其迁移距离大约为 3m。在很大程度上电子和气体分子碰撞导致分子发生电离作用，离子又与气体分子相互碰撞，结果产生了自由基。这些

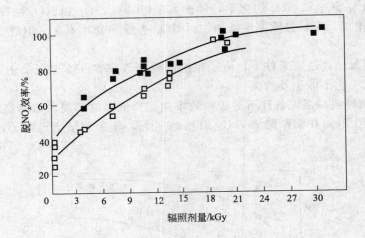

图 2-47　脱氮率与辐照剂量的关系

■—80～85℃（反应器外部温度）；□—75℃（反应器外部温度）

条件：烟气量 6400～8400m³/h；入口 SO₂ 2280～4290mg/m³；

入口 NOₓ 550～800mg/m³；NH₃ 化学计量比 0.8～1.17；

NH₃ 注入反应器入口处；硅藻土作为布袋涂层

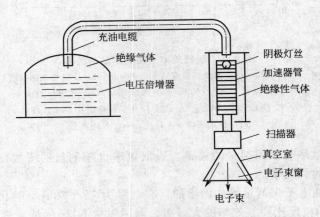

图 2-48　电子加速器示意图

自由基可促使反应迅速地发生。

自由基的产率，与吸收电子束的能量成正比。对于给定的电压，烟气吸收的能量与电子束电流的大小成正比。

加速管端产生的低能热电子流，通过调节灯丝的温度便可控制。灯丝置于阴极，电位差初端电压为 800kV，末端为零。这种电位由加速器管产生。加速器管由许多黏结在一起的金属电极和玻璃绝缘体组成，电子从这种叠层结构的中心孔道中穿过。每一电极相对保持愈来愈高的电压，这可借助在相邻电极之间的连接电阻来实现。加速器管内为高真空，外部环绕管子充入高压绝缘气体。通过加速器将电子的速度加速到接近光速。此时，电子束进入扫描区。在扫描区内，电子束成 60°角进行磁性扫描，扫描频率为 200 次/s。扫描器安装在三角形真空室的顶部，真空室的底面安装了厚 2.54×10^{-2} mm 的钛金属薄片制作的电子窗，电子束需穿过此窗射入辐照反应器。扫描的目的是防止过浓的电子束穿过电子窗时将孔道烧坏，并保证电子束均布于反应器内。

加速电压是由高压电源产生的。高压电源可将三相 460V 的交流电变成 800kV 的直流电。电源大体上是一台变压整流器。三相一次线圈的电压由备用电机驱动的可调变压器控制，电源变压器的二次线圈是由许多模块组成的。模块中配置有二次线圈、整流器、电容器以及高压倍增器线路上的电阻器。许多垂直排列和串联的模块，可确定达到最高的输出电压。整个电源同样应用高压绝缘气体环绕填充。在这种结构中，电源输出的模块通过充油高压电缆与加速器管连接。

（八）海水脱硫法

海水脱硫是烟气经电除尘器后进入换热器，降温后进入吸收塔与海水逆流接触，SO_2 被海水吸收，生成亚硫酸根离子和氢离子，靠重力流入水处理厂，与加入的大量海水混合，利用曝气风机鼓入空气，使亚硫酸根离子转化为硫酸根离子，使海水中的溶解氧达到饱和。同时利用海水中的碳酸根离子和氢离子放出的 CO_2 使海水的 pH 值得以恢复。

（1）吸收

$$SO_2(g) \underset{}{\overset{溶解}{\rightleftharpoons}} SO_2(aq) \tag{2-155}$$

（2）中和

$$SO_2(aq) + H_2O \overset{水合}{\longrightarrow} H_2SO_3 \rightleftharpoons H^+ + HSO_3^- \tag{2-156}$$

$$H^+ + CO_3^{2-} \longrightarrow HCO_3^- \tag{2-157}$$

$$H^+ + HCO_3^- \longrightarrow CO_3(g) + H_2O \tag{2-158}$$

（3）氧化

$$HSO_3^- + \frac{1}{2}O_2 \longrightarrow SO_4^{2-} + H^+ \tag{2-159}$$

海水脱硫法工艺流程见图 2-49。脱硫剂是海水，没有副产物。

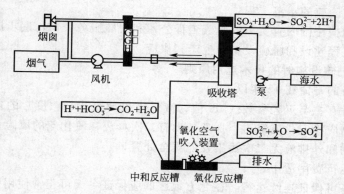

图 2-49　海水脱硫法工艺流程图

优点：工艺流程相对简单、设备集中、占地少，基建投资较低，脱硫剂为天然海水，且过程中不产生额外副产品，没有固体副产品排放，节约淡水资源、耗电量较低、系统维护量小，投资和运行费用较低；建设周期短。

缺点：烟气中 SO_2 浓度超过 $1500mg/m^3$ 时，脱硫效率将降低到 85% 左右；只能在沿海地区建设，运行成本较高。

（九）SO_2 控制技术路线

1. 电厂锅炉

燃用中、高硫煤的电厂锅炉必须配套安装烟气脱硫设施进行脱硫。电厂锅炉采用烟气脱硫设施的适用范围如下。

（1）新、扩、改建燃煤电厂，应在建厂同时配套建设烟气脱硫设施，实现达标排放，并满足 SO_2 排放总量控制要求，烟气脱硫设施应在主机投运同时投入使用。

（2）已建的火电机组，若 SO_2 未达排放标准或未达到排放总量许可要求、剩余寿命（按照设计寿命计算）大于 10 年（包括 10 年）的，应补建烟气脱硫设施，实现达标排放，并满足 SO_2 排放总量控制要求。

（3）已建的火电机组，若 SO_2 未达排放标准或未达到排放总量许可要求、剩余寿命（按照设计寿命计算）低于 10 年的，可采取低硫煤替代或其他具有同样 SO_2 减排效果的措施，实现达标排放，并满足 SO_2 排放总量控制要求。否则，应提前退役停运。

（4）超期服役的火电机组，若 SO_2 未达排放标准或未达到排放总量许可要求，应予以淘汰。

2. 电厂锅炉烟气脱硫的技术路线

（1）燃用含硫量 2% 煤的机组或大容量机组（200MW）的电厂锅炉建设烟气脱硫设施时，宜优先考虑采用湿式石灰石-石膏法工艺，脱硫率应保证在 90% 以上，投运率应保证在电厂正常发电时间的 95% 以上。

（2）燃用含硫量 <2% 煤的中小电厂锅炉（<200MW），或是剩余寿命低于 10 年的老机组建设烟气脱硫设施时，在保证达标排放，并满足 SO_2 排放总量控制要求的前提下，宜优先采用半干法、干法或其他费用较低的成熟技术，脱硫率应保证在 75% 以上，投运率应保证在电厂正常发电时间的 95% 以上。

（3）火电机组烟气排放应配备二氧化硫和烟尘等污染物在线连续监测装置，并与环保行政主管部门的管理信息系统联网。

（4）在引进国外先进烟气脱硫装备的基础上，应同时掌握其设计、制造和运行技术，各地应积极扶持烟气脱硫的示范工程。

（5）应培育和扶持国内有实力的脱硫工程公司和脱硫服务公司，逐步提高其工程总承包能力，规范脱硫工程建设和脱硫设备的生产和供应。

3. 采用烟气脱硫设施时的技术选用原则

（1）脱硫设备的寿命在 15 年以上；

（2）脱硫设备有主要工艺参数（pH 值、液气比和 SO_2 出口浓度）的自控装置；

（3）脱硫产物应稳定化或经适当处理，没有二次释放二氧化硫的风险；

（4）脱硫产物和外排液无二次污染且能安全处置；

（5）投资和运行费用适中；

（6）脱硫设备可保证连续运行，在北方地区的应保证冬天可正常使用。

（十）炉内喷钙＋烟气增湿活化工艺工程实例

炉内喷钙＋烟气增湿活化工艺（LIFAC），是在炉内喷钙干式脱硫工艺的基础上，于空气预热器后加设增湿段，以提高脱硫率和吸收剂利用率。

发电机组的设计煤种为徐淮统煤。锅炉为 HG-420/13.7-YM1 型，为超高压一次中间再热、自然循环汽包锅炉，露天布置，中储式乏气送粉系统。电除尘器为 RWD/KFH-123-4-3.5 型（四电场），每台锅炉配 2 台电除尘器。2 台机组合用 1 座高度为 150m 的烟囱。

1. 技术设计参数

在石灰石粉的 $CaCO_3$ 含量不小于 93%、细度不大于 $40\mu m$（占 80%）的条件下，系统的性能保证使用年限为 20 年；年运行 5500h。

主要设计参数见表 2-40。

表 2-40　主要设计参数

项　目	设　计　值	项　目	设　计　值
空预器后烟气量/($10^4 m^3/h$)	54.4	耗水/(t/h)	33
活化器后烟气量/($10^4 m^3/h$)	57.6	活化器阻力/Pa	<1300
燃煤硫分/%	0.92	再热空气量/(m^3/h)	36000
钙硫比	2.5	活化器进口烟气温度/℃	140
脱硫效率 1/%	≥75	活化器出口烟气温度/℃	>55
系统可用率/%	>95	电除尘器入口烟气温度/℃	<70
石灰石($CaCO_3$)粉纯度/%	≥93	电除尘器入口烟尘浓度/(g/m^3)	<72
石灰石粉细度(小于 $40\mu m$)/%	≥80	电除尘器除尘效率/%	>90
耗电/(kW·h/h)	<760	锅炉效率损失/%	<0.61

2. 工艺流程

炉内喷钙＋烟气增湿活化工艺主要由石灰石制备系统、炉内喷射系统、增湿活化系统和监测控制系统组成。石灰石制粉设在厂外，炉内喷射部分由给料系统和喷射系统组成。给料系统包括主粉仓、输送仓泵、计量仓、平衡仓、喷射仓以及螺旋给料机等设备。喷射系统包括罗茨风机及吸收剂喷嘴等。喷嘴的布置分为上下两层。增湿活化系统由活化器本体及辅助设备组成。

脱硫系统分别布置于锅炉的前后两个区位，主要设备从国外引进，国内承担辅助配套设施。工艺流程如图 2-50 所示。

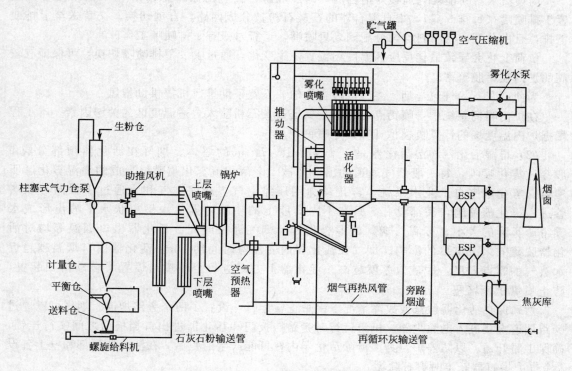

图 2-50　电厂 LIFAC 脱硫工艺流程

石灰石粉用空气喷入炉膛 900～1250℃区域，受热分解为 CaO 和 CO_2，CaO 与烟气中 SO_2 反应最终生成 $CaSO_4$。由于反应在气固两相间进行，速率较慢，吸收剂利用率低。$CaSO_3$、飞灰和未反应的吸收剂随烟气进入活化反应器，增湿水用两相流喷嘴雾化（液滴直径 50～100μm），未反应的 CaO 被消化生成 $Ca(OH)_2$，与 SO_2 反应再次脱硫。处理后烟气从塔底排出，混合一定量的来自空气预热器的热空气，升温后进入电除尘器。大颗粒物料落在活化器底部，由回转收料机收集后加到活化器前的垂直烟道中进行再循环。脱硫后的烟气经电除尘器捕集烟尘，由引风机排入烟囱。除尘器捕集的脱硫副产物和飞灰的混合物由负压气力输送装置集中送到灰库，灰库出灰的一部分通过罗茨风机送去再循环，以提高钙的利用率。反应分两段进行：炉内喷钙段和烟气增湿活化段。

3. 主要设备

LIFAC 装置共分 7 个系统。

（1）石灰石粉制备　由于在炉膛内气固两相反应时间很短，要求石灰石粉具有适当的粒度、较高的比表面积和较好的质量。石灰石中的 $CaCO_3$ 含量不低于 93%，粒径不大于 40μm。

电厂设石灰石粉仓，容积为 300m^3，接受槽车送来的粉料。主粉仓下部有流化底以便卸料，顶部有袋式除尘器，防止进料时粉尘飞扬。卸料时用柱塞流单仓泵输送去炉前计量给料装置。柱塞流单仓泵是芬兰 Pneuplan 公司的产品，该设备为间断输料装置，输送速度为 4～7m/s，输送距离约 100m。

炉前计量给料装置主要由计量仓、给料斗和变频调速螺旋给料机组成。实行自动卸料和给料。给料斗与螺旋给料机直接连接，通过变频调速装置调整输粉量。螺旋给料机将粉料送入混合器，用罗茨风机将混合器中的粉料送入炉膛。

为使石灰石粉能均匀地喷入适当的炉内反应区，在炉前标高 27.7m 和 32.2m 处分别设置 1 排喷嘴（每排 5 只），来自混合器的石灰石粉被分成两路，自动切换，交替送至上排或下排，且由分配器将粉料均匀分配到 5 只喷嘴，运行时只有 1 排喷嘴工作。

负荷变化会导致最佳反应区温度场位置发生变化，通过上、下排喷嘴切换，可保证有较高的炉内喷钙脱硫率。

为使石灰石粉气流与烟气主气流混合均匀，设置了助推风机提供助推风。

在炉内喷钙系统中，喷钙点的选择是保证石灰石粉喷入合适温度区的关键因素。本工程根据炉内温度场的计算机模拟计算确定喷钙点。

（2）增湿活化　增湿活化器是 1 个 ϕ11m、H43m 的塔体。烟气在活化器顶部分成 9 股穿过雾化喷嘴，每 1 股烟气通道的出口都被 1 个两相流雾化喷嘴组形成的增湿雾化区所覆盖。雾化水来自工业水系统，雾化动力用压缩空气。压缩空气和水通过 1 根同心双层管进入雾化喷嘴组，头部设有 5 只在不同高度上的喷嘴，雾化水呈扇状水平喷出形成水雾帘。雾滴的大小、雾滴与烟气的混合程度、烟气滞留时间、活化器出口烟温等均对活化器脱硫效果有重要的影响。烟气在活化器内的停留时间约 10s。活化器出口烟温越趋近水蒸气的露点温度，脱硫效率就越高。活化器上方对应每个喷嘴组设置了自动清扫装置，防止喷嘴积灰堵塞。

为确保在活化器检修或故障情况下锅炉正常运行，设置了两个旁路烟道。烟气可以通过旁路烟道直接进入电除尘器。机组运行时旁路挡板门和活化器进出口挡板门之间实行连锁，确保 1 路开通，以防停炉。为了清除活化器内壁可能产生的积垢，在活化器顶部和壁上各设 6 个气力振打器，定时振打除垢。

因为活化器出口烟温较低（55～60℃），为防止电除尘器、引风机及烟囱的结露腐蚀，在活化器出口设置了加热混合器，采用空气预热器出口的热风直接混合加热烟气的方式。烟气升温 10～15℃后进入电除尘器，使电除尘器内的烟温高于烟气露点 10℃以上，确保设备安全运行。

活化器内部防腐蚀涂料，由于使用环境恶劣，要求涂料具有耐高温、耐酸碱腐蚀、耐磨损冲刷、抗振打器的冲击，且能承受膨胀拉伸等特性，还考虑到国产化和降低造价，选用国产 HS61-160 环氧聚氨酯涂料。

（3）脱硫灰再循环　为了充分利用脱硫灰中未反应完全的 CaO 和 $Ca(OH)_2$，实施脱硫灰的再循环，既可以提高吸收剂的利用率，降低运行成本，提高脱硫效率，还可以改善活化器的运行状况，消除结垢，减少积灰。在活化器内，一些粗大颗粒会落到底部，底渣中含有未反应的 CaO 和 $Ca(OH)_2$，经过破碎后由链条机输送到活化器进口烟道中，借助烟气携带再次进入活化器，进行底渣再循环。

电除尘器捕集的飞灰通过负压集中方式汇集在一个容量为 $1350m^3$ 的集灰库内，库底设有液化装置以改善脱硫灰的流动性能。将集灰库飞灰的一部分由可调速的星形给料机送入混合器内，再用罗茨风机吹入活化器进口烟道，实现再循环。再循环灰量可以根据负荷变化或活化器工况的需要进行在线调节。飞灰再循环可提高活化器脱硫效率 5%～10%。

（4）辅助设施　辅助设施包括压缩空气和增湿供水系统。每台锅炉配备 4 台螺杆式空压机，3 用 1 备。供水泵 1 用 1 备，水质要求为工业水。

（5）电气和自动控制系统　LIFAC 脱硫工艺的电控系统分成两个独立的功能组：①石灰石粉给料喷射功能组，用来进行计量仓装料控制、喷射料仓控制、助推风切换控制、喷嘴层切换控制；②活化器功能组，用来进行增湿泵控制、活化器振打装置控制、活化器底渣出渣控制（包括活化器底渣输送控制和双挡板门排渣控制）。自控系统包括影响工艺性能的 5 个主要参数的控制：石灰石喷射量、活化器出口烟温、再热器出口烟温、再循环灰量、助推风风量。

每套 LIFAC 脱硫系统设有两台专用变压器，一台用做空气压缩机的供电，另一台用做脱硫系统的其他电机和用电设备的电源。空压机专用变压器安装在空压机站的电气控制室内，脱硫专用变压器安装在电除尘器电气控制室内。变压器输出的 400V 交流电进入电机控制中心（MCC），每套 LIFAC 脱硫系统有两个电机控制中心，一个用于空压机的控制，另一个用于其他电机的控制。MCC 直接受 DAMATIC XD 系统的控制。

在单元控制室内，以带屏幕显示可键盘操作的操作员站为中心，实现脱硫系统正常运行工况的监视和调整以及异常工况的报警和紧急事故的处理，还提供以安全为目的的连锁保护。

脱硫系统主控装置采用芬兰 VALMET 公司的 DAMATIC XD 分散控制系统，可以提供从基本的调节到全厂自动控制的全部功能。系统功能由各分散的站来完成，通过总线接口把各站连接起来。系统设备全部采用模块式结构，便于维修和扩展。除了 DAMATIC XD 系统本身的内部通信外，该系统还提供某种形式的通信口，使 DAMATIC XD 与全厂主机组的计算机系统有必要的信息联系，主要是关于脱硫系统的运行状态参数和技术经济参数，如石灰石耗量，系统电耗，脱硫率等。

通过操作员站可对系统进行自动启停，并对有规律的连续操作采用顺序控制。

4. 运行结果

本工程自建成投运以来，经过调试、考核和验收，证明该装置已达到设计要求。脱硫系统性能考核见表 2-41，LIFAC 脱硫系统运行结果见表 2-42。

表 2-41　脱硫系统性能考核

项　目	保证值	实测值	项　目	保证值	实测值
脱硫率/%	≥75	75.8	电除尘器前烟气温度/℃	>70	78
可用率/%	>95	>95	活化器出口烟气温度/℃	>55	58
平均电负荷/kW	<760	612	活化器压力损失/Pa	<1300	<1000
电除尘器前烟尘质量浓度/(g/m³)	<72	<40			

表 2-42　LIFAC 脱硫系统运行结果

项　目	1号炉	2号炉	项　目	1号炉	2号炉
机组负荷/MW	125	124	耗电/(kW·h/h)	735	590
燃煤硫分/%	0.99	0.76	耗水/(t/h)	22.15	23.17
钙硫比	2.5	2.5	活化器出口烟气温度/℃	56	56
电除尘器入口烟气量/(10⁴m³/h)	49.26	66.12	电除尘入口烟气温度/℃	78	78
脱硫效率/%	61.76	85.95	电除尘入口烟尘浓度/(g/m³)	46.0	32.7
活化器阻力/Pa	824	803	双挡板门下灰量/(t/h)	6~8	1~2
石灰石粉消耗/(t/h)	5.17	3.90			

注：1号炉活化器入口烟道未作改进。

　　电厂 LIFAC 系统运行正常，基本能与主机同步。由于实际燃煤平均硫分只有 0.30%，远低于脱硫系统设计煤种的硫分（0.92%），考虑到对 SO₂ 排放浓度和排放量的基本要求，活化器的投运时间较少，但炉内喷钙部分基本与锅炉同步运行。根据现场观测，吸收剂喷入对锅炉燃煤的火焰和点火特性没有影响。由于锅炉设计炉膛温度偏低，炉内无结焦。过热器、再热器和对流受热面的积灰有所增加，在受热面的迎风侧出现结块现象，但积到一定程度受气流冲刷能成块掉落。在正常情况下，只要加强吹灰，不会影响锅炉的热负荷，但对省煤器和空气预热器下灰斗负压气力收集系统的运行有一定影响，锅炉热效率有所下降，下降量小于合同保证值 0.62%。

六、脱硫副产品回收利用

（一）脱硫石膏概况及其综合利用

1. 石膏的基本概念

（1）生石膏　又名二水硫酸钙或二水石膏，根据生成来源不同，分为天然石膏和化学石膏；脱硫石膏就属于后一类，是火电厂石灰石-石膏湿法烟气脱硫的副产物。

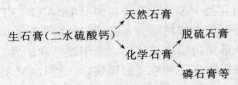

（2）熟石膏　又名半水硫酸钙，或半水石膏，是由二水石膏经过加热脱去其中的一个半结晶水而制成的（化学反应方程式如下），主要作为胶凝材料或用于生产石膏制品和制作各种模具。

$$CaSO_4 \cdot 2H_2O \longrightarrow CaSO_4 \cdot \frac{1}{2}H_2O + \frac{3}{2}H_2O \qquad (2-160)$$

　　熟石膏是当今三大建筑胶凝材料之一（其他是水泥和石灰），生产 1t 熟石膏比生产 1t

水泥减少能耗 40%，减少投资 50% 以上。熟石膏根据物理强度的差异性分为建筑石膏（又名普通石膏，或 β-半水石膏）和高强石膏（又名 α-半水石膏），前者是常压条件下煅烧二水石膏脱去其中一个半结晶水获得的，干燥后抗压强度一般在 15MPa 以下；后者是在蒸汽压力条件下或水溶液条件下加热脱去二水石膏中的一个半结晶水生产出的，干燥后抗压强度在 30～100MPa 之间。熟石膏的分类如下：

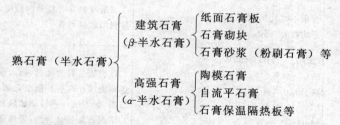

2. 脱硫石膏与天然石膏的相同点和不同点

（1）相同点

① 脱水机理、水化动力学和凝结特征一致。

② 主要矿物相、转化后的五种形态、七种变体物化性能一致，脱硫石膏完全可以代替天然石膏用于建筑材料和陶瓷模具。

③ 两者均无放射性，不危害健康。

（2）不同点

① 原始物理状态不一样：天然石膏是黏合在一起的块状，而脱硫石膏以单独的结晶颗粒存在。

② 颗粒大小与级配。烟气脱硫石膏的细度高（200 目以上），颗粒大小较为平均，分布带很窄，主要集中在 30～60μm 之间，级配远远差于天然石膏磨细后的石膏粉。

③ 含水量高，流动性差，只适合皮带输送。

④ 脱硫石膏杂质与石膏之间的易磨性相差较大，天然石膏经过粉磨后的粗颗粒多为杂质，而脱硫石膏其颗粒多的却为石膏，细颗粒为杂质，其特征与天然石膏正好相反；因此杂质成分上的差异，导致其脱水特性、易磨性及煅烧后的熟石膏粉在力学性能、流变性能等宏观特征上的不同。

⑤ 脱硫石膏的产出在全国分布比较均匀，特别是石膏产品大量消费地的东部发达地区脱硫石膏的产量也很大，而且脱硫石膏的品位又很高，一般都在 90% 以上；这样就弥补了我国高品位的天然石膏储量小、产量低、其产地远离消费地的重大缺陷。

3. 脱硫石膏的综合利用（见表 2-43）

表 2-43　烟气脱硫石膏综合利用途径

石膏用途		质量规格	技术特点
水泥缓凝剂	普通硅酸盐水泥、硬石膏水泥、矿渣水泥等	$CaSO_4 \cdot 2H_2O \geqslant 90\%$ $CaCO_3 \leqslant 2\%$ 灰分$\leqslant 2\%$ 含水率$\leqslant 12\%$ 平均粒径$\geqslant 50\mu$m	替代天然石膏，添加量为熟料重的 3%～5%，消纳量大，工程化应用普遍，可改善水泥性能、提高水泥强度、调节水泥的凝结时间，但脱硫石膏含水率高，在机械化喂料过程中常发生堵料，需要预热烘干或造粒成型后施用 据调研，年产 10 万吨的水泥缓凝剂车间，投资成本约 200 万元（不含土地成本），烘干、煅烧等运行成本约 40 元/t

石　膏　用　途		质　量　规　格	技　术　特　点
胶凝材料	粉煤灰活性激发剂、胶结充填采矿、路基回填等	$CaSO_4 \cdot 2H_2O \geqslant 90\%$ $CaCO_3 \leqslant 1\%$ $CaSO_4 \cdot \frac{1}{2}H_2O \leqslant 3\%$ 含水率$\leqslant 10\%$ 平均粒径$\geqslant 50\mu m$	脱硫石膏水化过程中，会生成大量溶解度低并以胶体微粒析出的硅酸钙凝胶水化产物，可显著提高胶凝材料的性能，降低生产成本 胶凝材料具有较高的强度、整体性与水稳性，可大量利用脱硫石膏
建筑石膏	纸面石膏板	$CaSO_4 \cdot 2H_2O \geqslant 95\%$ $SO_3 \geqslant 44\%$ 灰分$\leqslant 0.8\%$ $Cl^- \leqslant 0.01\%$ $MgO \leqslant 0.08\%$ $Na_2O \leqslant 0.04\%$ pH$\leqslant 7.5$ 湿态拉伸强度$\geqslant 0.8MPa$ 含水率$\leqslant 12\%$ 平均粒径$\geqslant 50\mu m$	以脱硫石膏为基料，加入少量添加剂与水搅拌后，连续浇注在两层护面纸之间，再经封边、压平、凝固、切断、烘干成一种轻质建筑板材 纸面石膏板又分为：普通纸面石膏板、耐水纸面石膏板、耐火纸面石膏板 据调研，采用脱硫石膏生产纸面石膏板的电耗比天然石膏低 $40\% \sim 60\%$，生产成本为天然石膏的 $70\% \sim 80\%$
	石膏砌块、石膏空心板、粉刷石膏、刮墙腻子、嵌缝腻子、装饰体及线角、吊顶板等 自流平石膏 高强度石膏	$CaSO_4 \cdot 2H_2O \geqslant 95\%$ $CaSO_3 \cdot \frac{1}{2}H_2O \leqslant 0.5\%$ $Cl^- \leqslant 0.01\%$ $MgO \leqslant 0.10\%$ $Na_2O \leqslant 0.06\%$ 可燃有机成分$\leqslant 0.10\%$ $Al_2O_3 \leqslant 0.15\%$ $Fe_2O_3 \leqslant 0.15\%$ $SiO_2 \leqslant 2.5\%$ $CaCO_3 + MgCO_3 \leqslant 1.5\%$ $K_2O \leqslant 0.06\%$ 平均粒径$\geqslant 32\mu m$ 自由水含量$\leqslant 10\%$ pH 值：$5 \sim 8$ 放射性元素含量低于 GB 6566—2001 极限值	脱硫石膏在 $107 \sim 170℃$ 下煅烧成熟石膏，经磨细成粉状物，主要成分为 β 型半水石膏，以此为原料制成的建筑石膏性能优异，强度比国家标准规定的优等品高 $40\% \sim 45\%$，其生产电耗比天然石膏低 $40\% \sim 60\%$，生产成本则为天然石膏成本的 $70\% \sim 80\%$，建筑石膏硬化后具有良好的绝热吸音、防火吸湿功能且轻质抗震、易于加工
	无水石膏水泥		脱硫石膏$\geqslant 500℃$ 下煅烧，制成 Ⅱ 型无水石膏，再加入碱性激活剂、减水剂、保水剂等混合而成。可作房屋地面底层的防潮层、楼板底层的隔音层和屋面底板的隔热层
			脱硫石膏经高温压蒸而成，主要成分为 α 型半水石膏，石膏硬化后晶型完整、晶粒大、结构密实，比一般建筑石膏强度高 $5 \sim 7$ 倍，用于陶瓷工业、铸造工业以及建筑艺术石膏等，有较好的防潮性能
			脱硫石膏加热至 $400 \sim 750℃$ 时，石膏完全失去水分，成为不溶性硬石膏，将其与适量激发剂混合磨细后即为无水石膏水泥，适宜室内使用，主要用以制作石膏板或其他制品，也可用作室内抹灰
	模具石膏	除常规指标外，白度$\geqslant 80\%$，气味同天然石膏，平均粒径$\geqslant 60\mu m$	比建筑石膏杂质少、凝结快、强度高，主要用于制作工业模具、艺术模型、雕塑等，其中日用陶瓷模具、高级卫生陶瓷模具用量较大
工业	填料、配料、骨料、添加剂等	常规指标满足要求，纯度超过 80%	涂料工艺中的腻子及填充料、塑料工业填料、造纸填料、密封绝缘填料、杀虫剂填料、饲料添加剂等
农业	化肥或土壤改良剂	$CaSO_4 \cdot 2H_2O \geqslant 80\%$，$Zn$、$Cr$、$Ni$、$Cd$、$Pb$、$Cu$ 等含量及浸出毒性满足要求	脱硫石膏含有丰富的钙、硫、硼、钼、硅等植物必需或有益的矿质营养，其中 Ca^{2+} 和 Mg^{2+} 能够置换盐碱土壤中的代换性钠，改变土壤的强碱性，施用后能促进有机质分解、促使绿肥分解，改良盐碱土壤

脱硫石膏和天然石膏的化学成分一样，都是二水硫酸钙，干燥后可用做水泥缓凝剂和盐碱地改良剂；但由于它们的价值很低，不适合远距离运输。目前，我国的水泥厂如果附近地区没有天然石膏，为降低成本，它们已经大量采用脱硫石膏或磷石膏做水泥缓凝剂了。由于磷石膏杂质多、品位低，在用做水泥缓凝剂时最好优先利用它；而脱硫石膏品位高、杂质少，则尽可能物尽其用，用其生产高质量的石膏产品。

2008 年我国排放的脱硫石膏有 1/3 得到了利用，总利用量约 800 万吨，其中约 500 万吨用作水泥缓凝剂、200 多万吨用于生产纸面石膏板，其他方面用量还比较少；总的来说，近几年脱硫石膏的综合利用有以下特点。

（1）新上的纸面石膏板生产线基本上都是以脱硫石膏为原料的，产能规模约 5 亿平方米。

（2）我国东部地区的脱硫石膏利用率高，如广东不仅将本省的脱硫石膏全部利用了，还从其他省购进；而中西部地区脱硫石膏综合利用率很低。

（3）用脱硫石膏生产成的水泥缓凝剂较大幅度低于当地天然石膏采购价时，水泥厂利用脱硫石膏的积极性高。

（4）全部是低附加值的利用，没有使品位很高的脱硫石膏物尽其用。

（5）脱硫石膏的排放是在环保政策强制下迅速增长的，而石膏产品的市场则缺少外力，对石膏制品在节能减排方面的优点也没有引起政府和用户的足够重视，缺乏对脱硫石膏综合利用科研工作的资金支持；因此，新产品新用途开发困难，使用量增长幅度跟不上脱硫石膏排放量的增长幅度。

（二）干法烟气脱硫灰渣的综合利用

1. 干法烟气脱硫灰的理化特性

干法脱硫灰渣是一种干态的粉末状混合物，平均粒径为 20μm 或更细，粒径分布与普通飞灰大致相同，主要由飞灰、石灰粉和反应产生的 $CaCO_3$、$CaSO_3$、$CaSO_4$ 等钙基化合物，以及未完全反应的吸收剂 CaO 和 $Ca(OH)_2$ 等组成，亚硫酸钙和硫酸钙比例在（2:1）~（3:1）之间。其中 $CaCl_2$ 以复盐 $[CaCl_2，Ca(OH)_2]\cdot nH_2O$ 形式存在，其吸湿性小于 $CaCl_2\cdot nH_2O$。$CaSO_4$ 和 $CaSO_3$ 都是化学性质比较稳定的无毒物质，不会对环境造成危害。$CaSO_3$ 作为半水化合物 $CaSO_3\cdot\frac{1}{2}H_2O$ 存在，在与空气和湿气接触时，半水化合物逐渐转变为 $CaSO_4\cdot H_2O$。在 380~410℃ 时它释放出其结晶水，在温度超过 600℃ 时它又分为 CaO 和 SO_2。

亚硫酸钙有杀菌消毒的作用。干法产生的脱硫渣中所含未反应的 CaO 和 $Ca(OH)_2$ 会使脱硫渣硬结，与空气中 CO_2 反应生成稳定的 $CaCO_3$。脱硫渣的碱性和硬结性对防止堆放场地下水污染有极大帮助。脱硫渣的碱性使其重金属不易析出，而硬结特性使得堆放层底部的防渗透特性大为改善。

几种干法工艺脱硫灰渣的性质大致相近，都是半水亚硫酸钙和少量硫酸钙与过量石灰及飞灰的混合物，而且煤中的痕量金属在石灰的束缚下溶解度极小，所以也称稳定料，具体成分根据是否设置预收尘器将有所差别。

通过电除尘器收集到的脱硫灰从外观看与普通飞灰极像，同样具有自由流动和易于倒运的性质，其堆积密度很低，含低飞灰量的脱硫灰密度约 $700kg/m^3$。灰渣的堆积密度在 700~1250kg/m³ 范围内都有报道。脱硫塔前有前置除尘器的脱硫灰渣颗粒的平均粒径为 $50\mu m$。脱硫灰的颜色略浅于飞灰，一般呈米黄色或灰白色，其深浅程度是随吸收塔的喷浆量或石灰石浆液浓度以及飞灰含量而变化，当浆液浓度增大或浆量增多时，脱硫灰颜色更浅。

脱硫灰的主要成分仍然以 Si、Al 玻璃体为主，与普通粉煤灰相比（见表 2-44），脱硫灰具有以下特点。

表 2-44　典型喷雾干燥脱硫灰渣的化学组分和燃烟煤飞灰的化学组分

主要元素（质量分数）/%	脱硫灰渣			飞灰
	A 种	B 种	C 种	
SiO_2	7.9	10.6	8.7	47.1
Al_2O_3	4.7	4.5	4.1	24.8
Fe_2O_3	2.2	4.4	1.9	10.1
MgO	1.9	1.5	1.0	1.6
CaO	37.8	35.6	33.6	4.8
Na_2O	0.3	0.3	0.2	0.9
K_2O	0.4	0.6	0.3	2.6
CO_2	17.0	20.1	10.6	—
SO_3^{2-}	30.0	17.4	18.8	—
SO_4^{2-}	10.5	7.0	24.6	1.2
Cl^-	2.2	0.9	3.0	<0.1
C(org)	0.2	0.2	0.1	1.0
微量元素/（$\times 10^{-6}$）				
As	5	11	10	110
B	100	115	150	200
Ba	465	270	4000	1500
Cd	1	3	7	<3
Cr	40	50	34	145
Cu	47	43	46	230
Hg	<1	<1	<1	1
Mn	270	420	170	780
Mo	3	5	<3	22
Ni	32	36	35	170
Pb	28	110	57	205
Sc	4	5	7	7
V	60	65	70	280
Zn	94	380	130	370

（1）脱硫灰中活性材料 SiO_2、Al_2O_3、Fe_2O_3。含量之和不足 70%，使灰的活性降低。

（2）烧失量大，不利于综合利用。

（3）脱硫灰吸附有大量的硫化物且表面不光滑，降低了灰的"球轴承"作用。

（4）灰中 SO_3 成分太多，限制了灰的使用途径。

（5）脱硫灰中 CaO、MgO 含量之和高于 20%～30%，增加了灰的活性成分。因此，脱硫灰属高碱性粉煤灰，从国家有关粉煤灰品质的指标看，脱硫灰的理化性能较原灰差，给综合利用带来不利，但是通过加工可以提高脱硫灰的品质，改善其性能。

2. 干法脱硫渣的特点

干法烟气脱硫技术因其投资省、占地少，无废水产生等优点，逐渐被越来越多的企业所认同。《2010 年度国家先进污染防治示范技术名录》指出：鼓励钢铁厂烧结烟气采用循环流化床半干法脱硫技术，它解决了大于 $300m^2$ 烧结机的烟气脱硫除尘问题。

目前我国干法脱硫渣大部分采用填埋处理，这种处置方式，不仅占用大量土地，对环境造成二次污染，还会浪费宝贵的废物资源。因此，半干法烟气脱硫渣的资源化利用研究势在必行。

（1）干法脱硫渣的特点　干法脱硫渣是烟气在干法技术脱硫过程中形成的副产物，其主要成分见表2-45，脱硫渣pH值在11～13，其较强的碱性使重金属不易析出，脱硫渣中未反应的CaO和$Ca(OH)_2$与空气中的二氧化碳发生反应生成碳酸钙，使脱硫灰渣硬结。脱硫灰渣外形呈干粉状，可方便地采用气力输送或罐车输送。因此干法脱硫渣的特点是：高钙高硫，强碱性，较高的自硬性，较细的粒度。

表 2-45　半干法脱硫渣的化学成分

单位：%

项　目	总钙	$CaSO_3$	$CaSO_4$	总铁	酸不溶物
半干法脱硫渣	49.238	24.35	19.08	0.0894	0.517

（2）影响脱硫灰渣利用的关键因素　欧洲脱硫渣已应用于在许多领域，国内脱硫渣的应用尚处在起步阶段，人们对于脱硫渣的综合利用尚存在疑虑。半干法脱硫渣中亚硫酸钙含量较高，姚建可等用纯亚硫酸钙进行实验表明，亚硫酸钙不具有缓凝作用，说明缓凝作用主要是由脱硫灰中的硫酸钙引起的。因此，要想将半干法脱硫灰应用于吃灰量大的建材行业，必须对脱硫灰进行改性。

改性的途径有高温氧化改性、低温催化氧化改性和高湿改性等，都是将干法脱硫渣进行氧化，使干法脱硫渣中的亚硫酸钙氧化成硫酸钙。

3. 干法脱硫渣的改性处理

（1）干法脱硫渣的高温氧化　亚硫酸钙在自然环境下氧化较慢，但在高温下能较快的氧化，试验研究了不同温度下亚硫酸钙的氧化速率。试验结果见图2-51。

由图2-51可以看出，随着温度升高亚硫酸钙的氧化率迅速提高，当温度超过400℃时亚硫酸钙的氧化率为97%，提高温度亚硫酸钙的氧化效率基本恒定但温度过高会使亚硫酸钙发生分解重新释放出SO_2，其次提高温度也增加能耗，因此400℃为亚硫酸钙的较佳氧化温度。

高温氧化亚硫酸钙需要消耗大量的能源，还可能引发二次污染，是一种非常不经济的方法。中国京冶工程技术有限公司结合自身技术优势——钢渣热焖技术（钢渣热焖技术是一种将热态钢渣通过渣罐运输、倾倒至热焖池，然

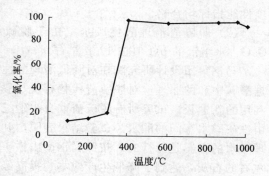

图 2-51　温度对亚硫酸钙氧化率的影响

后加盖打水热焖的技术，通过本技术可使渣铁分离，并消解钢渣中不稳定成分，达到应用的要求），利用钢渣余热对脱硫渣进行加热，使脱硫渣中亚硫酸钙氧化成硫酸钙，满足应用的要求，无需消耗外部能源，实现"以废制废"、"变废为宝"的目的，符合国家提倡的节能减排政策。

（2）亚硫酸钙的低温氧化改性　$CaSO_3$在干燥、低温的环境下十分稳定，难以被氧化；低温条件下，加入一定量的催化剂对$CaSO_3$的转化有一定的促进作用，CHJ-1的催化效果最为明显；$CaSO_3$的转化速率随着催化剂掺量的增加而增大；$CaSO_3$氧化的主导因素是温度，$CaSO_3$的转化速率随着温度的升高而增大；$CaSO_3$的催化氧化反应存在3个反应阶段，即快速反应期—慢速反应期—稳定期，这和试样中$CaSO_3$的浓度有关系。随着反应的进行，亚硫酸根的浓度不断降低，氧化过程也会越来越缓慢。国内少数学者对低温条件下$CaSO_3$的氧化转化进行了研究，结果表明，在低温条件下，湿度、氧气浓度和催化剂对$CaSO_3$氧

化转化起决定作用。因此，寻求经济合理的氧化转化条件和廉价高效的催化剂作为该领域研究的主要方向。

（3）亚硫酸钙增湿改性　将脱硫渣置于试验盘中放置在室外露天环境中进行增湿改性，水灰比为 0.35，改性脱硫渣分别放到 15d、30d、90d 龄期，试验结果表明，15d 亚硫酸钙氧化率达到了 11.2％，30d 和 90d 转化率分别为 14.6％和 19.96％，随着龄期的增长，转化率并没有明显加快，原因是，反应到一定程度后，氧化生成的硫酸钙覆盖在未反应的亚硫酸钙表面，此时反应速率受扩散控制。

4. 干法脱硫渣的综合利用

（1）在建筑行业的应用　氧化后的干法脱硫渣主要矿物为硫酸钙，其应用和湿法脱硫渣基本一样可以广泛用于建材行业。表 2-46 为氧化后的干法脱硫渣作水泥缓凝剂的试验结果。

表 2-46　氧化后的干法脱硫渣对硅酸盐水泥性能影响的试验结果

编号	配合比/％			安定性	流动度/mm	凝结时间（h：min）		抗压强度/MPa		抗折强度/MPa	
	硅酸盐水泥熟料	石膏	脱硫渣			初凝	终凝	3d	28d	3d	28d
C10	100	0	—	合格	—	—	—	13.5	34.5	3.0	6.1
C11	95	5	—	合格	223	3：30	4：45	16.2	52.7	3.8	9.0
C12	97	—	3	合格	210	2：26	3：50	13.8	50.5	4.2	8.1
C13	95	—	5	合格	214	3：20	4：39	15.3	52.7	3.7	8.2

由表 2-46 试验结果可见，氧化后的干法脱硫渣可以作水泥缓凝剂，掺到水泥中水泥各项性能指标均合格。

（2）脱硫渣治理酸性废水　由于脱硫渣中主要成分为 $CaSO_3$、$CaSO_4$、$Ca(OH)_2$ 和 CaO，水溶液的 pH 值在 12.8 左右。

马钢集团设计研究院在对降低治理酸性废水成本的研究中，利用脱硫渣的碱性特点，根据酸碱中和的原理，对脱硫渣代替石灰与酸水中和方案进行了可行性研究，探索脱硫渣综合利用的新途径。试验所有脱硫渣取自福建三明钢厂采用的半干法脱硫渣，酸水取自于马钢南山铁矿酸水车间的酸水。试验结果表明，利用脱硫渣的碱性特点，替代石灰作为中和剂来治理酸水的方案是可行的。按照马钢南山铁矿每年 200 万立方米酸水处理量，可节省 1.7 万吨左右的石灰，达到了降低生产成本、提高经济的目的。

（3）脱硫灰在农业上的利用　石林将钾长石粉碎至 200 目，并与脱硫灰、添加剂按一定配比掺合，进入球磨机中球磨，球磨均匀后入干燥窑内烘干，并连续进入焙烧炉内焙烧，待固相反应完全后迅速骤冷，得到的焙烧产品重新干磨、造粒，生产出理想的钾钙硅镁硫肥料。生产的钾钙硅镁硫肥料不会对土壤带来二次污染，特别是重金属污染，焙烧过程中也不会产生二氧化硫和其他有害气体污染。

（4）用脱硫渣制作陶瓷　苏达根等利用脱硫渣及钙质废石粉制备陶瓷。直接将脱硫渣掺入到陶瓷中烧制，其 SO_2 的逸放率高达 77％以上；采用钙质废石粉与脱硫渣复掺，并表面施釉，可把烧成温度从 1100℃降低至 1050℃，保温时间从 2h 缩短至 1h，其 SO_2 的逸放率可控制至 30％以下。烧成后的陶瓷产品中的钙主要以 $CaAl_2Si_2O_8$ 和 $CaSO_4$ 形式存在，制品性能合格。

（三）炉内喷钙脱硫副产品的综合利用

炉内喷钙加炉后活化（LIFAC）脱硫法是一种干法烟气脱硫工艺。该工艺具有占地面积小，投资省、性价比高、适合于现有电厂的改造或受到场地条件限制的新电厂的脱硫。

由于脱硫吸收剂的介入，脱硫副产品的理化特性发生了很大变化，其综合利用途径也有别于粉煤灰。

1. 脱硫副产品的特性

脱硫副产品是飞灰、石灰石粉经煅烧和增湿后产生的各种钙基化合物（如 $CaSO_3$、$CaSO_4$ 等），以及未完全反应的吸收剂如 CaO、$Ca(OH)_2$ 和 $CaCO_3$ 等组成的干态混合物。

（1）物理特性 脱硫副产物是一种干燥的非常细的粒状物，中位径为 $10\mu m$ 或更细。粒径分布与普通飞灰大致相同，主要取决于喷射石灰石粉的细度。与普通飞灰相比，由于石灰石粉的喷入，增加了脱硫副产品中水溶性组分的含量，并提高了灰分的熔融温度。

脱硫灰的真密度为 $2.6\sim2.7kg/L$，堆积密度为 $0.8\sim1.0kg/L$。加入 $21\%\sim26\%$ 的水之后，压实密度最高可达 $1.35\sim1.40kg/L$。当被压实时，其水渗透率为 $10^{-8}\sim10^{-7}$，并且物料的抗压强度在 $2\sim8$ 天内可达 $2\sim4MN/m^2$，在 11 天内可达 $4\sim10\ MN/m^2$，在 1 年内可达 $4\sim25MN/m^2$。

（2）化学特性 典型的 LIFAC 脱硫副产品的主要组成见表 2-47。其中飞灰、未反应的钙和脱硫反应产物约占 1/2，水分为 $0.02\%\sim0.36\%$，有机质为 $2.95\%\sim4.60\%$，pH 值为 $11.0\sim12.6$。

表 2-47 LIFAC 脱硫副产品及其稳定化后的主要组成 单位：%

项　目	脱硫副产品	稳定化后	项　目	脱硫副产品	稳定化后
飞灰	$20\sim85$	约 50	$CaSO_4$	$6\sim13$	$7\sim17$
SiO_2	约 40	约 30	$CaSO_3$	$1\sim8$	$0.5\sim2$
Al_2O_3	约 20	约 13	$Ca(OH)_2$	$7\sim29$	$2\sim5$
Fe_2O_3	约 6	5	$CaCO_3$	$1\sim15$	$5\sim9$
K_2O	约 2	约 2	$CaCl_2$	<2	$0.5\sim2$
MgO	约 1	约 1			

脱硫副产品可通过加水的方法进行稳定化，这时发生化学反应，反应产物具有自硬性。

（3）浸出特性 由于脱硫副产品具有高钙性，因此，其浸出液呈强碱性，并随着时间的延长逐步降低。在浸出开始阶段主要是可溶性盐如钙、钠、钾、氯和硫酸盐等。由于堆积物呈碱性，降低了浸出性，尤其是微量元素的浸出非常慢，而且浓度很低，因此，与通常飞灰相比，重金属溶出得更少。

2. 脱硫副产品的综合利用

20 世纪 80 年代中期，美国 EPR1 利用技术可行性及市场评价矩阵对炉内喷钙加炉后活化脱硫副产品的综合利用潜力进行了评价，评价结果见表 2-48。

表 2-48 脱硫副产品综合利用潜力评价结果

高潜力利用途径	中等潜力利用途径	低潜力利用途径	高潜力利用途径	中等潜力利用途径	低潜力利用途径
结构填充	生产水泥	回收金属		农业上的应用	
替代水泥	混凝土砌块	石膏/墙板		轻质集料	
路基稳定	土壤稳定	衬垫材料		陶瓷制品	
人造集料	淤渣稳定			制砖灌浆/矿井回填	
矿棉	矿质填料				

（1）土地回填 1986 年，芬兰 Inkoo 电厂利用 LIFAC 脱硫副产品建了一个灰场试验堤，堤的结构是：把脱硫副产品先铺撒成厚度为 $0.25\sim0.5m$ 的层，然后用 150t 的推土机

压实。在最佳含水量的条件下，每层用推土机压 6 遍，最终堤的大小为 $2m \times 10m \times 32m$。

试验结论是：脱硫副产品在加水后必须立即压实，否则会降低湿料的强度性能；如果脱硫副产品与水能有效混合，且铺撒并压实成薄层的话，可以用作堤坝填土。

在 Inkoo 电厂附近的试验区内还进行了脱硫副产品土地回填对环境影响的试验。试验方法是在试验区内的地面上挖若干个坑，填上脱硫副产品，经过 4 年对试验区附近小溪流水质的定期分析，表明对水质无任何影响。

（2）路基

① 基底材料。在 Inkoo 电厂附近，用脱硫副产品作为基底材料建设的路段，经过 3 年试验，没有发现路面有任何损伤。表明完全可以在道路建设中应用。

当脱硫副产品用作道路的基底材料时，建议加入少量的激活剂。先铺撒成 20～30cm 厚的层，然后用推土机压实。在铺撒和压实前，必须加湿到最佳湿度（25%）。

② 混凝土掺合料。LIFAC 脱硫副产品可以用作混凝土掺合料，代替部分水泥。在 Inkoo 电厂附近，用含有脱硫副产品的混凝土建设了一条试验道路。道路底基混凝土的组成为 $300kg/m^3$ 脱硫副产品，$100kg/m^3$ 的水泥，$1900kg/m^3$ 碎石和 $66kg/m^3$ 水；道路覆面混凝土的组成为：$140kg/m^3$ 脱硫副产品，$300kg/m^3$ 碎石子和 $10kg/m^3$ 的增塑剂和发泡剂。这条道路的强度比芬兰高速公路要求的强度还要高 2～3 倍，且已经受了大运输量的考验。试验结果表明，其抗压强度达 $50MN/m^2$。为防止裂纹的产生，在其表面锯了 6～7cm 深的槽。

LIFAC 脱硫副产品的含钙量很高，可用它来替代一部分水泥，作为混凝土的掺合料。至于替代水泥的量，应根据具体的应用场合，通过测定它们的抗压、抗折强度以及凝结时间来确定。

（3）建材工业　由于脱硫副产品中含有大量的飞灰和钙基化合物，同时与飞灰一样有较好的多用性，可用作添加剂，并且对最终强度有正面影响，因而有利于在建材工业中的应用。这种脱硫副产品能提供部分水泥生料中所需的黏土质组分及石灰质组分，且对水泥的质量不会产生有害影响，可用作生产水泥的添加剂；另外还可用作混凝土掺合料，制造混凝土砌块和硅钙砖等。

（4）人造砾石　最新的综合利用研究结果表明：脱硫副产品作为人造砾石原料非常好，许多欧洲国家已作此用途。人造砾石的密度为 1500～$1600kg/m^3$，1 天后的强度为 5～$15kN/m^2$。

人造砾石可作为混凝土中砾石的替代石，一些可能影响环境的成分在人造砾石加工过程中得到了更进一步的固化。

（5）生产水泥　据研究，LIFAC 脱硫副产品中的黏土质，可用来替代水泥中部分黏土和其他硅酸盐质原料，生产水泥熟料。在水泥中掺入脱硫副产品后，混合水泥的凝结时间较长，水化热较低，在混合水泥的粉磨过程中，能提高磨机产量及粉磨效率，还降低了生产水泥所需的熟料量。

（6）混凝土砌块　由 LIFAC 脱硫副产品与石英砂、石灰（干基）混合料（配比为 50：39：11）制成的混凝土砌块，其体积密度为 $1442kg/m^3$，抗压强度为 $63kg/cm^2$，而普通混凝土砌块的体积密度及抗压强度分别为 $2403kg/m^3$ 和 $70kg/cm^2$。这种砌块不会发生收缩，养护时间短，是一条很有潜力的利用途径。

第四节　燃煤锅炉烟气 NO_x 减排技术

随着电厂装机容量的增加，煤电锅炉烟气中的 NO_x 的排放量不断增长，对环境造成压力越来越大，NO_x 是常见的大气污染物质，它能刺激呼吸器官，引起急性和慢性中毒，影响和危害人体器官，还可生成毒性更大的硝酸或硝酸盐气溶胶，形成酸雨。控制燃煤锅炉 NO_x 的排放越来越受到人们的重视。《火电厂大气污染物排放标准》（GB 13223—2003），针对 NO_x 排放现状，分 3 个时段规定了火电厂 NO_x 最高允许排放浓度限值。目前，世界发达国家对 NO_x 的产生机理和控制技术的研究已经取得相当大的成果，并在工程上进行了成熟的应用。我国对 NO_x 减排的研究也有了很大的进展，国家也通过引进和自主研究相结合，在不少火力发电厂中进行降低 NO_x 排放的实践。

一、煤粉燃烧和 NO_x 产生机理

煤粉燃烧火焰模型见图 2-52。从燃烧器喷入炉的一次风和煤粉受到周围火焰和炉壁炉渣的辐射热开始着火燃烧，形成一次燃烧区。一次燃烧区主要是煤的挥发分燃烧区域，从煤粒中挥发出的 CH_4、H_2、CO 等成分向周围扩散并与一次风中的氧混合，在煤粒周围形成火焰。二次燃烧区主要是炭粒子的燃烧区域，一次燃烧区的未燃烟气、炭粒子和辅助风箱送进的二次风进行扩散混合燃烧。

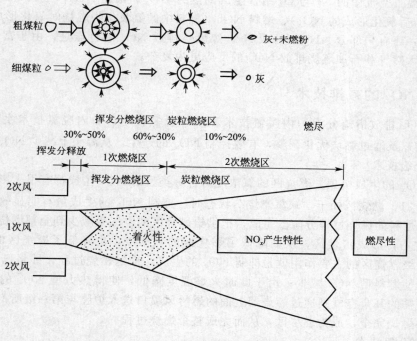

图 2-52　煤粉燃烧火焰模型

炭粒子的燃烧是表面或微孔中的碳元素与氧元素的燃烧化学反应，燃烧速度要比挥发分的燃烧慢得多，炭粒子的燃尽时间约占全部燃烧时间的 $80\%\sim90\%$。

在 NO_x 中，NO 约占 90% 以上，NO_2 占 $5\%\sim10\%$，产生机理一般分为如下 3 种。

（1）热力型 NO_x　燃烧时，空气中氮在高温下氧化产生，其中的生成过程是一个不分支连锁反应。其生成机理可用捷里多维奇（ZELDOVICH）反应式表示，即

$$O_2+N \longrightarrow 2O+N, O+N_2 \longrightarrow NO+N, N+O_2 \longrightarrow NO+O \qquad (2\text{-}161)$$

在高温下总生成式为：

$$N_2 + O_2 \longrightarrow 2NO, NO + 0.5O_2 \longrightarrow NO_2 \tag{2-162}$$

随着反应温度 T 的升高，其反应速率按指数规律增加。当 $T < 1500℃$ 时 NO 的生成量很少，而当 $T > 1500℃$ 时每增加 100℃ 反应速率增大 6～7 倍。

（2）快速型 NO_x　快速型 NO_x 是 1971 年 FEN-IMORE 通过实验发现的。烃类化合物燃料燃烧在燃料过浓时，在反应区附近会快速生成 NO_x，由于燃料挥发物中化合物高温分解生成的 CH 自由基可以和空气中氮气反应生成 HCN 和 N，再进一步与氧气作用以极快的速度生成 NO_x，其形成时间只需要 60ms，所生成的 NO_x 与炉膛压力的 0.5 次方成正比，与温度的关系不大。

（3）燃料型 NO_x　指燃料中含氮化合物在燃烧过程中进行热分解，继而进一步氧化而生成 NO_x。由于燃料中氮的热分解温度低于煤粉燃烧温度，在 600～800℃ 时就会生成燃料型 NO_x。在生成燃料型 NO_x 过程中，首先是含有氮的有机化合物热裂解产生 N、CN、HCN 等中间产物基团，然后再氧化成 NO_x。由于煤的燃烧过程由挥发分燃烧和焦炭燃烧两个阶段组成，故燃料型 NO_x 的形成也由气相氮的氧化和焦炭中剩余氮的氧化两部分组成。

锅炉内燃料燃烧产生的 NO_x 主要是 NO 和 NO_2，NO 约占 95%。煤粉燃烧产生的 NO_x 分为：在高温下空气中的 N_2 与 O_2 结合生成的热力 NO_x、快速 NO_x（空气中的 N 与 H 结合生成 NH_3 后氧化形成的 NO_x）、燃料 NO_x（燃料中的氮氧化物燃烧时氧化形成的 NO_x）。在上述区域，还有一部分 NH_3 还原成 N_2。煤燃烧排放 NO_x 的特点是，由于富含多种有机成分，因此天然气和石油燃烧排放 NO_x 的反应更为复杂。

二、炉内 NO_x 的减排技术

降低 NO_x 排放措施分为炉内脱氮技术和炉外脱氮技术，炉内脱氮技术主要是采用低 NO_x 燃烧器以及通过燃烧优化调整，有效控制 NO_x 的产生，从源头上减少 NO_x 生成量。

1. 气分级技术

根据 NO_x 的生成机理，燃烧区的氧浓度对各种类型的 NO_x 生成都有很大影响。当过量空气系数 $\alpha < 1$，燃烧区处于"缺氧燃烧"状态时，抑制 NO_x 的生成量有明显效果。根据这一原理，将燃料的燃烧过程分阶段完成，把供给燃烧区的空气量减少到全部燃烧所需用空气量的 80% 左右，形成富燃区，从而降低了燃烧区的氧浓度，也降低了燃烧区的温度水平。因此，第一级燃烧区的主要作用就是抑制 NO_x 的生成，推迟燃烧过程，并将已生成的 NO_x 分解还原，使燃料型 NO_x 减少；由于此时火焰温度降低，使得热力型 NO_x 的生成量也减少。燃烧所需的其余空气则通过燃烧器上面的燃尽风喷口送入炉膛与第一级所产生的烟气混合，使燃料燃烧完全，成为燃尽区，从而完成整个燃烧过程。

2. 燃料分级技术

已生成的 NO_x 在遇到烃根和未完全燃烧产物时会发生 NO_x 的还原反应。利用这一原理，将 80%～85% 的燃料送入一级燃烧区，在 $\alpha > 1$ 条件下燃烧生成，送入一级燃烧区的燃料称为一级燃料；其余 15%～20% 则在主燃烧器上部送入二级燃烧区，在 $\alpha < 1$ 条件下形成还原性气氛，NO_x 进入该区将被还原成 N_2，二级燃烧区又称再燃区。燃料分级技术的关键是在主燃烧器形成的初始燃烧区的上方喷入二次燃料，形成富燃料燃烧的再燃区，实验证实，改变再燃区的燃料与空气之比是控制 NO_x 排放量的关键因素。

3. 烟气再循环技术

该技术通常的做法是从省煤器出口抽出烟气，加入二次风或一次风中。加入二次风

时，火焰中心不受影响，唯一作用是降低火焰温度和助燃空气的氧浓度。此方法对热力型 NO_x 所占份额较大的液态排渣炉、燃油和燃气锅炉有效，对于热力型 NO_x 所占份额不大的干态排渣炉作用有限。利用烟气再循环，燃气、燃油锅炉 NO_x 减少量可达 50%；燃煤锅炉 NO_x 减少量可达 20%。烟气再循环法的脱 NO_x 效果不仅与燃料种类有关，而且与再循环烟气量有关，当烟气再循环倍率增加时，NO_x 减少，但进一步增大循环倍率，NO_x 的排放将趋于一个定值，该值随燃料含氮量增加而增大，但若循环倍率过大，炉温降低太多，会导致燃烧损失增加。因此，烟气再循环率一般不超过 30%。大型锅炉控制在 10%～20%。当燃用难着火煤种时，由于受炉温和燃烧稳定性降低的限制，烟气再循环法不适用。

4. 低 NO_x 燃烧器技术

从 NO_x 的生成机理看，占 NO_x 绝大部分的燃料型 NO_x 是在煤粉着火阶段生成的。因此，通过特殊设计的燃烧器结构（LNB）及改变通过燃烧器的风煤比例，以达到在燃烧器着火区空气分级、燃烧分级或烟气再循环法的效果。在保证煤粉着火燃烧的同时，有效地抑制 NO_x 的生成。如 PM 型浓淡燃烧器，它是利用含粉气流在弯曲管道内流动时，煤粉受离心力作用向弯管的外侧集聚，把浓度较高的含粉气流从弯管出口的一端引出；靠弯管内侧则为稀相含粉气流，从弯管出口的另一端引出，这样就可以借结构简单的惯性型煤粉浓缩装置把气粉混合物分成浓、淡二股气流输入炉膛。这种结构可以使炉膛内的火炬形成富氧和低氧两种状态的燃烧，占主体的浓相煤粉浓度高，所需着火热量少，利于着火和稳燃，由淡相补充后期所需的空气，利于煤粉的燃尽，同时浓淡燃烧均偏离了 NO_x 生成量高的化学当量燃烧区，大大降低了 NO_x 生成量。与传统的切向燃烧器相比，NO_x 生成量可显著降低。

三、炉外 NO_x 减排技术

采用低 NO_x 燃烧技术虽可以减少一部分 NO_x 的排放，但 NO_x 的减低率对燃煤锅炉最大不超过 75%，燃油锅炉最大不超过 50%，相当多锅炉仍需采用炉外 NO_x 减排技术。

1. 湿法烟气脱硝净化技术

湿法脱硝最大难点是 NO 很难溶于水，往往是先将 NO 氧化成 NO_2。为此一般先把 NO 通过氧化剂（如 O_3、ClO_2、$KMnO_4$）氧化成 NO_2，然后用水、碱溶液吸收。

（1）臭氧氧化吸收法

① 烟气（经三级文丘里除尘器）与臭氧混合，使 NO 氧化，然后用水溶液吸收，其化学反应为：

$$NO_4 + O_3 \longrightarrow NO_2 + O_2 \tag{2-163}$$

$$2NO + O_3 \longrightarrow N_2O_5 \tag{2-164}$$

$$N_2O_5 + H_2O \longrightarrow 2HNO_3 \tag{2-165}$$

经浓缩后可得到 HNO_3，浓度可达 60%，可直接回收或将酸液加氨中和，制取肥料。

② 工艺流程如图 2-53 所示。

此法优点是无污染物带入反应系统中，而且用水作吸收剂，易得且价格便宜，缺点是需用高电压制取臭氧，耗电量大，费用较高。

（2）ClO_2 气相氧化吸收还原法　用 ClO_2 将烟气中的 NO 氧化成为 NO_2，然后用 Na_2SO_3 水溶液吸收，使 NO_2 还原为 N_2，其反应为：

$$2NO + ClO_2 + H_2O \longrightarrow NO_2 + HNO_3 + HCl \quad (2\text{-}166)$$

$$NO_2 + 2Na_2SO_3 \longrightarrow \frac{1}{2}N_2 + 2Na_2SO_4 \quad (2\text{-}167)$$

此法如在反应塔中加入 NaOH，就可以达到同时脱硫脱硝的目的。因为 NaOH 和 SO_2 化合生成 Na_2SO_3。而氧化用的 ClO_2 可以用洗净液中残留的 Na_2SO_3 和 $NaClO_3$ 而获得再生，重复使用。本工艺脱硝率可达 85%。

此工艺除采用 ClO_2 外，还可以用氯酸氧化工艺来脱硫脱硝，氯酸来源于氯酸钠电解工艺，采用两段脱除工艺。

① 氯酸脱硫原理

$$3SO_2 + HClO_3 + 3H_2O \longrightarrow 3H_2SO_4 + HCl \quad (2\text{-}168)$$

② 氯酸脱硝原理

$$13NO + 6HClO_3 + 5H_2O \longrightarrow 6HCl + 3NO_2 + 10HNO_3 \quad (2\text{-}169)$$

有的学者采用 $NaClO_2/NaOH$ 同时脱除 SO_2、NO_x 得到很好的结果。

NO_x 的氧化度对吸收效果影响很大，当 NO_x 氧化度大于 50% 时，净化效率可达 90% 以上。当氧化程度为 20%~30% 时，其净化效率仅 50% 左右。

2. 干法烟气脱硝净化技术

干法脱硝技术反应温度高（与湿法脱硝相比），因而净化后烟气不需再加热，而且反应系统中不采用水洗工艺，省去后续废水处理问题。因此，干法是目前烟气脱硝应用较多的技术。

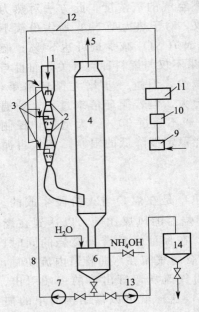

图 2-53　臭氧氧化典型工艺流程
1—烟气；2—三级文丘里除尘器；
3—喷雾器；4—除滴器；5—清洗后
烟气；6—循环器皿；7—循环泵；
8—吸收管路；9—空气清洁装置；
10—空气干燥装置；11—臭氧
发生器；12—带臭氧的管道；
13—泵；14—中和器皿

（1）干法脱硝基本原理　干法脱硝目前主要包括催化还原法和无催化还原法两种。所谓催化还原法是利用不同的还原剂，在一定温度和催化剂作用下，NO_x 还原成 N_2 和水。催化还原法的效果如何，关键是选用有效的还原剂，一般多采用甲烷、氨等作还原剂。它们与 NO 分别反应如下：

$$CH_4 + 4NO \longrightarrow 2N_2 + CO_2 + 2H_2O \quad (2\text{-}170)$$

$$4NH_3 + 6NO \longrightarrow 5N_2 + 6H_2O \quad (2\text{-}171)$$

无催化还原法不用催化剂，但需在高温区进行。

（2）选择性催化还原法（SCR）　选择性催化还原法（selective catalytic reduction）简称 SCR 法。

所谓选择性是指在催化剂存在条件下，NH_3 优先与 NO 发生还原脱除作用，而不与烟气中的氧进行氧化作用，其目的为了降低氨的消耗量。其反应式为：

$$4NH_3 + 4NO + O_2 \longrightarrow 4N_2 + 6H_2O \quad (2\text{-}172)$$

$$4NH_3 + 2NO_2 + O_2 \longrightarrow 3N_2 + 6H_2O \quad (2\text{-}173)$$

同时还发生一些副反应，其反应式如下：

NH_3 的氧化反应
$$4NH_3 + 5O_2 \longrightarrow 4NO + 6H_2O \quad (2\text{-}174)$$

NH_3 热分解反应
$$4NH_3 + 3O_2 \longrightarrow 2N_2 + 6H_2O \quad (2\text{-}175)$$

在没有催化剂条件下，上述反应只能在 980℃ 左右进行。而采用催化剂时，其反应温度可控制在 300~400℃ 之间。这一温度范围相当于将氨喷入省煤器区域和空气预热器区域的烟道中烟气温度的范围。此法脱硝率可达 80%～90%。

图 2-54 为氨选择性催化还原法工艺流程示意图。本工艺采用的反应器为平行通道型（类似于平板和管状反应器），以防止磨损和堵塞。图 2-55 为 SCR 反应器结构。

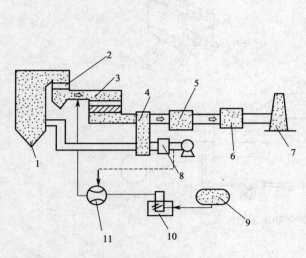

图 2-54　选择性催化还原工艺流程

1—锅炉；2—省煤器；3—SCR；4—空气预热器；
5—静电除尘器；6—脱硫系统；7—烟囱；8—SCAH；
9—液氧储藏箱；10—氨蒸发器；11—氨-空气混合用装置

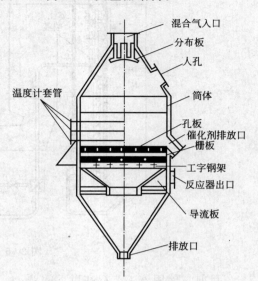

图 2-55　催化反应结构

混合气入口
分布板
人孔
温度计套管
筒体
孔板
催化剂排放口
栅板
工字钢架
反应器出口
导流板
排放口

在反应器中，空间速度 SV（space velocicy）是关键参数。在燃煤电厂中，空间速度一般取 1000～3000m/h。

NH_3 的输入量应适当，如输入量太少，难以满足脱硝反应需求；NH_3 输入量过大，造成 NH_3 损失，易产生氨泄漏（带出）问题。工业上常采用 NH_3/NO_x（摩尔比）衡量，一般控制在 1.4～1.5 为宜。氨的泄漏量（带出）以反应出口处 NH_3 的浓度来控制，一般控制在 5mg/m³ 以下。

对催化剂选用的要求是活性高、寿命长、经济合理及不产生二次污染等。由于烟气中有二氧化硫、尘粒和水雾，对催化剂不利，故要求在脱硝之前对烟气进行除尘和脱硫。当选用二氧化钛为基体的碱性金属作催化剂时，其最佳控制温度为 300～400℃，但不能低于 300℃，低于 300℃时，NH_3 会与烟气中 O_3 反应生成硫酸氢铵。硫酸氢铵（NH_4HSO_4）是一种具有黏性的液体，会沉积催化剂上，从而降低其活性。

对于燃油、燃气锅炉，由于其粉尘浓度低，可以采用软质多孔的催化剂，其活性好，且可采取更高的空间速度。

目前，此法是最有商业价值、应用最多的 NO_x 控制技术。

（3）选择性非催化还原法（RNCR）　选择性非催化还原法（selretive non-catalytie reduction）简称 SNCR。它是用 NH_3、尿素 $[CO(NH_2)_2]$ 作还原剂对 NO_x 进行选择反应而不用催化剂的一种工艺。这种工艺必须在高温区加入还原剂，不同还原剂对应不同的反应温度，NH_3 反应温度为 900～1100℃。图 2-56 所示为某工业锅炉 SNCR 装置工艺流程。该装置的优点是不用催化剂，设备和运行费用低，但其脱硝效率仅 40%～60%，多用于作低 NO_x 燃烧技术的补充手段。

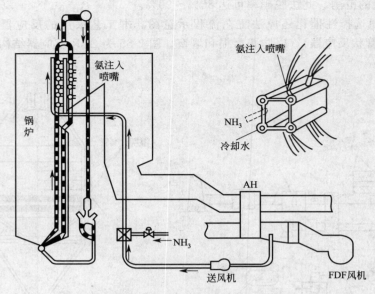

图 2-56　SNCR 法工艺流程

目前，使用该工艺存在以下问题：

① 由于温度随锅炉负荷和运行周期在变化，以及锅炉中 NO_x 浓度的不规律性，使该工艺应用时变得较复杂。因此，在很大区域内、在锅炉不同高度装有大量的入气口。甚至将每段高度再分成几小段，每小段分别装有入气和 NH_3 测量仪。这增加了测量和控制 NH_3 的难度。因此，该工艺的脱氮效率不高。

② 在吹入氨气量较多、温度降至最佳值以下吹气均匀度较低、吹气量较少导致温度和 NO_x 含量不对称时，未反应的氨气比例将增加，会产生氨气的逸出。当氨气逸出时，它与烟道内的氮氧化物反应产生堵塞，如堵塞空气预热器。因为 NH_3 与 SO_3 和烟气中的水分析出，会在较冷部件中形成硫化氢氨，形成黏性沉积物，增加了飞灰的堵塞、腐蚀和频繁冲洗空气预热器。NH_3 向飞灰逸出的增加也会降低飞灰的可综合利用性，使飞灰处置更复杂，NH_3 逸出还可导致脱硫装置后面的冲洗水中氨含量高。

③ SNCR 工艺设定的脱氮效率越高，随着脱氮效率的增加，单位 NH_3 消耗也越高，该工艺的 NH_3 耗量高于 SCR 工艺。

改进 SNCR 工艺，如试验将燃用过的空气送入降解介质中；还有使用尿素溶液作为降解介质来替代 NH_3；有时用额外的添加剂来增加降解温度。

四、NO_x 减排技术路线

1. 可防治技术路线

（1）倡导合理使用燃料与污染控制技术相结合、燃烧控制技术和烟气脱硝技术相结合的综合防治措施，以减少燃煤电厂氮氧化物的排放。

（2）燃煤电厂氮氧化物控制技术的选择应因地制宜、因煤制宜、因炉制宜，依据技术上成熟、经济上合理及便于操作来确定。

（3）低氮燃烧技术应作为燃煤电厂氮氧化物控制的首选技术。当采用低氮燃烧技术后氮氧化物排放浓度不达标或不满足总量控制要求时，应建设烟气脱硝设施。

2. 低氮燃烧技术

（1）发电锅炉制造厂及其他单位在设计、生产发电锅炉时，应配置高效的低氮燃烧技术和装置，以减少氮氧化物的产生和排放。

（2）新建、改建、扩建的燃煤电厂，应选用装配有高效低氮燃烧技术和装置的发电锅炉。

（3）在役燃煤机组氮氧化物排放浓度不达标或不满足总量控制要求的电厂，应进行低氮燃烧技术改造。

3. 烟气脱硝技术

（1）位于大气污染重点控制区域内的新建、改建、扩建的燃煤发电机组和热电联产机组应配置烟气脱硝设施，并与主机同时设计、施工和投运。非重点控制区域内的新建、改建、扩建的燃煤发电机组和热电联产机组应根据排放标准、总量指标及建设项目环境影响报告书批复要求建设烟气脱硝装置。

（2）对在役燃煤机组进行低氮燃烧技术改造后，其氮氧化物排放浓度仍不达标或不满足总量控制要求时，应配置烟气脱硝设施。

（3）烟气脱硝技术主要有：选择性催化还原技术（SCR）、选择性非催化还原技术（SNCR）、选择性非催化还原与选择性催化还原联合技术（SNCR-SCR）及其他烟气脱硝技术。

① 新建、改建、扩建的燃煤机组，宜选用 SCR；小于等于 600MW 时，也可选用 SNCR-SCR。

② 燃用无烟煤或贫煤且投运时间不足 20 年的在役机组，宜选用 SCR 或 SNCR-SCR。

③ 燃用烟煤或褐煤且投运时间不足 20 年的在役机组，宜选用 SNCR 或其他烟气脱硝技术。

我国电力工业正处于高速发展时期，燃煤锅炉发电装机容量逐年增加。为了保护环境，烟煤电厂将 NO_x 减排技术进行组合，以最低成本获得最高的 NO_x 减排效果，是解决问题的必然选择。同时随着社会经济的发展，我们国家对 NO_x 的排放标准必将越来越严格，炉外烟气 NO_x 减排将根据实际情况逐步推广和应用。

五、电厂脱硝装置工程实例

电厂地处风景旅游区，装机容量 $4 \times 300MW$，配备脱硫脱硝装置。烟气脱硝采用 SCR 工艺，以氨为还原剂，催化剂为 V/Ti 系蜂窝状结构。

1. 设计条件

设计条件见表 2-49。

表 2-49　设计条件

项　　目	设　计　值
燃料煤耗量/[t/(h·台)]	127
锅炉容量/MW	300
烟气流量（湿）/(m³/h)	1010466(1305t/h)
温度/℃	380(100% MCR)
	280(50% MCR)
烟气组成：	
O_2（干基）/%（体积）	4
H_2O（湿基）/%（体积）	8
NO_x（以 6%O_2 计）/(mg/m³)	450(max705)
SO_x/(mg/m³)	1430
粉尘/(g/m³)	23

项　目	设　计　值
脱硝率/%	60（近期）、90（远期）
SCR 出口 NO$_x$（近期要求）/(mg/m^3)（以 6% O$_2$ 计）	180
温度/℃	350
氨逸出/(mg/m^3)（以 6% O$_2$ 计）	<2.28

2. 工艺流程

电厂排烟脱硝工艺流程见图 2-57。

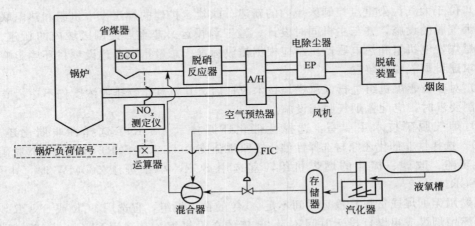

图 2-57　电厂排烟脱硝工艺流程

SCR 反应区设于锅炉出口与空气预热器入口之间。烟气自上而下，流经催化剂层，然后进入空气预热器。在进入 SCR 反应器之前，烟气先在氨-烟气混合装置中与来自氨-空气稀释槽、经氨注入装置注入的稀薄氨气混合均匀，通过导流板和整流装置均衡地分布在反应器全断面上。氨与 NO$_x$ 在催化剂的表面进行还原反应，生成的 N$_2$ 和 H$_2$O 随烟气排出反应器。可以认为，在进入反应器反应段之前，烟气中的 NO$_x$ 已和注入的 NH$_3$ 实现了充分的混匀。

3. 脱硝装置的组成

烟气脱硝装置主要是由 SCR 反应器系统和供氨系统两部分组成。

（1）SCR 反应器系统　SCR 反应器是核心设备，是还原反应的唯一场所。反应器包括催化剂、壳体、框篮、烟气管道及均流装置、喷氨和氨-烟气混合装置以及导流板、钢结构设施、吊装工具、吹灰器等。供氨系统则包括液氨储槽、卸氨装置、氨蒸发器、氨-空气稀释槽、氨稳压罐及附属设施等。

① 催化剂。根据烟气条件和设计要求，选择适用的催化剂，主要包括确定催化剂的组成和型式。目前工业上较常用的商品催化剂是 Ti-W-V 系和蜂房型。选定了催化剂，也就基本上确定了它的性能和单元尺寸（断面 150mm×150mm，壁厚 1mm，节距 7mm），然后根据需要的催化剂体积进行排列布置，分为 2~3 层。

② 反应器及催化剂的布置。根据所选定的催化剂性能和脱硝工艺的要求，结合经验数据，计算催化剂的体积用量。根据催化剂单元的尺寸，考虑催化剂的更换操作和吹灰器空间，确定框篮的大小和催化剂的分层配置以及层间距，根据选定的 LV 值计算催化剂层的断面尺寸。在决定催化剂层的断面尺寸之后，考虑吊装操作，确定催化剂单元和模块的排列方式。反应器顶部空间须同时考虑吊装和吹灰器以及气流调整装置的空间。如此便可决定反应

器的总高度。在催化剂单元之间，单元与框篮之间，框篮与框篮之间，均填充密封材料以防止催化剂受损和气流"泄漏"。密封材料为陶瓷纤维纸垫和毡。反应器确定尺寸766mm×8890mm×10500mm。SV为6890h^{-1}，LV为4.860m/s。

吹灰器设计多采用可伸缩式，工作介质为过热蒸汽。吹灰器的数量视SCR断面大小而定，一般每层催化剂的上方设置2～3台。吹灰操作的频度可人为设定，通常每周2次。

吊装工具用于催化剂的装载和更换。催化剂模块由汽车运至反应器的下部，用反应器顶部的电葫芦吊至相应层面的平台，再通过轨道小车和人工倾翻装置送入反应器安装就位。电葫芦载荷量应考虑催化剂及框篮的总重，一般为2t。

钢结构设施包括支承件、平台、梯子、栏杆等。

③ 气流均流设施。如前所述，进入反应器的气流的均衡、均匀程度在脱硝设计中是至关重要的一环。因此要高度重视，并采取一系列的技术措施加以保证。包括事先有针对性地进行动力学相似模拟试验，确定均流装置的结构参数。气流均流设施包括喷氨装置、氨-空气稀释器、氨-烟气混合装置和入口烟道的导流板，以及催化剂上方的气流调整装置。

④ 喷氨和氨-空气混合器。这是确保烟气进入反应器之前，氨-空气混合气与烟气充分混合均匀的装置，它的结构有若干种型式，设计采用管栅式，喷嘴按一定规律布置，以达到喷射均匀、均衡的目的。

为了确保氨与烟气中的NO_x混合均匀，预先用空气将氨稀释，氨与空气的体积比为1：20。稀释空气由附属风机提供。

入口烟道。反应器内的烟气流速是一个重要的设计参数，选择的依据，主要是保证飞灰不沉积，同时避免对催化剂层的过度冲刷和磨损，通常设计取用的速度范围为5～6m/s。

锅炉烟道的气流速度一般采用12～18m/s。由于烟道断面大，往往会发生偏流，特别在弯管处离心偏流现象严重。为了确保气流均匀和烟气流经催化剂断面时流场均衡，要求反应器的催化剂层尽可能距离弯头远一些，并在弯管内设置适当的耐磨导流板。导流板和整流装置的结构尺寸和布置方式应根据动态模拟试验结果确定，进行优化设计。

（2）氨储存供应系统　氨作为脱硝过程必不可少的还原剂，要求供给稳定、充足，可以直接使用液氨，也可以使用氨水，后者无压力设备，操作安全，设计要求相对较低，但物料运量大，腐蚀较严重。通常采用液氨，要求设计上保证安全无泄漏，避防爆燃，要严格按化工规范进行。供氨系统主要由液氨储槽、氨蒸发器和氨稳压罐组成。

① 液氨储槽。储槽容量按14天消耗计算。这主要取决于液氨供应源的远近和避免卸装料频度过大。储槽的装载量以85%容积为度。液氨通过专用槽车输送至槽边卸载。

设计时采用标准型式，数槽并联，共用压缩机、氨泵及其他配套设施。液位、压力和温度是储槽设计的几项主要控制参数。有的需要自动报警和切断（换）或调整装置。储槽一般露天安装，设有遮阳棚和喷淋降温设施。槽容量55t，共三槽，总容量165t装置。

储槽和泵场的地面有废水排放沟池，以便收集漏泄氨和冲洗地坪水。停机检修要用氮气吹洗槽和附件，因此在设计时应考虑氮管线和氮源。

② 氨蒸发器。反应器要求使用氨气，因此将液氨从槽中泵至蒸发器使之汽化，热源可以用电，也可以用蒸汽，将水加热，用水热媒间接加热液氨，液氨在1.5MPa压力下，受热很快转化成气态氨。蒸发能力为180kg/h，每台锅炉配备一套蒸发器。

③ 氨稀释槽。氨系统排弃的氨汇集于此，用水淋洗稀释，排入废水池并加以处理，稀释槽容积为10m^3。

④ 氨稳压罐。气体氨保持一定的压力，在送往SCR系统的氨-空气稀释器之前，先储存

于稳压罐中，以防压力波动而影响供氨量。氨稳压罐容积 2m³。

除了以上工艺系统以外，还必须提供足够的技术支撑和安全保障，如供电、仪表、控制以及公用辅助设施，要求对反应器的入口和出口烟气流量、温度、NO_x 和 SO_2 的浓度以及出口处的氨浓度进行在线监测，并用计算机加以控制（DCS 系统）。另外，氨系统的安全用水和蒸发器的用水，催化剂上部吹灰器的用气，仪表和氨稀释用空气等都要求在设计中加以周密考虑。

4. 脱硝系统设计

按照设计程序，经过一系列的工艺计算和结构计算，完成催化反应器的供氨系统的设计，例如通过氮平衡得出 NO_x 的减排量和氨的消耗量（表 2-50），通过速度计算，确定催化剂的用量，进而确定反应器的容积，利用流体模拟试验数据，决定烟气整流混合装置的形式和尺寸等。同时，还进行附属设施和相关专业的配套设计，综合表述如下。

表 2-50 NO_x 减排量和氨消耗量

机 组 例	脱硝率/%	NO_x 入口浓度/(mg/m³)	NO_x 减排量/(t/a)	氨消耗量/(t/a)
1号	60	450	1964	792
		600	2691	1049
	90	450	2946	1176
		600	3929	1562

（1）设计条件

项　　目	设计值
煤耗量/（t/h）	127
低位热值（收到基）/（kJ/kg）	22441
H_2O/%	9.61
H_2/%	3.36
O_2/%	7.28
N_2/%	0.79
C/%	58.56
S/%	0.63
锅炉负荷	100%MCR
烟气流量（湿）/（m³/h）	1010466（305t/h）
温度/℃	380（100%MCR）
	280（50%MCR）

烟气组成：

O_2（干基）/%（体积）	4
H_2O（湿基）/%（体积）	8
NO_x（标态）/（mg/m³）	450（max705）
SO_x/（mg/m³）	1430
粉尘（标态）/（g/m³）	23
脱硝率/%	60（近期），90（远期）
SCR 出口 NO_x（标态）/（mg/m³）	180
氨逸出量（按 6% O_2 计）/（mg/m³）	2.28
SO_2/SO_3 转化率/%	1
SCR 压力降/Pa	1000

催化剂用量/m³	146.6
SV/h⁻¹	6890
$r(NH_3/NO_x$ 物质的量$)$	1($<$1.2)
催化剂层高/mm	1.5(3 层)
氨注入量/(kg/h)	164

（2）性能保证

项 目	设 计 值
SCR 出口 NO_x（按 $6\%O_2$ 计）/(mg/m³)	180（近期），45（远期）
氨逸出量（按 $6\%O_2$ 计）/(mg/m³)	$\leqslant$2.28
SCR 压力降/Pa	$\leqslant$1000
保证期	催化剂有效期 36 个月

（3）技术条件

项 目	设 计 值
① SCR 反应器	
烟气流向	垂直流动
材料	碳钢
反应器台数	2
催化剂层数	2(η＝60％)，3(η＝90％)
反应器尺寸 $(L\times W\times H)$/mm	7.62×20.5×8.25
LV（温度 380℃）/(m/s)	4.86
② 催化剂模块	
催化剂形式	蜂房式
房室节距/mm	7.0
内壁厚度/mm	1.0
催化剂单元尺寸$(L\times W\times H)$/mm	150×150×750
SV/h⁻¹	6890
AV/(m/h)	14.7
催化剂体积（每台反应器）/m³	73.3
催化剂总体积（每炉）/m³	146.6
最高连续运行温度/℃	410
最高短暂耐热温度/℃	450
最低连续运行温度/℃	280
③ 催化剂框篮材料	碳钢
催化剂单元数（每个模块）/个	8×8＝64
催化剂模块尺寸$(L\times W\times H)$/m	1.255×1.255×1.5
催化剂模块数（每台反应器）/个	6×8＝48
催化剂模块数（每炉）/个	48×2＝96
④ 吹灰装置形式	半收缩式 爬式 L9000
吹灰装置数量（每台反应器）/套	6
吹灰装置总数（每炉）/套	6×2＝12
吹扫工作介质	蒸汽 350℃
工作介质压力/MPa	0.6

工作介质耗量/(kg/h)	4×80
驱动装置	电动机 15kW　380V 户外型
伸缩速度/(m/s)	0.6
建议运行频率/(次/月)	1
负荷运行控制板数/套	1
⑤ 喷氨装置形式	有固定小孔的喷管
喷氨装置材料	碳钢
喷氨装置数（每台反应器）/组	1
喷氨装置总数（每炉）/组	2
喷氨装置安装位置	垂直于 SCR 入口烟道
⑥ 烟气-氨混合装置形式	管栅式
烟气-氨混合装置材料	碳钢
烟气-氨混合装置数（每台反应器）/套	1
烟气-氨混合装置总数（每炉）/套	2
烟气-氨混合装置安装位置	垂直于 SCR 入口烟道
⑦ 钢结构：氨区-	确定负荷，视现场状况定
SCR 区-	确定负荷，视现场状况定
⑧ 供氨系统数	2 台炉共用 1 套
设计基础条件	以脱硝率 90% 为基础
还原剂	无水液氨（99.5%）
氨贮存量天数/天	141
氨消耗量/(kg/h)	164
氨贮存量/t	55
卸载压缩机（15m³/h）数量/台	1
氨贮槽（60t，安全系数 10%）数量/套	1
氨蒸发器（180kg/h，安全系数 10%）数量/套	1
氨储存器（2m³，稳压器）数量/套	1
氨稀释槽（10m³）数量/套	1
氨泄漏检测仪总数/套	3（卸载压缩机，储槽和稀释槽各 1 套）
洒水装置/套	1
洗眼器/套	1
⑨ SCR 系统控制装置	DCS 系统
现场运行控制系统/套	1
ACFV（氨流动控制装置，氨控制阀， 　　流量计，氨泄压阀）/套	2
氨稀释用空气流量装置（空气流量计， 　　温度计，压力计等）/套	2
红外型 NO_x/O_2 烟气分析仪 　　（SCR 入口和出口）/套	2
红外型 NH_3 烟气分析仪（SCR 出口）/套	1
热电偶式烟气温度计/套	2
有传感器的差压计（SCR 反应器）/套	2

⑩ 电气设备

氨区和 SCR 区的 MCC 系统

公用通信系统

照明系统

第五节 燃煤电厂脱汞技术

在我国一次能源中煤炭约占 70%。据有关专家预测，到 2050 年，我国煤炭在一次能源中所占比例仍会在 50% 以上，即在很长一段时间内。煤炭的基础能源地位不会变。《火电厂烟气排放标准》（GB 13223—2011）中明确规定汞及其化合物浓度限值为 0.03mg/m³，（2015 年 1 月 1 日起实施），这必将给我国火电厂污染治理带来严峻的考验，技术、经济及环境可行的脱汞技术必将成为发展的需要。

一、汞的排放形态与特性

煤燃烧时汞大部分随烟气排入大气，进入飞灰和底灰的只占小部分，飞灰中汞约占 23.1%～26.9%，烟气中汞占 56.3%～69.7%，进入底灰的汞仅占约 2%。燃煤烟气中的汞常以气态氧化汞（HgO）、气态二价汞（Hg^{2+}）及颗粒态汞（HgP）三种形态存在，HgO、Hg^{2+} 和 HgP 在中国燃煤大气汞排放中所占的比例分别为 16%、61% 和 23%。烟气中汞的形态受到煤种、燃烧条件及烟气成分等多种因素影响。通常而言，Hg^{2+} 很容易被吸附法、洗涤法脱除，颗粒态汞（HgP）容易通过颗粒控制装置（如 ESP 或 FF）得到脱除。尽管我国燃煤排放的大气汞 HgO 含量最低，但由于其不溶于水，且挥发性极强，排放后可在大气中停留 1 年以上，极易通过大气扩散造成全球性的汞污染，是汞附存方式中相对难以脱除的部分。

二、燃煤电厂汞控制技术

烟气中汞的控制方法根据燃煤的不同阶段大致可分为三种：燃烧前燃料脱汞、燃烧中控制和燃烧后烟气脱汞。燃烧后脱汞是燃煤烟气汞污染控制的主要措施。

1. 燃料脱汞

洗选煤技术是当前主要的煤炭燃烧前脱汞控制技术，通过分选除去原煤中的部分汞，阻止汞进入燃烧过程。传统的物理洗煤技术，有按密度不同分离杂质的淘汰技术、重介质分选技术和旋流器等，还有利用表面物理化学性质不同的浮选煤技术和选择性絮凝技术等。这些都是有效控制煤粉在燃烧过程中重金属汞排放的方法。发现采用传统洗煤技术可以除去 38.78% 的 Hg。如果采用先进的商业洗煤技术，还可以减少更多的痕量元素。

采用物理洗煤技术由于其价格相对便宜，并且可以同时对 SO_2、NO_x 等进行控制，是一种非常有潜力的痕量元素控制方法，但是它对痕量元素的控制率受煤种影响非常大。磁分离法去除黄铁矿，同时也除去与黄铁矿结合在一起的汞，可以低成本有效除汞，因而磁分离法应用前景较广。另外化学方法、微生物法等也可以将汞从原煤中分离，其中化学法由于成本昂贵，不具有实用价值。

2. 燃烧中控制脱汞

当燃烧方式采用流化床时，较长的炉内停留时间致使微颗粒吸附汞的机会增加，对于气态汞的沉降更为有效；操作温度较低，导致烟气中氧化态汞含量的增加，同时抑制了氧化态汞重新转化成 HgO；氯元素的存在大大促进了汞的氧化。在流化床燃烧器中进行的高氯烟煤（氯含量达到 0.42%）燃烧试验中，汞几乎全部被氧化成了 $HgCl_2$。在烟气中鼓入 15% 的二次风（基于最初的气/煤比）对 Hg 的捕集是十分有利的。大约 55% 的 Hg^{2+} 被飞灰所捕集。给煤中只有 4.5% 的汞以气态 HgO 的形式散逸到空气中。

在煤燃烧过程中，亚微米气溶胶颗粒主要是由于烟道温度冷却时，汽化的矿物质发生均相结核形成的。为了减少痕量元素的排放就必须抑制亚微米颗粒的形成。因此向炉膛喷入粉末状的固体吸附剂颗粒是一种可行的控制方法。向炉膛喷入固体吸附剂可为气态物质冷凝提供表面积，同时吸附剂还能与痕量元素蒸气发生化学反应，达到控制痕量元素排放的目的。把水合石灰、石灰石、高岭土、铝土矿注入 1000℃、1150℃、1300℃ 的炉中，其控制微量元素释放的效果与金属的种类、吸附剂和注入方式有关。当注入熟石灰和石灰石、高岭土时，亚微米级的微量元素浓度会减少，同时微量元素的捕获效率也升高了。

3. 燃烧后烟气脱汞

（1）**活性炭吸附** 活性炭吸附法脱除烟气中的汞可以通过以下两种方式进行：一种是在颗粒脱除装置前喷入活性炭，吸附了汞的活性炭颗粒经过除尘器时被除去；另一种是将烟气通过活性炭吸附床，一般安排在脱硫装置和除尘器的后面作为烟气排入大气的最后一个清洁装置，但如果活性炭颗粒太细会引起较大的压降。

在除尘器上游位置将活性炭粉喷入烟气中，使其在流动过程中吸附烟气中的汞，活性炭粉再通过下游的除尘装置与飞灰一起收集，从而实现烟气中汞的去除。选择合适的碳汞（C/Hg）比例。可以获得 90% 以上的脱汞效率。影响该技术汞去除效率的主要因素有：汞系污染物类型和质量浓度，烟气中其他组分（如 H_2O、O_2、NO_x 和 SO_x）的影响，烟气温度，所用活性炭的种类、数量及接触时间等。

另外，运用化学方法将活性炭表面渗入硫或者碘，可以增强活性炭的活性，且由于硫或碘与汞之间的反应能防止活性炭表面的汞再次蒸发逸出，可提高吸附效率。然而，由于存在低容量、混合性差、低热力学稳定性的问题，使得活性炭注入法非常昂贵。一般燃煤电厂难以承受。

活性炭吸附床除了能去除汞，还能去除有机污染物，如二氧（杂）芑、呋喃和酸性气体如 SO_2、HCl。烟气通过水平滤床，由吸附剂迁移至滤床。

（2）**飞灰脱汞** 飞灰对汞的吸附主要通过物理吸附、化学吸附、化学反应或者三种方式结合的方式。炭含量高的飞灰具有相当于活性炭等吸附剂的吸附作用，这种方法主要是将气态的汞吸附转化为颗粒态汞，进而达到脱除的目的。同时，飞灰对元素汞具有一定的氧化能力，残炭表面的含氧官能团 C—O 有利于 Hg 的氧化和化学吸附。飞灰容易获得，而且价格低廉。飞灰对汞的吸附也与飞灰粒径大小有关，飞灰中汞的含量随着粒径的减小而增大，飞灰粒径越小，比表面积越大。温度对汞也有影响，较低温度对飞灰的吸附更有利。

（3）**钙基吸附剂脱汞** 钙基类物质 $[CaO，Ca(OH)_2，CaCO_3，CaSO_4 \cdot 2H_2O]$ 的脱除效率与燃煤或废弃物燃烧烟气中汞存在的化学形态有很大关系，美国 EPA 研究结果表明，钙基类物质如 $Ca(OH)_2$ 对 $HgCl_2$ 的吸附效率可达到 85%，CaO 同样也可以很好地吸附 $HgCl_2$，但是对于单质汞的吸附效率却很低，而燃煤烟气中单质汞 HgO 的比例要高一些，因此可以得到在钙基类物质用于燃煤烟气中汞的去除效果却不尽如人意。

由于钙基类物质容易获取，而且价格低廉，同时又是脱除烟气中 SO_2 的有效脱硫剂，如果能够在除汞方面取得一定突破，那么将会在多种污染物同时脱除方面有重要意义，因而如何加强钙基类物质对单质汞的脱除能力，成为实现同时脱硫脱汞的技术关键和研究热点。

目前主要从两方面进行尝试，一方面是增加钙基类物质捕捉单质汞的活性区域，另一方面是往钙基类物质中加入氧化性物质。添加液态次氯酸、氯化钠溶液等氧化剂时，湿法烟气脱硫装置表现出较好的除汞效率。

其他吸附剂如贵金属、金属氧化物或硫化物也被人用于对汞的吸附。贵金属和汞能形成化合物，称为汞齐。在烟气温度下能重复吸附大量的汞及其化合物，而在热处理温度远高于烟气温度下又能脱除汞。

（4）选择性催化氧化脱汞　燃煤电厂通常使用选择性催化还原烟气脱硝技术用于尾气脱硝处理，而此过程能够增加汞的氧化并且改善其脱除率。

光催化氧化技术，是针对现有脱汞设备中 Hg^{2+} 的脱除效率较高而 HgO 脱除效率甚低的现象而开发的将 HgO 氧化处理的新技术。利用紫外光照射含有 TiO_2 的物质，使烟气通过时，发生光触媒催化氧化反应，将 HgO 氧化为 Hg^{2+} 便于后面在脱汞设备中被吸收，提高总汞的脱除率。

烟气中总汞的脱除率在 $45\%\sim55\%$ 范围内，由于 Hg^{2+} 易溶于水，容易与石灰石或石灰吸收剂反应，Hg^{2+} 的去除率可以达到 $80\%\sim95\%$，而不溶性的 HgO 去除率几乎为 0。如果通过改进操作参数，添加氧化剂使烟气中的 HgO 转化为 Hg^{2+}，除汞效率就会大大提高。同样吸收法也极易将 Hg^{2+} 脱除，因此 HgO 的脱除效率直接影响汞的总去除效果。

（5）电催化氧化联合处理技术脱汞　联合处理流程分三个步骤：首先，烟气流中的灰尘在经过 ESP 后大部分被捕捉，ESP 之后是一个介质阻挡放电反应器，它可以把烟气中的气态污染物成分高度氧化，例如，NO_x 经过氧化反应后形成 HNO_3；SO_2 被氧化后成为 H_2SO_4；Hg 被氧化成 HgO；这些氧化产物随后通过湿式除尘器被去除，同时小颗粒物质也被捕获。

（6）电化学技术脱汞　电化学技术是在常温下利用电导性多孔吸附剂捕获烟气中的 HgO，气态 HgO 被电离成 Hg^{2+} 从而附着在吸附剂表面。汞吸附剂可在电化学单元的阳极再生。同时 Hg^{2+} 以固态 HgO 的形态在阴极再生。此工艺可有效回收烟气中的汞。

三、利用烟气净化设备除汞

利用已有的烟气净化设备除汞是除汞的重要方法，这些净化设备的除汞效果如下。

1. 静电除尘器除汞

以颗粒态形式存在的汞比例较低，且这部分汞大多存在于亚微米级颗粒中，而一般的电除尘器对这部分粒径范围内的颗粒脱除效果较差，因此电除尘器的除汞能力有限。

2. 袋式除尘器除汞

袋式除尘器在脱除高比电阻粉尘和细粉尘方面有独特效果。由于细颗粒上富集了大量的汞，因此袋式除尘器有很大潜力，能够除去约 70% 的汞。但由于受烟气高温影响，同时袋式除尘器自身条件有限，不能仅靠袋式除尘器除汞。

3. 脱硫设施除汞

脱硫设施温度较低，有利于 Hg^0 的氧化和 Hg^{2+} 的吸收，是目前除汞最有效的净化设备。特别是在湿法脱硫系统中，由于 Hg^{2+} 易溶于水，容易与石灰石或石灰吸收剂反应，能除去约 90% 的 Hg^{2+}。

4. 脱硝设施除汞

选择性催化还原（SCR）和选择性非催化还原（SNCR）是两种常用的脱硝工艺。该工艺能够加强汞的氧化而增加将来烟气脱硫（FGD）对汞的去除率，德国电站试验测试发现，烟气通过 SCR 反应器后，Hg 单质所占份额由入口的 $40\% \sim 60\%$ 降到了 $2\% \sim 12\%$。

参 考 文 献

[1] 王纯，张殿印．废气处理工程技术手册．北京：化学工业出版社，2013.

[2] 张殿印，王纯．除尘工程设计手册．第 2 版．北京：化学工业出版社，2011.

[3] 杨丽芬，李友琥．环保工作者实用手册，第 2 版．北京：冶金工业出版社，2002.

[4] 台炳华．工业烟气净化．北京：冶金工业出版社，1999.

[5] 原永涛．火力发电厂电除尘技术．北京：化学工业出版社，2004.

[6] 肖宝垣．袋式除尘器在燃煤电厂应用的技术特点．电力环境保护，2003（3）：25-28.

[7] 张殿印，王纯，俞非漉．袋式除尘技术，北京：冶金工业出版社，2008.

[8] 董保澍．固体废物的处理与利用．北京：冶金工业出版社，1992.

[9] 杨飓．烟气脱硫脱硝净化工程技术与设备．北京：化学工业出版社，2013.

[10] 何争光．大气污染控制工程及应用实例．北京：化学工业出版社，2004.

[11] 杨飓．试论中小型锅炉烟气脱硫（FGD）的技术路线，中国电力环保，2009（3）：3-15.

[12] 祈君田，等．现代烟气除尘技术．北京：化学工业出版社，2008.

[13] 王永昌，等．火电厂脱硫石膏综合利用的可行性研究．中国电力环保．2007（05）：18-33.

[14] 赵宝江．火电厂脱汞技术综述．中国电力环保．2011．（06）：32-35.

[15] 王玉彬．大气环境工程师实用手册．北京：中国环境科学出版社，2003.

第三章

钢铁工业烟尘减排与回收利用

钢铁工业是为各方面提供原材料的一个工业部门，又是国家实现工业化和现代化的基础，故称之为原材料工业和基础工业。

钢铁工业是典型的流程制造业，从钢铁工业特点可以看出钢铁工业在实施循环经济、烟尘减排方面有巨大潜力。

第一节　钢铁工业烟尘来源与减排原则

钢铁工业既是典型的原材料和基础工业，又是资源密集型与能源密集型的产业，因此钢铁工业又是烟尘污染量大而广的企业。

一、钢铁工业工艺流程与烟尘来源

1. 钢铁工业制造流程

经过近 150 年的发展，现代钢铁企业已演变为两类基本流程。

（1）以铁矿石、煤炭等天然资源为源头的高炉—转炉—热轧—深加工流程和熔融还原—转炉—热轧—深加工流程。这是包括了原料和能源储运/处理、烧结—焦化—炼铁过程（熔融还原）、炼钢—精炼—凝固过程、再加热—热轧过程、冷轧—表面处理过程的生产流程（图 3-1）。

（2）以废钢这一再生资源和电力为源头的电炉—精炼—连铸—热轧流程。这是以社会循环废钢、加工制造废钢、钢厂自产废钢和电力为源头的制造流程，即所谓电炉流程（图3-1）。

随着钢铁冶金理论和工程技术的进步，钢铁生产流程经历了从简单至复杂，再从复杂到简化的演变过程，不仅工艺技术越来越先进，流程越来越连续、紧凑，而且环境友好程度也日益提高。

2. 钢铁工业烟尘来源

现代钢铁工业生产体系，可分为采矿、选矿、冶炼和精制等几大部分。钢铁工业排放大

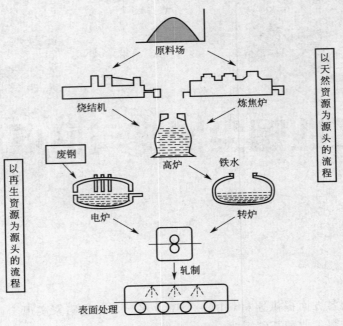

图 3-1 两类钢铁制造流程示意

气污染物数量很大。例如，一个年产 1000kt 钢的企业，仅在炼钢、炼铁、烧结三个生产过程中，每年就产约 $8×10^9 m^3$ 烟气和约 100kt 粉尘。烟气中有大量的一氧化碳、二氧化碳、二氧化硫，以及少量的硫化氢、焦油物质、氮氧化物等。钢铁工业生产中，烧结、焦化、炼铁和炼钢生产过程是大气污染的主要来源。一座年产 5000kt 钢的联合企业各个生产过程可集气处理的含尘气体量见表 3-1。

表 3-1 各个生产过程可集气处理含尘气体量

序号	场所	粉尘性质	处理气体量/(m³/h)	质量浓度/(g/m³)	温度/℃
1	原料	铁矿粉、煤粉、石灰粉	1000000～1500000	5～10	常温
2	烧结	焦粉、矿粉、烧结粉	2500000～2800000	5～20	部分高温
3	焦化	煤粉、焦粉、焦油	3000000～3500000	5～20	部分高温
4	石灰	石灰、白云石、氧化镁	600000～1000000	10～50	高温
5	炼铁	焦粉、矿粉、氧化铁粉、烟尘	4500000～5000000	1～10	部分高温
6	炼钢	含铁粉尘、耐火粉尘、矿渣、烟尘	3000000～4500000	1～10	部分高温
7	轧钢	氧化铁粉、煤烟	100000～150000	1～5	常温

钢铁工业生产中的各个环节几乎都排放污染物，如图 3-2 所示。

二、钢铁工业烟尘排放特点

钢铁企业各单元生产过程中均有烟尘产生，污染源分布极广。从原料准备到钢材出厂几乎每个环节都有散发粉尘的可能。

炼焦、烧结、炼铁和炼钢等单元 24h 不间断生产，尘源的烟尘连续排放，除尘器需要不间断地正常运行。除了必要的定期检修外，一年之内从不停止，作业率达到 100%。

（1）含尘气体排入量大，浓度高　从表 3-1 可以看出，每个生产环节需要处理的含尘气体量都很大，其中炼铁和炼钢为最大。烟气量约占整个生产过程的 50%。每个生

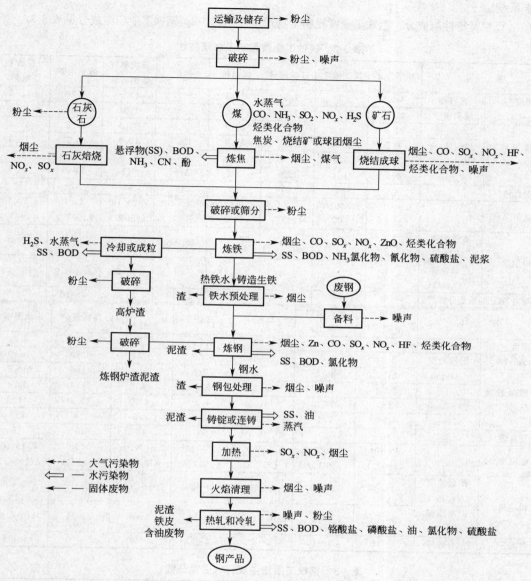

图 3-2 典型钢铁联合企业主要工艺及其污染物排放

产车间和各生产工段产生的烟尘浓度都较高,特别是炼钢转炉吹炼阶段产生的烟尘浓度(标态)高达 $50g/m^3$;另外转炉兑铁水过程中,烟尘外逸情况比较严重。按吨钢计算,每生产 1t 钢外排废气量达 $16100m^3$。

(2)粉尘成分复杂,含有其他成分 钢铁企业粉尘成分主要以含铁粉尘和原料粉尘为主。粉尘密度一般在 $0.6\sim1.5t/m^3$,粉尘电阻率在 $5\times10^6\Omega\cdot m$ 以上,粉尘粒径主要在 $0.2\sim20\mu m$,各生产过程的粉尘特点不尽相同,其中以炼焦化学厂烟尘成分(例如含有 SO_2、焦油等)最为复杂,处理也更为困难。

(3)烟气具有回收利用价值 钢铁生产排出的烟气中,高温烟气的余热可以通过热能回收装置转换为蒸汽,炼焦、炼铁、炼钢过程中产生的煤气已成为钢铁企业的主要燃料,并可外供使用,各烟气净化过程中所收集的粉尘,绝大部分含有氧化铁成分,可回收利用,返回生产系统。

（4）粉类特性与成分　钢铁工业常见粉尘物理特性见表3-2。钢铁工业粉尘成分见表3-3。

表3-2　钢铁工业常见粉尘物理特性

项　　目		井下铁矿	露天铁矿	选矿破碎	烧结机	高炉	顶吹氧气炼钢转炉	炼钢电炉	铁合金电炉
密度/(t/m³)	真密度	3.12	2.85	2.91	3.85	3.72	4.99	3.78	2.96
	堆积密度	1.60	1.60	1.20	1.60	1.66	1.04	1.60	1.50
质量粒度分布/%	>30μm	91.5	71.9	38.1	69.2	68.0	84.5	16.2	59.6
	30~10μm	2.7	23.3	44.7	17.9	19.9	10.9	64.3	19.9
	10~1μm	1.3	3.6	4.4	10.0	8.2	3.0	5.5	4.6
	<1μm	4.5	1.4	12.8	2.9	3.9	1.6	14.0	15.9
安息角/(°)		42	41	40	40	42	44	42	50
电阻率/Ω·m		3.9×10^8 (24℃)	8.5×10^8 (24℃)	1.0×10^7 (24℃)	8.0×10^8 (24℃)	9.1×10^6 (100℃)	2.2×10^9 (150℃)	5.4×10^8 (100℃)	1.5×10^8 (100℃)
粉尘量	质量浓度/(g/m³)	1~10	1~10	1~15	1~17	16~30	65~120	0.3~1.3	1~3
	产品指标/(kg/t)	3~8	5~15	5~15	10~15	10	1~2	2.2~10	10~20
游离SiO₂的质量分数/%		4~90	12~30	12~40	9~12	4~12	2~5	2~10	2~5

项　　目		热轧轧钢厂	耐火材料（黏土）	煤粉	焦炉	活性石灰回转窑	煤粉锅炉	水泥窑
密度/(t/m³)	真密度	4.41	2.52	1.69	2.20	2.59	1.72	2.82
	堆积密度	2.24	1.02	0.48	0.53	0.72	0.70	0.90
质量粒度分布/%	>30μm	57.2	36.5	53.2	78.5	25.2	41.5	50.5
	30~10μm	27.8	32.4	24.2	3.6	69.7	38.2	30.4
	10~1μm	3.0	24.0	14.2	4.3	4.9	13.9	14.9
	<1μm	12.0	7.1	8.4	13.3	0.2	6.4	4.2
安息角/(°)		40	50	45	50	40	45	45
电阻率/Ω·m		3×10^9 (150℃)	6.9×10^6 (23℃)	5.3×10^6 (25℃)	2.5×10^4 (150℃)	2.61×10^{10} (100℃)	8×10^7 (149℃)	2.4×10^8 (150℃)
粉尘量	质量浓度/(g/m³)	1~5	2~10	5~15	2~3	5~20	20~30	15~35
	产品指标/(kg/t)	5~10	2~5	10~20	5~10	4~8	3~11	110~185
游离SiO₂的质量分数/%		1~10	20~40	1~2	2~4	7~10	5~10	5~15

表3-3　钢铁工业粉尘成分（质量分数）　　　　　　　　　　单位：%

项　　目	TFe	FeO	Fe₂O₃	SiO₂	CaO	MgO	S	C	P₂O₅	MnO	Al₂O₃
烧结机	50.12	13.75	56.40	11.40	6.69	2.59	0.115	5.50	0.046		
高炉	48.37	18.77	56.37	12.77	5.84	2.46	0.055	5.68	0.050		
转炉	65.00	59.60	26.73	4.82	2.92	0.81	0.070	0.25	0.144		
电炉	27.30	7.00	31.26	3.36	9.84	21.85	0.205		0.040		
高炉瓦斯灰	40.26	42.12	13.29	11.70	6.62	1.40	0.095			0.13	2.01
活性石灰回转窑		0.8	4.0	74	1.9	0.12	灼减23.5				

三、钢铁工业烟尘减排总则

1. 一般规定

新建、扩建、改建和技术改造配套的除尘工程应按国家的基本建设程序进行。除尘工程应根据钢铁生产工艺合理配置，除尘系统排放应符合国家和地方钢铁工业大气污染物排放标准的规定。岗位粉尘浓度应符合标准规定的限值。除尘工程应由具有国家相应设计资质的单位设计。设计文件应符合《建筑工程设计文件编制深度规定》、环境影响报告书、审批文件及标准的要求。

除尘工程的总体布局应执行符合下列要求：

① 工艺流程合理，除尘器应尽量靠近污染源布置，管道应尽量简短；

② 合理利用地形、地质条件；

③ 充分利用厂区内现有公用设施及供配电系统；

④ 交通便利、运输畅通，方便施工及运行维护。

除尘系统的场地标高、场地排水、防洪等均应符合规定。除尘系统的装备水平应不低于生产工艺设备的装备水平。生产企业应把除尘设施作为生产系统的一部分进行管理。除尘系统应与对应的生产工艺设备同步运转。对生产工况负荷变化较大的除尘系统，除尘风机宜采取调速等节能措施。粉尘储存和运输应防止二次污染，鼓励综合利用。

2. 烟（粉）尘污染源控制

各烟（粉）尘污染源应设置集尘罩。集尘罩的设置应考虑工艺特点、设备结构、安全生产要求、方便操作和维修等因素。集尘罩不宜靠近敞开的孔洞（如操作孔、观察孔、出料口等），以免吸入大量空气或物料。对产生烟（粉）尘的工艺设备，应首先考虑从工艺上采取密闭措施。集尘罩内应保持一定的负压，并避免吸入过多的生产物料，集尘罩的扩张角不宜大于 60°。带式输送机受料点集尘罩与溜料槽相邻两边的距离不宜小于 500mm。带式输送机导板密闭罩的净空高度不宜小于 400mm。当溜料槽与带式输送机垂直交料时，宜在溜料槽前、后分别设置集尘罩。

3. 除尘管道设计

（1）除尘管网的支管宜从主管的上部或侧面接入，连接三通的夹角宜为 15°～45°；丁字连接时宜采用导流措施（补角三通）。除尘管道应采取防积灰措施，并考虑设置清灰设施和检查孔（门）。除尘管道积灰荷载宜按管内积灰高度不低于管道直径 1/8（非亲水性粉尘）或 1/5（亲水性粉尘）的灰量估算，或按积灰面积不小于管道截面积 5% 的灰量估算。除尘管道内风速在常温条件下应取 14～25m/s。

（2）除尘管道的壁厚应根据管内气体温度、管道刚度及粉尘磨琢性等因素综合确定，并考虑烟气温度、管道直径（或矩形管边长）、管道壁厚、管内压力、支架间距等因素决定是否设加强筋。壁厚取值可参照表 3-4。

表 3-4　除尘管道壁厚

序　号	除尘管道直径 D 或矩形长边 B/mm	矩形管壁厚/mm	圆管壁厚/mm
1	$D(B) \leqslant 400$	3	3～4
2	$400 < D(B) \leqslant 1500$	4	4～6
3	$1500 < D(B) \leqslant 2200$	6	6～8
4	$2200 < D(B) \leqslant 3000$	6～8	6～8
5	$3000 < D(B) \leqslant 4000$	6～8	8～10
6	$D(B) > 4000$	8	10～12

输送含尘浓度高、粉尘磨琢性强的含尘气体时，除尘管道中易受冲刷部位应采取防磨措施，宜加厚管壁或采用碳化硅、陶瓷复合管等管材。高温管道或设于室外且距离除尘器较远的常温管道，宜设置补偿器，补偿器两端设支架。

（3）除尘器进出口及风机进出口管道上宜设置柔性连接件，并设固定支架，隔离变形引起的推力。除尘管道应设置测量孔和必要的操作平台。输送相对湿度较大、易结露的含尘气体时，管道应采取保温措施。

（4）除尘系统管网应进行阻力计算及阻力平衡计算，同一节点上两支管阻力差不应超过

10%，否则应改变管径或安装调节装置。输送爆炸性气体或粉尘的管道应设泄爆装置，并可靠接地。

4. 除尘器选择

（1）选择除尘器应考虑如下因素：

① 烟（粉）尘的物理、化学性质，如温度、密度、粒径、吸水性、比电阻、黏结性、含湿量、露点、含尘浓度、化学成分、腐蚀性、爆炸性等；

② 含尘气体流量、排放浓度及除尘效率；

③ 除尘器的投资、金属耗量、占地面积及使用寿命；

④ 除尘器运行费用（水、电、备品备件等）；

⑤ 除尘器的运行维护要求及用户管理水平；

⑥ 粉尘回收利用的价值及形式。

（2）除尘系统宜采用负压式并优先选用干式电除尘器或袋式除尘器。选择袋式除尘器时，应根据气体和粉尘的物化性质、清灰方式等因素确定过滤风速。

（3）除尘器在系统中的布置以及所采取的防爆、防冻、降温等措施应符合有关规定。在处理高温、高湿可能导致除尘器结露的含尘气体时，除尘器应采取保温措施，必要时增设伴热系统。

5. 除尘系统卸灰、输灰装置与辅助设施设计

（1）除尘器收集的粉尘回收利用应符合有关规定。干式除尘器的灰斗及中间贮灰斗的卸灰口，宜设置插板阀、卸灰阀及伸缩节。除尘器卸、输灰宜采用机械输送或气力输送，卸、输灰过程中不应产生二次污染。卸、输灰系统设备选型应以后一级设备能力高于前一级设备能力为原则。

（2）除尘器收集的灰尘需外运时，应避免粉尘二次污染，宜采用粉尘加湿、卸灰口吸风或无尘装车装置等处理措施。在条件允许的情况下，宜选用真空吸引压送罐车。

（3）处理高温、高浓度含尘气体时，除尘器前宜设置预处理设施，预处理设施应简单、可靠、阻力损失低。烟气降温应优先考虑余热回收。

（4）袋式除尘器处理含炽热颗粒物的含尘气体时，在除尘器之前应设火花捕集器。袋式除尘器清灰及除尘系统阀门驱动所需压缩空气应尽量取自生产厂区压缩空气管网。袋式除尘器的压缩空气供应系统由除油、除水、净化装置和储气罐、调压装置等组成。储气罐应尽量靠近用气点，调压装置应设在储气罐之后。

（5）寒冷地区应防止压缩空气供应系统结冰，输气管网应保温，必要时应采取伴热措施。

（6）处理煤气等易爆气体时应采用氮气作为除尘器的清灰介质。

6. 风机及调速装置选用

（1）除尘系统管网的计算风量、风压不能直接用于风机、电机选型，应按规定考虑漏风损失及电机轴功率安全系数附加等因素。

（2）除尘系统的实际温度和当地大气压力与风机设计工况下的温度、大气压力有差别时，风机配用电机的所需功率应按下式计算：

$$P = \frac{B}{101325} \times \frac{273+t}{273+t_1} \times \frac{Qh}{1000 \times 3600 \times \eta_1 \eta_2} \times K \tag{3-1}$$

式中，P 为电机的所需功率，kW；B 为使用地点的大气压力，Pa；t 为风机设计工况下的温度，℃；t_1 为风机使用的实际温度，℃；Q 为选型风量（在设计风量上附加管道漏风量、除尘器漏风量），m^3/h；h 为选型风压（由除尘系统计算压力损失和附加值组成，附加值按 GB 50019 执行），Pa；η_1 为机械效率，取 0.98；η_2 为风机内效率；K 为电动机轴功率安全系数（通风机取 1.15，引风机取 1.3）。

（3）除尘系统需多台风机并联工作时，应选取相同型号、相同性能的机组，其风量、风压应按 GB 50019 中有关规定确定。

（4）周期性变负荷运行的除尘系统，风机应配置与工艺设备联锁控制的调速装置，并采取必要的措施，防止因管道内风速过低引起的水平管道内粉尘沉降。

（5）除尘系统处理潮湿或含水蒸气的含尘气体，风机内壁可能出现凝结水时，应在风机底部采取排水措施。

7. 排气筒（烟囱）设计

除尘系统的排气筒高度应按规定计算。排气筒的出口直径应根据出口流速确定，流速宜取 15m/s 左右。大型除尘系统排气筒应设置清灰孔，多雨地区应考虑排水设施。

8. 除尘系统控制及检测设计

（1）除尘系统控制及检测应包括系统的运行控制、参数检测、状态显示、工艺联锁等。

除尘系统采用集中和就地两种控制方式，或者单独采用某一种控制方式。除尘系统集中控制的设备，应设现场手动控制装置，并可通过远程自动/手动转换开关实现自动与就地手动控制的转换。除尘系统运行控制应包括系统与除尘器的启停顺序、系统与生产工艺设备的联锁、运行参数的超限报警及自动保护等功能。与生产工艺紧密相关的除尘系统，宜在生产工艺控制室及除尘系统控制室分别设置操作系统，并随时显示其工作状态。除尘系统控制室应尽量靠近除尘器。

（2）除尘系统的运行检测、显示及报警项目宜包括以下内容：

① 除尘器进出口风量、静压、温度、湿度、除尘器出口粉尘浓度；

② 高温烟气降温设备进口和出口的介质流量、压力、温度，烟气流量、温度、静压；

③ 风机轴承温度，电机轴承温度、定子温度、振幅、转速；

④ 除尘系统用油循环系统及冷却介质的流量、温度、压力；

⑤ 大型电机电流；

⑥ 电除尘器各电场一、二次电流和电压。

（3）除尘工程应按照国家钢铁工业大气污染物排放标准的要求设置连续监测系统，并与当地环保部门联网。连续监测装置和数据传输系统应符合标准规定。

第二节　烧结工序烟尘减排与回收利用

一、烧结烟尘的来源和特点

烧结生产，实质上是高炉炉料的预处理过程。铁矿石经过烧结，冶炼性能改善，有害元素减少，从而可大大提高铁水的产量和质量。

烧结生产过程包括配料、焙烧、分选和成品 4 个阶段。烧结生产所用的原料、辅料、燃料分别是铁矿粉、熔剂和煤（焦）粉，按照一定的粒度和配比要求，遵循一定的工艺流程和控制条件，在烧结机内焙制成可供高炉炼铁用的烧结矿熟料，铁矿粉的粒度小于 6mm，熔剂和燃料粒度小于 3mm，燃料配比 6%～7%，原辅料配比按碱度 CaO/SiO_2 为 1.55～1.75 计算确定。烧结熟料含 Fe 品位要求 58%～60% 以上，粒度 5～6mm。烧结机工作原理见图

3-3。

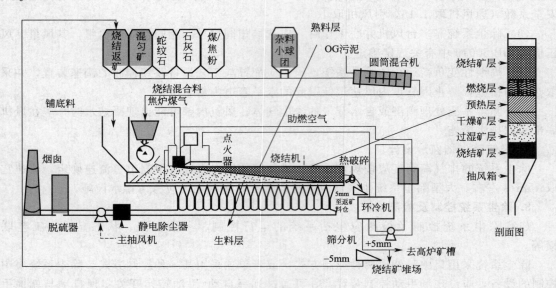

图 3-3 烧结机的工作原理

烧结设备分为抽风式和鼓风式两大类。现代化大型烧结厂都采用抽风式带式烧结机。用布料器先将底料布放于台车上，底料厚度 10～20mm，然后布放生料于底料之上，料层厚度 600～800mm，用焦炉煤气预热至 1300℃ 左右即可点火，台车一面以 2.4～7.2m/min 的速度向前移动，一面完成动态焙烧，从而形成渐进式带状焙烧环境。点燃的火焰呈倒置形态，向下穿行于生料层的缝隙而达到烧结目的。由于台车下部两侧设有与焙烧带平行的系列风箱，借助风机强力抽引将风箱内的烟气通过排烟支管—干管—总管，最终由烟囱排放。

烧结系统粉尘的来源主要有：混合料在烧结过程中，烧结机头部、机尾产生大量烟尘。烧结矿在破碎、冷却、筛分、整粒、运转中产生粉尘。

烧结工艺生产过程中，特别是烧结细磨精矿粉时，经主抽烟机排出的烟气中含有很多粉尘，如增设铺底料后，含尘量虽大大降低，但其含尘浓度（标态）仍达 0.5～1g/m³，为了使烟气排放浓度达到国家规定的烟气排放标准，防止原料的浪费，保护烧结主抽烟机，提高烧结生产的作业率。烧结机烟气必须进行除尘净化。

烧结机烟气的特性详见表 3-5。

表 3-5 烧结机烟气特性

项　目	特　性	备　注
烟气温度	在正常情况下小于 150℃，烧结机生产过程中，波动时，可高达 190～200℃	
烟气湿度	按体积比计算，水分含量为 10% 左右	
烟气密度（标态）/(kg/m³)	不包括水蒸气的干烧结烟气密度、湿烧结烟气密度	
烟气化学成分	烟气中含有 CO_2、CO、O_2、N_2、SO_2、NO_x 等成分	质量分数按实测定数
烟气含尘浓度（标态）/(g/m³)	有铺底料时大约 0.5～1 无铺底料时大约 2～4	按实测定数
粉尘粒度分布	根据烧结原料的粒径，烟气粒径分布变化极大	按实测定数
粉尘堆积密度/(t/m³)	1.7～1.8	
粉尘电阻率/Ω·m	一般为 1～100	按实测定数
粉尘黏度	粉尘黏度与化学成分有关，粉尘中氧化钙及钾、钠含量增高，黏度随之增大	

二、烧结机头部烟尘减排

1. 密闭方式

烧结机头部除尘主要包括烧结机头大密闭罩，大烟道运灰胶带机和铺底料系统的胶带转运受料等处的扬尘点，含尘空气一般都集中到机尾除尘系统净化处理。

（1）烧结机头部 为排除烧结机头部产生的余热和防止粉尘散至工作区，需在烧结机头部设置大容积密闭罩（图3-4）并设机械抽风，抽风温度约60～90℃，抽风量见表3-6。

表 3-6 烧结机头部抽风量

烧结机规格/m²	抽风量/(m³/h)	烧结机规格/m²	抽风量/(m³/h)
13	2000～3000	50	6000～7500
18	3000～4000	70	7000～8500
24	4000～5000	90	8000～10000
36	5000～6000	130	9000～12000

（2）±0.000m 平面运灰胶带机 为排除烧结机大烟道向胶带机卸尘时产生的粉尘，需在胶带机上设整体密闭罩，各卸尘点设机械抽风，为节省风量，各吸尘抽风罩上设电动蝶阀，并与卸尘管上的卸灰阀连锁，抽出的风量并入机尾除尘系统净化处理。

（3）铺底料胶带机 铺底料胶带机受料点和转运点扬尘，可采用局部密闭并抽风，抽风量可按表800～1800m³/h选取，设备规格大，取大值。

2. 污染物特点

污染物特点如下。

（1）烟气量大 每生产1t烧结矿约排出烟气3600～4300m³，按烧结面积则为70～95m³/(m²·min)。粉尘的磨琢性强，除尘设施应采取防磨措施。含湿量高，由于烟气中含有SO_2，其

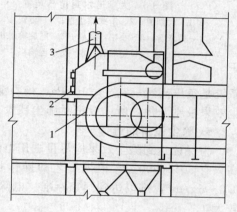

图 3-4 烧结机头部排风
1—烧结机；2—机关密闭罩；3—排风管

露点温度较高，除尘设备应保温，以防止烟气结露腐蚀设备和粉尘的黏结。烧结机烟气净化较广泛地采用电除尘器。

（2）含SO_2量高 硫是影响钢铁质量的有害元素，在烧结过程中能脱除混合料中80%～95%的硫，使进入高炉的烧结矿含硫量降低到要求的指标。烧结过程脱硫主要是转化SO_2，以防进入烟气中。钢铁企业的SO_2主要从烧结车间排出，其浓度与原料的含硫量和设备漏风率有关，浓度一般在500～1000mg/L之间。

（3）粉尘量大且含铁高 烧结机烟气是烧结厂最主要的粉尘污染源，每生产1t烧结矿产生的烟气中含有粉尘5～18kg，烧结机烟气粉尘中含铁量和烧结矿相近，均返回原料系统加以利用。根据烧结工艺及粉尘产生的主要原因，可改进生产工艺和完善除尘方式。

3. 烟气治理工艺流程

烧结机烟气一般先在大烟道中除尘，然后进入集中的除尘设备，再经抽风机通过高烟囱向大气排放，大烟道和除尘器收下的粉尘则经过输灰设备进入返矿系统。

（1）治理工艺采用干法除尘 烧结机烟气除尘一般都采用干式除尘器，以免湿法除尘引起复杂的除尘废水处理和水污染。

（2）设置大烟道水封拉链 过去大烟道捕集的烟气均由集灰斗经双层卸灰阀到运输机上

运出，由于大烟道灰尘较粗且夹带烧结矿块，易使阀门卡死，造成卸灰困难，阀门漏风后将大烟道内难已沉降的粉尘重新扬起，降低了大烟道的降尘作用，因此，在其中设水封拉链以提高大烟道的密封性，使机器检修很不方便。目前部分烧结厂在大烟道外部设水封拉链，将大烟道各排灰管、除尘器排灰管和小格排灰管等均插入水封拉链机槽内，灰尘在水封中沉淀后由拉链带出，卸到胶带运输机上，装设后可使卸灰系统密封可靠，并杜绝粉尘的二次飞扬。由于漏风量大大减少，抽风系统负压提高，烧结矿质量提高。如图 3-5 所示。

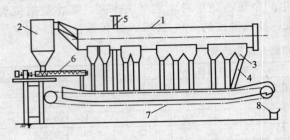

图 3-5　大烟道水封拉链装置

1—大烟道；2—干式除尘器；3—集灰斗；
4—排灰管；5—小格排灰管；6—螺旋输送机；
7—水封拉链装置；8—胶带运输机

4. 系统的配置

（1）设置耐磨衬里　烧结机烟气粉尘的磨琢性强，应采取预磨措施，如设耐磨衬里、多管除尘器采用耐磨铸铁制造。

（2）设置保温层　烧结机烟气含湿量高，因其中 SO_2 烟气露点温度高，如处理不当，会产生结露，造成设备的腐蚀和粉尘的黏结，因此，大烟道、多管除尘器和电除尘器等都设保温层。

（3）采取防止漏风的措施　烧结机烟气系统是负压高达 $-20 \sim -10kPa$，极易漏入空气，漏风不仅影响矿的质量和产量，而且使除尘效果极剧恶化，所以设密封卸尘装置。

5. 除尘设备的选择

为保证达到除尘效果应尽量选用电除尘器，也有小厂选用旋风或多管除尘器，其效率最高只有 $80\% \sim 90\%$，根据工艺和操作状况的不同，一般烧结大烟道出口烟气含尘浓度约 $0.5 \sim 6g/m^3$，难以达到国家标准。电除尘可以达到国家标准，效率较高，阻力低，但投资较大。

烧结机粉尘属高电阻率粉尘，应注意电除尘器与其供电设备的合理选型，如宽极距超高压电除尘器和脉冲供电机组。

小型烧结机选用大型旋风除尘器和多管除尘器有一定的实用性，维修简单，除尘效率高，维护与大修周期无关。但是，应考虑排放达标的问题。

6. 烟尘治理工艺流程

烟尘治理工艺流程如图 3-6 所示。

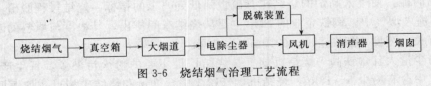

图 3-6　烧结烟气治理工艺流程

7. 烧结机烟气除尘注意事项

（1）由于烧结机烟气温度是波动的，为了保护电除尘器及主抽烟机，使之在正常温度下工作，在降尘管上应设有冷风吸入阀，由电除尘器进口烟气温度的检测值信号控制冷风吸入阀的开闭，当烟气温度超过 180℃ 时，第一个冷风阀开启，温度超过 190℃ 时，第二个冷风阀开启，温度达 200℃ 时，电除尘器电场断电并报警。当烟气温度降到 180℃ 以下时，阀又自动关闭。为消除冷风吸入阀的吸风噪声，在冷风吸入阀吸风口处设置消声器。

（2）由于烧结烟气含水量约为 10%（按体积比计算），当烟气温度低于露点时，烟气中所含的硫与烟气中所含的冷凝水结合后易腐蚀设备，因此电除尘器外壳（包括灰斗）必须保温，以防结露。

（3）烧结烟气中钾块、钠块含量高会使粉尘电阻率升高，降低除尘效率。

（4）电除尘器的电场流速可按 $0.9\sim1.4\text{m/s}$ 选取。一般烧结烟气电除尘器极间距为 300mm 时，粉尘有效驱进速度推荐值为 $4\sim8\text{cm/s}$。

（5）除尘器不论是采用多管除尘器（小型烧结机）还是采用电除尘器，为了获得良好的气流分布，提高除尘效率，降低阻力损失，在一般情况下应配置在烧结室（机头）的正前方。

（6）为方便检修，可考虑在多管除尘器上部设电动单轨或电动单梁起重机，如果采用电除尘器，供给装置放在除尘器顶部，应考虑设置检修起重设施，以利对顶部的供电装置进行整体更换。

（7）除尘设备要与脱硫装置统一考虑。大中型烧结机尤其要考虑脱硫。

三、烧结机机尾除尘

烧结机机尾除尘包括烧结机尾部和紧靠它配置的生产设备（如破碎、筛分和运输设备等）所散发的含尘气体，一般都集中到机尾除尘系统进行处理。

烧结机尾除尘系统的特点：气体温度 $80\sim200℃$，含尘浓度（标态）$5\sim15\text{g/m}^3$，含湿量很低，粉尘回收量大，有回收价值（含铁约 50%），遇水时有黏性并能结垢（含氧化钙约 10%），一般二氧化硅含量小于 10%。

（一）设备的密闭和抽风量

由于物料为炽热烧结矿，气体受热有强烈上升趋势，宜采用容积较大的密闭罩，并将抽风罩布置在密闭罩的最高点。

1. 热烧结矿运输

热烧结矿由烧结机尾部卸下，经单辊破碎机破碎和固定筛筛分，成品烧结矿落入矿槽，由矿槽给入运输设备运出，筛下返矿落入矿槽，并经圆盘给矿机卸至配料胶带机或链板运输机。各产尘点的除尘密闭和抽风如图 3-7 所示，除尘抽风量和有关参数见表 3-7。

（1）烧结机尾部（图 3-7 和表 3-7 抽风点 1）应设大容积密闭，缓冲瞬间冲击气流所造成的正压（图 3-8）将密闭罩延长到占真空箱总数的 $(1/3)\sim(1/2)$（大型烧结机取下限，小型烧结机取上限），使部分机尾含尘气体经烧结料层和真空箱由抽烟机抽走，可减少机尾除尘抽风量。此时必须在烧结机弯道之间，返回台车与单辊破碎机平台之间，弹性滑道与台车轨道之间，以及台车骨架与烧结机平台之间设置密封板。当上述密封措施做得比较严密时，抽风量还可少于表 3-7 所列数值的低限。

单辊破碎机和固定筛产生含尘气流可上升到机尾密闭罩中（图 3-7），表 3-7 点 1 抽风量中已考虑了这一因素。

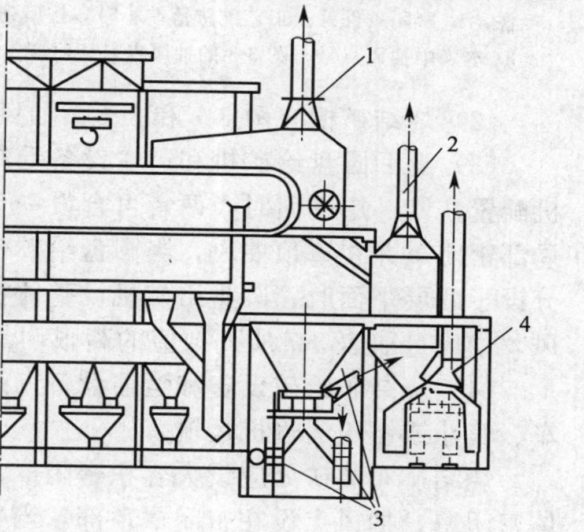

图 3-7　热矿运输烧结机尾除尘密闭和抽风

1—烧结机尾部抽风点；2—烧结矿槽抽风点；
3—返矿圆盘给矿机和运输设备受料点抽风点；
4—烧结矿给矿设备和矿车装车点抽风点

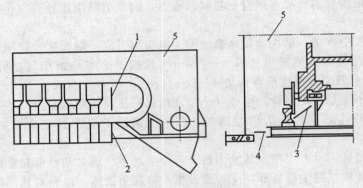

图 3-8　烧结机尾部密闭

1—烧结机弯道之间的密封板；2—返回台车与单辊破碎机平台之间的密封板；3—弹性滑道与台车
轨道之间的密封板；4—台车骨架与烧结机平台之间的密封板；5—大容积密闭罩

表 3-7　热烧结矿运输机尾除尘抽风量和有关参数

密闭形式及抽风点	机尾大容积密闭罩（抽风点 1）	烧结矿槽密闭罩（抽风点 2）	返矿圆盘给矿机和运输设备密闭罩（抽风点 3）	烧结矿给矿设备和运输设备密闭罩（抽风点 4）		
				烧结矿车大容积密闭	箕斗整体密闭	链板运输机整体密闭
气体温度/℃	150～200	100～150	80～150	40～60	60～100	60～100
含尘浓度/(g/m³)	5～15	5～15	3～10	2～6	3～8	3～8
烧结机规格/m²	抽风量/(m³/h)					
1.1×12=13.2	15000～20000	5000～8000	6000～10000		8000～12000	6000～10000
1.5×12=18.0	20000～30000	6000～10000	8000～12000	20000～30000	10000～15000	8000～12000
1.5×16=24.0	25000～30000	8000～12000	10000～15000	25000～35000	12000～18000	10000～15000
1.2×20.25=24.0	25000～30000	8000～12000	10000～15000	25000～35000	12000～18000	10000～15000
1.5×24=36.0	25000～30000	10000～15000	12000～18000	30000～40000	15000～20000	15000～20000
2.0×25=50.0	30000～40000	12000～18000	15000～22000	40000～50000		
2.5×30=75.0	35000～45000	15000～20000	15000～25000	40000～50000		
2.5×36=90.0	40000～55000	18000～24000	20000～30000	45000～55000		

注：1. 密闭条件好，工艺配置落差小时，按所列风量范围取其下限，反之取其上限。

2. 本表中抽风点号与图 3-3 的抽风点号相对应。

（2）烧结矿槽（图 3-7 和表 3-7 抽风点 2），在烧结矿槽的上部设抽风罩。

（3）返回圆盘给矿机和运输设备受料点（图 3-7 和表 3-7 抽风点 3），圆盘给矿机和运输机配置在同一层平面时，两者可合设一个整体密闭罩，并在罩顶抽风，另外在运输机尾部设局部密闭罩并在罩顶抽风，当圆盘给矿机通过分叉溜槽向两条运输机卸料，给矿机和运输机分设于两层平面时，圆盘给矿机设整体密闭罩并抽风，运输机受料点及尾部设局部密闭并抽风，抽风量取表 3-7 所列数值的高限，其中圆盘给矿机占 60%，运输机受料点占 40%。

（4）烧结矿给矿设备和运输设备（图 3-7 和表 3-7 抽风点 4），成品烧结矿一般用烧结矿车、箕斗或链板运输机运输。

烧结矿车装矿处应设大容积密闭罩，并在上部抽风，当采用箕斗时，箕斗装矿处应设整体密闭罩，抽风点设在密闭罩顶部，当采用链板运输机时，链板运输机受矿点和给矿设备应整体密闭并抽风，链板运输机尾部亦应局部密闭并抽风。

2. 冷烧结矿运输

热烧结矿由烧结机尾落至单辊破碎机进行破碎，并经热振筛筛分，筛上矿卸至冷却机，冷却后的烧结矿由胶带机运出，筛下热返矿由配料胶带机或链板运输机运出。各产尘点的除尘密闭和抽风如图 3-9 所示，除尘抽风量和有关参数见表 3-7。

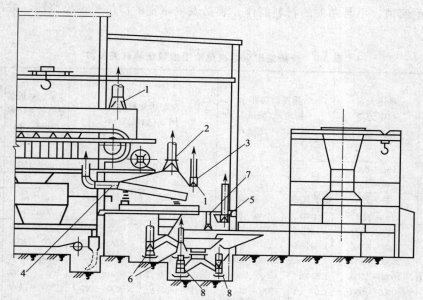

图 3-9　冷矿运输烧结机尾除尘密闭和抽风

1—烧结机尾部抽风；2～4—热振筛筛上、卸料端和受料端抽风；5,7—冷却机受料点抽风；
6—热返矿受料点抽风；8—给矿机和胶带机受料点抽风

（1）烧结机尾部（图 3-9 和表 3-7 之点 1）参见热烧结矿运输和机尾部分有关内容。

（2）热振筛一般设局部密闭罩，分几点抽风，由于配置不同，抽风点数和各点风量分配也有所不同（如图 3-9 配置，分三点抽风），筛上点 2 抽风量占热振筛总风量的 70%，热振筛卸料端点 3 和受料端点 4 各占 15%。

大型热振筛如本身不带通风设施，热振筛横梁的工作温度很不均匀，中部温度较高，一般可达 600～700℃，两侧温度约 300～500℃，在同截面上，上部温度比下部温度高，因而产生较大的热应力，对横梁造成极不利的工作条件。因此，应考虑小梁通风，每根小梁通风量约为 400～500m³/h。

为不影响热振筛的检修，其小梁通风管宜考虑为移动式。当进气温度为 15℃，出气温度 50～60℃说明冷却气体带走了很多热量，横梁中部的温度有明显下降。

（3）冷却机受料点（图 3-9 和表 3-8 抽风点 5），筛上烧结矿一般经溜槽卸入冷却机，冷却机受料点应密闭，并在密闭罩顶部抽风。

（4）返矿受料点（图 3-9 和表 3-8 抽风点 6），筛下热返矿直接卸至配料胶带机或链板运输机时，受料点应设密闭罩并抽风。当返矿经圆盘给矿机卸出时，密闭和抽风参见图 3-9 和表 3-8 抽风点 3。

（5）冷却机卸料点或胶带机受料点（图 3-9 和表 3-8 抽风点 7 或点 8），当冷却机通过小矿仓和给矿机向胶带机卸矿时，其卸料点应设密闭罩并抽风。当冷却机直接向胶带机卸料时，冷却机卸料点和胶带机受料点可合设一个整体密闭罩，并在密闭罩上部抽风，抽风量可按点 7 采取。

（二）除尘系统治理工程

（1）优先选用干法除尘，可以避免湿法除尘带来的废水污染，同时也有利于粉尘的回收利用。采用湿法除尘时，应注意采取防止结垢和堵塞的措施，如湿式防尘器的关键部件要选用不锈钢等耐腐蚀、不易结垢的材料制作。容易发生堵塞的部位要设检修门，采用明沟排水便于疏通等。

表3-8　冷烧结矿运输机尾除尘抽风量和有关参数

密闭形式及抽风点	机尾大容积密闭罩（抽风点1）	热振筛局部密闭罩（抽风点2、3、4之和）		冷却机受料点密闭罩（抽风点5）		返矿运输设备受料点密闭罩（抽风点6）	冷却机卸料点密闭罩（抽风点7）或给矿机和胶带机受料点整体密闭罩（抽风点8）
气体温度/℃	150~200	150~250		100~150		80~150	40~60
含尘浓度/(g/m³)	10~15	5~10		5~10		3~10	3~8
烧结机规格/m²	抽风量/(m³/h)	筛子规格/mm	抽风量/(m³/h)	冷却机形式	抽风量/(m³/h)	抽风量/(m³/h)	抽风量/(m³/h)
1.1×12=13.2	10000~15000	1.5×3.5	8000~12000	—	3000~5000	6000~10000	3000~5000
1.5×12=18.0	1500~20000	1.5×4.0	12000~15000	振冷机	4000~6000	8000~12000	4000~6000
1.5×16=24.0	20000~25000	1.5×4.5	15000~20000	振冷机、带冷机	4000~6000	10000~15000	5000~7000
1.2×20.25=24.0	20000~25000	1.5×4.5	15000~20000	振冷机、带冷机	4000~6000	10000~15000	5000~7000
1.5×24=36.0	20000~30000	1.5×4.5	15000~25000	带冷机、环冷机	5000~8000	12000~18000	5000~8000
2×25=50.0	25000~35000	2.5×7.5	30000~40000	环冷机	6000~10000	15000~22000	6000~9000
2.5×30=75.0	30000~40000	3.1×7.5	35000~45000	环冷机	6000~10000	15000~25000	6000~10000
2.5×45=90	30000~45000	3.1×7.5	40000~60000	环冷机	8000~12000	20000~30000	6000~10000
2.5×36=90.0	30000~45000	3.1×7.5	40000~60000	环冷机	8000~12000	20000~30000	6000~10000
2.5×52=130	40000~50000	3.1×7.5	40000~60000	环冷机	8000~12000	25000~35000	6000~10000
3.0×60=180.0	65000~75000	3.1×8.34	65000~75000	环冷机	30000~40000	55000~65000	75000~85000
3.5×75.7=265.0	95000~105000	3.1×8.34	95000~105000	环冷机	55000~65000	55000~65000	85000~95000
4.0×75=300.0	180000~220000	无热筛		鼓风机带冷机	65000~75000		100000~120000
4.5×100=450.0	265000~275000	无热筛		鼓风机带冷机	95000~100000		100000~120000

注：1. 密闭条件好、工艺配置落差小时，按所列风量范围取其下限，反之取其上限。

2. 本表中抽风点号与图3-9之抽风点号相对应。

（2）机尾除尘系统一般宜采用袋式除尘器净化即可以达到国家排放标准要求。采用旋风或多管除尘器和电除尘器二级净化时，经过旋风或多管除尘器预净化，可以减轻电除尘器的粉尘负荷，但投资和动力消耗均有较大增加。

（3）在某些特殊情况下，机器除尘系统也可以采用旋风除尘器和冲击除尘器二级净化。

（三）系统的配置

（1）新建的烧结机尾几乎全部采用袋式除尘系统，机尾采用大容积密闭罩。烧结机尾废气运动激烈，且温度高，具有强烈的上浮趋势。一般烧结机尾部设大容积密闭罩，使激烈运动的含尘气流得以缓冲。抽风点要设在机尾大容积密闭罩的顶部，因势利导，将上升的含尘热气流抽出，以减少机尾粉尘外逸，降低除尘抽风量。

（2）延长机尾密闭罩，减少机尾抽风量。机尾密闭罩向烧结机方向延长，将最末几个真空箱上部的台车全部密闭，利用真空或其他力，通过台车料层抽取密闭罩内的含尘废气，以降低机尾除尘抽风量。延长密闭罩要以不影响台车检修为原则，一般为两个真空箱的长度。

（3）设置耐磨衬里。机尾粉尘磨琢性强，又因废气含尘浓度高，往往造成管路和除尘设备的磨损。可在管道弯头的外弯侧、旋风防尘器的入口和锥体等磨损严重的部位加设铸铁或石英砂混凝土耐磨衬里。

（四）除尘设备的选用

除尘设备优先选用袋式除尘器。经过多年的实践证明，机尾除尘系统使用其他除尘设备虽然投资少，但难以达到排放标准要求。据现有的测定资料表明，使用袋式除尘器的机尾除尘系统可以排放达标，因而采用袋式除尘器的逐渐增多。其工艺流程如图3-10所示。

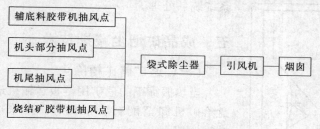

图3-10　烧结机尾烟气治理流程

四、烧结矿冷却系统除尘

1. 机上冷却

机上冷却由于不需热振筛和单独的冷却机，有利于环境的除尘。机上冷却，机尾卸料处一般单独设置除尘系统，除尘器一般采用袋式除尘器。

2. 环式冷却机

环式冷却机又分鼓风冷却和抽风冷却两种形式。

（1）鼓风冷却　采用大型环式鼓风冷却时，第一排气筒排出的废气温度约300～350℃，最高可达400℃；废气含尘浓度（标态）约1～1.5g/m³，为减少粉尘污染及回收热能，采用余热回收利用设施，其工艺流程如图3-11所示，环式鼓风冷却机

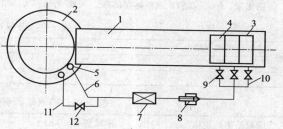

图3-11　鼓风环式冷却机余热回收设施

1—450m² 烧结机；2—460m² 鼓风环式冷却机；3—点火炉；4—保温炉；5—集气罩；6—废气导管；7—多管旋风除尘器；8—引风机；9—调节阀；10—支管；11—旁通管；12—冷风吸引阀

排出的废气由集气罩引出后，经废气导管进入多管旋风除尘器净化［净化后的废气含尘量（标态）为200mg/m³ 以下］，净化后的废气由引风机送至烧结机的点火炉、保温炉，作为煤气的助燃空气。余热利用也可以产生蒸汽，或者发电。

（2）抽风冷却　采用抽风冷却的环式冷却机，国内一般仅在环冷机受料点、卸料点设密闭罩并抽风，抽出的含尘气体，并入机尾电除尘系统处理。抽风地点及抽风量见图3-9和表3-8。

3. 带式冷却机

带式冷却机又分鼓风冷却和抽风冷却两种形式。

（1）鼓风冷却　第一个排气筒的废气一部分由集气罩引出后，进入多管除尘器净化后，由引风机送往烧结机的点火炉作为煤气的助燃空气。

带冷机头部卸料点及尾部受料点均应设密闭罩并抽风，抽出的含尘空气可并入机尾除尘系统一并处理，也可单独设置除尘系统。

鼓风带式冷却机头部卸料点及尾部受料点的密闭极为重要，在设计密闭罩过程中既要考虑带冷机的运转及检修，又要保证密闭罩的严密性。密闭不好，即使加大抽风量，

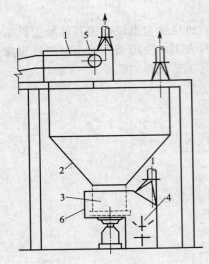

图 3-12　返矿储矿槽除尘
1—链板运输机；2—返矿槽；3—圆盘给矿机；4—混合料胶带机；5—链板运输机密闭罩；6—圆盘给矿机整体密闭罩

也难保证操作区环境卫生的要求，因此，设备的密闭形式直接关系到除尘效果的好坏及能耗的大小。

（2）抽风冷却　一般仅在带冷机头部卸料点及尾部受料点考虑设密闭罩并抽风，抽出的含尘气体并入机尾除尘系统统一处理。

五、成品矿烟尘减排技术

（一）返矿储矿槽除尘

当热振筛下的返矿用链板运输机送至返矿槽，再用圆盘给矿机卸至配料胶带机时，应采取图 3-12 所示除尘措施。

（1）链板运输机往矿槽卸料处设密闭罩，并在其顶部抽风，抽风量见表 3-9。

（2）返矿槽上设抽风罩、抽风量可按每个矿槽 4000～6000m³/h 考虑。

（3）圆盘给矿机和配料胶带机受料点，应设整体密闭罩并抽风，抽风量见表 3-10。

表 3-9　链板运输机除尘

链板运输机宽度/mm	抽风量/(m³/h)	链板运输机宽度/mm	抽风量/(m³/h)
800	5000～6000	1200	7000～8000
1000	6000～7000	1400	8000～9000

表 3-10　热返矿圆盘给矿机除尘抽风量

圆盘给矿机规格/mm	抽风量/(m³/h)	圆盘给矿机规格/mm	抽风量/(m³/h)
D1000	2500～4500	D2500	5500～7500
D1500	3500～5500	D3000	6500～8500
D2000	4500～6500		

注：返矿温度（约 100～300℃）高时取其上限，低时取其下限。

（二）烧结矿整粒系统除尘

冷却机卸下的烧结矿用胶带机运至筛分室进行筛分，为了分出适宜粒度的辅底料，一般设四段筛分。某些烧结厂为减少筛分设备对烧结机作业度的影响，整粒系统布置为双系列。

整粒系统的生产设备如固定筛、齿辊破碎机、振动筛和附近配置的胶带运输机等均散发含尘气体，一般都集中整粒除尘系统进行处理。

1. 设备的密闭和抽风量

（1）固定筛一般在筛上设密闭罩，抽风量可根据给料高度、密闭状况、筛子规格型号等因素，按每平方米筛子面积 1200～1500m³/h 计算，一般小筛子取上限，大筛子取下限。

（2）双齿辊破碎机，由于本身密闭较好，一般在破碎机上部设置抽风罩，下部受料设备上设密闭罩并抽风，抽风量见表 3-11。

（3）振动筛上部密闭罩抽风量，按每平方米筛子面积 1500～2000m³/h 计算，一般小筛子取上限，大筛子取下限。

表 3-11　齿辊破碎机除尘抽风量

设备规格/mm	上部抽风量/(m³/h)	下部抽风量/(m³/h)
ϕ800×600	2500～3500	
900×900	3000～4000	当破碎机卸料至胶带机上时按 800～1800m³/h,设备规格大取大值
SPL120×160	3500～4500	
ϕ1200×1600	3500～4500	
1200×1800	4000～5000	

（4）胶带运输机受料点均应密闭并设抽风罩，抽风量可按 800～1800m³/h 采取，设备规格大取大值。

2. 设计注意事项

（1）如工艺设备采取双系列布置时，除尘管路应采用电动蝶阀与工艺设备连锁。

（2）整粒系统的筛上料及筛下料胶带机受料点，密闭罩前后最好均设抽风罩。

（3）整粒系统各筛分室及有关转运站的除尘点，宜集中到整粒除尘系统统一处理。

（4）整粒除尘设备收下的粉尘量大，粒度细且干燥，应设置粉尘加湿处理系统，并纳入工艺流程回收利用。

（三）成品储矿槽除尘

由于炼铁和烧结生产的不平衡，设备作业率的差异以及与高炉上料系统的不协调，有必要设置烧结矿成品储矿槽。

成品矿槽一般用移动漏矿车进料，用电振动给料机、槽式给料机或电磁振动给料机排料（图 3-13 和图 3-14）。

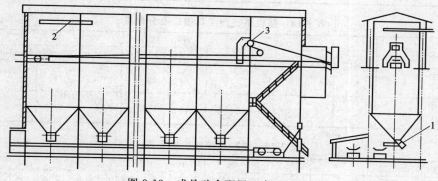

图 3-13　成品矿仓配置（大型厂用）

1—电机振动给矿机；2—电葫芦；3—移动溜矿车

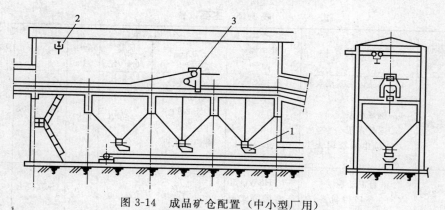

图 3-14　成品矿仓配置（中小型厂用）

1—电机振动给矿机；2—手动单轨小车；3—移动溜矿车

由于物料带入空气和物料落差等原因，使矿槽内产生正压，造成含尘气体从矿槽口和其他不严密处向外冒出，因此，矿槽进料、排料处需考虑密封并设抽风除尘。

抽风量为物料带入矿槽内的空气量与卸料体积之和并乘以温度修正系数，见表3-12。

表3-12 处理热物料时的抽风量温度修正系数

物料温度/℃	空气温度/℃	抽风量温度修正系数	物料温度/℃	空气温度/℃	抽风量温度修正系数
50	33～37	1.06	400	110～120	1.34
70	38～43	1.08	500	125～135	1.40
100	50～55	1.13	600	135～145	1.43
150	59～65	1.17	700	155～165	1.50
200	68～75	1.20	800	175～185	1.64
300	85～92	1.28			

注：周围空气温度按16℃计算。

成品矿储矿槽利用率较低，宜设置独立的除尘系统。

（四）烧结整粒系统烟尘减排实例

1. 烟气来源和粉尘性质

烟气主要来源于烧结矿成品筛分及烧结矿胶带机转运过程中所产生的含尘气体。

整粒系统烟气的主要污染物是粉尘。粉尘化学成分、粉尘真密度及分散度、粉尘电阻率分别列于表3-13～表3-16。

表3-13 整粒系统粉尘化学成分
单位：%

TFe	FeO	CaO	MgO	MnO	SiO_2	Al_2O_3	Fe_2O_3	灼减
46.90	5.64	14.40	3.52	0.135	5.58	1.84	60.91	6.5

表3-14 整粒系统粉尘真密度及分散度
单位：%

		真密度/(g/cm³)	粒 度/μm								
			<1	1～2	2～3	3～5	5～10	10～20	20～30	30～68	68～100	>100
取样地点	环境除尘系统	4.95	15	5	4		10	12	6	16	6.5	19.5
	冷筛1号除尘系统	4.78	4.5	4.1	3.4	7	14	22	14	22	6	3

表3-15 整粒系统粉尘电阻率
单位：Ω·m

	温度/℃	9	50	75	100	125	150	175	200
取样地点	环境除尘系统	$1.14×10^7$	$6.5×10^7$	$5.4×10^7$	$2.4×10^9$	$7.4×10^7$	$1.6×10^8$	$3.6×10^7$	$8.5×10^7$
	冷筛1号除尘系统	$5.8×10^8$	$5.3×10^7$	$4.3×10^7$	$2.2×10^7$	$7.9×10^7$	$2.2×10^7$	$5.0×10^7$	$1.2×10^7$

表3-16 主要设备

系统名称	抽风点位置	除尘器	通风机			电动机		台数
			型号	风量/(m³/h)	全压/Pa	型号	功率/kW	
环境除尘系统	(1)成品运输系统及转运站 (2)铺底料系统 (3)返矿系统 (4)粉尘系统以上共64点		Y₄-73-11 No22D 左270° 锅炉引风机	242000	2381	JSQ1410-8 300V	370	1
冷筛1号、3号除尘系统	(1)6台振动筛 (2)9条胶带机机头、尾扬尘点以上共64点	HSWD-50 三电场卧式电除尘器	Y₄-73-11 No22D 左270° 锅炉引风机	215000	1764	JSQ147-8 300V	260	2

烟气处理量：环境除尘系统242000m³/h，冷筛1号除尘系统215000m³/h，冷筛3号除尘系统215000m³/h，共计672000m³/h。

2. 烟气治理工艺流程

某钢厂烧结整粒系统共设环境除尘系统、冷筛1号除尘系统和冷筛3号除尘系统3个集中除尘系统。

其除尘系统的工艺流程均为：从抽风点抽出的含尘废气，经风管引至电除尘器，净化后经引风机送入烟囱排放。除尘器收下的粉尘与其他除尘系统收下的粉尘集中运至6台$\phi1200mm\times2500mm$混合机进行加湿处理，储入粉尘仓，掺加配料。

三个除尘系统的电除尘器和引风机布置在一起，共同使用一座$\phi4m\times75m$的烟囱。

3. 设备

主要设备见表3-16。

4. 治理效果

改造后，采用冷矿工艺，设置了较完善的整粒和铺底料系统，为粉尘治理创造良好的条件。同时又增设了行之有效的环保治理措施，操作岗位劳动条件得到根本的改善。

整粒系统主要岗位粉尘浓度也达到了国家卫生标准的要求。

整粒除尘系统自投产以来，运行稳定，各项技术经济指标均保持了较好的水平。

5. 工程设计特点

（1）三个系统的电除尘器入口总管上设有联通管路及切换阀门，设备可以互为备用，以解决生产与检修的矛盾。

（2）除尘系统大型化，设备集中，立体布置，粉尘统一处理。因此，减少占地，方便维护，并能有效地利用回收的粉尘，防止二次污染。

（3）除尘管道弯管采用铸铁耐磨衬里。

（4）除尘管道上设置多向鼓形膨胀器（图3-15）。

（5）振动筛采用软连接整体吸尘罩，参见图3-16。整体吸尘罩罩口四周与振动筛边框之间用软性密封材料（帆布，最好是橡胶布）连接。该结构密闭性好，可减少抽风量，且筛子运行时，振动不向吸尘罩传递。

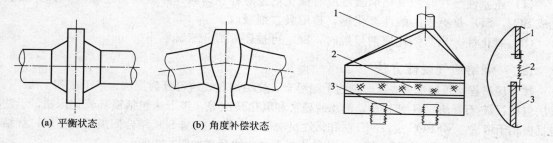

(a) 平衡状态　　　　　(b) 角度补偿状态

图3-15　多向鼓形膨胀器

图3-16　振动筛与吸尘罩软连接
1—吸尘罩；2—软性密封材料；3—振动筛

（6）在生产尘点多，污染面广的情况下，采用集中式除尘系统是成功的，但大型集中式管网的阻力平衡比较困难，风速过高处管路磨损严重，造成漏风，维护检修工作量大，应予重视。

六、烧结烟气 SO_2 减排技术

烧结是钢铁生产过程中主要的工艺之一，在其产生过程中消耗大量矿石和燃料，由于矿

石和燃料煤中含有硫化物,产生大量的粉尘及 SO_2、NO_x 等气态污染物。烧结过程产生的排放量占钢铁年排放总量的 $60\%\sim90\%$,是钢铁行业的主要污染单位。而烧结烟气具有烟气量大、波动大、烟气温度高、SO_2 浓度变化大 $[400\sim5000mg/m^3$(标)]、烟气成分相对复杂、脱硫技术难度大的特点。

(一)烧结烟气 SO_2 减排途径

钢铁企业烧结烟气中 SO_2 的减排主要有三个方面:源头削减、过程控制和末端治理。

1. 源头削减

源头削减主要是使用低硫原、燃料,减少烧结过程中硫元素的带入。

钢铁行业烧结工序在通过降低原料中的硫含量,利用含硫分低的焦粉为燃料,并使消耗量最小,利用含硫分低的铁矿石减少 SO_2 排放。

2. 过程控制

过程控制是通过改变烧结生产操作,减少 SO_2 排放。在原、燃料结构一定的前提下,硫的脱除和烟气中 SO_2 的生成主要受烧结温度、烧结时间、空气中氧浓度、焦粉粒度等因素的影响。脱硫率随烧结温度升高、加热时间延长、氧气浓度提高和焦粉粒度减小而迅速升高,但烧结温度过高反而不利于烧结混合料中硫的分解和 SO_2 的生成,适宜的最高脱硫温度应低于 $1200℃$。对于通过控制烧结过程减少 SO_2 排放的方法应同时考虑:过程控制不影响烧结矿质量;减少的 SO_2 排放以硫的化合物形式进入高炉,减排 SO_2 要不影响高炉顺行和不增加高炉生产成本。

3. 末端治理

末端治理是在通过烧结烟气脱硫设备减少 SO_2 排放。目前国内外有许多种烧结烟气脱硫方法,因使用不同的脱硫剂和脱硫设备而互不相同,但归根结底是利用了 SO_2 的五个特点:

(1)酸性 SO_2 属于中等强度的酸性氧化物,可用碱性物质吸收,生成稳定的盐。

(2)生成难溶物质 如用钙基化合物吸收,生成溶解度很低的 $CaSO_4 \cdot 2H_2O$。

(3)溶解性 SO_2 在水中有中等的溶解度,溶于水生成 $CaSO_3$,然后与其它阳离子反应生成稳定的盐或氧化成不易挥发的 H_2SO_4。

(4)还原性 在与强氧化剂接触或有催化剂及氧存在时,SO_2 表现为还原性,自身被氧化成 SO_3,SO_3 是更强的酸性氧化物,易用吸收剂吸收。

(5)氧化性 当与强还原剂接触时,SO_2 可被还原成元素硫。

(二)烧结烟气脱硫方法

按脱硫过程是否加水和脱硫产物的干湿形态,烧结烟气脱硫可分为湿法、半干法和干法[12]。湿法包括石灰-石膏法、氨-硫铵法、海水脱硫法和氧化镁法等,半干法包括循环流化床法,干法包括密相干塔法、MEROS 法、NID 法和活性炭法等。按脱硫剂与 SO_2 结合阳离子的不同,烧结烟气脱硫还可分为钙法、氨法和镁法,烧结烟气脱硫方法分类如图3-17所示。

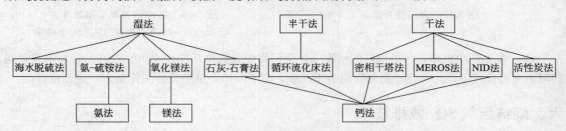

图 3-17 烧结烟气脱硫方法分类

目前国内烧结烟气脱硫的主要工艺有湿法、半干法、干法等。

（1）湿法脱硫工艺　用含有吸收剂的溶液或浆液在湿状态下脱硫和处理脱硫产物。湿法脱硫主要分为石灰石-石膏法、氨-硫铵法、氧化镁法、双碱法等。

（2）半干法脱硫工艺　指脱硫剂在干燥状态下脱硫、在湿状态下再生，或者在湿状态下脱硫、在干状态下处理脱硫产物的烟气脱硫技术。半干法主要分为循环流化床法、密相干塔法、旋转喷雾干燥法（SDA）、NID法、MEROS等。

（3）干法脱硫工艺　活性焦（炭）吸附法，在脱硫的同时可实现脱硝、脱二噁英、脱重金属等。

以下介绍国内钢铁企业应用较多的烧结烟气脱硫工艺。

1. 石灰石-石膏法

烧结烟气经增压风机增压后进入吸收塔。在吸收塔内与制备系统打入的石灰石浆液充分混合，除去烟气中 SO_2 后经除雾器排入烟囱。吸收塔的石膏浆液通过石膏排出泵送入石膏水力旋流站浓缩，浓缩后的石膏浆液即可以进入真空皮带脱水机脱水后储存，石膏可用于加工石膏板，作为水泥中的缓凝剂。

以石灰石浆液为脱硫剂，通过在吸收塔内与原烟气接触，吸收烟气中的 SO_2，并进行化学反应，生成亚硫酸钙。

$$CaCO_3 + SO_2 + H_2O \longrightarrow CaSO_3 \cdot \frac{1}{2}H_2O + \frac{1}{2}H_2O + CO_2 \tag{3-2}$$

利用烟气中所含的氧和氧化风机鼓入的氧气，将亚硫酸钙转化成石膏结晶（即二水硫酸钙）。

$$CaSO_3 \cdot \frac{1}{2}H_2O + SO_2 + \frac{1}{2}H_2O \longrightarrow Ca(HSO_3)_2 \tag{3-3}$$

$$Ca(HSO_3)_2 + \frac{1}{2}O_2 + 2H_2O \longrightarrow CaSO_4 \cdot 2H_2O + SO_2 + H_2O \tag{3-4}$$

$$CaSO_3 \cdot \frac{1}{2}H_2O + \frac{1}{2}O_2 + 2H_2O \longrightarrow CaSO_4 \cdot 2H_2O + \frac{1}{2}H_2O \tag{3-5}$$

石灰石-石膏法脱硫工艺流程见图3-18。脱硫剂为石灰石，副产物是石膏。

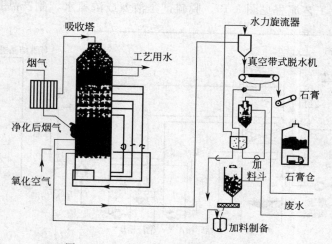

图3-18　石灰石-石膏法脱硫工艺流程

石灰石-石膏法脱硫系统主要有石灰石浆液制备系统、烟气处理系统、SO_3 吸收氧化系统、副产品石膏回收系统、废水处理系统等组成。

石灰石-石膏脱硫法的主要特点是：

（1）石灰石-石膏湿法脱硫工艺技术成熟，脱硫效率高达95％；系统运行可靠，适应烧结机烟气变化能力更强；负荷适应范围广、系统可靠性高；适合于水资源和石灰石充足且石膏可以实现再利用地区的钢铁企业。

（2）脱硫剂来源广，成本低。

（3）脱硫后的净烟气温度低，含水高，对下游烟道及烟囱的腐蚀作用明显。

（4）由于碳酸钙浆液和石膏浆液易结垢，故整个浆液系统易产生结垢堵塞现象，直接影响系统的正常运行。

（5）系统占地面积大，投资及运行费用高。

（6）不能去除重金属、二 噁英等污染物，容易造成二次污染。

2. 氨-硫铵法

氨-硫铵法脱硫工艺是烧结烟气经增压风机增压后，经冷却后，进入脱硫塔中部，烟气中 SO_2 与液氨或氨水（NH_3）反应生成亚硫酸铵和亚硫酸氢铵，反应后的浆液经氧化后成为硫酸铵，从而对烟气中 SO_2 进行吸收脱除的一种工艺技术。它利用 $NH_3 \cdot H_2O$-$(NH_4)_2SO_3$ 和 $(NH_4)_2SO_3$-NH_4HSO_3 的不断循环的过程来吸收废气中的 SO_2，形成 $(NH_4)_2SO_3$-NH_4HSO_3-$(NH_4)_2SO_3$ 的吸收液体系。$(NH_4)_2SO_3$ 是氨法中的主要吸收体，对 SO_2 具有很好的吸收能力，随着 SO_2 的吸收，NH_4HSO_3 的比例增大，吸收能力降低，这时需要补充氨水，保持吸收液中 $(NH_4)_2SO_3$ 的一定比例，以保持高质量分数的 $(NH_4)_2SO_3$ 溶液。其主要化学反应：

（1）吸收反应

$$SO_2 + 2NH_3 + H_2O \longrightarrow (NH_4)_2SO_3 \tag{3-6}$$

$$SO_2 + (NH_4)_2SO_3 + H_2O \longrightarrow 2NH_4HSO_3 \tag{3-7}$$

$$NH_3 + NH_4HSO_3 \longrightarrow (NH_4)_2SO_3 \tag{3-8}$$

（2）氧化反应　用氨将烟气中的 SO_2 脱除，得到亚硫酸铵中间产品。采用空气对亚硫酸铵直接氧化，可将亚硫酸铵氧化为硫酸铵，反应式为：

$$2(NH_4)_2SO_3 + O_2 \longrightarrow 2(NH_4)_2SO_4 \tag{3-9}$$

氨-硫铵法脱硫工艺流程见图 3-19。脱硫剂是液氨或浓氨水，副产品是硫铵。

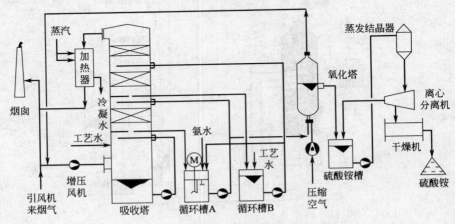

图 3-19　氨-硫铵法脱硫工艺流程

高浓度的硫酸铵先经过灰渣过滤器去尘，再通过浓缩结晶生产硫铵。系统不产生废水和其他废物，脱硫效率在95％以上；能有效降低 SO_2 排放量。

氨-硫铵法的主要特点是：

（1）氨是良好的 SO_2 吸收剂，其溶解度远高于钙基等吸收剂，用氨吸收烟气中的 SO_2 是气-液或气-气相反应，利用率高，反应速率快，反应时间仅需 0.2s，反应完全，更利于中和吸收 SO_2，脱硫效率高达 95％以上。

（2）氨法脱硫能适应烟气含硫量的变化，含硫量越高，其副产品——硫酸铵产量越大，也就越经济。

（3）脱硫塔不易结垢。氨法脱硫为气-液相反应，反应物活性强，具有较快的化学反应速率，脱硫剂及脱硫产物皆为易溶性的物质，脱硫液为澄清的溶液，所以氨法脱硫系统设备不易结垢和堵塞。

（4）氨法脱硫过程中回收的 SO_2、氨全部转化生产为硫酸铵，不产生废水、废渣等。

（5）脱硫副产品经济效益高。氨法脱硫生产的副产品——优质的硫酸铵可作为化肥外售，目前市场销路较好。

（6）氨法工艺同时具有脱硝的功能。氨不仅能脱除 SO_2，对 NO_x 同样有吸收作用。

（7）系统阻力小，能耗低，占地面积相对较小。

（8）氨-硫铵法系统腐蚀性强。由于脱硫后的硫铵溶液呈酸性，具有较强的腐蚀性，对脱硫塔等设备的防腐要求较高。

（9）脱硫剂液氨价格高，可以利用焦化工业副产物焦化氨水，以废治废，实现循环经济，降低运行成本。氨-硫铵法适用于有焦化工业且场地狭小的钢铁企业。

3. 循环流化床法

循环流化床法采用消石灰作为脱硫剂，经消化处理成 $Ca(OH)_2$ 后送入脱硫装置，与原烟气接触，吸收烟气中的 SO_2 和其他酸性气体 SO_3、HCl、HF、CO_2 等气体并与之反应，生成亚硫酸钙和硫酸钙。净烟气通过烟囱排往大气，脱硫效率大于 90％。其反应式为：

$$CaO + H_2O \longrightarrow Ca(OH)_2 \tag{3-10}$$

$$Ca(OH)_2 + SO_2 \longrightarrow CaSO_3 \cdot \frac{1}{2}H_2O + \frac{1}{2}H_2O \tag{3-11}$$

$$Ca(OH)_2 + 2HCl + 2H_2O \longrightarrow CaCl_2 \cdot 4H_2O \tag{3-12}$$

$$CaSO_3 \cdot \frac{1}{2}H_2O + \frac{3}{2}H_2O + \frac{1}{2}O_2 \longrightarrow CaSO_4 \cdot 2H_2O \tag{3-13}$$

$$Ca(OH)_2 + CO_2 \longrightarrow CaCO_3 + H_2O \tag{3-14}$$

$$Ca(OH)_2 + SO_3 \longrightarrow CaSO_4 + H_2O \tag{3-15}$$

$$Ca(OH)_2 + 2HF \longrightarrow CaF_2 + 2H_2O \tag{3-16}$$

循环流化床法工艺流程如图 3-20 所示，脱硫剂是石灰，副产品是亚硫酸钙和硫酸钙的混合干粉。

循环流化床脱硫系统主要有脱硫剂运输储存消化系统、烟气系统、吸收除尘系统、脱硫剂物料循环系统、出灰及外运系统等组成。

循环流化床脱硫法的主要特点是：

（1）脱硫工艺、系统比较简单，有较高的脱硫效率，同时对小颗粒粉尘具有很高的除尘效率。

（2）系统阻力小，能耗低。

（3）脱硫设施在脱除 SO_2 的同时，也脱除了 SO_3，对脱硫设备下游的除尘器、烟道、烟囱等不存在严重的腐蚀问题，投资较低。

（4）脱硫副产物以亚硫酸钙为主，成分复杂，无法利用，主要以堆置和填井方式处理。

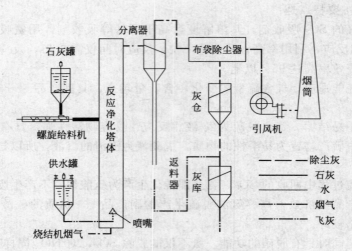

图 3-20　循环流化床法脱硫工艺流程

（5）由于脱硫剂与脱硫后副产品均为干态，占地面积小。适合于水资源缺乏地区的企业和缺少建设土地的老旧烧结改造。

4. 氧化镁法

氧化镁法以氧化镁为脱硫剂。在吸收塔内，进入的原烟气与塔内由氧化镁溶解产生的氢氧化镁浆液接触，烟气中的 SO_2 被吸收，生成亚硫酸镁，亚硫酸镁被进一步氧化成硫酸镁，其基本反应式为：

$$SO_2 + H_2O \longrightarrow H^+ + HSO_3^- \tag{3-17}$$

$$MgSO_3 + H^+ \longrightarrow Mg^{2+} + HSO_3^- \tag{3-18}$$

$$HSO_3^- + \frac{1}{2}O_2 \longrightarrow H^+ + SO_4^{2-} \tag{3-19}$$

$$2H^+ + SO_4^{2-} + Mg(OH)_2 \longrightarrow MgSO_4 + 2H_2O \tag{3-20}$$

$$Mg^{2+} + 2HSO_3^- + Mg(OH)_2 \longrightarrow 2MgSO_3 + 2H_2O \tag{3-21}$$

$$MgSO_3 + \frac{1}{2}O_2 \longrightarrow MgSO_4 \tag{3-22}$$

氧化镁法脱硫工艺流程见图 3-21。脱硫剂是氧化镁，副产物为硫酸镁或亚硫酸镁。

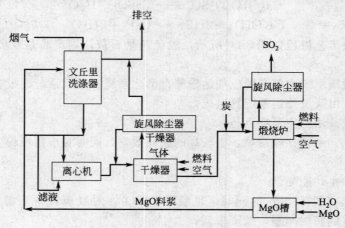

图 3-21　氧化镁法脱硫工艺流程

氧化镁脱硫系统主要有氢氧化镁浆液制备系统、烟气处理系统、SO_2吸收氧化系统、废水处理系统等组成。

氧化镁脱硫法的主要特点是：

（1）氧化镁脱硫系统简单，设备少，投资省；对不同SO_2浓度的烟气均有较高的脱硫效率。

（2）脱硫系统不存在结垢问题。由于氢氧化镁吸收剂浆液与SO_2反应生成硫酸镁，硫酸镁溶解于水中，因此不存在结垢与堵塞的问题。

（3）废水量大。

5. 密相干塔法

密相干塔法工艺是烧结除尘后的烟气在引入脱硫塔之前的防腐管道内，首先用雾化喷嘴喷水降温，然后由脱硫塔的顶部进入，与经过加湿活化后的熟石灰、循环灰一起并流从脱硫塔塔顶向下流动，在运动过程中吸收剂与烟气中SO_2发生系列水气固三相反应，生成$CaSO_3$、$CaSO_4$等固体颗粒，反应后的脱硫产物沉积在脱硫塔和除尘器底部的集灰斗内，大部分脱硫灰通过斗式提升机输送到脱硫塔顶部循环使用，少部分脱硫灰从除尘器底部的集灰斗排出脱硫系统，作为脱硫副产品；净化后的烟气经原烟囱外排。其反应式为：

$$CaO + H_2O \longrightarrow Ca(OH)_2 \tag{3-23}$$

$$Ca(OH)_2 + SO_2 \longrightarrow CaSO_3 \cdot \frac{1}{2}H_2O + \frac{1}{2}H_2O \tag{3-24}$$

$$Ca(OH)_2 + SO_3 + H_2O \longrightarrow CaSO_4 \cdot 2H_2O \tag{3-25}$$

$$CaSO_3 \cdot \frac{1}{2}H_2O + \frac{3}{2}H_2O + \frac{1}{2}O_2 \longrightarrow CaSO_4 \cdot 2H_2O \tag{3-26}$$

$$Ca(OH)_2 + CO_2 \longrightarrow CaCO_3 + H_2O \tag{3-27}$$

$$Ca(OH)_2 + 2HCl \longrightarrow CaCl_2 + 2H_2O \tag{3-28}$$

$$Ca(OH)_2 + 2HF \longrightarrow CaF_2 + 2H_2O \tag{3-29}$$

密相干塔法脱硫工艺流程见图3-22。脱硫剂是石灰，副产物是亚硫酸钙和硫酸钙的混合干粉。

密相干塔烟气脱硫的主要特点是：

（1）工艺流程简单，设备少，操作容易，物料不结块，流动性好。

（2）操作温度高于露点，没有腐蚀或冷凝现象，无废水产生。

（3）适应性强，脱硫效率高，系统运行稳定，系统简单容易控制。

（4）投资较低，运行成本低。

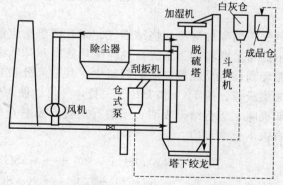

图3-22 密相干塔法脱硫工艺流程图

6. 活性炭吸附法

活性炭烟气脱硫工艺是靠活性炭表面孔隙进行吸附，副产物为硫酸，工艺系统主要包括：吸附系统、解吸系统和副产物回收系统。烧结烟气进入活性炭吸附塔，在吸附塔内完成脱硫反应，净化后的烟气经烟囱排入大气。吸附了SO_2等气体的活性炭层进入解吸塔，通过加热的方式把SO_2解吸出来，生成高浓度SO_2气体，可进行烟气制酸，生产浓度为98%的浓硫酸。解吸后的活性炭经筛分后返回吸附塔循环使用。

（1）脱硫反应　脱硫反应是物理吸附和化学吸附结合的复合反应。

① 物理吸附

$$SO_2 \longrightarrow SO_2（SO_2 吸附在活性炭微细孔中）\tag{3-30}$$

② 化学吸附

$$SO_2 + O_2 \longrightarrow SO_3 \tag{3-31}$$

$$SO_3 + nH_2O \longrightarrow H_2SO_4 + (n-1)H_2O \tag{3-32}$$

③ 向硫酸盐转化（靠 NH_3/SO_2）

$$H_2SO_4 + NH_3 \longrightarrow NH_4HSO_4 \tag{3-33}$$

$$NH_4HSO_4 + NH_3 \longrightarrow (NH_4)_2SO_4 \tag{3-34}$$

（2）脱硝反应

SCR 反应：

$$NO + NH_3 + \frac{1}{4}O_2 \longrightarrow N_2 + \frac{3}{2}H_2O \tag{3-35}$$

non-SCR（与脱离时生成的还原性物质直接反应）

$$NO + C\cdots Red \longrightarrow N_2 \quad（C\text{-}Red 为活性炭表面的还原性物质）$$

活性炭法脱硫工艺流程见图 3-23。靠活性炭表面孔隙吸附，副产物是硫酸或硫黄等。

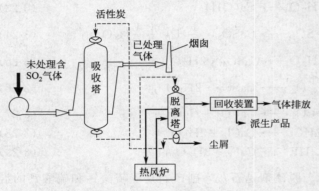

图 3-23　活性炭法脱硫工艺流程

活性炭吸附法的主要特点是：

① 在整个脱硫过程中不消耗水，无废水、废渣产生。

② 活性炭再生后可重复利用。

③ 脱硫同时可实现脱硝、脱二噁英、净化 HCl、HF 和重金属等。

④ 但它的投资及运行费用均较高，能耗大。

7. MEROS 法

MEROS 法是将添加剂均匀、高速并逆流喷射到烧结烟气中，然后利用调节反应器中的高效双流（水/压缩空气）喷嘴加湿冷却烧结烟气。离开调节反应器之后，含尘烟气通过脉冲袋滤器，去除烟气中的粉尘颗粒。为了提高气体净化效率和降低添加剂费用，滤袋除尘器中的大多数分离粉尘循环到调节反应器之后的气流中。其中部分粉尘离开系统，输送到中间存储筒仓。MEROS 法集脱硫、脱 HCl 和 HF 于一身，并可以使 VOC（挥发性有机化合物）可冷凝部分几乎全部去除，运行结果表明：喷消石灰脱硫效率为 80%，喷 $NaHCO_3$ 脱硫效率大于 90%。主要有以下化学反应：

$$Ca(OH)_2 + SO_2 \longrightarrow CaSO_3 \cdot H_2O（脱硫剂是熟石灰）\tag{3-36}$$

$$2NaHCO_3 + SO_2 \longrightarrow Na_2SO_3 \cdot H_2O + 2CO_2（脱硫剂是小苏打）\tag{3-37}$$

MEROS 法脱硫工艺流程见图 3-24。脱硫剂是熟石灰或小苏打，副产物是亚硫酸钙和硫酸钙的混合干粉。

优点：系统阻力低，水耗、电耗小，运行费用相对较低，吸收塔占地面积小，不需要考虑防腐，投资相对较小。

缺点：脱硫效率相对低于湿法脱硫工艺；脱硫副产物成分复杂，特别是脱硫灰中的亚硫

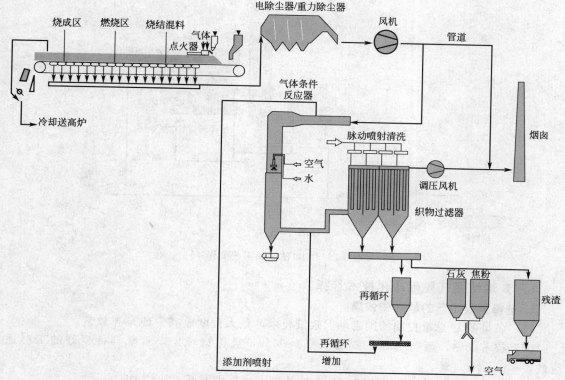

图 3-24　MEROS 法脱硫工艺流程

酸钙含量过高，不好利用，基本采用抛弃、堆存处理。

8. NID 法

NID（Novel Integrated Desulfurization）工艺是从主抽风机引出的 130℃ 左右的烟气，经过反应器弯头进入反应器，在反应器混合段和含有大量吸收剂的增湿后的循环灰粒子接触，烟气温度瞬间降低并且相对湿度大大增加，创造了良好的脱硫反应条件。在反应段中快速发生物理变化和化学反应，烟气中的 SO_2 与吸收剂反应生成亚硫酸钙和硫酸钙。反应后的烟气携带大量干燥的固体颗粒进入其后的袋式除尘器，固体颗粒从烟气中分离出来经过灰循环系统，补充新鲜的脱硫吸收剂，并对其进行再次增湿混合，送入反应器，如此循环多次达到高效脱硫及增强吸收剂利用率的目的。脱硫后洁净的烟气经过增压风机排入烟囱。主要化学反应：

$$CaO + SO_2 \longrightarrow CaSO_3 \tag{3-38}$$

$$CaSO_3 + \frac{1}{2}O_2 \longrightarrow CaSO_4 \tag{3-39}$$

NID 法脱硫工艺流程见图 3-25。脱硫剂是氧化钙，副产物是亚硫酸钙和硫酸钙的混合干粉。

优点：取消了喷雾干燥工艺中制浆系统，实行 CaO 的消化及循环增湿一体化设计，克服了单独消化时出现的漏风、堵管等问题，整个装置结构紧凑、体积小运行可靠，副产物为干态，系统无污水产生。终产物流动性好，适宜气力输送，脱硫后烟气不必加热可以直接排放。

缺点：该技术脱硫效率不十分稳定，脱硫副产品暂无好的综合利用途径。

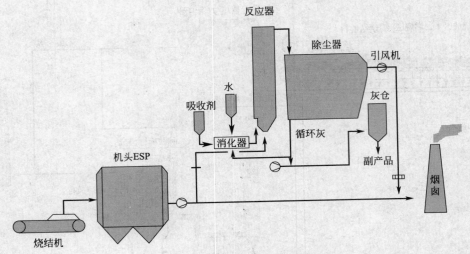

图 3-25　NID法脱硫工艺流程

（三）烧结烟气脱硫净化技术选择

1. 选择脱硫工艺的原则和依据

（1）满足 SO_2 总量控制的国家环保政策要求，最大程度地减少 SO_2 排放量。

（2）技术成熟，运行可靠，脱硫效率＞90%，且保持稳定，系统具备良好的工况适应性。

（3）投资成本较低，在保证脱硫效率的前提下运行成本低，能耗少。

（4）根据现有烧结机位置选择，减少占地面积。

（5）脱硫剂有稳定、可靠的来源。

（6）脱硫副产品要易于处理，不产生二次污染，并具有一定的经济效益和市场价值。

2. 脱硫技术路线

根据烧结生产和烧结烟气的特点，在选择脱硫净化适用技术时，既要遵循常规的技术经济法则，又可以借鉴火电烟气的治理路线。我国现有的各种烧结机的分布特征也是小而散，根据"上大压小，淘汰落后"的国家战略，预计 $180m^2$ 的烧结机将被逐步淘汰。就目前的进展状况看，基本取得的共识是以半干（干）法为主流技术发展方向。

所谓半干式 FGD 工艺是指 CFB（循环流化床法）、SDA（旋转喷雾干燥法）和 NID（新型脱硫除尘一体化）一类的技术。在该技术中，气固分离设备使用袋式除尘器给系统下游带来的好处，不仅可大大减轻腐蚀，提升净化效率和减排效果，同时还能去除 SO_3、汞及其他重金属，为该系统增加净化处理二噁英的功能创造条件。这些优越性都是湿式脱硫工艺无法协同实现的。

确定最适宜的脱硫净化技术路线时，往往需要考虑多方面的因素，其中最主要的是综合技术经济因素，这是最基本的，也是决定性的。不同的处理烟气量，烧结烟气脱硫净化见表 3-17。

表 3-17　烧结烟气脱硫工艺的适用性

规　模	小	中	大
烧结机型容量/m²	＜180	180～300	＞300
处理烟气量/（×10⁴m³/h）	＜40	40～100	＞100
适用 FGD 工艺	干式一体化	半干法及其他	湿式石灰石法及另加去除二噁英

注：1. 表中内容为宏观一般情景。

2. 大型烧结机 PGD 须另加去除二噁英。

由表 3-17 可见，小型烧结机宜采用干式一体化装置，对于中等规模烧结机适用半干法技术及其他工艺，只有特大型烧结机，处理烟气量在 $100 \times 10^4 \, \mathrm{m^3/h}$ 以上，适用技术必须是传统湿式石灰石-石膏法，但烧结烟气由于含二噁英，须另外附加干式去除装置，为了降低工程费用和运行成本，最好设计上将此烟气量一分为二，由此引出分割烟气——选择性脱硫技术。只有带式烧结机给该项技术的实施提供了可行的条件。

七、烧结粉尘和脱硫副产品回收利用技术

烧结是将铁矿粉、无烟煤和石灰等按一定配比均匀，经烧结而成的具有足够强度和粒度的作为炼铁的熟料。它是钢铁生产工艺一个重要环节。

（一）烧结含铁尘泥的来源与特点

1. 来源

烧结粉尘的主要来源：原料准备过程，包括熔剂、燃料破碎、筛分、生石灰、输送配料等；原料、混合料、成品的运输过程；烧结矿生产过程的主抽风及冷却抽风、鼓风过程；烧结矿的卸矿、冷热破、冷热筛过程；热返矿掺入配料混合过程；设备、地面清扫等二次扬尘等。

烧结尘泥产生的主要部位是烧结机机头、机尾，成品整粒、冷却筛分等工序，细度在 $5 \sim 40 \mu\mathrm{m}$ 之间，机尾粉尘的电阻率为 $5 \times 10^7 \sim 1.3 \times 10^8 \Omega \cdot \mathrm{m}$，总 Fe 含量约为 50%。通过各种除尘装置捕集而得到烧结尘，机头采用多管除尘器捕集烧结粉尘如图 3-26 所示。

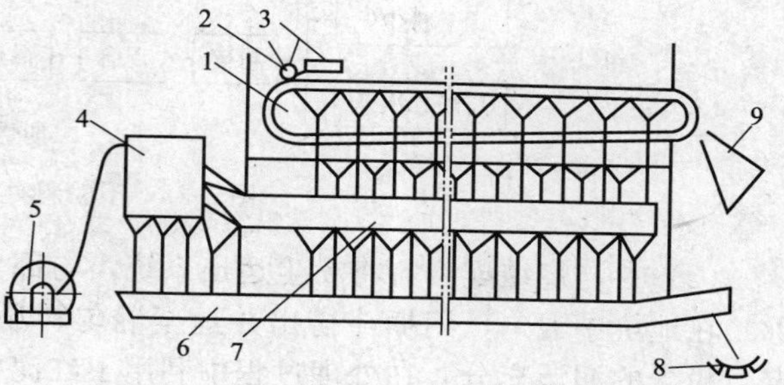

图 3-26　烧结机头多管除尘器捕集烧结粉尘

1—烧结机；2—泥辊给料机；3—点火器；
4—多管除尘器；5—抽烟机；6—水封拉链机；
7—集气管；8—混合料皮带机；9——次筛分（固定筛）

烧结行业是冶金工业粉尘污染大户。

一台 $75 \mathrm{m^2}$ 烧结机机头、机尾每小时排放含尘废气近 $60000 \mathrm{m^3}$，其排放的粉尘约为 $85 \mathrm{kg/h}$。据日本统计，每生产 1t 烧结矿，从排气中带出的粉尘量达 $40 \sim 80 \mathrm{kg}$。

2. 特点

（1）颗粒粒度偏小，不利于混合料制粒。粉尘大部分是 $5 \sim 40 \mu\mathrm{m}$ 之间的颗粒，加入到烧结混合机以后，很难与铁矿粉大颗粒黏结在一起，达不到矿粉制粒效果。

（2）粉尘数量较大，除尘点多，难以连续定量控制使用，不利于烧结过程成分、水和燃料的控制。

（3）尘灰润湿性能差，难以充分湿润和混合。

（4）化学成分偏差较大，对烧结矿的理化指标的稳定不利。

由于烧结厂固体废弃物粒度细、疏水性强，直接加入烧结混合料，难以混合制粒，对烧结过程产生不利影响，既影响烧结产品质量及造成烧料、电耗等指标上升，又造成粉尘在烧结过程中循环，影响环境卫生并危害工人身体健康。随着烧结粉尘设备上等级，粉尘的回收量不断加大，如何减少粉尘带来的不利影响，充分利用细料资源是摆在烧结厂面前的重要课题。

（5）烧结含铁粉尘的性质与其来源有关，如用除尘装置收集的烧结粉尘，其堆积密度为 $1.5 \sim 2.6 \mathrm{g/cm^3}$，烧结机尾粉尘（干）电阻率 $5 \times 10^7 \sim 1.3 \times 10^8 \Omega \cdot \mathrm{m}$。烧结粉尘的化学性质与分散度见表 3-18、表 3-19。

表 3-18　烧结粉尘化学成分

成分	TFe	FeO	Fe$_2$O$_3$	CaO	SiO$_2$	Al$_2$O$_3$	MgO	MnO
质量分数/%	约50	约50	约50	10	7	1.85	3.4	0.12

表 3-19　烧结粉尘分散度

分散度/mm	740	40~20	20~10	10~5	<5
质量分数/%	10.42	47.77	17.86	21.39	2.56

（二）烧结尘泥返回生产利用技术

烧结粉尘利用通常直接作为球团配料使用，但由于烧结除尘灰粒径很细，直接参与配料，混合制粒时效果差，影响烧结料层的透气性，同时造成混合料水分波动大和水分难于控制等缺点，对烧结优质、稳定、高产带来不利因素，因此需要采取技术处理措施予以解决。

（1）采用炼铁除尘干灰与烧结粉尘混合方法，其处理工艺流程如图 3-27 所示。

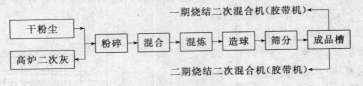

图 3-27　干粉料处理工艺流程

（2）参与烧结配料。将粉尘运出系统，与部分返矿、红泥（转炉灰加水形成悬浊液的俗称）在地坑中混匀，用抓斗捞出并运至混匀料场参加混匀配料。此方案的优点在于料批稳定，粉尘的润湿充分，在处理过程中利用了红泥中的水分，灰粒黏附于返矿颗粒表面，防止了"假球"的出现。另外，还消除了混料机内加红泥所造成的不稳定因素。其缺点在于处理过程长，汽车运输量大，加工成本增加等。

（3）粉尘混入返矿。将粉尘混入返矿，与返矿混合后加以利用。缺点也是放灰不能连续，只能间断放灰，这样在烧结生产中间断放灰对生产间断性也会造成影响，不利于生产的稳定。

（4）球团。烧结除尘灰粒度极细，直接造球十分困难，配加添加剂后，使除尘灰适于造球的水分范围变宽，并且随着小球的形成和长大及添加剂的快速凝结，具有一定强度的小球就形成了。

工艺流程为：除尘灰经电子称量后，按比例配加添加剂，经皮带运往小混合机进行混匀加水，然后进入造球盘制粒，除尘灰经制粒后由皮带运输回配料室，见图 3-28。

（5）采用配加膨润土和 JF 添加剂方法解决。试验结果表明，除尘灰直接造球，造球水分范围很窄，加水偏大易出稀泥，加水偏小则易出干料。配加 3% 膨润土可使造球水分范围变宽，有利于造球；配加 JF 添加剂，可使造球水分范围进一步加宽，并且随着造球形成和长大，水分快速凝结，形成比较坚固的球团。从几种造球效果比较，配加添加剂造球效果最好，直接造球效果最差。

（三）烧结尘泥综合利用

1. 生产水泥

一般黏土中铝含量较低，烧结电除尘灰和高炉布袋粉尘经化验，原料粉尘含有较高的铁，可作为铁质校正原料，以这两种粉尘分别代替镍渣和炉

图 3-28　除尘灰球团制粒工艺流程

渣，在立窑上进行生产，生产的水泥完全符合要求。

2. 制颜料

粉尘中氧化铁或氧化亚铁的含量比较高，是制取氧化铁红颜料的理想原料，攀钢、武钢等一些大型钢铁公司对粉尘在铁系颜料方面的利用有不少研究，并取得了应用性成果，尤其是在铁红的制备上，不仅技术成熟，而且已有多项专利成果。如攀枝花钢铁公司钢铁研究院申请的专利——氧化铁红的制取方法。

此方法以粉尘为原料，先对其进行二次湿式磁选，磁选过程的磁场强度为 $400\sim1200kA/m$，然后在 $457\sim700℃$ 下焙烧，焙烧时间为 $0.5\sim2.5h$，把经过焙烧后的粉料粉碎到费氏粒度小于 $2\mu m$，即得到氧化铁红产品。该产品不仅可用作涂料或建材的着色剂或添加剂，更适于作磁性材料的原料。这种方法的优点是不用酸进行处理，不污染环境且工艺流程短，降低了生产成本和设备投资，产品质量稳定，杂质含量少。

利用粉尘制备铁红的方法研究较多且比较成熟，产品的质量也较好，对于其他铁系颜料，如铁黄、铁棕、铁黑、铁绿等的制备，研究报道较少。天津大学对烧结厂粉尘进行了处理，并且制得了铁红及其他铁系颜料。试验中所用粉尘的主要成分为 Fe、C 及少量的 Ca、Mg、Si 等的氧化物。粉尘经铁碳分离后，用硫酸浸洗，可将其中存在的钙和硅杂质分别除去，滤液为 $FeSO_4$ 和 $Fe_2(SO_4)_3$ 混合溶液。将此滤液用碱中和或中和氧化后，在不同的条件下，可制备生成铁黄、铁棕、铁黑、铁绿等颜料，将这些产品高温煅烧后也可得铁红颜料。

3. 烧结除尘灰混合炼钢污泥用于喷浆工艺

因烧结除尘灰排放点较多，故采用了分散-集中的处理流程，如图 3-29 所示。烧结机头和配料室的除尘灰分别直接卸到其除尘灰仓下的搅拌槽内，与清水搅拌混合后，用泥浆泵扬送至主搅拌槽（3 号搅拌槽）。主搅拌槽同时接收由汽车运来的炼钢污泥，再次搅拌混合，并用清水调节泥浆浓度，然后用主泥浆泵扬送至烧结配料室生石灰仓下的配消器中，作为生石灰消化用水。考虑到生石灰消化后的体积膨胀，以及配加了足量泥浆来保证生石灰的充分消化，所以特别订制了专用的配消器，保证泥浆与生石灰搅拌均匀充分、设备运行稳定可靠。其特点是把多点除尘灰用湿法输送到主搅拌槽，和炼钢污泥集中混合搅拌后，按一定量输送到烧结配料室生石灰仓下的配消器中，对生石灰进行消化。采用烧结除尘灰混合炼钢污

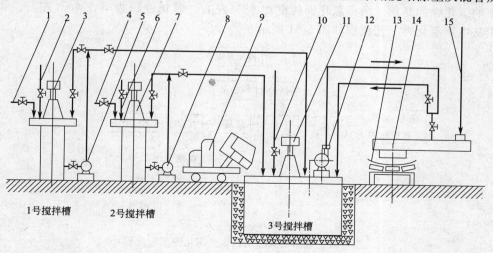

图 3-29　喷浆工艺流程示意

1,4,10—清水管；2—烧结机头除尘灰；3,7—搅拌器；5,8—泥浆泵；6—烧结配料室除尘灰；9—炼钢尘泥运输车；
11—主搅拌器；12—主泥浆泵；13—配料皮带；14—生石灰配消器；15—生石灰

泥喷浆工艺后，由于生石灰消化得到改善，其强化烧结的效果亦得到增强。

4. 烧结机头除尘灰生产复合肥

烧结机头除尘灰是钢铁企业主要污染的源头之一。烧结除尘灰大量堆积，不但浪费了土地、财力、人力，还形成了环境污染的隐患。烧结机头除尘灰生产复合肥工艺如图 3-30 所示。利用其制备复合肥的配方如下。

图 3-30　烧结机头除尘灰生产复合肥工艺

（1）除尘灰与碳铵、磷铵、硫酸钾和黏结剂等辅料复混而成的适于小麦、玉米等农作物的复合肥，总养分 20%。其具体配比为除尘灰 30%、碳酸钠 18%、尿素 21%、磷铵 13%、硫酸钾 16%。复合肥中养分的比例（质量比）为 N：P_2O_5：K_2O=1：0.5：0.77。

（2）除尘灰与碳铵、磷铵、硫酸钾和黏结剂等辅料复混而成的适于马铃薯等蔬菜的复合肥，总养分 29%。其具体配比为：除尘灰 25%、碳酸钠 15%、尿素 16%、磷铵 16%、硫酸钾 21%。复合肥中养分的比例为 N：P_2O_5：K_2O=1：0.8：1.2。

（3）烧结机头除尘灰生产氯化钾。烧结机头除尘灰采用浮选-重选方法，其循环水经过 3 次循环利用后，水中的钾盐接近于饱和状态，用滤布进行过滤，在 100kg 左右循环水中加入 3.5kg 甲酰胺，于 80℃ 下回流搅拌 2h，使其充分混合反应，于 80℃、700mmHg（1mmHg=133.3Pa）下继续减压脱水浓缩，蒸出约 50% 的浓缩水分形成固液混合体，于常温下（25℃）进行冷却结晶 3h，用离心分离器进行固液分离，可以得到约 27kg/100kg 循环水的 KCl 产品，过滤液进入蒸馏塔，在 90℃ 下进行蒸馏，回收甲酰胺，蒸馏残液返回硫酸钾合成反应系统，这样可回收 90% 左右的甲酰胺。

通过离心分离器得到的氯化钾含有 5% 左右的水分，另外，提取氯化钾后的溶液中氯化钠浓度提高，多次循环后将有氯化钠结晶出来，在生产中要经常检测，必要时可以回收到浮选-重选系统中使氯化钠浓度得到稀释，以保证氯化钾的纯度，控制好氯化钠后，氯化镁也不会影响氯化钾的品质。所得氯化钾纯度在 93% 左右，氯化钾回收率在 80% 左右。烧结机头除尘灰生产氯化钾工艺流程如图 3-31 所示。

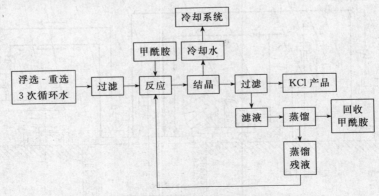

图 3-31　烧结机头除尘灰生产氯化钾工艺流程

5. 利用含铁尘泥生产小球团矿实例

一个年生产铁 650 万吨，钢 671 万吨，钢材 422 万吨的大型钢铁联合企业。

（1）生产工艺流程及尘泥来源　烧结采用 450m² 大型烧结机，环式鼓风冷却，宽间距高压电除尘等新技术。主要污染源为烧结机头、机尾及成品破碎系统所产生的粉尘来源和性质分别见表3-20、表3-21。

表 3-20　含铁尘泥来源及利用量

粉　尘　名　称	干量/(t/a)	水分/%	湿量/(t/a)
高炉煤气洗涤污泥	33750	13	41160
转炉煤气洗涤污泥	80400	15	94590
转炉二次烟尘	6300	0	6300
高炉出铁场粉尘	18000	0	18000
高炉原料场粉尘	26000	0	26000
含油焦烧泥渣	20700	0	20700
烧结粉尘	9200	0	9220
合计	194370		215970

表 3-21　含铁尘泥化学组成及粒度

粉尘名称	化学成分/%				粒度
	总 Fe	C	Zn	SiO_2	<125μm/%
高炉煤气洗涤污泥	24.34	45.25	1.07	4.32	83.3
转炉煤气洗涤污泥	69.27	0.23	0.092	1.01	95.2
转炉二次烟尘	58.08	13.37	0.31	1.46	70.2
高炉出铁场粉尘	63.30	3.23	0.16	1.75	79.2
高炉原料场粉尘	47.76	6.83	0.015	0.31	93.1
含油焦烧泥渣	64.05	0.43	0.023	3.26	64.5
烧结粉尘	46.21	4.22	0.015	6.64	64.3

(2) 尘泥的处理工艺　小球工艺流程如图3-32所示。小球车间布置如图3-33所示。小球化学成分见表3-22。

表 3-22　小球的化学成分

组成	TFe	SiO_2	Al_2O_3	CaO	MgO	Mn	S	P
成分/%	50.4	4.02	1.12	8.19	0.84	0.81	0.087	0.18

① 尘泥的运输和储存。高炉煤气洗涤污泥及转炉煤气洗涤污泥用25t自卸汽车运输至小球料场。高炉煤气洗涤污泥用$2m^3$ 的抓斗吊车将其存放于两个容积为$30m^3$ 的矿槽中，转炉煤气洗涤污泥自然干燥后再用$2m^3$ 抓斗吊车存放于两个容积为$30m^3$ 的矿槽中。干粉尘均用$10m^3$ 的密封槽车输送，再用汽车输送至4个容积为$40m^3$ 的矿槽中。皂土用特制的$1.5m^3$ 的尼龙袋装运，用斗式提升机装入容积为$35m^3$ 的矿槽中，共使用9个矿槽。

② 配料与混炼。干湿泥尘及皂土由皮带机运送至混炼机，干、湿尘泥按以下配比混合：转炉煤气洗涤污泥41.4%、高炉煤气洗涤污泥17.4%、转炉环境粉尘与含油烧渣13.8%、高炉出铁场粉尘9.3%、高炉原料场粉尘13.4%、皂土2%。

混炼机有其顺时针方向旋转的机壳及内部设置的逆时针方向旋转的三组搅拌器，以不同的速度进行强烈的搅拌、破碎、挤压、混合。混炼好的物料由混炼机下部的排出口排出，落入下部的圆盘给料器上，形成混合均匀、水分适度的混合料。

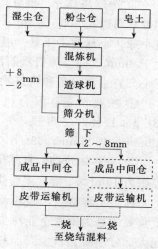

图 3-32　小球工艺流程

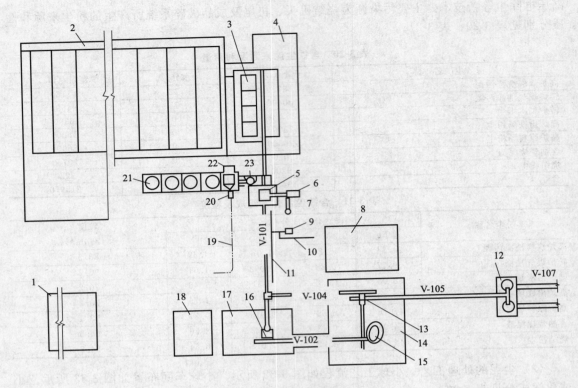

图 3-33　小球车间布置图

1—皂土仓库；2—干燥场地；3—湿粉尘槽；4—湿粉尘处理室；5—袋式收尘器；6—除尘用排风机；7—烟囱；
8—小球电气室；9—热风炉；10—余热管道；11—热风管道；12—中继矿槽；13—振动筛；14—造球室；
15—造球机；16—混炼机；17—混炼机室；18—小球空压机室；19—皂土单轨吊车；20—斗式提升机；
21—干粉尘槽；22—皂土除尘设备；23—干粉回收设备

③ 造球与筛分。混炼均匀的混合料，经皮带机输送至圆盘造球机，圆盘造球机是倾斜并带有周边高 600～800mm 的钢制圆盘，圆盘绕中心旋转，物料在圆盘上滚动，由球核长成小球，小球撞击压紧，经过一系列过程，约需 10～20min。造好的球料，经筛分机筛分，大于 8mm 返回混炼机重新混炼，小于 8mm 即成小球团，经皮带机送至成品槽。

（3）主要设备和构筑物

① 主要设备。混合机，艾里奇型（Eivlich）33t/h×1 台；造球机，圆盘形（Disk）33t/h×1 台；皮带机，7 条，宽度 650mm；筛分机，低头型 33t/h×1 台。筛的规格 960mm×1200mm，33t/h×1 台；称量机，测力传感式，能力 40t/h。

② 主要构筑物。自然干燥料场、矿槽、混炼室、造球室及操作控制室。干粉尘槽有效容积为 40m³×5 槽，湿粉尘槽有效容积 30m³×4 槽。

（4）工程特点、经验及建议　烧结工艺中配入小球，可以提高烧结透气性，节省燃料。更重要的是为钢铁企业粉尘的利用找到了一条出路。投产以来，这套设备基本上消化了全厂绝大部分干湿含铁尘泥，对综合利用资源起到了积极作用。

（四）烟气脱硫副产品的综合利用

烧结烟气脱硫副产品的综合利用可参照电力工业的办法进行（见第二章第三节），以下结合烧结厂的特点介绍烧结烟气湿法脱硫石膏的质量控制和综合利用。

1. 烧结烟气特性及脱硫石膏的生成

钢铁行业属于高能耗、高排放的重要基础产业。2007 年全国大中型钢铁企业 SO_2 排放量为 75.64 万吨，占全国工业 SO_2 排放总量的 4.5%，其中烧结工艺所排放的 SO_2 量约占钢铁企业生产系统的 60%，因此，控制烧结机生产过程 SO_2 的排放，并对烧结烟气进行末端脱硫处理，是钢铁企业污染控制的重点。

由于烧结原料矿物组成和烧结过程的复杂性，烧结烟气具有烟气参数（烟温、烟气量、SO_2 浓度等）波动大、烟温低、烟尘颗粒细黏（粒径小于 $0.62\mu m$ 的超过 90%）、腐蚀性气体含量高等特点，因而不能照搬燃煤电厂的烟气脱硫技术。

烧结烟气脱硫工艺中，烧结烟气经冷却预处理后，通过优化布置的气喷旋冲阵列高速旋冲进入吸收塔浆液区，烟气中的 SO_2 溶于浆液后，与石灰石反应生成亚硫酸钙，继而被强制氧化生成硫酸钙（总的反应式为：$CaCO_3 + SO_2 + \frac{1}{2}O_2 + 2H_2O \longrightarrow CaSO_4 \cdot 2H_2O + CO_2$），浆液经旋流站、真空带式过滤机实现固液分离，得到石膏副产品。

目前，国内烧结烟气脱硫刚刚起步，脱硫石膏将与日俱增。控制脱硫石膏品质，既是拓宽其高附加值利用途径的要求，也是节约天然石膏资源、变废为宝的需要。

2. 烧结烟气脱硫石膏质量的影响因素

烧结烟气脱硫石膏能否被利用，实现其资源化，取决于石膏质量，而其影响因素主要有：石灰石品质、浆液 pH 值、浆液的过饱和度、强制氧化方式、外排废水量、脱水系统运行状况、入塔烟气参数等。通过优化设计、运行控制和应急处理等控制措施，可以获得良好的石膏晶形、粒径分布和化学成分，从而确保烧结烟气脱硫石膏的质量。

(1) 石灰石品质　石灰石作为 SO_2 的吸收剂，其纯度、粒径和活性直接影响到石灰石溶解和浆液反应活性。石灰石纯度越高、粒径越细、活性越高，脱硫石膏品质越好。考虑到采购成本，脱硫剂石灰石纯度要求达到 90%、粒径小于 250 目、钙硫比≤1.03 即可。

在对脱硫石膏品质要求不高的情况下，脱硫剂也可综合利用钢厂废弃堆存的水洗石灰石泥饼及石灰制备系统除尘灰等碱性物料。

(2) 浆液 pH 值　浆液 pH 值通过石灰石添加和石膏排出加以控制，对 SO_2 吸收、石灰石溶解、亚硫酸钙氧化和石膏生成都具有重要影响。高 pH 值浆液有利于烟气脱硫，但降低了石灰石利用率，增大了结垢倾向，石膏品质受到影响；低 pH 值浆液强化了石灰石溶解，有利于亚硫酸钙氧化和石膏晶体形成，但增大了系统腐蚀倾向，降低了系统可靠性和脱硫效率。本脱硫工艺浆液 pH 值一般控制在 4.5～6.0 之间。

(3) 浆液的过饱和度　当浆液中石膏浓度过饱和时，才会出现晶束，形成晶种，此时溶液处于动态平衡，新晶种的生成和晶体的长大同时进行，达到一定密度（1.060～1.085g/cm^3）后石膏才允许排出。吸收塔浆液应保持相对的过饱和状态，但过饱和度偏高容易引发结垢倾向。

另外，运行参数（如浆液 pH 值、温度、氧化空气量、搅拌力等）也会影响石膏的结晶过程和晶粒的大小分布，很容易形成层状或针状晶体，这对脱水系统运行不利，因此需要严格控制浆液的过饱和度，并结合浆液的化学成分，把握石膏浆液的排出时机。一般而言，浆液的过饱和度应控制在 110%～130%。

(4) 强制氧化方式　湿法脱硫一般采取两种强制氧化方式：侧进搅拌与空气喷枪组合式、顶进搅拌与固定管网格栅式。搅拌过程参数（桨叶转速、叶端线速度、搅拌器的数量和安装方式、单位体积浆液的搅拌功率、桨叶类型等）和强制氧化参数（单位体积浆液的氧化风量、喷枪出口速度与安装位置等）的优化配置在确保石膏颗粒悬浮、氧化空气分散、亚硫酸钙氧化、石膏晶体形成等方面非常重要。两者匹配不佳，会造成塔底石膏沉积、亚硫酸钙氧化受阻、氧化空气利用率低下、浆液区易形成混合垢，进而影响系统脱硫效率和浆液区石膏品质。在工程应用中，氧化空气供应量一般为理论需氧量的 3 倍以上，以确保亚硫酸钙彻底氧化。

(5) 外排废水量　烧结烟气成分复杂，HCl、HF、重金属氧化物、粉尘杂质等都进入浆液之中，影响脱硫石膏品质；尤其是浆液中氯离子浓度过大，不仅腐蚀塔内材质，还阻碍石膏结晶和长大，造成后续真空皮带机滤布堵塞，引起石膏含水率超标。因此，通过少量废水外排，应将塔内 Cl 浓度控制在 $5000 \sim 15000 \, mg/L$ 以下，并尽量维持低运行值。

(6) 脱水系统运行状况　脱水系统的运行状况，如旋流器底流浓度、旋流子性能、皮带机真空度大小、滤布清洁程度、滤布冲洗水量、滤饼厚度等因素直接影响到石膏产品中的附着水分。旋流站的运行压力越高，旋流效果越好，则旋流子磨损越小，底流的浆液密度越高，越有利于真空脱水。当真空泵真空度过高，石膏含水量会增大，此时可适当减少滤饼厚度或提高排出浆液的密度。为确保石膏中氯离子含量低于 0.01%，要实时检查滤布冲洗喷嘴的出水量及出水角度。

3. 烧结烟气脱硫石膏质量的控制措施

(1) 优化设计　在脱硫工艺设计之初，就应对吸收塔型式、烟气冷却器、烟气入塔方式、强制氧化方案、增压风机系统、除雾器、系统防腐方案等进行优化设计，并确定合理的排浆浓度、入塔烟温参数、废水外排量、浆液 pH 值、脱硫剂品质、强制氧化风量、浆液过饱和度等影响石膏品质的关键参数。在具体设备选型和详细设计时，既要控制投资成本，又要充分考虑烧结烟气的特性，使得石膏质量控制在合理的范围内。

(2) 运行控制　在运行过程中，要密切监视脱硫系统的各种运行参数并及时调整，以保证石膏浆液品质。需要实时调整的参数主要有浆液 pH 值、吸收塔液位、排浆浓度、氧化风量、废水外排量、入塔烟温和烟尘量、滤饼厚度及冲洗水量等。

需要注意的是，pH 计、浆液浓度计、液位计、压力表、热电偶、CEMS 等脱硫装置在线仪器仪表需要定期、及时校验，它们是确保石膏品质的必要手段。

同时，需建立化学监测计划，定期对塔内浆液和外排石膏进行化学分析，及时向运行人员反馈结果，供参数调整之用。石膏浆液监测参数主要有石膏纯度、碳酸盐含量、亚硫酸盐含量、氯离子含量、pH 值、浆液密度、颗粒粒径等。

(3) 应急处理　在日常运行过程中，应建立一套完整的脱硫岛启停、运行和应急处理方案，如 pH 计异常下降，可能是因为吸收塔内富集过量的飞灰、镁、氯、氟等杂质，影响了石灰石溶解，此时，需置换部分塔内浆液，加大排浆流量，待 pH 值明显上升时，再供应石灰石浆液；浆液浓度计失灵，可能是探头堵塞、管路不通或浓度计位置不当所致；石膏中亚硫酸钙含量增加，可能是氧化系统出现了问题；石膏颜色变深，可能是冲洗水量突然减小；石膏附着水分增加，可能是旋流器出现了故障。

4. 脱硫石膏综合利用途径

某厂烧结烟气脱硫技术产业化的实践表明，烧结烟气脱硫石膏呈粉黄色、蓬松湿软；结晶粒形好、粒径大分布宽；石膏含量超过 90%，自由水含量低于 10%；$CaCO_3$、$CaSO_3 \cdot \frac{1}{2}H_2O$、$SiO_2$、$Fe_2O_3$、Cl、F 等杂质、放射性元素、重金属含量及浸出毒性均满足欧洲石膏标准，在储运、填埋或资源化利用过程中，不会对周围环境造成不利影响。只要选择合适的烘干、煅烧设备，此类脱硫石膏能完全达到建筑石膏粉的要求，广泛用于水泥、建筑制品和其他新型建筑材料。

烧结烟气脱硫石膏经余热烘干后，部分以一定比例加入到矿/钢渣微粉中，替代水泥或混凝土掺合料，不仅改善了矿/钢渣微粉的性能，还免去了天然石膏的采购和运输成本；部分销售给周边水泥企业用作缓凝剂，价格折算下来比天然石膏明显便宜，且产品质量更好。

鉴于烧结烟气脱硫石膏品质、天然石膏丰富状况、钢厂外围企业配套程度、地区技术经济水平等因素的不同，其他钢厂湿法脱硫石膏的资源化利用途径，也可参考电厂脱硫石膏和天然石膏的利用方法。

以下是烧结烟气脱硫石膏综合利用特点。

（1）烧结烟气脱硫石膏与天然石膏来源不同，物化特性及杂质含量差别较大，因此，烧结烟气脱硫石膏的处理工艺和设备有自己的特点。经过自然干燥、烘干或煅烧处理后的烧结烟气脱硫石膏，能代替绝大部分天然石膏及其制品。

随着烧结机烟气湿法脱硫机组的运行，脱硫石膏势必越来越多，其综合利用途径取决于石膏质量。为此应合理控制工艺参数，使得脱硫石膏具有合理的晶形、粒径分布、品位、白度及附着水含量。

（2）脱硫石膏的附着水含量一般在10%左右，若能充分利用钢铁厂的余热进行烘干预处理，直接就近供应用户，则有助于集约化生产，推动石膏应用产业的形成，并提高钢铁厂综合利用石膏资源的效益。

（3）随着脱硫石膏量的日益增加，其资源化途径应以大宗、简便、就近为首要原则，如用于水泥缓凝剂、纸面石膏板等；其次才可以考虑高附加值利用，如建筑石膏、粉刷石膏等。

（4）脱硫石膏在大规模工业化应用时，需突破若干技术性难题：如烘干处理、磨细改性、连续煅烧和过程控制专有技术；脱硫石膏压块成粒和储存输送技术；完善脱硫石膏应用于水泥和建材行业的产品标准，并充分衡量综合利用过程的安全环保和经济性。

（5）烧结烟气脱硫石膏蕴藏着巨大的市场机遇，在石膏资源缺乏地区尤为如此，以此为原料生产建材制品，既有利于烟气脱硫技术的推广应用，也有利于减少脱硫副产物堆放所带来的二次污染及占地。其综合利用，应贯彻技术经济、工艺方便和安全环保的原则，加强各部门之间的协作，政府应制定优惠政策鼓励引导，企业应争取政策法规的支持，加强社会化大协作，因地制宜开发适合本地特点的新技术和新工艺，有重点多层次地开展烧结烟气脱硫石膏的综合利用。

第三节 炼铁烟尘减排与回收利用

炼铁车间一般由储矿槽、高炉、鼓风机站、铸铁机室等工段组成。高炉为增产节焦采用喷吹煤粉时，还有煤粉制备间。

为进一步改善炼铁车间大气环境和操作卫生条件，应在提高工艺设备的机械化和自动化基础上，合理解决尘源的密闭，防止烟尘扩散，有利于捕集烟尘。

一、炼铁工艺流程及烟尘特点

（一）炼铁工艺流程

炼铁车间组成及产生的有害物质见表3-23。

表 3-23　炼铁车间组成及产生主要有害物质

工段名称		产生有害物质的主要设备	主要有害物质
储矿槽	储矿槽上	胶带卸料处	胶带给料机卸料扬尘
	储矿槽下	给料机、振动筛、称量设备	受料卸料时扬尘
	料坑坑下返矿转运站	斜槽溜嘴、料车胶带转动	料槽卸料、料车受卸时料扬尘
高炉	出铁场	渣、铁槽	铁水、炉渣的辐射热及烟尘
	炉顶	胶带机头、罐上密封室	粉尘、CO
煤粉制备	煤粉制备间	球磨机、提升机、尾气	粉尘
铸铁机室	机前烧铸平台	铸铁机	浇铸时石墨粉尘及辐射热
	机前操纵室	铸铁机	辐射热
	斜桥通廊	铸铁机	喷水冷却时水蒸气
碾泥机室		碾泥机、装卸料	粉尘
铁水罐修理库		铁水罐、磨砖机	拆衬时扬尘、辐射热、磨砖粉尘

炼铁工艺流程如图 3-34、图 3-35 所示。图 3-34 表明，采用熔融还原炼铁工艺，可省去烧结和炼焦两大污染源，是烟尘减排的极大进步。

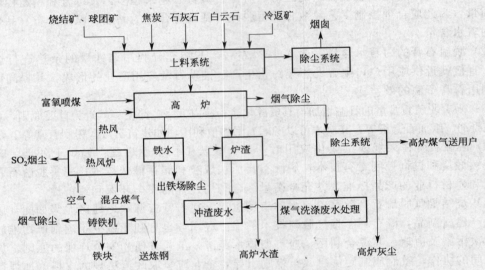

图 3-34　高炉炼铁生产工艺流程及排污

(二) 烟气来源和特点

1. 烟气来源

铁是炼钢的主要原料。炼铁生产是利用铁矿石（烧结矿等）、燃料（焦炭，有时辅以喷吹重油、煤粉、天然气等）及其他辅助原料，在高炉炉体中，经过炉料的加热、分解、还原、造渣、脱硫等反应，生产出成品铁水和炉渣、煤气两种副产品。

炼铁厂的污染源主要有以下几种：①高炉的原料、燃料、辅助原料在运输、筛分、转运过程中产生的粉尘；②高炉出铁场作业时产生的烟尘和有害气体，污染物主要是粉尘及一氧化碳、二氧化硫、硫化氢等气态有害物质；③高炉煤气的散发，主要污染物是一氧化碳；④铸铁机铁水浇注时产生的烟尘，污染物主要是粉尘、石墨炭等。

2. 烟尘的特点

炼铁厂烟尘特点如下。

(1) 散发污染物量大，影响面广　炼铁厂是钢铁企业中主要散发污染物的车间之一，冶炼每吨铁水可产生 9～12kg 烟尘。

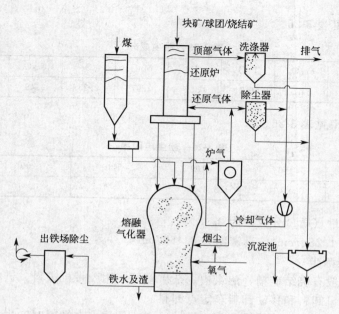

图 3-35　熔融还原炼铁生产工艺流程及排污

　　炼铁厂的扬尘点多、面广，特别是中小高炉的原料矿槽及出铁场，机械化、自动化水平较低，缺少除尘设施，形成厂区一片烟尘，是钢铁厂重点污染源之一。

　　（2）烟尘有害物质多，危害性较大　炼铁厂的粉尘中含有氧化铁、二氧化硅及石墨炭等成分，其中氧化铁的含铁量可达 $48\%\sim55\%$，二氧化硅含量为 $2\%\sim12.77\%$，石墨炭含量为 $15\%\sim35\%$。烟气中尚有 CO、CO_2、HF 等有害物质，一般出铁场内每炼 1t 铁水可散发 2kg 一氧化碳，并有高温辐射。据统计，国内部分高炉出铁场内有害物质的浓度为：粉尘 $9\sim81mg/m^3$，CO $60\sim213mg/m^3$，SO_2 $98\sim185mg/m^3$，辐射强度 $(50\sim600)kJ/(m^2\cdot min)$，车间温度高达 $40\sim60℃$。

　　（3）污染物综合利用潜力大　高炉冶炼过程中产生的高炉煤气，已成为钢铁厂的主要燃料，是钢铁厂燃料平衡的要素。

　　炼铁厂生产过程中，如原料燃料运输、处理、高炉装料、出铁过程中所产生的烟尘，含铁量较高，可通过净化、回收并进行处理后，实现综合利用。回收大量含铁粉尘和高炉煤气。

二、炼铁原料系统烟尘减排技术

（一）储矿槽除尘

　　炼铁厂炉前矿槽的除尘，主要是解决高炉烧结矿、焦炭、杂矿等原料燃料在运输、转运、给料、称量及上料时产生的有害粉尘。

　　1. 储矿槽粉尘特性

　　根据供高炉原料不同，储矿槽粉尘特性有所差异，其参考数据如下。

　　（1）粉尘分散度见表 3-24。

表 3-24　粉尘分散度

粉度/μm	>50	50~40	40~30	30~20	20~10	10~5	<5
质量分数/%	44.1	9.2	10.7	13.2	15.2	5.87	1.73

（2）粉尘成分见表 3-25。

表 3-25　粉尘成分

成　分	Fe	Fe₂O₃	FeO	P	MnO	S	MgO	CaO	SiO₂
质量分数/％	39.33	54.9	1.2	0.07	1.97	2.25	2.49	10.49	9.5

（3）粉尘电阻率见表 3-26。

表 3-26　粉尘电阻率

温度/℃	50	100	150	200	250
电阻率/Ω·m	3.4×10^5	5.6×10^5	2.0×10^5	8.0×10^5	1.6×10^5

（4）粉尘含湿量（质量分数）为 0.98%。

（5）假密度为 1.28g/cm³，真密度为 3.46g/cm³。

2. 储矿槽槽上除尘

储矿槽槽上一般有烧结矿槽、焦炭槽、杂矿槽等，用胶带机进料。进料方式有胶带移动卸料车条缝形料槽口卸料和移动卸料车定点卸料。

（1）一般采用在每个储矿槽槽上侧边设抽风点，使槽内在卸料时产生负压，控制粉尘外逸，其方式如图3-36所示。经净化的气体直接排出室外。

（2）抽风点的抽风量确定。为使卸料过程中矿槽内含粉尘气体不外逸，其抽风量（Q）应按以物料卸入矿槽内时带入的空气量（Q_1）与物料体积流量（Q_2）的总和计算：

$$Q = Q_1 + Q_2$$

式中，Q_1 为随物料带入的空气量，m³/h，按胶带机宽度（mm）的 3 倍取值。

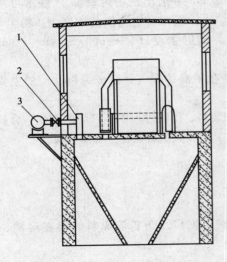

图 3-36　储矿槽上侧边抽风

1—集风箱；2—蝶阀；3—风管

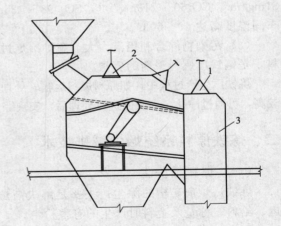

图 3-37　振动给料器、振动筛、
称量漏斗的密闭和抽风

1—称量漏斗抽风点；2—振动给料器及
振动筛抽风点；3—称量漏斗

3. 储矿槽槽下除尘

储矿槽槽下一般有振动给料器、振动筛、称量漏斗、胶带受料点及胶带转运等除尘点，各除尘点均设密闭罩并进行抽风除尘。

振动给料器、振动筛、称量漏斗等密闭罩抽风除尘，如图3-37所示。

（1）确定抽风量

振动给料器的抽风量：21m³/（h·t）；

振动筛筛分烧结矿：1200～1350m³/（h·m²）（筛面面积）；

振动筛筛分焦炭：800～1200m³/（h·m²）（筛面面积）。

称量漏斗，由于设备本体比较严密，一般不设抽风，当落差较大需设抽风时，抽风量可按1700～5000m³/h。

（2）除尘系统设计　储矿槽槽下除尘有两种方式：

① 根据各除尘点的工艺设备同时工作因素，在降尘系统各支管上设阀门切换，并与工艺设备连锁，即工艺设备动作时，切换阀门同步开启中，反之同步关闭。安装切换阀门处，应设有检查、操作的位置，并设有就地开闭阀门的电气装置。由于各工艺设备是以高炉操作程序交替配料，要求除尘总支管上的切换阀必须与其同步，系统自动控制要求水平高。

② 除尘系统不考虑工艺设备的同时工作因素，各除尘点按连续工作设计。

4. 料坑除尘

料坑除尘一般有局部抽风及整体密闭两种抽风方式。

（1）局部抽风除尘　当胶带机（链板机）配料时，在烧结矿称量漏斗口及焦炭称量漏斗口上方设局部抽风罩。

一般不妨碍料车上下运动的条件，料车口上部（焦炭和烧结矿称量漏斗的旁边）设局部抽风罩。抽风量应结合料车大小及罩位高度而定。一般罩口风速宜采用2～3m/s，如图3-38所示。

为提高料车抽风罩的抽风效果，一般可在罩口加设导流板，并在抽风罩两侧加设围挡侧板。

（2）料坑整体密闭抽风除尘　料坑顶部用钢板封闭，留出斜桥及料车进出的孔洞，抽风罩设在料车上部，抽风量按密封钢板上所有开口面积处保持0.5～1.0m/s速度计算。

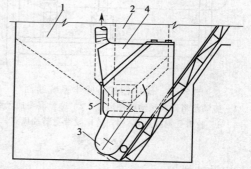

图3-38　料车局部抽风罩
1—矿石漏斗；2—焦炭漏斗；3—料车；
4—吸尘罩；5—围板

料坑操作室应保持室内10～30Pa的正压通风，一般采用机械送风，送入空气应经过滤，风源应尽量选择环境较好的地点，南方炎热地区应对送入空气进行净化冷却处理。

5. 除尘系统配置

储矿槽槽上、槽下除尘系统可分别单设除尘系统，储矿槽槽下除尘系统如图3-39所示。

（1）槽上单独设除尘系统，具有以下特点：由于储矿槽一般储存时间在6～8h以上，矿槽运行时间间隔长，除尘系统可间断停机，节省能源；除尘系统小，操作维护简单；风量调节和与工艺设备连锁简单。但占地面积大，增加操作管理人员，一次投资较大。

（2）槽上及槽下各除尘点设集中除尘系统，具有以下特点：除尘净化装置可集中设置。占地面积小；操作管理方便，并可减少操作管理人员；但除尘点多，除尘系统庞大，操作管理复杂，系统平衡较困难。

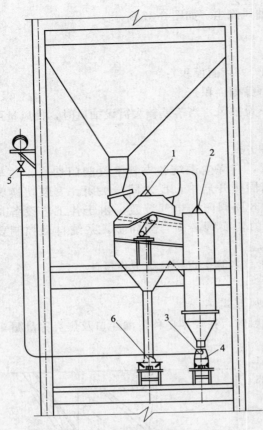

图 3-39　储矿槽槽下除尘系统断面

1—振动给料器及振动筛抽风点；2—称量漏斗抽风点；
3—胶带受料抽风点；4—返矿胶带受料抽风点；
5—蝶阀；6—风管

除尘气体含尘浓度（标态）一般可按 $2.5 \sim 6.0 \text{g/m}^3$ 计。

（二）转运站除尘

储矿槽槽下返矿是筛分后筛下小于 5mm 的粒状料，由胶带机转送至烧结厂重新烧结。

转运站除尘主要在胶带受料点，胶带转运点设局部密闭罩，并进行抽风，抽风量按胶带机落差高度及胶带机宽度确定。

除尘系统可采取机组式除尘机，也可采取除尘系统式的方式。除尘器所收集的干灰，应妥善处理，以确保除尘系统的正常运行。尽可能不将所捕集的干灰卸到胶带机上，形成下一除尘点干灰循环，增加除尘器负荷。

（三）碾泥机室除尘

碾泥机室应尽量采用自动化、机械化及密封化的生产工艺，并采用加湿作业，散状料应以袋装为主，以减少生产过程中的扬尘。

（1）开包倒料处，可设上侧均流吸尘罩（图 3-40），抽风量一般按物料的密度、粒度等因素确定，也可按罩面风速 $1.0 \sim 3.0 \text{m/s}$ 计算。

（2）胶带机机尾落料处应设置局部密闭罩，并进行抽风除尘，抽风量按胶带宽度及其落差确定。

（3）斗式提升机胶带机头部和提升机外壳上均设抽风罩。

（4）振动筛应设局部密闭罩，并进行抽风除尘。

（5）焦粉破碎机一般采用对辊式和锤式破碎机，应根据设备形式及规格设置密闭抽风罩。

（6）碾泥机应在密闭基础上设置抽风除尘，各型碾泥机除尘抽风量可按表 3-27 数据采取。

无沥青烟气的湿碾机，一般在设备完好的密闭条件下，可不设抽风除尘。

各设备的局部抽风除尘，应将相同物料的抽风点合设一个系统，一般泥料粉尘皆可回收利用，宜选用脉冲袋式除尘器。

表 3-27　碾泥机抽风量

碾泥机规格/mm	抽风量/(m³/h)	压力损失/Pa	最小真空度/Pa
$\phi 1600 \times 450$	2500	275	$1.5 \sim 19.6$
$\phi 1200 \times 350$	2000	275	$1.5 \sim 19.6$
$\phi 1000 \times 320$	1500	275	$1.5 \sim 19.6$
$\phi 920 \times 350$	1000	275	$1.5 \sim 19.6$

采暖地区为补偿各设备除尘排出的空气，碾泥机室内应设有机械补风系统，补风量一般为排风量的 80%，对于产量不大的小型碾泥机室，当采暖设备足以维持室温时，也可不设补风系统。

（四）炉前矿槽粉尘减排实例

某炼铁厂高炉炉前矿槽及其输送设备是为 4063m³ 高炉贮存、筛分、称量及输送原料燃料的设备系统。主要设备有储矿槽、储焦槽、中间料斗、称量漏斗、振动筛、给料器及上料皮带。按最大出铁量每天 10000t 计，每天向高炉输送焦炭 4200t，烧结矿 13000t，球团矿 1650t，副原料 500t。

1. 生产工艺流程及主要原料

炉前矿槽生产工艺流程如图 3-41 所示。

主要原料、燃料为烧结矿、球团矿、精块矿、石灰石、锰、硅石、白云石以及焦炭等。

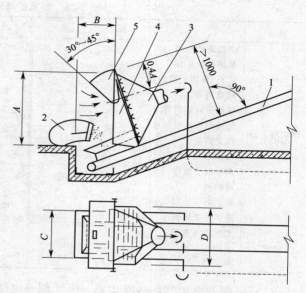

图 3-40 开包倒料点抽风除尘

1—胶带机；2—散状料袋；3—带均流的侧吸罩；
4—罩边挡板；5—活动扇形罩盖 $A \geq 1.5$ 袋高；
$B = 0.8 \sim 1.0$ 袋高；$D = C = 200mm$

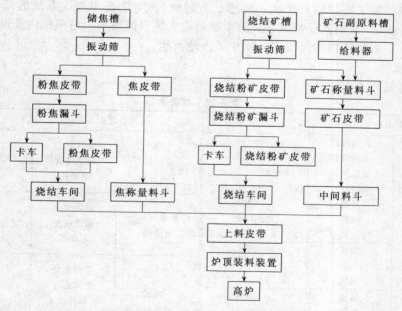

图 3-41 炉前矿槽生产工艺流程

2. 烟气来源

炉前矿槽粉尘来源见表 3-28。

3. 烟气处理工艺流程

整个含尘气体的处理工艺流程可分为过滤、清灰、粉尘输送及外排三部分。

表 3-28　炉前矿槽粉尘来源

地点	尘源	地点	尘源
储矿槽下部	烧结矿给料器 烧结矿给矿筛 矿石、球团矿给料器 称量料斗 辅助原料给料器 辅助原料称量料斗 称量料斗 粉矿溜槽 落矿接受溜槽 粉矿料斗 粉矿料斗出口 粉矿皮带转运	焦槽	块焦溜槽上部 块焦溜槽下部 块焦槽 落块接受溜槽 粉焦料斗上部 粉焦料斗出口 粉焦胶带运输机转运点
焦槽	焦炭入槽皮带 焦槽 焦炭筛	中间储槽	矿石皮带转运点 矿石转运溜槽 矿石装料料斗上部 矿石装料料斗下部 焦炭转运溜槽 焦炭称量料斗上部 焦炭称量料斗下部

（1）过滤　含尘气体→吸尘罩→手动阀→电动阀→袋式除尘器→一次、二次调节阀→风机挡板→风机→消声器→烟囱→大气。

（2）清灰　大气→吸气罩→逆压风量调节阀→一次、二次调节阀→滤袋→下部灰斗→其他室下部灰斗→滤袋→一次、二次调节阀→风机挡板→风机→消声器→烟囱→大气。

（3）粉尘输送及外排　粉尘→下部灰斗→放灰阀→水平输送机→集合水平输送机→提升机→粉尘箱→回转阀→运输真空槽车。

整个系统控制了高炉原料矿槽、焦槽、中间槽的 92 个扬尘点。系统的作用半径较大，最长支管达 300m。采用的反吹风袋式除尘器适应大风量的要求，清灰机构及运行都较方便，滤袋长达 10m，有利于向空间发展，缩小了占地面积。

4. 主要设备

主要设备见表 3-29。

表 3-29　设备表

设备名称	性能规格		设备名称	性能规格	
袋式除尘器	处理风量 滤袋面积 滤袋尺寸 滤袋数 室数 滤料 过滤风速	$11000m^3/min$ $11136m^2$ $\phi292mm\times10m$ 1280 根 10 室 聚酯纤维 1.0m/min	刮板输送机（两台）	输送能力 输送速度 电动机	$3.9m^3/h$ 1.95m/min 3.7kW
风机	型式 风量 风压	双进风离心式 $11000m^3/min$ 6370Pa	集合刮板输送机	输送能力 输送速度 电动机	$7.8m^3/h$ 1.95W/min 3.7kW
电动机	容量 电压 转速 频率	1800kW 3000V 750r/min 50Hz	内斗式提升机	皮带宽度 皮带速度 料斗数 料斗容积 料斗安装间距	350mm 25m/min 202 个 1.39L 150mm

注：上述设备除注明外，数量均为一台。

5. 治理效果

（1）系统投产以来，排放浓度（标态）低于 $20mg/m^3$，达到排放标准，整个矿槽环境较好。

（2）装机容量 1800kW，电耗 1160MW·h/月左右。

（3）滤袋更换周期约为 2 年。

（4）年回收粉尘 14000t，折合 2.4kg/t 铁。

6. 注意事项

（1）及时更换滤袋。在每次高炉定修中应相应检查滤袋的破损情况，重点检查室内底板上各积灰附近的滤袋，并立即更换。否则将造成邻近滤袋的破损，且使滤袋室内底板上大量积灰，难以清理，影响除尘效果。

（2）刮板机和回转阀要防止被卡住。运行中发生多次刮板机及回转阀被异物卡住，造成过负荷跳闸停机。多数异物是检修中不慎落入的袋箍、螺丝刀、螺钉等。因此在检修中要细心，防止异物进入刮板机和回转阀。

（3）管道的磨损与漏风。整个除尘系统的管道采用 9mm 的高铬铸铁。但在管道的转弯、进出口等发生气流变化的管段，磨损较快，造成漏风，成为定期修理中除尘器检修的主要项目。

（4）滤袋应保持一定的张力。新滤袋在使用一段时间后会伸长，伸长后的滤袋反吹风清洗效果差，且容易损坏。因此滤袋在使用一段时间后，应重新张紧，张力应在 350N 左右。

三、高炉煤气除尘技术

（一）高炉煤气来源

1. 高炉煤气来源

铁是炼钢的主要原料。炼铁工艺是利用铁矿石（烧结矿等）、燃料（焦炭，有时辅以喷吹重油、煤粉、天然气等）及其他辅助原料在高炉炉体中，经过炉料的加热、分解、还原造渣、脱硫等反应生产出成品铁水和炉渣、煤气两种副产品。高炉煤气的主要成分为 CO、CO_2、N_2、H_2、CH_4 等，其中可燃成分 CO、H_2、CH_4 的含量很少，约占 25%。CO_2 和 N_2 的含量分别为 15% 以及 55%。高炉煤气的热值仅为 3500kJ/m³ 左右，气体中的可燃成分以来自于燃料中烃类化合物的分解、氧化、还原反应后的 H_2、CO 为主，可看成是焦炭、煤粉等燃料转化成的气体燃料。焦炭、煤粉等的燃料的用量增加可提高高炉煤气的产量。燃料的能量转换为高炉煤气能量的转化率约为 68%。

2. 主要技术参数

（1）煤气发生量（标态）：1500～1800m³/t。

（2）煤气温度：正常工况下为 150～300℃；在发生崩料、坐料等非正常工况时，可达 100～600℃。

（3）炉顶煤气压力：通常为 0.05～0.25MPa，高炉越大，压力越高，最高达 0.28MPa。

（4）煤气成分：CO 占 20%～30%；H_2 占 1%～5%；热值（标态）为 3000～3800kJ/m³。

（5）煤气含尘质量浓度（标态）：荒煤气可达 30g/m³，携带灼热铁、渣尘粒；重力除尘器出口不大于 15g/m³，粒径小于 50μm。

3. 除尘设计要点及新技术

（1）在炉顶或重力除尘器内，采用气-水两相喷嘴喷雾冷却。当煤气温度超过 500℃时，宜在喷雾冷却的基础上，辅设机力空冷器等间接冷却装置，进入袋式除尘器的荒煤气温度和湿度必须控制在滤料允许的限度内。

（2）采用圆筒体脉冲清灰袋式除尘器。筒径为 $\phi 3.2$～6.0m，筒体按压力容器计算。滤袋长度为 4.8～8.0m，滤料首选 P84 和超细玻璃纤维复合针刺毡，采用氮气作为脉冲清灰源。采用导流喷嘴、双向脉冲喷吹、分节滤料框架、无障碍换袋等多项专利技术。

（3）采用无泄漏卸灰和气力输灰技术。按正压中相输灰原理设计，利用净煤气作为输灰动力，输灰尾气经灰罐顶部除尘器二次过滤后重返净煤气管回用。

（4）除尘器筒体进、出口设气动调节蝶阀和电动密闭插板阀，实现分室离线清灰和停风检修。每一筒体设有导流均布、充氮置换、泄爆放散、检漏报警等装置。

（二）高炉煤气除尘工艺流程

按照净化后的煤气含尘量不同，高炉煤气可分为粗除尘煤气、半净除尘煤气和精除尘煤气。按净化方法的不同，高炉煤气除尘可分为干式除尘和湿式除尘。粗除尘一般用干法进行，干法除尘是基于煤气速度及运动方向的改变而进行的。粗除尘是在紧靠高炉除尘设备中的第一次净化。半净除尘采用湿法，将煤气加大量水润湿，润湿的炉尘与水以泥渣的形式从煤气中分离出来。精除尘是煤气除尘的最后阶段，为了获得预期的效果，精除尘之前煤气必须经过预处理。精除尘利用过滤的方法，或使用静电法，并将其吸往导电体（在电气设备或装置内），再用水冲洗。还可用使煤气经过相应的设备而产生很强的压力降的方法来精除尘。

随着高炉的大型化和炉顶压力的提高，高炉煤气的净化方法亦在不断更新，由原来的洗涤塔、文氏管和湿式电除尘器组成的各种形式的清洗系统，因其设备重、投资高，而被双文氏管串联清洗和环缝洗涤器取代。洗涤塔-文氏管的清洗系统在炉顶压力不太高的情况下，为使高炉煤气余压透平多回收能量，仍有应用价值。到 20 世纪 70 年代后期，高炉煤气余压透平发电技术的开发，促进了高炉煤气净化系统向低阻损、高效率的方向发展。近年来，我国大部分钢铁企业均采用了低阻损的干法除尘设备，如布袋过滤、旋风除尘、砂过滤和干法电除尘器等。

1. 高炉煤气湿法净化工艺流程

过去大中型高炉一般采用串联调径文氏管系统或塔后调径文氏管系统，其流程见图3-42。串联调径文氏管系统的优点是操作维护简便、占地少、节约投资 60% 以上。但在炉顶压力为 80kPa 时，在相同条件下，煤气出口温度高 3～5℃，煤气压力多降低 8kPa 左右。一级文氏管磨损严重，但可采取相应措施解决。然而在常压或高压操作时，两个系统的除尘效率相当，即高压时或常压时净煤气含灰量分别为 5mg/m³ 或 15mg/m³，因而当给水温度低于 40℃时，采用调径文氏管就会更加合理。当炉顶压力在 0.15MPa 以上，常压操作时煤气产量是高压时的 50% 左右时，根据高炉操作制度的需要，采用串联调径文氏管的优点就更加显著，即煤气温度由于系统中采用了炉顶煤气余压发电装置反而略低于塔文系统。此外，文氏管供水可串联使用，其单位水耗仅有 2.1～2.2kg/m³ 煤气。而塔文串联系统的单位水耗则为 5～5.5kg/m³ 煤气。因此，当炉顶压力在 0.12MPa 以上时采用串联文氏管系统。

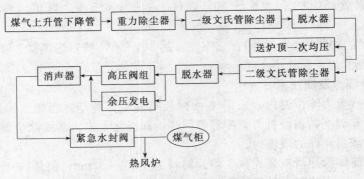

图 3-42　串联调径文氏管系统流程

2. 高炉煤气干法除尘工艺流程

高炉煤气的干法除尘工艺可使净化煤气含水少、温度高、保存较多的物理热能，利于能量利用。加之不用水，动力消耗少，又省去污水处理，避免了水污染，因此是一种节能环保的新工艺。

高炉煤气干法除尘的方法很多，如袋式除尘、干法电除尘等。

高炉煤气经重力除尘器及旋风除尘器粗除尘后，进入袋式除尘器进行精除尘，净化后的煤气经煤气主管、调压阀组（或 TRT）稳压后，送往厂区净煤气总管。其流程如图 3-43 所示。滤袋过滤方式一般采用外滤式，滤袋内衬有笼形骨架，以防被气流压扁，滤袋口上方相应设置与布袋排数相等的喷吹管。在过滤状态时，荒煤气进口气动蝶阀及净煤气出口气动蝶阀均打开，随煤气气流的流过，布袋外壁上积灰将会增多，过滤阻力不断增大。当阻力增大（或时间）到一定值，电磁脉冲阀启动，布置在各箱体布袋上方的喷吹管实施周期性的动态冲氮气反吹，将沉积在

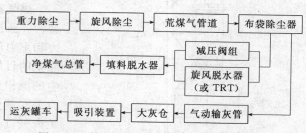

图 3-43　高炉煤气全干法布袋除尘工艺流程

滤袋外表面的灰膜吹落，使其落入下部灰斗。在各箱体进行反吹时，也可以将此箱体出口阀关闭。清灰后应及时启动输灰系统。输灰气体可采用净高炉煤气，也可采用氮气，将灰输入大灰仓后，用密闭罐车通过吸引装置将灰运走。

（三）粗煤气除尘系统

高炉炉顶煤气正常温度应小于 250℃，炉顶应设置打水措施，最高温度不超过 300℃。粗煤气除尘器的出口煤气含尘量应小于 $10g/m^3$（标态）。

粗煤气除尘系统主要由导出管、上升管、下降管、除尘器、炉顶放散阀及排灰设施等组成。目前国内有三种粗除尘方式：一是传统的重力除尘器；二是重力除尘器加切向旋风除尘器组合的形式；三是轴向旋流除尘器。传统的重力除尘器是利用煤气灰自身的重力作用，灰尘沉降而达到除尘的目的的。重力除尘器结构简单，除尘效率较低。尤其在喷煤量加大的情况下，如某钢高炉，经过重力除尘器的粗煤气含尘量甚至超过 $12g/m^3$。轴向旋流除尘器（cyclone）是气流通过旋流板，产生离心力，将煤气灰甩向除尘器壁后沉降，从而达到除尘的目的。结构复杂，除尘效率较高。

荒煤气经除尘器粗除尘后，由除尘器出口粗煤气管进入精除尘设施。除尘器的除尘效率高低，直接影响到精除尘系统中湿式除尘的耗水量和污水处理量，除尘效率高，可减轻干式精除尘的除尘负担，提高其使用寿命。

1. 煤气粗除尘管道

（1）管道组成　高炉煤气粗除尘管道由导出管、上升管、下降管、除尘器出口粗煤气管道等组成。煤气上升管及下降管用于把粗煤气从炉顶外封罩引出，并送至除尘器的煤气输送管道。

（2）煤气发生量及粗煤气管道流速　对炉顶温度的规定是考虑炉顶设备的安全而制定的。煤气温度应小于 250℃，若超过 300℃时，炉顶应采取打水措施，避免危及炉顶设备安全和超过钢材的使用温度。

提高炉顶压力，提高粗煤气卸灰装置的安全要求。高炉煤气灰全部用做烧结原料，应得

到充分利用。

根据经验数据，高炉外封罩导出管出口处的总截面积应适当加大，以降低煤气流速，减少带出的炉尘量。各部位粗煤气管道流速要求如下：导出管为 3～4m/s；上升管为 5～7m/s；下降管为 7～11m/s。

2. 重力除尘器

世界上大部分高炉煤气粗除尘都是选用重力除尘器。重力除尘器是一种造价低、维护管理方便、工艺简单但除尘效率不高的干式初级除尘器。

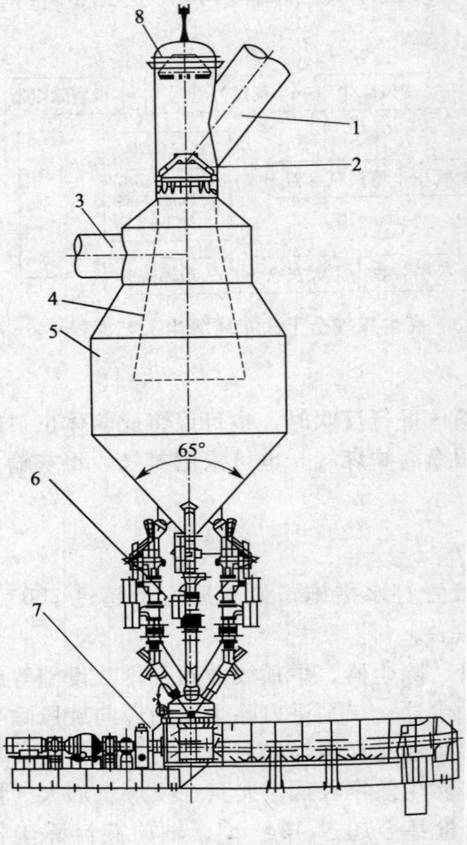

煤气经下降管进入中心喇叭管后，气流突然转向，流速突然降低，煤气中的灰尘颗粒在惯性力和重力的作用下沉降到除尘器底部，从而达到除尘的目的。煤气在除尘器内的流速必须小于灰尘的沉积速率，而灰尘的沉降速度与灰尘的粒度有关。荒煤气中灰尘的粒度与原料状况、炉况、炉内气流分布及炉顶压力有关。重力除尘器直径应保证煤气在标准状态下上升的流速不超过 0.6～1.0m/s。高度上应保证煤气停留时间达到 12～15s。通常高炉煤气粉尘构成为 0～500μm，其中粒度大于 150μm 的颗粒占 50%左右，煤气中粒度大于 150μm 的颗粒都能沉降下来，出口煤气含尘量可降到 6～12g/m³ 范围内。

高炉重力除尘器结构如图 3-44 所示。

粗煤气除尘器必须设置防止炉尘逸出和煤气泄漏的卸灰装置。

考虑到煤气堵塞及排灰系统的磨损，除尘器下部设置三个排灰管道系统，每个系统设有切断煤气灰的 V 形旋塞阀和切断煤气的两个球阀（阀门通径均为 150mm），阀门为气缸驱动。为了吸收管道的热膨胀还设有波纹管。一般情况下，依次使用三个系统进行排灰。排灰时阀门开启顺序为：下部球阀→上部球阀→V 形旋塞阀；排灰终止后阀门关闭顺序为：V 形旋塞阀→上部球阀→下部球阀。

图 3-44　高炉重力除尘器结构
1—下降管；2—钟式遮断阀；3—荒煤气出口；
4—中心喇叭管；5—除尘器筒体；
6—排灰装置；7—清灰搅拌机；8—安全阀

在排灰管道下部还设有清灰搅拌机，用以向煤气灰中打水、搅拌、避免扬尘。

3. 旋风除尘器

近年来，国内部分钢铁企业采用了轴向旋风除尘器。其工艺比较复杂，除尘效率较高，但生产中曾发生过除尘器内耐磨衬板碎裂和脱落的情况，对生产造成一定的影响。

来自下降管的高炉煤气通过 Y 形接头进入轴向旋风除尘器，在轴向旋风除尘器的分离室内通过旋流板产生涡流，产生的离心力将含尘颗粒甩向除尘器壳体，颗粒沿壳体壁滑落进入集尘室。气流由分离室底部的锥形部位分流向上，通过分离室上部的内部管道离开轴向旋风除尘器。在旋流极处的高流速煤气不仅对旋流板有强烈的磨损，而且对除尘器壁体也有强烈磨损。因此在磨损强烈的部位必须衬以高耐磨性能的衬板。该衬板的主要理化性能指标见

表 3-30。

表 3-30　耐磨衬板的主要理化性能指标

物理特性	数值	物理特性	数值
密度/(kg/L)	3.4	耐磨强度/[cm³/(50·cm²)]	0.5~1.5
硬度(MOHS)	9	化学成分(质量分数)/%	
硬度(VICKERS/HV)	2000	Al_2O_3	51
冷压强度/(kN/cm²)	40	ZnO_2	33
抗拉强度/(kN/cm²)	4.0	SiO_2	14
热压强度(800℃)/(kN/cm²)	>24	Fe_2O_3	0.1
最高工作温度/℃	1000	Na_2O	1.4
热导率/[W/(m·K)]	4.2	CaO	0.4
热膨胀系数(20~1100℃)/[W/(m·K)]	$6.5×10^{-4}$	TiO_2	0.1

在除尘器内筒体下方部位,为了节省投资,采用强度高、耐一氧化碳侵蚀的喷涂料也可满足工况要求。

轴向旋风除尘器结构如图 3-45 所示。

重力除尘效率只能达到 50% 左右,轴向旋风除尘器效率可望提高一些。

轴向旋风除尘器可通过改变叶片角度来调节旋风除尘器的分离效率。通过更换不同形状的叶片,可确定旋风除尘器的分离效率和尘粒分布。在调节分离效率时,可从壳体外部方便地更换叶片。

在除尘器集尘室下部设有两个排灰斗,当排灰斗用氮气均压到与炉顶压力相当时,打开上排灰阀,积聚在集尘室内的煤气灰经排灰阀进入灰斗。然后关闭上排灰阀,打开放散系统,对排灰斗进行卸压,再由排灰斗经下排灰阀、螺旋搅拌机卸入运灰车外运。集尘室必须每天排空一次。

排尘系统主要由两个中间储灰斗组成,带有上下排灰阀和一个清灰搅拌机。在排灰期间,中间储灰斗交替储灰填充和排灰,从而可以连续排灰。每个储灰斗装有一套称量系统,用于控制和监视粉尘高度和流量。

排灰阀可以控制粉尘排放流量。排灰阀装有膨胀密封,在关闭位置,可以完全密封。上排灰阀用做闸阀,始终完全打开或关闭,由接近开关来控制位置。

下排灰阀用做控制阀,可以控制粉尘排放流量。装有两个接近开关和位置变送器进行反馈。控制清灰搅拌机流量,避免排灰过多出现堵塞。

清灰搅拌机中的喷嘴向煤气灰中加水,以改善排料时的装运条件。通过称量系统计算和测量料仓煤气灰重量和加料流量。排灰阀位置设定值可以手动或自动调整,从而可以避免清灰搅拌机过负荷和堵塞。

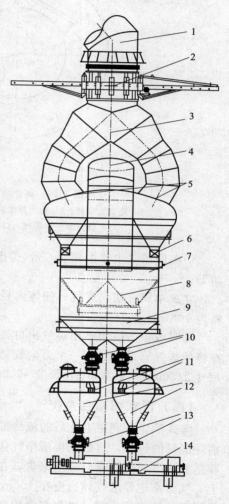

图 3-45　轴向旋风除尘器
1—下降管;2—眼镜阀;3—Y形接头;
4—粗煤气出口;5—煤气入口;
6—旋流板;7—粉尘分离室;
8—导流锥;9—集尘室;10—上排灰阀;
11—称量压头;12—中间储灰斗;
13—下排灰阀;14—清灰搅拌机

4. 重力除尘器和旋风除尘器

煤气经下降管进入重力除尘器的中心喇叭管后，气流突然转向和减速，煤气中的颗粒在惯性力和重力作用下沉降到除尘器底部，完成第一次除尘。转向煤气流经重力除尘器粗煤气出口矩形管道切线方向进入旋风除尘器，中等直径的尘粒借离心力的作用被分离出来，借助于惯性沉积于旋风除尘器底部，完成第二次除尘。沉积于旋风除尘器底部的煤气灰通过液压控制的排灰和加湿装置定期排出，并用汽车送出。

该装置通过二次粗除尘，提高了粗除尘的效率，但占地较大。

高炉重力除尘器和旋风除尘器组合布置示意如图 3-46 所示。

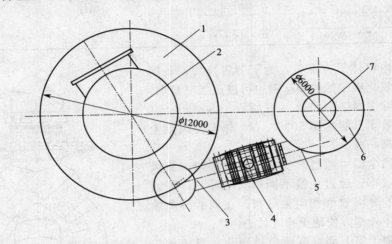

图 3-46　高炉重力除尘器和旋风除尘器组合布置示意
1—重力除尘器；2—重力除尘器煤气入口；3—重力除尘器煤气出口；4—矩形波纹管；
5—旋风除尘器煤气入口；6—切向旋风除尘器；7—旋风除尘器煤气出口

切向旋风除尘器由筒体、干式排灰装置及加湿装置、煤气出入口管组成。主要参数如下。

立式单筒，切向进气；筒体内径 6000mm；总高度约 32000mm；压力损失 0.6kPa；材料为 16MnR。

为吸收重力除尘器粗煤气出口处管道的轴向膨胀及除尘器与旋风除尘器的不均匀膨胀，在该粗煤气管道上设有一个万向铰链型矩形波纹管。其内口尺寸 1510mm×3010mm，外形尺寸 2120mm×3620mm，长度 4000mm。

（四）湿式细除尘系统

湿式除尘是利用雾化后的液滴捕集气体中尘粒的方法。为克服液体的表面张力，雾化是消耗能量的过程，这是获得洁净气体所必须付出的代价。压力雾化和气流雾化是常用的两种雾化方法。对高炉煤气除尘来讲，在通常压力的雾化时，喷嘴与气体的压差要在 0.2MPa 以上，气流雾化要求气体速度在 100m/s 以上才能保证良好的除尘效果。从实际运行数据看，只要保持适当的压差，净煤气含尘量均能保证在 $10mg/m^3$ 以下。

湿式煤气清洗装置的净煤气温度，在并入全厂管网前不宜超过 40℃。

1. 环缝洗涤系统

（1）工艺流程　环缝洗涤系统典型的工艺流程见图 3-47。环缝洗涤系统包括：一个环缝洗涤塔和一个旋流脱水器，以及相关的给排水设施。粗煤气净化分两级：预洗涤段和环缝段。两级都布置在同一个塔内。给水分两路供给环缝段和预洗涤段下部，通过再循环全部由预洗涤段排入沉淀池，经处理后循环使用。

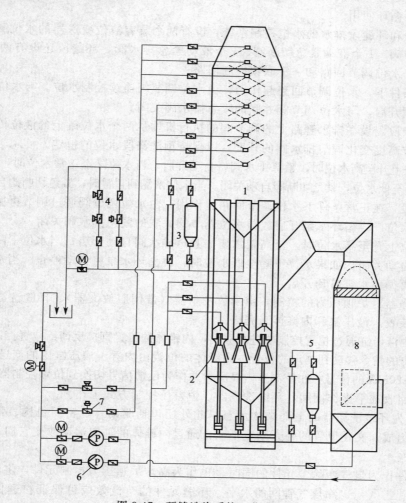

图 3-47　环缝洗涤系统工艺流程

1—环缝洗涤塔；2—环缝洗涤器；3—预洗涤段水位检测；4—预洗涤段水位控制阀；

5—环缝段水位检测；6—再循环水泵；7—环缝段水位控制阀；8—旋流脱水器

在预洗涤段，布置在中心的多层单向或双向喷嘴将水雾化后喷入，该喷嘴具有很大的开孔，不堵塞。雾化后的水滴与煤气充分混合，煤气被加湿到饱和并得到初步净化。煤气中较大直径的尘粒被水滴捕集，依靠重力作用从煤气中分离出来，沿洗涤塔内壁流入集水槽中，通过一套水位控制装置排至高架水槽自流到沉淀池，在水处理厂处理后循环使用。

在环缝段，预洗涤后的半净煤气通过导流管进入环缝洗涤器。在环缝洗涤器上方设有喷嘴，半净煤气在此被进一步冷却、除尘和减压。

精除尘后的水分两级进行分离处理，即大直径水滴形成的膜状、连续水流通过重力和逆流作用从煤气中分离出来。收集在洗涤器下部的锥形积水槽中。

在此分离阶段后，仅小水滴继续留在煤气中。这些小水滴将通过外部旋流脱水器去除。旋流脱水器入口处相互重叠的螺旋形布置的叶片使煤气产生旋流运动。水滴向塔体做离心运动，与壁面碰撞后沿内壁流下到旋流脱水器底部的集水槽中。环缝段和旋流脱水器的排水管合并在一起，通过一套共用的水位控制装置排出。这部分排水只含有少量尘粒，用泵送至预洗涤段上部再循环使用。

预洗涤段和环缝段排水的水位控制系统，设有两个装有液位变送器的水位测量罐，1个液动水位调节阀、1个液动紧急切断阀、1个液动紧急排水阀，环缝段还设有两台再循环水泵，构成一个水位调节回路和一个联锁控制回路。

在正常条件下，水位调节回路起作用，由水位调节阀连续控制水位。与水位调节阀串联的紧急切断阀开启，与水位调节阀并联的紧急排水阀关闭。

对预洗涤段，设在排水管路上的调节阀的执行机构从两个水位罐上的液位传感器接受信号，根据水位高度变化调节排水阀的开度，以保持预洗涤段水位的恒定。

如果水位上升至高水位时，紧急排水阀将自动开启，当水位降至正常水位时，则自动关闭。如果水位下降至低水位，紧急切断阀自动关闭。当水位恢复到正常时，紧急切断阀自动开启。

对环缝段，在正常条件下水位调节回路起作用，由水位调节阀通过调节再循环水泵的流量连续控制水位。再循环水泵开启，与水位调节阀并联的紧急排水阀关闭。

如果水位上升至高水位时，至高架水槽的紧急排水阀自动开启；当水位下降至正常水位时，该阀门自动关闭。如果水位下降至低水位时，再循环水泵将自动停止。当水位恢复到正常水位时，再循环水泵自动开启。

环缝洗涤器对炉顶压力的控制，由函数发生器（带伺服放大器）、环缝洗涤器的位置控制器、液压装置、液压缸和内锥体来完成。

内锥体由液压缸通过位置控制器进行移动，内锥体的位置直接反馈给位置控制器，并按压力控制器发出的指令移动到规定的位置。内锥体的位置由内置于液压缸内的变送器进行测量，并转换成 4～20mA 的信号，在控制室内显示，并作为反馈信号切换到位置控制器。

在余压回收透平操作期间，环缝洗涤器以恒差压控制方式工作。

图 3-48 为环缝洗涤器的上部结构示意，此外还包括驱动杆、密封机构、带位置变送器的液压气缸组成。文丘里管的外壳固定不动，通过内锥体的轴向运动改变它们之间形成的环缝宽度。

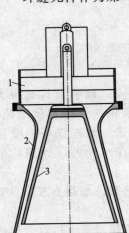

图 3-48　环缝洗涤器
结构示意
1—保护罩；2—文丘里
管外壳；3—内锥体

环缝元件作为煤气精除尘元件的同时，也作为高炉炉顶压力控制元件，将出口压力减至净煤气管网的水平。环缝元件的节流效应可保证在远低于声速的煤气速度下出现一个压力降，所以噪声较低。通过并联 3 个环缝洗涤器，每个可以单独锁定，能充分适应高炉工况的变化。

环缝元件的主要部分，如锥形外壳和凸出式锥形体，采用高度耐磨和耐腐蚀的材料制作，以保证长的使用寿命，通过寿命可达一代炉龄。

（2）主要工艺参数和技术指标　通过环缝洗涤塔内的煤气冷却和净化过程的热平衡计算得出不同状态下的主要工艺参数。

① 净煤气出口温度和压力。根据炉顶煤气余压发电 TRT 的工作状况分为：当 TRT 不工作时，通常出口温度低于 40℃；当 TRT 工作时，通常在 55℃ 左右。

② 耗水量和排水温度。上述流程的特点是：串联分级给水，环缝段排水通过再循环水泵供预洗涤段再使用，有效地提高了排水温度，是最省水的流程。当污染处理系统有冷却塔时，耗水量为 1.8～2.2L/m^3，排水温度为 55℃。

③ 净煤气含尘量。环缝洗涤器差压不小于 25MPa 时，含尘量小于 5mg/m³。

④ 净煤气机构水含量。对于安装立式旋流脱水器的情况，机械水含量小于 10g/m³。

2. 双文丘里洗涤系统

（1）工艺流程　典型的串联给水工艺流程见图 3-49。系统由一级文丘里管、重力脱水器、二级文丘里管、填料脱水器组成。粗煤气净化通过一文和二文两次完成。二级文丘里管的排水直接供一级文丘里管使用，一级文丘里管的排水进入污水处理厂，经沉淀池、冷却等处理后循环使用。

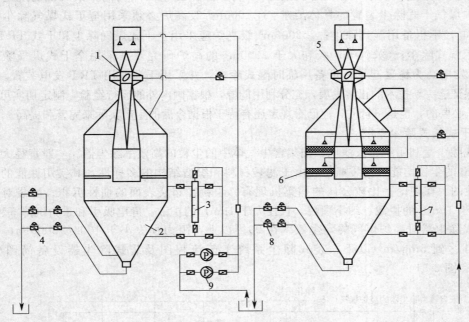

图 3-49　双文洗涤系统工艺流程

1—第一级文丘里管；2—重力脱水器；3—水位测量装置；4—文丘里管排水阀；5—第二级文丘里管；
6—填料脱水器；7—水位测量装置；8—二文排水阀；9——文给水泵

重力脱水器和填料脱水器的水位均通过一组水位控制阀来进行控制。正常生产时，紧急切断阀开启，紧急排水阀关闭，通过一个流量调节阀来控制水位。

如果水位异常高，紧急排水阀将自动开启。当水位降至正常水位时，则自动关闭。如果水位异常低，紧急切断阀自动关闭。当水位恢复到正常水位时，紧急切断阀自动开启。

在高喷煤比的条件下，高炉一文水槽中的悬浮物主要是炭黑，约占总量的 95% 以上。它是由烟煤的挥发分析出后，在高温、缺氧的环境下进一步裂解的产物。由于它的反应活性小，故随气流到达炉顶时，仍存留相当的数量。又因其粒径仅为 10~300μm，并容易形成积聚体，以悬浮状态浮在水面上。

（2）主要工艺参数和技术指标　通过一文和二文的联合热平衡计算，得出在不同状态下的主要工艺参数。

① 净煤气出口温度 50~60℃左右。

② 耗水量和排水温度。上述流程的特点是串联供水，当污水处理系统设有冷却塔时，耗水量在 2.8~3.2L/m³ 之间，排水温度在 50~60℃左右。

③ 净煤气含尘量。含尘量小于 10mg/m³。

④ 净煤气机械水含量小于 7g/m³。

（五）干式除尘系统

高炉煤气净化系统设计应采用高炉煤气干式除尘装置，并应保证可靠运行。煤气干式除尘系统的作业率应与高炉一致。

高炉煤气干法除尘能使炉顶余压发电装置多回收 35%～45% 的能量，因此《高炉炼铁工艺设计规范》希望能积极采用。但是由于过去干式煤气除尘技术不够成熟，所以用湿式除尘备用，因此没有得到广泛推广。从 1979 年至今 30 余年中，我国高炉煤气干法滤袋除尘工艺的技术发展迅速，技术日臻完善。因此，《高炉炼铁工艺设计规范》条文说明规定了积极采用高炉煤气干式除尘装置的具体要求：①1000m³ 级高炉必须采用全干式煤气除尘和干式TRT 发电，不得备用湿式除尘；②2000m³ 级高炉应采用全干式煤气除尘和干式 TRT 发电，不宜备用湿式除尘；③3000m³ 级和大于 3000m³ 的高炉研究开发采用全干式煤气除尘和干式 TRT 发电，为稳妥起见，可备用临时湿式除尘，并采用干湿两用 TRT 发电装置。

为保证这一新技术的正常发展，充分利用能源，根据国内外的运行经验，制定切实可行的安全规定是必要的，也是可行的，但已有规定还有待于根据今后的生产实际来完善和提高。

1. 干式袋式除尘系统

袋式除尘是利用织布或滤毡，捕集含尘气体中的尘粒的高效率除尘器。一般直径大于布袋孔径 1/10 的尘粒均能被滤袋捕集。由于滤袋材料和织造结构的多样性，其实用性能的计算仍是经验性的。在理论上比较公认的捕集机理有：尘粒在布袋表面的惯性沉积、滤袋对大颗粒（直径大于 $1\mu m$）的拦截、细小颗粒（直径大于 $1\mu m$）的扩散、静电吸引和重力沉降 5 种。

袋式除尘器对高炉煤气的除尘效率在 99% 以上，阻力损失小于 1000～3000Pa，净煤气含尘量可达到 5mg/m³ 以下。袋式除尘系统工艺流程图及袋式除尘器设备简图分别见图 3-50 和图 3-51。

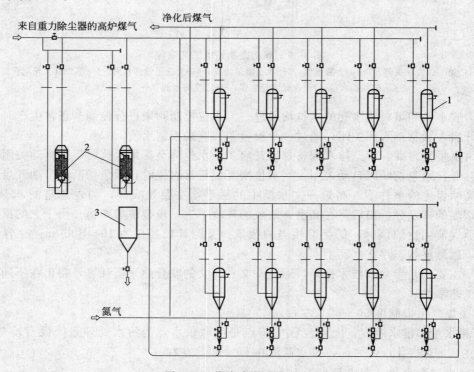

图 3-50　袋式除尘工艺流程

1—袋式除尘器；2—升降温装置；3—储灰罐

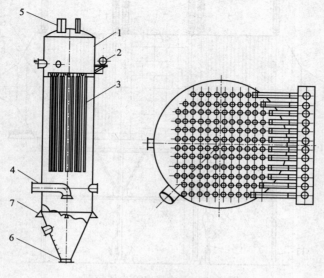

图 3-51 袋式除尘器

1—袋式除尘器壳体；2—氮气脉冲喷吹装置；3—滤袋及框架；
4—煤气入口管；5—煤气出口管；6—排灰管；7—支座

2. 干式静电除尘系统

静电除尘器的基本结构是由产生电晕电流的放电极和收集带电尘料的集电极组成。当含尘气流在两个电极之间通过时，在强电场的作用下气体被电离。被电离的气体离子，一方面与尘粒发生碰撞并使它们荷电，同时在不规则的热运动作用下，扩散到固体表面而黏附下来。直径大于 $0.5\mu m$ 的尘粒扩散现象不是很明显，可以只考虑碰撞机理；直径小于 $0.5\mu m$ 的尘粒必须同时考虑碰撞和扩散两种机理，带负电荷的细颗粒在库仑力的作用下被驱赶到集电极表面。尘粒向集电极行进的速度与电场强度、尘粒直径成正比，与气体黏度成反比。静电除尘器的除尘效率可达 99% 以上，压力损失小于 500Pa。

由于分子热运动造成的扩散作用的影响，静电除尘器对温度同样敏感，煤气入口温度以不超过 250℃ 为宜，否则除尘效率会大幅度下降。静电除尘器简图见图 3-52。

迄今为止，国内高炉煤气应用干式静电除尘器的仅有两套，且都为引进设备，并都备用了一套湿式除尘系统。某钢 5 号高炉（炉容 3200m³）采用的是日本引进的干式静电除尘器，同时备用了国内设计制造的湿式单级 R 形可调文丘里洗涤器。另一套为某钢厂 1260m³ 高炉采用的。由于静电除尘器只能在 250℃ 以下运行，为此在静电除尘器前设置了蓄热缓冲器。当炉顶煤气温度达到 250℃ 时，开始启动湿式除尘系统，当温度达到 300℃ 时，就完全转到湿式系统，因此对湿式除尘的供水系统的启动、流量控制均有严格的要求。

四、高炉本体烟尘减排技术

（一）生产工艺及污染源

高炉在冶炼过程中，炉顶产生高炉煤气（简称 BFG）。铁口出铁时产生烟尘，平均吨铁散发烟尘量为 2.5kg。高炉生产污染源具有以下特点。

（1）炉顶荒煤气属于高温、高压、有毒、可燃、易爆气体，含有丰富的物理能、化学能，极具回收价值。经除尘净化后的净煤气，先由余压透平发电装置（TRT）发电（吨铁

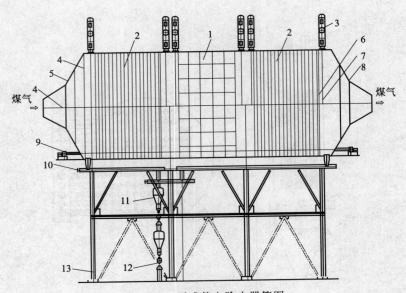

图 3-52　干式静电除尘器简图

1—放电电极；2—收尘电极；3—绝缘子室；4—多孔板；5—入口扩散板；
6—放电电极振打装置；7—收尘电极振打装置；8—出口扩散板；9—螺旋减速器；
10—螺旋输送器；11—灰仓；12—排灰阀；13—电除尘台架

发电量为 $20\sim40\text{kW}\cdot\text{h}$），再并入煤气管网作为高品位能源回收利用。

（2）高炉出铁场的烟尘污染源大约覆盖出铁场总平面的 $40\%\sim50\%$。在高炉正常出铁时，从出铁口、撇渣器、铁沟、渣沟以及铁水罐捕集的烟气为一次烟气，约占出铁场总烟气量的 86%；在开、堵铁口时，从出铁口捕集的烟气称为二次烟气，二次烟气浓烈，但时间短，约占出铁场总烟尘量的 14%。

（3）高炉按容积大小，设有 1 或 2 个出铁场、$1\sim4$ 个出铁口。一座高炉通常同时只有一个出铁口出铁，大型高炉也有开、堵铁口搭接的工况。铁沟设有多个受铁水工位，定周期轮流出铁受铁。因此，出铁场烟尘发生的地点和时间是动态变化的。

（4）炉顶装料产生阵发性烟尘，直接污染室外环境，既可以单独处理，又可纳入出铁场除尘系统。

（二）高炉出铁场烟尘减排

1. 烟尘捕集

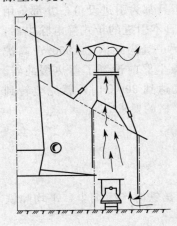

图 3-53　出铁场及渣
罐自然通风

高炉出铁场除尘主要是解决出铁过程中及高炉开、堵铁口时产生的烟尘，平均每生产 1t 铁水散发 2.5kg 的烟尘，其中正常出铁时各污染源产生的烟尘有 2.15kg，占 86%，尘源点是出铁口、主沟、铁沟、渣沟、撇渣器、铁水罐等部位，控制这些尘源点需加盖、罩进行"一次除尘"；同时要捕集开、堵铁口时产生的烟尘，称之为"二次除尘"。

这些烟尘对环境的污染程度随出铁场、出铁口数量及出铁时间不同而异，除尘系统设计应区别对待，对大、中、小型高炉的出铁场一般有以下三种除尘方式。

（1）出铁口及铁水罐、设除尘系统。渣罐、出铁场自然通风，如图 3-53 所示。

（2）出铁口、铁水罐、铁水沟、撇渣器等设除尘系统，出铁场自然风，如图 3-54 所示。

（3）大型高炉一般为两个出铁场，3~4 个出铁口，高炉每天出铁 14 次左右，每次出铁时间为 100min 以上，出铁时间几乎是连续的，对环境污染严重。一般可在出铁口、主沟、铁沟、渣沟、撇渣器、摆动流槽等处设一次除尘系统。为解决开、堵铁口时从出铁口突然冲出大量烟气，除在出铁口设吸气罩外，还可设二次除尘系统，如图 3-55 所示。

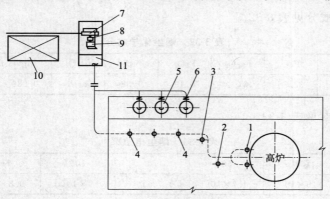

图 3-54　出铁场除尘系统

1—出铁口抽风管；2—主铁沟抽风管；3—撇渣器抽风管；4—支铁沟抽风管；5—铁水罐密闭罩；
6—切换蝶阀；7—除尘风机；8—液力耦合器；9—电动机；10—袋式除尘器；11—仪表操作室

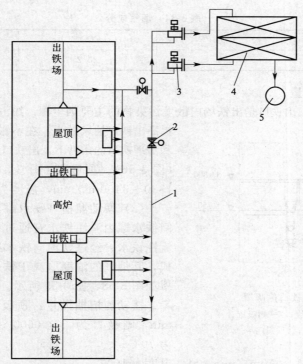

图 3-55　出铁场一、二次除尘系统流程

1—风管；2—调节阀；3—风机；4—除尘器；5—储灰斗

2. 出铁场的烟尘特性

（1）烟尘浓度　一次烟尘含尘浓度（标态）为 0.35~3g/m³，二次为 0.35~1g/m³。

（2）烟尘粒度见表 3-31。

表 3-31　烟尘粒度

粒度/μm	<3	40~10	11~20	>20
比例/%	17.39	44.58	16.398	21.65

（3）烟尘化学成分见表 3-32。

表 3-32　烟尘化学成分　　　　　　　　　　　单位：%

成　分	TFe	FeO	Fe_2O_3	P_2O_5	SiO_2	Al_2O_3	MgO	C	S
质量分数/%	68.1	32.36	61.4	0.19	1.38	1.16	0.083	2.5	0.235

（4）烟尘电阻率见表 3-33。

表 3-33　烟尘电阻率

温度/℃	常温	50	70	106	115	150
电阻率/Ω·cm	$2.6×10^7$	$1.7×10^7$	$1.7×10^8$	$9×10^8$	$9.8×10^7$	$2.7×10^7$

（5）烟尘密度。假密度为 $1.13~1.3g/cm^3$，真密度为 $4.733~5.04g/cm^3$。

（6）烟尘含湿量。平均为 1.79g/kg，最大为 2.7g/kg。

（7）烟气成分。烟气成分见表 3-34。

表 3-34　烟气成分

烟气成分	CO_2	O_2	N_2
质量分数/%	0.8	20.2	79

3. 捕集烟尘气体量

（1）出铁口除尘　出铁口是出铁场内散发污染物的主要烟尘源，约占总污染物的 30%，为提高出铁口抽风效果，在不影响开、堵铁口的操作和清理铁口的条件下，出铁口抽风罩形式有侧吸罩（图 3-56）、顶吸罩（图 3-57）两种。抽风量为 $1330~3400m^3/min$，温度为 $135~200℃$。

（2）摆动溜槽（铁水罐）除尘　高炉出铁时间铁水罐内流注铁水有通过摆动溜槽向铁水罐内流注铁水、经过铁沟向铁水罐内流注铁水两种方式，其烟气的浓度取决于铁水冷却的速度，抽风罩如图 3-58、图 3-59 所示。

摆动溜槽抽风量：顶吸罩为 $1500~1900m^3/min$，侧吸口为 $2×（600~770m^3/min）$，温度为 70℃。

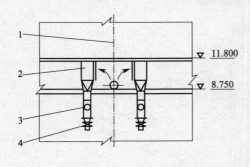

图 3-56　出铁口侧吸罩
1—出铁口中心线；2—侧吸罩；
3—三通管；4—阀门

铁水罐抽风量为 18~10m/(min·t)，温度为 100℃。

（3）铁渣沟除尘　从铁渣沟产生的烟气与沟槽暴露在大气中的面积和铁水温度有关。铁水冷却时，炭以石墨粉状态从饱和液体中析出，形成即轻又呈片状的石墨炭。为防止出铁场内敞露铁水液面的辐射热和烟尘影响，以及提高铁水沟各抽风点的抽风效果，首先应对铁、渣沟等部位进行加罩密闭。铁、渣沟的罩盖有梯形和半圆形及平盖罩等形式，如图 3-60 所示。

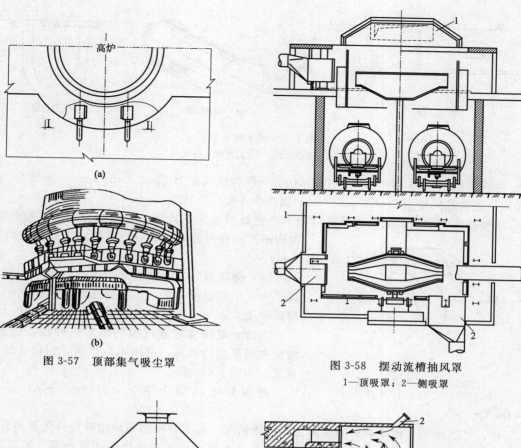

图 3-57　顶部集气吸尘罩

图 3-58　摆动流槽抽风罩
1—顶吸罩；2—侧吸罩

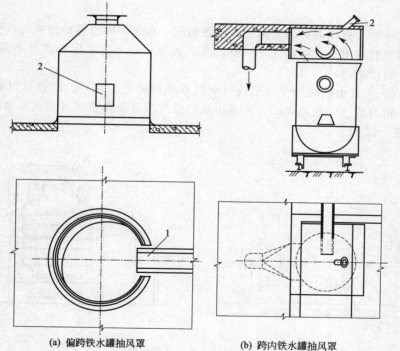

(a) 偏跨铁水罐抽风罩　　　　(b) 跨内铁水罐抽风罩

图 3-59　铁水罐抽风罩
1—铁水支沟；2—观察口或投放物料口
（注：抽风罩设置应充分考虑不影响观察铁水罐内液面及投放有关物料，
并应防止出铁场平台下部的穿堂风对排烟效果的影响。）

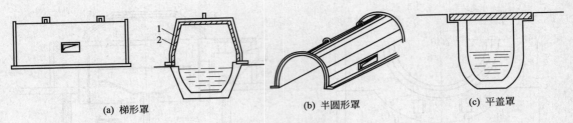

| (a) 梯形罩 | (b) 半圆形罩 | (c) 平盖罩 |

图 3-60　铁水沟抽风罩
1—钢板壳体；2—内衬耐火材料

主铁沟抽风量为 18～120m³/(min·m)，铁沟抽风量为 13m³/(min·m)，温度为 135～200℃；渣沟抽风量为 7m³/(min·m)，温度为 180～200℃。

出铁场主沟和渣沟的抽风量亦可按不严密处缝隙风速计算，一般缝隙宽度可按 50mm，主沟不严密处风速取 10m/s，渣铁沟不严密处风速取 5m/s。

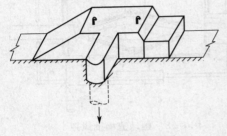

图 3-61　撇渣器密闭罩

（4）撇渣器除尘　撇渣器产生的污染物不仅与敞露在大气中的面积有关，且与铁水温度和使用的耐火材料有关。

为防止敞渣器敞露液面的辐射热和烟尘的影响，应设密闭罩进行抽风，密闭罩设吊钩，以便于维修与更换，如图 3-61 所示。

撇渣器抽风量为 850～1140m³/min，温度约为 160℃。

（5）二次除尘　根据高炉的实际生产操作情况，在大、中型高炉出铁场内为解决开、堵铁口时从铁口突然冲出的大量烟气，一般设有二次除尘，二次除尘方式有垂幕、屋顶除尘、局部排烟罩、密闭室等。

① 垂幕式。正常出铁时烟尘由出铁口吸气罩抽风净化，在开、堵铁口时将垂幕降至距出铁场平台一定高度（一般为 4m），并由出铁口吸气罩及垂幕罩同时抽风并净化。出铁场垂幕的布置如图 3-62 所示。

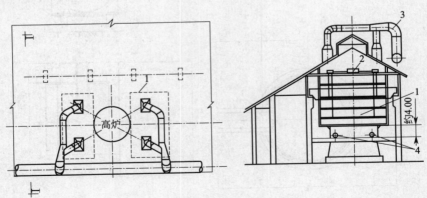

图 3-62　出铁场垂幕布置
1—垂幕；2—垂幕传动装置；3—风管；4—出铁口

垂幕式是在高炉出铁口前方用幕帘将出铁口三面围住，垂幕由幕帘、中间拉杆、钢丝绳、吊件及传动机构组成，如图 3-63 所示。

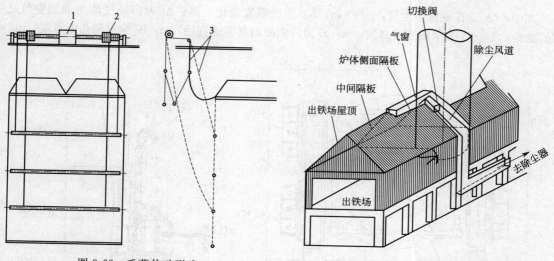

图 3-63　垂幕传动形式
1—传动装置；2—双动转轴；3—钢丝绳

图 3-64　屋顶除尘简图

幕帘由正面、左侧、右侧三面组成，正面幕帘基本上将主沟及撇渣器罩在里面。在布置幕帘时左右两侧应考虑开口机、泥炮及悬臂吊操作的需要，以及靠近炉体侧防止与热风围管等设备相碰。

幕帘由石棉布、铝铂、耐热玻璃布三种材料组成。

抽风量按垂幕下部开口面积处进口风速计算，一般为 $1.0 \sim 1.5 \text{m/s}$，烟气温度 $40 \sim 60℃$，烟尘浓度 $0.4 \sim 1.0 \text{mg/m}^3$。

② 屋顶除尘。屋顶除尘是在出铁场外围结构密闭情况下，利用出铁场屋顶天窗作为烟尘收尘罩，如图 3-64 所示。

一般在出铁场屋架上长度的 1/3 处，设置中间隔板，同时为防止由出铁场厂房和炉体之间隙漏风，应将该间隙封上，并将出铁场外围结构全部封闭，以提高排烟效果。

屋顶除尘抽风量可按天窗喉口断面最大上升气流速度为 2.2m/s 计算。

例如，某厂高炉出铁场天窗长度为 12m，喉口宽度为 4m，采用屋顶除尘的抽风量为：

$$Q_1 = 12 \times 4 \times 2.2 \times 60 = 6336 \text{m}^3 / \text{min}$$

并考虑到相对一侧的出铁场，可能因风的作用使烟尘窜过来，因此屋顶除尘抽风应增加相对一侧出铁场窜过来的烟尘量。增加部分按 Q_1 的 1/2 计算，即：

$$Q_2 = 3168 \text{m}^3 / \text{min}$$

$$Q = Q_1 + Q_2 = 6336 + 3168 = 9504 \text{m}^3 / \text{min}$$

③ 局部排烟罩。局部排烟罩又称为"小垂幕"，局部排烟罩可解决出铁口在开、堵铁口时的阵发性烟尘，并可解决出铁口抽风罩外溢的烟尘和靠近出铁口的主沟烟尘，详见图3-65。

局部排烟罩的排烟量（Q_3）可按"流量比法"进行计算，如图3-66所示。

$$Q_3 = Q_1 \left[1 + \left(K_{\text{L}} + \frac{3}{2500} \Delta t \right) \right] \tag{3-40}$$

$$K_{\mathrm{L}}=\left(18\frac{H}{E}+1.7\right)\left[0.64\left(\frac{W}{E}\right)^{-1.33}+0.36\right] \tag{3-41}$$

式中，Q_1 为作业区产尘量，m^3/min；K_{L} 为极限流量比，%；Δt 为污染气流与周围空气之间的温差，℃；H 为罩的安装高度，m；E 为污染源的宽度或直径，m；W 为罩的凸沿宽度，m。

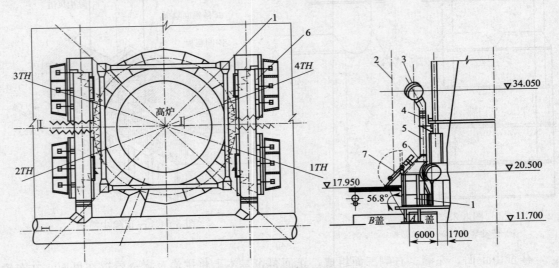

图 3-65　局部排烟罩

1—幕镰；2—起重机吊钩极限位置；3—风管；4—支架；5—支风管；6—局部排烟罩；7—活动翻板罩

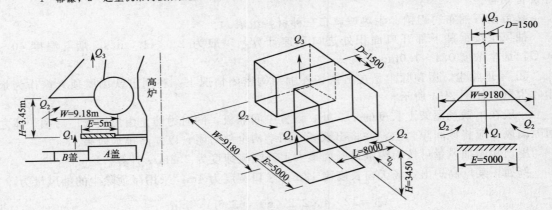

图 3-66　局部排烟罩排烟量计算示意

作业区产尘量（Q_1）在主沟上升烟气的产尘面积为 5mm×8m 的情况下，上升速度经实测一般为 3.99m/s（B 盖区取 2.65m/s），产尘量为 7003m^3/min（图 3-66）。

图 3-66 所示局部排烟罩排烟量计算：

$$K_{\mathrm{L}}=\left(18\times\frac{H}{E}+1.7\right)\left[0.64\left(\frac{W}{E}\right)^{-1.33}+0.36\right]$$

$$=\left(18\times\frac{3.45}{5}+1.7\right)\left[0.64\left(\frac{9.18}{5}\right)^{-1.33}+0.36\right]=9.11\%$$

污染气流与周围空气之间温差为：$\Delta t=150-30=120$℃

$$Q_3=7003\left[1+\left(0.0911+\frac{3}{2500}\times120\right)\right]=8650\,\mathrm{m^3/min}$$

抽风量取 10000m^3/min。

局部排烟罩的结构尺寸应尽可能往外伸出去，以最大限度地覆盖主沟、撇渣区的烟尘扩散，由于工艺操作限制，至少应保证图3-65中主铁沟A盖末端（即B盖头部）到排烟罩上的活动烟罩沿的倾斜角不大于60°。

④ 密闭小室除尘。密闭小室主要是解决出铁口在开、堵铁口时阵发性的烟尘和主铁钩散发的烟尘，密闭小室高度以风口平台为顶面（一般平台宽度7m左右）并加隔热材料，以减少平台受高温辐射的影响。密闭小室宽度按工艺开、堵铁口的设备安设位置和生产操作的要求确定。一般铁口开口机安设在密闭小室外，泥炮机设密闭小室内，但应与工艺、土建专业共同商讨，并应考虑密闭小室内安全生产操作位置，尽量减少小室的开口面积，如图3-67所示。

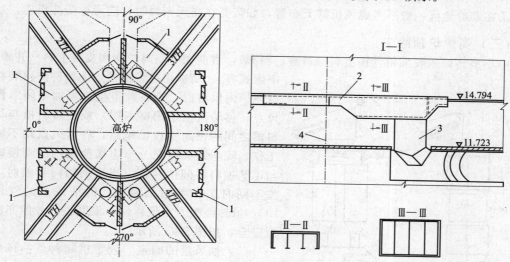

图 3-67　密闭小室除尘
1—密闭小室；2—抽风口；3—风管；4—出铁口中心线

抽风量的采取，应按密闭小室的开口、缝隙面积（A）的总和，乘以开口、开口缝隙的进风速（v），一般可取 1.5～2.0m/s。

当铁口正常出铁时二次除尘的密闭小室抽风量为 2000m³/min，当开、堵铁口时抽风量为 4000m³/min。

4. 出铁场除尘设计

（1）除尘系统的划分　当出铁场除尘设一、二次除尘系统时，一、二次除尘系统宜采用合并，多台风机并联使用，为减轻除尘净化设备的负荷和节能，出铁场除尘系统根据同时工作除尘点设阀门控制切换。控制装置宜设在除尘风机房操作室内。

（2）正负压系统的设计　高炉出铁场除尘采用正负压系统，主要关系到除尘系统及风机磨损等技术经济指标，系统及风机的磨损取决于粉尘的磨琢性、粉尘粒度、烟尘浓度等因素。从高炉出铁场烟尘特性分析、粉尘软、较细、含尘浓度均在 3g/m³ 以下，符合采用正压系统的条件，在合理的配置系统及正确选用设备的情况下，可以采用正压式的，但采用负压系统则更可靠，更安全，故多用负压系统。当然选用正压系统也有以下好处：①除尘器结构简单，箱体不需密封，设备加工、制作、安装简便；②正压系统可不考虑除尘器漏风率，负压系统由于除尘器的漏风率，加大系统能力，使设备庞大，增加电耗；③正压系统可不设消声器、烟囱，有利于节约占地和投资。

综合考虑，除尘系统的总设备投资正压式比负压式节省 20% 左右。因此，在允许采用正压式的条件下，采用正压式有利。

（3）风机的布置　除尘风机分为布置在通风机房内及露天布置两种形式。

风机布置在通风机房内：①通风机房布置面积，应充分考虑风机的检修面积及设备安装孔洞；②通风机房内应设有检修起吊装置，并留有足够的起吊高度，如设电动葫芦作为检修设备的起吊装置时，应设有起吊装置的检修平台；③通风机应设有隔声措施及通风机进口蝶阀的启动装置，并设有安全扶杆；④通风机房应设有仪表控制室及工人休息室，并对仪表控制室及工人休息室设有隔声门窗；⑤通风机房内除设水冲刷地坪外，还设每小时 3~5 次换气设施；⑥寒冷地区设采暖（保温）措施，非寒冷地区，通风机房可不设外墙，设防雨板。

风机露天布置时：①对风机、电动机、调速装置以及电气设备等应充分考虑防雨设施，并设有安全扶杆；②风机、电动机应设有隔声装置；③电动机附近设就地开、关的电气设备；④在寒冷地区一般不考虑风机露天布置，如需要在露天布置时，应考虑防冻措施。

（三）高炉炉顶除尘

中小型高炉一般采用卷扬上料（料罐、料车），目前大中型高炉均用皮带上料（并罐式、串罐式等）。高炉用胶带机通过无料钟炉顶装料设备向炉内供料时，应在胶带机头部加密闭罩设抽风点，移动流槽密闭室（罩）或旋转料槽与称量料槽之间的密闭室设抽风点，各抽风点均不同时工作，除尘系统应充分考虑切换阀门的切换时间与工艺加料时间的匹配，当采用阀门切换时，应按不同时工作考虑抽风量，但抽风点的气体含CO，虽然经吸入空气稀释，浓度较低，但亦应注意安全，如图 3-68 所示。

（1）抽风量的确定　胶带机卸料点抽风量按胶带宽度及胶带落差高度确定。

摆动流槽密闭室（罩）或旋转料槽与称量料槽之间密闭室应根据工艺提交的抽风量确定，或按 350~500m³/min 考虑。

（2）气体含尘浓度的确定　气体含尘浓度可按 2~6g/m³ 考虑，含尘气体属磨琢性较强的粉尘，一般

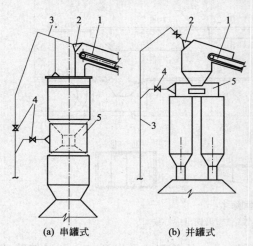

图 3-68　无料钟炉顶除尘
1—胶带；2—抽风点；3—风管；
4—切换阀门；5—密闭室

(a) 串罐式　　(b) 并罐式

宜用负压袋式除尘器，耐磨风机，单独除尘系统。

（四）铸铁机烟尘减排

铸铁机室内为排除翻罐时散出的余热及铁水辐射对建筑结构影响，翻罐厂房应有足够的高度，以满足厂房的自然通风要求。铸铁机斜廊上端的天窗，应能满足排除水蒸气的需要。寒冷地区斜廊围护结构宜采用封闭式结构，以防水冷凝就地冻结。

铸铁机在翻罐浇注时产生石墨粉尘，工作区含尘浓度高达 130mg/m³，石墨粉尘的成分如下：Fe_2O_3 46.99%，C 34%，SiO_2 9.52%，Al_2O_3 2.86%，其他 6.63%。

在不妨碍生产操作情况下，在铁水罐前方支柱上方设抽风罩，并实行抽风除尘。

图 3-69 所示的铸铁机除尘系统，其设计参数如下：

铸铁机性能	双链滚轮固定式
铁水罐容量	140t
抽风罩位置	流槽头部上方（铁水倒出口上方）
总抽风量	120000m³/h
电动机	160kW

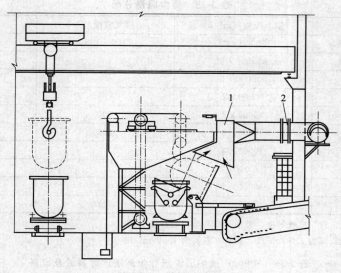

图 3-69　铸铁机除尘
1—上抽风罩；2—电动蝶阀

铸铁机除尘一般采用脉冲袋式除尘器净化，均能获得良好效果。

（五）大型高炉出铁场除尘实例

某高炉容积为 5000m³，设有两个出铁场、4 个出铁口。出铁场一次烟气、二次烟气以及炉顶装料合成一个除尘系统，按两个出铁口前后搭接出铁工况，确定系统处理能力。除尘工艺流程如图 3-70 所示，烟尘污染及其集尘风量分配见表 3-35，系统主要设计参数及设备选型见表 3-36。

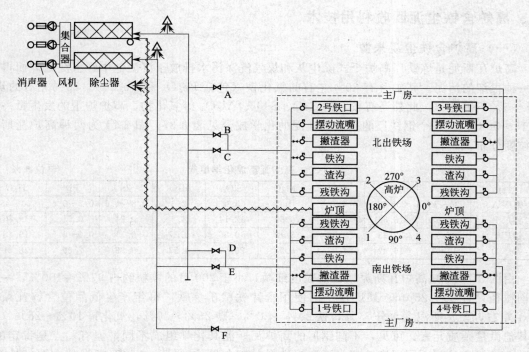

图 3-70　5000m³ 高炉出铁场除尘工艺流程

表 3-35　集尘风量分配

集尘部位		集尘风量/(m³/h)	烟气温度/℃	罩口尺寸/m
出铁口	侧吸	120000×2[①]	100～135	2.3×1
	顶吸	255000×2		4×4
摆动流嘴		300000×2	70	1.6×1.25×2
主钩撇渣器		90000×2	168	
铁沟		30000×2	200	
渣沟		30000×2	120	
残铁沟		30000×2		
炉顶		30000[②]		
漏风		30000×2		
合计		1800000	≤120	

① 按"对口"和"三口"出铁制度，考虑开口和堵口的搭接工况。
② 其中带式输送机头部为 17000m³/h，旋转布料器为 10000m³/h。

表 3-36　5000m³ 高炉出铁场除尘系统设计参数及设备

项　目	设计参数及设备选型	项　目	设计参数及设备选型
处理烟气量/(m³/h)	1800000	烟尘排放浓度(标态)/(mg/m³)	≤35
烟气温度/℃	≤120	设备阻力/Pa	≤1600
除尘器选型	低压脉冲，双排 22 室（2 台）	引风机选型	双吸离心式 3 台，共用 1 台变频器
滤料材质	覆膜聚酯针刺毡	风量/(m³/h)	600000
过滤面积/m²	10000×2	全压/Pa	5500
过滤速度/(m/min)	1.5	电动机规格	3kV，8 级，1400kW

五、高炉含铁尘泥回收利用技术

（一）高炉含铁尘泥来源

高炉瓦斯泥是炼铁厂高炉干式除尘灰和煤气洗涤污水排放于沉淀池中经沉淀处理而得到的一种很细的污泥。其中含有 20％左右的氧化铁（包括 Fe_2O_3 和 Fe_3O_4），23％左右的炭、1％～5％不等的锌，此外还有较多的 CaO、SiO_2、Al_2O_3 等氧化物。高炉炉尘的发生量一般为 15～50kg/t。几个钢铁厂的高炉瓦斯泥的化学成分见表 3-37，图 3-71 为两种高炉瓦斯泥的粒度分布。

表 3-37　高炉瓦斯泥化学组成　　　　　　　　　　　　　　　单位：%

项目	TFe	C	CaO	MgO	SiO₂	Al₂O₃	Zn	Pb	H₂O
钢厂 A	30～33	25～30	9.0	1.2	5.0	2.3	0.8～1.6	0.2～0.6	20～35
钢厂 B	36.58	13.56	8.68	0.97	12.14	4.4	2.24	0.51	19.70
钢厂 C	33.87	22.78	2.55	3.18	10.56	3.27	3.11	0.0～0.5	15.48
钢厂 D	11.01	16.37	4.33	5.54	20.67	4.57	9.33	2.09	28.21

由图 3-71 可知高炉瓦斯泥颗粒的粒度细微，小于 200 目的颗粒约占 97％～100％，一般平均粒径只有 20～25μm。某炼铁厂因使用含锌铁精矿炼铁，每年产生低品位含锌瓦斯泥 16kt 左右，该瓦斯泥含水分 34％，铁 20％～30％，碳 25％～30％，氧化锌 10％～25％，还有其他微量杂质元素。可见，不同钢厂的高炉瓦斯泥其化学组成不同，但有一点是肯定的，即其中的锌含量都不同程度地超出了高炉进料对锌含量的限度。高炉瓦斯泥的主要特性为：

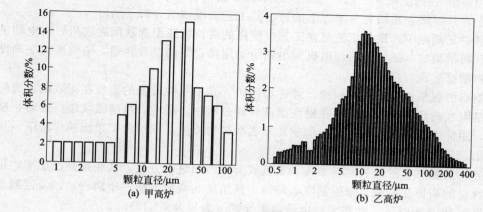

图 3-71　两种高炉瓦斯泥的粒度分布

锌含量高、水含量高、铁含量高、碳含量高、颗粒粒度细微，锌主要存在于较小的颗粒中。按粒度分组的化学组成对某钢铁厂高炉瓦斯泥的分析结果显示，按粒度分组的化学组成并不是均匀的，其中约占颗粒总量 30% 的 10μm 以下小颗粒中的含锌量约是总含锌量的 90%。我国岭南的铁矿石含有多种有色金属成分，在高炉冶炼过程中绝大部分有色金属和铁一同还原并形成金属蒸气伴随着矿石、焦炭和熔剂的微细粉尘随高炉煤气被带出炉外，采用湿法除尘得到瓦斯泥，采用干法除尘则得到瓦斯灰。可见这种瓦斯泥和瓦斯灰中锌含量很高，可以作为锌资源利用。瓦斯灰含水极少，粉尘易流动飞扬。

表 3-38 列出了某钢厂瓦斯泥的成分。

表 3-38　某钢厂瓦斯泥成分

成分	TFe	SiO_2	P_2O_5	S	Pb	Zn	C
含量/%	40~56	约 3.0	约 0.004	约 0.18	<0.05	0.1~2.0	8~25

（二）炼铁尘泥回收利用技术

1. 高炉粉尘回收利用简况

高炉冶炼中，产生的煤气（称高炉瓦斯）是一种可以回收利用的二次能源。高炉煤气携带出部分原料粉尘及高温区激烈反应而产生的微粒，因此需对其进行净化处理。经干法除尘除去的为瓦斯灰，经湿法除去的细粒为瓦斯泥，两者统称为高炉粉尘。

高炉粉尘中主要成分与进入高炉的物料性质有关，主要有铁矿粉、焦粉和煤粉，并含有少量硫、铝、钙、镁等元素，也有一些企业高炉粉尘中含有铅、锌、砷等有害元素。

2. 高炉粉尘利用技术

（1）回收铁精矿　不同厂家的高炉瓦斯泥因其矿物组成差异较大，采用的选矿方法不相同，高炉瓦斯泥含磁性物质较多，一般采用弱磁方法进行分选，如有的厂高炉瓦斯泥全铁含量 38.05%，经二次磁选后可获产率 45.08%、全铁含量 59.6% 的铁精矿。

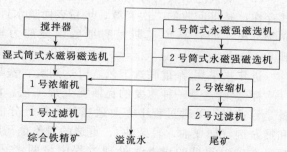

图 3-72　弱磁-强磁全磁选工艺流程

采用弱磁-强磁全磁选工艺，也能从瓦斯泥中选出合格铁精矿。铁精矿产率和品位达到52％以上，并可除去瓦斯泥一半以上的锌，其工艺流程如图3-72所示。

从高炉瓦斯泥中选铁的工艺是在工艺中使用的高炉瓦斯泥选铁用磁选机，由电动机、磁块滚筒和料槽组成，磁块滚筒与电机输出轴活动连接，下侧设有料槽，磁块滚筒一端设有磁块钮，料槽壁上设有搅拌管。

浓缩后的泥浆进入磁选机料槽，经磁场区时，其中磁性较强的矿粒在磁系磁场力的作用下，被吸附在磁块滚筒表面上，在磁块滚筒旋转过程中，磁性矿粒随磁块滚筒旋转，被带出磁场区，用冲洗水冲入精矿槽中。弱磁和非磁性矿物甩掉，在槽内矿浆流的作用下，从尾矿槽中排出，从而完成磁选过程。

此外，发展了在磁选的同时加入了无机或有机药剂进行分散，从而提高选矿率，用来处理高含锌量的高炉瓦斯泥，最终制取电解锌、铁精矿、炭粉（精、中两种）以及混凝土掺合料，瓦斯泥利用率98％。此技术已申请国家专利（编号为CN1286315A）。

（2）有色金属的回收　有色金属的回收多采用化学方法，在含量较低的情况下，采用选矿方法进行预富集，采用氯化铵浸提、锌粉处理的回收方法可得到纯度为98％以上的氧化锌，同时还回收不同量的铜和铅等元素。某钢铁公司对高炉布袋灰进行无害化处理，综合回收其中有色金属成分。根据瓦斯泥粒径小，含有色金属成分高，易氧化自燃等特性，首先采用直接湿法冶金方法。当布袋灰排出箱体外，让其充分自燃，以消除部分有毒有害物质如CN^-、S^{2-}、C等以及使有色金属形成氧化物，再用硫酸浸出，通过压滤、调整酸度等分离各种金属。此法工艺简单，但难度大，原因是灰中含有大量SiO_2和TFe，给生产控制带来很大困难；灰的碱金属和碱土金属含量高，酸的消耗量大，灰中有用金属波动又大，相对来说生产成本就高。

后来改用火法富集-湿法分离进行综合处理。火法富集处理将高炉瓦斯尘挤压成球，与焦炭、钢渣熔剂按一定比例混合进鼓风炉高温熔炼，各种低沸点有色金属形成金属蒸气随炉气带出，经燃烧冷却后用布袋收集，瓦斯灰中大部分杂物如SiO_2、Fe、CaO、MgO、Al_2O_3等熔剂反应生成硅酸盐进入炉渣。而布袋回收的灰称为二次灰，其中有用金属得到了2～3倍的富集，这就为酸浸分离各种元素提供非常优越的条件。二次灰可作为次氧化锌产品外销，也可作为半成品，用酸浸分离回收各种有价值的金属。其工艺流程如图3-73所示。

布袋除尘灰经熔炼炉处理后，基本上消除了其本身的有害有毒物质，削减了瓦斯尘对环境污染负荷的99.9％。对二次灰的酸浸分离，可回收有色金属锌、铋、铟、铅、钾等资源，其中锌的回收率可达72％，铋的回收率可达65％，铟的回收率可达50％，铅的回收率85％。

（3）炭铁的回收　有的高炉瓦斯泥（灰）的含碳量高达20％左右，所含炭多以焦粉形式存在，是可回收的二次资源，炭粉表面疏水，密度小，可浮性好，采用浮选方法易与其他矿物分离，如将高炉瓦斯泥磨细后以柴油为辅收剂进行浮选，可将碳含量由20％提高到80％。

近年来采用浮-重联选工艺，可达到炭、铁等回收利用的目的。

浮-重联选是一种重要的瓦斯泥处理工艺。浮选的目的是选出瓦斯泥中的炭，常用的设备是浮选机，处理过程中需要适当加入部分分散剂（如水玻璃＋碳酸钠、2号油、杂醇等）和捕获剂（如煤油、轻柴油）。重选的对象是瓦斯泥中的铁，常用的设备有摇床和螺旋溜槽，都是选矿中常见的设备。处理过程中将两者适当的组合，便可达到富集炭、铁，脱锌的目的。

用浮-重联选工艺分别回收其中炭和铁,其工艺流程如图 3-74 所示。

所分离回收的铁精矿,品位达 60% 以上,可返回钢厂烧结车间直接使用。中矿 1 和中矿 2 可作为矿渣水泥熟料加以利用。中矿 1 含铁品位较高,可以搭配、调节铁精矿产品。分离回收的炭精矿发热量为 24383J/kg,可以作为锅炉喷煤粉燃料或它用。余下的尾泥可供给烧砖厂做配料利用。

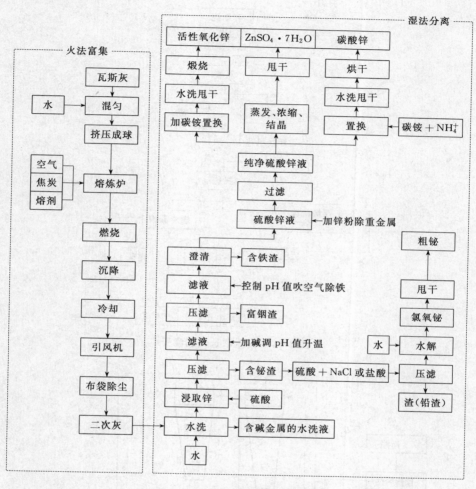

图 3-73　火法富集-湿法分离工艺流程

　(4) 水力旋流脱锌回用　高炉瓦斯中的锌主要集中在较细颗粒(一般不大于 $20\mu m$)中,而较粗颗粒(一般不小于 $10\mu m$)中的锌含量不足细颗粒中锌含量的 1/10。因此,近年来国外数家钢铁企业采用水力旋流器对高炉瓦斯泥中的颗粒按粒径进行湿式分级,从而将瓦斯泥分离成含细颗粒的高锌瓦斯泥和含粗颗粒的低锌瓦斯泥。前者经脱水后外送水泥厂再利用,后者(约占总量的 70%)经脱水、烧结后作为炼铁之原料,达到废弃物减量化和资源化的目的。较之高温还原法,该法具有工艺简单,设备投资少,易于实施,维修方便,运行成本低,无二次污染,经济效益和环保效益显著等特点,受到普遍关注。

炼铁生产中高炉瓦斯泥要经过脱水过程,脱水后的含水率一般为 20%～35%。这种瓦斯泥必须进行稀释才能使用水力旋流器进行颗粒分级,一般进入旋流器的瓦斯泥颗粒

浓度为 $150 \sim 250 kg/m^3$。通常，高炉瓦斯泥颗粒要通过两级旋流分级才能达到高炉进料含锌量的要求。第一级旋流器的溢流粒度较细，含锌量最高，经脱水后可外送水泥厂或弃置。第一级旋流器的底流，经稀释后作为第二级旋流器的进料。第二级旋流器的溢流循环至第一级进料稀释池，其底流粒度较粗，含锌量较低，经过脱水后可送烧结厂作为烧结炼铁原料。高炉瓦斯泥旋流脱锌回收系统的工艺流程如图 3-75 所示，其中的水可循环使用。

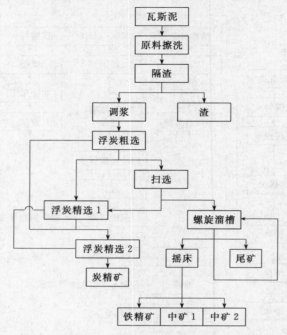

图 3-74　浮-重联选工艺流程

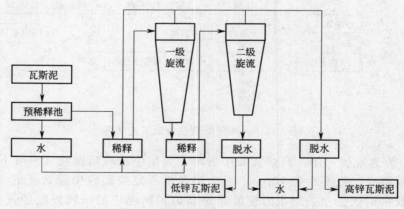

图 3-75　水力旋流脱锌工艺流程

第四节　炼钢烟尘减排与回收利用

　　炼钢有平炉、转炉、电炉三大技术，以转炉为主，并逐步淘汰平炉炼钢。为提高产量，强化冶炼，缩短冶炼周期，冶炼过程产生的烟气量也会增加。

一、炼钢工艺流程及烟尘特点

炼钢过程是铁水中的碳和其他元素氧化过程，为了强化冶炼通常向炉内熔池中吹入纯氧，以最大限度地除去铁水中含有的碳。吹氧脱碳决定工艺流程，也影响产生的烟气量大小和含尘浓度高低。

（一）炼钢工艺流程

转炉炼钢和连铸生产工艺流程及排污如图 3-76 所示。电炉炼钢和连铸生产工艺流程及排污如图 3-77 所示。

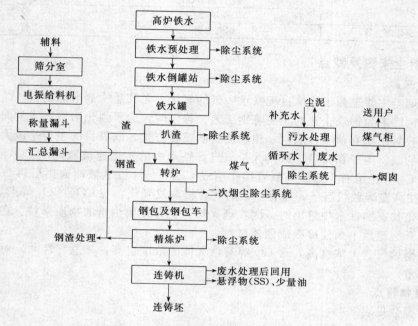

图 3-76　转炉炼钢和连铸生产工艺流程及排污

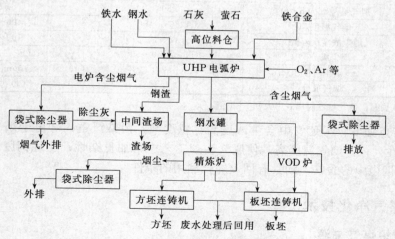

图 3-77　电炉炼钢和连铸工艺流程及排污

转炉、电炉车间各工段产生的有害物质分别见表 3-39、表 3-40。

表 3-39　转炉车间各工段产生的有害物质

工段名称	产生有害物的主要设备	主要有害物质
原料及处理	散状料、运输	烟尘、余热、粉尘
冶炼、精炼	转炉、LF 炉	烟尘、余热
铸锭	连铸机、钢锭模	辐射热、水蒸气
烟气净化回收及污泥处理		一氧化碳

表 3-40　电炉车间内产生的有害物质

工段名称	产生有害物源	主要有害物质
配料	装卸冶炼用钢铁料、铁合金、氧化剂等材料	粉尘
炉子	电炉出钢、扒渣	烟尘、辐射热
	砌炉盖	粉尘
钢锭处理	钢锭修磨	粉尘

（二）烟尘来源及特点

1. 烟尘来源

炼钢厂烟尘主要来源于冶炼过程铁水中碳的氧化，尤其是吹氧冶炼期。

转炉炼钢已成为钢铁企业的主要炼钢工艺。炼钢时，为了强化冶炼，通常向炉内熔池中吹入纯氧。吹氧主要有顶吹、底吹、顶底复合吹三种方式。吹氧目的主要是最大程度地除去铁水中含有的碳。由于在高温下鼓入大量氧气，铁水中的碳迅速被氧化成 CO，故炉气中的主要成分是 CO，但也有少量碳与氧直接作用成 CO_2，或 CO 从液面逸出后再与氧作用生成 CO_2。同时在高温熔融状态下，还有少量的化合物蒸发气化，与 CO、CO_2 等形成大量烟气。该烟气从熔化状态的铁水中冒出时，因物理夹带，也要带出少量的物质微粒。在高温下蒸发的物质，离开熔池后不久便冷凝成固体微粒。

由于炼钢烟气含尘浓度高，含 CO 等有毒气体的浓度也高，其危害性大，对大气及车间环境污染严重。

2. 污染物特点

污染物参数见表 3-41。

表 3-41　污染物参数

序号	项　　目	电　炉	转　炉
1	烟气量/[m³/(h·t)]	800	570
2	烟气温度/℃	1250~1450	1400~1600
3	烟尘浓度/(g/m³)	12~15	100~120
4	烟尘成分/%	TFe 占 40~60	TFe 占 40~60
5	烟尘粒度	<10μm 占 82%	<10μm 占 5.6%
6	烟气成分	CO 占 48%	CO 占 85%

注：由于吹氧加强，烟气量可能比表中大 0.5~1 倍。

污染物特点如下：①烟气中含尘浓度高、粒度细，污染严重；②由于烟气中含有大量 CO，烟气毒性大；③烟气温度高，使废气治理工艺中增加复杂性；④炼钢废气治理中的热能、CO 以及烟尘中的含铁，均具有回收综合利用的条件。

二、转炉煤气净化技术

（一）转炉煤气来源

转炉炼钢的主要原料是铁水、氧气及一些添加材料。炼钢煤气主要来源于转炉吹氧冶炼中，炉内铁水与吹入氧气发生化学反应生成的气体称为炉气。炉气主要来自铁水中碳的氧化，其反应式为：

$$2C + O_2 \longrightarrow 2CO \uparrow$$
$$2C + 2O_2 \longrightarrow 2CO_2 \uparrow$$
$$2CO + O_2 \longrightarrow 2CO_2 \uparrow$$

由于炉内温度较高，碳的主要氧化物是 CO，约 90%，通称煤气，还有少量碳与氧直接作用生成 CO_2 或 CO 从钢液表面逸出后再与氧作用生成 CO_2，其总量约 10%。

转炉吹氧炼钢时，由于高温作用下铁的蒸发、气流的剧烈搅拌、CO 气泡的爆裂以及喷溅等各种原因，产生大量炉尘。其总量约为金属炉料的 1%~2%，约为 10~20kg/t 钢，炉气的含尘量为 80~150g/m³。炉尘的主要成分是 FeO 和 Fe_2O_3，其粒径在炉气未燃烧时大部分为 $10\mu m$ 以上，炉气燃烧后则大部分为 $1\mu m$ 以下。

转炉煤气的发生量在一个冶炼过程中并不均衡，成分也有变化。通常将转炉多次冶炼过程回收的煤气输入一个储气柜，混匀后再输送给用户。转炉煤气由炉口喷出时，温度高达 1450~1500℃，并夹带大量氧化铁粉尘，需经降温、除尘，方能使用。转炉煤气是一种有毒、有害、易燃、易爆的危险性气体，也是一种用途很广、很好的化工原料和工业生产能，它的回收和利用是减少烟气排放和治理大气环境污染的一项有力措施，在保证安全的前提下，最大限度地回收和利用煤气，减少大气排放，具有着巨大的经济效益和社会效益。

（二）主要技术参数与计算

1. 主要技术参数

转炉烟气中含有大量 CO，采用未燃法回收时，CO 在烟气中随吹炼时间的增加而增加，最高含量可达 90%，平均 70% 左右。CO_2 在转炉（未燃法）烟气中一般含 10% 左右，转炉烟气的温度为 1450℃ 左右，最高可达 1600℃。

转炉烟气成分（体积分数%）的测定值：CO 72.5%，H_2 3.3%，CO_2 16.2%，N_2 8.0%，O_2 0.0%。

转炉烟尘总 Fe 占 71%，金属 Fe 13%，FeO 68.4%，Fe_2O_3 6.8%，SiO_2 1.6%，MnO 2.1%，CaO 3.8%，MgO 0.3%，C 0.6%。

转炉烟气的理论产生量为总供氧量（含吹入炉内的氧与炉料中氧化物中的氧）的两倍。一般吹炼初期与后期产生的烟气量较少，中期则增高。

2. 净化回收原则

1988 年 6 月冶金部颁发的《转炉煤气净化回收技术规程》规定，容量在 15t 以上（含 13~15t）的氧气转炉应回收利用煤气。

（1）转炉烟气净化系统排放气体的含尘浓度和 CO 排放量应符合国家有关规定。

（2）采用未燃法设计时，炉气出炉口后燃烧系数一般应控制在 $\alpha \leqslant 0.1$。

（3）设计净化回收系统时，应尽量减少辅助设备的配置数量，简化系统流程，尽可能使风机的压力用在对除尘作用较大的关键设备（如二级文氏管）上。

（4）每座转炉应单独设置一套烟气净化系统，一根放散烟囱。

（5）放散烟囱出口应设置点火燃烧放散装置，确保 CO 排放量符合国家规定。

3. 烟气成分及烟气量计算

转炉吹氧降碳过程中炉内化学反应生成的炉气，出炉口后与空气接触便燃烧。炉气燃烧的化学反应生成的烟气成分及烟气量，计算方法如下。

（1）炉气燃烧反应　设炉气成分：$V_{CO} + V_{CO_2} + V_{N_2} = 1$（不考虑微量的 H_2 和 O_2）

$$\alpha = \frac{实际吸入的空气量}{炉气完全燃烧所需的理论空气量} \tag{3-42}$$

式中，α 为空气燃烧系数。

当 $\alpha=1$ 时

$$V_{CO}\overline{CO}+V_{CO_2}\overline{CO}_2+\frac{1}{2}V_{CO}(\overline{O}_2+3.76\,\overline{N}_2)+V_{N_2}\overline{N}_2$$

$$=(V_{CO}+V_{CO_2})\overline{CO}_2+(1.88V_{CO}+V_{N_2})\overline{N}_2 \tag{3-43}$$

当 $\alpha>1$ 时

$$V_{CO}\overline{CO}+V_{CO_2}\overline{CO}_2+\frac{1}{2}\alpha V_{CO}(\overline{O}_2+3.76\,\overline{N}_2)+V_{N_2}\overline{N}_2$$

$$=(V_{CO}+V_{CO_2})\overline{CO}_2+(1.88\alpha V_{CO}+V_{N_2})\overline{N}_2+\left(\frac{1}{2}\alpha V_{CO}-\frac{1}{2}V_{CO}\right)\overline{O}_2 \tag{3-44}$$

当 $\alpha<1$ 时

$$V_{CO}\overline{CO}+V_{CO_2}\overline{CO}_2+\frac{1}{2}\alpha V_{CO}(\overline{O}_2+3.76\,\overline{N}_2)+V_{N_2}\overline{N}_2$$

$$=(V_{CO}-\alpha V_{CO})\overline{CO}+(\alpha V_{CO}+V_{CO_2})\overline{CO}_2+(1.88\alpha V_{CO}+V_{N_2})\overline{N}_2 \tag{3-45}$$

式中，$\overline{CO}$，$\overline{CO}_2$，$\overline{N}_2$ 分别为烟气中 CO、CO_2 及 N_2 的含量；V_{CO}，V_{CO_2}，V_{N_2} 分别为炉气中 CO、CO_2 及 N_2 的体积百分比。

（2）炉气燃烧后的烟气量 设 V_1 为原始炉气量（标态 m^3/h）

$$V_1=Gv_c\frac{22.4}{12}\times60\times\frac{1}{V_{CO}+V_{CO_2}} \tag{3-46}$$

式中，G 为最大铁水装入量，kg；v_c 为最大降碳速度，%/min；V_{CO}，V_{CO_2} 分别为炉气中 CO、CO_2 的体积百分比。

出炉口燃烧后的烟气量 V_0（标态）计算方法如下：

当 $\alpha=1.0$ 时

$$V_0=(1+1.88V_{CO})V_1 \tag{3-47}$$

当 $\alpha>1.0$ 时

$$V_0=[1+(2.38\alpha-0.5)V_{CO}]V_1 \tag{3-48}$$

当 $\alpha<1.0$ 时

$$V_0=(1+1.88\alpha V_{CO})V_1 \tag{3-49}$$

（3）炉气燃烧吸入空气量（V_a）

$$V_a=2.38\alpha V_{CO}V_1 \tag{3-50}$$

（4）燃烧后的烟气成分

炉气燃烧后的烟气成分因 α 值不同而异。

当 $\alpha=0.1$ 时

$$V'_{CO_2}=(V_{CO}+V_{CO_2})V_1V_0\times100\% \tag{3-51}$$

$$V'_{N_2}=(1.88V_{CO}+V_{N_2})V_1V_0\times100\% \tag{3-52}$$

当 $\alpha>0.1$ 时

$$V'_{CO_2}=(V_{CO}+V_{CO_2})V_1V_0\times100\% \tag{3-53}$$

$$V'_{N_2}=(1.88\alpha V_{CO}+V_{N_2})V_1V_0\times100\% \tag{3-54}$$

$$V'_{O_2}=0.5(\alpha-1)V_{CO}V_1V_0\times100\% \tag{3-55}$$

当 $\alpha<0.1$ 时

$$V'_{CO}=(1-\alpha)V_{CO}V_1V_0\times100\% \tag{3-56}$$

$$V'_{CO_2} = (\alpha V_{CO} + V_{CO_2}) V_1 V_0 \times 100\% \tag{3-57}$$

$$V'_{N_2} = (1.88\alpha V_{CO} + V_{N_2}) V_1 V_0 \times 100\% \tag{3-58}$$

式中，V'_{CO}、V'_{CO_2}、V'_{N_2} 分别为燃烧后烟气中 CO、CO_2、N_2 的体积百分比。

在以上计算中当 $\alpha \leqslant 1.0$ 时，燃烧后一段仍有少量剩余氧气，其值可取 $V'_{O_2} \approx 0.4 \sim 0.5$ 或 $V'_{O_2} = V_{O_2}$，因其含量较少，对气体组成平衡影响不大，故一般在工程计算中忽略不计。

(5) 烟气在各组分下的定压平均比热容 c'_{pm}[kJ/(kg·℃)] 当炉气的组成与表 3-42 中的条件不同，应根据实际烟气的组成进行计算。

(6) 烟气的比热容 烟气是由数种气体成分混合而成，混合气体的比热容具有加和性，即混合气体的比热容等于各组成气体的比热容和相应成分含量的乘积的总和，即：

$$c'_{pm} = \sum r_i c_i \tag{3-59}$$

式中，c'_{pm} 为烟气在定压下的平均容积比热容，kJ/(kg·℃)；r_i 为烟气中各组成气体的体积分数，%；c_i 为烟气中各组成气体在定压下的平均容积比热容，kJ/(kg·℃)；气体在定压下的平均比热容，kJ/(m³·℃)；见表 3-42。

表 3-42 气体在定压下的平均比热容（0～T℃）c'_{pm}　　　　单位：kJ/(kg·℃)

T/℃	O_2	N_2	CO	CO_2	H_2O	空气	H_2	CH_4	C_2H_4	H_2S	SO_2
0	1.305	1.293	1.299	1.593	1.494	1.295	1.277	1.566	1.746	1.516	1.733
100	1.317	1.296	1.301	1.713	1.506	1.300	1.290	1.654	2.106	1.541	1.813
200	1.336	1.300	1.308	1.796	1.522	1.308	1.298	1.767	2.328	1.574	1.888
300	1.357	1.307	1.317	1.871	1.542	1.318	1.302	1.892	2.529	1.608	1.959
400	1.378	1.317	1.329	1.938	1.565	1.329	1.302	2.022	2.721	1.645	2.018
500	1.398	1.328	1.343	1.997	1.539	1.343	1.306	2.144	2.893	1.683	2.072
600	1.417	1.341	1.358	2.049	1.614	1.357	1.310	2.268	3.048	1.721	2.114
700	1.434	1.354	1.372	2.097	1.641	1.371	1.315	2.382	3.190	1.758	2.152
800	1.450	1.367	1.387	2.139	1.668	1.385	1.319	2.495	3.341	1.796	2.186
900	1.465	1.380	1.400	2.179	1.696	1.398	1.323	2.596	3.450	1.830	2.215
1000	1.478	1.392	1.413	2.214	1.732	1.410	1.327	2.709	3.567	1.863	2.240
1100	1.490	1.404	1.426	2.245	1.750	1.422	1.336			1.892	2.261
1200	1.501	1.415	1.436	2.275	1.777	1.433	1.344			1.922	2.278
1300	1.511	1.426	1.443	2.301	1.803	1.444	1.352			1.947	
1400	1.520	1.436	1.453	2.325	1.828	1.454	1.361			1.972	
1500	1.529	1.446	1.462	2.347	1.853	1.463	1.369			1.997	
1600	1.538	1.454	1.471	2.368	1.877	1.472	1.377				
1700	1.546	1.462	1.479	2.387	1.900	1.480	1.386				
1800	1.554	1.470	1.487	2.405	1.922	1.487	1.394				
1900	1.652	1.478	1.498	2.421	1.943	1.495	1.398				
2000	1.569	1.484	1.504	2.437	1.963	1.501	1.407				

（三）LT 法转炉煤气净化回收技术

美国和前联邦德国等国有些工厂采用干式电除尘净化系统，以 LT 法为主。LT 法是由德国鲁奇（Lurgi）公司和蒂森（Thyssen）公司协作开发的。LT 是两公司名字的简写。该干法处理技术于 20 世纪 60 年代开发成功。大部分在德国、奥地利、乌克兰等国家。1994 年，在宝钢三期工程 250t 转炉项目中，我国首次引进奥钢联 LT 转炉煤气净化回收技术。该装置自投产以来，几经改造后运行稳定。与湿法除尘系统相比较，LT 法具有以下显著优点：①利用电场除尘，除尘效率高达 99%，可直接将烟气中的含尘量净化至 10mg/m³ 以下，供用户使用；②可以省去庞大的循环水系统；③回收的粉尘压块可返回转炉代替铁矿石利用；④系统阻损小，节省能耗。就环保和节能而言，LT 法代表着转炉煤气回收技术的发展方向。LT 法转炉煤气与粉尘回收流程如图 3-78 所示。

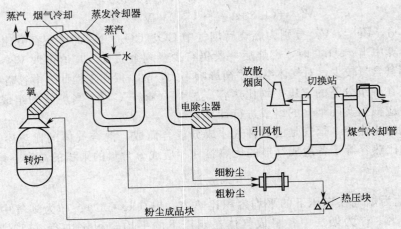

图 3-78　LT 法转炉煤气与粉尘回收流程

1. 烟气冷却及热能回收

转炉吹氧过程中，煤和氧气反应生成的气体中约 90％为 CO，其他为废气。废气逸出炉口进入裙罩中大约有 10％被燃烧掉，其余的经过冷却烟道进入蒸发冷却器，冷却烟道中产生的蒸汽被送入管网中回收。

烟气冷却系统由低压和高压冷却水回路组成。低压冷却水回路由裙罩、氧枪孔、两个副原料投入孔组成；高压冷却水回路由移动烟罩、固定烟罩、冷却烟道、转向弯头以及检查盖组成。低压回路中的水由低压循环泵送入除氧水箱，然后通过给水泵供给汽包使用；高压回路中设有一条自然循环系统，冷却烟道中的水在非吹炼期切换到强制循环，吹炼期则转换成自然循环以节约能源。高压回路中的水在吹炼期切换到强制循环，吹炼期则转换成自然循环以节约能源。高压回路中的水在吹炼期部分汽化，水汽混合进入汽包，在汽包中汽、水分离，蒸汽被送到蓄热器中储存起来，多余蒸汽则送到能源部的管网中。

从冷却烟道出来的烟气，首先在蒸发冷却器中进行冷却并调节到静电除尘器要求的温度。为此，需要通过双相喷嘴向蒸发冷却器中喷水，利用水的相变需要吸收大量热能的原理，使烟气温度由 800～1000℃ 降至 150～200℃。为使喷入的水形成雾状，需同时喷入蒸汽，喷入量由烟气热含量决定。由于烟气在蒸发冷却器中减速，粗颗粒的粉尘沉降下来。通过链式输送机和闸板阀排出，烟气通过粗管道导入到静电除尘器。

静电除尘器采用圆筒形设计，烟气轴向进入，并通过均匀分布在横截面上的气流分布板。由于电场作用，烟气中尘粒被集尘电极捕集于电除尘器的下部，用刮灰器将其刮到链式输送机中送往中间料仓，之后通过气力输送系统将此干灰送往压块系统。

除尘后的烟气经 IDF 风机进入切换站，根据其 CO 浓度决定是回收还是放散。由于 LT 系统的压力损失较小，因而采用功率较小且变频调速的轴流风机，以实现精确控制。需要回收的煤气，在进入煤气柜前必须进行冷却，以保证煤气柜可容纳更多的煤气；需要放散的含 CO 的烟气，通过位于放散烟囱顶部的点火装置燃烧后放散进入大气。

2. 煤气净化回收

LT 法煤气净化回收工艺流程见图 3-79。煤气净化回收系统主要设备由蒸发冷却器、静电除尘器、变频风机、放散烟囱、煤气切换站和冷却器等组成。其中蒸发冷却器和静电除尘器是 LT 煤气净化系统的关键装置。

经转炉汽化冷却后的高温含尘煤气进入蒸发冷却器，被蒸汽和水组成的双相喷射装置雾

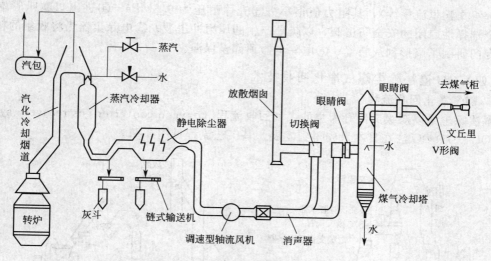

图 3-79　LT 法煤气净化回收工艺流程

化冷却，煤气温度由 900℃左右降至约 180℃，同时，煤气在蒸发冷却器内因其流速的降低和粉尘的加湿凝聚，一部分粗团颗粒粉尘靠自重沉降在灰斗内，收尘量占总捕集量的 40%～45%，在吹炼期灰斗内的收尘量为 9～11kg/t。根据转炉冶炼工况的变化，特别是在转炉吹氧开始和结束时，煤气量的变化和温度的变化范围很大，所以喷射装置设计采用双相变流量装置，按煤气热容的变化，通过温度调节系统来控制喷水量大小，以满足蒸发冷却器出口煤气的温度和湿度要求。

静电除尘器由 3～4 个电场组成，壳体设计呈圆筒状，在煤气进出口段的壳体上设置多个防爆阀，另外在进口段的内部设置 3 层气流分布板，以使气流均匀分布，利于气流呈柱塞式流动，防止煤气产生死角。分布板、集尘板及放电极均设有振动装置。除尘器除灰采用扇形刮灰器，将器壁上的粉尘刮入灰斗底部的刮板输送机上运出。煤气出口含尘浓度（标态）小于 10～20mg/m³（回收时不大于 10mg/m³，放散时不大于 20mg/m³），在吹炼期收集的粉尘为 13～16kg/t。

3. LT 法圆形静电除尘器结构特点

静电除尘器结构如图 3-80 所示。静电除尘器内部结构主要为放电电极和接地的集尘电极，还有两极的振打清灰装置、气体均布装置、排灰装置等。

圆形静电除尘器的结构有如下特点：①外壳为圆筒形，其承载是由静电除尘器进、出口及电场间的环梁托座来支持的；②烟气进出口采用变径管结构（进出口喇叭管，其出口喇叭

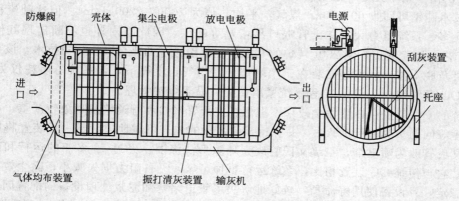

图 3-80　圆形静电除尘器结构

管为一组文丘里流量计），其阻力值很小；③壳体耐压为 0.3MPa；④进出口喇叭管端部各设四个选择性启闭的安全防爆阀，以疏导产生的压力冲击波；⑤电除尘器为将收集的粉尘清出，专门研制了扇形刮灰装置；⑥电除尘器顶部设保温。

（四）OG 湿法除尘煤气净化回收技术

1. 煤气净化回收流程

湿法除尘是以双级文氏管为主的煤气回收流程（oxygen converter gas recovery system，简称 OG 法）。OG 法在日本最先得到发展，其工艺流程见图 3-81。

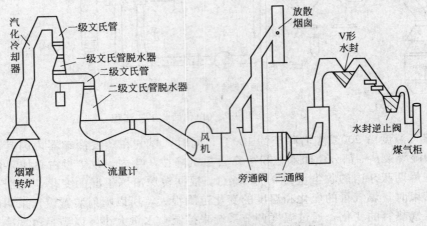

图 3-81　OG 法转炉煤气回收工艺流程

OG 法净化系统的典型流程是：煤气出转炉后，经汽化冷却器降温至 $800\sim1000$℃，首先经过一级水溢流固定文氏管，下设脱水器，再进入二级可调文氏管，主要除去烟气中的灰尘。然后经过 90°弯头脱水器和塔式脱水器，在文氏管喉口处喷以洗涤水，将煤气温度降至 35℃左右，并将煤气中含尘量降至约 $100mg/m^3$，然后用抽风机将净化的气体送入储气柜，后经风机系统送至用户或放散塔。该流程核心是二级可调文氏管喉，径比 $I=1$，外观呈米粒形的翻板（rice-damper，简称 RD）。其主要作用是控制转炉炉口的微压差和二级文氏管的喉口阻损，进而在烟气量不断变化的情况下不断调整系统的阻力分配，从而达到最佳的净化回收效果。

2. OG 装置技术特点

OG 法由于技术先进，运行安全可靠，是目前世界上采用最为广泛的转炉烟气处理技术。该技术吨钢可回收 $60\sim80m^3$ 煤气，平均热值为 $2000\sim2200kJ/m^3$。但这种流程有诸如设备单元多、系统阻力大、文氏管喉口易堵塞等缺点，因此国内外也不断出现其他形式的 OG 法工艺。如武钢三炼钢 250t 转炉的 OG 系统就引进了西班牙 TR 公司技术，该系统将两级文氏管及脱水器串联重组安装在一个塔体内，烟气自上而下，该系统总阻耗仅为 18kPa，比一般 OG 系统约小 7kPa，流程系统紧凑简捷，易于维护管理。

传统的 OG 装置存在着除尘效果不理想、文氏管喉口和管道堵塞现象较严重、设备运行寿命较短等问题。为追赶 LT 法，并保持 OG 装置的先进可靠地位，新一代装置将原来传统的一级文氏管改为喷淋塔，二级文氏管改为环隙形洗涤器。经过 10 多年的运行和改进，效果理想。它与传统 OG 装置相比，系统运行更加可靠，设备阻力损失减小，除尘效率高，能量回收稳定，且设备使用寿命长，较好地解决了管道堵塞和泥浆处理设备的配置问题。新一代 OG 煤气净化回收工艺流程如图 3-82 所示。OG 系统设备主要由除尘塔、文丘里流量计、风机、三通切换阀、放散烟囱、水封逆止阀等组成，其中除尘塔和煤气风机是 OG 系统的关键装置。

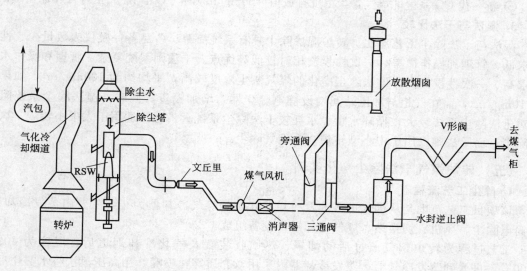

图 3-82　新一代 OG 煤气净化回收工艺流程

（1）除尘塔　圆筒状的除尘塔作为唯一的煤气净化设备，其作用相当于传统的 OG 系统一文、二文和 90°弯头脱水器的功能。除尘塔上部作为喷淋塔功能，塔内设有多级喷嘴，将来自于汽化冷却烟道出口的高温含尘煤气在塔内上部首先与喷淋水进行传热传质，同时烟尘与水雾进行撞击凝聚，结果使大部分粗颗粒粉尘被除去，且煤气温度由 900℃ 左右迅速降至 100℃ 左右。另外除尘塔下部作为精除尘功能，塔内设有液压调节功能的环隙形洗涤器（RSW），根据炉口微差压要求和煤气回收或放散的工艺操作要求，采用液压调节装置（RSE）对煤气通过 RSW 装置接触面积（缝隙）的大小进行煤气含尘浓度的控制，即煤气回收浓度低于 $80mg/m^3$（标），煤气排放浓度低于 $50mg/m^3$（标）。

（2）煤气风机　传统 OG 风机叶轮经常粘灰，维护周期和使用寿命较短。而新一代 OG 风机叶轮采用的是在线水洗法，即运行中的风机叶轮始终与水形成一层水膜，不直接与含尘煤气接触，这样既延长了风机叶轮寿命，减少了风机的维护工作量，同时又降低了风机自身温度的升高。一般风机叶轮寿命在 3～5 年以上。另外风机的轴封采用水封结构，当风机叶轮转动时，带动水封槽旋转，由于离心力作用，液体在槽内作圆周运动而形成水封。

（3）其他

① 由于 OG 系统采用的是湿法净化装置，所以设计 OG 系统的同时，还需配置专门的废水和污泥处理装置，新一代 OG 系统较好地解决了污泥处理所需的设备配置问题。通常污泥通过压滤机脱水处理成泥饼后送烧结厂回收利用，也可采用蒸汽再烘干装置，将泥饼进一步脱水烘干后，进行冷压块回收利用。

② 新一代 OG 系统也存在着腐蚀和磨损问题，但由于采用了集一文、二文和脱水器等功能于一体的除尘塔装置，使得 OG 系统更简单，操作管理更方便，运行维护工作量小，环隙水清洗装置（RSW）使用寿命一般在 3 年以上。

③ 新一代 OG 装置的安全措施主要是，在汽化冷却烟道顶部设置安全阀并利用煤气进入除尘塔时的自行扩散泄压和喷水降温。

④ 自 20 世纪 80 年代以来，湿法系统从未发生过爆炸和煤气中毒等恶性事故，可以说干湿法煤气净化回收系统是安全可靠的。

⑤ 新一代 OG 系统的煤气含尘浓度排放值 [50mg/m³（标）以下]，完全符合环保要求。

3. 湿法与干法比较

湿法与干法除尘工艺对比。转炉湿法除尘具有系统简单、备品备件及仪表数量少、性能要求低、管理和操作简单、一次性投资相对较低等优点。干法则系统复杂、管理和操作水平要求高、一次性投资高。湿法除尘净化的煤气灰尘浓度较高，平均约为 100mg/m³，如果降至 10mg/m³，需在气柜与加压站间增设静电除尘器，增加投资。同时，湿法除尘系统阻力相对干法除尘系统较大，循环水量、水耗较干法除尘系统大。湿法适用于大中小转炉一次烟气除尘，而干法难以用于中小型转炉一次烟气除尘。

（五）转炉煤气干法除尘净化实例

1. 除尘工艺流程

该项目工艺范围是从烟气进入蒸发冷却器开始到煤气冷却器为止，主要由蒸发冷却器、圆筒电除尘、风机、切换站、煤气冷却器等设备组成。

工艺过程为转炉烟气通过活动烟罩、热回收装置及气化冷却烟道后，温度为 800～1000℃，进入到蒸发冷却器。蒸发冷却器内采用双介质雾化喷嘴，用高压蒸汽将水雾化后冷却烟气。这时粗颗粒的粉尘在水雾的作用下团聚沉降，形成的粗粉尘通过粗灰输送系统到粗灰料仓；冷却后的烟气通进管道进入圆筒形电除尘器，温度为 150～180℃；电除尘器设 4 个电场，采用高压直流脉冲电源，捕集剩余的细粉尘，将其通过电除尘器下的链式输送机、细灰输送系统到细灰料仓；经过电除尘器的烟气含尘量（标态）在 10mg/m³ 以下，最终的合格烟气经过煤气冷却器降温到 70℃进入煤气柜，不合格烟气放散。粗、细灰通过汽车运输至烧结厂作为烧结原料再利用，未设置热压块装置。

2. 主要技术指标

转炉 3×120t 顶底复吹转炉；冶炼周期 38min；生铁中的碳含量 4.0%～4.5%；粗钢中的碳含量 0.1%。主要原材料及动力消耗：铁水 900kg/t；废钢 180kg/t（废钢不排除含铜、含铬合金、含锌）；矿石 20kg/t；铁合金 11.47kg/t；冶炼用氧 57m³/t；空气燃烧系数 0.1；最大烟气量 88900m³（标）/(h·台)；炉气含尘量 80～150g/m³（标）；蒸发冷却器入口烟气温度 850～1000℃；煤气冷却器出口处煤气温度 65～70℃；最终煤气含尘量不大于 10mg/m³（标）；煤气回收量不小于 80m³（标）/t（热值 8360kJ/m³）。

3. 技术、装备特点与关键技术

（1）蒸发冷却器　为获得圆筒形干式电除尘器的最佳烟气除尘效果，烟气在进入电除尘器之前在蒸发冷却器里进行调质和降温。蒸发冷却器的筒径为 4m，高度 17m。

蒸发冷却器通过雾状喷水直接冷却烟气，并根据烟气含热量精确调节喷水量，所喷的水完全变成蒸汽。致使烟气在任何时候下都是干燥的，而且在离开蒸发冷却器是经过适当调质，然后进入圆筒形电除尘器。喷水装置中的喷嘴、水量调节阀的质量很关键。在烟气冷却和调质的同时，在蒸发冷却器里还发生粗粉粉尘的沉淀过程。大约占粉尘量 40%～45% 的粗粉尘沉淀在蒸发冷却器里，这些粗粉尘含铁很高，具有很好的回收价值。

（2）圆筒形电除尘器　圆筒形电除尘器安装在转炉车间外面，在电除尘器里烟气被净化到符合要求的程度。电除尘器直径 8.2m，长度 30m。圆筒形电除尘器的结构有以下特点：①电除尘器壳体耐压 0.3MPa；②除尘器进出口装有可选择性启闭的安全泄爆阀，以疏导可能产生的压力冲击波，当压力超过 5000Pa，安全泄爆阀打开；③电除尘器配有 4 个电场，烟气出口浓度不大于

$10mg/m^3$（标）；④同极距 400mm，通道数 16 个；⑤收集的粉尘温度在 150℃左右。

4. 风机、切换站和煤气冷却器

风机、切换站和煤气冷却器位于进煤气侧，电除尘器下游。干法除尘由于系统阻力小，采用轴流式风机，功率 750kW，这种风机具有效率高和让烟气直接通过的优点（这优点对于防爆很重要），风机采用变频调速，这意味着作业运行条件可无极改变。

切换站是干法除尘系统的重要的设备之一。它主要由两个严密密封的具有调节性能的钟形阀组成。切换站负责在火炬和煤气柜之间进行快速切换，以达到回收尽可能多的转炉煤气的目的。另外，切换必须不会导致烟气压力的突然变化，否则在转炉烟气捕集段将产生干扰性的烟气喘振现象。因此，钟形阀配有液压装置，这个液压装置同钟形阀的气流调节板协同保证在火炬和煤气柜之间阀门快速切换的同时而无压力突变现象。煤气冷却器直径 6.8m，高度 20m。煤气冷却器的任务仅是把回收的转炉煤气体积尽可能减少到最小程度，这是通过使用过量的冷却水实现的。在这个过程中不存在废水问题，因为煤气在此之前已经净化处理，冷却水循环使用。

5. 粉尘的输送设备

捕集到的粗粉尘和细粉尘有两种输送设备可供使用：链式刮板输送机；使用氮气作为输送媒介的气力输送机。

输送机械的选择主要取决于具体的条件。该项目采用的是链式刮板输送机，简单可靠。同时，由于整个系统的气密性要求高，输送设备前的双层卸灰阀也很关键。

6. 干法除尘系统自动化控制范围

干法除尘系统自动化控制范围是从气化冷却烟道开始到煤气冷却器结束。设一级基础自动化，与转炉本体、汽包等自动化系统进行联网通信，组成以太网光纤环网。控制系统采用西门子 S7-400 系列的 PLC，对蒸发冷却器、电除尘器及切换站等工艺生产线设备实现过程检测、调节和分布式控制，其自动化控制水平很高。控制系统共分 3 个控制回路：蒸发冷却器的温度控制、风机流量控制、切换站的切换控制。

蒸发冷却器的温度控制根据蒸发冷却器烟气出入口烟气温度、流量调节喷水量，确保烟气出口温度在控制范围内。

烟气在气化冷却和除尘装置的流量，由流量控制系统来确定。烟气流量可通过烟气流量调节器的输出信号控制，这种控制可通过改变风机的转速来实现。使炉口保持微正压。对于在炼钢过程中进行的加料作业，如加矿石或石灰石，或者辅助作业，系统的烟气流量调节系统将根据事先给定的程序做出反应。

切换站的切换控制是在规定的时间内，根据烟气成分分析确定切换站的动作。当烟气中 CO 含量大于 30%，氧气含量小于 2% 时，回收钟形阀打开。切换站的钟形阀配有调节元件和流线型气流调节板，便于在烟气切换时保持系统的压力平衡，防止在转炉口烟气捕集点发生喘振现象。另外，电除尘器的控制也非常关键。其性能特点是：根据加料、吹炼、停吹、振打等多种工作状态，按事先设定好的程序对电压和电流进行调节，以发挥最大的电流效率和确保安全生产。电压的峰值为 111kV，均值 64kV，电流的峰值为 840mA，均值为 600mA。

7. 系统安全措施

由于转炉炼钢生产是非连续型作业，因而在整个烟气冷却和除尘设备中流动的气流经常快速地在空气和含可燃性的一氧化碳气体的烟气之间变化。因此，在考虑相应的工艺技术性的安全措施的同时，还需要考虑特殊的安全保险措施。为了获得最佳的气流，干法除尘系统在流动物性方面的安全措施具有圆断面形状的电除尘器和配有减压装置的管道系统。此外，对于在转炉煤气回收过程中不可避免的压力轻微爆炸事故也考虑了安全方面的措施，如电除尘器的泄爆阀。

整个烟道中随时间的不同流动的气体也不同，而且它们之间不能相混合，因此重要的是保证在管道中气体的流动在整个流动断面上速度分布均匀。即所谓的柱塞装流动，还需要在空气流和可燃性气流之间存在由二氧化碳和氮气组成的惰性隔离气流。这就要求电除尘器中的气流分布板设计合理可靠。

干法除尘系统的烟气切换所需时间仅约为 8～10s，如在作业过程中发生事故，烟气流甚至可在 3s 内被迅速地从通往煤气股切换到通往火炬的通道里。

8. 干法除尘系统维护保养与操作

转炉干法除尘系统技术人员总结出了一套完整的操作和维护管理经验。解决了蒸发冷却器内结灰过多、电除尘器阴极线断线、泄爆阀经常泄爆等问题。

（1）蒸发冷却筒壁结灰　干法除尘系统随转炉系统每 6 天定修 4h。刚投产时，维护工作主要是清灰，容易集灰的地方是蒸发冷却器的筒壁处，需要对积灰及时发现、定期清理。清灰时环境温度较高，需有必要的防护措施。此外，使用过热蒸汽，将大大减少筒壁结灰的速度。目前，蒸发冷筒壁结灰一个月清理一次，可以保证生产正常进行。

（2）阴极丝断线　刚投产时，电除尘器一电场由于频繁击穿及粉尘的自燃而造成的阴极线电化学腐蚀，导致阴极丝断线较多。后在保证粉尘含量符合要求前提下，确定出了合理的电场电压和闪络次数等参数设定值。目前，在调整了参数后，阴极丝断线已经大为减少，一个月仅断 1～2 根，可保证较好的除尘效果。

（3）泄爆阀泄爆　生产有时需要点吹，而干法除尘系统对此工况的适应性较差，当风机的反应跟不上时，容易引起电除尘器内气体浓度达到爆炸极限，泄爆阀泄爆。频繁泄爆将影响内部件的寿命和除尘效率。目前，在加强了管理、规范冶炼操作后，一天最多泄爆一次，满足了工艺生产的要求。

（六）转炉煤气湿法除尘净化实例

某钢厂节能环保样本工程项目验收时技术经济指标检测的结果为：煤气平均回收量 92.06m³/(t·s)（热值为 8372kJ/m³），保证值大于 75m³/(t·s)；蒸汽平均回收量 85.1kg/(t·s)，保证值大于 59kg/(mg·m³)。

1. 主要生产工艺及设备

（1）技术方案选择　转炉煤气回收的关键之一是必须回收和利用并重。选择 OG 法回收转炉煤气，后部配 50000m³ 的干式煤气柜。将回收的煤气送到现有 3 号加压站前，与高炉、焦炉煤气混配，进入公司煤气管网，全部利用。OG 法回收技术先进、安全、可靠，回收率、煤气质量均可达到国际先进水平。完全自动化控制。

（2）生产工艺流程　转炉吹炼进入回收期，并达到回收的各项技术条件后，即进行回收。如果达不到回收的技术条件，即放散。回收时，活动烟罩下降，转炉煤气先通过冷却器即活动烟罩、固定烟罩、汽化烟道，由汽化冷却系统回收显热并将煤气温度降低到 1000℃以下，然后通过一次除尘器、二次除尘器，将转炉煤气中的含尘量降低到 50mg/m³ 以下，同时温度降低到 70℃ 以下，再由放散塔点火放散。储存柜内的煤气，由柜后加压机送往 3 号加压站机前，参加与高炉、焦炉煤气混合配比后，进入管网送到用户。

由汽化冷却系统回收的蒸汽，并网后送往用户。

除尘污水，经过水处理系统，处理后的水循环使用。

分离出来的转炉污泥，全部回收，部分造球后，作为炼钢辅料进行利用，或送到烧结厂用作配料。工艺流程如图 3-83 所示。

（3）设备的选择　根据 OG 系统划分的范围，从炉口活动烟罩到 U 形水封，属于 OG 系统范围之内。由于是在现有炉子上改造，送除尘装置、引风机、三通阀及电控、仪控装置，其余由中方配套，外方配套炉口活动烟罩、固定烟罩、水逆止阀、安全阀等装置。引风机是 OG 系统的心脏，必须十分可靠。

对于活动、固定烟罩对水质要求是：固定烟罩采用气化冷却，且实行强制循环，要求用饮用水，需加药处理；活动烟罩是用纯水强制循环冷却，这样才能保证烟罩的寿命达到外方的水平，活动烟罩寿命可达 4 年，固定烟罩可达到 8 年。由于中方考虑到加药成本，纯水需上一套新系统，投资大，故软水未加药，纯水改用半净化水，这将影响到活动烟罩及固定烟罩的寿命周期。

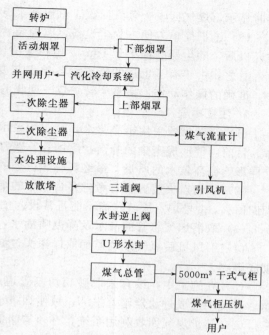

图 3-83　转炉煤气回收利用工艺流程

2. 新型 OG 法回收转炉煤气的技术特点

OG 法即湿式未燃法回收转炉煤气是一种传统的回收方法，这套工艺技术及装置的主要特点如下。

（1）活动烟罩采用的新型板管式结构，进出水均衡，冲渣装置有效，采用半净化冷却。液压缸升降灵活可靠，使回收期降罩操作得到保证。

（2）采用带内置传感器的液压缸直接提升活动烟罩，烟罩升降的位置准确、可靠。为控制炉口的燃烧率提供了保证。

（3）炉口固定烟罩采用汽化冷却强制循环系统。使烟罩的所有水管在较高压力的热水下，得到充分的冷却，消除了自然循环可能产生的气堵、死角，烟罩寿命得到保障。同时所有烟罩的固定都采用了弹性吊挂、导向装置，使烟罩在运行中受力更合理，不易产生应力集中的问题。

（4）除尘装置采用了饱和塔加重锤式文氏管形式。饱和塔多层喷头、大水量的均匀喷雾，使大颗粒的烟尘得以在此装置内清除，并使烟气温度大幅降低。重锤式文氏管精密的调节量，在阻力较小的状态下，使除尘效果达到最佳。重锤式文氏管流通间隙的精确调节，来自于精密的制作及精确的安装（中心偏差小于 1mm），以及炉口微差控制信号的准确无误。这构成这项工艺技术的核心。

（5）炉口微差压与重锤式二次文氏管的连锁控制，除尘装置前 CO 和 O_2 在线连续检测与三通阀的连锁控制，一旦煤气成分达到回收标准（CO 不小于 35% 与 O_2 不大于 2%），其他条件也满足回收要求，即自动转入回收状态，从而保证了高的煤气回收率及高的煤气回收质量。

（6）成熟可靠的转炉煤气回收控制软件及硬件系统，是安全回收煤气的可靠保障。炼钢工艺各项技术参数，煤气柜的各项参数，氮气、水等介质的各项技术参数，回收系统的各项技术参数，都受到了监测，有的参与控制。无论哪方面发生问题，都会在系统中反映出来，并迅速做出反应，自行妥善处理，做到万无一失。另外，在密封的排水槽新增了二次排气装置，解决了 CO 从除尘水明渠逸出问题。各工作点设氮气自动吹扫系统，烟囱上设自动点火系统，形成了完整的安全环保保护网。

（7）操作性能优良。系统采用计算机全自动控制，人机界面友好，画面清晰，在线信息实时显示，煤气回收、蒸汽回收、汽包补水、安全保护也自动运作。

（8）维护简单方便。除尘设备、电控装置运行可靠，故障率很低。运行 1.5 年（20000 炉）以后，除尘器磨损小于 1mm，电控系统仅更换过两个模块。

总之，由于有了上述的特点，各项工艺要求得到充分的技术支持，先进周密的工艺程序，准确的操作动作，使整个转炉煤气回收的过程达到自然流畅。

3. 注意事项

（1）活动烟罩采用半净化水，没有能采用更好的水，如纯水、软水，从而影响了使用寿命。目前内壁形成密集的蜂窝状腐蚀孔，壁厚最薄处仅剩 2.1mm。汽化冷却软水未能加药，同样影响循环软水的质量，最终影响炉口烟罩的寿命。

（2）烟囱点火装置没有考虑多台炉子的烟囱都要安装，只有 1 号安装了，为了防止其余烟囱回火，1 号炉点火装置尚不能正常投入使用。

（3）取消烟气总管的渣水及降温喷洒水，可能影响烟气的除尘降温效果。

（4）引风机后氧气连续监测取样探头过滤器易堵塞，跟取样位置、除尘效果有关，尚待彻底解决。

（5）在施工中，没有采取砂轮切割管道施工法，而采用火焰切割，致使管道内渣焊遗留，运转中造成过滤器堵塞损坏，致使烟罩水管缺水爆裂。

（6）转炉煤气回收利用系统，必须与储备、用户形成连锁，平衡配套。

三、转炉二次烟尘治理

转炉兑铁水、出钢、加废钢、吹炼和扒渣时，由于钢水大喷溅所散发的烟气，一般统称为转炉二次烟气，包括修炉时炉内烟尘，切割氧枪沾钢时散发的烟气，卸料车、给料机及皮带机卸料处的扬尘，铁水处理除尘系统产生的废气（如混铁车在铁水坑倒罐、脱硫、倒渣时的烟气、钢水真空处理设备切割沾钢时的烟尘、转炉副料在运输中产生的烟气等），这部分烟气具有温度高、粉尘粒径小、瞬间烟气量大的特点，其散发过程为阵发性，二次烟气约占炼钢过程总量的 5%，平均吨钢扬尘量约 1kg。据统计，每炼 1t 钢铁约产生 60m³ 烟气（70%～80%CO）和 16～30kg 炉尘，炉尘中含铁约 60%～80%。转炉兑铁、加料及出钢期间吨钢排尘量约 1.2kg/t，兑铁时空气与铁水接触并氧化，析出粉尘含氧化铁 35%、石墨 30%，粉尘粒径小于 100μm，出钢时烟尘中氧化铁含量达 75%，粒径小于 10μm，也是目前转炉炼钢厂的主要污染源。

（一）二次烟气的特点

转炉二次烟气以兑铁水时散发的烟气量最大，其次是出钢、加废钢等过程。兑铁水时，黄褐色的高温烟气从铁水罐和转炉炉口之间以很高的速度向上扩散，初始温度约 1200℃，随着高温烟气向上扩散，卷吸大量的车间冷空气，烟柱到达吊车梁时的温度约 500～700℃，某钢厂烟气成分见表 3-43。含尘浓度平均为 46.5g/m³，粉尘堆积密度为 1.572t/m³，粉尘质量颗粒分散度见表 3-44。含尘化学成分见表 3-45。二次烟尘的特点是烟尘比较分散、范围广、浓度较高、起始温度高，是无组织排放的尘源。

表 3-43　某钢厂烟气成分

烟气成分	CO₂	C₂H₂	O₂	H₂	CH₄	N₂	CO
体积分数/%	0.6	—	20.9	—	—	78.1	0.4

表 3-44　颗粒分散度

粒径/μm	<1	1～3	3～5	5～10	>10
质量分数/%	21.0	21.5	25.5	26.0	6.0

表 3-45　粉尘化学成分

成分	Al_2O_3	SiO_2	MnO	P	CaO	MgO	TiO_2	MFe	V_2O_5	TFe	Fe_2O_3	FeO	K_2O	Na_2O	C	S
质量分数/%	1.89	3.30	0.65	0.074	12.2	3.87	0.55	4.25	0.26	54.2	50.52	18.8	0.12	0.092	1.11	0.139

（二）烟尘捕集方式

由于其尘源分散，难以捕集，目前常用两种方法：一是利用原有转炉除尘系统的能力收集二次烟尘；二是采用炉前罩收集二次烟气。

1. 利用原有除尘系统控制二次烟气

需要在原转炉水冷烟罩处加一个控制阀板，称为 GAW 板，如图 3-84 所示。阀板安装在水冷烟罩的下面，可以在固定的轨道上水平滑动，兑铁水时，钢板向原料跨一侧滑动，封住罩口面积的 50%～80%，在原系统风机高速运行情况下，增加罩口抽风速度以捕集兑铁水的烟气。由于兑铁水时产生的烟柱远离水冷罩口，抽气效果差，受吊车极限和吊钩的影响，铁水罐不能伸入太深，所以，在利用 GAW 板方式控制二次烟气时，需改造兑铁水罐的溜嘴，即加长，这样可在转炉倾角不大于 35°时完成，而且效果较明显。

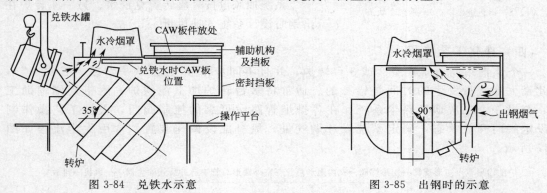

图 3-84　兑铁水示意　　　　　　　图 3-85　出钢时的示意

出钢时，阀板向原料跨滑动，如图 3-85 所示，封住罩口的另一侧，密封面积根据罩口抽气速度确定，一般留出罩口面积的 20%～40%。

利用该法控制烟气时，必须将转炉三侧及炉口顶部局部密封，密封时根据各处受热强度不同，采用钢内加耐火材料层或水冷壁板。

该法具有投资少、不占地、见效快的特点，但由于原设备能力较小，收集效果较差，一般只能收集二次烟气的 50%～60%。

2. 炉前罩控制方法

该法在日本和德国广泛使用，效果明显，基本上可以将二次烟气全部捕集。国内新建大中型转炉均采用炉前罩法捕集二次烟尘，如图 3-86 所示。

采用该法时，必须将操作平台炉后侧和炉口上部平台局部密封，将兑铁水和出钢产生的烟气组织到罩口处，密封车间在不影响转炉机械操作的情况下，尽可能大些，利于烟气的储留。炉前罩长期受高温的作用，罩内必须加耐火材料，耐火材料一般选用轻质耐火浇注料，密度 $500kg/m^3$，耐火材料厚度 50mm，一般在罩口处设置钢制链条，形成活动垂帘，其高度在 1.5m 左右，以保证捕集效果。

（三）二次除尘系统风量的确定

转炉二次烟尘为阵发性，其中以兑铁水的抽风量最大，一般可按兑铁水时所需抽风量确定除尘系统规模。

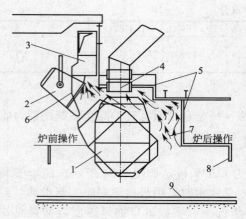

图 3-86　炉前罩示意

1—转炉；2—铁水罐；3—炉前罩；4—活动烟罩；
5—密封板；6—钢制重帘；7—出钢烟气流；
8—钢包进出口；9—钢包车轨道

兑铁水时烟气的上升速度无实测资料，根据文献介绍，兑铁水时烟罩罩口的吸风速度保证 25m/s 以上，钢厂 A300t 转炉二次除尘炉前罩的罩口中心吸气速度约 15m/s，边缘罩口吸气速度在 7m/s 左右，垂直于烟柱的罩口平均速度约 9～10m/s，经过多年运行，效果良好，基本上可以将兑铁水时的烟气全部捕集。钢厂 B50t 转炉二次除尘系统投产后，罩口平均速度 10m/s，投产后效果明显，捕集率在 95％以上。

出钢时的烟尘源在炉后侧，采用炉前罩捕集时，必须将平台下的钢包车进出口尽量密封，将烟气组织到炉前罩口处。根据国内二次除尘系统的运行经验，出钢时采用的抽风量是兑铁水抽风量的 1/3 左右。

系统抽风量按一座转炉兑铁水、另一座转炉在出钢时设计系统的抽风量。

（四）净化工艺流程

一个炼钢车间通常设有 2 或 3 台转炉，并且不同步作业（"二吹一"或"三吹一"），因此最大烟气量发生的时间是错开的。通常将多台转炉加上混铁炉，附带周围辅助工艺，合设一个二次烟气除尘系统。在各排烟管路设可靠的控制阀门，根据工艺操作制度设定阀门开关状态，确定系统设计烟气量。风机配设调速装置。常用除尘流程如图 3-87 所示。

炉前门形罩→矩形支管→矩形蝶阀→室内矩形总管→室外圆形总管→脉冲袋式除尘器──→风机→排放

刮板输送机→集合刮板输送机→斗式提升机→储灰斗→外运

图 3-87　二次烟尘系统工艺流程

二次烟气经袋式除尘器净化后排放浓度小于 30mg/m³。为确保二次烟气不外逸，减少系统抽风量并保障烟尘捕集效果，需要对转炉炉前门形抽风罩及转炉密封，在转炉两侧用砖砌挡墙封闭；转炉兑铁水侧设置炉前门形罩，在兑铁水、加料时打开，冶炼时关闭；转炉炉后现有活动水冷挡板上方及其开口处均用钢板封闭；转炉炉口处，转炉两侧及炉后都用水冷钢板封闭。

四、电炉炼钢烟尘减排技术

电炉冶炼一般分熔化期、氧化期和还原期。熔化期主要是炉料中的油脂类可燃物质的燃烧和金属物质在高温时气化而产生的黑褐色烟气。氧化期强化脱碳，由于吹氧或加矿石而产生大量赤褐色浓烟。还原期为去除钢中的氧和硫，调整化学成分而投入炭粉等造渣材料，产生白色和黑色烟气。

在上述三个冶炼期中，氧化期产生的烟气量最大，含尘浓度和烟气温度最高。因此，电炉排烟除尘系统应按氧化期进行设计。

对于具备炉外精炼装置的高功率和超高功率电炉则无还原期。

普通功率电炉的冶炼过程和各期的持续时间取决于所冶炼的钢种及电炉的容量。电炉各期作业的持续时间大致分配如下：装料 8％～10％，金属熔化 37％～40％，吹氧 11％～13％，扒渣（断电）4％～5％，还原期 33％～35％。超高功率电炉冶炼周期约 100min。

(一) 主要烟气参数

1. 炉气量的确定

电炉除尘的烟气一般按氧化脱碳所生成的炉气中 CO 为主进行计算，其化学反应式与转炉相同。

每 $1m^3$ CO（标态）按理论完全燃烧时，需从空气中带入的 N_2 量（标态）为：

$$\frac{1}{2} \times \left(\frac{79}{21}\right) = 1.88m^3$$

$$CO + \frac{1}{2}O_2 + 1.88N_2 \longrightarrow CO_2 + 1.88N_2 \tag{3-60}$$

则烟气体积倍数应为 $1 + 1.88 = 2.88$ 倍。

在电炉冶炼过程中，理论空气燃烧系数 α，与电炉炉膛内的实际空气燃烧系数 p 往往不一致。在电炉炉膛内脱碳生成的 CO 炉气，即使在 $\alpha = 3$ 的情况下也没有完全烧尽，如图3-88 所示。

计算烟气体积时，应以实际燃烧状况为依据，将未能燃烧的"剩余氧气"的体积考虑进去。

烟气体积倍数 N 按下式计算：

当 $\alpha \geq 1$ 时

$$N = 2.88 + \frac{\alpha-1}{0.42} + \frac{1-p}{2} \tag{3-61}$$

当 $\alpha < 1$ 时

$$N = 1 + 1.88\alpha + \frac{\alpha-p}{2} \tag{3-62}$$

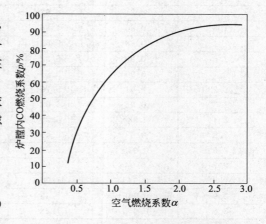

图 3-88　电炉炉膛内一氧化碳燃烧情况测定值

式中，p 为 CO 在炉膛内的实际燃烧系数，由实测而得，见图 3-88；α 为实际吸入空气量与 CO 完全燃烧所需要的理论空气量之比，称为理论空气燃烧系数，一般在电炉排烟除尘中为考虑安全，取 $\alpha \geq 1.5$。

2. 烟气成分

燃烧后的烟气成分（体积百分比）为：

$$V_{CO_2} = \frac{p}{N} \times 100\% \tag{3-63}$$

$$V_{CO} = \frac{1-p}{N} \times 100\% \tag{3-64}$$

$$V_{O_2} = \frac{\alpha-p}{2N} \times 100\% \tag{3-65}$$

$$V_{N_2} = \frac{1.88\alpha}{N} \times 100\% \tag{3-66}$$

电炉炉气在各种理论空气燃烧系数（α）下的烟气体积倍数（N）及相应的烟气成分列于表 3-46 中。

表 3-46 α、p、N 的相互关系相应的废气成分

α	p	N	烟气成分/%			
			CO_2	CO	O_2	N_2
0.5	0.30	2.04	15	34	5	46
0.6	0.39	2.23	17	27	5	51
0.7	0.46	2.44	19	22	5	54
0.8	0.52	2.64	20	18	5	57
0.9	0.58	2.85	20	15	6	59
1.0	0.63	3.07	20	12	6	62
1.1	0.67	3.28	20	10	7	63
1.2	0.71	3.50	20	8	7	65
1.3	0.74	3.72	20	7	8	65
1.4	0.77	3.95	19	6	8	67
1.5	0.80	4.17	19	5	8	68
1.6	0.82	4.40	19	4	9	68
1.7	0.84	4.63	18	4	10	69
1.8	0.86	4.86	17	3	10	70
1.9	0.88	5.08	17	2	10	71
2.0	0.89	5.32	17	2	11	71
2.1	0.90	5.55	16	2	11	71
2.2	0.91	5.79	16	2	12	71
2.3	0.92	6.02	15	2	12	71
2.4	0.925	6.25	15	1	12	72
2.5	0.93	6.49	14	1	12	73
2.6	0.935	6.72	14	1	12	73
2.7	0.94	6.96	14	1	12	73
2.8	0.945	7.20	13	1	13	73
2.9	0.945	7.43	13	1	13	73
3.0	0.945	7.68	12	1	13	74

烟气成分与所冶炼的钢种、工艺操作条件、熔化时间及排烟方式有关，且变化幅度较宽。

3. 烟气温度

公称容量 20t 以下电炉烟气温度为 1200℃，公称容量在 20t 以上为 1200～1400℃。

4. 烟气含尘量

一般每熔炼 1t 钢产生 12～17kg 烟尘，在吹氧时含尘浓度（标态）可高达 10～22g/m^3。烟气含尘量与炉料的品种、清洁度及含杂质有关。

5. 烟尘颗粒度

根据操作条件而变化，表 3-47 为典型不锈钢电炉的粉尘成分，表 3-48 为典型碳钢电炉的粉尘成分，表 3-49 为典型碳钢精炼炉的粉尘成分。

表 3-47　典型不锈钢电炉的粉尘成分

成分	SiO_2	Fe	Cr_2O_3	NiO	PbO	Zn	Al_2O_3	CaO	MgO	K_2O	S	Na_2O
质量分数/%	约 8	约 43	约 19.9	约 4.8	约 0.1	约 1.1	约 1.0	约 18.1	约 3.5	约 0.1	约 0.05	约 0.5

表 3-48　典型碳钢电炉的粉尘成分

成分	ZnO	PbO	Fe_2O_3	FeO	Cr_2O_3	MnO	NiO	CaO	SiO_2	MgO	Al_2O_3	K_2O	Ce	F	Na_2O
范围/%	14～45	<5	20～50	4～10	<1	<12	<1	2～30	2～9	<15	<13	<2	<4	<2	<7
典型/%	17.5	3.0	40	5.8	0.5	3.0	0.2	13.2	6.5	4.0	1.0	1.0	1.5	0.5	2.0

表 3-49　典型碳钢精炼炉粉尘成分

成分	C	S	Fe_2O_3	Cr_2O_3	NiO	MnO	MoO_3	CaO	SiO_2	MgO	Al_2O_3	Na_2O	K_2O	Ce	F
范围/%	<2	<2	30~60	<1	<1	5~15	约0.5	2~30	2~10	2~10	约2	<7	<2	<4	<2
典型/%	1	1	50	0.5	0.2	12	—	12	9	8	1.0	2.0	1.0	1.5	0.5

6. 烟尘密度

真密度为 $4.45g/cm^3$，堆密度为 $1.36g/cm^3$。

7. 烟尘电阻率

烟尘电阻率 $10^7 \sim 10^{10} \Omega \cdot cm$。

（二）集气排烟方式

电炉排烟方式有炉内排烟与炉外排烟两种。

1. 炉内排烟

炉内排烟按烟道连接方式不同，可分为直接式和脱开式两种。

（1）直接式炉内排烟（图 3-89）是在电炉炉盖上开设排烟孔（第 4 孔），通过排烟孔的水冷排烟弯管与排烟系统管道连接，直接从炉内排除烟气。

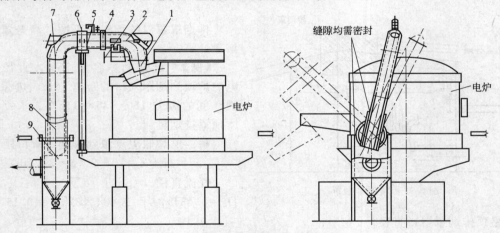

图 3-89　直接式炉内排烟

1—排烟孔水冷圈；2—排烟弯管；3—切断盲板；4—转动套筒；5—支柱（必须立在电炉底座上）；
6—摆动（伸缩）管支持轴承；7—摆动（伸缩）管；8—鼓形活接头；9—集尘箱

直接式炉内排烟管道，一般固定在电炉大架平台上，利用转动连接箱与管道相连，使炉子倾动时排烟管道通过连接箱的作用仍能与排烟弯管连通而不影响排烟效果；同时为了能调节不同冶炼阶段的炉内排烟量，在水冷弯管上装有旁通混风调节阀（图 3-90）。

（2）脱开式炉内排烟（图 3-91）是在炉盖顶上的水冷弯管与排烟系统的管道之间脱开一段距离，其间距用移动套管通过汽缸或专门小车来调节排气量。当电炉倾动时，排烟系统的风管可固定不动。同时在脱开处引入成倍空气量，使烟气中的 CO 燃烧，避免在系统内有可能发生的爆炸。

2. 炉外排烟

炉外排烟是由排烟罩捕集从电极孔、加料孔和炉门等不严密处逸散于炉外的烟气，常用的炉外排烟有屋顶排烟罩、炉盖排烟罩以及全封闭罩等形式。

（1）屋顶排烟罩　屋顶排烟罩是将电炉顶部范围内的房架加以围挡形成排烟罩，以排烟电炉散发的烟尘，如图 3-92 所示。

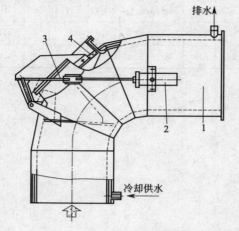

图 3-90 排烟弯管
1—排烟弯管本体；2—液压缸；
3—连杆；4—阀片

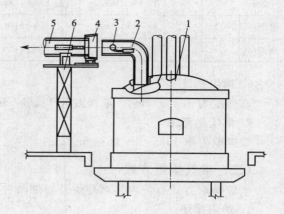

图 3-91 脱开式炉内排烟
1—电炉；2—水冷排烟管；3—液压或气动调节蝶阀；
4—移动套管；5—排烟管；6—固定支架

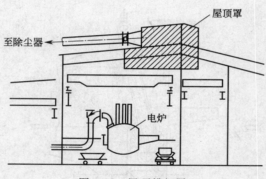

图 3-92 屋顶排烟罩

排烟罩罩口的烟气量可按"高悬罩"排烟量计算。

【例】 已知电炉容量 150t，直径 8m，电炉炉顶到烟罩入口的距离 16m，热源和周围空气的温差 150－35＝115℃。求：电炉屋顶罩排烟量。

解：电炉假想点源到排烟罩罩口距离

$$x_f = H + Z = 16 + 2 \times 8 = 32 \text{ (m)}$$

气流直径

$$D_c = 0.434 x_f^{0.88} = 0.434 \times 32^{0.88} = 9.15 \text{ (m)}$$

屋顶排烟罩罩口直径

$$D_f = D_c + 0.8H = 9.15 + 0.8 \times 16 = 22 \text{ (m)}$$

热源面积

$$F_s = 0.785 D_s^2 = 0.785 \times 8^2 = 50 \text{ (m}^2\text{)}$$

屋顶排烟罩罩口面积

$$F_f = 0.785 D_f^2 = 0.785 \times 22^2 = 380 \text{ (m}^2\text{)}$$

气流断面积

$$F_c = 0.785 D_c^2 = 0.785 \times 9.15^2 = 65.7 \text{ (m}^2\text{)}$$

罩口气流速度

$$v_f = 0.085 \frac{F_s^{\frac{1}{3}} \Delta t^{\frac{5}{12}}}{x_f^{\frac{1}{4}}}$$

$$= 0.085 \times \frac{(50)^{\frac{1}{3}} \times (115)^{\frac{5}{12}}}{(32)^{\frac{1}{4}}}$$

$$= 1 \text{ (m/s)}$$

屋顶排烟罩实际排烟量：

$$Q = [v_f F_c + v_r(F_f - F_c)]3600$$
$$= 3600 \times [1 \times 65.7 + 0.5(380 - 65.7)]$$
$$= 800000 \ (\text{m}^3/\text{h})$$

（v_r 为罩口其余面积，即 $F_f - F_c$ 上所需的气流速度，为 0.5m/s）

（2）炉盖排烟罩　炉盖排烟罩（图3-93）由电极孔密封排烟及炉门罩两部分组成。电极孔排烟罩是在电炉炉盖上的三个电极孔周围设置的一种密封罩，用以排除电炉冶炼时，从电极孔的缝隙上漏出的烟气，其缝隙的排烟风速一般可取 12～16m/s。为使电极孔排烟罩能有效地均衡排除从三个电极孔上冒出的烟气，在排烟罩内设导流板，使罩内按三个电极孔分别设置烟道，以防由于靠排烟口处的两个电极罩孔的漏风，影响第三个电极孔的排烟效果。

由于电极孔排烟罩在冶炼过程中，一直处于高温辐射状态，排烟罩应采用散热或水冷结构。电极孔排烟罩安设在电炉炉盖上。炉盖上升时，电极孔排烟罩随之顶起，炉盖下降时，随之落下。

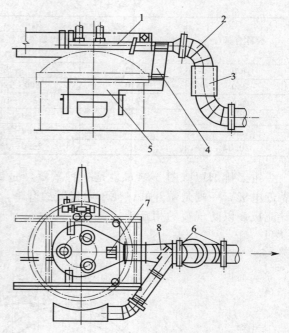

图 3-93　电炉炉盖排烟罩
1—炉盖排烟罩；2—旋转弯管；3—伸缩管；4—风管；
5—炉门罩；6—转动法兰；7—支架；8—三通阀

为适应电炉揭盖加料、倾动出钢和加料的操作，排烟罩与系统管道之间的连接可设置转动式法兰接头或者脱开式连接，排烟罩随电炉倾斜而倾动。

这种排烟方式的烟气温度一般不超过 135℃，排出的烟气可不必专设冷却装置，从而简化了系统，降低了系统的建设费用和运行费用。系统除尘器入口处应设紧急混风阀，以便在烟气温度一旦出现超过除尘器允许温度时，混风阀自动开启，用补入周围冷空气的办法降低烟气温度，保证除尘器的正常运行。

炉盖排烟罩的排烟量可按炉内始发烟气量直接混风 14 倍计算，即处理烟气量为始发烟气量的 14 倍，并按烟气温度为 135℃折算实际工况排烟量，其排烟量可按表 3-50 数据选用。表中所列烟气量范围，按电炉熔炼时间长短而定，一般电炉熔炼时间长时，采用较低值，反之，采用较高值。

炉盖罩排烟方式，由于其电极孔缝隙很小，因此排烟量少，效果好，是炉外排烟中排烟量最少的一种形式，值得推广。但是，这种排烟方式的电极罩将电极全部罩在里面，使配电工不便观察电极和调换电极水冷圈。电极孔水冷圈有时被电极拉起，水管与电极罩相碰，而产生连电现象。而且电极被罩住后，使电极行程缩短，需相应加高电极提升架，为此，在炉盖罩结构的基础上，经改进后可采用钳形排烟罩。

表 3-50　炉盖罩及钳形罩排烟量

公称容量/t	实际装料量/t	排　烟　量		
		炉内始发烟气量(标态) /(m³/h)	炉盖罩(135℃) /(m³/h)	钳形罩(100℃) /(m³/h)
0.5	0.7	290～420	6000～9000	9000～13000

公称容量/t	实际装料量/t	排烟量		
		炉内始发烟气量(标态)/(m³/h)	炉盖罩(135℃)/(m³/h)	钳形罩(100℃)/(m³/h)
1.5	2.0	600~800	12000~17000	18000~24000
3.0	4.0	800~1200	17000~26000	24000~36000
5.0	7.0	1200~1680	26000~36000	36000~50000
10.0	12.0	1680~2240	36000~48000	50000~67000
15.0	18.0	2400~2870	48000~60000	—
20.0	24.0	2690~3360	58000~70000	—

　　钳形排烟罩（图3-94）也是一种盖罩，是针对炉盖罩存在的问题改进而成。钳形罩在靠近电极臂一端是敞开的，便于电极臂的升降，使配电工的操作视线不受影响。罩内也装有导流板，以防气流的相互干扰。

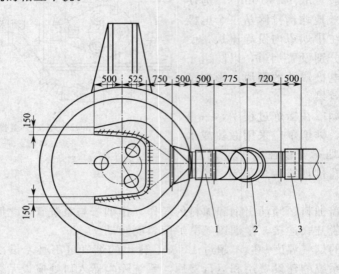

图 3-94　电炉钳式排烟罩
1—可水平移动活接头；2—可垂直方向转及竖向伸缩的活接头；3—可水平移动活接头

　　钳形排烟罩由于敞口较大，故排烟要比炉盖罩要大，处理烟气风量为始发烟气风量的22倍，一般可采用表3-50数据。

　　电炉外排烟还有吹吸式、侧吸式（或称弯钩式）、条缝式等多种排烟罩，各自都具有本身的特点，主要用于10t以下的中小型电炉。

　　(3) 全封闭罩排烟　电炉全封闭罩乃是适应高功率或超高功率强化冶炼而开发的，全封闭罩由金属结构及钢板组成，内衬耐火材料硅酸铝 $\delta=25mm$ 两层，在电炉周围的噪声由原115dB(A) 下降到85~90dB(A)，而且减少了电炉冶炼中对车间的辐射热。封闭罩主要由固定壁板，罩顶活动加料大门及前后操作门等组成。加料时活动门开启，待料篮吊至炉顶上空时，大门逐渐关闭，仅留出一条满足料篮钢丝绳活动的缝。实践证明全封闭罩的排烟效果较屋顶烟罩为佳。全封闭罩如图3-95、图3-96所示。

　　全封闭罩排烟量的计算一般有下列几种：①根据全封闭罩孔洞面积，全封闭罩的排烟量可按封闭罩所有开孔面积处保持 1.0~1.2m/s 风速进行确定；②按全封闭罩容积的换气次数 100~150 次/h 计算；③根据国内外已投产的全封闭罩统计的排烟量，按每吨钢5000~6000m³/h 计算，见表3-51。

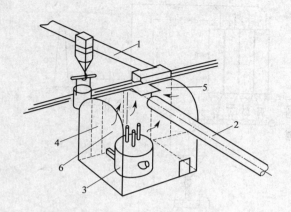

图 3-95　移动门式全封闭罩

1—吊车；2—排风管；3—电弧炉；4—右侧移动门；

5—左侧移动门；6—全封闭罩

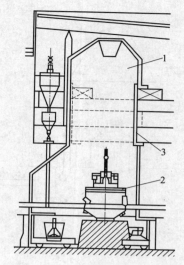

图 3-96　带活动墙板的全封闭罩

1—移动量；2—电弧炉；

3—活动墙板

表 3-51　全封闭罩排烟量

电炉公称容量/t	封闭罩尺寸(长×宽×高)/m³	排烟量/(m³/h)	换气次数/(次/h)	吨钢排气量/(m³/h)
30	12×9.6×12=1382	200.000	145	5600
40	14×11.6×11.5=1867	200.000	107	4000
30	13×11.3×10=1469	200.000	136	5260
50	15×16×12=2880	430.00	149	8600
2×64	11.8×15.6×11.7=2154	350.000	162	5468
90	17.2×16×13.7=3770	540.000	143	5400
60	10.4×16.5×19.5=3346	289.000	86	4980
2×60	12.26×11.0×9.5=1275	289.00	226	4380

（4）联合排烟——一次、二次系统联合排烟　电炉内排烟只能捕集电炉在熔化及氧化期所产生的一次烟气，而对加料、扒渣、出钢及还原期产生的二次烟气无法加以控制，为此采用联合排烟方式；即炉内、炉外排烟相结合，更有效地控制和排除电炉在整个冶炼过程中产生的烟气。联合排烟有两种方式即第4孔排烟与屋顶烟罩相结合的方式及第4孔排烟与全封闭罩相结合的方式，如图3-97所示。目前国内外容量在20t以上的电炉大多采用上述的联合排烟方式，虽然造价较高，占地面积多，排烟量大，但排烟效果好，特别是全封闭与炉内排烟联合系统又可减轻电炉噪声。当具有独立的一、二次排烟系统时，为了降低二次烟气系统的电耗，宜在二次烟气系统的排风机与电动机之间安装一台调速液力耦合器。

（三）电炉烟尘净化工艺流程

净化系统由冷水管道、空气热交换器、袋式除尘器及排烟机组成（图3-98）。其优点适用于任何大小容量电炉，除尘效率高且稳定，系统阻损较低，能耗少，没有二次污染。

1. 排烟量确定

电炉排烟的排烟量常用的有综合计算法与热平衡计算法两种，或按表3-50估算。

综合计算法是以炉门开启情况下为保持炉门处具有一定负压而使进入炉门的空气量和由脱碳生成的炉气量作为计算基础。同时应检验烟气中的安全性，即所排烟气中含一氧化碳成分应小于爆炸极限，其计算公式如下：

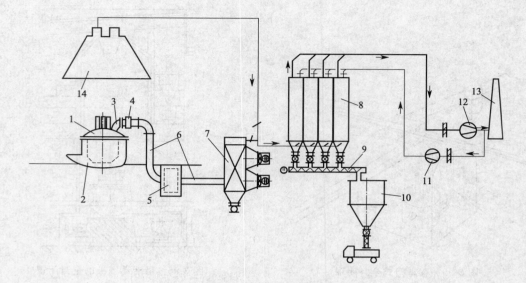

图 3-97　电炉排烟除尘联合系统

1—全封闭罩；2—电炉；3—水冷弯管；4—活动套管；5—沉降室；6—水冷管道；

7—机力空冷机；8—袋式除尘器；9—螺旋输送机；10—储灰仓；

11—反吹风机；12—排烟机；13—烟囱；14—屋顶烟罩

$$V_0 = (V_1 + 1.1V_2) - V_3 \tag{3-67}$$

$$V_1 = 60GV_C \frac{22.4}{12} \tag{3-68}$$

式中，V_0 为炉内最小排烟量（标态），m^3/h；V_1 为氧化脱碳所产生的一氧化碳量（标态），m^3/h；G 为冶炼金属量，kg；V_C 为氧化期最大降碳速度，$\%/min$，按工艺参数确定，一般吹氧电炉取 $0.065\%/min$，不吹氧电炉取 $0.045\%/min$；1.1 为考虑电炉不严密处的附加量系统；V_2 为炉门进风量（标态），m^3/h，可按炉门进风速度 $1.5 \sim 3.5 m/s$ 进行计算；V_3 为进入炉内的空气与一氧化碳燃烧反应后实际消耗的氧气量（标态），m^3/h；$V_3 = \dfrac{V_1 p}{2}$；p 为一氧化碳在炉内实际燃烧系数，$\%$，在确定 p 值时需先求出理论空气燃烧系数（α），再从表 3-46 查得：

$$\alpha = \frac{0.21(1.1V_2)}{\dfrac{V_1}{2}} = 0.462 \frac{V_2}{V_1} \tag{3-69}$$

当 V_0 求得后，尚需用下式进行验算：

$$V_0' = 4.17V_1 \tag{3-70}$$

式中，V_0' 为当 $\alpha = 1.5$ 时的废气体积（标态），m^3/h。

$V_0 \geqslant V_0'$，则说明排烟量 V_0 既能满足炉内排烟效果，又能保证运转安全，炉内排烟量可按 V_0 值采取。

$V_0 < V_0'$，则说明排烟量 V_0 虽然能满足炉内排烟效果，但 CO 燃烧不足，为考虑安全，

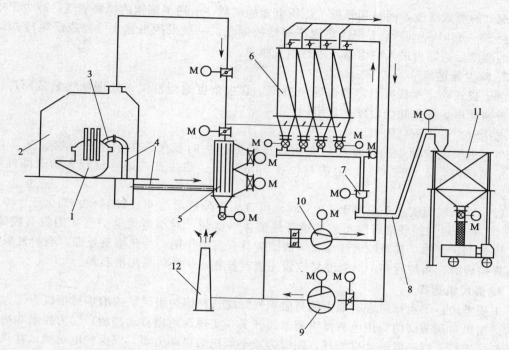

图 3-98　电炉干式除尘流程

1—电炉；2—全封闭罩；3—炉顶水冷弯管；4—水冷烟道；5—机力空气冷却器；6—袋式除尘器；
7—螺旋输送机；8—埋刮板输送机；9—排烟机；10—反吹风机；11—储灰仓；12—烟囱

炉内排烟量宜采用 V_0' 值。

冶炼时由于电极的消耗，产生部分 CO 和 CO_2，但其量较少（每炼 1t 钢仅约 $2.8m^3$，其中 CO 约占 70%）为简化计算，可忽略不计。

2. 烟气冷却

炉内排出的烟气温度高达 1200~1400℃，当采用干法流程时需进行冷却处理。一般先经水冷管道（包括炉内排烟的弯管）将烟气冷却到 450℃左右，然后进入空气热交换器进一步冷却至所需温度。

（1）间接水冷管道　由于进入除尘系统的烟气温度高达 800~1000℃，采用一般套管式水冷管道，在这种套管式管道的焊接处，往往由于温度过高，形成应力集中，容易开焊、漏水，维修的工作量很大，对生产造成影响。而采用密排管式水冷却器，水路分明，各个水路都不可能出现死角，受热面积大，结构强度高，使用寿命长，维修工作量少。唯一的缺点是造价要比套管式水冷却器高。

烟气通过密排管冷却器，将其温度冷却到 450℃左右。温度过低，容易产生冷凝粘灰而影响整个除尘系统的正常工作。

（2）机力空气冷却　来自密排管冷却器冷却到 450℃的烟气，在进入除尘器之前，必须进一步将烟气冷却到除尘器正常工作所允许的温度。

然而要将烟气冷却到 150℃以下，则要求机力空气冷却器的换热表面积大，从而其设备庞大，造价高而不经济。在这种情况下，可以吸入一部分冷风，或者吸入部分二次烟气，或者与二次烟气合并为一个除尘系统。

（3）加热废钢　从电炉排出的高温烟气，用烟道引入专供预热废钢用的预热装置，将常温状态下的废钢加热至 350~400℃，被吸热后的烟气温度可降至 400℃左右，不仅有效地降低了烟气的吸入温度，而且还降低了炼钢电能的消耗，节约了炼钢的燃料氧气，减少工序电能消耗 55~65kW·h。经废钢预热而冷却后的烟气，一般采用机械水冷器或混风冷却达到预期的温度后，即可进入除尘器，进行烟气净化。

3. 除尘器选用

由于袋式除尘器具有稳定和高除尘效率，含尘浓度适应性强，处理烟气量范围广。因此，普遍在电炉烟气除尘设施上采用。

选用时应考虑下列因素。

(1) 由于电炉烟尘的浓度高，在吹氧过程中产生的氧化铁尘，其平均粒径在 0.01~0.1μm 范围内，大约有 75% 以上的粒径在 5μm 以下。滤袋宜选用容量较大的聚酯纤维针刺毡。

(2) 当烟气温度小于或等于 130℃ 时，可选用聚酯纤维滤布或针刺毡。当大于 130℃ 并小于 250℃ 时可选用玻璃纤维布或玻璃纤维膨体纱滤袋。对小容量电炉当采用萤石脱碳时，烟气中含 HF 气体，其对玻璃纤维材质的滤袋具有腐蚀作用，为此慎重处理。当炉衬采用镁砂滤青砌砖时，新炉衬开炉时对滤袋应预先进行挂灰，一般可采用滑石粉。

4. 通风机选择

主要考虑：①当排送含有烟尘的高温烟气时应选择锅炉引风机或冶炼排烟机；②大型风机的进出风口调节阀门应用电动操纵调节阀开关，实现远距离自动控制；③为控制非冶炼时风机低速运行，以降低电动机能耗，同时为减小风机的启动力矩，以保护电动机，在风机与电动机之间可设液力耦合器；④风机叶片应采用后弯形，具有高效率及低噪声特点；⑤考虑风机在运行中的稳定性，风机支承宜选用双支撑型；⑥为减少噪声宜在机壳外面包吸声材料；⑦当风机布置在室外时，电动机应设防日晒雨淋的防雨罩；⑧当风机并联工作时，应选用同型号和同性能的风机。

（四）除尘系统的检测和控制

1. 检测部分

(1) 温度

① 水冷管道出口温度指示：400~700℃。

② 机力空冷机进出口烟气温度指示，进口 400~700℃，出口 100~400℃。

③ 全封闭罩烟气温度指示：0~100℃。

④ 袋式除尘器进口烟温记录，按滤料材质确定其上限温度。

⑤ 一、二次烟气混合温度指示：0~150℃，可在炉前及除尘操作室两地显示。

(2) 压力

① 机力空冷器前后压力指示。

② 除尘器进口压力指示。

③ 主风机入口压力指示。

④ 除尘器差压指示。

2. 调节部分

以下所有动作信号均送至模拟盘。

(1) 熔化期，二次烟气流量调节阀，根据混合点温度，两位调节使混合点温度不大于 120℃，在炉前和除尘操作室设手动控制器及阀位显示。除尘操作室优先操作。

(2) 炉压控制：炉内压力范围 -50~+50Pa；正常操作点 +10Pa。

(3) 移动活套。两位控制，炉盖旋转，活套退回；炉盖复位，活套伸出。

（4）除尘器前后压差达到 200～300Pa 时，节点信号送至清灰控制器。

（5）机力空冷器的轴流风机开启台数，由入口烟气温度进行控制，控制点可分为全停、开启一组、二组……全开以及报警，其温度范围由设计者确定。

（6）除尘器入口设安全阀时，当烟气温度大于 130℃时自动开启；小于 120℃则关闭。

（7）主风机进出阀门设开度指示和手动操作器。

3. 自控部分

（1）一次烟气阀门与二次烟气阀门互为连锁，与电炉冶炼工况连锁，并在炉前设手动按钮。

（2）机力空冷器由每组轴流风机入口的温度接点控制，操作室设每组风机手动按钮，每台风机设就地开关，卸灰阀设就地开关。

（3）主风机为两地操作（操作室设在就地），且两地有信号联络和电机的电流表，选择开关设在就地，电机过载时有信号显示，表示故障；反吹风机两地操作，选择开关设在就地。

（4）袋式除尘器的三通阀均为两地操作，选择开关设在操作室，正常选择为自动位置，清灰程序由可编程序控制器完成，反吹时间及次数应为可调。

（5）螺旋输送及卸灰阀均为两地操作，当清灰完毕，自动进入卸灰状态。

（6）储灰仓的仓壁振动器为就地操作。

五、炼钢辅助工序烟尘减排技术

除炼钢工序外。需要烟尘减排的工序还有铁水预处理烟尘减排、混铁炉烟尘减排等。

（一）铁水预处理装置除尘

铁水预处理装置包括混铁车倒渣、混铁车脱硫、铁水倒罐、铁水罐扒渣等。

1. 混铁车倒渣间排烟

混铁车将铁水从高炉运到倒渣间先进行倒渣。为保持倒渣间的负压状态，防止烟尘外逸，倒渣间进出口均装有卷帘门。倒渣时所散发的烟尘由设在屋顶的排烟罩捕集。对于 320t 混铁车，其排烟量（标态）为 1800～2000m³/min，排烟温度为 150℃。混铁车倒渣间排烟方式如图 3-99 所示。

2. 混铁车脱硫间排烟

铁水脱硫在混铁车脱硫间进行，在混铁车脱硫喷枪上设有排烟罩，对于 320t 混铁车排烟罩的排烟量（标态）为 1000m³/min，排烟温度为 80℃。混铁车脱硫间排烟方式如图 3-100所示。

3. 铁水倒罐站排烟

脱硫后的铁水运至转炉车间倒入铁水罐。铁水罐设在坑内，进行全密闭排烟，即混铁车与铁水罐全部封闭在坑上的大烟罩内，进行全封闭排烟。排烟量（标态）为 3000～3500m³/min，排烟温度 150℃。铁水倒罐站排烟方式如图 3-101 所示。

4. 铁水罐扒渣排烟

铁水罐采用铁水扒渣机进行扒渣。扒渣时产生的烟尘由排烟罩排除。排烟量（标态）为 3000～3500m³/min，排烟温度 70℃。铁水罐扒渣排烟方式如图 3-102 所示。

铁水处理过程中产生的烟尘，其中铁的氧化物约为 60%～73%，粒度见表 3-52。

表 3-52　铁水处理烟尘粒度组成

粒径/μm	10～20	20～40	40～60	>60
质量分数/%	14	26	28	32

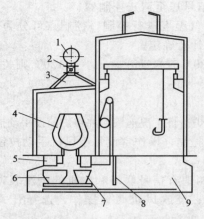

图 3-99　混铁车倒渣间排烟罩
1—总风管；2—电动蝶阀；3—排烟罩；4—混铁车；
5—倒渣槽；6—倒渣罐；7—残铁罐；
8—坑闸板；9—倒渣坑

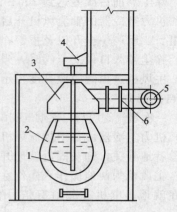

图 3-100　铁水脱硫间排烟
1—脱硫喷枪；2—混铁车；3—排烟罩；
4—喷枪小车；5—总风管；
6—电动蝶阀

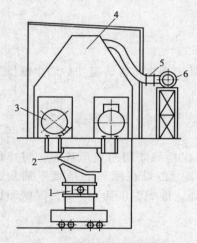

图 3-101　铁水倒罐站排烟
1—铁水倒罐；2—罐上烟罩；3—混铁车；
4—坑上烟罩；5—电动蝶阀；6—总风管

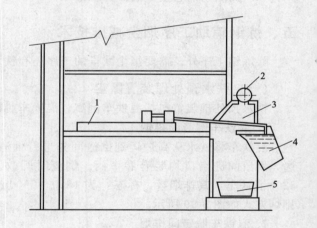

图 3-102　铁水罐扒渣排烟
1—铁水扒渣机；2—总风管；
3—排烟罩；4—铁水罐；5—渣盘

铁水处理装置的排烟除尘系统，应根据工程实际条件，设分散的小系统或集中的大系统。除尘设备一般均采用袋式除尘器。

(二) 混铁炉除尘

混铁炉是储存从高炉运来供炼钢转炉用的铁水。当向混铁炉兑铁水和混铁炉向铁水罐倒铁水时在一定温度下铁水中的部分碳析出成石墨粉尘，并随热气流扩散到车间内，污染环境，石墨粉尘降落到吊车轨面上和铁路线上会破坏正常运输。

兑铁水口上部排烟罩罩口位置不宜过高，尽量靠近兑铁水口中心；罩尺寸应略大于烟柱断面尺寸，且罩子容积要大；并考虑到兑、出铁水口检修方便，运行可靠，操作简便，罩壁要有足够的刚度，防止高温辐射后罩壁变形。

倒铁水口排烟罩不应影响操作室观察铁水罐液面情况，不应妨碍出铁口的维修、砌砖。

由于兑、倒铁水不可能同时进行，故兑、出铁口排烟共用一个系统交替使用，但系统风量应考虑关闭阀门的漏风量。

1. 烟气参数

混铁炉烟气原始参数应根据类似混铁炉实测数据为准，无实测数据时可参考以下数据。

（1）烟气含尘浓度（标态） 兑铁水时，约 $2\sim5g/m^3$；出铁水时，约 $1g/m^3$。

（2）烟尘成分 C $30\%\sim45\%$；TFe $40\%\sim50\%$；其他 $3\%\sim12\%$。

（3）烟尘粒度 从混铁炉排出的烟气，粒度大于 $20\mu m$ 的粉尘占 80% 以上，粒度小于 $20\mu m$ 的粉尘不足 20%。烟尘粒度组成见表 3-53。

表 3-53 混铁炉烟尘粒度组成

粒径/μm	500	500~250	250~100	100~60	60~40	40~20	20~10	10~5
质量分数/%	1	30	27.3	16.8	10	8.7	4.0	2.1

（4）烟气成分 从兑铁水口以上 4m 高范围内取样，烟气成分中空气占 99% 以上，含少量 CO_2 和 CO，其总量小于 1%。烟气密度（标态）约 $1.3kg/m^3$。

（5）烟气温度（沿铁水口垂直中心） 兑铁水口中心约为 1200℃，兑、出铁水口上部 $2\sim3m$ 为 $300\sim500℃$，出铁水口上部为 $160\sim200℃$。

2. 排烟量确定

排烟量一般按烟气上升速度和烟柱断面积计算，烟气上升速度和烟柱断面积的大小与铁水的兑倒方式、铁水流程的距离远近、铁流的大小和铁水温度高低等因素有关，设计参数应按类似混铁炉实测资料确定。

3. 混铁炉烟尘的捕集

（1）兑铁水口烟尘的捕集 兑铁口烟尘可采取上悬侧吸罩、炉内排烟、吹吸式以及高悬式气幕覆盖烟尘罩等方式进行捕集。

① 上悬侧吸罩。上悬侧吸罩（图 3-103）是在混铁炉兑铁口的上方安设侧吸罩。这种形式结构简单，但必须避开门形吊车与铁水罐，安装位置一般距烟气中心较远，捕集效果不够理想，一般捕集率仅达 60% 左右。这种侧吸罩抗干扰能力较差，当车间受横向气流影响时，捕集效果更差。

② 炉内排烟。炉内排烟是指在炉壳上开孔。直接从混铁炉内抽吸一定烟气，使炉内保持负压，使炉内烟气无法从兑铁口外冒，从而达到控制炉内烟气的目的，如图3-104 所示。

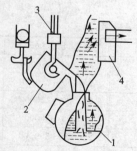

图 3-103 兑铁口上悬侧吸罩
1—混铁炉；2—铁水罐；
3—门形吊车；4—上悬侧吸罩

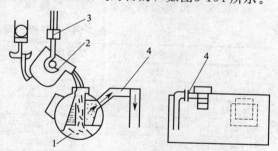

图 3-104 混铁炉内排烟
1—混铁炉；2—铁水罐；
3—门形吊车；4—炉内排烟

根据炉壳开孔的数量，炉内排烟又分单孔内排烟和双孔内排烟两种形式。排烟孔一般设在炉体顶部或侧面兑铁口左右 1m 处，孔洞一般为 $\phi500\sim800mm$ 之间，烟气流速为 $30\sim50m/s$。为确保炉体强度，尽量减小开孔直径，烟气流速尽量采用上限值。

考虑到混铁炉出铁时，炉体转动，炉体排烟孔和除尘系统管道连接，一般可采用直接式（伸缩套管式）和脱开式两种方式。

直接连接时，系统排烟管道固定，通过炉体转动接点和伸缩套管，使在混铁炉转动时，排烟孔和水冷排烟道连接不影响排烟效果。由于炉内烟气温度高达 1200℃ 左右，伸缩套管必须采用水冷，烟气通过水冷套管进入净化设备。为保证烟气不超温，在水冷套管后设置旁通混风调节阀。

脱开式炉内排烟是指水冷套管与排烟孔之间有 50～80mm 的脱开距离，其间距可借移动套管来调节。采用脱开式连接后，由于脱开处吸入大量冷空气，可使排烟温度降为 500～800℃，可减少冷却水耗量。但由于增加了系统排风量，系统负荷加大，设备投资和运行费将增加。

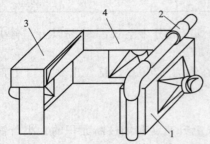

图 3-105　高悬式气幕覆盖烟尘罩
1—半封闭罩；2—气幕回转送风管；
3—气幕吸风口；4—气流挡板

炉内排烟只能排除炉内产生的烟气，效果较不理想，排烟量也较小。但兑铁水时铁水流在进入兑铁口前所产生的烟气，必须采用其他措施加以排除。一般采用炉内排烟加上侧吸罩方式即可解决混铁炉兑铁水过程中的全部烟气。

③ 吹吸式排烟。吹吸式排烟是指在兑铁口上方设置吹吸罩来控制烟气。

由于门形吊车、铁水罐等对吹吸气流的影响比较大，吹吸式排烟罩必须设置在门形吊车的上方，否则吹风口吹出的大部分气流将被铁水罐等阻挡，吹吸气流无法发挥作用。

吹吸口气流速度可按 30m/s 计算，吸风口罩口风速为 10～20m/s。

④ 高悬式气幕覆盖烟尘罩。高悬式气幕覆盖烟罩（图 3-105）固定在混铁炉兑铁口的正上方，应将兑铁水时产生的烟气流全部罩住，且不影响混铁炉兑铁水的正常操作。

高悬式气幕覆盖烟尘罩的结构特点是：顶面和一侧面开口，以便吊车进出，其余三面围挡且设抽风口，顶面与侧面开口处采用吹吸式空气幕封闭，以覆盖、封闭上升气流，而无排烟作用。由于烟气流被空气幕封闭，三面抽风罩即可将兑铁水过程产生的烟气全部排除。

高悬式气幕覆盖烟尘罩各项技术参数见表 3-54。

表 3-54　MH 型气幕覆盖烟尘罩技术参数表

型　号	混铁炉容量/t	排烟量/(m³/h)	烟气温度/℃	气幕送风量/(m³/h)	质量/kg
MH-150	150	100000	80～100	100000～150000	3500
MH-300	300	100000～150000	80～100	150000～250000	5000
MH-600	600	150000～200000	80～100	200000～250000	5500
MH-800	800	200000～250000	80～100	200000～350000	6000
MH-900	900	200000～300000	80～100	200000～350000	7000
MH-1300	1300	250000～350000	80～100	250000～400000	8500

（2）出铁口烟尘的捕集　混铁炉出铁口排烟罩设计，如图 3-106 所示。

（3）混铁炉排烟实例　600t、1300t 混铁炉除尘系统分别如图 3-107、图 3-108 所示。

（三）副原料受料皮带机除尘系统

副原料受料系统的物料（石灰、矿石）皮带机转运时散发大量粉尘，应设负压反吹风袋式除尘器（图 3-109）或脉冲袋式除尘器进行净化处理。

负压反吹风袋式除尘器分成 3 个袋室，轮流进行反吹风清灰。反吹风切换阀采用组全式双蝶阀，用 1 台电动推杆带动连杆传动，动作平稳无噪声。

排风量为 200m³/min，风压为 4250Pa，电动机功率为 30kW。布袋规格为 $\phi210\text{mm} \times 4450\text{mm}$，共 84 袋，材质为涤纶。

袋式除尘器入口含量（标态）为 5～10g/m³，出口含尘量（标态）为 0.02g/m³。

收集到的粉尘用卡车运至脱硅工段作脱硅原料。

（四）整脱膜间除尘系统

整脱膜间的下铸底盘在倾翻碎耐火材料时散发大量灰尘，用高频振动清灰扁布袋除尘器进行除尘。扁布袋除尘器体积小，设备紧凑。清灰采用定期高频振打方式，结构较为简单。4 组布袋室轮流进行清灰。布袋材质为聚丙烯，有一定的耐热性能。

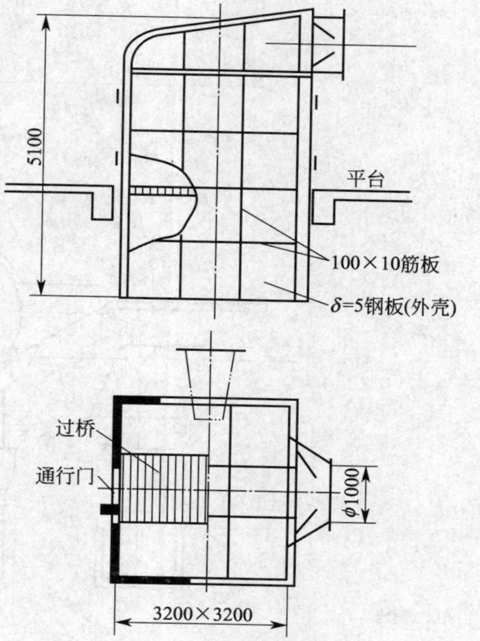

排风量为 300m³/min，风压为 3000Pa，电动机功率为 30kW。布袋规格 1440mm×1420mm×25mm，共 40 袋。

袋式除尘器入口含尘量（标态）为 0.5～15g/m³，出口含尘量（标态）为 0.02g/m³。排出粉尘废弃，每次约 10～15kg。

高频振动扁布袋除尘器如图 3-110 所示。

图 3-106 出铁口排烟罩

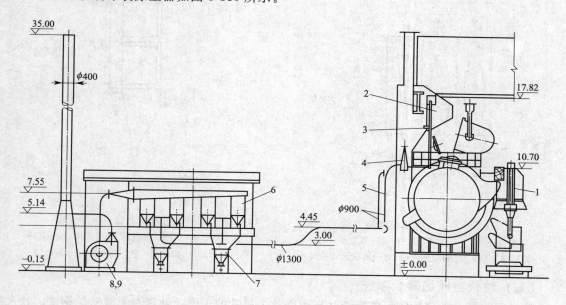

图 3-107 600t 混铁炉除尘系统（单位：mm；标高：m）
1—下部排烟罩；2—上部排烟罩；3—上部烟罩卷扬装置；4—电动阀门；5—风管；6—袋式除尘器；
7—灰斗；8—4-72-Ⅱ型 No16B 离心通风机，$Q=102800\text{m}^3/\text{h}$，$P=3120\text{Pa}$
（两座混铁炉合用一个系统）；9—JS125-6 型电动机，130kW

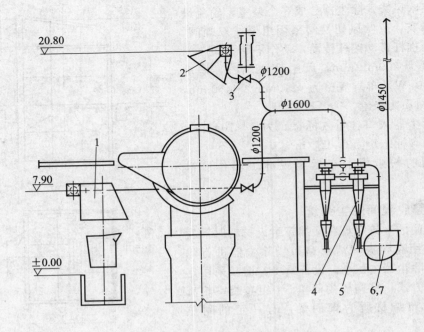

图 3-108　1300t 混铁炉除尘系统（单位：mm，标高：m）

1—出铁口排烟罩（4500mm×4500mm×3300mm）；2—兑铁口排烟罩（4500mm×4020mm×4100mm）；

3—电动蝶阀 ϕ1200mm；4—蜗旋除尘器；5—集尘箱；6—G$_4$73-Ⅱ型 №16 鼓风机 Q=90000m³/h，

P=3630Pa；7—JS126-6 型电动机，155kW

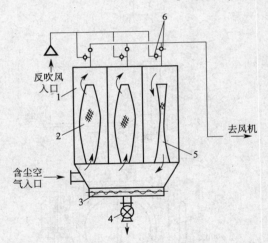

图 3-109　负压反吹风袋式除尘器

1—除尘器壳体；2—布袋过滤时；3—螺旋输送机；

4—旋转卸灰阀；5—布袋清灰时；6—反吹风切换阀

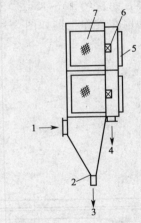

图 3-110　高频振动扁布袋除尘器

1—含尘空气入口；2—插板阀；3—排灰；4—清净
空气出口；5—检修门；6—振动器；7—扁布袋

（五）粒铁回收场除尘系统

粒铁回收场是处理炼钢厂的废渣并从中回收金属铁的工段，处理对象有转炉钢渣、铁水渣及铸锭渣等废渣。这些废渣在工段内进行一系列的破碎、筛分、干燥、磁选、精制及运输储存等操作，以便回收粒铁，进行综合利用。

在生产过程中各种设备散发大量烟尘，为防止环境污染，对所有扬尘设备均设置密闭吸尘措施，并采用袋式除尘器进行净化处理。

根据工艺流程，粒铁回收场共设 3 个除尘系统，即投射式破碎机除尘系统、磁选筛分设备除尘系统、干燥机除尘系统。

1. 投射式破碎机除尘系统

本系统的吸尘点包括 4 台投射式破碎机的给料、出料以及皮带输送机、斗式提升机等共 22 个密闭吸尘罩。各吸尘罩的出口均设有手动蝶阀，在试运转时一次调整完毕，固定使用。各点吸风汇总后通入机械振打袋式除尘器，由风机排出。收集到的粉尘经螺旋输送机和旋转卸灰阀排至集灰箱。

机械振打袋式除尘器的结构如图 3-111 所示。布袋清灰采取 4 个袋室轮流停风进行机械振打的方式，沉降的灰尘可不受逆向气流的影响。

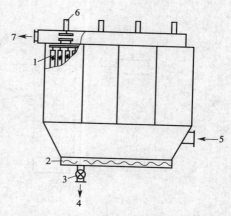

图 3-111　机械振打袋式除尘器的结构
1—布袋；2—螺旋输送机；3—旋转输灰阀；
4—排灰口；5—含尘气体入口；
6—气动切断阀；7—出风口

清灰切断阀为汽缸传动的盘形阀。布袋的振打由电动机带动偏心轮执行。

处理风量为 400m³/min，风压为 3500Pa，电动机功率 37kW。

布袋规格为 ϕ150mm×2800mm，共 384 袋，材质为涤纶。

布袋除尘器入口含尘量（标态）为 10g/m³，出口含尘量（标态）为 0.02g/m³。

2. 磁选筛分设备除尘系统

该系统的吸尘点包括钢渣研磨、磁选、筛分和运输储存等设备共 55 个密闭吸尘罩。处理方法及除尘器均与投射式破碎机除尘系统大致相同。对于部分初始含尘量较高的设备，增设多管式旋风除尘器先作粗除尘后，再通入机械振打布袋除尘器进行第二级净化处理。收集到的粉尘排至尾矿槽。

处理风量为 940m³/min，风压为 3700Pa，电动机功率 110kW。布袋规格为 ϕ170mm×4420mm，共 480 袋，分成 6 个袋室，材质为涤纶。

布袋除尘器入口含尘量（标态）为 10g/m³，出口含尘量（标态）为 0.02g/m³。

3. 干燥机除尘系统

干燥机用焦炉煤气作为燃料生成热风以烘干物料，设除尘系统对尾气进行净化处理。

干燥机除尘系统如图 3-112 所示。

尾气先经第一节旋风除尘器作粗除尘，部分尾气用循环风机鼓入燃烧室，作调节废气温度用，以提高热能的利用率，其余尾气经机械振打袋式除尘器净化后排空。

收集到的粉尘经旋转卸灰阀及刮板输送机集中排至尾矿槽。

干燥机的筒身直径为 1700mm，长度为 11000mm，干燥能力为 18t/h，将物料中的含湿量从 7% 烘干至 2%。

尾气的露点温度为 85℃，为防止结露，造成布袋黏结，尾气的温度控制在 100℃ 以上。因此，设置自动控制装置，在尾气温度低于 100℃ 时，自动增加循环气量、提高热风温度或降低物料烘干产量。

另外，袋式除尘器的灰斗外壁还设置加热装置，用电加热器加热循环空气，送入灰斗外壁夹层进行保温，以防除尘器内空气结露。电加热器功率为 6kW，循环空气量（标态）为 8m³/min，温度从 120℃ 升至 150℃。

在保温措施方面，对袋式除尘器箱体的外壳、风道、风机外壳以及加热装置均采用玻璃纤维毡进行保温，厚度为 50～75mm。

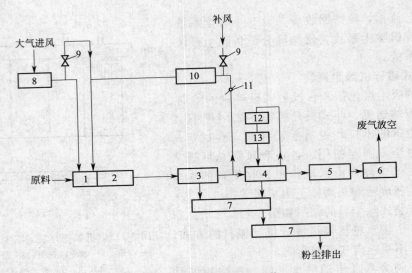

图 3-112　干燥机除尘系统

1—燃烧室；2—干燥机；3—旋风除尘器；4—布袋除尘器；5—除尘风机；6—烟囱；7—刮板输送机；
8—燃烧风机；9—截止阀；10—循环风机；11—电动蝶阀；12—加热风机；13—电加热器

干燥器的各项技术参数如下。

尾气主要成分：SO_x 为 0.0004%；NO_x 为 0.0045%；CO_2 为 1.9%；O_2 为 15%；CO 为 0.2%。

尾气温度：100～150℃。

尾气含湿量：25%～40%。

粉尘成分：CaO 为 30%～50%；SiO_2 为 5%～20%；Al_2O_3 为 2%～4%；TFe 为 10%～20%；MnO 为 4%～8%；MgO 为 1.5%～3%；其余为 2%～4%。

粉尘粒度：＞44μm 为 15%；44～30μm 为 15%；30～15μm 为 30%；15～5μm 为 23%；5～3μm 为 5%；3～1μm 为 7%；＜1μm 为 5%。

粉尘回收量 0.83k/t；粉尘初始浓度（标态）20～30g/m³；排放浓度（标态）0.02g/m³；尾气量 240m³/min（120℃）；循环风机性能：风量 110m³/min，风压 2500Pa，电动机功率 15kW。

除尘风机性能：风量 130m³/min，风压 5500Pa，电动机功率 30kW。

布袋规格：ϕ170mm×3370mm，材质为耐热尼龙，96 袋分成 4 个袋室。布袋清灰采取 4 个袋室轮流停风进行机械振打的方式。

（六）钢锭模修理间除尘系统

钢锭模修理包括钢锭模内壁自动研磨及火焰清理等作业，操作时产生大量烟尘，设袋式除尘系统对烟尘进行净化处理。

自动研磨机共 3 台，对钢锭模内壁产生的裂纹和氧化层进行平整研磨，根据操作位置设 6 个排烟罩。另外，火焰清理机设两个排烟罩。排烟罩采取电动移动方式，按照钢锭模尺寸，可前后移动烟罩位置，以紧贴钢锭模端部进行吸尘，提高吸尘效果。

含尘气体经烟罩排出，汇总后通入扁布袋除尘器进行除尘，清净空气由风机排空。烟罩外部设有排灰口，排除粗颗粒粉尘。

扁布袋除尘器采用反吹风清灰方式，布袋室共分成 10 个单元，由反吹风切换阀轮流切换进行反吹风清灰，切换阀由汽缸传动。

除尘器进风采用上进风，灰尘的沉降不受气流干扰，除尘效果较好。

扁布袋除尘器体积小，布袋排列紧凑，结构简单，换袋方便。反吹风扁布袋除尘器如图 3-113 所示。

除尘器处理风量为 1000m³/min，风压为 3500Pa，电动机功率为 90kW。布袋规格 1250mm×800mm×25mm，共 300 袋，材料为涤纶。

气体初始含尘量（标态）为 3～6g/m³，出口含尘量（标态）为 0.02g/m³，温度为 60～80℃。

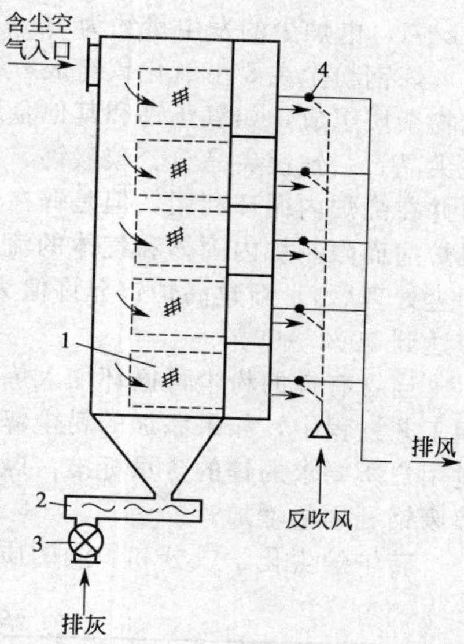

（七）落锤间除尘系统

落锤间的自动切割机在切割废钢时散发大量烟尘，设正压式反吹风袋式除尘器进行除尘。

切割废钢操作点共 8 处，设 4 座烟罩台车，根据操作位置，轮流进行吸风除尘。烟罩台车在移动至操作位置时，与触点相碰，由电动推杆自动打开支管上的蝶阀，进行吸尘，落锤间活动烟罩如图 3-114 所示。

除尘器采用正压式反吹风袋式除尘器，收集到的粉尘经刮板输送机和斗式提升机送入二次灰仓储存，定期由槽车送往粒铁回收场。

正压式反吹风袋式除尘器的结构与二次除尘系统相同，布袋室为 6 组，每组布袋用两只气动蝶阀进行反吹风切换，可作三状态清灰。

烟气初始含尘量（标态）为 0.5g/m³，由于含尘量较低，对风机叶轮不会带来影响。除尘器出口含尘量（标态）为 0.02g/m³。

图 3-113　反吹风扁布袋除尘器
1—扁布袋；2—螺旋输送机；
3—旋转阀；4—反吹风切换阀

为防止排烟罩在停止使用或使用台数不多时，排风量过低而引起风机喘振，在机前设旁通阀，在风机喘振时，自动开启，吸入空气。

处理风量为 3200m³/min，风压为 5000Pa，电动机功率 55kW。布袋规格为 ϕ292mm×10000mm，共 370 袋，材质为涤纶。

（八）炉前分析室除尘系统

炉前分析室在加工炼钢试样时，使用自动切断研磨机、手动切断机、双头砂轮机和带式砂轮机等设备。在操作时散发铁

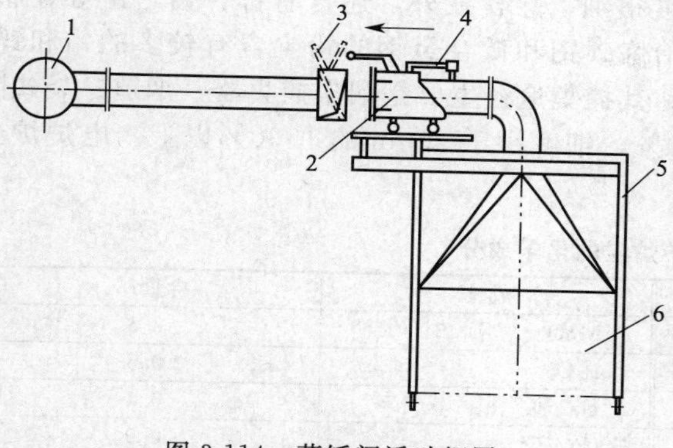

图 3-114　落锤间活动烟罩
1—总风管；2—活动支管；3—蝶阀；
4—电动推杆；5—烟罩台车；6—门

屑等粉尘，故设置小型袋式除尘机组进行除尘。

除尘器结构与前述切砖装置相同。清灰方式为机械振打，可遥控操作。

扁袋、风机及振打电动机集中在一体，设备小型化，使用较方便。

处理风量为 25m³/min，风压为 2500Pa，电动机功率 3.7kW。布袋尺寸为 ϕ400mm×500mm，共 36 袋，材质为涤纶。

六、炼钢尘泥回收利用技术

（一）炼钢含铁尘泥来源与特征

在炼钢工艺过程中，添加到炉内的原料中有 2% 转变成粉尘。转炉尘的发生量约为

$20kg/t$，电炉尘的发生量约为 $10\sim20kg/t$。

炼钢粉尘主要由氧化铁组成，氧化铁含量为 $70\%\sim95\%$，其余的 $5\%\sim30\%$ 的粉尘由氧化物杂质组成，如氧化钙和其他金属氧化物（主要是氧化锌），炼钢粉尘中其他化合物是锌铁尖晶石、铁镁尖晶石、碳酸钙、炭。碱性氧气转炉炼钢法产生的粉尘曾用作烧结生产的原料并在高炉内循环利用，但是锌在炼铁过程中属有害元素，因为高炉冶炼过程中，锌易于形成炉瘤而限制炉内固体和气体的流动。日本高炉原料锌允许值为 $0.1\%\sim0.2\%$（厂内产生炉尘处理后），新建高炉锌允许值为 $0.01\%\sim0.02\%$。要达到新的高炉原料要求炉尘脱锌率应达到 $90\%\sim99\%$。

当含有锌的粉尘再循环加入炼钢炉后，几乎所有的锌气化并再次成为粉尘。然而，在炼钢工艺过程中，如果添加的粉尘锌含量较高将最终导致钢水中的锌含量增加。从而有可能超过用户所要求的锌的含量标准。碱性氧气转炉炼钢法所产生的粉尘中锌含量增加主要由于镀锌废钢利用的增加。

转炉炉尘化学成分和炉尘的质量分数见表 3-55、表 3-56。

表 3-55　氧化转炉炉尘化学成分　　　　　　单位：%

类　型	TFe	FeO	Zn	SiO$_2$	CaO
干法除尘	64.0	5.6	0.3	1.4	1.8
湿法除尘	68.3	62.4	0.54	0.4	3.1

表 3-56　转炉粉尘的质量分散度

分散度/μm	>40	40~30	30~20	20~10	10~5	<5
质量分数/%	20~30	约15	20~30	5~10	约3	10~35

电炉粉尘是电炉炼钢时产生的粉尘，粒度很细，除含铁外，还含有锌、铅、铬等金属，具体化学成分及含量与冶炼钢种有关，一般冶炼碳钢和低合金钢的粉尘含有较多的铅和锌，冶炼不锈钢和特种钢的粉尘含铬、钼、镍等，其捕集途径主要是烟尘捕集器—烟道—袋式除尘器，粉尘含铁 30% 左右，含锌铅 $10\%\sim20\%$，细度小于 $20\mu m$ 的占 90% 以上。电炉炉尘的化学成分见表 3-57。

表 3-57　电炉炉尘的化学成分

成分	含量/%	成分	含量/%
TFe	30.2	MnO	2.8
FeO	2.8	P$_2$O$_5$	0.5
Fe$_2$O$_3$	40.0	Na+K	0.4
ZnO	24.2	Cu+Ni	0.9
PbO	4.1	C	1.7
CaO	5.1	S	0.6
SiO$_2$	4.8	Cl	3.3
MgO	1.3	其他	5.3
Al$_2$O$_3$	2.4		

转炉和电炉炉尘的粒度分布如图 3-115 所示，可见大部分炉尘的粒度在 $10\mu m$ 以下。转炉湿法除尘得到的除尘污泥经真空过滤或压滤后一般含水 $15\%\sim30\%$，成胶体状，水分不易蒸发，堆放晾晒半年也不干燥。

炼钢粉尘粒度较细，分散后比表面积较大。研究结果表明，炼钢粉尘具有以下特性：粒径小，分散后比表面积较大。炼钢尘泥中粒径 $0.074mm$（200 目）含量大于 70%，粒径 $0.045\,mm$（325 目）含量占 50% 以上。平炉尘粒径小于转炉尘，一般 $20\mu m$ 含量占 80% 以上。由于尘泥粒度较细，表面活性大，易黏附，干燥后易扬尘，会严重污染周围环境。TFe

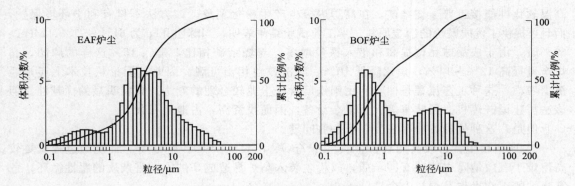

图 3-115　转炉和电炉炉尘的粒度分布

含量高，杂质少。绝大多数炼钢尘泥组成简单，铁矿物含量高，杂质相对较少，有利于综合回收利用，若适当处理，可以制备成各种化工产品。

炼钢尘中含有较多的 CaO、MgO、K_2O、Na_2O，这些氧化物吸水后生成呈强碱性的氢氧化物，造成周围水体和土壤的 pH 值偏高，影响了作物的生长，毒性较大。由于电炉炼钢的特殊性，其粉尘中含有较高的锌、铅、铋、铬等重金属元素，且一般以氧化物的形式存在，露天堆放过程中，易受雨水的浸蚀而溶出，造成水体和土壤重金属污染。表 3-58 列出部分钢厂转炉粉尘成分分析。

表 3-58　我国部分钢厂转炉尘泥成分分析　　　　单位：%

单位	TFe	FeO	Zn	Pb	C	CaO	MgO	SiO_2	Al_2O_3
A 钢厂	55.36	50.37	0.47	0.40	3.01	4.63	6.61	3.34	2.02
B 钢厂	47~53					10~17	1.5~2.5	2.5~4.5	
C 钢厂	32.72		15.0			1.03	1.29	2.44	4.0
D 钢厂	32~34		0.25	0.09	少量				
E 钢厂	60.87					18.82	1.3	4.05	
F 钢厂	48.59	12.79	3.00	1.11	4.2	9.23	4.44	3.47	1.17
G 钢厂	62.46	24.40				2.30	0.25	0.82	0.80

（二）炼钢粉尘回收利用

1. 直接做烧结生产的原料配料

将炼钢尘与其他干粉及烧结返矿等配料混合，作为烧结原料使用，也是我国主要的使用方法，占利用量的 85% 以上；或将含铁粉尘金属化球团后送到回转窑还原焙烧，作为高炉炼铁原料；或将含铁粉尘混合料直接送到回转窑进行还原焙烧制成海绵体。烧结分为直接烧结、小球烧结两种。

（1）直接烧结法　把干湿尘直接与烧结原料混合进入烧结，作为高炉原料。利用颗粒较粗的高炉瓦斯灰、瓦斯泥、烧结尘及轧钢铁鳞等，含水较高的尘泥可与石灰窑炉气净化下来的干石灰粉尘一起混合，使水分降低 3%~4%，再与烧结矿配料一起使用，每吨烧结矿中尘的利用量可达 140~180kg，平均每利用 1t 含铁尘可节约铁矿石和精矿石 740kg、石灰石 150kg、锰矿石 33kg、烧结燃料 37kg。

含铁尘金属化工艺是将灰泥按产生量配料、均匀混合、加水湿润、添加黏结剂在圆盘造球机上加水造球，生球径 700~750℃低温焙烧或在 250℃以下干燥后，在回转窑内利用尘泥内的炭及外加部分还原剂（无烟煤和碎焦），在固体下还原，经冷却、分离获得金属化球团。回转窑直接还原法处理含铁尘泥能充分利用尘泥中的铁、炭资源，可有效地脱除铅、锌、硫等有害杂质，回收部分铅、锌，获得的球团还原后含铁超过 75%，金属化率大于 90%，其高温软化性能接近普通烧结矿，在高炉内极少产生粉化现象。该方法不仅有利于环境保护，而且还提供了优质廉价的冶金原料。半工业试验结果表明，当球团 TFe 为 61%～71%、MFe＞69% 时，由于成品球品位提高和带入铁量增多，与烧结矿相比，配入 15% 这样的球团，高炉产量提高 12%～14%，焦比降低 10%，经济效益相当可观。因此，无论从技术上还是经济上考虑，这种工艺流程是回收利用钢铁厂含铁尘泥较合理的方法，具有明显的优越性。但该法需建设链算机、回转窑等大型复杂设备，因而投资高，占地面积大。

但是，这种处理方法存在着以下一些问题。

① 这些粉尘含有较高的有害杂质，如 ZnO、PbO、Na_2O、K_2O 等，而烧结过程氧势较高，难于有效地除去这些有害杂质，故粉尘装入高炉易造成高炉内有害杂质的恶性循环，危害高炉的正常操作及炉衬寿命。

② 由于各种尘的化学成分、粒度、水分均存在着较大差异，会造成烧结矿成分和强度的波动，不利于烧结矿产量、质量的提高，同时，也影响高炉冶炼的稳定顺序。

③ 该方法仅能回收部分含铁粉尘，不能将其全部利用，且回收利用的价值不高，经济上并不合算，从某种意义上讲，也是对这些宝贵二次资源的浪费。

(2) 小球烧结法　比较细的粉尘适合用此方法。其工艺是湿泥浆在料场自然干燥后送到料仓，干湿泥浆与黏结剂混匀送入圆盘造球机造成 2～8mm 的小球，送成品槽作为烧结原料。小球烧结工艺过程设备简单、投资低、生产操作易于掌握、影响生产的技术问题少，有利于提高烧结矿的产量、质量，而且占地面积小；但脱铅、锌效果差，不能利用铅、锌含量高的含铁尘泥。因此，要求将瓦斯泥脱除锌后利用。攀枝花钢铁研究院瓦斯脱锌选铁试验结果表明，采用湿式脱锌法，铁回收率不小于 80%，锌回收率不小于 40%；脱锌后瓦斯泥含铁不小于 46%，锌不大于 0.8%，可循环使用。

2. 冷黏球团直接入炉冶炼

此工艺不用加热工序，将含铁尘泥与黏结剂混合，在造球机上制成 10～20mm 的小球，经养生而固结，一般养生固结时间为室内 2～3 天，室外 7～8 天，成品抗压强度1000～15000MPa，达到入高炉的要求，入转炉强度可降低一些，但原料的成分要求较严格。

3. 转炉尘作炼钢造渣剂

生产冷固结块渣料转炉泥配加少量的萤石、黏结剂等辅料，经造块冷固结作为炼钢的冷却剂和造渣剂。将含水转炉污泥滤饼与石灰粉等碱性物料在搅拌机内强制混合消化，再将物料放到消化场进一步消化，完全消化好的污泥送压球机压球，球团送固结罐固结，产品经筛分后送转炉作造渣剂，直接回转炉不经过烧结、炼铁工序，对降低能耗有明显效果，同时回收了其中的铁，又降低石灰、萤石的消化量。采用转炉污泥球团造渣，化渣快，除磷效果好，喷溅少，金属收得率高。攀枝花钢铁研究院与攀枝花炼钢厂进行了转炉造块返回炼钢的试验研究结果表明：其工艺可行，冶炼效果好，对钢质量无不良影响，改善了半钢炼钢的化渣条件。造渣块在开吹初期加入炉内能很快熔化，可使成渣时间提前 1～2min，脱硫效果可提高 10%～15%，吨钢铁料消耗降低 1.22kg。转炉泥冷固结造块生产炼钢渣料是一种工艺简单、投资少、见效快、经济效益较好的含铁尘泥回收方法，既可充分发挥闲置设备的作用，又可实现含铁尘泥的合理利用，提高其利用价值。

4. 制备氧化铁红

湿法处理炼钢烟尘是近期的热门研究项目。国外对该方法进行了大量的研究，尤其是日本在这方面成绩突出，已经取得了多项专利技术。由于炼钢尘泥中的铁矿物以 Fe_2O_3 和 Fe_3O_4 为主，杂质以 CaO、MgO 等碱性氧化物为主，因此，湿法处理炼钢烟尘的主要任务是回收烟尘中的铁元素，使之变为其他产品的主要成分，创造经济效益，减少环境污染。

（1）制备铁红　若以转炉或电炉烟尘为原料则需煅烧除炭，煅烧温度为 700℃，时间为 3h。酸洗液含 HCl 5%～10%，酸浸的固液比为 1∶3，酸浸时间为 1h，酸浸温度 50℃，酸浸后过滤得到溶液可制备 $FeCl_3$。过滤得到的滤渣可以进行煅烧氧化，温度控制在 600～700℃，时间为 1.5～2h。煅烧氧化得到的铁红产品经有关单位测试，铁红产品 $FeCl_3$ 含量大于 98%，320 目筛上的筛余物占 0.1%，遮盖力为 780PA，产品符合一级铁红的要求。该产品得到许多用户的好评，认为用平炉尘生产的氧化铁红在细度上明显优于其他同类产品。建成的生产线运行成本低，净利用率可达 30%～40%。工艺流程如图 3-116 所示。

（2）制备 $FeCl_3$　制备 $FeCl_3$ 的工艺流程如前所述。制备 $FeCl_3$ 的原理为：

$$2FeCl_2 + 2HCl + \frac{1}{2}O_2 \xrightarrow{\text{催化剂}} 2FeCl_3 + H_2O \tag{3-71}$$

在这个反应中催化剂起了至关重要的作用。催化剂分批或连续加入到溶液中，温度控制在 50～60℃。制得的 $FeCl_3$ 产品质量达到工业级液体三氯化铁（GB/T 1621—2008）的一级品标准。可作净水剂或化工原料使用。

5. 制备磁性材料

平炉尘铁品位高，粒度细且均匀，其化学纯度可以满足制备磁性材料的要求。炼钢尘泥中铁矿物的主晶相为 $\gamma\text{-}Fe_2O_3$、Fe_3O_4 和 $\alpha\text{-}Fe_2O_3$，次晶相为 FeO，尘泥在氧化气氛中焙烧可实现晶相的转变，转化后尘泥的主晶相为 $\alpha\text{-}Fe_3O_4$，并具有较高的化学活性，因此，杂质少的平炉尘可直接作为制备铁氧体磁性材料的原料。

6. 制备聚合硫酸铁

聚合硫酸铁简称为 PFS，PFS 是一种六价铁的化合物，在溶液中表现出很强的氧化性，因此是一种集消毒、氧化、混凝、吸附为一体的多功能无机絮凝剂，在水处理领域中有广阔的应用前景。某钢厂以炼钢烟尘（含铁 62.46%）、钢渣（含铁 46.80%）、废硫酸和工业硫酸为原料，经过配料、溶解、过滤、中和、水解和聚合等步骤，生产出了优质的聚合硫酸铁，并建成了年产 1000t 的生产线。

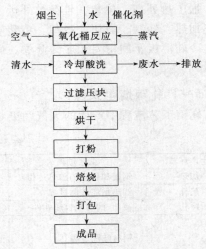

图 3-116　氧化铁红生产工艺流程

整个流程的反应原理是：

$$Fe_2O_3 + 3H_2SO_4 \longrightarrow Fe_2(SO_4)_3 + 3H_2O \tag{3-72}$$

$$FeO + H_2SO_4 \longrightarrow FeSO_4 + H_2O \tag{3-73}$$

$$4FeSO_4 + 2H_2SO_4 + O_2 \longrightarrow 2Fe_2(SO_4)_3 + 2H_2O \tag{3-74}$$

$$mFe_2(SO_4)_3 + mnH_2O \longrightarrow \left[Fe_2(OH)_n \cdot (SO_4)_{3-\frac{n}{2}}\right]_m + \frac{mn}{2}H_2SO_4 \tag{3-75}$$

生产的聚合硫酸铁符合原化工部聚合硫酸铁一等品标准，使用安全可靠。

7. 制备中温变换催化剂 Fe-Cr 系

中温变换催化剂是合成氨工业不可缺少的催化剂。催化剂主体相 Fe_2O_3，还原后使用，活性组分 Fe_3O_4。$\gamma\text{-}Fe_2O_3$ 与 Fe_3O_4 同属一个晶系，晶胞常数相近，还原成 Fe_3O_4 能耗低，活性高，因此 Fe_3O_4 的 γ 形态适用于制备中温变换催化剂，而平炉尘主晶相为 $\gamma\text{-}Fe_2O_3$，粒度很细，杂质少，可以用来制备中温变换催化剂。

第五节 轧钢烟尘减排与回收利用

一、轧钢烟尘来源和特点

轧钢是钢铁厂生产三大工序之一的成材工序。按钢材品种划分，轧钢有型材轧制、板材轧制、管材轧制和线材轧制四大类生产车间。按生产工艺的不同，还可分为热轧和冷轧两大类。

初轧车间又称开坯车间，属半成品轧制工序，它的主要任务是将钢锭加热后，轧成各种断面的钢坯，为成品轧制车间提供原料。

热轧型钢和线材车间的生产流程基本相似，它们包括坯料加热、轧制、冷却、剪切、精整、包装、堆放、外运。热轧管材车间是将管坯定芯后，经加热、穿孔、轧制、定径、冷却、加工热处理、包装、堆存、外运。热轧板车间分厚板、中板、薄板车间，其主要工序有板坯加热、轧制、剪切、冷却、精整（包括退火、修磨、抛丸、酸洗等）。

冷轧薄板车间主要工序为开卷、破洗、轧制、平整、退火、镀锌或镀锡、剪切、包装、外运。

（一）轧钢烟尘来源

轧钢工艺流程中产生的大气污染物见表 3-59。

表 3-59 轧钢厂大气污染物

生产环节	工艺过程	排放的大气污染物	治理措施
加热	钢锭和钢坯的加热过程	炉内燃烧时产生大量废气	烟尘处理
热轧	红热钢坯轧制过程	产生大量氧化铁屑、水蒸气	经排气罩收集加以处理，都采用湿法净化处理
冷轧	冷却、润滑轧辊和轧件	乳化液废气	
金属制品生产	钢材酸洗过程	产生大量酸雾，普通金属为硫酸、盐酸酸雾，特殊金属有氰化氢、氟化氢及含碱、磷等气体	采用抽风排酸雾在填料塔、泡沫塔等洗涤塔内以稀碱液进行吸收处理
	钢丝的热处理过程	产生铅烟、铅尘和氧化铅	铅烟净化设备有湿法和干法两种
	钢丝热镀锌过程	产生氧化锌烟气	干法净化
	钢丝电镀过程	产生酸雾及电镀气体	湿法净化
	钢丝拉丝过程	产生大量石灰粉尘	除尘减排
	钢丝和钢绳涂油	产生大量油烟	静电和过滤净化

其污染物产生与来源主要有：①钢锭、钢坯在加热过程中，各种燃料在加热炉内燃烧产生的大量废气；②红热钢坯在轧制过程中产生的氧化铁皮、铁屑以及喷水冷却时产生的水蒸气；③由冷轧板车间在轧制时，冷却、润滑轧辊和轧件而产生乳化液废气；④钢材在酸洗过程中，因酸被加热，酸液蒸发而散出的烟雾；⑤火焰清理钢坯表面氧化铁层时产生氧化铁烟尘；⑥成品轧件表面镀层时产生各种金属氧化物烟气。

（二）轧钢污染物特点

轧钢污染物特点如下。

（1）轧钢与金属制品污染物种类多、数量少，轧钢与金属制品生产过程产生的废气、烟尘比炼铁、炼钢都少得多，但成分复杂，既有烟尘又有多种有害气体，治理和减排相对困难。

（2）热轧厂钢坯加热工序中，各种燃料在燃烧过程中产生烟气，大型轧钢厂多以煤气或重油作燃料，燃烧状况正常时，烟气中含有 NO_2 外，还有少量 SO_2 和 CO，固态颗粒物含量较低。不少小型轧钢厂以煤为燃料，烟气含烟尘较高。

（3）一般热轧车间因轧制速度低，氧化铁皮颗粒粗，大部分脱落在轧机前后或辊道上，被冷却水冲至铁皮沉淀池予以回收利用。少量细铁屑散发沉降在车间内。热连轧板精轧机组因轧件产生二次氧化铁皮层，轧碎后，氧化铁屑颗粒细小，又因轧制速度逐渐增高，随水蒸气升起的氧化铁尘变成褐红色烟尘，会对车间工作条件及周围环境造成影响。

（4）钢坯或钢材需用酸液清洗，以去除表面杂质，加热酸液或酸洗化学反应生成少量氢气及水蒸气并夹带酸雾混入空气中，酸雾不仅对建筑物及生产设备造成腐蚀，而且直接污染操作人员的劳动环境。

（5）冷轧板轧机在生产时均需往轧辊上喷淋大量润滑冷却剂（如乳化液或棕榈油），由于工作温度较高而产生乳液烟雾。

烟气含湿量大。热连轧精轧机产生的烟气主要成分除氧化铁外，并混以油烟和水汽。热连轧轧管机在穿入芯棒、轧制和脱除芯棒等处产生的烟气，一般含有油雾、碳化物和水蒸气等。冷连轧轧板机排出的雾气中，主要成分为乳化液、棕榈油和水蒸气。对上述烟气治理，一般采用湿式洗涤净化装置。

二、初轧、热轧烟尘减排技术

（一）初轧厂热火焰清理机除尘

钢锭经初轧机轧成钢坯后，为保证钢坯表面质量，需经热火焰清理机清除表面的裂纹和缺陷，在清理过程中，产生烟尘。

1. 吸尘烟罩

烟罩安装在辊道上，一部分在地下，一部分在地上，钢坯通过烟罩的进、出口处，应设挡渣帘或铰链门，防止残渣溅出。为防止烟尘粘在烟罩的内壁上，可在烟罩内侧的顶板、底板及侧板上安装喷嘴，用高压水冲刷。

烟罩的结构如图 3-117 所示。

2. 烟气参数

火焰清理机的排烟量依火焰清理机的形式、规格、生产能力及密封罩的密封程度而不同，一般为 $150000\sim200000m^3/h$。

排出的烟气成分为：

N_2 为 78.4%，O_2 为 20.2%，CO_2 为 0.8%，CO 为 0.6%。

烟气的含尘量为 $3\sim6g/m^3$，个别情况下达 $10\sim12g/m^3$，灰尘的颗粒组成如下：

颗粒直径/μm	<0.5	0.5~1.0	1.0~1.5
质量分数/%	20~25	60~65	10~15

灰尘的成分基本上是铁的氧化物，Fe_2O_3 约 $75\%\sim90\%$，FeO 约 1.5% 及少量的锰、硅、钙等的氧化物。

粉尘电阻率：$1.5\times10^8\sim3.0\times10^9\Omega\cdot m$。

3. 火焰清理机排烟除尘系统

板坯火焰清理机的排烟除尘系统有湿式系统和干式除尘系统（图 3-118）。

4. 除尘设备

火焰清理机、湿式除尘系统可采用湿式除尘器，如用文氏管洗涤器或湿式电除尘器，也

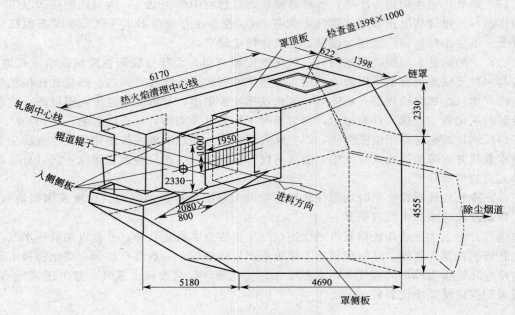

图 3-117　火焰清理机烟罩

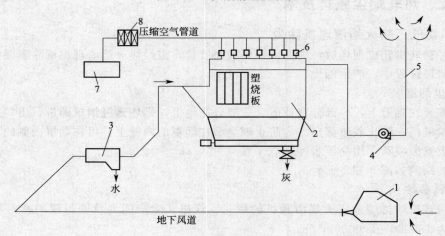

图 3-118　板坯火焰清理机排烟除尘系统（干式）示意

1—排烟罩；2—塑烧板除尘器；3—脱水器；4—风机；5—排气筒；

6—脉冲阀；7—气源；8—三联件

可用耐水的塑烧板除尘器。

（1）采用文氏管除尘器时，为了有效地净化烟气中的细粒灰尘，文氏管的喷淋系数为0.7～1.0，阻力为5000Pa，并设捕滴器，净化系统阻力为6500～7000Pa。

考虑到清理的板坯尺寸及清理的表面深度变化很大，设计中最好采用两套净化装置，两台风机。根据需要开动一台或两台。这样，如果有一台风机坏了，另一台风机能够以稍大于50%的系统能力运转。

（2）采用湿式除尘器时，根据烟气的特性，宜采用卧式二电场的湿式电除尘器。电除尘器的主要特点是极板积尘，采用水冲洗的方法，配合热火焰清理机的操作情况对电晕和沉淀极定期进行冲洗。

（3）采用塑烧板除尘器时，要装设脱水器降低系统含湿量，同时对除尘器进行保温，防止烟气在除尘器内部结露。塑烧板除尘器用于火焰清理机排烟系统时，过滤速度以小于 1m/min 为宜，除尘器阻力为 2000～3000Pa。

（二）热轧精轧机机架除尘

1. 粉尘来源

热轧带钢精轧机的最后 2～4 机架，在轧制过程中产生大量氧化铁粉尘和水蒸气。排气罩设在轧机机架的出料侧（图 3-119）。排气量按罩口（即罩底罩口，不加设隔板）处风速 7～8m/s 确定。

2. 减排技术

排气罩固定在轧机机架牌坊上，排气罩的设计必须与工艺设备紧密配合，避免影响工艺操作。罩口（即罩底）高出地面 1.8～2.0m。

含尘烟气的温度（罩内）为 40～50℃，烟尘粒度为 1～100μm（其中小于 10μm 的为 10%，大于 10μm 的为 90%），烟尘真密度为 5.5kg/m^3，堆积密度为 1.5kg/m^3。烟气含尘量为 300～600mg/m^3，最高达 3000mg/m^3。系统排气量为 320000～340000m^3/h。

轧机机架排气量（Q）推荐采用下列公式（指每个烟罩）进行计算：

$$Q = 60A(W+H)v_0C \tag{3-76}$$

式中，A 为排气罩断面周长，m；W 为带钢宽度，m；H 为轧制线到罩口高度，m；v_0 为轧机轧制速度，m/s；C 为系数，一般为 0.03～0.1。

每个排气罩的支管上应设调节阀门，系统运转调节阀门以期达到风量平衡的目的。

根据轧机区域具体的布置情况，除尘装置可设在地下，也可设在地面上，但考虑到尽量减少地下工程，布置在地面上为宜。

由于排出的烟气含有水分，因此宜采用塑烧板除尘器。

（三）小方坯精整除尘

小方坯使用抛丸机和砂轮进行精整时产生大量金属粉尘，应设除尘系统，如图 3-120 所示。

主要设计参数：

处理风量	750m^3/min
袋式除尘器入口含量（标态）	1g/m^2
出口含量（标态）	0.05g/m^3
风机形式	离心式
风量	750m^3/min
静压	4413Pa
电动机	
袋式除尘器	
过滤面积	825m^2
室数	5 室
过滤风速	0.91m/min
滤袋尺寸及数量（直径×长×袋数）	ϕ133mm×2845mm×720

（四）精轧机除尘改造实例

精轧机是完成轧材生产过程的设备，通过精轧机把钢坯轧成不同厚度的板材。在轧制过

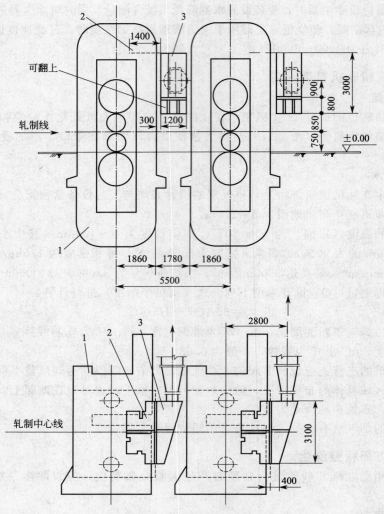

图 3-119　热轧精轧机机架除尘
1—轧机机架；2—挡板；3—排尘吸气罩

程中，钢材表面产生的氧化铁皮粗颗粒，随冷却水冲到铁皮沟，流入沉淀池。细微的氧化铁尘随蒸汽散发，被捕到除尘系统进行净化处理。生产中轧制的板材越薄，产生的粉尘量越多，颗粒也越细，处理的难度也越大。

1. 烟尘参数

烟气原始参数见表 3-60。

表 3-60　烟气原始参数

项　目	参　数	项　目	参　数
烟气量	305000m³/h	烟尘堆密度	1.24t/m³
烟气温度	<40~50℃	粉尘含水率	3%~5%（质量分数）
进口含尘浓度	0.7g/m³（最大 5.5）	粉尘含油率	3%~4%（质量分数）

烟尘主要成分：FeO 为 28.35%，Fe_2O_3 为 68.25%，H_2O 为 2.05%。

烟尘颗粒组成见表 3-61。

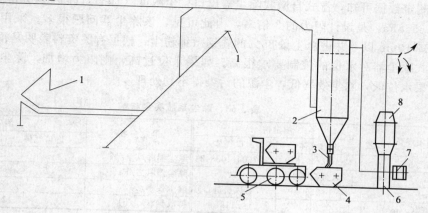

图 3-120　小方坯精整除尘

1—砂轮机；2—袋式除尘器；3—软管；4—粉尘箱；5—小车；6—风机；7—电动机；8—消声器

表 3-61　烟尘颗粒组成

烟尘料径/μm	0～2	2～3	3～3.5	3.5～4.5	4.5～5.5	5.5～7	＞7
质量分数/％	0.4	2.7～8.7	19.1	30.6	23.4	15.1	—

2. 原除尘工艺流程

原除尘工艺流程如图 3-121 所示，设计参数见表 3-62。

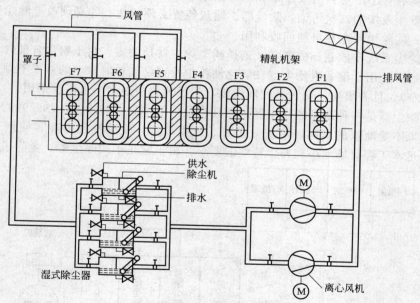

图 3-121　精轧除尘系统流程

表 3-62　设计参数及主要设备

主要设计参数		主要设备	
烟气量（标态）	5080m³/min	除尘器形式	自激式除尘器 4 台
阻力	＜2000Pa	风机	2540m³/(min·台)
入口浓度（标态）	3mg/m³	风压	3800Pa
出口浓度（标态）	50mg/m³		

原系统测定的各项参数见表 3-63。

从测定数据可知，湿式自激式除尘器出口含尘浓度（标态）高达 118mg/m³，除尘器阻力高达 6558Pa，是设计阻力的 3 倍多，由此可见，该除尘器问题很多。采用湿式自激式除尘器处理 10μm 以下并占总尘量 85% 的轧钢微细粉尘，根据有关资料表明是很困难的，原因是自激式除尘器对水位的控制要求很高。如果水位过高，则阻力增加，除尘系统抽风量减小。如果水位低，除尘效率低，尘源的污染得不到处理。

表 3-63　除尘系统实测参数

测定参数	测定值		测定参数	测定值	
	进口气体	出口气体		进口气体	出口气体
流量/(m³/h)	120047/101630	117604/103343	除尘器漏风率/%	1.69	
温度/℃	24(最高 45)	34	除尘器阻力/Pa	6558	
全压/Pa	−216	6774(风机进口)	除尘效率/%	48.72	
含尘浓度/(g/m³)	0.234	0.118	排放量/(kg/h)	12.195	

热轧精轧机采用湿式自激式 207/NMDIC 型除尘器，这种除尘器对细微粉尘的除尘效果不好，而且水位控制要求严格。根据测试报告有四项指标都达不到要求：风量过小，实测值仅为设计值的 40% 左右；阻力过大，实测值为设计值的 3 倍多；严重超标，排放浓度（标态）为 118mg/m³；除尘效率低，仅为 48.72%。

结论：无法满足设计要求，应改造除尘器。

3. 除尘系统改造方案

改造方案有：①厂房内的吸尘罩和风管使用效果尚可，且由于场地的限制，不做改动；②为了防止除尘系统的二次污染，除尘器、输灰装置必须改造；③必须改变除尘器后管道阻力过大现象；④除尘粉尘尽可能回收利用。

针对原除尘系统排放超标的事实，选择新型除尘器是关键。由于粉尘含油含水率高，袋式除尘器显然不适用；湿式电除尘器在氧化铁粉尘特别是细粉时除尘的效果不理想（极板的清洗等较困难），且需增建一套污水处理设施，受场地狭小限制，也不宜采用。

塑烧板除尘器是一种新型的除尘器。它具有除尘效率高（99.99%～99.999%）、结构紧凑、除尘效果不受油水的影响、清灰效果好、压损稳定、安装维修方便、使用寿命长等优点。它可满足本工程对场地小和粉尘特性的要求。由于它是干式除尘器，免除了水处理的二

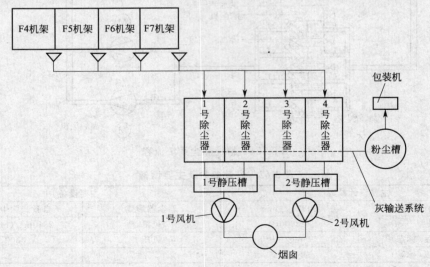

图 3-122　精轧机烟尘塑烧板除尘系统

次污染。因此，适合本工程的要求。塑烧板除尘系统见图 3-122。

此外原系统从除尘器出口到离心风机的进口之间的除尘管道阻力高达 4000Pa 以上，为减少该管道的阻力，将此多道弯管改为静压箱形式。为了将除尘器前除尘总管的清洗水及时排走（不流入除尘器），在除尘总管上开设若干个排水漏斗。

4. 改造后主要设备技术参数

主要设备参数见表 3-64。

表 3-64　主要设备性能参数

序号	项目	参数	序号	项目	参数
主排风机（利用原设备）	型号	2 台 Ke1060/40U	除尘器	清灰方式 过滤元件 塑烧板	脉冲反吹 1500mm×1000mm×69mm 144 片/台
	风量	15250m³/(h·台)			
	风压	3800Pa			
	转速	1450r/min	螺旋输送机	设备规格 输灰量 转速 电动机功率	4 台 φ200 6.7m³/h 75r/min 2.2kW
	电动机功率	250kW(6000V)			
除尘器	型号 处理风量 过滤面积 过滤风速 设备阻力 出口浓度（标态） 压缩空气压力	4 台 1500×14/18 波浪式塑烧板除尘器 62200～85500m³/(h·台) 1296m²/台 0.8～1.1m/min <1800Pa ≤20mg/m³ 0.5MPa	星形卸灰阀	设备规格 输灰量 转速 电动机功率	4 台 300mm×300mm 23.04m³/h 32r/min 1.5kW

5. 改造后的效果

改造的除尘系统投运后，除尘器排放口粉尘浓度（标态）两次测试结果分别为 19.5mg/m³ 和 1.2mg/m³，达到预期效果，使除尘器周围的环境状况得到了彻底的改观。

改造后的系统阻力大大降低，使系统的风量增加，吸风门抽风量增加，改善了车间的环境。除尘收集的氧化铁粉得到了回收利用。设备维修工作量大大减少。

三、冷轧烟尘减排技术

（一）冷轧机机架排雾

冷轧机在生产时用乳化液进行冷却和润滑，轧制时产生乳化液烟雾，一般在轧机机架的进、出料侧设排气罩，机架间有设排气罩和不设排气罩两种排雾方式。

1. 轧机机架排雾

在轧机机架的进、出料侧上方设置排气罩。排气量按罩口（即罩底，按不加隔板的全部面积计算）处风速 1～1.5m/s 计算。排气罩的设置如图 3-123 所示。

排气罩固定在轧机机架牌坊上（由轧机制造厂供应），排气罩的侧面接排气管，罩底离地面的高度为 1.8～2.0m。为提高排气效果，减少排气量，排气罩

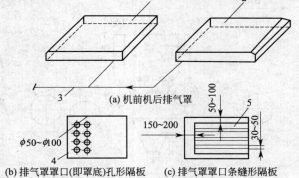

(a) 机前机后排气罩

(b) 排气罩罩口（即罩底）孔形隔板　　(c) 排气罩罩口条缝形隔板

图 3-123　冷轧轧机排雾方式（一）

1—机前排气罩；2—机后排气罩；3—风管；4,5—罩口隔板

罩口（即罩底）宜加设隔板［如图 3-123（b）、图 3-123（c）］，这样，可使罩口净面积的抽风速度提高 3～4 倍。

净化装置可采用挡水板、丝网除雾器等。在净化装置与风机机壳的最低处，需设置乳化液排除的 U 形管（水封），乳化液排出管接至工艺用的储液箱。

2. 轧机机架进、出料侧及机架间设排气罩排雾方式

在轧机机架进、出料侧的上方设置排气罩，机架间的上、下部均设吸气口，各支气管与主风管相连，净化后的气体排至大气（图 3-124）。

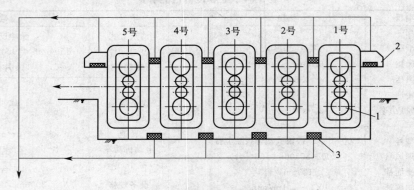

图 3-124 冷轧轧机排雾方式（二）
1—吸气罩；2—机架；3—防火阀

根据轧机排雾的具体情况，有的在机架进料侧的上方可不设排气罩；有的在机架出料侧的上方设排气罩，机架间的上部设吸气口；有的在机架间下方设吸气口。总之，排气罩和吸气口的设置是整个排雾系统中的重要组成部分。

进料侧、出料侧上方的排气罩可固定在机架牌坊上，出料侧的排气罩可做成移动式的，罩面风速为 2.5m/s。由于出料侧排出的雾气有一定温度（60℃左右），气流上升时，易混入周围空气。而且，横向气流会带来一定影响，横向气流大时影响就大，易导致雾气的外溢，影响抽气效果，所以，一般都要求排气罩罩口面积比上升的气柱大一些。

（二）冷轧酸洗机组烟尘减排

1. 烟尘来源

酸洗机组入口端的生产线上设有矫直机、焊接机，当带钢通过时，带钢表面受到挤压、拉伸、弯曲以及焊接时产生大量烟尘。

2. 减排技术

根据酸洗机组的具体情况，在拉伸矫直机上设排气系统，也可将夹送辊矫直机、焊机、拉伸矫直机合设一个除尘系统净化处理。

如图 3-125 所示，在拉伸矫直机的除鳞过程中，带钢表面的疏松氧化铁皮由吹灰风机 1 吹起，大颗粒靠自重落入矫直机下部的灰尘灰斗 3（收集槽）内，小颗粒的悬浮粉尘经吸尘罩抽出送至除尘净化设备，净化后气体排入大气。

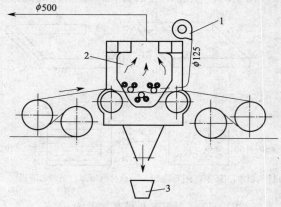

图 3-125 拉伸矫直机除尘
1—吹灰风机；2—拉伸矫直机；3—灰斗

主要设计参数：

粉尘浓度 2～3g/m³；

粉尘粒度大于 2μm，80%；小于 2μm，20%。

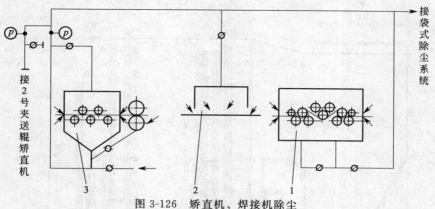

图 3-126　矫直机、焊接机除尘
1—拉伸矫直机；2—自动闪光焊接机；3—夹送辊

如图 3-126 所示，夹送辊矫直机的下夹辊入口处的下部设一个吸尘罩，其罩口风速一般为 2.5～3.0m/s；矫直机本身设有上吸罩和下吸罩，其罩口风速一般为 4m/s 左右。焊接机的上方设一个烟罩，其罩口风速为 2m/s；拉伸矫直机上设一个半密封罩，罩口风速为 2.5～3.5m/s，含尘气体由罩底抽出后，经袋式除尘器净化。吸气罩的设置必须与工艺设备密切配合。

主要设计参数：粉尘浓度 500mg/m³；粉尘粒度 10～100μm；粉尘成分 Fe＋FeO。

（三）硅钢轧机烟雾减排

硅钢轧机在轧制过程中，由于喷洒乳化液进行冷却而产生大量烟雾。实践证明，应装设排雾净化系统，否则将严重地影响生产及车间环境。净化处理流程如图 3-127 所示。

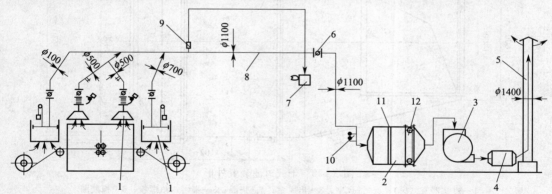

图 3-127　硅钢轧机排雾
1—吸气罩；2—除雾器；3—排气风机；4—消声器；5—烟囱；6—防火阀；7—火灾报警器；8—排气干管；
9—温度传感器；10—阀门；11—一次除雾过滤器；12—二次除雾过滤器

为了防火的要求，在系统中的主风管上设置温度传感器，当管内温度达到 70℃时便通过报警器报警，报警装置与风机连锁，一旦报警风机立即停止运转。

净化设备宜采用干式过滤装置（图 3-128）。其烟气量为 100000m³/h，烟气温度为 50℃左右，乳化液浓度为 6.5%，罩面风速 5m/s 左右，主风管风速为 12～15m/s。

这种过滤装置的主要特点：①过滤层采用不锈钢丝网；②过滤效率可达 95% 左右；

③过滤风速为 2.2～2.75m/s；④更换过滤层比较方便；⑤过滤层采用斜装（图 3-129），与平装相比，增加了过滤面积。

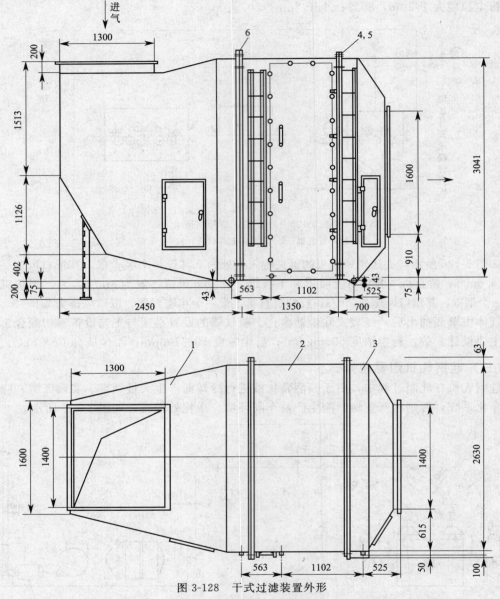

图 3-128　干式过滤装置外形

1—过滤器室（段）；2—进风室；3—出风室；4—垫圈；5—带帽六角螺栓；6—橡胶圈

为了使排出的油雾达到最低的程度，烟雾经过过滤层净化后还可加一级卷绕式过滤器进一步净化。

（四）酸洗机组酸洗槽排气净化实例

冷轧厂酸洗机组是一条对带钢表面进行酸洗、清理处理的机组。

酸洗槽采用连续式盐酸浅槽酸洗装置，使用于高速度、高产量的宽带钢酸洗机组上。这种浅槽酸洗机组的特点是可以提高酸洗速度，增加产量。酸洗槽的深度约为 1000mm，液面高 300～500mm，比常规的酸洗槽浅。酸液量可以从深槽的 65～70m³ 减少到 30m³，而且，

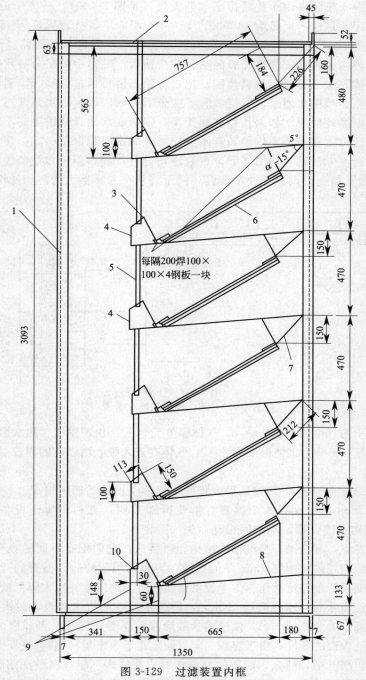

图 3-129　过滤装置内框

1—过滤器框架；2—上顶板；3—冷弯角钢；4—隔板；5—油管；6—托架；7，8，10—托板；9—下底板

还可以节约投资。

　　酸洗槽共有 4 个，每个的长度为 35m，全长为 140m，槽宽为 2.7m，槽深为 1m；清洗段由 5 个喷洗槽和 1 个热水槽组成，全长为 21.5m，槽宽为 2.7m。这些槽在生产中由于液面蒸发，产生含酸气体。为防止含酸气体从槽内逸出，在带钢通过酸洗槽进入口处的上方设排气罩装置。另外，在酸洗槽、喷洗槽的槽边均设置了边缘吸气罩。由各槽排出的气体汇集

到总管，经风机送入吸收塔内净化后排至室外大气（见图 3-130）。系统中设二台排气风机，一台工作一台备用，每台的风量为 48000m³/h，一台吸收塔，处理风量为 48000m³/h；一台循环水泵，水量为 80m³/h。含酸气体由风机送入吸收塔下部进口，气体经过填料层，与喷淋的水进行气、液两相接触，进行充分的热、质交换后，气体中的酸分被水吸收后而流入塔底。净化后的气体先经去雾器（塑料丝网）把水雾除去后再通过液滴分离器除去大一点的水滴后排至室外大气。喷淋水通过填料层吸收了酸分后流入塔底，经水泵通过水管送入塔内进行喷淋，如此不断循环使用。如果长期这样使用，则塔底水的含酸浓度将不断增加，这就会降低吸收效率。所以，采用不断供给新鲜水，使塔底的水容积保持一定，多余的含酸废水经溢流管由废水泵送至贮酸站，最后送到废水处理站进行处理。新鲜水量与溢流水量相等，均为 1～2m³/h。除雾器上也设置了冲水装置，便于将粘在去雾器上的污物冲洗掉。

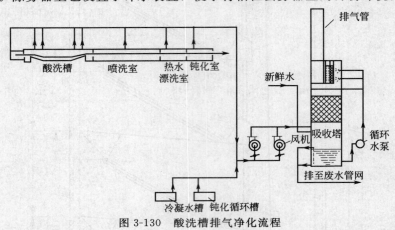

图 3-130　酸洗槽排气净化流程

由酸洗段排出的气量为 36500m³/h，气体温度为 30℃；由喷洗槽、热水漂洗槽、钝化槽等排出的气量为 11500m³/h，气体温度为 80℃；气体在进入吸收塔以前的混合温度为 44℃。

1. 吸气罩

吸气罩的型式多种多样，其效果很大程度上依赖于设备的密闭情况。

考虑设备密闭时，一般有 3 个因素：①要拆卸方便，有利于生产设备的维护和操作；②要严密；③结构坚固合理，不致因振动而失去严密性。

由于工艺的特点，酸洗槽、喷洗槽的结构比较特殊，它们配有不同的吸气装置。酸洗槽、喷洗槽均为钢制结构，内衬两层 6mm 厚的橡胶，再砌两层耐酸砖；槽盖的开、闭均由液压系统进行控制，能够灵活地进行操作。由于设备密闭，可节约风量并大大降低酸液消耗。

酸洗槽槽边设有水封，水封高约 100mm，槽顶密封盖的边缘插入水封内，由于带钢通过酸洗槽的速度较高（为 360m/min），使槽内盐酸溶液不断受到搅动，再加以溶液有一定温度，所以，加速了溶液表面的蒸发，由于容积一定（假定盖子很密封），酸蒸气压力也会逐渐增大，并能冲破水封而出酸洗槽，那么，能不能加高水封，使气体不能逸出酸洗槽呢？不能，因为，加高水封必然导致设备的增加，而且酸蒸气一直封闭在酸槽内也容易发生事故，据国外有关资料介绍，水封高度采用 100mm 为宜。为排除由水封逸出的含酸气体，在水封上侧设边缘吸气罩，见图 3-131。吸气罩由加强的塑料板制成，吸气口作成条缝式，条缝口紧贴于水封的上侧部，排气支管上设有调节阀门，在试验运转时，就将阀门调整到一定的角度。

条缝口的高度 B 按下列公式计算：

$$B = \frac{Q}{AV \times 3600} \qquad (3-77)$$

式中，B 为条缝口高度，m；Q 为吸气量，m³/h；A 为条缝口宽度，m；V 为吸气风速，m/s。

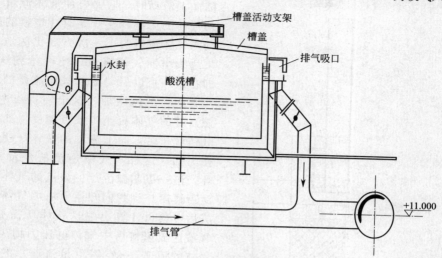

图 3-131　酸洗槽吸气罩简图

从上式可以看出，当气量和宽度一定时高度是随着风速的大小而变化的；风速过大，会增加阻力，风速过小，会影响吸气效果，一般取条缝口的高度为15～20mm。

喷洗槽是对经酸洗后的带钢表面用水冲洗，洁净带钢表面在冲洗过程中，含酸气体不断产生，在槽壁上侧方开一个排气口，及时将含酸气体排走，吸气装置见图 3-132。喷洗槽的槽边设有密封填料承接口，密封盖的边缘制成突出平板，扣在槽边的承接口上，密封填料为软性橡胶。排气管上设有调节阀门，排气口设在距槽内液面 800mm 左右处为宜。

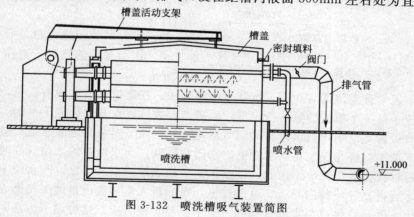

图 3-132　喷洗槽吸气装置简图

2. 吸收塔

吸收塔由本体、填料层、喷水装置、去雾器及液滴分离器等组成，其结构简图见图 3-133。本体材质的选择要考虑对被处理的气体与液体的耐蚀性，一般可用金属（如钢、合金、非铁金属）、木、陶瓷、耐酸砖等材质。酸洗机组用的吸收塔，采用了外壳为钢体，内部衬胶的方法，衬胶厚度为 3mm。

在本吸收塔内，使用的是一种塑料块状填料，它具有耐化学腐蚀性强、质轻容易运输、孔隙率大等优点，而且不容易发生液泛和偏流。填料层的高度为 1500mm。这种填料的填充方式一般是乱堆，每立方米填料有 36000 个空心的抛物面时，能获得良好的热、质交换。

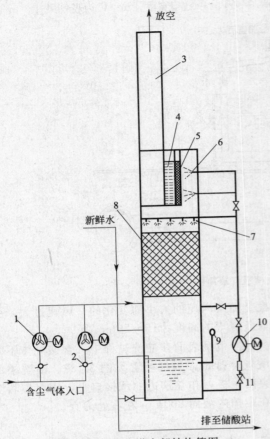

图 3-133　吸收塔内部结构简图

1—风机；2—阀门；3—排气管；4—挡水板；5—除尘器；
6,7—喷嘴；8—填料；9—水位计；10—水泵；11—过滤器

在填料吸收塔中，气体逆着向下喷的液体向上流动时，假如要使液体流量一定而增加气体的流量，在开始时，填料的压力损失约与气体流量的 1.8 次方成比例地增加；如果继续增加气体流量，便可达到这样一点，即在这一点以后，随着气体流量的增加，则压力损失迅速增加，这个转折点叫做载点。该点处的气体流速叫载点速度。如果再增大气体流量时，向下流动的液体，就会被气体往上推，这样，气液逆流的流动就受到破坏，这一点叫做泛点。该点的气体流速叫做泛点速度。当我们知道了塔内气体的压力损失后，就可计算出输送气体所需要的动力。气液逆流填料塔中气体的压力损失 Δp 随着气体的流速 v（空塔重量流速）的提高而增大，在载点以下的气体流速范围内，Δp 与 $v^{1.8\sim2}$ 成正比；可是，当超过载点时，v 对 Δp 的指数急剧变大；如 v 再增大，到达泛点以后，v 对 Δp 的关系曲线几乎变成竖直线。另外，如果保持气体流速不变而改变液体流速 v'（空塔重量速度）时，Δp 将随着 v' 的增加而增大。这种塔一般必须在泛点以下进行操作。

关于水位调节问题，也是吸收塔重要部件之一，因为水位的高低，直接影响进气室的大小。

水位调节通常有定位调节和不定位调节两种方法。在定位调节这种方法中，每个调节机构的位置对应于每一个被调参数的稳定值，而被调参数可以在几个数值下平衡。在水位调节系统中，调节机构是浮子，直接作用的调节器是杠杆，调节对象是塔底水池，被调参数是水位；浮子是借助于杠杆与安装在供水管上的阀门相联系。当水池中的水位升高时，浮子随着升高，并通过杠杆使阀门关小，因此，供给水池中的水量减少。反之，当水位下降时，浮子也随着下降，通过杠杆使阀门开大。可以看出，水的流入量和流出量的平衡能在浮子具有不同位置时发生，并且，每一个水流量只有一个水位与之相对应。这种调节方法的优点是结构比较简单，工作稳定。在不定位调节方法中，则只有被调参数在唯一确定的数值时，系统才会达到平衡，而除这一数值以外的数值，系统均不会达到平衡，这时调节机构可以处于任何位置。

在该系统中，杠杆的一端与浮子相连，另一端与变阻器的滑动触头相连，变阻器与可逆电动机相连，用变阻器来控制可逆电动机，该电动机又与供水管上的阀门相连，使阀门开或关。当水位在给定值时，滑动触头处于变阻器的中心点上，此时，电动机不运转。而当水池中的耗水量瞬间突然增加时，水池中的水位就要降低，下落的浮子通过杠杆带动滑动触头沿变阻器向上移动（开的方向），此时，电动机带动阀门向开的方面转动。于是，供水量开始增加，不久，流入的水量就可等于耗水量，在这一瞬间，水位停止下降。可是，这一情况发

生在水位比给定值要低的时候，此时，滑动触头仍然处于变阻器中心点以上，可逆电动机继续带动阀门向开的方面转动，从而水位开始升高（因水的流入量大于流出量），滑动触头便向下移动，随水位而变动的滑动触头没有移到变阻器的中心点时，水位将继续升高。当滑动触头在某一时间处于变阻器中心点时，电动机停止转动。在供水量过大时，浮子升高，通过杠杆带动滑动触头沿变阻器向下移动（关的方向），此时，电动机带动阀门向关的方向转动，供水量就开始减少。总之，当水位进入给定值的状态时，流入量与流出量彼此相等。调节方法的选择是按需要而定的。

系统主要数据：

系统总气量 $48000m^3/h$，此气量系经验数据。酸洗槽的气量决定于带钢宽度、带钢速度、酸液浓度、温度以及蒸发表面积等因素。喷洗槽的气量主要取决于喷水量的多寡以及水的温度。

气体原始含酸浓度 $0.5\sim0.7g/m^3$（此系经验数据，随着工艺操作的变动会有变化，酸洗槽内排出的气体含酸（HCl）量较喷洗槽的高。此数据是在吸收塔入口处测得的，而不是每个槽的出口处测得的数据）。

颗粒尺寸为 $0.1\mu m$ 以下；气体中含酸成分为盐酸；酸洗槽内酸液浓度 $60\sim130g/L$，酸液温度 $65\sim80℃$；酸洗槽吸气速度约 $10m/s$，喷洗槽吸气速度 $5\sim7m/s$；排放浓度小于 $10mg/m^3$；吸收塔阻力 $784.3Pa$，排气烟囱阻力 $196.1Pa$，烟囱流速 $17m/s$；去雾器喷水量 $1m^3/h$，循环水量 $80m^3/h$。

四、轧钢粉尘的回收利用

氧化铁皮是轧钢厂在高温轧制过程中遇水冷却后钢材表面产生的氧化物。因其形状像鱼鳞，故称铁鳞，铁鳞进入除尘系统，经除尘后得到含氧化铁皮粉尘，氧化铁皮粉尘很容易回收利用。

（一）生产球团矿利用

目前生产球团矿的原料主要有磁铁精矿、赤铁精矿和膨润土，由于磁铁精矿的供应越来越紧张，质量下降，铁的品位和亚铁含量降低，直接影响球团生产工艺和产量的提高。氧化铁皮粉尘是钢铁企业的轧钢废弃物，其铁的品位和亚铁含量较高，利用氧化铁皮粉尘生产球团矿可以提高球团矿的产量并扩大球团矿资源。

生产工艺流程是：细磨，将氧化铁皮粉尘细磨到 $0.074mm$ 以下（—200目）；配料，将氧化铁皮尘、磁铁精矿、赤铁精矿、膨润土等原料按照要求进行配料，氧化铁皮尘的配比量 20%左右，赤铁矿的配比量 35%左右；混匀烘干，在 $500\sim650℃$ 的温度下，将配好的料烘干；造球，将烘干的料在圆盘中加适宜的水分进行造球；生球筛分，在振动筛中筛除 16mm 和小于 6mm 的生球；焙烧，经筛分后的 $6\sim16mm$ 的生球放入竖炉内焙烧，焙烧温度控制在 $1100\sim1250℃$；成球筛分，对成品球进行筛分，筛除 5mm 以下的成品球。

利用氧化铁皮粉尘生产球团矿不仅提高了球团矿的质量，同时综合利用了钢铁企业的固体废弃物轧钢粉尘。

（二）用于炼钢原料

电炉炼钢技术，由于耗电量高，并采取精料冶炼方针，因此对废钢铁料的要求较高，但这种废钢铁不仅数量少，而且价格高，虽然进行强化冶炼，采取吹氧助燃等措施，缩短了时间，降低了成本，但由于原材料价格高，供应不足，无法参与市场竞争。以氧化铁皮粉尘等为主要原料的炼钢方法，以价格低廉且来源广泛的氧化铁皮粉尘、渣钢等废料为主要原料，取代了量少、价高的废钢，其主要含铁原料是 30%左右的氧化铁皮尘、70%左右的生铁屑或渣钢。

工艺流程是：装料并通电熔化，当炉料温度大于 900℃时，用 0.4～0.6MPa 的中压氧进行吹氧助熔，吹氧时间为 1～20min，待炉料熔化后，排出炉渣，完成熔化过程。

炉料熔化后，按炉料的 3%～5%分批放入矿石、石灰、氧化铁皮尘、萤石等造渣剂进行氧化熔炼，并再次按上述压力进行 1～20min 吹氧脱磷、脱碳，使钢中的磷含量低于0.03%，碳含量也低于 0.2%。

氧化末期，除去炉内氧化渣，并按炉料量的 2%～3%分批投入石灰、炭粉、萤石等造渣剂，并加入硅铁、锰铁等铁合金进行还原，脱氧和合金化后，并进行充分搅拌，当温度、化学成分达到要求时即可出钢。

（三）回收铁、镍等金属

用环形炉处理轧钢粉尘、电炉除尘粉尘和酸洗沉渣等废物，除回收铁外，还回收废渣中的镍、铬等有价的合金成分，同时根据废物含水量大的特点，即先将废渣干燥后利用成形机压成椭圆形的团块以代圆盘造球机成球，这样在还原过程中粒度整齐、受热均匀、还原效果更好。

（1）原料。将含水 54%酸洗沉渣和含水 90%的轧钢氧化铁皮粉尘干燥至含水 3%后进行配料，其成分见表 3-65。

表 3-65　混合料的主要成分　　　　　　　　　　　　　　　　单位：%

名称	铁	镍	铬	锌	钙	硫
比例	19.7	1.7	4.6	1.5	15.7	0.6

（2）将混合料用成形机压成椭圆形团块。

（3）加入环形炉进行脱锌和还原处理（环形炉炉外径 ϕ15m、炉床宽 2m，年处理废物量2.52 万吨）。还原温度 1300℃，还原周期 15min。还原脱锌完成后，推出炉外，稍经冷却后即加入电炉和 AOD 炉作为金属料综合利用。

通过控制配料比，使炉料中铁的金属化率达 70%～80%，镍的金属化率达 92%～100%，铬也得到较好利用。

参 考 文 献

[1] 王纯，张殿印. 废气处理工程技术手册. 北京：化学工业出版社，2013.
[2] 张殿印，王纯. 除尘工程设计手册. 第 2 版. 北京：化学工业出版社，2011.
[3] 本书编委会. 钢铁工业节能减排新技术 5000 问. 北京：中国科学技术出版社，2009
[4] 俞非瀌，王海涛，王冠，张殿印. 冶金工业烟尘减排与回收利用. 北京：化学工业出版社，2012.
[5] 王永忠，张殿印，王彦宁. 现代钢铁企业除尘技术发展趋势. 世界钢铁. 2007（3）：1-5
[6] 冶金工业部建设协调司，中国冶金建设协会编. 钢铁企业采暖通风设计手册. 北京：冶金工业出版社，1996.
[7] 沈晓林. 烧结机头电除尘器提效技术研究. 宝钢技术. 2006（1）：10-12.
[8] 国家环境保护局. 钢铁工业废气治理. 北京：中国环境科学出版社，1992.
[9] 王海涛等. 钢铁工业烟尘减排和回收利用技术指南. . 北京：冶金工业出版社，2011.
[10] 杨飚. 烟气脱硫脱硝净化工程技术与设备. 北京：化学工业出版社，2013.
[11] 王永昌等. 火电厂脱硫石膏综合利用的可行性研究. 中国电力环保. 2007（05）：18-33.
[12] 董保澍. 固体废物的处理与利用. 北京：冶金工业出版社，1992.
[13] 王绍文，杨景玲，赵锐锐，王海涛. 冶金工业节能减排技术指南. 北京：化学工业出版社，2009.
[14] 唐平，曹先艳，赵由才. 冶金过程废气污染控制与资源化. 北京：冶金工业出版社，2008.
[15] 张朝辉，等. 冶金资源综合利用. 北京：冶金工业出版社，2011.
[16] 王海涛等. 钢铁工业烟尘减排和回收利用技术指南. 北京：冶金工业出版社，2011.

第四章

建材工业烟尘减排与回收利用

建材工业行业多，产品繁杂，归口管理分三大类：即建筑材料，包括水泥、平板玻璃、建筑陶瓷、新型建筑材料、砖瓦、灰、砂、石等；非金属矿，包括石棉及其制品、石膏、石墨、云母、滑石、大理石、花岗岩、金刚石等；无机非金属材料，包括玻璃纤维及玻璃钢制品等。共有130多种主要产品。

第一节　烟尘的来源和特点

建材工业是重要的原材料工业，其生产工艺过程的共同特点是，物料处理量大，输送环节多，高温作业。以水泥生产而论，每生产1t水泥大约需要处理2.8t以上的物料，同时，每生产1kg水泥必须净化10～15m³的烟气。物料在生产加工过程中，从矿山开采、原料破碎、粉磨至煅烧成熟料，再经粉磨水泥包装出厂，工序之间有采用皮带输送机、斗式提升机、螺旋输送机或空气泵等多种输送环节；配好的原料，经过回转窑或立窑在1400～1450℃高温状态下煅烧成熟料，烧成岗位温度高，烟尘量大，而且浓度高，治理不当，会污染环境。

一、建材工业烟尘来源

建材工业的废气污染源是属于混合污染源，既向大气排放粉尘和烟尘、二氧化碳、氮氧化物、硫氧化物等无机污染源，又向环境排放废热和废物。

建材工业的烟尘主要来源于水泥厂的回转窑、立窑；平板玻璃厂的玻璃熔窑；建筑陶瓷厂的倒焰窑、隧道窑；砖瓦厂的土窑、轮窑、隧道窑；石灰厂的土窑、立窑等。烟尘主要来源列于表4-1。

表 4-1　建材工业烟尘主要来源

序号	企业名称	烟尘主要来源
1	水泥厂	1. 高温废气：回转立窑、立窑、烘干机、冷却机等 2. 常温含尘废气：石灰石矿山爆破、原料破碎、水泥包装及物料贮运系统等
2	平板玻璃厂	1. 高温废气：玻璃熔窑、煤气发生炉等 2. 常温含尘废气：原料破碎、粉碎、筛分、配料、混料及玻璃切装、耐火材料的加工过程等 3. 锅炉烟气
3	建筑陶瓷厂	1. 高温废气：素坯、釉烧隧道窑、倒陷窑、喷雾干燥塔等 2. 常温废气：原料破碎、配料、轮碾、混料、成型、喷釉及石膏炒制等
4	石棉矿 石棉制品厂	1. 常温含尘气体：矿山开采、选矿厂的破碎、筛选及输送装置、原棉包装等 2. 常温含尘气体：原棉打包、倒包、混碾、风力浮选、过筛及石棉制品的梳纺、捻线、编织等；石棉橡胶制品、石棉摩擦材料的混合压延、毛坯加工等
5	油毡、沥青厂	1. 高温废气：沥青氧化尾气 2. 常温含尘废气：浸渍、撒布、卷毡
6	砖瓦厂	1. 高温烟气：轮窑、隧道窑、土窑等 2. 常温含尘废气：原料破碎、码堆、出窑等
7	建筑机械厂	1. 高温烟气：冲天炉 2. 常温含尘废气：型砂制备与输送、铸钢、铸铁件清砂、旧砂回收利用及毛坯切割加工等 3. 锅炉烟气：工业锅炉
8	石墨、 滑石、膨润土矿	1. 高温烟气：石墨烘干 2. 常温废气：矿石开采、破碎、粉磨及成品包装等

二、建材工业废气的分类

1. 高温废气

以原煤为燃料，对原材料进行烘干，对成品或半成品进行高温烧结或半熔融状态所产生的含尘烟气。

2. 锅炉烟气

工业或民用所需供热、供气、供水的各种燃煤锅炉所产生的含尘烟气。

3. 常温含尘废气

各种原材料在加工、转运过程中，以及成品包装过程中所产生的含尘气体。

三、建材工业烟尘的特点

1. 烟尘量大

以水泥企业为例，见表 4-2。

表 4-2　水泥生产各设备含尘气体量

设备名称	排风量/[m³(标)/h]	备　注
湿法长窑	(2800~4500)G	G 为窑台时产量, t
力波尔窑	(3000~5000)G	G 为窑台时产量, t
干法长窑	(2500~3000)G	G 为窑台时产量, t
悬浮预热器窑	(2000~2800)G	G 为窑台时产量, t
带过滤预热湿法窑	(3300~4500)G	G 为窑台时产量, t
立窑	(2000~3500)G	G 为窑台时产量, t
窑外分解窑	(1400~2500)G	G 为窑台时产量, t
熟料箅式冷却机	(1200~2500)G	G 为箅式机台时产量, t
回转烘干机	(1000~4000)G	G 为烘干台时产量, t

设备名称		排风量/[m³(标)/h]	备 注
生料磨	中卸烘干磨	$(3500\sim5000)D^2$	D 为磨机内径,m
	风扫磨	$(2000\sim3000)G$	G 为磨机台时产量,t
	立式磨	$(2000\sim3000)G$	G 为磨机台时产量,t
	O-Sepa 选粉机	$(900\sim1500)G$	G 为磨机台时产量,t
水泥磨	机械排风磨	$(1500\sim3000)D^2$	G 为磨机内径,m
	辊压机	$(100\sim200)G$	G 为磨机台时产量,t
煤磨	钢球磨(风扫)	$(2000\sim3000)G$	G 为磨机台时产量,t
	立式磨	$(2000\sim3000)G$	G 为磨机台时产量,t
破碎机	颚式	$Q=7200S+2000$	S 为破碎机颚口面积,m²
	锤式 反击式	$Q=(16.8\sim21)dLn$	d 为转子直径,m L 为转子长度,m n 为转子速度,r/min
	立轴	$Q=5d^2n$	d 为锤头旋转半径,m n 为转子速度,r/min
提升运输设备	包装机	$300G$	G 为包装机台时产量,t
	散装机	$(20\sim25)G$	G 为散装机台时产量,t
	空气斜槽	$Q=(0.13\sim0.15)BL$	B 为斜槽宽度,mm L 为斜槽长度,m
	斗式提升机	$Q=1800VS$	V 为料斗运行速度,m/s S 为机壳截面积,m²
	胶带输送机	$Q=700B(V+h)$	B 为胶带宽度,m V 为胶带速度,m/s h 为物料落差,m
	螺旋输送机	$Q=D+400$	D 为螺旋直径,mm

从表 4-2 所列各种窑型及废气量来看,以湿法长窑为例:$\phi3.5m\times145m$ 窑为代表,年产熟料 20 万吨,年排废气量为 6.6 亿～9 亿立方米(标)。

2. 废气含尘浓度高

以水泥生产为例见表 4-3。

表 4-3　水泥生产各设备含尘气体性质

设备名称		含尘浓度/[g/m³(标)]	气体温度/℃	水分(体积)/%	露点/℃	<20μm 粉尘粒径/%	比电阻/(Ω·cm)
湿法长窑		$10\sim60$	$150\sim250$	$35\sim60$	$60\sim75$	80	$10^{10}\sim10^{11}$
立波尔窑		$10\sim30$	$100\sim200$	$15\sim25$	$45\sim60$	60	$10^{10}\sim10^{11}$
干法长窑		$10\sim80$	$400\sim500$	$6\sim8$	$35\sim40$	60	$10^{10}\sim10^{11}$
悬浮预热器窑		$30\sim80$	$350\sim400$	$6\sim8$	$35\sim40$	70	$10^{10}\sim10^{11}$
带过滤预热湿法窑		$10\sim30$	$120\sim190$	$15\sim25$	$50\sim60$	95	$>10^{12}$
立窑		$5\sim15$	$50\sim190$	$8\sim20$	$40\sim55$	30	
窑外分解窑		$30\sim80$	$300\sim350$	$6\sim8$	$40\sim50$	60	$10^{10}\sim10^{11}$
熟料篦式冷却机		$2\sim30$	$150\sim300$			95	$>10^{12}$
回转烘干机	黏土	$40\sim150$	$70\sim130$	$20\sim25$	$50\sim65$	1	$10^{11}\sim10^{13}$
	矿渣	$10\sim70$				25	
	煤	$10\sim50$					
生料磨	中卸烘干磨	$50\sim150$	$70\sim110$	10	45	60	
	风扫磨	$300\sim500$				50	
	立式磨	$300\sim800$					
O-Sepa 选粉机		$800\sim1200$	$70\sim100$				
水泥磨	机械排风磨	$20\sim120$	$90\sim120$			50	

设备名称		含尘浓度 /[g/m³(标)]	气体温度 /℃	水分(体积) /%	露点/℃	<20μm粉尘 粒径/%	比电阻 /(Ω·cm)
煤磨	钢球磨 (风扫)	250～500	60～90	8～15	40～50		
	立式磨						
破碎机	颚式	10～15					
	锤式	30～120					
	反击式	40～100					
包装机		20～30					
散装机		50～150	常温				
提升运输设备		20～50	常温				

从表4-3中可以看到，含尘浓度高的是带余热锅炉的干法窑，粉尘颗粒很细，例如，带浮悬预热器的干法窑<20μm的颗粒占95%；水泥磨及干法原料磨<20μm的粉尘占50%以上。

3. 废气成分复杂

建材工业品种繁多，废气的成分复杂。就粉尘而言，有水泥、平板玻璃、建筑陶瓷的原料粉尘，还有石棉、石墨、岩棉、玻璃纤维及玻璃钢粉尘等。由于建材工业生产工艺的特点，决定在原料的烘干、成品或半成品的烧制过程中，煤的灰分混入成品中，例如，用回转窑或立窑烧成的熟料就是如此。少数灰分随烟气外排，因此，排出的各种粉尘中含有少量的粉煤灰。

废气中，含有二氧化碳、一氧化碳、氮氧化物、硫氧化物、氧气、硫化氢、氟化氢等。水泥回转窑废气的化学成分和发电厂锅炉的废气成分相比，二氧化碳和水分较多，而二氧化硫很少。这是由于在煅烧过程中，水泥原料中主要成分——石灰石发生分解反应，生成氧化钙和二氧化碳，所以产生较多的二氧化碳。当煅烧温度为800～1000℃时，氧化钙显著吸收二氧化硫形成硫酸钙，所以二氧化硫较少。不同窑型对二氧化硫的吸收率也不尽相同，不同窑型与硫的吸收率见表4-4。

表4-4 不同窑型与硫的吸收率

窑型	预分解窑	悬浮预热器窑	立波尔窑	立窑	湿法窑
吸收率/%	98～100	95～100	95～100	80～95	75～85

4. 废气中的无机物为主要污染物

建材产品是以无机硅酸盐矿物为主体。废气中所含粉尘的化学成分又是以氧化钙、三氧化二铝、二氧化硅、氧化镁、三氧化二铁、三氧化硫、氧化钾、氧化钠为主的无机氧化物，因此，废气中粉尘污染是以无机物为主。

第二节　水泥工业烟尘减排与回收利用

由于水泥生产过程产生大量的含尘气体和粉尘飞扬，所以水泥厂是目前污染较严重的部门之一。水泥生产工艺流程见图4-1。

水泥生产过程主要是原料的破碎、粉磨、烧成，其污染以废气和粉尘为主，比起某些部门（如化工、冶金等）对污染的治理较为单一。但是随着生产规模的不断扩大（如产量2000t/d、4000t/d熟料工厂的建成），粉尘和废气的排放量也相应增加，水泥厂已成为当地污染的大户。

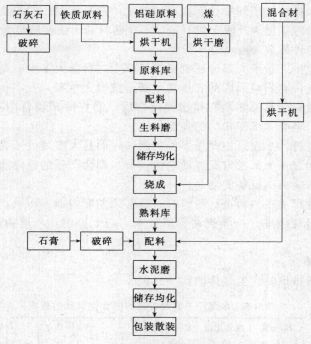

图 4-1　水泥生产工艺流程

一、水泥生产烟尘的来源和性质

1. 污染物的来源

在水泥工业中，根据建厂地区的不同（如南方或北方），生产规模大小的不同（如 4000t/d、或 3200t/d），采用的技术先进程度的不同。水泥厂生产工艺有湿法（原料成料浆状入窑）、半干法（原料成球状，含有约 13％的水入窑）、干法（原料以干粉状入窑）三种生产方法。干法生产又因煅烧方式不同有干法中空窑、带立筒预热器窑、带旋风预热器窑、带预热锅炉窑等。由于生产方法不同，烟尘的污染程度也不同。水泥厂粉尘的主要来源有以下几方面。

（1）石灰石开采和破碎过程　水泥厂通常采用爆破方法从石灰石矿山开采石灰石，然后经一段或两段破碎机破碎成约 20mm 的石块，这种爆破和破碎过程均会产生粉尘飞扬。

（2）运输、储存、包装过程　水泥原料的运输、均化、储存及水泥成品的储存、输送、包装等环节，均会产生大量的粉尘飞扬，造成各个生产岗位的污染。

（3）烘干过程　水泥厂许多物料（如石灰石、黏土、煤、矿渣等），在粉磨前均需进行烘干，目前应用较广泛的是回转筒式烘干机，因为物料烘干过程通入空气过剩系数比较大，所以烘干各种物料所产生烟气的化学成分都很接近，其中烟尘的含量多在 $10 \sim 40g/m^3$，粒度较粗。

（4）原料粉磨过程　在原料的粉磨系统中，由于原料性能的差异和含水量的高低不同，粉磨系统有不同的型式，目前主要有磨内烘干和磨外烘干两类。磨内烘干又分扫磨系统、尾卸提升循环磨系统、中卸提升循环磨系统。磨外烘干包括：选粉烘干系统、带有立式烘干塔的粉磨系统和预破碎、预烘干系统等。由于生产工艺系统的区别，在粉磨过程中产生的烟尘量也不同。例如，采用立式辊式磨时，烟气中的含尘量可高达 $1000g/m^3$。

（5）水泥熟料的煅烧过程　水泥熟料的煅烧采用立窑或回转窑，煅烧过程消耗大量燃料

（煤、油或天然气），排放的废气中含有很高的粉尘，它是水泥厂的主要污染源。干法生产的回转窑，其窑尾烟尘污染最为严重。以日产 2000t 熟料的干法回转窑为例，如果窑尾没有装设收尘器，每天要向外排放 400～600t 粉尘。

占我国水泥工业生产量绝大部分的机械立窑烟尘，目前大多没有高效收尘设备，每天向外逸出大量含尘烟气，它们对周围的农作物生长造成很大危害。

（6）熟料冷却过程　水泥熟料在排出回转窑后，需在冷却设备中冷却至 50℃，当采用推动篦式冷却机时，将会排出带粉尘的高温气体。

（7）煤粉制备过程　水泥厂主要以煤作为燃料，而且大多装设了煤粉制备系统。煤粉制备系统排出的乌黑烟气，如果没有良好的净化设备，则会严重的污染周围环境。它不但影响了工人健康，而且影响机械设备的寿命。

（8）水泥粉磨过程　在熟料进行粉磨时，通常须向磨内通入冷风，以带走粉磨过程产生的热量，避免物料出现包球，从而提高粉磨效率，与此同时，从磨内排出含尘浓度较高的废气。

2. 污染物的性质

水泥厂主要设备排出的含尘气体的性质见表 4-5。

表 4-5　水泥厂主要设备排出的含尘气体的性质

设备名称		排气量 /[m³/kg]	废气温度 /℃	水分(体积百分数)/%	露点 /℃	含尘浓度 /[g/m³]	粉尘粒径/%		备注
							<20μm	<88μm	
回转窑	湿法长窑	3.3～4.5	180～250	35～60	65～75	10～50	80	100	干法中空窑的废气温度为 600～700℃
	立波窑	2～4	100～200	15～25	50～60	10～30	60	90	
	干法长窑	2.5～3	400～500	6～8	35～40	10～40	70	100	
	干法预热窑	2～2.5	350～400	6～8	35～40	30～80	95	100	
立窑		2～3.5	50～190	8～20	40～55	1～10	60	95	
回转黏土烘干机矿渣		1.3～3.5	75	20～25	55～60	50～150	25	45	
		1.2～4.2	90			约 70			
磨生料磨	自然排风		50	4.5	30	10～20	50	90	
	带烘干	0.4～1.5	90	10	45	50～150			
机水泥磨	自然排风		100	3	25	约 40	50	100	
	机械排风	0.4～1.5	90～100			40～80			
熟料篦式冷却机		2.5～4.5	150	—	—	约 20	1	30	
钢球磨			70			25～80			
煤磨		2～2.5		8.15	40～50				
立式磨			70			20～80			

3. 水泥生产过程烟尘减排方法

水泥工厂烟尘的治理一般从以下两方面着手。

（1）改进生产工艺　它包括两点，一是尽可能地降低生产设备的粉尘飞扬量和废气量，这对简化收尘系统（例如采用一级收尘代替二级收尘）和缩小收尘器规格将起决定性作用。例如，一台水泥磨机，如果配用大的抽风机，则会因磨内风速过大而使大量水泥粉被抽至排尘管路。含尘浓度过大的烟气往往需采用二级收尘，致使系统复杂，占地面积大，投资也大。此外，要净化高浓度粉尘的烟气也需配用较大规格的收尘器。改进工艺的另一点是要使收尘系统尽可能处于微负压条件下工作，以便减少系统漏风量，降低收尘器、风机等设备的负荷，节省能源。

（2）合理选择收尘器设备　不同型式的收尘设备用于不同性质的烟尘，同时它们的收尘效率也不同。例如，旋风收尘器一般仅用于净化含干粗粉尘的烟气，且收尘效率一般低于

90％。总之，选择或设计收尘设备应根据被处理烟尘的性质而决定，其中包括烟气的温度、湿度、负压、烟气量、化学组成、粉尘的颗粒级配、粉尘的化合物组分、含尘量等条件。水泥厂常用除尘设备及其选用范围见表4-6。

表 4-6　水泥常用除尘设备及其选用范围

型式	作用原理	除尘设备的型号和名称		净化程度	粉尘种类	允许含尘浓度 /(g/m³)	允许气体温度/℃	使用地点
干式	重力	重力除尘器		粗净化	>50μm 密度较大的粉尘	不限	不限	回转窑和立窑
	电场	电除尘器	卧式	中、细净化	0.1~20μm 干的非纤维粉尘和烟气粉尘	约 40（约 60）	<300	回转窑、磨机、烘干机
			立式					
	离心力	旋风式除尘器	CLT/A 型、CLP 型、扩散型	中净化	>50μm 干的非纤维粉尘	约 60	<400	用于第一级除尘
		多管除尘器	CLG 型					冷却机、烘干机、窑
	过滤	袋式除尘器	脉冲喷吹式、反吹风式、气箱式	细净化	0.1~100μm 干的非纤维粉尘	<100 <15	纺织品<100 玻璃纤维 <300	破碎机、磨机、包装机、输送机及库顶
		滤筒式除尘器		细净化	0.5μm 以上的粉尘	<5	<200	包装机
湿式	离心力	泡沫除尘器、水浴除尘器			0.1~100μm 非水化粉尘		<400	破碎机、磨机、包装机、输送机
		水膜除尘器（CLS 型旋筒式）			0.1~100μm 非水化、非黏固性、非纤维粉尘			

二、水泥生产烟尘减排总则

（一）除尘工艺流程

除尘工艺流程和参数应根据生产设备（设施）的类型、能力、生产方式，所排含尘气体的性质，粉尘种类、排放要求和环境影响评价的要求经全面优化后确定。除尘系统在保证含尘气体被充分捕集的前提下，应根据含尘气体的性质，结合经济原则，选取一个污染源配置一台除尘设备的单独除尘方式或多个污染源配置一台除尘设备的集中除尘方式。含不同性质粉尘的含尘气体宜单独除尘，集中除尘收集的粉尘应进入对生产影响最小的物料中。新型干法水泥生产线烧成系统宜采用窑磨一体化生产工艺，含尘气体统一收集处理。

（1）除尘系统应采取强制通风负压系统，宜采用一级除尘。除尘系统包括集尘罩、风管、预处理设施、除尘器、排灰设备、锁风装置、排风机、烟气连续监测系统、排气筒、温度及压力检测元件、主风管阀门、电气及控制系统，以及压缩空气供给、一氧化碳检测等辅助系统，不同系统有所取舍。

（2）处理含有易燃易爆粉尘（如煤粉）的含尘气体，必须选择具有泄爆功能的除尘器，除尘器的设计、制造必须符合有关防燃爆的规定。煤磨除尘系统应设置温度、一氧化碳浓度等监测及自动灭火装置。

（3）除尘系统不得设置旁路风管。生产工艺参数波动大的除尘系统应设置缓冲或预处理设施。带式输送机转运处物料落差不能过大，溜角宜小于等于50°。布置在带式输送机上游的袋式除尘器排灰管应避免垂直下落，排料溜子要设置缓冲倾斜段。

（4）水泥厂主要有组织、无组织排放点及推荐的除尘方式见表4-7。

表 4-7 污染源排放点推荐的除尘方式

排放点		推荐的除尘方式
有组织排放	破碎	集尘罩＋袋式除尘器
	烘干机	袋式除尘器
	煤磨	防爆袋式除尘器
	生料磨	脉冲袋式除尘器
	新型干法窑窑头	电除尘器、袋式除尘器
	新型干法窑窑尾＋生料磨	袋式除尘器、电除尘器
	立窑	袋式除尘器
	水泥磨	脉冲袋式除尘器
无组织排放	库顶	脉冲单机袋式除尘器或气箱脉冲袋式除尘器
	库底卸料器	脉冲单机袋式除尘器或分别用集尘罩抽吸，集中用袋式除尘器处理
	散装车	集尘罩＋袋式除尘器
	皮带机转运处	集尘罩抽吸后集中用袋式除尘器处理
	立窑卸料	可设抽风管送入袋式除尘器入口
	包装机	集尘罩＋袋式除尘器

（二）除尘器

水泥工业除尘应采用袋式除尘器或电除尘器。除尘器应尽可能布置在污染源附近。露天布置的除尘器应有防雨措施。煤粉除尘器距四周墙壁应大于 2m，4m 范围内不宜设置通行楼梯和电气箱（柜）。

（三）风管和集尘罩

（1）除连接口外，风管宜采取圆形截面，尽量减少弯管，弯管半径取 $R＝（1.5～3）D$（D 为风管直径或当量直径）。风管内风速：倾斜管道宜取（12～16）m/s（煤粉管道与水平面倾斜角度宜大于 70°），垂直管道宜取（8～12）m/s，水平管道宜取（18～20）m/s。风管系统布置应防止管道积灰，不宜设置水平风管，必须设置时应尽可能短且便于清灰。易积灰的地方应设置清灰孔并采取防漏风措施。

（2）处理热烟气时，风管与除尘器的进出气口法兰之间应安装膨胀节。风管应根据使用工况进行相应的防腐处理。

（3）风管系统的适宜部位可装设阀门。当排风机功率超过 45kW 时，阀门应能实现控制室调节。在煤磨除尘器进口主风管上应设置气动阀门。采用法兰连接的风管应在法兰连接处采取密封措施。除尘器进风管上应按照规定设置永久采样孔，必要时设置测试平台。

（4）集尘罩的设置应靠近尘源，使罩口迎着粉尘散发的方向。其结构形式应便于安装和拆卸操作。从环境进入集尘罩的风量应适当，由尘源与集尘罩边缘缝隙吸入环境空气的流速应控制在 0.25～0.5m/s。集尘罩抽气口不宜设在物料处于搅动状态的区域附近。对于粉状物料，抽气口截面风速 1m/s 左右为宜；对于块状物料，抽气口截面风速应不大于 3m/s。

（5）在几个支风管向一个总风管汇合或总风管分为几个支风管时，必须进行阻力平衡计算，根据风量确定各风管的截面积，必要时可在支风管上加装阀门调整风量。支风管一般不宜超过 6 个。

（6）电除尘器风管必须垂直于进出气口法兰，垂直段的长度不小于三倍的风管当量直径。如现场条件不能达到以上要求，则应在弯头内增加导流装置。对具有双进气口的电除尘器，除以上要求外，风管的设计还应保证两个进气口的烟气量分布均匀。风管的横断面积应近似等于电除尘器的进出气口法兰横断面积，如现场条件不能达到以上要求，应设置扩散器，扩散器的扩散角一般为 60°，最大不能超过 90°，对大于 60°的扩散器内部应设置扩散板。

（四）排风机

排风机应符合国家或行业相应产品标准，其选型应满足所处理介质的要求。排风机的风量宜为除尘器处理风量的 1.10～1.15 倍，压头取系统全阻力的 1.2 倍。选择排风机配套电机时，应将轴功率除以风机效率、机械传动效率，乘以安全系数后，再圆整到现行电机规格。安全系数通常取 1.05～1.20。

（五）排气筒

排气筒的出口直径宜根据气体出口流速确定，气体出口流速可取 10～16m/s。排气筒应设置永久采样孔和采样测试平台。必要时应预留连续监测装置安装位置。排气筒应做防腐处理。

（六）保温

对处理含尘气体可能结露的除尘器和风管应采取保温措施，内壁的最低温度高于露点温度 8～10℃以上；当按照平板稳定传热计算时，环境温度按照当地极端最低温度取值。通过温度较高含尘气体的风管也宜敷设保温层。保温材料应紧贴设备壳体、固定牢固。保温层外应敷设保护板，保护板应固定，保护板与固定骨架之间应加隔热垫，固定方式应考虑除尘器壳体热胀冷缩的影响。在压缩空气凝结水可能结冰的地区，其压缩空气管路及净化装置宜采取保温或伴热措施。

（七）预处理

为确保窑头、窑尾除尘系统达标排放，应根据经济的原则设置预处理设施，使含尘气体的物理状态适应相应除尘器要求的使用条件。如选用袋式除尘器时，应将烟气温度降至滤料可承受的长期使用温度范围内；窑尾选用电除尘器时，应使粉尘比电阻小于 $10^{11}\Omega\cdot cm$。

预处理技术包括调整含尘气体物理状态的调质技术和余热利用技术，应优先采用烘干原料、燃料或余热发电的余热利用技术。降温调质应优先采用喷水雾化增湿技术，也可根据实际情况选用强制风冷或掺冷风技术；为降低比电阻的调质技术应采用喷水雾化增湿技术。窑头选用电除尘器时，如设备允许，可在篦冷机篦床上或合适位置进行喷水增湿，使烟气露点高于 25℃。

增湿塔内径可按式（4-1）和式（4-2）确定：

$$D=\sqrt{\frac{4Q}{\pi\times3600v}}=\sqrt{\frac{Q}{2826v}} \tag{4-1}$$

$$H=tV+l \tag{4-2}$$

式中，D 为增湿塔筒体内径，m；Q 为处理气体量，m^3/h；v 为增湿塔筒体内气流平均速度，m/s，一般取 1.5～3.0m/s（大型增湿塔取高值）；H 为增湿塔有效高度，m；t 为液滴蒸发时间，s，一般取 9～15s；l 为喷嘴喷雾射程，m。

（八）袋式除尘器

1. 主要参数

袋式除尘器的技术文件应参照表 4-8 标明主要参数。因设备结构不同可做相应增减。

表 4-8　袋式除尘器型号规格示意表

参数名称	单　位	参数名称	单　位
型号规格		换袋空间高度	mm
处理风量	m³/h	压缩空气压力	MPa
过滤风速	m/min	压缩空气消耗量	m³/min
净过滤风速	m/min	排灰设备功率	kW
室数	个	锁风设备功率	kW
每室滤袋数	条	入口气体温度	℃
滤袋规格（直径×长度）	mm×mm	总装机功率	kW
总过滤面积	m²	滤袋材质	
粉尘入口含尘浓度	g/m³（标）	反吹风机功率	kW
粉尘出几含尘浓度	mg/m³（标）	反吹风机风量/风压	m³/h,Pa
运行阻力	Pa	壳体承受压力	≤Pa
脉冲阀规格		设备外形尺寸（长×宽×高）	m
每室脉冲阀数量	只	设备总质量	kg

袋式除尘器运行阻力宜小于 1800Pa（脉冲袋式除尘器运行阻力应小于 1500Pa）。

袋式除尘器本体漏风率根据其使用负压的大小确定，应小于表 4-9 数值。

表 4-9　袋式除尘器本体漏风率

工作负压 p/Pa	$p \leqslant 3000$	$3000 < p \leqslant 6000$	$p > 6000$
漏风率 a/%	2.5	3.0	3.5

设备漏风率应按式（4-3）计算：

$$a = \frac{Q_c - Q_i}{Q_i} \times 100\% \tag{4-3}$$

式中，a 为漏风率，%；Q_i 为标况入口风量，m³（标）/h；Q_c 为标况出口风量，m³（标）/h。

漏风率测定应进行三次，取其算术平均值。

2. 袋式除尘器结构

袋式除尘器的结构主要包括箱体、灰斗、滤袋、清灰机构、输灰及排灰装置、控制柜（箱）及煤磨袋式除尘器的防爆门等。箱体应满足以下规定：

（1）箱体的强度应能承受系统压力，设计承载压力应不小于系统产生的最大承载压力的 120%。煤磨除尘器的箱体设计应考虑承受煤粉爆炸压力（约 20000Pa）。

（2）箱体壁板应进行防腐处理，腐蚀裕度不小于 1mm。

（3）反吹风除尘器的箱体隔板要考虑承受交变载荷的刚度，滤袋吊挂机构的预紧拉力应符合 JB/T 8471 的规定。

（4）脉冲喷吹除尘器花板在加强后应能承受系统压力、滤袋自重及最大粉尘负荷，并在此基础上增加不小于 1mm 的腐蚀裕度。根据机组规格大小，花板厚度至少应大于等于 4mm。

灰斗的强度应按不小于满负荷工况下承载能力的 150% 设计，并能保证长期承受系统压力和满斗积灰的重力。灰斗的容积应考虑输灰设备检修期内的储灰量。除单机袋式除尘器外，灰斗应设置检修门。灰斗的夹角宜大于 60°，煤磨除尘器灰斗与水平面的夹角应大于 70°，对黏性较大的粉尘宜在灰斗设捅料和清堵装置，处理易结露含尘气体的袋式除尘器应设置加热器及振动器（或清堵设施）。

支柱（腿）的设计应牢固可靠，满足袋式除尘器的强度和刚度要求。考虑因素包括除尘器的设备重量（包括满斗灰重）、当地的最大风载荷、雪载荷、人员活动载荷和地震设防附加载荷。

对于带文丘里管的袋式除尘器，其文丘里管应与框架组装在一起，文丘里管与滤袋框架两者接触断面的同心度公差不大于1.0mm。

滤料应适应含尘气体的性质，且在正常工况及操作下，滤袋使用寿命应大于2年。

排灰设备和卸灰装置应符合相应机电产品标准，满足最大卸灰量和锁风要求。

反吹风机全压和流量应大于清灰所需压力和风量的1.3倍。

反吹风气路系统应配备气动阀。为窑、磨等主机配套的反吹风袋式除尘器，每单元进气管路上应加装手动碟阀。

开启气动阀的压缩空气宜经过滤器、调压阀和给油器组成的气动三连体净化，脉冲清灰用压缩空气应经过滤器、调压阀组成的气源处理单元净化，压力分别保持在气缸或脉冲阀正常工作的范围内。

3. 袋式除尘器选型和计算

应根据所处理含尘气体和粉尘的性质及工艺条件，选择袋式除尘器的种类、确定过滤风速、计算总过滤面积，由总过滤面积确定除尘器的规格，总过滤面积按式(4-4)计算。

$$S = \frac{Q}{60V} \qquad (4-4)$$

式中，Q 为处理风量，m^3/h；S 为总过滤面积，m^2；V 为过滤风速，m/min。

采用离线清灰时，袋式除尘器的过滤速度通常以净过滤速度为准，此时可先按式(4-5)计算净过滤面积，再按式(4-6)计算总过滤面积。

$$S_{净} = \frac{Q}{60V_{净}} \qquad (4-5)$$

$$S_{总} = S_{净} + S_{清} \qquad (4-6)$$

式中，$S_{净}$ 为净过滤面积，m^2；$V_{净}$ 为净过滤风速，m/min；$S_{清}$ 为执行离线清灰单元的滤袋面积，m^2。

袋式除尘器的处理风量应按生产设备需处理气体量的1.1倍计算，若气体量波动较大时，应取气体量的最大值。滤袋的过滤风速可根据袋式除尘器的种类、滤料种类、入口含尘浓度等工艺条件选择。入口含尘浓度高时取较低的风速，入口含尘浓度低时取较高的风速。脉冲喷吹袋式除尘器的过滤风速1.0～1.5m/min，当入口含尘浓度超过500g/m³时，净过滤风速应不超过1.0m/min；气箱脉冲袋式除尘器过滤风速1.0～1.4m/min；非覆膜玻纤滤料的反吹风袋式除尘器，净过滤风速宜不超过0.5m/min。

水泥工业主机（窑、磨、冷却机）设备若选用多箱体离线清灰袋式除尘器，箱体数宜≥6。

处理高温、高湿、易燃、易爆含尘气体应分别选用具有耐高温、抗结露、抗静电性能的滤料，处理含尘浓度大于500g/m³含尘气体宜选用覆膜滤料。

4. 电气及控制系统

袋式除尘器控制柜/箱应有单独的回路供电。控制回路电源应由袋式除尘器控制柜/箱自身完成配电。袋式除尘器控制柜/箱应具有手动/自动控制功能。自动控制分为中央控制/本机控制柜的控制选择，现场控制应具有"机旁优先"的功能。引至中央控制系统的接口信号一般为无源接点或模拟量信号，信号类型要满足用户的要求。袋式除尘器控制柜/箱的主控制器可采用单片机或PLC可编程序控制器，时间控制精度要达到0.01s；控制内容除包括通常应具有的清、卸、输灰控制功能外，还应针对设备使用对象不同，具有温度上、下限报警及其处理对策，灰斗防结露、黏结控制，防煤粉燃、爆控制措施等。自动控制应具有定时/定差压控制方式，以适应不同情况的需要。

控制器应具有方便修改控制参数的功能，以便实现最佳运行。用于高海拔地区的控制柜/箱，主要元、器件的选型必须高出常规一个等级。用于高湿地区的控制柜/箱，必须选择耐湿、耐腐蚀的元器件。

（九）电除尘器

1. 主要参数

电除尘器的技术文件应参照表 4-10 标明主要参数。因设备种类不同，可作相应增减。电除尘器可以是钢支架支承，也可以是混凝土支承。不论是钢支架支承或混凝土支承均须设置活动支承。

表 4-10　电除尘器型号规格及基本参数

性能参数名称	结构参数名称
型号规格	室数
处理风量/(m³/h)	横断面积
入口烟气温度/℃	电场数
入口烟气露点温度/℃	电场长度
入口烟气含尘浓度/(g/m³)	电场高度
出口烟气含尘浓度/[mg/m³(标)]	电场宽度
电场内气流速度/(m/s)	同极间距
烟气通过时间/s	收尘极型式
有效驱进速度/(cm/s)	总收尘面积
比收尘面积/[m²/(m³·s)]	放电极型式
操作压力/Pa	总放电极长度
运行阻力/Pa	整流设备的各项参数
设计压力/Pa	设备总重

2. 电除尘器的结构

电除尘器由机械和电气两大部分组成。机械部分主要包括气体分布板及振打装置，壳体（包括灰斗），收尘极、放电极，排灰、锁风设备等；电气部分主要包括高压电源及控制系统和低压控制系统。

3. 电除尘器的选型和计算

应根据所处理的烟气和粉尘的性质、烟气的工况气体量、工艺条件和用户的其它要求选取电除尘器的规格和结构。

应取最不利的工作状态作为除尘器选型的依据。电场风速的选取：窑尾宜小于等于 0.85m/s，窑头宜小于等于 0.9m/s，煤磨宜小于等于 0.8m/s。电除尘器总收尘面积按式（4-7）计算

$$A = \frac{-Q \times \ln(l-\eta)}{\omega} \times 100 \tag{4-7}$$

式中，A 为总收尘面积，m²；Q 为工况烟气量，m³/s；η 为总除尘效率，%；ω 为驱进速度，cm/s。

驱进速度的取值应考虑工艺参数和条件、工艺系统的设备和布置，并留有适当的余地。

根据确定的总收尘面积，确定除尘器横断面积、电场高度、长度和电场数等，窑尾和窑头电除尘器应大于等于 4 电场。新设计的电除尘器其电场高度与电场宽度的比值小于等于 1.3；电场总长度与电场高度的比值大于等于 1。

4. 电源及控制系统

电除尘器高、低压电源及控制系统应符合 HJ/T 320 和 HJ/T 321 的规定。

高压电源分户外式和户内式。户外式布置应在高压整流变压器旁同时配置高压隔离开关柜，户内式布置应在变压器室内布置四点式高压隔离开关。高压整流变压器与电场之间应配置阻尼电阻，电阻功率应大于实际功率的 3 倍以上，并有良好的通风散热空间。高压电源的容量应按电源的二次工作电压和电流值的上限选取。通常情况下，二次工作电压宜为 $55\sim72kV$，对于宽间距电除尘器和选用非尖端放电的电晕线时应取高值。二次工作电流以板电流密度为计算依据，常规电除尘器的板电流密度取 $0.35\sim0.40mA/m^2$，放电性能好的电晕线取高值，放电性能差的电晕线取低值。低压供电系统应具有控制振打及绝缘材料加热等功能。振打和停止时间应可调，调节范围应满足实际使用的需要。

（十）工程配套设施

1. 压缩空气供给

除尘工程用压缩空气应集中供给，供给系统包括压缩空气站和输送压缩空气管道。压缩空气站对除尘器的供气能力不小于除尘器耗气量的 1.2 倍。

压缩空气应经除油、除水等净化处理，达到除尘设备对压缩空气品质的要求。

用气点压缩空气应满足除尘器用气流量和压力的要求，波动范围不得超过许用范围。

储气罐到用气点的管线距离一般不超过 50m，超过该距离时宜另设储气罐。用气量较多的点可单独设储气罐。对大型袋式除尘器供气，宜从压缩空气站设专用管道。为每台除尘器输送压缩空气的管道上均应设置截止阀。压缩空气管道内的气体流速不大于 20m/s，压缩空气管线应短捷，管线应具有适当坡度，易于排出冷凝水。

2. 一氧化碳监测装置及灭火装置

煤磨除尘系统及窑尾电除尘系统应设一氧化碳监测及报警装置。一氧化碳监测及报警装置应与主机设备联锁。

煤磨除尘系统应设灭火装置。灭火装置的设置应符合相应消防标准。使用二氧化碳灭火系统应符合规定。灭火装置的安装应由有资格的安装单位进行施工，并由消防部门组织验收。

（十一）烟气排放连续监测系统（CEMS）

应按照《污染源自动监控管理办法》的规定安装烟气连续监测系统，并与当地环保部门联网。连续监测系统的安装部位、数量和监测项目应符合 GB 4915 和地方环境保护管理部门的要求。

（十二）无组织排放防治

应减少物料露天堆放，干物料应封闭储存；取消生产中间过程各种车辆运输；消除生产中物料的跑、冒、漏、撒。对库底、配料、转运、包装等多发生无组织排放的地方，应把无组织排放转化成有组织排放进行治理。

各物料储存库库顶应设排风口并设置除尘器，杜绝含尘气体无组织外泄。散装应采用带抽风口的散装卸料装置，物料装车与除尘同时进行，抽吸的气体除尘后排放。物料卸出或转运应降低落差，出料倾角应适当，减少物料扬起，在落料点周围设置风罩抽风除尘。

除尘工程在设计、安装、调试、运行以及维修过程中应始终贯彻安全的原则，遵守安全技术规程和相关设备安全性要求的规定。

建立并严格执行经常性和定期的安全检查制度，制定除尘系统燃爆应急预案。

操作（控制）室和工作岗位应根据需要采取通风、调温和隔声等措施，防治职业病和保护劳动者健康。

（十三）除尘工程安装

除尘器本体及零部件的现场储存、运输和吊装应符合产品技术文件的规定。

除尘工程安装包括：除尘器本体、高低压电源及其控制系统的安装，系统相关设备和装置的安装，风管和电、气、水管线的连接，除尘系统保温和防雨等。施工单位应制定安装技术方案。滤袋安装应在全部设备安装完毕并对含尘气体管道系统进行空载试运行后进行；滤袋装好后，不得在壳体内部和外部再实施焊接和气割等明火作业。除尘器的泄压装置应确保泄压功能。气路系统要保证密封，气动元件动作应灵活、准确。各运动部件应安装牢固，运行可靠。

电除尘器的壳体四角必须分别进行可靠的接地，新安装电除尘器的接地电阻应小于等于2Ω。除尘工程安装完成后，应彻底清除除尘器、含尘气体管道及压缩空气管路内部的杂物，关闭各检修门。控制柜/箱的安装要求如下：

① 控制柜/箱的安装应和水平面保持垂直，倾斜度小于5%。

② 避免强电、磁场及剧烈振动场合。

③ 控制柜/箱体必须可靠接地。

④ 室内安装应注意通风、散热，室外安装应有防尘、防雨、防晒等措施。

（十四）除尘系统调试

除尘系统调试分单机试车、与主机设备空载联合试运行和带料试运行三阶段。前一阶段试车合格后进行下一阶段试车。单机试车应解决转向、润滑、温升、振动等问题，连续运行时间不低于2h。单机试车时，应记录每个设备（装置）的试车过程。除尘系统与主机设备空载联合试运行应在该系统设备全部通过单机试车后进行，要求如下：

① 试运行之前必须清理安装现场，清除系统内杂物，悬挂"警示牌"，做好安全防范工作；

② 各运动部件加注规定的润滑油（脂），转动灵活；

③ 确认供电、供水、供气正常，仪表指示正确；

④ 电除尘器应首先对所有绝缘材料加热，确认对其能进行温度控制；

⑤ 电除尘器的升压试验应执行JB/T 6407、JC/T 358.1、JC/T 358.2标准及随机提供的安装说明书，只有当一个电场（或电源）升压正常并稳定后，才可以进行另一个电场（或电源）的升压试验，此时前一个电场不应关闭；全部电场升压完成后，应启动全部振打装置，在全部振打装置运行的情况下，电场的二次电压和电流应没有变化；将电场升压记录绘制伏安特性曲线存档；

⑥ 分别按手动和自动的方式依启动顺序启动各设备，检验系统设备的联锁关系；

⑦ 主机设备空载联合试运行时间应为4~8h。

袋式除尘器系统带料试运行应在主机设备空载联合试运行完成后进行，要求如下：

① 与除尘系统相关的水、电、气、物料输送及安全检测等配套设施已经启动且工作正常；

② 煤磨、窑尾袋式除尘器在带料投运前，应先撒入生料粉，使滤袋上附上生料层，并消除壳体内部的堆积平面；

③ 在大于额定风量80%条件下，连续试验时间在72h以上；

④ 观察并记录各测量仪表的显示数据及各运动部件的运行状况，各项技术指标均应达到设计要求；

⑤ 用于热力设备的袋式除尘器在带料试运行过程中，应设置不同的温度限值，验证自控系统的可靠性。

电除尘系统带料试运行应在主机设备空载联合试运行完成后进行，要求如下：

① 同上述袋式除尘器系统①、③、④的要求；

② 投运前必须先经烟气加热，使壳体及内部构件的温度超过烟气露点温度30℃以上或至少加热8h以后方可向电场供电；

③ 电场供电后应逐点升压，直至达到最高工作电压和电流；

④ 对于新安装的电除尘器，如工艺设备在运行初期进行燃油，燃油期间禁止向电场供电。

（十五）安装工程验收

安装工程验收在安装工程完毕后，由建设单位组织安装单位、供货商、工程设计单位结合系统调试对除尘系统逐项进行验收，对机械设备和控制设备的性能、安全性、可靠性等运行状态进行考核。

安装工程验收依据为：主管部门的批准文件、设计文件和设计变更文件、合同及其附件、设备技术文件等。

与生产工程同步建设的除尘工程应与生产工程同时进行环境保护验收；现有生产设备配套或改造的除尘设施应单独进行环境保护验收。除尘工程环境保护验收按《建设项目竣工环境保护验收管理办法》。

除《建设项目竣工环境保护验收管理办法》以外，申请单位还应提供工程质量验收报告和除尘系统性能试验报告，性能试验报告的主要参数应包括：①系统风量；②系统漏风率；③出口粉尘浓度；④系统阻力；⑤岗位粉尘浓度。

配套建设的烟气连续监测及数据传输系统，应与除尘工程同时进行环境保护验收。

（十六）运行与维护

生产单位应设环境保护管理机构，配备技术人员及除尘系统检测仪器，制定除尘系统运行及维护的规章制度。除尘设施的操作和维护均应责任到人。岗位工应通过培训考核上岗，熟悉本岗位运行及维护要求，具有熟练的操作技能，遵守劳动纪律，执行操作规程。

除尘系统应在生产系统启动之前启动，在生产系统停机之后停机。

岗位工人应填写运行记录，严格执行交接班工作制度。运行记录按天上报企业生产和环保管理部门，按月成册。所有除尘器均应有运行记录，一般通风设备用除尘器运行记录可随同车间主机设备一起编制，热力设备用除尘器、处理风量大于100000m^3/h的通风设备用除尘器运行记录宜单独编制。记录间隔可取1～2h，表格格式可参照表4-11。

表 4-11　除尘器运行记录表

车间名称：

设备型号	除尘器名称	处理能力/(m³/h)	除尘器编号	日期
时间				
温度/℃				
系统负荷/Pa				
主阀门开度/%				
压缩空气压力/MPa				
一次电压/V				
一次电流/A				
二次电压/V				

设备型号	除尘器名称	处理能力/（m³/h)	除尘器编号	日期
二次电流/A				
出口排放情况				
（目测或连续监测)				
清灰设备情况				
卸灰设备情况				
输灰设备情况				
备注				
操作员：	交班班长：		接班班长：	

（注：袋式除尘器取消表中电压和电流行，电除尘器取消表中压缩空气行。）

除尘工程中通用设备的备品备件按机械设备管理规程储备，专用备品备件如脉冲阀、滤袋、气动元件、绝缘材料、电极板及高低压电器元件等储备量为正常运行量的10%～15%。

应制定除尘系统中、大检修计划和应急预案。除尘系统检修时间应与工艺设备同步，每6个月对主机配套的除尘系统主要技术性能检查一次，对可能有问题的除尘系统随时检查，检修和检查结果应记录并存档。

1. 袋式除尘系统运行

除尘系统开机前，应全面检查运行条件，符合要求后按开机程序启动。除尘系统的运行控制应与生产系统的操作密切配合，选择自动控制状态；系统风量不得超过额定处理风量；生产工况变化时，应通过调节保证正常运行和达标排放。除尘系统入口气体温度必须低于滤料使用温度的上限且高于气体露点温度10℃以上；系统阻力保持在正常范围内。存在燃爆危险的除尘系统应控制温度、压力和一氧化碳含量，经常检查泄压阀、检测装置、灭火装置等。一旦发生燃爆事故应立即启动应急预案，并逐级上报。

操作工每班至少应巡回检查一次各部件，保持设备和现场的整洁，及时发现隐患，妥善处理。

生产系统停机后，除尘器的清灰、排灰机构还应运行一段时间，且先停清灰，后停排灰。冬季或高寒地区的袋式除尘器长时间停运后，启动时应采取加热措施，沿海等空气潮湿地方的水泥磨袋式除尘器负载运行启动前宜采用烟气加热，使除尘器内温度高于露点温度10℃以上。在有冰冻季节的地区，除尘系统停机时冷却水和压缩空气的冷凝水应完全放掉。长期停车时还应取下滤袋，切断配电柜和控制柜电源。

2. 电除尘系统运行

电除尘器投运前应提前4h将全部的电加热装置送电加热；向电场供电之前应确认烟气中一氧化碳等可燃气体在安全范围内。

电除尘器运行过程中应控制一次电压、一次电流、二次电压、二次电流、振打周期等运行参数。

电除尘器停机时应先停止向电场供电，再切断主回路和控制回路的电源；如停机时间超过8h或要进行设备检修时，应按供货方提供的操作说明书的要求执行；如停机时间超过24h，在停止向电场供电的同时可切断电加热器电源。

3. 除尘系统维护

除尘系统的维护包括正常运行时的检查、管路和设备清扫、疏通堵塞、定期加注或更换润滑油（脂）以及及时进行的小修、定期进行的中修和大修。维护范围包括工程配套设施。

除尘设备投入运行一周内应对各连接件进行紧固，对运动部件逐一检查。对袋式除尘器检查清灰机构和滤袋滤尘情况。对电除尘器检查振打装置、接地和电场内部情况，清扫高低压电控柜和绝缘材料。反吹风袋式除尘器使用1～2个月后，应对滤袋吊挂机构长度进行调整或更换。

中修宜半年进行一次，包括运转设备的换油及调整，重要配件的更换和修理，电气系统及测试设备的调整，接地极的检查和处理，电场内部、高低压电控柜和绝缘材料的清扫工作等。大修宜2～5年进行一次，除中修的内容外，还应包括各种仪器仪表的检定，滤袋或电极的更换，系统设备的改造和更换，系统加固、涂料和保温等。

设备检修时应做好安全防范，切断设备运行电源，在检修门、电控柜处挂"警示牌"，保管好安全联锁钥匙。人员进入电场内部或涉及高压部位的区域，除切断全部高压电源外，还应将隔离开关全部切换到接地位置。除尘设备内部检修要求如下：

① 排净粉尘；

② 用新鲜空气置换出内部残留的气体，使设备内一氧化碳等有毒、有害气体浓度降至安全限度以下；

③ 采取降温措施，使除尘器温度降至40℃以下；

④ 进入内部的维修人员不得吸烟；

⑤ 采取防止维修人员进入除尘器后检修门自动关闭的措施；

⑥ 对于在线检修的袋式除尘器应切断该单元滤室，一旦出现不适，应立即停止作业；

⑦ 电除尘器阴极要可靠接地，袋式除尘器要撤除相应滤袋，才能进行电焊、气割作业。

三、水泥窑烟尘减排技术

水泥厂的主要大气污染源有水泥窑、磨机（生料磨、煤磨、水泥磨、烘干兼粉碎磨）、烘干机、熟料冷却机等。这些主要污染源气体的有关技术参数和粉尘性质分列如下。

（一）水泥窑烟气参数

水泥窑所排放的废气是水泥厂最大的污染源，水泥窑分为回转窑和立窑两大类。两类水泥窑烟气与除尘有关的参数见表4-12。

表4-12　水泥窑的烟气参数

窑　型			单位烟气量 /[m³(标)/kg 熟料]	温度/℃	露点/℃	含尘浓度 /[g/m³(标)]	化学成分(体积)/%		
							CO₂	O₂	CO
带余热锅炉的干法窑			2.9～4.7	200～240	约 35	30～50	12	12	—
旋风预热器窑 (SP 窑)	余热不利用	增湿	1.7～2.0	140～180	50～60	40～70	20～30	3～9	
		不增湿	1.3～1.5	330～400	25～35	40～70	20～30	3～9	
	余热利用		2.2～2.5	90～150	45～55	30～80	14～20	8～13	
新型干法窑 (NSP 窑)	<2000t/d		2.6～3.5	同 SP 窑	45～55	40～80	14～22	8～13	
	2000～2500t/d		2.25～3.2						
	>2500t/d		2.25～2.9						
湿法长窑			3.2～4.5	120～220	65～75	20～50	15～25	4～10	—
带过滤器的湿法窑			2.5～3.0	200～240	35～40		14	10	
立波尔窑			1.8～2.2	85～130	45～60	15～50	20～29	4～10	—
干法长窑			2.5～3.0	400～500	35～40	10～40			
立筒预热器窑			2.0～4.0			30～60			
机立窑			2.0～2.8	45～250	40～55	2～15	10～26	5～10	2～6

注：1. 表中烟气量包括正常的漏风系数和一定的储备系数。

2. 表中数据摘自《水泥生产工艺计算手册》中的表9-6。

1. 回转窑

新型干法窑的含尘废气是由一级旋风筒排出的，含尘废气的特点表现在废气量大、温度高且湿度大，粉尘颗粒细、浓度高、电阻率也高。

废气中的粉尘主要是已经干燥的和部分分解的入窑生料、少量的熟料微粒、未完全燃烧颗粒和燃料的灰分，此外，还有少量的钾、钠、硫的氧化物结晶。

其废气是由燃料燃烧后的烟气、水泥原料在分解反应中生成的 CO_2、生料干燥过程中放出的水蒸气以及过剩空气等组成。典型的参数数据列于表4-13、表4-14。

表4-13　预热器窑及预分解窑的烟气特性

烟气特性	烟气生成量 /[m³(标)/kg 熟料]	烟气温度/℃	含湿量 /%(体积)	露点/℃	含尘浓度 /[g/m³(标)]	10μm 粉尘/%	粉尘电阻率 /(Ω·cm)
技术参数	1.6～2.5	320～400	4～6	40	40～100	90～97	≥10¹²

表4-14　干法预热器窑不同工艺流程的烟气特性

烟气参数	烟气用于烘干物料	烟气不用于烘干物料	
		有处理	无处理
烟气生成量/[m³(标)/kg 熟料]	2.2～2.5	1.7～2.0	1.5～1.8
烟气温度/℃	90～150	150～200	320～400
露点/℃	45～55	50～60	25～35
含尘浓度/[g/m³(标)]	30～80	15～40	15～60

如前所述，新型干法窑一级旋风筒的出口温度一般是320～350℃左右。烟气温度高低与生料的热交换和热损失有关，如系统内漏风会使温度降低。烟气固有含湿量低，一般4%～6%（体积）、露点40℃。烟气中含尘浓度高、颗粒细，原因在于旋风预热器本身就是除尘器，它具有选粉作用，出各级旋风筒的粉尘颗粒越来越细，粗粉尘被旋风筒收下来，而大量的细粉尘随烟气从一级旋风筒顶部的管道排出去，烟气中含细的粉尘浓度很高，一般为40～80g/m³（标）；个别超过100g/m³（标）。粉尘中的粒径小于10μm者占90%～97%，小于2～3μm者占50%，粉尘电阻率达10¹²～10¹³Ω·cm。

2. 立窑

立窑烟气的废气量、含尘浓度、温度和湿度波动很大，还有一些腐蚀气体，烟气粉尘的电阻率也偏高。立窑烟气中含有大量的水汽，每立方米烟气中含15～30mg的水，其露点为40～55℃。立窑闭门操作烟气温度较低，容易结露。如果是明火操作，烟气温度有时可达300℃以上。

（二）干法回转窑废气治理

干法回转窑包括干法长窑、余热发电窑、立筒预热器窑和新型干法窑（SP窑和NSP窑）等。一般来说，干法回转窑都有烟气温度高、湿含量低、粉尘颗粒细、含尘浓度高和比电阻高的特点，新型干法窑的烟气温度虽然比普通干法窑的烟气温度低得多，但是一般也在320～360℃的范围内，无论收尘系统是采用袋收尘器还是电收尘器，都要对废气采取降温或增湿的措施。特别是采用电收尘器，由于粉尘比电阻高达10¹²Ω·cm以上，如果不对废气进行调质处理，直接通入电收尘器，其收尘效果会很差，严重时收尘效率会<70%。新型干法窑采用增湿塔和电收尘器的收尘系统见图4-2。

（三）湿法回转窑废气治理

为了减少湿法回转窑的粉尘飞损量，首先应减少直接由窑内带出的粉尘量。故在湿法生产时，根据具体条件可以采取以下有效的措施。

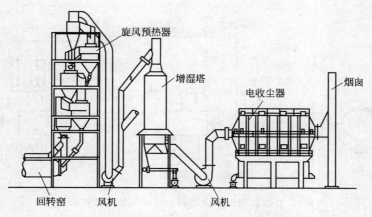

旋风预热器

增湿塔

电收尘器

烟囱

回转窑 风机 风机

图 4-2 新型干法窑采用增湿塔和电收尘器的收尘系统

（1）在热工制度稳定的条件下，窑内气流流速正常，所需的过剩空气量最小时，所选择链条的结构和尺寸以及原始料浆水分，应使经链条出来的不是干粉物料，而是含水分为 8％～10％的粒状生料。经验证明：在这种情况下不会降低窑的产量和熟料质量，而出窑的飞灰损失可减少 40％～60％。

（2）窑的蒸发带装设热交换器，不仅能部分地降低废气的含尘浓度，还可降低废气温度。装有热交换器的窑，飞灰损失可小于 1％～1.5％，而废气温度可降到 120～130℃。

（3）湿法回转窑的温度和湿含量，采用电收尘器不存在任何困难。因为在整个温度范围内，粉尘的比电阻都低于临界值，所以现在大中型厂的湿法回转窑几乎均采用电收尘器。

（4）因湿法窑入窑料浆水分较高，如果窑尾密封圈和烟室的密封不良，致使气体温度可能降至露点以下。如有的电收尘器，极板使用不到两年就出现严重腐蚀。所以对于有腐蚀性气体的收尘，设计时对电收尘器的防腐蚀措施应特别加以注意，特别是极板和极线要采用抗腐蚀的材料。

（四）带篦式加热机的回转窑（立波尔窑）废气治理

立波尔窑喂料是将生料粉先加水成球，经加热机预热后再进窑。为减少废气中的含尘量，保证料球的质量至关重要。

根据立波尔窑烟气的条件，采用电除尘器进行除尘也不存在任何困难。但是根据一些厂的经验，立波尔窑的烟气温度低，水分高，容易出现水腐蚀现象。所以电除尘器的外壳最好是混凝土的。内部构件的材质最好也采用铝合金或不锈钢。

由于冷却机和电除尘器在窑两端，所以要设置长 100m 以上的管道，类似于新型干法窑的三次风管。立波尔窑烟气被加热的系统如图 4-3 所示。

现举国外一台立波尔窑进电除尘器烟气被加热的实例。假定烟气量为 125000m³/h，烟气温度约为 80℃，冷却机的气体温度约为 250℃。冷却机的热气体，首先经多管除尘器预净化，然后经图 4-3 中的风机 3 和长度约 60m 的热风管道（管道未敷设保温层），进入混合室。冷却机的气体量约为 75000m³（标）/h，温度约为 200℃。经混合室混合后进入电除尘器的气体量为 200000m³/h，温度为 120～130℃，露点为 45℃。与立波尔窑未混合的烟气相比，混合气体温度约高 30℃，而露点约低 10℃。当烟气在这种条件下时，电除尘器的外壳可采用钢板，内部装置可采用普通碳素钢，当然钢外壳需要很好的保温。但是除尘条件不如未混合前的烟气有利，所以在设计电除尘器时，要适当降低驱进速度。

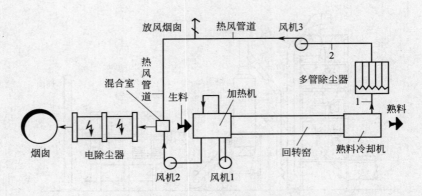

图 4-3　立波尔窑电除尘器利用冷却机废气加热的系统

据报道，国外还出现一种设计新颖、思路独特的新型干法水泥生产线废气处理系统，该系统的工艺流程是将来自窑头和窑尾排出的高温气体预先进行混合，然后通过一台空气热交换器进行降温，混合后的气体被冷却到滤料允许温度后进入袋除尘器净化后排入大气，其流程见图 4-4。

（五）水泥窑尾烟尘净化工程实例

随着国家对环保排放的控制要求越来越严，水泥窑尾除尘器上升为水泥厂生产中的一台主机设备。因此，它运行的好坏直接关系到水泥窑生产线的运转率。根据水泥窑尾烟气的特点，除尘器壳体要求具有耐较高负压及防爆功能，滤料具有耐高温的性能。为了延长脉冲阀的寿命，系统所供的清灰气源进行了脱油水处理措施。

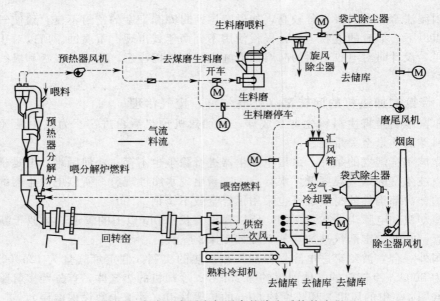

图 4-4　窑头和窑尾废气混合的除尘系统的流程

1. 水泥窑烟尘性质

水泥窑烟尘性质如表 4-15 所列。

2. 烟气净化系统

烟气净化系统如图 4-5 所示。

表 4-15　水泥窑烟尘性质

项　目	参　数				
处理烟气量/(m³/h)	920000				
入口含尘浓度/[g/m³(标)]	<150				
出口含尘浓度/[mg/m³(标)]	<30				
气体工作温度/℃	90~150(最大 280)				
工作压力/Pa	<1700				
烟气成分/%	CO₂	O₂	CO	N₂	
	31.1	3.8	0.26	64.8(干基)	
窑尾粉尘成分/%	烧失量	SiO₂	Al₂O₃	Fe₂O₃	CaO	MgO
	35.43	13.72	3.02	2.0	43.55	0.84
	SO₃	K₂O	Na₂O	Cl⁻	Total	
	2.30	0.43	0.07	0.01	99.37	

3. 设备选型

（1）除尘器组成　LCMG530-2×14 型高温长袋脉冲除尘器主要由滤袋、清灰机构、外壳和灰斗构成。其工作原理为采用分室，中间风道进气结构，含尘烟气由中间进风口进入风道，由气流分配机构将气流均匀地分配给各过滤室。含尘烟气在进入过滤室时，由于挡板的阻挡使较大的尘粒在惯性力和重力的作用下直接落入灰斗中，其他尘粒随气流上升进入各过滤室滤袋，经过滤袋过滤后，尘粒被阻流在滤袋外侧，净化后的气体由滤袋内部进入净化室箱体，再通过提升阀，出风口排入大气。灰斗中的粉尘经卸灰阀、拉链机、斗式提升机输送回收利用。

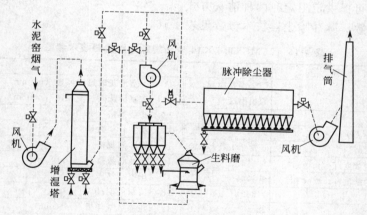

图 4-5　窑尾烟气净化流程

（2）工作原理　袋除尘器为分室结构，随着过滤时间的不断延长，滤袋外侧附积的粉尘不断增加，从而导致袋除尘器本身阻力也逐渐升高。当阻力达到预先的设定值（1200~1500Pa）时，PLC 清灰控制系统发出信号，首先命令一个喷吹单元的提升阀关闭以切断该室的过滤气流，接着给出指令打开电磁脉冲阀，压缩空气以极短的时间（0.1~0.2s）通过喷吹管和特制的喷嘴向滤袋喷入，由于压缩空气的诱导作用把净气箱中大量的净空气吸入滤袋，滤袋自上而下顺序开始膨胀，并顺序达到极限位置，此时又在滤袋张力的作用下产生反向加速度，这样滤袋产生了高频振动变形，使滤袋外侧所吸附的尘饼变形脱落。在粉尘沉降一定时间后，提升阀打开，此喷吹单元再次处于过滤状态，而下一个喷吹单元则进入清灰状态，如此周而复始地清灰→停止→过滤。使除尘器阻力始终处于一定值范围内，实现长期连续运行。

（3）技术特点　袋除尘器技术特点如下。

① LCMG 耐高温脉冲除尘器在钢结构设计上，充分考虑了除尘器在高温状态下运行，在设计时采取了钢材受热膨胀伸缩措施，以防止焊缝被拉裂造成除尘器漏风；除尘器采用分室结构，模块化组合，滤袋下部有较大的空间，使含尘气体在到达滤袋前得到沉降，减轻对滤袋的负担，延长滤袋使用的寿命。

② LCMG 耐高温脉冲除尘器因属于大型除尘器，处理风量很大，根据实践经验，风量均分于各室的要求显得尤为重要，为使各室气流分配较为均匀，在进风道上我们设计了气流均化装置。

③ 窑尾烟气粉尘有一定的黏性和湿度，为提高清灰效果，采用了世界先进的喷吹清灰技术，使清灰强度进一步提高，保证每条滤袋都保持最高的工作效率。

④ 采用先进的焊接工艺和检验手段使漏风率小于＜3％。

⑤ 在除尘器内部采用了耐高温的有机硅涂料，使除尘器的寿命大大延长，主体设备的寿命＞15 年。

⑥ 滤袋骨架的纵筋数量根据滤料要求选择 12 根、16 根、24 根纵筋优质钢线制作，多点焊接自动生产线，既保证了滤袋骨架强度，又防止了焊接毛刺对滤袋的影响，减少了与滤袋的摩擦，并采用了镀锌防护措施，延长了滤袋骨架的使用。

⑦ 采用了较小的喷吹单元，减少了喷吹面积，最大限度地减少清灰时对窑处理风量的影响。

⑧ 电气控制上可提供集中控制（DSC 远程控制）和机旁控制，采用了先进的 PLC 清灰程序控制系统，可提供定阻定时两种清灰方式。

（4）技术参数　脉冲除尘器技术参数见表 4-16。

表 4-16　LCMG530-2×14 型长袋脉冲除尘器技术参数

序号	名　称	参　数	序号	名　称	参　数
1	用途	用于净化窑尾、原料磨废气	11	一室清灰时过滤风速/(m/min)	1.07
			12	二室清灰时过滤风速/(m/min)	1.11
2	型号	LCMG530-2x14	13	滤袋规格/mm	φ160×6000
3	处理风量/(m³/h)	920000	14	滤袋骨架数量/个	4928
4	入口气体温度/℃	正常 200；最大≤260	15	脉冲阀规格	3″淹没式
5	入口气体含尘浓度/[g/m³(标)]	≤150	16	脉冲阀数量	308
6	出口气体含尘浓度/[mg/m³(标)]	≤30	17	压缩空气压强/MPa	0.4～0.6
7	过滤面积/m²	14862	18	清灰周期/h	0.5～0.6
8	室数/室	28	19	压缩空气耗量/(m³/min)	4
9	过滤风量		20	本体承受压强/Pa	6000
10	全过滤风速/(m/min)	＜1.03	21	收尘器总重/t	478

4. 运行效果

（1）净化窑尾烟气排放浓度实际要求＜30mg/m³（标），而实测仅为＜50mg/m³（标），远低于当地环保控制指标，大大降低了生产水泥原料的损耗。

（2）采用84耐高温滤料，其过滤性能强，阻力低，使用寿命超过3年。

（3）过滤负荷在离线清灰时，通常为39m³（标）/(m²·h)，在线清灰时，通常为42m³（标）/(m²·h)。

（4）除尘器阻力控制在1700Pa以下，而喷吹清灰压力始终在预定的2min，清灰间隔8s，其清灰效果良好，每次喷吹后，设备运行阻力可下降至1200Pa。清灰压力和周期十分重要。

（5）经脱油脱水后的压缩空气作为清灰气源，满足了清灰的需要。

（6）为了保障袋除尘器的正常运行，在窑立磨联合运行时，正常控制袋除尘器入口温度在 120～180℃ 范围内，温度太低易使滤袋结露，降低清灰效果。若温度高于 280℃ 时，滤袋过热易烧坏且造成提升阀板变形。

四、篦式冷却机余风除尘

目前，我国大多数预分解窑生产线都采用篦式冷却机冷却出窑高温熟料。篦冷机是一种骤冷式冷却机，用鼓风机向机内分室鼓风，使冷风通过铺在篦板上的高温熟料层，进行充分的热交换以达到急冷熟料、改善熟料质量的目的。一般篦冷机的鼓风量约 $3m^3$（标）/kg 熟料；机内经过热交换后的热风中，一部分（前段高温风）作为二次风入窑、一部分（中段高温风）作为三次风入分解炉、剩下约 $2m^3$（标）/kg 熟料的余风（后段低温风）如不加以利用则全部排放，如加以利用（烘干原燃料或余热发电），则排放量会小一些。但无论利用与否，都会有夹杂着熟料粉尘的余风向外排放，所以必须对其进行除尘处理。

篦冷机余风具有以下工况特性，设计余风除尘时，应加以充分考虑。

（1）风量变化大　篦冷机的余风量随进入机内熟料量的增加面增大，尤其是当窑内出现结圈、窑中生料大量堆积的恶劣工况时，一旦窑圈崩塌窑内黄粉在极短时间内进入篦冷机，余风量就可能增大到正常风量的 1.5 倍。

（2）温度变化大　正常情况下，出篦冷机余风温度约为 200～250℃，随着机内熟料的增加，余风温度相应增高，一旦窑内出现上述恶劣工况，余风温度就可能会高达 400℃ 以上。

（3）含尘浓度变化大　正常情况下，出篦冷机余风浓度约为 $20g/m^3$（标），随机内细粉料的多少做相应地波动，一旦窑内出现上述恶劣工况，余风含尘浓度可能会增加到 $50g/m^3$（标）以上。

（4）粉尘粒度较粗　其中 $\geq 50\mu m$ 的粉尘约占 50%，因余风中夹杂的粉尘是熟料粉尘，故其琢磨性较强。

（5）粉尘电阻率高　因余风干燥，含湿量约为 1%～2%，粉尘电阻率高达 $10^{12}\Omega \cdot cm$ 以上。

（6）粉尘密度大　约为 $3.2g/cm^3$。

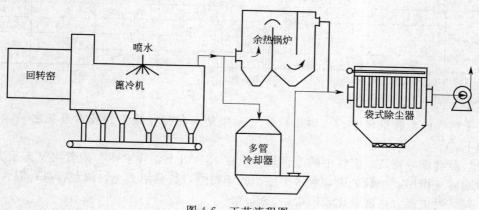

图 4-6　工艺流程图

南阳中联水泥厂电改袋简要工艺流程如图 4-6 所示。

工作原理：烟气由篦冷机出口经管道进入多管冷却器，在冷却器的进、出气口管道直管段分别设置铠装式 K 型热电偶。由于工艺过程、环境空气的温度和湿度是变化的，烟气的气体量和温度也是变化的，为确保高温烟气被冷却至 180℃以下，在冷却器上安装了若干台轴流风机进行强制通风，增加冷却效果。烟气由冷却器出口经管道进入袋式除尘器，在布风板作用下，较均匀地进入除尘器每个室，再通过滤袋的过滤，将粉尘滞留在滤袋外表面，经过除尘器净化处理后符合排放标准的废气由排风机排入大气。滤袋外表面的粉尘通过脉冲阀喷射高压气体将其吹落入灰斗，并由灰斗下的拉链机送入熟料库。

该公司 3200t/d 生产线窑头箅冷机余风系统，除尘器入口风量进行了测定，其烟气量为 380000m³/h，烟气温度 127℃。烟气温度最高可达到 180℃，因此除尘器的烟气量 $Q=430000m³/h$（烟气温度 180℃）；在设计时加上设备漏风 $Q_1=8000m³/h$ 和清灰时的空气量 $Q_2=1500m³/h$；以及冷风阀开启时的漏风量 $Q_3=2500m³/h$；2%左右的余量 $Q_4=8000m³/h$；综合选取设计风量为 $Q_6=Q+Q_1+Q_2+Q_3+Q_4=450000m³/h$。

该设备采用芳纶滤料，过滤风速 1.0m/min，系统阻力 1000Pa 以下。

滤料选择：应选择耐高温滤料，如采用使用温度可达 260℃的玻纤滤料，也有用比较昂贵的 P84 滤料，或采用使用温度 200℃的美塔斯滤料。按不同的滤料与清灰方式选择过滤风速。

五、烘干机烟气除尘

水泥厂常用回转式烘干机烘干石灰石、黏土、矿渣、煤粉、铁粉等物料，有的还烘干硫铁矿渣和粉煤灰。由于入磨物料的平均水分不能超过 1%～2%，要求被烘干物料的终水分符合要求。但烘干物料的初水分都较高，如石灰石为 2%～10%，黏土为 10%～25%，矿渣为 10%～30%。回转式烘干机直径一般为 $\phi=1\sim3m$；长度为 5～20m。大中水泥厂的烘干机一机烘干单种物料，小水泥厂的烘干机一机交替轮流烘干多种物料，而这些物料的属性又各不相同，其烟气性质也不相同。

废气量视各种物料及烘干机的规格不同而异，废气温度约 70～150℃，含尘浓度一般低于 80g/m³（标），个别高达 100g/m³（标），含湿量约 10%～20%，露点温度 55～60℃。

1. 烘干机气体参数

表 4-17 烘干机气体与除尘有关的参数

设备名称		单位气体量/[m³（标）/kg 熟料]	温度/℃	露点/℃	含尘浓度/[g/m²（标）]	化学成分(体积分数)/%	
						CO₂	O₂
回转式烘干机	黏土	1.3～3.5	60～80	55～60	50～150	1.1	18.7
	矿渣	1.2～4.2	70～100	55～60	45～75	1.3	18.5
	石灰石	0.4～1.2	70～105	50～55		1.0	18
	煤	1.46	65～85	45～55	10～30	1.3	18.3

注：1. 表中气体量包括正常的漏风系统和一定的储备系数。

2. 表中数据摘自《水泥生产工艺计算手册》。

烘干机气体参数见表 4-17。烘干机废气除尘是水泥行业除尘的技术难题之一，其粉尘特点如下。

(1) 湿含量特别高，废气中的湿含量一般在 15%以上，含水率与附着力又有很大关系，特别影响清灰作用，一般来说，含水率很小的干粉尘，其黏附力小，清灰容易；湿含量大的粉尘，其黏附力就大，清灰比较困难。

(2) 烘干物料的温度在 100℃以上，排出气体的温度在 150℃以下。

(3) 烘干机烟气粉尘的粒度较细，小于 50μm 占 60%以上，烟气的含尘浓度较高；烘干碎石矿 30～50g/m³（标），烘干矿渣 60～70g/m³（标），烘干黏土 50～150g/m³（标）。

（4）烟气中含有酸性的腐蚀性气体，遇有水后产生的酸性物质对除尘器形成强烈的腐蚀。露点温度也高达 55℃ 以上。

2. 除尘设备选择

烘干机的除尘和窑尾收尘一样，现在有的也采用电除尘器，对电除尘器的选型和使用要求与窑尾的基本相同，只是电除尘器结构的设计更要注意防腐蚀。因为烘干机烘干原料的水分都很高，烟气温度波动较大，另外烘干机头和机尾密封不良，漏风很大，而且多数厂的烘干机不连续生产，所以烟气温度经常在露点温度以下，很容易冷凝结露，不仅严重腐蚀收尘器，往往还会使灰斗的下料口堵塞。

由于袋式除尘器的技术进步和憎水性滤料质量的提高，给烘干机的除尘采用袋式除尘器创造了有利条件。其中，HKD 型抗结露烘干机袋除尘器的规格和性能见表 4-18。

表 4-18　HKD 型抗结露烘干机袋式除尘器

型号规格	HKD170—4	HKD230—4	HKD400—4	HKD400—6	HKD400—8
处理风量/(m³/h)	$(15\sim20)\times10^3$	$(20\sim26)\times10^3$	$(42\sim48)\times10^3$	$(70\sim72)\times10^3$	$(90\sim95)\times10^3$
过滤面积/m²	680	880	1600	2410	3280
单元数	4	4	4	6	8
过滤风速/(m/min)	≤0.5				
收尘器阻力/Pa	1000~1700				
收尘效率/%	≥99.7				
适用温度/℃	180				
适用烘干机 $\phi\times L$/m	1.5×12	22.2×14	2.4×18	3.0×20	3.5×25

这种抗结露烘干机袋除尘器具有漏风小，清灰时对相邻袋室无污染，无"二次扬尘"和"粉尘再附"问题，结构紧凑，质量轻，滤袋使用寿命长等优点。适合于烘干机烟气的除尘。

根据以上烘干机废气的特征，结合现代长袋低压脉冲除尘技术的进步，长袋低压脉冲除尘技术应用于烘干机的通风除尘是完全可行的。

3. 除尘器特点

长袋脉冲袋式除尘器具有如下优点：

（1）过滤风速高，过滤面积小，处理高温、高浓度含尘气体过滤风速可达 1.2m/min；

（2）分室离线清灰，清灰力强，清灰效果好，粉尘不再附着，可降低设备阻力；

（3）脉冲阀喷吹性能好，可压缩空气耗量少，喷吹周期可比一般脉冲延长 2 倍以上，清灰能耗低；

（4）设备质量轻，占地面积小，造价低；

（5）分室组合式设计，能满足处理大风量的需要。

由于这些优点，近些年来长袋脉冲袋式除尘器在水泥厂工艺设备除尘系统中得到了较多的应用。

反吹风袋式除尘器可分为二状态清灰和三状态清灰，正压清灰和负压清灰，还有振动-逆气流联合清灰等方式。其特点是：①过滤风速较低，过滤面积大；②清灰力较强，清灰效果较好；③清灰能耗低，不需要压缩空气；④设备重量大，占地面积大，造价较高；⑤结构简单，维修工作量少；⑥能适应处理大风量的需要。

目前水泥行业中的烘干机用袋式除尘器普遍采用的是 LFEF 系列分室反吹袋式除尘器，其主要原因是由烘干机的粉尘烟气特性决定的。但由于新技术的发展，特别是清灰技术的完善和新滤料的开发，控制技术的飞跃发展，使得低压长袋脉冲除尘器的使用范围进一步扩大。

4. 烘干机除尘工程实例

水泥厂一台 φ2.2m×12m 碎矿石烘干机除尘处理，用 LLMC49-4 低压长袋脉冲除尘器。其技术参数如下：①设备单元数为 4 室；②滤袋总数为 196 条；③过滤面积为 441m²；④处理风量约 26460m³/h；⑤设备阻力＜1450Pa；⑥烟气入口温度＜120℃；⑦入口浓度＜500g/m³；⑧出口浓度＜50mg/m³。

设备投入后，排放浓度达到环保要求，通过环保部门验收。系统运行一切状况良好。LLMC 系列低压长袋脉冲袋除尘器产品综合了分室反吹和脉冲清灰两类袋除尘器的优点，克服了分室反吹清灰强度不足和一般脉冲清灰粉尘再吸附缺点，使清灰效率提高，喷吹效率大为降低。LLMC 系列低压长袋脉冲除尘器使用淹没式脉冲阀，降低了喷吹气源压力。设备运行能耗降低，滤袋、脉冲阀的寿命延长，综合技术性能大大提高。低压长袋脉冲除尘器：LLMC49-4 设计新颖，与常规应用于 φ2.2m×12m 碎矿石烘干机上的玻纤反吹清灰袋式除尘器相比，有表 4-19 所列的明显特点。

表 4-19 长袋脉冲除尘器与玻纤反吹清灰袋式除尘器的比较

比较的内容名称	长袋低压脉冲袋式除尘器	玻纤反吹清灰袋式除尘器	比较的内容名称	长袋低压脉冲袋式除尘器	玻纤反吹清灰袋式除尘器
设备型号	LLMC49-4	LFEF4×230	滤袋材质	170℃拒水防油涤纶针刺毡	CWF300-FCA
过滤面积/m²	441	927			
过滤风速/(m/min)	1.0	0.5	耐温/℃	170	190
处理风量/(m³/h)	26460	27000	设备阻力/Pa	1400(2002 年 5 月实测)	1700
			占地面积/m²	10.5	35.2
清灰方式	低压喷吹(压缩空气)	反吹风机	钢耗量/t	10.6	33.2

由表 4-19 可以看出，长袋低压脉冲除尘器的运行阻力明显低于玻纤反吹清灰袋式除尘器，也就是说脉冲清灰比反吹风机清灰效果好得多。另外由于选择滤袋材质的不同，过滤风速决定了两种不同型号除尘器过滤面积的大小不同，通过两种型号除尘器的占地面积和钢耗量分析，低压长袋脉冲除尘器具有更好的优越性。

5. 烘干机除尘注意事项

国内许多行业的产品一是根据用户的需求量身定做，二是不断进行产品技术创新。所以，低压长袋脉冲除尘设备针对水泥厂物料烘干机具体的使用工况，需要考虑以下的除尘器结构布置问题。

(1) 除尘结构布置

① 根据用户的场地情况确定除尘器的高度，既要考虑灰斗排灰装置的空间，以便使排灰系统合理配置。

② 根据平面位置情况，要尽可能使脉冲阀的能力发挥，也就是说要合理选择单个脉冲阀所配的滤袋面积、滤袋的长度和滤袋的数量。

(2) 进风总管配置技术　对于烘干机除尘系统，物料粉尘的琢磨性强，采用了特殊耐磨阻流装置，一方面防止琢磨性强的粉尘对除尘器进风道的磨损，另一方面可减小粉尘的惯性作用，有利于气流均匀分布。

(3) 脉冲阀及脉冲喷吹装置技术　脉冲阀选取 $1\frac{1}{2}''$ 淹没式结构，充分发挥了脉冲清灰性能。按 GB/T 8532 标准要求：喷嘴管安装时，喷孔所喷出的气流的中心线应与滤袋中心一致，其位置偏差小于 2mm。对于一般焊接件，特别是要求在安装现场拼接花板时，尽管喷吹管可以用模具定位焊接喷嘴，但花板稍有偏差之后，其喷嘴中心就难以与花板中心保持一致。因此，为了保证花板的技术质量，喷吹装置要做成框架整体式来保证喷吹装置的质量，此外，喷吹管的定位装置由螺栓连接改为了锁轴快装快折连接，使维护时拆卸方便，同时解决了螺栓容易锈蚀而不方便拆卸的问题。

（4）滤料选取　由于烘干机粉尘具有高温腐蚀性，采用覆膜滤料在除尘系统流程中能表现出优良性能。但根据国内外试验技术资料，对于烘干机琢磨性强的粉尘，很容易破坏覆膜性能。覆膜滤料不适用于这些烟气净化系统，所以选用170℃拒水防油涤纶针刺毡滤料，使用效果良好，而且具有很好的性价比。

（5）清灰控制技术　为了保证清灰效果好，对喷吹装置气包的容积和连接管道，根据具体烘干机型号及烘干物料的性质进行技术计算后来确定其技术参数，避免因压缩空气喷吹不足影响清灰效果。

此外，采用了主体的防腐、保温措施，温度自动检测和调节措施等。

六、各种磨机废气治理

（一）各种磨机废气参数见表4-20

表4-20　磨机气体参数

磨机类型		单位气体量/[m³（标）/kg 物料]	温度/℃	露点/℃	含尘浓度/[g/m³（标）]	化学成分（体积分数）/%		
						CO₂	O₂	CO
煤磨	钢球磨	1.5～2.0	60～80	40～50	25～80			
	立式磨	2.0～2.5	60～80	40～50	600～800			
生料磨	钢球磨 自然通风	0.4～0.8	约50	约30	10～20			
	机械排风	0.8～1.5	90～150	20～60	30～100			0
	粉磨兼烘干	1.5～2.5	90～150	40～60	30～800			0
	立磨	1.0～2.5	80～120	40～55	600～1000	14～22	8～13	0
水泥磨	钢球磨 自然通风	0.4～0.8	约100	215～40	40			
	机械排风	0.8～1.5	90～100	25～40	40～80	0	21	
	闭路配O-SEPA型高效选粉机		90～100	25～40	600～1200			

注：1. 表中气体量包括正常的漏风系统和一定的储备系数。
　　2. 表中数据摘自《水泥生产工艺计算手册》。

（二）生料磨除尘

1. 管球磨

最常用的生料磨机是管球磨。生料的细度要求一般为10%（＋0.08mm），含水量<1%。当出磨生料水分超过1.5%时，磨机产量将明显下降；超过2.5%时，实际上已不能正常生产。磨机消耗的能量大部分变成热，可使生料中水分在粉磨过程中得到蒸发，须加强通风以利于水分的排出。但当进磨水分＞2%时，必须采用同时烘干兼粉磨工艺，入磨热气温度约350℃，由于受隔仓板的通过面积和空心轴内径的限制，磨内通风量通常按磨内风速不大于1.5m/s计算。由于磨机的产量正比于磨机直径的2.5次方和长度的1次方，如果磨机的L/D一定，则磨机产量正比于磨机直径的3.5次方。但磨机的通风面积正比于直径的2次方，因此大磨的单位产量通风量小于小磨。同样，单位产量的风量相同时，大磨的通过风速比小磨高，使空心轴中风速较高，把大量的产品带走，排风中含尘浓度较高。

不带烘干的普通生料磨排风含尘浓度为20～60g/m³，露点35℃左右，风温约60℃，可以采用常温袋除尘器或电除尘器。生料磨除尘器正常运行的关键在于良好的通风及保温防结露，必要时可在磨机出口处装一小型热风炉，使风温超过70℃，这一点在冬季更为重要。

管磨内通风阻力约 $400\sim800Pa$（取决于磨内风速及结构），从磨尾排风，要求磨头保持 $100Pa$ 的负压，故磨尾负压应选择 $500\sim900Pa$。风量可按每吨生料 $400m^3$ 和磨内风速 $\leqslant1.5m/s$ 决定，取其低者，同时加上 $30\%\sim50\%$ 的漏风，计算进入排风管的风量。

采用同时烘干兼粉磨系统时，其排风温度为 $90\sim100℃$，含尘浓度 $100g/m^3$ 左右，露点 $<45℃$，在干法窑外分解工艺线上，可以把预热器排风引入生料磨作烘干用热气源，磨的排风与部分窑的废气一起进入窑尾除尘器。为防止距离远、散热多而在管道内结露，所有风管都需保温。烘干磨排风温度比普通生料磨高，高出露点 $40\sim50℃$，只要保温良好和漏风不严重，其结露可能性明显低于普通生料磨的除尘器。

2. 立式磨

立式磨的电耗低，通过风量大，烘干能力强，可用于原料水分较高的水泥厂。风量范围在 $1\sim1.5m^3/t$，排风温度 $90\sim120℃$，含尘量可达 $700g/m^3$（标），露点与原料水分有关，为 $40\sim55℃$。

生料磨除尘一直是水泥厂的难点，但直到现在还没有引起人们的足够重视；生料磨除尘的难点在于该部分含尘气体中含有较高的湿度，水气给生料磨除尘带来很大困难，无论采用何种除尘设备都必须考虑这个问题。

（三）水泥磨除尘

水泥磨操作时会产生大量的热，若不把这部分热量排除，会使水泥温度升高，导致石膏脱水，影响水泥质量，并产生静电，使物料黏球，降低粉磨效率。此外，磨机运转时还会产生大量粉尘，如不将其含尘净化直接排入大气，必然会污染环境。所以水泥磨要进行除尘，既可回收水泥成品，又可排除部分热量，一举两得。但是风量一定要选择合适，过大或过小都会影响磨机产量。

由于磨机通风抽出废气所含粉尘的颗粒比较细，温度不高，但比电阻较高，最适合于采用袋式除尘器。我国大、中型水泥厂的水泥磨机，绝大多数都是采用袋式除尘器进行除尘。但随着磨机的大型化，磨机散热表面不够，为了降低磨内温度，往往采用往磨内喷水的措施。此时排气中的水分可达到 $3\%\sim5\%$，平均水分约 4%，粉尘容易结露堵塞滤袋，所以要采取防止除尘器结露措施。

往磨内喷水，可降低粉尘的比电阻，这样给水泥磨机除尘采用电除尘器创造了有利条件。根据国内外经验，水泥磨除尘一般采用两电场卧式电除尘器，水泥磨采用电除尘器的除尘系统见图4-7。

水泥磨除尘工程实例：某个水泥企业，年产水泥150万吨，可生产普通硅酸盐水泥、矿渣硅酸盐水泥、大坝水泥、油井水泥等多个品种。

1. 主要污染源

制成车间有 $\phi3m\times14m$ 一级闭路循环磨 5 台，设计台时产量 $45t/h$。原设计均为二级收尘，$1^\#$、$2^\#$ 磨尾废气分别经旋风除尘后，再同进一台卧式电除尘器，处理后的废气由风机排入大气。由于两台磨机合用一台电除尘器及一台风机，使得除尘器检修及事故处理极为不便，造成了废气排放严重超标，污染了周围环境。针对这种情况，确定采用 ppw6-96 气箱脉冲袋式除尘器替代原有的电除尘器，并获得成功。

2. 废气类别、性质

（1）出磨废气性质　废气量 $20000\sim27000g/m^3$；废气中污染物为水泥粉尘；废气中粉尘含量 $100\sim220g/m^3$（标）；出磨粉尘排放量 $2000\sim2700kg/h$；出磨废气温度 $100\sim120℃$。

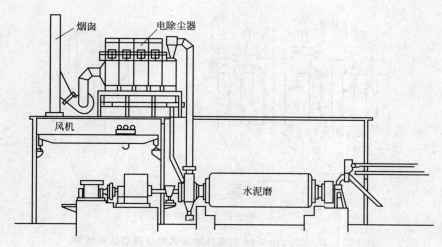

图 4-7　水泥磨采用电除尘器的收尘系统

（2）主机设备　$\phi 3m \times 14m$ 一级闭路循环水泥磨，产品为水泥；设计台时产量为 45t/h。

（3）废气处理设备　ppw6-96 气箱脉冲袋式除尘器。

3. 处理工艺流程

该工艺系统流程如图 4-8 所示。

4. 主要构筑物及除尘设备

（1）构筑物　车间内有 5 台水泥磨，占地面积数千平方米，厂房高度 28m，其周围有办公楼、招待所及机修车间，水泥制成车间是这些建筑物中最高的一个建筑物，因此，水泥磨废气排放直接影响着周围的环境。自 ppw6-96 气箱脉冲袋式除尘器投运后，改善了周围的环境。

（2）收尘设备　规格型号 ppw6-96 气箱脉冲袋式除尘器；过滤面积

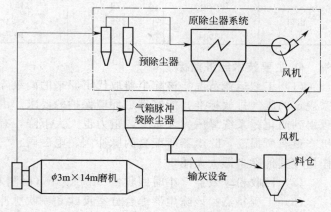

图 4-8　处理工艺流程

557m² ；滤袋数量 96×6＝576 个；滤袋材质为针刺毡；设备重量 16t；除尘效率＞99%；除尘器排放浓度＜50mg/m³（标）。

（3）除尘器的工作原理　除尘器工作原理如图 4-9 所示。除尘器由壳体、灰斗、排灰装置、脉冲清灰系统等部分组成。当含尘气体从进风口进入除尘器后，首先碰到进出风口中间斜隔板气流便转向流入灰斗，同时气流速度变慢，由于惯性作用，使气体中粗颗粒粉尘直接落入灰斗，起到预收尘的作用。进入灰斗的气流随后折而向上通过内部的滤袋，粉尘被捕集在滤袋外表面，清灰时提升阀被关闭，切断通过该除尘室的过滤气流。随即脉冲阀开启，向滤袋内喷入高压空气，以清除滤袋外表面上的粉尘。其收尘室的脉冲喷吹宽度和清灰周期，由专用的清灰程序控制器自动连续进行。

5. 治理效果

该除尘器投运后，设备运行稳定可靠，除尘效率高，解决了原来的物料大量飞损的问题。为考核其除尘器的除尘效果，环境监测中心对该除尘系统进行了监测，监测结果见表 4-21。

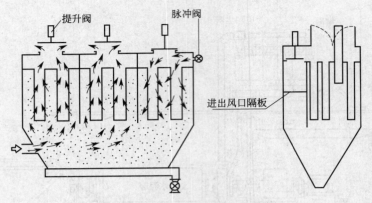

图 4-9　除尘器工作原理示意

表 4-21　$2^{\#}$ 水泥 ppw6-96 气箱脉冲袋式除尘器磨监测结果

测点	风量/(m³/h)	温度/℃	含尘浓度/(mg/m³)	除尘效率/%	设备压降/Pa
入口	8868	102	9.7×10^3	99.8	294
	15454	107	106.4×10^3		
	12375	107	151.2×10^3	99.99	392
出口	9750	79	14.3		
	16424	95	6.1		
	13084	95	10	99.99	1030

6. 主要技术经济指标

（1）工艺运行情况　该除尘器取代了原来的两级除尘，效果良好，排放浓度大大低于国家规定的废气排放标准，能够满足环境保护的要求。由于减少了第一级旋风除尘器，工艺流程得到简化，系统漏风大大减少，阻力也大大下降，有利于节能。由于强化了磨内通风，磨机产量有所提高，除尘器所配套的脉冲阀、电磁阀、气缸等部件工作可靠，故障少，维护工作量较其他除尘器大大减少。

（2）回收粉尘效益　小时回收量 1407kg/h（由测定计算）。

（3）工程特点　该除尘器综合分室反吹和喷吹脉冲清灰各类袋式除尘器的优点，克服了分室反吹清灰强度不够，喷吹脉冲清灰和过滤同时进行的缺点，因此，该种除尘器应用范围广，除尘效率高，滤袋寿命长。

（四）煤磨除尘

水泥厂煤粉制备设备排出的含煤粉气体，不仅污染环境，而且也是对能源的浪费。20世纪 70 年代以后，国外大多数水泥厂由燃油改为烧煤，煤磨除尘问题日益被人们所关注。一般湿法窑厂的煤磨，基本可以做到不放风，煤磨除尘问题并不突出。而干法水泥厂煤磨的废气不能全部入窑，煤磨就必须要放风除尘。特别是新型干法窑的出现，能耗进一步降低，入窑的一次风相应减少，煤磨的放风量随之增大，煤磨除尘问题就成为水泥厂环境保护的重要课题之一。

我国水泥工业一直以烧煤为主，其燃料费用约占水泥生产成本的 15%，所以煤磨除尘始终是人们非常关注的重要问题。日本和美国主要是采用袋式除尘器，而欧洲各国多是采用电除尘器，在我国这两种除尘器都被采用。煤磨除尘系统采用电除尘器的一例见图 4-10。

因含煤粉气体容易燃爆，成堆的煤粉又极易着火，故煤磨除尘器必须有防燃防爆、安全泄压的功能。

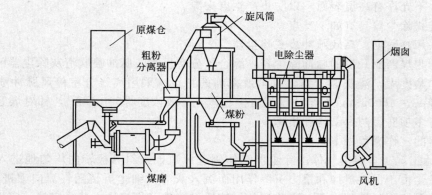

图 4-10　煤磨采用电除尘器的收尘系统

1. 煤磨烟气的特性

煤磨烟气中所含粉尘为煤粉，浓度大，粒度细，易燃易爆。

煤粉的几项特性如下。

① 煤粉的爆炸极限。烟煤爆炸下限浓度 $110\sim335g/m^3$，爆炸上限浓度 $1500/m^3$。无烟煤爆炸下限浓度 $45\sim55g/m^3$，爆炸上限浓度 $1500\sim2000g/m^3$。

② 煤粉可燃爆的粒度上限为 $0.5\sim0.8mm$，粒径小于 $75\mu m$ 更易于燃爆。

③ 煤粉的着火温度 $500\sim530℃$，自燃温度 $140\sim350℃$。

④ 煤的挥发分。无烟煤挥发分≤10%，无爆炸危险。烟煤挥发分>10%，有爆炸危险，百分比愈大，爆炸性愈大。

煤粉只要具备如下三要素才可能进行燃烧和爆炸，缺一不行：①有可燃物质—煤粉；②有氧气；③有点燃源。

水泥厂煤磨工艺流程是煤磨排出的含煤粉烟气先流经粗粉分离器再经细粉分离器至除尘器，其粉尘浓度较低，约为 $70g/m^3$。随着技术的发展与进步，取消细粉分离器，含煤粉烟气经粗粉分离器后即直接至除尘器。此时，煤粉的浓度提高至 $300\sim700g/m^3$，在除尘器空间内煤粉弥漫正处于燃爆范围内。而煤粉的浓度很细，比表面积大，粒度<$80\mu m$ 的占80%左右；水泥厂现又多采用烟煤，挥发性一般在 10%～30%，也均处于燃爆范围。此外由于煤磨属于烘干磨，烟气中有一定水分含量，露点一般在 $50\sim55℃$，易于结露。

氧气的浓度在 15%～17%以上，易引起燃爆，小于 14%视为惰性气体。

煤磨布置在窑尾（指回转窑），利用窑尾烟气作为烘干介质时，烟气中含氧量低，有抑制燃煤的作用，对防燃防爆要求低。当布置在窑头利用窑头冷却机的热风或利用热风炉的热风作烘干介质时，热风中含氧量将高达 21%，具备燃爆条件。

水泥厂煤磨入口温度一般不大于 $400℃$，煤磨出口烟气温度为避免结露需高于露点温度 $15\sim30℃$，一般控制在 $70\sim85℃$，但当利用窑尾烟气作烘干用时，因其水分含量有时高达 6%，煤磨烟气出口应高于露点温度 $30\sim35℃$，一般控制在 $85\sim90℃$。可见其出口烟气温度均在着火或自燃温度范围外。

2. 煤磨袋式除尘器的特点

综上所述，煤磨烟气中煤粉的挥发分（烟煤）、粒度、浓度均在燃爆范围内，含氧量有可能较多，必须在研制袋式除尘器时加以预防。预防的重点在消灭可能的点火源，其次是降低除尘器的漏风量，以免增加进入空气，增设泄压防爆安全阀。研制的除尘器内不允许存在能积聚煤粉的平面和死角，不允许产生静电的积聚和火花，不允许存在产生冲击摩擦的机械传动装置，不允许有高温表面，以防止产生点火源。

煤磨袋式除尘器具有如下特点。

（1）采用高浓度、高效脉冲袋式除尘器

此种专为煤磨而开发的脉冲除尘器，综合了分室反吹、脉冲喷吹清灰除尘器的优点，具有处理粉尘浓度大，清灰能力强，收尘效率高的特点。采用离线分室停风脉冲喷吹清灰技术，能处理高达 $1000g/m^3$ 粉尘浓度的含尘气体，排放浓度$\leqslant$ $50mg/m^3$，针对煤磨粉尘的特性，采用有多项防燃防爆结构和措施。

除尘器的工作流程如下。

① 过滤工况。含煤尘气体由除尘器箱体侧进风道，经斜隔板转向均匀地进入各分室灰斗，大颗粒尘由于惯性碰撞和重力沉降作用而沉入灰斗，细尘折转随气流向上进入过滤室，被滤袋拦截筛滤而附于其表面，净化后的气体透过滤袋经袋口进入各分室清洁室再经总排风道由除尘系统的主风机吸出而经烟囱排入大气。

② 清灰工况。随着过滤工况的连续运行，积附于滤袋外表的煤尘层不断增厚，气流通过的阻力也逐步增大，当阻力达到设定值（如 1470Pa,）时，安于除尘器上的压差发送仪（定压控制）发出讯号，可编程序控制仪（PLC）开始启动，发出指令依序依次切换各分室的提升阀关闭、开启，切换各室的脉冲阀对滤袋进行停风脉冲喷吹清灰。如首先关闭第一分室提升阀，切断含尘气流通过，再开启脉冲阀对分室中所有滤袋进行停风脉冲清灰，使滤袋内外压差恢复至原先过滤时阻力，经约 1min 时间间隔，使清下煤尘沉降后，再开启提升阀恢复第一分室的过滤。各分室依次循环按序清灰，直至最后一室清灰完。PLC 程控仪也可手动或定时进行控制。

（2）有一套先进的防燃防爆技术

① 本体结构的设计，为防止除尘器内部构件煤粉的积聚，消除积灰的平面，设置了防尘板，板的斜度大于 70°。各分室的灰斗锥体角度大于 70°，一个灰斗的两斗壁夹角太小易积灰，在相邻两侧板加焊溜料板，加大空间圆角，消除煤粉的沉积。考虑到由于操作不当或烟气含水分高、温度低时而出现灰斗内结露形成煤粉堵塞，在灰斗壁上增设有灰斗电加热装置并保温。为防止灰斗内篷料，在各灰斗的壁面还设置了仓壁振打器。灰斗下设有大容量卸灰阀。

② 滤袋所用滤料的选用，考虑到过滤时，高浓度煤粉与气流的摩擦对滤袋的冲击摩擦，在滤袋表面易产生静电，静电的积聚会引发火花和燃爆。同时还考虑到煤磨烟气中含水分高的特点，滤袋选用了带导电纤维的可消除静电的防水防油防静电绦纶针刺毡滤料，并采取了防燃防爆泄压安全阀的设计。

③ 为防止煤粉燃烧爆炸伤人和损坏除尘器，在除尘器旁侧设有泄压安全阀。过去的泄压阀多采用单纯的重锤式或破裂板式，其主要缺点是在发生爆炸后，泄压阀口敞开，除尘器无法继续工作，且泄压压力难以控制。现除尘器产品设计了新型的双层带安全锁的泄压阀，即设置了爆破片与带安全锁的密封门双层结构。在平时安全门锁是关闭的，当遇爆炸时，爆破片破裂，安全门锁由除尘器内部巨大的压力顶开进行泄压，泄压后，安全门锁自动关闭，密封泄压口以防止漏风。安全门锁的释放力可通过弹簧来调整其大小，门锁据密封门门面大小布置 4～6 个不等。采用爆破片，要求爆破压力精度高、泄放面积大、密封性好、耐腐蚀、动作灵敏、安全可靠。爆破压力一般采用 0.01MPa。

④ 为保证质量除尘器的过滤风速宜选用$\leqslant$1.0m/min。

⑤ 为保证密封，除尘器的漏风率宜<3%，愈低愈好，避免过多氧气进入除尘器。

⑥ 压力及温度的监测，在除尘器的过滤室设压力监测，在除尘器的出口、灰斗设温度

监测。

⑦ 其他安全措施：对于大型煤磨除尘器和有条件的厂家，要求在除尘器的出口装设 CO 检测仪，并配备 CO_2 或 N_2 消防灭火装置。一方面可以随时检测 CO 的浓度，一方面又可在 CO 浓度达到燃爆限度时自动报警，在出现燃烧时可在中控室遥控或现场控制打开消防灭火装置对除尘器内部燃烧处进行灭火，以避免出现爆炸情况。

⑧ 在维护管理上要求生产厂家加强对除尘器的管理和维护，特别加强对明火的控制，加强对除尘器及粗粉分离器卸灰的检查，不使二者灰斗中存留过多的煤粉，以避免煤粉的自燃。

3. 煤磨袋式除尘器的应用实例

煤磨脉冲袋式除尘器应用于多个水泥厂，使用效果均很好，未发生燃爆现象，排放浓度＜50mg/m³。其于三狮水泥公司 2500t/d 新型干法水泥生产线的煤磨（ZGM95N 型立式辊磨）除尘系统中。设计参数：处理风量 120000m³/h，过滤面积 1879m²，过滤风速 1.06m/min，入口温度＜110℃，入口含尘浓度＜700/m³，出口排放浓度＜50mg/m³，设备阻力 1470～1770Pa，漏风率＜3%。

经过两年的使用，用户反映良好，运行稳定、可靠，有效地保证了煤磨系统的正常工作，经环保部门测试：入口含尘浓度 450g/m³，出口排放浓度＜50mg/m³。

4. 应用袋式除尘器注意事项

采用袋除尘器时，除了必须遵守防燃防爆本体设计，采用抗静电滤料等措施外，在系统设计时，还要注意如下几点。

(1) 尽可能采用预热器的废气作烘干热源　预热器废气氧含量很低，一般＜13%，处于惰性气氛下，不会燃烧。

(2) 进口、出口和灰斗装有测温元件　信号送到控制台，当任一温度超过 90℃时，控制台发出声光报警，通知操作人员进行处理，如无人操作 1～2min 后自动切断风路，强迫系统停运。

(3) 停车操作　正式停车前，必须先进行清灰操作，卸空灰斗内的煤粉，然后再系统停车。

(4) 双风机系统连锁　有些煤粉制备系统是双风机系统，即煤粉制备有主风机，除尘器专设一台引风机。当主风机运行时，除尘器的风机会把烘干热风通过管道吸入除尘器，导致温度急剧上升，导致烧袋，因此必须把除尘器风机与主风机连锁，使除尘器风机不能单独运行。

七、辅助生产设备除尘

1. 破碎设备除尘

水泥生产所使用的破碎设备多为颚式破碎机、锤式破碎机、反击式破碎机和立轴式破碎机等，其产生过程所需通风量分析如下。

(1) 颚式破碎机　颚式破碎机转运速度较慢，根据生产经验其所需通风量可用其颚口尺寸大小表示，计算公式为：

$$Q = 7200S + 2000 \tag{4-8}$$

式中，Q 为通风量，m³/h；S 为破碎机颚口面积，m²。

(2) 锤式破碎机、反击式破碎机　这类破碎机以高速旋转的锤头打击物料或使物料撞击，它像风机转子那样带动内部气体运行，其通风量与转子的尺寸和转速有关，可用如下公

式计算:

$$Q=16.8DLn \tag{4-9}$$

式中,Q 为通风量,m^3/h;D 为转子直径,m;L 为转子长度,m;n 为转子速率,r/min。

(3)立轴式破碎机 其产生风量原理与锤式破碎机类似,只不过因其转子水平转动,内循环风量大,所需通风量较小,通风量可用下面公式计算:

$$Q=5d^2n \tag{4-10}$$

式中,Q 为通风量,m^3/h;d 为锤头旋转半径,m;n 为转子速率,r/min。

从以上所列各式可知,锤式破碎机所需风量较大,且和其转子直径尺寸的平方成正比,而且产量几乎与其转子直径的立方成正比,可见破碎机规格愈大,单位产量所需通风量愈小。以 φ600×400(600—转子直径,mm;400—转子回转宽度,mm)锤式破碎机计算,所需通风量 $4032m^3/h$,台时产量为 12t,吨产品通风量为 $336m^3$,可见在破碎过程中吨产品所需通风量最大不超过 $350m^3$。

2. 运输设备除尘

水泥厂常用的提升运输设备为:胶带运输机、斗式提升机、螺旋输送机、空气斜槽、链式输送机、链斗输送机、气力输送泵等。这些设备的扬尘点除空气斜槽和气力泵外,不需鼓风设备补充空气,扬尘点主要在进、出料口处,扬尘的多少与物料运行的速率、物料的落差有关,物料运行越快、落差越大,扬尘也就越多。一般的各提升运输设备排尘浓度不超过 $30g/m^3$(标),各种提升运输设备所产生的含尘气体量分析如下。

(1)空气斜槽 空气斜槽对物料的输送是从透气层的底部按每平方米透气层每分钟鼓入 $2m^3$ 空气,使物料流态化,依靠其布置的斜度流动,产生的废气量约为 $3m^3/(m^2 \cdot min)$,故空气斜槽产生的废气量与其宽度和长度有关,用公式表示为:

$$Q=0.18BL \tag{4-11}$$

式中,Q 为通风量,m^3/h;B 为斜槽宽度,mm;L 为斜槽长度,m。

(2)气力输送设备 气力输送设备有螺旋泵、仓式泵、气力提升泵等多种形式,由于这种设备输送物料耗电量较大,只在工艺难于布置时使用。采用 2~5atm 供气的设备产生的废气量约为供气量的 2 倍,采用罗茨风机供气的废气量为供气量的 1.1 倍。这类设备中气力提升泵产生的废气量最多,一般不超过 $160m^3/t$ 物料。

(3)螺旋输送机 由于螺旋输送物料运行较慢,密封也较好,实践经验证明其所需通风量仅与螺旋的直径有关,表示为:

$$Q=D+400 \tag{4-12}$$

式中,Q 为通风量,m^3/h;D 为螺旋直径,mm。

(4)斗式提升机 斗式提升机携带的废气按料斗运行速度随料斗运行,它与提升机机壳截面和料斗运行速率有关,公式表示为:

$$Q=1800vS \tag{4-13}$$

式中,Q 为通风量,m^3/h;v 为料斗运行速率,m/s;S 为机壳截面积,m^2。

(5)胶带输送机 胶带输送机所产生的废气与其宽度、运行速率、物料落差有关,若认为在运行中带动胶带上方约 0.2m 范围的气体按带速运动,其通风量用公式表示为:

$$Q=700B(v+h) \tag{4-14}$$

式中，Q 为通风量，m^3/h；B 为胶带宽度，m；v 为胶带运行速率，m/s；h 为物料落差，m。

（6）其他　其他如链斗输送机等可参见带式输送机或提升机确定通风量。

从以上各提升运输设备所需通风量计算公式可知，只有空气斜槽的通风量与输送距离有关，也就是说从环保角度出发，长距离输送物料不宜用斜槽。实际在工艺布置上，由于空气斜槽长距离输送意味着要有较大的高差，也是行不通的。一般地说，由于胶带输送机能力大，输送单位物料所需通风量较小。按单位输送物料所需通风量核算，斗式提升机提升单位物料所需通风量在提升运输设备中较大。以较小规格的 TH315 斗式提升机为例，其最低输送能力为 35t/h，料斗运行速率为 1.4m/s，截面积为 $0.625m^2$，通风量为 $Q=1800vS=1800\times1.4\times0.625=1575m^3/h$，输送吨物料的通风量为 $45m^3$。

同时我们可以看出，提升运输设备所需通风量基本上与规格尺寸成正比，而输送的物料量则与其规格尺寸大于 1 的次方成正比。也就是说，随着提升运输设备规格的加大，输送能力加强，输送单位物料所需通风量降低。

3. 包装和散装设备

目前水泥工业使用包装设备为固定式二嘴或四嘴包装机，回转式六嘴、八嘴、十嘴等规格。固定式包装机每包装 1 t 水泥需 $300m^3$ 通风量，回转式包装机只需 $180m^3$ 通风量。散装每吨水泥最多只要 $50m^3$ 通风量。

水泥包装系统有几个扬尘点，各采用单机除尘器，使用效果不如把几个扬尘点合用一台袋式除尘器。

① 技术选型：LFX（Ⅱ）4-75 脉冲袋式除尘器（几个扬尘点合用）。

② 技术指标：排放浓度小于 $20mg/m^3$（标）。

③ 处理风量：$29850m^3/h$。

④ 过滤面积：$311m^2$。

⑤ 烟气进口浓度：$<200g/m^3$（标）。

⑥ 实际粉尘排放标准：$<30mg/m^3$（标）。

⑦ 除尘效率：99.9%。

八、烟尘和废弃物回收利用

水泥工业作为现代工业生态系统和经济生态系统中的一员，因为其生产工艺的固有特点，使其在发展全社会的循环经济中自然地具有较显著的"链接"作用。更何况现代水泥工业科技成果的研发和应用，近年来也取得较大进展，水泥企业在循环经济系统的自身"小循环"中已颇显效益。水泥生产除尘设备收集的粉尘都可以返回生产系统继续作用，例如烘干机、冷却机、水泥磨、水泥窑的除尘器收集下来的粉尘都 100% 回用。

立窑收下的粉尘如周而复始地回窑煅烧会造成钾、钠富集而影响熟料质量。最好的办法是作为混合材料按<5%的比例均匀掺入水泥磨，一次性磨成水泥出厂，既有可观的经济效益，又几乎不影响水泥质量。

水泥厂的废弃物主要是窑灰、烘干机烟尘、不合格的水泥产品、锅炉炉渣、废弃的耐火材料和保温材料、矿山开采中产生的剥离土、破损的滤袋、废油等，前四种一般是适量地掺到相应工序中回收利用，但窑灰中含有大量的碱，可以用来处理酸性污染物。破损的滤袋和废油通过废旧物资回收加以利用，剥离土可用来回填开采区。

水泥生产过程产生大量的气态废弃物——CO_2，因 CO_2 是温室气体，给环境造成不利影响，而成为水泥厂重要的环境负荷。国内已有企业开展了从水泥窑尾废气中提取二氧化碳气体的工作，并利用二氧化碳生产全降解塑料，生产一次性医用设备、餐具、食品包装袋等产品。

一条用水泥窑处理城市工业废弃物的生产线，年处理量约 10 万吨。废弃物有 6 大类，如垃圾焚烧飞灰、垃圾焚烧灰渣、工业污泥、废白土类、乳化剂等液态废弃物以及其他需破碎的固体废物，废物含有大量对水泥生产有害的组分，如钾、钠、氯、硫和重金属等。设计方案总的目标是：3000t/d 熟料（处理 10×10^4 t/年工业废弃物），废气排放 $NO_x < 400mg/m^3$（标），$SO_2 < 30mg/m^3$（标），粉尘 $< 30mg/m^3$（标）。方案如图 4-11 所示。

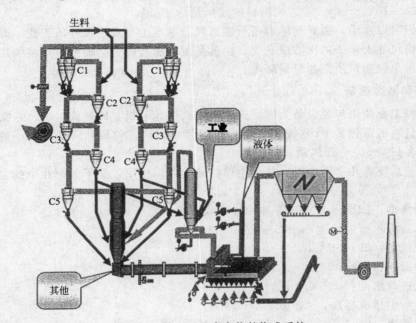

图 4-11　处理工业废弃物的烧成系统

第三节　水泥生产气态污染物减排技术

一、二氧化硫减排技术

以水泥生产工艺减排二氧化硫的技术通常称为一次减排技术，生产工艺以外的减少 SO_2 的措施称为二次减排技术。

水泥生产中减少 SO_2 排放有下列几种措施：更换原料；在生料磨内吸收；加消石灰；设 $D-SO_x$ 旋风筒；设水洗塔等。如果原料中没有 FeS_2 时，又不设旁路，就不存在脱硫问题，所以换去含 FeS_2 的原料是最简单的办法；但 FeS_2 往往是石灰石的杂质，不容易更换，就应采取另外的方法减少 SO_2 排放。

（一）采用窑磨一体技术

关于 SO_2 的治理，目前我国水泥工业只是采用在生产过程中尽量减少 SO_2 产生的方法。

新型干法生产线一方面选择合适的硫碱比，另一方面往往采用窑磨一体的废气处理方式，把窑尾废气引入生料粉磨系统。在生料磨内，由于物料受外力作用，产生大量的新生界面，具有新生界面的 $CaCO_3$ 有很高的活性，在较低的温度下，能够吸收窑尾废气中的 SO_2；同时生料磨中，由于原料中水分的蒸发，有大量水蒸气存在，加速了 $CaCO_3$ 吸收 SO_2 的过程，把 SO_2 转变成 $CaSO_4$，使窑尾废气中的 SO_2 固定下来。预热器系统对 SO_2 吸收率为 $40\%\sim85\%$，主要影响因素除水蒸气含量外，还有废气温度、粉尘含量和氧含量。增湿塔的 SO_2 吸收率较低，最高仅为 $10\%\sim15\%$，生料磨的吸收率在 $20\%\sim70\%$，受工况影响较大，如原料湿含量、磨内温度和在磨内停留时间、粉尘循环量和生料粉磨细度等都是影响吸收率的因素。

使用除尘器治理窑尾废气时 SO_2、NO_2 浓度在除尘器进出口有较大的区别，其浓度削减了 $30\%\sim60\%$。这是由于袋式除尘器的滤袋表面捕集的碱性物质与试图通过滤袋的酸性物质结合成盐类，从而降低了酸性气体的浓度。袋除尘器滤袋为载体，通过酸性物质与碱性物质结合成盐类。削减有毒有害气体的功能应进一步开发，使袋除尘器成为治理水泥工业粉尘和有害气体的多功能设备。

（二）二次减排二氧化硫技术

对生产工艺以外的减少了 SO_2 的措施，我国尚无如何治理的报道，下面介绍国外水泥行业的经验。

1. 采用二次降低 SO_2 的技术

2000 年欧盟的 BREF（最佳实用技术文献）提出，采取最佳实用二次技术可将 SO_2 排放降低到 $200\sim400mg/m^3$。若原始 SO_2 排放量为 $400\sim1200mg/m^3$，可采用干吸收剂法，即在生料粉或废气中加 $Ca(OH)_2$；若 SO_2 原始排放量超过 $1200mg/m^3$，则采用洗涤法或循环沸腾床加吸收剂法，都能将 SO_2 排放量降低到 $200\sim400mg/m^3$，如图 4-12 所示。

在欧盟成员国 252 台运行的水泥回转窑中，有 20 台采用了二次降低 SO_2 技术，具体分布见表 4-22。

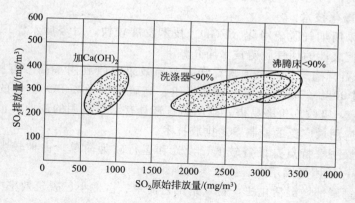

图 4-12 不同二次技术措施的 SO_2 降低量

采用吸收剂法也存在一些不利因素，德国的大多数厂是在 $350\sim500℃$ 的温度区间向废气或生料粉中加 $Ca(OH)_2$，由于 $Ca(OH)_2$ 颗粒表面会与 CO_2 反应生成 $CaCO_3$，发生纯化，而且 $Ca(OH)_2$ 不能完全均匀地分散在废气中，所以 $Ca(OH)_2$ 必须大量或超量加入。另外，吸收的 SO_2 形成硫酸盐或亚硫酸盐又随生料或窑灰回到窑系统，容易引起结皮或堵塞。

表 4-22　2000 年欧洲一些国家采用降低 SO$_2$ 二次技术的厂数

国　别	干吸收剂法	洗涤法	沸腾床法
澳大利		1	
比利时	2		
丹麦		2	
德国	11		
意大利	1		
瑞典		1	
瑞士			1
英国		1	
合计	14	5	1

2. 设 D-SO$_x$ 旋风筒

美国有两家厂进行设 D-SO$_x$ 旋风筒的研发工作。它是从出分解炉管道中抽出约 5% 的烟气直接向上接到顶部收集旋风筒内，收下的粉尘含有大量新生 CaO，将其喂入达到 FeS$_2$ 温度的那级旋风筒（五级或六级预热器分别为第二级或第三级），控制 CaO/SO$_2$ 的摩尔比为 10～12。

3. 加入外购消石灰

在第二级或第三级旋风筒进料处加入外购消石灰是脱硫的一种最简单的选择，其数量控制在 CaO/SO$_2$ 的摩尔比为 3.0～5.0。曾试过在增湿塔或生料磨加石灰，但效果差很多。也可利用抽取小部分分解炉出口气体，通过外加的旋风筒收集的细粉，经一消化塔将其冷却并消化，再喷入第二级旋风筒出气管，这样可省外购消石灰费用，但效率差 10%，投资要高 3 倍以上。

4. 水洗法

水洗法既可用于预热器系统也可用于路旁系统。脱硫可达 90%～95%。在主除尘器下游加一水洗塔，气从下面进，水分上下两部分进，下部还鼓入空气，使在上部的浆体可泵到塔中部以提高吸收率，也可下部浆体泵到收集系统，经水力旋筒和离心机，生成副产品石膏。此法投资最大，约为喷石灰法的 35 倍，而运行费用是 D-SO$_x$ 的 5 倍。

5. 烟气脱硫净化技术

燃煤发电厂采用烟气脱硫净化（FGD）技术发展较快，对今后水泥厂烟气脱硫有一定的借鉴作用，有代表性的烟气脱硫技术简介如下。

（1）石灰石-石膏法　特点是原理简单，脱硫效果吸收利用率高（有些机组 Ca/S 接近 1，脱硫效率超过 90%），能够适应大容器机组、高硫煤以及高 SO$_2$ 含量的烟气条件，可用率高（超过 90%），吸收剂价廉易得，副产品石膏具有综合利用的商业价值。它是目前世界上技术最成熟、应用最广泛的控制 SO$_2$ 排放技术。

（2）喷雾干燥法　特点是投资较低，设计和运行较为简单，占地较少，脱硫效率中等（一般 70% 左右），适用于燃用中、低硫煤的锅炉。

（3）炉内喷钙尾部增湿活化法　特点是工艺简单、占地小、脱硫效率中等，但吸收剂消用量大，适用于燃用低硫煤锅炉。

（4）海水脱硫法　特点是采用天然海水作为吸收剂，无需其他任何添加剂，工艺简单，无结垢、堵塞现象，可用率高，无脱硫灰渣生成，脱硫效率＞90%，燃用高、中、低硫煤都可适用。

（5）排烟循环硫化床脱硫技术　锅炉烟气由吸收塔底部进入，与雾化的石灰浆液逆流，混合中 SO$_2$ 被中和吸收。其优点是脱硫效率高（约 79%），脱硫剂利用率高，喷钙与增湿同时完成。

（6）荷电干喷射法　特点是占地小，可利用现有烟道，投资较小，运行费用低，脱硫效率中等，反应速率快，适用于中低硫煤燃煤锅炉。

（7）电子束法　特点是同时脱硫脱氮，干法而无废水排放，运行操作简单，维修方便。不需氨液，经济性好，副产物可作氮肥，脱硫效率70%～80%。

二、氮氧化物减排技术

同 SO_2 治理措施一样，以水泥生产工艺减排氮氧化物技术通常称为一次减排技术，生产工艺以外的减少氮氧化物的措施称为二次减排技术。

1. 一次减排技术

针对水泥烧成过程中氮氧化物形成的机理，采用适当的生产工艺，减少氮氧化物的生成。

（1）降低烧成温度　水泥回转窑主燃烧器的火焰温度为1700～1900℃，大型现代预分解窑甚至超过2000℃，气流在1200℃以上的停留时间超过3s，高温对减少热 NO 不利，可以通过调整配料、加矿化剂等方法降低烧成温度以减少热 NO 的形成。但从熟料和水泥性能等方面考虑，这类措施并非普遍适用。

（2）降低过剩空气系数　图 4-13 为德国 2 台回转窑窑尾入料端 NO 浓度与过剩空气系数的关系。D 窑为 ϕ（3.8m/3.2m）×48m 日产熟料 1550t 的 5 级旋风预分解窑；F 窑是 ϕ（6.0m/5.8m）×90m 的半干法窑。从中可以看出，过剩空气系数只有降到 1.1 以下才能显著降低 NO 的形成量，然而降低过剩空气系数会产生还原性煅烧，对熟料的质量不利，并易使 SO_2 产生，所以这一措施很少采用。

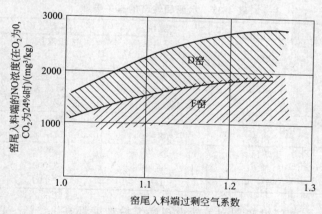

图 4-13　窑尾入料端 NO 浓度与过剩空气系数的关系

（3）火焰长度　从理论计算得出，由于火焰拉长降低了高温点温度，可以减少 NO 的生成量，但实际生产中通常是短火焰温度较高，产生的 NO 量却比长火焰的少，因为短火焰核心部位缺少空气，烟气在高温区停留时间短。

（4）窑截面空气流量　在相同热能流量下，窑截面空气流量与燃烧气体在高温区的停留时间成反比，截面空气流量越高，形成的 NO 量越少。德国普通悬浮预热器窑的截面空气流量为 2.0～2.5kg/（m² · s），相当于燃料热能流量 20～25GJ/（m² · h）；带三次风管的预分解窑在相同产量下的空气截面流量为 1.0～1.5kg/（m² · s），相当于热能流量 10～15GJ/（m² · h）。后者较前者的窑内热能流量减少了，NO 排放却没有减少，甚至还有所增加，因为不仅窑头产生了 NO，在分解炉中也形成了少量 NO。日本有些 $4000\sim9000t/d$ 的大型预分解窑，既有三次风管又提高了窑内风速，截面空气流量$\geqslant2kg/(m^2\cdot s)$，窑的 NO_x 排放量比较低，这一事实也证明窑截面空气流量确实影响 NO_x 排放量。

（5）第二燃烧系统　第二燃烧系统指所有在窑尾包括分解炉内的第二把火，这里燃烧温度低，NO 的产生主要来自于燃料中氮的含量。然而这里的反应与条件关系密切，若于 $1000\sim1200℃$气体温度区，在过剩空气系数$\leqslant0.9$的缺氧条件下加入燃料，不仅能减少由燃料氮形成的 NO 量，还能将由窑头产生的热 NO 部分还原为 N_2。若有碳氢原子团存在，更能促进这个还原反应，例如使用气体燃料，废橡胶或高挥发分的煤如褐煤等。另外，这里的燃料与烟气的混合不是完全均匀的，存在局部还原气氛，有利于 NO 的还原反应。若有较多的内部循环物如碱的氯化物，能对燃料燃烧起抑制作用，也会促进 NO 的分解。目前在第二燃烧系统中比较有效的也是用得比较多的措施，是在分解炉上将燃料燃烧过程分 2 级或多级进行控制。燃料从第一级加入，第一级为还原气氛，用于将 NO 还原 N_2。在第一级缺氧条件下产生的燃烧气体、含有 CO 和有机物等未完全燃烧组分，在第二级加入三次风的富氧条件下，完全氧化为 CO_2 和 H_2O，用这种方法可将 NO_x 排放量降低 50%左右。

① 在火焰中燃料点燃瞬间的氧供应量对 NO 形成起决定作用。

② 火焰轴向（与回转窑中心线平行方向）有较高冲量会促进氧气向火焰内部混入，从而产生较多的 NO。

③ 煤粉材料特性的影响胜过燃烧器参数变换（如喷出冲量及旋流系数等）的作用。所以新一代一次空气燃烧器不一定都会减少 NO 生成量，视具体情况而定。

（6）煤粉细度　德国水泥研究所在 3 台使用不同燃烧器的回转窑上，做煤粉细度与 NO 形成的关系试验，有关参数列于表 4-23。

表 4-23　水泥回转窑的有关参数

项　目		窑系统 A	窑系统 B	窑系统 C
预热器形成		4 级单系列	4 级双系列	4 级单系列
回转窑规格/m		4.0×58	5.2×80	4.0×58
额定产量/(t/d)		1100	3400	1100
冷却机类型		炉箅式	炉箅式	炉箅式
燃烧器类型		普通多通道 M 型	低一次风 I 型	低一次风 II 型
一次风压/kPa	旋流	15～20	14～16	15～18
	轴流	15～20	14～16	75～80
标况一次风量/(m³/h)	旋流	约800	3600	800
	轴流	约800	3000	700
	送煤风	1400	1800	1400

试验中还得出，在 3 天试验期间虽然出现磨煤粉细度都在 $8.9\%\sim10.6\%$的范围内，由于煤粉是断续入仓，在仓内产生离析，使入窑煤粉细度在 $4\%\sim14\%$间波动，由于引发 NO_x 排放量的波动达 15%左右。因此，在生产中若不能细磨煤粉也必须使煤粉尽可能均化，保持细度稳定，减小 NO_x 排放量的波动。

（7）喷水冷却火焰　通过主燃烧器喷管喷水冷却火焰，降低火焰最高温度，以减少 NO_x 形成量，这种方法在德国采用较多。

2. 二次治理技术

NO 产生后，目前世界上采用如下方法使其减少。

（1）非催化选择还原法 SNCR　从原理上讲在预分解区利用缺氧条件还原 NO 属非选择性还原法。选择性还原法则是通过加入 NH_3 或其他还原剂如尿素还原 NO，其中不用催化剂称非催化选择还原法，简写为 SNCR，NH_3 在有氧存在的条件下发生如下反应：

$$NH_3 + OH \longrightarrow NH_2 + H_2O \tag{4-15}$$
$$NH_2 + NO \longrightarrow N_2 + H_2O \tag{4-16}$$
$$NH_2 + OH \longrightarrow NO + \cdots \tag{4-17}$$

NH_3 与 NO 的反应在低温下很慢，超过 800℃ 才会有足够快的反应速率，最有效的加入温度又称温度窗，为 900~1000℃。温度再高，反应式（4-17）逐渐起主导作用，NO 还原率下降，在 1250℃ 左右加入的 NH_3 甚至会形成 NO。若有还原剂（如氢）存在，会将温度窗向低温推移，因为所形成的 OH 原子团能加速 NH_3 向 NH_2 转化。在工业窑炉中加入 NH_3 有可能形成 N_2O（笑气），它的温室效应远高于 NO 和 CO_2。然而从对多台水泥回转窑的试验与监测得出，不论加入什么还原剂，N_2O 的排放量都很少，在 1~5mg/m³ 的检测极限范围内，对环境不会造成重大影响。

选择 SNCR 法时加入的 NH_3 不一定完全反应，有效反应率有时达不到理论值的 80%，通常只有 40%~60%，剩余的 NH_3 一部分随废气排放，一部分附着在粉尘上，因此实际生产中常以低于化学计量配比加入。若将窑灰掺入到水泥中更应控制 NH_3 加入量，并要监测水泥中的氨含量。

（2）催化选择还原法 SCR　催化选择还原法是于 300~400℃ 的低温区，在有催化剂存在条件下加入还原剂，它可在较低 NH_3 残留量的同时，提高 NO 还原率。但因成本高，仅在意大利、奥地利、瑞典、德国等少数水泥厂做些试验。这种方法在电厂和垃圾焚烧炉上都很有效，在水泥回转窑上则因粉尘浓度高、催化器易堵塞及电耗高等问题尚未进入实用阶段。

（3）欧盟提出的措施及降低率　欧盟的 BREF 文件将降低 NO_x 排放措施分为一次措施和二次措施，两项措施组合可称为最佳实用技术（BAT），其排放水平为 200~500mg/m³，具体见表 4-24。这些措施在欧盟成员国中的使用情况见表 4-25。

表 4-24　NO_x 降低的措施及其效果

措　施	方　法	能达到的降低率/%	能达到的排放水平/(mg/m³)
一次措施	冷却火焰	0~50	>400
	低 NO_x 燃烧器	0~30	>400
	添加矿化剂	0~15	
二次措施	在分解炉中分级燃烧	10~50	<500
	SNCR	10~85	200~500
	SCR	85~95	100~200
	SNCR＋分级煅烧	新技术	100~200

表 4-25　2000 年欧盟成员国采用的降低 NO_x 措施

国　别	冷却火焰	用矿化剂	分解炉分级煅烧	SNCR	SCR
奥地利	3	1	1		
丹麦		1			
法国	10	1			
德国		4	7	15	1
意大利			3		
瑞典			1	2	
瑞士				1	
合计	13	7	12	18	

三、氟化物污染的防治技术

熟料烧成过程产生的氟化物来自于原燃料。有些黏土中含有氟，特别是目前我国部分立窑厂出于降低热耗的目的，以含氟矿物（萤石）掺入生料中，在烧成中大部分氟化物和 CaO、Al_2O_3 形成氟铝酸钙固溶于熟料中，极少部分随废气排出。

在立窑生料中一般加入 1% 的萤石，CaF_2 的成分约占 65%，若 2% 的 F 排出，则生产每千克熟料排出的 F 为：

$$1.6 \times 1\% \times 65\% \times 2\% \times 10^6 \times 38/78 = 101mg/kg \text{ 熟料}$$

式中，1.6 为生料料耗；38 为氟的相对分子质量；78 为萤石的相对分子质量。

按立窑烧成每千克熟料产生 $3m^3$（标）废气计算，废气中 F 的浓度为 $33.7mg/m^3$（标）。

我国水泥工业污染状况调查资料中，有 5 台回转窑检测了窑尾废气中 F 的含量，最高为 $45.2mg/m^3$（标），最低为 $0.143mg/m^3$（标）。立窑废气中氟的排放量见表 4-26，一般在 $27 \sim 35mg/m^3$（标）。

表 4-26　几个立窑厂排氟测定数据

厂　名	收尘方式	排放浓度/[mg/m^3（标）]	厂　名	收尘方式	排放浓度/[mg/m^3（标）]
A 水泥厂	水收尘	29.59	C 水泥厂	水收尘	6
B 水泥厂 1 号	沉降室	62.56	D 水泥厂	沉降室	27.7
B 水泥厂 2 号	沉降室	10.97	E 水泥厂	电收尘	35.58

从表 4-26 中可见，洗涤法可降低氟的排放，但水除尘因粉尘排放不达标，又形成二次污染，不提倡采用。可靠的办法是不用含氟化物高的物质作为原料，更不能采用萤石降低烧成温度而使用。如北京太行前景水泥有限公司建设项目采用先进窑型，配料中不再使用立窑生产中必需的黏土作原料，因而窑尾废气中氟化物含量很低。

第四节　建筑卫生陶瓷生产烟尘减排技术

建筑卫生陶瓷制品是重要的建筑材料，其产品品种有几十种，一般可归纳为五大类，即卫生瓷、墙地砖、耐酸砖、陶管和园林瓷。生产废气的治理因各个工序不同而不同。

一、产品生产工艺流程

建筑卫生陶瓷产品的生产工艺流程，大致可分成坯料制备、釉（色）料制备、成型、烧成四个大的工序。从矿场来的原料必须经过粗碎、中碎、细碎，并根据产品和不同的成型工艺要求制成粉料（或浆料、泥料），然后采用压制（或浇注、可塑）成型。成型后的半成品经烧结成为产品，最后检选包装入库。不同产品生产的典型工艺流程如图 4-14 所示。

二、废气的来源和特点

（一）废气来源和分类

建筑卫生陶瓷工业废气大致可分为两大类。第一类为含生产性粉尘为主的工艺废气，这类废气温度一般不高，主要来源为坯料、釉料及色料制备过程中的破碎、筛分、造粒、喷雾干燥等。第二类为含二氧化碳、二氧化硫、氮氧化物、氟化物、烟尘等为主的高温烟气，主要来源为各种窑炉烧成设备。

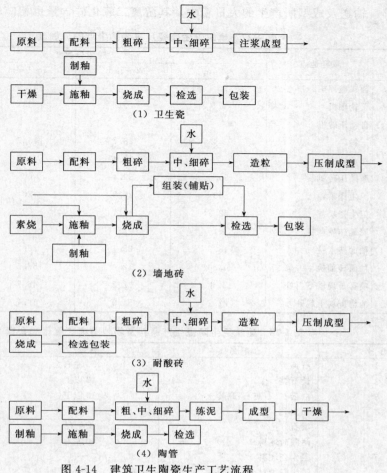

图 4-14　建筑卫生陶瓷生产工艺流程

（二）废气的特点

1. 排放点多

墙地砖生产厂更为明显，尤其是采用干法或半干法工艺生产的工厂，几乎所有的工艺环节都有废气产生，因而废气排放点多且较为集中。如某墙地砖厂，在约有 420m² 的作业面的厂房屋顶，粉尘废气排放口多达 9 个。卫生瓷生产中，除球磨机采用真空入磨和浇注工段一般不产生废气外，其他工艺环节都有废气产生。

2. 排放量大

采用半干法生产墙地砖的大中型工厂，每公斤合格制品的废气量为 110～190m³，其中含粉尘废气约占 73％～80％，烧成设备产生的烟气一般约占 15％～20％。若用煤作燃料，则烟气对大气环境污染更为严重，不但烟气中含硫量和含尘量很高，而且烟气中煤尘多，林格曼黑度常在 4 级左右，特别是在加煤过程中，黑度可达 5 级。

3. 废气中粉尘分散度高

建筑卫生陶瓷厂随产品种类和工艺环节不同，所产生的废气粉尘分散度也有差别，总的情况是粉尘粒径大于 $10\mu m$ 的一般占粉尘总量的 20％左右。表 4-27 是建筑卫生陶瓷厂主要扬尘点的粉尘分散度。

4. 粉尘的游离二氧化硅含量高

建筑卫生陶瓷生产所用原料及粉料的游离二氧化硅含量较高（见表 4-28）。因而这些原料的破碎、输送及成型所产生的大量粉尘，其游离二氧化硅含量也相应较多，危害性较大。

表 4-27　建筑卫生陶瓷厂主要扬尘点的分散度

序　号	取样地点	粉尘分散度/%			
		$<2\mu m$	$2\sim5\mu m$	$5\sim10\mu m$	$>10\mu m$
1	颚式破碎机	3	25.3	51.5	19.7
2	干轮碾机	6.5	51	33	9.5
3	自动压砖机 下料口	5.2	28.7	45.7	12.2
	作业处	7	30.4	44.8	17.8
4	摩擦压砖机	55.6	39.4	3.7	1.3
5	卫生瓷喷釉	43	26.5	20	10.5
6	卫生瓷吹灰	52.2	44.1	3.7	
7	墙地砖喷釉机	61	22	10	7
8	釉面砖素检	18.9	25.1	26.2	29.8
9	釉面砖釉检	0.80	12.4	59.5	27.3
10	喷雾干燥塔下料处	1.6	32.3	46.7	19.4
11	池窑配料上料处	22.2	51.9	19.7	8.5

表 4-28　建筑卫生陶瓷生产原料及粉料游离二氧化硅含量

序号	原料名称	含量/%	备注
1	石英类	90 左右	
2	长石类	10 以上	
3	白云石、石灰石、高岭土	10 以下	
4	黏土类	10～15	
5	滑石	4 左右	耐火黏土少些
6	耐酸砖坯料	40 左右	可致滑石肺
7	卫生瓷坯料	32～43	
8	卫生瓷釉料	32～40	
9	瓷粉	50 左右	

三、坯料制备过程废气治理

在建筑卫生陶瓷产品生产中，生产性粉尘废气有 50%～60% 是产生在坯料制备过程中，由于无论工厂大小，坯料制备均自成一体，每个工厂的原料加工工序也都成了一个很大的废气污染源。

建筑卫生陶瓷产品的生产工艺有干法生产、半干法生产和湿法生产多种形式，这些都是就坯料生产工艺而言的。

（一）干法生产

干法生产仅用于生产半干压坯料，其工艺流程如图 4-15 所示。

干法制备半干压坯料工艺流程简单，设备投资费低，而且不必制备泥浆又将泥浆脱水，生产过程能耗也低，因而产品成本较低。由于这两个显著的优点，我国目前新建的许多小型墙地砖厂，都采用此工艺流程。这种工艺流程也有一些缺点，工艺方面的不讲，就生产过程的粉尘来说是比较严重的，因而必须注意设备密闭和设置通风除尘设施。

（二）半干法生产

这种工艺有两种最基本的流程形式，一种是原料粗碎后经干式（轮碾机或颚式破碎机）

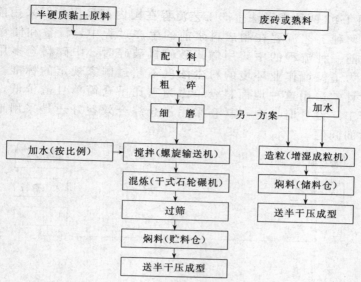

图 4-15　干法生产工艺流程

中碎，各种干料配料后入湿式球磨机细磨，最后制成需要的坯料，其工艺流程如图 4-16 所示。另一种是原料经一系列工序磨成符合工艺细度要求的干粉，再加水制成不同坯料，其工艺流程如图 4-17 所示。

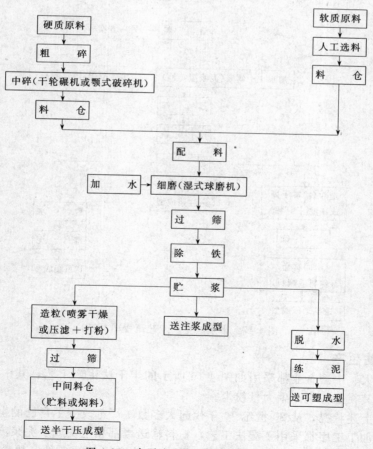

图 4-16　半干法生产工艺流程（一）

图 4-16 和图 4-17 两种半干法生产工艺流程在国内都采用，但采用前一种流程的企业明显较多。这两种工艺流程在制成料浆前的生产过程中，设备和储输环节都有粉尘废气产生，并且前一种流程的中碎用颚式破碎机破碎时，中碎料仓多用地面料仓，产生的粉尘很大，为了保证作业环境的粉尘浓度不超过国家规定的标准，就必须采取控制措施。工艺设计常采用这种地面料仓，因为它比吊仓简单且造价低，却忽视了环境效益。到底在新工厂设计时，中碎料仓采用吊仓综合效益好还是采用地面料仓好，确是一个值得探讨的问题。

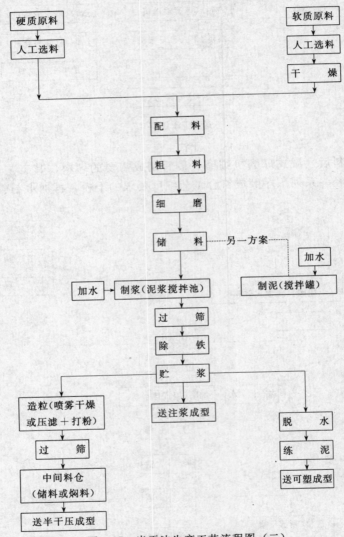

图 4-17　半干法生产工艺流程图（二）

（三）湿法生产

过去许多大、中型企业都采用如图 4-16 所示的半干法生产工艺，其中碎设备一般采用干式轮碾机，其在运行中产生大量粉尘。

为了改变上述状况，从 20 世纪 70 年代起大多数工厂都改变了自己的生产工艺，原料除粗碎外，所有加工工序都采用了湿法工艺，粉料输送也都相应变成了泥浆流体输送，因而从工艺上基本解决了原料加工过程的粉尘作业危害，改善了劳动条件，粉尘废气量也大为减少。湿法生产工艺流程如图 4-18 所示。

（四）坯料制备过程中废气除尘

1. 水力除尘

该法是在坯料制备过程中，在硬质料破碎时，利用喷水装置喷水来捕集在破碎硬质料时产生的粉尘。它一方面减少了物料在破碎时粉尘的分散，可以通过喷雾捕集散发到空气中的粉尘；另一方面原料被水冲洗而提高了纯度，对提高产品的质量是有益的。图 4-19 是采用水力除尘器治理原料二次破碎粉尘的工艺流程。

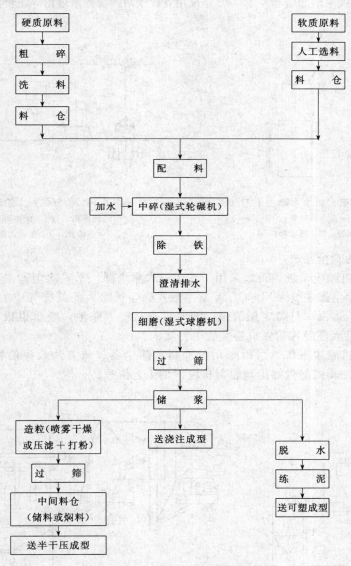

图 4-18　湿法生产工艺流程图

2. 机械除尘

（1）颚式破碎机的除尘系统　颚式破碎机的除尘系统，可采用旋风除尘器、回转反吹扁袋除尘器。旋风除尘器的设备投资较少，系统的设计和安装都很简单，运行中除尘器的维修工作量少，收下来的料可直接回收利用，基本上无二次污染。袋式除尘器的投资较旋风除尘器高，维修工作量相对多一些，但由于此处废气中尘的浓度一般不是很高，因此过滤风速可选高一些，设备可相应小一些，设备的效率很高，并且除下来的物料也可就地回收利用，基本没有二次扬尘。

（2）雷蒙磨尾气的除尘系统　雷蒙磨尾气除尘系统一般采用两级除尘系统。第一级采用旋风分离器，第二级再配置一级除尘器，如袋式除尘器或水浴除尘器。雷蒙磨一般破碎的是干原料，因而袋式除尘器收集的物料可直接回到磨好的粉料仓中。该除尘系统除尘效率高，既没有废料的产生，又没有二次污染。但是，当雷蒙磨研磨含有一定水分的软质黏土时，就不宜使用袋式除尘器，可采用立式水浴除尘器。图 4-20 是采用立式水浴除尘器治理粉碎机粉尘的工艺流程。

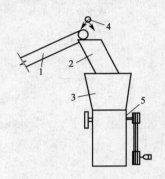
图 4-19　颚式破碎机水力除尘工艺流程
1—皮带输送机；2—溜料管；3—下料斗；
4—喷水管；5—颚式粉碎机

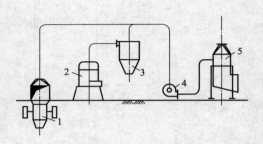
图 4-20　粉碎机粉尘治理工艺流程
1—颚式破碎机；2—雷蒙磨；3—旋风除尘器；
4—机风；5—立式水浴除尘器

（3）轮碾机的除尘系统

① 湿式轮碾机除尘系统。可以采用干式或湿式除尘器。干式除尘器主要采用 CZT 型旋风分离器；湿式除尘器主要采用 CCJ/A 型冲激式除尘机组。此处废气中的粉尘浓度不是很高，因而不需连续排泥，只需定期清理，泥料可直接输入浆池，废水也很少。图 4-21 是采用冲激式除尘机组治理湿式轮碾机粉尘的工艺流程。

② 干式轮碾机除尘系统。可以采用脉冲袋式除尘器。该方法收集的物料可直接回用。图 4-22 是采用脉冲袋式除尘器治理轮碾机废气的工艺流程。

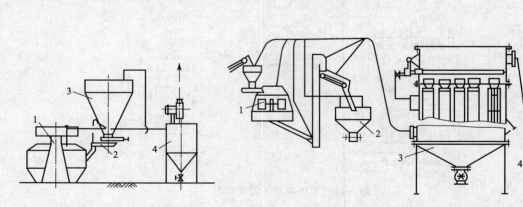

图 4-21　湿式轮碾机除尘系统示意
1—湿式轮碾机；2—电磁振动给料器；
3—吊仓；4—CCJ/A7-1 型冲激式除法机组

图 4-22　脉冲袋式除尘器治理
轮碾机废气的工艺流程
1—湿式轮碾机；2—粉仓；3—脉冲袋式除尘器；4—风机

（4）喷雾干燥塔尾气的除尘系统　喷雾干燥塔尾气含尘的浓度一般很高，故目前采用至少两级除尘。第一级采用旋风分离器，它既作为除尘设备又作为收料设备；第二级可使用喷淋除尘器、泡沫式除尘器、文丘里除尘器或冲激式除尘器。图 4-23 是采用旋风除尘器和喷淋除尘器治理喷雾干燥塔尾气的工艺流程。

（5）粉料输送及其料仓系统的除尘系统　在陶瓷地砖的生产中，在从雷蒙磨生产的细粉料的输送及卸入料仓贮存中，将产生大量的粉尘。故在成型设备处均需安装局部排风罩和除尘系统。图 4-24 是采用立式水浴除尘器治理粉料输送及其料仓的工艺流程。

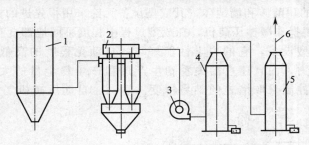

图 4-23　喷雾干燥塔尾气的治理工艺流程

1—喷雾干燥塔；2—旋风除尘器；3—锅炉引风机；

4—初级喷淋除尘器；5—二级喷淋除尘器；6—净化气体排放管

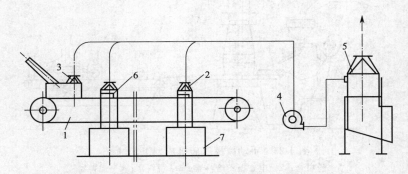

图 4-24　立式水浴除尘器治理粉料输送及其料仓的工艺流程

1—皮带输送机；2—料仓入口吸尘罩；3—皮带机吸尘罩；4—风机；

5—立式水浴除尘器；6—刮板分料器；7—粉料仓

四、成型工艺过程废气处理

在工艺上将精制好的坯料，用某种方法加工成具有预定形状和尺寸的坯体，这一过程就称之为制品的成型。本节为便于叙述，将这一过程扩展到坯体进入窑炉前的其他环节，例如坯体的施釉等环节。

建筑卫生陶瓷制品的成型方法，可以根据坯料的特性分为 3 种。

（1）塑料泥团成型法（简称可塑法）　将含水 16%～25% 的塑性泥料，通过检坯、旋坯、辊压、挤制、热压、冷压等方法使之成为具有一定规格的坯体。

（2）浆料成型（简称注浆法）　用含水在 30%～45% 的浆料在预先制好的模型中浇注成型。

（3）粉料成型法（简称压制法）　用含水在 4%～6% 粉状粒料（干法）或含水在 7%～16% 粉状粒料（半干法）在较高压力下于金属模具中压制成型。

多数建筑卫生陶瓷制品的表面都覆盖有一层玻璃状的釉面。制好的坯体经干燥（对于两次烧成的釉面砖是在素烧）后进行施釉，施釉完再送烧成。施釉方法也有多种如浸釉、浇釉（林釉）、喷釉、刷釉等。

1. 成型及其常用设备的产尘

建筑卫生陶瓷制品采用可塑法和注浆法成型时，在其成型中几乎没有粉尘产生，但对成型后的坯体进行干修时也还会有粉尘产生，而且有时粉尘浓度还很高。克服这种因修坯而造成的粉尘危害，工艺上只要在可能的情况下改干修坯为湿修坯，即很少产生粉尘。

采用压制法成型的耐酸砖和墙地砖，其成型设备无论采用很先进的大吨位自动压砖机还是相当落后的 30t 手工操作摩擦压砖机，在成型过程中程度不同地都会有很多粉尘产生。

压砖机是压制成型设备，它的力学性能好坏，自动化程度的高低，关系到产品质量和单台设备的生产能力，而且还直接关系到生产过程产生粉尘量的大小、扬尘点的多少以及对这些扬尘进行控制采取措施的难易程度。手动、自动压砖机工艺过程如图 4-25 和图 4-26 所示。

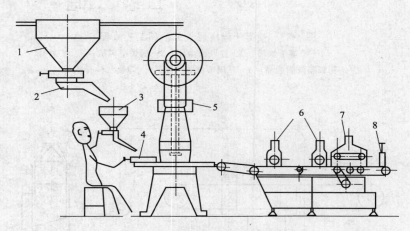

图 4-25 手动摩擦压砖机成型工艺过程

1—粉料仓；2—电磁振动给料器；3—喂料斗；4—加料器；
5—手动摩擦压砖机；6—磨边；7—清扫；8—叠坯

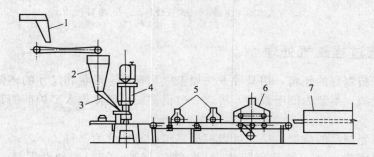

图 4-26 自动压砖机成型工艺过程

1—定量供料器；2—压机喂料箱；3—筛分喂料器；4—自动压砖
机；5—磨边装置；6—扫坯装罩；7—坯体干燥器

墙地砖成型时，一般至少加压 3 次。当采用手动摩擦压砖机时，有的工厂要求加压 5次。通常粉料颗粒间充满了占其容积 40% 左右的空气。第一次加压虽然压力并不高，但产生的粉尘量最大而且浓度高。当上下两模合模实施冲压时，排出的空气就夹带大量的微细物料以模框为中心向四周喷射而出，并且这些高速喷出的含尘气流还会诱导起数倍于它的周围空气，进一步卷起模框四周操作平台上的粉料（手动摩擦压砖机更为突出），形成较大的扬尘，尘源点的粉尘浓度可高达每立方米数百毫克。在实施第二、第三次加压时也有粉尘产生，但由于模间排出的空气量和粉尘量都很少，并且诱导起周围空气量也不大，所以总的产尘量相对第一次加压时要小的多。

在向模框填料和冲压好的坯体脱模过程中都有粉尘产生，但不像冲压过程那么严重。

压砖机仅仅是成型工艺过程中较为主要的设备，常与其配套工作从而构成一完整成型工艺系统的装置和设备还有供料系统和自动磨边机等设备，一些先进的配套设备还备有自动码垛和装钵装置。压制成型的一般工艺流程如图 4-27 所示。

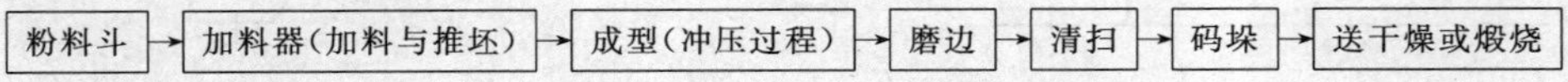

粉料斗 → 加料器（加料与推坯） → 成型（冲压过程） → 磨边 → 清扫 → 码垛 → 送干燥或煅烧

图 4-27　压制成型工艺流程

2. 施釉及其常用设备的产尘

建筑卫生陶瓷制品除少数品种如锦砖、耐酸砖外，绝大多数产品在坯体表面都施有釉层。施釉工艺流程如图 4-28 所示。成型的合格坯体经干燥（对二次烧成的制品进行素烧）后，先对干燥（或素烧）坯体进行检查，然后是施釉前的清灰，不同产品的清灰方式有所不同。墙地砖的清灰一般都是由施釉流水线完成的，清灰的方法是使用具有一定压力的空气对坯体进行喷吹，如图 4-29 所示。用于喷吹的空气可以是来自空压站的高压压缩空气，另外也可以是就地安装的微型鼓风机。无论是采用哪种气源，清灰过程都会有粉尘废气产生，其粉尘浓度大约在 $150mg/m^3$。卫生瓷釉前的清灰一般有三种情况：一种是用潮湿的布将坯体表面的灰尘擦净，这种方法一般没有什么粉尘废气产生；另一种是用高压空气对坯体单个进行喷吹清灰；再一种是用轴流风扇对排放在架体上的数个坯体同时吹风进行清灰。这后两种清灰方法都有一定的粉尘废气产生。

坯体 → 干燥或素烧 → 检查和清灰 → 施釉 → 码垛或装车 → 送烧成

图 4-28　施釉工艺流程

一种产品可以采取不同的施釉方法进行施釉，但不同的施釉方法将会有不同的产尘情况。浸釉法和浇釉法（淋釉法）施釉过程没有粉尘产生。喷釉法可用喷枪手工喷釉，也可用喷釉机进行机械化喷釉，无论采用什么方法喷釉都会有较多的粉尘废气产生，因为喷釉法施釉是基于压缩空气产生的高速气流将釉浆喷成雾状釉滴。由于卫生瓷制品功能和结构上的要求其形体一般均由许多不规则的曲面构成，所以无法用普通喷釉机施釉，故目前我国卫生瓷

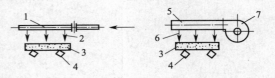

图 4-29　墙地砖清灰示意
1—喷吹管；2—压缩空气；3—坯体；
4—输送胶带；5—风管；6—鼓风；7—鼓风机

的喷釉几乎都是用喷枪手工进行的，如图 4-30 所示。喷枪喷出的釉束能很好地黏附于坯体表面，与此同时，高压空气由于碰到坯体而撞的四散，形成夹带釉料的废气，粉尘浓度一般在 $150\sim300mg/m^3$ 左右。目前我国墙地砖生产中坯体的施釉绝大部分都是采用喷釉机进行。喷釉机依据产品的工艺要求可配制一个或数个喷釉柜。每个喷釉柜内沿坯体的行进方向设有数个可按一定角度摆动的喷嘴，如图 4-31 所示。喷嘴在摆运的同时向连续行进并进入喷釉柜的砖坯喷出连续的釉束，这些釉束到达坯体表面而被贴附形成均匀的釉层，压缩空气则夹带有许多釉料被碰得四处飞散，形成含有釉滴的废气，含尘浓度一般在 $250mg/m^3$ 左右。

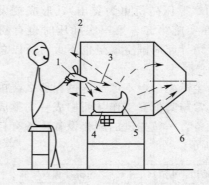

图 4-30　卫生瓷喷釉示意

1—喷枪；2—含釉废气；

3—釉束；4—托盘；5—卫生

瓷坯体；6—柜体

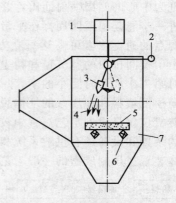

图 4-31　墙地砖喷釉柜示意

1—储釉桶；2—压缩空气管；

3—喷嘴；4—釉束；5—坯体；

6—输送带；7—柜体

3. 成型工艺过程废气治理技术

（1）手动摩擦压砖机的除尘系统　一般最好两台或一台手动摩擦压砖机设置一台除尘系统。除尘设备可采用旋风分离器、CCJ 冲激式除尘机组、水浴除尘器和袋式除尘器等。但是，由于压砖机各产烟点产生的扬尘中粉尘的分散度很高，而其粉尘的浓度并不大，故旋风分离器不太适用，实际工程中使用较少；CCJ 冲激式除尘机组使用的也不多，这是因为这种除尘器的单台处理风量较大，机组的阻力损失较大，并且常流水型的耗水量较大，会造成水的浪费和污染的转移。手动摩擦压砖机的除尘系统，较为多见的是采用水浴除尘器和袋式除尘器。图 4-32 是采用水浴除尘器处理手动摩擦压砖机的除尘系统的工艺流程。该法设备结构简单紧凑，占地面积小，设备造价低，节约用水及除尘效率较高。但是，它需定时人工清理滞留物。

（2）自动压砖机的除尘系统　自动压砖机的产量较大，粉尘排放点较多，且风量较大，故一般单台自动压砖机独立设置除尘系统是较为合理的。自动压砖机可采用脉冲袋式除尘器、冲激式除尘器。图 4-33 是脉冲袋式除尘器治理自动压砖机粉尘的除尘系统的工艺流程。

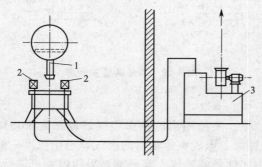

图 4-32　水浴除尘器处理手动摩擦
压砖机的除尘系统的工艺流程

1—手动压砖机；2—吸气罩；3—水浴除尘机组

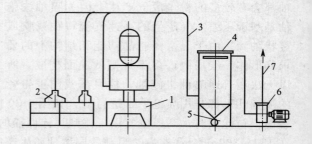

图 4-33　脉冲袋式除尘器治理自动压
砖机粉尘工艺流程

1—压砖机；2—产尘点（8 个）；3—主风管道；

4—脉冲袋式除尘器；5—粉尘回收口；

6—风机；7—净化空气排出口

图 4-34 是采用冲激式除尘器治理自动压砖机粉尘的工艺流程。该除尘系统的除尘效率高，并且粉尘又可以回用；该工艺合理，设备结构合理。

（3）卫生陶瓷喷釉柜的除尘系统　卫生陶瓷喷釉柜除尘系统的设置，都是单台喷釉柜独立设置一除尘系统，这样便于不同的釉料分别回收利用。卫生陶瓷喷釉柜的除尘系统目前多采用湿式除尘器，如水浴除尘器。图 4-35 是采用水浴除尘器治理卫生陶瓷喷釉柜粉尘的工艺流程。

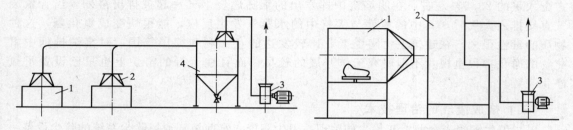

图 4-34　冲激式除尘器治理自动
压砖机粉尘的工艺流程
1—压砖机；2—吸尘罩；3—风机；4—冲激式除尘器

图 4-35　水浴除尘器治理卫生
陶瓷喷釉柜粉尘的工艺流程
1—喷釉柜；2—卧式水浴除尘器；3—风机

五、烧成废气治理

烧成是建筑卫生陶瓷制品生产工艺过程中最为重要的工序之一。通过烧成可使坯体成为具有各种使用功能的制品。

建筑卫生陶瓷工厂烧成是由成型送来的坯体装窑（车）、窑内烧结、出窑（车）等工艺环节组成的。不同的产品以及采用的烧成窑炉不同，这些工艺环节中的具体内容也有所不同。

（一）废气来源

烧成过程的废气来自三个方面：第一个方面来自装出窑（车）时产生的粉尘废气；第二个方面是来自燃料的燃烧产物即废烟气；第三个方面是来自制品高温煅烧而坯体表面及釉层中挥发出具有一定毒性的高温气体。

1. 粉尘废气

建筑卫生陶瓷制品中，卫生瓷入窑前清灰产生的粉尘最大，因为其单件产品的积灰表面积较大。许多工厂在对卫生瓷表面施釉后，都是将其放入车间内通风处晾干，当晾干到满足烧成要求后，被送入窑炉前，操作工人就用具有较低压力的压缩空气喷枪或其它的吹灰工具，逐个将卫生瓷坯体上的灰尘吹干净，以保证制品的烧成质量。此时有较多的灰尘产生。

目前国内生产锦砖的工厂，大多是采用匣钵立法装坯送入窑内煅烧，烧成的锦砖随同匣钵一起出窑后，再经人工将产品倒出匣钵。为防止产品在煅烧过程中相互黏结，工艺上采用铺垫石英粉的方法加以克服，因而在倒钵的过程中，有大量的石英粉尘产生。

2. 燃料燃烧产生的废烟气

任何窑炉除能源采用电力外，烧成过程中都会产生大量的废烟气，所不同的仅是当燃料的种类不同时，烟气中的有害成分及其含量有所变化。目前，我国陶瓷窑炉中以煤烧窑炉产生的烟气对大气环境产生的污染最为严重。

3. 制品煅烧时釉层中挥发出的含毒废气

坯体表面釉层，在窑炉内经高温煅烧时发生了一系列的物理化学反应，最后成为玻璃态薄层。在高温情况下釉中的一些成分会挥发出各种气体，这些气体最终被排入大气中。

在建筑卫生陶瓷制品的生产中，由于工艺上的需要，釉料配方中都加人了各种不同的化工原料，其中用量最大的是铅丹（Pb_3O_4），铅丹在窑炉中被加热到 $400\sim500℃$ 时就大量地从釉中挥发出来。逸出的铅烟在大气中呈微粒状存在，并以气溶胶的形态在大气中传播，对大气形成污染，最终危害人类。用量较多的其他化工原料是氟硅酸钠、氟化钠等，这些化工原料在高温下也易挥发，含氟釉料高温煅烧时，其氟的烧失量多时可占配入量的 23.5% 左右。在明焰窑中挥发出的氟随燃烧烟气一起被排出窑外。当含氟废气直接排入大气后，其中的氟就与大气中的水蒸气发生反应，能很快变成氟化氢，这种物质的毒性很大。在建筑卫生陶瓷工业比较发达的意大利和德国等国，对窑炉排烟中氟化物的净化都很重视，不但研究工作开展的较早，而且在运行的窑炉上也早已设置了氟净化装置。

（二）烧成废气的治理技术

（1）卫生陶瓷入窑前清灰粉尘的治理　卫生陶瓷入窑前清灰通风除尘系统的除尘设备一般采用水浴除尘器。因为卫生陶瓷入窑前清灰产生的粉尘浓度一般仅有 $100mg/m^3$ 左右，故只需向除尘器中补充一定的水量，以保证其要求的恒定的水位，使其除尘效率保持稳定。除尘器除下的泥料量不大，只需定期清泥。

（2）窑炉煤烧烟气的治理　为了减少窑炉废气的排放量，可将煤转化成煤气，再供给陶瓷窑炉作为燃料；也可以在大的陶瓷基地建立集中的煤气发生站，向各陶瓷厂提供商品煤气。此外，可在陶瓷厂烧煤隧道窑排烟采用袋式除尘器，以消烟除尘。

六、辅助材料制备过程废气治理

许多建筑卫生陶瓷厂，特别是大中型墙地砖和卫生瓷厂，都自备有耐火材料以及匣钵、石膏加工和模型制作工序。由于这些辅助材料和工具在生产过程中也总伴随有许多粉尘废气产生，所以对其产尘的控制和废气的净化，也应给予足够重视，否则，尽管陶瓷制品的各生产环节粉尘废气控制与治理得再好，仍不能保证整个厂区空气环境的清洁，也会对大气环境造成行业性污染。

（一）主要辅助材料加工制备生产工艺

建筑卫生陶瓷企业内部加工的与陶瓷制品生产密切相关的辅助材料，主要是匣钵、半水石膏（熟石膏）、石膏模型等。这些材料和工具的加工工艺过程有些环节和陶瓷制品生产相似，但更多的则具有特殊性。

1. 匣钵加工工艺

匣钵在陶瓷制品的生产中主要起着两个方面的作用：其一，在烧成时可以防止制品和火焰直接接触，防止制品被烟气熏黑；其二，对制品起到支承作用，便于制品焙烧。其加工过程与陶瓷制品生产工艺大致相仿，也可分为坯料制备、成型、烧成等几个主要工艺环节。匣钵加工的一般工艺流程如图4-36所示。

匣钵坯料制备：匣钵坯料视成型方法不同也可分为半干压坯料、可塑坯料和注浆料，其制备方法稍有差异，但原料破碎过程基本一致，类似建筑卫生陶瓷制品的干法生产。匣钵原料的破碎、过筛、配料、输送和入仓等一系列工艺过程，由于都是干法进行，因而均有许多粉尘发散。当粉料投入加工设备以及向设备中粉料加水时，都会产生较多的粉尘。

匣钵成型：匣钵通常可采用三种方法成型，即可塑成型、半干压成型和注浆成型。匣钵采用半干压法成型时有粉尘产生。

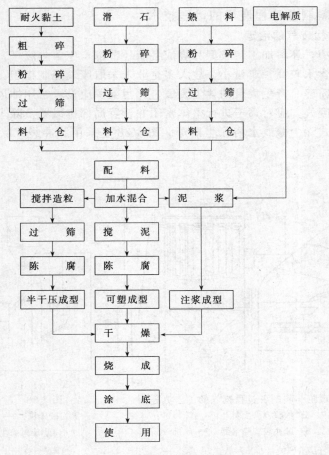

图 4-36　匣钵加工的一般流程

匣钵烧成：匣钵成坯后要先进行烧成才能投入使用。其烧成过程大致与陶瓷制品烧成相仿，烧成过程有废烟气产生。

2. 半水石膏的加工过程

半水石膏制备在一些大中型建筑卫生陶瓷厂是一个很重要的辅助材料生产环节，它最终是为了用来制作成型用模具。半水石膏制备的工艺方法国内外有多种，其生产过程产生的粉尘废气净化难易程度不同，如图 4-37 所示，这是我国目前大中型建筑卫生陶瓷企业自制半水石膏常用的工艺流程。其间粗碎、细磨、炒制和粉料入仓及输送各环节不同程度地都有粉尘产生，并且因石膏在制备过程中性质的变化粉尘的性质也相应地有所变化。炒制前是二水石膏粉尘，炒制后成半水石膏粉尘，炒制中的粉尘废气具有较高的含水量，且其中既有二水石膏粉尘又有半水石膏粉尘。

3. 石膏模型（即生产用模）**的加工过程**

在制作模型时，先将称量好的石膏粉倒入适量水中，石膏粉完全沉入水中并浸透后，便可搅拌成石膏浆，将浮在石膏浆表面的泡沫和杂物除去，然后注入母模中成型待凝结硬化即可脱模。当向水中加入半水石膏粉料时，由于落差原因会有大量的粉尘产生。

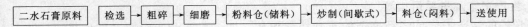

图 4-37　企业制半水石膏的工艺流程

（二）辅助材料制备过程废气的治理技术

1. 匣钵制备过程废气的治理

匣钵制备过程中，坯料加工、成型和烧成各个环节都产生含尘废气。但由于半干压成型粉料的颗粒较粗，含水较高，产量小，故大多企业未采取废气控制措施。匣钵原料用颚式破碎机粗碎和轮碾机粉碎时产生大量的含尘废气。此污染源应设置密闭抽风净化系统。粉料筛分时，也产生含尘废气。应对筛子进行整体密闭并设置局部排风罩及除尘设备，除尘可采用干法或湿法，如袋式除尘器或水浴除尘器等。图4-38是采用脉冲袋式除尘器治理匣钵料制备过程废气的工艺流程。

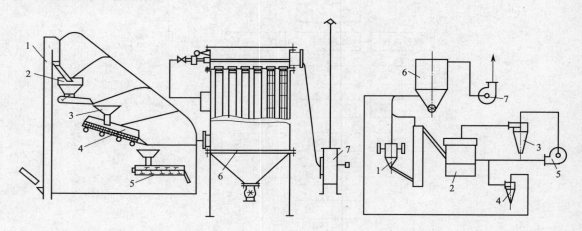

图 4-38　治理匣钵料制备过程废气的工艺流程
1—提升机；2—分料仓；3—配料斗；4—筛料机；
5—搅拌机；6—脉冲袋式除尘器；7—风机

图 4-39　粉尘处理工艺流程
1—颚式破碎机；2—雷蒙磨；3—旋风分离器；
4—小旋风除尘器；5—循环风机；
6—袋式除尘器；7—排尘风机

2. 半水石膏制备过程含尘废气治理

（1）原料准备粉尘治理　治理用颚式破碎机粗碎大块天然石膏时产生的粉尘，应在颚式破碎机加料口处设置外部吸尘罩，所集的含尘废气可单独集气处理，也可以和雷蒙磨尾气共用一个除尘系统。除尘设备可用袋式除尘器。图4-39是粉尘处理工艺流程。

（2）半水石膏制备粉尘治理　半水石膏制备时产生含湿量很大的石膏粉尘废气。该废气可采用干热风对除尘设备预热保温和作为反吹清灰的袋式除尘器进行净化。此外，可采用在较大颗粒状态下进行炒制脱水，以减少炒制过程中的粉尘。

3. 石膏制模含尘废气治理

石膏制模含尘废气中的粉尘都是半水石膏粉料，它遇水会凝结硬化。故该粉尘采用干式除尘器较为合适。炒制后的粉尘粒度很小，约96%的粒度小于$5\mu m$，故除尘设备不宜采用旋风除尘器，可采用脉冲袋式除尘器。

（三）采用水膜除尘和脉冲除尘治理石膏系统粉尘实例

石膏制粉系统是由一台颚式破碎机，3R2714型雷蒙磨和一台自制石膏炒锅为主机来生产石膏粉料，供该厂生产卫生陶瓷制造模型用粉料，该厂年产卫生瓷90万件，日产石膏粉料7.8t。

1. 生产工艺及主要污染源

石膏粉的制造工艺是将经拣选的石膏块状源矿（即二水石膏）经颚式破碎机碎成直径20～30mm的小块，然后经斗式提升机输送到雷蒙磨制粉，通过磨内的风选机扬入旋风物料分离器，将合格的二水石膏粉料再由螺旋输送机送入料仓（将不够细度要求的粉料重新回磨），再经称重和喂料系统输入炒锅进行炒制脱水，炒制时间 45min，每锅炒制 100kg，使石膏粉的温度达到 185℃，由二水石膏转变为半水石膏粉料后经检验合格出锅，再经斗式提升机、螺旋输机送至出粉仓备制模用。

该系统主要污染源是在整个工艺过程中所产的石膏粉尘气体，如不治理，即影响操作者身体健康，又对环境造成污染。

2. 废气类别、性质及处理量

石膏的主要成分是硫酸钙，室内浓度超标则可使人得尘肺病，排放口浓度超标则对环境造成污染。经综合分析对比，采取如下工艺并取得满意效果。处理工艺流程如图 4-40 所示。

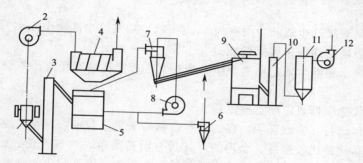

图 4-40　石膏系统粉尘处理工艺流程
1—颚式破碎机；2—排尘风机；3—斗式提升机；4—卧式旋风水膜除尘器；
5—雷蒙磨；6—小旋风除尘器；7—旋风分离器；8—循环风机；
9—石膏炒锅；10—斗式提机；11—袋式脉冲除尘器；12—引风机

3. 处理工艺流程与操作条件

（1）工艺流程　石膏在颚式破碎及斗式提升的过程中会产生粉尘，这部分粉尘由卧式旋风水膜除尘器进行净化。雷蒙磨虽是封闭式生产，但也有部分含尘的尾气排出，这部分含尘废气是由设备配套的小除尘器进行净化。石膏在炒制、提升入仓的生产工艺过程均有粉尘产生，对熟石膏粉尘的治理及回收由脉冲袋式除尘器进行净化收集。

整个工艺设备的技术参数如下。

① 排尘风机：型号 9-57-11No.4C，流量 5000m^3/h，全压 157kg/m^3，配套电机功率 7kW。

② 卧式旋风水膜除尘器，上进风，正压工作。

③ 雷蒙磨：型号 3R2714 型。

④ 循环风机：风量 12000m^3/h，风压 170mmH_2O，配套电机 20kW。

⑤ 脉冲袋式除尘器：a. MC36-I 型；b. 过滤面积 27m^2；c. 处理风量 3250～6480m^3/h；d. 配套电机 7.5kW；e. 滤袋数量 36 条、规格 ϕ120mm×2000mm；f. 入口含尘浓度 3～15g/m^3；g. 脉冲控制仪表电控无能电脉冲控制仪；h. 除尘效率 99%～99.5%。

（2）操作条件　卧式水膜除尘器要求正压工作，保持一定水位，按规定时间清理沉积物，以免放水管堵塞。脉冲袋式除尘器要求负压运行，按操作程序先启动麻花钻，后开风机，停机先停风机，后停麻花钻。除尘风管道安装应避免水平铺设，以减少粉尘在管道内沉积而增大阻力降低除尘效率。

4. 主要设备

如前所述，石膏制粉工艺的除尘系统主要由三套除尘设备进行捕集、净化、回收，其设备除小旋风除尘器为定型设备，雷蒙磨本身自带配套外，其余均为标准设备，可根据生产能力、设备型号等具体情况进行选型。

5. 治理效果

整个系统是设计院进行设计、设备选型、安装，经调试后正式投产，至今已运行20多年。整个工艺设计合理，连续性强，场地集中，除尘效果明显，室内粉尘浓度始终保持在 $5mg/m^3$ 以下，三个排尘筒的排尘浓度符合国家规定排放标准，而且整个系统中除卧式旋风水膜除尘器收尘沉积物清除不用外，对小旋风捕集的二水石膏粉（每月可收 $500\sim700kg$）及脉冲袋式除尘器捕集的半水石膏粉（每月可回收 $1000\sim1300kg$）均可利用，收到较好的经济效益。

6. 运行说明

(1) 卧式旋风水膜除尘器除尘效率为90％，脉冲袋式除尘器除尘效率99％。

(2) 三个排放浓度均低于国家标准。

(3) 卧式旋风水膜除尘要定期清除生石膏粉浆，否则将堵塞管道。冬季注意保温，防止水结冰。

(4) 脉冲袋式除尘器要定期更换滤袋。

该系统经多年运行，实践证明，在二水石膏制粉工艺流程中，对粉尘废气采用卧式旋风水膜除尘器进行净化是比较经济、合理的，其具有设备简单、管理方便、维修量小的特点。而生石膏炒粉后的除尘采用脉冲袋式除尘器是较为理想的，因其除尘效率高，且可对半水石膏粉收回，具有一定的经济效益。但在使用中一定要注意，绝不可将石膏炒锅产生的废气混入除尘系统，一定要单独排放，否则将会破坏除尘器的正常工作和粉尘回收利用。

（四）采用脉冲袋式除尘器治理干式轮辗机粉尘

釉面砖产品坯用硬质原料中碎矿物料，以石轮辗机为主要生产设备，某陶瓷厂原料中碎用轮辗机共3台，每台班产量为8t。

1. 生产工艺及主要污染源

硬质原料的中碎加工是以轮碾机为主要设备并配有输送、提升、料斗（仓）、给料器以及分筛等设备。颚式破碎机加工后的块度约为50mm 的硬质原料由皮带输送机输入粗碎储料仓，设于粗碎料仓下的电磁振动给料机连续地供给轮碾机破碎，破碎后的料经斗式提升机送入皮带输送机后流入中碎储料仓，即可供给下面工序用于配料。在该生产工艺过程中，每一设备的本身都是很大的粉尘发散源；另外，由于所加工的均为硬质干燥料，因而在设备的相互连接处也都可能产生很多的粉尘。

2. 废气类别、性质及处理量

陶瓷厂原料中碎工艺过程中产生的废气均为生产性粉尘废气，粉尘浓度一般在 $15g/m^3$ 左右，粉尘为所加工的原料细粉，具有憎水性，废气处理量每小时 $6500m^3$ 左右。

3. 处理工艺流程及主要设备

工厂在原料轮碾机中碎系统原先就设置有通风除尘系统，除尘器采用的是 CLS 型水膜旋风除尘器，但由于废气中的粉尘具有憎水性，不适合采用湿式除尘器，并由于旋气除尘器的锁气器不严密，致使除尘效率较低，粉尘排放浓度高达 $565mg/m^3$，且排出的含泥污水既不回收利用，又使原料流失，造成二次污染。根据上述情况，工厂决定对原有的除尘系统（原除尘系统见图 4-41 所示）进行技术改造。

改造后的除尘系统中除尘器选用了脉冲袋式除尘器，并将除尘器收下的粉料直接回送到工艺设备，这样不但解决了生产工艺上的混料问题，也避免了二次污染。改造后的处理工艺

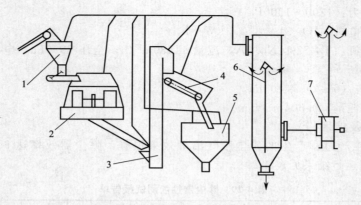

图 4-41　改造前的处理工艺流程

1—粗碎储料仓，容积 5m²；2—干式轮碾机 LN1400-400 型；3—15m 斗式提升机；

4—5m 密闭皮带机输送机；5—中碎储料仓，容积 30m²；6—水膜旋风除尘器，CLS 型；7—排风机

流程见图 4-42 所示。排风机将含尘废气吸入脉冲袋式除尘器，经过袋外过滤而排入大气；清灰系统采用脉冲喷吹清灰方式，由 WMK 型无触点脉冲仪控制高压空气的喷吹周期及气量，以达到清灰目的；由除尘器下面的搅龙将回收的粉料通过溜料管道送入斗式提升机下部，达到卸灰、回灰的目的。整个系统的动作均由电气自动控制完成。

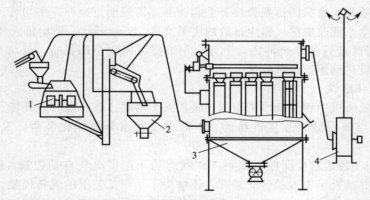

图 4-42　改造后的处理工艺流程

1—湿式轮碾机；2—粉仓；3—脉冲袋式除尘器；4—风机

MCI 型脉冲袋式除尘器的主要参数如下。

① 除尘器型式：下部进风，负压操作，外滤式阻尘。

② 除尘器外形尺寸：长×宽×高＝3025mm×1678mm×3660mm。

③ 滤袋材质及规格：ϕ125mm×2050mm，聚丙烯腈纤维。

④ 处理风量：7550～15100m³/h。

⑤ 滤袋数量：84 条，分 14 组。

⑥ 过滤面积：63m³。

⑦ 过滤风速：1～2m/s。

⑧ 除尘器本体结构：钢板铆焊。

⑨ 清灰方式：脉冲喷吹清灰，采用 WMK 型无触点脉冲控制仪。

⑩ 设计除尘效率：99.5%。

⑪ 除尘器阻力：1200～1500Pa。

⑫ 排灰系统电机：JO$_2$-21-4 型 1.1kW·h。

⑬ 除尘通风机：T4-72-11No.5A，流量 11830m³/h，全压 2900Pa，电机功率 13kW·h，转速 2920r/min。

⑭ 喷吹压力：(5～7)×10^{5}Pa。

⑮ 压缩空气耗量：0.504m³/min。

4. 治理效率及结果

除尘系统对生产过程产生的粉尘废气治理效果很好，除尘器效率达 99.20%，漏气率 8%，除尘器实测运行结果见表 4-29。

表 4-29　除尘器性能测试报告单

测点	管径/mm	风量 /[m³(标)/h]	含尘浓度 /[g/m³(标)]	小时排放量 /(kg/h)	收尘效率 /%
袋式收尘器进口	φ400	6503	16.566		
袋式收尘器出口	φ400	7068	0.012	0.086	99.2

5. 运行说明

改造后的干式轮碾机除尘系统正式投产运行后基本上达到了设计要求。该除尘系统的除尘器根据生产现场含尘废气的性质及各种滤袋经济寿命等因素，选用了聚丙烯腈纤维绒面滤袋，在生产实际应用中，优点远大于其缺点，就使用寿命而言，原设计寿命为 1.5 年，而实际使用寿命除少数几条滤袋因框架焊接有毛刺而磨穿需短期更换外，平均可达 3 年以上。

工厂中碎除尘系统改造前，粉尘排放浓度最高达 656mg/m³，平均每天外排大气的粉尘在 70kg 以上，经改造后基本全部回收利用，5 年便可回收全部投资，环境效益十分明显，改造后的粉尘浓度达到国家排放标准。

6. 工程特点和建议

(1) 在干式轮碾机中碎系统中采用脉冲袋式除尘器是比较合理的，环境、社会和经济效益都较为显著。与采用湿式除尘器相比，不需增设废水分离净化装置，又不会造成二次污染。

(2) 由于 MCI 袋式除尘器的一系列工作状态均采用了电气自动控制，因而运行可靠，除尘效率稳定，并减轻了工人的劳动强度，还解决了生产工艺上的混料现象。

(3) 该厂为老企业，所以在改造中受场地等因素的限制，管道的布置不尽合理，如水平管道设置较多，局部构件使用欠妥等。

(4) 由于废气中的粉尘浓度很高，若该除尘系统采用两级除尘，即在袋式除尘器之前增设一级旋风除尘器，则除尘效果将更佳，使袋式除尘器的工作负荷减轻，粉尘排放浓度还可降低很多。

第五节　油毡工业废气治理

目前世界各国的屋面防水卷材仍以沥青基卷材（俗称油毡）为主要品种，我国的建筑防水材料主要有油毡、高分子防水片材和防水涂料三大类。

砖瓦是一基本的建筑材料，目前全国 80% 以上的墙体材料是黏土实心砖。随着建设的发展，需求量日益增大，如何减少和防止砖瓦生产对环境的污染，已成为迫切需要解决的问题。

一、油毡生产工艺过程与污染物特性

目前我国生产的油毡品种仍以石油沥青纸胎油毡为主，其生产方法是原纸经烘干后，浸渍和涂盖石油沥青材料，再撒以滑石粉为主的隔绝材料。生产工艺流程见图 4-43，从方框图可以看出，油毡的生产工艺过程主要分两大部分：一是原料制备，包括沥青氧化，浸渍油和涂面油的制备，粉浆制备及粉料输送等；二是油毡胎基的浸渍、涂盖、撒布、冷却、卷毡等。

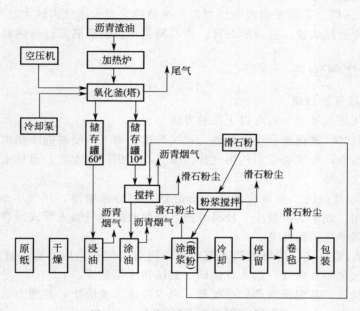

图 4-43 油毡生产工艺流程方框图

生产油毡的主要技术装备有沥青氧化设备、原纸储存设备、浸油槽、涂油槽、撒布机（或粉浆机）停留机、卷毡机等。油毡生产过程中产生的两种主要污染物为：含沥青烟的废气、含滑石粉尘的废气。

1. 沥青烟废气

在沥青氧化，填充料搅拌、浸油、涂油各工序中都有沥青烟逸出。

沥青烟的成分很复杂，除了含一些 N_2、O_2、CO_2、H_2O 外，主要是长链的高沸点烃类有机颗粒物，少量在常温下为蒸气的烃类（包括 $C_8 \sim C_{16}$ 的脂肪烃和芳族烃）以及一些气态有机化合物。其中含硫基团（硫基、硫氰基）和含氧基团（羟基、醛基和羧基等），这些发臭基团形成难闻的沥青气味——恶臭。

无论是石油沥青或煤焦油沥青原料中均含有多环芳烃，其含量随原料的来源产地不同而波动，煤焦油沥青中的多环芳烃含量要比石油沥青高得多，所以在加热时逸出的沥青烟中的苯并 [α] 芘含量亦差别很大。

沥青烟会引起皮炎、结膜炎、鼻咽炎、头痛等疾病，而且危及植物的生产。恶臭会使人产生变态反应，产生恶心、呕吐、头痛、流鼻涕、咳嗽、哮喘、食欲不振、精神过敏、腹泻、发热、胸闷等。

2. 含滑石粉尘废气

为了改善油毡成品的性能，生产油毡时，用于涂盖的沥青中需加入一定量的填充料。常用的填充料有滑石粉、板岩粉等。为防止油毡生产中沥青与辊筒间的黏结和防止油毡成卷后的层间黏结，在油毡表面上需要撒一层撒布料。常用的撒布料有粉状（如滑石粉）、片状（云母片等）、粒状（粗细砂粒等）。目前，国内用量最大、使用最广泛的是粉状滑石粉撒布料。

滑石粉粉尘，其主要成分为含水硅酸镁，由于源岩组成和蚀变程度不同，商品滑石中可含不等量的石棉、直闪石、透闪石或石英、菱镁石等。含石棉或透闪石的纤维状滑石的危害较大。

目前，国内普遍使用的滑石粉中游离石英含量一般在 10% 以下。滑石粉的分散度较大，小于 $5\mu m$ 的占 90% 以上，属于可吸入性粉尘，这种粉尘对人体危害较大。

滑石粉尘能使肺部病变，造成滑石肺。滑石粉尘是否会致癌是目前尚有争论的问题。

二、油毡工业废气治理

1. 沥青氧化尾气的治理

国内沥青氧化尾气处理一般有以下几种方法。

（1）水洗吸收法　氧化釜顶设冷凝器，尾气与由上而下的喷淋的冷却水逆流接触，吸收油的废水排入污油池，经水吸收后的尾气排入大气，采用这种方法，恶臭未能消除，并造成大量污水形成二次污染。

（2）柴油吸收-焚烧法　在氧化釜顶设冷凝器并用柴油喷淋，尾气中油分被柴油吸收，柴油可供循环使用，油中含水量少，较易分离，经吸收的尾气引入管式加热炉燃烧。这种方法耗油量大，未能彻底消除恶臭。

（3）固饱和器-焚烧法　沥青尾气入饱和器，同对向饱和器内补充少量的冷却水使油冷凝，补充的水在汽化后和废气一起入焚烧炉。此法污水量较少。

（4）直接焚烧法　高温尾气不经冷凝器，而直接进入焚烧炉，这种方法工艺流程和设备均较简单，无污油和污水二次污染，但燃料消耗较大。

（5）多级间接冷凝（空气冷却和水冷却）-焚烧法　将高温尾气引入多级间接冷凝器，冷凝物入污油池，经油水分离器回收燃料油。经冷凝后的尾气入焚烧炉，污水也陆续引入焚烧炉蒸发掉。

使用的焚烧设备也是多种多样的，有专门的焚烧炉，还有加热炉、锅炉等。经过几年的实践证明，采用专门的焚烧炉效果较好。将尾气引入加热炉，不但使尾气燃烧不充分（时间少、温度低），相反会给加热炉带来一些不良后果。如温度降低、对炉子腐蚀加快等，如沈阳油毡厂就是想把尾气引入加热炉焚烧，结果进来是黑烟，出去也是黑烟，没有效果。

引入锅炉燃烧，对其锅炉的腐蚀是相当严重的，这对受压容器是极不安全，降低了锅炉的使用寿命。

采用的焚烧设备主要是带内燃室的厚衬里的高温立式圆筒（也有卧式等其他形式），占地面积小，操作方便，焚烧效果好。

尾气的这种治理方法一是投资较大，二是消耗较多燃料，因此要加强综合利用，这样不但有很好的社会效益，同时也带来可观的经济收益。

2. 浸油、涂油工序沥青烟治理

浸油装置排气系统所处理的废气量随设计的排风罩和浸油装置的大小而变化，一般为 $283\sim566m^3/min$。由于油烟浓度较低，处理废气量大，目前国内一些工厂都采用冷凝法、吸收法。

3. 粉尘的治理

大中型油毡厂从改变生产工艺着手，以湿浆撒布代替干粉撒布，减少粉尘污染，为含尘废气治理创造了有利条件。由于粉尘的分散度较高，一般均采用袋式除尘器，如 MC24-120 型脉冲袋式除尘器，LMN$_2$-108 反吹式袋式除尘器，除尘效率可达 99％以上。

4. 氧化沥青尾气治理工程实例

某防水材料有限公司，生产、经营各种型号规格的防水材料。其中纸胎油毡达 200 万卷/年，建筑沥青 10 万吨。沥青氧化采用塔式氧化法。

（1）生产工艺 在油毡生产工艺中要制备氧化沥青见图 4-44。将原料渣油加热到一定的温度后鼓入空气，使之氧化，提高其针入度和软化度，达到制毡生产的需求。沥青氧化的工艺流程如图 4-45。一般氧化温度为 200～250℃，耗风量为 150～300m^3/t。原料沥青在氧化过程中产生了大量的尾气，由氧化塔排出称为氧化沥青尾气，有强烈的恶臭，是该工艺过程中的主要污染源。

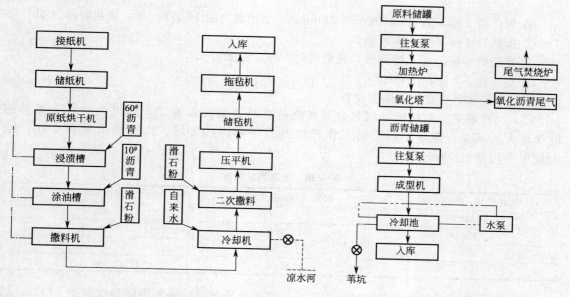

图 4-44 油毡生产工艺流程示意　　　　　　图 4-45 氧化沥青工艺流程示意

（2）废气类别及处理量 该尾气中含有大量的 N$_2$、水蒸气、CO$_2$，还含有恶臭及 3,4-苯并芘为代表的多环芳烃强致癌物。经测定氧化沥青尾气中含有 3,4-苯并芘平均值为 6010mg/m^3。大大超过国家规定的排放标准。可引起对环境的污染，对人的危害。

氧化沥青尾气的处理量为 4000m^3/h。

（3）处理工艺流程与操作条件 氧化沥青尾气的处理采用饱和器冷凝-高温焚烧法，其处理工艺流程见图 4-46。尾气由氧化塔顶引至饱和冷凝器，以鼓泡的形式穿过饱和器的液层（等于油洗），要注入适量的冷却水，在饱和器中进行传热、传质的过程中，水蒸气带走热量，尾气由 150℃冷却到 120℃，尾气中的馏出油经过溢流管流入馏出油脱水罐内，罐内设加热器，将馏出油中的水分汽化蒸发，脱水的馏出油自流入燃料油罐，经过饱和器冷凝后的尾气由焚烧炉下部进入炉内烧掉。以除去尾气中含有的有害和有味气体。

操作条件主要是控制焚烧温度和时间。温度过低，易造成焚烧炉熄火，温度过高易烧坏设备。一般焚烧温度为 800～1400℃，焚烧时间为 3～6s。

（4）主要设备

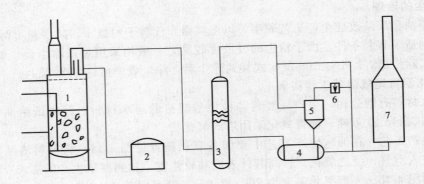

图 4-46　焚烧法处理尾气示意图

1—氧化釜；2—污油罐；3—尾气分离塔；4—地下污油罐；5—旋风分离器；6—阻火器；7—尾气焚烧炉

① 氧化塔 2 座，直径 3400mm×2000mm，生产能力为 15 万吨/年，氧化时间为 8h。

② 加热炉 1 座，立式圆筒形。

③ 焚烧炉 1 座，立式圆筒形，燃烧时间＞3s，温度为 850℃。

④ 空压机，2 台，ZLD20/3.5。

还有齿轮泵，往复泵等输送设备

（5）治理效果　氧化沥青尾气经过焚烧处理后，恶臭没有了，尾气中的 3,4-苯并芘的含量大大减少，改善了人们的工作环境及厂区周围的环境。测试结果见表 4-30，除尘效率平均超过 99%。

表 4-30　治理测试结果

焚烧前 B[α]P/(ng/m³)	焚烧后 B[α]P/(ng/m³)	除尘效率/%
6480	14.7	99.77
10400	19.8	99.81
3080	9.42	99.69
4080	8.72	99.78

利用焚烧法治理氧化沥青尾气也收到了良好的经济效益，尾气燃烧温度高达 850℃。利用焚烧的热量产生蒸汽，以供车间及厂区保温和动力用。在治理的过程中可回收馏出油 8.85t/d，可作为燃料油投入生产使用。

第六节　砖瓦工业废气治理

一、砖瓦生产工艺流程和污染物特性

砖瓦工业的主要原料为黏土，经加水（有的也加燃料）、搅拌、成型、干燥、焙烧成成品，其生产工艺如图 4-47 所示。

在焙烧中，温度上升到 400～500℃称为预热，到 600℃时，坯内失去化学结晶水，其中有机杂质开始燃烧温度达到 800℃时，碳酸盐分解，到 900℃以上时，坯体中金属氧化物与硅化合形成硅酸盐，并形成液相，这种熔化的玻璃质把其他颗粒牢固结合起来，经冷却重新结晶，坯体就成为坚硬如石的制品——砖。如黏土原料中含有氟化物则在 500～600℃开始分解，并在 800～900℃ 达到最大值，氟排放量多少首先取决于黏土原料的含氟量，燃烧工艺也会对氟的排放有所影响。我国幅员辽阔，各地区土壤的含氟量不一，就是同一省区内的土壤也分属几种不同的类型。

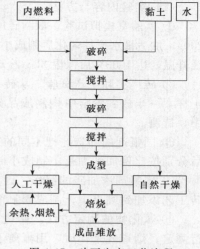

图 4-47　砖瓦生产工艺流程

研究表明：砖瓦厂排放的氟以气态氟（主要是 HF）为主。砖瓦厂的主要污染源为含氟废气。

现已查明，HF 的毒性相当于 SO_2 的 100～200 倍，与 SO_2 相比，HF 的危害更大。人对氟的反应比植物低，每小时排出几公斤的氟化氢会使植物遭受严重的危害。植物本身并不需要氟元素，植物从土壤中吸收的氟化物很少转移到叶片。正常情况下，植物叶片的含氟量是很低的，通常只有几个到十几个毫克/千克，而从大气中吸收的氟化物，大多数积累在叶片中，很少向其他器官转移，当叶片含量大时就会危害农业、畜牧业的生产。

大气氟污染不仅影响桑叶生长，而且对其他许多农作物（水稻、大麦、高粱、玉米、大豆等）、果树（苹果、梨、桃、杏、李、葡萄、草莓、樱桃等）都有不良的影响。

二、砖瓦工业废气治理

我国砖瓦工业的生产工艺和技术水平较低，治理污染有困难。砖瓦厂的氟污染防治问题还没有引起足够的重视。一些地区为了防止砖瓦厂氟污染物对桑蚕业的直接危害，往往使砖瓦厂实行季节性大停的措施，这并非是最有效的办法。应该采取综合措施防止氟污染物的危害。

1. 主要技术措施

（1）合理选择原料，不用高氟土壤生产砖瓦，综合利用含氟量低的工业废渣（如粉煤灰、煤矸石等）生产砖瓦。

（2）从改进生产工艺着手，针对不同原料特点选择适宜的焙烧制度与预热方式，以减少氟挥发。

（3）开展含氟废气治理技术的研究和推广。小型砖瓦厂有采用烟囱喷淋、泼水轮、旋流板塔、卧式喷淋等治理装置，其原理为用清水或石灰溶液进行吸收，效率差别较大，仍存在二次污染与设备受腐蚀，需经常更换等问题。要借鉴国内其他工业（如冶金、有色工业）的治理含氟废气的经验和国外的先进治理技术，开展干法治理技术的研究。

2. 技术开发实例

砖是以黏土为主要原料，经过搅拌、成型、干燥、焙烧等工序制成。目前，轮窑砖的烧成温度通常是 1000℃ 左右，砖坯在焙烧过程中释放出大量的氟化物，排氟率为 80.3％。据此计算，一个每天产 12 万块红砖的砖厂，向大气排放的氟约为 100kg/d，一年按生产 300d 计，排氟量达 30t。

由于轮窑是一种一边焙烧，一边装窑、出窑的连续式窑炉，使得砖坯焙烧过程中释放出的氟化物不是全部经过烟道排出，有一部分通过窑门、加料口等无组织排放。以往的塔式喷淋除氟装置，只去除了烟道排出的氟化物，除氟率达 60％～80％，不能去除无组织排放的氟化物，总除氟率仅 30％～40％。

鉴于此采用加固氟剂的方法，把固氟剂直接加入黏土中，经常规的制砖工艺制成砖坯，自然风干后入窑焙烧成成品砖，将原来排出的氟化物固定在成品砖中。

(1) 实验内容与方法

① 实验室模拟试验。取制砖用黏土自然风干，除去杂物破碎后过 40 目筛。称取过筛土样 200g，加适量水搅拌匀化后制成小砖，自然风干后置于马弗炉中，在氧化环境中按砖瓦焙烧曲线升温，达 1000℃后保温 2h，冷却后取出破碎，过 100 目筛，置于聚乙烯瓶中，待测。

② 砖厂实际生产试验。从砖厂取砖坯样品，统一编号，每块砖坯一分为二，一半作为土样，一半放到轮窑中烧制成品砖，土样和成品砖分别破碎后过 100 目筛，置于聚乙烯瓶中，待测。

③ 固氟剂的筛选。把不同的工业用化合物，按不同配比组成 10 种不同的固氟材料，然后分别按比例加到黏土中制成小砖。

④ 固氟剂添加砖的制作。固氟剂与工业煤渣混合，经粉碎机粉碎过筛后，按常规的制砖工艺添加到黏土中，制成固氟剂添加砖。

⑤ 氟化物的测定方法。砖块、砖坯、土样等待测样品经预蒸馏后，用氟试剂比色法进行测定。烟道气采样后，用氟离子选择电极法进行测定。

⑥ 生物试验。取砖厂周围下风向的桑叶进行养蚕试验，把试验成绩（产茧量）与对照样（试验厂所在镇的平均饲养成绩）进行比较。

(2) 实验结果

① 实验砖排氟量。经测定，黏土的含氟量为 426mg/kg。在实验室模拟条件下，经 1000℃焙烧后，砖块的含氟量为 82mg/kg，氟的保存率为 19.2%，氟的排放率为 80.8%。

② 砖厂实际生产时砖坯的排氟量。砖厂实际生产时，砖坯的含氟量为 431mg/kg，经轮窑高温焙烧后氟的留存量为 85mg/kg，存氟率为 19.7%。也就是说，在轮窑高温焙烧过程中，砖坯中 80.3%的氟被释放出来排入大气。

③ 固氟剂的选择。砖瓦生产固氟剂的选择原则为：来源广泛，价廉；对 HF、SiF_4 等气态氟化物具有良好的吸收能力；热化学稳定性好；固氟剂与 HF、SiF_4 等反应生成物的热稳定性好，在轮窑焙烧时不会发生热分解反应；不产生臭味和刺激性有毒的二次污染物；加入固氟剂的量不影响砖坯的成型和成品砖的质量。

(3) 固氟剂实际应用情况

① 轮窑烟道气含氟量的变化。在实验室筛选试验的基础上，把固氟剂实际应用于砖厂规模化生产的含氟废气治理。试验砖厂有轮窑二座，产红砖 31 万块/d，把固氟剂添加到黏土中后，按常规制砖工艺制成砖坯，自然风干后装窑焙烧，并测定轮窑烟道气的含氟量。如表 4-31 所示，砖坯中不加固氟剂时，烟道气的总氟浓度为 28mg/m³（标），加固氟剂后为 6.6mg/m³（标），氟浓度降低率为 76.4%，总氟排放量降低率为 76.78%。

表 4-31　烟道气含氟量的变化①

项　目	砖坯不加固氟剂	砖坯加固氟剂
废气温度/℃	142	138
废气含湿量/%	10.98	11.20
废气流速/(m/s)	7.02	6.85
废气量/[m³（标）/h]	29030	28620
总氟浓度②/[mg/m³（标）]	28.0	6.6
总氟浓度降低率/%	76.4	
日总氟排放量/(kg/d)	19.51	4.53
日总氟排放降低率/%	76.78	

① 数据均为 12 次测定值的平均值。

② 总氟包括气态氟和固态氟。

② 砖块含氟量变化。经测定，黏土的含氟量为 422mg/kg，加固氟剂砖块的含氟量为 384mg/kg，存氟率为 91.0％。而不加固氟剂的砖块含氟量为 90.3mg/kg，存氟率为 21.4％，由此说明，固氟剂确实有良好的固氟效果。

③ 生物检测和应用结果。养蚕检测结果表明，使用砖厂周围下风向的桑叶养蚕的农户蚕茧产量都达到了所在镇的平均饲养成绩，连续 5 年没有发生家蚕氟化物中毒事件。

连续 5 年的工厂应用表明，砖坯中加入 1.2％的固氟剂，每块砖成本增加 3％，砖厂不需增加设备，不需增加电力，改善了环境。

在制砖过程中加入固氟剂的方法通过实践是砖厂含氟废气治理的新途径。

参 考 文 献

[1] 王纯，张殿印．废气处理工程技术手册．北京：化学工业出版社，2013．
[2] 张殿印，王纯．除尘工程设计手册．第 2 版．北京：化学工业出版社，2011．
[3] 刘后启，等．水泥厂大气污染物排放控制技术．北京：中国建材工业出版社，2007．
[4] 焦有道．水泥工业大气污染治理．北京：化学工业出版社，2007．
[5] 唐国山，唐复磊．水泥厂电除尘器应用技术，北京：化学工业出版社，2005．
[6] 铁大铮，于永礼主编 中小水泥厂设备工作者手册．北京：中国建筑工业出版社，1989．
[7] 国家环境保护局．建材工业废气治理．北京：中国环境科学出版社，1992．
[8] 张殿印，烟尘治理技术（讲座）．环境工程，1998，(1)－(6)．
[9] 祁君田等．现代烟气除尘技术．北京：化学工业出版社，2008．
[10] 李倩婧，张殿印．防爆袋式除尘器设计要点．冶金环境保护．2010 (6)：28-31．
[11] 吴善淦．水泥生产过程及袋式除尘器的工程应用．袋式除尘工程技术论坛/讲座文集（第七期），2011．
[12] 成庚生．新型干法水泥窑尾电除尘器．电除尘及气体净化，2003．(4)：17-25．
[13] 林宏．电-袋除尘器的开发和应用．中国水泥，2003 (8)：25-27．
[14] 陈志伟．砖瓦厂含氟废气的治理．环境工程．1999 (6)：38-40．

第五章

化学工业烟尘减排与回收利用

化学工业是对多种资源进行化学处理和转化加工的生产部门，在国民经济中占有重要地位。化学工业包括氮肥、磷肥、无机盐、氯碱、有机原料及合成材料、农药、染料、涂料、炼焦等行业。化工废气排放量大，组成复杂会对大气环境造成较严重的污染。

第一节 化学工业废气的来源及特点

一、化学工业废气来源

各种化工产品在每个生产环节都会产生并排出废气，造成对环境的污染。其来源有以下几个方面。

① 化学反应中产生的副反应和反应进行不完全时；

② 产品加工和使用过程；

③ 工艺不完善，生产过程不稳定，产生不合格的产品；

④ 生产设备陈旧或设计不合理，造成的物料跑、冒、滴、漏；

⑤ 因操作失误，管理不善造成废气的排放；

⑥ 化工生产中排放的某些气体，在光或雨的作用下也能产生有害气体。

二、化学工业废气分类

化工废气，按所含污染物性质可分为三大类：第一类为含无机污染物的废气，主要来自氮肥、磷肥（含硫酸）、无机盐等行业；第二类为含有机污染物的废气，主要来自有机原料及合成材料、农药、染料、涂料等行业；第三类为既含无机污染物又含有机污染物的废气，主要来自氯碱、炼焦等行业。

各行业废气中的主要污染物如表 5-1 所列。

表 5-1　化学工业主要行业废气排放情况

行业	废气中主要污染物	备注
氮肥	NO_x、尿素粉尘	
磷肥	氟化物、粉尘、SO_2、酸雾	包括硫酸行业
无机盐	SO_2、P_2O_5	
氯碱	Cl_2、HCl、氯乙烯	
有机原料及合成材料	SO_2、Cl_2、HCl、H_2S、NH_3、NO_x有机气体	
农药	HCl、Cl_2、氯乙烷、氯甲烷、有机气体	
染料	H_2S、SO_2、NO_x、有机气体	
涂料	芳烃	
炼焦	CO、SO_2、NO_x、H_2S、芳烃	

三、化学工业废气特点

（一）种类繁多

化学工业行业多，每个行业所用原料不同，工艺路线也有差异，生产过程化学反应繁杂。因此，造成化工废气种类繁多。

（二）组成复杂

化工废气中常含有多种有毒成分。例如，农药、染料、氯碱等行业废气中，既含有多种无机化合物，又含有多种有机化合物。此外，从原料到产品，由于经过许多复杂的化学反应，产生多种副产物，致使某些废气的组成非常复杂。

（三）污染物浓度高，可回收利用

不少化工企业工艺设备陈旧，原材料流失严重，废气中污染物浓度高。如国内常压吸收法硝酸生产，尾气中NO_x浓度高达$3000mL/m^3$以上，而采用先进的高压吸收法，尾气中NO_x浓度仅为$200mL/m^3$。涂料工业中油性涂料仍占很大比重，生产中排放大量含有机物废气。此外，由于受生产原料限制，如硫酸生产主要采用硫铁矿为原料，个别的甚至使用含砷、氟量较多的矿石，使我国化工生产中废气排放量大，污染物浓度高。

化工过程排放的气态污染物相当大的部分可回收利用，生成另一种物质，如利用含氟废气制成氟硅酸钠、氟化钠等，产生良好的经济效益。

（四）染污面广，危害性大

我国化工企业中，中小型企业约占90%，小型企业遍布全国各地，扩大了污染面。小企业生产吨产品的原料、能源消耗高，排放的污染物大大超过大中型化工企业的排放量，化工废气常含有致癌、致畸、致突变、恶臭、强腐蚀性及易燃、易爆性的组分，对生产装置、人身安全与健康及周围环境造成严重危害。例如氯乙烯（C_2H_3Cl）对人体的危害很大，长期接触会引起肝脾肿大，神经系统及消化系统疾病。氯乙烯还有致癌作用，可诱发肝癌或肝血管肉瘤，并有可能引起肢端溶骨症、门脉亢进症和硬皮症。

我国西北某地曾多次发生"光化学烟雾"现象。光化学烟雾是由排入大气的氮氧化物和烃类化合物等在光化学作用下生成的。当光化学烟雾严重时，不仅能刺激人的眼睛及呼吸系统，引起红眼病、慢性呼吸系统疾病、诱发肺癌；还能使太阳紫外线减少50%以上，使大面积农作物及植物受害，并且还能降低大气的能见度，造成交通事故等。

第二节　氮肥工业废气治理与回收技术

生产氨的原料有煤（无烟煤、焦炭、土焦、褐煤）、油（重油、轻油、原油）、气（天然气、油田气、焦炉气、炼厂气），通过各种加工过程生产氮肥。氮肥工业废气的排放，除污染环境以外还会造成资源的严重流失，因此，必须加强回收利用。

一、生产工艺与废气来源

（一）合成氨生产工艺，废气来源

1. 合成氨生产工艺

合成氨生产工艺流程如图 5-1 所示。

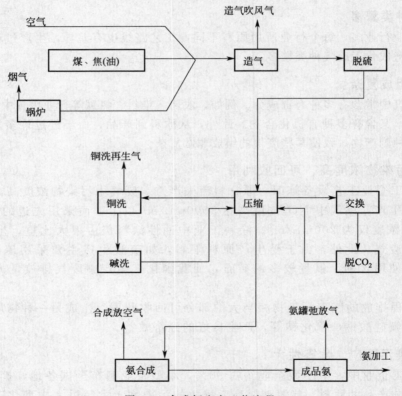

图 5-1　合成氨生产工艺流程

不同的原料路线，在造气工序排放的废气组成有所不同，但其他工序则基本相似。从图 5-1 可见合成氨的废气来源有：

① 蒸汽锅炉排放的烟气；

② 煤、焦（或煤球）固定层造气排放的造气吹风气；

③ 铜洗工序排放的铜洗再生气（精炼再生气）；

④ 合成工序排放的合成放空气；

⑤ 氨储槽排放的氨罐弛放气。

2. 废气排放量及组成

(1) 蒸汽锅炉烟气排放量及组成　据测定和估算数据，锅炉烟气的排放量约为6000～7000m^3/t（氨）。其组成主要是煤尘及SO_2。煤尘含量取决于炉型：链条炉为2.0～3.5g/m^3（标）；粉煤炉14～20g/m^3（标）；沸腾炉40～60g/m^3（标）。SO_2的排放量主要由燃料煤的含硫量而定。

(2) 造气吹风气的排放量及组成　造气吹风气的排放量一般为3500～4500m^3/t（氨）。其组成如表5-2所示。

表5-2　造气吹风气的组成

成分	CO_2	O_2	CO	H_2	CH_4	N_2
组成/%	14～16	1.0～1.5	4～6.7	1.0～3.7	0.1～1.1	75～78

(3) "三气"的排放量及组成　铜洗再生气、合成放空气和氨罐弛放气又统称为合成氨"三气"。废气排放量和组成见表5-3～表5-5。

表5-3　铜洗再生气排放量及组成

成分	H_2	CO	CO_2	N_2	CH_4	NH_3	H_2O	合计/t（氨）
%（体积分数）	5.45	62.94	12.00	5.83	0.17	9.74	3.87	100
m^3（标）/t氨	8.39	96.15	18.34	8.91	0.26	14.88	5.91	15.77
kg/t氨	0.74	12.018	36.04	11.14	0.19	11.29	4.75	184.33

表5-4　合成放空气排放量及组成

成分	H_2	N_2	CH_4	Ar	NH_3	合计/t（氨）
%（体积分数）	52.28	17.43	16.00	3.30	11.00	100
m^3（标）/t氨	136.45	45.22	41.51	8.57	28.55	259.52
kg/t氨	12.22	56.28	29.6	15.18	21.67	134.95

注：据《3000t合成氨厂工艺和设备计算》。

表5-5　氨罐弛放气排放量及组成

成分	H_2	N_2	CH_4	Ar	NH_3	合计/t（氨）
%（体积分数）	21.77	7.32	16.34	1.92	52.65	100
m^3（标）/t氨	18.44	6.20	13.84	1.62	44.56	84.67
kg/t氨	1.66	7.75	9.91	2.89	33.88	56.09

注：1985年调查统计平均值。

（二）尿素生产工艺，废气来源

1. 尿素生产工艺

我国大型尿素生产厂中采用常压下CO_2汽提工艺。中型厂为水溶液全循环法，大部分采用高塔自然通风造粒工艺，其工艺流程见图5-2。

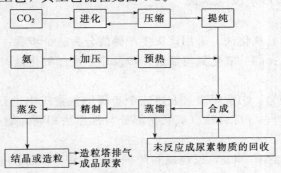

图5-2　尿素生产工艺流程

2. 废气来源

尿素生产废气主要来源是尿素造粒塔排气、大型厂的合成汽提塔排气和低压系统的 PV-304 排气。其排放量及组成如表 5-6 所示。

表 5-6 尿素生产废气排放量及组成

规模	工序	排气量 /(m³/t 尿素)	尿素粉尘 /(mg/m³)	氨/(mg/m³)
大型厂	造粒塔	7883	156.03	140.81
	合成汽提塔	150	—	1354.9
	PV-304	22	—	230878
中型厂造粒塔		21500	84.65	60.93

注：数值为 1985 年调查平均值。

（三）碳铵生产工艺，废气来源

碳铵生产工艺流程如图 5-3 所示。碳铵生产废气的主要来源是离心机排气，据调查每吨碳铵折氨排放 1.51kg；增稠抽气排放量 1100m³/t 氨，含氨 0.28%，折氨排放 2.3kg/t 氨。

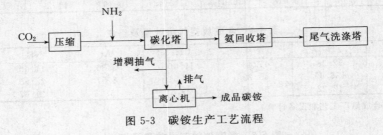

图 5-3 碳铵生产工艺流程

（四）硝铵生产工艺，废气来源、排放量及组成

硝铵生产工艺流程如图 5-4 所示。

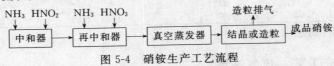

图 5-4 硝铵生产工艺流程

其废气的主要来源为硝铵造粒塔排气，排放量平均为 14000m³/t 硝铵，含硝铵粉尘平均 69.9mg/m³，含氨平均为 25.34mg/m³。

（五）硝酸生产工艺，废气来源

1. 硝酸生产工艺

我国硝酸生产采用氨氧化法。采用该法生产硝酸分为三个步骤：①氨与空气中的氧通过催化剂氧化成一氧化氮；②一氧化氮与氧进一步反应生成二氧化氮；③用水吸收二氧化氮生成稀硝酸。

根据操作压力又分为：①常压法（上述三个步骤均在常压中进行）；②加压法（上述三个步骤均在加压中进行）；③综合法（氨氧化部分与常压法相同，后半部分即②、③步骤与加压法相同）。

经吸收后的尾气仍含有 NO_x，以烧碱和纯碱吸收，副产 $NaNO_3$ 和 $NaNO_2$，尾气排放。其工艺流程如图 5-5 所示。

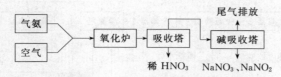

图 5-5　硝酸生产工艺流程

2. 废气来源、排放量及组成

硝酸生产废气来源主要是经碱吸收后排放的尾气。

其排放量及组成如表 5-7、表 5-8 所列。

表 5-7　各种不同类型硝酸装置废气排放量

项目 \ 类型	排气量	尿素粉尘	氨
氨氧化压力/MPa	0.35	常压	常压
吸收压力/MPa	0.32	0.25	常压
尾气排放量[m³(标)/t酸]	3550	3550	4000
未经处理 NO_x 排放量/(kg/t酸)	18.23	25.52	84.14
未经处理 NO_x 排放量/(mg/m³)	3000～5000	5000～7000	15000～20000

表 5-8　硝酸尾气的组成

生产方法	浓度/%(体积分数)		
	NO_x	O_2	其他
常压法	1	≥5	N_2 和 H_2O 等,平衡量
中压法(0.38MPa)	0.2～0.3	3～5	N_2 和 H_2O 等,平衡量
高压法(≥0.9MPa)	0.2	2～4	N_2 和 H_2O 等,平衡量

二、氮肥工业烟尘减排与回收技术

(一) 合成氨工业废气治理及氨和氢回收

合成氨工业废气主要包括三个来源：合成放空气、氨罐弛放气和铜洗再生气。这些废气中都含有氨,放空气和弛放气还含有 H_2、CH_4、Ar 等物质。

1. 变压吸附法回收合成放空气中的氢（PSA）

变压吸附法是利用吸附剂对气体的吸附容量随压力的不同而有差异的特性的方法。该工艺由变压吸附提氢系统（APS 装置）和净氨系统组成。放空气减压至 10MPa 进入氨液分离器,分离掉液氨后,高速通过喷嘴,在负压区与净氨塔底来的稀氨水充分混合,其中 80% 以上的气氨被稀氨水吸收。气体冷却后进入净氨塔,氨被喷淋下的软水进一步吸收,使之达到 200mL/m³ 以下。净氨后的气体（水洗气）再减压至 5MPa 进入 PSA 干燥系统,脱除微量的水和氨。最后减压至 1.6MPa 后进入 PSA 的吸附系统。常用的吸附剂有分子筛和活性炭。利用吸附剂对气体的吸附容量随压力的不同而有差异的特性,加压除去 CH_4、Ar、N_2 等组分,吸附剂经减压再生。该法回收的 H_2 纯度一般为98.5%～99.99%,回收率为55%～70%,回收的 H_2 返回合成氨系统。软水净氨产生的氨水（浓度为 90 滴度）返回合成氨碳化氨水系统利用。图 5-6 是合成塔后放空气处理工艺流程。

2. 膜分离法

膜分离法是将废气通过膜分离装置如内置中空纤维管束的普里森分离装置,利用膜对气体的选择性渗透达到分离的目的。该法可回收弛放气中的氢。先将弛放气在预处理器中用软水洗涤,使其中的氨降到 200mL/m³ 以下,然后进入分离器进行分离,以得到较高纯度的氢

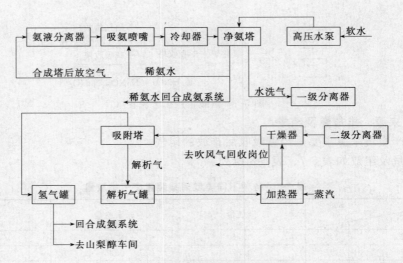

图 5-6　合成塔后放空气处理工艺流程

气。图 5-7 是普里森分离器处理合成氨弛放气处理工艺流程。普里森分离器由预处理器和分离装置组成。首先，一级分离的管程气（H₂）被送进二级分离器，将氢气提纯到 98% 以上，用于双氧水生产，其他氢气返回合成系统。最后的壳程气返回燃料系统作为燃料。该法技术先进，自动化程度高，生产过程简单，操作方便，占地面积小，可同时回收氢气和氮气。氯气回收率大于 90%，纯度约 90%。

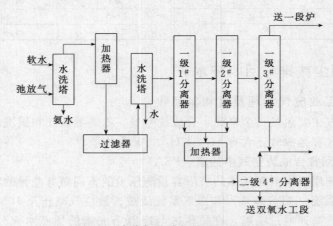

图 5-7　合成氨弛放气处理工艺流程

3. 深冷分离法

深冷分离法是利用组分沸点和溶解度的不同而加以分离的方法。该法可用于空气中氢的回收。放空气中主要包括 H₂、N₂、Ar、CH₄ 和 NH₃ 等气体。弛放气体经冷凝器将大部分氨冷凝为液氨后和放空气合流，进入水洗塔，用无氧软水吸收剩余的氨。然后，再用深冷精馏法逐一把氢、甲烷、氩和氮分离开。经分离后可得 90% 的氢。图 5-8 是合成氨放空气和弛放气处理的工艺流程。该法可同时回收氢气和氮气，氢气的纯度高。该法采用二级深冷部分冷凝分离技术，解决了甲烷在设备中可能冻结的问题，并且它与合成氨系统相互独立互不影响操作。

4. 等压回收法

等压回收法是通过提高吸收装置的操作压力（1.5MPa），以提高吸收率。它可用于弛放气中氨的回收。该法工艺简单，操作方便，氨回收率高，约为 95%；回收的氨水浓度为 130～180 滴度，可直接回碳化系统。

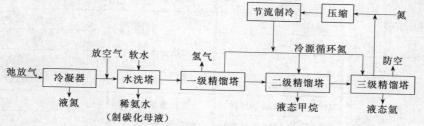

图 5-8　合成氨放空气和弛放气处理的工艺流程

5. 铜洗再生气中氨的同收

由于铜洗再生气中除含有 NH_3 外，还含有 CO_2，因此，在回收铜洗再生气中的氨的过程中，容易产生铵盐的结晶，引起管道堵塞。解决管道的堵塞问题是铜洗再生气中氨回收的技术关键。可以通过降低铜洗再生气中 NH_3 的含量来防止结晶的产生，因此，按照平衡原理进行分段吸收，增大氨水的浓度梯度，形成了"软水洗涤、稀氨水部分循环、两次吸收"铜洗再生气回收技术。该技术氨回收率为 95% 左右，回收氨水浓度为 60

图 5-9　铜洗再生气合成草酸的工艺流程

滴度，再生回收气含 Ar 0.02%～0.5%。该法工艺简单，操作方便，生产稳定，设备占地面积小。图 5-9 是利用合成氨铜洗再生气合成草酸的工艺流程。

（二）尿素粉尘处理技术

1. 湿法喷淋回收尿素粉尘

含尿素粉尘的造粒尾气进入集尘室后，用 10%～20% 的稀尿素液进行喷淋吸收。大部分尿素粉尘被洗涤吸收成尿素液返回系统，未被洗涤下来的尿素粉尘则溶解于水雾中，再经过滤器过滤后排入大气。回收装置以多孔泡沫树脂为过滤材料。

2. 斜孔喷头造粒降低尿素粉尘排放技术

中型尿素厂大都采用旋转式直孔喷头，其喷淋分布严重不均匀，造成塔内的传质、传热差，尿素出口温度高，尿素粉尘排放量大。改用斜孔喷头后尿素融液在塔内分布均匀，可明显地降低粉尘的排放量，使尿素粉尘的排放量下降 50%。

3. 品种造粒降低尿素粉尘技术

品种造粒是在造粒塔中加入微小的尿素粉尘作为晶种，可避免尿素熔融物质颗粒固化产生过冷现象，使颗粒内部结构紧密，耐冲击强度增强，从而降低机械破碎所产生的尿素粉尘浓度。实际生产标明，造粒塔尿素粉尘浓度可降低 40%，包装车间的尿素粉尘浓度可降低 58%。

4. 复合肥生产除尘工程实例

（1）复混肥厂滚筒冷却尘气的特点　复混肥厂生产的合成化肥成分包括硝酸铵、磷酸铵、氯化钾、硫化钾等，烟尘特性见表 5-9。建厂初期选用了回转反吹风袋式除尘器，据反映，滤袋经常被黏附，平均不到一个月需要更换一次清洗后的干净滤袋，否则，冷却滚筒的温度升高，烟气抽不走外溢，影响复混肥的质量及产量。另外，除尘器灰斗也极易结块，难以排除。根据氯化钾、硫化钾等成分极易吸湿潮解，且烟气自身含湿量也较大的特点，从改善袋式除尘器运行条件入手，确保其在露点以上 10～20℃ 运行，将回转反吹风袋式除尘器改为低压长袋脉冲除尘器。

表 5-9　烟尘特性

项　目	参　数		项　目	参　数
烟气量/[m³(标)/h]	80000			0~30μm
烟气温度/℃	50~80		粒度分布/%	30~60μm
烟气成分/(kg/h)	干空气	9500		60~100μm
	水	2500		100μm以上
	灰尘	1000(正常)[12g/m³(标)] 2000(最大)[25g/m³(标)]	烟尘堆密度/(kg/m³)	900~12000

（2）除尘工艺　由于冷却滚筒烟气的出口温度 50~80℃，而烟气露点温度与此温度十分接近，为 45~50℃，所以必须保证烟气进入滤袋时的温度高于 65℃。设计采用了如图 5-10 所示的除尘工艺流程。

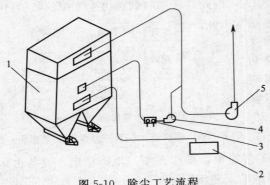

图 5-10　除尘工艺流程
1—除尘器；2—尘源点；3—混风阀；
4—混风风机；5—排风机

该工艺具有如下特点：

① 除尘器壳体采取聚亚胺酯材料保温，保温厚度为 100mm；

② 灰斗设有振动器，同时灰斗及螺旋输灰机还在活动保温层内安装了带式电加热器，以确保粉尘不结块，顺利输送；

③ 设立循环热风系统，使除尘器一直在 70℃ 左右。

④ 除尘器采用覆膜滤料，滤速选取为 1.4~1.7m/min，滤袋本身不易被粉尘黏附，易于清灰；

⑤ 脉冲阀选用澳大利亚 GOYEN 公司 3" MM 系列电磁脉冲阀，其使用寿命能达 100 万次以上，其 kV 值为 200.4，空气动力特性好。

（3）主要设备　除尘器及配套设备性能参数见表 5-10。

表 5-10　除尘器及配套设备性能参数

设　备	项　目	参　数
组　成/%	型　式	长袋低压脉冲除尘器
脉冲带式除尘器	处理风量/(m³/h)	80000
	过滤面积/m²	1152
	过滤风速/(m/min)	1.4~1.7
	滤袋材质及质量/(g/m²)	覆膜针刺毡 500
	滤袋规格/mm	φ120×5000
	滤袋数量/条	680
	设备运行阻力/Pa	1600~1800
	总重/t	35
热风风机	型式	9-26No.10D型
	风量/(m³/h)	6000
	风压/Pa	5900
	配用电机	Y200L-4
	功率/kW	30

设　备	项　目	参　数
组　成/%	型　式	长袋低压脉冲除尘器
电加热器　SRK2-36		72kW(温控自动切换)
	型式	G4-73 No. 16 型
主风机	风量/(m³/h)	108000
	风压/Pa	3600
	配用电机	Y2355-6
	功率/kW	185

（4）使用效果

① 该系统的技术改造从旧设备拆除到新设备的安装仅用了 70 天。

② 该系统改造后，生产稳定，实测排放浓度为 4mg/m³，车间环境得到了改善，同时每天回收肥料 28.6t，取得了较好的经济效益。

③ 该系统的正常运行，证明了袋式除尘器只要运行条件控制得当，就能有很大的应用领域。

（三）硝酸生产废气治理技术

1. 改良碱吸收法

硝酸废气中的 NO_x 经吸收塔被 Na_2CO_3 溶液吸收，生成含亚硝酸钠和硝酸钠的中和液。中和液经蒸发、结晶、分离制得亚硝酸钠产品，分离出的亚硝酸钠母液用稀硝酸进行转化，全部氧化成硝酸钠。经蒸发、结晶、分离制得硝酸钠产品。该法有三个吸收塔，由硝酸生产系统来的富 NO_2 气，在 2# 和 3# 吸收塔进行"副线配气"，以提高吸收率，降低 NO_x 的排放浓度。图 5-11 为硝酸废气治理的工艺流程。

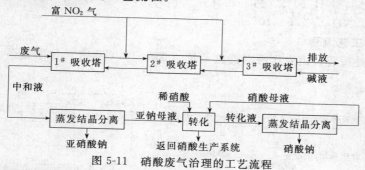

图 5-11　硝酸废气治理的工艺流程

2. 选择性催化-还原法

该法是在铜-铬催化剂的作用下，氨与尾气中的氮氧化物进行选择性还原反应，以除去废气中的氮氧化物。图 5-12 硝酸废气治理工艺流程。

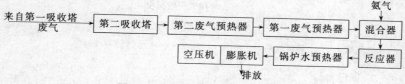

图 5-12　硝酸废气治理工艺流程

三、氮肥废气净化回收工程实例

（一）变压吸附法回收合成氨放空气中的氢气

1. 生产工艺流程

年产 4 万吨合成氨和其他产品的中型化工企业。合成氨的生产工艺流程如图 5-13 所示。

该厂合成氨的生产是采用无烟煤固定层间歇法制得半水煤气，经脱硫、变换、碳化、铜洗等工序净化后，以 H_2/N_2 为 3:1 的混合气体通过氢氮压缩机加压到 30MPa 后，送至合成塔，进行氨的合成。

在合成氨过程中，因部分气体循环，使合成循环气中的 CH_4 逐渐积累，当积累到一定程度时，就要将这部分气体（称为合成塔后放空气）排到系统之外。在排放过程中，含量较高的氢、氮气和氨气也随之排出。

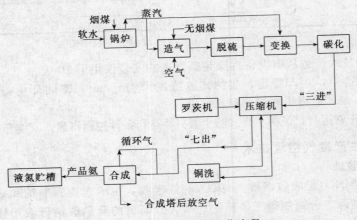

图 5-13　合成氨生产工艺流程

生产中有两套 $\phi 600$ 系列合成装置。塔后放空气排放量为 $400 m^3$（标）/h，主要组分为：H_2 55%，CH_4 20%，NH_3 10%，另外还有氮气和氩气；其中 H_2 为 $4.9 \times 10^4 mg/m^3$，CH_4 为 $1.4 \times 10^4 mg/m^3$，NH_3 为 $7.6 \times 10^4 mg/m^3$。

2. 废气处理工艺流程

塔后放空气处理装置由变压吸附提氢系统（简称 PSA 装置）和净氨系统组成，流程如图 5-14 所示。

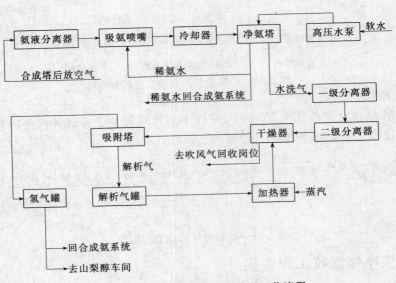

图 5-14　合成塔后放空气处理工艺流程

减压至 10MPa 的合成塔后放空气，进入氨液分离器，分离夹带的液氨后，高速通过喷嘴，在负压区和净氨塔底来的稀氨水进行充分混合，其中 85% 以上的气氨被稀氨水吸收，经冷却后被送入净氨塔，在塔内被塔顶喷淋下来的软水进一步吸收放空气中的气氨，使之达到 $200mL/m^3$ 以下。经净氨后的气体称为水洗气，其主要组分为：H_2 60%，CH_4 22%，还有部分氨气和氩气。水洗气减压至 5MPa，进入 PSA 干燥系统，脱除微量的水和氨，最后减压至 1.6MPa，进入 PSA 的吸附系统，利用吸附剂对不同气体的吸附容量随压力的变化而异的特性，加压吸附去除 CH_4、Ar、N_2 等杂质组分，吸附剂经减压再生。

3. 主要设备

合成塔后放空气处理装置的主要设备见表 5-11。

表 5-11 合成塔后放空气处理回收氢气装置主要设备

名 称	型号及规格	数 量	材 质
一级分离器	$\phi430mm\times6130mm$	1	20#
净氨塔	$\phi280mm\times4015mm$	1	20#
吸液喷嘴	自行设计	1	1Cr18Ni9Ti
高压水泵	3D-1/150,$Q=0.5\sim1m^3/h$ 电动机 7.5kW	2	
加热器	$\phi400mm\times2056mm$	1	16MnR
干燥器	$\phi526mm\times2260mm$	2	16MnR
吸附塔	$\phi600mm\times6067mm$	4	16MnR
氢气罐	$\phi1000mm\times1812mm$	1	A_3
解析气罐	$\phi2000mm\times6108mm$	1	A_3

4. 工艺控制条件

为使处理装置正常运行，需严格控制压力、温度和成分。

(1) 压力 净氨塔压力 10MPa；水泵出口压力 11MPa；干燥器压力 5MPa；吸附塔压力 1.6MPa；蒸汽压力 $0.5\sim0.6$MPa；解析气罐压力 $0.02\sim0.05$MPa。

(2) 温度 再生气进干燥器温度 130℃；出干燥器温度 >60℃。

(3) 成分 水洗气中含氧 $<200mL/m^3$。

5. 处理效果

回收的 H_2 纯度为 98.5%，回收率为 55%~70%，回收量为 $150\sim200m^3$（标）/h，回收的 H_2 返回合成氨系统或送山梨醇车间。用 $100\sim150m^3$（标）/h 解析气作为吹风气回收工序的燃料气。软水净氨产生的氨水（浓度为 90 滴度）返回合成氨碳化氨水系统利用。整个装置的物料达到闭路循环。

动力消耗：蒸汽 $0.18kg/m^3$（废气）；电 $0.019kW\cdot h/m^3$（废气）。

整套处理装置的特点是：

① 净氨效率高，水洗气含氨$<200mL/m^3$；

② 操作方便，由微机控制；

③ 工艺简单，整套处理装置都是在环境温度下的物理吸收过程；

④ 物料形成闭路循环，没有"三废"排放；

⑤ 处理过程能耗小。

在日常运行过程中，只要保证高压水泵的效率，及时发现和调换吸附系统内泄漏的气动控制阀门，就能保证处理装置的稳定运行。

（二）氮肥厂回收驰放气中的 H_2 生产双氧水

1. 生产工艺流程

以石脑油为原料，日产 1000t 氨。合成氨的生产工艺流程如图 5-15 所示。

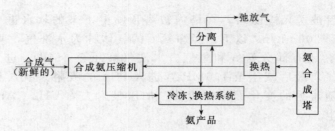

图 5-15　合成氨生产工艺流程

在合成氨的生产中，合成气在循环过程中随着 NH_3 的生成被除去后，气相中的惰性气体浓度升高，需要放空气而产生弛放气。

弛放气量为 12000~15000m³（标）/h，主要成分见表 5-12。

表 5-12　合成氨弛放气的组成

组　成	NH_3	H_2O	H_2	Ar	N_2	CN_4	排放温度
含量（体积分数）/%	2.2	0.0	64.7	3.7	20.6	8.8	2℃

2. 废气处理工艺流程

（1）原理

① 氢气的回收和提纯。普里森（Prism）分离器的结构与管壳式热交换器相似，壳内的纤维管束相当于换热器的管程，外壳与换热器的相似。工作的全过程均为物理过程。它是利用气体的有效分压差作为推动力，按进入该分离器每种气体所特有的渗透能力，通过气体向纤维管膜的扩散，选择渗透率最大的气体。弛放气中的 H_2 分离过程是分步进行的。首先被渗透的气体从主体扩散到纤维管外壁，并以最快的速度占据绝大部分渗透表面，被膜吸附。然后，借助于被渗透气与纤维膜的特殊关系，在推动力的作用下，分子渗透过膜，并迅速从内表面解吸，被收集重新用作原料。非渗透气体从顶部离开。整个过程的快慢取决于气体向纤维管表面的扩散吸附。分离器中数万根纤维管束在一起，具有巨大的扩散表面，可保持一定的 H_2 纯度与回收率。H_2 纯度一般可达至 86%~96%，回收率可达 90%~96%。回收后的氢气再送入另一个分离器提纯，纯度可达 98% 以上，供生产双氧水作原料。

② 双氧水的生产。由普里森分离器提纯后的高纯氢气与空气分离装置分离出来的氧气和氮气，以四氢 2-乙基蒽醌和 2-乙基蒽醌为载体，在钯的催化作用下，经氢化、氧化，制得过氧化氢，再经萃取提纯制得双氧水产品。

（2）工艺流程　用普里森装置回收弛放气中的氢气产生双氧水工艺流程如图 5-16 所示。

① 氢气的回收与提纯。普里森装置由预处理和分离器两部分组成。预处理的目的是利用水洗将弛放气中的氨降到 200mL/m³ 以下。弛放气经水洗后，被送入分离器，两个一级和六个二级分离器串联使用，一级分离的管程气（氢气）被送入三级分离器，将氢气纯度提高到 98% 以上，用于双氧水生产。其他 H_2 返回合成系统。最终的壳程气约 4500m³（标）/h，返回燃料系统作燃料。

② 双氧水的生产。将蒽醌、磷酸三辛酯和经过预处理后的重芳烃按一定比例配制好工作液（载体），用氮气将工作液从配制釜内压入事故槽储存备用。

三级分离后的氢气经干燥、吸附除去水分和氨后，与工作液合并送入氢化塔，在钯触媒的作用下发生氢化反应，氢化后的氢化液加入一定量的 H_3PO_4 工作液，与加压过的 O_2 在氧化塔内逆流接触，发生自动氧化反应。反应后尾气（主要成分为 O_2）用氨气稀释放空，氧

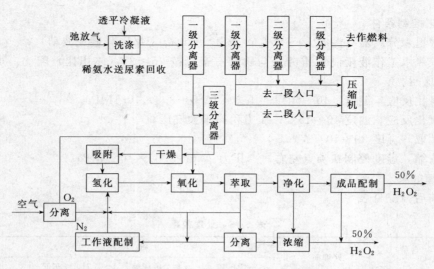

图 5-16　普里森装置回收弛放气中的氢生产双氧水的工艺流程

化液用泵送入高位槽，流入萃取塔底部与萃取塔顶部的纯水逆流接触，萃取出 H_2O_2 后的萃余液由上部流出，经分离器、碱槽、脱水器后流入工作液储槽供循环使用。萃取的双氧水从萃取塔下部流出，送入净化塔上部与芳烃逆流接触，从净化塔下部出来的混合液送入芳烃分离器。分离后的双氧水流入稀品计量槽，再用氮气脱除芳烃后，送到稀品储槽，配制27.5％的双氧水产品。稀品经蒸馏浓缩后得到浓品（50％）。

3. 主要设备

主要设备及构筑物见表 5-13。主要控制仪表见表 5-14。

表 5-13　主要设备及构筑物

名称	型号及规格	单位	数量	材质
Prism 一、二级分离器	$\phi203mm\times3048mm$	个	8	内有数万根纤维渗透管
Prism 三级分离器	$\phi101mm\times3048mm$	个	1	内有数万根纤维渗透管
固定床（氢化塔）	$\phi1000mm\times19550mm$	台	1	内装三层各 $2.5m^3$ 的钯催化剂
氧化塔	$\phi1600mm\times13809mm$	台	2	空塔
净化塔	$\phi500mm\times13850mm$	台	1	内装 $\phi25mm\times25mm$ 的不锈钢鲍尔环 $2.3\ m^3$
萃取塔	$\phi1500mm\times23800mm$	台	4	内有五块筛板
精馏塔	$\phi1200mm\times11609mm$	台	1	内填 $\phi25mm\times25mm$ 的不锈钢鲍尔环 $6.5\ m^3$

表 5-14　主要仪表

仪表名称	位号	生产厂家	材质
计算机、装置联锁、报警器等	—	美国孟山都公司	普里森装置用
固定床顶压记录、控制、报警器	PRCA-101		
氢气流量记录、控制仪	FRC-101		
工作液流量控制仪	FRC-102		
尾气分析、控制、报警器	ARCA-201	上海 FOXBORO 公司	双氧水装置用
温度记录控制仪（精馏）	TRC-404		
真空记录控制仪（精馏）	PRC-403		

4. 工艺控制条件

（1）普里森分离器　温度 50～55℃；压力　120×0.1MPa（避免波动）。

（2）双氧水工作液配制　重芳烃与磷酸三辛酯按 75：25（体积比）配比，加入 100～120g/L 的蒽醌。

（3）氢化反应　温度 40～60℃；压力 $(2.5\sim3.5)\times0.1$MPa。

（4）氧化反应　温度 40～45℃；压力稍高于大气压。

（5）萃取　温度 30～40℃。

（6）浓缩　温度控制在沸点左右；　压力 $(6\sim9.3)\times10^{-3}$MPa。

5. 处理效果

处理前后情况见表 5-15。

表 5-15　处理效果

组成	含量/% 处理前	处理后			
		去一段压缩	去二段压缩	去 H_2O_2 车间	作燃料
NH_3	2.2	<200[①]	<200[①]	<200[①]	0
H_2O	0.0	0.1	0.2	0.2	0
H_2	64.7	86.7	91.7	99.4	17.0
Ar	3.7	1.9	1.7	0.1	8.3
N_2	20.6	7.5	4.6	0.2	53.2
CH_4	8.8	3.8	1.8	0.1	21.5
总量/[m³(标)/h]	15000	7971	1671	500	4518

① 单位为 10^{-6}。

普里森装置的主要特点是技术先进，流程简单，运转设备少，维修量少，自动化程度高，布局合理，结构紧凑，占地面积小，可充分利用弛放气的自身压力实现氢气的分离，回收过程一步完成，开车时间短（3h 左右），事故处理方便，经济效益高。存在的主要问题是分离器入口热交换器壳侧积水使调节系统紊乱，工艺系统温度波动造成停车现象。

双氧水装置的特点是工艺较简单，先进性接近国际水平，是国内第一套采用新工艺的装置。由于生产原料仅为 H_2、O_2，产品双氧水除具有较强的氧化性外，无毒性，不产生环境污染。放空尾气中夹带的芳烃得到彻底回收处理，无废渣产生；少量的冲洗水及冷凝水经用 H_2O_2 氧化处理排放，COD<40mg/L，且无色无味。存在的主要问题是钯催化剂的活性降低较快，再生后不能恢复到初期的活性，效果欠佳。整个装置的共同特点是将废气中的各种成分都加以回收利用，既得到最大的经济效益，又避免了二次污染。

第三节　磷肥工业烟尘减排与回收技术

磷肥是化肥的重要组成部分。

我国磷肥主要有普通过磷酸钙、重过磷酸钙、钙镁磷肥、磷酸铵类、氮磷复合肥等品种。硫酸和磷酸是磷肥工业的基础原料和中间产品。磷肥工业废气的主要污染物有粉尘、氟化物、SO_2 和酸雾。这些污染物分别来自磷矿石加工、硫酸和磷酸生产、磷肥生产过程。

一、废气来源及组成

（一）磷矿石加工

生产各种磷肥，首先要将磷矿石加工成所需的粒度。根据不同的生产规模，粉碎过程可选用颚式、锤式或反击式破碎机。经粗碎后的磷矿石需进一步粉碎，粉碎方法分干法和湿法两种。湿法流程简单，噪声小，基本上可消除粉尘污染。干法不仅要将磷矿粉碎到90%以上通过100目的细度，而且要将矿粉水分干燥到1%以下。目前普遍采用的粉碎设备为风扫磨，部分厂采用悬辊磨，极少数厂还保留着回转干燥机加球磨机。

采用风扫磨，矿石的干燥和研磨可同时进行，流程短，操作方便，且粉碎过程在负压下进行，作业环境条件较好。风扫磨粉碎过程的排气量为 $1000\sim2000m^3/t$（矿石），排气粉尘含量为 $30\sim50g/m^3$。废气从细粉分离器排出。

（二）普通过磷酸钙

普通过磷酸钙是用硫酸分解磷矿石制得的，反应分两段进行。第一阶段是硫酸与约70%的原料氟磷酸钙反应，生成磷酸和硫酸钙结晶，反应在混合机和化成室中进行，需要 $10\sim30min$。第二阶段为熟化过程，是由第一阶段生成的磷酸分解未反应的氟磷酸钙，得到一水合磷酸二氢钙。此反应速率慢，需几天到几周时间，在熟化仓库内完成。

在混合化成阶段有大量气体逸出，其主要污染物为 SiF_4 和雾状 H_2SiF_6，可收集处理。熟化阶段释放的废气量较小，一般不易收集处理。在普通过磷酸钙生产过程中，磷矿石中的氟有30%~40%进入废气。

一个年产普通过磷酸钙10万吨的装置排放废气约 $10000m^3/h$，含氟 $4g/m^3$，其余为水蒸气、空气及少量 CO_2。

（三）钙镁磷肥

钙镁磷肥是在天然磷矿石中添加适量的含镁矿物，经高温（约1400℃）熔融、淬冷、磨细等过程制得。目前我国钙镁磷肥的生产以高炉法为主。

钙镁磷肥生产中含氟气体产生于高炉熔融反应及粉屑烧结过程。因添加配料不同，废气的组成会有所变化，表5-16给出了高炉排气的基本成分。

表 5-16　钙镁磷肥高炉排气的组成

配料 \ 成分	F /(g/m³)	CO /%	尘 /(g/m³)	其他
蛇纹石	1~3	12~18	~20	少量硫化物
白云石	0.1~0.7	12~18	~20	少量硫化物

据多数生产厂的测定数据统计，高炉法生产钙镁磷肥的炉气量约为 $1200m^3/t$ 肥。

（四）重过磷酸钙

重过磷酸钙是以磷酸分解天然磷矿粉所得到的高浓度水溶性磷肥。

重过磷酸钙的生产工艺有多种，其中较普遍采用的化成-熟化法与普通过磷酸钙的生产方法最为相似，所不同的是重过磷酸钙是以浓磷酸分解磷矿粉。其生产工艺流程如图5-17所示。

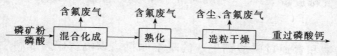

图 5-17　化成-熟化法重过磷酸钙生产工艺

重钙生产过程排出的废气主要来自混合化成、熟化、造粒、干燥工序，其特征污染物是粉尘和氟，一个年产 80 万吨重过磷酸钙的磷肥厂排气量及其组成见表 5-17。

表 5-17　80 万吨/年重过磷酸钙厂废气排放量及其组成

工　序	排气量/($\times 10^3 m^3/h$)	污染物浓度/(mg/m^3)
混合化成	28	F:200
熟　化	26	F:146
造粒干燥		尘:2000

（五）磷酸铵类氮磷复合肥

磷酸铵是指正磷酸的铵盐，作为肥料使用的是磷酸一铵（MAP）和磷酸二铵（DAP），它们分别是由 H_3PO_4 的一个或两个氢原子被置换而生成的。其生产工艺流程如图 5-18 所示。

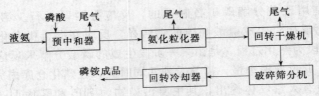

图 5-18　磷铵生产工艺流程

磷铵肥料生产工艺的特点是，所有废气在工艺流程中都得到较彻底的治理，排出的废气中的污染物浓度极低。一个年产 24 万吨磷铵装置排放的废气量为 $1.0 \times 10^4 m^3/h$，含 NH_3 约 $0.00031 g/m^3$、氟 $0.0047 g/m^3$、空气 78.7%、水蒸气 21.2%。

（六）磷酸

磷酸是制造高效磷肥、复合磷肥的基本原料。湿法磷酸的生产工艺按石膏结晶的形式，可分为二水物流程、半水-二水物流程、二水-半水物流程。这些流程都是以硫酸分解磷矿粉生成萃取料浆，再经过滤、洗涤、澄清、浓缩制得产品磷酸。湿法磷酸生产工艺流程如图 5-19 所示。

图 5-19　湿法磷酸生产工艺流程

湿法磷酸生产过程的废气主要出自萃取反应工序、过滤工序和浓缩工序，特征污染物为 SiF_4 和 HF，二者的比例取决于磷酸的浓度和温度。

一个年产 8 万吨 P_2O_5 湿法磷酸厂的废气排放量为：

萃取反应工序废气排放量　　　　$13600 m^3/h$，其中含氟 474kg；

浓缩工序废气排放量　　　　　　$72000 m^3/h$，其中含氟 150kg；

过滤及通风废气排放量　　　　　$18500 m^3/h$，其中含氟 2.5kg。

（七）硫酸

硫酸是湿法磷酸和普通过磷酸钙生产的基本原料。以硫铁矿为原料生产硫酸，主要有原料、焙烧、净化、转化、吸收五道工序。其流程如图 5-20 所示。硫酸生产废气排放量及其组成见表 5-18。

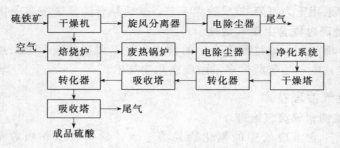

图 5-20　硫酸生产工艺流程

表 5-18　年产 20 万吨硫酸装置废气排放量及组成

废气来源	排气量/(×10⁴m³/h)	污染物浓度/(mg/m³)
原料干燥工段	2	硫铁矿尘约 $10g/m^3$
吸收工段	6	SO_2 $400\sim490mL/m^3$
		硫酸雾 $<42mg/m^3$

二、磷肥工业烟尘减排与回收技术

（一）含尘废气治理

1. 磷矿加工过程含尘废气除尘

磷矿石粉碎普遍采用风扫磨，其含尘废气的治理可分为干法和湿法，干法又可分为单级和双级除尘。

（1）湿法除尘　湿法除尘通常是指旋风分离-湿法除尘技术，可采用水膜除尘或泡沫除尘技术。湿法除尘设备简单，操作及维修方便，投资少，运行费用低。但该法除尘效率低，一般在 60% 左右，此外还可产生目前难于处理的矿浆。

（2）干法除尘

① 单级除尘技术。单级除尘采用一级除尘设备，如袋式除尘器等。单级除尘设备少，工艺简单，投资和运行费用低。但袋式过滤器进气中粉尘浓度大，袋式过滤器的负荷高，集尘量大，清灰周期短。图 5-21 是风扫磨工艺废气干法单级除尘工艺流程。

图 5-21　风扫磨废气干法单级处理工艺流程

② 双级除尘技术。风扫磨工艺废气的双级除尘技术，是在袋式过滤器前再加一级旋风分离器，以减轻袋式过滤器的负荷，延长反吹时间和运行时间。风扫磨工艺废气的双级干法除尘流程见图 5-22。该法除尘效率可达 98% 以上。

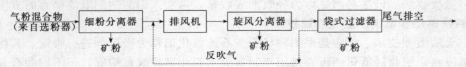

图 5-22　风扫磨废气干法双级除尘工艺流程

2. 高炉钙镁磷肥含尘废气治理

炉气除尘通常采用重力沉降-旋风除尘工艺，然后结合除氟进一步净化气体。

3. 硫酸原料处理过程含尘废气治理

硫铁矿破碎、筛分和干燥过程中产生的含尘废气，大型硫酸厂可采用旋风除尘-高压静电除尘器进行除尘，中小型硫酸厂多采用湿法除尘技术。

（二）含氟废气治理技术

1. 普通过磷酸钙含氟废气治理

（1）水吸收法　含氟废气中的氟化物易溶于水，通常以水作吸收剂。吸收液一般为8%～10%的氟硅酸溶液。根据不同的装置的配置可有不同的工艺，如，两室一塔流程（两个吸收室，一个吸收塔），最终吸收率在97%～99%；一室一文（文丘里）一塔及两文一旋（旋风分离器）流程，总吸收率在97%～99%。两室一塔双除沫流程工艺成熟，操作简单，维修容易。图5-23是氟废气治理工艺流程。含氟废气中的氟主要以四氟化硅的形式存在，用水吸收生成氟硅酸，同时产生硅胶。氟硅酸经澄清后，上层氟硅酸清液与饱和食盐水反应，生成氟硅酸钠；下层氟硅酸稠相，经压滤后得到硅胶。清氟硅酸液返回制造氟硅酸钠。

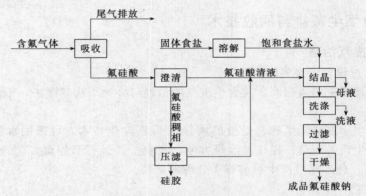

图 5-23　含氟废气治理工艺流程

（2）动态泡沫床治理技术　含氟废气进入具有穿流式旋转塔板的动态泡沫吸收塔，在塔中以水或水溶液吸收废气中的 SiF_4 和 HF。为了提高吸收率，吸收液中加入少量的表面活性剂。未被吸收的尾气，经除沫后排空。收集吸收液制备氟硅酸钠，分离后的母液返回动态泡沫吸收塔，进行循环吸收。图5-24是动态泡沫床治理普钙磷肥含氟废气的工艺流程。

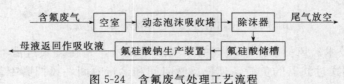

图 5-24　含氟废气处理工艺流程

（3）氨吸收法　该法是用氨作为吸收剂吸收氟，再加入铝酸钠制取冰晶石的方法。

2. 钙镁磷肥含氟高炉废气治理技术

（1）干法治理技术　干法是采用块状石灰石或氧化铝作为吸附剂进行吸附。其优点是不产生含氟废水，回收的氟化钙可直接用于制备无水氟化氢或氢氟酸等，但不同的石灰石的吸收效率相差很大。

（2）湿法治理技术　目前国内普遍采用湿法治理技术，以水为吸收剂生成18%的氟硅酸溶液。湿法治理不仅除氟率可达97%，而且还可以同时除去其他污染物如硫化物等。湿法磷酸含氟废气治理工艺流程见图5-25。

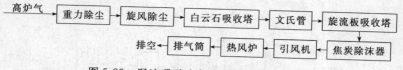

图5-25　湿法磷酸含氟废气治理工艺流程

（3）炉内除氟与炉外除尘除氟　在高炉内生产钙镁磷肥时，磷矿中的氟在熔融过程中30%～50%进入炉气。高炉内的炉气在经过煅烧白云石料层时，发生化学反应生成氟化钙、氟化镁，随炉料下降，至熔融区与磷矿共熔成肥料。少量氟随高炉气排出高炉。该炉气进入重力除尘器除掉较大的粉尘，然后经旋风分离器和水膜除尘器进一步除尘。图5-26是炉内除氟与炉外除尘除氟法处理钙镁磷肥高炉荒煤气的工艺流程。

图5-26　炉内除氟与炉外除尘除氟工艺流程

3. 重过磷酸钙含氟废气治理技术

混合化成过程排出的含氟废气经两级洗涤后排空。熟化仓库含氟废气以石灰乳吸收后经排气筒排空，使其氟含量低于$6mg/m^3$。

4. 磷酸生产含氟废气治理技术

湿法磷酸生产过程中排出的含氟废气，以水为吸收剂进吸收处理，生成18%左右的氟硅酸溶液。其工艺流程见图5-27。

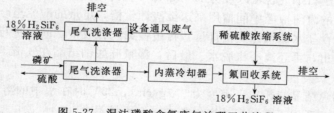

图5-27　湿法磷酸含氟废气治理工艺流程

三、磷肥工业含氟烟气的回收利用技术

以氟硅酸（H_2SiF_6）形式从废气中回收氟，再经加工可制备氟硅酸钠（Na_2SiF_6）、冰晶石（Na_3AlF_6）及氟化铝（AlF_3）等产品。

磷酸生产中氟的回收利用，目前国内以加工成氟硅酸钠为主，国外多以制冰晶石或氟化铝为主。

（一）回收氟硅酸钠技术

用水吸收烟气中的四氟化硅和氟化氢，分别生成氟硅酸和氢氟酸，化学反应式为：

$$3SiF_4 + 2H_2O \Longrightarrow 2H_2SiF_6 + SiO_2$$

$$(5-1)$$

再用饱和氯化钠水溶液同氟硅酸反应，可得到氟硅酸钠：

$$H_2SiF_6 + 2NaCl \rightleftharpoons Ha_2SiF_6 + 2NCl \tag{5-2}$$

图 5-28 为普钙厂含氟烟气净化回收氟硅酸钠的流程。

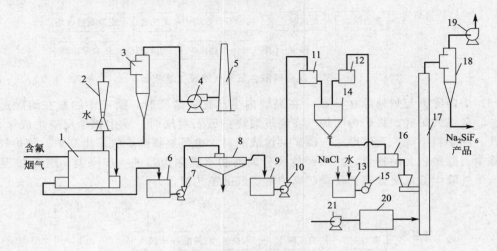

图 5-28　回收氟硅酸钠流程

1—拨水轮吸收器；2—文丘里管吸收器；3—旋风脱水器；4，19—排烟机；5—烟囱；
6—氟硅酸溶液槽；7，10，15—泵；8—沉降槽；9—中间槽；11—氟硅酸溶液计量槽；
12—氯化钠溶液计量槽；13—氯化钠溶液制备槽；14—合成槽；16—离心分离机；
17—气流干燥器；18—旋风分离器；20—热风炉；21—送风机

此系统采用二级吸收，因为废气中含氟浓度较高，第一级采用拨水轮吸收器，第二级为文丘里管吸收器。然后烟气经过旋风脱水器，再由排烟机送至烟囱排入大气。清水先送至文丘里管吸收含氟气体后生成氟硅酸稀溶液后流至拨水轮吸收器再吸收提高溶液浓度。当吸收液中含氟硅酸浓度达 8% 以上时，用泵送至沉降槽。例如烟气初始含氟浓度为 $57.55g/m^3$，经过二级净化，排出口烟气含氟浓度为 $0.98g/m^3$，吸收液中氟硅酸浓度达 $8.0\% \sim 9.5\%$。

从沉降槽流出的澄清液经中间槽用泵送至酸计量槽，定量的酸流至合成槽。从盐水制备槽中用泵将饱和的食盐水送入计量槽计量，再缓慢加入合成槽，同时进行搅拌。生成的氟硅酸钠结晶由槽底放出，再经离心机脱水。最后，湿氟硅酸钠结晶在气流干燥器中干燥得到氟硅酸钠成品。

氟硅酸钠为白色结晶状粉末，密度为 $2.7g/cm^3$，$25℃$ 时在水中的溶解度为 $0.76g/100g$ 水。可用作杀虫剂，还用于玻璃和搪瓷生产中，但用量不大。

（二）回收氟化钠技术

水吸收四氟化硅气体过程与前节相同。用吸收所得到的氟硅酸与纯碱反应可得氟化钠和硅胶，反应分为两步：

$$H_2SiF_6 + Na_2CO_3 \rightleftharpoons Na_2SiF_6 + CO_2 + H_2O \tag{5-3}$$

$$Na_2SiF_6 + 2Na_2CO_3 + nH_2O \rightleftharpoons 6NaF + 2CO_2 + SiO_2 \cdot nH_2O \tag{5-4}$$

由氟硅酸生产氟化钠的工艺流程如图 5-29 所示。

用泵将氟硅酸打到高位槽备用。先将制备好的碳酸钠溶液计量后放入中和槽，然后将计量的氟硅酸加到碳酸钠溶液中进行中和反应，调节 pH＝8 左右，反应温度控制在 90～95℃。在合成中控制 pH 值对于产品除硅是至关重要的，因为溶液 pH 值大于 8 时，二氧化硅的溶解度急剧上升。加料完毕，再反应 30～60min，氟硅酸钠分解完成，排放到沉淀池

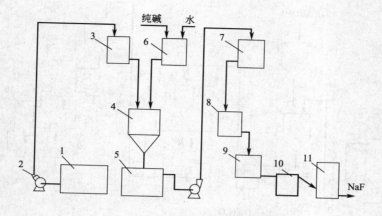

图 5-29　氟硅酸生产氟化钠流程

1—氟硅酸储槽；2—溶液泵；3—氟硅酸高位槽；4—中和槽；5—沉淀池；6—碱溶液制备槽；

7—氟化钠溶液高位槽；8—蒸发结晶器；9—洗涤槽；10—离心分离机；11—干燥器

中，进行澄清和冷却。当溶液温度降到 25℃ 时，还能进一步除掉 80％ 剩余的二氧化硅。氟化钠澄清液用泵打到高位槽，然后进入蒸发结晶器中，析出结晶氟化钠，放入搅拌槽用 50～60℃ 的热水洗涤，再用离心机脱水，最后烘干得成品。

氟化钠为白色结晶粉末，主要做铝电解生产中的辅助原料，还可用于木材防腐，并可作为杀虫剂、灭鼠剂、棉花收获前的落叶剂。

（三）回收氟化铝技术

水吸收四氟化硅气体的工艺过程和设备与前节相同。氟硅酸在储槽里用蒸汽加热至 70℃，泵送至反应槽，然后加入计量的工业氢氧化铝。由于是放热反应，溶液自行升温，控制反应温度 90～100℃，反应式为：

$$H_2SiF_6 + 2Al(OH)_3 \rightleftharpoons 2AlF_3 + SiO_2 + 4H_2O \tag{5-5}$$

生成的二氧化硅滤去，氧化铝溶液送至结晶槽，加入氟化铝晶种，同时进行搅拌，则生成氟化铝结晶。料浆送离机脱水后，干燥、焙烧和冷却得产品。氟硅酸生产氟化铝，流程见图 5-30。

氟化铝为白色结晶粉末，主要在铝电解生产中作熔剂，生产 1t 原铝需要 20～30kg 氟化铝。另外氟化铝还可作为农药和陶瓷的配料。

（四）合成法回收冰晶石流程

同样，通过吸收得到的氟硅酸，第一步先制备氟化钠和氟化铝溶液，过程和控制条件基本与回收氟化钠和氟化铝法相同。制备氟化钠溶液时，氟硅酸用量略低于理论量，约为 95％～98％ 理论量，反应控制 pH＝ 7.5～7.8。而制备氟化铝溶液时，氟硅酸用量为理论量的 105％，使溶液保持酸性。

合成操作是将氟化钠溶液缓慢加到氟化铝溶液中，边加料边搅拌，反应温度控制在 90～95℃。合成的化学反应式为：

$$AlF_3 + 3NaF \rightleftharpoons Na_3AlF_6 \tag{5-6}$$

合成操作要保持溶液始终是酸性，最后 pH 值为 5～6。如果溶液呈碱性，铁、硅、磷等杂质就会析出，而降低产品质量。合成后的料浆送离心机分离，再用 60～70℃ 热水洗涤滤饼，最后干燥焙烧得到产品。分离的母液和洗涤液返回净化系统。

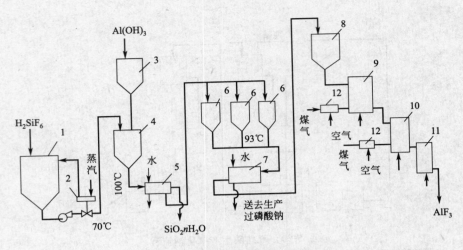

图 5-30　氟硅酸生产氯化铝流程

1—溶液预热槽；2—热交换器；3—氢氧化铝贮槽；4—反应槽；5，7—离心机；6—结晶槽；
8—氟化铝储槽；9—流化床干燥炉；10—流化床；11—冷却器；12—燃烧器

图 5-31 为氟硅酸合成法生产冰晶石的流程。

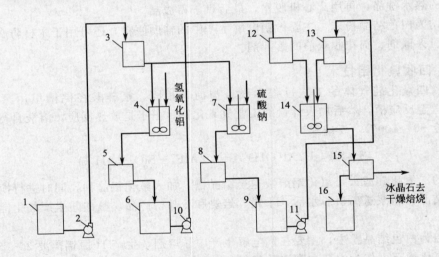

图 5-31　氟硅酸合成法生产冰晶石流程

1—氟硅酸储槽；2，10，11—泵；3—氟硅酸高位槽；4—氟化铝反应槽；
5，8，15—离心机；6—氟化铝贮槽；7—氟化钠反应槽；9—氟化钠储槽；
12—氟化铝高位槽；13—氟化钠高位槽；14—冰晶石合成槽；16—母液储槽

　　人造冰晶石为结晶的白色粉末，主要用于铝电解作为熔剂，每生产 1t 铝消耗 20～30kg 冰晶石。随着我国铝工业的发展，冰晶石用量增加，为磷肥含氟烟气回收冰晶石的销售提供了一个良好的机会。

（五）氨法回收冰晶石流程

　　用氨水做吸收液，吸收氟化氢和四氟化硅生成氟硅酸铵：

$$HF + NH_3 \cdot H_2O \Longleftrightarrow NH_4F + H_2O \tag{5-7}$$

$$2NH_4F + SiF_4 + nH_2O \Longleftrightarrow (NH_4)_2SiF_6 + nH_2O \tag{5-8}$$

氟硅酸铵与氨水反应生成氟化铵：

$$(NH_4)_2SiF_6 + 4NH_3 \cdot H_2O + nH_2O \Longrightarrow 6NH_4F + SiO_2 \cdot (n+2)H_2O \tag{5-9}$$

若用水吸收得到氟硅酸，再与氨水反应也可获得氟化铵溶液：

$$H_2SiF_6 + 6NH_3 \cdot H_2O + nH_2O \longrightarrow 6NH_4F + SiO_2 \cdot (n+4)H_2O \tag{5-10}$$

氟化铵溶液脱硅后与硫酸铝反应，生成铵冰晶石：

$$12NH_4F + Al_2(SO_4)_3 \Longrightarrow 2(NH_4)_3AlF_6 + 3(NH_4)_2SO_4 \tag{5-11}$$

再与硫酸钠进行置换反应，得冰晶石和硫酸铵：

$$2(NH_4)_3AlF_6 + 3Na_2SO_4 \longrightarrow 2Na_3AlF_6 + 3(NH_4)_2SO_4 \tag{5-12}$$

氨法生产冰晶石流程见图 5-32。

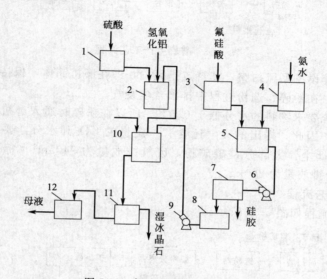

图 5-32　氨法生产冰晶石流程

1—硫酸高位槽；2—硫酸铝反应槽；3—氟硅酸高位槽；4—氨水高位槽；5—氨化槽；
6，9—氟化铵溶液泵；7—压滤机；8—氟化铵槽；10—冰晶石合成槽；11—离心泵；12—母液贮槽

氨水脱硅操作：先将计量的氟硅酸放入氨化槽中，再将 18% 的氨水以一定速度加入，最后控制到 pH=8.2～8.5。然后过滤氟化铵溶液，分离硅胶。过滤后的清液放入氟化铵槽中，用硫酸调整呈酸性，pH= 5.0～5.5，待合成使用。

硫酸铝制备：用 60% 的工业硫酸加热至 120～130℃，在搅拌的同时加入氢氧化铝粉料，反应式为：

$$2Al(OH)_3 + 3H_2SO_4 \longrightarrow Al_2(SO_4)_3 + 6H_2O \tag{5-13}$$

加完料后继续保温并搅拌 2h，最后加水稀释至 40% 待用。

冰晶合成操作：将计量的氟化氨溶液加到合成槽中，加热至 90～95℃，计量加入硫酸铝后，再计量加入硫酸钠，继续保温和搅拌 30～45min，反应完成后，送离心机脱水，再干燥焙烧得产品。

分离出的硫酸铵母液加石灰乳可回收氨，循环再用，反应式为：

$$(NH_4)_2SO_4 + Ca(OH)_2 \Longrightarrow CaSO_4 + 2NH_3 + 2H_2O \tag{5-14}$$

如果硫酸铵不回收氨，也可做为肥料直接用于农田施肥。

合成法和氨法都能回收合格的冰晶石产品用于铝电解生产，可根据具体条件和原料的供应情况选用。

四、烟尘减排与回收工程实例

（一）普钙风扫磨除尘技术

年产普通过磷酸钙 10 万吨，日产 340t，连续式生产。

1. 生产工艺流程

普钙生产工艺流程如图 5-33 所示。

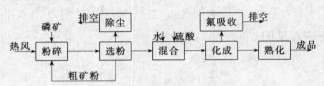

图 5-33　普钙生产工艺流程

该厂采用的粉碎设备是风扫磨，其特点是风扫，即在磨机筒体中保持一定的风速以保证矿粉的细度与产量。在粉碎、选粉过程中排出含尘废气。

由于风扫磨系统要求物料的水分低于 0.5％，所以在粉碎时通入磨机筒体的不是冷空气而是热的燃煤烟气。因此，排出的废气还含有一定量的 CO_2 和水分，要处理的是其固体污染物磷矿粉与燃煤烟尘，大部分是磷矿粉，废气排放量为 9405m³（标）/h，粉尘浓度为 17286mg/m³，粉尘排放量为 260kg/h。

2. 废气处理工艺流程

废气处理工艺流程如图 5-34 所示。

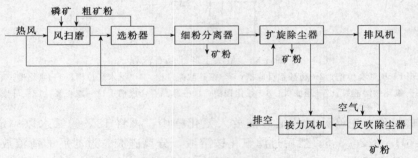

图 5-34　废气处理工艺流程

该厂选用两台扩散式旋风除尘器并联作为一级除尘器。扩散式旋风除尘器效率较高，但因其结构特点，气流难以到达反射屏以下，故集灰锥体温度较低，常会低于露点而使废气中的水蒸气析露，造成堵塞而失效。为了避免析露，仅采用保温材料进行外保温是不够的，还必须对其加热。该厂从热风炉出口敷设一条支管线，使热风通过扩散式旋风除尘器的外夹套来对其加温。为了提高传热效率，夹套内设有折流板。

二级除尘器是最后一道除尘装置，必须有很高的除尘效率，一般要求在 95％以上。同时要求阻力应尽量小，以使废气排放通畅。该厂起初选用脉冲袋式除尘器作为二级除尘装置，但经过一段时间的生产实践，脉冲除尘器暴露出一些缺点。需配用空压机，其电耗及润滑油消耗大；脉冲控制器及电磁阀不够可靠，压缩空气与油水分离不好时容易"糊袋"，影响布袋寿命。

后来，该厂对除尘的工艺流程进行了改造，用双层反吹除尘器代替了脉冲除尘器，在系统的尾部增设了接力排风机（全压约 1840Pa），保证了反吹除尘器内部为负压，使清灰过程可以正常进行。这样不仅可以使风扫磨系统的排气和进气都能通畅，使风扫能力与系统产量始终都维持在较高的水平上，而且可以使几乎整个风扫磨系统处于负压状态，保持良好的操作环境。

3. 主要设备

主要设备及构筑物见表 5-19，表中离心风机即指接力排风机。

表 5-19　主要设备一览表

名称	型号及规格	数量	材质
扩散式旋风除尘器	Φ700mm	2	A₃
双层布袋反吹除尘器	LFS-144	1	A₃、针刺呢
离心风机	XY9-35　8D	1	A₃

反吹除尘器进口空气温度为 110～112℃，压力应为微负压，出口温度应高于 80℃，扩散式旋风除尘器出口温度为 115～120℃，其夹套的进气温度为 120～130℃。

4. 处理效果

一、二级除尘的总效率达到 99.23%，排放尾气含尘 210.7mg/m³，大大低于 400mg/m³ 的排放标准。每年回收矿粉 1858t。

5. 工程设计特点及建议

（1）本项工程采用了双层布袋反吹式除尘器，其优点是体积小、效率高、价格低，并实现了新流程，增设了接力风机，既达到了较高的除尘效果，净化了厂内空气，回收了大量矿粉，又达到了较高的风扫能力，使风扫磨的矿粉产量提高了 22.6%。

（2）本项工程将扩散式旋风除尘器设在排风机的前面，减少了风机的磨损，在扩散式旋风除尘器外加了夹套，利用热风炉的热风加温，这样，可在没有蒸汽的条件下保证设备不因"析露"而失效。

（3）扩散式旋风除尘器一定要保证操作温度，该厂有时控制不好，使扩散式旋风除尘器排出的废气粉尘含量达 30g/m³ 以上，造成反吹除尘器负荷加大，布袋的消耗增多，系统阻力也变大，引起矿粉收集量降低。

（4）为保持扩散式旋风除尘器夹套的清洁，以获得较高的加热效果，并使热风炉的热能充分发挥作用，可在热风炉出风管的外部加夹套（夹套里需设螺旋折流板），用空气作气源。空气经热风炉出风管外夹套加热，送至扩散式旋风除尘器的夹套中。

（5）如采用风压较高的排风机，可简化流程，省去接力风机。

（二）动态泡沫床处理普钙含氟废气

装置设计能力普钙 10 万吨，实际年产 8 万吨，间歇法生产。

1. 生产工艺流程

普钙的生产工艺流程如图 5-35 所示。

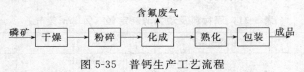

图 5-35　普钙生产工艺流程

在化成工段用硫酸分解磷矿石的过程中放出含氟废气。废气中的主要污染物为 SiF_4 和 HF，其排放量为 3500～4500m³（标）/h，含氟 23.6g/m³。

2. 废气处理工艺流程

含氟废气处理工艺流程如图 5-36 所示。

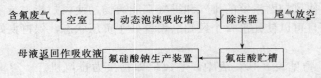

图 5-36　含氟废气处理工艺流程

含氟废气经空室后进入动态泡沫吸收塔，塔型采用穿流式旋流塔板。在塔中用水或水溶液吸收废气中 SiF_4 和 HF。为了提高吸收效率，吸收液中加入少量的表面活性剂。未被吸收的尾气，经除沫器后排空。吸收液流入贮槽送至氟硅酸钠生产装置，氟硅酸钠经结晶、分离、干燥后作为成品。分离后的母液返回动态泡沫吸收塔，进行循环吸收。

3. 主要设备

主要设备见表 5-20。

表 5-20　主要设备

名　称	型号及规格	数　量	材　质
空　室	$V=30m^3$	1	砖
动态泡沫吸收塔	$\Phi630mm\times5500mm$	1	A_3
高位槽	$\Phi800mm\times2000mm$	2	A_3
除沫塔	$\Phi1240mm\times3000mm$	1	A_3
氟硅酸储槽	$V=14m^3$	1	A_3
风　机	风量 5000m^3/h，电机 5.5kW	1	
泵	流量 10m^3/h，电机 2.2kW	2	塑料

4. 工艺控制条件

空塔速度　　　　　　2~3m/s
系统压力降　　　　　1500~2000Pa
床层压力降　　　　　800~1200Pa
塔板清洗次数　　　　每月一次（用清水，不停车）

5. 处理效果

运转结果表明，动态泡沫吸收塔单台设备吸氟效率比目前国内任何单台设备吸氟效率要高，而与多塔或塔室串联设备吸氟总效率相当。本装置吸氟效率稳定在 99.5% 以上。处理后的尾气含氟量远低于国家排放标准。

原材料及动力消耗定额见表 5-21。

6. 工程设计特点

（1）动态泡沫吸收塔处理普钙含氟废气，工艺简单，投资比两室一塔或两塔一室少60%。运转稳定操作简便，单元设备除氟效率高，无二次污染。

表 5-21　原材料及动力消耗定额（每 1m^3 废气）

名　称	型号及规格	单　位	消耗量值
电		kW·h	0.375
水	工业水	kg	2×10^{-3}
表面活性剂	81-1	kg	2.6×10^{-5}
缓蚀剂	6710	kg	1.0×10^{-5}

（2）动态泡沫吸收塔对材质要求低。国内现有装置一般都采用涂敷或衬防腐材质，使用时间短，且价格昂贵。该法采用 6710 缓蚀剂，当氟硅酸（H_2SiF_6）含量在 8%～12%时，4.5～6mm 厚的碳钢设备可使用 3～4 年。

（3）在吸收国内筛板、旋流板和格栅的优点基础上，采用穿流式旋流塔板。

（4）本技术的环境效益和经济效益明显，运转费用低。以年产 10 万吨普钙计，每年可节约水 5000t。处理后的尾气达标，不污染环境。

（三）利用普钙含氟废气生产氟硅酸钠和硅胶

年产普通过磷酸钙（简称普钙）50 万吨，日产 2000t，连续式生产。

1. 生产工艺流程和废气来源

普钙生产工艺流程如图 5-37 所示。

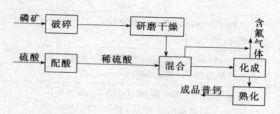

图 5-37 普钙生产工艺流程

废气含氟浓度　9640mg/m³；排放量　27200m³/h。

2. 废气处理工艺流程

含氟废气处理工艺流程如图 5-38 所示。

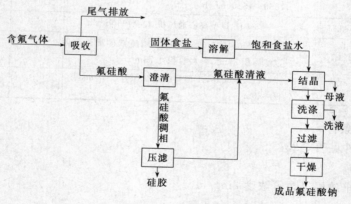

图 5-38 含氟废气处理工艺流程

含氟气体中的氟主要以四氟化硅型式存在，用水吸收生成氟硅酸，同时有硅胶产生：

$$3SiF_4 + 3H_2O \longrightarrow 2H_2SiF_6 + H_2SiO_3 \tag{5-15}$$

氟硅酸经澄清后，上层氟硅酸清液与饱和食盐水反应，生成氟硅酸钠：

$$H_2SiF_6 + 2NaCl \longrightarrow Na_2SiF_6 + 2HCl \tag{5-16}$$

下层氟硅酸稠相经压滤后得到硅胶，清氟硅酸液则返回制造氟硅酸钠。

3. 主要设备

主要设备见表 5-22。

表 5-22　主要设备一览表

岗位名称	设备名称	型号及规格	数量	材质
氟吸收	第一吸收室	卧式,$\Phi3200mm\times3060mm$ $V=20m^3$	2	聚氯乙烯
氟吸收	第二吸收室	泼水轮$\Phi400mm\times3850mm$ 同第一吸收室	2	酚醛层压板 同第一吸收室
氟吸收	洗涤塔	喷射型,$\Phi1500mm\times6415mm$,内装七个喷杯, 气体流速25m/s,循环水量120m^3/h	2	聚氯乙烯
氟吸收	排风机	A-24-H 叶轮 $\Phi1300mm$	3	叶轮铸钢衬胶
氟硅酸钠	结晶器	$\Phi2800mm\times4000mm$ $V=18m^3$,内装推进式搅拌浆,生产能力2t/h	1	聚氯乙烯 A_3
氟硅酸钠	第一增稠器	$\Phi3000mm\times1700mm$,直立锥底,$V=6.86m^3$, 耙齿:$\Phi2150mm$	1	聚氯乙烯
氟硅酸钠	第二增稠器	$\Phi2200mm\times1550mm$,直立锥底,$V=3.36m^3$, 生产能力:2t/h,耙齿:$\Phi2950mm$	1	1Cr18Ni9Ti 聚氯乙烯
氟硅酸钠	离心机	ⅡM-1200型,悬挂式,转敲$\Phi1200mm\times$ 600mm,过滤面积2.26m^2,操作容积300L	2	1Cr18Ni9Ti A_3
氟硅酸钠	电炉	2500mm×1000mm×1200mm,框式结构,箱 形共六组,$N=230kW$	1	不锈钢 A_3
氟硅酸钠	气流干燥管	$\Phi325mm$	1	1Cr18Ni9Ti
氟硅酸钠	脉冲袋式收尘器	MC-84Ⅱ型,2940mm×1990mm×4160mm, 过滤面积63m^2,过滤风速2～4m/min,处理量 7550～15100m^3/h	1	1Cr18Ni9Ti
氟硅酸钠	高压排风机	8-18-101,D型离心通风机,$Q=4950m^3$/h	1	1Cr18Ni9Ti
硅胶	板框压滤机	BAJZ30/1000-60,全自动,暗流双侧面进料, 过滤面积30m^2,装料容积0.75m^3	1	铸铁、聚丙烯 621涤纶
硅胶	料浆泵	HTB-ZK50/30-1型耐酸陶瓷泵,$Q=20m^3$/h, $H=30m$	2	铸铁、陶瓷

4. 工艺控制条件

工艺控制条件见表 5-23。

5. 处理效果

治理后烟囱排放尾气含氟浓度 2mg/m^3。

表 5-23　工艺控制条件

岗位名称	工艺指标名称	单位	工艺指标
氟吸收	化成室出口负压	Pa	78～147
氟吸收	洗涤塔进口负压	Pa	490～684
氟吸收	排风机进口负压	Pa	1470～1765
氟吸收	第一吸收室出口氟硅酸浓度	%	8～11
氟吸收	第二吸收室出口氟硅酸浓度	%	2～4
氟吸收	吸收室泼水轮吃水深度	mm	20～40
氟吸收	循环吸收液含氟浓度	g/L	<1
氟吸收	放空尾气含氟量	g/m^3	<0.1
氟硅酸钠	食盐水浓度	%	25～26
氟硅酸钠	氟硅酸浓度	%	8～11

岗位名称	工艺指标名称	单位	工艺指标
氟硅酸钠	食盐过量系数	%	15
氟硅酸钠	结晶器停留时间	min	40～50
氟硅酸钠	第一增稠器料浆稠度	固相%	≥60
氟硅酸钠	第二增稠器料浆稠度	固相%	≥65
氟硅酸钠	料浆缓冲槽料浆稠度	固相%	≥60
氟硅酸钠	总洗水量	t/h	13～15
氟硅酸钠	第一增稠器母液中 NaCl 含量	g/L	13～20
氟硅酸钠	第一增稠器母液中 Na_2SiF_6 含量	g/L	13～20
硅胶	压滤机进料压力	MPa	0.1～0.15
硅胶	压路机水洗压力	MPa	0.4～0.55
硅胶	压滤机压干压力	MPa	0.4～0.6
硅胶	压滤机正、反吹压力	MPa	0.2→0.3
硅胶	滤饼重量	kg	≤350
硅胶	滤饼水分	%	≤75
硅胶	滤饼含氟	%	≤1.5
硅胶	水洗时间	min	≤15
硅胶	压紧电流	A	<22

6. 主要技术经济指标

原材料及动力消耗定额见表 5-24。

本工程设计特点如下。

（1）处理效率高，氟吸收率达到 99.8% 以上，氟硅酸钠得率亦在 8.5kg/t 普钙以上。

（2）环境效益好，其尾气排放时的含氟量大大低于国家排放标准；氟吸收装置洗涤水实现了闭路循环。

（3）经济效益可观，每年可回收氟硅酸钠 4000t，硅胶 800t 左右。

表 5-24　原材料及动力消耗定额

项目	单位	硅胶	氟硅酸钠
工业盐（100%）	kg/t	—	938
电	kW·h/t	40	210
水	t/t	16	19.6

（4）由于工艺流程、设备选型先进，操作环境好，开停车简便，可一直处于稳定运转状态，且设备跑、冒、滴、漏少。

（5）由于大部分设备选用了聚氯乙烯等工程塑料，物料不易附着在设备内壁上，便于清理检修，清理时间大大缩短，并减轻了工人的劳动强度。

氟硅酸钠生产过程中产生的母液、洗液含有一定的有害成分，有待进一步处理。

第四节　无机盐工业烟尘减排与回收利用

无机盐工业产品种类繁多，应用面广，是基本化工原料之一。全世界无机盐工业产品品种有 1000 多种。我国无机盐工业有铬盐、钡盐、硫化物、铅盐、氰化钡和黄磷等 20 多个行业，这些产品在国民经济的各部门中均有重要作用。

一、废气来源与特点

（一）生产工艺与废气来源

1. 铬盐

铬盐行业中，铬酸酐的生产是将重铬酸钠结晶（98%）或重铬酸钠溶液（70Bé）与硫酸混合，然后加热生成熔融铬酸酐，再经冷却制片而成。在加热熔融过程中产生含氯和铬及其化合物的废气。

2. 二硫化碳

二硫化碳的生产方法有电炉法、沸腾床法、甲烷法、等离子法和铁甑法，其中以电炉法生产厂较多。电炉法是将熔化后的硫黄送入电炉气化，硫蒸气与热木炭接触反应生产二硫化碳气体，再经冷凝生成所需产品。排放的不凝废气中含有硫化氢。

3. 钡盐

钡盐主要产品有碳酸钡和氯化钡。碳酸钡的生产是将硫化钡溶液送至碳化塔，在塔中通入石灰窑气的 CO_2 进行碳化。硫化钡在还原过程中排出含硫化氢废气。氯化钡生产是将硫化钡与盐酸反应生成氯化钡，再经高温脱水后便得到成品，此法反应过程中有硫化氢废气产生。

4. 过氧化氢

目前，我国工业上生产过氧化氢普遍采用蒽醌法，蒽醌法是采用 2-乙基蒽醌作为氢化载体，使氢和氧生成过氧化氢，氧化过程有废气排出。

5. 黄磷

黄磷生产是利用电炉中的高温，用焦炭、硅石还原磷矿中的磷酸三钙，生成黄磷，经精制得成品。磷矿石在电炉中还原时产生大量的电炉尾气。

（二）废气排放量及组分

铬酸酐、过氧化氢、黄磷、钡盐、二硫化碳等无机盐产品生产过程中排放的废气量及主要污染物见表 5-25。

表 5-25   主要无机盐产品废气排放量及主要污染物

产品	铬酸酐	钡盐	二硫化碳	黄磷	过氧化氢
废气排放量 /[m³（标）/t 产品]	3000～4000	1500～3000	1500～2500	2000～3000	1000～1500
主要污染物	氯化铬酰、氯气、氯化氢	H_2S、CO_2、CO、O_2	H_2S、CS_2	CO_2、CO、砷、氟、硫	氢气、重芳烃

1. 铬酸酐废气

每生产 1t 铬酸酐要排出 3000～4000m³（标）工艺废气，其中主要污染物及浓度见表 5-26。

表 5-26   铬酐废气中主要污染物及浓度

组 分	CrO_2Cl_2	Cl_2	HCl	Cr(Ⅵ)
浓度/[mg/m³（标）]	340	2840	780	30～60

2. 黄磷炉气

每生产 1t 黄磷排出废气 2000～3000m³（标），其中主要污染物及浓度见表 5-27。

表 5-27　黄磷炉气中主要污染物及浓度

组　分	浓度/%	组　分	浓度/%
CO	90	磷	0.5～3
CO_2	2～4	氟	0.04～0.5
O_2	0.5	硫	0.5～3
其他	5	砷	0.07～0.08

3. 过氧化氢废气

每生产 1t 过氧化氢排出的废气量为 1000～1500m^3（标），其中主要污染物及浓度见表 5-28。

表 5-28　过氧化氢废气组分及浓度

组　分	氮气	重芳烃	过氧化氢
浓度/[mg/m^3（标）]	300～500	5900～7000	100～300

4. 二硫化碳废气

每生产 1t 二硫化碳排放 1500～2500m^3（标）废气，其中主要污染物及浓度见表 5-29。

表 5-29　二硫化碳废气主要组分及浓度

组　分	氮气	重芳烃
浓度/[mg/m^3（标）]	3000～4000	70～80

5. 钡盐废气

每生产 1t 碳酸钡或氯化钡废气排放量为 1500～3000m^3（标），其中主要污染物及浓度见表 5-30。

表 5-30　钡盐废气主要污染物及浓度

组　分	H_2S	CO_2	CO	O_2	H_2
浓度/%	22～26	14～16	0.4～0.6	0.05～0.1	0.01～0.05

二、无机盐工业废气减排与回收

（一）铬酸酐废气治理（水喷淋-碱吸收法）

铬酸酐生产加热融化的过程中，将产生含氯和铬及其化合物的废气。铬酸酐的废气治理主要采用水喷淋-碱吸收法。铬酸酐的废气经水喷淋降温，CrO_2Cl_2 遇水分解，除去氯化铬酰和六价铬，在进入碱吸收塔用纯碱吸收，所有的氯离子都形成氯化钠溶于水中，净化后的废气排放，废液送去处理。该法工艺简单，技术成熟，操作方便，设备投资少，氯化铬酰、六价铬及氯气的去除率均达到 90％以上。图 5-39 是两级吸收法处理铬酸酐废气的工艺流程。

图 5-39　铬酸酐废气治理工艺流程

（二）过氧化氢废气处理（冷凝吸收法）

在用蒽醌法制备过氧化氢的氧化过程中，将产生主要成分是氮和重芳烃的废气。过氧化氢废气的治理大多采用冷凝吸收技术。过氧化氢废气进入冷凝器和一、二级鼓泡吸收器，产生的冷凝液进入烃水分离器，回收的烃返回生成系统，废水排入污水场处理，净化后的气体可达标排放。该技术设备简单，操作方便，技术可行，去除率在95％以上。图5-40是用冷凝吸收法处理蒽醌法过氧化氢生成废气处理工艺流程。

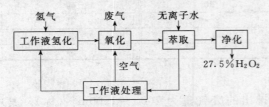

图 5-40　蒽醌法过氧化氢生成废气处理工艺流程

（三）黄磷炉气处理技术

黄磷炉气中主要是CO以及很少的磷、氟、硫及砷等组分。通过水洗、碱洗，以除去炉气中的烟尘，再进行脱硫便可以得到高纯度的CO。CO可进一步加工成一些诸如甲酸、甲酸钠和草酸等产品。该法工艺成熟，对废气中的CO综合利用率高。图5-41是利用黄磷生成废气甲酸钠的工艺流程。

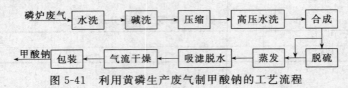

图 5-41　利用黄磷生产废气制甲酸钠的工艺流程

（四）硫化氢废气治理技术

1. 湿接触法制硫酸

在碳酸钡和氯化钡的生产过程中产生硫化氢废气。将硫化氢废气完全燃烧，生成二氧化硫，以矾触媒为催化剂使其转化为三氧化硫，再以水吸收成硫酸。该法工艺技术可行，装置的一次投资虽然较大，但是对废气中的硫化氢的回收率较高，有较好的经济效益。废气经处理可达标排放。图5-42是利用湿接触法以碳酸钡生成废气中的硫化氢制硫酸的工艺流程。

图 5-42　湿接触法制硫酸的工艺流程

2. 克劳斯法回收硫黄

克劳斯法是利用克劳斯反应的一种方法。它是在氧不足的情况下进行不完全的燃烧，使H_2S转化成硫。再经过两冷两转两捕或三冷三转三捕制得硫黄。以HF-861为催化剂，在150℃的条件下，将未转化的H_2S再次燃烧生成SO_2，并与前段反应未冷凝的SO_2一道，用于生成硫代硫酸钠。该法工艺简单，操作方便，运转费用低，回收的硫黄经济效益高。但该法H_2S的转化率低，废气需再处理才可达标排放。图5-43是利用克劳斯法回收碳酸钡废气中硫化氢制硫黄的工艺流程。

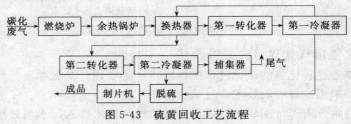

图 5-43　硫黄回收工艺流程

三、废气净化回收工程实例

（一）利用黄磷生产废气制甲酸

1. 生产工艺流程

年产黄磷 3600t。黄磷生产的工艺流程如图 5-44 所示。

黄磷废气由冷凝槽排出。生产中三台磷炉废气总排放量为 750 万立方米/年，其中 300 万立方米用于生产甲酸，其余用于生产五钠和烘干黄磷原料。其组成见表 5-31。

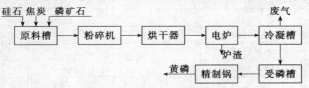

图 5-44　黄磷生产工艺流程

表 5-31　黄磷废气的主要成分

废气组成	CO	CO$_2$	O$_2$	H$_2$S	P$_2$、As、F	其他
含量/%	86.0	3.0	1.0	1.5	0.6	7.9

2. 废气处理工艺流程

利用黄磷废气制取甲酸的化学反应为：

主反应
$$CO + NaOH \longrightarrow NaCOOH \tag{5-17}$$
$$2NaCOOH + H_2SO_4 \longrightarrow Na_2SO_4 + 2HCOOH \tag{5-18}$$

副反应
$$Na_2CO_4 + H_2SO_4 \longrightarrow Na_2SO_4 + H_2O + CO_2 \tag{5-19}$$
$$2NaOH + H_2SO_4 \longrightarrow Na_2SO_4 + 2H_2O \tag{5-20}$$

甲酸生产的工艺流程如图 5-45 所示。

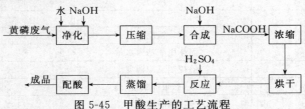

图 5-45　甲酸生产的工艺流程

利用黄磷废气生产甲酸的主要问题是净化废气，使之达到生产要求。在净化工段，通过水洗、碱洗，使尾气中绝大部分的硫化氢、二氧化碳等气体及灰尘得以去除。净化后的废气成分如表 5-32 所列。

表 5-32　净化后黄磷废气的组成

成分	CO	CO$_2$	O$_2$	H$_2$S	P$_2$、As、F	其他
含量/%	91～95	0.2～0.4	1.0	0.6	0.4	2.5～6.5

净化后的合格废气进入压缩机，增压后送入预热管道，与一定浓度的烧碱溶液进行合成反应，生成甲酸钠溶液，存入储槽。甲酸钠溶液经浓缩蒸发生成晶体，送入烘干机烘干。烘干后的甲酸钠送入反应釜，同时缓缓加入浓硫酸并搅拌，生成甲酸和硫酸钠的混合物。经减压蒸馏，大部分甲酸蒸汽冷凝为甲酸溶液，流入甲酸贮槽；小部分未冷凝蒸汽经水吸收塔吸收成稀甲酸溶液。在配酸工序，浓甲酸和稀甲酸溶液充分混合制得含量 85% 的合格成品。

3. 主要设备及构筑物

主要设备及构筑物见表 5-33。

表 5-33 主要设备一览表

名　称	型号及规格	数　量	材　质
水洗塔	$\Phi800mm\times8000mm$	4	A_3
脱硫塔	$\Phi1000mm\times10000mm$	2	铸铁
碱洗塔	$\Phi1000mm\times10000mm$	2	铸铁
水环真空泵	SZ-3	3	
空气压缩机	3L-4.5/25-C	5	
电机三联泵	$3OSO_2$-4.6/3D	4	
蒸发器		2	A_3
烘干机	$\Phi1200mm\times3600mm$	3	A_3
反应釜	$\Phi1400mm\times1750mm$	8	A_3
蒸馏釜	$\Phi1200mm\times3600mm$	4	A_3
冷凝器	W-1	4	搪玻璃
真空泵	HTB-SZ-125	4	陶瓷
浓酸槽	$\Phi1200mm\times1800mm$	8	PVC
成品储槽	$\Phi1600mm\times3200mm$（卧式）	3	PVC

4. 工艺控制条件

主要工艺控制条件见表 5-34。

表 5-34 主要工艺控制条件

岗　位	项　目	指　标
净化	煤气含量	＞90%
	净化后 CO_2	≤0.4%
	净化后 O_2	≤1.0%
压缩	压力	1.70～2.10MPa
合成	压力	1.60～1.90MPa
	温度	150～170℃
烘干	固体甲酸钠含水量	≤1.5%
反应	控制反应温度	
蒸馏	芒硝含酸量	≤0.5%
配酸	稀酸浓度	40%～45%
	配酸浓度	85.10%～85.30%

5. 处理效果

经两次扩建，该厂甲酸生产能力已达 3000t/a，加上年产 4000t 的利用黄磷废气生产五钠装置，使黄磷废气得到充分利用，消除了对环境的污染。利用黄磷废气生产甲酸装置，不产生有毒废气，产生的废水除部分循环使用外，其余均可达标排放。副产品硫酸钠（俗称芒硝）销路畅通，可作为工业生产原料。甲酸整个生产过程无二次污染。

黄磷尾气法具有下列优点。

（1）减少了造气工段，因而节省了大量焦炭（生产 1t 甲酸约节省 450kg 焦炭）；

（2）黄磷废气含 CO 90% 左右，而发生炉煤气含 CO 仅 30% 左右，可减少压缩机 2/3；

（3）合成甲酸钠溶液浓度大大提高，可缩短生产周期。

生产实践证明，黄磷废气的净化是甲酸生产的关键，废气净化的好坏直接关系到成品的质量。因此，必须严格控制废气中 H_2S、CO_2、P_4 等的去除率。废气引入车间生产时，为确保安全，务必严防泄漏，有关监测部门应定期测试空气中煤气含量；净化岗位至少每小时做一次煤气分析，严格控制煤气的含氧量。由于废气中 CO 含量高达 90%，特别易燃，所以合成工段严禁烟火。

（二）回收碳酸钡碳化废气中的硫化氢制硫黄

1. 生产工艺流程

年产粉状及粒状碳酸钡 4 万吨。碳酸钡生产工艺流程图如图 5-46 所示。

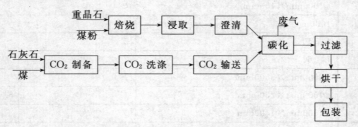

图 5-46　碳酸钡生产工艺流程

碳酸钡生产过程中碳化废气主要成分为硫化氢气体，浓度为 $455g/m^3$，尾气排放量为 $1800m^3/h$。

2. 废气处理工艺流程

（1）原理　废气中的硫化氢在燃烧炉内与氧发生反应：

$$H_2S + \frac{1}{2}O_2 \longrightarrow S + H_2O \tag{5-21}$$

$$2H_2S + 3O_2 \longrightarrow 2SO_2 + 2H_2O \tag{5-22}$$

通过控制风量（空气）及温度使燃烧炉内约有 60%～70% 的 H_2S 变为硫黄，其余部分的 H_2S 燃烧生成 SO_2。H_2S 和 SO_2 以 2∶1 的比例进入转化器，在催化剂的作用下发生反应：

$$2H_2S + SO_2 \longrightarrow 3S + 2H_2O \tag{5-23}$$

硫蒸气在冷凝器冷凝为液体硫。

（2）工艺流程　废气处理的工艺流程如图 5-47 所示。

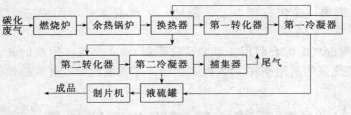

图 5-47　废气处理工艺流程

碳酸钡生产碳化工序的酸性气体经脱水后进入气柜。与鼓风机送来的空气同时送至燃烧炉进行部分燃烧，然后经余热锅炉冷却至 350℃ 左右，进入热交换器，与第一冷凝器来的 150～160℃ 的混合气进行热交换。再进入第一转化器内，在催化剂的作用下，未氧化的 H_2S 燃烧产生 SO_2，反应生成气态硫和 H_2O，经第一冷凝器降温至 150～160℃，硫蒸气冷凝成液态硫进入液硫罐。混合气返回换热器，再进入第二转化器继续转化为气态硫和 H_2O，再经第二冷凝器冷凝为液态硫入液硫罐。第二冷凝器排出的混合气体依次经金属捕集器、捕集室捕集后，送至海波装置生产海波。液硫经制片机制片、皮带运输机、检斤包装后成产品。

3. 主要设备及构筑物

主要设备及构筑物见表 5-35。

表 5-35 主要设备及构筑物一览表

名　称	型号及规格	数　量	备　注
脱水罐	$\Phi1000mm\times100mm$	4	
气柜	$1000m^3$	2	
酸气风机	L_{41}-40	2	
空气风机	L_{41}-60	2	
燃烧炉	$\Phi3000mm\times5500mm$	1	
余热锅炉	$\Phi1500mm\times2500mm$	1	蒸发量 1t/h
换热器	$\Phi1100mm\times7490mm$	1	$F=112m^2$
第一转化器	$\Phi3500mm\times4360mm$	1	内装触媒
第一冷凝器	$\Phi1300mm\times7490mm$	11	$F=150m^2$
第二转化器	$\Phi3500mm\times4360mm$	1	内装触媒
第二冷凝器	$\Phi1100mm\times7490mm$	1	$F=112m^2$
捕集器	$\Phi1300mm\times4600mm$	1	内装不锈钢丝网
液硫罐	$\Phi850mm\times3400mm$	1	
制片机	$\Phi1400mm\times900mm$	1	

4. 工艺控制条件

燃烧炉温度	900～1100℃
余热锅炉出口温度	300～350℃
第一转化器温度	280～300℃
第二转化器温度	240～260℃
第一冷凝器出口温度	150～160℃
第二冷凝器出口温度	140～150℃
捕集器出口温度	120～130℃

5. 处理效果

本工程流程简单，操作方便，工艺成熟；生产成本低，无"三废"排放；产品质量稳定。

通过对碳酸钡废气的综合利用，年可回收硫黄 5000 多吨，回收的硫黄产品一级品率达 100%。废气中硫化氢的利用率在 74% 以上。硫黄尾气继续回收制取硫代硫酸钠。

第五节　氯碱工业废气治理

氯碱工业是基本化学原料工业的重要组成部分。产品烧碱、氯气及氯的产品，不仅是许多产品的原料，而且还广泛应用于石油化工、冶金、轻工、纺织及农业等部门。氯碱工业生产废气中的主要污染物是汞和氯乙烯（VCM），具有毒性大，对人体危害潜在期长的特点。氯乙烯是致癌物质，能使人患肝血管瘤，汞蒸气对人有致毒作用，车间的最大容许浓度为 $0.01mg/m^3$；少量吸入可引起咽喉炎、头痛、恶心等症状；长期过量吸入，会损害肾、脑和神经系统。

一、生产工艺和废气来源

（一）烧碱生产工艺

电解食盐法生产烧碱可分为隔膜法、水银法、离子膜法。

1. 隔膜法

将固体食盐用水溶解制成粗盐水，加入氯化钡（或氯化钙）、烧碱及纯碱等精制剂，除去其中杂质，然后供电解使用。

隔膜法电解是一种在阴极和阳极间有一层多孔膜（例如沉积型石棉膜或改性膜）的电解工艺。由电解槽中产生氯气、氢气和烧碱。氯气和氢气分别经过冷却、干燥除去水分后供用户；烧碱经蒸发浓缩后作为产品。在蒸发过程中将食盐从碱液中分离出来，送至化盐池使用。

2. 水银法

工艺过程基本与隔膜法相同。

水银法电解槽由电解室和解汞室（塔）组成。用水银作流动阳极。电解过程生成氯气和钠汞齐。钠汞齐进入解汞室（塔）与纯水发生分解反应生成烧碱、氢气及纯汞。纯汞返回电解室循环使用。氯气和氢气经冷却、干燥除去水分后供用户。烧碱可直接作液碱使用。

3. 离子膜法

离子膜法和隔膜法的原理基本相同，但最大的不同点是离子膜法使用阳离子交换膜作为阴、阳极室的隔膜。另外，要求阴阳极液进行一定的循环。

经二次精制后的盐水进入阳极室电解，氯气和淡盐水进入阳极液循环槽。氯气逸出经冷却、干燥后供用户。淡盐水一部分进行循环，一部分经脱氯后返回化盐池。从阴极溢出的氢气及阴极液进入循环槽。在此，氢气经冷却、干燥后供用户。阴极液一部分加纯水进行循环，一部分作液碱产品。

（二）聚氯乙烯生产工艺

聚氯乙烯生产主要有电石乙炔法和乙烯氧氯化法。我国绝大多数工厂采用电石乙炔法生产，只有少数的采用氧氯化法。

1. 电石乙炔法

用乙炔气和氯化氢为原料。经混合后，在氯化汞催化剂作用下转化为氯乙烯，经水洗、碱洗后低温压缩成液体。然后经低沸、高沸塔净化，加压聚合。未聚合的氯乙烯返回气柜。PVC 树脂经干燥处理后包装。

2. 乙烯氧氯化法

用乙烯和氯气为原料，乙烯经氯化生成二氯乙烷。二氯乙烷经过脱除轻组分和重组分后，进行裂解生成氯乙烯。气态的氯乙烯经冷却压缩后变成液体。液体氯乙烯经净化后，在加压下进行聚合，未反应的氯乙烯返回气柜。生成的 PVC 树脂经过干燥后包装。

（三）废气来源

聚氯乙烯生产过程中产生的含氯乙烯废气，主要来自氯乙烯的生产、聚合过程及聚氯乙烯的加工过程。据有关资料统计，在生产中大约有 6% 的氯乙烯损失。造成氯乙烯损失的原因有四个方面：装置的密闭性差，造成的泄漏；在清釜操作中，高浓度氯乙烯逸散到大气；精馏塔及干燥塔排气中有大量氯乙烯；树脂中残留的氯乙烯造成加工和使用时的污染。

含汞废气的污染主要来自水银法制烧碱生产过程的水银槽头气、焙烧炉尾气及蒸煮锅排气等。

现将氯碱工业废气的主要污染物来源、排放量及组成列于表5-36。

表 5-36　废气来源、排放量及组成

废气来源	排放量/(m³/t 产品)	组　成			
		氯/(mg/m³)	汞/(μg/m³)	氯乙烯/%	乙炔/%
低沸塔尾气	33～65	—	0.68～300	10～15	1～10
干燥塔尾气	3227	—	—	$<10\times10^{-6}$	—
淡盐水尾气	600	30～50	<10	—	—
水银槽头气	200	400～7200	400～7200	—	—
水银槽尾气	440	700	<10	—	—
焙烧槽尾气	100	—	400～2200	—	—
外排氢气	300	—	<10	—	—
厂房空气	—	—	<100	—	—
蒸煮排气	—	—	1000～40000	—	—

二、氯碱工业废气治理技术

氯碱工业主要的产品是烧碱、氯气和氯产品。氯产品主要有聚氯乙烯、液氯、盐酸等十几种产品。氯碱工业废气主要含汞和氯乙烯。

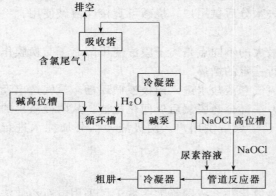

图 5-48　含氯废气处理工艺流程

（一）含氯废气的治理技术

1. 吸收法

（1）含氯废气制冷氯盐酸　该法采用填料塔或喷淋塔等吸收塔，以碱液吸收处理废气。常用的碱液为 NaOH、Ca(OH)$_2$ 和 Na$_2$CO$_3$。所排出的吸收液为次氯盐酸产品。该法工艺简单，操作方便。

（2）氯废气制水和肼　该法是以碱液作为吸收剂处理废气中的氯，最后制成水合肼。图5-48是废气处理工艺流程图。含氯废气经除尘和降温后，进入吸收塔与30%的NaOH 溶液反应生成次氯酸钠。次氯酸钠、尿素及高锰酸钾在氧化锅中反应生成水合肼。其反应原理是：

$$2NaOH+Cl_2 \longrightarrow NaCl+NaOCl+H_2O \tag{5-24}$$

$$NaOCl+NH_2CONH_2+2NaOH \longrightarrow N_2H_4 \cdot H_2O+NaCl+Na_2CO_3 \tag{5-25}$$

该法工艺简单，处理效果好。处理后，尾气中的氯含量可达 0.05% 以下。

（3）水吸收法　当废气中氯的浓度小于1%时，可以用水吸收氯气，然后再用水蒸气加热解吸，回收氯气。

（4）二氯化铁吸收法　该法是在填料塔中，用二氯化铁溶液吸收含氯废气生成三氯化铁，然后用铁屑还原三氯化铁为二氯化铁，使之循环使用。该法脱氯效率可达90%。

（5）四氯化碳吸收法　当氯气的浓度大于1%时，可以用四氯化碳为吸收剂进行吸收。吸收液经加热或吹除解吸。氯气可回收。

2. 氧化还原法（铁法）

该法是以铁屑与含氯废气中所携带的氯化氢反应，生成氯化亚铁；氯化亚铁吸附氯气，并将二价铁氧化成三价铁，而三价铁又被铁屑还原，再次参加吸附反应。

（二）含汞废气的治理技术

1. 次氯酸钠溶液吸收法

将含汞废气进行冷却后，进入气体吸收塔，用次氯酸钠溶液进行吸收，以除去废气中的汞。该水溶液为用含有效氯 50～70g/L 的 NaClO 溶液与含氯化钠 310g/L 的精盐和工业盐酸配置而成。它含有效氯 20～25g/L，含 120～220g/L 的 NaCl。该法工艺简单，原料易得，吸收液可综合利用，无二次污染，并且投资费用低。图 5-49 是次氯酸钠溶液吸收法的工业流程。

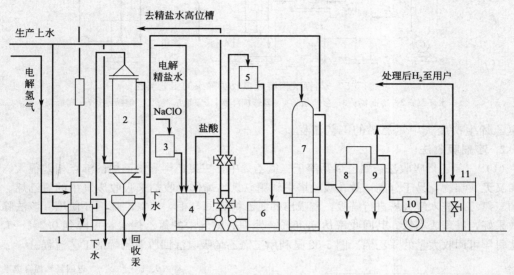

图 5-49　次氯酸钠溶液吸收法除汞工艺流程

1—水封槽；2—氯气冷却器；3—次氯酸钠高位槽；4—吸收液配置槽；5—吸收液高位槽；
6—吸收液循环槽；7—吸收塔；8—除雾器；9—碱洗罐；10—罗茨真空泵；11—气液分离器

2. 活性炭吸附法

将含汞废气进行冷却后，进入三级串联的活性炭塔进行吸附。该法工艺简单，除汞效果好，处理后尾气中汞的含量为 $10\mu g/m^3$。但是，活性炭不能再生，需后处理。

3. 冷凝吸附法

对于含汞废气，可利用冷凝法来净化吸收。但是，由于汞易挥发，单靠冷凝并不能使处理后的气体达到排放标准。所以冷凝法常作为吸附法或吸收法的前处理过程。当冷凝温度为 20～30℃时，净化效率可达 98％以上。

4. 高锰酸钾溶液吸收法

高锰酸钾溶液具有很高的氧化还原电位，当与汞蒸气接触时，生成 HgO 和络合物 Hg_2MnO_2 而沉降下来，达到净化汞蒸气的目的。吸收过程可在吸收塔中进行。图 5-50 是高锰酸钾溶液吸收法除汞的工艺流程。

（三）氯乙烯废气的治理技术

1. 活性炭吸附法

利用活性炭吸附氯乙烯废气中的氯乙烯，将吸附在活性炭上的氯乙烯解吸后返回生产装置。该法除氯乙烯效果好，运行可靠，效果稳定。处理后尾气中的氯乙烯含量可小于 1％，降低电石的消耗量 18kg/tPVC。但是，其处理成本较高。图 5-51 是利用活性炭吸附法回收

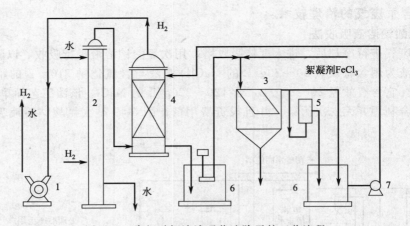

图 5-50　高锰酸钾溶液吸收法除汞的工艺流程

1—水环泵；2—冷凝器；3—吸收塔；4—斜管沉降器；5—增浓器；6—储液池；7—离心泵

聚氯乙烯生产废气中氯乙烯的工艺流程。

2. 溶剂吸收法

（1）三氯乙烯吸收法　氯乙烯易溶于三氯乙烯中，三氯乙烯和氯乙烯的沸点相差很大，且氯乙烯又无共沸物，易于分离，故在吸收塔中利用三氯乙烯作吸收剂来吸收废气中的氯乙烯。吸收后的三氯乙烯进入解吸塔进行解吸，解吸出的氯乙烯返回气柜，三氯乙烯循环使用。该法除氯乙烯效果好，处理成本低。其回收率达 99.6%，处理后尾气中的氯乙烯含量可降到 0.2%～1.3%。该法每年可回收大量的氯乙烯。图 5-52 是利用三氯乙烯吸收法回收氯乙烯的工艺流程。

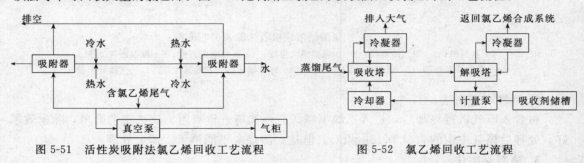

图 5-51　活性炭吸附法氯乙烯回收工艺流程　　图 5-52　氯乙烯回收工艺流程

（2）N-甲基吡咯烷酮吸收法　利用 N-甲基吡咯烷酮作为吸收剂，吸收废气中的氯乙烯和 C_2H_2。该法处理效率高，易于解吸分离，处理后尾气中的氯乙烯含量小于 2%。但是，吸收剂昂贵，且再生后吸收率下降。

3. 聚氯乙烯浆料汽提法

该法利用氯乙烯挥发点低的特点，在真空条件下很容易从聚氯乙烯的浆液中分离出来。图 5-53 是聚氯乙烯浆料汽提法的工艺流程。聚氯乙烯浆料由聚合釜排至出料槽中，进

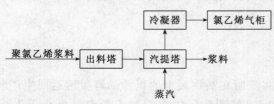

图 5-53　聚氯乙烯浆料汽提法的工艺流程

一步回收单体，使浆料中的氯乙烯含量降至 10000×10^6 左右。浆料经过过滤器除去结块的物料后，从汽提塔的顶部进入塔中。在汽提塔内，进塔浆料经过筛板下降，被上升的蒸汽加热，氯乙烯被汽提出来，从塔顶排出，进入冷凝器。不凝气体进入氯乙烯气柜回收。该法处理效率高，聚氯乙烯浆料经汽提后，氯乙烯含

量由 10000×10^{-6} 降至 30×10^{-6} 以下，汽提效率达 99.8% 以上。可回收大量的氯乙烯，有好的经济效益。

（四）硫酸工业尾气中二氧化硫的治理

对硫酸生产尾气中的二氧化硫，可以采用吸收、吸附等方法进行治理，具体方法参阅第七章。除此之外，还可采用催化氧化法及生物法进行脱硫。

（1）催化氧化法　催化氧化法脱硫是以 V_2O_5 为催化剂将 SO_2 转化成 SO_3，并进一步制成硫酸的方法。废气经除尘器除尘后进入固定床催化氧化器，使 SO_2 转化成 SO_3，经节能器和空气预热器使混合气的温度下降并回收热能，再经吸收塔吸收 SO_3；生成 H_2SO_4，最后经除雾器除去酸雾后经烟囱排出。

（2）生物法　生物法脱硫是利用微生物进行脱硫的方法。常用的微生物是硫杆菌属中的氧化亚铁硫杆菌。这是一种典型的化能自养细菌，它可以利用一种或多种还原态或部分还原态的硫化物而获得能源，并且还具有通过氧化 Fe^{2+} 为 Fe^{3+} 和不溶性金属硫化物而获得能源的能力。$FeSO_4$ 是微生物生长的能源，在含 $FeSO_4$ 的培养液中，细菌氧化 $Fe(II)$ 的速度很快，氧化生成的 $Fe_2(SO_4)_3$ 立即与废气中的 H_2S 反应生成单质硫沉淀出来，从而使废气得到净化。

三、废气减排与回收工程实例

（一）电石厂溶剂法回收氯乙烯蒸馏废气中的氯乙烯

1. 生产工艺流程

氯乙烯单体生产能力为 3.2 万吨/年，日产量 90t，连续式生产。生产工艺流程如图 5-54 所示。

蒸馏废气来自氯乙烯蒸馏系统的低沸塔。废气排放量为 $150m^3/h$，主要组分氯乙烯及乙炔的排放量分别为 $\leqslant 62.8kg/h$ 和 $\leqslant 8.6kg/h$，氯乙烯含量 $\leqslant 15\%$。

2. 废气处理工艺流程

本工艺系根据氯乙烯易溶于三氯乙烯，三氯乙烯沸点与氯乙烯沸点差别很大，氯乙烯又无共沸混合物，易于分离的原理，达到从废气中回收氯乙烯的目的。全部处理过程为物理过程，无化学反应。

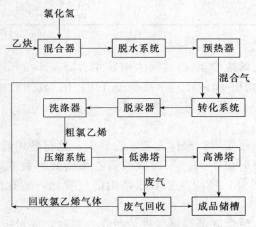

图 5-54　氯乙烯生产工艺流程

来自低沸塔的废气进入吸收塔底部。将三氯乙烯吸收剂用计量泵从储槽中抽出，经冷却器（用−15℃冷冻盐水）冷却至−5℃，送至吸收塔上部，与塔内的废气进行逆流接触，将氯乙烯气体吸收。未被吸收的气体进入冷凝器进行冷凝，经气液分离器后排入大气。冷凝器中冷凝液与分离器分离出来的液体返回吸收塔。

吸收后的吸收液送至解吸塔。解吸塔塔釜用间接蒸汽加热。被解吸出来的氯乙烯经塔顶冷凝器冷凝和气液分离器分离后，返回氯乙烯合成系统。冷凝和分离后的液体回流到解吸塔内。解吸后的吸收剂从塔釜底部借计量泵经冷却器送至吸收塔顶部，作为吸收剂循环使用。

3. 主要设备

主要设备见表 5-37。

表 5-37　主要设备

设 备 名 称	型号及规格	数　量	材　质
吸收塔	Φ500mm×14954mm	1	Q235
解吸塔	Φ600mm×14868mm	1	Q235

工艺控制条件和生产控制指标分别列于表 5-38 和表 5-39。

表 5-38　工艺控制条件

设备名称	工艺条件名称	控制范围	设备名称	工艺条件名称	控制范围
吸收塔	塔中温度/℃	0～−5	解吸塔	吸收剂进料量/(m³/h)	0.4～0.48
	塔顶温度/℃	<12		塔顶温度/℃	<19
				塔底温度/℃	85～87
	压力/MPa	0.4		压力/MPa	0.03

表 5-39　生产控制指标

控制点名称	取样地点	控制项目	控制指标
蒸馏尾气	尾气管	含氯乙烯	<15%
		含乙炔	<5%
吸收液	吸收塔下部出料口	含氯乙烯	>5%
吸收塔放空气	气液分离器出口	含氯乙烯	<0.5%
		含乙炔	<10%
		含三氯乙烯	<0.3%

4. 处理效果

废气经处理后，氯乙烯浓度由 15%（体积）左右降至 0.5% 以下；排放量由 41.8kg/h（按尾气中氯乙烯浓度平均值 10% 计）下降到 0.14kg/h，其回收率达 99.6%。全年可回收氯乙烯单体 333t。

5. 工程设计特点

本装置设计合理、流程简单、操作方便，投资少，运行费用低，经济效益高。

通过试验证实，吸收剂在 0～−5℃ 时吸收氯乙烯的效率最高，所以吸收塔操作温度应严格控制在 0～−5℃。另外，还应注意吸收塔内的气液比，适宜范围为（50～65）:1（体积比）。

在采用本工艺对氯乙烯合成蒸馏尾气进行回收处理时，要对吸收剂计量泵选型进行严格把关，注意系统内不能带水，吸收剂进入吸收塔前的温度要严格控制在 0～−5℃ 之间，这是确保装置稳定运行和吸收剂三氯乙烯消耗定额降低的重要工艺条件。

（二）直接燃烧法回收密闭电石炉炉气

1. 生产工艺流程

年产电石 1.6 万吨，日产 50t 左右。电石生产以焦炭和石灰为原料。在电石炉电弧的高温作用下生成 CaC_2，并放出 CO。其工艺流程如图 5-55 所示。

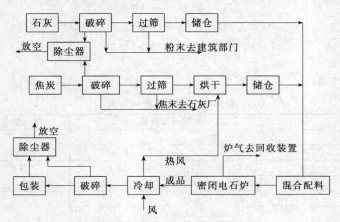

图 5-55　电石生产工艺流程

由于入炉焦炭及石灰含有杂质，焦炭中含有一定量的水分，且加料过程中有泄漏等原因，造成空气进入密封炉内，使炉气除含大量一氧化碳之外，还含有水汽、氢、氧、二氧化碳、氮、甲烷等，并带有焦油、大量粉尘和少量氰化物。生产 1t 电石约产生 $400m^3$（标）炉气，每天排炉气 2 万立方米，CO 1.6 万立方米。炉气的组成及含量列于表 5-40。

炉气中除含有上述物质外，还含有大量粉尘，每天约排 3t，含尘量为 $100 \sim 200g/m^3$。尘粒直径在 $5\mu m$ 以下的占 60％以上；其中含碳约 15％～22％，其余大部分为 CaO、MgO、SiO_2 等。

表 5-40　炉气组分及含量

控制点名称	取样地点	控制指标	控制点名称	取样地点	控制指标
CO	70～80	$8.75 \times 10^5 \sim 1.0 \times 10^6$	CH_4	1～3	$7.14 \times 10^3 \sim 2.14 \times 10^4$
CO_2	1～3	$1.96 \times 10^4 \sim 5.8 \times 10^4$	O_2	<1	1.43×10^4
H_2	6～12	$5.36 \times 10^3 \sim 1.07 \times 10^4$	N_2	5～8	$6.25 \times 10^4 \sim 1.0 \times 10^5$

2. 废气处理工艺流程

炉气处理工艺流程如图 5-56 所示。

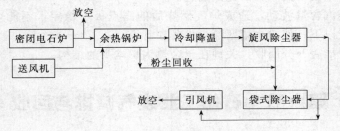

图 5-56　炉气处理工艺流程

电石炉的炉气通过蝶阀切换，可由烟囱放空，也可切换至余热锅炉。在余热锅炉内，炉气与定量空气燃烧回收能量。余气经夹套冷却管降温，旋风除尘器除去大颗粒粉尘，布袋除尘器除去细粉尘后，经引风机排入大气，或不经布袋除尘器除尘，而由旁路管直接经引风机排入大气。

气体在余热锅炉中燃烧的主要反应有：

$$2CO+O_2 \longrightarrow 2CO_2 \tag{5-26}$$

$$2H_2+2O_2 \longrightarrow CO_2+2H_2O \tag{5-27}$$

$$CH_4+2O_2 \longrightarrow CO_2+2H_2O \tag{5-28}$$

$$C+O_2 \longrightarrow CO_2 \tag{5-29}$$

3. 主要设备

主要设备见表 5-41。

表 5-41　主要设备一览表

名　称	型号及规格	数　量	材　质
余热锅炉	F09-4/13	1 台	碳钢
炉气切换执行机构	自制	1 套	碳钢
扩散式旋风除尘器	自制，仿 CLK 型	2 台	碳钢
夹套冷却装置	自制	1 套	碳钢
布袋除尘器	JMC-(84)　63m²	1 台	碳钢-滤布
出灰螺旋输送机	$\Phi150mm\times1500mm$	各 1 台	碳钢
	$\Phi150mm\times3000mm$		
鼓风机	T30 NO.3　0.25kW	1 台	碳钢
引风机	Y5-47 NO.6	1 台	碳　钢

4. 工艺控制条件

水质与工业锅炉相同

电炉炉气压力	$0\pm30Pa$
热水循环泵出口压力	$\geqslant1.3MPa$
蒸汽压力	$0.7\sim0.9MPa$
产汽量	4t/h
排烟温度（锅炉）	$200\sim380℃$
省煤器进口水温	$102\sim105℃$
布袋进口温度	$180\sim210℃$

5. 处理效果

采用本法回收炉气，可年产蒸汽 2.4 万吨左右，年回收净值相当于每年回收标煤3500～4000t，每天回收粉尘约 2.8t，炉气粉尘总去除率为 94.4%。

此工艺的最大特点是干法流程，为国内首创，既利用了炉气的潜热，又利用了炉气的显热，同时解决了排尘及"火炬"的光照问题。

由于炉气和蒸汽含量波动，造成炉气燃烧后的露点极不稳定，不能采用过多的降温措施，以免降至露点以下，使粉尘堵塞除尘设备和管道。

对炉气的热量能否充分回收，关键在于余热锅炉本身的结构。

第六节　石化工业废气减排与回收

一、石化工业废气的来源及特点

炼油厂和石油化学工厂的加热炉和锅炉燃烧排出燃烧废气，生产装置产生不凝气、弛放气和反应的副产物等过剩气体，轻质油品、挥发性化学药品和溶剂在贮运过程中的排放、泄漏，废水及废弃处理和运输过程中散发的恶臭和有毒气体，以及石油化工厂加工物料往返输送产生的跑、冒、滴、漏，都构成石油化学工业废气的主要来源。

二、燃料脱硫技术

（一）重油脱硫

重油脱硫方法主要是用钼、钴和镍等的氧化剂作为催化剂，在高温、高压下进行加氢反应，将重油中的硫化物生成 H_2S。一般可将重油的含硫量脱至 $0.1\%\sim0.3\%$。

（二）煤脱硫

1. 物理法

煤中的硫 2/3 是以硫化铁（黄铁矿）的形式存在，而黄铁矿是顺磁性物质。煤是反磁性物质。该法便是利用煤和硫化铁不同的磁性而脱硫的方法。将煤破碎后，用高梯度磁分离法或重力分离法将黄铁矿除去，脱硫效率为 60% 左右。

2. 化学法

该法是将煤破碎后与硫酸铁溶液混合，在反应器中加热至 $100\sim130℃$，硫酸铁和黄铁矿反应，生成硫酸亚铁和元素硫。同时通入氧气，硫酸亚铁氧化成硫酸铁，将其循环使用。煤通过过滤器与溶液分离，硫成为副产品。

三、石油炼制废气治理技术

（一）硫的回收

1. 克劳斯法

克劳斯法是利用克劳斯反应的方法。所谓克劳斯反应是含硫化氢的气体，在氧气不足的条件下进行不完全的燃烧，使硫化氢转化成为元素硫。克劳斯反应有高温热反应和低温催化反应。根据酸性气体中含硫化氢的高低，制硫的过程大致可分为三种工艺方法，即部分燃烧法、分硫法和直接氧化法。当酸性气体中硫化氢的浓度在 $50\%\sim100\%$ 时，推荐使用部分燃烧法；当硫化氢的浓度在 $15\%\sim50\%$ 时，推荐使用分硫法；当硫化氢的浓度在 $2\%\sim15\%$ 时，推荐使用直接氧化法。该法是大部分炼油厂采用的工艺。克劳斯工艺回收硫黄的催化剂品种繁多，目前国内炼油厂采用的为天然铝矾土催化剂和人工合成 Al_2O_3 催化剂。

2. 部分燃烧法

该法是含硫化氢气体与适量的空气在炉中进行部分燃烧，空气供给量仅够酸性气体中 1/3 的硫化氢燃烧生成 SO_2，并保证气流中的 $H_2S：SO_2$ 为 $2：1$（摩尔比），发生克劳斯反应使部分硫化氢转化成硫蒸气。其余的 H_2S 进入转化器中进行低温催化反应。一般二级以后转化器的转化率可达 $20\%\sim30\%$。部分燃烧法的总转化率：用天然矾土催化剂时为 $85\%\sim87\%$；用合成氧化铝为催化剂时可达 95% 以上。部分燃烧法常采用几种不同的工艺。图 5-57 是带高温掺合管的外掺合式部分燃烧法的工艺流程。

3. 分硫法

由于硫化氢的浓度较低（$15\%\sim50\%$），反应热不足以维持燃烧炉内的高温克劳斯反应所要求的温度，故该法将酸性气体分流：1/3 的酸性气体送进燃烧炉，与适量的空气混合燃烧生成 SO_2；其余的酸性气体送进转化器内进行低温催化反应，H_2S 和 SO_2 反应生成硫黄。一般分硫法设计成二级催化反应器，其硫化氢的总转化率可达 $89\%\sim92\%$。图 5-58 是分流

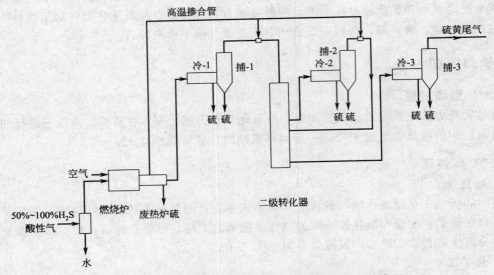

图 5-57 带高温掺合管的外掺合式部分燃烧法的工艺流程

法的工艺流程。

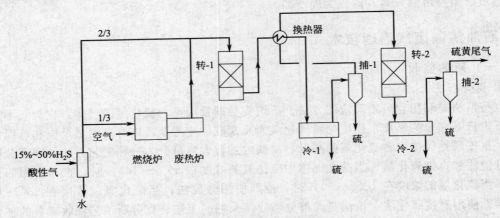

图 5-58 分流法的工艺流程

4. 间接氧化法

该法足将酸性气体和空气分别通过预热器,预热到所要求的温度后,进入转化器进行低温催化反应,所需的空气仍为 1/3 硫化氢完全燃烧生成 SO_2 的量。该工艺采用二级催化反应器,硫化氢的转化率可达 50%～70%。燃烧炉和转化器内均生成气态硫。图 5-59 是直接氧化法回收硫的工艺流程。

(二) 硫回收尾气的处理

硫回收工艺一般装置的收率在 85%～95%,故其尾气必须加以处理。其处理方法有干法、湿法和直接焚烧法。

1. 直接焚烧法

直接焚烧法是将尾气中除 SO_2 以外的其他硫化物全部燃烧,生成 SO_2 后排放。其目的是为了降低尾气的毒性。该法工艺简单,操作方便,投资和操作费用少,适用于小规模的硫黄

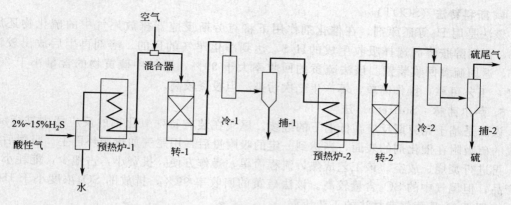

图 5-59　直接氧化法回收硫的工艺流程

回收装置。

2. IFP 法

该法用聚乙二醇为溶剂，苯甲酸钠类的有机羰基为催化剂，使尾气进行液相克劳斯反应。反应生成的硫黄在溶液中的溶解度很低，而从反应混合物中沉淀出来，使反应继续进行。该工艺简单、操作方便、投资和操作费用都不高。但因其脱硫率仅为 80%～85%，排放废气中还有 1500～2000mg/L 的硫黄物，故该法只有对排放要求不高的地方才可使用。

3. 碱吸收法

该法是将尾气在燃烧炉中燃烧，使尾气中的 H_2 和硫黄等生成 SO_2，然后经降温、水洗后，进入吸收塔中，与液碱逆向接触反应生成亚硫酸氢钠。当循环碱液 pH 值达到 6～6.5，输入中和槽中用 NaOH 中和生成 Na_2SO_3。经离心分离出 Na_2SO_3 结晶，经干燥后成为产品。该法投资少、工艺简单、净化效果好。但烧碱的消耗量大，工艺过程较复杂，设备腐蚀严重。图 5-60 是碱液吸收法的工艺流程。

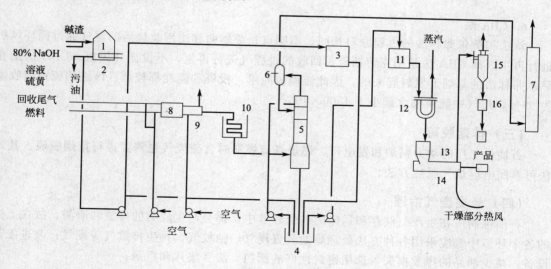

图 5-60　碱液吸收法工艺流程

1—碱渣罐；2—碱渣冷却器；3—碱高位槽；4—碱液循环池；5—吸收塔；6—分液罐；
7—烟囱；8—灼烧炉；9—空气预热器；10—酸气冷凝器；11—过滤器；
12—结晶罐；13—离心机；14—螺旋输送机；15—旋风分离器；16—料斗

4. 斯科特法（SCOT）

该法是用 H_2 等还原剂，在催化剂作用下将克劳斯反应器排放尾气中的硫化物还原成 H_2S，再用醇胺溶剂选择吸收生成的 H_2S，达到净化尾气的目的。溶剂再生后放出较浓的 H_2S，返回硫黄回收装置。该法硫黄的回收率大于 99%，尾气中硫黄物的含量小于 200×10^{-6}，工艺可靠，操作简单，不产生二次污染；但投资较高。

5. 萨尔弗林（Sulfreen）法

该法是基于克劳斯反应在低温下的继续。尾气在装有特殊氧化铝的反应器中进行反应，生成的硫吸附在催化剂的表面，当达到一定的吸附量后，用尾气加热循环再生。吸附后的尾气，再进行焚烧、放空。该工艺成熟，流程简单，操作方便，投资小，占地少，能耗小，无副产品，但尾气中的 SO_2 含量较高。该法硫黄的回收率 99%，排放的 SO_2 浓度小于 1500×10^{-6}。图 5-61 是萨尔弗林法的工艺流程。

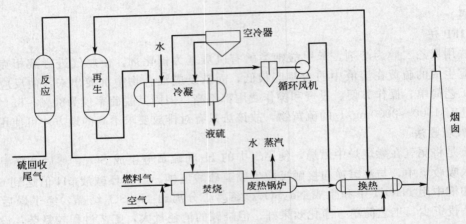

图 5-61 萨尔弗林法工艺流程

6. CBA 法

该法和萨尔弗林法的过程原料相同。不同点是萨尔弗林法用焚烧后的尾气通过循环风机进行再生，而 CBA 法是用克劳斯硫黄回收的过程气进行再生，不设循环风机。CBA 法是在萨尔弗林法的基础上发展起来的，因此流程较简单，投资和能耗都较低。该法的硫黄回收率为 99%，尾气中硫黄物含量小于 1500×10^{-6}。

（三）排烟脱硫

石油化工厂的动力锅炉和发电厂，燃烧高硫燃料时含硫废气也需要进行排烟脱硫。其方法可参照电厂烟气脱硫方法。

（四）烃类废气治理

石油炼制厂在生产、储存和运输的各个环节中，都会产生烃类的排放和泄漏，故在上述的各个环节中都应采用各种方法处理炼油装置尾气、弛放气、再生排放气等废气；改进工艺设备，减少油品的挥发损失，选用密封性好的阀门、法兰垫片和机泵。

1. 工艺装置中烃类气体的回收

（1）蒸馏塔顶烃类气体的利用 减压蒸馏塔顶不凝气约占蒸馏量的 0.03%，其含 $C_1 \sim C_5$ 组分 80%，可燃部分占 90% 以上。因其含有硫化物而具有恶臭。该部分气体可用做加热炉的燃料，图 5-62 是可燃气体作加热炉燃料的工艺流程。

（2）环己酮生成过程的尾气处理　在以苯为原料生产环己酮的过程中，在加氢、氧化和脱氧三个工序产生大量的含有环己烷、环己酮、环己醇、环己烯、一氧化碳及氢的尾气。为处理回收尾气，可在低温带压的条件下，用活性炭吸附尾气中的环己烷，然后用蒸汽解吸回收。图 5-63 是活性炭吸附法处理氧化尾气的工艺流程。

（3）丙烷的回收　在氯醇法生产缺氧丙烷，以及异丙苯法生产苯酚、丙酮时，将产生含丙烷、氯化氢等的尾气。可采用如图 5-64 所示的工艺回收丙烷。先用水洗尾气以除去尾气中的氯化氢及有机氯，酸性废水经中和后排入污水处理厂。然后用 15％的液碱洗尾气至中性后，经压缩冷凝排入液态丙烷储罐。

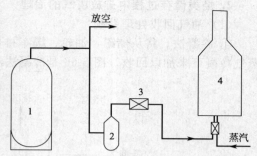

图 5-62　可燃气体作加热炉燃料的工艺流程

1—减压塔；2—石油气罐；3—回火器；4—加热炉

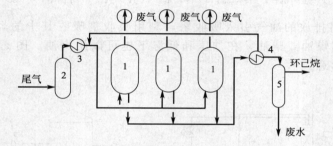

图 5-63　活性炭吸附法处理氧化尾气的工艺流程

1—活性炭吸附罐；2—氧化气液分离罐；3—换热器；4—冷却器；5—分离器

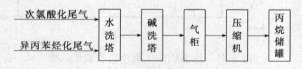

图 5-64　丙烷回收工艺流程

（4）苯气体回收　为减少装有苯类成品及中间油罐苯类的挥发，可将各苯罐连通起来，共设一个二乙二醇醚吸收塔，将排空的芳烃气体吸收下来，吸收剂可再生使用。图 5-65 是芳烃回收工艺流程示意。

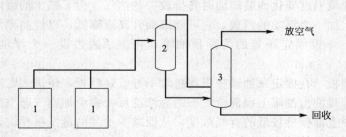

图 5-65　芳烃回收工艺流程示意

1—芳烃中间罐；2—缓冲罐；3—吸收器

2. 烃类储存过程中排放废气的治理

（1）油气回收处理系统

① 冷凝法。将从储罐、油轮、罐车排出的油气，用压缩、冷却的方法使其中的部分烃蒸气冷凝下来加以回收。图 5-66 是冷凝法油气回收示意。

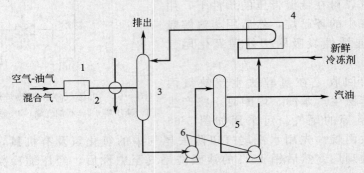

图 5-66　冷凝法油气回收示意
1—压缩机；2—冷却器；3—冷却塔；4—冷冻机；5—分离塔；6—泵

② 吸收法。将排放的油气引入吸收塔，利用吸收剂吸收其中的烃蒸气。吸收剂在常温和常压下可用煤油或柴油，在加压和低温下也可以用汽油。图 5-67 是吸收法油气蒸汽回收装置的示意。

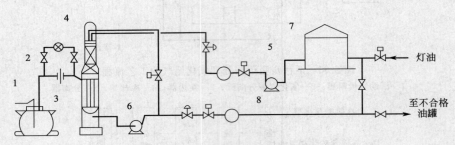

图 5-67　炼油厂油气蒸汽回收装置示意
1—装油管；2—集气管；3—油槽车；4—吸收塔；5—入塔泵；
6—出塔泵；7—吸收液罐；8—流量计

③ 吸附法。排出的油气引入吸附塔进行吸附处理。吸附剂可用活性炭。

（2）采用浮顶油罐和内浮顶油罐　原油、汽油、苯类产品等含有易挥发的烃类，在用拱顶罐储存时，当环境温度变化或装卸油时将排放一些油气。为了减少油罐内部空间的油气浓度，在罐内液面上加一个浮动的顶盖，它可随液面升高或降低，以控制原油和汽油等轻质烃类排放。在罐顶上不设固定顶盖的为浮顶油罐，在拱顶罐内设一个浮动顶盖的为内浮顶油罐。

（3）呼吸阀挡板　在固定顶油罐呼吸阀短管下方安装挡板，使进入贮罐的空气流改变方向，阻止空气流直接冲击油罐上面混合气态的高浓度层，避免加剧气态空间的强制对流，使油罐气体空间的中上部保持较低的有气浓度，从而减少油品的蒸发损耗。该法可使 $100m^3$ 的油罐，大呼吸损耗降低约20％，对小呼吸损耗降低24％。

（4）其他　可对储罐采取水喷淋、加隔热层、在多个储罐间加其他联通管等方法，以减少油品的损失。

（五）氧化沥青尾气的治理

渣油在空气中氧化生成胶质和沥青的过程中，产生具有窒息性臭味的气体、馏出油及挥发性组分。从氧化塔顶排出的废气必须加以治理。氧化沥青尾气的治理一般分成废气的预处理和焚烧。

1. 预处理

氧化塔排出的废气因含有焦油烟气，为了使焚烧正常进行，避免塔顶馏出物结焦，焚烧前需要进行预处理。

（1）湿法预处理

① 水洗法。该法是以大量的冷却水在直冷器中逆向接触，使尾气中油和水蒸气冷凝。该法耗水量大，一个 5×10^4 t/a 氧化沥青装置需排 20～50t 污水/h。

② 油洗法。该法是以柴油代替水洗涤废气，柴油循环使用。但是，经一个时期的运转后，因柴油吸收氧化沥青出油变得黏稠而必须补充新的柴油。混有馏出油的柴油只能做燃料油降级使用。循环油被水乳化难以脱水，成本变高，使吸收、冷却设备也变得复杂。

③ 饱和器吸收法。该法是在一定的压力和温度下，使尾气增湿饱和并经过饱和器内的水层，同时向饱和器内不断地加入适量的冷却水，以补充蒸发掉的水分，并利用水的潜热把尾气冷却下来。冷却的馏出油作燃料油用。该法比水洗和油洗法工艺简单，装置基本不排废水，馏出线不结焦。但是，这种方法处理的尾气中含水量较高，故焚烧时耗能较多；并且馏出油中含水，乳化也较严重。图 5-68 是饱和器吸收法预处理氧化沥青尾气的工艺流程。

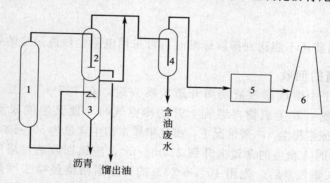

图 5-68　饱和器吸收法预处理氧化沥青尾气的工艺流程
1—氧化沥青塔；2—饱和器；3—降温塔；4—水封槽；5—焚烧炉；6—排气筒

（2）干法预处理　干法是向塔顶喷水，利用自然冷却在油水分离器中进行油水分离，然后进入复挡分液器除去尾气中夹带的油水后，通过阻火器进入反射炉中进行焚烧。图 5-69 是干法处理氧化冷却尾气的冷却尾气的工艺流程。

2. 氧化沥青尾气的焚烧

氧化沥青尾气可在卧式和立式炉中焚烧。立式焚烧炉机构紧凑，占地少。尾气焚烧炉石油气火嘴最好采用每组六个较为合适，使尾气进入燃烧室时不致扑灭石油气火焰。

四、石油化工废气治理技术

（一）催化裂化粉尘治理

1. 旋风分离器除尘

目前国内常采用的旋风分离器有多管式、旋流式和布尔式。催化裂化装置的再生器

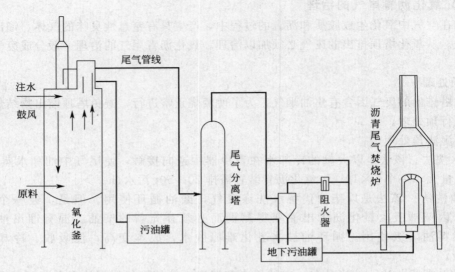

图 5-69　干法处理氧化冷却尾气的工艺流程

排烟可装一级、二级甚至三级和四级旋风分离器。采用三级旋风分离器，可使排出的烟气中的催化剂浓度由 $0.8\sim1.5g/m^3$ 降到 $0.2\sim0.3g/m^3$。此外，还有美国布尔式旋风分离器。Polutrol 公司的 Eurtpos 三级和四级旋风分离器，其收集率分别为 97.67% 和 99.99%。

2. 电除尘

当采用旋风分离器还不能达到排放标准时，可采用电除尘做进一步的处理。

（二）尿素雾滴的回收

尿素的造粒工序中熔融尿素液滴离开造粒喷头后，在 $135\sim138℃$ 下氨的分压较低，易分解为异氰酸和氨。其生成物再遇到上升的冷空气时，便又生成尿素。这样生成的尿素颗粒很小，这就是尿素粉尘。一般情况下，排气中尿素粉尘含量为 $30\sim100mg/m^3$，当熔融尿素的温度升到 $145℃$ 时，粉尘的含量上升到 $220mg/m^3$，应该回收造粒塔的粉尘。造粒喷头处含尿素的废气进入集气室后，先用 10%～20% 的稀尿素溶液经喷头喷淋吸收，使大部分尿素粉尘被洗涤吸收成尿液返回系统；其余的尿素粉尘溶于水雾中，随饱和热空气上升，经 V 形泡沫过滤器过滤后，通过一个筒形的雾滴回收器后排入大气。

（三）催化法处理有机废气

石油化工中的有机废气主要采用催化氧化法加以净化。它是在有催化剂的存在下，用氧化剂将废气中的有害物质氧化成无害物质（催化氧化法），或用还原剂将废气中的有害物质还原为无害物质（催化还原法）。图 5-70 是催化燃烧法治理含异丙苯有机废气的工艺流程。

五、合成纤维工业有机废气治理技术

合成纤维废气主要有：①燃烧废气，主要来源于各种锅炉、加热炉、裂解炉、焚烧炉及火炬燃烧排气；②烃类废气，主要来源于合成纤维生产的上游装置，污染物主要是一些烃类；③树脂合成废气，主要来源于合成纤维树脂原料合成装置；④恶臭废气，主要来源于污水场各工序散发的恶臭废气。合成纤维废气的排放量大，废气中污染物种类多，易燃易爆物

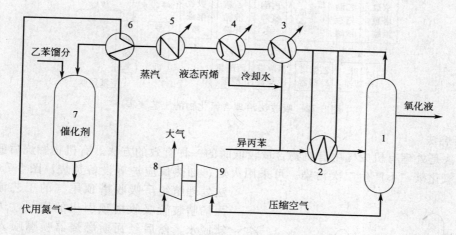

图 5-70　催化燃烧法治理含异丙苯有机废气的工艺流程
1—氧化塔；2—氧化塔进料预热器；3,4—尾气冷却器；5—尾气加热器；
6—尾气换热器；7—催化燃烧器；8—透平机；9—空压机

多，刺激性腐蚀性物质多。部分废气具有一定的回收价值。

1. 有机废气的回收利用

有机废气回收的主要方法是加压法。该法是用压缩机循环压缩冷却，分离废气中可被利用的有机物组分，使其和液体分离，加以回收利用。如常压蒸馏装置塔顶尾气瓦斯气的回收、乙烯球罐区气相乙烯的回收、石油液化气的回收等。

2. 吸附法

该法是利用活性炭等吸附剂吸附有机废气。图 5-71 是活性炭吸附法治理对苯二甲酸二甲酯装置氧化尾气的工艺流程。

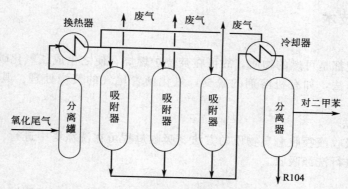

图 5-71　活性炭吸附法治理对苯二甲酸
二甲酯氧化尾气的工艺流程

3. 吸收法

吸收法是利用水或有机溶剂作为吸收剂，吸收有机废气中的有害物质而使废气得以净化。图 5-72 是利用吸收法治理含氰化物废气的工艺流程。该工艺是将各放空线集中，由罗茨鼓风机抽出，经过提压后进入水吸收塔，用冷水吸收后的溶液送丙烯腈生产工艺中去。该法处理效果好。

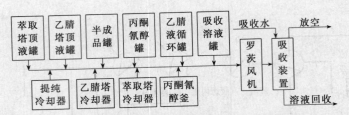

图 5-72　吸收法治理含氰化物的工艺流程

4. 焚烧法

焚烧法是处理有机废气中有机物含量较低时的一种有效的方法。有机物燃烧后变为无害的水和二氧化碳,不产生二次污染。可采用火炬、加热反应炉等设备焚烧。图 5-73 是燃烧法处理腈纶厂吸收塔顶尾气的工艺流程。从丙烯腈装置吸收塔顶引出的废气,送至脱水罐脱水,然后经瓦斯燃烧器喷嘴喷入炉内进行焚烧。

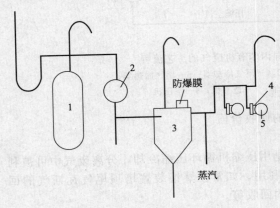

图 5-73　尾气治理工艺流程
1—吸收塔;2—尾气加热器;3—脱硫罐;
4—阻火器;5—瓦斯燃烧器

5. 吸附-焚烧法

该法是将吸附和焚烧组合在一起处理有机废气的方法。它是先用活性炭吸附废气中的有机物,活性炭吸附饱和后用热空气再生,脱附的含有机物的废气送入焚烧炉焚烧。此法成本偏高,但处理效果好。

6. 其他

合成纤维工业产生的含氮氧化物和氨等废气的治理方法,可参照本章有关该污染物的处理方法。

六、恶臭治理技术

1. 焚烧法

恶臭气体一般都是可燃的物质,故可在焚烧炉燃烧,使之生成二氧化碳和水。干法是使用最多的脱臭的方法,如有机溶剂的脱臭,氧化沥青尾气的焚烧处理。其缺点是燃烧温度高,燃料消耗大。

2. 洗涤吸收法

该法是利用吸收液吸收恶臭物质的方法。吸收过程可在洗涤塔中进行。也有的用射流式和文丘里式设备进行洗涤吸收。

3. 吸附法

对于空气中的恶臭气体和有机溶液可采用活性炭等吸附剂进行吸附除臭。

第七节　有机原料及合成材料工业废气治理与回收

有机原料和合成材料工业产品种类繁多,被广泛地应用于农业、轻工、纺织、化工、电子、机械制造、建材、国防工业等部门和人民生活的各个领域,在国民经济、国防建设和高科技中占有重要地位,是化学工业的主要基础产业部门。

一、生产工艺和废气来源

根据有机原料在化学工业中的作用和加工利用程度，可将其大致分为以下两类。

第一类是基础有机化工原料，也称为一次加工产品，主要有以石油、煤为原料制得的乙烯、丙烯、丁烯、丁二烯、苯、甲苯、二甲苯、萘和乙炔等。

第二类是基本有机化工原料亦称二次加工产品。它们是基础有机化工原料经加工、转化得到的产品。主要有含氧化合物（如有机醇、醛、酮、醚、酸、酯类化合物和环氧化合物等）、含氮化合物（如有机胺、腈、酰胺类化合物吡啶等）、卤化物（如氯甲烷、氯乙烯、氯乙烷、四氯化碳、氟化物、氯氟烃及环氧氯丙烷等有机卤化物等）、含硫化合物（硫醇、硫醚等）、芳香烃衍生物（如烷基苯、苯酚、苯胺、蒽醌、硝基苯、氯苯、苯二甲酸及其酯类化合物等）。

合成材料主要有合成树脂（塑料）、合成纤维和合成橡胶。

由于有机化工原料和合成材料工业产品种类繁多，生产工艺技术水平和生产规模差异很大，因此气态污染物的组成和排放量也有很大不同。从行业角度看，有机原料和合成材料工业产生的废气可分为燃料（煤）燃烧废气和工艺废气。前者主要污染物为 SO_2、NO_x 和烟尘，主要来自加热炉和锅炉；后者主要污染物为有机物（烃、溶剂、苯酐等）、氨、硫化氢、CO、氯、氯化氢、氟化物等，主要来自工艺过程产生的尾气、不凝气、弛放气等。主要污染物的来源见表 5-42。

表 5-42　主要污染物来源

污染物	排放源
硫化物	加热炉、锅炉烟气，裂解气，火炬硫回收尾气，反应排放气，加氢脱硫装置反应尾气，催化剂再生尾气等
烃类	轻质油，烃类溶剂生产、使用、储运过程排放，漏损各种烃类氧化尾气，聚合反应尾气，芳烃烷基化尾气，丙烯腈尾气等
氮氧化物	加热炉、锅炉烟气，合成材料生产尾气，火炬，己内酰胺生产尾气，废渣焚烧等
一氧化碳	锅炉、加热炉、焚烧炉烟气等

有机原料和合成材料工业的废气污染具有污染分散，污染面大的特点。

二、废气治理与回收技术

（一）可燃性有机废气治理技术

1. 直接燃烧法

该法适用于高浓度、可燃性有机废气的处理。可以在一般的锅炉、废热锅炉、加热锅炉及放空火炬中对废气进行燃烧，燃烧温度大于 1000℃。该法简单、成本低、安全，适用于生产波动大、间歇排放废气的情况。但该法在燃烧不完全时仍有一些污染物排放到大气中，且用火焰燃烧的热能无法回收。

2. 热力燃烧法

该法适用于低浓度、可燃性有机废气的处理。燃烧时需加辅助燃料，燃烧温度为 720～820℃。

3. 催化燃烧法

该法适用于处理有机废气和消除恶臭。在催化剂的作用下，有机废气中的烃类化合物可以在较低的温度下迅速地氧化，生成二氧化碳和水，使废气得到净化。催化剂多用贵金属（铂、钯）等做活性组分，无规则金属网、氧化铝及蜂窝陶瓷做载体。铜、锰、铁、钴、镍的氧化物也具有一定的活性，但反应温度高且耐热性差。催化燃烧法只适用于污染物浓度较低的废气，这是由于催化剂使用温度有限制（一般低于 800℃），若污染物的浓度过高，反应放出的大量热可能使催化剂被烧毁。该法操作温度低，燃料消耗少，保温要求也不严。但是催化剂较贵，需要再生，设备投资也较高。

4. 吸附、吸收法

采用吸附、吸收法治理有机废气，主要是回收废气中的高值化工原料。吸附剂用活性炭等，吸收剂可用碱液或水。图 5-74 是用水吸收法处理苯酐废气回收顺酸制反丁烯二酸的工艺流程。

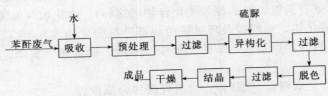

图 5-74　吸收法处理苯酐废气工艺流程

（二）含氯化氢废气的治理技术

1. 冷凝法

对高浓度的含氯化氢废气，采用石墨冷凝器进行冷凝回收盐酸，冷凝回收盐酸后的废气再经水吸收。氯化氢的去除率可达 90％以上。

2. 水吸收法

对低浓度的含氯化氢废气，可采用水吸收法。吸收过程可在吸收塔（如降膜水吸收器）中进行，氯化氧气体进入塔内，与喷淋水逆流接触而被吸收。净化后的尾气排至大气，吸收液在循环槽中进行循环吸收，可回收 15％～30％的盐酸。该方法设备简单，工艺成熟，操作方便。图 5-75 是用水吸收法处理敌百虫生产废气氯化氢工艺流程。

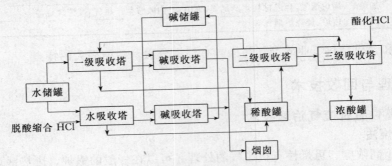

图 5-75　水吸收法处理氯化氢工艺流程

3. 中和吸收法

该法用碱液或石灰乳为吸收剂吸收废气中的氯化氢，是一种应用较多的方法。吸收可在吸收塔中进行。

4. 甘油吸收法

该法以甘油为吸收剂吸收氯化氢。

（三）含氯废气的治理技术

1. 中合法

该法是在喷淋塔或填料塔中，以 NaOH 溶液、石灰乳、氨水等作为吸收剂吸收中和含氯废气中的氯。用 15％～20％的氢氧化钠吸收废气中的氯，其吸收率可达 99.9％，吸收后废气中的氯含量低于 $100mL/m^3$。

2. 氧化还原法

该法是以氯化亚铁溶液为吸收剂，氧化和还原分别在氧化反应器和中和反应器中进行。生成的三氯化铁可用作净水剂。该法操作容易，设备简单，技术上可行，经济上合理，废铁屑来源丰富。但是，效率较低。

3. 四氯化碳吸收法

在氯气的浓度大于 1% 时，可采用四氯化碳为吸收剂，在喷淋塔或填料塔中吸收废气中的氯，然后在解吸塔中将含氯的吸收液通过加热或吹脱解吸。回收的氯可再次使用。

4. 硫酸亚铁或氯化、亚铁溶液吸收法

该法是以硫酸亚铁或氯化亚铁溶液为吸收剂吸收处理含氯废气。

（四）含硫化氢废气的治理技术

1. 氢氧化钠吸收法

该法以 NaOH 溶液作吸收剂吸收废气中的硫化氢气体，制成 NaHS 或 NaS。它可以作为染料和一些有机产品的助剂，还可供造纸、印染等行业使用。该法还可以将制得的 NaHS 与乙基硫酸钠合成乙硫醇。乙硫醇是重要的农药中间体。

2. 氢氧化钙吸收法

该法以 $Ca(OH)_2$ 溶液为吸收剂吸收 H_2S，制成硫氢化钙，然后在 85℃ 左右和氰氨化氮进行缩合，生成硫脲液和石灰氮。经分离、减压蒸发、结晶和干燥得产品硫脲。

3. 燃烧法制硫黄

该法是将废气在空气中燃烧，在 400～500℃ 下通过铝矿石催化剂，可转化为硫黄。其回收率在 90% 以上，纯度为 99.3%。

4. 制二甲亚砜

该法是含硫化氢废气与甲醇在 350℃ 下反应制得甲硫醚。甲硫醚在二氧化氮均相催化剂存在条件下，用氧气氧化得粗二甲亚砜，再用 40% 液碱中和，减压蒸馏后得含量 99% 的二甲亚砜。

（五）含氯甲烷和氯乙烷废气的治理技术

含氯甲烷和乙烷废气的治理，氯甲烷可采用冷凝—干燥—压缩工艺，氯乙烷可采用冷凝—干燥—冷凝工艺以回收氯甲烷和氯乙烷。图 5-76 是回收敌百虫废气中氯甲烷的工艺流程。图 5-77 为从氯油废气回收氯乙烷的工艺流程。

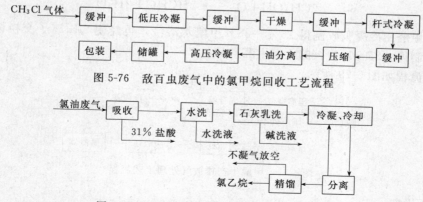

图 5-76　敌百虫废气中的氯甲烷回收工艺流程

图 5-77　从氯油废气回收氯乙烷的工艺流程

（六）光气废气治理技术

光气废气治理可采用水吸收—催化分解—碱解流程。含光气和氯化氢的混合气体，通过降膜吸收塔用水吸收氯化氢。剩余的光气进入填有 SN-7501 催化剂的分解塔，大部分光气被分解，残余的光气经碱解塔中和后，由高烟囱排放。该工艺处理效果较好，光气的分解率达 99.9％。

三、废气回收利用工程实例

（一）利用甲醇生产废气中的二甲醚制无醇甲醛

1. 生产工艺流程

年产甲醇在 2.5 万吨以上，连续生产，甲醇生产工艺流程如图 5-78 所示。

图 5-78　甲醇生产工艺流程

1988 年以前，甲醇合成塔内采用的是锌铬催化剂。在该催化剂作用下，在反应中有一定量的二甲醚等有机气体生成，冷凝时便溶解在粗甲醇中。在精制过程中，二甲醚气体便随同其他低沸物一起从甲醇预精馏塔顶排出。

粗甲醇含二甲醚 3％～3.5％（质量），甲醇预精馏塔放空气的组分较复杂，主要成分是二甲醚，其次是甲醇、甲烷、一氧化碳、二氧化碳、氮、氢及少量的其他低沸点有机物，放空气组成见表 5-43，甲醚年排放量为 830t，相当于 115.3kg/h。

表 5-43　放空气组成

组　分	二甲醚	甲醇	CH_4、CO、N_2 等	二氧化碳	未知物
含量(体积分数)/％	80～95	3～13	1.5～3	0.2～0.6	0.2～1.0

2. 废气处理工艺流程

废气通过无油气体压缩机加压后，与空气按一定比例混合，以钨为催化剂，在一定温度下发生下列反应：

$$CH_3OCH_3 + O_2 \longrightarrow 2HCHO + H_2O \tag{5-30}$$

$$2CH_3OH + O_2 \longrightarrow 2HCHO + 2H_2O \tag{5-31}$$

生成的甲醛用冷凝吸收制得 26％～28％甲醛水溶液，再经阴、阳离子交换树脂脱除其中的杂质，制得 (25±1.0)％的无醇甲醛产品。

其工艺流程如图 5-79 所示。

图 5-79　甲醇生产排放气处理工艺流程

3. 主要设备

主要设备见表 5-44。

表 5-44　主要设备一览表

名　称	型号及规格	数量	材　质
无油气体压缩机	WM-7	1	
反应器	Φ57mm 中心反应管	1	不锈钢
骤冷器	Φ108mm	1	不锈钢
吸收塔	Φ250mm	3	聚氯乙烯硬塑料
塑料泵	离心式 100	3	聚氯乙烯硬塑料
树脂柱	Φ150mm	4	聚氯乙烯硬塑料
色谱仪	SP-2304	1	

4. 工艺控制条件

排放气中二甲醚同空气混合比例严格控制在 2.5％～3.0％（体积分数），将混合气用电加热至 100℃后，送至反应器，在空速为 2000～3000h^{-1}，温度在 470～520℃条件下进行反应。生成的甲醛气经甲醛水溶液骤冷至 40℃以下进入吸收塔，制得 26％～28％的甲醛水溶液，再经离子交换树脂处理，所得的产品质量符合标准。原材料及动力消耗定额见表 5-45。

表 5-45　原材料及动力消耗定额（以 1t 产品计算）

名　称	规　格	消耗定额	名　称	规　格	消耗定额
空气	无油	7200m^3	阳离子交换树脂		0.8kg
甲醇预精馏塔排放气	含二甲醚88％	254m^3	氢氧化钠	试剂	3kg
冷凝液		1000kg	盐酸	试剂	2.5kg
循环冷却水	常温	45t	硝酸钾	工业品	0.0495kg
钨催化剂		0.724kg	亚硝酸盐	工业品	0.0405kg
阴离子交换树脂		0.8kg	电		242kW·h

5. 治理效果

排放气经催化氧化反应后，二甲醚的转化率在 85％～90％，甲醇的转化率在 90％～95％，尾气中除大量的氮气外，二氧化碳 0.2％～0.4％、氧 18％～19％、一氧化碳0.5％～1％、二甲醚 0.3％～0.5％（体积）。不仅处理了二甲醚气，而且对排放气中的甲醇等其他有害气体也进行了较为彻底的处理。

利用甲醇生产排放气中二甲醚作为原料，在钨催化剂作用下，制取 25％无醇甲醛试剂的工艺方法，系国内首创，具有工艺简单、易操作、投资少，不产生二次污染等优点。所生产的 25％无醇甲醛试剂含甲醇量在 200mg/L 以下，是理想的铵盐分析试剂。

（二）吸收法处理苯酐废气回收顺酸

1. 生产工艺流程

年产邻苯二甲酸酐（苯酐）3000t，日产 10t。苯酐生产工艺流程如图 5-80 所示。

邻二甲苯与空气反应后，在热熔箱中回收苯酐，废气经薄壁冷凝器降温后排出系统。

废气主要成分有 N_2、O_2、CO_2、CO 及有机酸。总有机酸浓度为 2800～3400mg/m^3，其中顺酸为 2400～2700mg/m^3，苯二甲酸为 400～700mg/m^3。废气排放量为 9800m^3/h。

2. 废气处理工艺流程

在邻二甲苯与空气氧化生产苯酐过程中，主要副产物是顺酐，顺酐遇水后变为顺酸，顺酸在水中有较大的溶解度。回收苯酐后的废气通过湍球水洗塔，废气中的顺酐被水吸收转变成顺酸。待吸收液中顺酸达到一定浓度后，在真空下进行浓缩，降温结晶，再经过滤后即得顺酸。其工艺流程如图 5-81 所示。

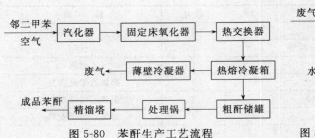

图 5-80 苯酐生产工艺流程

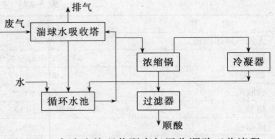

图 5-81 水洗法处理苯酐废气回收顺酸工艺流程

3. 主要设备

主要设备见表 5-46。

表 5-46 主要设备一览表

名 称	型号及规格	数 量	材 质
湍球水吸收塔	$\Phi1200mm \times 31000mm$（包括排气筒）	1	不锈钢
液下泵	YB50 离心式	2	不锈钢
循环水池	$2000mm \times 2000mm \times 1600mm$	2	不锈钢
浓缩结晶锅	$V=2000L$（带搅拌）	1	搪瓷
过滤器	$\Phi1500mm \times 600mm$	1	不锈钢
盘管冷凝器	$F=14m^2$	1	不锈钢
蒸出水接收器	$\Phi1100mm \times 1900mm$	1	不锈钢
碱洗罐	$V=800L$	1	不锈钢
水洗罐	$V=800L$	1	不锈钢
缓冲罐	$V=800L$	1	Q235
真空泵	W_{4-1}	2	铸铁
耐酸泵	50FW-25，离心式	1	铸铁
真空泵尾气罐	$V=200L$	1	Q235

4. 工艺控制条件

（1）湍球水吸收塔工艺参数 喷淋密度 $24m^3/(h \cdot m^2)$；吸收水温 $35 \sim 40℃$；进塔废气温度 $60℃$；排空尾气温度 $30 \sim 35℃$；洗涤水中顺酸浓度 $<200g/L$。

（2）浓缩回收顺酸工艺参数 浓缩压力 $0.06 \sim 0.07MPa$；浓缩温度 $74 \sim 75℃$；结晶温度 $35℃$。

5. 回收效果

经湍球水吸收塔处理后的尾气，总酸浓度低于设计指标 $200mg/m^3$，实际为 $150 \sim 180mg/m^3$，苯二甲酸含量为 $0.5 \sim 1.0mg/m^3$。年回收顺酸 $150 \sim 200t$。

该装置的优点是，工艺流程短，投资少，操作费用低，经济效益好，操作简单，处理效果稳定。蒸出水及结晶母液循环使用，不会产生二次污染。

排气筒和循环水池使用的是不锈钢，如选用合适的其他耐腐蚀材料，可进一步降低工程造价；如适当地提高喷淋密度，还可降低污染物的排放浓度。

第八节　涂料工业废气治理技术

涂料工业包括涂料生产和无机颜料生产。涂料产品有醇酸树脂漆、天然树脂漆、氨基树脂漆、油脂漆、环氧树脂漆和丙烯酸树脂漆等 18 类近千个品种。无机颜料产品有钛白粉、立德粉、氧化锌、铬黄、氧化铁系列、红丹、黄丹、金属粉和华兰等。

一、废气来源与污染物

涂料（俗称油漆）生产属精细化工加工业，主要是将油料、树脂、颜料、溶剂和催干剂等原料进行热炼、合成、研磨、过滤而制成。热炼过程会产生大量废气，研磨过程有二甲苯等蒸气排出。

涂料工业的特点是品种多、生产规模小、厂点布局分散、间歇操作多、排放量大，污染较严重。

涂料工业排放的废气，主要有涂料生产中产生的含有机物的热炼尾气，钛白粉、立德粉生产中产生的含酸雾、SO_2 和 SO_3 废气，氧化铁系列产品和铬黄生产中产生的含氮氧化物废气，红丹、黄丹、氧化锌、金属粉等产品在生产过程中产生大量的含重金属粉尘，严重威胁着人体健康。

钛白粉生产有硫酸法和氯化法。硫酸法生产钛白粉，是采用浓硫酸将钛铁矿分解为可溶性钛盐，然后分离绿矾，再进行水解变为偏钛酸，经洗涤、煅烧、表面处理而成。钛铁矿分解时产生大量的酸雾废气，偏钛酸煅烧成二氧化钛过程中也产生大量废气。氯气法生产钛白粉产生的废气基本上在系统内循环利用。

立德粉（又称锌钡白）生产过程是：氧化锌和硫酸反应生成硫酸锌，重晶石在转窑中还原成硫化钡，将硫酸锌和硫化钡按比例复合而成锌钡白。氧化锌与硫酸反应时有大量含酸雾废气产生，重晶石在还原时有大量烟尘排放。

铬黄产品有两大类，即铅铬黄和锌铬黄。锌铬黄生产中无工艺废气产生，铅铬黄是将水溶性铅盐（硝酸铅或醋酸铅）与重铬酸钠作用而成。制取硝酸铅过程中有氮氧化物产生。

氧化铁颜料包括氧化铁红、氧化铁黄、氧化铁棕、氧化铁黑及铁蓝，其中氧化铁红产量最大。生产氧化铁红目前在工业上有两种方法：一种是用硫酸亚铁或各种含铁废料在 700～800℃进行煅烧，此法产生的废气较少；另一种方法是先将铁和硝酸制成晶核，再将废铁与硝酸亚铁、晶核放在一起，用空气氧化制成氧化铁红。在晶核制造过程中产生大量的氮氧化物。

由于涂料工业产品种类繁多，生产工艺复杂，现仅对部分产量大，废气量多，危害严重的产品废气量及主要污染物进行介绍，见表5-47～表5-52。

表5-47　涂料行业主要产品的废气排放量及主要污染物

项目 \ 产品	涂料	钛白粉	立德粉	铬黄	氧化铁红
废气排放量/[m³(标)/t]	2000～3000	10000～40000	2000～3000	2000～3000	2000～3000
主要污染物	醛类、烷烃、烯烃	硫酸雾、SO_2 SO_3	硫酸雾、SO_2 SO_3	NO_x	NO_x

表5-48　涂料生产废气的主要污染物和浓度

污染物	烷烃	烯烃	醛
浓度/(mg/m³)	1000～2000	2000～2500	1500～2500

表5-49　钛白粉生产废气的主要污染物和浓度

污染物	硫酸雾	SO_2	SO_3
浓度/(mg/m³)	3000～4000	100～150	100～150

表5-50　立德粉生产废气的主要污染物和浓度

污染物	硫酸雾	SO_2	SO_3
浓度/(mg/m³)	1000～2000	25～60	40～50

表 5-51　铬黄生产废气的主要污染物和浓度

污染物	NO$_x$	Pb
浓度/(mg/m³)	800～1500	5～10

表 5-52　氧化铁红生产废气的主要污染物和浓度

污染物	NO$_x$	Fe^{2+}	Fe^{3+}
浓度/(mg/m³)	600～1000	5～10	3～5

二、涂料生产废气治理技术

1. 柴油吸收法

从热炼反应釜排出的废气经过冷却进入吸收塔，以柴油为吸收剂吸收有机废气。吸收剂经过滤后，供作燃料使用。尾气经油沫分离器除去柴油，直接排入大气。该法处理效果稳定，工艺简单，无二次污染，工程投资低。图 5-82 是利用柴油吸收法处理涂料酚醛漆生产废气的工艺流程。

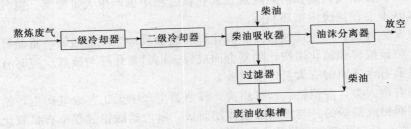

图 5-82　柴油吸收法处理熬炼废气工艺流程

2. 活性炭吸附法

热炼废气经冷却后进入活性炭吸附塔，有机气体被活性炭吸附，净化后的气体排入大气。活性炭吸附饱和后进行再生或焚烧处理。该法处理效果稳定，工艺简单，无二次污染；但工程投资和运转费用高。

3. 催化燃烧法

热炼废气经预热器预热到 150～250℃后，进入催化燃烧器。催化燃烧器是以铂或钯为催化剂。对废气中的有机物进行催化燃烧，处理后的废气直接排入大气。该法处理效果好，安全可靠，工艺简单，无二次污染，处理成本低；但工程一次性投资较高。图 5-83 催化燃烧法处理丙烯酸及其酯生产废气工艺流程。

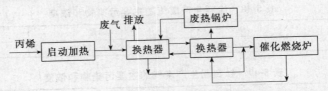

图 5-83　催化燃烧法处理丙烯酸及其酯生产废气工艺流程

4. 负压冷凝法

热炼废气由真空泵引入多级冷凝器，冷凝废气中的有机物净化后的尾气排入大气。该法处理效果好，操作简便，运转费用低，还可以回收有用物质。

三、涂料废气治理工程实例

（一）柴油吸收法处理熬炼废气

1. 生产工艺流程

酚醛树脂类油漆，设计规模5000t/a。酚醛漆生产工艺流程如图5-84所示。

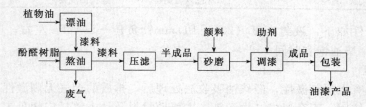

图5-84　酚醛漆生产工艺流程

废气主要来源是在桐油、亚油或梓油等植物油与松香改性酚醛树脂混合加热至280℃左右进行反应时产生的。这种废气称为熬炼废气。

熬炼废气中含有醛类、烷烃、烯烃等污染成分，排放量每年约14.5万立方米（标）。

2. 废气处理工艺流程

（1）原理　利用柴油作吸收剂，有选择地吸收熬炼废气中一种或几种有害组分，使之达到排放标准。吸收过程中，单位时间通过单位传质面积传递的物质量即为吸收速率，它可反映吸收的快慢程度。吸收速率和影响吸收速率的各因素的关系可归纳为：

$$吸收速率 = \frac{推动力}{阻力} = 吸收系数 \times 推动力$$

为了提高吸收速率，必须设法增大吸收系数和推动力。

（2）工艺流程　用柴油吸收法处理熬炼废气的工艺流程如图5-85所示。

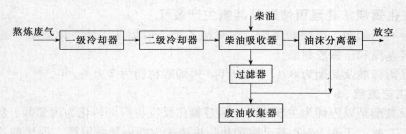

图5-85　柴油吸收法处理熬炼废气工艺流程

气相流程：反应釜出来的熬炼废气先经废气总管（管上装有压力调节阀，可调节负压的大小）进入一级水冷却器、二级水冷却器，经冷却后再进入柴油吸收器，鼓泡吸收有害物质，然后经油沫分离器分离出柴油，气体排入大气。

液相流程：用齿轮泵将柴油送入吸收器，通过阀门控制一定液位。送入柴油时，顺便将一级水冷却器、二级水冷却器、油沫分离器清洗一次，清洗后的柴油进入废油收集槽。

柴油吸收饱和后需定期更换，放出的废油经过滤器进入废油收集槽，再用齿轮泵送入高位槽作燃料使用。

3. 主要设备

主要设备见表5-53。

表 5-53　主要设备一览表

名　　称	型号及规格	数量	材质	名　　称	型号及规格	数量	材质
水冷凝器1	Φ400mm×2000mm	1	Q235	齿轮泵	流量　7.5m³/h	2	铸铁
水冷凝器2	Φ400mm×3700mm	1	Q235	废油收集槽	1200mm×600mm×1500mm	1	Q235
柴油吸收器	Φ1200mm×3315mm	1	Q235	烟囱	Φ219mm×8000mm	1	砖
油沫分离器	Φ1200mm×1200mm	1	Q235	高位槽	Φ1800mm×2500mm	1	砖
引风机	4-72-5A13K	1	Q235	燃烧器	颜氏燃烧器		

工艺控制条件如下：液封高度（200±10）mm；负压－2942Pa 左右；冷却面积 24m²；吸收剂 0# 柴油；柴油饱和时间 15d。

4. 治理效果

熬炼废气具有强烈刺激性，经柴油吸收法处理后，排放的烟气无刺激性。经柴油吸收的废气还可作燃料使用，不会形成二次污染。主要原材料及动力消耗定额见表 5-54。

表 5-54　主要原材料及动力消耗定额（每 1m³ 废气）

名　　称	规　　格	单　　位	消耗定额
柴油	0	kg	0.0196
电	220V　交流电	kW·h	0.0695
水	自来水	t	0.496

5. 工程设计特点

采用柴油吸收法处理熬炼废气，处理效果稳定，工艺操作简便，工程造价较低。吸收饱和后的柴油可以送到熬漆料的燃烧器中去燃烧，不会形成二次污染。该装置设有管道清洗系统，不会造成管道堵塞现象。

反应釜中出来的熬炼废气，温度很高，如果不经冷却直接进入柴油吸收器，容易引起事故。所以，开车前一定要检查是否打开冷却系统，保证烟气以适宜的温度进吸收器。

吸收剂性能的好坏对吸收效果有决定性影响，我们试验过用水、航空煤油、洗涤剂等作吸收剂，效果均不如 0# 柴油好。

（二）催化燃烧法处理丙烯酸及其酯生产废气

产品品种有丙烯酸、丙烯酸甲酯、丙烯酸乙酯、丙烯酸丁酯、丙烯酸辛酯、丙烯酸树脂、丙烯酸羟基酯和压敏胶制品。

主要产品丙烯酸及其酯为 8.17 万吨/年，丙烯酸树脂为 2 万吨/年。

1. 生产工艺流程

丙烯酸及其酯是以丙烯为主要原料，通过氧化反应将丙烯转化为丙烯酸。然后，丙烯酸分别与甲醇、乙醇、丁醇、2-乙基己醇酯化，生成相应的丙烯酸甲酯、丙烯酸乙酯、丙烯酸丁酯和丙烯酸辛酯。生产工艺流程和废气来源如图 5-86 所示。

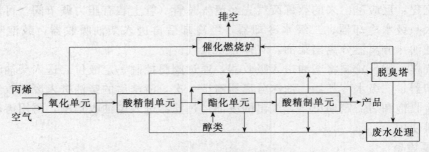

图 5-86　丙烯酸及其酯生产工艺流程

废气组成及排放量见表 5-55。

表 5-55 废气组成及排放量

组　分	含量 /[mg/m³(标)]	排放量 /[m³(标)/h]	组　分	含量 /[mg/m³(标)]	排放量 /[m³(标)/h]
丙烯酸氧化精制工段		9080	甲酯/乙酯工段		15/20
丙烯酸	883.43		丙烯酸甲酯	7304.76	
丙烯醛	1603.27		丙烯酸乙酯	4089.98	
丙烯	3435.58		丁酯/辛酯工段		30/30
丙烷	3059.30		丙烯酸丁酯	523.50	
二氧化碳	23754.60		丙烯酸辛酯	75255.60	
一氧化碳	7558.28				

2. 废气处理工艺流程

废气处理工艺流程如图 5-87 所示。

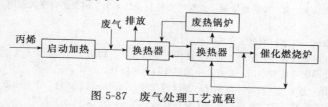

图 5-87 废气处理工艺流程

丙烯酸及其酯生产系统的吸收塔和洗涤塔废气,与补充的氧气混合后经板式换热器预热,进入催化燃烧炉。在催化剂的作用下,废气中的有机物和一氧化碳完全燃烧生成二氧化碳和水。反应后气体作为换热器的热源,多余的气体送入废热锅炉,最后经烟囱排放。

3. 主要设备

主要设备见表 5-56。

表 5-56 主要设备一览表

名　称	型号及规格	数　量	材　质
催化燃烧炉	Φ2700mm×2700mm	1	SUS 304
换热器(板式)	HR 308-219N324-696	1	SUS 304,碳钢
废热锅炉	产气量　6t/h	1	SUS 3041,碳钢
换热器(板式)	HR690-69N	1	SUS 3041,碳钢
鼓风机	全风压 920mmH₂O,风量 29m³(标)/min	1	
鼓风机	全风压 930mmH₂O	1	

工艺控制条件如下:燃烧后尾气中氧含量 1%~1.5%;废气燃烧炉进口温度 436℃;废气燃烧炉出口温度 690℃。

4. 治理效果

处理后气体中污染物浓度如下:丙烯醛 0.23mg/m³;一氧化碳 38.85mg/m³;有机物≤100mg/L;粉尘≤150mg/m³(标)。

原材料及动力消耗定额见表 5-57。

表 5-57 原材料及动力消耗定额

名　称	规　格	单　位	消耗定额
蒸汽	0.6MPa(表)	t/h	4.77×10⁻⁵
电	380V,50Hz	kW·h/m³	0.988
丙烯(启动时用)	99.4%~99.9%	kg/次	500
润滑脂	SHELL ALVANIA No.2	kg/a	2.45
催化剂	CH-803	m³/a	0.158
	C-801		0.075

5. 工程设计特点

① 不需要辅助燃料油，经济效益大；

② 有害气体转化率高；

③ 催化剂寿命长，期待值为 4 年；

④ 整套燃烧装置及催化剂阻力降小；

⑤ 板式换热器换热效率高，并适用于＞700℃的高温气体；

⑥ 为防止催化剂损坏，关键部位设有温度自控仪表；

⑦ 此装置热量除供给本系统外，还有余热，用于发生 0.6MPa（表）饱和蒸汽约 1t/h。

参 考 文 献

[1]　王纯，张殿印. 废气处理工程技术手册. 北京：化学工业出版社，2013.

[2]　[苏] 乌索夫 B H. 工业气体净化与除尘器过滤器. 李悦，徐图译. 哈尔滨：黑龙江科学技术出版社，1984.

[3]　[美] P. N 切雷米西诺夫，R. A 扬格主编. 大气污染控制设计手册. 胡文龙，李大志泽. 北京：化学工业出版社，1991.

[4]　台炳华. 工业烟气净化. 北京：冶金工业出版社，1999.

[5]　张殿印，申丽. 工业除尘设备设计手册. 北京：化学工业出版社，2012.

[6]　国家环境保护局. 化学工业废气治理. 北京：中国环境科学出版社，1992.

[7]　[美] 威廉 L. 休曼著. 工业气体污染控制系统. 华译网翻译公司译. 北京：化学工业出版社，2007.

[8]　路乘风，崔政斌. 防尘防毒技术. 北京：化学工业出版社，2004.

第六章

有色金属工业烟尘减排与回收利用

有色金属产品应用十分广泛、其中铜、镍、锌等重金属，铝、镁、钛等轻金属，银、金、铂等贵金属都与我国现代化建设，特别是与国防现代化建设密切相关，有色金属工业对环境污染相当严重，有色金属冶炼企业排放的重金属废水，产生的二氧化硫气体、氟化氢气体、氯气以及含碱赤泥、含铬废渣与含有重金属化合物的烟尘等是有色金属工业公认的严重危害环境的污染物。因此，有色金属工业环境保护工作是非常重要的。

根据1958年我国对金属元素的正式划分和分类，除铁、锰、铬以外的64种金属和半金属，如铜、铅、镍、钴、锡、锑、镉、汞等划为有色金属。这64种有色金属，根据其物理化学特性和提取方法，又分为轻有色金属、重有色金属、贵金属和稀有金属4大类。

轻有色金属，通常是指相对密度在4.5以下的有色金属，包括铝、镁、钛等。

重有色金属，指相对密度在4.5以上的有色金属，包括铜、铅、锌、镍、钴、锡、锑、汞、镉等。

贵金属，主要指地壳中含量少，开采和提取比较困难，对氧和其他试剂稳定，价格比一般金属贵的金属，如金、银等。

稀有金属，主要指在地壳上含量稀少、分散，不易富集成矿和难以冶炼提取的一类金属，例如锂、铍、钨、钼、钒、镓、锗等。

第一节　有色金属生产烟尘来源和特性

一、有色金属工业烟尘来源

有色金属工业废气按其所含主要污染物的性质，大体上可分为三大类：第一类为含工业粉尘为主的采矿和选矿工业废气；第二类为含有毒有害气体（含氟或硫、氯）与尘为主的有色金属冶炼废气；第三类为含酸、碱和油雾为主的有色金属加工工业废气。具体情况见表6-1。

表 6-1 有色金属工业废气的种类和来源

废 气 名 称		主 要 污 染 物	主 要 来 源
采选工业废气	采矿场	粉尘、炮烟、柴油机尾气等	采矿凿岩、爆破、矿岩装运作业工作面
	选矿厂	粉尘	矿石破碎、筛分、包装、贮存和运输过程
冶炼废气	轻金属冶炼厂	粉尘、烟尘、含氟烟气、沥青烟、含硫废气等	原料制备、熟料烧结、氢氧化铝煅烧和铝电解、碳素材料和氟化盐制造
	重金属冶炼厂	粉尘、烟尘、含硫烟气、含汞、砷、镉废气等	原料制备、精矿烧结和焙烧、冶炼、熔炼和精炼、含硫烟气回收制硫酸过程
	稀有金属冶炼厂	粉尘、烟尘、含氯烟气	原料制备、精矿焙烧、氯化、还原和精制过程
加工废气	有色金属加工厂	粉尘、烟尘、含酸、碱和油雾烟气等	原料准备、金属熔化和轧制、洗涤和精整过程

目前我国有色金属工业存在着矿产资源紧缺、产品结构不合理、生产集中度低、技术装备落后、环境污染严重等突出问题，为加快有色金属工业的结构调整步伐、淘汰落后工艺设备、搞好总量调控、加强技术创新、推进清洁生产，必须实施大集团战略，推进规模经营和专业分工，实现有色金属工业持续、稳定、健康发展。

在实现有色金属产量根据市场需求增长的情况下，大中型冶炼加工企业经过改造，生产技术和污染控制水平基本达到或接近国际先进水平，工业污染源全部达标排放，工业污染物排入总量持续削减，厂区及其周围环境质量明显改善。具体对策：一是加强环境管理，完善和严格环保法规、标准，有效控制污染发展趋势；二是加大环保投入，提高污控能力；三是依靠环保科技创新，积极推进清洁生产。

二、有色金属工业烟气特性

由于有色金属冶炼工艺的多样性，有色金属工业的烟气和烟尘有着独特的特性。因此，不管是有色金属的烟气和烟尘净化的设计，还是烟气净化设备安装、制造和操作管理，都需要掌握有色金属工业烟气和烟尘的特性。

表 6-2 有色冶金炉出口烟气温度

金属种类	冶金炉名称	烟气温度/℃	金属种类	冶金炉名称	烟气温度/℃
通用	精矿干燥窑	100～150	锡	精矿流态化焙烧炉	750～850
	载流干燥	100～150		熔炼反射炉	1170～1200
铜	流态化酸化焙烧炉	600～700		熔炼电炉	800～900
	熔炼反射炉	1200～1300		炉渣烟化炉	1100～1200
	熔炼电炉	500～800	阳极泥及贵金属	贵铅炉	550～650
	密闭鼓风炉	500～600		分银炉	500～600
	闪速熔炼炉	1200～1300		精矿流态化酸化焙烧炉	600～650
	连续吹炼炉	900～1000	锌	流态化氧化焙烧炉	1000～1050
	吹炼转炉	700～900		流态化酸化焙烧炉	850～950
	顶吹旋转转炉	600～800		脱氟多膛焙烧炉	400～500
	杂铜反射炉	1000～1100		浸出渣挥发窑	700～750
	白银炼铜炉	1200		铅锌密闭鼓风炉冷凝器出口	400～450
	炉渣贫化电炉	300～500		J-45 焦结炉	910～1000
铅	鼓风烧结机	250～350		J-2 焦结炉	600
	烧结矿熔炼鼓风炉		镍	熔烧回转窑	350～450
	高料柱作业	150～200		流态化半氧化焙烧炉	550～750
	低料柱作业	300～350		熔炼电炉	500～700
	氧化矿化矿鼓风炉	150～350		闪速炉	1200～1350
	炉渣烟化炉	1100～1200		吹炼转炉	600～800
	浮渣反射炉	900～1000		贫化电炉	300～500
	氧化底吹炼铅反应器	1000～1100		熔炼反射炉	1000
	水口山炼铅反应器	1000～1100		氧化矿预热炉	900～1000
	顶吹旋转转炉	700～750		氧化矿还原焙烧炉	700
	还原电炉	750	钴	流态化酸化焙烧炉	550～600
锡	精炼锅	600～800	铝	电解槽	200～300
	熔析炉	600～900			

1. 烟气温度普遍较高

有色冶金炉出口烟气温度高的达 1200℃ 以上，低的仅 80～100℃（见表 6-2）。为适应收尘设备的要求，高温烟气需进行冷却。烟气冷却至高于露点 20～30℃。低温烟气更要考虑露点的影响，必要时可采用保温、加热或配入高温烟气的办法，以保证烟气不结露，防止设备腐蚀或烟气黏结。

2. 烟气含尘量大

有色冶金炉的烟气含尘量随冶炼过程的强化而大幅度增加，有的大于 $100g/m^3$，甚至达 $900g/m^3$。各种有色冶金炉出口烟气含尘量见表 6-3。

表 6-3　有色冶金炉出口烟气含尘量

金属名称	冶金炉名称	含尘量/(g/m³)	烟尘率/%	金属名称	冶金炉名称	含尘量/(g/m³)	烟尘率/%
通用	精矿干燥窑	20～80	1～3	锌	流态化氧化焙烧炉	100～150	18～25
	载流干燥	800～1000	100		流态化酸化焙烧炉	150～250	40～50
铜	流态化酸化焙烧炉	100～200	30～40		浸出渣挥发窑	40～100	25
	熔炼反射炉	30～40	3～7		密闭鼓风炉	20～25	5～6
	熔炼电炉	20～80	2～7	镍	精矿焙烧回转窑	30～40	
	密闭鼓风炉	15～40	2～6		流态化半氧化焙烧炉	250～300	
	闪速炉熔炼炉	50～1000	5～10		熔炼电炉	40	
	连续吹炼炉	5	≤1		闪速熔炼炉	100～150	
	吹炼转炉	3～15	1～5		吹炼转炉	15～20	
	顶吹旋转转炉	10～45			贫化电炉	5～15	
	杂铜反射炉	60～80			熔铸反射炉	5～10	
	白银炼铜炉	35～40		锡	流态化焙烧炉	100	
铅	鼓风烧结机	25～40	2～3		熔炼反射炉	20	
	烧结矿鼓风炉				熔炼电炉	190～220	
	高料柱作业	8～15	0.5～2		炉渣烟化炉	70～100	
	低料柱作业	20～30	3～5		精炼炉	26～30	
	氧化矿矿鼓风炉	20～25	5～6		熔析炉	1	
	炉渣烟化炉	50～100	13～17	钴	流态化酸化焙烧炉	100	
	浮渣反射炉	5～10	1	金	流态化酸化焙烧炉	200～250	
	氧化底吹炼铅反应器	150～250		铝	电解槽	5～15	
	还原电炉	20～35					

3. 烟气成分复杂

有色冶金炉烟气成分主要是指二氧化硫、三氧化硫、一氧化碳、水蒸气和氟、砷、汞（砷、汞在高温下为气态）等。各类冶金炉含硫烟气中二氧化硫、三氧化硫的含量见表 6-4。

三、有色金属烟尘性质

1. 烟尘成分

有色烟尘成分是确定烟尘回收价值和允许排放浓度的主要因素。干燥、焙烧、烧结过程的烟尘成分和原料相近；熔炼和吹炼过程的烟尘中富集有易挥发金属氧化物；烟化炉、挥发窑、杂铜炉等产出的烟尘基本由易挥发性金属氧化物组成。

2. 烟尘粒径和比表面积

烟尘粒径是选用除尘流程、确定除尘设备的基本条件。重有色金属冶炼的烟尘粒径分布很不均匀，机械尘一般大于 $10\mu m$，挥发尘一般小于 $1\mu m$，有的甚至小于 $0.01\mu m$。超细烟尘给除尘净化带来较大困难。

表 6-4　有色冶金炉出口烟气二氧化硫、三氧化硫含量　　　　　单位：%

金属名称	冶金炉名称	SO_2	SO_3	金属名称	冶金炉名称	SO_2	SO_3
通用	硫化精矿干燥窑	<0.1			流态化氧化焙烧炉	>10	0.1
铜	流态化氧化焙烧炉	10~12	0.1	锌	流态化酸化焙烧炉	8.5~9.5	0.3~0.5
	流态化酸化焙烧炉	4~6	1~2		浸出渣挥发窑	<1	
	熔炼反射炉	1~2			炼锌风炉	CO 17~25	
	熔炼电炉	1~5		镍	焙烧回转窑	4~4.5	
	密闭鼓风炉	3~5			流态化半氧化焙烧炉	10~11	0.5
	闪速熔炼炉	10~13			熔炼电炉	1~2	
	白银炼铜炉	8~9	<0.1		闪速熔炼炉	11~12	
	连续吹炼炉	8~14	0.2~0.3		吹炼转炉	5~7	0.35
	吹炼转炉	7~8	0.3~0.5		熔铸反射炉	0.4~0.5	
	顶吹旋转转炉	3~14		锡	流态化焙烧炉	1.89	
铅	鼓风烧结机	3~5			熔炼反射炉	0.06	CO 1.49
	烧结矿鼓风炉	<0.5			熔炼电炉		CO 16~18
	浮渣反射炉	<1			烟化炉	2.45	
	氧化底吹炼铅反应器	8~9			熔析炉	0.01	
	顶吹氧气炉	1~8.5			精炼炉	0.01	
				金	流态化酸化焙烧炉	8.5~9	0.75

单位质量烟尘的总表面积称为烟尘的比表面积。一般烟尘的比表面积为 1000~10000cm²/g。

比表面积增加时，表面能也随之增大，从而增加了表面活性，对烟尘的湿润、溶解、凝聚、附着、吸附、爆炸等性质都有直接影响。

烟尘的粒径和比表面积的关系见表 6-5。

表 6-5　有色冶炼烟尘的比表面积和粒径

冶炼设备及烟尘种类	比表面积/(cm²/g)	平均粒径/μm	冶炼设备及烟尘种类	比表面积/(cm²/g)	平均粒径/μm
1. 锌精矿流态化酸化焙烧炉			4. 锌浸出渣回转窑		
电除尘器入口处烟道尘	700	25.40	沉尘室前部烟尘	3000	4.40
电除尘器第一电场烟尘	4700	3.50	沉尘室尾部烟尘	4850	2.70
第二电场烟尘	7250	2.20	冷却烟道中烟尘	5500	2.00
第三电场烟尘	9225	1.82	袋式除尘器烟尘	6300	1.80
2. 铅烧结机			5. 圆筒干燥机处理精矿		
袋式除尘器入口烟道尘	149	90.00	电除尘器第一电场烟尘	6830	2.49
袋式除尘器烟尘	23700	0.47	第二电场烟尘	6470	2.50
3. 铅鼓风炉			6. 圆筒干燥机处理黄铁矿精矿		
增湿塔烟尘	4650	2.80	电除尘器第一电场烟尘	3320	4.20
电除尘器烟尘	17200	0.70	第二电场烟尘	3740	3.82

3. 烟尘密度

烟尘密度分密度和堆积密度。前者随烟尘成分而异，后者与烟尘粒度有关。烟尘密度对沉尘室和旋风除尘器的除尘效率影响很大，堆积密度对烟尘的贮存和再飞扬有较大关系，如烟尘的密度和堆积密度之比大于 10，烟尘的二次飞扬将十分严重。

有色冶炼烟尘的密度和堆积密度及其他烟尘密度和堆积密度见表 6-6。

4. 烟尘的摩擦角

烟尘的摩擦角一般分内摩擦角和外摩擦角。内摩擦角亦称安息角。安息角与烟尘的种类、粒径、形状和含水率有关。烟尘愈细，含水率愈大则内摩擦角愈大；表面光滑的烟尘及

表6-6 有色冶炼烟尘密度和堆积密度　　　　　　　　　　　　　　单位：g/cm³

烟尘种类	取尘地点	密度	堆积密度	烟尘种类	取尘地点	密度	堆积密度
铜精矿干燥	旋风除尘器		1.54	铅鼓风炉熔炼	沉灰筒	5.15	1.89
	电除尘器第一电场	3.36			冷却烟道	6.17	1.30
	电除尘器第二电场	3.73			袋式除尘器	6.22	1.24
铜精矿流态化焙烧	沉灰斗	3.03	1.24		文氏管		1.69
	第一级旋风器	3.03	1.22		电除尘器	4.23	
	第二级旋风器	2.89	1.17	锌精矿流态化焙烧	汽化冷却管	4.03	1.17
	第三级旋风器	2.82	1.10		烟道尘	4.15	1.14
铜转炉吹炼	旋风除尘器		1.55		旋风除尘器	4.28	1.07
	电除尘器		0.38		电除尘器	4.94	0.93
铜反射炉熔炼	烟道		1.26	氧化锌多膛焙烧	沉尘室	4.39	
	电除尘器	3.30	0.935		烟道积尘	3.63	
铜精矿造球干燥焙烧	旋风除尘器		1.425		冷却烟道	4.23	0.76
	电除尘器		1.14		袋式除尘器	5.17	0.47
铜电炉熔炼	旋风除尘器		1.30	锌浸出渣回转窑挥发	冷却烟道	4.06	0.73
	电除尘器		0.745		袋式除尘器	4.33	0.73
铅砷锍吹炼	袋式除尘器	6.69	0.59	铅浮渣反射炉熔炼	冷却烟道	3.51	0.49
铅烧结	烧结机尾部	4.17	1.79		袋式除尘器	3.90	0.34
	旋风除尘器	5.12	1.89	铅渣烟化炉吹炼	袋式除尘器	4.10	0.41
	袋式除尘器	5.39	0.80	铋反射炉熔炼	烟道积尘	3.01	1.00
	电除尘器		0.87		袋式除尘器	4.25	0.83
				杂铜熔炼	冷却烟道前部	3.64	
					冷却烟道后部	3.51	
					袋式除尘器	4.36	

球状烟尘内摩擦角小。外摩擦角为烟尘和壁面的摩擦角，除了与烟尘种类、形状、含水率等有关外，还和壁面材质、光滑度有关。烟尘的摩擦角对设计除尘灰斗角度影响很大，常见粉尘的内摩擦角见表6-7。

表6-7 常见粉尘的内摩擦角

粉尘名称	内摩擦角/(°)	粉尘名称	内摩擦角/(°)
铜精矿	35~45	石灰	40
铅(锌)精矿	40	生石灰	45~50
铅锌精矿	40	粉状石墨	40~45
锌焙砂	38	滑石粉	约45
锌粉	25~55	铁粉(0.36mm)	42
氧化铝	35~45	铁粉(0.25mm)	41
铝粉	35~45	铁粉(0.18mm)	40
铅锌水碎渣	42	铁粉(0.13mm)	40
焦炭	50	造型砂	45
干煤灰	15~20	磁铁矿	40~45
无烟煤粉	37~45	锰矿	35~45
烟煤粉	37~45		

设计除尘设备的灰斗和流灰管道时倾斜角应大于烟尘的内摩擦角55°。

5. 烟尘静电特征

由于烟尘经常处于激烈的碰撞摩擦或受放射性照射、电晕放电等影响，一般都有带电荷，这种静电特性对烟尘的捕集和清灰都有很大影响。

不同烟尘和物质具有不同的带电顺序，当其互相接触时将按照各自顺序带电。如袋式除尘器，如果所选滤料与烟尘的带电顺序较接近，则带电量少。

烟尘的比电阻是烟尘导电性能的标志，它与烟尘的成分、烟气湿度和烟气成分有关，烟尘的比电阻对电除尘器的性能影响极大。电除尘器捕集烟尘的最佳比电阻为 $10^4 \sim 10^{10}\,\Omega\cdot cm$，如氧化铅、氧化锌、三氧化二砷、氧化锑、氧化铝、硫黄、二氧化硅等比电阻大于 $10^{10}\,\Omega\cdot cm$，属于高比电阻烟尘；金属粉末、煤粉的比电阻小于 $10^4\,\Omega\cdot cm$，属于低比电阻烟尘。一些有色烟尘比电阻见表 6-8。

表 6-8　几种冶金炉烟尘比电阻

冶金炉名称	温度/℃	比电阻/$\Omega\cdot cm$	冶金炉名称	温度/℃	比电阻/$\Omega\cdot cm$
铜焙烧	144~250	$2\times10^9 \sim 1\times10^8$	锡冶炼	250	1×10^9
铜密闭鼓风炉	150~250	$3\times10^{10} \sim 4\times10^9$	ZnO 烟尘	100	6.5×10^{12}
氧化锌窑粉尘	121~232	$6\times10^9 \sim 1\times10^8$		125	9.3×10^{11}
铅烧结机	100	1.7×10^{13}		150	1.21×10^{11}
	125	1.35×10^{12}		200	3.15×10^8
	150	2.9×10^{11}		250	2.7×10^7
	250	1×10^8		300	1.3×10^7
铅鼓风机	204	4×10^{12}	锌精矿流态化氧化焙烧	100	677×10^{12}
	150	2×10^{13}		125	4×10^{12}
铋反射炉	100	9×10^8		150	1.7×10^{12}
	150	5×10^7		200	1.1×10^{11}
	250	2×10^6		250	3.43×10^{11}
锌精矿流态酸化焙烧	100	8.16×10^{10}		300	2.5×10^{10}
	125	2.16×10^{11}	钴流态化焙烧	100	1.1×10^9
	150	9×10^{10}		125	1.2×10^9
	200	8×10^9		150	1.6×10^9
	250	1.9×10^9		200	5.3×10^8
	300	1.8×10^8		250	5.2×10^8
	350	5.3×10^7		300	3.2×10^8
锡冶炼	100	2.3×10^{11}	三氧化铝回转窑	121	2×10^{12}
	125	7.9×10^{10}		177	5×10^{10}
	150	5.5×10^{10}		232	8×10^8
	200	1×10^{10}	硫	21	1.0×10^{14}

6. 烟尘的润湿性和凝聚性

烟尘的润湿性分为亲水性和疏水性两类。亲水性烟尘有石灰石、无机氧化物等；疏水性烟尘有木炭、硫、孔雀石、硫化锌、硫化铁、硫化铅等。

粒度较粗和球状烟尘的润湿性比粒度小和形状不规则的烟尘要好，小于 $5\mu m$ 的烟尘悬浮于烟气中，很难被水润湿，只有在水与烟尘间有很高的相对速度的条件下，冲破烟尘周围的气膜、烟尘才被水润湿，如文氏管、冲击式除尘器等即起此种作用。

由外界因素使多个小粒径烟尘结合成大粒径烟尘，这种特性称烟尘的凝聚性。在高温条件下呈不规则运动的微细尘，互相碰撞而凝聚。超声波、电晕电场有促使凝聚的作用，烟尘围绕悬浮的水滴时亦可凝聚，文丘里除尘器即有这种作用。

7. 烟尘其他性质

烟尘的黏结性和烟尘的含水、温度、粒度、几何形状、化学成分等有关。烟尘黏结性的强弱可用黏结力表示。从微观上看，黏结力包括分子力、毛细黏结力和静电力，其中毛细黏结力起主导作用。

烟尘的黏结性强，易使烟道、冷却设备和除尘器内壁黏结而堵塞，降低冷却效率、电除尘器极板和极线上烟尘不易清掉，造成反电晕和电晕闭锁现象，影响除尘效率，袋式除尘器滤布上的烟尘清除不尽，增加过滤阻力。

一些烟尘有易吸收烟气中的水分而水解的性质，如硫酸盐、氯化物、氧化锌等，从而增加了烟尘的黏结性，对除尘设备正常工作十分不利。

某些粒径小、比表面积大的烟尘当含有未被氧化的金属、炭、硫化物和单质硫等物质，在烟尘热量不能及时散开而又与空气接触时，常可能引起自燃。如烟化炉烟尘、挥发窑烟尘、铅鼓风炉烟尘和铜密闭鼓风炉烟尘等都有自燃的可能，氧化剧烈时可引起爆炸。

第二节　轻金属生产烟尘减排与回收利用

轻金属中铝、钛、碳素生产工艺不同，烟气治理技术各有不同。由于铝的产量大，烟气量大，所以是轻金属生产烟气治理的重点。

一、铝生产烟尘减排技术

铝厂烟气治理包括氧化铝厂、电解铝厂和碳素厂三大部分。氧化铝厂主要是除尘问题，电解铝厂主要是含氟烟气治理问题，碳素厂主要是沥青烟气的处理问题。

（一）氧化铝生产窑炉含尘烟气治理

氧化铝厂是大量开采利用铝矿资源、能源、水、土地等的大中型有色冶金企业，其生产过程中排放的大量"三废"（废气、废水、废渣），如果不采取有效的治理措施，将会造成周围环境的污染危害。氧化铝厂废气（或烟气）和烟尘主要来自熟料窑、焙烧窑、水泥窑等生产设备。物料破碎、筛分、运输等过程也散放大量粉尘，包括矿石粉、熟料粉、氧化铝粉、碱粉、煤粉、煤灰粉等。据统计，每生产 1t 氧化铝排放各类粉尘 30～70kg。一个生产规模为 40 万吨/年的氧化铝厂，有组织排放含尘废气 $(150～250)×10^4 m^3/h$。氧化铝厂主要废气污染源及其排气量、粉尘污染源及其排放量分别列于表 6-9。

表 6-9　氧化铝厂主要废气污染源及其排气量

工序或设备	生产 1t 成品氧化铝的排气量/m^3	废气含尘量/(g/m^3)
铝矿、石灰石、燃料破碎、运输	1000～1700	5～15
碱粉拆包、运输	500	<10
熟料窑、冷却机	13300～34000	150～230
氢氧化铝焙烧窑	7000～8500	1000～3400
石灰炉	230～1400	1～5
熟料破碎、运输	2400～5300	1～25
石灰破碎、运输	1250～1500	1～5
锅炉房	约 20000	15～20

含尘废气的治理主要采用旋风除尘器加电除尘器加以处理。除尘是净化这些排放物的最有效的控制装置。回收下的粉尘物料可直接返至工艺流程中再利用。在一些回转炉系统中，热端（产品排放端）是通过吸附分离器、多管除尘器或静电除尘器来控制的。回转炉的"冷端"通常装有静电除尘器。所有的流化床焙烧炉都装有作为最终除尘装置的静电除尘器。该干法除尘效率可达 99.9%，排尘浓度可降低 60%～100%。

主要生产工艺烟尘减排技术如下。

1. 熟料烧成窑

烧制 1t 熟料约产生 5000m³（标）烟气，烟气中粉尘浓度为 175～314g/m³，粉尘的主

要成分为 Al_2O_3、Na_2O、CaO 和碱粉，有良好的回收价值。比较成熟的除尘流程是沉降烟道—旋风除尘器—电除尘器三级除尘，各级的除尘效率分别为 60%、90% 和 99% 左右。除尘装置中关键是三级的电除尘器，一般采用 3~4 个电场的板卧式电除尘器，使用得好除尘效率可达 98.4%~99.9%，排尘浓度可降至 $100mg/m^3$（标）。

2. 氢氧化铝焙烧窑

采用重油燃料时，生产 1t 氧化铝在标准状态下产生烟气量为 2350~2770 m^3，燃用煤气时烟气量增加 1/3。焙烧窑的烟尘循环量大，烟气中含尘浓度高达 1000g/m^3（标），粉尘中 90% 以上是氧化铝，必须加以回收。一般采用旋风除尘器-电除尘器两级除尘流程。氧化铝粉尘比电阻适中，流动性好，气体击穿电压高，电除尘器运行条件稳定，能获得较满意的除尘效果。电除尘器一般采用 3~4 个电场的板卧式电除尘器。20 世纪 80 年代生产工艺上采用气体悬浮炉对氢氧化铝进行闪速焙烧的新技术，使烟气量减少，含尘浓度降低，采用了 3 电场的板卧式电除尘器净化，在标准状态下排尘浓度可低于 $100mg/m^3$。

3. 氧化铝厂熟料窑烟气净化实例

我国铝厂用烧结法生产氧化铝，烧结熟料和氢氧化铝的焙烧都采用回转窑。一座年产 40 万吨的氧化铝厂，废气排放量约 $15×10^5 m^3/h$，其中主要是熟料窑和氢氧化铝焙烧窑的烟气。氢氧化铝焙烧窑内的物理化学过程较简单，操作比较稳定，除尘系统工作条件相对较好，但窑尾烟气含尘浓度很高，一般为 800~1000/m^3，高的达 3400/m^3，焙烧窑又是成品工序，其烟尘中含 Al_2O_3 90% 以上，要求净化效率很高。熟料窑的烟气工况变化比水泥厂的湿法窑和氢氧化铝焙烧窑都大，烟气中含水分高，粉尘成分主要为 Al_2O_3 和 Na_2O，含碱量为 38%~50%，粉尘黏结性强，比电阻随物料成分和烟气温度变化很大。

由于窑尾排气含尘浓度大，所以烟气进入电除尘器之前，一般还经过两级旋风除尘器，使电除尘器的入口粉尘浓度在 100g/m^3 以下，并要求电除尘器具有 99.8% 以上的除尘效率。

为降低粉尘排放量和提高电除尘器的效率，做了许多改进工作，除了减少窑尾带灰量，提高垂直沉降烟道和旋风除尘器的效率，减少系统漏风，稳定原、燃料供应，选用合适的燃烧制度和熟料配方，控制电除尘器的进气温度等措施外，还将大型板卧式电除尘器引进铝厂。某铝厂一座年产 18.6 万吨的熟料窑，将一台 53m^2 的卧式电除尘器和一台 45m^2 的棒帏式电除尘器并联，有关的设计参数和技术性能见表 6-10。

表 6-10　两种类型电除尘器的技术性能

项　目	板卧式电除尘器	棒帏式电除尘器	项　目	板卧式电除尘器	棒帏式电除尘器
处理气量/(m³/h)	18 万~20 万(占总气量 52%~58%)	14.7 万~16.7 万	除尘效率/%	99.80	98.6(平均值)
			收尘极总面积/m²	4055	2574
有效截面积/m²	53(有效 52.8)	45	驱进速度/(cm/s)	8.5	6.7
烟气温度/℃	150~250　短时 300	同左	电场有效长度/m	3×3.980=11.940	3×2.76=8.28
入口浓度/(g/m³)	20~45	同左	电场内负压/Pa	<2000	
出口浓度/(g/m³)	<0.15	0.306	放电线形式	管状芒刺 2816/两电场　星形 2816/第三段电场	φ2 镍铬线
阻力/Pa	≤200				
外形尺寸/m	21.793×8.920×17.705		供电	3 GGAJO₂-0.7/72kV	
占地面积/m²	194.4	302	操作电压/kV	50~55	40~59
设备总重/t	207(不包括保温)	120(不包括外壳)	操作电流/A	0.5~0.6	0.044~0.14

卧式电除尘器的实测效率在 99.8% 以上，电场风速为 1.3m/s 时，排出浓度低于 $50mg/m^3$。从上表看出，棒帏式电除尘器比板卧式电除尘器断面积少 15%，收尘面积减少 36.5%，在工况条件相同的条件下，驱进速度小于 21%。由于棒帏式电除尘器自重大，价格还比 53m^2 板卧式电除尘器高出近一倍。人们曾作过这样的比较，如果将 30m^2 棒帏式电

除尘器的棒帷换成 Z 形或 C 形板，则对比结果如表 6-11。

表 6-11　棒帷式和板卧式对比

类　别	棒帷式 30m²	板卧式 30m²	类　别	棒帷式 30m²	板卧式 30m²
收尘极形式	φ6mm 钢筋	钢板 1.2mm	单位收尘极投影面积重/t	49.5	8.87
收尘极面积/m²	590	1750	比值	5.58	1
收尘极重量/t	29.2	15.52			

按整台电除尘器计算，Z 形板或 C 形板较棒帷式收尘极可节约钢材约 14t，从这个实例可以看出，铝厂除尘工艺系统是成熟的，将棒帷式电除尘器进行改造，技术上可行，经济上合理。

4. 原料和熟料生产

氧化铝原料生产各作业中产生的粉尘，一般皆在产尘点设置密闭罩加以捕集，通过管道引至袋式除尘器净化。较难处理的熟料粉尘，则用水浴除尘器或电除尘器净化，回收的粉尘可作为原料返回生产流程中利用。

（二）电解铝厂含氟烟尘减排技术

熔盐电解法炼铝，用氟化盐（NaF、Na_3AlF_6、MgF_2、CaF_2、AlF_3 等）作电解质，与原料中的水分和杂质反应，生成 HF、SiF_4、CF_4 等气态氟化物，加工操作过程中造成氧化铝和氟化盐粉尘飞扬，部分气态氟能吸附于固体颗粒表面，随电解烟气散发出来。每炼 1t 铝约产生氟 16～22kg，预焙阳极电解槽散发氟较少，固体氟比例较高，自焙阳极电解槽氟化盐消耗较多，烟气中还含有沥青烟，污染环境较严重。

1. 烟气捕集技术

（1）地面捕集方式　直接捕集电解槽散发的烟气的方式。通过电解槽密闭罩捕集从料面和阳极处散发的烟气，经排烟管道汇集，由引风机引入净化装置，去除污染物后排放。电解槽的烟气捕集率和处理烟气量因槽型和槽容量而异（见表 6-12）。与天窗捕集方式相比，地面捕集方式处理烟气量少，烟气含氟浓度较高，净化效率和经济效果较好。新建电解铝厂或老厂技术改造普遍采用地面捕集方式。

表 6-12　电解槽烟气捕集率和排烟量

槽型	上插槽	侧插槽	预焙槽
烟气捕集率/%	75～85	80～90	95～98
每吨铝排烟量/km³	20～30	300～400	150～200

（2）天窗捕集方式　通过天窗捕集散发到电解厂房内的烟气的方式。20 世纪 60 年代，国际上推广应用上插自焙槽生产工艺，由于从密闭罩缝隙处和加工开启罩盖时逸散到厂房内的烟气较多，烟气捕集率较低，所以需对厂房内的烟气进行捕集，并加以净化，以减轻无组织排放对环境的影响。一般将天窗烟气净化与地面烟气净化系统联合起来，天窗烟气采用喷淋洗涤净化，当循环液中 NaF 达到一定浓度后，送至地面烟气净化系统作为补充液使用。天窗捕集方式处理每吨铝烟气量约为 200 万立方米，净化效率达 80%。设备较庞大，投资和运行费用较高。日本等国自焙槽铝厂多设置天窗烟气净化系统，中国衢州铝厂采用地面-天窗烟气联合净化方式。

2. 含氟烟气湿法净化方式

中国 20 世纪 60 年代开始在铝电解烟气净化工程中应用了湿法净化技术，70 年代随着大型预焙槽工艺的引进和开发，干法净化技术得到迅速发展。

采用水或碱溶液作吸收剂，洗涤吸收铝电解烟气中气态氟化物，同时去除固体颗粒物的方法。主要用于净化自焙槽烟气。用碱作吸收剂的碱法比用水吸收的酸法净化效率高，设备腐蚀小，应用较普遍。

（1）水吸收法　采用水吸收净化含氟废气，主要是基于氟化氢和四氟化硅都极易溶解于水。

氟化氢溶于水生成氢氟酸；四氟化硅溶于水则生成氟酸硅，此反应过程可以认为分两步进行，首先四氟化硅和水反应生成氟化氢：

$$SiF_4 + 2H_2O \rightleftharpoons 4HF + SiO_2 \tag{6-1}$$

生成的氟化氢继续和四氟化硅反应而生成氟硅酸：

$$2HF + SiF_4 \rightleftharpoons H_2SiF_6 \tag{6-2}$$

总的反应式为：

$$3SiF_4 + 2H_2O \rightleftharpoons 2H_2SiF_6 + SiO_2 \tag{6-3}$$

水吸收氟铝酸法工艺流程如图 6-1 所示。

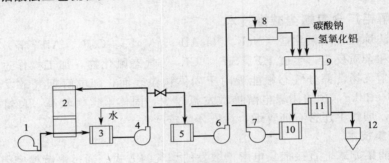

图 6-1　水吸收氟铝酸法工艺流程
1—排烟机；2—吸收塔；3—循环槽；4,6,7—泵；5—沉降槽；8—氢氟酸高位槽；9—合成槽；10—母液槽；11—过滤机；12—干燥窑

由于氟化氢与四氟化硅均极易溶于水，因此在吸收过程中，气膜阻力是控制因素。

水吸收法是目前治理磷肥厂含 SiF_4 废气的常用法。由于吸收剂价廉、易得，因而运行费用较低。

（2）碱吸收法　碱吸收法即采用碱性溶液（$NaOH$、Na_2CO_3、NH_3 或石灰乳）来吸收含氟废气，从而达到净化回收的目的。碱吸收法可以净化铝厂含 HF 烟气，也可以净化磷肥厂含 SiF_4 的废气，并可副产冰晶石等氟化盐。

用 Na_2CO_3 溶液洗涤电解铝厂烟气时，则烟气中的 HF 与碱液反应，生成 NaF。其化学反应如下：

$$HF + Na_2CO_3 \longrightarrow NaF + NaHCO_3 \tag{6-4}$$

$$2HF + Na_2CO_3 \longrightarrow 2NaF + CO_2 \uparrow + H_2O \tag{6-5}$$

由于烟气中还有 SO_2、CO_2、O_2 等，所以还会发生下列副反应：

$$CO_2 + Na_2CO_3 + H_2O \longrightarrow 2NaHCO_3 \tag{6-6}$$

$$SO_2 + Na_2CO_3 \longrightarrow Na_2SO_3 + CO_2 \tag{6-7}$$

$$Na_2SO_3 + \frac{1}{2}O_2 \longrightarrow Na_2SO_4 \tag{6-8}$$

在循环吸收过程中，当吸收液中 NaF 达到一定浓度时，再加入定量的偏铝酸钠（NaAlO₂）溶液，即可制得冰晶石。其过程可分为两步进行，首先 NaAlO₂ 被 NaHCO₃ 或酸性气体分解，析出表面活性很强的 Al(OH)₃，然后生成的 Al(OH)₃ 再与 NaF 反应生成冰晶石。总反应式为：

$$6NaF + 4NaHCO_3 + NaAlO_2 \longrightarrow Na_3AlF_6 + 4Na_2CO_3 + 2H_2O \tag{6-9}$$

$$6NaF + 2CO_2 + NaAlO_2 \longrightarrow Na_3AlF_6 + 2Na_2CO_3 \tag{6-10}$$

Na₂CO₃ 溶液吸收 HF 制取冰晶石的流程示意如图 6-2 所示。

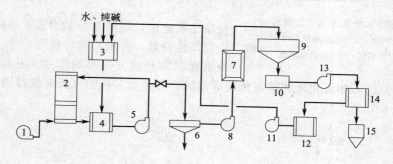

图 6-2　碱溶液吸收合成冰晶石工艺流程

1—排烟机；2—吸收塔；3—碱溶液制备槽；4—循环槽；5，8，11，13—泵；
6—沉降槽；7—换热器；9—冰晶石合成槽；10—料浆汇集槽；12—母液槽；
14—过滤机；15—干燥窑

3. 含氟烟气干法净化方式

采用氧化铝作吸收剂，净化铝电解烟气的方法。氧化铝是铝电解生产原料，具有微孔结构和很强的活性表面，国产中间状氧化铝比表面积为 30～35m²/g。在烟气通过吸附器过程中，HF 气体吸附于氧化铝表面，生成含氟氧化铝，然后通过袋式除尘器捕集下来，直接运到电解生产使用。该法不存在二次污染和设备腐蚀等问题，尤其适于净化预焙槽烟气，净化效率可达 99%。

（1）净化流程　实用的干法净化有两种流程。

① A-398 干法净化流程。为美国铝业公司开发的流化床净化流程，烟气以一定速度通过氧化铝吸附层，氧化铝则形成流态化的吸附床，烟气中的 HF 被氧化铝吸附后，通过上部的袋式除尘器净化后排放。氧化铝吸附床层厚度在 50～300cm 之间调节，氧化铝在吸附器中停留时间 2～14h，被捕集的含氟氧化铝可抖落在床面上予以回收。

② 输送床干法净化流程。为法国空气工业公司推出的，该法将氧化铝吸附剂直接定量加入一段排烟管道，在悬浮输送状态下完成吸附过程。吸附管道长度决定于吸附过程所需时间和烟气流速。为防止物料沉积，烟气流速一般不应小于 10m/s（垂直管段）或 13m/s（水平管段），气固接触时间一般大于 1s。由吸附管段出来的烟气经袋式除尘器进行气固分离，分离出来的含氟氧化铝送至电解生产使用。该流程在我国已获得普遍应用。

（2）干法净化原理　在现代铝厂，无论何种型式的电解槽，烟气中 HF 的质量浓度都不高，一般只有 40～100mg/m³。最高也不过 200mg/m³。气固两相的反应是在 Al₂O₃ 颗粒庞大的表面上进行的，必须大大强化扩散作用，推动 HF 顺利克服气膜阻力而达到 Al₂O₃ 表面，为了保证这一过程有效地进行，应该提供良好的流体力学条件，概言之，有以下几个方面：适宜的固气比（Al₂O₃ 浓度）；Al₂O₃ 粒均匀分散；颗粒表面不断更新；

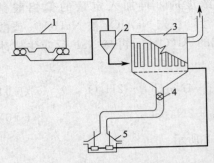

图 6-3 流化床净化含氟废气工艺流程
1—氧化铝；2—料仓；3—带袋滤器的沸腾床反应器；4—排烟气；5—预焙电解槽

足够的接触时间。

为了完成这一过程，人们设计了各种类型的反应器和分离装置，概括起来不外乎"浓相"流化床和"稀相"输送床两类，它们的流程见图 6-3 和图 6-4。

两种类型的净化系统都是由反应器、风机和分离装置三部分组成的。工业应用表明，各项指标皆令人满意。HF 净化效率在 99% 以上，粉尘净化效率在 98% 以上，环境质量均达到要求，全部操作实现自动化和遥控。

在净化系统中，烟气是分散介质，Al_2O_3 作为分散相，必须高度分散，分散均匀，使每一个 Al_2O_3 颗粒的每一块表面都能充分发挥吸附作用。从这个角度出发，固定床反应器是远不如流化床和输送床反应器的。三者所采用的气流速度以固定床最低，输送床最高（表 6-13）。

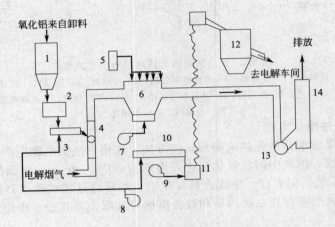

图 6-4 干法烟气净化工艺流程
1—新氧化铝储槽；2—定量给料器；3—风动溜槽；4—VRI 反应器；
5—气罐；6—袋式除尘器；7,9—罗茨鼓风机；8—离心通风机；
10—风动溜槽；11—气力提升机；12—载氟氧化铝贮槽；
13—主排风机；14—烟囱

流化床和输送床的湍动程度较强烈，具有自搅拌作用，固体颗粒外层气膜要比固定床的薄得多。根据界面动力学状态理论，气膜的厚度随湍动程度而改变。湍动强力的输送床，在气固界面上产生大量的漩涡，由于漩涡对界面的冲刷，使界面不断获得更新。传质是沿着漩涡进行的，这种湍流扩散有利于气体向微孔内表面深入。

表 6-13 三种反应器的气速和雷诺数

反应器类型	固定床	流化床	输送床
气流速度/(m/s)	0.15~0.25	0.3	15~25
雷诺范围	<10^4	10^4~3×10^4	$\geqslant 5 \times 10^5$

生产中广泛采用流化床和输送床反应装置，有的采用强膨胀和涡漩反应器，就是为了改善体系的流体力学条件，强化扩散-吸附过程。

在一定条件下，尾气中 HF 浓度与气固接触时间有关系。试验证明，接触时间只需 0.6～0.8s，尾气中 HF 的浓度就趋于不变，接触时间再增加已是徒劳无益。保证必须而足够的接触时间，是通过反应器的设计来实现的。

二、镁冶炼烟气治理

工业炼镁方法有电解法和热法两种。电解法以菱镁矿（$MgCO_3$）为原料，石油焦作还原剂，在竖式氯化炉中氯化成无水氯化镁或用除去杂质和脱水的合成光卤石（含 $MgCl_2 > 42.5\%$）作原料，加入电解槽，在 680～730℃ 温度下熔融电解，在阳极上析出氯气，这部分氯气经氯压机液化后回收利用。每炼 1t 精镁约耗氯气 1.5t，其中一部分消耗于原料中的杂质氯化，一部分转入废渣及被电解槽和氯化炉内衬吸收，大约有 1/2 氯随氯化炉烟气和电解槽阴极气体排出，较少部分泄漏到车间内，无组织散发到环境中。热法炼镁原料是白云石（MgO），煅炼后与硅铁、萤石粉配料制球，在还原罐 1150～1170℃ 温度下以镁蒸气状态分离出来。生产过程中产生的烟尘，采用一般除尘装置去除。

镁冶炼烟气中主要污染物是 Cl_2 和 HCl 气体，氯化炉以含 HCl 为主。镁电解槽阴极气体中主要是 Cl_2。一般治理方法是先用袋式除尘器或文丘里洗涤器去除氯化炉烟气中的烟尘和升华物，然后与电解阴极气体汇合，引入多级洗涤塔，用清水洗涤吸收 HCl，再用碱性溶液洗涤吸收 Cl_2。常用的吸收设备有喷淋塔、填料塔、湍球塔等，吸收效率可达 99% 以上。

进一步处理循环洗涤液，可以回收有用的副产品。一般循环水洗涤可获得 20% 以下的稀盐酸；再加上 $MgCl_2$、$CaCl_2$ 等镁盐能获得高浓度 HCl 蒸气，再用稀盐酸吸收可制取 36% 浓盐酸；或用稀盐酸溶解铁屑制成 $FeCl_2$ 溶液，用于吸收烟气中的 Cl_2 生成 $FeCl_3$，经蒸发浓缩和低温凝固，制得固态 $FeCl_3$，作为防水剂、净水剂使用。用 $Na(OH)$、Na_2CO_3 吸收 Cl_2 可生成次氯酸钠，作为漂白液用于造纸等部门。如果这些综合利用产品不能实现，则对洗涤液进行中和处理后排放。

若采用球团氯化、无隔板电解槽等新的炼镁工艺，则氯化炉和镁电解槽产生的氯化物大幅度减少，每吨镁的氯气耗量降至 400kg/t，采取相应治理措施后，氯化物的排放均能达到排放标准。

三、钛生产烟尘减排技术

工业上生产金属钛的原料是钛精矿或金红石，其中的有用成分是 TiO_2。由于氧与钛的结合能力强，首先将钛氧化物转化为氯化物，即在氯化炉中通氯气，在 800℃ 温度下 TiO_2 变成 $TiCl_4$，然后用金属还原制成海绵钛，生产的氯化镁再加入镁电解槽电解生产镁，在钛生产过程中循环使用，每生产 1t 海绵钛消耗氯气 1t 左右。从高钛渣氯化炉和镁电解槽散发的 Cl_2 和 HCl 气体，少部分进入收尘渣和泥浆渣中。含氯化物烟气的治理方法与镁冶炼烟气治理相同。

高钛渣电炉烟气净化工程实例如下。

高钛渣电炉是海绵钛生产的首要工序，它是将钛铁精矿与石油焦按比例配料，送入高钛渣电弧炉进行高温冶炼，冶炼后得到富含二氧化钛的高钛渣和生铁，高钛渣再经过氯化、精制、还原-蒸流、电解、加工等工序成为海绵钛。

高钛渣电炉在冶炼过程中产生大量含尘烟体，烟尘粒径较小，因此，如果不采取有效的烟气处理装置，高钛渣电炉含尘烟气对周围环境和人体健康都会造成危害。

1. 高钛渣电炉烟气的特性

高钛渣电炉排烟方式采用半封闭式矮烟罩（一般烟罩口距电炉口 1.8m 左右）。高钛渣电炉技术参数和烟气特性参数如下。

烟气温度：350～400℃。

烟尘浓度：800～1500mg/m³（标）。

烟气成分：

	CO_2	N_2	O_2	H_2O
	15%～18%	25%～78%	5%	2%

粉尘粒径分布：见表 6-14。

表 6-14　粉尘粒径分布表

规格	200 目	230 目	270 目	320 目	340 目	360 目	＞360 目
比例	40%	8%	8%	6%	4%	3%	31%

粉尘堆密度：200g/m³。

烟尘比电阻：$3.3 \times 10^{12} \sim 5.5 \times 10^{14} \Omega \cdot m$。

以上各项参数主要取决于冶炼炉工况和半封闭烟罩侧门操作工艺，其中当出现刺火、翻渣和坍料瞬时，烟气量波动将增加 30%，烟气温度最高可达 900℃。

半封闭型电炉烟气净化工艺均采用干法净化流程，即袋式除尘或静电除尘。目前世界上绝大部分电炉是采用袋式除尘净化烟尘，如采用静电除尘法，则另外必须设置烟气增湿调质塔，使烟尘比电阻降低到 $9 \times 10^{11} \Omega \cdot m$ 才能适应电除尘器的特性，但除尘效率远远不如袋式除尘器。

2. 高钛渣电炉烟气净化特点

由于以下所列原因，高钛渣电炉的烟气净化与一般工业除尘方法相比，存有一定的难度，具体体现在：①烟气量大，烟气含尘浓度高；②粉尘细（80% 以上粉尘粒径小于 1μm）；③烟气处理温度高，一般要求处理温度不低于 140℃，如温度过低则会造成粉尘黏性增加，并可能引起结露。

3. 高钛渣电炉烟气工艺参数

（1）硅铁矿热电炉排烟量见表 6-15。

表 6-15　硅铁矿热电炉排烟量

熔炉/kV·A	炉气量/(m³/h)	排烟量/(m³/h)	熔炉/kV·A	炉气量/(m³/h)	排烟量/(m³/h)
12500	70000	110000(180～200℃)	6300	35000	61000(180～200℃)
9000	48600	85000(180～200℃)	3500	23000	35000～40000(180～200℃)

（2）3 台 6500kV·A 高钛渣电炉废气工艺参数

① 烟气量：61000m³/(h·台)，3 台烟气量 183000m³/h；

② 烟气温度：180～230℃（冷却后温度）；

③ 含尘浓度：3.1g/m³（标）。

4. 烟气净化工艺流程

高钛渣高温烟气经系统管道，进入 U 形冷却器冷却、收集、降温、大颗粒烟尘落入冷却器灰斗再引入布袋除尘器进行净化，净化后的净气由风机经烟囱排入大气，收集下来的烟气在除尘器下部输送设备的卸料口处，进行人工包装后外运（见图 6-5）。

为了节省占地面积及提高除尘系统运行效率，本方案采用 3 台矿热电炉组成独立的管道系统。引出一台大型布袋除尘器，进行集中除尘。

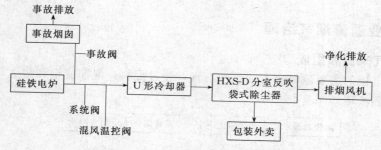

图 6-5　6500kV·A 高钛渣烟气净化工艺流程

5. 净化系统主要设备

（1）袋式除尘器　袋式除尘器适合处理细小粉尘，对于 $0\sim5\mu m$ 粉径的粉尘，分级效率可达 99.5％，袋式除尘器对除去硅铁电炉比电阻高、颗粒细小的高温烟尘是较好的设备，完全可以达到满意效果，投资较电除尘器省，操作管理简单，国内有许多同类型电炉的实践经验，以下推荐采用两种不同类型的袋式除尘器，其技术参数见表 6-16。

表 6-16　两种不同类型袋式除尘器技术参数

型号	第一方案	第二方案
	HXS 反吹风袋式除尘器	LCM 型脉冲长袋除尘器
过滤面积	7400m²	4400m²
过滤风速	0.45m/min	0.73m/min
处理风量	1900900m³/h	192700m³/h
清灰方式	大气反吹	低压喷吹（压缩空气）
滤袋材质	玻纤膨体纱滤布	BWF1050-玻纤针刺毡
耐温	≤260℃	280℃

高钛渣电炉除尘系统的袋式除尘器选型是系统成功的关键问题。

负压分室反吹风袋式除尘器系统，由于使用玻纤膨体纱滤布，虽然除尘器所选过滤风速低，设备重量较大，但其滤料价格要比采用脉冲长袋除尘器滤料便宜造价低，因此运行费用低。

第一方案的大型负压反吹风布袋除尘器具有除尘效率高，维护方便等特点，但清灰效果稍逊于脉冲布袋，投资比第二方案大。第二方案的脉冲长袋除尘器同样具有清灰效果好、除尘效率高、维修也方便的特点，但需要配置压缩空气系统。本工程采用第二方案。

（2）排烟风机　根据烟气净化装置的管道计算，烟气温度和烟气量的要求考虑排烟风机的热态工况下连续运行。因此，选用 2 台引风机作为排烟气机，其技术参数如下：型号 Y4-73-11No14D；全压 3940Pa；风量 10000m³/h；配电机 YSJ315L-4，$N=185kW$。

（3）U 形烟管烟气冷却器　烟气冷却是采用 U 形烟管冷却器，一方面可以冷却烟气，另一方面烟尘经过盘管，大颗粒粉尘经碰撞后自然沉降，起到初处理烟尘作用，无运行和维修费用，投资也省，技术可靠，实践经验证明是可靠的烟气冷却器。

U 形冷却器规格：过热面积 500m²，单台重 42t。

在每组 U 形冷却器入口处加装调节阀，通过调节阀的启动，可以改变 U 形冷却器传热面积的大小，以满足除尘器的温度要求。

6. 效果

系统运行表明，烟囱排出口粉尘浓度能达到国家标准，环保部门验收合格。

四、碳素行业沥青烟气治理

（一）废气来源和组成

制造碳素电极的主要原料有石油焦和沥青，经过配料，混捏成型和焙烧等工序，生产出各种制品，工艺流程如图 6-6 所示。

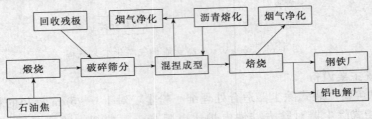

图 6-6　工艺流程

生制品焙烧工序的焙烧炉是主要污染源，排放的沥青烟含有 3,4-苯并芘等致癌物，受到人们关注。沥青熔化和混捏成型工序也产生少量沥青烟。

沥青烟气中焦油粒子是挥发冷凝物，其粒径范围在 0.1～1.0μm 之间，十分微细，高温时比电阻大，低温或掺有炭粉流动性不好，烟气成分见表 6-17。

表 6-17　废气来源及组成

名称	敞开炉	密闭炉	混捏成型
沥青焦油/[mg/m³（标）]	150	3000	3～10
粉尘/[mg/m³（标）]	150	100～300	
烟气温度/℃	150～250	140～160	
氟/[mg/m³（标）]	70		

（二）沥青烟气治理技术

1. 密闭式焙烧炉烟气治理

我国钢铁工业主要使用石墨电极，多用密闭式焙烧炉，焦油浓度高，轻馏分多，若将烟气温度控制在沥青软化点附近，则净化捕集物可呈现较好的流动性，由于电收尘净化效率高，能耗低，又无炭粉吸附法将杂质带入生产系统之嫌，故采用干式电除尘器净化这种烟气。工艺流程如图 6-7 所示。

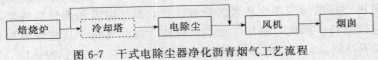

图 6-7　干式电除尘器净化沥青烟气工艺流程

主要净化设备电除尘器，目前有三种结构型式。

（1）同心圆式电除尘器　从 20 世纪 70 年代初开始应用。它融合了板式和管式电除尘器的主要特点，集尘极为多圈同心圆管，电晕线均布在各圈圆管之间，极间距离 200mm，供电电压 40kV 左右，不设清灰振打机构，焦油汇集在集尘圆筒内外两侧，在高于沥青软化点的电场温度下靠自重流入漏斗。一般出口浓度不超过 50mg/m³（标），净化效率 80%～90%，入口实测在 150～500mg/m³（标）。

这种电除尘器的优点是：结构简单，钢材用量少，安装方便，占地面积少，因而受到用户欢迎。缺点是限于结构形式，只能为单电场，电晕线安装检修不方便。另外，垂直偏差超过 2mm，直流电电压就要受到影响，净化效率低且不稳定。

（2）普通卧式电除尘器　极距增加到 300mm，供电电压 60kV，净化效率大于 90%，比同心圆式电除尘器略有提高，运行稳定性和检修方面也有所改善。

（3）宽极距预荷电式电除尘器　极距加宽到 400～500mm，供电电压 80～100kV，电除尘器前增加了全蒸发冷却器，总净化效率可望提高到 98%，比前两种有较大提高。目前已有吉林、贵州、陕西等 8 个碳素厂采用。

寻找性能特点合适的设备，间接抑制和减弱这种高比电阻粒子对净化效率的影响是解决问题的可行性方法。考虑这些制约因素，结合国内新出现的预荷电技术和引进的全蒸发冷却技术，1986 年出现了一种新沥青烟净化系统，即"全蒸发冷却器"加 NKB 型卧式预荷电宽极距电除尘器。

全蒸发冷却塔是利用水的汽化潜热使烟气降温。通过控制水雾化质量、塔内流场等影响蒸发速率的因素，使液滴运动到塔壁和塔底之前全部蒸发干。塔内壁无水滴，塔出口不带水，能防止塔内形成酸性液滴腐蚀塔壁；避免水滴带入后面的净化设备。出口温度控制在 85℃±5℃。烟气降温过程中，气态焦油凝结成液滴，并使焦油滴粒径增大，以利于电除尘器捕集。

2. 敞开式焙烧炉烟气治理

我国铝工业生产预焙阳极块多用敞开式焙烧炉，排放烟气温度高；粉尘多，焦油成分中轻馏分少。阳极配料中掺有 22% 的含氟的电解残极，所以烟气中还有 HF 这种有害气体；若采用干式电除尘器，捕集物的流动性不好，清理有困难，同时对氟也没有净化效率。目前国内有湿法捕集和干法吸附两种净化技术。

（1）湿法阳极焙烧炉烟气净化系统工艺流程框图如图 6-8 所示。

图 6-8　湿法阳极焙烧炉烟气净化系统工艺流程

用稀 NaOH 溶液循环洗涤烟气中的 HF 和少量的 SO_2，排出的洗涤液（含 NaF 和 Na_2SO_4）用 $CaCl_2$ 处理生成 CaF_2 和 $CaSO_4$，再加 PA-322 絮凝剂使与焦油和粉尘一起沉淀过滤后（干渣含水 50%）弃去。处理后排水中含氟 25.4mg/L，焦油 13.4mg/L（超标），与厂内其他废水混合后排出（可以符合国家排放标准）。

湿法的缺点是工艺流程比较复杂，需要有配套的水处理设施，pH 值控制要求高，否则会引起设备腐蚀。

（2）干法净化技术工艺流程框图如图 6-9 所示。

图 6-9　干法净化技术工艺流程

工艺流程很简单，将 Al_2O_3 加入经全蒸发冷却塔降温后的烟气，吸附烟气中的氟和沥青焦油，用布袋除尘器做气固分离，吸附后 Al_2O_3 返回电解槽使用，净化后烟气排入大气。冷却水全蒸发，没有废水外排，由电解残极带来的氟被吸附后又送回电解使用，化害为利。

同时水滴运动到塔壁前全蒸发掉，没有腐蚀问题。合同排放指标先进，远低于国家排放标准。

3. 沥青熔化和混捏成型烟气治理

这类沥青烟气排出焦油总量小，但有时瞬时浓度很高，波动较大，处理技术分水洗法和炭粉吸附法两类。

（1）水洗法用清水洗涤，待洗涤到一定浓度后，将洗涤水送水处理站处理，焦油净化效率能达到 70%～80%。

水洗这种烟气不存在设备腐蚀，但要有配套的水处理设施。

（2）炭粉吸附法中又有固定床、流化床两类。

采用比较多的固定床结构形式见图 6-10。里面充填 0.8～4.7mm 的煅后石油焦，一台运行一台换料，这种结构换料比较麻烦，且吸附料易为烟气带入风机。

图 6-11 是一种新的固定床结构形式，用 0.6MPa 的压缩空气引射净化后气体将完成吸附作用的炭粉吹落，然后加新炭粉，再用 0.2MPa 的压缩空气振动，形成均匀的床层后，进入过滤状态，净化器内设 8 个扇形小格，可轮流换料，净化器连续运行。

炭粉吸附法的缺点是能耗较高。

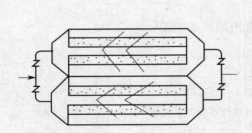

图 6-10　炭粉吸附法固定床结构

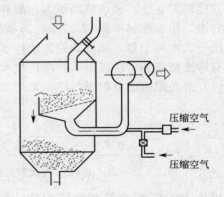

图 6-11　固定床结构形式

4. 沥青烟气治理技术发展趋势

经过近 10 年左右的努力，目前我国碳素行业对各种沥青烟气污染源都找到了一种或几种治理技术。

密闭式焙烧炉烟气治理，用全蒸发冷却塔加预荷电宽极距收尘的净化工艺，焦油总净化效率高，能耗低，无二次污染。今后若在脉冲供电方面继续做些工作，进一步提高和保证稳定的净化效率，相信会得到广泛应用。

敞开式焙烧烟气治理，除上述提到的几种净化方法外，国外还有美国 Alcoa 公司的 A-446 法，它是对 A-398 法的完善，在流化床上增加降温措施，降温和吸附过程同时完成；比较紧凑，但系统能耗较高，操作控制水平要求也高，控制不好会"湿床"。综合比较可以看出，全蒸发冷却塔＋Al_2O_3 吸附的干法净化流程基本代表了当前国际水平。净化效率高，流程简单，无二次污染，是国内外发展趋势之一。

沥青熔化和混捏成型烟气治理，固定床和流化床都是可行的技术。目前在其他领域应用的稀相床，因其能耗低，净化效率可达到流化床和固定床水平，也许会在这种烟气治理中发挥作用。

（三）碳素厂阳极焙烧烟气净化实例

1. 生产工艺流程和烟气来源

生料包括石油焦、残极、生碎和煤沥青。通常配比为：石油焦占 48%、残极 10%、生碎占 25%、煤沥青为 17%。生产工艺流程如图 6-12 所示。

废气中含有焦油、氟、硫和粉尘等有害成分，其主要来源于煤沥青、含氟残极、燃料重油和填充焦粉，当高温焙烧时其焦油、氟、硫和焦粉等在负压抽吸下随烟气一起进排气系统。

在焙烧炉生产时排出的烟气组分为 CO_2 3.2%、O_2 17.2%、N_2 76.2%、H_2O 4.3%。

有害物组成和产生量见表 6-18。

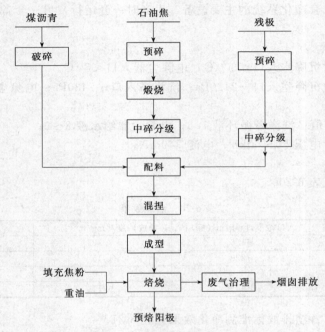

图 6-12　预焙阳极生产工艺流程

表 6-18　有害物组成和产生量

有害物名称	组成/[mg/m³（标）]	数量/(kg/h)	有害物名称	组成/[mg/m³（标）]	数量/(kg/h)
焦油	51.6	4.374	硫	112.0	9.557
氟	72.0	6.106	粉尘	130.0	11.029

2. 废气处理工艺流程

如图 6-13 所示。

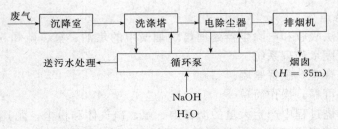

图 6-13　废气处理工艺流程

3. 主要设备

主要设备及构筑物见表 6-19。

表 6-19　主要设备及构筑物

设备名称	数量	规格性能	设备名称	数量	规格性能
重力沉降室(长×宽×高)	2	$6×5.5×5m$	洗涤液引出泵	2	$Q=0.35m^3/min\ H=39m$
洗涤塔	2	$\phi5700/\phi3800mm×25700mm$	电收尘器给水泵	2	$Q=50m^3/h\ H=50m$
电除尘器	2	$F=34.5m^3$	缓冲槽	2	$\phi2900mm×2950mm$
排烟机	2	$1728m^3$(标)$/min\ 3740P$	NaOH 槽	2	$\phi2900mm×3050mm$
循环泵	2	$Q=7.5m^3/min\ H=42m$	NaOH 注入泵	2	$Q=5L/min\ H=8m$
洗涤塔给水泵	2	$Q=0.5m^3/min\ H=10m$	NaOH 循环泵	2	$Q=0.3m/min; H=10m$

上述设备表为二套净化系统的主要设备,生产时一套运行,另一套备用。整个净化系统露天配置。

4. 工艺控制条件

(1) 温度　重力沉降室入口$<300℃$;电除尘器入口$<80℃$。

(2) 负压　重力沉降室入口$-2190Pa$;洗涤塔入口$-2430Pa$;电除尘器入口$-2750Pa$;排烟机入口$-3260Pa$。

(3) 洗涤液 pH 值　洗涤塔循环液 7.3;电除尘器给水液 $8\sim9$。

(4) 电除尘器　电压 $50\sim60kV$;电流 340mA。

5. 处理效果

设计处理效率见表 6-20。

表 6-20　治理效果

有害物名称	入口浓度/[mg/m³(标)]	排放浓度/[mg/m³(标)]	净化效率/%
焦油	51.6	7.22	86.0
氟	72.0	1.15	98.4
硫	112.6	7.09	93.7
粉尘	130.0	9.11	93.0

净化效果很好,各项排放标准测净化效果见表 6-21。

表中所列数据为四个火焰系统生产时的实测值,其中粉尘入口浓度大大增加,这主要是由于焙烧炉长期运转局部破损所致。

表 6-21　净化设施实测效果

有害物名称	入口浓度/[mg/m³(标)]	排放浓度/[mg/m³(标)]	净化效率/%
焦油	45.7	1.37	97
氟	12.2	0.17	98.6
硫	80	1.61	98
粉尘	515	61.35	88

6. 工程设计特点

(1) 采用湿碱法吸收和电除尘器处理焙烧烟气中的焦油、氟、硫和粉尘,净化效率高,行之有效,但需设废水处理系统。

(2) 净化流程合理,配置紧凑。

(3) 设备行动可靠,操作简单。

预焙阳极在焙烧过程中产生大量的沥青烟、氟、硫气体和粉尘,尤其是沥青烟,含有一定量的 3,4-苯并芘等强致癌物质,经治理后减轻了对大气污染,清除了对人的危害,具有很好的环境效益和社会效益。

（四）阳极焙烧炉烟气干法净化技术实例

铝厂碳素系统与电解系统 160kA 大型中间下料预焙槽配套建设，年产预焙组装阳极成品 63000t。

1. 碳素生产工艺流程及沥青烟气来源

预焙阳极组装块工艺流程见图 6-14。

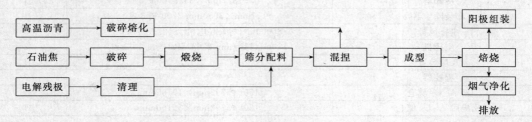

图 6-14　预焙阳极生产工艺流程

生产大型预焙阳极，采用软化点为 100℃±8℃ 的硬沥青作黏结剂，其用量约占生制品重量的 16%±2%，生块在高温焙烧过程中，沥青被分解成为含有沥青焦油和少量二氧化硫等有害成分的黄烟（即沥青烟气），除了一部分在焙烧炉火道内被烧掉外，其余的全部进入烟道。因碳阳极配入一定数量的含氟电解残极，则焙烧时将有氟化物逸出而进入烟气，在负压作用下，填充料中的细小颗粒也被带入烟气中。

阳极焙烧炉烟气由沥青挥发物、氟货物、燃烧废气和粉尘四大部分组成。

2 台 54 室敞开式焙烧炉，正常生产时为 5 个火焰系统，采用发生炉煤气作为燃料，煤气用量为 1690m³（标）/t（生阳极）。检测结果表明，当焙烧开两个火焰系统时，烟气量在 75000～87000m³（标）/h 之间，开 3 个火焰系统时，烟气量在 110000～165000m³（标）/h 之间。据此推测，若 5 个火焰系统全部开时，焙烧实际烟气量将超过系统设烟量 [125000m³（标）/h]。

2. 焙烧烟气处理工艺流程和设备

（1）焙烧烟气净化流程框图见图 6-15。

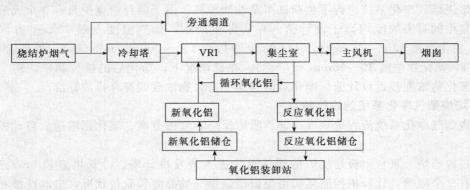

图 6-15　焙烧烟气净化流程

来自焙烧炉烟气进入冷却塔进行喷水雾化冷却，冷却后的烟气由塔底部排出进入反应器进行氧化铝吸附反应，吸附反应后的氧化铝由脉冲袋式除尘器进行气固分离。分离后的氧化铝一部分循环使用，另一部分经风动溜槽气力提升器提升到吸附氧化铝储槽，定期用槽车送电解使用，干净烟气由主排烟机抽走送入 18m 高烟囱排入大气，新鲜氧化铝由汽车槽车运来用压缩空气输送到新氧化铝储槽。

（2）主要设备见表 6-22。

3. 工艺控制条件

设计参数如下。

（1）烟气量　125000m³/h

表 6-22　焙烧净化系统主要构筑物及设备一览

设 备 名 称	规 格 型 号	台 数
冷却塔	ϕ1877mm×33285mm	1
布袋除尘器	ϕ111mm×3050mm 3200 袋 8 室	1
主排风机	85000m³（标）/h 电机 JS127-1260kW	3
空压机	150m³（标）/min 0.64MPa 电机 135kW	3
反应装置		4
程控器		2
新 Al_2O_3 储仓	150t ϕ5792mm×10165mm	1
反应后 Al_2O_3 储仓	150t ϕ5792mm×10165mm	1

（2）烟气温度　最高 350℃；正常平均 150℃。

（3）烟气中有害物含量　总含尘量 150mg/m³（标）；总焦油量 150mg/m³（标）；总氟化物量 70mg/m³（标）。

（4）烟气出炉负压　2452～1961Pa（250～200mmH₂O）。

（5）新鲜氧化铝消耗量　最大速度 5t/h；一般选择 2t/h。

（6）氧化铝性能要求　比表面积 26～37m²/g；粒度＞44μm 占 32%～46%；安息角 35°～39°。

（7）净化后烟气中有害排出浓度　总含尘量 10mg/m³（标）；总焦油量 3.0mg/m³（标）；总氟货物量 1.0mg/m³（标）。

4. 处理结果

焙烧烟气干法净化系统设备运行可靠，技术先进，烟囱排出有害物浓度达到或低于设计值。在烟囱出口处用滤膜采气检测，膜片上见不着沥青烟气和粉尘的痕迹。

5. 净化系统主要经济指标

对焙烧烟气净化系统进行了负荷试车及性能考核。由于两台焙烧炉只有 3 个火焰系统生产，烟气中的有害浓度均高于设计值。在实际生产中，烟气温度一般 70℃左右，最高达 120℃。粉尘浓度 110～342mg/m³（标），沥青焦油 160～300mg/m³（标），最高达 362mg/m³（标），氟化物浓度 10～15mg/m³（标）。在此情况下，净化后的排放物中，粉尘、沥青焦油及氟化物浓度接近设计值。净化后的气体中有害物浓度能符合排放标准。

6. 焙烧烟气净化系统的设计特点

焙烧烟气净化系统流程由烟气冷却、吸附反应、气固分离、氧化铝输送、自动控制五部分组成。

（1）冷却塔　来自阳极焙烧炉的烟气首先进入蒸发冷却塔。冷却塔直径 5m，高 30m，塔顶装有 9 个喷嘴，计算机控制系统可根据焙烧烟气的温度和流量状况，自动选择和调整喷嘴喷水工作压力及喷水所需的压缩空气工作压力，使烟气温度降低到 88℃左右，以便保护过滤的布袋，也可使气态烃类化合物冷凝成焦油沥青颗粒，从而提高沥青烟气的净化效率。

（2）反应器　反应器是一种使氧化铝与烟气中有害成分充分接触吸附的低能耗反应器，与沸腾床、文丘里等同类反应器比较，在同等净化效率的前提下，阻力损失小（49～245Pa），氧化铝粉化率低（5%）。

反应器是由不锈钢制作的，由锥心空心圆筒和流态化元件组成，鼓入空气，使进入流态化区域的氧化铝处于沸腾状态，以满足新、旧氧化铝料的充分混合和向反应器喷射小孔输送氧化铝的目的，能较好地利用氧化铝颗粒的吸收表面。

（3）袋式除尘器　气固分离设备采用高压脉冲袋式除尘器。气体经 VRI 净化后送往袋式除尘器。Pleno-Ⅳ有一台分为四组八室的脉冲袋式除尘器进行分离过滤。两个除尘室为一组，配一个 VRI 反应器。每个除尘室有 400 个滤袋，规格为 $\phi114mm \times 3048mm$，滤袋总数为 3200 个，滤袋材质为 ZLN-D-0.2 针刺滤气呢，最高使用温度为 135℃。

每个袋子的顶部都安装有特殊形状的文丘里管，由其中射出脉冲气流，定期吹落袋面的氧化铝。除尘器设有多孔板，使烟气分布均匀，设计滤袋气布比低，能保证除尘效率，并延长滤袋寿命。

（4）氧化铝输送系统　氧化铝系统具有平衡溢流管和虹吸管及密封的存贮料斗，漏斗中存储的 Al_2O_3 可在新 Al_2O_3 中断时应急使用。通过氧化铝流态化分料箱，氧化铝均匀地分配给四个 VRI，给料器可以准确控制新氧化铝供给速率，调节孔板控制循环氧化铝加入量。

（5）自动控制系统　净化系统采用带图像显示的独立式 NEM12 型主控制盘，控制整个净化系统运行。全系统采用可编程序控制器进行自动、联锁控制、报警等，且配有 CPU 四点记录仪显示和记录喷水量，系统负压，塔进出口温度，对新氧化铝的给料量和风机电机的电流进行控制调节，其中最主要的是连续控制冷却塔出口温度和喷水量大小。

PLENO-Ⅳ干法净化技术，经三年运行实践，未发现不良反应，该技术工艺和设备先进，自动化和连续化程度高，净化效率高，生产费用低，劳动定员少，又无二次污染，净化后的氧化铝可以直接返回电解槽生产使用。存在的问题，一是烟囱高度仅为 18m，而邻近厂房高度大于 20m，当水平风速较大时，排放的烟气不易扩散，甚至倒灌到厂房内；二是烟道阀门不能完全密闭，当净化系统不能正常工作时，烟气经旁通烟道直接排放，但仍不免有部分烟气通过冷却塔、VRL 及袋式除尘器，可能造成黏附或堵塞。

五、轻金属烟尘回收利用

轻金属烟尘回收利用的最大特点是尽可能把烟尘作为原料返回生产系统使用。它不像钢铁生产，排放的烟尘有许多种回收利用的途径和方法，究其原因是有色金属规模不大，烟尘量小，回收技术复杂，回收产品则得不偿失。但从环境保护和资源利用考虑还应当回收利用。

（一）氧化铝粉尘回收利用

在氧化铝和电解铝生产中都排放氧化铝粉尘。氧化铝粉是电解铝的原料，所以除尘系统除尘器收集的粉尘可以直接用于生产。

（二）从钛铁矿氯化炉粉尘中回收氧化铁

在氯化钛铁物料中，氯、碳同钛铁矿之类含铁矿石在高温下反应生成四氯化钛时，会产生大量粉尘，其主要组分为粒状氯化钛及其杂质二氧化钛（TiO_2）、焦炭与其他金属氧化物与氯化物，例如氯化镁和氯化锰。此种氯化炉尘理想的做法是使其成为生产有用产品诸如氧化铁和气态氯的原料；氯气可用于氯化钛铁矿。

用来回收氧化铁和氯气的许多现有工艺方法，都是将氯化铁进行氧化。美国（专利4060584 号）研究出一种回收氯气和氧化铁的改进方法。钛铁矿氯化产生的粉尘，主要含粒状氯化亚铁和包括焦炭与各种金属氯化物同氧化物在内的固体杂质，该法是在低温下连续多次氧化处理这种粉尘，回收粒状氧化铁和气态氯。

1. 工艺步骤（见图 6-16）

（1）先使主要含氯化亚铁的氯化炉粉尘在 500～800℃ 条件下同氧反应，氧量要控制到恰好能生成固体三氧化二铁和气态氯化铁，而不产生氯。

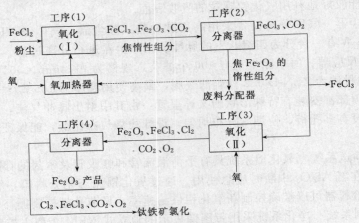

图 6-16　氧化炉粉尘的氧化流程

（2）这样制出的固体氧化铁，可能含有焦炭和其他杂质，要在 500～800℃ 的温度条件下将这些固体物从反应气态产品中分离出来。

（3）如果反应中存在气态产物氯化铁和二氧化铁，就应补充氧，使其反应，生成气态氯和更多的固态三氧化二铁，反应开始时，温度为 600～800℃，后逐渐降至 600℃ 以下。

（4）工序（3）生成的固态三氧化二铁与气体分离。

由图 6-16 可知，氧化过程是按照下式进行的：

$$6FeCl_2 + \frac{3}{2}O_2 \longrightarrow Fe_2O_3 + 4FeCl_3 \tag{6-11}$$

由于反应是在 500～800℃ 的较低温度下进行，氯化炉粉尘中的可燃次生组分例如炭，肯定不会氧化，因而也不会出现氧化铁过热或烧结的现象，反应就易控制。生成的固态氧化铁较粗，基本不会粘在反应器壁上，所以很容易把氧化铁以及氯化炉尘的次生固态组分例如炭从气态混合物中分离出来。气态混合物主要为气态氯化铁。

图 6-16 中工序（1）消耗的氧基本上是符合化学当量的要求，因而不会有氯生成，氧量要按化学式（6-11），根据所用氯化炉粉尘的成分来计算。此种固态氧化铁和其他固体同步骤（2）的气体混合物的分离，用常规分离设备在有效温度 500～800℃ 下进行。含氯化铁的气体混合物连续逐渐形成，不会损失能量。

因此，工序（2）的气态氯化铁可进行冷凝，并同气体混合物中的其他组分分开，由于其纯度很高，可用于各种领域，例如用于水的净化。但是，最好使含氯化铁的气体混合物同补加的氧反应［工序（3）］，生成更多的固态三氧化二铁和气态氯，其反应式如下：

$$2FeCl_3 + \frac{3}{2}O_2 \longrightarrow Fe_2O_3 + 3Cl_2 \tag{6-12}$$

其后在工序（4）中，将生成的纯三氧化二铁从含氯化物的气体混合物中分离出来。

本法的最大优点在于，产出的固态氧化铁基本未受污染，可直接用于冶炼工业或制造氧化铁的颜料。如果按上述反应式进行到工序（3）结束，就会生成两倍于工序（1）的氧化铁，结果从氯化炉粉尘中得到的铁有价物大部分都是可用的。

2. 注意事项

（1）工序（3）的反应，或多或少取决于气态氯化铁的氧化温度。该工序的反应最好在600～800℃ 开始，然后逐渐降至 600℃ 以下，温度降低到 350℃ 更好。为此，气态氯化铁混合物从工序（2）引入工序（3）的氧化反应器中，既不加热也不冷却。采用这样的程序反应控制比较简单，还可运用构造简单的设备。

（2）当温度降低时，反应式(6-12)的平衡势就越来越移向生成三氧化二铁的方向，最后达到几乎完全生成三氧化二铁。因此，为避免未反应的气态氯化铁冷凝而进一步降低温度，即将温度降到350℃以下，是不可取的。

（3）由于工序（1）的反应是弱放热反应，所以为了将氯化炉粉尘加热到反应温度和补偿辐射造成的热损失等，就需供入能量。这可以通过预先加热一个或两个反应组分补充热能。进行该作业的最好方式，是在工序（1）前用适当燃料预热氧气，也可先直接在氧气中燃烧燃料，然后将其送入反应器，或者氧气同灼热的燃烧产物混合，当然也可使氧气通过热交换器表面间接得到加热。

任何对三氧化二铁或氯化铁的氧化不会产生有害影响的物质都是合适的燃料，都可以利用。因此，要求燃料基本不含氢或氢化物，合适的燃料是一氧化碳和炭。如果氯化亚铁粉尘含焦炭，亦可用作燃料。

（4）工序（2）分离的固体混合物如果含焦炭，就可能在高于焦炭的燃点温度下至少部分地同过量氧反应，或同氧的混合气体反应，同从团体物料分离出来的并送入工序（1）的含预热氧的气体混合物反应。

工序（2）分离出来的固体混合物可能全部或仅一部分同氧反应，这取决于氧的预热温度，取决于固体物所含炭的粒度以及预热气体混合物和燃烧产物的许可稀释度。太稀薄不好，因为在这种情况下，工序（4）回收的含氯气体混合物也会过于稀薄。

（5）工序（4）产出的含氯气体混合物中含有未反应的氯化铁，照例可用已知方法分离出来，继续使用。

本工艺过程可在常压下进行，但在高压为优。本工艺除了具有设备小，产量大等优点外，还有一个优点，那就是工序（4）以后的一切未反应的氧化铁，不必从含氯气体混合物中除去，因而不含固态三氧化二铁的气体混合物可直接送入氯化器，无需从未反应的氯化铁中分离出来。

第三节　重金属生产烟尘减排与回收利用

重金属包括铜、铅、锌、锡、锑、镍、汞、镉、钴、铋10种金属。这些金属冶炼时排出的烟气含有尘、SO_2、Cl_2 等，其中金属成分可以回收，SO_2 浓度较高也可以回收利用，其他有害物则需要净化处理后排放。

一、铜冶炼烟尘减排技术

在铜冶炼生产中，原料制备和火法冶炼各作业中，由于燃料的燃烧、气流对物料的携带作用以及高温下金属的挥发和氧化等物理化学作用，不可避免地产生大量烟气和烟尘。烟气中主要含有 SO_2、SO_3、CO 和 CO_2 等气态污染物，烟尘中含有铜等多种金属及其化合物，并含有硒、碲、金、银等稀贵金属，它们皆是宝贵的综合利用原料。因此，对铜冶炼烟气若不加于净化回收，不仅会严重污染大气，而且也是资源的严重浪费。

（一）烟气产生和性质

铜冶炼烟气的性质与冶炼工艺过程、设备及其操作条件有关，其特点是烟气温度高，含尘量大，波动范围大，并含有气态污染物 SO_2、SO_3、As_2O_3、Pb 蒸气等。在焙烧、烧结、吹炼和精炼过程中产生的烟气常有较高的温度，从 500℃至 1300℃，具有余热利用价值，进入除尘装置之前有时需经预先冷却。冶炼过程产生的烟气，是某些金属在高温下发挥、氧化和冷凝形成的颗粒较细，必须采用高效除尘器才能捕集下来。这些烟气不仅带出的尘量大（约占原料量的 2%～5%）而且含尘浓度高，如流态化焙烧炉烟气含尘浓度可达 100～300g/m^3（在标准状态下）。烟气中含有高浓度 SO_2，是制酸的原料，因而在烟尘净化中要考虑制酸的要求。

（二）烟尘净化流程

铜冶炼烟气的治理，首先要将产尘设备用密闭罩罩起来，并从罩子（或相当于罩子的设备外壳）内抽走含尘气流，防止烟气逸散，然后将含尘气流输送至除尘装置中净化，再将捕集下来的烟尘进行适当处理，或返回冶炼系统利用，或对富集了有价元素的烟尘进行综合回收，或进行无害化处置。

1. 干燥烟气除尘

精矿干燥过程中产生的烟气含水量大，烟气温度为 80～200℃，烟气含尘 20～1000g/m^3（标），干燥除尘可采用袋式除尘器或电除尘器。对于载流干燥烟气除尘，由于烟气中含尘量较大，须在电除尘器前增加沉尘室和旋风除尘器。

2. 熔炼烟气除尘

熔炼炉产生的烟气温度较高，烟气先经余热锅炉降温并去除部分烟尘后进入除尘系统。进入除尘系统的烟气温度为 350℃左右，除尘设备采用电除尘器，除下的烟尘采用气力输送的方式返回配料，除尘后的烟气送硫酸厂制酸，送硫酸厂烟气含尘量宜低于 500mg/m^3（标）。

3. 吹炼烟气除尘

吹炼烟气温度在 800℃左右，一般设余热锅炉降温并回收预热。当不需要回收余热时，也可采用喷雾冷却器降温。除尘设备采用电除尘器，除下的烟尘采用气力输送的方式返回配料，喷雾冷却器除下的含块状的烟尘不宜直接采用气力输送的方式输送，除尘后的烟气送硫酸厂制酸，送硫酸厂烟气含尘宜低于 500mg/m^3（标）。

4. 含砷熔炼烟气除尘

当熔炼炉烟气中含砷较高时，须将砷回收利用。烟气进入除尘系统后，先采用电除尘器回收有价金属。电除尘器处理后的烟气经骤冷塔降温，使砷绝大部分变为固态，之后由袋式除尘器回收，系统除砷效率约 92%。除下的砷烟尘经包装后外卖或进一步加工处理，除尘后的烟气送硫酸厂制酸。

5. 电炉贫化烟气除尘

电炉贫化烟气温度在 800℃左右，由于烟气量较少，一般余热不进行回收。烟气首先采用水套烟道冷却，将烟气温度降至 350℃左右，之后进入电除尘器除尘，除下的烟尘采用气力输送的方式返回配料，除尘后的烟气送硫酸厂制酸或送脱硫系统，送硫酸厂（脱硫）烟气含尘量宜低于 200mg/m^3（标）。

6. 精炼烟气除尘

精炼烟气温度较高，余热需回收利用。烟气经过余热锅炉和烟气换热器后温度降至 380℃左右，通过冷却烟道或板式换热器将温度降到 150℃左右，然后烟气通入袋式除尘器或电除尘器净化，净化后的烟气通过烟囱排放或送脱硫系统。除尘器除下的烟尘返配料。

7．通风除尘

通风除尘技术主要包括以下几方面的内容。

（1）除尘　备料阶段物料存储、转运、破碎、筛分、上料过程中各扬尘点设排风设施，排风经袋式除尘器净化后排空。

（2）卫生通风　冶金炉物料加入口、铜硫放入口、渣放出口、溜槽、包子房及其他炉体开孔部位设排风设施，烟气经除尘脱硫排空。

（三）主要除尘技术

1．电除尘技术

（1）最佳可行工艺参数　电除尘器计算参数的选择，应符合表 6-23 的规定。当电除尘器入口含尘量大于 $50g/m^3$（标）时，应采取相应的措施，如采用预除尘设备、采用五电场电除尘器、采用高频电源供电等。

表 6-23　电除尘器计算参数

参数名称	参数指标	参数名称	参数指标
烟尘粒度	$\geqslant 0.1\mu m$	允许烟气含尘量	$50g/m^3$（标）
烟气过滤速度	$0.2\sim1.0m/s$	烟尘比电阻	$1\times10^4\sim5\times10^{11}\Omega\cdot cm$
设备阻力	$\leqslant400Pa$	驱进速度	$2\sim10cm/s$
允许操作温度	$\leqslant400℃$（且高于露点温度 30℃）	同极距	$400\sim600mm$

（2）污染物消减及排放　电除尘器除尘效率为 $99.0\%\sim99.8\%$，烟尘排放浓度低于 $50mg/m^3$（标）。由于电除尘不是烟气处理的最末端，后续处理有烟气制酸及烟气脱硫，因此对电除尘器后粉尘浓度的控制应结合技术及经济因素综合考虑。一般送硫酸厂烟气粉尘浓度控制在 $500mg/m^3$（标）以下。

（3）二次污染及防治措施　电除尘器卸灰过程中可能造成二次扬尘。防治措施包括密闭运输，如采用埋刮板、斗式提升机、螺旋输送机等密闭运输设备；采用密闭罐车运输；采用气力输送系统。

（4）技术经济适用性　一次性投资大，运输和维护成本低。主要用于熔炼炉除尘、吹炼炉除尘、贫化电炉除尘及精矿干燥烟气除尘。

2．袋式除尘技术

（1）最佳可靠工艺参数　袋式除尘器计算参数的选择应符合表 6-24 的规定。

表 6-24　袋式除尘器计算参数

参数名称	参数指标	参数名称	参数指标
烟尘粒度	$\geqslant 0.1\mu m$	允许操作温度	$\leqslant250℃$
烟气过滤速度	$0.2\sim1.0m/min$	允许烟气含尘量	$50g/m^3$
设备阻力	$1200\sim2000Pa$		

袋式除尘器滤料的选择应考虑烟气的性质及烟气的波动。各种滤料操作温度应符合表 6-25 规定。

表 6-25　滤料允许操作温度

滤料名称	允许最高操作温度/℃	滤料名称	允许最高操作温度/℃
毛呢、柞蚕丝	100	聚四氟乙烯（PTFE）	250
涤纶 208	120	聚苯硫醚（PPS）	190
诺梅克斯和美塔斯（MATAMEX）	220	聚酰亚胺（P81）	250
玻璃纤维	250	氟美斯（FMS）	260

当用于精矿干燥除尘时，由于烟气温度低且含水分高，应采用抗结露覆膜滤料，并在除尘器壳体采用保温和加热措施，清灰方式采用脉冲清灰。

（2）污染物消减及排放　袋式除尘器的除尘总效率大于 99.5％，最高可达 99.99％。烟尘排放浓度可低于 20mg/m³（标）。

（3）二次污染及防治措施　袋式除尘器卸灰过程中可能造成二次扬尘。防治措施包括密闭运输，如采用埋刮板、斗式提升机、螺旋输送机等密闭运输设备；采用密闭罐车运输；采用气力输灰系统。

（4）技术经济适用性　袋式除尘器初投资较低，约为 400～1500 元/m²，费用的高低主要取决于滤袋材质的不同。运行费用高，主要来自更换滤袋的费用及风机电耗。适用于精矿干燥烟气除尘、阳极炉烟气除尘、含砷烟气除尘、备料除尘、环保通风除尘。

3. 旋风除尘技术

（1）最佳可行工艺参数　旋风除尘器计算参数的选择应符合表 6-26 的规定。

表 6-26　旋风除尘器计算参数

参数名称	参数指标	参数名称	参数指标
烟尘粒度	≥10μm	阻力	800～1500Pa
入口烟气流速	12～25m/s	允许操作温度	≤150℃
筒体断面流速	3～5m/s	允许烟气含尘量	1000g/m³

（2）污染物消减及排放　旋风除尘器只作为初级除尘设备使用。

（3）二次污染及防治措施　旋风除尘器卸灰过程中可能造成二次扬尘。防治措施包括密闭运输，如采用埋刮板、斗式提升机、螺旋输送机等密闭运输设备；采用密闭罐车运输；采用气力输灰系统。

（4）技术经济适用性　旋风除尘器作为预除尘器使用，以减轻后续除尘设备的负荷。

4. 除尘技术主要技术指标

袋式除尘器、电除尘器、旋风除尘器是铜冶炼企业烟尘排放控制的最佳可行技术设备，其主要技术指标见表 6-27。

表 6-27　烟气除尘最佳可行技术主要技术指标

烟气来源	最佳可行性技术及流程	系统总除尘效率/%	系统总漏风率/%	除尘器操作温度/℃
铜精矿干燥窑烟气	干燥窑→袋式除尘器	≥99	≤10	—
	干燥窑→电除尘器	≥99	≤10	—
铜精矿载流干燥烟气	载流管→沉尘室→一级旋风除尘器→二级旋风除尘器→风机→电除尘器	≥99.9	≤20	—
顶（底）吹熔炼炉熔炼烟气	余热锅炉→电除尘器	≥99	≤15 不含锅炉	≥300
闪速炉熔炼烟气	余热锅炉→电除尘器（必要时可设粗除尘）	≥99.5	≤15 不含锅炉	≥300
吹炼烟气	转炉→余热锅炉（喷雾冷却器）→电除尘器	≥98	≤15 不含锅炉（喷雾冷却器）	≥300
含砷熔炼烟气	余热锅炉→电除尘器→骤冷塔→袋式除尘器	≥99.9 ≥92（除砷效率）	≤15	≥350
电炉贫化烟气	电炉→水套烟道→电除尘器→风机→制酸	≥99	≤10	≥300
精炼烟气	阳极炉→余热锅炉→烟气换热器→冷却烟道→袋式除尘器（或电除尘器）	≥99	≤10	150（袋式）
卫生通风空气	各排风点→袋式除尘器→风机（→脱硫）→排气筒	≥99.8	≤10	≤120（袋式）

（四）炼铜反射炉烟尘减排实例

某厂采用反射炉冶炼阳极铜，作业分为加料熔化、氧化、还原和浇铸 4 个阶段。其烟气成分见表 6-28。

表 6-28　烟气成分

名　　称	CO_2	O_2	SO_2	H_2O	N_2
体积比/％	12.5	4.5	0.025	8.0	75

烟尘成分：氧化期 ZnO 占 60％，其余 PbO、SnO、Cu 等。

出炉烟气温度为 1300℃，先经余热锅炉回收热能，并降温至 350℃，再由机力冷却器将温度降至 200℃，与炉门排出的二次烟气（温度约 80℃）混合后进入袋式除尘器净化。

机力冷却器热交换面积为 300m²。采用 4 台冷却用轴流风机，可分别启动或停止，以控制降温幅度。

采用的长袋低压脉冲袋式除尘器共有 4 个仓室。各仓室进、出口皆设阀门，可实现离线喷吹及离线检修。灰斗壁板设有蒸汽盘管，保温层厚度为 110mm，并装有空气炮，防止灰斗卸灰不畅。

除尘系统如图 6-17 所示。袋式除尘器主要规格和设计参数见表 6-29。

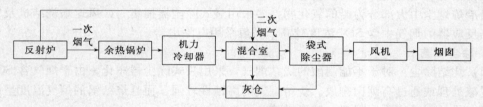

图 6-17　炼铜反射炉除尘系统

表 6-29　炼铜反射炉袋式除尘器主要规格和参数

名　　称	参　数	名　　称		参　数
处理烟气量/(m³/h)	85250	过滤风速/(m/min)	全过程	0.86
入口温度/℃	≤150		一个仓室离线	1.15
滤袋材质	PPS＋PTFE	出口含尘浓度/[mg/m³(标)]		≤20
滤袋规格(直径×长度)/mm	ϕ130×6020	设备阻力/Pa		≤1800
滤袋数量/条	672	设备漏风率/％		≤2
过滤面积/m²	1650			

二、铅锌冶炼烟尘减排

在铅、锌生产过程中，设备和火法冶炼作业均有烟尘等大气污染物产生，烟尘量从占原料的 2％～5％至 40％～50％，烟气中的 SO_2 浓度可高达 4％～12％。若不加以控制，不仅会造成严重的大气污染，而且还会导致资源的严重浪费。

（一）烟尘产生和性质

铅、锌生产中产生的烟尘，与原料和生产工艺有关。备料作业中产生的粉尘，以机械成因为主，颗粒较粗，成分与原料相似；蒸馏、精馏、烟化过程在高温下挥发生成的烟尘，颗粒很细，富集着沸点较低的元素或化合物；焙烧、烧结、熔炼、吹炼等过程产生的烟尘则介于上述两者之间。烟尘组分中除了含有大量的铅、锌外，还含有镓、铟、铊、锗、硒、碲、等有价元素。铅、锌冶炼烟尘大部分是冶炼过程的中间产品或可综合利用的原料。一些烟尘也常含有砷、汞、镉等既有经济价值又对人体有明显危害的元素。因此铅、锌冶炼烟尘的治理与冶炼工艺和综合利用是密不可分的。

（二）减排方法

铅、锌冶炼烟尘的治理，首先要将产尘设备用密闭罩罩起来，并从罩子（或相当于罩子的设备外壳）内抽走含尘气流，防止烟尘逸散，然后将含尘气流输送至除尘装置中净化处理，再对富集了有价元素的烟尘进行综合回收，或进行化害为利的处理。

铅冶炼烟尘大部分为铅的氧化物，比电阻较高，多采用袋式除尘器。鼓风返烟烧结机及氧化底吹炼铅反应器的烟气含 SO_2 浓度较高，宜采用电除尘器，但要控制一定的温度，以降低腐蚀性。

（三）铅冶炼烟尘减排

1. 冶炼工艺及污染源

铅的冶炼可分为传统炼铅法和直接炼铅法。

传统炼铅法主要为烧结-鼓风炉还原熔炼法，目前，我国 90％的粗铅由烧结-鼓风炉还原熔炼法生产。该法的最大缺点是烧结烟气中的 SO_2 不容易回收利用。

直接冶炼法主要有氧气底吹炼铅法（QSL 法）、氧气闪速熔炼-电热还原法等。

熔炼产出的粗铅含 1％～4％的杂质，以及金、银等有价金属，需要精炼并回收有价金属。粗铅精炼有电解精炼和火法精炼两种方法。

铅冶炼烟尘中大部分为铅的氧化物，多采用袋式除尘器捕集。鼓风返烟烧结机及氧气底吹炼铅反应器的烟气中含 SO_2 浓度较高，一般采用电除尘器。

2. 除尘工艺

（1）烧结除尘　对于不能制酸的烧结烟气，采用袋式除尘器净化。由于烟气含 SO_2，需进行脱硫处理或通过高烟囱排放。烧结烟气的腐蚀性较强，而且烧结锅的烟气温度呈周期性变化，容易结露，应采取保温、防腐措施。

（2）鼓风炉熔炼除尘　铅鼓风炉熔炼高料柱操作时的烟气温度一般为 150～200℃，打炉结和处理事故时，可升至 300℃，甚至 500～600℃，需采取降温措施。采用袋式除尘系统，除尘工艺流程有以下几种：①鼓风炉→淋水烟道→表面冷却器→袋式除尘器→风机→烟囱；②鼓风炉→淋水烟道→人字烟道→风机→袋式除尘器→风机→烟囱；③鼓风炉→沉降室→表面冷却器→旋风除尘器→风机→袋式除尘器→风机→烟囱。

铅密度大，且黏性较强，当烟尘含量高时，不宜采用正压袋式除尘器，以免粉尘在风机叶轮上黏结。

（3）炉渣处理除尘

① 鼓风炉渣处理。鼓风炉渣含有大量的铅、锌，常用烟化炉或挥发窑回收。

烟化炉出口的烟气温度约为 1150℃，含尘浓度为 50～100g/m³（标）。烟气中含有微量二氧化硫，烟尘中含锌 50％，含铅 20％。操作不正常时，烟气中往往含有大量粉煤，容易引发燃烧或爆炸。烟气净化通常采用袋式除尘器，除尘工艺流程如下：a. 烟化炉→水冷烟道→淋水冷却器→排风机→袋式除尘器→排风机→烟囱；b. 烟化炉→废热锅炉→表面冷却器→排风机→袋式除尘器→排风机→烟囱。

② 熔铅锅浮渣处理。熔铅锅浮渣借助反射炉进行处理。其烟气温度为 900℃，含尘浓度为 3～5g/m³（标）。烟气净化主要采用袋式除尘器或湿式除尘器。采用袋式除尘器时，除尘工艺流程如下：反射炉→淋水塔→淋水冷却器→袋式除尘器→排风机→烟囱。

（四）锌冶炼烟尘减排

1. 冶炼工艺及污染源

锌冶炼有湿法和火法两种。湿法炼锌占世界总产值的 80％以上，其次为火法中的鼓风炉炼锌，约占 12％。

湿法炼锌又分常压浸出和氧压浸出两种方法。湿法炼锌过程所产生的浸出渣中含有锌和有价金属，回收这些金属的有效方法之一是威尔兹窑烟化法。

湿法炼锌中流态化焙烧炉烟气温度为 800～900℃。

火法炼锌分为蒸馏法和鼓风炉法。

火法炼锌中流态化焙烧炉烟气温度为 110℃，含尘量可达 200～300g/m³（标）。烟气中含 SO_2 为 8％～10％。

铅渣烟化炉产出的氧化锌，富集了铅精矿中的氟，炼锌前要在多膛炉中脱氟，多膛炉出炉烟气温度为 500～600℃，含尘量为 5～10g/m³（标）。

2. 除尘工艺

（1）湿法炼锌流程中，回收浸出渣中锌和有价金属的威尔兹窑，大都采用袋式除尘器收尘。

（2）火法炼锌流程中，流态化焙烧炉烟气一般采用电除尘器收尘后送去制酸。

（3）用于使氧化锌脱除氟的多膛炉，其烟气采用袋式除尘器收尘。工艺流程如下：多膛炉→表面冷却器→袋式除尘器→排风机→烟囱。

（4）浸出渣挥发窑烟气中有少量二氧化硫和水，会造成袋式除尘器低温腐蚀，故袋式除尘器需要保温或采用高温过滤介质。

（5）火法炼锌中的竖罐蒸馏炉烟气中含有氧化锌，采用袋式除尘器回收。除尘工艺流程如下：蒸馏炉→废热锅炉→风机→袋式除尘器→烟囱。

流程中风机的位置可视袋式除尘器的特点，设在其前面或后面。

（6）锌铸型反射炉、电炉一般均采用袋式除尘器。

（7）用旋涡炉处理火法炼锌的罐渣，其烟气温度为 1200～1300℃，含尘量为 20g/m³（标）。也可采用袋式除尘器。除尘工艺流程如下：旋涡炉→废热锅炉→表面冷却器→排风机→袋式除尘器→排风机→烟囱。

（五）铅鼓风炉烟尘减排实例

某厂铅鼓风炉除尘系统，包括电热前床进渣口、放渣口、排放口，以及烟化炉进料口等 7 个吸尘点。原有两台反吹风袋式除尘器，由于清灰装置损坏，只能靠人工拉动人孔门借助箱体内的负压而清灰，清灰效果差，滤袋损坏严重，有价金属大量流失，环境严重污染。

对原除尘系统进行改造。将原有两台反吹风袋式除尘器改造为两台长袋低压脉冲袋式除尘器，采用覆膜针刺毡滤袋。对管道系统也做了改造，但风机和电机不变。

改造后的除尘系统如图 6-18 所示。

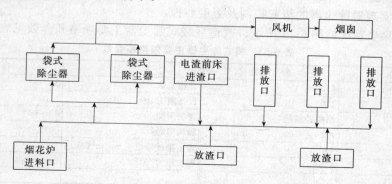

图 6-18　铅鼓风炉除尘系统

袋式除尘器主要规格和设计参数见表6-30。

表 6-30　铅鼓风炉袋式除尘器主要规格和参数

名　称	参　数	名　称	参　数
处理烟气量/(m³/h)	120000～150000	过滤面积/m²	1044×2
入口温度/℃	≤120	过滤风速/(m/min)	1.04～1.20
烟气含湿量(体积分数)/%	约为8	入口含尘浓度/[g/m³(标)]	≤50
烟气露点温度/℃	约为40	出口含尘浓度/[mg/m³(标)]	≤30
滤袋材质	覆膜聚酯针刺毡	设备阻力/Pa	≤150
滤袋规格尺寸(直径×长度)/mm	φ120×5500		

改造后运行效果：该系统运行一年半后观察，运行正常，效果良好，滤袋无破损；粉尘排放浓度为8～15mg/m³(标)；袋式除尘器采用定压差清灰，当设备阻力达到1200Pa时开始喷吹，清灰后阻力降至600～800Pa；有价金属的回收量显著增加。

（六）威尔兹窑烟尘减排实例

某冶炼厂一台威尔兹窑，其烟气特性见表6-31，粉尘特性见表6-32。

表 6-31　威尔兹窑烟气特性

烟气流量/[m³(标)/h]	温度/℃	露点温度/℃	含尘浓度/[g/m³(标)]	主要成分/%					
				CO₂	O₂	H₂O	SO₂	F·	Cl
48000～50000	140～160	70	28～34	6.3	15.5	10	0.12	1.09	0.24

原设计选用的袋式除尘器存在以下问题，除尘器清灰不良，靠手动拉开检查门清灰，以至漏风严重，窑尾经常呈正压状态，每年由此而流失氧化锌300～300t；同时滤袋破损严重，因此而流失的氧化锌每年约200t；物料的流失同时导致环境污染，并影响人体健康。

表 6-32　威尔兹窑粉尘特性

主要成分/%							真密度/(g/cm³)	堆积密度/(g/cm³)	黏度/(mg/cm²)
Zn	Pb	Cu	Fe	Cd	As	Sb			
60	8.97	0.051	1.82	0.046	0.084	0.041	4.055	0.727	约198

重量分散度/%					
0～5μm	5～10μm	10～15μm	15～25μm	25～35μm	>35μm
12.2	17	21.5	28.9	13.2	7.2

在试验研究基础上，将原有除尘器改造为离线低压脉冲袋式除尘器（仅利用部分箱体），采用涤纶针刺毡滤袋，挥发窑烟气经表面冷却器降温至130℃以下，进入袋式除尘器，借助PLC控制系统实现对除尘器的清灰控制及温度监控。

改造后的除尘系统如图6-19所示。改造后袋式除尘器主要规格和参数见表6-33。

表 6-33　袋式除尘器主要规格和参数

名　称	参　数	名　称	参　数
处理烟气量/(m³/h)	75000	分箱室数/间	8
运行温度/℃	130	设备阻力/Pa	1200
滤袋材质	涤纶针刺毡	清灰周期/min	30～60
滤袋尺寸/mm	φ120×5500	漏风率/%	-4
滤袋数量/条	480	烟尘排放浓度/[mg/m³(标)]	15～38
过滤面积/m²	995	喷吹压力/MPa	0.18
过滤风速/(m/min)	1.26		

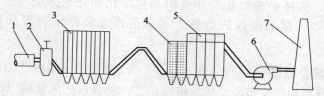

图 6-19　除尘系统工艺流程示意

1—威尔兹窑；2—钟罩阀；3—表面冷却器；4—除尘器未改造的部分；

5—停风低压脉冲袋式除尘器；6—引风机；7—烟囱

投入运行后系统始终运行正常，各项技术参数达到预期目标。与改造前相比，每天多回收氧化锌 2.5～3t。

三、其他重金属冶炼烟尘减排技术

（一）锡冶炼烟尘减排

消除或减少锡冶炼过程中产生的烟尘污染并使烟尘中的有价组分得到回收的过程。锡火法冶炼一般包括炼前处理、还原熔炼、炼渣炉渣烟化和精炼四部分主要作业。这四部分主要作业都会程度不同地产生含尘烟气。尤其是熔炼和炼渣炉渣烟化，产生的烟气量大，含尘量高，是锡冶炼厂烟尘治理的主要对象。

1. 烟尘产生和特点

锡冶炼过程中锡和其他低沸点杂质挥发率很高，故锡冶炼烟尘有如下特点：①烟尘中的锡以及锌、镉、铟等有价金属含量高；②以凝聚性烟尘为主，颗粒较细；③原矿中伴生的铅、砷等有害元素也富集到烟尘中。因此在锡冶炼过程中加强烟尘治理，提高除尘效率，无论是对提高锡的回收率，回收有价金属，还是消除烟尘污染，都是很有意义的。

2. 治理方法

锡冶炼烟尘治理主要从两方面入手，首先要提高冶炼烟气中的烟尘捕集率，使最终烟尘排放量达到国家排放标准；其次对已捕集下来的烟尘进行充分回收利用，并在储运中避免外逸造成二次污染。

锡反射炉还原熔炼，烟气温度 800～1260℃，烟尘发生量占炉料量的 6%～10%，烟气含尘浓度在标准状态下为 4～23g/m³，烟尘粒径小于 2μm 的凝聚性烟尘占 40%～60%。烟气除尘流程一般为：

反射炉→废热锅炉→表面冷却器→袋式除尘器→风机→烟囱。

烟化炉→废热锅炉→表面冷却器→袋式除尘器→风机→烟囱。

电炉→复燃室→表面冷却器→袋式除尘器→风机→烟囱。

脱砷用的流态化焙烧炉、回转窑烟气一般采用袋式除尘。但为了分离烟尘中的砷和锡，则可以 310℃ 以上采用电除尘回收锡尘，在 100℃ 以下采用袋式除尘回收砷尘，烟气从 310℃ 降至 100℃ 时，须快速冷却使其越过玻璃砷生成的温度，以利于砷、锡分离，流态化焙烧炉、回转窑的除尘流程如下：

流态化炉→冷却设备→旋风除尘器→电除尘器→风机→冷却器→袋式除尘器→风机→烟囱。

回转窑→冷却设备→旋风除尘器→袋式除尘器→风机→烟囱。

在除尘流程中各部位收下来的烟尘，一般都返回还原熔炼，个别情况为回收其中某些有价元素则单独处理。对高温下回收的块状烟尘采用储罐装运，对低温下回收的粉状烟尘采用气力输送。

电炉还原熔炼、炼渣炉渣烟化等作业的烟尘净化和处理方法与上述方法类似。为进一步治理锡冶炼烟尘，需采取改进冶炼工艺、选择合理除尘装置和改进烟尘储运方式等措施。

（二）锑冶炼烟尘减排

火法炼锑中广泛采用挥发焙烧或挥发熔炼工艺，使锑以三氧化锑（Sb_2O_3）的形式进入烟气，经冷凝、除尘作为烟尘予以回收，从而实现锑与脉石的分离。以三氧化锑为主要成分的烟尘经过还原熔炼、精炼得到纯净的金属。

锑精矿或矿石在焙烧炉或鼓风炉中冶炼时，其中锑以三氧化二锑的形态挥发出来，然后在袋式除尘器中回收，这种烟尘一般称作锑氧。焙烧炉和鼓风炉出炉烟气温度均高，在袋式除尘前需设置废热利用和废气冷却装置，同时因烟气中含有一定量的二氧化硫，除尘后的烟气送高烟囱或经过处理后排放。流程如下：

焙烧炉→废热利用装置→冷却烟管→风机→袋式除尘器→风机→排放或处理。

除尘尾气处理可采用选矿厂的碱性废水吸收。

精炼反射炉处理三氧化二锑生产精锑时，烟气中仍含有锑氧，可用袋式除尘器回收。烟气中二氧化硫很少，除尘后烟气可就地排放或逸散。除尘流程如下：

反射炉→汽化冷却器→冷却烟管→风机→袋式除尘室→逸散。

尽管锑冶炼方法多种多样，但其除尘流程都大同小异。锑冶炼过程中捕集的烟尘往往是中间产品或最终产品，故烟尘治理与提高金属回收率密切相关。

（三）镍冶炼烟尘减排

在镍冶炼的干燥、焙烧、熔炼和吹炼等作业中，皆产生一定量的烟气，烟气中主要含有烟尘和 SO_2 等大气污染物。根据烟气的成分、温度、含尘量及烟尘的粒径分布等物理特性，采用不同的治理方法。捕集下来的烟尘返回生产系统或综合利用，净化后的烟气放空或送去制硫酸。

各冶炼作业所产烟气的除尘流程、技术条件和处理方法列于表 6-34。镍冶炼烟尘治理方法：①采用高氧冶炼技术，减少烟气量和烟尘量；②采用产尘量低的熔池熔炼新技术；③合理选择除尘装置，提高除尘效率；④对捕集下来的烟尘采用气力输送等方法送至使用点，防止二次扬尘污染。

表 6-34　镍冶炼各工序烟气除尘流程、技术条件和处理方法

作业	冶炼工艺	烟气温度/℃	烟尘率/%	除尘流程和设备	烟气性质和处理方法	总除尘效率/%
干燥	回转窑干燥	80～130	0.4～0.8	温度低于 110℃ 时采用水膜或冲击式除尘器	性质与原料基本一致，返回原料仓配料	90～92
				温度高于 120℃ 时采用袋式除尘器（外壳保温）		95～98
	载流干燥	110～160	100	沉降室—两级或三级旋风除尘器—电除尘器	烟尘即是被干燥的物料，常与闪速炉熔炼配套	＞99.9
焙烧	回转窑氧化焙烧	200～350	3～5	旋风除尘器—电除尘器	烟尘与焙砂性质相近，送氨浸作业处理	＞98
	沸腾炉氧化焙烧	680～700	30～40	沉降室—两级旋风除尘器—电除尘器	烟尘与焙砂性质相近，送熔炼作业处理	＞99
	回转窑还原焙烧	200	3～4	旋风除尘器—电除尘器	烟尘与焙砂性质相同，送氨浸作业处理	98
	多膛炉还原焙烧	390±10	3	旋风除尘器—电除尘器	烟尘与焙砂性质相同，送氨浸作业处理	＞99

作业	冶炼工艺	烟气温度/℃	烟尘率/%	除尘流程和设备	烟气性质和处理方法	总除尘效率/%
熔炼	反射炉熔炼	1250	3～5	余热锅炉—电除尘器	烟尘相当于焙砂,返回反射炉熔炼	98～99
	电炉熔炼	300～350	3～4	旋风除尘器—电除尘器	烟尘相当于焙砂,返回电炉熔炼或配料矿仓	95～99
	闪速炉熔炼	1300～1350	8～12	余热锅炉—电除尘器	烟尘相当于焙砂,返回闪速炉熔炼或配料矿仓	98～99
	氧气顶吹熔炼	880～920	3～4	余热锅炉—电除尘器	烟尘相当于焙砂,返回配料仓配料送熔炼炉	97～99
吹炼	转炉	约1250	3～4	余热锅炉—电除尘器(或喷雾冷却器)	为粉尘和烟尘的混合尘,烟尘中含有5类元素。混合尘送原料仓配料或送熔炼炉	94～98

镍冶炼各工序捕集的烟尘都含有一定量的镍,有的伴有铜及铂族元素等有价金属,具有较高的利用价值,一般情况下又无特殊毒性,大都返回本系统不同工序处理,不需特殊治理。各车间环境通风除尘系统,捕集的粉尘返回料仓配料用。

(四) 汞冶炼污染减排

炼汞炉有高炉、流态化炉、蒸馏炉等,将矿石或精矿中汞挥发成汞蒸气,再冷凝成汞。要求先除去烟气中的烟尘,以便获取纯净的汞。

流态化炉烟气的温度高、含尘量大,一般先设两段旋风除尘,一段电除尘,以除去烟气中绝大部分烟尘,再由文氏管、除汞旋风将剩余的尘和大量汞同时收下,余下的汞在后面的冷凝设备中获得,烟气中残留的汞和二氧化硫在净化塔除去,再由风机排空,流程如下:

流态化炉→一次旋风除尘器→二次旋风除尘器→电除尘器→文氏管→收汞旋涡→冷凝器→净化塔→风机→排空。
    └→汞

高炉烟气含尘不多、温度不高,在除尘过程中汞可能会随烟尘一起收下,造成汞的损失。因而只设置一段旋风除尘,除尘流程如下:

高炉→旋风除尘器→冷凝提汞装置→净化塔→风机→排空。

由于高炉为间歇加料,有时加湿料时,烟气温度仅几十摄氏度,旋风尘中含有一定量的汞,造成损失。因而也有对高炉烟气不设除尘的主张。

电热回转蒸馏炉的烟气量小,烟气含汞高,温度低,汞可能在除尘设备中进入尘中,因而不采用干式除尘,而直接用文氏管、除汞旋风同时除汞和除尘,尘随水冲至沉淀池沉淀,汞以活汞形式沉在底部,除汞旋风出来的烟气进一步冷凝除汞和净化。流程如下:

电热回转蒸馏炉→沉尘桶→文氏管→除汞旋风→冷凝器→净化塔→风机→排空。

(五) 含镉烟尘减排

含镉烟尘大多数是在锌或其他重有色金属的冶炼、加工等生产过程产生的,当进入大气后,就成为大气污染物之一。镉(Cd)没有单独矿床,常与铅锌矿伴生,经选矿后进入锌精矿。镉的熔点为320℃,沸点为767℃,比锌还易挥发,因而在锌精矿的焙烧过程中,镉富集于烟尘中随烟气排出。镉精馏塔的塔漏也排出含镉烟尘。在焙烧各工序中,烟尘含镉量不同。流态化焙烧回收的烟尘再经回转窑二次焙烧产生的烟尘含镉量最高,其中经旋风除尘器回收的镉尘呈浅红色，为红镉尘，含镉约为 8%；经第二级电除尘器回收的镉尘呈淡白色为白镉，含镉约 16%。红、白镉尘其余成分为锌、铅、铁、硫等。红、白镉尘中主要是硫化镉，其次为氧化镉，也有少量硫酸镉。

镉尘污染防治是镉回收工艺的一部分，因此对含镉烟尘的治理要与镉的回收密切结合起来。含镉尘的烟气一般要经过 2~3 级除尘才能达到排放标准，通常采用的除尘流程为重力沉降室→旋风除尘器→电除尘器（或袋式除尘器）。镉尘的处理、输送和卸料等皆要有防尘设施，防止二次污染。

（六）含砷烟尘减排

重有色金属冶炼和燃料燃烧产生的含砷烟尘排放到大气中，便成为大气污染物之一。砷和它的化合物是常见的环境污染物，一般可通过水、大气和食物等途径进入生物体，造成危害。

1. 砷尘来源

砷（As）又名砒，化学性质相当活泼，具有两性元素的性质，更接近非金属性质，其化合价为 +3、+5 和 -3。砷在自然界中大多数以硫化物形式共生在有色金属（铜、铅、锌）矿中。因此，砷和含砷金属的开采、冶炼，用砷等过程中，都可产生含砷废气、废水和废渣，对环境造成砷污染。

在铜铅锌冶炼厂，铅锑可同时与砷一道在烟尘中富集，从而产生高铅、高锑的砷尘。冶炼厂产出的铜转炉烟尘和银转炉烟尘就属于此类型，其主要成分如表 6-35 所列。

表 6-35　铜冶炼烟尘成分　　　　　单位：%

成分	As	Pb	Sb	Cu	Zn	S
铜转炉烟尘	25	35	1.0	3.0	1.0	2.0
银转炉烟尘	35	1.0	37	0.01		

这两种烟尘可直接用于玻璃制造业的脱色剂和澄清剂。在炼锡过程中，矿料中的砷绝大部分进入焙烧和冶炼所产生的烟尘中，形成高锡砷尘。对该烟尘主要采用电热回转窑和竖式蒸馏炉使砷再度挥发，以获得白砷产品，锡则留于焙烧残留物中，随后返回炼锡。

2. 含砷烟尘防治措施

（1）控制进厂原料含砷是防治砷污染的重要途径。美国赫尔库拉扭控制进厂矿砷在 0.01% 以下，没有砷污染。

（2）严格控制含砷废气、废水、废渣的排放量，综合回收砷资源。主要措施是从含砷高的冶炼渣和烟尘中回收白砷（As_2O_3），用白砷制取金属砷。从高砷烟尘和渣中回收白砷一般采用电热蒸馏法。从低砷烟尘和渣中制取砷化工产品，如砷钙渣、砷锑合金、砷酸钠混合盐等。

在含砷有色金属的火法冶炼中，进入烟气中的砷多数以 As_2O_3 形态存在，这种升华物随着温度的降低，气体状态的 As_2O_3 迅速冷凝为 As_2O_3 微粒。因此，含砷烟气的治理主要机制是冷凝和微粒的捕集。通过完善的收尘系统，烟气中大部分砷进入烟尘中。如果排烟温度较高，则有部分 As_2O_3 以气态形式随烟尘排出。

当利用冶炼烟气或化工厂燃烧烟气中的 As_2O_3 制取硫酸时，砷通过水洗系统进入酸泥和污水中。经硫氢化钠处理，使砷进入硫化砷滤渣。

当处理含砷较高的精矿时，烟气中砷含量较高，为使砷和其他重金属烟尘分别富集并回收，可采用热、冷两段收尘分别富集。如瑞典波利顿公司处理含砷 2% 的铜精矿时，先用

300～350℃的热电收尘器捕集 Cu、Pb、Zn 烟尘，砷大部分仍以气态留在烟气中，后用蒸发冷却器冷却烟气，并用 120～130℃的低温电收尘器，使 As_2O_3 呈固态落下，烟气中砷的回收率达 98.81%。

砷化氢废气的处理：利用 H_3As 的还原性，国内采用强酸性饱和高锰酸钾溶液吸收，三甲基镓-砷烷制备砷化镓外延膜工艺中排出的 H_3As 废气采用多级鼓泡吸收，H_3As 的吸收率达 90%以上，废气中残留砷小于 $18\mu g/m^3$。

高砷烟尘处理工艺流程如图 6-20 所示。

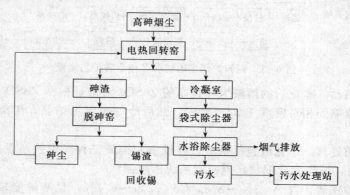

图 6-20　高砷烟尘处理工艺流程

制取高纯砷的工艺流程为：粗砷→氯化→精馏→三氯化砷氢气还原。其反应式为：

$$AsCl_3 + \frac{3}{2}H_2 \rightleftharpoons \frac{1}{4}As_4 + 3HCl \tag{6-13}$$

控制适当的冷凝温度和氢气流量可以制备高纯砷。纯度达 99.9999%～99.99999%。

冶炼厂采用 ϕ800mm×8000mm 电热回转窑处理含 Sn 8%～12%、As 50%～52%的锡砷尘，可产出含 As_2O_3 95%～99.5%的白砷，窑处理能力为 3～4.5t/d，砷回收率 60%～80%，锡回收率 92%～96%。冶炼厂用直接加热的竖式蒸馏炉处理含 As 30%～40%的锡砷尘，砷回收率 80%～85%，产品白砷含 As_2O_3 92%～95%。

四、重有色金属冶炼烟尘回收技术

重有色金属冶炼中，收集到的炉尘大都含有重有色金属和稀贵有色金属，如在铜冶炼厂内炉尘中除含有铜以外，一般还含有锌、锗、镉、铅、铋以及贵金属等。如果仅仅作为返回料重新加入到原始炉料中使用，就会损失掉很多贵重的金属，因此必须注意回收利用。

（一）铜冶炼烟尘回收利用

1. 铜转炉烟尘的综合利用

铜转炉烟尘含有 Cu、Pb、Zn、Cd、As 等多种有价金属，可作为综合回收这些有价金属的原料。烟尘中有价金属约占 80%以上，主要以硫酸盐形态存在，少量以氧化物、砷酸盐、硫化物形态存在。图 6-21 所示为铜转炉烟尘的综合利用工艺流程。

（1）浸出　所用浸出剂为水，铜、锌、镉和部分砷以离子状态进入溶液，而铅、铋和部分砷进入浸渣，从而达到了铜、锌、镉与铅、铋的分离，Cu 浸出率为 80%～85%，Zn 为 85%～90%，Cd 为 60%～70%，As 为 20%～40%，渣率为 65%～70%。

（2）净化　在浸出液中，以锌为主要成分，含量为 50～80g/L，并以 $ZnSO_4 \cdot 7H_2O$ 的形式回收，作为化工产品出售。

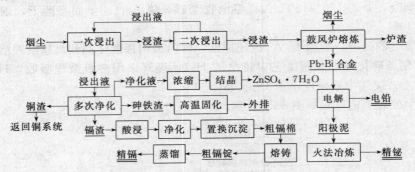

图 6-21　铜转炉烟尘的提取多种金属工艺流程

（3）浓缩、结晶　净化后的溶液为较纯净的 $ZnSO_4$ 溶液，根据 $ZnSO_4$ 溶解度与温度的关系，将净化液浓缩到相对密度 $1.52\sim1.60$，然后冷却至室温结晶，用离心机脱水后，包装为成品。

（4）净化渣的处理　净化渣包括铜渣、砷铁渣和镉渣三种。用铁粉置换所得到的铜渣，含 $Cu\ 60\%\sim70\%$，可作为含铜物料返回铜系统回收铜。

净化得到的砷铁渣，含 $As\ 3\%\sim8\%$，$Cd\ 0.2\%\sim0.4\%$，且溶解度较大，不能直接外排。需送铜系统反射炉高温固化后外排。

用锌粉置换所得到的镉渣，含 $Cd\ 40\%\sim60\%$，经自然氧化后用硫酸在室温下浸出，浸出液净化后除铜温度为室温，用新鲜粗镉棉除铜至溶液无蓝色为终点，净化除铁温度为 $80\sim85℃$，$KMnO_4$ 作为氧化剂。净化液在室温下用锌板置换，得到粗镉棉，再压团熔铸成粗镉锭，其品位为 $96\%\sim98\%$，进行蒸馏得到精镉。

（5）鼓风炉还原熔炼　浸出渣铋含量高，经自然干燥后进入鼓风炉进行还原熔炼，得到铅铋合金。所用还原剂和燃料为焦炭，用石灰石、铜系统反射炉水渣作为熔剂造 Si-FeCa 渣。

（6）铅铋分离电解　将鼓风炉熔炼得到的铅铋合金，铸成阳极板，在硅氟酸和硅氟酸铅的水溶液中进行电解，得到 2 号电铅和阳极泥（回收铋）。

（7）铋精炼　电解过程产生的阳极泥火法精炼回收铋，阳极泥经熔化后，采用熔析和加硫除铜，鼓风氧化除 As、Sb 和 Te，温度控制在 $350\sim720℃$，压缩空气适量，除 Te 时加适量 NaOH。通氯气除铅，温度控制在 $350\sim400℃$，捞渣时温度可适当提高至 $500℃$。加锌除银温度控制在 $520℃$，捞渣时温度 $320\sim450℃$。最后高温精炼得到 1 号精铋，铋的回收率为 $80\%\sim85\%$，中间渣返回综合利用。

2. 从铜转炉烟尘中回收铋

铜精矿含铋量比较低，一般铋含量为 $0.003\%\sim0.004\%$，但个别情况也可达到 0.4%。铜精矿中含的铋，在火法冶炼过程中主要富集在转炉烟尘中。这种烟尘如果返回熔炼，经过循环累积，必然会提高粗铜中铋的含量，当铜阳极板含铋大于 0.05% 时，会给粗铜电解精炼带来困难。所以，从保证电铜质量和综合回收铋考虑，有必要从铜冶炼转炉烟尘中回收铋。

（1）用硫酸-氯化钠混合溶液浸出法处理转炉烟尘　采用硫酸加食盐混合溶液浸出转炉烟尘提铋的工艺流程（见图 6-22）。烟尘直接用水浸出时，由于其中的 Pb、Cu 和 Zn 主要呈硫酸盐形态存在，Cu 和 Zn 的硫酸盐溶解进入溶液，铅的硫酸盐几乎不溶解，而铋以氧化物形态存在，在水浸过程中不被溶解，与硫酸铅一道留在浸出渣中，作为回收铋的原料。

铜转炉烟尘采用二段逆流浸出，一般铋的浸出率大于 95%。生产 1t 铋硫酸消耗为 $1500\sim2200kg$，食盐消耗为 $1500kg$。

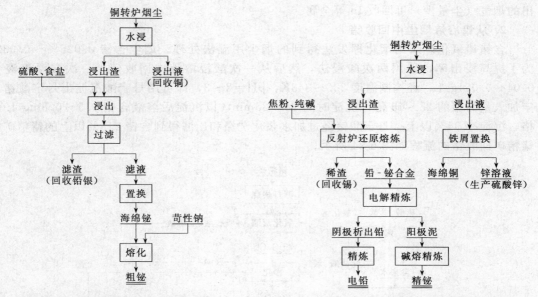

图 6-22　铜转炉烟尘湿法处理提铋工艺流程　　　图 6-23　某冶炼厂从转炉烟尘提铋工艺流程

混酸浸出后的过滤液经铁屑置换得海绵铋，海绵铋品位大于 65%，从水浸渣至海绵铋的回收率为 90%。

（2）用还原熔炼方法富集转炉烟尘中的铋　我国某冶炼厂用湿法-火法联合流程从转炉烟尘中回收铋。该厂处理的铜转炉烟尘成分（%）为：Bi 4～10，Pb 25～30，Zn 10～15，Cu 0.1～1，Sn 10～15。采用的工艺流程是：水溶液浸出脱铜和锌，浸出渣经反射炉还原熔炼富集铋，从富铋的铅铋合金电解阳极泥中生产铋。其工艺流程如图 6-23 所示。

转炉烟尘进行水浸时，有 90% 的铋进入浸出渣中，得到的浸出渣成分（%）为：Pb 30～50，Bi 8～15，Zn 1～2，Sn 0.5～1，Cu 0.3～1，As 3～6，Sb 1～2，S 6～9，SiO$_2$ 2～5。这种浸出渣经干燥后含水 11%～15%，配入 15%～25% 的纯碱和 10%～12% 的焦粉，在反射炉内进行还原熔炼，熔炼温度为 1200～1250℃，间断操作，每一批料熔炼周期为 8h。熔炼得到的 Pb-Bi 合金成分（%）为：Pb 55～75，Bi 20～35，Cu 0.1～0.5，Ag 0.05～0.1，As 0.1～1，Te 0.1～0.5。

阳极泥经离心滤干后在 NaOH 熔体中熔化，再经火法精炼得精铋。

（二）铅冶炼烟尘回收利用

1. 含铅烟气回收利用

（1）烧结烟气　烧结时产生的烟气经过锅炉余热利用和电除尘后的烟气中，约含 SO$_2$ 为 4%～5%，可送制取硫酸作原料用。一般制酸的基本工艺为：含 SO$_2$ 烟气→净化→干燥→转化→吸收（制 H$_2$SO$_4$）→尾气排放。可制得 98% H$_2$SO$_4$ 产品。

（2）熔炼烟气　排出的鼓风炉熔炼烟气，经收集除尘后，其含 Pb 及 Cd、Se、Te 等可返回炉料配料用，以利用有价金属。

（3）烟化烟气　用烟化炉法烟化鼓风炉熔炼炉渣时排出了烟化烟气，其含尘中有 Pb 10.6%、Zn 60%（ZnO 形态存在），除去尘后（含 ZnO）进行回收 ZnO，最终用于炼 Zn 金属的原料。排出的尾气合格而放空。

其他在电解精炼中排出的少量酸气，经过排风系统稀释后而放空。火法精炼粗 Pb 时排出的烟气（尘量少）可回收 In 等金属。

2. 从铅冶炼烟尘中回收锗

含锗铅氧化矿采用烟化挥发法得到的烟尘用湿法处理。烟尘含锗 0.025％～0.032％。为了提高浸出率，采用两次酸浸法，然后从一次酸浸溶液中回收锗。一次酸浸溶液含锗 0.04～0.054g/L，经控制温度 333～343K，pH＝2～3，即可用丹宁酸沉淀出丹宁酸锗。丹宁加入量为锗的 25～45 倍，沉淀时间 20～25min，以沉淀后溶液含锗 0.5～0.8mg/L 为合格，沉淀率 94％以上。丹宁酸锗经过加水浆化洗涤和压滤得到含锗 2.5％以上的锗精矿，从锗精矿回收锗的流程如图 6-24 所示。

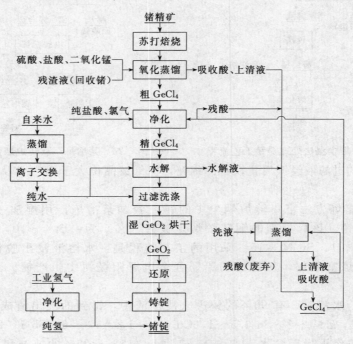

图 6-24　制取锗的原则流程

（1）氯化蒸馏　氯化蒸馏的实质是将锗精矿与一定量的浓盐酸共热进行反应，使 Ge 生成沸点较低的 $GeCl_4$，经过蒸馏使之与其他杂质分离。氯化、蒸馏两个过程在同一设备中进行，其反应是：

$$GeO_2 + 4HCl \longrightarrow GeCl_4 + 2H_2O \tag{6-14}$$

为了避免反应逆向进行（$GeCl_4$ 水解），必须维持较高的盐酸浓度。生成的 $GeCl_4$ 呈蒸气状态蒸馏出来，冷凝收集，尾气用盐酸吸收。锗精矿中杂质砷在氯化蒸馏中发生如下反应：

$$As_2O_3 + 6HCl \longrightarrow 2AsCl_3 + 3H_2O \tag{6-15}$$

$AsCl_3$ 的沸点仅为 403K，大量砷随 $GeCl_4$ 一起被蒸馏出来，严重影响 $GeCl_4$ 的质量。为了使砷不蒸馏出来，在氯化蒸馏时，适当加入氧化剂，使三价砷氧化成五价，形成不挥发的砷酸而保留于溶液之中，最好的氧化剂是氯气。因此在溶液中加入 MnO_2 或 $KMnO_4$（在有盐酸存在下），使之发生如下反应：

$$MnO_2 + 4HCl \longrightarrow MnCl_2 + 2H_2O + Cl_2 \tag{6-16}$$

$$AsCl_3 + Cl_2 + 4H_2O \longrightarrow H_3AsO_4 + 5HCl \tag{6-17}$$

氧化剂还可使精矿中可能存在的少量硫化锗（GeS）氧化，从而也提高了锗的回收率。

（2）GeCl$_4$ 的净化　氯化蒸馏获得的 GeCl$_4$ 一般都含有大量的杂质。为了得到高纯度锗，必须精细地净化 GeCl$_4$，其目的主要是除去其中的杂质砷（AsCl$_3$）。从 GeCl$_4$ 中净化除去 AsCl$_3$ 的方法很多，如饱和氯的盐酸萃取法、通氯氧化复蒸法、精馏法及化学法等。净化结果，要求 GeCl$_4$ 中含 AsCl$_3$ 量降低到 0.001% 以下。

（3）GeCl$_4$ 的水解　获得纯净的 GeCl$_4$ 之后，为了制取 GeO$_2$，使 GeCl$_4$ 发生水解，其反应是：

$$GeCl_4 + (2+n)H_2O \longrightarrow GeO_2 \cdot nH_2O + 4HCl \tag{6-18}$$

GeO$_2$ 在盐酸中的溶解度是随盐酸浓度的增高而下降，在盐酸浓度为 5.3mol/L 时，GeO$_2$ 的溶解度最小。为了保证 GeO$_2$ 的纯度，水解时所用的水必须经过净化。

（4）氢还原　一般情况下，都是采用氢作还原剂使 GeO$_2$ 还原，其反应如下：

$$GeO_2 + 2H_2 \longrightarrow Ge + 2H_2O \tag{6-19}$$

当温度超过 873K 时，GeO$_2$ 强烈地被还原成金属锗。由于 GeO$_2$ 的还原要经过 GeO 阶段，而 GeO 在 973K 以上就非常剧烈地挥发，所以用氢还原 GeO$_2$ 的温度应严格控制在 873～953K 下进行，绝不允许超过 973K。

还原剂氢在使用前要经过脱水、脱氧处理，纯度必须在 99.999% 以上。

还原过程在电炉反应管中进行，反应管的外面套上一个加热套管。为了保证锗的质量，反应管采用透明石英管。

还原采取逆流作业，即氢气从出料端导入，这样可避免已经还原出来的金属锗再被反应所产生的水蒸气所氧化。

3. 从铅鼓风炉烟尘中回收碲

碲的化学性质与硫和硒相近，但具有更明显的非金属化学性质。常温下，碲不与氧作用，在空气中加热会着火燃烧氧化成 TeO$_2$。碲不溶于水、稀碱溶液、稀硫酸和盐酸，溶于热的强碱溶液。碲能溶于碱金属硫化物溶液中，生成多硫化物；常温下，能与所有的卤素起反应。

碲主要用于炼钢作添加剂，也用于制造合金和玻璃工业；鉴于碲的特殊导电性能，近年来在半导体工业和制造制冷元件上，也大量使用碲。

除在中欧和玻利维亚等地发现少量单质碲外，自然界中最普遍的碲矿物是辉碲铋矿、（BiTeS）、碲金矿（AuTe$_2$）、碲金银矿（AuAgTe$_4$）、碲铅矿（PbTe）、碲铁矿（FeTeO$_4$）等，一般其含量仅 0.001%～0.1%，无工业开采价值。由于至今尚未发现具有单独开采有冶炼价值的碲矿物，故多是从冶金和化工生产的中间产物中提取碲，其中大部分是从铜、铅阳极泥和制酸的铅室泥中提取，少部分从炼铅鼓风炉烟尘中提取。

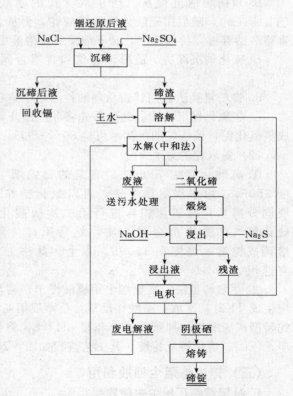

图 6-25　碲生产工艺流程

从 1958 年开始，我国以铅鼓风炉烟尘为原料，采用火法与湿法的综合工艺提取碲，即采用反射炉熔炼，使碲、硒、镉等挥发富集于烟尘，富集烟尘经硫酸浸出、亚硫酸钠还原、净化、电解等工序产出 1 号碲，其工艺流程如图 6-25 所示。

4. 从铅烧结烟尘中回收铊

铊在地壳中的含量大约为百万分之三，主要存在于铜、铅、锌、砷、铁等的硫化矿物中，如方铅矿、闪锌矿、黄铁矿、黄铜矿等。硫化铅精矿一般含铊 0.0001%～0.0067%。目前虽发现了铊的单独矿床，如硒铊银铜矿、红铊矿等，但由于其储量太少，不具备工业开采价值，因此，铊主要仍从铅锌冶炼中间产物中提取。

硫化铅精矿中铊的化合物，如 Tl_2S_3、Tl_2S 和 $TlCl$，在高温下具有极易挥发的特性。在烧结过程中（800～900℃），约有 75%～80% 的铊挥发并富集于烧结烟尘中。

（1）铊的富集方法　铊在烧结烟尘中的含量一般为 0.02%～0.05%，从此种原料中提取铊，须先进行富集。目前，常用的富集方法有火法与湿法两种。

① 火法富集。利用铊化合物在高温下显著挥发的特性进行富集。其特点是处理量大，富集倍数高，可达十几倍甚至几十倍，但设备投资大，富集回收率较低，一般只有 40%～60%。

我国采用火法富集。通常用的有两种方法：一种是烧结机富集；另一种是反射炉富集。

② 湿法富集。先将含铊固体物料，溶解于水或稀酸中，然后从溶液中析出含铊的沉淀物。目前常用的沉淀剂有氯化钠、重铬酸钠、硫化钠和锌粉等。

a. 氯化钠沉淀法。适用于从含铊浓度较高的溶液中使铊呈难溶的氯化铊沉淀析出。此法的回收率一般能达 95%～98%，为工业上最常用的一种方法。

b. 重铬酸钠沉淀法。用于从含铊的弱酸性溶液中，沉淀出难溶的黄色重铬酸铊（$Tl_2Cr_2O_7$），随后用硫酸分解重铬酸铊，再从含硫酸铊的溶液中置换出铊。此法的缺点是重铬酸钠有毒，价格较贵，且不能使贫铊溶液中的铊完全析出。

c. 硫化钠沉淀法。适用于含铊和含重金属杂质较少的溶液，缺点是不能有效地分离杂质。

d. 锌粉置换法。用锌粉从弱酸性溶液中进行选择性置换，以得到富集铊的海绵物。

e. 氢氧化铊沉淀法。此法系先将 Tl^+ 用高锰酸钾氧化成 Tl^{3+}，在 pH=4～5 时水解生成氢氧化铊，该法铊的沉淀率可达 80%～90%。

（2）提取铊的方法

① 硫酸化焙烧-浸出法。富集的含铊烟尘，拌以浓硫酸进行硫酸化焙烧，焙烧温度 250℃，用水浸出热焙砂，再以氯化钠作沉淀剂，使铊呈难溶的氯化铊沉淀出来；液固分离后，将氯化铊再进行第二次硫酸化焙烧和浸出，浸出液用铊碱中和并通入硫化氢气体除去重金属杂质，然后用锌片置换得到海绵铊。将海绵铊洗净、压团、熔铸成铊锭，纯度在 99.99% 以上。此法工艺流程长，硫酸化焙烧条件恶劣，一般不宜选用。

② 萃取转型法。富集烟尘用硫酸浸出，将浸出液中 Tl^+ 氧化成 Tl^{3+}，Tl^{3+} 与 $NaCl$ 反应生成 $TlCl_3$，萃取，醋酸铵反萃，反萃液用亚硫酸钠将 Tl^{3+} 还原成 Tl^+。加入硫酸使氯化铊转型成硫酸铊，加碳酸钠中和至 pH=8，将镉除去，锌板置换得到海绵铊，将海绵铊洗净、压团、熔化铸成铊锭。其工艺流程如图 6-26 所示。

（三）锌冶炼烟尘回收利用

1. 从锌精炼厂粉尘中回收镉

炼锌、炼铅和炼铜产生的粉尘有焙烧炉粉尘、烧结机粉尘、发烟物粉尘和华尔兹回转窑粉尘，这些粉尘都是含镉的物料。此外还有锌蒸馏产出的蓝粉、锌精馏产生的镉灰和用絮凝方法进行硫酸盐提纯得到的铜-镉滤饼。图 6-27 为回收这类物料的湿法工艺流程。

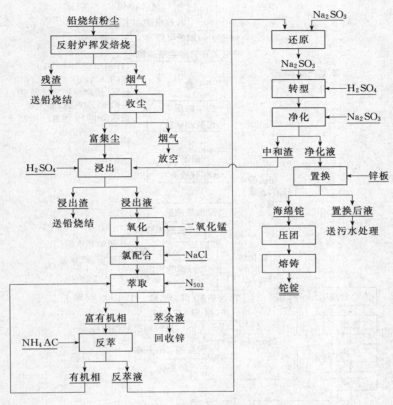

图 6-26　铊生产工艺流程

　　回收副产品的湿法工艺，包括用硫酸浸出含镉物料，使镉进入溶液，然后处理硫酸镉溶液，除去砷、锑和铁，海绵镉通常用锌置换沉淀，或从溶液中电积出来，然后进一步电解或蒸馏处理，得到的最终产品是高纯铜，再经真空蒸馏、区域重结晶、离子交换和其他工艺处理，则可得到特纯镉。

　　值得注意的是，对于处理除尘器中的镉渣，镉冶金学强调其分界线，这是经济决策分界线，就是要使增加的成本同回收的金属镉的收入平衡。但是，此分界线不可能与前面的工序完全无关。锌精矿的含镉量不仅取决于矿石中的镉品位，也取决于事先选用的冶炼方法。

　　优先浮选可以确定，在选择铅锌矿石时有多少镉进入锌精矿。为了使最大量的镉进入锌精矿，就需在铅浮选回路中尽量有效地抑制锌、镉矿物。然后还需在锌浮选前，进行长时间的强活化处理。同样，单体颗粒在浮选过程中的饱和程度，会影响镉在各种浮选产品中的富集程度。因此，镉的冶金学和经济学问题是从选厂开始，但生产镉的实际经济决策却在冶炼厂或精炼厂做出。

　　如图 6-27 所示处理含镉物料的第一步，是压实镉粉、包装和运走。第一步的内容可能是争议的，因为许多镉厂就靠近原料基地，不过仍然有粉尘运输和镉产品富集的问题。例如美国伊利诺伊州顿普埃的新泽西锌冶炼厂产出的镉粉，就要船运到宾夕法尼亚州帕尔默顿（Palmerton）去回收镉。此外，美国有相当部分的镉是从墨西哥一些冶炼厂进口的粉尘中提炼的。

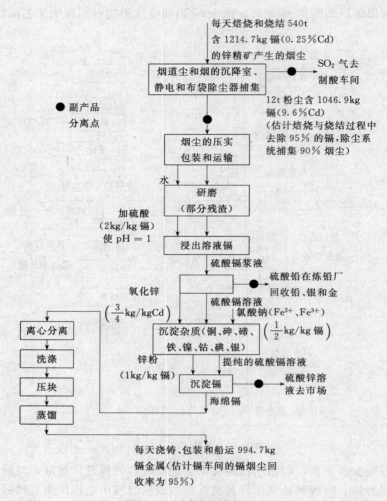

图 6-27　副产镉的辅助系统

　　含镉粉尘用硫酸溶解镉，此法称为酸处理法。硫酸的添加量应保证将镉和其他能溶于酸的组分进入溶液，铅则作为硫酸盐固体渣留下来，然后过滤并运往铅冶炼厂回收铅、金、银，如果渣中还含有硒、碲、铟，也应回收。硫酸镉溶液通过中和来提高纯度。中和溶液可沉淀出铁、砷和其他各种元素。上述流程中的中和剂为氧化锌，它能使氢氧化铁沉淀。黑色金属化合物通过用氯化钠氧化，转变成铁酸盐，从而促使铁完全沉淀。如果有砷、锑、铟、锗和铊存在，氧化锌也能置换它们。其他杂质需要另加处理，例如铜可用锌粉置换沉淀。

　　硫酸镉溶液提纯后，再添加金属锌粉置换镉。镉沉淀物系海绵物质，可用离心分离或过滤方法从硫酸锌溶液中分离出来。在图 6-27 的假定流程中，此工序是以添加锌粉末进行的。有的回收系统采用锌板，但程序就很不一样。

　　在回收镉的辅助系统中，海绵镉提纯用蒸馏法而不用电解法。海绵镉经洗涤、压块后，放入烧油的蒸馏罐中。罐的出口为一铸铁筒体，镉蒸气在此冷却。蒸馏分批进行，20h 为一循环。最后 10% 的加料要重蒸。图 6-27 的辅助系统，每天可处理含镉 1045kg 的粉尘 12t。这些粉尘是每天焙烧和烧结 540t 含 12247kg 镉的锌精矿产生的，图 6-27 系统中镉的主要损失有两个方面：一是精矿损失（镉回收率95％）；二是进入除尘系统的含镉物料（镉回收率90％）。因此，第一段镉的总回收率为85％，主要原因是除尘系统的效率问题。

镉处理系统本身的回收率估计为95％，这是工业部门公认的数字。

2. 锌冶炼烟尘中铟的回收

铟常伴生在硫化锌精矿中，在铅锌冶炼过程中富集在烟尘中和其他中间产物中，铅冶炼富集在鼓风炉烟尘、湿法炼锌富集在回转窑烟尘。就提取方法而言，过去采用的沉淀法已被萃取法所取代。铟的回收包括粗铟的提取和铟的精炼两部分。

（1）粗铟的提取　在湿法炼锌工艺中，铟主要富集在浸出渣回转窑挥发所产生的氧化锌烟尘中。

锌回转窑氧化锌经多膛炉脱氟氯后，返回锌系统浸出。氧化锌中性渣经酸浸（H_2SO_4 20～25g/L），酸浸液（In 0.1～0.3g/L）用锌粉置换（终点 pH＝4.5～4.6），置换渣用硫酸浸出，铟浸出率可达90％～98％。用 P_{204} 从浸出液中萃取分离和富集铟，萃取后的富有机相用含 H_2SO_4 150g/L 的溶液进行洗涤后，用浓度为 6mol/L 的 HCl 反萃，贫有机相返回使用，萃取率可达98.5％～99.5％。反萃液用锌片或铝片置换，产出海绵铟。海绵铟洗涤后，在苛性钠保护下熔铸成粗铟。铅鼓风炉烟尘铟的提取和锌类似。所获粗铟成分列于表6-36中。

表 6-36　粗铟化学成分　　　　　　　　　　　　　　　　　单位：％

元素	In	Cu	Al	Fe	Sn	Pb	Tl	Cd	Ag
含量	＞95	＞0.018	0.001	0.003	0.018～0.004	＞0.02	0.005	0.5～2	0.0005

（2）粗铟的精炼　粗铟精炼包括熔盐除铊、真空蒸馏除镉和电解精炼三个步骤。

① 熔盐除铊。根据铊易溶解入氯化锌与氯化铵熔盐的特性，在普通搪瓷器皿中将粗铟熔化后加入 $ZnCl_2$ 与 NH_4Cl（3：1）的混合物，用机械搅拌，控制温度543～553K，维持反应时间1h。除铊效力可达80％～90％，铟中含铊可降到0.001％～0.022％。

② 真空蒸馏除镉。采用的设备为真空感应电炉或管式电炉。经过真空蒸馏除镉后，可使镉的含量降到0.0004％以下。

③ 电解精炼。进一步使铟中的少量铅、铜、锡残留于阳极泥，而锌、铁、铝进入电解液，将铟进一步提纯。电解精炼的电解液为硫酸铟的酸性溶液，含铟80～100g/L，游离酸8～10g/L，为了增加氢的超电压，提高电流效率，还加入80～100g/L的氯化钠。阴极为纯铟板或高纯铝板，阳极为真空蒸馏后的粗铟，外套两层锦纶布袋，以防阳极泥脱落污染阴极。电解在常温下进行。

电解得到的阴极铟用苛性钠作覆盖剂熔化铸锭，可得到99.99％的纯铟。此流程铟的总回收率为91％。

（四）重金属烟尘中回收砷

砷尘处理是消除或减少火法冶炼收尘系统收集的含砷粉尘的污染，并使其中的有价组分得到利用的过程。含砷粉尘主要有铅砷尘、锑砷尘和锡砷尘三种。

1. 从铅锡尘中回收砷

在铜铅锌冶炼厂，铅锑可同时与砷一道在烟尘中富集，从而产生高铅、高锑的砷尘。某冶炼厂产出的铜转炉烟尘和银转炉烟尘就属于此类型，主要成分（％）如下：

成分	As	Pb	Sb	Cu	Zn	S
铜转炉烟尘	22	35	1.0	3.0	1.0	2.0
银转炉烟尘	35	1.0	37	0.01		

这两种烟尘可直接用于玻璃制造业的脱色剂和澄清剂。日本某冶炼厂将闪烁炉除尘收集的砷尘与制酸系统产出的含砷硫化渣合并处理，混合料中含 Cu 8.6%，Sb 25%，As 37.8%，Fe 3.8%，采用气流挥发工艺，或用液态化炉-反射炉两段焙烧法，可产出含 As_2O_3 99.2%的白砷。

2. 从锡砷尘中回收砷

在炼锡过程中，矿料中的砷绝大部分进入焙烧和冶炼所产生的烟尘中，形成高锡砷尘，中国对该烟尘主要采用电热回转窑和竖式蒸馏炉再度挥发，以获得白砷产品，锡则留于焙烧残渣物中，随后返回炼锡。某锡业公司第一冶炼厂采用直径 800mm×8000mm 电热回转窑处理含 Sn 8%～12%、As 50%～52%的锡砷尘，可产出含 As_2O_3 95%～99.5%的白砷，窑处理能力为 3～5t/d，砷回收率 60%～80%，锡回收率 80%～85%，产品白砷含 As_2O_3 92%～95%。

3. 高纯砷回收

综合回收砷资源。主要是从含砷高的冶炼渣和烟尘中回收砷（As_2O_3），用白砷制取金属砷。从高砷烟尘和渣中回收白砷一般采用电热蒸馏法。从高砷烟尘和渣中制取砷化工产品，如砷钙渣、砷锑合金、砷酸钠混合盐等。

某锡业公司采用的高砷烟尘处理工艺如图6-28 所示。

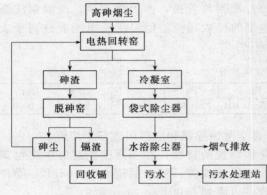

图 6-28　高砷烟尘处理工艺流程

联合法提镉工艺流程的主要特点如下：

产品质量高，精镉纯度稳定在 99.995%以上，超过电镉（99.96%）质量；回收率高，粗镉冶炼回收率大于 85%，精馏回收率达 99.7%以上；操作简便，人员少，劳动条件较好；操作条件较简单，耗电少。

精馏设备结构较复杂，须用价格较昂贵的 SiC 盘。

（五）从含镉烟尘中提取镉与铊

采用湿法和火法组成的联合法从含镉烟尘中提取镉与铊，是我国自行开发的技术。联合法提取镉和铊的工艺流程见图 6-29，包括焙烧、浸出、净化、置换、压团熔炼和精馏工序，其中焙烧工序可根据含镉原料性质取舍。

（1）原料　竖罐炼锌的提镉原料为焙烧挥发富集的烟尘，其中流态化焙烧烟尘是在氧化性气氛下挥发的，镉的可溶率较高；回转窑焙烧烟尘是在微还原气氛下挥发的，含硫高，镉的可溶率低，有时需要再焙烧。含镉烟尘粒度较细，密度较小，最好采用真空吸送运输。

（2）硫酸化焙烧　当含镉烟尘中镉的可溶率低于 90%时，需进行焙烧。通常流态化焙烧的含镉烟尘中镉的可溶率在 90%以上，流态化焙烧烟尘二次焙烧的含镉烟尘，镉的可溶率为 40%～50%，故后者需进行硫酸化焙烧。焙烧过程中除有价金属转化为硫酸盐外，还可挥发除去大量砷、锑等杂质。硫酸化焙烧在用间接加热的回转窑内进行，可降低硫酸消耗，减少废气量，便于吸收处理。

硫酸化焙烧采用回转窑，用煤气直火加热。硫酸加入量约为理论量的 150%，焙烧带的温度控制为 500～550℃。温度过高不仅镉易挥发损失，而且造成炉结。硫酸化焙烧设备腐蚀严重，硫酸消耗大，劳动条件不好。如果在二次焙烧过程中，增加脱硫措施，提高镉尘的铜可溶率，则可取消硫酸化焙烧。

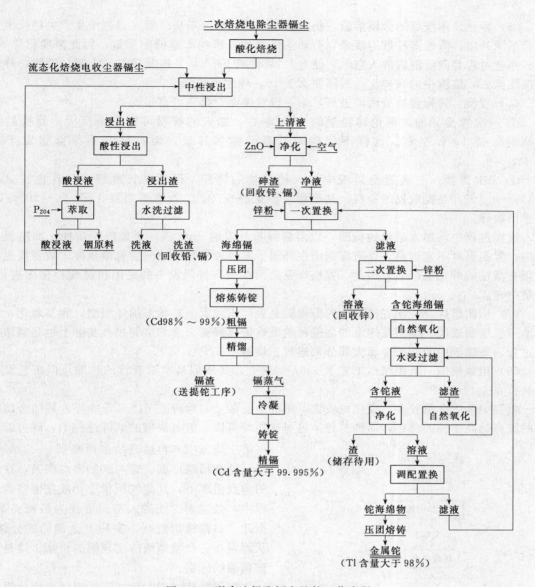

二次焙烧电除尘器镉尘
↓
酸化焙烧

流态化焙烧电收尘器镉尘 → 中性浸出
↓
┌─────────── 浸出渣 ─────── 上清液 ───────────┐
酸性浸出   ZnO → 净化 ← 空气
┌── 酸浸液 ── 浸出渣 ──┐   ┌── 砷渣 ── 净液 ──┐
P₂₀₄ → 萃取   水洗过滤   （回收锌、镉）
┌─酸浸液─ 铟原料   洗液 ── 洗渣   锌粉 → 一次置换
                        （回收铅、镉）
┌── 海绵镉 ──────────────── 滤液 ──┐
压团   二次置换 ← 锌粉
↓   ┌── 溶液 ── 含铊海绵镉 ──┐
熔炼铸锭   （回收锌）
（Cd98％～99％）粗镉   自然氧化
↓   ↓
精馏   水浸过滤
┌── 镉渣 ── 镉蒸气 ──┐   ┌── 含铊液 ── 滤渣 ──┐
（送提铊工序） 冷凝   净化   自然氧化
                铸锭   ┌─渣─ 溶液 ─┐
                精镉   （储存待用）
        （Cd 含量大于 99.995％）   调配置换
                          ┌── 铊海绵物 ── 滤液 ──┐
                          压团熔铸
                          金属铊
                      （Tl 含量大于 98％）

图 6-29　联合法提取镉和铊的工艺流程

（3）浸出　硫酸化焙烧后，在设有通风装置的机械搅拌槽内进行中性与酸性浸出。规模较小时，两次浸出可在同一槽内交替进行。

① 中性浸出。控制较低的始酸和较高终点 pH 值，以便于 Fe^{3+} 水解沉淀，同时除去大部分 As，得到较纯的含镉溶液。

② 酸性浸出。保持较高的始酸和终酸，在 90℃以上的温度下浸出，使残存的难溶金属进一步溶解，以获得较高的金属回收率。但酸浸液中，除硫酸镉和硫酸锌等主要成分外，还含有较多的杂质金属离子及硫酸铟，经萃取提铟后返回。

③ 浸出加料。含镉烟尘粒度较细，容易飞扬。宜用湿式球磨浆化，砂泵输送加料，以改善操作环境和减轻劳动强度。

（4）水洗过程　酸浸渣经两次水洗后，用真空吸滤，滤渣含铅 45％～55％，送铅冶炼，洗液返回中性浸出。

（5）净化　中浸后的含镉溶液，仍含有部分铁和砷等杂质。置换过程中易产生砷化氢气体、黑沫外溢、海绵镉松散等现象，劳动条件恶化，影响海绵镉的质量，因此需净化除铁、砷。作业过程是向溶液内鼓入空气，使 Fe^{2+} 氧化成 Fe^{3+}，并控制较高 pH 值，使铁、砷水解沉淀除去，溶液中的铁砷比一般需要大于 10，砷才可能除尽。

（6）置换　锌粉置换分两段进行，第一段置换镉，第二段富集铊。

① 一次置换。加入理论锌粉量的 95％左右，加入的锌粉可以完全反应，置换后液含镉尚保持 1g/L 左右。这样不仅能降低海绵镉含锌量，而且铊几乎全部保留于溶液中。

② 二次置换。一次置换后液中加入稍过量的锌粉，得到高锌海绵镉，其含铊量为 0.3％～0.5％，是提取铊的原料。其流程可参见图 6-29。二次置换后液含 Zn 70～100g/L，用于回收锌。

置换过程中须加入适量的硫酸，以溶解锌粉外表的 ZnO 膜，增加锌粉活性，加速置换反应。置换温度不宜过高，以防海绵镉在高温下复溶。净化后液尚含有微量砷，故置换过程中仍有微量的砷化氢产生，因此，置换作业必须在设有排风设备的密闭机械搅拌槽内进行，以防中毒。

（7）压团熔炼　一次置换产出的海绵镉是表面积较大的粒状海绵体组织，容易氧化，需用油压机压制成团。镉团在熔融的烧碱覆盖下熔铸成镉锭。镉的熔铸过程实际上也是碱法精炼过程，海绵镉中的杂质金属大部分都溶解于烧碱中。

（8）粗镉精馏　粗镉精馏工艺于 1957 年创立，其原理基本沿袭锌的精馏，但工艺设备独具特点。

粗镉中杂质含量较多，变化也较大。粗镉中的杂质，除砷在 615℃升华外，其他金属杂质的沸点远高于镉的沸点，而砷与锌虽可与镉同时蒸馏，但与烧碱的熔炼过程中，砷与锌均可溶于烧碱中，再通过精馏而降到 0.002％以下，达到精镉标准。铜与铁的沸点很高，在镉的沸点温度下，其蒸气压很小，故在镉精馏过程中，微量铜、铁进入精镉可视为机械夹杂。据此，粗镉精馏过程，实质上是镉铅的分馏，从而可在一台精馏塔内实现镉的精馏。这是与锌精馏的区别。

粗镉精馏过程大致如下：粗镉在熔化锅内熔化后，定时定量加入加料器。而连续流入塔内的液体在塔内经加热蒸发和冷凝回流交替进行，纯镉蒸气上升至第一和第二冷凝器分别冷凝成液状，冷却到一定温度，流入精铜镉，定期铸成镉锭，高沸点金属经回流富集逐步下流，进入渣锅，定期排出。

镉精馏炉可用烟煤、煤气或其他气体燃料加热，炉温稳定，易于控制，因此其加热装置可因燃料而异。

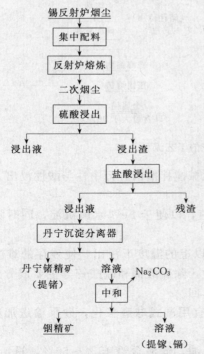

图 6-30　从锡反射炉烟尘提取铟的流程

（六）从锡反射炉烟气中提铟

从含铟的氧化锌烟尘、炼铅鼓风炉烟尘、

炼锡反射炉烟尘、铜转炉烟尘等，均可提取铟。现以炼锡反射炉烟尘提取铟为例，说明从烟尘提铟的方法。

炼锡反射炉烟尘含铟可达 0.02%，是回收铟的重要原料之一。图 6-30 是从炼锡反射炉烟尘提取铟的流程图。从此类烟尘中提取铟的工艺方法要点是将烟尘集中配料后，加入反射炉熔炼，其目的是：一方面充分回收金属锡；另一方面是使铟等有价金属进一步挥发富集，同时使下一步湿法处理烟尘时的溶剂消耗量减少。熔炼得到的二次烟尘，用硫酸浸出使铟转入溶液，含铟浸出渣再用盐酸浸出，铟以及镓、锗、镉等便于氯化物形态进入溶液。这种溶液用丹宁酸沉淀分离锗以后，用苏打中和至 pH 值为 4.8~5.5，便可获得铟精矿。

第四节　稀有金属和贵金属烟尘减排与回收利用

稀有金属和贵金属烟气来自其原料准备、烘干、煅烧及冶炼过程，烟气中主要含有金属尘、氟和二氧化硫等。稀有金属和贵金属烟气种类多，成分杂，排量少，毒性大。

一、稀有金属冶炼烟尘减排技术

（一）钼冶炼烟尘减排

钼精矿氧化焙烧烟气中含有的大气污染物，因使用热源的不同而不同。在使用电、天然气作热源时，主要污染物有钼精矿尘、氧化钼尘和 SO_2 等；使用重油作热源时，除上述污染物外，又增加了重油烟尘。

以电、天然气作热源的钼冶炼烟气温度一般为 150℃ 左右，主要治理方法有水洗涤法、碱液吸收法和电除尘器、氨水吸收法等。水洗涤法采用喷雾塔净化烟气。同时去除烟尘和 SO_2，除尘效率可达 90% 左右，但对 SO_2 的净化效率很低。洗涤污水经沉淀澄清后可循环使用。采用碱液洗涤吸收烟气，可使除尘效率和 SO_2 净化效率均达到 90% 以上。电除尘器-氨水吸收法是使烟气先经电除尘器除尘，然后送入吸收塔用氨水吸收 SO_2。电除尘器的除尘效率达 96% 以上，排气含尘浓度在标准状态下小于 $400mg/m^3$，SO_2 浓度低于 0.06%。

以重油作热源的钼冶炼烟气，一般采用旋风除尘器-液体吸收净化流程，吸收剂为水、氨水或氢氧化钠溶液，吸收设备有喷雾塔、旋流板塔和文丘里吸收器等，除尘效率和 SO_2 净化效率均在 95% 以上。

20 世纪 70 年代开始用氧压煮法代替氧化焙烧法冶炼钼精矿，不仅从根本上消除了钼冶炼烟气的污染，而且使钼金属回收率得到提高。

（二）钨冶炼烟尘减排

钨冶炼是指由钨精矿生产钨酸盐和钨氧化物的过程，钨精矿分为黑钨精矿 $[(FeMn)WO_4]$ 和白钨精矿（$CaWO_4$）两种。钨冶炼有苏打烧结工艺和蒸汽碱压煮工艺等。

（1）苏打烧结　主要大气污染物来自矿石分解产生的含尘烟气和钨酸钙分解产生的含 HCl 烟气，一般皆采用湿法净化。含尘烟气经水洗涤除尘后，烟气黑度即可小于林格曼黑度 1 度，直接排放。洗涤污水需经沉淀处理后排放。含 HCl 烟气一般采用水冷凝-水吸收-一次碱吸收-二次碱吸收净化流程。烟气经水冷却后，大部分 HCl（60%~65%）和烟气中的蒸汽冷凝成为 15%~20% 的稀盐酸，再经水吸收和两级碱液吸收后，烟气中 HCl 减为 0.5~0.08kg/h，可以从 20m 高排气筒直接排放。总净化效率在 98% 以上。

（2）蒸汽碱压煮　在仲钨酸铵结晶和仲钨酸铵煅烧过程中产生的含氨烟气，采用解吸提汲法净化，净化效率在 95％以上，净化后的氨气浓度即可达得排放标准。

（三）钽铌冶炼烟尘减排

在用钽铌铁矿生产钽、铌氧化物及其盐类的过程中，矿石分解、钽铌分解、中和沉淀、烘干煅烧和氟钽酸钾生产等作业，皆产生含 HF 气体的烟气。由于烟气中含水高达 9％左右，所以一般多采用液体吸收法净化钽铌冶炼烟气。采用的吸收剂为水或 3％～5％的氢氧化钠溶液，水的吸收效率一般为 75％～90％。氢氧化钠溶液的吸收效率在 90％以上。水吸收后的废液需经综合利用或石灰中和除氟后才能排放，氢氧化钠溶液吸收后的废液可制取氟化钠，但成本较高。在采用水吸收的泡沫塔净化工艺中，由于气液接触充分，传质效果好，吸收效率可达 90％以上。

（四）含铍烟尘治理

当铍冶炼和铍化合物生产过程产生的含铍烟尘排放到大气中后，铍烟尘中的铍尘便成为大气污染物之一。铍矿石熔化、氢氧化铍煅烧、铍铜母合金熔炼、金属铍的还原和湿法提炼铍化合物等生产过程中均产生含铍的烟尘。

人或动物吸入或接触含铍或铍化合物的烟尘，会引起通常称为"铍病"的各种病变。处于含铍尘的环境中作业的人员，会因接触铍及其化合物而引起各种皮肤病变。由于铍尘排入大气，工厂周围的居民也可能产生非职业性铍中毒。

防治铍尘污染的主要措施是，对产生铍尘的设备进行密闭抽风，经净化后排放，一般多采用两级净化，所用除尘装置袋式除尘器、电除尘器和湿式除尘器。

（五）稀散金属生产烟尘减排

1. 锗和铟

在矿石的热处理中，锗在很大程度上转变为气相，而当气体温度下降时主要以二氧化物形式凝结在极细小的粉尘微粒上。含锗的煤炭燃烧时可观察到类似现象，此时锗依附在细小的挥发性烟灰微粒上。在除尘过程中，最好将粗粒级粉尘与锗富集的细粒级粉尘分开处理，必须尽可能充分地捕集后者。烟气首先通过降尘室或旋风除尘器以捕集粗粉尘，然后经人字形冷却管冷却，并排入袋式过滤器以捕集锗富集的细粒级粉尘。

2. 铼

在铝硫化物精矿以及炼铜产物的焙烧中，铼转变为气相，以 Re_2O_7 形式存在。烟气中往往同时存在 SO_3。

在烟气冷却中，Re_2O_7 和 SO_3 与水蒸气发生反应而产生雾，后者可用湿式电除尘器加以捕集，这一过程的流程如下：从炉口排出的烟气温度高约 300～400℃，通过旋风除尘器或干式电除尘器除去被机械力带走的粉尘，而后经过洗涤器（喷淋塔或鼓泡器）冷却到30～50℃，继而进入湿式电除尘器。旋风除尘器或电除尘器内气体温度愈高，冷却得愈少，这些设备捕集的粉尘含铼就愈少。

在洗涤器中可捕集一部分铼和 H_2SO_4，最终在湿式电除尘器内捕集这些成分的混合物。从与 H_2SO_4 混合物中，可制得呈铼酸溶液状态的铼。用这种液体来提取铼。

3. 硒

用火冶方法处理铜电解生产的电极泥和焙烧含硒硫化矿石（铜矿石或黄铁矿石）时，硒在很大程度上以 SeO_2 形式转变为气相。有部分硒与 SO_2 起反应，转变为元素硒。所以，冷却后气溶胶中常有雾状 H_2SeO_3、H_2SO_4 和固体 Se 粒存在。

熟烟气通过降尘室（在处理极泥时）或热态电除尘器（在焙烧黄铁矿铜精矿时），再经过洗涤（在洗涤器型式的设备中冷却），然后用湿式电除尘器尽量充分地捕集温度低于 30℃ 的 Se 及其二氧化物。用得到的泥浆制取硒。

4. 锆的生产

在含锆原料的氯化中，除尘流程与钛生产所采用的流程相似。氯化物在 200～300℃ 温度下凝结成固相。

氯化器排出的烟气温度在 300℃ 以上，经旋风除尘器冷却至 200～150℃ 后通过袋式过滤器。这种除尘器采用玻璃纤维或耐高温纤维（例如奥克沙纶）织物作滤布。将除尘器器壁预热可使烟气升温大约 20℃，经过袋式过滤器捕集氯化产物的基本部分（$ZrCl_4$）之后，烟气进入湿法净化系统，用冷的液态四氯化钛捕集 $TiCl_4$，然后进入喷淋碱液（石灰乳、苏打）的洗涤器以捕集 $SiCl_4$。

（六）有色金属冶炼厂钽铌冶炼废气净化实例

有色金属冶炼厂为生产钽、铌和稀土金属的冶炼厂，主要产品有钽、铌氧化物、碳化物，金属粉末及棒、条、丝、片、管、晶体和稀土氧化物，三基色荧光灯粉及镧、镨、钕、钐、镝、钇等稀土金属，不同规格的品种近 60 个。

生产能力：年产钽金属 22t，铌金属 14t，钽铌氧化物 150t，稀土氧化物 170t。

1. 生产工艺流程及废气的来源

钽铌精矿加水用球磨磨细至 200 目后，投入装有氢氟酸、硫酸的溶解槽中，加热保温，待矿石溶解完全后，用仲辛醇通过矿浆和清液两步萃取，分离提纯钽和铌。钽液经转化、结晶、烘干生产钽氟酸钾，或钽液经调洗、沉淀、烘干、煅烧生产氧化钽。钽氟酸钾经钠还原、酸水洗和热处理等工序生产钽粉。钽粉再按需要进行深加工，铌液经调洗、沉淀、烘干煅烧生产氧化铌，氧化铌再经碳还原、热处理等工序生产铌粉。铌粉再根据要求进行深加工。废气主要来源为溶矿、萃取、滤渣等工序。其次为沉淀、转化和煅烧氧化物等。

钽铌冶炼工艺流程见图 6-31。

2. 废气的组成与产生量

用氢氟酸、硫酸溶矿、生产钽铌的工艺，产生的废气主要有：氟化氢、硫酸雾、氨、氯化氢、粉尘等，其排放浓度大致为：HF $4～80mg/m^3$，H_2SO_4 雾 $2～60mg/m^3$、NH_3 $15～100mg/m^3$、HCl $0.5～5mg/m^3$，粉尘（钽铌氧化物）$0.02～5.0mg/m^3$。

上述废气的产生量过去无实测资料，也无物料衡算的依据。净化排放量大致为 $(1.0～1.5)×10^{10} m^3/a$。

3. 废气处理工艺流程

生产岗位产生的废气，通过局部抽风送入废气净化系统，首先进入冷凝器的部分酸需冷凝成酸回流使用。未冷凝成液态的气体经高压风机抽入湍球塔淋洗净化后送入排气塔高空排放。

废气处理工艺流程见图 6-32。

4. 主要设备及构筑物

废气净化的主要设备为离心通风机、湍球塔和塑料离心泵，构筑物有循环水池和排气塔。

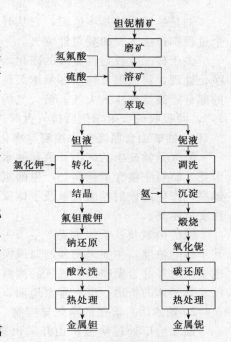

图 6-31　钽铌冶炼工艺流程

主要设备及构筑物见表 6-37。

表 6-37　废气净化设备及构筑物

名称	规格	单位	数量
高压离心通风机	9-26No9D	套	4
湍球塔	φ1200	台	4
塑料离心泵	10Ⅰ-Ⅱ	台	10
排气塔	高 70m	个	1
循环水池	φ4000	个	2

图 6-32　钽铌湿法冶炼废气净化工艺流程

5. 工艺控制条件

（1）抽风量按需要进行调节。

（2）湍球塔内塑料小球填装适量。

（3）淋洗液的流量控制到既能保证净化效率又不造成大量废水进行二次处理。

6. 处理效果

经投产后 8 年使用，处理效果良好，监测数据统计结果见表 6-38。

表 6-38　废气净化效率统计

监测元素	测定天数 /d	进口浓度/(mg/m³)		出口浓度/(mg/m³)		净化效率 /%
		范围	平均	范围	平均	
HF	9	2.22～518.5	276.96	0.33～77.8	14.1	94.91
H_2SO_4	9	4.4～166.6	33.9	0.71～64.28	14.14	58.41

二、放射性废气的控制与净化

铀是核工业的基本原料，它从开采到冶炼、精制、净化、分离直到应用到核电产生，整个过程都产生大量的放射性废气。

关于核工业放射性废气的净化，对比放射性不高的放射性废气，采用吸附法或吸收法来净化处理，将放射性物质尽量浓集到小体积储存起来，而后将净化后大体积的符合排放标准的部分经高烟囱排入大气，借大气的稀释扩散。对于放射性高的废气，尽可能采用预先"冷却"，经吸收或吸附净化后排入大气进行稀释。

1. 铀矿山含氡废气的控制与净化

氡气是铀矿山的矿山开采和铀水冶厂一种主要的放射性废气，它是由镭衰变而产生的，因此，矿石中镭含量越高，产生的氡就越多。镭是铀衰变而来的，一般情况下铀矿中铀含量越高，产生的放射性废气氡及子体就越多，因此与这种矿石接触的空气被氡及其子体污染的程度就越高。

铀矿山氡及其子体主要产生于采掘铀矿的矿井中，为了有效地降低铀矿井下空气中氡及其子体的浓度，主要采用强制通风换气的方法。将废气排到地面，同时输入新鲜空气。此外也采用对井巷岩壁喷涂不透气的涂料，封闭和隔断采空区和废巷道，堵塞岩缝来减少井下氡气及其子体的析出。废气排至地面，对矿山周围环境大气造成污染。

2. 铀水冶厂废气的净化与控制

铀水冶厂处理从铀矿山开采出来的含铀为 0.05%～0.3%、粒度为 200～300mm 的矿石，要采用选矿、破碎、磨矿直到使铀矿物充分暴露出来，然后采用酸或碱浸，把铀从矿浆中溶浸出来。因此，铀水冶厂除放射性粉尘外，还有废气氡、γ-放射性气溶胶、酸雾、氨气及 NO_x 等。

铀水冶厂常使用的放射性气体的净化方法：①用溶液吸收气体或气溶胶；②用固体吸附剂吸附气体；③采用填料过滤器或者纤维过滤器过滤气体；④高空的大气稀释扩散。

（1）氡气处理　常采用透气性好的活性炭颗粒作吸附剂，在正常情况下几乎能全部吸附与它接触的空气中的所有氡。木炭和橡胶都能吸附氡。吸附了氡的活性炭加热到 $300\sim400℃$ 以上可使氡析出。在温度低于 $-65℃$ 时，氡呈液态，在 $-180℃$ 的空气中，液态氡能很好地聚集在一切固体表面上，利用氡的这一性质，可把氡从其他气体中除去。

（2）放射性气体的净化　对于含有放射性粉尘和有毒粉尘的清除，一般采用框式过滤器，而当废气中粉尘量大于 $0.4mg/m^3$ 时，可采用填料过滤器预过滤，然后再用框式过滤器。

（3）空气中放射性物质的液体吸收　空气中放射性物质通过液体吸收：①液体仅吸收悬浮固体颗粒；②液体仅吸收可溶性气体和其中的悬浮颗粒；③液体与微尘接触将微尘捕集而形成浆体。

铀水冶厂常采用泡沫洗涤器来除去煅烧炉煅烧铀化学浓缩物产生的废气中的含铀粉尘，其过程是使放射性气体与雾状液体逆流接触或者使液体与气体在装有增大气液表面的泡沫洗涤器内接触。

（4）其他有害气体的净化　采用喷淋塔、填料塔和泡沫塔来净化铀水冶厂的酸雾、NO_x和氨气；采用活性炭吸附 Cl_2、CO_2、H_2S 等气体，用活性 MnO_2 吸附汞蒸气生成 $HgMnO_2$；用 $Ca(OH)_2$ 粒粉末吸附氟化氢气体，生成 CaF_2。常用设备有固定床、沸腾床和活动床等。

3. 铀后处理厂放射性废气的净化

铀精制厂和元件加工厂的废气主要有氟化氢，其处理办法是第一次在 $60℃$ 时冷凝，第二次在 $-40℃$ 冷凝，并用 KOH 洗涤。冷凝收集的副产品是氢氟酸、无水氟化氢和氟化钾。

气体扩散厂废气主要为含铀氟化物 UF_4、UF_6、HF、F_2 等，一般先用旋风分离器、金属网过滤器、玻璃丝填充过滤器等除去废气中的含铀微尘，其除尘效率达 95%。一般工厂常将木炭吸附法、碱洗法、氟气燃烧法串联起来联合使用，可使含氟 6.5% 的废气净化到浓度低于 $(2\sim8)\times10^{-5}$。

三、稀土冶炼烟尘减排技术

中国生产稀土的主要原料是白云鄂博稀土矿和独居石等，冶炼过程中产生气态污染物的作业有硫酸焙烧、优溶渣全溶、氢氧化稀土氢氟酸转化、氯化稀土电解和稀土复盐碱精化等。

稀土冶炼烟气中含有的气态污染物的治理，大多采用化学吸收法，因气态污染物种类和性质不同，所选用的吸收剂和吸收设备亦不同。

（1）硫酸焙烧　烟气中主要含有 HF、SiF_4、SO_2 和硫酸雾等，一般采用重力沉降-液体吸收净化流程。烟气经重力沉降室去除颗粒物后，进入涡流吸收器或冲击式吸收器，用水或碱液吸收。净化效率达 99% 以上。

（2）优溶渣全溶　烟气中主要污染物为 NO_x，采用的治理方法有化学吸收法、氧化吸收法和碳还原法等。化学吸收法采用碱液吸收脱氮，净化效率为 70% 左右。氧化吸收法是在氧化剂和催化剂作用下，将 NO 氧化成溶解度高的 NO_2 和 N_2O_3，然后用碱吸收脱氮，净化效率达 90% 以上。碳还原法是以焦炭、石墨或精煤作还原剂，在 $700℃$ 左右高温下将

NO_x 还原成 N_2 气，净化效率达 98% 以上。

（3）氢氧化稀土氢氟酸转化　烟气中主要污染物 HF，采用化学吸收法净化，吸收设备有填料塔、旋流塔等，净化效率达 90% 以上。

（4）氯化稀土电解　烟气中主要污染物 Cl_2，采用水或碱液吸收，吸收设备有喷淋塔和鼓泡反应器等，净化效率在 90% 以上。吸收液循环吸收到一定浓度后，用于生产次氯酸钠。

（5）稀土复盐碱精化　烟气中主要污染物是 NH_3，采用卧式液膜水喷淋装置吸收，将 NH_3 气转化为稀氨水（NH_4OH），净化效率达 90% 以上。

四、贵金属生产烟尘减排技术

（一）金精矿焙烧烟尘治理技术

在含硫金精矿焙烧过程中，从焙烧炉排出的烟气中含有机械夹带的粉尘和挥发烟尘。粉尘中含有金、银以及铜、铅、锌重金属杂质，挥发烟尘中含有 As_2O_3 和 Sb_2O_3。为了提高金、银和其他重金属的回收率，消除环境污染，需对烟气中的烟尘进行捕集和回收处理。

1. 烟尘性质

含硫金精矿焙烧过程产生的烟尘量，因采用的焙烧炉型式不同而有很大的差异。对于单膛炉、多膛炉和回转窑，产生的烟尘率为 6%～15%，烟气含尘浓度 5～50g/m³；沸腾焙烧炉产生的烟尘率为 45%～55%，有时高达 80%（与精矿粒度、炉型和操作线速度有关），烟气含尘浓度 220～330g/m³。

2. 治理方法

焙烧烟尘治理工艺流程如图 6-33 所示，焙烧炉烟气依次经过沉淀室、旋风除尘器和电除尘器净化，或旋风除尘器、湿式除尘器和电除尘器净化。净化后的烟气送至制酸厂生产硫酸或者采用其他工艺生产含硫产品。捕集下来的烟尘和焙砂一起送至湿法冶炼车间，氰化浸出提取黄金。当精矿中含砷较高时，从电除尘器排出的烟气，用水或空气骤冷后，进入袋式除尘器（或电除尘器）除尘，捕集下来的 As_2O_3 可直接销售。

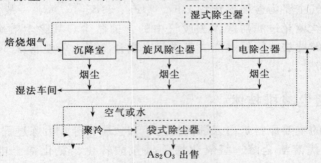

图 6-33　含硫金精矿焙烧烟尘治理工艺流程

含硫金精矿焙烧烟尘治理的各项技术参数如表 6-39 所列。

表 6-39　焙烧烟尘治理的技术参数

除尘装置	沉降室	旋风除尘器	湿式除尘器	电除尘器	袋式除尘器
烟气温度/℃	600～650	480～610	530～550	320～350	120～130
阻力损失/Pa	50～100	300～800	400～4000	300	1200～4500
除尘效率/%	30	75	90～98	99	99.8

（二）银烟尘减排实例

某冶炼厂稀贵分厂有三台银转炉，其中 1# 炉为还原熔炼炉（贵铅炉），2# 和 3# 炉为氧化精炼炉（分银炉）。贵铅炉和分银炉烟气特性见表 6-40，烟尘成分见表 6-41。

表 6-40　贵铅炉和分银炉烟气特性

名称	烟气量 /[m³(标)/h]		烟气温度 /℃		含尘浓度 /[g/m³(标)]	烟气成分/%				
	炉口	炉尾	炉口	炉尾		CO_2	O_2	SO_2	Cl_2	SO_3
贵铅炉	10000	6000	1000	850	9	0.7~69	16~19	0.01~0.05	0~0.32	0.0002~0.05
分银炉	6000	—	950							

表 6-41　贵铅炉和分银炉烟尘成分　　　　单位：%

名称	Ag	Au	Cu	Pb	Cl^-	As	Sb	Bi	SO_3	H_2O
贵铅炉 分银炉	6.69	12.3	0.46	19.6	22.87	1.84	18.25	3.61	6.18	6

对三台炉的烟气设计两个除尘系统。

（1）高砷除尘系统　包括 1# 炉工艺除尘及 2# 炉或 3# 炉前期除尘。配备：淋水冷却器，换热面积为 28m²；表面冷却器，换热面积为 300m²；三台低压脉袋式冲除尘器，每台过滤面积为 135m²。

（2）高银除尘系统　包括 2# 炉或 3# 炉工艺除尘。配备：高温集尘器；表面冷却器，换热面积为 100m²；一台低压脉袋式冲除尘器，过滤面积为 135m²。

对除尘系统实行 PLC 全自动集中控制。对袋式除尘器入口温度、滤袋内外压差、清灰气源压力等参数进行实时监控，并以定压差方式控制清灰。

两个除尘系统工艺流程分别如图 6-34 和图 6-35 所示。低压脉冲袋式除尘器主要规格和参数见表 6-42。

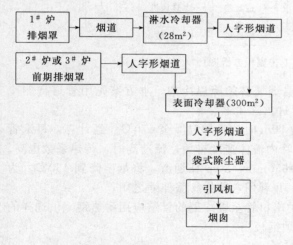

图 6-34　高砷除尘系统

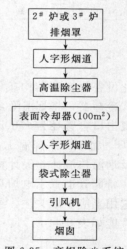

图 6-35　高银除尘系统

表 6-42　低压脉冲袋式除尘器主要规格和参数

名　称	参　数	名　称	参　数
处理风量/(m³/h)	8000~10000	过滤风速/(m/min)	0.99~1.23
滤袋材质	涤纶针刺毡	清灰方式	低压脉冲喷吹
滤袋尺寸/mm	φ120×4000	清灰压力/MPa	0.15~0.22
滤袋数量/条	90	设备阻力/Pa	1200
过滤面积/m²	135		

该两个系统投产数年后，运行情况一直良好。银转炉炉口及炉尾的烟尘被全部捕集。每年可回收砷烟尘约800余吨。此外，回收稀贵金属粉尘价值则更可观。

对除尘系统进行跟踪监测，测定结果见表6-43。

表 6-43 高砷和高银除尘系统运行参数

名　　称	进口温度/℃	出口温度/℃	烟气量/[m³（标）/h]	出口含尘浓度/[mg/m³（标）]
高砷袋式除尘器 1#	125	85.5	5665.5	20.6
高砷袋式除尘器 2#	112	81	6613.5	27.2
高砷袋式除尘器 3#	117	83	6495.5	8.3
高银袋式除尘器	128	101	4992.5	16.7

（三）炼锆烟气净化工程实例

电炉炼锆烟气温度高，尘粒极细，烟气浓度甚高，物料价值大，因此，烟尘治理不仅是环境的需要，而且回收物料也很有经济效益。

1. 粉尘来源和性质

收集原始烟尘及烟气有关数据，是决定采用的治理方案能取得最佳效果的依据。所收集的数据如下：①电炉排烟出口管管径 ϕ500mm；②电炉出口管处烟气温度 600℃；③烟气量 54000m³/h；④烟气成分 SiO_2 92%，ZrO_2 7%；⑤烟尘粒度 0.4～20μm；⑥烟尘初始浓度正常 17g/m³，最大 50g/m³；⑦粉尘真密度 2.26g/cm³；⑧粉尘假密度 0.25g/cm³。

2. 除尘工艺流程

根据烟温及烟尘特点，除尘工程流程如图6-36所示。

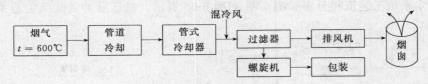

图 6-36 除尘工艺流程方框图

由于净化设备材料和结构条件所限，高温烟气必须降温冷却。本方案先用管道自然冷却，再用管式冷却器，将烟温降至150℃，再进入除尘器。

电炉烟气出口管管径为 ϕ580mm、长度为 70m 时，将烟温降至470℃。经计算，每米管长降温 1.86℃，每平方米降温 1.02℃。这与管内流体速度有关，流速高时，传热系数也高。根据烟气量及烟温与流速，经计算确定采用 ϕ650mm，80m 长烟道，将烟温降到450℃。为了节省空间，将此管道置于电炉车间屋面上，并利用弯管作膨胀伸缩之用。

材质的选用上应予以关注。经查证，电炉出口管至管冷器的管道应用耐热钢。供选择的有两种，其性能如表6-44所列。最后采用锅炉钢板。

表 6-44 管道用耐热钢性能

名称	化 学 成 分/%					抗拉强度/MPa	伸长率/%
	C	Si	Mn	Cr	S		
锅炉钢板（20g）	0.16～0.24	0.15～0.30	0.35～0.65			400	26
中合金铬钢（1Cr13）	0.09～0.15	≤0.8	≤0.8	12～14	≤0.025	420	23

3. 主要设备

（1）管冷器 高温烟气冷却方法无非是水冷（往高温烟气中直接喷水，用水雾的蒸发吸热使烟气冷却或用水冷夹套或冷却器形式冷却管内流动的烟气）与风冷（常温的空气直接混入高温烟气或自然风冷与机械风冷）两大类。

鉴于烟温 450℃（在 300～500℃的场合），因此采用间接风冷即利用高温烟气在管内流动，室外常温烟气在管外流过，将烟气的热量带走的冷却方式较好。这种装置节约冷却用水又具有节能效果，也不必顾忌水垢影响传热，构造简单，易维护，不增加烟气体积，相反，随着温度的下降，体积减小，对于选择除尘器与风机均是有利的。

冷却器的传热计算是按下列公式：

$$Q = KF\Delta t_m \qquad (6\text{-}20)$$

式中，Q 为冷却所必需的热量，kJ/h；K 为传热系数，W/(m²·K)；F 为传热面积，m²；Δt_m 为烟气入口、出口的对数平均温度差，℃。

$$\Delta t_m = \frac{\Delta t_1 - \Delta t_2}{2.3\lg\dfrac{\Delta t_1}{\Delta t_2}} \qquad (6\text{-}21)$$

式中，Δt_1 为入口处管内外流体的温度，℃；Δt_2 为出口处管内外流体的温度，℃。

$$\frac{1}{K} = \frac{1}{h_i} + \frac{1}{h_o} + r_w + r_i + r_o \qquad (6\text{-}22)$$

式中，h_i 为管内侧介膜的传热系数，W/(m²·K)；h_o 为管外侧介膜的传热系数，W/(m²·K)；r_i，r_o 分别为管内侧与管外侧的污垢系数，(m²·K)/W；r_w 为管壁热阻，(m²·K)/W。

$$r_w = \frac{2.3 D_o}{2 K_w} \times \lg\frac{D_o}{D_t} = \frac{t}{K_w} \qquad (6\text{-}23)$$

式中，K_w 为管材传热系数，W/(m²·K)；t 为管壁厚度，mm。

K 值经验指标有：$\Delta t_m > 300℃$ 时，$K = 35$W/(m²·K)，也有 15～40kW/(m²·K) 及 10.7～20.2W/(m²·K)。该算外方资料为 26W/(m²·K)。

本次设计适用 $\phi 400$mm 管。流速 15.6m/s，传热系数为 17.5W/(m²·K)，总管长 188m，设计成管冷器将烟温由 450℃降至 150℃。

管冷器如图 6-37 所示。

（2）袋式除尘器　由于物料回收利用价值大，粉尘细，质轻，确定采用振打方式清灰的袋式除尘器。同时过滤风速不宜过高，按不大于 0.5m/min 选择。

根据处理风量 26000m³/h（$t = 150℃$）设计，主要性能为：①过滤面积900m²；②过滤风速 0.48m/min；③滤袋规格 $\phi 130$mm×3200mm；④滤袋数量 672 条；⑤滤袋材质 FMS 氟美斯针刺毡，防静电；⑥清灰方式为整体机械提升下落振打，设 6 室，轮流停风进行；⑦设备总重 34t。

应当指出滤料整体提升下落振打清灰是本次设计中独创的新思维，与众不同的清灰方式，其优点是：①滤袋全方位得到同样的振打力，冲击力大，清灰效果好，消除滤袋局部积灰过多的现象；②滤袋没有被拉长的可能；③滤袋无机械折曲，无机械张力，无磨损，使用寿命大大提高。

此外，在袋式除尘器前，采用掺冷风法通过 $\phi 500$mm 电动蝶阀的吸入口，通过测温仪控制温度波动 ±10℃，调节吸入空气量，从而确保布袋滤料的使用寿命。为使气体混合，设有足够长度的混合段。

袋式除尘器简图如图 6-38 所示。

（3）工作风量　经系统的阻力计算，工作风机选用 Y5-47-11 №11D，主轴 1480r/min，全压 2971Pa，流量 32079m³/h，配用电动机 Y250M-4，$N = 55$kW（$t = 200℃$），用于 150℃时，电机功率仍够用。

（4）烟囱　按钢烟囱，流速 18m/s，直径 $\phi 720$mm，$\delta = 8$mm，高度 15m 设计。整个烟

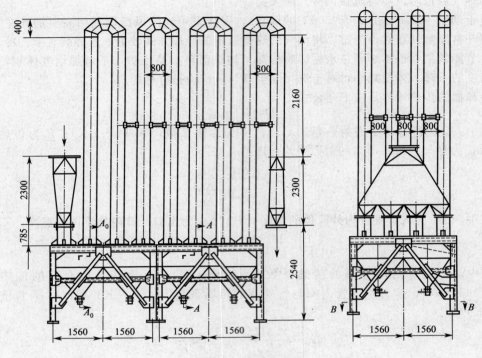

图 6-37 管冷器图

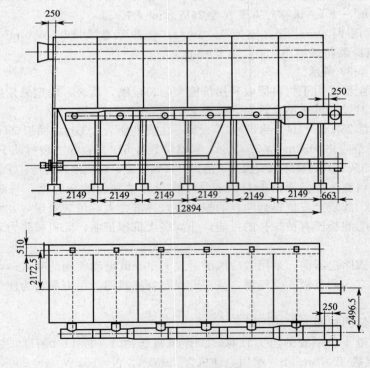

图 6-38 袋式除尘器

气冷却与净化系统。

4. 效果

（1）经实际运行，系统运行正常，设备选型正确，达到预期效果。

（2）每天收尘量为 3.5～3.8t，是有用物料，经济效益相当好。

（3）管冷器冷却效果，由烟温 550℃ 可降至 180℃ 左右，经混野风后，可在 120℃ 时进入布袋除尘器。

5. 注意事项

（1）整个提升一室布袋，下落清灰方式取得效果，但由于是由针摆减速，通过凸轮机构，经钢丝绳提升的机械系统，在使用中灵活性差，出现一些故障，有待于改进。

（2）对电炉炼锆，本净化系统是有效的尝试，对相类似工艺有借鉴作用。

五、贵金属和稀有金属烟尘回收利用

（一）含锗氧化锌烟气提锗

处理氧化锌矿生产 1t 电解锌，可从烟化炉烟尘中回收 0.3～0.5kg 的金属锗。烟化炉挥发出的氧化锌烟尘，含锗 0.018%～0.042%。从此种烟尘中提取锗的流程如图 6-39 所示。此法是用电解锌的废电解液作溶剂浸出烟尘，在浸出过程中，锗和锌溶解进入溶液，与不溶的硫酸铅和其他不溶杂质分离。然后，将浸出液进行丹宁沉淀，使锗从硫酸锌溶液中分离出来。硫酸锌溶液送去提取锌，产出的丹宁酸锗渣饼进行浆化洗涤，滤后烘干，再将其加入电热回转窑灼烧，最后产出是经由两个主要分离过程。

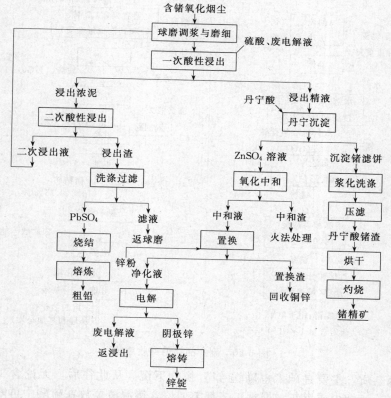

图 6-39　含锗氧化锌烟尘湿法工艺流程

当浸出终点酸度在 pH 值为 1～2 时，GeO_2 与 $ZnSO_4$ 进入溶液，$PbSO_4$ 与不溶的杂质则残留于浸出渣中。锗与沉淀剂丹宁酸能够生成稳定的丹宁酸-锗络合物，从溶液中沉淀析出。丹宁酸沉淀锗的选择性很好，可以使硫酸锌溶液中锗含量降低到 0.5mg/L 以下，锗的沉淀率在 99% 以上。用丹宁沉淀法从硫酸锌溶液中分离提锗的技术条件为：溶液酸度 pH 值为 2~3，沉淀温度 50~70℃，丹宁的用量应依溶液中的锗量而定，一般为 20~40 倍。沉淀产出丹宁锗渣，先在 250~300℃下烘干，然后于氧化气氛中在 400~500℃下灼烧。用此法可得到含锗 10% 以上的锗精矿。

从含锗溶液中提取锗的方法，除上述沉淀法外，还有其他方法。

图 6-40 所示流程是从硫化锌精矿处理过程的焙烧和烧结作业中捕集含镉-锗烟尘开始的。

锗的分离点将烟尘的捕集、浸出和过滤作业，同最初的置换作业分开。借助沉淀作业，含锗置换物可很快从含镉溶液中分离出来。这种部分置换方法是通过添加足量锌粉，使铜和锗沉淀，而镉不沉淀。

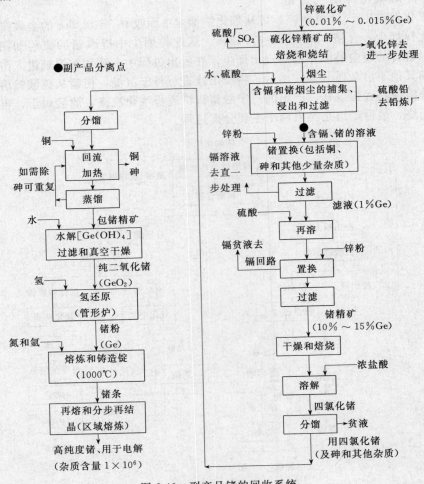

图 6-40　副产品锗的回收系统

一些其他杂质，主要是砷，也随铜-锗置换物下沉。从此往后，无论含 1% 锗的产品来自炼锌厂残渣、锌烟尘或煤灰，处理工艺都类似。含锗泥渣要放在硫酸中再溶，锗经二次置换选出。

锗精矿经干燥和焙烧，然后用浓盐酸溶解。生成的四氯化锗和氯化砷从溶液中蒸馏出来，送去提纯。提纯作业包括将四氯化物多次蒸馏、水解和煅烧，产生纯的二氧化锗。再将二氧化锗置换入管形，用氢气还原成金属。

得到的锗金屑粉末，要在惰性气氛中熔炼，以免氧化，然后浇铸成条。此时产品纯度还不足以进行电解，必须利用区域精炼之类技术进一步提纯。

（二）鼓风炉烟尘回收硒

硒和碲是稀散金属，常共生在一起。硒是典型的半导体，有广泛的用途。硒至今尚未发现具有单独开采和冶炼价值的矿物，主要来自斑铜矿和铜黄铁矿，铅精矿中也含有少量硒。大部分硒从铅电解阳极泥中回收，少量从铅鼓风炉烟尘中回收。

鼓风炉烟尘经反射炉熔炼，硒与碲挥发富集于烟尘中，富集硒、碲的烟尘经硫酸浸出，再从溶液中用亚硫酸钠还原得硒绵而与碲分离，其工艺流程如图 6-41 所示。

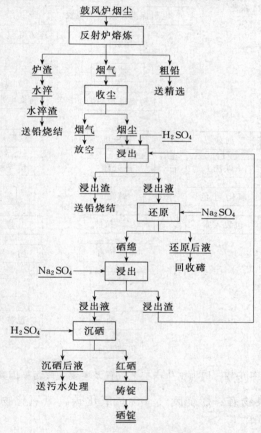

图 6-41 硒生产工艺流程

第五节　有色金属加工烟尘减排与回收利用

有色金属加工所排放的废气，是伴随生产工艺过程而产生的。其工艺过程主要为：有色金属（含添加元素）通过熔炼、铸造、加热、压力加工、退火、碱洗、酸洗（或氧化）等过程，生产有色金属及其合金的板、带、箔、管、棒、型、线等加工材。按金属性质可分为轻有色、重有色及稀有金属加工。

一、轻有色金属加工废气治理

轻有色金属加工，是指生产铝、镁及其合金加工材的加工，其中铝加工材产量最多。

铝加工企业一般生产工艺流程及主要大气污染因素如图 6-42 所示。

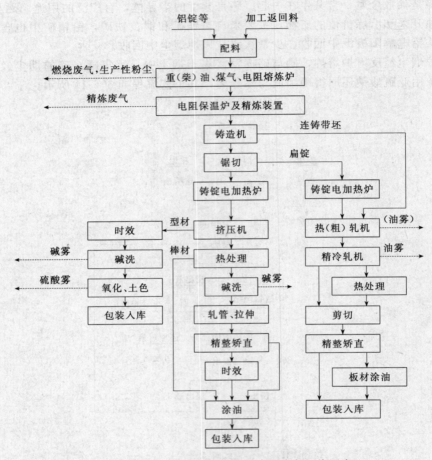

图 6-42 铝加工生产工艺流程及主要大气污染因素

可以看出，主要污染物有：燃烧废气（含二氧化碳、氮氧化物等），生产性粉尘（含铝化物），碱雾酸雾，油雾等。

（一）废气中的主要污染物

铝加工熔炼，通常采用火焰式反射炉（其燃料为煤气、天然气或重油等），或电阻反射炉及保温炉。常用覆盖剂为氯化钾和氯化钠；其精炼采用氮氯混合气，或固体熔剂，或四氯化碳。镁及其合金铸造时，采用二氧化硫、六氟化硫作保护性气体，现在多用六氟化硫取代二氧化硫作保护性气体。

火焰式反射炉排放燃烧废气，如天然气反射炉，熔炼铝合金吨耗天然气约 150～250m³（标），产生废气约 1700～2830m³（标），其中主要含二氧化碳、氮氧化物等，熔炼阶段的加料、搅拌及扒渣等过程，并伴有生产性铝化合物等粉尘。精炼过程中，间断性散发铝化合物粉尘、氯化氢及少量氯气。

覆盖剂（熔剂）在熔化、破碎筛分等过程中，分别排放燃烧废气和生产过程粉尘。

氮氧混合气体站存放和混合（计量）以及大修时，逸漏或放空一定量氯气。

铸锭加热炉采用煤气或重油为燃料时，排放燃烧废气（含二氧化硫、氮氧化物等）。

铝材蚀洗时，散发碱雾；经氧化时，散发硫酸雾。

铝板带箔材轧制时，采用全油润滑（主要成分为炼油），散发油雾。

（二）火焰式熔铝炉燃烧废气治理

铝加工厂的火焰反射熔炼炉排放的燃烧废气主要含烟尘、一氧化碳、二氧化硫和氮氧化物等，其中烟尘的主要成分为灰分，三氧化二铝以及微量（$<0.1\%$）氯化物、氟化物、硫酸盐等。烟尘的排放量随炉型、炉料、燃料种类、合金成分、熔炼时间、熔剂用量、空气湿度和操作方法等因素而变化。

对熔铝炉排放的烟尘应进行除尘处理，排气筒排放，其炉门处设置排风罩及机械排放系统。个别厂设置了余热锅炉，利用余热，然后再经排气筒排放。国外也有厂家对铝熔炼炉的烟尘采用袋式或电除尘处理。

排气筒的高度，应根据源强、环境条件、污染气象参数等综合考虑，通过计算决定。

（三）氯气及氯化氢治理

（1）氮氯气体混合站　为排除存放和混合计量及大修时逸漏或放空的氯气，通常设计机械排风系统，并设置吸收氯气装置，吸收剂采用碱或硫代硫酸钠，有的并采用30m排气筒以及防腐措施。

（2）精炼阶段　为排除采用氮氯混合气人工精炼时所产生的废气（主要有三氯化铝烟尘，氯化氢及少量氯气），在保温（静置）炉的炉门处设置排风罩及机械净化系统，工作区氯气浓度应符合卫生标准的规定。

在保温炉与铸造机之间的精炼装置，液态金属从保温炉出来经精炼装置处理后再进入铸造机。这种在线精炼装置替代传统的精炼方法，氯气用量由原来的 $10\%\sim20\%$ 降到 $3\%\sim5\%$，而且精炼彻底减少环境污染，降低劳动强度。

（四）碱雾及酸雾减排

为排除铝加工材在碱洗及氧化时散发的碱雾及硫酸雾，设计中除设置槽边排烟罩外，一

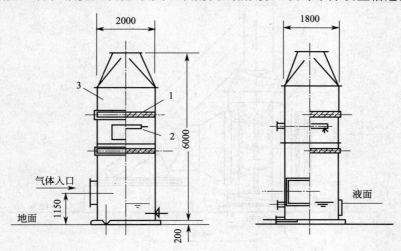

图 6-43　碱雾洗涤塔

1—不锈钢丝网；2—喷嘴；3—塔体

般采用湍球塔、洗涤塔净化酸雾。

氧化上色生产线所配用的吸收装置主要类型有丝网塔（图 6-43 及图 6-44）、填料塔、喷淋塔等，均采取水（循环使用并补充新水）吸收，其废水溢流排入生产线的水处理系统集中处理。

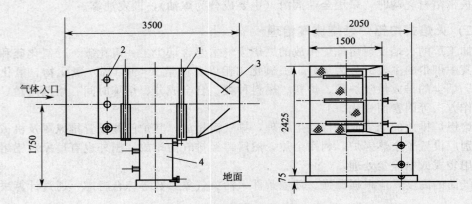

图 6-44　硫酸雾塑料洗涤塔
1—塑料丝网；2—喷嘴；3—塔体；4—水箱

（五）油雾减排

为排除铝板箔材轧制过程散发的油雾（主要成分是煤油），轧机排风罩联同轧机一并设计制造，其排风系统还设置油雾净化装置。在轧制过程中由于轧制速度由小变大，特别是轧制箔材时轧制速度较高（目前达 1500m/min），油雾浓度变化也较大。如轧制铝箔时，其进入净化器前的油雾浓度为 $80\sim600mg/m^3$。因此，同一净化装置的净化效率也变化。

油雾净化装置类型主要有：填料式（图 6-45）、丝网式、过滤纸式等，其净化效率约为 85%～95%。

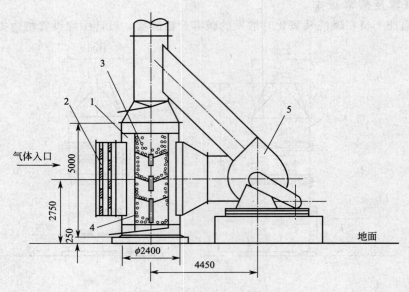

图 6-45　填料式油雾净化器
1—净化器主体；2—预分离器；3—阶梯环；4—网；5—通风机

（六）铝箔厂油雾净化装置实例

1. 生产工艺流程

主要生产铝箔（包括光箔和衬纸箔），年产量为 2000t。

主要设备有 $\phi254/660mm \times 1625mm$ 轧机一台，并配有分卷机和轧辊磨床；这些设备分别由国外引进，其生产工艺流程见图 6-46。

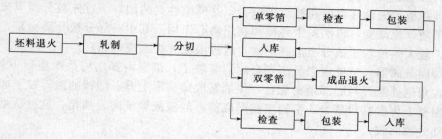

图 6-46　生产工艺流程

主要原材料有铝带卷、轧制油（每生产 1t 铝箔用轧制油 160kg）。

2. 废气来源、性质及处理风量

铝箔在轧制过程中采用全油润滑，轧制油喷洒在轧制箔材表面上，散发出油雾。轧制油主要成分为煤油，添加剂为十四烯醇。

铝箔生产工艺油的配置：先将一部分基础油注入污油箱内，再加入添加剂（油性添加剂含量为 4%，抗氧化剂含量为 0.1%），最后加入其余的基础油，并使轧制工艺油由旁通道进行循环 30min，轧制工艺油喷嘴流量 $1.4 \sim 5.6kg/cm^2$。

3. 废气处理工艺流程

油雾净化装置的主要作用是排除轧机牌坊里冷却剂烟雾，并对烟雾中油进行回收。装置流程见图 6-47。油雾净化系统主要由三部分组成。

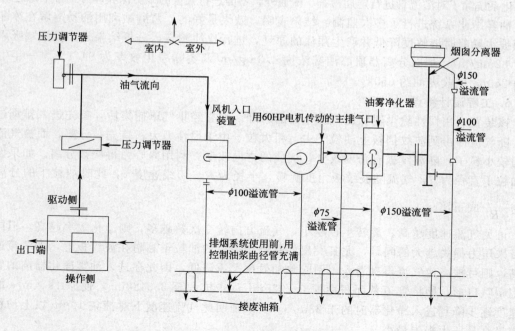

图 6-47　油雾净化系统流程

（1）排烟罩　设在轧机牌坊的上部。铝箔材轧制时散发的烟气温度约 40℃，由下向上运动；排烟罩采取上部集气方式，捕集轧制过程中产生的全部烟雾，收集后的烟雾经离心风机输送到通风管路。

（2）排烟过滤器　当烟雾流经排烟过滤器时，由于截面积增大，流速变慢，气流在波纹挡板间方向发生急剧转变，借助烟雾中油粒本身惯性作用，将油分离出来。惯性净化的特点是：冲击到挡板上的油雾黏附在波纹挡板上，这样惯性大的油粒子首先被分离下来，未分离的油雾粒子随气流改变，再次发生碰撞和利用离心作用，其中一部分被分离出来，经反复多次碰撞后，较大的油粒子被分离沉降下来，通过溢流管进入废油箱。

（3）烟囱分离器　主要用来分离剩余的油雾粒子，烟囱内部结构是螺旋形下斜板呈 30°连续线，在角钢处断开与底部烟囱配合，使油雾成螺旋形上升。细微的油雾粒子通过离心力作用在烟囱壁上再次黏附凝聚，沿筒壁流向底部，经溢流管流向废油箱。这种从烟囱排放的油雾绝大部分被回收。

4. 主要设备和构筑物

主要设备见表 6-45。

表 6-45　主要设备

项　目	单位	数量	规　格
排烟罩和管道	套	1	管道长 17m，截面积 0.3725m² 排风机功率 N=75kW 排风量 Q=51000m³/h
过滤器	套	1	入口截面积 3.3489m²
烟囱分离器	套	1	高度 18.5m

5. 治理效果

经过实践，除油效率符合设计要求，尤其是利用烟囱作为净化系统二次分离油雾是成功的。该净化系统除了对溢流管进行定期检查、疏通外，不需进行大量的维护保养即可正常平稳运行。

油雾净化系统进行了多次监测。结果表明，效果是好的。监测站利用油易溶解在冰醋酸中而被水稀释时溶解度降低并产生浑浊的原理，进行比浊测定，分析结果是：排烟罩吸入处浓度 82mg/m³；烟囱分离器顶部油雾浓度 4.3mg/m³，实际净化效率为 94.7%。一年生产铝箔 240t，回收废油约 650kg。

6. 工程设计特点

该装置利用惯性除尘器和旋风除尘器的原理。油雾经集气罩捕集后，首先进入排烟过滤器，随气流冲击到波纹挡板上油粒子中，粗大粒子由于惯性力大，首先被分离，而被气流带走的较小粒子，随波纹板有角度改变，气流的方向改变，利用离心力再次被分离。如果设较小油粒子直径为 d，气流随波纹板角度旋转，半径为 R，切线速度 v，此时油粒子的分离速度与 $\dfrac{d^3 v^2}{R}$ 成正比。

可见气流速度越高，旋转半径越小，气流方向转变次数越多，则净化效率越高，但同时也带来压力损失越大的问题，尤其突出的是经碰撞后的油粒子黏附在波纹板上，如气流速度太高，则可被高速气流再次卷入，引起除油效率严重降低，因此在进入油雾净化器前的管道采用喇叭口形，即将管道截面积由原 0.7325m² 逐步扩大至 3.3489m²，使原 19.4m/s 的气流速度逐步降到进入净化器时的 4.23m/s，实践证明此气流速度下对捕集 10μm 以上油粒子效率最高且压力损失最小。

对 10μm 或 10μm 以下的油粒子则采用旋风除尘器原理进行分离净化，即通过油雾净化器的气流，由截面积 3.3489m² 的管道经过 3.29m 的距离后，缩小至 1.12m²，烟气以直入方式沿切线方向进入烟囱，入口气流速度为 12.2m/s，设烟囱高为 h，半径为 r，烟囱侧面积为 $2\pi rh$，烟气内旋流平均径向速度为 0.2m/s，此时离心力大于径向阻力，油粒子在离心力作用下被甩向烟囱壁，由于油粒子的黏附作用，一旦甩向烟囱壁后，即黏附在壁上，在外旋流的推动和其自身重力下沿筒壁下流至底部到一定高度后，沿溢流管集入废油箱。实测证明筒体直径在 1220mm，进气口速度为 12.2m/s，与理论要求值基本相符。尤其指出的是，由于部分细小油粒子被上旋流带向烟囱上部，烟囱顶部有一特制的分离器，使烟气形成旋轴油环，再次分离细微油粒子，分离后的油沿筒壁向下流入底部。

二、重有色金属加工废气治理

重有色金属加工企业，是指生产铜、铅、锌、镍及其合金加工材的企业，其中铜加工材产量最多。

（一）废气来源

铜加工企业一般生产工艺流程及主要大气污染因素如图 6-48 所示。

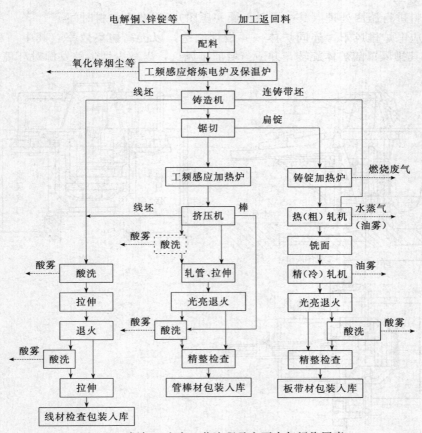

图 6-48 铜加工生产工艺流程及主要大气污染因素

废气中主要污染物有：生产性粉尘（如氧化锌、五氧化二磷等），燃烧废气（含二氧化硫、氮化物等），酸雾等，油雾等。

铜及其合金熔炼，通常采用工频感应电炉（含保温炉）、中频感应电炉、真空电炉及电渣炉等。常用覆盖剂有木炭、硼砂、冰晶石等。砷、磷、镉、铍等物料均以中间合金方式加入（其中大部分外购）。

铜加工材中以紫铜、普通黄铜和青铜为主，复杂合金产量很少（如复杂黄铜、镉青铜、铍青铜、白铜等）。

熔炼黄铜产生氧化锌烟尘（含砷黄铜伴随散发三氧化二砷）。熔炼其他品种时（包括部分中间合金熔制），分别产生五氧化二磷、氧化镉和氧化铍等烟尘。

铸锭加热炉采用煤气或重油为燃料时，排放燃烧废气（含二氧化硫、氮氧化物等）。

铜加工材常温酸洗时，分别散发硫酸雾和硝酸雾。

铜板带箔材轧制过程采用全油润滑时，散发油雾。

（二）废气烟尘减排

1. 氧化锌烟尘

为排除工频感应电炉熔炼黄铜时所产生的氧化锌烟尘，通常设计排风罩及机械通风系统，并设置袋式除尘器。由于入炉原料中有相当数量的残屑和加工返回料（约为40%～50%），加料时间长，以及人工搅拌，扒渣过程烟尘散发量较大，此时应提高伞形排风罩捕集效率。

对返回料进行压团处理（其中屑料干燥并压团），以减少加料时间。

工频感应电炉排风罩，连同炉体一并设计制造，以提高捕集效率，其中一种型式如图6-49所示。其排风罩随炉体旋转，并适当增加排风点，以减少烟尘散发源对环境的影响。

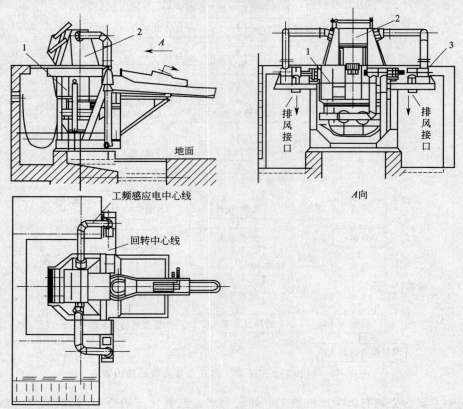

图 6-49　工频感应电炉及其排风罩

1—工频感应炉；2—排风罩；3—回转装置

采取两级除尘：一级为旋风除尘器，或用不锈钢丝网，或设置收尘室，以捕集粗颗粒粉尘及油物燃烧产生的火星；二级为袋式除尘器，选用平滑或针刺毡等耐高温滤料，并采取较小的过滤风速，以提高收尘效率。加强对排风罩及除尘器的管理和维修，使其保持较好的运行状况。

2. 氧化镉和氧化铍烟尘减排

熔炼复杂青铜时，有氧化镉和氧化铍烟尘分别散发。对于氧化镉烟尘一般采取袋式除尘器净化处理；对于氧化铍烟尘采取袋式除尘器及高效滤尘器两级净化处理。

3. 酸雾减排

铜加工材所用的酸洗槽，设计的槽边排风罩及处理系统。

对于硝酸雾，则多采用碱吸收，由于操作中需经常调配碱液成分，收下的泥浆处理不便，操作管理较烦琐，有时效果不够理想。有的工厂采用活性炭吸附，效果较好。工作区硫酸雾及氮氧化物浓度见表6-46。

表 6-46　工作区硫酸雾及氮氧化物浓度

类别	操作状况	工作区浓度/(mg/m³)		
		硫酸雾	氮氧化物	
常温硫酸槽	槽内无料 槽内有料酸洗	0.34～0.92 2.3～3.4		Tj36～79 规定工作区 容许浓度 2mg/m³
常温硝酸槽	槽内无料 槽内有料酸洗 出料时		2.07～2.21 7.91 10.75	Tj36～79 规定工作区 容许浓度 5mg/m³

4. 油雾

铜带材轧制，有的采用乳液冷却润滑，近年来，逐渐改为全油润滑，除轧制速度稍低及润滑油略有区别外，油雾散发状况与轧制铝材基本相似。

（三）工频感应电炉排烟收尘实例

大容量低频感应炉组——型号为 ASEAMETALLURGY 的 16t 有铁芯熔炼感应炉和 16t 有铁芯感应保温炉与原有一台 PMC-Ⅰ型紫铜立式半连续铸造机配套生产大扁锭 [170mm×(620～1050)mm×(5000～5500)mm]，年产铸锭 4 万吨，主要品种有紫铜、青铜和白铜。

1. 生产工艺流程（见图 6-50）

图 6-50　生产工艺流程

主要原材料是来自各车间的边角废铜料及外来加工废铜料。在熔炼黄铜时要加锌，其覆盖剂用炭粒。

2. 废气来源、性质及处理风量

在熔炼黄铜时，要加入锌和覆盖剂——炭粒，锌在高温下遇空气极易氧化，生成白色的氧化锌粉尘，氧化锌粉尘和燃烧的炭粒随同烟气一起进入排烟罩进行回收治理，处理风量为 31800m³/h。

3. 废气治理工艺流程

电炉烟尘经过排烟罩进入箱体式沉降室，捕集燃烧的炭粒以防止烧坏布袋，再经过除尘器上部的进风管、导流板进入箱体尘气室，含尘气体经过布袋的外壁进入到布袋内达到净化目的，净化后的气体又通过花板口流到净化室，通过风斗和三通阀箱由风机排出室外。

4. 主要设备

该除尘器由以下几部分组成：横扁布袋、密封门、梯子栏杆、电动三通阀、布袋支撑滑架、螺旋除尘灰机、锁气器等见图6-51。

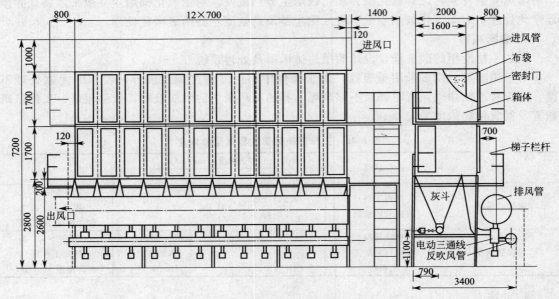

图 6-51 分室大气反吹扁袋除尘器

5. 治理效果

对该设备进行了测定，测定结果如下。①除尘器处理风量 28430m^3/h；②除尘器阻力 1058.4Pa；③除尘效率 97.1%；④反吹风 3312m^3/h；⑤炉前作业区空气含尘浓度：楼上加料掏渣作业区 2.92mg/m^3（标）；楼下铸造作业区 3.19mg/m^3（标）。

该除尘器投入运行以来，安全平衡，维护修理方便，布袋清灰效果好。其主要技术指标见表6-47。

表 6-47　主要技术指标

项　目	指　标
型号	FS-720
处理风量/(m³/h)	熔池:27000 出料口:3000~15000
外形尺寸 长×宽×高/mm	10600×3400×7200
电机容量/kW	43.64
设备重量/t	16.2
设备阻力/Pa	1070~1470
占地面积/m²	148
处理效率/%	99.5

6. 工程设计特点

该除尘器是采用布袋收尘，为了防止废气中含燃烧的炭粒将布袋烧坏，在废气进入除尘器前设置了一个箱体式沉降室，该沉降室结构简单，造价低，使用效果好。但要定期清灰，增加维护工作量。

三、稀有金属加工废气治理

稀土金属加工，是主生产钛、钨、钼、锆、钽、铌等加工材的企业，其中以钛、钨、钼加工材为主。

（一）废气来源

钛、钨、钼加工企业一般生产工艺流程及主要大气污染因素如图6-52所示。

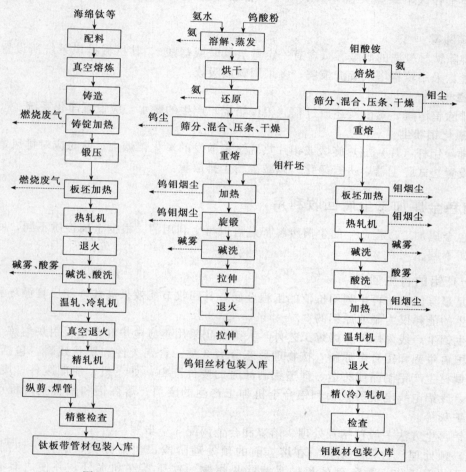

图 6-52　钛、钨、钼生产工艺流程及主要大气污染因素

钛加工企业主要污染物有：燃烧废气（含二氧化硫、氮氧化物等），碱雾及酸雾。钨钼加工企业主要污染物有：氨、钨、钼及其氧化物粉尘，碱雾及酸雾。

钛锭加热炉所用燃料为重油或煤气，排放燃烧废气含二氧化硫、氮氧化物等。

钛材经中间碱洗时（采用85%～90%氢氧化钠溶液，液晶420～500℃），瞬间散发大量碱雾，经酸洗时（常用硝酸和盐酸或氢氟酸的混合酸），散发酸雾。

钨纯化的溶解、蒸发及还原（钼仅焙烧）过程散发氨气；筛分、混合及压型过程分别散发钨尘和钼尘。

钨钼坯料电加热炉（带燃烧氢气保护）出料及旋锻或热轧等过程，散发氧化钼（钨）

烟尘。

钛板材加工经中间碱洗时（采用90％氢氧化钠溶液，液温130～520℃），瞬时散发大量碱雾；经酸洗时（硫酸或盐酸）散发酸雾。

（二）废气治理

1. 碱雾

为排除钛材碱洗时散发的碱雾，宜设置槽边排风罩及处理系统。由于碱洗液温度较高。特别是装出料过程，瞬间散发的大量碱雾，其排风罩不能全部捕集，相当数量的碱雾逸散至工作区，并经天窗排入大气中，除需从工艺配置采取措施外，还应适当增加排风点。

2. 硝酸雾

为排除钛材酸洗的硝酸雾（含有一定量氢氟酸或盐酸），其机械排风系统所设置的酸雾处理装置，采用填料塔或旋流板塔，多采用碱液吸收。

3. 氨气

为排除钨溶解、蒸发及还原过程（钼仅焙烧）产生的氨水，应设置净化系统。

4. 氧化钼粉尘

为排除钼杆（片）加热旋煅或钼片热轧过程散发的氧化钼烟尘，此时应对排风罩进行密封，并设置袋式除尘器，进行净化，以减少粉尘排放量。

四、有色金属加工尘屑回收利用

有色金属加工过程产生的尘屑废料都是可以再生利用的。根据金属性质不同，回收利用方式有所不同。

（一）铝的再生回收

铝是最具回收与再生利用价值的工程金属，其回收节能效果甚佳，能反复循环利用。铝废料再生的能耗仅为制取原铝的3％～5％。

再生铝生产线采用转炉熔炼工艺外，大部分仍采用感应电炉和单室反射炉熔炼工艺，

我国再生铝和铝合金原料，按物理形态分为3类：含铝废件和块状残料，包括用板材、线材、型材生产铝制品或铸造、锻造铝制品时的废件废料，如飞机、船舶废件、废易拉罐、牙膏皮、废铝电线电缆等；铝和铝合金机加工产生的废屑；熔炼铝和铝合金过程产生的浮渣、烟炉灰等。

废铝再生方法一般包括预处理、熔炼和合金调配3个步骤。

（1）预处理　含铝废杂物料在熔炼前的预处理阶段，包括分类、解体、切割、磁选、打包和干燥等工作。预处理的目的是清除易爆物、铁质零件和水分，并使之具有适宜的块度。

（2）熔炼　经预处理的废铝在炉内熔化、精炼和调整合金成分，一般在反射炉和电炉内进行。炉内有双室（预热室和熔炼室）。精炼是熔炼的重要环节，其中包括往熔化的铝液或合金液表面上添加熔剂覆盖，以免铝液受空气氧化，同时通入气体对液体施加搅拌作用，促使其中夹杂物和氢气分离出来。精炼用的气体有氯气、氮气、氨气和其他混合气体，例如氯的体积分数为12％的氯氮混合气体。精炼用的熔剂有 $ZnCl_2$、$MnCl_2$、C_2Cl_6 和碱金属盐类的混合物，例如质量分数为 30％NaCl＋25％KCl＋45％Na_3AlF_6 组成的混合物。气体或熔剂的用量，视铝料被污染程度而异。精炼温度一般高于铝或铝合金熔点75～100℃。温度过低，氧化物夹杂物不易分离出来；温度过高，则铝合金和铝中溶解的氢气量增加。

（3）调整合金成分　由于有的合金成分在熔炼过程中有损失，在精炼处理之后要向液态铝合金中添加合金元素，使熔炼后的铝合金符合产品标准要求。

再生铝的生产一般根据废铝原料的组成，采用火法熔炼生产不同牌号的铝合金。我国生产厂规模较小，大部分仍采用感应电炉和单室反射炉。如长沙铝厂采用坩埚感应电炉熔炼生产再生铝，金属回收率91%～95%，热效率65%，电能消耗600～700kW·h/t（合金）。

（二）重有色金属再生回收

1. 铜再生回收

我国杂铜的回收利用是废杂有色金属回收利用最好的一种。1999年处理杂铜产出的再生金属铜量约34万吨，占当年电铜总产量的29%。在再生铜的处理工艺上，尤其是在湿法冶金方面，近年来取得了很大进步。在收购环节上也加强了对杂铜原料的分类管理。

（1）原料来源　国内再生铜的生产原料主要是铜废件、铜合金生产或机械加工过程中的废料、铜渣及铜灰、废旧电线电缆、废电路板等。黄杂铜和紫杂铜是我国再生铜的主要原料，占铜原料的90%以上。近年来，通过废电路板回收生产的再生铜量也有一定的增长。

（2）生产现状及工艺　根据原料的不同，我国再生铜的生产主要有以下几种方法。

① 纯净紫杂铜生产线锭铜，熔炼设备一般采用反射炉或竖炉，经熔化、氧化、还原和浇铸4个阶段，铜回收率大于99.5%。

② 纯净杂铜生产铜合金，将纯净杂铜配入适量的纯金属或中间合金，经配料、熔化、去气、脱氧、调整成分、精炼、浇铸等环节，生产出不同牌号的铜合金，过程铜回收率93%～95%。

③ 废杂铜生产再生铜，国内一般采用二段法生产，废杂铜经鼓风炉还原熔炼或转炉吹炼，再经反射炉精炼成阳极铜，过程铜回收率大于99%。

④ 氧化铜渣生产硫酸铜，采用氧化焙烧—鼓泡塔浸出—搅拌结晶工艺生产一级品硫酸铜。

（3）再生铜生产新进展　除目前常用的火法生产方法外，国内一些单位针对不同的含铜物料，采用湿法工艺处理杂铜也有不同程度的进展。如重庆市钢铁研究所用氨浸法处理废铜废钢材，用直接电解法从合金杂铜中制取电铜，采用高电流密度法从废铜料中生产紫铜管；西北矿冶研究院用乙腈法处理含铜杂料生产纯铜粉；北京矿冶研究总院用矿浆电解法从铜渣中生产铜粉和硫酸锌、废杂铜直接电解生产电解铜和铜粉等。

2. 锌的再生回收

1999年我国的再生锌产量只有2万吨，占当年锌总产量的12%。再生锌生产所用的原料主要来自热镀锌灰及锌渣、锌制品生产过程的废品废件及次氧化锌、含锌工业垃圾等。我国再生锌的生产主要以火法为主，有平罐法、精馏法、电热法等，生产再生锌锭和锌化工产品如锌粉、氧化锌等。在湿法回收生产再生锌方面，采用氨法生产活性氧化锌的工艺已应用于工业生产，活性电解锌粉的生产工艺已取得了专利并应用于工业生产，另外锌锰干电池综合回收工艺也已有工业实践，可同时回收锌、铜和二氧化锰等，金属锌回收率81.3%，铜回收率85.5%。

3. 再生回收镍、钴

由于中国国内的镍、钴产量远不能满足国内经济发展的需要（尤其是钴），加之国际金属钴价近年来的大幅上扬，镍、钴的再生回收在中国得到了很大的发展，通过镍、钴废料回收再生镍、钴化工产品的生产厂已达20余家，钴的生产规模为年产50～200t，年总产量折合金属钴量约为2500t。

（1）原料来源　中国国内的镍、钴废料主要来自高温合金钢、镍铬合金钢废料、废硬质合金、废磁钢、废镍钴催化剂等。近年来，来自俄罗斯、美国、加拿大和非洲的进口镍、钴废料占了镍钴再生原料的很大一部分。

（2）生产现状及工艺

① 熔铸—电解造液—净化—电解流程。国内早期的镍、钴废料再生厂如南京钢厂钴车间，主要是针对国内镍、钴废料的特点设计建造的。废合金钢经吹炼除杂、浇铸，再经电溶解造液，中和除铁，三异辛胺萃取除 Cu、Co，氯气深度净化，净化后液返回电解生产电镍。被萃取的钴经反萃后，再经三异辛胺萃取分离，离子交换除铅、铜，不溶阳极电积生产电钴。

② 废料酸溶—D2 EHPA 萃取除杂—PC-88 A 萃取分离镍、钴—草酸沉淀流程。该流程是目前国内普遍采用的处理镍、钴废料包括进口废料的流程。镍、钴废料经盐酸或硫酸酸溶—D2 EHPA 萃取除 Fe、Cu、Zn—PC-88A 或 Cyanex272 萃钴—盐酸反萃—$CoCl_2$ 草酸沉淀—草酸钴煅烧生产氧化钴。PC-88A 萃余液经碳酸铵沉淀生产碳酸镍或浓缩结晶生产硫酸镍。

（三）贵金属再生回收

1. 金的回收

金，黄色金属，俗称黄金，自然界中以游离态存在。金的化学性能稳定，在任何温度条件下，均不与氧直接化合。它是各国银行储备的硬通货。黄金储备的多少，是一个国家财政紧、宽的标志，一定程度上反映了一个国家的经济实力；黄金的延展性好、易加工、表面光泽美丽，是人们首推的首饰和装饰品材料。

（1）含金废料下脚主要来自制笔修笔工业、电镀工业、电化工业、烫金工业、金属制品工业、电信电器工业、纺织机械、冶金工业，以及民间文物、装饰品等，种类极杂，含金量低，体积大。按来源不同，大致可分为以下 4 类。

① 镀金类：废送话器芯、铜镀金。

② 合金类：废金铂合金、废金银合金、废金镍铂合金、废金铱合金。

③ 焚灰类：金字招牌、金字对联、烫金废物、废氰化金电镀液、抛灰、地脚垃圾、阴沟泥。

④ 其他：首饰和金币加工尘屑、电化工业阴极泥、炉渣。

（2）黄金回收工艺流程如图 6-53 所示。

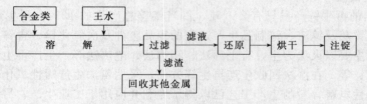

图 6-53 黄金回收工艺流程

（3）主要生产设备有焚灰炉、坩埚炉、反射炉、耐酸反应器、破碎囊、加热器等。

2. 银的回收

银，白色金属，中国古代乃至近代曾作为重要的货币流通过，现代的重要纪念币以银质为多。由于银富延展性，广泛用于首饰和装饰品，尤其是我国很多少数民族妇女在重要的节庆时崇尚佩戴银饰品。银的化学性能稳定，具有优良的导电、导热性能，能与多种金属组成合金或化合物，广泛应用于电镀、电子、机电、航空、感光胶片和催化剂领域。

（1）含银废料主要来源如下。

① 印刷工业的定影液和冲洗废水，感光废湿片及医院的废酸性坚膜定影液和冲洗废水；

② 感光材料工业的废感光药剂、废感光材料，照相馆的废大苏打水；

③ 制镜工业的废银光水、废银毯等，保温瓶（热水瓶）工业的银光废液、硝酸银下脚、含银过滤纸、银光破瓶胆；

④ 电信照明工业的废氧化银下脚、废电镀液、铜镀银、废涂银云母片、废银毯、含银废水、废电容器含银接触点、镀银胶木、镀银磁圈；

⑤ 电器工业的铜银合金、银钨合金、银锑铜锡合金、银铁合金、银接触点；

⑥ 化学合成工业的金属银粉、金属银铜、除氯根所生成的氯化银、银化合物废料；

⑦ 制药工业的含银化合物废料、含银过滤纸、变质银化合物以及蒸馏水工业的测定氯根后的氯化银废水；

⑧ 冶金工业的含银炉渣、熔渣（釉火）以及电化工业的阴极泥；

⑨ 银币抛光产生的粉尘、其他化学分析用含银废水等。

（2）银回收工艺流程如图 6-54 所示。

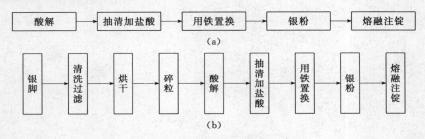

图 6-54　银回收工艺流程

（3）主要生产设备大口容器、破碎机、反射炉、耐酸反应器、坩埚炉、铸铁银模等。

3. 铂的回收

铂，银白色金属，俗称"白金"，性软，易机械加工处理。用铂加工首饰，价格比黄金首饰还贵。化学性质稳定，但溶于王水；可用来制耐腐蚀的化学仪器，如铂器皿、铂电极等。铂及其含铑合金可用作热电偶，在化学工业中常用铂作为催化剂。

铂废料主要来源于报废的铂器皿、铂电极、铂铑热电偶和大量的化学工业中的废催化剂。铂回收工艺流程如图 6-55 所示。

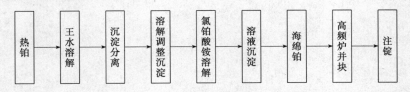

图 6-55　铂回收工艺流程

参 考 文 献

[1] 王纯，张殿印. 废气处理工程技术手册. 北京：化学工业出版社，2013.

[2] 北京有色冶金设计研究总院. 重有色金属冶炼设计手册/冶炼烟气收尘通用工程常用数据卷. 北京：冶金工业出版社，1996.

[3] 宁平，等. 有色金属工业大气污染控制. 北京：中国环境科学出版社，2007.

[4] 王绍文，杨景玲，赵锐锐，王海涛. 冶金工业节能减排技术指南. 北京：化学工业出版社，2009.

［5］ 唐平，曹先艳，赵有才. 冶金过程废气污染控制与资源化. 北京：冶金工业出版社，2008.

［6］ 国家环境保护局. 有色金属工业废气治理. 北京：中国环境科学出版社，1992.

［7］ 吕维宁. 有色金属工业烟气净化与袋式除尘技术. 袋式除尘工程技术论坛/讲座文集（第七期），2011.

［8］ 张朝辉，等. 冶金资源综合利用. 北京：冶金工业出版社，2011.

［9］ 张殿印. 国外铝冶炼厂污染问题概况. 冶金安全. 1980.（4）：12-15.

［10］ 杨飏. 环境保护专论选. 北京：冶金工业出版社，1999.

［11］ 黎在时. 电除尘器的选型安装与运行管理. 北京：中国电力出版社，2005.

［12］ 张殿印，王纯. 除尘工程设计手册. 第二版. 北京：化学工业出版社，2011.

第七章

机械工业烟尘减排技术

机械工业是现代化经济建设的基础产业。机械工业生产工序多且复杂，是其他工业部门少有的。机械工业的烟尘污染因污染物种类多而变得复杂。

第一节　机械工业烟尘来源与特点

一、机械工业烟尘来源

机械工业烟尘来源因车间不同而有所差异，见表7-1。从表7-1可知机械工业烟尘主要来源于铸造车间。铸造车间的熔化工部、造型工部、型芯工部和砂处理工部都是产生烟尘多、危害大的场所。机械制造生产工艺流程如图7-1所示。

表 7-1　生产厂房及辅助建筑物的污染

车间	工部（或房间）名称	污染物
铸造车间	砂库、模型仓库	含 SiO_2 的粉尘和熔化过程中的气态污染物、烟尘
	炉料仓库	
	熔化工部、浇注工部、清理工部、铸件焊补工部、有色金属铸造工部	
	造型工部、型芯工部、型砂处理工部、粗加工工部	
	落砂工部、落芯工部、铸件退火及热处理工部	
	砂箱及备品仓库	
	快速分析室及控制室	
	通风机室	
锻压车间	锻压工部	含铁烟尘
	备料、清理工部，酸洗工部、水压机的水泵房	
	机修、模修、粗加工工部	
热处理车间	工具车间热处理工部、高中频淬火间、表面处理间	烟雾和烟尘
	中型及重型热处理工部	
表面处理车间	酸洗与电镀工部	酸雾、喷砂粉尘
	喷砂、磨光与抛光工部	
油漆车间	自然干燥	漆雾
	烘干室烘干	

车间	工部（或房间）名称	污染物
焊接车间	备料、装配焊接工部	焊接烟尘和有害气体
	油漆工部	
木工车间	机械加工及装配工部、油漆工部、磨工具间	木屑、纤维尘
	塑料模、菱苦土模工部	
	木材干燥工部、木材库、木模库（室内有水管消火栓又无防冻措施时）	
	煮胶间	
	胶合间（当采用树脂胶或酪胶作胶合材料时）	
中央试验室	热处理、铸工及高温试验室	有害气体
	物理、化学等试验室	
	酸库、药品库、贮藏室	

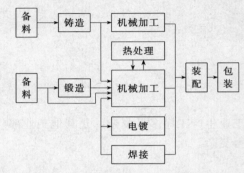

图 7-1　机械制造生产工艺流程图

二、机械工业烟尘特点

1. 粉尘成分复杂，SiO_2 含量高

机械工厂所产生的粉尘主要是在铸造生产过程中机械打磨、砂型生产破碎、筛分、输送中所产生的各种新砂、旧砂及氧化铁皮，其主要成分为 SiO_2、CaO、FeO、Fe_2O_3。冲天炉、电炉熔化金属时产生的各种金属氧化物，主要是各种氧化铁及氧化锌、焦炭粉尘等。其中应特别注意的是 SiO_2 粉尘含量较高。而 SiO_2 中又存在着较大含量的游离二氧化硅，对人体有较大的危害，吸入量大时，可在人体肺泡中积聚而形成矽肺，因此应加强防尘。表 7-2 列出了铸造生产常用的几种含硅原料的游离二氧化硅含量。

表 7-2　铸造生产常用的几种含硅原料的游离 SiO_2 的质量分数

原料名称	游离 SiO_2 的质量分数/%	原料名称	游离 SiO_2 的质量分数/%
石英砂	≥90	石灰石砂	≤5
石英-长石砂	85	黏土	52～72.6
萤石	17.16	陶土	18.1～44.75
白云石	4.4	白泥	9.1～23

2. 熔化设备产生大量有害气体

化铁炉是冶金、机械行业普遍采用的熔化设备。化铁炉在熔化金属过程中产生大量烟尘和有害气体。化铁炉炉气的起始含尘浓度一般为 5～10g/m³（标）。

化铁炉烟气中除含有 N_2（约 71%～72%）外，主要还有 CO（约 17%～19%），CO_2（约 9.8%～10%），NO_x，以及少量的 SO_2、O_2、H_2 和 H_2O。当熔炼过程中加入萤石作添加剂时，则产生气态氟化物，遇水即生成 HF_4 和氢氟酸，有强烈的腐蚀性，对人体、动植物和建筑物均有危害。

3. 烟尘差异大，无组织排放多

机械工业各车间烟尘性质相差较大，铸造车间以粉尘为主，而焊接车间则以焊烟为主，酸洗电镀车间又以酸雾为主，烟尘性质不同决定治理技术也不一样。机械工业生产可以不连续，所以产生的烟尘具有阵发性，且无组织排放多，治理难度大。

4. 烟尘数量不大，回收不容易

机械工业烟尘分布于各车间，每一车间或工序数量不是很大，所以不容易回收。除铸造型砂回收重新使用、木工车间回收木质尘屑外其他车间很少回收利用。特别是一些气态污染物回收利用很少。

第二节　铸造车间烟尘减排技术

一、铸造生产工艺流程

1. 工艺方法

铸造工艺方法按铸型特点，基本上可分为砂型铸造和特种铸造两大类，每一大类又可细分为若干种工艺方法。如图 7-2 所示。

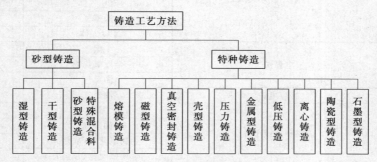

图 7-2　铸造工艺方法分类

特种铸造是一种少用或不用砂而采取特殊的工艺装备使金属液成型的铸造方法，能获得比砂型铸造表面粗糙度、尺寸精度和力学性能高的铸件。然而，砂型铸造迄今仍然是铸造工艺中最为广泛常用的方法。

2. 工艺过程

砂型铸造主要由三个独立过程所组成：铸型准备、金属熔炼以及浇注、落砂、清理。砂型铸造生产工艺流程见图 7-3。

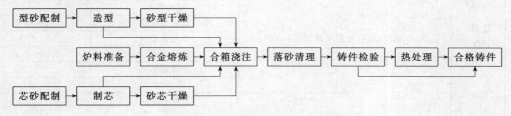

图 7-3　砂型铸造生产工艺流程

按不同操作工艺所产生粉尘中的不同游离 SiO_2 含量，见表 7-3。由表知，铸件清理及喷砂作业处的空气中，含有大量超过 40% 的游离 SiO_2。铸造车间产生污染物的大致情况列于表 7-4 中。

表 7-3　各工艺过程散发粉尘的游离 SiO_2 含量（质量分数）

产生粉尘的地点	游离 SiO_2 含量/%		产生粉尘的地点	游离 SiO_2 含量/%	
	范围	平均		范围	平均
喷砂室内	40～86	63.8	清理滚筒处	16.0～54.8	38.7
落砂机附近	32.9～56.8	45.2	落砂机下部的运砂隧道内	28.2～46.5	37.4
清理工作台附近	19.2～57.8	42.5	清理工段作业面上	12.7～36.4	26.9
混砂机处	19.8～60.8	40.4			

表 7-4 铸造车间各工段散发污染物的颗粒大小

序号	工段	作业	散发物及其特性	
			种类	颗粒大小/μm
1	原材料存放和炉料准备	存放废金属、焦炭、白云石、萤石、矽砂	焦炭粉尘	细~粗
			石灰石粉尘及矽砂粉尘	300~1000
		离心法或加热法除去金属切削上的油料	油烟蒸气未燃炭氧化合物	0.3~1.0
				0.01~0.40
		炉料过磅	焦炭粉尘	细~粗
			石灰石粉尘	300~1000
2	熔化	冲天炉	飞灰	8~20
			焦炭粒	细~粗
			烟	0.01~0.40
			金属氧化物	0.7 以下
			SO_2 气体	—
			油蒸气	0.03~1.00
			CO 气体	—
		电弧炉	烟	0.01~0.40
			金属氧化物	0.7 以下
			油蒸气	0.03~1.00
		感应电炉	油蒸气	0.03~1.00
		炉料预热或干燥	烟	0.01~0.40
			油蒸气	0.03~0.40
			金属氧化物(底烧)	75%为 5~60
			金属氧化物(顶烧)	0~20
		保温炉	氧化铁	细~中等
			油蒸气	0.03~1.00
		双联熔化炉	油蒸气	0.03~1.0
			金属氧化物	0.7 以下
		孕育处理	金属氧化物	—
3	造型、浇注、落砂	造型	砂	粗
			粉尘	—
			蒸汽	—
		浇注(灰口铁和可锻铸铁)	砂芯油蒸气	—
			面砂烟气	—
			金属氧化物	细~中等
			氟化氢烟气	—
			氧化镁烟气	0.01~0.40
			合成黏结剂	
			烟气	—
		落砂	砂粉尘	50%为 2~15
			烟	0.11~0.40
			水蒸气	—
4	铸件清理及精整	喷丸	粉尘	50%为 2~15
			粉尘	50%为 2~15
		打磨	金属粉尘	7.0 以上
			砂粉尘	细~中
			磨屑	50%为 2~7
			砂轮料	细
			硬化树脂	50%为 2~15
		退火及热处理	油蒸气	0.03~1.00
		涂漆、喷漆、浸漆	挥发性气体	—
			漆雾	50%为 2~7
			水雾	—

序号	工段	作 业	散发物及其特性	
			种类	颗粒大小/μm
5	砂处理	新砂存放	细粉	50%为2～15
		砂处理系统	细粉	50%为2～15
		筛砂	细粉	50%为2～15
		混砂	细粉	50%为2～15
			粉尘	细至中等
			膨润土	细至中等
			煤粉	细至中等
			赛璐珞	细至中等
		干燥及砂再生	粉尘	50%为7～15
			油蒸气	0.03～1.00
6	制芯	存砂	砂细粉	细
			粉尘	50%为7～15
			黏结剂	—
		制芯	砂细粉	细至中等
			粉尘	细至中等
		干燥	蒸汽	—
			烟气	—

二、冲天炉烟尘减排

冲天炉与其他熔炼设备相比，具有结构简单、热效率高、熔化迅速和成本低廉等优点。所以，在国内约90%以上的铸铁都是由冲天炉来熔炼的。

（一）炉体结构和工作原理

冲天炉基本上是一个直立的圆筒，属于竖炉范畴。整个炉子可分为炉身、前炉、烟囱和支撑四个部分，如图7-4所示。

按供风质量分，有冷风冲天炉、热风冲天炉、加氧送风冲天炉等。

炉子装料时，下部为底焦，上部为批料。它们按石灰石—铁料—层焦的顺序一直加至加料口下沿，一般加6～8批铁料。

开风熔炼后，底焦发生燃烧放出巨大的热量，一方面使底焦温度提高，另一方面变成高温炉气向上运动。底焦因燃烧而消耗的同时，批料逐步下降前不断受到高温炉气的加热。在金属炉料熔化温度以后的加热称为过热。过热的铁水经由炉缸与过桥流入前炉。

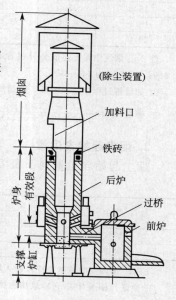

图7-4 冲天炉的结构

好的炉子应满足以下条件。

（1）**化学成分** 要稳定地得到化学成分合格的铁水，以期达到材质所规定的性能指标。

（2）**出铁温度** 一般普通灰口铸铁的出铁温度为1340～1380℃，球墨铸铁出铁温度为1400～1420℃。

（3）**硅锰烧损和铁的熔损要尽量少** 一般希望硅的烧损小于15%～20%，锰的烧损小于20%～25%，铁的熔损不要超过1%～2%。

（4）**铁焦比** 目前一般企业规定铁焦化为10∶1，即1kg焦炭可熔化10kg铁。

（二）排烟设计主要参数

1. 烟尘及气体成分

冲天炉在熔炼过程中所排出的烟尘及气体成分，随炉型、操作方法、原料配比和有无清洁处理而异。烟尘一般含有二氧化硅、金属氧化物、油烟、焦炭粉末及石灰石细尘等，其组成百分比列于表 7-5 中。烟气成分列于表 7-6 中。

表 7-5　冲天炉烟尘组成（质量浓度）　　　　　　单位：%

名　称	主要范围	变动范围	名　称	主要范围	变动范围
SiO_2	20～40	10～45	MnO	1～2	0.5～9.0
CaO	3～6	2～18	MgO	1～3	0.5～5.0
Al_2O_3	2～4	0.5～25.0	灼热烧损(C,S,CO_2)	20～50	10～64
FeO,Fe_2O_3,Fe	12～16	5～26			

表 7-6　冲天炉烟气成分　　　　　　单位：%

铁焦质量比	冷风炉				热风炉			
	燃烧比 η	$w(CO)$	$w(CO_2)$	$w(N_2)$	燃烧比 η	$w(CO)$	$w(CO_2)$	$w(N_2)$
8.0	70.0	7.0	17.0	76.0	60.0	10.0	15.0	75.0
10.0	57.0	11.0	14.5	74.5	47.0	14.0	12.5	73.5
12.0	47.0	14.0	12.5	73.5	37.0	17.5	10.5	72.0
14.0	38.0	17.5	10.5	72.0	28.0	21.5	8.0	70.5
16.0	33.0	19.0	9.5	71.5	24.0	23.0	7.0	70.0
18.0	27.0	21.0	8.0	71.0	19.0	25.5	5.5	69.0
20.0	23.0	23.0	7.0	70.0	16.0	26.5	5.0	68.5

注：1. 烟气中除上述成分外尚含有 $w(NO_x)$ 为 $3\times10^{-6}\sim14\times10^{-6}$；$w(SO_x)$ 为 0.04%～0.10%；$w(O_2)$ 为 1.8%；$w(H_2)$ 为 1%～3%。

2. 如熔炼过程中加入萤石，则烟气中尚含有 375～1317mg/m³ 的氟化氢气体，增加了净化系统防腐蚀要求。

3. 燃烧比 $\eta=\dfrac{w(CO_2)(\%)}{w(CO)(\%)+w(CO_2)(\%)}\times100\%$。

2. 烟尘起始含尘量

烟尘起始含尘量列于表 7-7 中。

表 7-7　烟尘起始含尘量

烟尘	起始含尘量/(g/m³)		备　注
	主要范围	变动范围	
炉气	6～12	2～25	相当于每吨铁水产尘 6～20kg
除尘排烟	2～6	1～10	

注：1. 国内实测数据为冷风冲天炉产尘 7.2kg/t 铁水或 3.24g/m³。

2. 原联邦德国对 33 台冷风炉和热风酸性炉实测产尘量：冷风炉为 (7.7±2.04)kg/t 铁水；热风炉为 (7.52±3.65) kg/t 铁水或 4.00g/m³。

3. 烟尘颗粒质量分散度

烟尘颗粒质量分散度列于表 7-8 中。

表 7-8　烟尘颗粒质量分散度　　　　　　单位：%

冲天炉类型	粒径/μm					
	<5	5～10	10～20	20～40	40～60	>60
热风冲天炉	27.0	5.0	5.0	3.0	20.0	40.0
冷风冲天炉	0	3.0	1.5	7.5	8.0	80

注：打炉阶段，冷风炉实测质量分散度：<5μm 为 4.9%；5～10μm 为 1.9%；10～20μm 为 20.5%；20～40μm 为 29.8%；40～60μm 为 44.8%。

4. 烟气温度

冲天炉烟气温度在炉内料位不变，无炉头明火的情况下，温度平均约为100℃。但熔炼马铁或采用的原材料中含有较多的铁屑和氧化皮时，则烟气温度一般为300～500℃，个别可达到700～900℃。在炉子加料结束到停止鼓风阶段，因料位不断下降并冒出明火，因而烟气温度急剧上升，材料层上部的烟气温度如下：

完全再燃烧时	200～900℃
不完全再燃烧时	150～800℃
无再燃烧时	100～600℃
停止鼓风前	900～1250℃

为防止炉胆烧损，在此阶段可采取加入碎耐火砖或生铁作为压炉材料，防止明火冒出，使烟气温度大幅度下降，既保护了炉胆，也对烟气净化系统有利。但由此而产生了增加打炉后的清理工作量。

5. 排烟量的计算

每熔炼1t铁水的炉气量可按下式求得：

$$V_L = \frac{19.6K\alpha S}{w(CO_2) + w(CO)} \times P_R \qquad (7-1)$$

式中，V_L 为炉气量，m^3/t铁水；K 为铁焦质量比，%；α 为焦炭含碳质量百分数，%；S 为冲天炉每小时熔化铁水量，t/h；P_R 为燃烧修正系数，$CO_2 + CO$ 为实测时，$P_R = 1$，0；采用表7-6数据时，$P_R = 1.09$；$w(CO_2)$ 为炉气中 CO_2 质量分数，%；$w(CO)$ 为炉气中 CO 质量分数，%。

冲天炉的除尘排烟量应当包括炉气量以及为了控制炉气不从炉门外逸而渗入的空气量。因此，排烟量大小与抽出炉气的位置有关。一般冷风炉的炉气是从料位以上部位抽出，而热风炉则必须从料位以下部位抽出，以保证CO含量达到可燃程度。因此，这两类炉子的除尘排烟量计算也就不相同。

(1) 冷风炉　冷风冲天炉排烟量为炉气量加上炉门控制风量。炉门控制风量，由下式确定：

$$L_c = 3600 v_c A \qquad (7-2)$$

式中，L_c 为炉门控制风量，m^3/h；v_c 为炉门控制风速，m/s；A 为炉门面积，m^2。

在吸气口中心标高接近炉门下缘的条件下：v_c 可取 1.0m/s；在吸气口中心标高高于炉门上缘的条件下，v_c 可取 1.5m/s。此时，吸气口附近可造成10Pa的负压；当吸气口（敞开炉门口）有风幕时，根据工程经验，可按原进入风量能阻挡70%而只有30%进入吸气口来考虑。

按照上述方法和选用的参数，对国内标准冲天炉排烟量计算结果列入表7-9中。

表7-9　标准冷风冲天炉排烟量

公称熔化量/(t/h)		1	2	3	5	7	10	15	平均
加料口尺寸/mm		900×580	2100×800	2500×1000	2600×1100	2800×1300	3000×1560	3000×1600	
炉气量 V_L/(m³/h)		670.2	1340.4	2010.3	3351.0	4691.4	6702.0	10053.0	
$v_c =$ 1.0m/s	控制风量 L_c/(m³/h)	1879.2	6048.0	9000.0	10296.0	13104.0	16848.0	17280.0	
	除尘排烟量 L/(m³/h)	2549.4	7388.4	11010.3	13647.0	17795.4	23550.0	27333.0	
	L/V_L	3.80	5.51	5.48	4.07	3.79	3.51	2.72	4.13
$v_c =$ 1.5m/s	控制风量 L_c/(m³/h)	2818.8	9072.0	13500.0	15444.0	19656.0	25272.0	25920.0	
	除尘排烟量 L/(m³/h)	3489.0	10412.4	15510.3	18795.0	24347.4	31974.0	35973.0	
	L/V_L	5.20	7.77	7.72	5.61	5.19	4.77	3.58	5.69

在通常的铁焦比条件下，炉气中 CO 的含量处于 15％～23％范围；超过其爆炸下限 12.5％值，因此必须在炉气进入排烟净化系统之前，把 CO 稀释到远低于爆炸下限值时才能有效地防止爆炸，确保运行安全。这样，如果要使炉气中的 CO 含量低于 10％，则 L/V_L 必须大于 2.3，这时，炉门必须敞开。

（2）热风炉　热风炉要求炉气中 CO 含量越高越好，以便充分利用化学热来加热冲天炉的鼓风。此时需在料层以下适当位置抽出炉气送到燃烧室和热交换器中去。

炉气量按铁焦质量比及熔炼参数，由公式（7-3）算得。

根据炉气中 CO 的燃烧反应方程式，设炉气中 CO 含量占 21％，则炉气经燃烧后生成的烟气量约等于炉气的 1.4 倍，考虑到过剩空气，可取 1.5 倍。由此可得热风冲天炉的基本除尘排烟量为 $1.5V_L$。燃烧热交换后的烟气温度通常在 500℃ 左右，需掺野风冷却，此时除尘排烟量可由下式确定：

$$L_R = (1.5 + P)V_L \tag{7-3}$$

式中，L_R 为热风冲天炉排烟量，m^3/t 铁水；P 为除尘冷却掺风系数，一般 $P = 0 \sim 2$；V_L 为热风冲天炉的炉气量，m^3/t 铁水，可取 $752.2 m^3/t$ 铁水。

综上所述，热风冲天炉的除尘排烟量大约是炉气量的 1.5～3.5 倍。

（三）烟气冷却方式

常用的冲天炉烟气冷却方式有如下几种，其均有工程实例，并各具特点，因此，必须结合工程具体情况，加以单独或组合使用。有条件的应优选热能回收方式。

（1）直接风冷　烟气中直接掺入炉外常温（或低温）空气，使混合后的烟气温度降低到净化设备允许承受的限度。一般在打炉阶段，掺入量很大，可达炉子鼓风量的 10 倍左右，因此限于在投资低、需要功率少以及烟气温度低于 300℃ 的除尘系统（如旋风除尘器除尘）中采用，并常与其他冷却方式联合使用。掺入的空气通常从加料口及炉子上部进入。

在采用袋式除尘器的除尘系统中，由于冲天炉烟气温度的波动，为了保护滤袋不受到高温（超过滤料的耐温极限）的损坏，往往在除尘器前的适当部位设置自动野风阀，在超温时可自动打开阀门掺入大量野风，直接使烟气迅速降温。

（2）自然风冷烟管及强制风冷却器　利用增加室外部分排烟管道的长度（面积）或用机械通风方式提高排烟管的传热效果，使管中烟气温度下降。

（3）水冷套管　在通过高温烟气的管段设置水冷夹套，通水进行烟气冷却。对于熔炼马铁的冲天炉，由于烟气温度很高，因此在炉子排风出口处的管段，常采用水冷套管。

（4）喷淋间接冷却及淌水壁冷却　在排烟管外部表面喷水或在垂直排烟管外壁淌水来冷却管内的烟气，传热效果较好，但要充分处理好管道外表面生锈腐蚀问题。

（5）水冷旋风除尘器　在多管或单筒旋风除尘器外面加设水套来冷却烟气，使烟气冷却与除尘结合在一起。

（6）直接喷雾冷却　将水喷成雾状，在高温烟气中蒸发吸热而降低烟气温度。这种方法热交换效率高，较为经济。

采用喷雾冷却时，必须保证雾滴充分蒸发，否则如产生水滴会黏附在管道及除尘设备上，特别对干式除尘器和颗粒层除尘器，会引起严重阻塞和损坏。

如用在打炉阶段，由于烟尘温度上升快，水量应能迅速自动调节，此时烟尘量也很大，因此应特别防止喷嘴被堵塞。同时在选用通风机时也要考虑由于水雾吸热汽化后，烟气体积增加这一因素。这一冷却方式在寒冷地区不大适合。

（7）水冷却器　是一种烟气与水间接热交换的冷却器，常用的有管壳式、蛇形管式、同心圆式等。由于要增设冷却循环水系统，投资高、维护复杂、易积灰，因此采用不多。

（8）热管冷却器　利用热管作为热交换元件，传热效率高。传热方式可以是烟气—水和烟气—空气两种，产生的热水或热空气如能被就地利用，则这是一种经济实用的烟气冷却方式。

（四）冲天炉烟尘净化设施

冲天炉烟尘的净化设施，应根据烟气的温度，起始含尘量，当地具体条件及粉尘排放标准等因素考虑。

袋式除尘器除尘效率高，一般可达99%以上，可使用在冲天炉烟尘的净化系统，达到国家排放标准；具有起始含尘浓度高的特点，必须设置前处理设施，通常采用如下措施：

冲天炉→表面冷却器→旋风除尘器→袋式除尘器→排烟风机→烟囱→排入大气

袋式除尘器的滤料如采用208或729涤纶时，其温度应控制在120℃以下；如采用玻璃纤维滤料时，温度应控制在250℃以下，过滤风速取0.6m/min以下；当熔炼过程中加萤石作添加剂时，严禁使用玻纤滤料。

静电除尘器对小于0.1μm的尘粒有很高的净化效率，同时能耐300℃的高温，应根据炉粉尘比电阻高的特性选择电除尘器。

颗粒层除尘器、湿式除尘器用于冲天炉的烟尘净化，实际表明前者净化效率不稳定，后者还带来泥浆处理、管理不便。

（五）冲天炉烟气净化与余热利用设计实例

某公司的2台10t/h冷风冲天炉，因原配套的除尘系统设计风量偏小，部分烟气直接外溢；在冒火和打炉的高温工况下除尘系统停止运行，烟气直接经冲天炉"将军帽"超标排放。由于该公司位于昆明世博园附近，公司厂界外又为住宅小区，冲天炉烟尘超标排放与周围环境极不协调，公司决定对其进行彻底治理。

1. 设计条件和参数

2台10t/h冲天炉交替连续工作，工作周期一般为7d（特殊情况8～10d），每天分2班运行，每班熔炼时间7～9h，年运行约320d，约合5120h。

与该项目设计有关的气象参数主要是大气压力：所在地大气压力冬夏季的平均值为80.98kPa。

烟气量为冲天炉的炉气量和加料口进风量之和。

炉气量：为冲天炉鼓风量的1.1倍，即$Q_1 = 180 \times 1.1 = 198 m^3/min = 11880 m^3/h(20℃)$

加料口进风量：保证加料口（尺寸为3.2m×1.6m）烟气不外溢时最小进风速度为1.2m/s的风量

$$Q_m = 3.2 \times 1.6 \times 1.2 \times 3600 = 22120 m^3/h(20℃)$$

净化系统的烟气量：$Q_y = Q_1 + Q_m = 11880 + 22120 = 34000 m^3/h$（20℃；当地大气压力下）

经实测和查阅有关资料，不冒明火情况下加料口处烟气温度100～250℃；轻微冒火时火焰呈浅蓝色，烟气温度250～450℃；中度冒火时火焰呈微红色，烟气温度450～650℃；打炉时火焰呈白炽色，烟气温度在650℃以上。实测的最高烟气温度为860℃。

为安全起见，工程设计加料口处烟气初始最高温度取950℃。

烟尘成分主要有SiO_2、金属氧化物、焦炭粉末、石灰石等。当用劣质焦炭时，烟尘中SiO_2含量很高，其粒径细密度小；当焦炭的焦油含量较高和废钢表面有油脂时，烟气中还含有油烟。

经试验该公司冲天炉烟尘可以燃烧，这一特性是内地冲天炉烟尘所没有的，这可能与高原气候条件下冲天炉缺氧熔炼，冲天炉采用低质量土焦和废钢原料中含有较多油脂等诸多因素有关。

烟尘浓度的变化范围为 $1000 \sim 10000 mg/m^3$，主要在 $2000 \sim 6000 mg/m^3$ 之间。经测试烟尘平均浓度为 $3613 mg/m^3$，年烟尘排放量约 490t。

经实测冲天炉烟气中 SO_2 排放浓度为 $716 mg/m^3$，低于国家排放标准的要求。

2. 主要设备设计和选择

（1）初级除尘器　该公司冲天炉烟尘可以燃烧，而在冲天炉的整个冶炼周期内都会产生明火颗粒，为防止明火颗粒物进入布袋除尘器引燃粉尘而烧毁布袋除尘器，应在布袋除尘器前设置高效初级除尘器去除明火颗粒物。

经多方面比较，选择低阻高效双筒旋风除尘器为初级除尘器。明火颗粒物主要为焦炭粒子，它硬度大，外形棱角分明，将对旋风除尘器的内壁产生一定的磨琢，特别是在高温工况下，器壁的磨损可能会更快些。在旋风除尘器的内壁设耐温耐磨陶瓷防护层衬里，陶瓷层衬里不仅耐磨耐高温，而且在急热急冷工况下不脱落，确保旋风除尘器使用寿命达到 4 年以上。

去除颗粒物后，烟气对后续强制水冷烟气冷却器冷却管的磨损减弱，因此，设置低阻高效旋风除尘器还可延长强制水冷烟气冷却器的使用寿命。

（2）烟气降温设备　冲天炉烟气温度高且变化范围大，其烟气降温设计对净化系统的安全运行至关重要。系统的温降设计应保证初始烟气温度最高时，风管的自然降温和降温设备的强制冷却使烟气温度降低至后续设备的安全工作温度；同时，在烟气温度不高时，系统应能充分利用风管与降温设备的自然冷却和蓄热作用对烟气进行降温，以节约能源和降低系统的运行费用。

根据该冲天炉的烟气特点，工程采用了自行设计的强制水冷烟气冷却器。经计算需冷却面积 $500 m^2$，为不使冷却器太高而采用两级串联安装方式。冷却水在其内多次循环，当冷却水被加热至下限设定温度以上时（可调，如 $35℃$），用水泵将热水输送至浴室作为职工淋浴用水。

在最不利工况下，即烟气初始温度最高时（约 $950℃$），冲天炉烟气经风管自然散热降温和强制水冷烟气冷却器的冷却降温，再考虑净化系统不严密处的掺风冷却作用，可保证布袋除尘器进口烟气温度小于 $180℃$，使布袋除尘器安全运行。

（3）布袋除尘器　布袋除尘器用于冲天炉烟气净化可保证烟尘排放浓度 $< 50 mg/m^3$，本工程即采用布袋除尘器。

冲天炉烟气的性质随炉型、操作方式和原料配比的不同而差异较大，有些企业的冲天炉烟尘密度小粒径细，采用一般布袋除尘器，当过滤风速稍高时，滤袋上积尘经反吹或振打后，很难沉降到除尘器的灰斗里而又被吸附在滤袋上。

冲天炉原配套的除尘系统采用机械回转反吹布袋除尘器，存在烟尘易粘袋反吹不下来的现象。因此，该工程选用清灰效果良好的离线脉冲清灰布袋除尘器。布袋除尘器标称过滤面积 $1150 m^2$，实际工作过滤面积 $1060 m^2$，工况下过滤风速为 $0.77 m/min$。

该公司冲天炉烟尘为可燃性粉尘，采用表面光滑易清灰的微孔薄膜复合耐温滤料，并采取加强清灰措施，以减少布袋表面的挂灰，达到在意外情况下尽量减少布袋着火的目的。

（4）脱硫设备　由于烟气 SO_2 初始浓度较低，综合考虑净化效率、现场位置条件、原料来源及贮运方式和引风机全压等因素，经多方案比较后决定采用钠碱法工艺，采用阻力损失较小的喷淋脱硫塔作为 SO_2 吸收设备。

脱硫塔的脱硫段和排气筒合二为一。工况下塔内烟气平均流速 $< 1.6 m/s$，水气比 $1 kg/m^3$。

为防止风机腐蚀，脱硫设备布置在风机的出口，脱硫设备正压运行，全部脱硫设备采用不锈钢制作。

（5）膨胀器　烟气温度高且温度变化急剧，处理好系统风管与降温设备冷却水管的热胀冷缩问题，是保证烟气净化系统安全可靠运行的重要因素之一。

系统风管膨胀器采用高温织物膨胀节补偿。该膨胀节可补偿三维方向的胀缩，便于系统风管的布置；该膨胀节胀缩时推力很小，使风管支架的设计和安装简单；该膨胀节价格适中。

水冷烟气冷却器内的冷却水管为一维方向胀缩，采用不锈钢波纹管式膨胀节补偿。

（6）野风阀　经理论计算，在烟气初始温度最高时，冷却器出口烟气温度低于布袋除尘器的安全工作温度（180℃）。但冲天炉工况复杂，系统始端还存在 CO 在风管内二次燃烧的可能，因此，理论计算有一定的局限性，为安全起见，除尘器入口前设野风阀。当冷却器出口烟气温度＞180℃时，野风阀自动打开，向系统内混入室外新风，降低烟气温度，保证布袋除尘器等后续设备的安全运行。

该项目选用开关动作迅速的气动野风阀。

（7）循环水箱　在正常工况下，经计算水冷烟气冷却器每班可产生 60℃热水 80～100t，满足公司员工淋浴需求。为保证淋浴用水水质要求，循环水箱采用不锈钢材质，全部冷却水管管材采用热镀锌管。

3. 系统本身产生环境污染的防治

双筒旋风除尘器、水冷烟气冷却器和布袋除尘器除下的粉尘排至总灰斗后集中外运。

吸收液循环使用，并设吸收液自动加碱装置；吸收废液排放至公司污水处理站，经处理达标后排放。

系统的高噪声设备是引风机和水泵，引风机设消声风机房，水泵设水泵间，减小系统设备噪声对周围环境和厂界的影响。

4. 系统自动控制

系统自动控制设计应保证系统操作简单和运行可靠，同时根据冲天炉工况变化，自动启停系统的相应设备，达到安全、可靠、节能、降低操作者劳动强度、减少设备运行时间和延长设备使用寿命等目的。

引风机采用电子软启动方式启动，减小风机启动对车间和公司电网的冲击。电机达到额定转速后，引风机入口的电动调节阀才逐渐打开至设定位置；引风机关闭后，电动调节阀自动关闭。

SO_2 吸收泵和第 1 台循环冷却水泵根据系统 PLC 的开关信号启停。即系统启动时，吸收泵和第 1 台冷却泵在引风机启动前先启动运行；系统停止时，吸收泵和第 1 台冷却泵在引风机停止后再延时工作一定时间后才停止。

水冷烟气冷却器入口安装测温热电偶 T_2，用 T_2 温度信号控制第二台冷却水泵的启停。当 T_2＞260℃时，第 2 台冷却泵自动开启，加强水与烟气间的换热；当 T_2＜220℃时，第 2 台冷却泵自动停止。

水冷烟气冷却器出口（也是布袋除尘器入口）安装测温热电偶 T_3，用 T_3 温度信号控制布袋除尘器入口野风阀的开关。当 T_3＞180℃时，野风阀自动打开，保护布袋除尘器；当 T_3＜150℃时，野风阀自动关闭。

吸收液箱内设 pH 检测探头自动检测吸收液的 pH 值。当吸收液的 pH＜7.5 时，碱液输送磁力泵自动开启，向吸收液箱内补入碱液；当 pH＞11 时（或 6min 后），磁力泵自动停止。

布袋除尘器清灰由其自带的电控箱编程控制，程序依次循环开启和关闭除尘器各室出风口的离线切换阀，分室逐排脉冲喷吹布袋进行清灰工作。

旋风除尘器、水冷烟气冷却器和布袋除尘器周期性排灰，除下的烟尘排至总灰斗。

循环水箱液位＜0.70m 时，供水阀门自动打开补水，液位＞2.80m 时，供水阀门自动关闭停止补水。

1#循环水箱和2#循环水箱互为备用。当运行水箱内的冷却水被加热至上限设定温度时（例55℃，可调），循环水箱上的电动阀门自动切换，使烟气冷却系统运行备用的低温水箱。当2个水箱内的冷却水都达到上限设定温度时，系统自动停止运行。

1#水箱或2#水箱内的冷却水被加热至下限设定温度时（例如35℃，可调），控制系统向浴室电控箱发送达到下限设定温度信号。冷却水水温达到下限设定温度时，管理人员才能根据需要启停热水泵。

电气控制硬件设计和自动控制程序编程中，设计安全联锁和安全报警装置与程序。

采用PLC可编程序控制器，实现上述自动控制的要求和自动控制步骤。

5. 烟气净化及余热利用系统工艺流程

整个系统流程分为：烟气净化系统流程；烟气水冷却和余热利用系统流程；电气自动控制系统流程。其工艺流程见图7-5。

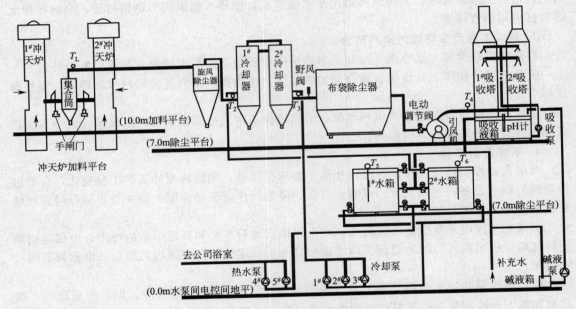

图7-5　10t/h冲天炉烟气净化及余热利用系统工艺流程

（1）2台冲天炉交替工作，设1套系统对冲天炉烟气进行净化，通过集合筒旁风管上手动闸门的打开与关闭切换，实现冲天炉与烟气净化系统的连通与切断。闸门处最高烟气温度约950℃，手动闸门板采用耐热铸铁板，闸门板密封箱用锅炉钢板制作，采用人工添减平衡铁块的方式使闸门开关。经使用验证，该手动闸门操作简单可靠，漏风量小，满足工程使用要求。而传统的电动水冷高温蝶阀初投资费用高，高温工况下使用时，还存在发生安全事故的隐患和阀板易卡死不灵活的情况。

（2）与冲天炉相连的抽风口罩和集合筒前高温风管的内壁，均采用特殊耐火打结材料作为防火保护层，使用后证明其耐火性、耐磨性和与钢板的黏合性良好。而采用传统的水冷夹层抽风口罩和水冷夹层风管在工况下使用时耐磨性差，一旦内层钢板被磨穿漏水时，将发生重大安全事故，并且较难修复。

（3）采用水冷式烟气冷却器回收冲天炉烟气中的余热，即在冷却器内冷却水经多次循环，反复吸收烟气废热，当水温升至设定温度后，作为员工淋浴用水。据有关资料，国内目前所运行的冷风冲天炉除尘系统大多未利用烟气余热，烟气余热只是简单地被冷却介质（水或空气）从烟气里转移到环境中去了。

结合本工程开发的水冷式烟气冷却器经使用检验，证明其冷却效果良好。在最不利工况下，即在烟气温度最高和冷却水温度最高时（实测风管始端的最高烟气温度 $T_1=950℃$，冷却器入口的最高烟气温度 $T_2=560℃$，冷却循环水最高温度为 $58℃$），冷却器出口的最高烟气温度 $T_3=167℃$。

（4）采用离线清灰布袋除尘器提高清灰效果，保证布袋除尘器始终处于良好的工作状态，确保系统达到稳定的排烟量。

（5）设计开发的喷淋吸收塔，经使用证明其阻力低，吸收效果尚可，实测 SO_2 的去除效率达 63.3％。

（6）净化系统在必要处设置自动复位式防爆阀、高温织物膨胀节和气动野风阀，确保系统风管和设备的安全运行。

（7）该项目为改造工程，车间现有电网的富余量很小。采用电子软启动，并在引风机入口设电动启动调节阀，最大限度地减小引风机启动对车间和公司电网的冲击。

（8）净化系统的风管上设 4 个温度传感器；余热利用系统的循环水箱设温度传感器和液位传感器。在电控柜上配二次仪表，直接显示上述传感器的温度和液位信号，使风管系统检测点烟气温度与循环水箱冷却水温度和液位传送到控制室。

（9）净化系统和余热利用系统采用的开发设备和选用的标准设备多，控制要求复杂，有些设备的启停应具备一定的必备条件和保护条件；各设备的启停还具有先后顺序关系和一定的逻辑关系等。编制自动控制程序，采用 PLC 控制器控制各设备的开启和关闭，使整个系统的开启和关闭实现一钮式操作，使系统的操作简单可靠。

设计安全联锁和安全报警装置与程序，确保烟气净化及余热利用系统稳定可靠运行。

6. 环境效益和社会效益

系统排放口的监测结果见表 7-10，其烟尘排放浓度、SO_2 排放浓度和废气排放黑度不仅大大低于国家排放标准的要求，而且达到了合同预期的排放指标要求。

表 7-10　冲天炉烟气除尘系统测试结果（标况值）

项　　目	入　口	排放口	备　注
烟气温度/℃	101	30	
烟气流量/(m³/h)	26450	30090	
烟尘浓度/(mg/m³)	3613.0	25.4	
SO_2 浓度/(mg/m³)	825.0	266.0	
烟气林格曼黑度/级		<1	
烟尘排放量/(kg/h)	95.56	0.76	削减量 485.4t/a
SO_2 排放量/(kg/h)	21.82	8.00	削减量 70.8t/a

系统投入使用后，可使烟尘排放量减少 485.4t/a，SO_2 排放量减少 70.8 t/a。同时，系统产生的热水可供公司员工洗浴，使现有锅炉的运行负荷降低，从而减少公司燃煤锅炉的大气污染物排放量。

由此可见，该工程的实施和投入运行，不仅削减了冲天炉的烟尘和 SO_2 排放量，同时减少了燃煤锅炉的大气污染物排放量，改善公司所在区域的环境空气质量，取得了良好的环境效益和社会效益。

系统总动行电流 170A，折算电耗为 95kW·h/h；吸收剂 NaOH 用量 50kg/d；专职操作运行管理人员 2 人；系统使用寿命按 15 年考虑。

根据调试运行情况，在正常工况下，系统每天可生产 60℃热水 160～200t。若采用蒸汽加热生产 180t 60℃热水，进水温度按 15℃考虑则需蒸汽 13.5t。

由此可知，通过余热利用生产热水系统产生的经济效益可使本系统的综合运行费用降低很多。

7. 注意事项

(1) 冲天炉顶部阀门设置　为防止除尘系统从"将军帽"处短路抽取室外空气，有的厂在"将军帽"底部设水冷式电动阀门。正常使用时，此电动阀门关闭，保证除尘系统全部抽取冲天炉烟气；当除尘系统有故障停止运行时，此阀门打开，烟气直接通过冲天炉"将军帽"排放。但是，此电动阀门经数次打炉高温烟气后易损坏，并且该阀门高温变形后易卡死和烧坏后很难修复。

根据经验，当排烟口设置在冲天炉加料口对面时，除尘系统几乎只抽取排烟口下的炉内烟气和加料口处的空气。因此，没有必要在冲天炉"将军帽"下设置防止空气短路进入除尘系统的阀门。

(2) 系统材质的确定　根据不同的烟气温度情况，系统的各管件和设备应合理选用材质，并采取恰当的防火耐磨保护措施，保证系统的正常运行和使用寿命。例如：手动切换闸板采用耐热铸铁；高温段风管采用耐热锅炉钢板；排烟罩和系统始端风管的内壁设耐火打结材料防护层；旋风除尘器内壁设高温耐磨陶瓷防护衬里；管件制作板材适当加厚；系统 SO_2 湿法吸收部分的设备和管材应采用不锈钢材料等。

(3) 烟气自然冷却　温度 300℃以上的烟气主要以热辐射形式向外界散热。当余热量太多而不能全部利用时，尽量采用风管自然冷却方式使高温烟气降温，从而可大大降低烟气冷却设备的初投资和运行费。而对 300℃以下温度的烟气，因其主要以对流和传导形式散热降温，烟气总的自然散热能力减弱，则采用强制风冷方式或强制水冷方式使烟气强制冷却降温。

(4) 烟气余热利用　对一年四季交替连续运行的冷风冲天炉，采取水冷式烟气冷却器回收烟气余热，冷却水被加热后作为洗浴热水加以利用，可产生一定的经济效益，达到降污节能的双重效果。

(5) 管道热膨胀补偿与风管固定活动支架　烟气温度高并且温度变化急剧，风管和烟气冷却器冷却管的涨缩量大，应根据系统各管部件的热膨胀不同情况，选用合适的膨胀节。系统管道在高温工况下不仅涨缩急剧而且强度明显降低，除适当加厚管件的板材厚度外，还应设计合理的管道固定支架和活动支架。

(6) 冲天炉烟气对系统的腐蚀性　有些厂反映冲天炉烟气对除尘系统管件内壁和设备内壁的腐蚀很大，经调研和查阅资料，这些厂的冲天炉要么是隔天间断运行，要么是采用湿法除尘。

冲天炉一年四季连续交替运行，运行过程中冲天炉烟气温度忽高忽低，但整个熔炼过程的大部分时段烟气温度高于二氧化硫的露点温度，只有少量时段内烟气温度低于二氧化硫露点温度。

冲天炉使用的焦炭中含硫量较低，同时由于炉料中还有一定的石灰石，冶炼过程中的造渣过程可去除部分硫，预计烟气对系统管件内壁和设备内壁的腐蚀性不会很大。

系统调试工作中，曾数次打开系统的风管检查门和布袋除尘器净室检查门，直观上看风管内壁和布袋除尘器内壁基本无腐蚀现象。经实践证明，短时间的低温烟气对连续运转的冲天炉除尘系统的金属管件和设备内壁不会造成太大的腐蚀。

(7) 系统的自动控制　自动控制设计对系统的安全正常运行有着重要的作用。系统工艺设计与自动控制设计的"技术接口"和配合极为重要。系统工艺设计应准确表述其要求的电气控制技术条件，自动控制设计则应充分理解工艺设计的控制要求。要经过多次交流沟通和现场反复调试，逐步实现电控系统控制的准确无误，才能确保烟气净化及余热利用系统的稳定可靠运行。

三、工频（中频）感应电炉排烟

工频（中频）感应电炉，一般由两个炉体组成一组，相互备用。炉坑内可不设排风，炉口应设排烟罩。一般采用回转伞形排烟罩（图 7-6）或炉口设环形、半环形排烟罩（图 7-7、图 7-8）。

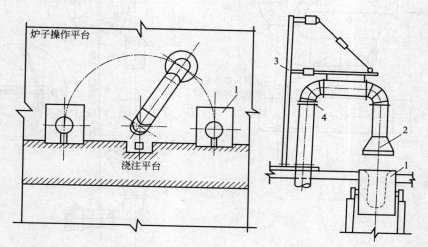

图 7-6　工频（中频）感应电炉炉口排烟罩

1—工频（中频）感应电炉；2—回转伞形排烟罩，3—回转风管支架；4—转动法兰

伞形排烟罩，可用圆形或矩形，罩口至烟气散发源的距离，在不影响操作的情况下，尽量降低。排烟量可按罩口风速 2.5～5m/s 采取。

环形、半环形排烟罩，一般直接架在感应电炉炉口，安装时应不使其顶面高出炉子操作平台，以免影响加料。排烟罩与炉体一起倾动，当炉子倾动中心与炉体一致时，排烟罩旋转结构可采用旋转法兰（图 7-7），当炉子倾动中心与炉体中心不一致时，可按图 7-8 结构设

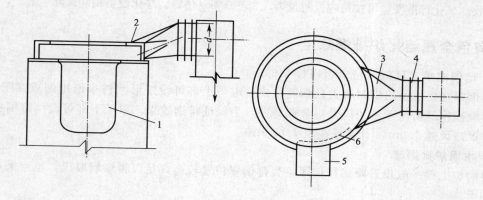

图 7-7　工频（中频）感应电炉环形排烟罩

1—熔池；2—环形排烟罩；3—变径管；
4—旋转法兰；5—出液排烟罩；6—隔板

计。排风量按罩口处风速3～4m/s计算。

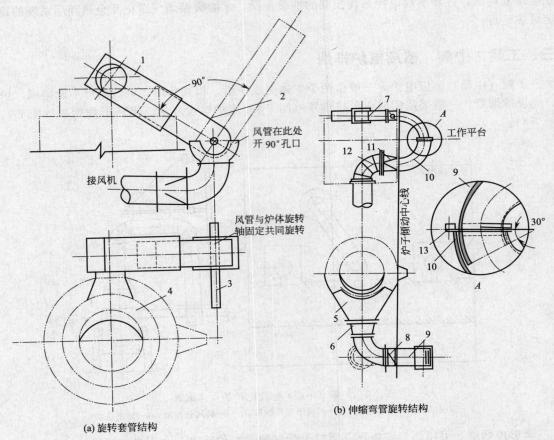

(a) 旋转套管结构

(b) 伸缩弯管旋转结构

图 7-8　排烟罩与炉体的旋转结构

1—伸缩管；2—隔板；3—炉体旋转轴；4—环形罩；5—半环形罩；6—变径管；7—弯管；
8—蝶阀；9—活动弯管；10—固定弯管；11—异径管；12—弯管；13—密封橡胶圈

　　工频（中频）感应电炉熔炼黄铜时有大量氧化锌产生，烟气应经净化后排入大气。氧化锌应考虑回收，氧化锌散发量可按每吨投料量为 0.35～0.4kg 估算。净化设备用袋式除尘器。

四、有色金属熔化炉排烟除尘

　　1. 熔铜电炉（HTG-0.25、HTG-0.5）

　　排烟罩在熔炼及出铜时有大量烟气冒出，电炉上部可设矩形回转伞形排烟罩（图 7-9），在不影响操作的情况下罩子应做得愈低愈好，为保证排烟效果，罩子下部可设挡帘围板，排风量按罩口风速 1.0m/s 计算或按表 7-11 采取。

　　2. 坩埚炉排烟罩

　　坩埚炉上部一般设升降式排烟罩，当排烟罩位置较高，足以将坩埚取出，也可采用固定式排烟罩。

　　倾斜式坩埚炉采用对开式排烟罩（图 7-10）。

　　坩埚炉排风量，按排烟罩的罩口风速确定，当熔化铜、铅、锌时取 1.5m/s，熔化铝时取 1.0m/s。常用坩埚炉、倾斜式坩埚炉排风量见表 7-11。

表 7-11　有色金属熔化炉局部排风量表

设备名称及规格	排烟罩型式	排风量/(m³/h)	
		熔炼铜、锌、铅	熔炼铝
熔铜电炉 HTG-0.25 HTG-0.5	回转伞形罩	$1.2 \times 2.0 \times 3600 \times 1.0 = 8700$ $1.2 \times 2.4 \times 3600 \times 1.0 = 10000$	— —
坩埚炉 100kg 200kg 300kg	回转或固定式伞形罩对开式伞形罩	$0.785 \times (1.2)^2 \times 3600 \times 1.5 = 6000$	$0.785 \times (1.2)^2 \times 3600 \times 1.0 = 4000$
倾斜式电阻炉 QR-30 型 QR-150 型 QR-270 型	回转伞形罩	$0.785 \times (1.0)^2 \times 3600 \times 1.5 = 4200$ $0.785 \times (1.2)^2 \times 3600 \times 1.5 = 6000$	$0.785 \times (1.0)^2 \times 3600 \times 1.0 = 2800$ $0.785 \times (1.2)^2 \times 3600 \times 1.0 = 4000$

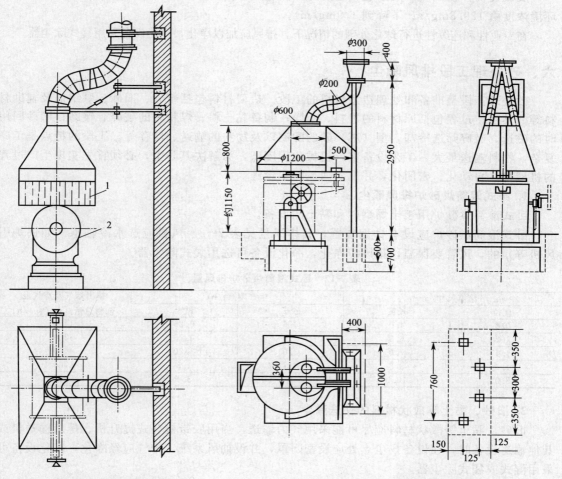

图 7-9　电炉回转式排烟罩
1—石棉布挡帘；2—熔铜电炉
(HTG-0.25、HTG-0.5)

图 7-10　倾斜式坩埚炉排烟罩

3. 电阻炉排烟

倾斜式电阻炉熔炼低熔点有色金属，如铅、锌、铝、锡及巴氏合金。排烟罩可采用上吸式回转罩（国标 T410），罩口风速采取与坩埚炉相同。常用倾斜式电阻炉排风量见表 7-11。有色金属熔化烟尘通常用袋式除尘器净化。

五、冶炼球墨铸铁的排烟除尘

当球墨铸铁的球化处理采用冲入法加镁处理时，瞬间产生大量白烟并伴有强烈的闪光，环境粉尘浓度可高达 $126.7 \sim 132.8 mg/m^3$，且分散度很高，$<5\mu m$ 的占 91%。采用钟罩法处理时，使氧化镁烟气全部密闭在铁水包中，可不考虑排风；采用压包工艺时，则必须在专门的密闭小室内进行，此时通风量可按每小时 $300 \sim 500$ 次换气量计算。当工艺采取加稀土金属及密闭处理措施时，也可不考虑排风。采用冲入法生产球铁时的排烟装置，可在铁水包上部设置直径略大于铁水包的排烟罩，采用活动套管，罩子可以上下活动，罩子下部设两块弧形挡板，以增加排风效果，并减少辐射热对操作者的影响。

实践证明，在 0.75t 铁水包的上部装设 $\phi1040mm$ 的排烟罩，排风量为 $5100m^3/h$ 时，环境浓度由 $129.8mg/m^3$ 下降到 $1.9mg/m^3$。

在专业性和连续性进行球化处理的情况下，排风应加以净化，净化设备采用袋式除尘器。

六、砂处理工段排风除尘

砂处理工段是准备和处理造型材料的工段。造型材料包括新砂、旧砂、黏结剂及辅助材料等。其生产过程包括原材料的进料、干燥；制备黏土粉、煤粉时的破碎、辗磨；旧砂回用时的磁选、破碎筛选冷却，型（芯）砂的配制以及物料的输送、储存等。工段的特点是工序复杂，物料输送最大，工艺设备多，机械化程度低，为解决其防尘，必须首先实现生产过程的机械化、自动化、密闭化，并配备通风除尘设施。

1. 卧式滚筒烘砂炉排风除尘

卧式滚筒烘砂炉用于干燥型砂和黏土的设备。

卧式滚筒烘砂炉应设有排烟装置，其排风量见表 7-12。风机应选水冷轴承（如锅炉引风机等）的，风管要保温，排风应净化，净化设备可选用袋式除尘器。

表 7-12　卧式滚筒烘砂炉排风量

滚筒尺寸/m		生产率/(t/h)		排出烟气及空气混合物总量/[m³(标)/h]
直径	长度	砂子	黏土	
0.8	4.0	0.6	0.25	1450
1.2	6.0	2.0	0.75	3250
1.4	7.0	3.0	1.20	4400
1.6	8.0	4.7	1.8	5700
2.0	10.0	9	3.4	9000

2. 旧砂、黏土等散状材料的输送除尘

旧砂、黏土等散状材料应尽可能采用气力输送，当用胶带机斗式提升机、螺旋输送机或其他输送设备时，在设备扬尘点处应设密闭罩，并设抽风系统，排气应经净化，净化设备可采用湿式或袋式除尘器。

（1）旧砂运输隧道的排风除尘　落砂机下部的旧砂，在运输隧道内产生大量灰尘和水蒸气，隧道内应设排风。

旧砂运输隧道的排风方式，可将落砂机下部砂斗至胶带机处进行密闭，并设局部排风，密闭罩长度为 $15 \sim 20m$，罩上每隔 $3 \sim 5m$ 设一排风点（图 7-11），排风量按每米长胶带机 $200 \sim 300m^3/h$ 确定，隧道长度超过 30m 时，隧道内总排风量按 $25 \sim 30m$ 长度计算。

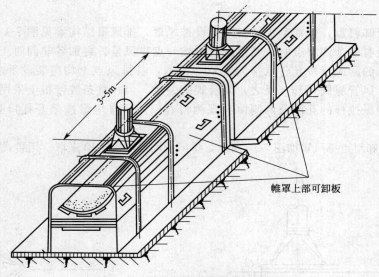

图 7-11　旧砂运输隧道胶带机密闭罩

当胶带机采用密闭罩有困难时，可在隧道内作全面排风，排风量与局部排风量相同，可由隧道出入口或在隧道端头设计进风竖井，进风补入。

（2）胶带机排风除尘　胶带机转运点应设密闭罩进行排风，排风量按不严密处或孔洞处吸风速度大于胶带运输速度（一般为 0.8～1.0m/s）采取，密闭罩结构如图 7-12。各种不同规格胶带机转运点的排风量列于表 7-13 中。

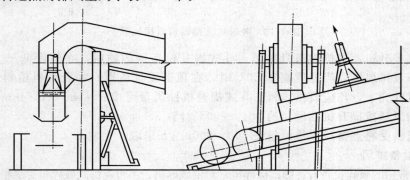

图 7-12　胶带机转运点密闭罩

表 7-13　胶带机转运点及卸料点排风量

排风点位置	排风量/(m³/h)		
胶带机宽度/mm	转运点	犁式刮板卸料点	末端卸料点
400	1000	1000	1000
		2000	
500	1500	1000	1500
		2000	
650	2000	1500	2000
		3000	
800	2500	2000	2500
		4000	

注：犁式刮板卸料点排风量，上行为单面犁式刮板卸料点，下行为双面犁式刮板卸料点。

胶带机转运点，可作成密闭小室，使转运点与隧道隔开，排风量按开口处风速 1～

1.5m/s 确定。

胶带机刮板卸料点，可在刮板卸料口上设排风罩，排风罩结构参见图 7-13。

当胶带机上有多个卸料点时，其排风量可按一点排风量，再加各非同时工作点漏风量考虑，各非工作点的漏风量按其各点排风量 20% 采取，各排风点上均应装设手动或电动蝶阀，当刮板卸料时，风管蝶阀打开，反之，风管蝶阀关闭。当在整条胶带机上采用密闭罩时，密闭罩上应留出操纵拉杆的孔洞及两侧留有观测检查门。其排风量按敞开孔口处风速 1.5m/s 计算。

胶带机末端卸料点排风罩如图 7-13 所示，排风量均可按表 7-13 采取。用袋式除尘器净化。

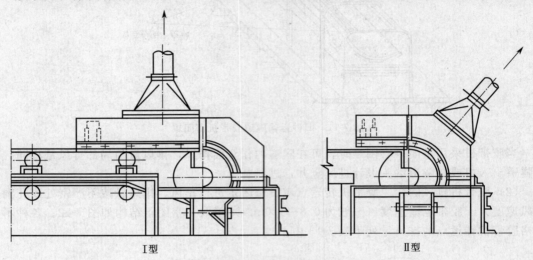

图 7-13　胶带机末端卸料点排风罩

（3）斗式提升机及螺旋输送机排风　斗式提升机运送的物料，在温度低于 50℃时，斗式提升机底部设排风罩，当温度高于 50℃时，在顶部设排风罩，在胶带机给料时，胶带机头部和提升机外壳上，均应设排风罩。斗式提升机抽风量可按 3～4m³/(h·mm·斗宽) 采取；胶带机抽风量按提升机抽风量的 50%～60% 计算。

螺旋输送机受料点排风罩排风量按 300～800m³/h 采取。

3. 破碎设备排风

铸造车间常用的破碎设备有：颚式破碎机、对辊破碎机、不可逆锤式破碎机、煤粉球磨机等。

颚式破碎机排风罩安装及排风量分别见图 7-14 及表 7-14。

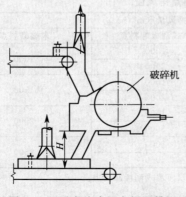

图 7-14　颚式破碎机密闭和排风

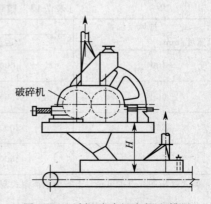

图 7-15　对辊破碎机密闭和排风

对辊破碎机排风罩安装及排风量分别见图 7-15 及表 7-15。

表 7-14　颚式破碎机除尘排风量

设备规格 /mm	上部排风量 /(m³/h)	下部排风量/(m³/h)	
		上部有排风时	上部无排风时
150×250	800		
250×350	1000		
250×400	1200		
400×600	1500	当由破碎机卸至胶带机上时，按 800～1600m³/h 取值，设备规格大取大值	当由破碎机卸至胶带机上时，按上部排风量和上部有排风时的下部排风量之和计算
600×900	2000		
900×1200	2500		
1200×1500	3000		
1500×2100	4000		

表 7-15　辊式破碎机除尘排风量

设备形式	设备规格/mm	上部排风量/(m³/h)	下部排风量/(m³/h)
对辊	D600×400	1000	
	D750×500	1500	
	D1200×1000	2000	
齿辊	D450×500	1000	当破碎机卸至胶带机上时，按 800～1800m³/h 取值，设备规格大，取大值
	D600×750	1500	
	D900×900	2000	
四辊	D750×500	1000	
	D900×700	1500	

不可逆锤式破碎机只在卸料点设排风罩，其排风罩安装及排风量分别见图 7-16 及表 7-16。

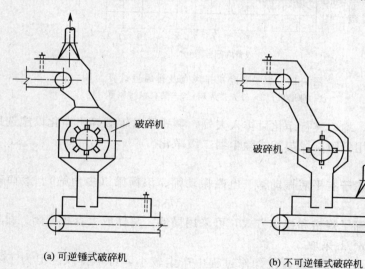

(a) 可逆锤式破碎机　　　　　(b) 不可逆锤式破碎机

图 7-16　锤式破碎机排风

表 7-16　锤式破碎机除尘排风量

设备型式	设备规格/mm	上部排风量/(m³/h)	下部排风量/(m³/h)
可逆	D600×400	5000～6000	
	D1000×800	6000～8000	—
	D1000×1000	8000～10000	
	D1430×1300	14000～16000	

设备型式	设备规格/mm	上部排风量/(m³/h)	下部排风量/(m³/h)
不可逆	D400×175	—	2000~3000
	D600×400		3000~5000
	D800×600		4000~6000
	D1000×800		5000~7000
	D1300×1600		9000~11000
	D1600×1600		12000~14000

煤粉球磨机在密闭外壳和进料口处装排风罩，其结构形式和排风量见图7-17。

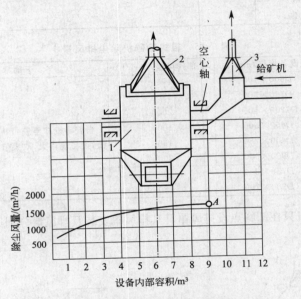

图 7-17　煤粉球磨机排风点及排风量计算
1—球磨机；2—外壳排风罩；3—装料口排风罩

上述设施的排风，均应进行净化后排入大气，颚式及对辊破碎机净化设施选用湿式或袋式除尘器，球磨机选用低阻旋风与袋式除尘器二级净化。

4. 筛选设备排风

砂处理工段常用筛子有平底振动筛、电磁振动筛、滚筒筛（多角筛）、滚筒破碎筛及焦炭筛等。

平底振动筛根据筛子规格和操作方式，可采用局部、整体或大容积密闭。排风量按每平方米筛面 800~1200m³/h 采取。

电磁振动筛振幅小、频率高，在操作过程中产尘较小，可不排风。但为了不使灰尘外逸，可适当在电磁振动筛的加料口及出料口处增加排风量作为电磁振动筛的通风。ZJ-005 电磁振动筛的结构见图7-18，其排风量为 1500m³/h。

滚筒筛及滚筒破碎筛都是一种滚筒在内部转动的筛子，工作时产生灰尘。滚筒筛本身都带有全密闭罩，仅在装料口处有一些缝隙及在密闭罩上开有操作观察孔，其排风量应按开口处保持风速不小于 1.5m/s 计算（筛子圆周速度一般为 1m/s，排风速度至少为筛子圆周速度的 1.5 倍）。由于开口面积较难计算，可根据筛子直径按表 7-17 所列风量采取。

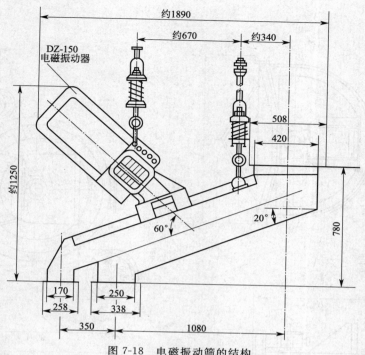

图 7-18　电磁振动筛的结构

表 7-17　滚筒筛的排风量

筛子直径/mm	<800	800～1200	1200～1500	1500～1800	>1800
排风量/(m³/h)	2500	3500	5000	7000	8500

国产 S418、S4112、S4120 及 S4140 滚筒式筛砂机的尺寸见表 7-18，其结构见图 7-19。S4440 滚筒破碎筛结构见图 7-20。

表 7-18　滚筒式筛砂机尺寸表　　　　　　　　　　　单位：mm

型号	A	C	D_1	D_2	D_3	D_4	E	G
S418	1087	833	770	630	$\phi354$	$\phi319$	1000	158
S4112	1308	1088	1000	780	$\phi358$	$\phi324$	1400	235
S4120	1546	1325	1200	890	$\phi394$	$\phi354$	1850	324
S4140	1734	1613	1370	970	$\phi426$	$\phi382$	2385	380

型号	H	M	L_1	L	L_2	N	生产率/(m³/h)
S418	862	568	130	2441	L40×5	1186	8
S4112	1020	852.5	96	3180	L40×5	1596	12
S4120	1200	1051	137	3662	L45×5	2040	20
S4140	1302	1425	80	4288	L50×6	2570	40

焦炭筛应设密闭小室（图 7-21），排风量按每平方米筛面 1000m³/h 采取。当采用局部侧吸罩时，罩口处风速不应小于 5m/s。

上述设施的排风，均应进行净化后排入大气，净化设施可采用湿式或袋式除尘器。

5. 混砂机排风除尘

混砂机密闭罩的形式与加料方法有关，当采用瓢式定量器加料时，可将定量器罩在混砂机密闭罩内（图 7-22）；当采用人工加料时，混砂机密闭罩可以作低些（图 7-23），当用箱式定量器加料时，定量器本身应密闭。混砂机密闭排风量按开孔处风速 1.0m/s 确定。

常用规格混砂机排风量见表 7-19。

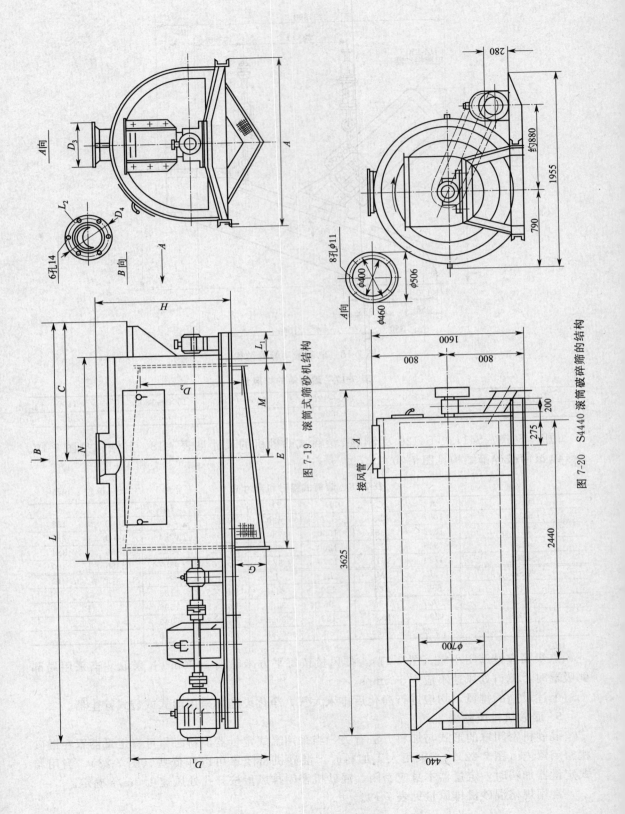

图 7-19 滚筒式筛砂机结构

图 7-20 S4440 滚筒破碎筛的结构

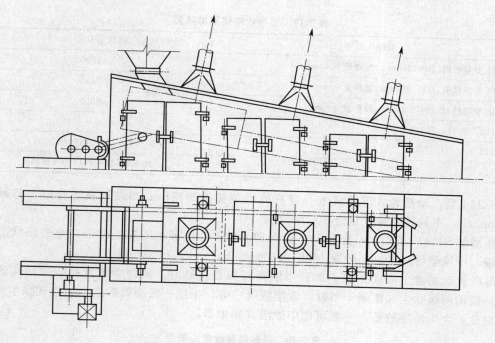

图 7-21　焦炭筛密闭罩

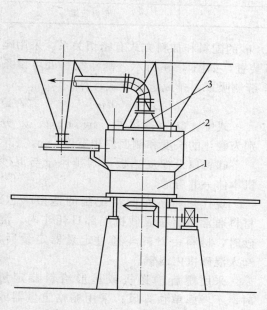

图 7-22　瓢式定量器加料的混砂机密闭罩
1—混砂机；2—混砂机密闭罩；3—排风罩

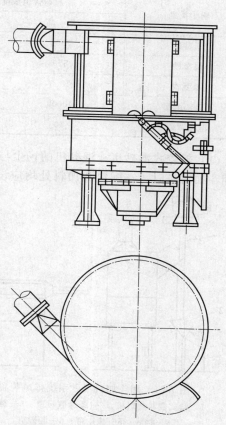

图 7-23　人工加料混砂机密闭罩

表 7-19　混砂机密闭罩排风量

混砂机型号	排风量/(m³/h)
S111 型混砂机，D＝1280mm，混砂量 0.12m³	1800
S114 型混砂机，D＝1860mm，混砂量 0.4m³	2400
S116 型混砂机，D＝2400mm，混砂量 0.6m³	3000
S1114、SZ1114、S1314	1000～1500
ZS721	给料口 400、筛砂机 1600
SZ124	2200（不鼓风）、11000（鼓风）

SZ124 型自动摆轮式混砂机本身带有鼓风装置冷却型砂，当鼓风机工作时，排风量为 11000m³/h，不鼓风时排风量为 3000m³/h。

新型的 S1114、SZ1114 及 S1314 及 S1314 混砂机自带密闭罩。由于在全密闭状态下进行混碾，排风量可减少，一般取 1000～1500m³/h。

混砂机起始含尘浓度见表 7-20。当混碾石灰石背砂时，因含尘浓度高应采用高效除尘器，一般用两级除尘。混碾干型砂，含尘浓度中等，采用一级高效除尘，如袋式除尘器。混碾湿型砂，含尘浓度较低，一般可用中效湿式除尘器。

表 7-20　混砂机起始含尘浓度

粉尘类别	起始含尘浓度/[mg/m³（标）]		备　注
	最　高	平　均	
干型砂	7500	2600	
湿型砂	850	700	
湿型砂	7800	4900	旧砂回用率及周转率较高
石灰石背砂	40000	33000	
湿型背砂	50	40	来料较湿

（1）辗轮式混砂机　混砂机的扬尘与型（芯）砂的配料和加料方式有密切关系。采用爬式翻斗加料机时，在配料和加料处均应设置排风装置，如图 7-24 所示。翻斗配料处可设条缝侧吸罩，排风量按下式计算：

$$Q = 4600lw \qquad (7-4)$$

式中，Q 为排风量，m³/h；l、w 分别为翻斗的长度和侧面斜边宽度，m。

卸料口设橡皮挡板，其排风量与混砂机本体一并考虑。

现代化铸造车间待配制的造型（芯）材料通常储存在混砂机上部日耗斗内。混砂时，材料由日耗斗通过定量器定量后，卸入混砂机内混辗。

采用螺旋输送机或星形给料器定量时，不考虑单独排风；采用栅格定量器或电子秤时，扬尘大，应将整个定量装置密

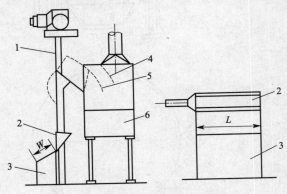

图 7-24　翻斗加料混砂系统排风装置
1—爬式翻斗加料机；2—条缝侧吸罩；3—翻斗；
4—挡板；5—橡皮帘；6—混砂机

闭在混砂机围罩内（见图 7-25）。采用瓢式定量器时也应将其密闭在围罩内，见图 7-26。

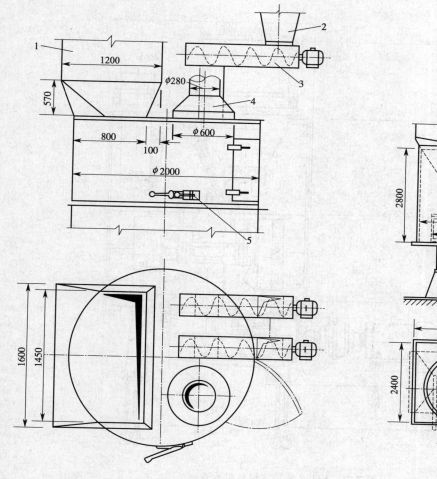

图 7-25 带定量器的混砂机密闭罩排风装置
1—栅格式定量器；2—辅料斗；3—螺旋给料器；
4—排风管；5—取样孔

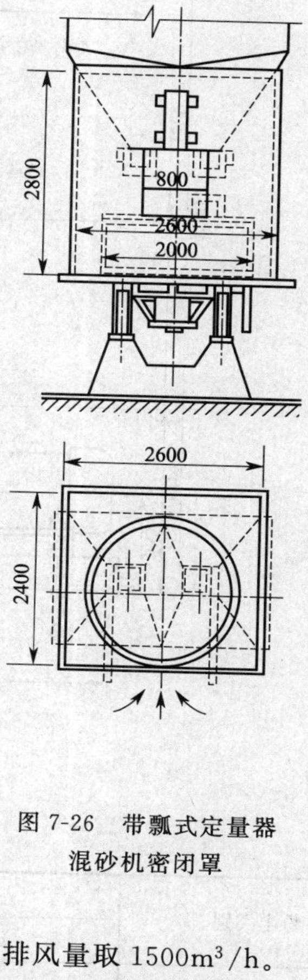

图 7-26 带瓢式定量器
混砂机密闭罩

　　箱式定量器的体积较大，扬尘也极大，应加以单独密闭，排风量取 1500m³/h。

　　S1114 型等辗轮式混砂机本身自带电子秤，其下半部全部密闭在混砂机围罩内，防尘效果好，见图 7-27。

　　正确确定起始质量浓度和选择除尘设备混砂机起始质量浓度与型（芯）砂工艺密切相关，工艺不同，起始浓度变化甚大。一般，新砂由于对原砂质量有要求，因此砂中粉尘较少。旧砂由于型砂配置时加入了粉料而在浇注后砂粒又被烧损和粉碎，砂中粉尘就较多。干型砂在型（芯）砂配制时黏土加入量比湿型砂多，砂型（芯）又经过烘干，含水量比湿型（芯）砂大为减少，因而干型旧砂比湿型旧砂粉尘多。石灰石旧砂中粉尘又多于石英砂旧砂。

　　不同型（芯）砂工艺及材料配比的粉尘起始质量浓度列于表 7-21 中，差异甚大，必须充分注意才能正确选择好除尘装置。如石灰石背砂，宜采用两级除尘。干型型砂可采用一级高效除尘器。在混辗生产率较高的造型生产线用的湿型型砂，旧砂的回用率高，周转率与湿度均很高，起始质量浓度就高达 5000mg/m³ 左右，应采用一级高效除尘器。

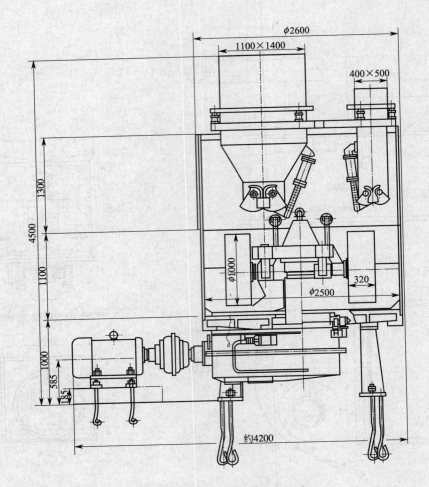

图 7-27　S1114 辗轮式混砂机示意

表 7-21　混砂机的起始质量浓度

粉尘类别	起始质量浓度/[mg/m³(标)]		备　注
	最　高	平　均	
干型砂	7500	2600	
湿型砂	850	700	
湿型砂	7800	4900	旧砂回用率及周转率均较高
石灰石背砂	40000	33000	
湿型背砂	50	40	来料较湿

　　(2) 采用插入式脉冲袋式除尘器　利用混砂机围罩内现有空间,加以适当改装,插入一定数量的滤袋,同时达到排风和空气净化两个目的。经压缩空气脉冲清灰,除下的粉料直接回入混砂机使用,避免二次扬尘,减少物料损失。

　　图 7-28 是插入式脉冲袋式除尘器使用在 S114、S116 型混砂机上的几种结构形式。在采用时应注意到设备检修的方便,此外,当回用旧砂温度过高,水分大量蒸发时,为防止结露、粘袋,应适当增加排风量并选用适宜的滤料。

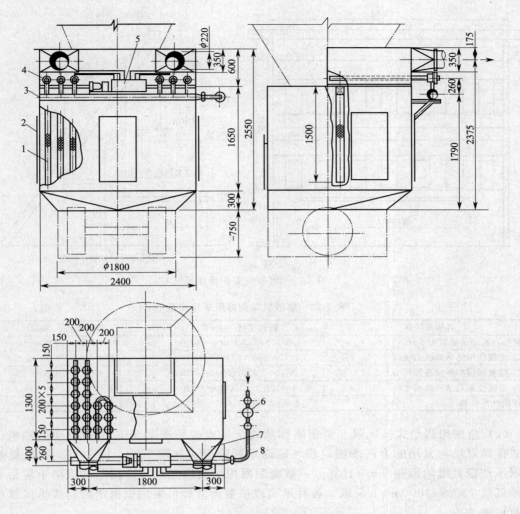

图 7-28　S114 型混砂机插入式脉冲袋式除尘器

1—36 个 ϕ120、L=1500mm 滤袋；2—罩壳；3—压缩空气集气管；4—脉冲阀；
5—机械控制仪；6—油水分离器；7—排风管；8—压缩空气管道

七、落砂清理工段除尘

落砂清理工段的主要任务是从铸模中取出已冷凝铸件，并将其表面的砂子、飞边、毛刺、浇冒口和多余的金属去除掉，从而得到合格的毛坯铸件。本工段的主要设备和设施有震动落砂机、清理滚筒、喷砂室、喷丸清理室、抛丸清理室、铸件表面铲刺、修磨等。

1. 震动落砂机除尘

震动落砂机必须设置局部排风装置。落砂机上可设单侧排风罩或全密闭的移动式排风罩，落砂机下部砂斗至受料设备上应作局部排风。

（1）单侧排风罩　单侧排风罩适用于 7.5t 以下落砂机，排风罩结构如图 7-29。排风量按侧吸罩上孔口速度 3.5～5m/s 计算或按落砂机格子板每平方米排风量 8000～15000m³/h确定，常用小型振动落砂机排风量列于表 7-22。

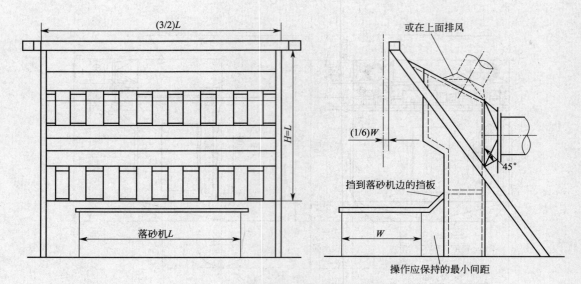

图 7-29　落砂机单侧排风罩

表 7-22　落砂机单侧排风罩排风量　　　　　　　　单位：m³/h

名称及规格	铸件温度≥200℃	铸件温度<200℃
机械偏心振动落砂机 $Q=1t$	1.07×1.23×15000=20000	1.07×1.23×12000=16000
L121 型惰性振动落砂机 $Q=1t$	1.17×1.6×13500=25000	1.17×1.6×11000=20000
L113 型机械偏心振动落砂机 $Q=2.5t$	1.676×1.65×12000=33000	1.676×1.65×10000=28000
L128 型惰性振动落砂机 $Q=5t$	1.8×1.4×13000=33000	1.8×1.4×11000=28000
7.5t 惯性落砂机	1.8×2.06×11000=40000	1.8×2.06×8000=30000

（2）全密闭移动式排风罩　全密闭移动式排风罩适用于 7.5t 以上的振动落砂机。移动式排风罩结构常用的为两端固定和一端固定两种形式（图 7-30、图 7-31）排风量按排风罩不严密处缝隙风速 5m/s 计算。一般缝隙面积无法确定时，可按落砂机格子板每平方米排风量 1300～3000m³/h 采取。各种不同规格振动落砂机采用全密闭移动式排风罩的排风量见表 7-23。

表 7-23　振动落砂机密闭移动式排风罩排风量

设备名称及规格	排风量/(m³/h)
L128 型 5t 惯性振动落砂机	1.4×1.8×2800=7500
L128 型 10t 惯性振动落砂机(2 台组合)	2×1.8×1.5×2200=12000
10t 惯性落砂机	2.35×3.34×1800=15000
7t 惯性落砂机	1.8×2.06×2500=9000
15t 惯性落砂机(2×7.5 组合)	2.06×3.6×2500=15000
30t 惯性落砂机(4×7.5 组合)	3.61×4.49×1700=28000
30t 惯性落砂机(2×25 组合)	3.18×5.0×1500=24000
60t 惯性落砂机(4×25 组合)	5.0×6.76×1300=44000

（3）落砂机下部砂斗至受料设备的排风　工艺不允许落砂机上装设排风罩，且砂箱高度低于 500mm 时，可在落砂机下部砂斗处排风，排风量按单侧排风罩相同原则采取。但砂斗下部排风效果不佳，一般不宜采用。

落砂机下部砂斗落料的受料设备有胶带机、鳞板输送器或振动给料器，工作时将有大量灰尘产生，应将砂斗下部与受料设备密闭，并设排风罩（图 7-32～图 7-34），排风量见表 7-24。

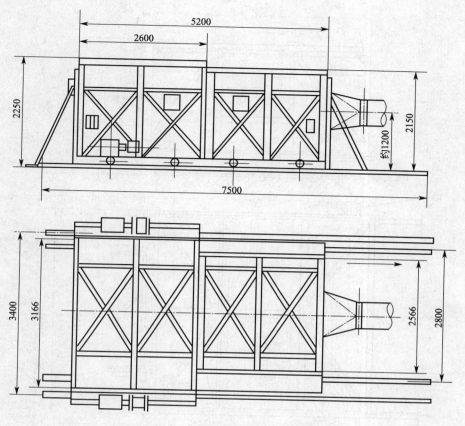

图 7-30　两端固定移动式密闭排风罩

（两台 L128 型惰性振动落砂机组合）

表 7-24　落砂机下部砂斗至受料设备的排风量

设备名称及规格		密闭罩型式	排风量/(m³/h)
胶带机：$B=500$mm		全密闭	1800
$B=650$mm			1000
$B=800$mm			1200
鳞板输送器	鳞板输送机长度$L=2.6$m	全密闭	2500
$B=500$mm	$L=5.0$m		4000
排风量	$L=9.0$m		7000
振动给料器		全密闭	3000

注：1. 胶带机导料槽上每个排风点排风量不小于 3000m³/h。

2. 胶带机排风量系指胶带机每米长的排风量。

2. 清理滚筒除尘

清理滚筒可清理平均重量小于 400kg 的铸件，铸件在清理时，产生大量灰尘，并有较大噪声。为改善劳动条件、清理滚筒应设局部排风装置（图 7-35），通过空心轴排出，排风量及排风速度见表 7-25。排出空气经集尘箱，使较大颗粒沉降，再接至排风系统，经净化后排入大气，集尘箱尺寸见表 7-26。

四角、六角、八角及其他圆形非标准清理滚筒的排风量可按表 7-25 数据采用，滚筒直径是指多角形清理滚筒对角线的长度。对于不带空心轴的非标准滚筒，可在滚筒外面作全密闭罩，并在罩子上部进行排风，排风量可按表 7-25 采取。

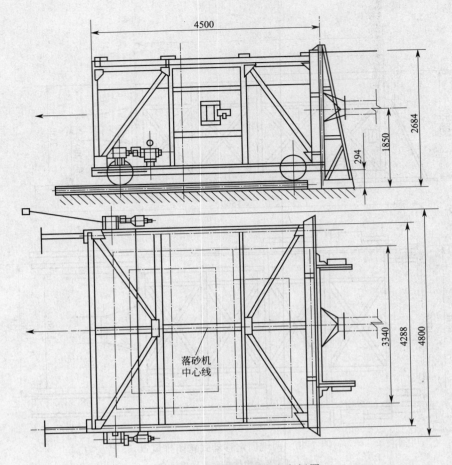

图 7-31　一端固定移动式密闭罩

（10t 惯性落砂机）

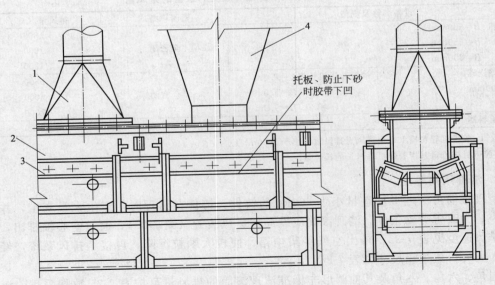

图 7-32　落砂机下部砂斗至胶带机的排风罩

1—排风罩；2—导料槽；3—胶带机；4—落砂机下部砂斗

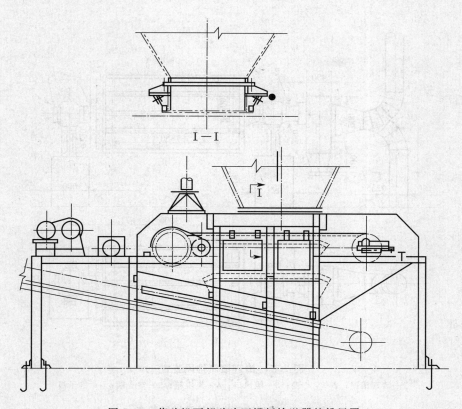

图 7-33　落砂机下部砂斗至鳞板输送器的排风罩

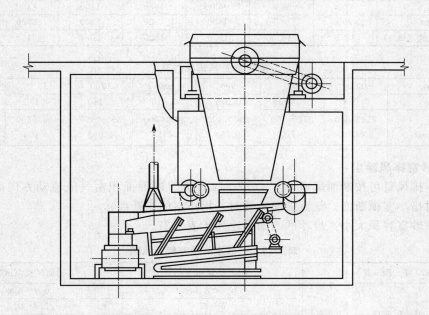

图 7-34　落砂机下部砂斗至振动给料器的排风罩

Q3110、Q3113 型抛丸清理滚筒自带除尘设备，其排风量分别为 1000m³/h 和 2000m³/h。除尘设备为一级干式除尘器，当净化要求较高时可再增加一级除尘器。

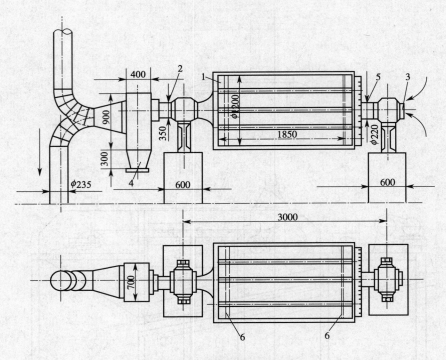

图 7-35　清理滚筒排风装置

1—清理滚筒；2—空心轴；3—吸风口；4—集尘箱；5—空心轴；6—格子板

表 7-25　清理滚筒排风量及排风速度

滚筒直径/mm	600	800	900	1050	1200	1350	1500
排风量/(m³/h)	700	900	1300	1700	2300	2900	3500
在空心轴的风速/(m/s)	18.5	18.0	19.0	18.5	20.4	21.2	21.0

表 7-26　集尘箱尺寸

滚筒直径/mm	600	800	900	1050	1200	1350	1500
集尘箱容积/m³	0.052	0.060	0.075	0.110	0.140	0.192	0.252
轮廓尺寸： 长×宽×高/mm	250×300 ×600	250×400 ×600	250×400 ×750	300×500 ×750	350×550 ×800	400×600 ×800	400×700 ×900

3. 喷砂室排风除尘

喷砂室排风量可按断面风速 0.3～0.7m/s 计算（断面面积由气流流动方向而定，气流自上而下时指小室横断面；气流纵向流动时，指小室的纵断面）。

根据喷砂室容积大小，推荐的断面风速列于表 7-27。

表 7-27　喷砂室的推荐断面风速

被清理件	喷砂室容积/m³	断面风速/(m/s)
铸件粗清理	<8	0.7～0.6
	8～12	0.6～0.5
	20～50	0.5～0.4
	>50	0.4～0.3
铸件二次清理及 锻件、焊件清理	<20	0.5～0.4
	>20	0.4～0.3

当在喷砂室内操作时，操作工人距喷射物件较近，能见度要求低，则可不按断面风速计算排风量，一般根据喷砂室布置、喷嘴数量和大小确定，不同直径的喷嘴排风量见表7-28。

喷砂室的气流组织，一般由上部进风（在室顶开一定面积的、能关闭的进风口）下部排风或利用安放喷枪侧的孔洞进风，对侧排风。排风口处于正压区时，罩口风速不应大于1.5m/s。喷砂室除尘用袋式除尘器。

表 7-28　大型喷砂室排风量

喷嘴直径/mm	6	8	10	12	14	15	16
排风量/(m³/h)	6000	8000	10000	14000	18000	23000	30000

注：表中喷嘴直径指已磨损后的直径，即喷嘴允许使用的最大直径。

喷砂室斗式提升机上部及分离器上部均设排风。小型喷砂室的斗式提升机与分离器放在一起时，分离器排风，提升机可不排风。斗式提升机排风量为800m³/h，分离器排风量为1700m³/h。

4. 喷丸清理室的排风除尘

操作人员在喷丸室外操作时，喷丸清理室排风量按室内断面风速保持0.12～0.5m/s确定，不同情况下的喷丸室断面风速推荐值可按表7-29采取。喷丸清理室用袋式除尘器净化。

表 7-29　喷丸室的推荐断面风速

被清理件	喷丸室的容积/m³	推荐断面风速/(m/s)
铸件的粗清理	<8	0.4～0.5
	8～20	0.35～0.40
	20～100	0.40～0.35
	>100	0.3～0.25
铸件的二次清理及锻件、焊接件的清理	<8	0.3～0.25
	8～20	0.25～0.20
	20～100	0.20～0.15
	>100	0.15～0.12

操作人员在喷丸室内操作的大型喷丸室，其排风量按喷嘴数目和大小确定，不同直径喷嘴的排风量见表7-30。

国产标准喷丸设备的排风量按设备数据采取。Q265A型喷丸清理室结构如图7-36所示，其清理室排风量为14000m³/h，分离器排风量为1800m³/h。

表 7-30　大型喷丸室排风量

喷嘴直径/mm	7	8	9	10	12	14	16
排风量/(m³/h)	5000	5000	5500	7000	10000	13500	18000

5. 抛丸清理室的排风除尘

抛丸室操作时，产生的灰尘中有砂粒和金属粉尘，其排风量可按下列数据采取：

斗式提升机头部　　　　　　　　800m³/h
分离器　　　　　　　　　　　　1700m³/h
第一个抛头　　　　　　　　　　3500m³/h
第二个抛头开始，每个抛头　　　2500m³/h

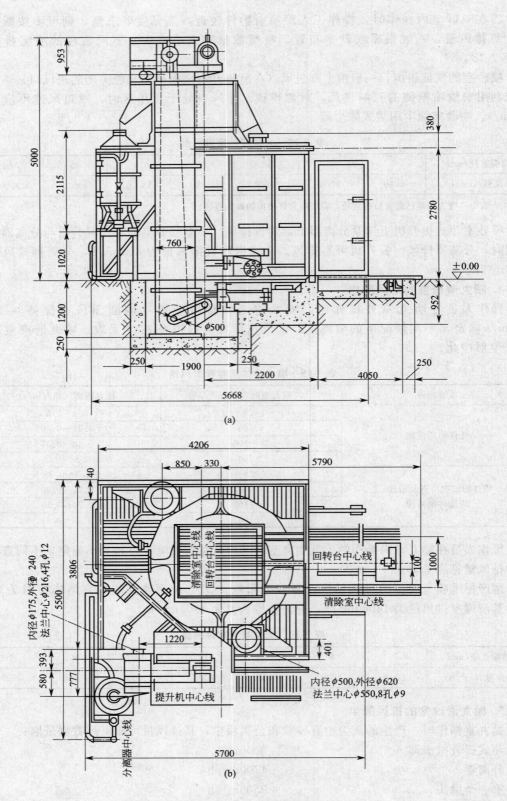

内径φ175,外径 240
法兰中心φ216,4孔Lφ12

清除室中心线
回转台中心线

回转台中心线

清除室中心线

提升机中心线

内径φ500,外径φ620
法兰中心φ550,8孔φ9

分离器中心线

(b)

图 7-36   Q265A 型喷丸清理室结构

连续工作的抛丸室，由于抛丸室两端无法密闭，按抛头计算的排风量应附加３０％漏风。间断工作的抛丸室，两端密闭较好，按抛头计算的排风量附加 10％～15％。

大型铸件清理采用喷抛丸室时，排风量按喷丸室计算。

为防止铁丸及较大颗粒的砂子从抛丸室内抽出，造成排风系统除尘泥沙清理量及铁丸消耗量的增加，一般在抛丸室顶部空气排出口处，设备自带分离器，由于该分离器阻力较大，实际使用中，可将分离器拆除，而在排风干管上（离抛丸室较近处）另装灰尘沉降箱，使大颗粒粉尘及铁丸沉降，并流回到抛丸室，灰尘沉降箱的断面风速以不超过 3m/s 为宜。

标准 Q365A 型抛丸室清理室有两个抛头，一个斗式提升机和一个分离器，排风量为 11000～13000m³/h。Q365A 型抛丸清理室结构如图 7-37 所示。

几种常用的定型抛丸室排风量见表 7-31。通常用袋式除尘器净化。

表 7-31　定型抛丸室排风量

名称及规格	排风罩类型	排风量/(m³/h)
Q365A 型抛丸室　清理室	设备密闭	10000
分离室		3000
QB3210 型半自动履带式抛丸室	设备密闭	
抛丸清理机		3500
分离室		2000
Q338 型单钩吊键抛丸室	设备密闭	1800
Q3525A 型抛丸清理转台　清理室	设备密闭	1800
分离器		1300
Q384A 型双行程吊键式抛丸室	设备密闭	
清理室		20000
分离室		3600
提升机		900
Q7710 喷抛丸落砂清理室	设备密闭	总排风量 32400
Q7630A 喷抛丸联合清理室	设备密闭	
清理室		22820
分离室		6000

八、铸件表面铲刺修磨除尘

1. 清理铁算的排风

小批大件的浇冒口切割和清除铸件飞边毛刺，均在清理铁算上进行，切下冒口及毛刺飞边落在铁算下的地坑内，为防止灰尘飞扬，地坑两侧设排风罩，铁算可定期吊起，以便清理落于坑内的铁块及冒口，排风量按每平方米铁算 2500m³/h 计算。

2. 铸件表面修磨

铸件表面修磨一般采用固定砂轮机及悬挂式移动砂轮机。固定砂轮机排风罩结构如图 7-38 所示，排风量见表 7-32。悬挂式砂轮机可设在集中小室内，如图 7-39 所示，排风量按操作孔口风速确定，当操作孔口宽度 $B=0.6～0.75m$ 时，孔口风速取 1.0m/s；$B=1.2～1.8m$ 时，孔口风速取 0.5～0.75m/s。

上述设备的排风，均应经净化处理后排入大气，净化设施采取大颗粒收集器加袋式除尘器。

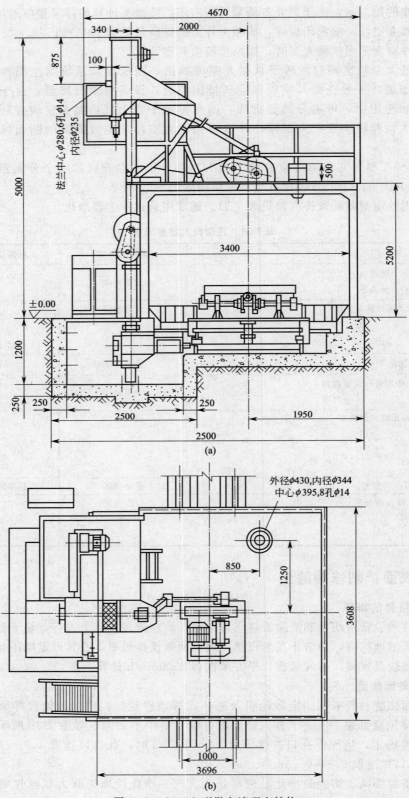

图 7-37 Q365A 型抛丸清理室结构

表 7-32   固定砂轮机排风量

砂轮机直径/mm	砂轮厚度/mm	排风量/(m³/h)	砂轮机直径/mm	砂轮厚度/mm	排风量/(m³/h)
300	50	600	600	100	1300
400	60	800	700	125	1600
500	75	1100	800	150	2000

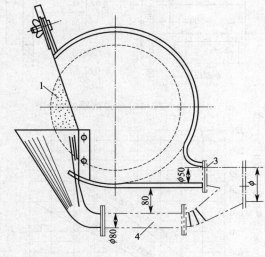

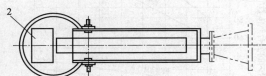

图 7-38   固定砂轮机排风罩

1—砂轮；2—托板；3—吸尘口；4—吸尘管

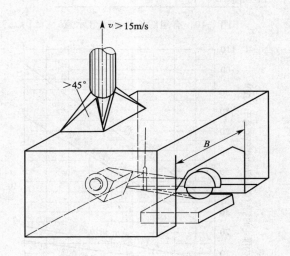

图 7-39   悬挂砂轮机集尘小室排风装置

第三节   锻造车间烟尘减排技术

锻造车间主要有备料、加热锻造、热处理等生产工序。一般常用的加热设备有固定炉底室式炉、手锻炉、滚动炉底室式炉、连续加热炉、开隙式炉及立式炉；常用的锻压设备有：蒸汽锤、空气锤及水压机。

备料工序中一般无有害物产生，加热锻造和热处理工序中，热表面散发出较强的辐射热和对流热，并在加热炉炉口处逸出大量烟尘。

一、加热炉排烟净化

没有烟道而燃料用煤气的炉子，必须用罩子以机械或自然方式排出废气。罩子安装部位和尺寸的确定，见图 7-40、图 7-41，排风量按图 7-42 查取。如采用自然排风，则其排风管管径根据排风口高度，从图 7-42 查取。

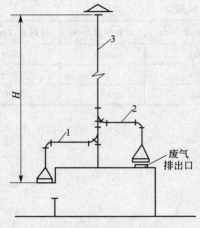

图 7-40　有组织的排除废气示意

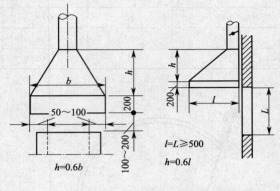

$l=L \geq 500$
$h=0.6l$

$h=0.6b$

图 7-41　废气排出口与排烟罩的比例图

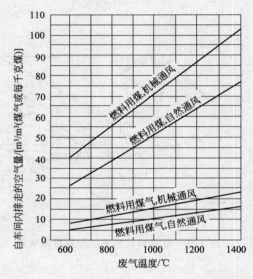

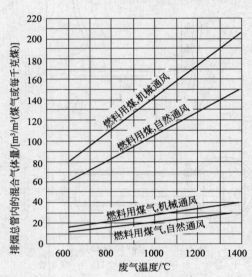

图 7-42　没有烟道时的排风量

如缺少或没有炉子的燃料消耗量数据，加料口上方的伞形罩也可按下列方法进行设计计算。

已知条件为加料口高度 h 和宽度 b、炉内温度 t_r 和室内空气温度 t_n，求伞形罩伸出的长度 l，以及确定从周围吸入的空气量和烟气量。

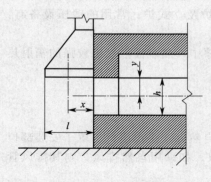

图 7-43　炉子加料口处伞形罩

（1）计算由加料口至排风口高度上所形成的余压 p_y

$$p_y = p_r + 9.807 y (\rho_k - \rho_r) \tag{7-5}$$

式中，p_y 为余压，Pa；p_r 为炉膛内压力，Pa，其值应接近于零；y 为加料口的一半高度，m，参见图 7-43；ρ_k，ρ_r 分别为工作区空气和炉内烟气的密度，kg/m³。

（2）计算烟气流出孔口的平均速度

$$v_{pj} = \mu \sqrt{2 p_y / p_r} \tag{7-6}$$

式中，v_{pj} 为烟气流出孔口的平均速度，m/s；μ 为加料口空气流量系数，取 $\mu = 0.63$。

（3）计算烟气量 Q_r 和 G_r

$$Q_r = v_{pj} f_r \tag{7-7}$$

$$G_r = v_{pj} \rho_r f_r \tag{7-8}$$

式中，Q_r，G_r 为烟气量，单位分别为 m³/s 及 kg/s；；f_r 为炉子加料口面积，m²。

（4）确定炉边至烟气气流中轴线交点的距离 x　由于伞形罩中的烟气密度不同而形成重力作用，使气流呈弯曲状流入伞形罩。

$$x = \sqrt[3]{y m d_t / (0.63 n A_r)} \tag{7-9}$$

式中，x 为气流中轴线至炉边的距离，m；d_t 为加料口面积的当量直径，m，$d_t = 1.13 \sqrt{f_r}$；m 为速度变化系数，当加料口高宽比 $h/b = 0.5 \sim 1.0$ 时取 $m=5$；n 为温度变化系数，当 $h/b = 0.5 \sim 1.0$ 时取 $n=4.2$；A_r 为阿基米德数，由下式计算：

$$A_r = \frac{9.807 d_t}{v_{pj}^2} \times \frac{T_r - T_k}{T_k} \tag{7-10}$$

T_k，T_r 分别为工作区和炉内空气绝对温度，K。

（5）在距炉口 x 处（当 $0.5 \leqslant h/b < 2$）的烟气射流直径为

$$d_x = 0.44x + d_t \quad \text{(m)} \tag{7-11}$$

伞形罩伸出的最小长度
$$l = x + \frac{d_x}{2} \quad \text{(m)} \tag{7-12}$$

伞形罩宽度应取比加料口大 200～300mm。

（6）计算排风伞形罩中混合气体流量（包括烟气和室内空气）

$$Q_h = Q_r + \left[0.085 \frac{x}{d_t} + 0.0014 \left(\frac{x}{d_t} \right)^2 \right] \times Q_r \sqrt{\frac{T_k}{T_r}} \quad \text{(m}^3\text{/s)} \tag{7-13}$$

（7）确定从室内排走的空气量 Q_k 和 G_k

$$Q_k = Q_h - Q_r \tag{7-14}$$

$$G_k = L_k \rho_k \tag{7-15}$$

（8）计算烟气和空气的混合温度

$$t_{h_1} = \frac{G_r t_r + G_k t_k}{G_r + G_k} \quad \text{(℃)} \tag{7-16}$$

排风总管内的混合温度，当采角一般离心通风机进行机械排风时，不应超过 80℃；采用高温离心通风机时，不应超过 250℃。自然排风的混合废气温度不宜低于 300℃。

如计算出的 t_h 高于风机允许值，则由上述推荐的混合温度，按下式重新计算 G_k：

$$G_k = \frac{G_r (t_r - t_{h_1})}{t_{h_1} - t_k} \quad \text{(kg/s)} \tag{7-17}$$

手锻炉的机械排风量可由下式求得：

$$Q_i = K G_m \tag{7-18}$$

式中，Q_i 为手锻炉机械排风量，kg/h；K 为经验系数，取 $K = 350 \sim 475$；G_m 为燃料用量，kg/h。

对于双火眼灶的手锻炉，其排风量应再增加 1.5 倍。

混合空气温度
$$t_{h_2} = (G_m - 3)n + 50 \tag{7-19}$$

式中，t_{h_2} 为混合空气温度，℃；n 为系数，单火眼 $n = 5.6$，双火眼 $n = 2.3$。

燃煤的锻造炉应采取消烟除尘措施，并首先从改进炉子结构和燃烧方式着手。当采取这些措施后仍不能满足环境排放要求时，应增加排烟净化装置。烟气净化设备可采用高效旋风除尘器或袋式除尘器。

在锻造炉上采用螺旋下饲式燃烧装置的连续性加煤明火反烧法。炉子主要技术参数：①加

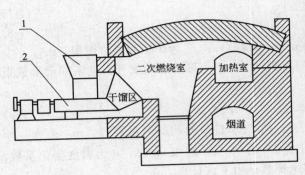

图 7-44　螺旋下饲式加煤锻造炉
1—加煤斗；2—螺旋加煤机

热室炉底面积 $0.58 \times 0.812m = 0.47m^2$；②配用锻压设备有 250kg 空气锤，300t 摩擦压力机；③锻件生产率 $80 \sim 140kg/h$；④耗煤量 $380 \sim 420kg/t$（锻坯）。

炉子结构简图，见图 7-44。采用了这种燃烧方法后，排放污染物的质量浓度由原来采用往复炉排时的 $500 \sim 600mg/m^3$ 下降为 $116mg/m^3$，林格曼黑度由大于（或等于）4 级下降为小于（或等于）1 级。

燃料燃烧时的生成物及其密度列于表 7-33 中。

表 7-33　燃料燃烧时的生成物及其密度

序号	燃料种类	热值/(kJ/kg)	生成物	密度/(kg/m³)
1	无烟煤	31000	13kg/kg 燃料	1.35
2	重油	41870	17kg/kg 燃料	1.30
3	发生炉煤气	5000	2.7kg/m³ 燃料	1.30
4	天然气	35600	13kg/m³ 燃料	1.30

冬季冲淡 CO 所需的空气量，由下式求得：

$$Q_{CO} = A_{CO} \sum G / k_{CO} \tag{7-20}$$

式中，Q_{CO} 为冲淡 CO 所需的空气量，m^3/h；A_{CO} 为当炉子燃烧每千克或每立方米燃料时散发到工作地区的 CO 量，g；k_{CO} 为天窗处 CO 的排出质量浓度，一般可取工作地区容许质量浓度的 $1.5 \sim 1.7$ 倍，g/m^3；$\sum G$ 为炉子燃料总消耗量，kg/h 或 m^3/h。

每千克或每立方米燃料所需的换气量为：①当废气直接排入室内时，按表 7-34 确定；②当废气由排风伞形罩排出时，按表 7-35 确定。

表 7-34　废气直接排入室内时，冲淡 CO 所需的换气量

燃料种类	化学不完全燃烧/%	工作地区 CO 的散发量/(g/kg 或 g/m³)	冲淡 CO 所需的换气量/(m³/kg 或 m³/m³)	废气中 SO₂ 的容许质量浓度/(g/kg 或 g/m³)
煤	3～4	30～33	700～750	20～22
重油	2	20	450	13.3
发生炉煤气	2	4	90	2.7
天然气	2	12	250	—

注：当废气中 SO₂ 含量超过表中数值时，则换气量应按冲淡 SO₂ 所需空气量计算。

表 7-35　废气由排风伞形罩排出时，冲淡 CO 所需的换气量

燃料种类	化学不完全燃烧/%	工作地区 CO 的散发量/(g/kg 或 g/m³)	冲淡 CO 所需的换气量/(m³/kg 或 m³/m³)	废气中 SO₂ 的容许含量/(g/kg 或 g/m³)
煤	2～4	4.8～5.3	110～120	3.2～3.5
重油	3	3.2	70	2.1
发生炉煤气	2	0.64	15	0.43
天然气	2	2.0	45	1.3

表 7-36 热处理盐浴炉排风量及污染物的初始质量浓度

序号	设备名称及型号	技术规格	工作孔或抽风罩尺寸 /mm	风速 v /(m/s)	排风量 L /(m³/h)	产生污染物 名称	初始质量浓度 /(mg/m³)	备注
1	DM-35-13,高温埋入式电极盐浴炉	35kW,1300℃	250×40(140×140)	16	600	$BaCl_2$	—	
2	DM-75-13,高温埋入式电极盐浴炉	75kW,1300℃	400×40(140×140)	16	950	$BaCl_2$	100~200	
3	DM-100-13,高温埋入式电极盐浴炉	100kW,1300℃	500×40(140×140)	16	1200	$BaCl_2$	150~250	
4	DM-50-13,单相埋入式电极盐浴炉	50kW,1300℃	350×40(140×140)	16	850	$BaCl_2$	100~180	
5	DM-35-8,中温埋入式电极盐浴炉	35kW,850℃	350×40(140×140)	16	850	$BaCl_2$,$NaCl$,$CaCl_2$	20~70	右侧抽风,单侧;括号内为风管接管尺寸
6	DM-75-8,中温埋入式电极盐浴炉	75kW,850℃	500×40(140×140)	16	1200	$BaCl_2$,$NaCl$,$CaCl_2$	30~90	
7	DM-100-8,中温埋入式电极盐浴炉	100kW,850℃	600×40(140×140)	16	1400	$BaCl_2$,$NaCl$,$CaCl_2$	70~150	
8	DM-50-8,单相埋入式电极盐浴炉	50kW,850℃	400×40(140×140)	16	950	$BaCl_2$,$NaCl$,$CaCl_2$	—	
9	DM-35-6,低温埋入式电极盐浴炉	35kW,650℃	400×40(140×140)	16	950	KCl,$BaCl_2$,$NaCl$	—	
10	DM-75-6,低温埋入式电极盐浴炉	75kW,650℃	600×40(140×140)	16	1400	KCl,$BaCl_2$,$NaCl$	15~60	
11	DM-100-6,低温埋入式电极盐浴炉	100kW,650℃	850×40(140×140)	16	2000	KCl,$BaCl_2$,$NaCl$	20~80	
12	DM-50-6,单相埋入式电极盐浴炉	50kW,650℃	500×40(140×140)	16	1200	KCl,$BaCl_2$,$NaCl$	—	
13	RDM₂-20-13,高温埋入式电极盐浴炉	20kW,1300℃	230×60(160×160)	15	750	$BaCl_2$	—	左侧抽风,单侧;括号内为风管接管尺寸
14	RDM₂-35-13,高温埋入式电极盐浴炉	35kW,1300℃	250×60(160×160)	16	900	$BaCl_2$	—	
15	RDM₂-45-13,高温埋入式电极盐浴炉	45kW,1300℃	310×60(160×160)	16	1100	$BaCl_2$	—	
16	RDM₂-75-13,高温埋入式电极盐浴炉	75kW,1300℃	360×60(160×160)	16	1300	$BaCl_2$	—	
17	RDM₂-25-8,中温埋入式电极盐浴炉	25kW,850℃	350×60(160×160)	10	800	$BaCl_2$,$NaCl$,$CaCl_2$	—	
18	RDM₂-100-8,中温埋入式电极盐浴炉	100kW,850℃	950×60(160×160)	8	1650	$BaCl_2$,$NaCl$,$CaCl_2$	90~140	
19	RDM₂-50-6,低温埋入式电极盐浴炉	50kW,650℃	950×60(160×160)	8	1650	$BaCl_2$,KCl,$NaCl$	10~50	
20	RYDM-20-13,高温埋入式电极盐浴炉	20kW,1300℃	230×100(170×100)	10	850	$BaCl_2$	—	后端抽风,单侧;括号内为风管接管尺寸
21	RYDM-45-13,高温埋入式电极盐浴炉	45kW,1300℃	290×100(170×100)	16	1700	$BaCl_2$	—	
22	RYDM-25-8,单相埋入式电极盐浴炉	25kW,850℃	320×100(170×100)	8	950	$BaCl_2$,$NaCl$,$CaCl_2$	40~80	
23	RYD-100-9,插入式电极盐浴炉	100kW,950℃	φ240 环形罩,顶部抽	16	2600	$BaCl_2$,$NaCl$,$CaCl_2$	110~240	后端顶部接管
24	RYD-150-13,插入式电极盐浴炉	150kW,1300℃	φ240 环形罩,顶部抽	16	2600	$BaCl_2$	200~300	
25	SL64-17,光泽回火炉	24kW,550℃	φ300 圆柜式密闭伞罩,顶抽	0.7	1100	硝石	60~85	圆柜式密闭伞罩
26	RYG-10-8,坩埚盐浴电阻炉	10kW,850℃	880×525 顶部接管为 φ140	1.5(铝,氰)	2500	铅	—	顶部抽,如为硝盐,则顶部排
27	RYG-20-8,坩埚盐浴电阻炉	20kW,850℃	940×555 顶部接管为 φ140	1.5(铝,氰)	2850	铅	0.2~0.5	
28	RYG-30-8,坩埚盐浴电阻炉	30kW,850℃	1034×605 顶部接管为 φ140	1.5(铝,氰)	3400	铅	0.4~0.7	
29	RYG-40-6,坩埚盐浴电阻炉	40kW,650℃	1185×685 顶部接管均为 φ140	1.5(铝,氰)	约4385	油烟	—	$v=0.7\mathrm{m/s}$
30	SY₂-6-3,油浴电阻炉	6kW,300℃	350×25	10	320	油烟	—	
31	SY₂-9-3,油浴电阻炉	9kW,300℃	450×25	10	410	油烟	—	
32	SY₂-12-3,油浴电阻炉	12kW,300℃	55×25	10	500	油烟	—	

有烟道的、燃料用煤的炉子，如采用双层炉口结构，炉门口可不设排风伞形罩，但需定期清扫烟道，保证炉子抽力。

加热炉烟气除尘一般用旋风除尘器或多管旋风除尘器即可满足国家烟尘排放标准的要求。但对烧重油的加热炉，则需要用湿式化学除尘器，即在湿式除尘器的水中加入湿润剂。湿式化学除尘器详见张殿印、王纯主编《除尘器手册》。

二、热处理盐浴炉烟尘净化

将金属零件在某种介质中加热，保温一段时间，然后在某介质中冷却，使之达到一定的性能指标，零件在化学物质介质中加热及冷却过程中排放一定的化学气体和烟尘。

热处理盐浴炉排风量及污染物的初始质量浓度见表 7-36。

盐浴炉的外形尺寸见表 7-37、表 7-38。

盐浴炉一般有顶部排风（图 7-45 及表 7-37）与侧部排风（图 7-46～图 7-49、表 7-38）两种形式。顶部排风量按加料口风速 $0.7～1.5\text{m/s}$ 计算；侧部排风量按罩口风速 $7～15\text{m/s}$ 计算。

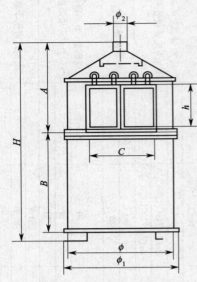

图 7-45　电极盐浴炉顶排风

RJY-12-1 型电热碱浴槽一般采用平口单侧槽边抽风（图 7-50），排风量按起始速度 $v_x = 0.5\text{m/s}$ 计算。

表 7-37　电极盐浴炉（顶排）外形尺寸

盐浴炉型	尺　寸/mm							
	H	A	B	ϕ	ϕ_1	C	h	ϕ_2
RYD-20-13	1834	—	—	—	907	400	570	220
RYD-25-8	2334	—	—	—	1112	600	570	220
RYD-35-13	1900	—	—	—	906	500	600	220
RYD-45-13	1900	—	—	—	906	450	580	220
RYD-75-13	2114	—	—	—	1090	—	—	—
RYG-10-8	1884	1033	751	1069	1086	880	525	140
RYG-20-8	2115	1098	922	1173	1190	940	555	140
RYG-30-8	2319	1168	1056	1273	1290	1034	605	140
RYG-10-8	1700			970	1020	420	520	140
RYG-20-8	1904			1182	1232	680	520	140
RYG-30-8	2226	1153	973	1282	1332	900	580	140

表 7-38　RYD 型电极盐浴炉（侧排）外形尺寸

盐浴炉型号	尺　寸/mm										
	A	B	H	C	H_1	F	a	b	t	E	m
RYD-20-13	880	955	755	75	1110	1010	80	250	430	—	最大约 90
RYD-35-13	880	955	753	75	1110	最大约 1050	80	250	430	488	122
RYD-45-13	—	—	—		1270	1075	80	250	430		
RYD-75-13	1050	1175	923	95	1330	1195	80	250	430		约 105

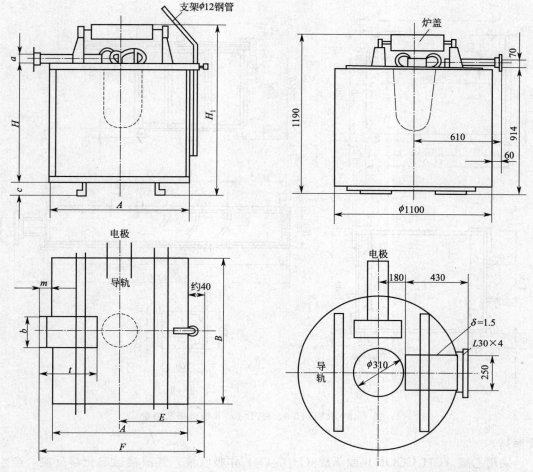

图 7-46　RYD-20-13、RYD-35-13、RYD-45-13、
　　　RYD-75-13 型电极盐浴炉

图 7-47　RYD-25-8 型电极盐浴炉

热处理工段主要有害物是余热和铅烟、铅尘及氧化铅尘，危害最大的是铅烟和铅尘。

铅（Pb）为银白色、重金属，原子量为 207.21，相对密度 11.34，熔点 327.4℃，沸点 1650℃，在 40～120℃ 时的粉尘比电阻为 10^{11}～10^{12} Ω·cm。含铅的烟气或废气多是由熔融物质蒸发后生成的气态物质的冷凝物，在生成过程中常伴有氧化反应。铅烟的粒子很小，粒径一般在 0.01～1μm 范围内。

从铅锅排除的铅尘需经过净化处理后排至大气中，其净化方式有以下几种。

（1）水洗法　是最普通、最简单的方法，用普通冷水，采用泡沫塔，冲击式除尘器或旋流板塔对含铅废气进行气液充分接触净化铅尘，净化效率可达 90% 以上，但净化下来的含铅废水需进行水处理。

在泡沫除尘器内增加 100mm 厚的硬聚氯乙烯环填料层，增加铅烟与洗涤液的接触时间和接触面积，除尘器上部同时逆气流方向喷水雾，烟气通过除尘器的流速控制为 0.6m/s，铅的去除率可达到 90%～99%。

（2）化学吸收法　化学吸收法对铅烟中微细颗粒的铅蒸气具有较好的净化效果，基于铅的颗粒可溶于硝酸、乙酸和碱液，在化学吸收法中，常用的吸收剂有稀乙酸和氢氧化钠溶液，有的采用有机溶剂加水，作吸收剂。该方法装置简单、操作方便、净化

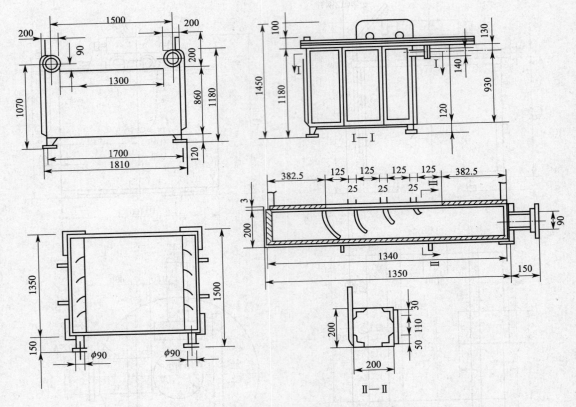

图 7-48　RYD-50-6、RYD-100-8 型电极盐浴炉

效率高。

采用乙酸（CH_3COOH）或草酸（$H_2C_2O_4$）作吸收液，气液接触起化学反应，产生乙酸铅 [$Pb(CH_3COO)_2$] 或草酸铅（PbC_2O_4），一般常用乙酸，其化学反应如下：

$$2Pb+O_2 \longrightarrow 2PbO \tag{7-21}$$

$$Pb+2CH_3COOH \longrightarrow Pb(CH_3COO)_2+H_2 \tag{7-22}$$

吸收装置采用斜孔板塔和旋流板塔的较多，斜孔板塔要选 4～6 层、空塔速度可取 $v=$ 0.9～2.1m/s，水气比 3.5～4L/m³，乙酸浓度 0.25%，阻力 1660～2350Pa，净化效率可达 90%～99%。斜孔板塔结构见图 7-51。

（3）物理除尘法　物理除尘法是针对含铅自然矿物及铅物品的粉碎、研磨等工艺过程及其他工艺过程中产生大量的铅尘的净化。该类方法中常用的有布袋过滤、静电除尘、滤筒过滤等工艺。该类工艺对细小粒子有较高的净化效率，常用于净化浓度高、气量大的含铅粉尘和烟气。

① 湿式静电除尘法。铅烟尘粒粒径约 0.1～0.6μm，但比电阻高，因此通过增湿器，使铅烟温度降低，水分增加。然后通过静电除尘器，除尘器电源电压 30～40kV，通过除尘器的烟气流速为 0.6～1.3m/s，沉淀管直径 0.2～0.3m，长 3～4m，除尘效率可达 95%，最高达 98%。除尘器捕集的尘由沿管壁的淋洗水冲下，进入储水池。

② 过滤法。采用滤布上涂挂活性助滤剂的袋式过滤器过滤，其净化效率可达 90% 以上。过滤器的过滤速度可取 0.5～0.6m/s。此外，采用塑烧板除尘器或滤筒除尘器，过滤速度取 0.5～0.6m/s，净化效果会更好。

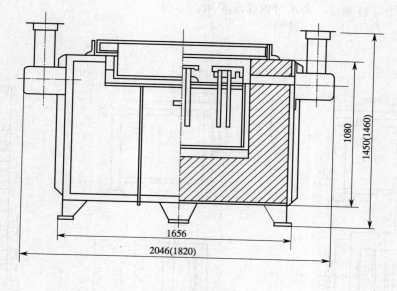

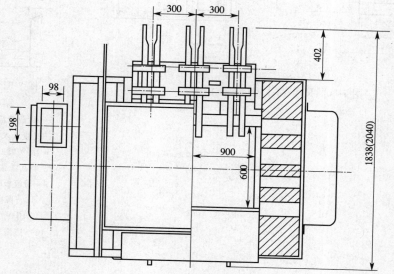

图 7-49　RYD-50-6、RYD-100-8 型电极盐浴炉

（4）掩盖法　掩盖法主要是针对铅的二次熔化和铅浴炉工艺中铅大量向空气中蒸发污染环境而采取的一种物理隔挡方法。具体做法是在熔融的铅液液面上撒上一层覆盖粉末来防止铅的蒸发。所用的覆盖剂有碳酸钙粉、氯盐、石墨粉及 SRQF 覆盖剂等。

对覆盖剂的要求是覆盖剂的密度要比铅小，而熔点应比铅高，而且这种物性之间的差别越大越好。同时要求覆盖剂不与铅或坩埚发生化学反应。在这些覆盖剂中以石墨粉效果最好。如以石墨粉覆盖 5cm 厚时，覆盖效率可达 100%，此法无需庞大的设备，不消耗能源与动力，既能减少铅的污染还可减少铅原料的损失。

（5）含铅污水处理　湿法除铅烟过程产生的含铅污水可用消石灰或碱液调整 pH 值，调至 8～11 时，即生成氢氧化铅离析出来，然后加凝聚剂使之凝聚沉淀，或用板框压滤机过滤。

用微孔管过滤也可除去含铅量的 90%～99%，污水在 0.8～1.2kg/cm² 的压力下，通过微孔管，粉尘等被截留，清水可以循环利用。

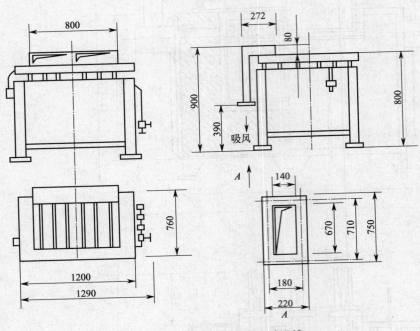

图 7-50 RJY-12-1 型电热碱浴槽

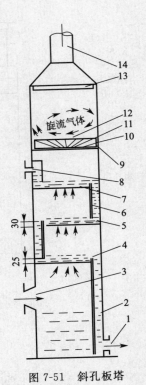

图 7-51 斜孔板塔
结构示意

1—吸收液流出口；2—塔体；
3—废气入口；4—溢流堰；
5—溢流管底隙；6—溢流管；
7—斜孔塔盘；8—吸收液入口；
9—旋流板除雾器降液环隙；
10—盲板；11—罩筒；
12—外向旋流板；
13—挡溅环；14—排气筒

第四节 酸洗、电镀车间烟雾净化技术

　　酸洗——利用化学作用或电化作用，去除金属制品表面的氧化皮与污垢，以便进行压延、模压、拉丝或进一步精制与电镀等。

　　电镀——利用电化学作用，在金属制品表面上镀上一层他种金属的保护层。他种金属是从其盐溶液中或由电镀器（接触沉淀法电镀）分解出来的。目前，工业上采用最为广泛的电镀金属为锌、镉、锡、铅、铜、镍、铬、钼、金、黄铜、银与低锡青铜等。

一、烟雾来源和净化原则

1. 烟雾来源

　　酸洗、电镀过程中由槽子散发的有害物散发率见表 7-39。

表 7-39　酸洗、电镀过程污染物散发率

序号	污染物名称	散发率/[g/(m²·h)]	适 用 范 围
1	三氧化铬 (CrO₃)	30~50	普通镀铬液,槽深1.2m以下,加温工作状态
		70~80	普通镀铬液,槽深1.3m以上或工作时需冷却槽液
		0.3~0.4	加铬雾抑制剂的镀铬槽
2	氢氰酸(HCN)	0.35~0.76	加温氰化镀液,随含氰量和温度高低分取上下限
3	盐酸 (HCl)	107.3~643.6	强酸洗,随含量和温度高低分取上下限
		0.4~15.8	弱酸洗,随含量变化
4	二氧化氮 (NO₂)	800~3000	铜及合金酸洗,随酸洗周期长短及硝酸含量分取上下限
		(800~3000)×(5~7)	适用于浓硝酸,在无水条件下退镍、退铜镀层
5	苛性碱 (NaOH)	4~8	黑色金属电解去油
		2~4	有色金属电解去油

各种槽液的蒸发量可由下式算得:

$$G_z = 0.0075M_r(0.000352 + 0.000786v)pA \tag{7-23}$$

式中,G_z 为各种槽子溶液蒸发量,kg/h;M_r 为溶液的分子质量,g;v 为蒸发溶液表面上的空气流速,m/s;p 为相应于溶液温度下饱和空气的蒸气分压力,Pa;A 为蒸发表面面积,m²。

2. 烟雾净化一般原则

(1) 对酸洗电镀间内的槽子,应首先考虑局部排风处理。

(2) 槽子的局部通风通常采用槽边排风罩的方式,符合下列情况之一时可采用单侧排风,否则宜采用双侧排风:

① 排风罩沿墙设置,槽宽不大于 0.7m;

② 排风罩上能装挡板,槽宽不大于 0.7m;

③ 采用倒置式排风罩,槽宽不大于 0.7m;

④ 其他情况,槽宽不大于 0.6m。

(3) 槽宽超过 1.2m,有条件时,应尽量采用密闭罩或用盖板遮盖全部或部分槽面,或采用带吹风的排风装置。如能由槽子中间吹风,从两侧排风,则槽宽可达 2.0m 或更大一些。

(4) 下列生产工艺的排风系统不能合并:

① 槽子和喷砂(丸)室;

② 砂轮机和布(毡)抛光机(除非有特殊措施);

③ 汽油脱脂或卤族有机溶剂脱脂均应有独立排风系统;

④ 氰槽可与碱槽排风合并,但应避免与酸槽排风合并。

(5) 酸洗电镀间内不应采用再循环热风采暖,在槽子区域应避免高速送风。为防止进风口被排风口污染,二者之间水平距离不宜小于 12m,垂直距离不宜小于 6m。

(6) 槽边排风罩应布置在槽子长边一侧,并可采取下列措施使吸气均匀:

① 排风罩风道内的流速应低于排风罩吸口处的流速,一般为吸口风速的 20%~50%。如满足不了这一要求,应在风道内加设导流片(见图 7-52)。

② 一般槽长 $l \le 1.5$m 时,可采用单排风口;槽长 $l > 1.8$m 时,必须采用多风口。

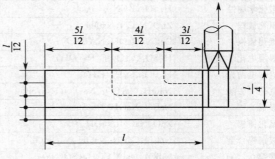

图 7-52　风道内加设导流片

（7）为了提高槽边排风效果，减少排风量，槽子应尽量靠墙，尽量降低排风罩距液面的高度，但一般不宜小于 150mm；在工艺条件许可下，液面上加覆盖剂、抑制剂。

（8）采用地沟风道时，应考虑采取耐腐蚀、防水和便于排除凝结水等措施，同时要求沟内壁光滑。地沟与风管接口处应设置高于地面的防水耐酸墩子，并保证接口良好的气密性。

（9）由于电镀、酸洗生产中气散发大量水汽及酸气，建筑围护结构应考虑防潮和耐酸碱措施；在寒冷季节，还应保证建筑物内表面温度不至于达到露点温度，以免发生滴水现象。

二、酸洗槽抽风装置与抽风量

1. 槽边抽风及风量

（1）由于生产条件限制不能使用缓蚀剂、覆盖层的酸槽或使用缓蚀剂、覆盖层效果达不到要求时，应设置槽边抽风装置。

（2）金属制品厂的酸洗槽、碱洗槽、溶剂槽和氰化镀液槽设置槽边抽风系统、抽风罩一般采用平口式罩。

条缝式槽边排风罩的排风量，可按表 7-40 中的公式计算。

表 7-40　排风量计算公式

排风形式	排风罩截面形式	排风量计算公式/（m³/h）
单侧排风	高截面	$7200v_x AB\left(\dfrac{B}{A}\right)^{0.2}$
	低截面	$10800v_x AB\left(\dfrac{B}{A}\right)^{0.2}$
双侧排风	高截面	$7200v_x AB\left(\dfrac{B}{2A}\right)^{0.2}$
	低截面	$10800v_x AB\left(\dfrac{B}{2A}\right)^{0.2}$
周边排风	高截面	$5652v_x D^2$
	低截面	$8496v_x D^2$

注：式中，A、B、D 分别为槽长、宽及直径，m；v_x 为槽子液面的吸入速度，m/s。可按表 7-41 选用。

表 7-41　槽边排风吸入速度

槽的用途	溶液中主要有害物	溶液温度/℃	电流密度/（×10²A/m²）	吸入速度 v_x/（m/s）
镀铬	H_2SO_4、CrO_3	55～58	20～35	0.5
镀耐磨铬	H_2SO_4、CrO_3	68～75	35～70	0.5
镀铬（装饰性）	H_2SO_4、CrO_3	40～50	10～20	0.4
电化学抛光	H_3PO_4、H_2SO_4、CrO_3	70～90	15～20	0.4
电化学腐蚀	H_2SO_4、KCN	15～25	8～10	0.4
氰化镀锌	ZnO、NaCN、NaOH	40～70	5～20	0.4
氰化镀铜	CuCN、NaOH、NaCN	35～55	2～4	0.35
镍层电化学抛光	H_2SO_4、CrO_3、$C_3H_5(OH)_2$	40～45	15～20	0.4
铝件电抛光	H_3PO_4、$C_3H_5(OH)_3$	85～90	30	0.4
电化学去油	NaOH、Na_2CO_3、Na_3PO_4、Na_2SiO_3	约80	3～8	0.35
镀镉	NaCN、NaOH、Na_2SO_4	15～25	1.5～4	0.35
氰化镀锌	ZnO、NaCN、NaOH	35～70	2～5	0.35
镀铜锡合金	NaCN、CuCN、NaOH、Na_2SnO_3	65～70	2～2.5	0.35
镀镍	$NiSO_4$、NaCl、$COH_6(SO_3Na)_2$	50	3～4	0.35
镀锡（碱）	Na_2SnO_3、NaOH、CH_3COONa、H_2O_2	65～75	1.5～2	0.35

槽的用途	溶液中主要有害物	溶液温度 /℃	电流密度 /(×10²A/m²)	吸入速度 v_x /(m/s)
镀锡（滚）	Na_2SnO_3、$NaOH$、CH_3COONa	70～80	1～4	0.35
镀锡（酸）	SnO_4、$NaOH$、H_2SO_4、C_6H_5OH	65～75	0.5～2	0.35
氰化电化学侵蚀	KCN	15～25	3～5	0.35
镀金	$K_4Fe(CN)_6$、Na_2CO_3、$H(AuCl)_4$	70	4～6	0.35
铝件电抛光	Na_3PO_4	—	20～25	0.35
钢件电化学氧化	$NaOH$	80～90	5～10	0.35
退铬	$NaOH$	室温	5～10	0.35
酸性镀铜	$CuCO_4$、H_2SO_4	15～25	1～2	0.3
氰化镀黄铜	$CuCN$、$NaCN$、Na_2CO_3、$Zn(CN)_2$	20～30	0.3～0.5	0.3
氰化镀黄铜	$CuCN$、$NaCN$、$NaOH$、Na_2SO_3、$Zn(CN)_2$	15～25	1～1.5	0.3
镀镍	$NiSO_4$、$NaSO_4$、$NaCl$、$MgSO_4$	15～25	0.5～1	0.3
镀锡铅合金	Pb、Sn、H_3BO_3、HBF_4	15～25	1～1.2	0.3
电解纯化	Na_2CO_3、K_2CrO_4、Na_2CO_3	20	1～6	0.3
铝阳极氧化	H_2SO_4	15～25	0.8～2.5	0.3
铝件阳极绝缘氧化	$C_2H_4O_4$	20～45	1～5	0.3
退铜	H_2SO_4、CrO_3	20	3～8	0.3
退镍	H_2SO_4、$C_3H_5(OH)_3$	20	3～8	0.3
化学去油	$NaOH$、Na_2CO_3、Na_3PO_4	70～90	—	0.3
黑镍	$NiSO_4$、$(NH_4)_2SO_4$、$ZnSO_4$	15～25	0.2～0.3	0.25
镀银	KCN、$AgCl$	20	0.5～1	0.25
预镀银	KCN、K_2CO_3	15～25	1～2	0.25
镀银后黑化	Na_2S、Na_2SO_3、$(CH_3)_2CO$	15～25	0.08～0.1	0.25
镀铍	$BeSO_4$、$(NH_4)_2MO_7O_{24}$	15～25	0.005～0.02	0.25
镀金	KCN	20	0.1～0.2	0.25
镀钯	Pa、NH_4Cl、NH_4OH、NH	20	0.25～0.5	0.25
铝件铬酐阳极氧化	CrO_3	15～25	0.01～0.2	0.25
退银	$AgCl$、KCN、Na_2CO_3	20～30	0.3～0.1	0.25
退锡	$NaOH$	60～75	1	0.25
碱洗		60～80	—	0.20
热水槽	水蒸气	>50	—	0.20

注：v_x值系根据溶液浓度、成分、温度和电流密度等因素综合确定。

常见的几种酸洗槽抽风量列于表 7-42 中，其他酸洗槽均可按 $5000m^3/(h \cdot m^2)$ 计算。

表 7-42 常见酸洗槽抽风量

工段名称	槽子名称	槽子尺寸 长×宽×深/m	槽液表面积 /m²	溶液温度 /℃	溶液成分	抽风量 /(m³/h)
酸洗间	硫酸酸洗槽	2.9×1.4×2.0	4.05	60	20%～50%硫酸	20250
	硫酸酸洗槽	2.2×1.4×1.6	3.08	60	20%～50%硫酸	15400
	硫酸酸洗槽	1.5×1.2×1.2	1.80	60	20%～50%硫酸	9000
	硫酸酸洗槽	1.2×1.0×1.0	1.20	60	20%～50%硫酸	6000
热镀锌间	盐酸酸洗槽	7.88×1.5×0.58	11.82	50		59100
	盐酸酸洗槽	6.88×1.5×0.58	10.32	50		51600

2. 槽边抽风措施

（1）酸洗间内平行布置的酸洗槽之间的间距应大于 1400mm，以便布置槽边抽风器的风管和地下风道。

（2）为提高槽边抽风的抽风效果，保持抽风罩罩口抽风速度的均匀性，可采取下列措施：

① 采用多个抽风罩组成；

② 抽风罩的集风管采用楔形风管；

③ 调整各抽风罩接管直径，或安设调节阀调节，使各抽风罩的抽风量相同；

④ 一般每个槽子设置单独的抽风系统，不宜采用几个槽子合设一个抽风系统，对于较长的槽子可在槽子两端各设一个抽风系统；

⑤ 对于单独排列的酸洗槽，双侧抽风时可做成等距离的钳型风道（见图 7-53）。

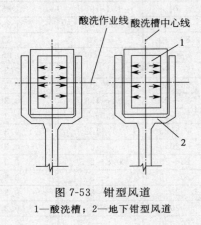 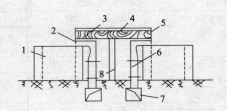

图 7-53　钳型风道

1—酸洗槽；2—地下钳型风道

图 7-54　抽风器的防护设施

1—酸洗槽；2—抽风器；3—软塑料（或软橡胶）；
4—50mm 厚木板；5—角钢架；6—风管；
7—地下风道；8—支撑

（3）为防止槽边抽风罩罩口被酸洗工件碰撞损坏，抽风罩应采取下列防护措施：

① 酸洗槽槽壁开设抽风口，使抽风罩罩口与酸洗槽组成一个整体。

② 抽风器上采用角钢架上敷设一层厚 50mm 以上的木板，上面再盖一层韧性较大的软橡胶或软塑料见图 7-54。

③ 槽边抽风系统的抽风管道有地方风管、地沟风道和地下室风管三种布置型，金属制品酸洗间一般多采用地沟风道。

采用地沟风道时，为便于施工，一般可将风道截面设计成等截面，按风速 3～6m/s 选定其断面。设计中应妥善解决风道的防水、防渗漏、防酸腐蚀等问题，以免风道内酸液、酸雾冷凝液渗入土壤侵蚀厂房基础，风道盖板要求严密，并留有清扫人孔。

（4）地上风管、抽风器及净化器等构件应采用耐腐蚀材料制作，如玻璃钢、硬聚氯乙烯塑料、不锈钢板、复合钢板等。为减少振动，风机进出风口可用软塑料接口。

（5）当采用聚氯乙烯塑料风管时，风管壁厚宜采用大于 6mm 的，风机排出管穿出屋面部分应采用井架式固定支架将风管固定，见图 7-55。为防止紫外线照射而老化开裂，可在风管外表面刷银粉或白色涂料。

（6）抽风系统排出的气体应经湿式净化处理后排至大气，净化设备和风机应布置在单独的风机室内，不宜设在酸洗间内，风机应设在净化设备后面，以利风机的防腐蚀。

（7）抽风系统的通风机应采用耐腐蚀的塑料风机、玻璃钢风机或内衬橡胶风机等。

（8）玻璃钢风机和风管是一种较为理想的比较坚实的耐腐蚀设备和管材。玻璃钢离心风机有 B4-72-11 型、BF4-72-11 型、BBF4-72-11 型风机，风量由 1300～140000m³/h。

玻璃钢风管，分圆形和矩形两种系列产品，尚有 GIC 不燃型无机玻璃钢风道。

（9）采用湿式净化系统的排水，需经过处理后达到排放标准方能排入下水道，系统管道中的冷凝水可采取下列措施及时排除。

① 地下风道应考虑有 $i=1\%$ 的坡度。

② 地下风道的末端应设有集水坑或排液管。

③ 风管的最低点及排风机机壳底部应设有 U 形水封管，水封管的存水弯上应设有清扫堵头。为避免气体中析出的铁盐堵塞 U 形水封管，其管径可适当加大，一般采用 $DN25 \sim DN50mm$ 的塑料管。冷凝水的排出装置可按图 7-56 的形式布置，使冷凝水从室外排风竖管底部排出管排入酸液下水道中。

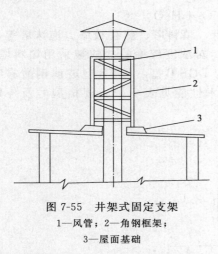

图 7-55　井架式固定支架
1—风管；2—角钢框架；
3—屋面基础

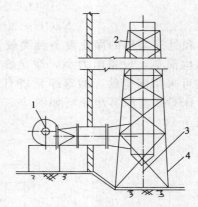

图 7-56　冷凝水排出
1—风机；2—室外排风竖管（塑料）；
3—冷凝水排出管；4—排风竖管支撑架

④ 风管尽量少用法兰连接，当采用法兰连接时，法兰垫片应采用耐腐蚀性能强的材料制作，且要严密不能漏液。如耐酸橡胶、软聚氯乙烯塑料等材料，并在法兰连接处设置排液漏斗。

⑤ 在风管的适当的位置设置冲洗水管，及时冲刷风管内铁盐。

3. 槽上抽风

（1）对于连续酸洗机组和不在槽上部投料的酸洗槽、宜设置槽上抽风装置。

（2）为了钢丝的穿线压辊的方便，金属制品连续酸洗槽一般不允许设置密封盖，应设置抽风罩，抽风罩可以直接坐落在槽子上，并开设观察门、检修门。

（3）抽风罩风量一般可按罩口截面入口风速 $v = 2.0m/s$ 进行计算。

（4）槽上抽风罩及风管应采用玻璃钢板、硬聚氯乙烯塑料板等耐腐蚀材质制作。

三、酸雾净化原理与设备

从酸洗槽抽出的含酸气体必须经净化处理后排至大气，金属制品厂的含酸气体主要有硫酸、盐酸、硝酸和氢氰酸气体。

酸雾净化处理一般常用水吸收法和碱吸收法。

（1）水吸收法采用喷淋塔或填料塔进行吸收，吸收后的水呈酸性，吸收液需进行处理。水吸收法对含 HCl 的酸雾气体效果较好。

（2）碱液吸收法又称中和处理法，采用浓度为 $3 \sim 6\%$ 的苏打（Na_2CO_3）的碱性溶液（NaOH）或氨（NH_3）溶液进行中和处理，其综合化学反应过程为：

对硫酸酸雾

$$Na_2CO_3 + H_2O \longrightarrow 2NaOH + CO_2 \uparrow \tag{7-24}$$

$$2NaOH + H_2SO_4 \longrightarrow Na_2SO_4 + 2H_2O \tag{7-25}$$

$$或\ 2(NH_3) + H_2SO_4 \longrightarrow (NH_4)_2SO_4 + 259kJ \tag{7-26}$$

当碱液的 pH 值达到 $8 \sim 9$ 时即需要更换新液。

对盐酸酸雾

$$NaOH + HCl \longrightarrow NaCl + H_2O \qquad (7-27)$$

$$或\ NH_3 + HCl \longrightarrow NH_4Cl \qquad (7-28)$$

对硝酸酸雾

$$HNO_3 + NH_3 \longrightarrow NH_4NO_3 \qquad (7-29)$$

$$NaOH + HNO_3 \longrightarrow NaNO_3 + H_2O \qquad (7-30)$$

中和处理采用的净化设备种类较多，有喷淋塔、填料塔、斜孔板塔、泡沫塔等，均具有结构简单，设备阻力小，净化效果好等优点，对浓度较稀的盐酸雾采用填料塔时，其填料可采用陶瓷的。酸雾净化塔有：BSG-2 型，DGS-B 型、WYB 型玻璃钢酸雾吸收塔等。BSG-2 型酸雾净化塔如图 7-57 所示，其技术性能见表 7-43，规格型号及外形尺寸见表 7-44。

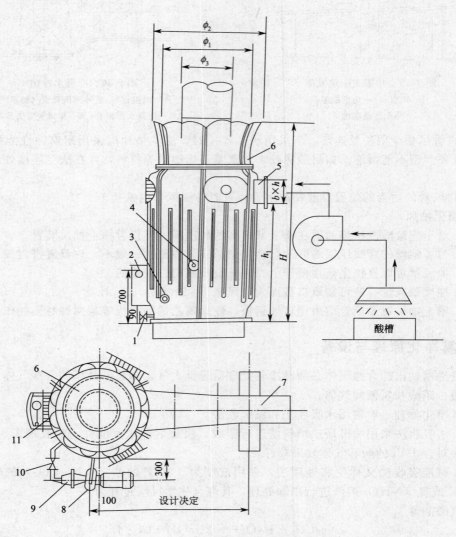

图 7-57　BSG-2 型酸雾净化塔

1—放液阀；2—供水管；3—吸液管；4—供液管；5—进气口；6—净化塔；7—风机；
8—水泵；9—滤液器；10—阀门；11—液位控制箱供水管

表 7-43　BSG-2 型酸雾净化塔技术性能

酸雾初试浓度	HCl<400mg/m³							净化效率		95%～99%				
	H₂SO₄<400mg/m³									90%～95%				
	NOₓ<1000mg/m³									90%左右				

<table>
<tr><td colspan="2">吸收中和液采用 2%～6% 浓度的 NaOH 溶液</td></tr>
</table>

	型号及规格	BSG-2 型						净化塔压力损失 300～400Pa						
净化塔	型号	1.5 型	3 型	5 型	7.5 型	10 型	12.5 型	15 型	17.5 型	20 型	25 型	30 型	35 型	40 型	45 型	50 型
	风量 /(m³/h)	1500	3000	5000	7500	10000	12500	15000	17500	20000	25000	30000	35000	40000	45000	50000
选配风机	型号	BF4-72 3A	BF4-72 4A	BF4-72 4A	BF4-72 6A	BF4-72 6A	BF4-72 6A	BF4-72 8C	BF4-72 8C	BF4-72 8C	BF4-72 10C	BF4-72 10C	BF4-72 12C	BF4-72 12C	BF4-72 12C	BF4-92 12C
	电机功率 /kW	4	4	4	4	4	4	5.5	5.5	7.5	11	15	22	22	22	30
选配水泵	型号	40FS-30	40FS-30	50FS-30	50FS-30	65FS-30	65FS-30	65FS-30	65FS-8C	65FS-30	65FS-30	80FS-28	80FS-28	80FS-28	80FS-28	80FS-28
	电机功率 /kW	3	3	5.5	5.5	5.5	5.5	5.5	5.5	5.5	7.5	7.5	7.5	7.5	7.5	7.5
操作总质量 /kg		1000	1200	1100	1800	2400	2700	3000	3500	4000	6000	8000	11000	14000	16000	18000

采用喷淋塔时，塔内速度（空塔速度）取 0.5～1.5m/s。

表 7-44　BSG-2 型酸雾净化塔外形尺寸

规格 型号	外形尺寸/mm							基础尺寸/mm	
	ϕ	ϕ_1	ϕ_2	h_1	H	$b \times h$	ϕ_3	直径	高度
1.5	600	600	800	1450	2400	300×300		900	≥100
3.0	800	800	1000	1400	2400	400×300	400	1100	≥100
5.0	1000	1000	1200	1380	2400	400×320	450	1300	≥100
7.5	1250	1250	1450	1500	2600	500×400	500	1550	≥100
10	1450	1450	1650	1500	2600	600×400	600	1750	≥100
12.5	1600	1600	1850	1600	3000	650×650	650	1900	≥100
15	1750	1750	2000	1600	3000	700×650	730	2050	≥100
17.5	1900	1900	2150	1700	3200	750×650	800	2200	≥100
20	2000	2000	2300	1700	3200	800×650	850	2300	≥100
25	2250	2250	2550	1800	3400	800×800	900	2550	≥100
30	2500	2500	2850	1800	3400	900×800	1000	2800	≥100
35	2700	2700	3050	1900	3600	1000×800	1100	3000	≥100
40	2850	2850	3250	1900	3600	1100×800	1200	3100	≥100
45	3050	3050	3450	2000	3800	1200×900	1350	3350	≥100
50	3200	3200	3600	2000	3800	1300×900	1350	3500	≥100

（3）酸雾净化除水洗法、中和法外，还可采用超高压静电抑制酸雾和净化酸雾。

对于连续酸洗机组可在酸槽上面直接设置静电电场，实现静电就地抑制酸雾，图 7-58 所示为密闭式连续酸洗机组静电就地抑制酸雾的示意。

对于上投料的酸洗槽不易就地抑制，可采用抽出酸雾经静电酸雾净化器进行净化后排放。上投料酸洗槽酸雾净化装置经实践应用，效果良好。上投料酸洗槽酸雾主要靠带有进料口密封软帘的玻璃钢密封罩和风机进行捕集，图 7-59 是采用一种立管式酸雾静电净化器的示意。

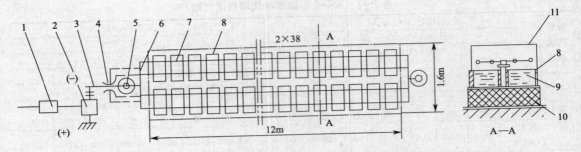

图 7-58　密闭式连续酸洗机组静电就地抑制酸雾

1—控制器；2—高压发生器；3—高压电缆；4—套管；5—绝缘子；6—支撑架；
7—电晕线；8—化成胶槽；9—硫酸溶液；10—基座；11—密闭罩

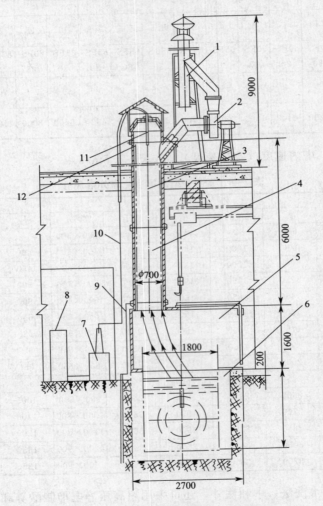

图 7-59　立管式酸雾静电净化器

1—引风管道；2—引风机；3—电晕线；4—筒式静电净化器；5—密闭罩；6—酸洗槽；
7—高压发生器；8—控制器；9—地线；10—电缆线；11—绝缘子；12—耐腐蚀集尘板

　　筒式电场要根据具体条件设置在带有密封软帘密封罩顶部的适当位置，它既是通风管道
又是静电酸雾净化装置，筒式电场的收集极是由玻璃钢制作的，为了提高其导电性能必须涂

覆特殊配制的耐腐蚀导电涂层。筒式电场的电晕线是由镍铬丝构成的，下设重锤以定位，上部固定在特制的超高压绝缘子上，绝缘子必须装在带有加热器的绝缘子室内，该绝缘子室必须保证绝缘子的清洁、不结露，以确保绝缘子良好的绝缘状态。

超高压直流电是通过超高压聚乙烯电缆来输送的。

供电电压和筒式电场的直径参数匹配是很重要的，可参照表7-45。

表 7-45　电压与直径匹配表

供电电压/kV	100～140	150～160	170～200
电场直径/mm	600～700	700～800	800～1000

超高压静电酸雾净化器是采用超高压（160kV/5～10mA～180kV/20～30mA）。宽板距、同心圆式结构，该净化器的效率主要取决于电晕极附近的离子风速，当电场供电电压增加时离子风速加大，当供电电压在 100～200kV 时离子风速可达 9～13m/s。

在筒式电场中，酸雾颗粒在电场力、颗粒凝聚力、自重力、离子风力的综合作用下驱向收尘极，再回流到酸槽内。

四、酸洗槽覆盖层及缓蚀剂

为了抑制酸洗槽内有害气体及酸雾的散发，减少抽风量，节省能源与投资，可使用各种覆盖层和缓蚀剂（又称抑制剂）。

1. 覆盖层

覆盖层可分为固体覆盖层和泡沫剂覆盖层两种。

（1）固体覆盖层　固体覆盖层是采用各种防腐材料做成的轻型固体，漂浮、覆盖于溶液表面，以抑止酸雾的散发。固体覆盖层有泡沫塑料块、棒、管和球等几种。

泡沫塑料块、棒和管均系聚氯乙烯或聚苯乙烯制成，能耐 60℃ 以下的强酸、碱的腐蚀。

泡沫塑料球系聚苯乙烯制成，外形为椭圆形，直径为 5～10mm，能耐 60℃ 以下的强酸、碱的腐蚀。

泡沫塑料球、块使用简便，经久耐用，只需将液面盖满即可。

（2）泡沫剂覆盖层　泡沫剂覆盖层主要是利用化学分解作用产生的泡沫漂浮在溶液表面，使溶液与空气隔离，不易蒸发。泡沫剂有胰加漂、皂荚液、十二烷基硫酸钠及四氟乙烯等。

2. 缓蚀剂（又称抑制剂）

酸洗溶液中加入缓蚀剂，使溶液表面形成厚厚一层泡沫覆盖层，封闭和阻挡了溶液表面酸雾的蒸发。在采用缓蚀剂进行酸洗金属时，当金属（Fe）表面氧化铁皮被消除后，酸与金属（Fe）作用时，基铁（纯铁体带正电）便露在酸液中，此时离子即很快附着在基铁表面，形成一层薄膜，将酸与金属（Fe）隔离开，减缓或阻止了酸与金属（Fe）的作用，防止过酸洗，大大减少了氢气的产生。

缓蚀剂的种类繁多，常见的缓蚀剂见表7-46，较广泛采用的有工读P型（若丁）、工读3号、工读7号，OP乳化剂及LK-45、LK-46等缓蚀剂。

工读P型适用于硫酸酸洗，对低温（<40℃）、低浓度（<20%）的盐酸也适用。工读3号、7号适用于盐酸酸洗，OP乳化剂对抑制硫酸酸雾外逸有明显效果。

LK-45缓蚀剂是新研制的既能缓解硫酸对钢丝基体腐蚀又能抑制酸雾的缓蚀剂，适用于中、高碳钢丝硫酸酸洗，其缓蚀效率在95%以上。

表 7-46　缓蚀剂种类

缓蚀剂名称	使用条件	来源	加入量	使用范围	缓蚀效率/%
工读 P 型（若丁）	90℃以下的硫酸、盐酸、硫酸加盐酸 10%以下的硝酸溶液（一般 80℃以下）	由磷、二甲苯、硫酸和其他助效成分混配而成	加入浓硫酸的 0.4%	(1)钢材及金属零件加工前的酸洗；(2)清洗锅炉水垢	95
工读 3 号、工读 7 号	60℃以下的盐酸溶液	苯胺与乌洛托品的缩聚物	加入浓硫酸的 0.3%～1.0%	(1)钢材及金属零件加工前的酸洗；(2)精密零件及金属制品的酸洗；(3)清洗锅炉水垢；(4)化工石油设备及动力冷却系统的除锈除垢	90
OP 乳化剂和食盐	用于温度 80℃以下浓度为 22%的硫酸溶液	烷基苯酚环氧乙烷缩合物	新配的硫酸溶液：加 NaCl 5kg/m³、OP 0.5kg/m³；使用 2～3 班后加 NaCl 3kg/m³、OP 0.5kg/m³；生产中发现酸雾外逸时加：OP 0.3kg/m³，酸浓度到 6%可不加		91

第五节　焊接车间烟尘减排技术

焊接生产一般可分为备料和装配两大部分，此外还有各种库房。备料部分一般有开卷、校正、划线、剪切、制孔、刨边、冲压、清整、检验等工序。装配焊接部分一般有焊接、钳工装配、装配临时点焊、试压、检验、清整、涂装、干燥等工序。车间的组成根据不同的焊接方法和焊接产品进行安排。

一、焊接烟尘来源和特点

1. 焊接方法分类

焊接方法的分类是根据在工艺过程中施加的温度、压力、使用的能源及保护方式不同确定的。

熔焊是利用局部加热的方法，将焊件接合处加热到熔化状态，互相融合，冷凝后彼此结合成整体。

压焊是在焊接时不论对焊件加热与否都施加一定的压力，使两个接合面紧密接触，促进原子间的结合，以获得两个焊件之间的牢固连接。

钎焊是焊件本身不熔化，而是利用比焊件熔点低的钎料受热熔化后流入焊件接头间隙，冷凝后使焊件连成整体。

一般焊接生产以手工电弧焊所占的比例最大，产生的有害物也较多，其次为气体保护焊。

2. 焊接烟尘来源和特点

焊接生产中产生的有害因素可分为物理的和化学的两大类。物理因素有焊接弧光、高频电磁波、热辐射、噪声及放射线等，化学因素有焊接烟尘和有害气体。

不同类型焊条的发尘量有很大差别，其与药皮类型、氧化的强弱、氟化物类型、药皮厚度、焊条直径、电流大小等因素有关。不同类型电焊发尘量列于表 7-47。焊接烟尘的粒径在 $0.01 \sim 0.4 \mu m$ 范围内，而以 $0.1 \mu m$ 左右的居多。结 507、结 422 电焊条烟尘分散度列于表 7-48，气体保护焊烟尘量和浓度见表 7-49 和表 7-50。

表 7-47　几种焊接方法的发尘量

焊接方法	焊接材料	施焊时发尘量 /(mg/min)	焊接材料的发尘量 /(g/kg)
手工电弧焊	低氢型焊条(结507,直径4mm)	350~450	11~16
	钛钙型焊条(结422,直径4mm)	200~280	6~8
自保护焊	药芯焊丝(直径3.2mm)	2000~3500	20~25
二氧化碳焊	实心焊丝(直径1.6mm)	450~650	5~8
	药芯焊丝(直径1.6mm)	700~900	7~10
氩弧焊	实心焊丝(直径1.6mm)	100~200	2~5
埋弧焊	实心焊丝(ϕ5mm)	10~40	0.1~0.3

表 7-48　电焊条烟尘分散度　　　　　　　　　单位：%

电焊条牌号	≤2μm	2~4μm	4~6μm	6~10μm	≥10μm
结507	81.5	12.0	4.5	1.5	0.5
结422	73.5	18.5	5.5	1.5	1.0

表 7-49　CO_2 气体保护焊的发尘量

施焊条件			熔化1kg焊丝产生的烟尘量 /g	发尘量 /(g/min)
焊丝直径 /mm	焊接电流 /A	电弧电压 /V		
1.0	190	22	4.62	0.23
1.2	190	22	7.00	0.35
1.2	315	29	9.30	0.84
2.0	315	29	11.40	0.92
2.0	415	34	13.50	1.62

表 7-50　CO_2 气体保护焊的烟尘及有害气体质量浓度

施焊条件			CO /(mg/m³)		CO₂ /%		NO /(mg/m³)		NO₂ /(mg/m³)		O₃ /(mg/m³)		焊接烟尘 /(mg/m³)	
焊丝直径 /mm	焊接电流 /A	电弧电压 /V	呼吸带	浓烟中	呼吸带	浓烟中	呼吸带	浓烟中	呼吸带	浓烟中	呼吸带	浓烟中	呼吸带	浓烟中
1.0~1.2	250~300	24~34	95	178	0.028	0.18	1.76	5.14	1.49	2.59	0.55	3.83	20.4	116.3
2.0~2.5	370~550	38~40	70	250	0	0.16	1.17	7.19	1.77	3.48	0.20	3.31	7.4	124.2
4.5	700	37~48	150	440	0.031	0.31	2.22	6.71	2.22	6.11	0.40	2.00	7.0	342

钢材焊接和热切割时产生的烟尘，主要成分为氧化铁，其占烟尘总量的 $33\% \sim 56\%$；其次为氧化硅，占 $10\% \sim 20\%$ 左右；还有氧化钙、氧化锰、氧化铅、氧化钛、氧化镁等。

焊接生产时产生的有害气体主要有氮氧化物、臭氧、一氧化碳和二氧化碳；当焊条药皮中加入氟化物时，尚会产生氟化氢气体。焊接生产时的有害气体散发量见表 7-51 和表 7-52。

表 7-51　CO_2 气体保护焊的有害气体发生量

施 焊 条 件			熔化 1kg 焊丝产生的有害气体量/g		
焊丝直径/mm	焊接电流/A	电弧电压/V	CO	NO_2	O_3
1.0	190	22	3.85	0.056	0.006
1.2	190	22	4.19	0.180	0.016
1.2	300	30	2.00	0.173	0.012
2.0	300	30	2.55	0.070	—
2.0	400	34	1.41	0.090	—

表 7-52　各种类型焊条焊接时 NO_2 发生量

焊条类型	焊条直径/mm	电弧电压/V	焊接电流/A	NO_2 发生量/(mg/m³)
中性	4	28～30	140～150	25
深熔	5	64～68	150～170	910
金红石	4	28～32	140～160	22
低氢	4	20～22	150～170	17
低氢	6	40～48	250～290	780
纤维素	2.5	28～34	80～90	30
铸铁	4	32～36	140～150	195
钛钙	4	28～32	140～160	88
钛铁矿	4	28～32	140～160	55
低氢不锈钢	4	28～32	140～170	6

二、减少焊接烟尘的工艺措施

1. 采用无烟尘或少烟尘的焊接工艺

用摩擦焊代替电弧焊。推广电阻焊的应用范围，并促使其向大功率、高参数方向发展，可焊接的截面也在不断扩大。对于水平位置的焊接（角接、对接及环缝焊）采用埋弧焊。在中、厚板上使用电渣焊。在焊接铬镍钢时采用 TIG 焊（包括热丝 TIG 焊）（TIG 为钨极惰性气体保护）和脉冲 MIG 焊（惰性气体保护）。实心细焊丝 MAG 焊（活性气体保护）在日本工程机械行业中几乎已全部代替手弧焊。气体保护焊中 Ar 含量越多，则发尘量越少。

采用深水槽等离子弧切割工作台在水下切割代替在空气中的普通等离子弧切割。

造船业拼板时采用重力焊与躺焊，由于机械化过程不复杂，容易管理，焊工可从强烈弧光和有害烟气中摆脱出来，大大改善了工作卫生条件。

2. 开发和使用低尘和低毒焊接材料

开发低尘型碱性焊条和气体保护堆焊用合金焊丝。减少焊条药皮中钾和钠含量以降低焊条毒性。在解决电弧稳定性、保证焊缝力学性能、避免产生焊缝缺陷的前提下，积极进行各项开发研究推广使用工作。

3. 提高焊接过程机械化、自动化程度

对大批量重复性生产的产品设计程控焊接生产自动线。对筒体内外缝、环缝的焊接采用自动焊装置，在焊接机头上配备电视摄像机。焊工可在筒体外荧光屏上观察焊接全过程并进行操纵，使其完全避开了烟尘和高温。

提高机械化、自动化程度不仅可使焊工远离污染源，而且也为有效地排除焊接烟尘创造了条件。

如采用 CO_2 气体保护自动焊，集烟嘴可附置在焊接机头上，使电弧区发生的烟气即被集烟嘴捕集并得到净化处理。

被焊工件如能固定在焊接变位机上或胎具上施焊，则可便于设置局部排烟罩，提高排烟效果。

采用多关节型弧焊机器人解决在管板上堆焊纯铜时的焊接烟尘和高温作业的恶劣操作条件。采用程序控制可搬移式机器人焊接多间隔式的箱形结构。

国际上焊接机器人不但用于电阻焊，也用于电弧焊、操纵钨极氩弧焊、熔化极氩弧焊和CO_2保护焊，并正在研制具有视觉、触觉和听觉的人工智能型新一代机器人。

三、焊接烟尘净化技术

（一）点排烟净化

直接从焊接电弧区附近排除焊接烟气称之为点排烟。

1. 大风量低压系统

这种方式排风量较大，一般每个吸口 $500\sim1800m^3/h$，吸口离焊接点的距离不应超出 $400mm$，排烟管直径为 $\phi75\sim180mm$。吸口截面积应小于 $0.1m^2$。这种排烟装置通常采用自衡管，管内装有弹簧和摩擦片，使自身衡定在任何位置上。这种排烟系统见图 7-60。其技术规格列于表 7-53 中。

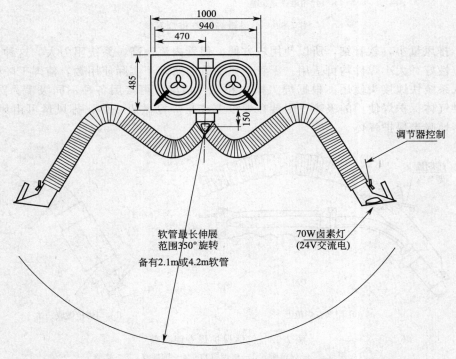

图 7-60　备有过滤元件的大风量低压系统（长度单位：mm）

表 7-53　技术规格

过滤元件	Ultra-Web 滤筒，4 个	时间控制组件	115V 单相
隔膜阀	$\phi20$，2 个	照明电路	24V
压缩空气	$620kPa,0.03m^3/$脉冲	风量	2.13m 软管，$1340m^3/$（h·根） 4.26m 软管，$1225m^3/$（h·根）
电源	208/230/460-60Hz/3	净重	268kg

2. 小风量高压系统

这种方式排风量小，一般为每个吸嘴排风 $100\sim200m^3/h$，吸口离焊接点的距离小于 100mm，静压 $8\sim14kPa$ 之间，采用 $\phi50mm$ 以下的软管连接吸嘴，吸嘴用永久磁铁座固定，可以搬动和定位。每套系统可以接入 $5\sim25$ 个吸嘴，从焊接点有效地排除烟气，见图 7-61。烟气经除尘（净化）器净化后排放至大气。这套系统有一个多级风机或真空泵（产生高真空度）用于克服软管的阻力，并配备初、中效过滤材料（有些产品还设有活性炭纤维吸附有害气体）。

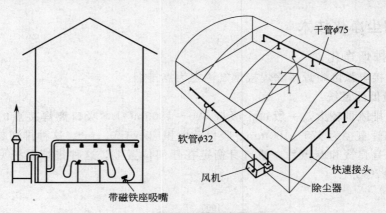

图 7-61　小风量高压点排烟系统

由于排风量小，软管细，所以使用较方便。但管内流速高，系统阻力大。这种系统占地少，适应性好，大小焊件均可适用。干管上接头数应略多于实际使用数，使焊工随处都可将软管插入系统快速接头使用。根据焊工操作和工件情况，可接用各种不同吸嘴。图 7-62 为一种专供气体保护焊使用的吸嘴，附装在焊枪上或与焊枪做成一体，排风量可由风阀调节，以免过多地吸走保护气体。

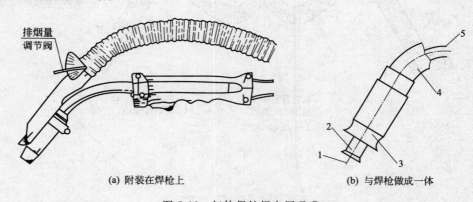

(a) 附装在焊枪上　　　　　　　　　(b) 与焊枪做成一体

图 7-62　气体保护焊专用吸嘴

1—螺丝；2—焊枪嘴；3—排烟罩口；4—排烟管；5—接管

图 7-62(b) 为 MIG 焊专用吸嘴，瑞典的产品有三种型号，技术参数列于表 7-54 中。

表 7-54　MIG 焊专用焊枪吸嘴

型号 技术参数	861	863	865	型号 技术参数	861	863	865
最大电流/A	180	250	360	软管长度/m	3.0 或 4.5	3.0 或 4.5	3.0 或 4.5
工作状态	60%CO_2	60%CO_2	60%CO_2	软管直径/mm	32	38	38
焊丝直径/mm	$0.6\sim1.0$	$0.8\sim1.2$	$1.0\sim1.6$	参照吸风量/(m^3/h)	60	75	95

3. 移动式焊烟净化机组（图 7-63）

这种机组由吸嘴、软管、净化装置、风机等组成，可分为手提式和小车式两种。前者大多做成小型机组，排风量为 $100\sim300\text{m}^3/\text{h}$，其可固定在焊机旁、吊装或固定在墙上，也可多台组合并联工作。后者排风量为 $500\sim2000\text{m}^3/\text{h}$。技术参数见表 7-55。

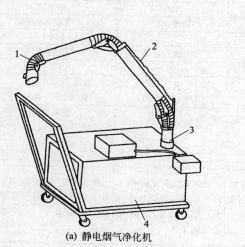

(a) 静电烟气净化机

1—活动关节；2—弹簧；3—旋转接头；4—本体

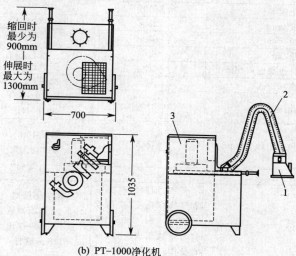

(b) PT-1000净化机

1—吸嘴；2—自衡管；3—本体

图 7-63　移动式焊烟净化机组示意

表 7-55　移动式焊烟净化机组技术参数

技术参数	CK-1600	HY-130	静电烟气净化机	840,841	PT1000
外形尺寸/mm		870×220×500		810×225×410	700×924×1035
风量/(m³/h)	240	130		163	1088
风压/Pa	7000	4000		真空度 21700	资用压力 1040
功率/kW	1.60	1.00	静电过滤耗电 30~50W	1.0	0.75
质量/kg		23		15.7	—
噪声/dB(A)		—		75	78
滤材	1. 泥炭床，2. Al₂O₃ 颗粒浸渍 KMnO₃	高效滤纸	1. 预滤，2. 双级 静电，3. 后滤	三级过滤	滤筒
清灰方式	更换	更换	更换、清洗	其中 841 型有 自动停闭、清灰 信号指示功能	取出清灰
研制或生产单位	瑞典	瑞典	意大利 CORAL 公司	瑞典 Lectrostatic 公司	美国 Donaldson 公司

小型焊烟净化机组，可以减少车间内通风、热损耗，其集烟箱内，通常具有四级过滤装置。一级：火花熄灭器，防止火花进入后级过滤层，烧损滤料；二级：初中效过滤器，一般采用无纺布，集尘量大；三级：中高效过滤器，一般采用丙纶或纸过滤器或双区静电过滤器；四级：有毒气体净化器，可采用分子筛、活性炭纤维等吸附材料。

机组的净化总效率都在 99.9% 以上，净化后的排风如作室内再循环，则其浓度值必须符合《工业企业设计卫生标准》第 36 条的规定。手提式机组软管用 $\phi50\text{mm}$ 以下的波纹管，吸烟嘴有的用磁铁固定在焊件上，有的安装在焊工面罩上，适合于密闭容器、舱室内使用。小车式机组采用自衡管定位，有的还备有利用弧光自动开停机的装置。

此外，用于电子行业钎焊作业的焊烟净化机组可采用表 7-56 中所推荐的设备。

表 7-56　钎焊专用焊烟净化机组

技术参数 \ 型号	Air EX	Comb EX	Pro 15	Multi VAC
净化效率/%	99.97	99.97	99.97	99.97
高度/mm	280	400	650	660
直径/mm	$\phi210$	$\phi255$	宽度 330	长×宽 890×700
质量/kg	1.8	13	23	110
活性过滤面积/dm²	90	三级过滤	三级过滤	三级过滤
噪声/dB(A)	42	36～44.5	48	65
工作压力/Pa	$(3\sim8)\times10^5$	电压 120/230V，50/60Hz	电压 230V，单相 120V,50/60Hz	电压 208/240V，50/60Hz,单相
吸风接出软管/mm	$\phi4\sim6$	吸风量 10m³/h 及 30m³/h	吸风量 43m³/h $\phi50$	吸风量 800～1200m³/h $\phi160$mm
功率/W	—	100	600	2200
备注	备初、细两级过滤层和气体净化层，接出软管 1.5m，$\phi4.2$mm。吸口与烙铁组成一体，放在操作者旁不妨碍	三级净化过滤，可接 1～2 个烙铁，放在操作者旁不妨碍，接出～1.5m,$\phi32$mm 软管	最大真空度为 17940Pa，可手动或自动调节真空度。可服务于 15 把烙铁同时工作	最大真空度为 3550Pa。可手动或自动调节真空度。可服务于 15 个吸风点

（二）点排烟净化工程实例

1. 烟尘来源和特点

某 1 个焊接区 4 个工位同时工作。每台焊机移动范围为 5～6m，每台散发烟气量 1200m³/h，烟尘浓度 100～300mg/m³，烟气温度 40℃。

2. 除尘系统配置

针对一个约 12m×8m 的大铸件焊接区域分布 4 个焊接工位的情况，设一个中央烟尘净化系统。每套中心站吸气量为 6000m³/h。用以满足焊接区 4 个工位同时焊接的烟尘的集气、过滤和净化，每个吸气臂吸气量在 1500m³/h 以上。

中央系统放在整个区域一侧靠墙，直径为 355mm 的主管路向上后向一侧延伸，整个管道可按需要用 T 形、I 形连接管、90°弯管连接或切断，并有全套固定装置。针对 4 个工位，每个工位处上方安装一个 4m 长吸气臂。详见图 7-64。

所有长度为 5m、6m、7m、8m 的吸气臂由一个带有回转球支撑，安装在墙上的支架和一个悬臂组成。这种吸气臂同样由一个内部弹簧支撑的平行四边形支架和一个玻璃纤维管组成。吸气臂由内部弹簧支架支撑，共有 5 个关节，可随工人拉动而任意变化吸气罩位置及方向并自行定位，能满足集气吸烟需要。

图 7-64　总管道连接吸气臂到每个工位

3. 设备特点

（1）吸气臂及吸气罩　KEMPER 吸气臂由一个内部弹簧支撑的平行四边形支架，一个有 PVC 涂层玻璃纤维管和内部螺旋钢丝组成。带有节气阀的集气吸尘罩可以 360°旋转至任意位置。这样吸气臂可以伸长其臂长所能达到的任何位置发烟点并自动固定某一状态位置吸收有害烟雾和粉尘，而不需要任何辅助设施。

集气吸尘罩具有把手，风量可调旋转节气阀，并配有安全照明灯和主机开关。

吸气罩具有随吸气臂360°可旋转功能，使用灵活。无论焊接工人位于吸气臂的侧面或是后面，都能将吸气罩放到最佳的吸收位置。

吸气罩能够形成一个椭圆形的抽气区，并可以调节到达焊接位置的形式和角度。带凸缘的吸气罩，符合吸气原理，能产生更大的吸气区，因此焊接烟尘的集气效率大大提高。详见图7-65。

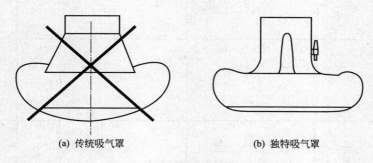

(a) 传统吸气罩　　　　　　　　(b) 独特吸气罩

图7-65　带凸缘的集气吸尘罩

（2）自洁式除尘器　自洁式除尘器由过滤单元和通风机单元组成。

吸入的焊接烟尘，直接进入过滤单元，经过空气的循环，大的颗粒在第一部分过滤层被分离。依据表面过滤原理，细小尘粒被分离部分，在过滤筒中用绝缘材料隔膜与空气分离。然而，空气中还存留有非常小的灰尘颗粒，因此这种颗粒是在过滤筒的表面进行分离。清洁的空气在过滤筒中向上流动，并进入到过滤单元中的清洁部分中。从这里，空气经过管道系统便进入到了通风机单元系统。过滤筒的高效之处在于能自动过滤和清灰，过滤效率大于99.9%，由于风机装置在机架上，所以可用吸音材料把噪声降至约75dB(A)。

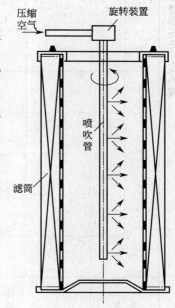

由于过滤筒表面微粒的连续沉淀，就逐渐形成了阻力，很快就会在过滤筒表面达到"饱和"，当达到一定的饱和允许阻力值后，清洁过程自动开始。它是靠压缩空气通过一个旋转喷嘴实现的。压缩空气是从过滤筒里面吹到正对着的过滤筒表面。在清洁过程中，过滤筒由一个顶盖完全盖住。过滤筒依次单独进行清洁，因此在清洁过程中保证了这种永久性的空气流动。每一次关闭机器，其清洁过程会自动开始。清灰原理见图7-66。

4. 主要技术参数

（1）风机功能　风量6000m³/h，风压2600Pa，功率5.5kW。

（2）除尘器　过滤效率99.9%，过滤器筒数6个过滤筒，过滤面积60m²。

（3）压缩空气压力　0.5~0.6MPa。

（4）噪声等级　约75dB。

（5）空气入口　355mm。

（6）空气出口　450mm。

（7）外形尺寸（宽×厚×高）　1413mm×1413mm×2115mm。

图7-66　过滤筒自动旋转反吹清灰原理

表 7-57　中小型零件焊接工作台局部排风罩尺寸和性能表

名称（图号）	型号	下列风速 v_0/(m/s) 下的排风量/(m³/h)					尺寸/mm		质量/kg		有效截面 A_0/m²	计算公式	局部阻力系数 ξ	国标图号	备注
		2.0	2.5	3.0	3.5	4.0	A	B	Ⅰ型	Ⅱ型					
上（下）吸式均流侧吸罩（图7-67）	1	625	785	940	1095	1250	600	220	26.37 (33.41)	29.99 (35.13)	0.087	$L=3600A_0v_0$	1.0	上吸式 (T401-1) 下吸式 (T401-2)	v_0 建议采用 3.5～4.0m/s
	2	785	980	1180	1375	1570	750	240	29.70 (37.00)	23.29 (38.70)	0.109				
	3	935	1170	1400	1640	1870	900	260	33.26 (41.14)	36.83 (42.63)	0.130				
小型零件焊接工作台合排风罩		1.0	1.5	2.0	3.0	4.0									
	1	162	243	324	486	648	300	—	6.97		—	—	0.85	T401-3	v_0 采用 1.5～2.0m/s
	2	216	314	432	628	862	400	—	9.05		—				
	3	270	405	540	810	1080	500	—	10.70		—				
中型零件焊接工作台合排风罩		0.5	0.75	1.0	1.5	2.0									
	—	1295	1940	2590	3890	5180	—	—	25.27		—	—	1.3	T401-3	v_0 采用 1.0m/s

注：质量栏（　）内的数值为下吸式的。

5. 使用效果

设备运行后可满足工作区卫生标准和环境污染物排放标准。

（三）局部排烟净化

局部排烟是在焊烟发生源附近设置排风罩或排风口将烟气抽走，因此其排风量大于点排烟。

局部排烟主要用于工位固定而焊接点在小范围内移动的焊接作业。根据不同的工艺和操作，局部排风罩（口）形式见图 7-67，尺寸和性能列于表 7-57 中。

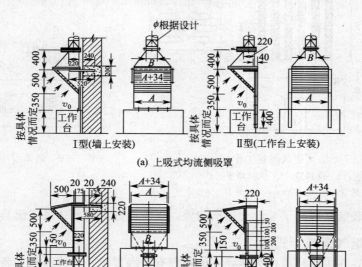

(a) 上吸式均流侧吸罩

(b) 下吸式均流侧吸罩

图 7-67　焊接工作台局部排风罩

对于有双向孔口的密闭容器内部焊接可采用一面吹风，另一面吸风的排烟方式。吹风可用小型风扇，吸风可采用移动式焊烟净化机组。

用焊药焊条气焊铝件时可采用如图 7-68 所示的吹吸式通风焊接工作台。本装置同样也适用于电焊作业。其排风量可参照上述表 7-57 计算，吹风量可取排风量的 1/5 左右。

氩弧焊一般采取就地焊接，可采用图 7-69 的局部排风罩，罩口有效截面处风速取 8～10m/s，排风量为 430m³/h。对于带 76mm 宽边框的排风罩，其排风量视罩口与电弧或焊炬的距离按表 7-58 选取。

表 7-58　带边框的排风罩排风量

离电弧或焊炬的距离 /mm	最小排风量 /(m³/h)	风管直径 /mm	离电弧或焊炬的距离 /mm	最小排风量 /(m³/h)	风管直径 /mm
100～150	260	76	201～250	720	110
151～200	470	90	251～300	1140	140

注：1. 不带边框时，排风量应增大 20%。

2. 排风应采取净化处理。

对于气体切割和电弧切割，可采取地坑排风方式。地坑上设金属格栅以便承受工件重量。如坑面积较大，可将其分成几个隔间各自排风，以使排风均匀。地坑底部与排风口之间留有一定距离，以免溶渣堵住排风口。地坑排风的风量可按格栅面风速 0.7～1.0m/s 计算。

氧气切割时排风量可取 2500～3000m³/(m²·h)；等离子切割时取 3000～3600m³/(m²·h)，钢板厚度大者取大值。

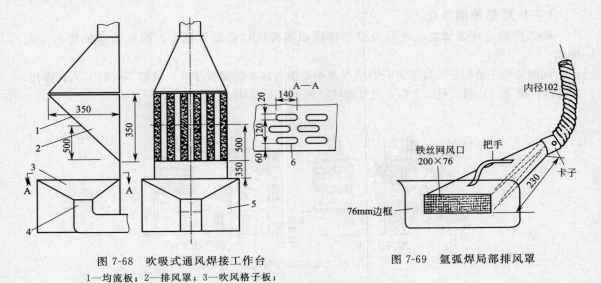

图 7-68 吹吸式通风焊接工作台

1—均流板；2—排风罩；3—吹风格子板；
4—吹风管；5—工作台；6—吹风孔

图 7-69 氩弧焊局部排风罩

等离子切割和氩弧焊除了采取上述措施外，焊工最好再佩戴送风式面具。

（四）焊接烟气通风柜设计

从总体上说，在焊接环境内可能存在的物理有害因素有：焊接弧光、高频电磁辐射、热辐射、噪声及放射线等。

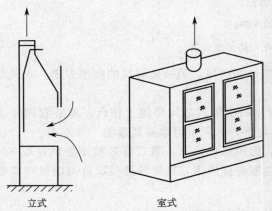

图 7-70 焊接通风柜的形式

可能存在的化学有害因素有焊接烟尘和有害气体等。焊接烟尘的成分和数量取决于焊接材料（焊丝、焊条、焊剂等）及被焊材料、焊接方法和焊接参数等因素。几种焊接方法的发尘量（详见表 7-47）。

焊接车间的局部通风是焊接烟尘防治的主要措施之一。焊接通风柜作为局部通风系统的关键设备之一，其使用效果越好，意味着越能满足保护焊接工人健康和环保的要求。

图 7-70 为焊接通风柜的主要形式。

1. 焊接通风柜原理

通风柜是一种特殊形式的密闭罩，散发有害物的工艺装置置于柜内，操作过程完全在柜内进行。一般设有可以启闭的操作孔和观察孔。由于内部机械设备扰动、化学反应、发热设备的热气流以及室内横向气流的干扰，有害物可能逸出通风柜。因此，通风柜必须抽风，使柜内形成负压。

2. 设计要求

通风柜的设计应遵循型式适宜、风量适中、强度足够、安装与维修方便的原则，并满足以下注意事项的要求。

① 焊接通风柜的排风效果与工作口截面上风速的均匀性有关。设计要求柜口风速不小

于平均风速的80％。

② 通风柜柜口容易受到环境的干扰，不宜设在来往频繁的地段，窗口或门的附近。防止横向气流的干扰。

③ 通常按推荐入口速度计算出的排风量，再乘以1.1的安全系数。

④ 当不可能设置单独排风系统时，每个系统连接的柜式罩不应过多。最好单独设置排风系统，避免互相影响。

3. 焊接通风柜排风量的计算

按控制风速计算通风量：

$$Q = AvK + Q_1 \tag{7-31}$$

式中，A 为工作孔或缝隙的面积，m^2；v 为工作孔上的控制风速，m/s，参见表7-59；K 为安全系数，一般取 1.05～1.20；Q_1 为柜内污染气体发生量，m^3/s。

表 7-59　通风柜焊接工序的控制风速　　　　　　　　　　　单位：m/s

工序类别	有害物	控制风速
焊接		
1. 用铅或铅焊锡	随焊料而定	0.5～0.7
2. 用铅或其他不含铅的金属合金		0.3～0.5
小型制品电焊		
1. 优质焊条	金属氧化物	0.5～0.7
2. 裸焊条		0.5

从上式可以看出，工作孔的大小对通风量的确定影响很大，因此在满足操作的前提下，应尽量缩小工作孔的尺寸。控制风速的选择应适宜，过高的控制风速可导致柜内气流紊乱，同时又增加了系统能耗；过低的控制风速会造成柜内污染物外逸，一方面直接危害焊接工人的身心健康，另一方面排至室外后污染大气环境。

（五）全室空气净化

1. 分散式净化机组

设置在车间柱间一定标高处（视车间高度和最高浓度带而定，通常在 4.0～5.0m 高度上安装）。净化机组多般采用静电型。国外产品有美国的 SMOG-HOG 型静电焊接烟尘净化机组，处理风量有 1000～9000m³/h 系列。净化后空气不宜吹向焊烟发生处。机组清灰方式有自动和手动定期振打清灰及定期人工清洗。机组由预过滤、电离器、集尘极、后过滤器及电源部分所组成，装卸维护均很方便。

此外，类似的产品有美日合作开发的 Cosa \ Tron 1000，2000 及 3000 系列产品，安装方式有房间型、管道型、立框型等几种型式。瑞典的 TRANSJONIC 公司生产的类似产品有 EFE，PFI/OAT 和 AGRI 等系列。

2. 集中式净化再循环系统

该方式设置集中的净化装置，用风管将各吸风口（局部的或全面的）接入净化装置，烟气经净化后仍排入车间内。净化装置可采用滤筒式高效纸过滤器（美国 Donaldson 公司产品）。

由于采取了全室空气净化后再循环，在采暖地区冬季可节省大量的通风耗热量。

根据实测资料，对于一般厂房，依靠窗渗透，在室外风速达到 1.788m/s 时，厂房每4小时换气一次，即可使室内有害气体浓度达到容许标准。

四、个体防护焊接烟尘措施

焊接与热切割作业中，个体防护涉及粉尘、有害气体、噪声、热污染、弧光、放射性污染、高频电磁辐射等各种物理、化学因素，应根据不同的工艺采取不同的个体防护设施。

1. 输气式头盔

输气式头盔，主要适用于产生臭氧和大量烟尘的熔化极氩弧焊接，特别是在有限空间内焊接时，可使新鲜空气通达眼、鼻、口三个部分，从而起到防护作用。

这种头盔的结构是在一般焊工面罩内，于呼吸带部位固定有一个金属或有机玻璃等材质的薄板制成的送风带。送风带均匀密布着若干个送风小孔，新鲜的压缩空气经净化处理和减压后由输气管送入头盔使用。

国外还有由微型电机风扇供气的输气式头盔，尚能起到隔热降温效用。

2. 送风面罩头盔

送风焊工头盔，这是一种密闭隔离式焊工头盔，主要适用于高温、弧光强烈，发生量高的焊接和切割作业，如氩弧焊、碳弧切割等场合。这种头盔以聚丙烯塑料为面盾，绒面人造革作头盔，内装帽圈架，戴在焊工头上。面罩以下用阻燃织物制成能盖住焊工前胸和肩部的披肩。镜框用聚酰胺塑料制成。头盔侧面安设呼吸阀。采用微型离心风机将经过过滤的空气送入面罩，使其中保持正压，将多余气体经侧面单向阀排出面罩外，这样，面罩内始终保持较干净空气供焊工吸用。安装焊接滤光片的前挂镜可以随意翻动，使用方便。

3. 多用途长管呼吸装置

当焊工需较长时间在有限空间（如化工容器、塔、罐、船舶舱室等）内进行焊接作业时，可采用德国德尔格（Dräger）安全设备公司生产的 Airpark 多用途长管呼吸装置。该装置由背具、呼吸需气阀、面罩和整套压缩空气软管器所组成。气源可采用工厂的集中低压（600～1000kPa）压缩空气或用背包式或移动瓶车钢瓶供气。瓶装压缩空气有 5L、6L 和 6.8L 三种规格，压力均为 300×10^5 Pa。该装置不仅可与工厂集中压缩空气管路连接，也可与使用者自备的气瓶连接，交替使用。当集中供气系统发生故障时，使用者可通过气瓶得到空气，低压报警装置还会提醒使用者撤离危险区并留出时机。这种整体的本安型设计可使多个使用者保持双路通话并可用通讯控制器进行记录。

这种装置尚可配备救生装置，一旦供气系统发生中断仍可使使用者避到安全区。这种救生装置在呼吸量为 40L/min 时，可供 15min 的压缩空气。

Airpark A500 型是为变量供气设计的，可同时给两名使用者供气。可随处移动使用的瓶车包括两个储气瓶，可单个更换。一个附加的连接装置还可做到通过压缩空气管网来供气，以便使储气瓶作为后备使用。

软管轴辊可绕 40m 供气管。这套装置包括全部的监测、警报装置，可不间断地监督向使用者供气的情况

4. 其他面罩

如下两种面罩有防弧光、辐射热等作用，但防不了烟尘污染人体。

（1）手持式面罩　它是焊工最基本的个体防护设施，由主体面盾、滤光片、观察窗和手柄组成。面盾由 1.5mm 厚钢纸板压制而成，材质轻而坚韧，绝缘性和耐热性俱优。

（2）头戴式面罩　它由主体面盾、头箍、调节螺丝、滤光片、观察窗组成。头箍根据头形尺寸进行调节直接戴在头上，面盾可上下自由翻动，适合于各种焊接作业，尤其是高空焊接作业。

第六节　木工车间除尘技术

一般机械工厂中的木工车间的主要任务为：产品上木质零件的加工，部件装配及油漆，

铸造车间所需的木模或金属模、塑料模等的制造，全厂房屋建筑物的修缮，木质用具的修理，产品装箱用的木箱制造等。

一、木工车间组成和有害物

1. 木工车间组成

木工车间一般由下列各工部组成：木材干燥工部；机械加工工部；装配工部；木模工部；金属模（或塑料模）工部；建筑修理工部；木箱制造工部；油漆工部。

辅助部分及仓库有：磨工具间、工具分发室、煮胶间、材料储藏室、成品仓库、干材库、中间仓库、露天锯材仓库等。

2. 工艺过程及产生的有害物

鲜木材由露天锯材仓库运入车间，在烘干室烘干。干燥后的木材送至干材仓库堆存备用（在某些情况下，部分木材进行自然干燥）。

机械加工工部从干材仓库取得原材料后进行加工，经过锯、刨、钻、车、铣、磨光等工序制成部件，然后进行装配、油漆，或将型材、部件运至其他车间备用。在生产过程中，产生主要的有害物为木屑和有机溶剂的气体。

二、木工机床除尘

1. 木工机床排尘设计

（1）定型木工机床中的锯机、刨床、磨光机、钻床和榫槽机技术参数见表 7-60～表 7-63，非定型木工机床排尘装置技术参数见表 7-64。

表 7-60　定型木工锯机排尘装置技术参数

序号	机床名称	机床型号	机床简图	吸尘罩 安装位置	数量	接管内速度/(m/s) 最小	接管内速度/(m/s) 采用	排风量/(m³/h)	接管直径/mm	吸尘罩局部阻力系数
1	手动进料木工圆锯机	MJ104A MJ105 MJ106 MJ109 MJ1010	φ130 250	由下面接	1 1 1 1 1	15 15 15 15 15	16 16 16 16 17	760 880 1020 1250 1300	130 140 150 165 165	1.5 1.5 1.5 1.2 1.5
2	简式木工圆锯机	MJW104			1	15	16	880	140	1.5
3	自动进料木工圆锯机	MJ154	φ150 450	由下面接	1	15	16	1020	150	1.5
4	平衡截锯机	MJ2010 MJ2015	φ165	由下面接	1 1	15 15	16 16	1250 1720	165 195	1.5 1.5

序号	机床名称	机床型号	机床简图	吸尘罩						
				安装位置	数量	接管内速度/(m/s) 最小	采用	排风量/(m³/h)	接管直径/mm	吸尘罩局部阻力系数
5	万能木工圆锯机	MJ223 MJ224	φ150	由侧面接	1	15	16	1020	150	1.2
		MJ225 MJ235	45° 154×70	由下面接	1	15	16	1020	150	1.8
6	截头锯	MJ234	φ130	由下面接	1	15	17	800	130	1.5
7	三锯片截头锯	MJ245-3	φ165	由下面接	3	15	16.3	1250	165	1.0
8	吊截锯	MJ255 MJ256	φ130	由侧面接或下侧面接	1 1	15 15	17 16	800 1020	130 150	1.1 1.1
9	普通木工带锯机	MJ318 MJ318A MJ3110C	φ=120	由下侧面接	1 1 1	14 14 14	16 16 16	600 650 1250	115 120 165	1.0 1.0 1.0
10	台式木工带锯机	MJ3310	φ165	由下部基础坑内接	1	14	16	1250	165	1.5

表 7-61　定型木工刨床排尘装置技术参数

序号	机床名称	机床型号	机床简图	吸尘罩					
				安装位置	数量	接管内速度 /(m/s)		排风量 /(m³/h)	接管直径 /mm	吸尘罩局部阻力系数
						最小	采用			
1	木工单面压刨床	MB103 MB103C MB106 MB106A MB106B MB1010		由上面接	1 1 1 1	17 17 17 17	18.8 18 19 18	900 1000 1200 1400	130 140 150 165	1.0 1.3 1.3 1.3
2	木工双面刨床	MB204 MB206 MB206C		由上面接	1 1	17 17	19 18	900 860	130 130	1.3 1.3
				由工作台下面接	1 1	17 17	19 18	1200 1150	150 150	1.3 1.5
3	木工四面刨床	MB401		由上面接	1	17	19	1050	140	1.3
				由下面接	1	17	19	900	130	1.5
				由侧面接	2 合	17	19 计	650×2 3250	110×2	1.7
		MB403		由上面接	1	17	19	1050	140	1.3
				由下面接	1	17	19	900	130	1.5
				由左右侧面接	2 合	17	19 计	650×2 3250	110×2	1.7

序号	机床名称	机床型号	机床简图	吸尘罩						
				安装位置	数量	接管内速度/(m/s)		排风量/(m³/h)	接管直径/mm	吸尘罩局部阻力系数
						最小	采用			
4	木工平刨床	MB502 MB503 MB503A MB504 MB504A MB504B MB505 MB506 MB506A MB506B		由下侧面接	1 1 1	17 17 17	17 17 17	800 800 800	130 130 130	1.0 1.0 1.0
				由下面接	1 1 1 1	17 17 17 17	17 17 17 17	940 940 1100 1100 1100	140 140 150 150 150	1.0 1.0 1.0 1.0 1.0
5	木工三面刨床	MB303		由上侧接	1	17	19	1050	140	1.0
				由左侧接	1	17	19	650	110	1.7
				由右侧接	1	17	19	650	110	1.7

表 7-62　木工磨光机排尘装置技术参数

序号	机床名称	机床型号	机床简图	吸尘罩						
				安装位置	数量	接管内速度/(m/s)		排风量/(m³/h)	接管直径/mm	吸尘罩局部阻力系数
						最小	采用			
1	联合磨光机	MM408		由下面接	1	14	16	1750	195	1.0
				由侧面接	1	14	17.2	700	120	1.5
2	双盘式磨光机	MM128		砂轮下部接	2	14	15.8	750×2 合计 1500	130×2	2.0

序号	机床名称	机床型号	机床简图	吸尘罩						
				安装位置	数量	接管内速度/(m/s)		排风量/(m³/h)	接管直径/mm	吸尘罩局部阻力系数
						最小	采用			
3	横臂无工作台带式磨光机	MM201	机床上的吸尘器 φ110	磨带端部	1	14	17.5	600	110	1.0
4	移动工作台带式磨光机	MM251	机床上的吸尘器 φ140	磨带端部	1	14	16.4	900	140	1.0
5	卧式固定工作台带式磨光机	MM273	机床上的吸尘器 φ175	磨带端部	1	14	17.5	1500	175	1.0

表 7-63　钻床榫槽机排尘装置技术参数

序号	机床名称	机床型号	机床简图	吸尘罩						
				安装位置	数量	接管内速度/(m/s)		排风量/(m³/h)	接管直径/mm	吸尘罩局部阻力系数
						最小	采用			
1	立式单轴木工钻床	MK515	φ140 软管	由上侧面接	1	16	17	940	140	1.5
2	卧式木工钻床	MK672	φ130	由上面接	1	16	17	800	130	1.5

序号	机床名称	机床型号	机床简图	吸尘罩					
				安装位置	数量	接管内速度/(m/s)		排风量/(m³/h)	接管直径/mm	吸尘罩局部阻力系数
						最小	采用			
3	单头直榫开榫机	MX2120	φ140 接管L=400 φ100 +0.96 +0.55 127×74 φ140 接管φ120	由上侧面接	1	17	19	540	100	1.2
				由下面接	1	17	16	650	120	1.6
				由上面接	1	17	19	1050	140	1.2
				由下面接	1	17	19	1050	140	1.2
				合计				3290		
4	立式单轴木工铣床	MX518 MX518A	φ130	由侧面接	1 1	16 16	17 17	800 800	130 130	1.5 1.5
5	链式榫槽机	MK303	φ100	由侧面接	1	15	17.5	650	115	1.0
6	钻孔榫槽机	MK362 MK362A	φ115	由侧面接	1	15	17.5	650	115	1.0

表 7-64　非定型木工机床排尘装置技术参数

序号	机床名称	切削工具规格	排尘管径/mm	管内风速/(m/s)	排风量/(m³/h)	机床单独排风功率/kW	附注
1	横截圆锯 手动式(踏板的摆动截头等)	圆锯直径/mm					
		350～500	125	15/16	675/715	0.9	装在锯片下
		500～700	135	15/16	775/825	1.0	装在锯片下
		700～1000	150	15/16	955/1020	1.1	装在锯片下

序号	机床名称	切削工具规格	排尘管径/mm	管内风速/(m/s)	排风量/(m³/h)	机床单独排风功率/kW	附注
2	锯动式或木材移动						
		350~500	135	15/16	775/825	1.0	装在锯片下
		500~700	150	15/16	955/1020	1.0	装在锯片下
		700~1000	150	16/17	1020/1075	1.2	
3	纵割圆锯 手动式(排送的、叉送的、联合的或带一条锯子的其他圆盘锯)	400以下	125	14/15	620/675	0.8	锯片下
		400以上	135	14/15	715/775	0.9	锯片下
4	机动式:20m/min以下	400以下	125	15/16	675/715	0.9	锯片下
	60m/min以下	400以下	135	15/16	775/825	1.0	锯片下
5	多锯机 进刀量为110m/min以下的双锯机	650以下	150	15/16	955/1020	1.1	锯片下
6	磨床 手动式带磨的	条宽/mm					
		150以下	150	14	890	1.1	机床上
		150以上	180	14	1285	1.3	机床上
7	垂直的与平置的圆盘磨床	圆盘直径/mm					
		750以下	180	14	1285	1.3	机床上
8	手动式单圆筒的	圆筒长/mm					
		800以下	150	14	890	1.1	圆筒上
		800以上	160	15	1000	1.1	圆筒上
9	进刀在20m/min以下的三、六圆筒的	1500以下	180	14	1285	1.3	圆筒上
		1500以上	180	16	1470	1.4	圆筒上
10	铣床 轻型	刀长/mm					
		200以下	125	16/17	715/765	0.9	装在端头上
11	中型	300以下	125	17/18	765/800	1.0	装在端头上
12	重型	400以下	150	17/18	1075/1140	1.2	装在端头上
13	转式	200以下	150	18/19	1140/1200	1.3	装在端头上
		400以下	180	18/19	1650/1740	1.7	装在端头上
14	单轴靠模式	主轴直径12mm以下	100	15/16	430/450	0.5	机床上
15	制榫机 手动式单面制榫机	直径/mm					
	(1)端面锯	400以下	125	14/15	620/675	0.8	端头上
	(2)平头	200以下	135	17/18	875/930	1.1	端头上
	(3)切削头	200以下	125	16/17	715/765	0.9	端头上
	(4)小孔圆盘	350以下	125	16/17	715/765	0.9	端头上
16	木工刨床 平刨床	200以下	135	17/18	875/930	1.1	端头上
17	平刨床	200~400	150	17/18	1075/1140	1.2	端头上
18	平刨床	400~600	150	18/19	1140/1200	1.3	端头上
19	平刨床	600以上	160	18/19	1300/1370	1.4	端头上
20	压刨床	200以下	150	17/18	1075/1140	1.2	端头上
		200~400	150	18/19	1140/1200	1.3	端头上
		400~600	160	18/19	1300/1370	1.4	端头上
		600以上	180	17/18	1550/1650	1.5	端头上
21	单面进刀在24m/min以下的压刨	200以下	150	17/18	1075/1140	1.2	端头上
		200~400	150	18/19	1140/1200	1.3	端头上
		400~600	160	18/19	1300/1370	1.4	端头上

序号	机床名称	切削工具规格	排尘管径/mm	管内风速/(m/s)	排风量/(m³/h)	机床单独排风功率/kW	附注
22	木工刨床 双面进刀在 24m/min 以下的压刨	600 以上	180	17/18	1550/1650	1.5	端头上
		600 以下	160	18/19	1300/1370	1.4	漏斗上
		600 以上	180	17/18	1550/1650	1.5	漏斗上
23	进刀在 30m/min 以下的自动起槽刨	150 以下	135	16/17	825/875	1.0	端头上
24	进刀在 50m/min 以下的圆棍刨	圆棍直径/mm					
		30 以下	135	17/18	875/930	1.1	端头上
25	进刀在 35m/min 以下的圆棍刨	80 以下	135	17/18	875/930	1.1	端头上
26	进刀在 15m/min 以下的三四面刨床	刀长/mm					
		150 以下	135	16/17	825/875	1.0	端头上
		150～250	135	17/18	875/930	1.1	端头上
		250 以上	150	17/18	1075/1140	1.2	端头上
27	同上进刀在 30m/min 以下	150 以下	135	17/18	875/930	1.1	端头上
		150～250	150	17/18	1075/1140	1.2	端头上
		250 以上	160	17/18	1230/1300	1.3	端头上
28	同上进刀在 60m/min 以下	150 以下	150	17/18	1075/1140	1.2	端头上
		150～250	150	18/19	1140/1200	1.3	端头上
		250 以上	160	18/19	1300/1370	1.4	端头上
29	同上进刀在 60m/min 以上	150 以下	150	18/19	1140/1200	1.3	端头上
		150～250	160	18/19	1300/1370	1.4	端头上
		250 以上	180	18/19	1650/1740	1.5	端头上
30	链式榫槽机 手动	槽宽 16mm	100	16/17	450/480	0.6	机床上
31	机动进刀在 40mm/s 以下	槽宽 32mm	100	17/18	480/510	0.7	机床上
32	自动缝合机、制槽机、车锥体的双面制榫机床	与单面制榫机床同样排风					
33	破碎机	刀长 320mm 以下	200	20/24	2260/2720	2.5	机床上
34	带锯和线锯 手动式细木工用带锯	50 以下	135	15/16	775/825	1.0	机床下锯轮
35	线锯	8 以下	100	14	400	0.5	机床下锯轮

注：1. 当废料含湿率小于 30% 时，风速及排风量采用分子值；大于 30% 时，采用分母值。

2. 排风功率是按通风机全压为 1863～1961Pa 计算的，如全压值不同，可按比例改变。

（2）木工机床排尘罩的设计关系到排尘效果，应注意排尘罩安装位置，不应妨碍机床工人操作。应尽量利用机床上原有的刀具保护罩作为排尘罩。必须单独设计排尘罩时，应迎着木屑飞溅的方向设计。一般排尘罩罩面形式，可按刀具形状采用圆弧罩或伞形罩，伞形罩罩口的底夹角不得小于 45°，一般采用大于 60°。

（3）为能适应木工机床操作时刀具或工件有所移动的情况，排尘罩与风管之间应采用活动连接。

常用的活动连接有以下几种方式。

① 对于较小的罩子，可采用层叠式套接，见图 7-71。

② 对于较大的或较重的排尘罩，可采用旋转法兰连接或便卸式旋转法兰连接，见图 7-72。

③ 对于工件固定、刀具移动的机床还应考虑罩口可随刀具移动。单向往复行程的机床（如平面铣床）可采用层叠式风管；见图 7-73，每节层叠管最好不超过 1 m，层叠管节数按刀具行程而定。

④ 刀具和工件接触点经常变换的机床（如车床），可按图 7-74 设置万向接头。

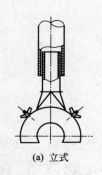

(a) 立式

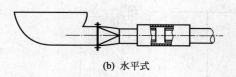

(b) 水平式

图 7-71　层叠式套接

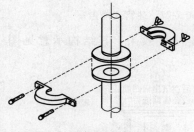

图 7-72　便卸式旋转法兰

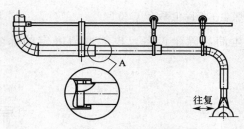

图 7-73　层叠式风管

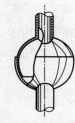

图 7-74　万向接头

⑤ 对于刀具与工件接触点可变换，并且刀县位置可移动和转动的复杂机床，如万能铣床、镗床及开榫机等的吸尘罩，可用软管与风管连接。但软管阻力变化很大，且容易堵塞，影响排尘。因此，如能用其他方法代替，尽量避免使用。

2. 木工除尘系统设计

（1）除尘设备的选用　除尘设备一般采用旋风除尘器与袋式除尘器为二级除尘方式，见图 7-75。除尘效率较高，可达到国家所规定的排放浓度。也有采用沉降室与袋式除尘器二级除尘的，也取得较高的除尘效率。见图 7-76。

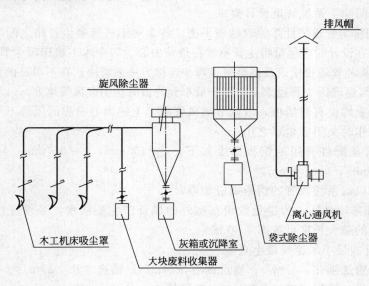

图 7-75　木工机床吸尘二级除尘系统（一）

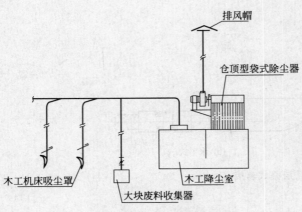

图 7-76　木工机床吸尘二级除尘系统（二）

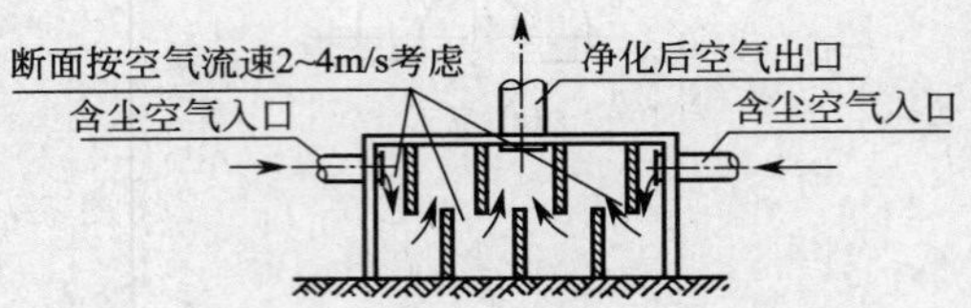

图 7-77　迷宫式降尘室

对于采用木工降尘简易除尘设备，也能取得一定的除尘净化效果。其结构示意见图7-77～图7-79。

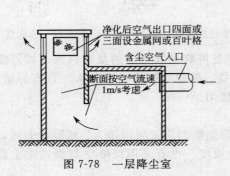

图 7-78　一层降尘室

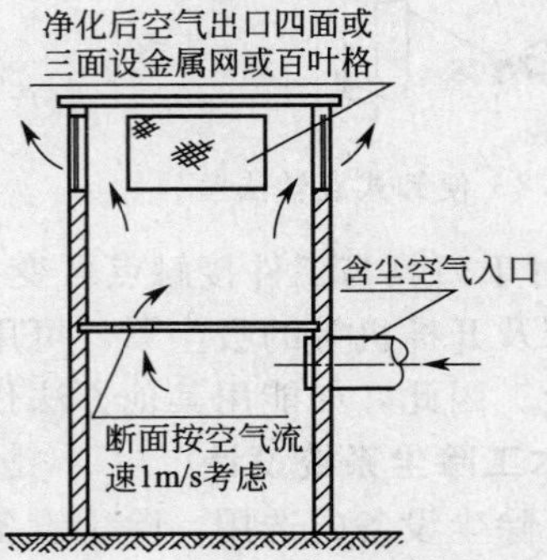

图 7-79　二层降尘室

（2）木工车间除尘系统管道设计要求

① 木工车间排尘管道的计算要求精确平衡，各个木工机床吸尘管路之间的总阻力误差应小于 10%，因此在设计时应尽量将主管布置在负荷中心。各个木工机床吸尘管路之间的平衡，一般利用增加弯头和管道长度以及调整管道弯头连接方法来解决；在不得已的情况下，也可加大木工机床的吸风量（因为管径缩小至小于最小允许值时会引起风管堵塞），以达到平衡。

各吸尘支管上均设有斜插板，以调节因风管施工上的误差引起的风量不平衡，并可作个别木工机床不工作时关闭吸尘罩之用。

② 排尘风管及配件采用的钢板厚度如下：$\phi < 150mm$，$\delta = 0.7mm$；$\phi < 450mm$，$\delta = 1.0mm$；$\phi \geqslant 450mm$，$\delta = 1.5mm$。

室外风管及风送系统风管的钢板则应加厚。

③ 在严寒和寒冷地区，为避免敷设在室外的风管产生凝结水，必须进行保温。对敷设风管允许不保温的最大长度可按图 7-80 确定。

④ 排尘风管的最小风速与最小直径

最小风速：输送刨花，17m/s；输送锯屑，14m/s；输送木片，23m/s。

风管最小直径：输送刨花，$\phi130mm$；输送锯末，$\phi100mm$。

⑤ 在排尘系统的弯头、三通等易于堵塞处，采用法兰连接，并在附近设置检查孔。

⑥ 在风管通过防火隔墙处，需设70℃自动防火阀门。但因木片易被钩住，要设法改进。

⑦ 在通风机前的干管上应设大块废料收集器（见图7-81和表7-65）。

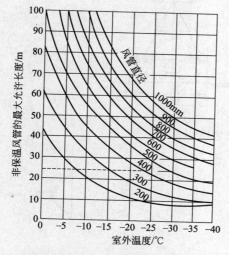

图7-80 确定非保温敷设风管的
最大长度图

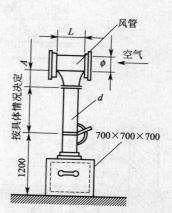

图7-81 大块废料收集器

表7-65 大块废料收集器尺寸

单位：mm

ϕ	180	270	360	450	585	720	855	990
l	500	500	500	500	1000	1000	1000	1000
A	180	270	360	450	585	720	855	990
d	100	130	175	215	280	345	410	475

注：摘自图标《通11-05.2/16-18》图集。

⑧ 排尘系统管路宜架空敷设，管路不宜过长，系统敷设半径一般不宜超过30m。

⑨ 排尘系统为防止因静电积聚而出现火花，应设接地装置。

（3）**通风机选用** 由于木工排尘系统主要是排送锯末粉尘、刨花和木片等物料，应选用木工专用排尘风机。如6-46-11型或C4-73-11型离心通风机。

风机风量（Q）须计入由不严密处所吸入的附加风量，一般采用整个排尘系统风量的10%。

风机风压（p）按下列公式确定：

$$p = H(1 + K\mu) \times 1.1 \tag{7-32}$$

式中，p为风机风压，Pa；H为按清洁空气计算管路中的压力损失值，Pa；K为气力输送系统系数，采用1.4；μ为残头质量浓度系数，概略取值为：室内管路的支管 $\mu = 0.2$，室内管路的干管 $\mu = 0.08$，室外管路 $\mu = 0.5$。

三、车间地面吸尘

为了排除地面的尘屑，应在产生大量木屑而又难以设置排尘罩的木工机床附近，以及木工工作台区域设置地面吸风口或地下吸风口，见图7-82、图7-83。其排风量分别按1200m³/h和1000m³/h计算。局部阻力系数值ζ分别为1.0和0.5。在计算车间通风量时，对于地面吸风口只考虑单个的排风量。

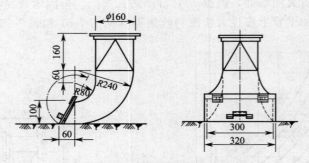

图 7-82　木工地面吸风口

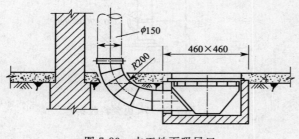

图 7-83　木工地下吸风口

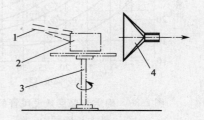

图 7-84　旋转喷漆作业台
1—油漆喷嘴；2—木模型；
3—旋转喷漆工作台；4—排风罩

四、油漆工部漆雾净化

　　油漆工部的涂漆工艺一般采用喷漆和手工刷漆两种。当采用喷漆时，由于会严重污染工作环境，可在操作人员对面设置侧吸罩，进行机械排风（见图 7-84）所示，排风量按罩面风速 5～7m/s 考虑。排风应经过净化装置处理后才可排入大气。漆雾净化可参照第五章第八节的方法进行处理。

参 考 文 献

[1]　王纯，张殿印．废气处理工程技术手册．北京：化学工业出版社，2013.
[2]　许居鹓．机械工业采暖通风与空调设计手册．上海：同济大学出版社，2007.
[3]　冶金工业部建设协调司，中国冶金建设协会编．钢铁企业采暖通风设计手册．北京：冶金工业出版社，1996.
[4]　张殿印，王纯．除尘器手册．北京：化学工业出版社，2005.
[5]　陈隆枢，陶辉．袋式除尘技术手册．北京：机械工业出版社，2010.
[6]　王晶，李振东．工厂消烟除尘手册．北京：科学普及出版社，1992.
[7]　孙一坚．简明通风设计手册．北京：中国建筑工业出版社，1997.
[8]　顾海根，张殿印．滤筒式除尘器工作原理与工程实践．环境科学与技术，2001，(3)：47-40.
[9]　王绍文，张殿印，徐世勤，董保澍主编．环保设备材料手册．北京：冶金工业出版社，1992.

第八章

炼焦工业烟尘减排与回收利用

炼焦工业是以煤为原料，将其高温干馏生产焦炭、煤气，并从中分离加工得到几十种化工原料的重要化工行业。主产品焦炭是冶金工业炼铁、机械制造工业铸铁、有机合成工业制电石及化肥工业造气的主要原料。

但在炼焦和煤气净化、化学产品加工过程中要排放大量含烟尘的废气。烟尘减排的主要途径：一是改革工艺、改进炉体结构、提高焦炉及其附属设备的密封性能，以减少烟尘和废气的排放量；二是增设消烟除尘装置及废气净化装置，使废气得到处理后排放。

第一节　炼焦工业烟尘来源与特点

一、炼焦生产工艺过程和有害物

炼焦用煤经破碎、混配及粉碎后运至煤塔，定时用煤车装入炼焦炉炭化室，经高温干馏后生成焦炭。红焦用熄焦车运入消火塔，用水喷淋冷却后从车内排出，然后筛分成各种规格的焦炭。煤在炭化过程中不断产生大量的荒煤气，由炭化室导出，经冷凝冷却分离出焦油和水。焦油送往焦油车间加工成苯酚、工业萘、洗油、粗蒽、沥青等化工产品；氨水回循环系统用于冷却荒煤气。冷却后的煤气经鼓风机依次进入脱氨、脱苯装置回收粗苯、硫铵等产品。部分煤气作为回炉煤气供焦炉加热用；其余的煤气经脱硫后加压、储存、调压后送往各用户。在炼焦及煤气净化、焦油加工的过程中，要排放大量含烟尘和含苯、硫化氢、酚、烃类化合物及多环芳烃等有害物质的废气，对环境造成严重的污染。

炼焦工厂有备煤、炼焦两个主要车间。车间的组成及产生的有害物质见表 8-1。生产工艺流程及污染物如图 8-1 所示。

表 8-1　车间组成及产生的有害物质

车间名称		产生有害物的设备	主要有害物质
备煤车间	解冻库烟泵室	排烟机	排烟机和管道散出一氧化碳和余热
	翻车机室　上层	翻车机	卸煤时散出煤尘
	中、下层	给料机	煤尘、余湿
	受煤坑	给料机	煤尘
	破碎机室	破碎机、胶带机	煤在破碎及运输时产生的煤尘
	配煤室	给料机、胶带机	储煤槽卸料到胶带机时产生的煤尘
	粉碎机室	破碎机、胶带机锤头焊接台	粉碎机进料及卸料时产生煤尘,焊接台产生焊接烟尘
	煤成型机室	混煤机、分配槽、捏和机、冷却输送机、成型机	沥青烟、煤尘、水蒸气
	煤塔	胶带机、煤槽	胶带机卸煤时产生煤尘
	煤试样室	各种制样设备	各种制样设备产生的煤尘
	胶带机通廊、转运站	胶带机	胶带机运输、转运时产生煤尘
炼焦车间	热值仪室、交换机室	热值仪、交换机	由管道和设备不严密处漏出煤气
	装煤、推焦、导焦、熄焦	装煤车、推焦车、导焦机、熄焦塔	装煤、推焦、熄焦时产生煤尘、焦尘、荒煤气、苯可溶物、苯并芘以及焦炉的辐射热
	炉端台、炉间台	修炉门	辐射热
	焦炉地下室	煤气阀、各种管道	阀和管道流出的煤气,以及焦炉底面产生的辐射热
	筛焦楼	辊动筛、切焦机胶带机	焦炭在切焦、筛分、转运时产生的焦尘和水蒸气
	储焦槽	振动筛、胶带机	焦尘和水蒸气
	胶带机通廊及转运站	胶带机	焦炭在运输及转运时产生的焦尘、水蒸气
	消火泵房	泵、管道	泵和管道散出余热、水蒸气

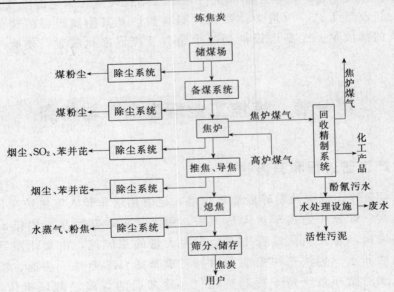

图 8-1　炼焦生产工艺流程及排污示意

二、炼焦烟尘来源

　　炼焦生产是工业企业中最大烟气发生源之一,焦炉烟尘污染源主要分布于炉顶、机焦两侧和熄焦(图 8-2),全部烟尘还应包括加热系统燃烧废气、焦炉烟尘发生于装煤、炼焦、推焦、熄焦过程中。

1. 装煤工艺

装煤时由于煤占据了炭化室内的空间，同时一部分煤在炭化室内被燃烧形成正压。荒煤气、煤烟尘一同从装煤孔向外界冲出，污染环境。采用机械装煤与顺序装煤的生产操作制度时，向炭化室内装煤的时间约为 $2\sim3min$。由于煤占据炭化室空间的速度比较慢，单位时间里由装煤孔排出的烟尘相对少一些。采用重式装煤时，向炭化室内装煤时间仅为 $35\sim45s$。大量煤短时间内占据炭化室空间，单位时间内由装煤孔排出的烟尘量便大许多。一般认为，装煤时吨焦产生的总悬浮颗粒物 TSP 是 $0.2\sim2.8kg$，其中焦油量最高值是 $500\sim600m^3/min$。其烟气量可参考以下数值：普通焦炉（机械化装煤）为 $300\sim800m^3/min$，捣固焦炉（排烟孔）$400\sim600m^3/min$。

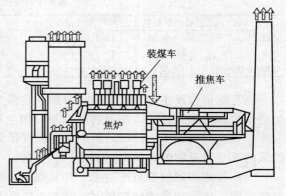

图 8-2　焦炉烟尘污染源

2. 炼焦工序

炉体在炼焦生产过程中烟气主要来自炉门、装煤孔盖、上升管盖之泄漏。特点是污染源分散，是连续发生的，污染面大。污染物以荒煤气、烟气为主。对于老式 6m 高的炭化室炉门，在一个结焦周期内每个炭化室发生气态污染物平均 529g、粉尘量 49g，这种焦炉结焦时间 17.2h；装煤孔盖若不用胶泥密封，吨焦产生的污染物为 675g；而对无水封的上升管盖，吨焦污染物散发量约 40%。

3. 推焦工序

推焦是在 1min 内推出炭化室的红焦多达 $10\sim20t$。红焦表面积大、温度高，与大气接触后收缩产生裂缝，并在大气中氧化燃烧，引起周围空气强烈对流，产生大量烟尘。烟气温度达数百摄氏度，形成高达数百米的烟柱，污染环境。污染物主要是焦粉、二氧化碳、氧化物、硫化物。当推出生焦时，烟气中还含有较多的焦油。吨焦粉尘发生量约 $0.4\sim3.7kg$。

4. 熄焦工序

在湿熄焦过程中，由熄焦塔顶排出大量焦粉、硫化氢、二氧化硫、氨及含酚水蒸气。生产 1t 焦炭湿熄焦产生的烟尘约 $0.6\sim0.9kg$，其中 80% 小于 $15\mu m$。当采用含酚废水熄焦时，熄灭 1t 焦炭约有 $500\sim600kg$ 含酚水蒸气排入大气。

干法熄焦过程中发生污染物以焦尘、氮氧化物、二氧化硫、二氧化碳为主。全部干熄焦过程中吨焦烟尘发生量约为 $3\sim6.5kg$。

三、烟尘特点

（1）含污染物种类繁多　废气中含有煤尘、焦尘和焦油物质，其中无机类的有硫化氢、氰化氢、氨、二硫化碳等，有机类的有苯类、酚类等多环和杂环芳烃。

（2）危害性大　无论是无机或有机污染物多数属于有毒、有害物质，焦化厂空气颗粒物中能检出少量萘、甲基萘、二甲基萘及乙基萘等，主要以蒸气状态存在。而细微的煤尘和焦尘都有吸附的性能，从而增大了这类废气的危害性。

对炼焦生产发生的烟尘估测，在没有污染控制手段的情况下，每生产 1t 焦炭排放的总悬浮微粒和苯并芘的含量见表 8-2。

表 8-2 烟尘成分及含量　　　　　　　　　　　　　　单位: g/t

来　源	总悬浮颗粒物	苯并芘/%	来　源	总悬浮颗粒物	苯并芘/%
装煤	0.5~1.0	1×10^{-3}~2×10^{-3}	炉顶泄漏	0.1~2.0	5×10^{-4}~10×10^{-3}
推焦	1.0~4.0	2×10^{-5}~8×10^{-5}	炉门泄漏	0.2~1.0	9×10^{-4}~4.5×10^{-2}
熄焦(湿法)	1.0~2.0	5×10^{-5}~10×10^{-5}	小计	2.8~9.0	2.47×10^{-3}~1.17×10^{-2}

（3）污染物发生源多、面广、分散，连续性和阵发性并存　焦炉装煤、推焦熄焦过程产生的烟尘多是阵发性，每次过程时间短，烟尘量大，而次数频繁，一般每隔 8~16min 各有一次，每次时间约 1~3min。焦炉炉门装煤孔盖、上升管盖。桥管连接处的泄漏及散落在焦炉顶的煤受热分解的烟气等，其面广、分散。

（4）控制和回收部分逸散物　如荒煤气、苯类及焦油产品等有用物质，不仅能减轻对大气的污染，还有较大的经济效益。表 8-3 列出了焦炉污染物无控制时的排放量。

表 8-3　焦炉污染物无控制时的排放量　　　　　　　　　　　　　　单位: g/t

| 排 放 源 | 吨焦污染物 | | | |
	总悬浮颗粒物(TSP)	苯可溶物(BSO)	苯	苯并芘
装煤(湿煤)	660	730	333	1.33
推焦	1330	50	40	0.026
炉门	260	370	13.0	20
炉顶泄漏	133	170	3.30	0.66
清水炼焦	1130	3.80	0.018	0.115
合计	3513	1324	353.3	4.10

（5）焦化粉尘中的焦粉磨损性强，易磨坏管道和设备，粉尘中的焦油物质会堵塞袋式除尘器的滤袋。

第二节　备煤车间烟尘减排技术

一、烟尘减排技术要点

1. 一般注意事项

（1）全年煤的水分大于 8% 时，除了破碎机、粉碎机应设除尘系统之外，其他生产设备一般不设除尘系统；煤的水分小于 8%，备煤工段全部煤转运点及煤破碎、粉碎机室均应设除尘，并在煤胶带机的始端设煤加湿设施。

（2）除尘设备宜选用袋式除尘器。滤料应选用能防止静电积聚的产品。除尘器本体要作静电接地设施。除尘器内部应设计成能防止煤尘堆积的斜面。除尘器外壁上要设防爆孔和泄爆装置。

（3）袋式除尘器的过滤风速（v）按 0.6~1.0m/min。

（4）在进行电气连锁时，除尘器所配套的通风机停止运转后，要延时 5~10min 才可使除尘器的排灰装置停机，以便排尽除尘器灰斗内的煤尘。

（5）除尘系统捕集到的煤尘，要尽可能回送到配煤生产工序中去。当不可能回收时，亦应有妥善处理措施，以防止二次扬尘。

2. 各工段除尘措施

备煤车间的各工段除尘措施见表 8-4。

表 8-4 备煤车间各工段通风除尘措施

工 段 名 称		最小换气次数/(次/h)	通风除尘措施
破碎机室			破碎机应设除尘,一般在给料溜槽上及胶带机受料点设吸气罩
粉碎机室	粉碎机工段	—	(1)粉碎机应设密闭除尘。一般在给料机头部、粉碎机下部、胶带机受料点设除尘吸气罩 (2)当室内设有 3 台以上粉碎机时,还应在给料斜溜槽或中间给料胶带机受料点设吸气罩
煤成型机室		2~3	混煤机、分配槽、混捏机、输送机、煤成型机、型煤冷却机设机械除尘或袋式除尘
地下胶带机通廊和转运站		5	(1)室内设机械排风或竖风道自然排风,一般按 5 次/h 计算 (2)煤水分小于 8%时设机械除尘
煤制样室		2~3	室内设风帽自然排风;产尘的设备作机械除尘或小型袋式除尘机组

二、备煤设备除尘

(一) 备煤工艺的生产流程

备煤工艺根据原料煤的岩相组成性质及其他具体情况,可采用先配煤后粉碎流程 (见图 8-3) 或先将单种煤分别粉碎再配煤流程 (见图 8-4)。

图 8-3 先配煤后粉碎流程   图 8-4 先粉碎后配煤流程

(二) 破碎、粉碎设备

1. 齿辊破碎机

常用的齿辊破碎机规格有 $\phi 600mm \times 750mm$ 和 $\phi 900mm \times 900mm$ 两种。其设备及安装除尘集气吸尘罩的位置如图 8-5 所示。图 8-5 中除尘吸气量(Q)和吸气罩局部阻力系数(ζ) 如下。

$\phi 600mm \times 750mm$ 齿轮破碎机:$Q_1 = 2000m^3/h$,$\zeta = 1.0$;$Q_2 = 2500m^3/h$,$\zeta_2 = 0.5$。

$\phi 900mm \times 900mm$ 齿轮破碎机:$Q_1 = 2500m^3/h$,$\zeta = 1.0$;$Q_2 = 3000m^3/h$,$\zeta_2 = 0.5$。

2. 锤式破碎机

常用的锤式破碎机规格有 $\phi 1000mm \times 1000mm$ 和 $\phi 1430mm \times 1300mm$ 两种。其设备及安装除尘集气吸尘罩的位置如图 8-6 所示。

图 8-6 除尘吸气量(Q)和吸气罩局部阻力系数(ξ) 如下。

$\phi 1000mm \times 1000mm$ 锤式破碎机:$Q_1 = 3000m^3/h$;$\zeta_1 = 0.25$;$Q_2 = 4000m^3/h$,$\zeta_2 = 0.5$;$Q_3 = 4500m^3/h$,$\zeta_3 = 0.5$。

$\phi 1430mm \times 1300mm$ 锤式破碎机:$Q_1 = 3500m^3/h$;$\zeta_1 = 0.25$;$Q_2 = 5000m^3/h$,$\zeta_2 = 0.5$;$Q_3 = 5500m^3/h$,$\zeta_3 = 0.5$。

3. 反击式破碎机

常用的反击式破碎机规格有 MFD-100、MFD-200、

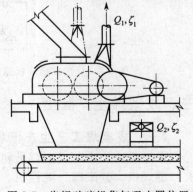

图 8-5 齿辊破碎机集气吸尘罩位置

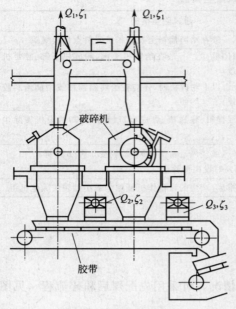

图 8-6　锤式破碎机除尘

MFD-300 及 MFD-400 四种，小焦炉还使用 PTJ-0707 反击式破碎机。上述设备及其安装集气吸尘罩位置如图 8-7 所示。图 8-7 中除尘吸气罩（Q）和集气吸尘罩局部阻力系数（ζ）如下。

MFD-100、MFD-200：$Q_1 = 3000m^3/h$，$\zeta_1 = 0.25$；$Q_2 = 4000m^3/h$，$\zeta_2 = 0.5$。

MFD-300、MFD-400：$Q_1 = 3500m^3/h$，$\zeta_1 = 0.25$；$Q_2 = 5000m^3/h$，$\zeta_2 = 0.5$。

PTJ-0707：$Q_1 = 2500m^3/h$，$\zeta_1 = 0.25$；$Q_2 = 3500m^3/h$，$\zeta_2 = 0.5$。

4. 笼形粉碎机

常用的笼形粉碎机规格有 $\phi 2100mm \times 530mm$。该设备及安装集气吸尘罩位置如图 8-8 所示。

图中 8-8 除尘吸气量（Q）和吸气罩局部阻力系数（ζ）如下：$Q_1 = 3000m^3/h$，$\zeta_1 = 0.25$；$Q_2 = 6000m^3/h$，$\zeta_2 = 0.5$。

注：上述局部阻力系数 ζ 皆对应于吸气罩引出风管内的动压。

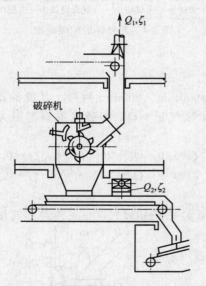

图 8-7　反击式破碎机除尘

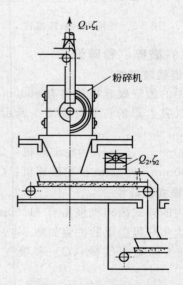

图 8-8　笼形粉碎机除尘

三、成型煤生产除尘

（一）成型煤工艺生产流程

在炼焦生产中，成型煤是利用弱黏结性煤炼焦的一种新工艺。该工艺中的主要生产设备有：混煤机、分配槽、混捏机、输送机、煤成型机、型煤冷却机等。成型煤工艺流程如图 8-9 所示。

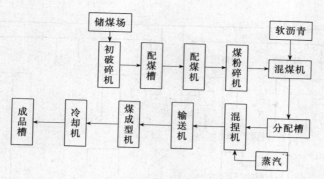

图 8-9　成型煤工艺流程

生产中使用沥青及蒸汽对煤进行处理,上述设备在生产过程中散发到空气中的主要有害物质是沥青烟、煤尘。

(二) 设计要点

1. 设计原则

(1) 一般采用高效除尘设备。

(2) 尽可能减少吸气罩与除尘设备之间的管道长度,特别要减少混捏机与除尘设备之间的管道。

(3) 除了型煤冷却机上的除尘管道之外,其余除尘管道要避免使用与水平面夹角小于60°的管段。管道上要设便于操作的清扫孔及清扫盲板。

(4) 除尘管道内气流速度应大于 18m/s。

2. 设计注意事项

(1) 为了防冻,湿式除尘设备及给排水管宜布置在室内。室外的管道要有防冻措施。

(2) 系统设计要采用防止煤尘受静电影响引起爆炸的措施:管道法兰之间要用金属导通;每一个设备和金属结构 (如走台) 必须单独连接在接地母线线路上。不允许几个设备串联后接地线,以免增加接地线路的电阻,以及防止检修设备时接地导线断裂;金属管道每隔20~30m 用导线将管道连接在接地母线上。

(3) 湿式除尘器排出口管段的最低点以及通风机壳的最低点要设排水并作排水水封。

(4) 除尘器出入口管道上要分别设压力显示仪表。湿式除尘器的给水要设压力、流量显示仪表。流量计要具备流量上、下限电接点,以便在给水量达到上限或下限时发出警报。给水管道上宜设水流继电器,以便发出给水导通或被切断的电讯号。

(5) 为排除成型机室内有害气体,成型机室顶层应设排气天窗。

3. 除尘系统流程参数

煤成型机组成的除尘系统流程如图 8-10 所示。

成型煤各种设备除尘的有关参数见表 8-5。

表 8-5　成型煤设备除尘参数

设备名称	排气量/(m³/h)	气体温度/℃	含尘量/(g/m³)
混煤机	3000	40	1
分配槽	1320	40	1
混捏机	8280	100	1
冷却输送机	3300	90	1
煤成型机	17400	80	1

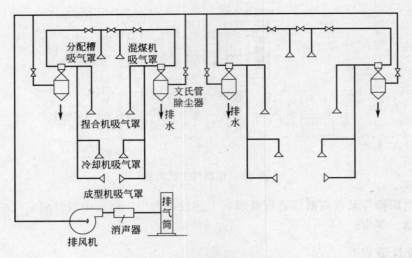

图 8-10　成型煤除尘系统流程

四、煤制样室除尘

常用的煤制样设备及其除尘参数见表 8-6。

表 8-6　煤制样设备及除尘参数

设 备 名 称	除尘吸气量/(m³/h)	气体含尘量/(g/m³)	温度
200×150 双辊破碎机	800～900	<0.5	常温
PCB400×175 锤式破碎机	800～900	<0.5	常温
手动圆盘筛	600～800	<0.5	常温

煤制样室除尘设计要点如下。

(1) 双辊破碎机、锤式破碎机及手动圆盘筛等设备应设机械除尘。吸气罩设在加料口及出料口附近。

集气吸尘罩的形式可参照图 8-11 的形式。

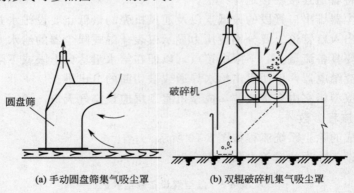

(a) 手动圆盘筛集气吸尘罩　　　(b) 双辊破碎机集气吸尘罩

图 8-11　双辊破碎机及手动圆盘筛集气吸尘罩

(2) 连接集气吸尘罩与除尘器的主干管宜采用半通行的地下风管。地下风管用砖石砌筑，再以高强度混凝土抹面。设计要考虑到砖烟道的阻力系数大。主干管也可以用室内吊挂的金属风管，再用塑料软管作吸气支管连接到集气吸尘罩。

(3) 对于无固定位置的煤制样设备（例如煤在地面人工混合），设置 200mm×200mm～

300mm×300mm 开口面积的移动吸气罩。移动吸气罩临时放在尘源附近。吸气罩的吸气量（Q）按公式计算。其中 v_x 取 0.35～0.5m/s。

（4）集气吸尘罩的支管上应设可以关断的阀门，在煤制样设备不工作时关断相应的支管上的阀门。

（5）对于经常移动的制样设备，除尘设备宜采用小型袋式除尘机组。

五、煤粉碎除尘技术改造实例

1. 改造原因

煤粉碎机注煤的入口、出口及皮带机受料点的扬尘，通过吸气罩经风管进入袋式除尘器。捕集下来的煤尘加入炼焦配煤中炼焦，如图 8-12 所示。

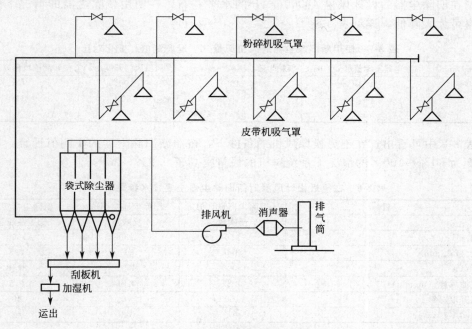

图 8-12　煤粉碎机室除尘系统

经多年运行后除尘器阻力升高，经常维持在 2000～3000Pa，由于阻力高，使系统风量也有所减少，因此决定把反吹风袋式除尘器改造为脉冲式除尘器，以便降阻节能改善车间岗位环境。

2. 工艺特点和参数

流程特点如下：①考虑到煤尘的爆炸性质，采用能消除静电效应的过滤布，滤布中织入直径 8～12μm 的金属导线；②为防止潮湿的煤尘在管道、集尘器灰斗内集聚，在管道及除尘器灰斗侧壁设置蒸汽保温层；③收尘经刮板机直接输送回生产系统。

主要设计参数：抽风量 800m³/min；入口含尘浓度（标态）15g/m³；出口含尘浓度（标态）小于 50mg/m³；烟气温度不大于 60℃；除尘器形式为负压式反吹风袋式除尘器，过滤面积 950m²；滤袋规格 ϕ292mm×8000mm；过滤风速 0.84m/min；设备阻力 1960Pa，室数 4 室（144 条滤袋）；风机的风量 800m³/min，风压 4900Pa，温度 60℃，电动机 132kW。

3. 改造后参数和效果

改造后新除尘器的主要技术参数如下。①型式及室数：新除尘器为低压（0.3MPa）在线式脉冲喷吹袋式除尘器，共 4 室；②过滤面积 1600m²；③处理风量 56940m³/h，全压不大于 5000Pa；④过滤风速 0.6m/min；⑤滤袋规格及材质 φ150mm×7600mm，材质为防静电针刺毡（没有覆膜），单重 500g/m²；⑥滤袋数量 448 条，一个脉冲阀带 14 条滤袋；⑦烟气温度小于 60℃；⑧入口含尘浓度 15g/m³（标）；⑨出口含尘浓度＜10mg/m³（标）；⑩粉尘性质为煤粉（烟气中含有少量焦油和水分）；⑪设备阻力 700Pa；⑫脉冲阀规格 3in，AS-CO 公司产品，共 32 个。

本次改造主要是把旧除尘器改成新除尘器，风机没有更换，风机的风量 48000m³/h，全压 5000Pa，电动机 132kW。改造后由于新除尘器本体阻力低了（设备阻力 700Pa，运行阻力 300Pa），使除尘系统阻力大大降低，尽管风机没有更换（风机特性曲线没有改变），但管网特性曲线变化了，所以系统风机的风量有所增加，详见表 8-7。如果把新旧除尘器的实测风量控制在旧除尘器的设计风量 48000m³/h 的水平左右，在使用新除尘器的情况下风机的有效功率可大大降低，详见表 8-8。

表 8-7　使用新旧除尘器时风机风量（工况实测值）变化对比

设计值/(m³/min)	旧除尘器实测值/(m³/min)	新除尘器实测值/(m³/min)	风机风门开度/%	按实测值风量提高数/%
800	864	949	100	9.8
	847	948	80	12
	733	930	60	20

从表 8-8 中可看出，在不更换原风机的条件下，按照新旧除尘器的实测值计算，在风机阀门开度为 60%～100% 的情况下系统风机的风量提高了 9.8%～20%。

表 8-8　在接近设计风量时新旧除尘器主要技术参数对比

项　　目	旧除尘器设计值	旧除尘器实测值	新除尘器实测值
清灰方式	反吹风	反吹风	低压在线脉冲
过滤面积/m²	950	950	1600
风机风量/(m³/min)	800	817	798
风机全压/Pa	5000	4651	3158
除尘器过滤风速/(m/min)	0.84	0.86	0.5
风机阀门开度/%	100	70	40
风机有效功率/%	67	63	42

由表 8-8 中可以看出，把新旧除尘器的实测值控制在设计风量左右时，除尘器设备阻力降低约 1493Pa，换算成风机的有效功率为：

$$N_1 = \frac{817 \times 4651}{60 \times 1000} = 63 \text{kW（按旧除尘器实测值计算）}$$

$$N_2 = \frac{798 \times 3158}{60 \times 1000} = 42 \text{kW（按新除尘器实测值计算）}$$

$$\text{节约的风机有效功率} = \frac{63-42}{63} \times 100\% = 33\%$$

由此可见，在处理风量相同时，新除尘器与旧除尘器相比，可节省系统风机的有效功率 30% 左右，具较大的节能意义。新除尘器与旧除尘器相比，过滤面积扩大了 68%，在不更换风机的情况下，除尘系统风机风量提高了 9.8%～20%。新除尘器与旧除尘器相比，运行阻力只有 300MPa 左右，大大地延长滤袋使用寿命（滤袋寿命达 7 年），节省能源及作业率高，维护维修简单，可较大地节省年运行管理费。新除尘器出口含尘浓度（标态）小于 10mg/m³，有利于改善周围的环境。

第三节　焦炉煤气净化技术

在钢铁企业的焦炉煤气的净化和回收是焦炉煤气、高炉煤气、转炉煤气中最重要的部分，本节介绍焦炉煤气的净化方法和回收产品产率。

一、焦炉煤气来源

1. 焦炉煤气来源

焦炉煤气净化系统也称为炼焦化学产品回收系统。所谓炼焦化学就是研究以煤为原料，经高温干馏（900～1050℃）获得焦炭和荒煤气（或称粗煤气），并将荒煤气经过冷却、洗涤净化及蒸馏等化工工艺处理，制取化学产品的工艺及技术的学科。荒煤气经过各种工艺技术处理制取化工产品（如焦油、粗苯、硫铵、硫黄）后的煤气称为净焦炉煤气。对荒煤气经工艺技术处理的过程称为煤气净化过程（系统）。

生产和经营炼焦化学产品的生产企业是炼焦化学工厂，也称为煤炭化学工厂。在我国钢铁联合企业中焦炭和焦炉煤气是主要能源，占总能耗的60%以上，所以大部分焦化厂设在钢铁联合企业中，是钢铁联合企业的重要组成部分。

2. 物理化学变化

煤料在焦炉炭化室内进行高温干馏时，煤质发生了一系列的物理化学变化。

装入煤在200℃以下蒸发表面水分，同时析出吸附在煤中的二氧化碳、甲烷等气体；当温度升高至250～300℃时，煤的大分子端部含氧化合物开始分解，生成二氧化碳、水和酚类（主要是高级酚）；当温度升至约500℃时，煤的大分子芳香族稠环化合物侧链断裂和分解，产生气体和液体，煤质软化熔融，形成气、固、液三相共存黏稠状的胶质体，并生成脂肪烃，同时释放出氢。

在600℃前从胶质层析出的和部分从半焦中析出的蒸汽和气体称为初次分解产物，主要含有甲烷、二氧化碳、一氧化碳、化合水及初煤焦油（简称初焦油），氢含量很低。

初焦油主要的组成（质量分数）大致见表8-9。

表8-9　初焦油主要的组成

链烷烃(脂肪烃)	烯烃	芳烃	酸性物质	盐基类	树脂状物质	其他
8.0%	2.8%	58.9%	12.1%	1.8%	14.4%	2%

初焦油中芳烃主要有甲苯、二甲苯、甲基联苯、菲、蒽及其甲基同系物，酸性化合物多为甲酚和二甲酚，还有少量的三甲酚和甲基吲哚；链烷烃和烯烃皆为 C5～C32 的化合物；盐基类主要是二甲基吡啶、甲基苯胺、甲基喹啉等。

炼焦过程析出的初次分解产物，约80%的产物是通过赤热的半焦及焦炭层和沿温度约1000℃的炉墙到达炭化室顶部的，其余约20%的产物则通过温度一般不超过400℃的两侧胶质层之间的煤料层逸出。

初次分解产物受高温作用，进一步热分解，称为二次裂解。通过赤热的焦炭和沿炭化室炉墙向上流动的气体和蒸汽，因受高温而发生环烷烃和烷烃的芳构化过程（生成芳香烃）并析出氢气，从而生成二次热裂解产物。这是一个不可逆的反应过程，由此生成的化合物在炭化室顶部空间则不再发生变化。与此相反，由煤饼中心通过的挥发性产物，在炭化室顶部空间因受高温发生芳构化过程。因此炭化室顶部空间温度具有特殊意义，在炭化过程的大部分时间里此处温度为 800℃ 左右,大量的芳烃是在 700~800℃ 时生成的。

二、焦炉煤气的性质

从焦炉炭化室产生,经上升管、桥管汇入集气管逸出的煤气称为荒煤气,其组成随炭化室的炭化时间不同而变化。由于焦炉操作是连续的,所以整个炼焦炉组产生的煤气组成基本是均一的、稳定的。荒煤气组成(净化前)见表 8-10。煤气的组分中有最简单的烃类化合物、游离氢、氧、氮及一氧化碳等,这说明煤气是分子结构复杂的煤质分解的最终产物。煤气中氢、甲烷、一氧化碳、不饱和烃是可燃成分,氮及二氧化碳是惰性组分。

表 8-10　荒煤气组成(净化前)　　单位:g/m³

名　　称	质量浓度	名　　称	质量浓度
水蒸气	250~450	硫化氢	6~30
焦油气	80~100	氰化氢	1.0~2.5
苯族烃	30~45	吡啶盐基	0.4~0.6
氨	8~16	其他	2.0~3.0
萘	8~12		

经回收化学产品和净化后的煤气称为净焦炉煤气,也称回炉煤气,其杂质浓度见表 8-11。几种煤气成分的组成及低发热值见表 8-12。

表 8-11　净焦炉煤气中的杂质浓度　　单位:g/m³

名　　称	浓　　度	名　　称	浓　　度
焦油	0.05	氨	0.05
苯族烃	2~4	硫化氢	0.20
萘	0.2~0.4	氰化氢	0.05~0.2

表 8-12　几种煤气的成分组成及低发热值

名　称	N_2 /%	O_2 /%	H_2 /%	CO /%	CO_2 /%	CH_4 /%	C_mH_n /%	$Q_{低}$ /(kJ/m³)	密度 /(kg/m³)
焦炉煤气	2~5	0.2~0.9	56~64	6~9	1.7~3.0	21~26	2.2~2.6	17550~18580	0.4636
高炉煤气	50~55	0.2~0.9	1.7~2.9	21~24	17~21	0.2~0.5		3050~3510	1.296
转炉煤气	16~18	0.1~1.5	2~2.5	63~65	14~16			7524	1.396
发生炉煤气	46~55		12~15	25~30	2~5	0.5~2.0		4500~5400	

三、焦炉煤气净化工艺流程

煤气的净化对煤气输送过程及回收化学产品的设备正常运行都是十分必要的。煤气净化包含煤气的冷却、煤气的输送、化学产品回收,如脱硫、制取硫铵、终冷洗苯、粗苯蒸馏等工序,以减少煤气中有害物质。

煤气净化系统工艺流程见图 8-13。

不同的煤气净化工艺流程主要表现在脱硫、脱氨配置不同。

煤气净化脱硫工艺主要有干法脱硫和湿法脱硫两种,湿法脱硫工艺有湿式氧化工艺和湿式吸收工艺两种。湿式氧化脱硫工艺有以氨为碱源的 TH 法(TAKAHAX 法脱硫脱氰和 HIROHAX 法废液处理工艺),以氨为碱源的 FRC 法(FUMAKSRHODACS 法脱硫脱氰和 COMPACS 法废液焚烧、干接触法制取浓硫酸工艺），以氨为碱源的 HPF 法和以钠为碱源的 ADA 法等；湿式吸收脱硫工艺有索尔菲班法（单乙醇氨法）和 AS 法（氨硫联合洗涤法）。

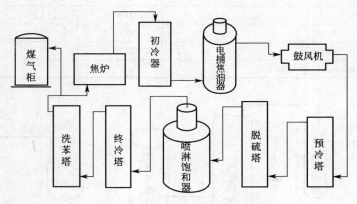

图 8-13　煤气净化系统工艺流程

煤气净化脱氨工艺主要有：水洗氨蒸氨浓氨水工艺、水洗氨蒸氨氨分解工艺、冷法无水氨工艺、热法无水氨工艺、半直接法浸没式饱和器硫氨工艺、半直接法喷淋式饱和器硫氨工艺、间接法饱和器硫氨工艺和酸洗法硫氨工艺。

国内常用的煤气净化工艺流程、特点及主要设备选择以炭化室高 6m 的焦炉配置的煤气净化工艺为例进行叙述。

（一）冷凝鼓风工序流程

来自焦炉约 82℃的荒煤气与焦油和氨水沿吸煤气管道至气液分离器，由气液分离器分离的焦油和氨水首先进入机械化氨水澄清槽，在此进行氨水、焦油和焦油渣的分离。上部的氨水流入循环氨水中间槽，再由循环氨水泵送至焦炉集气管循环喷洒冷却煤气，剩余氨水送入剩余氨水中间槽。澄清槽下部的焦油靠静压流入机械化焦油澄清槽，进一步进行焦油与焦油渣的沉降分离，焦油用焦油泵送往油库工序焦油储槽。机械化氨水澄清槽和机械化焦油澄清槽底部沉降的焦油渣刮至焦油渣车，定期送往煤场，掺入炼焦煤中。

进入剩余氨水中间槽的剩余氨水用剩余氨水中间泵送入除焦油器，脱除焦油后自流到剩余氨水槽，再用剩余氨水泵送至硫铵工序剩余氨水蒸氨装置，脱除的焦油自流到地下放空槽。为便于工程施工，初冷器后煤气管道预留阀门，初冷器前煤气管道在总管预留接头。鼓风机室部分在煤气总管预留接头。

气液分离后的荒煤气由气液分离器的上部，进入并联操作的横管初冷器，分两段冷却，上段用 32℃循环水、下段用 16℃低温水将煤气冷却至 21～22℃。为了保证初冷器冷却效果，在上段、下段连续喷洒焦油、氨水混合液，在顶部用热氨水不定期冲洗，以清除管壁上的焦油、萘等杂质。初冷器上段排出的冷凝液经水封槽流入上段冷凝液槽，用泵送入初冷器上段中部喷洒，多余部分送到吸煤气管道。初冷器下段排出的冷凝液经水封槽流入下段冷凝液槽，再加兑一定量焦油后，用泵送入初冷器下段顶部喷洒，多余部分流入上段冷凝液槽。

由横管初冷器下部排出的煤气，进入 3 台并联操作的电捕焦油器除掉煤中夹带的焦油，再由煤气鼓风机压送至脱硫工序。

冷凝鼓风工序主要设备见表 8-13。

冷凝鼓风工序工艺流程如图 8-14 所示。

表 8-13 冷凝鼓风工序主要设备

设备名称及规格	主要材质	台数(4×55 孔焦炉)	
		一期	二期
初冷器 $A_N = 4000m^2$	Q235-A	3	2
电捕焦油器 $D_N = 4.6m$	Q235-A	2	1
机械化氨水澄清槽 $V_N = 300m^3$	Q235-A	3	1
机械化焦油澄清槽 $V_N = 140m^3$	Q235-A	1	
煤气鼓风机 $Q = 1250m^3/min$ $p = 25kPa$		2	1

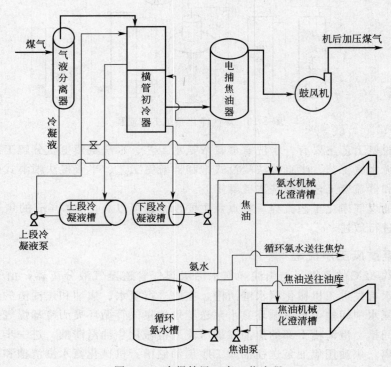

图 8-14 冷凝鼓风工序工艺流程

(二) 脱硫工序流程

鼓风机后的煤气进入预冷塔，与塔顶喷洒的循环冷却水逆向接触，被冷却至 30℃。循环冷却水从塔下部用泵抽出送至循环水冷却器，用低温水冷却至 28℃后进入塔顶循环喷洒。采取部分剩余氨水更新循环冷却水，多余的循环水返回冷凝鼓风工序。

预冷后的煤气进入脱硫塔，与塔顶喷淋下来的脱硫液逆流接触，以吸收煤气中的硫化氢，同时吸收煤气中的氨，以补充脱硫液中的碱源。脱硫后煤气含硫化氢约 $300mg/m^3$，送入硫铵工序。

吸收了 H_2S、HCN 的脱硫液从塔底流出，进入反应槽，然后用脱硫液泵送入再生塔，同时自再生塔底部通入压缩空气，使溶液在塔内得以氧化再生。再生后的溶液从塔顶经液位调节器自流回脱硫塔，循环使用。浮于再生塔顶部的硫黄泡沫，利用位差自流入泡沫槽，硫黄泡沫经泡沫泵送入熔硫釜加热熔融，清液流入反应槽，硫黄冷却后装袋外销。

为避免脱硫液盐类积累影响脱硫效果，排出少量废液送往配煤。脱硫系统工艺流程见图 8-15。

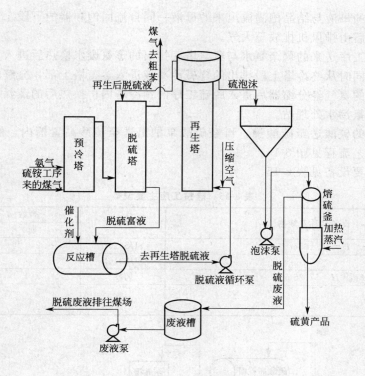

图 8-15　脱硫系统工艺流程

脱硫工序主要设备见表 8-14。

表 8-14　脱硫工序主要设备

设备名称及规格	主要材质	台数（4×55 孔焦炉）	
		一期	二期
预冷塔 $D_N=5.6m，H=22.5m$	Q235-A	1	
脱硫塔 $D_N=7m$　$H=32.3m$	Q235-A	1	1
再生塔 $D_N=5m$　$H=47m$	Q235-A	1	1
脱硫液循环泵附电机 $P=560kW(10kV)$	SUS304	2	1
		2	1
熔硫釜 $D_N=1m$　$H=5.5m$	SUS304	4	4

（三）硫铵工序流程

由脱硫工序来的煤气经煤气预热器进入饱和器。煤气在饱和器的上段分两股进入环形室，经循环母液喷洒，煤气中的氨被母液中的硫酸吸收，然后煤气合并成一股进入后室，经母液最后一次喷淋，进入饱和器内旋风式除酸器分离煤气所夹带的酸雾，再经捕雾器捕集煤气中的微量酸雾后，送至终冷洗苯工序。

饱和器下段上部的母液经母液循环泵连续抽出送至环形室喷洒，吸收了氨的循环母液经中心下降管流至饱和器下段的底部，在此处晶核通过饱和母液向上运动，使晶体长大，并引起颗粒分级，用结晶泵将其底部的浆液送至结晶槽。饱和器满流口溢出的母液流入满流槽内液封槽，再溢流到满流槽，然后用小母液泵送入饱和器的后室喷淋。冲洗和加酸时，母液经满流槽至母液储槽，再用小母液泵送至饱和器。此外，母液储槽还可供饱和器检修时储存母液。

结晶槽的浆液排放到离心机，经分离的硫铵晶体由螺旋输送机送至振动流化床干燥机，并用被热风器加热的空气干燥，再经冷风冷却后进入硫铵储斗，然后称量、包装送入成品库。离心机滤出的母液与结晶槽满流出来的母液一同自流回饱和器的下段。干燥硫铵后的尾气经旋风分离器后由排风机排放至大气。

由冷凝鼓风工序送来的剩余氨水与蒸氨塔底排出的蒸氨废水换热后进入蒸氨塔，用直接蒸汽将氨蒸出；同时从终冷塔上段排出的含碱冷凝液进入蒸氨塔上部，分解剩余氨水中固定铵，蒸氨塔顶部的氨气经分缩器后进入脱硫工序的预冷塔内。换热后的蒸氨废水经废水冷却器冷却后送至酚氰污水处理站。

由油库送来的硫酸送至硫酸槽，再经硫酸泵抽出送至硫酸高置槽内，然后自流到满流槽。硫铵系统工艺流程见图8-16。

硫铵工序主要设备见表8-15。

表 8-15 硫铵工序主要设备

设备名称及规格	主要材质	台数(4×55孔焦炉)	
		一期	二期
饱和器 $D_N=4.2/3m$ $H=10.165m$	SUS316L	2	1
结晶槽 $D_N=2m$	SUS316L	2	2
氨水蒸馏塔 $D_N=2.8m$ $H=17.25m$	铸铁	2	
母液循环泵	904L	2	1
附电机 $P=110kW$		2	1

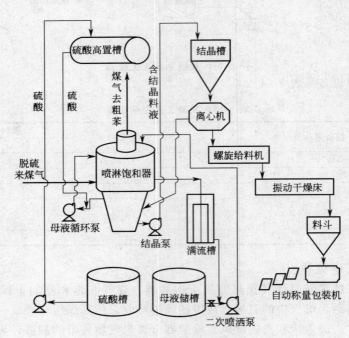

图 8-16 硫铵系统工艺流程

（四）终冷洗苯工序流程

从硫铵工序来的约55℃的煤气，首先从终冷塔下部进入终冷塔分两段冷却，下段用约37℃的循环冷却水，上段用约24℃的循环冷却水，将煤气冷却至约25℃，后进入洗苯塔。煤气经贫油洗涤脱除粗苯后，一部分送回焦炉和粗苯管式炉加热使用，其余送往用户。

终冷塔下段的循环冷却水从塔中部进入终冷塔下段，与煤气逆向接触冷却煤气后用泵抽出，经下段循环喷洒液冷却器，用循环水冷却到37℃进入终冷塔中部循环使用。终冷塔上段的循环冷却水从塔顶部进入终冷塔上段，冷却煤气后用泵抽出，经上段循环喷洒液冷却

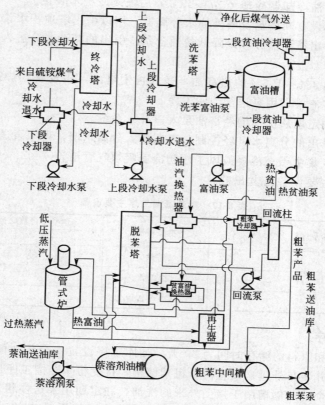

图 8-17 终冷洗苯与粗苯蒸馏系统工艺流程

器，用低温水冷却到 24℃ 进入终冷塔顶部循环使用。同时，在终冷塔上段加入一定量的碱液，进一步脱除煤气中的 H_2S，保证煤气中的 H_2S 质量浓度不大于 $200mg/m^3$。下段排出的冷凝液送至酚氰废水处理站；上段排出的含碱冷凝液送至硫铵工序蒸氨塔顶，分解剩余氨水中的固定铵。

由粗苯蒸馏工序送来的贫油从洗苯塔的顶部喷洒，与煤气逆向接触，吸收煤气中的苯，塔底富油经富油泵送至粗苯蒸馏工序脱苯后循环使用。终冷洗苯系统工艺流程见图 8-17。

终冷洗苯主要设备见表 8-16。

表 8-16　终冷洗苯主要设备

设备名称及规格	主要材质	台数（4×55 孔焦炉）	
		一期	二期
终冷塔 D_N=6m　H=27.7mm	Q235-A	1	
洗苯塔 D_N=6m　H=35.3m	Q235-A	1	

（五）粗苯蒸馏工序流程

从终冷洗苯装置送来的富油依次送经油汽换热器、贫富油换热器，再经管式炉加热至 180℃ 后进入脱苯塔，在此用再生器来的直接蒸汽进行汽提和蒸馏。塔顶逸出的粗苯蒸气经油汽换热器、粗苯冷凝冷却器后，进入油水分离器，分出的粗苯流入粗苯回流槽，部分用粗苯回流泵送至塔顶作为回流，其余进入粗苯中间储槽，再用粗苯产品泵送至油库。

脱苯塔底排出的热贫油，经贫富油换热器后再进入贫油槽，然后用热贫油泵抽出经一段贫油冷却器、二段贫油冷却器冷却至 27~29℃，后去终冷洗苯装置。

在脱苯塔的顶部设有断塔盘及塔外油水分离器，用以引出塔顶积水，稳定操作。

在脱苯塔侧线引出萘油馏分，以降低贫油含萘。引出的萘油馏分进入萘溶剂油槽，定期用泵送至油库。

从管式炉后引出 1%~1.5% 的热富油，送入再生塔内，用经管式炉过热的蒸汽蒸吹再生。再生残渣排入残渣槽，用泵送至油库工序。

系统消耗的洗油定期从洗油槽经富油泵入口补入系统。

各油水分离器排出的分离水，经控制分离器排入分离水槽，再用泵送往冷凝鼓风工序。

各贮槽的不凝气集中引至冷凝鼓风工序初冷前吸煤气管道。

粗苯蒸馏工序主要设备见表 8-17。

表 8-17　粗苯蒸馏工序主要设备

设备名称及规格	主要材质	台数(4×55 孔焦炉)	
		一期	二期
脱苯塔 $D_N=2.8m$　$H=27.2m$	铸铁	1	1
再生器 $D_N=2.2m$　$H=9.5m$	Q235-A	1	1
管式炉	Q235-A	1	1

（六）油库工序

油库工序产品和原料的储存时间为 20 天。油库工序设置 4 个焦油储槽，接受冷凝鼓风工序送来的焦油，并装车外运；设置两个粗苯储槽，接受粗苯蒸馏工序送来的粗苯，并定期装车外运。设置两个洗油储槽用于接受外来的洗油，并定期用泵送往粗苯蒸馏工序；设置 2 个碱储槽，1 个卸碱槽，2 个硫酸槽，1 个卸酸槽，用于接受外来的碱液（40%）和硫酸（93%），并用泵定期送至终冷洗苯工序和硫铵工序。焦油和粗苯采用汽车和火车两种运输方式，其他原料的装卸车采用汽车。

四、煤气净化回收产品产率

1. 煤气净化回收产品产率

炼焦化学产品的产率和组成随焦炉炼焦温度和原料煤质量的不同而波动。在工业生产条件下，焦炭与煤气净化回收的化学产品的产率，通常用它与干煤质量的比例来表示。各化学产品的产率见表 8-18。

表 8-18　化学产品产率　　　　　　　　　　　　　单位：%

化学产品	产率	化学产品	产率
焦炭	75~78	净焦炉煤气	15~19(或 320~340m³/t)
硫铵	0.8~1.1	硫化氢	0.1~0.5
粗苯	0.8~1.0	氰化氢	0.05~0.07
煤焦油	3.5~4.5	化合水	2~4
氨	0.25~0.35	其他	1.4~2.5

从焦炉炭化室逸出的荒煤气（也称出炉煤气）所含的水蒸气，除少量化合水（煤中有机质分解生成的水）外，大部分来自煤的表面水分。

2. 煤气净化系统能耗系数

投入物、产出物等能耗折标准煤系数见表 8-19。

表 8-19　投入物、产出物等能耗折标准煤系数

物　料	折标准煤	物　料	折标准煤
洗精煤（干）	1.014t/t	电	0.404kg/(kW·h)
焦炭	0.971t/t	蒸汽	0.12t/t
焦炉煤气	0.611kg/m³	压缩空气	0.036kg/m³
焦油	1.29t/t	氮气	0.047kg/m³
粗苯	1.43t/t	高炉煤气	0.109kg/m³
生产用水	0.11kg/m³		

1kg 标准煤热值定额为 29307.6kJ，即 29.3076MJ，折算如下：

1t 标准煤热值为 29307.6MJ，即 29.3076GJ；

1t 焦炭热值为 29.3076GJ×0.971＝28.4577GJ；

1m³ 焦炉煤气热值为 0.611×29.3076＝17.9069GJ。

一般情况下，焦炉煤气的低发热值为 17900kJ/m³，高炉煤气的低发热值为 3180kJ/m³，混合煤气（焦炉煤气与高炉煤气混合）的低发热值为 4209kJ/m³。

五、煤气净化安全规则

煤气净化系统也称为回收车间、化产车间，其安全通用规则如下。

（1）回收车间应有完善的安全防护设施，非本车间生产用车辆禁止入内。非工作人员禁止进入生产岗位，外来人员经有关部门批准，戴好安全帽方可进入生产岗位，要害岗位由保卫部门审查批准。

（2）化产车间区域内严禁吸烟、动火。动火检修时需办理动火批准手续，并且有安保部门的防火人员到场监护。进入现场必须按规定穿戴好劳动保护用品，走安全道。动火前应该具备的条件：①动火现场保持道路畅通；②清除附近的易燃物；③使现场空气畅通，防止可燃气体积聚；④准备好灭火器材；⑤需要置换的设备已经置换、清洗合格；⑥和其他生产设备连接的管道已经加好盲板；⑦属于高空作业的要符合高空作业的有关安全规定。

（3）现场、岗位悬挂的警告牌和安全标志牌，非经安全部门批准不得随意移动或取消。各种消防器材、设施，禁止移作他用，并始终保持完好的备用状态。

（4）车间内通道、走梯、操作平台应保持畅通无阻，厂房内外应保持整齐。

（5）车间各地沟、水井盖板必须保持完整无缺，水池和危险区应设有栏杆等保护设施。

（6）车间主要通道和外部设备周围地面不得有积雪和结冰，及时除掉建筑物和架空管道上冰溜。

（7）凉水架检修、清扫和打冰必须在停止风机运转、断电且有人监护的条件下进行。

（8）各油槽装油时顶部应留有不少于 200mm 的高度以防跑油。各油槽放散管要保持畅通，阀门保持灵敏有效。

（9）粗苯和其他尾气回收系统必须严密不漏，发现泄漏应立即关闭与负压系统相连的旋塞，并接通大气。正常生产时，负压应符合技术规定。

（10）车间各受压容器必须有灵活好使的安全装置，否则一律禁用。

（11）易燃、易爆的槽罐地区和明火设备必须有完善的安全防护设施。

（12）在苯类和煤气危险区工作时，严禁使用铁制工具，进入苯类和煤气设备厂房内禁穿钉子鞋。

（13）易燃、易爆液体储槽与煤气设备应保持严密不漏，要有符合规定的接地装置。

（14）储存密度小于 $1.0g/cm^3$ 的油类储槽、计量槽、分离槽等放水时，必须防止油类流入酚水管道。

（15）禁止在蒸汽管道和加热设备上晾晒一切可燃物品。

（16）修理煤气设施时，必须遵照危险工作规定进行。

（17）在容器、储槽等设备内检查、检修、清扫时，必须按照下列各项规定进行：①必须将与设备连接的管道断开，并堵上盲板；②容器、储槽清扫时，必须在常温下进行，并且其内空气分析合格；③清理容器、储槽内残渣和油垢时，要采取适当防毒措施后，确认安全方可进入；④设备内部检修完毕时，不得将工具、材料等物遗留在设备内；⑤设备内检修用照明必须使用 12V 安全电压。

（18）煤气设备检修及抽堵盲板时，应执行厂规定的危险工作审批程序。

（19）禁止超量储存易燃易爆的原料、半成品和成品。

（20）禁用破布、木棍和其他类似东西堵塞蒸汽、煤气及其他油类管道和设备。

（21）装卸酸、碱操作时，必须戴好眼镜、口罩、胶皮手套、摩托帽等防护用品。

（22）运转设备必须"有轴有套"、"有轮有罩"等安全保护装置，设备运转时禁止擦抹和触碰运转部位。

（23）禁止带压拆卸管道和设备。

（24）禁止用压缩空气吹扫或输送易燃、可燃液体以及极易与氧发生氧化反应的液体。

（25）电捕焦油器绝缘箱检修清扫后需降至常温，防止自燃。

六、焦炉煤气的综合利用

大部分的焦炉煤气用作气体燃料，或用于发电。近年来，随着国家支持力度的加大，技术条件的成熟，以焦炉煤气为原料，发展高技术含量、高附加值焦化下游产品已成为重点钢铁企业链，打造利润增长点的发展方向之一。

（一）焦炉煤气用作燃气

焦化厂的绝大部分焦炉为复热式焦炉，一般采用高炉煤气加热或焦炉煤气、高炉煤气联合加热，剩余焦炉煤气经净化后供给烧结、炼铁、炼钢、轧钢等用户。对于生产板材的钢厂，尤其当其深加工产品比例较高时，高热值的焦炉煤气已是钢厂必不可少的能源。目前，在我国钢铁企业中，焦炉煤气主要作为燃料用于烧结、焦化、高炉、炼钢、热轧等工序的加热。与传统固体燃料相比，焦炉煤气有使用便捷、可以管道输送及传热效率高等优点。同时，焦炉煤气在深度净水，除去 H_2S、HCN、NH_3 等有害物质后，还可用作居民燃气，从而减少了占地且具有较高价格，因此有很好的经济效益。

（二）焦炉煤气用于直接还原铁

焦炉煤气中含有 55% 的氢气和 25% 的甲烷，本身就是还原性气体，也可经过加氧催化裂解制取优良还原气，通过气基竖炉生产海绵铁。根据物料平衡计算结果，在炼焦过程中70% 的炼焦煤转化成焦炭，30% 转换成焦炉气。但是经过测算，70% 的焦炭与 30% 的焦炉煤气的还原当量是 1∶1。这主要是因为 H_2 作为还原剂的还原潜能是 CO 的 19 倍左右。因此充分利用焦炉气的还原性能来进行高炉直接还原铁，竖炉的联合流程进行直接还原炼铁：一方面可以节省焦煤资源、降低生产成本；另一方面还可以大大减少温室气体的排放。

目前在可利用的直接还原技术中，HYL-ZR（希尔）技术可以在其工艺和设备无需任何改动的情况下使用焦炉煤气或煤气化气体。此技术主要是通过在自身还原段中生成的还原气体（现场重整）实现最佳的还原效率，无需使用外部重整炉设备或供替代还原气体生成系统。其工艺流程见图8-18。

同时，还可以将焦炉气中的甲烷进行热裂解后获得的74%H_2、25%CO的混合气体作为直接还原生产海绵铁的还原性气体。国内太原理工大学相关研究已通过了该工艺的关键煤气热裂解生产合成气体技术的中试，并在优化工艺路线方面取得了突破。

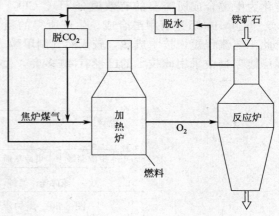

图 8-18 焦炉煤气生产直接还原铁 HYL-ZR 工艺流程

（三）焦炉煤气用于发电

焦炉煤气用于发电，既可采用燃气锅炉带动蒸汽轮机发电，也可采用燃气轮机直接带动发电机发电。根据国内煤气锅炉对燃料的要求，当燃料的发热量（标态）不小于12.56MJ/m^3 时即可使锅炉稳定燃烧。一般的焦炉煤气均能满足该要求。利用蒸汽轮机发电是目前国内常规电站的设计模式，电站的运行、维修、管理等都有一套可参考的成熟经验，但却有效率低、投资大、水耗量大、施工周期长等缺点；而利用燃气轮机热电联供机组发电，是国家"九五"期间重点推荐的节能、环保、高新技术项目，特别适合钢铁联合企业中产生的焦炉煤气的开发利用且有发电效率高、热利用率可达65%，投资少，回收周期短，自动化程度高，燃料适应范围广等特点。

（四）焦炉煤气制取氢气

工业制氢目前是以天然气、石油和煤为原料，高温下使之与水蒸气反应或用部分氧化法制得。在钢铁企业（或炼焦厂）产生的副产焦炉煤气含有50%～60%的 H_2（单质氢形式存在），是非常好的制氢原料气。采用焦炉煤气制氢，只需按现有煤气处理工艺，将其中的有害杂质去除，即通过变压吸附等技术提取出高纯度（99%）的氢气。按此流程，1m^3 的焦炉煤气约可制取 0.44m^3 的氢气。与天然气制氢相比，没有了蒸汽转换或部分氧化等 CH_4 裂解过程，从而省去了这一工艺过程的能源消耗。比直接使用天然气和煤炭等制氢更加经济，对于缓解我国能源紧张、促进环境改善和钢铁工业生态化转型，具有重要的社会效益和经济效益。焦炉煤气制氢路线见图8-19。

图 8-19 焦炉煤气制氢工艺流程

焦炉煤气生产甲醇。该工艺整个流程由焦炉气压缩、精脱硫、转化工序、甲醇合成、甲醇精馏、甲醇储存等部分组成。其关键技术就是将焦炉煤气中的甲烷转化为 CO 和 H_2。目前采用含甲烷气体生产合成气的工艺主要有蒸汽转化工艺、非催化部分氧化转化工艺、纯氧催化部分氧化工艺等。在焦炉气制甲醇过程中多采用纯氧催化部分氧化，其结构简单，只需要一台转化炉采用纯氧自燃式部分氧化转化，避免了蒸汽转化外部间接加热的形式，同时反应速率高，并有利于强化生产，焦炉气利用率高，一次性投资小。中国化学工艺第二化工设计院开发的该工艺流程见图8-20。

经净化处理的焦炉气进入气柜缓冲后，进入压缩机压缩至2.5MPa后进入焦炉气净化装置，将焦炉气中参与的硫、氨等杂质脱除后，进入转化工序，使焦炉煤气中的甲烷和高碳烃转化为甲醇合成所需要的有效成分 H_2、CO，转化气经合成气、循环气联合压缩机压缩至 5.5～6.0MPa 后进行甲醇合成。生产所得的粗甲醇经精馏后可得到符合标准的精甲醇。由于此工艺流程短、技术成熟，较天然气制甲醇、煤制甲醇有较强的成本优势，目前国内在建和已建项目中采用此技术的已经有 40 多套，生产能力达 500 万吨以上。

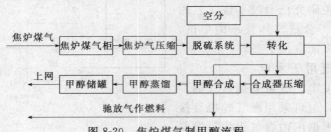

图 8-20　焦炉煤气制甲醇流程

在综合利用方面，包钢化工采用先进的苯加氢技术，生产焦炉精制煤气、苯类、萘类、酚类、喹啉类、油类、古马隆、硫酸铵、咔唑、蒽醌、沥青焦和炭黑系列产品等 50 类上百个品种，已经形成了每年 31 亿立方米焦炉煤气净化，75 万吨焦油加工，25 万吨苯加工以及 25 万吨炭黑加工生产能力。

第四节　干熄焦烟气除尘和余热利用

CDQ 是英文 "Coke Dry Quenching" 的缩写，中文意思是 "干法熄焦工艺"，简称 "干熄焦"。

干熄焦是相对湿熄焦而言，以冷惰性气体（通常为氮气）冷却炽热红焦炭的一种熄焦方式。吸收了红焦热量的惰性气体作为二次能源，在热交换设备（通常是余热锅炉）中给出热量而重新变冷，冷的惰性气体再去冷却红焦。余热锅炉产生的蒸汽用于发电。

一、干熄焦工艺流程

（一）工艺流程

从炭化室推出的 950～1050℃红焦经导焦栅落入运载车上的焦罐内。运载车由电机车牵引至提升机井架底部（或牵引至横移牵引装置处，再横移至提升机井架底部），由提升机将焦罐提升并平移至干熄槽槽顶，通过装入装置将焦炭装入干熄槽。炉中焦炭与惰性气体直接进行热交换，冷却至 200～250℃以下。冷却后的焦炭经排焦装置卸到胶带输送机上，送筛焦系统。

130℃的冷惰性气体由循环风机通过干熄槽底的供气装置鼓入槽内，与红焦炭进行热交换，出干熄槽炉的热惰性气体温度约为 850～970℃。热惰性气体夹带大量的焦粉经一次除尘器进行沉降，气体含尘量降到 6g/m³ 以下，进入干熄焦锅炉换热，在这里惰性气体温度降至 200℃以下。冷惰性气体由干熄焦锅炉出来，经二次除尘器，含尘量降到 1g/m³ 以下，然后由循环风机加压，经热管式给水预热器冷却至约 130℃，送入干熄槽循环使用。

干熄焦锅炉产生的蒸汽或并入厂内蒸汽管网或送去发电。流程如图 8-21 所示。

（二）干熄焦工作过程

（1）从炭化室推出的红焦由焦罐台车上的圆形旋转焦罐（有的干熄焦设计为方形焦罐）

接受，焦罐台车由电机车牵引至干熄焦提升井架底部，由提升机将焦罐提升至提升井架顶部；提升机挂着焦罐向干熄炉中心平移的过程中，与装入装置连为一体的炉盖由电动缸自动打开，装焦漏斗自动放到干熄炉上部；提升机放下的焦罐由装入装置的焦罐台接受，在提升机下降的过程中，焦罐底闸门自动打开，开始装入红焦；红焦装完后，提升机自动提起，将焦罐送往提升井架底部的空焦罐台车上，在此期间装入装置自动运行将炉盖关闭。

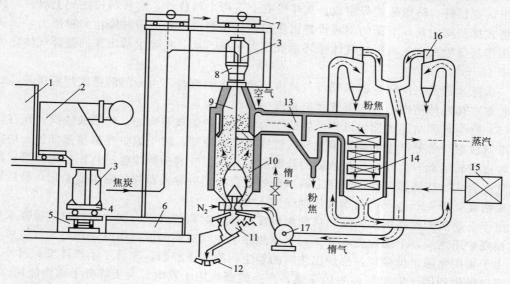

图 8-21　干熄焦设备组装

1—焦炉；2—导焦车；3—焦罐；4—横移台车；5—走行台车；6—横移牵引装置；
7—提升机；8—装入装置；9—预存室；10—冷却室；11—排出装置；12—皮带机；
13—一次除尘器；14—废热锅炉；15—水除氧器；16—二次除尘器；17—循环风机

装入干熄炉的红焦，在预存段预存一段时间后，随着排焦的进行逐渐下降到冷却段，在冷却段通过与循环气体进行热交换而冷却，再经振动给料器、旋转密封阀、溜槽排出，然后由专用皮带运输机运出。为便于运焦皮带系统的检修，以及减小因皮带检修给干熄焦生产带来的影响，皮带运输机一般设计有两套，一开一备。

（2）冷却焦炭的循环气体，在干熄炉冷却段与红焦进行热交换后温度升高，并经环形烟道排出干熄炉；高温循环气体经过一次除尘器分离粗颗粒焦粉后进入干熄焦锅炉进行热交换，锅炉产生蒸汽，温度降至约160℃的低温循环气体由锅炉出来，经过二次除尘器进一步分离细颗粒焦粉后，由循环风机送入给水预热器冷却至约130℃，再进入干熄炉循环使用。

经除盐、除氧后约104℃的锅炉用水由锅炉给水泵送往干熄焦锅炉，经过锅炉省煤器进入锅炉锅筒，并在锅炉省煤器部位与循环气体进行热交换，吸收循环气体中的热量；锅炉锅筒出来的饱和水经锅炉强制循环泵重新送往锅炉，经过锅炉鳍片管蒸发器和光管蒸发器后再次进入锅炉锅筒，并在锅炉蒸发器部位与循环气体进行热交换，吸收循环气体中的热量；锅炉锅筒出来的蒸汽经过一次过热器、二次过热器，进一步与循环气体进行热交换，吸收循环气体中的热量后产生过热蒸汽外送。

（3）干熄焦锅炉产生的蒸汽，送往干熄焦汽轮发电站，利用蒸汽的热能带动汽轮机产生机械能，机械能又转化成电能。从汽轮机出来的压力和温度都降低了的饱和蒸汽再并入蒸汽管网使用。

经一次除尘器分离出的粗颗粒焦粉进入一次除尘器底部的水冷套管冷却，水冷套管上部设有料位计，焦粉到达该料位后水冷套管下部的排灰格式阀启动将焦粉排出至灰斗，灰斗上部设有料位计，焦粉到达该料位后灰斗下的排灰格式阀启动向刮板机排出焦粉。

（4）从一次除尘器出来的循环气体含尘量约为 $10 \sim 12 g/m^3$，流经锅炉换热后，进入二次除尘器进一步除去细颗粒的焦粉。

二次除尘器为多管旋风式除尘器，由进口变径管、内套筒、外套筒、旋风器、灰斗、壳体、出口变径管、防爆装置等组成。灰斗设有上下两个料位计，焦粉料位达到上限时，灰斗出口格式排灰阀向灰斗下面的刮板机排出焦粉，焦粉料位达到下限时停止焦粉排出，以防止从负压排灰口吸入空气，影响气体循环系统压力平衡。从二次除尘器出来的循环气体含尘量不大于 $1 g/m^3$。

一次除尘器及二次除尘器从循环气体中分离出来的焦粉，由专门的链式刮板机及斗式提升机收集在焦粉储槽内，经加湿搅拌机处理后由汽车运走。

（5）除尘地面站通过除尘风机产生的吸力将干熄炉炉顶装焦处、炉顶放散阀、预存段压力调节阀放散口等处产生的高温烟气导入管式冷却器冷却；将干熄炉底部排焦部位、炉前焦库及各皮带转运点等处产生的高浓度的低温粉尘导入百叶式预除尘器进行粗分离处理；两部分烟气在管式冷却器和百叶式预除尘器出口处混合，然后导入布袋式除尘器净化，最后以粉尘质量浓度低于 $100 mg/m^3$ 的烟气经烟囱排入大气。

由于干熄焦能提高焦炭强度和降低焦炭反应性，对高炉操作有利，尤其对质量要求严格的大型高炉用焦炭，干熄焦更有意义。干熄焦除了免除对周围设备的腐蚀和对大气造成污染外，由于采用焦罐定位接焦，焦炉出焦时的粉尘污染易于控制，改善了生产环境。另外，干熄焦可以吸收利用红焦 83% 左右的显热，产生的蒸汽用于发电，大大降低了炼焦能耗。

二、干熄焦循环烟气除尘

干熄焦除尘分为干熄焦循环气体一、二次除尘和环境气体除尘。

（一）一次除尘器

一次除尘器（1 Dust Catching），简称1DC。它利用重力除尘原理将循环气体中的大颗粒焦粉进行分离，减少循环气体对锅炉炉管（主要是二次过热器管道）产生的冲刷磨损，达到保护锅炉炉管的目的。

1. 除尘原理

焦尘是磨蚀性很强的物质。因此对干熄焦装置的各单元进行抗磨蚀的防护具有实际意义，主要是保证熄焦装置操作可靠和耐久。循环气体的含尘量变动很大，其波动范围在 $3 \sim 12 g/m^3$ 之间，含尘量的高低取决于所用的工艺流程。

在干熄焦室中，当焦炭运动时，小焦屑被气体带走。在接近于设计定额（$54 \sim 56 t/h$）操作时，被气体带走的焦尘相当于熄焦量的 1.4%。干熄焦室本身的结构也影响循环气体中焦尘的含量。在干熄焦装置的熄焦室中，没有因气体速度减少而带来焦尘自然分离的上层空间。此外，气体在预存室的孔道中的流速较快，因而促进了焦尘的带出。

循环气体中的灰尘主要是海绵焦轻的组分和焦屑。焦尘颗粒的尺寸范围很广，由较大到很小。下面列出干熄焦工业装置中含尘的循环气体的灰尘平均筛分组成：

筛级/mm	>6	3~6	1.5~3	0.5~1.5	0.25~0.5	<0.25
含量/%	0.76	3~15	7.24	8.3	44.1	36.45

焦尘的颗粒愈小，对它的捕集愈困难。由于干熄焦装置有其本身的特点，所以已知的气体交换法并不是都能用在这种装置上的。例如，不能使用湿法除尘，因为它可能使密闭循环

的气体管道中渗入水蒸气，导致循环气体被氢气所饱和。

对除尘设备的主要要求是：简单、耐磨和保证必要的气密性。干熄焦装置中对气体的交货所采用的除尘设备，主要是在重力作用下使灰尘沉降的焦尘沉降室，它安装在锅炉前；还有是在离心力作用下，使气流旋转的旋风除尘器，它安装在循环风机前。

在这些设备中，大颗粒和部分较细的焦尘都被分离。焦尘的沉降过程是符合物理规律的。大颗粒（大于 $100\mu m$）的沉降符合牛顿定律；从 $100\sim1\mu m$ 的小颗粒的沉降则必须服从斯托克斯定律。

对圆形的颗粒来说，尘粒的重力为：

$$G=mg=\frac{3}{4}\pi R^3(\rho_\eta-\rho_\gamma)g \tag{8-1}$$

式中，G 为尘粒的重力，N；R 为尘粒的半径，m；ρ_η、ρ_γ 分别为尘粒和气体的密度，kg/m^3。

在尘粒沉降时介质对尘粒的阻力为：

$$F=\xi\frac{W_{o.c}^2}{2}\rho_\gamma S \tag{8-2}$$

式中，F 为介质对尘粒的阻力，N；ξ 为介质阻力系数；S 为尘粒的投影面积，m^2；$W_{o.c}$ 为沉降速度，m/s。

在雷诺准数数值很小时，介质的阻力系数符合斯托克斯定律：

$$\xi=\frac{24}{Re}=\frac{24\mu}{2R\rho_\gamma W_{o.c}} \tag{8-3}$$

式中，μ 为气体的动力黏度数，Pa·s。

因此：

$$P=\frac{24\mu W_{o.c}^2\rho_\gamma\pi R^2}{22R\rho_\gamma W_{o.c}}=6\pi RW_{o.c}\mu \tag{8-4}$$

当 $G=P$ 时，也就是：

$$\frac{4}{3}\pi R^3(\rho_\eta-\rho_\gamma)g=6\pi RW_{o.c}\mu$$

由下式可求出沉降速度 $W_{o.c}$

$$W_{o.c}=\frac{2}{9}R^2\frac{\rho_\eta-\rho_\gamma}{\mu} \tag{8-5}$$

由公式可知，尘粒（R）愈大，气体介质的黏度（μ）愈小，则 $W_{o.c}$ 愈大，而颗粒也愈快地沉积到焦尘沉降室底。

在对 R 的关系上，解方程式(8-6)，可以算出能在沉降室中沉降的最小颗粒的尺寸：

$$R=\sqrt{\frac{2}{9}\frac{W_{o.c}\mu}{(\rho_\eta-\rho_\gamma)}} \tag{8-6}$$

因为 ρ_γ 远小于 ρ_η，因此可以忽略不计。在雷诺数很小时，斯托克斯定律是正确的。

干熄焦装置所采用的在重力作用下沉降灰尘的设备，是尺寸很大的矩形沉降室，在沉降室中气流运动速度大为减少，而气体停留的时间则较长。

焦尘除尘器配置在高温区（$600\sim800^\circ C$），干熄焦室到废热锅炉的重力除尘器如图 8-22 所示。在重力作用下，悬浮的颗粒状粉尘自运动的气流中沉降下来。灰粒沉降的轨迹由两个分力的几何合力所确定（图 8-23）。灰粒在重力作用下，应在气体流到出口管前落到除尘器的底部。

重力除尘器的效率为 70%，捕集到的粉尘的分级如下：

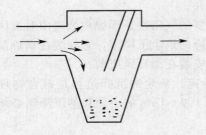

图 8-22 焦尘重力除尘器

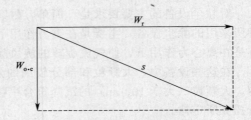

图 8-23 作用于灰粒的几何合力
$W_{o \cdot c}$—在重力作用下灰尘的速度 m/s；
W_r—水平方向的分速度；
s—灰粒运动方向

筛级/mm	＞6	3～6	1.5～3	0.5～1.5	0.25～0.5	＜0.25
含量/%	3.36	13.65	29.75	27.65	23.1	2.52

2. 除尘器技术计算

除尘器的计算，主要是确定它的尺寸，并应保证沉降室中的气流速度不致把微尘带走。在确定沉降室的尺寸时，必须查明在气流中飞扬的尘粒的最大直径为了使气体的尘粒能够下沉，必须保证沉降室中的气流为层流状态。因此沉降室中的气流平均速度不应超过 0.6m/s。重力除尘器的具体计算步骤如下。

（1）重力除尘器的截面积

$$S = \frac{Q}{v_o} \tag{8-7}$$

式中，S 为重力除尘器截面积，m^2；Q 为处理气体量，m^3/s，按 $1000～1500m^3/t$ 焦取值；v_o 为重力除尘器内气流速度，m/s，一般要求小于 0.6m/s。

（2）重力除尘器容积

$$V = Qt \tag{8-8}$$

式中，V 为重力除尘器容积，m^3；Q 为处理气体量，m^3/s；t 为气体在重力除尘器内停留时间，s，一般取 30～60s。

（3）重力除尘器的高度

$$h = v_g t \tag{8-9}$$

式中，h 为重力除尘器高度，m；v_g 为尘粒沉降速度，m/s，对于粒径为 $40\mu m$ 的尘粒，可取 $v_g = 0.2m/s$；t 为气体在除尘器内停留时间，s。

（4）重力除尘器宽度

$$b = \frac{S}{h} \tag{8-10}$$

式中，b 为重力除尘器宽度，m；S 为重力除尘器截面积，m^2；h 为重力除尘器高度，m。

（5）重力除尘器长度

$$L = \frac{V}{S} \tag{8-11}$$

式中，L 为重力除尘器长度，m；V 为重力除尘器容积，m^3；S 为重力除尘器截面积，m^2。

3. 一次除尘器的结构

（1）一次除尘器本体 一次除尘器通过高温膨胀节与干熄炉和锅炉连接，外壳由钢板焊制，侧面设置4个人孔。内部砌筑高强黏土砖（QN3、QN53）以及隔热砖，填充部分隔热碎砖，砖与钢板之间铺有隔热纤维棉。除尘挡板用耐磨耐火材料砌筑而成，当焦粉随着循环气体接触到除尘挡板，焦粉下降到底部。

一次除尘器顶部设置气体紧急放散装置，以备锅炉爆管时紧急放散蒸汽。

一次除尘器底部设置有灰斗，用来收集焦粉。灰斗与4根水冷套管相连，水冷套管与贮灰斗相连。水冷管上部设置料位计，达料位后水冷管下的格式排灰阀将焦粉排出至贮灰斗。储灰斗上部设料位计，达料位后储灰斗下的格式排灰阀向刮板机排出焦粉。

一次除尘器顶部开有锅炉入口气体温度测量孔（1个）。两侧设置有燃烧备用孔（共4个）以及其他备用孔（共4个）、顶部还设有锅炉入口气体压力测量孔及备用孔（各1个），在一次除尘器干熄炉侧倾斜墙有干燥用测温孔（共3个）。

（2）附属设备　一次除尘机附属结构如图8-24所示。

① 温膨胀节。高温膨胀节为波纹管式结构，内部用浇注料浇注而成。

② 气体紧急放散口。一次除尘器顶部设置循环气体紧急放散装置，放散口密封采用双层水封，如图8-25所示。水封盖采用电动缸驱动，设置现场和中央两种操作方式。本装置在锅炉炉管破损时，可放散系统内蒸汽。另外，本装置在温风干燥时可导入空气，在锅炉内部检修时可用其通风，在锅炉降温时可作为冷却风出口（锅炉下部检修入孔也开）等。

③ 水冷套管。一次除尘器底部有4根水冷套管，用于冷却、排出焦粉。水冷套管分为3层：内筒和外筒通水，中间用来冷却焦粉。为吸收内筒和外筒的热膨胀差，在水冷套管下部内筒与外筒间采用填料压盖的水封结构。热态时可

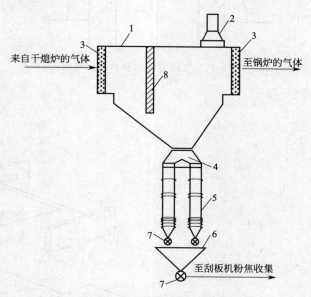

图8-24　一次除尘器及附属结构
1——次除尘器；2—气体紧急放散口；3—高温膨胀节；
4—灰斗；5—水冷却套管（4个）；6—储灰斗；
7—格式排灰阀；8—重力除尘挡板

能因内外套多动而漏水，则进一步拧紧螺栓或涂加密封胶或调整填料压盖压紧量。

在水冷套管上部设置两个料位计（每两个水冷套管一组），达该料位后水冷套管下的格式排灰阀将焦粉排出至储灰斗。

④ 均压管。为了排出储灰斗内的空气和方便焦粉的排出，特在储灰斗上设置了均压管，如图8-26所示。储灰斗上部设料位计和温度计，达该料位后储灰斗下的格式排灰阀向刮板机排出焦粉。格式排灰阀采用电机驱动，设置现场手动和中央自动控制方式。

⑤ 手动闸阀。为了便于检修格式排灰阀以及后序输灰设备，在格式阀上部安装了手动闸板，如图8-27所示。一般设置两组排灰处理系统，其中一个系统出现故障，另外一个系统可以照常处理焦灰，而且还能确保处理一定数量的焦灰。

（二）干熄焦二次除尘器

干熄焦二次除尘器（2 Dust Catching），简称2DC。采用立式多管旋风分离除尘，将循环气体系统中的小颗粒焦粉进行分离，达到保护气体循环风机的目的。

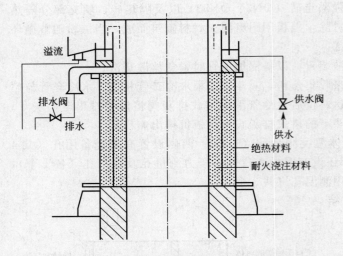

图 8-25　气体紧急放散口水封结构

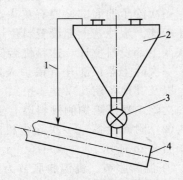

图 8-26　一次除尘器储灰斗均压管示意
1—均压管；2—一次除尘器储灰斗；
3—格式排灰阀；4—刮板输灰机

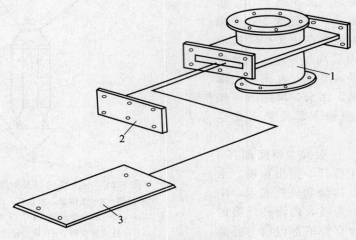

图 8-27　手动闸板结构
1—本体；2—盖板；3—闸板

1. 除尘器结构（见图 8-28）。

二次除尘器由内套筒、外套筒、旋风器、储灰斗、壳体及防爆装置等组成。进气室内抹浇注耐磨料，室 A、室 B、室 C 三者不得互相串气。内套筒材质为 20G，前四排外管面作喷涂耐磨层处理且焊以角钢作挡板保护。旋风器与外套筒为铸件，材质为 KmTBCr26NiMo。内外套筒分别以压板固定于支撑板上，旋风器嵌于外套筒内，单个旋风分离器更换很方便。储灰斗设有上下 2 个料位计，料位达上限，储灰斗出口格式排灰阀会向储灰斗下面的刮板机排出焦粉，料位达下限时停止焦粉排出。

为了保证旋风除尘器正常工作，必须及时排除沉积的灰尘并保证系统的严密性。

通常，在干熄焦装置的旋风除尘器上安装防爆阀、清扫孔和人孔，以利观察和清扫旋风除尘器。由于灰尘的磨损性很大，因此对旋风除尘器的锥体和进口部分应加以防护。防护衬板可采用耐磨合金钢或特制玻璃板和铸石板。

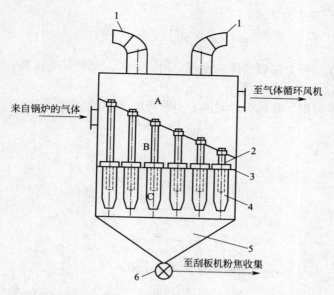

图 8-28　二次除尘器结构

1—防爆口；2—内套筒；3—旋风器；4—外套筒；5—储灰斗；6—格式排灰阀

2. 旋风除尘器工作原理

旋风除尘器（图 8-29）由圆柱部分，下部圆锥，进气管，内排风中心管，除尘管所组成。含尘气体与旋风除尘器外壳呈切线方向急速地进入进气管，在除尘器内气体产生螺旋线的向下旋转运动。悬浮的尘粒在离心力的作用下甩向旋风除尘器壁，由于摩擦作用使尘粒速度消失而落到排尘口。在圆锥顶部的中心气流被脱去灰尘，并沿旋风除尘器的中心线围绕中心管向上运动而形成一股上旋气流。这样，含尘气体在旋风除尘器中沿其器壁螺旋线向上旋转运动，而含尘气体在经中心管时同样是在螺旋线的运动过程中向下排出灰尘。

引入旋风除尘器的旋转气流形成一种离心力，它对气体分子与悬浮尘粒的作用力是不同的。因为惯性力与物体的质量成正比，而气体分子的质量远小于悬浮尘粒的质量，在旋转气流中被甩到外围而与气体分离。

旋风除尘器的动力学平衡方程式可按类似于焦尘沉降室颗粒沉降的方法来确定，主要取决于离心力和介质阻力的平衡条件：

$$\frac{mu^2}{x} = 6\pi\mu R W_{o.c} \qquad (8\text{-}12)$$

式中，x 为尘粒到旋转中心距离，m；m 为尘粒的质量，kg；u 为从旋转中心到距离 x 的圆周速度，m/s；μ 为介质动力黏度，Pa·s；R 为尘粒半径，m；$W_{o.c}$ 为尘粒移动速度，m/s。

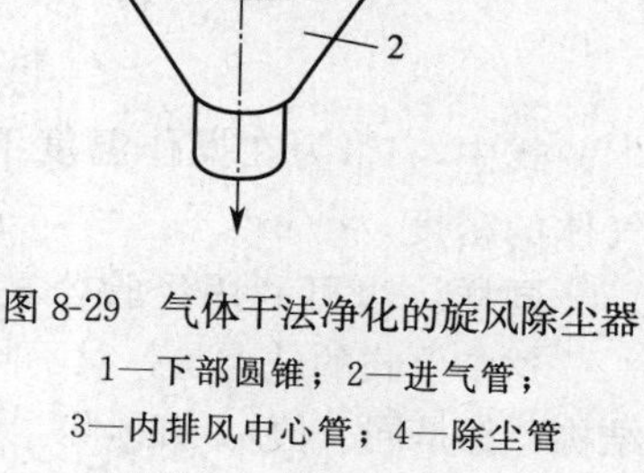

图 8-29　气体干法净化的旋风除尘器

1—下部圆锥；2—进气管；3—内排风中心管；4—除尘管

圆周速度可由角度表示：

$$u = \omega x \qquad (8\text{-}13)$$

球状的尘粒表观质量为：

$$m = \frac{4}{3}\pi R^3 (\rho_\eta - \rho_\gamma) \qquad (8\text{-}14)$$

于是等式（8-11）可变为下式：

$$W_{\text{o.c}} = \frac{2}{9}R^2 \frac{(\rho_\eta - \rho_\gamma)\omega^2 x}{\mu} \tag{8-15}$$

式中，ρ_η、ρ_γ 分别为尘粒和气体的密度，kg/m^3；ω 为尘粒角速度，m/s；其他符号意义同前。

尘粒的移动速度可用尘粒的沉降时间 τ 和距离 x 表示。

$$W_{\text{o.c}} = \frac{\mathrm{d}x}{\mathrm{d}\tau} \tag{8-16}$$

因而，

$$\frac{\mathrm{d}x}{\mathrm{d}\tau} = \frac{2}{9}R^2 \frac{(\rho_\eta - \rho_\gamma)\omega^2 x}{\mu} \tag{8-17}$$

由此得出：

$$\mathrm{d}\tau = \frac{9}{2} \times \frac{\mu}{R^2(\rho_\eta - \rho_\gamma)\omega^2 x} \times \frac{\mathrm{d}x}{x} \tag{8-18}$$

将上式在 $x = \gamma_1$ 与 $x = \gamma_2$ 范围内积分，得出 τ 值：

$$\tau = \frac{9}{2} \frac{\mu}{R^2(\rho_\eta - \rho_\gamma)\omega^2 x} \int_{\gamma_2}^{\gamma_1} \frac{\mathrm{d}x}{x} = \frac{4.5\mu}{R^2(\rho_\eta - \rho_\gamma)\omega^2 x} \ln\frac{\gamma_2}{\gamma_1} \tag{8-19}$$

式中，γ_1 为引出管的半径，m；γ_2 为旋风除尘器圆柱部分的半径，m。

利用方程式（8-19）可计算出尘粒沉降所需的时间 r。旋风除尘器的除尘效率取决于灰尘的特性、尘粒的大小、旋风除尘器的结构与尺寸和进旋风除尘器的气体速度。

气体中灰尘浓度越低，尘粒愈大和愈重，则捕集得愈完全。当气体含有水分而温度较低时，水分将冷凝在尘粒表面，从而增加了尘粒的自重。此时直到因水分增加而致尘粒开始黏附到旋风除尘器器壁前，捕尘效率是不断增加的。为了消除尘粒的粘壁现象，必须使送入旋风除尘器的气体温度比露点高 15～20℃。

气体在旋风除尘器入口处的最佳流速为 15～25m/s。当继续增大气体流速时，旋风除尘器的阻力显著增大，而除尘效率并未明显增加；当气速低于 10m/s 时，尘粒的沉降程度将显著下降。自旋风除尘器排出的气体速度在 4～8m/s 的范围内。

旋风除尘器的阻力显著地大于沉降室的阻力。根据接近于设计工作方式下操作时的试验数据，干熄焦试验装置的旋风除尘器的阻力是 600Pa，而工业干熄焦装置的旋风除尘器的阻力则是 1150Pa。

已知干熄焦装置的旋风除尘器的阻力系数 ζ，根据经验数据 $\zeta_\chi = 3.0$，则很容易算出旋风除尘器的压力损失：

$$\Delta p = \zeta \frac{V_t^2 \rho_1}{2} \tag{8-20}$$

式中，V_t 为在操作温度下，旋风除尘器进口处的气体速度，m/s；ρ_1 为在同一温度下气体的密度，g/m^3。

同样，也可利用经验公式：　　　$\Delta p_u = 1.568 V_t^2 (\text{Pa})$

这个公式的缺点是，对不同结构特点的旋风除尘器所求出的阻力值都是不变的（即不论何种结构，都是同一值）。旋风除尘器操作时的压力损失可根据气道入口和出口的总压差来确定。

与重力除尘相比，旋风除尘器是一种较为先进的设备。然而，在这种设备中只能使大颗粒和中等大小的尘粒完全沉降。下面是旋风除尘器中捕集到的细粒焦尘的组成：

筛级/mm	>6	3～6	1.5～3	0.5～1.5	0.25～0.5	<0.25
含量/%	—	—	0.51	2.47	50.18	46.84

由上列数据可知，干熄焦装置旋风除尘器捕集到的多半是细的尘粒（大体上：0.25～0.5mm 的占 50％，而 0.25mm 以下的占 47％）。

从预防循环风机的磨损来看，干熄焦装置的旋风除尘器的工作是很有效的。当干熄焦装置在设计的工作方式下操作时，旋风除尘器的平均有效系数为 87％～89％，即使偏离了设计的工作方式时有效系数的变化也较少。在设计的工作方式下操作时，即焦炭处理量为 54～56t/h 时，旋风除尘器前气流中的含尘量平均为 7.7g/m³。

强化操作时，干熄焦装置的循环风机前的气流含尘量不超过 0.8～1.0g/m³。经长期操作表明，循环风机前的上述气体含尘量不会引起循环风机运转部分产生破坏性的磨损。

三、干熄焦环境除尘

干熄焦在生产过程中会产生大量的颗粒污染物（主要是焦粉），为了减少扬尘以及符合大气污染物的排放标准，必须对含尘气体进行净化处理。干熄焦环境除尘用于控制并收集干熄焦在装、排焦过程及焦炭在转运过程中散发的大量焦粉尘。干熄焦环境除尘站的尘源主要有干熄炉顶装入装置处、干熄炉炉顶常用放散口、干熄炉预存段压力调节放散口、干熄炉底部排焦处、炉前焦库、转运站及皮带机转运点。

（一）除尘工艺流程

除尘系统工艺是将含尘烟气净化并对粉尘进行回收的过程，其流程可以从三个方面进行阐述：烟气来源、除尘系统流程以及输灰系统流程。环境除尘站通过除尘风机产生的吸力，推动整个系统的气体流动。来自装入装置、干熄槽顶部等的高温气体进入管式冷却器，将气体冷却；来自振动给料器、旋转密封阀等的低温烟气进入百叶式预除尘器，除去大颗粒的粉尘；这两股烟气的含尘浓度约为 30g/m³，汇合后进入脉冲布袋除尘器，除尘后由烟囱排放。除尘收集的粉尘由斗提机运至灰仓，经过加湿机加湿后，再利用卸灰车将焦粉外送。

干熄焦环境除尘系统的工艺流程见图 8-30。

（二）环境除尘设备

干熄焦除尘站的工作原理是：利用除尘风机产生吸力，在管式冷却器内对高温烟气进行冷却，利用百叶式预除尘器将整个排焦系统的低温烟气进行预除尘；上述两种烟气在低压脉冲布袋除尘器内汇合，对粉尘进行过滤，向大气排放，回收颗粒粉尘。排放中废气含尘量一般要求不大于 100mg/m³，符合国家《大气污染物排放标准》中的二级标准的要求。各企业可根据自己要求的实际排放指标选择更有效的除尘工艺。

除尘系统设备可以从环境除尘（烟气的净化）以及粉焦输送系统两个方面来叙述，这里主要介绍国内目前大型干熄焦的除尘系统，以干熄焦处理能力为 140t/h 为例进行阐述。

1. 环境除尘系统设备

干熄焦除尘系统是将干熄焦在生产过程中产生的烟气进行净化处理，将烟气中的粉尘分离并加以捕集、回收，实现该过程的设备称为除尘设备。除尘器的优劣常用技术指标和经济指标来评价。技术指标主要包括含尘气体处理量、除尘效率和压力损失等。经济指标主要包括设备费用、运行费用、占地面积或占用空间、设备的可靠性和使用年限以及操作和维护管理的难易等。在选择除尘设备和除尘工艺时，要对上述指标进行综合考虑。

环境除尘系统的主要设备就是除尘器和根据工艺要求选择一些附属设备。包括除尘风机、风机入口调节挡板、脉冲布袋除尘器、百叶式预除尘器、高温烟气冷却器、振动器、脉冲控制仪、离线阀、储气罐和烟囱等。

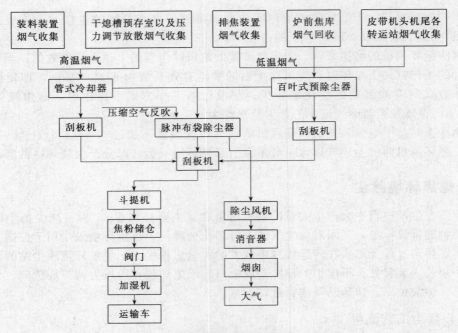

图 8-30　干熄焦环境除尘系统工艺流程

（1）低压脉冲袋式除尘器　除尘器由上箱体（净气室）、中箱体（尘气室）、下箱体（灰斗、支架）、清灰系统（喷吹装置）和过滤装置（滤袋、框架）等组成。上箱体内分隔成多个室，尘气风道设在中箱体的中间下部，在尘气风道两侧的挡风板是用于遮挡较高的气流与粉尘对滤袋的冲刷。在灰斗的一处设有格栅，防止滤袋脱落后对卸灰装置造成危害。同时还设有手动闸板，便于卸灰装置的检修维护。在中箱体与灰斗内为了避免所有造成积粉的平台、死角，要做圆弧过渡处理，箱体耐压强度为 $\pm 16 MPa$，其中耐正压强度为防爆阀的起爆压力。滤袋的安装是以弹性材料元件嵌入花板孔内，二者公差配合，结合牢靠，密封性能好。滤袋的检查和拆装在净气室内进行，操作方便和干净。滤袋材质采用静电针刺毡，面密度为 $550 g/m^3$，能在 $120℃$ 下稳定运行。袋笼采用"八角星形"，减少袋笼对滤袋的磨损，拆卸方便。清灰装置采用低压脉冲技术，该装置结构简化，阻力低，敞开通道，加快启闭速度，空气动力性能优和清灰能力强。袋壁在清灰时位移加速度达 $60～200g$（g 为重力加速度），使焦粉有效地从袋壁上剥离，防止焦粉在袋壁上沉积过厚造成危害。上箱体顶盖为轻便揭盖式，人工操作，密封填料采用微孔橡胶，其接口为斜面，采取防脱落安装。中箱体上设置专门防爆阀，具有防止空气渗漏和空气二次吸入贯通的功能。

其工作原理就是使含尘的气流由上箱体下部进入，因缓冲区的作用使气流向上运动。气流减速后到达滤袋，粉尘阻留在袋外，干净气体经袋口进入上箱体，由出风口排出。随着粉尘量增加，设备阻力逐渐上升，达到设定值时，系统进行清灰。清灰方式为在线脉冲喷吹，脉冲阀在瞬间将气压释放，经喷吹管上的喷嘴喷入滤袋，滤袋外壁上的积粉受到强大的冲击力而落入灰斗，从而保持良好的透气性。

其清灰装置采用脉冲阀的定时、定压自动控制。正常生产时为定压差控制方式，检修调试时为定时或单仓控制方式。清灰周期和间隔外部可以进行调节。

除尘器检测的具体内容有：脉冲阀气包压力、进出口压力、除尘器出口温度、除尘器灰斗温度和除尘器灰斗料位。除尘器本身设置有气包压力超上、下限报警，除尘器出口压差报警、除尘器灰斗温度超上限报警和灰斗料位上限报警。主要采用 PLC 控制。

一般处理量为 140t/h 干熄焦使用的袋式除尘器具体参数如下。

① 处理风量：180000m³/h。

② 过滤面积：2550m²。

③ 除尘器阻力：<1500Pa。

④ 过滤风速：1.18m/min。

⑤ 除尘效率：>99%。

⑥ 滤袋耐温：100℃。

⑦ 滤袋材质：针刺毡（共计 2100 条，分布 14 个室）。

⑧ 压缩空气指标：3.0m³/min；0.3～0.4MPa。

（2）除尘风机　除尘风机是整个除尘系统的动力之源。根据生产要求选择合适的转速，既保证各除尘点无粉尘外逸，又要保证各除尘设备达到最高利用效率。在风机入口设置调节挡板，保证风机无负荷启动，经除尘后合格的烟气通过烟囱直接排放到大气。在烟囱出口安装有粉尘检漏器，用来判断布袋除尘器是否出现泄漏；也可以在每个除尘室安装灰尘检漏器，来判断布袋除尘器的每个除尘室是否出现泄漏。除尘风机调节方式可设置现场手动和中央自动，在干熄焦装焦和间歇时间内，其转速可通过控制系统进行自动调节，从而达到节能的目的。必须对风机电流、轴承振动以及轴承温度进行在线监测。

除尘风机的转速调节可选用变频器或液力耦合器进行调速。变频器调速比较方便，主要属于电气技术，占地面积小，投资稍大。生产时的维护主要以电气为主，损坏后主要以更换为主；在使用液力耦合器进行调速时，对液力耦合器的油压、油温有较高的要求，占地面积稍大，投资低。生产维护主要以机械为主，损坏后需专业人员进行维修，维修比较麻烦，启动过程也较繁琐。在调速方式上，各单位可以根据维护、投资等实际情况进行合适的选择。

（3）管式冷却器　管式除尘器的作用是将高温烟气进行冷却，保证布袋承受的温度，达到进入脉冲布袋除尘器的标准。风机产生的吸力将高温烟气抽到管式冷却器，通过管外空气进行自然冷却，将气体温度降低到 100℃ 左右。由于高温烟气中含有一氧化碳等爆炸性气体，因此在管式冷却器部位设置防爆口。下部灰斗安装了振动器，便于粉尘的排出，集灰斗部位安装料位计，排到料位后自动停止，保证系统密封。

一般处理量为 140t/h 的干熄焦装置，其使用的高温烟气冷却器具体参数如下。

① 处理烟气量：约 70000m³/h。

② 冷却面积：约 1000m²。

③ 进口烟气温度：约 310℃。

④ 烟气含尘质量浓度：10～15g/m³ 和 5～12g/m³。

⑤ 设备耐压：-5000Pa。

（4）百叶式预除尘器　为了提高除尘效率，采用多级除尘，在袋式除尘器之前设置百叶式预除尘器，将低温烟气中的大颗粒粉尘预先除去，使进入袋式除尘器的烟气含尘粒径变小。主要就是利用重力作用沉降大颗粒粉尘，在下部灰斗安装了仓壁振动器，方便粉尘的排出。

一般处理量为 140t/h 的干熄焦除尘系统使用的百叶式预除尘器具体参数如下。

① 处理风量：约 200000m³/h。

② 烟气温度：<60℃。

③ 入口烟气含尘质量浓度：10～15g/m³。

④ 除尘效率：＞50％。

⑤ 设备耐压：－5000Pa。

（5）储气罐 储气罐的作用主要是给环境除尘系统的仪表和布袋的反吹提供足够的缓冲风源，也可以方便压缩空气中水分的排出。

2. 焦粉收集系统设备

焦粉收集系统主要设备有：刮板输灰机、斗式提升机、灰仓和加湿搅拌机等一些附属配套设备。为了减少二次污染，这些设备都采用密封结构。根据干熄焦的生产能力和设计的排灰量来选择这些设备的生产能力，保证系统的正常运行。

（1）刮板输灰机 刮板输灰机用于输送环境除尘系统排出的灰尘。它由箱体、刮板、链条以及检修孔等构成，整个输灰系统用电机驱动。设置了现场控制和中央控制两种方式，其输送能力由生产排灰量来选择。

（2）斗式提升机 斗式提升机用来连接刮板输灰机和灰斗，将刮板输灰机运送来的灰尘提升到灰仓顶部。斗式提升机由直立箱体、链条、检修孔以及提灰斗等组成，用电机进行驱动。设置了现场控制和中央控制两种方式，在中央控制运转时可与刮板机、格式排灰阀等通过程序来控制。

（3）灰仓 灰仓是一个焊制的壳体结构，其底部设置有闸板和格式排灰阀。灰仓主要是为了便于干熄焦系统能进行正常连续生产，储存一定量的焦粉，再将焦粉外送。灰仓上部设置有上料位计，便于操作控制。

（4）加湿搅拌机 加湿搅拌机采用叶片旋转结构，由电机驱动。通过外界提供的水源向加湿机供水，调整在合适的水量，使焦粉水分不小于10％，保证在排灰的过程中基本无扬尘现象。为了进一步减少粉尘撒漏，可以采用密封罐车进行运输。

3. 除尘系统的调试

除尘系统的调试好坏直接影响到干熄焦系统的正常安全生产。调试完毕后，可以保证干熄炉顶、排焦部位以及运焦各转运站无灰尘外扬，保证排焦部位无气体外泄，以达到净化烟气的目的。在实际的生产操作中维护好坏，直接影响设备的使用寿命。除尘系统的调试主要分为单机调试、PLC程控仪模拟空载试验、联动调试和实载运行。

（1）单机调试 除尘器选用气动动力阀门时，先接通压缩空气，检查气路系统的严密性，检查脉冲阀和离线阀是否正常工作；对输灰系统的各种电机通电试车，检查是否运转正常，旋转方向是否正确；检查排灰系统加湿搅拌机的运转、水源是否充足；当使用除尘风机时，对风机通电试车，检查风机运转电流（结合调节挡板）、轴承振动、轴承油温和变频器或液力耦合器的工作情况，工作正常后关闭风机；对各吸尘点的电动阀通电试验，检查其开闭过程、开关状态和开关大小。

（2）PLC程控仪模拟空载试验 先逐个检查脉冲阀、卸灰阀、排气阀、螺旋输灰机线路的畅通与阀门的开启关闭是否正常，再按定时控制时间，按照电控程序进行各室全过程清灰操作。

（3）联动调试 关闭所有检查门和人孔门，启动系统风机，调节各除尘系统的负荷，使其达到基本平衡。用皮托管和U形压力计测量各进风支管处的动压值，调节各支管处的吸力，使风量达到基本平衡。将料位和排灰阀的联锁、阻力和反吹装置的联锁进行试验，检查运行是否正常。

（4）实载运行 工艺设备正常运行，除尘器正式进行过滤除尘，PLC程控仪亦正式投入运行，随时对各运动部件、阀门进行检查，记录好运行参数。如按定时控制，应在除尘器阻力达到规定的阻力值（如1500～1800Pa）时，手动开启PLC程控仪对滤袋进行清灰，各室清灰完毕后即停止。而后统计阻力达到规定值的时间，再手动开启 PLC 程控仪对滤袋进行清灰，如此循环多次。在取得对二次清灰周期间的平稳间隔时间后，即可以此时间数据作为程控仪"定时"控制的基数，输入程控仪。程控仪即可按自动"定时控制"进行工作。配合装入装置动作试验风机转速是否符合设计要求。

四、干熄焦余热回收利用

钢铁工业的快速发展，对干熄焦技术的需求越来越迫切。干熄焦装置的大型化和高温高压自然循环余热锅炉的开发，成为未来干熄焦技术的发展方向。目前，最大型的 CDQ 装置在日本福山制铁所，每小时处理红焦能力 200t/h、产生的蒸汽量 116.5t/h、发电量 34200kW。日本在中温中压混合循环余热锅炉的基础上，又成功地研制出高温高压自然循环干熄焦余热锅炉，将余热锅炉的蒸汽压力从 4.6MPa、温度 450℃ 提高到 9.8MPa、温度为 540℃（图 8-31）。在我国，

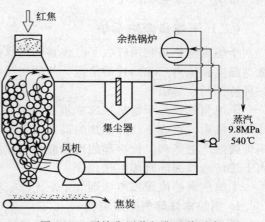

图 8-31　干熄焦回收红焦显热示意

近年来济钢是唯一从国外引进高温高压自然循环余热锅炉的企业。

（一）回收红焦显热和热平衡

干馏每吨焦炭需消耗 3350MJ 热量，而炽热焦炭的显热达 1880MJ，占炼焦耗热量的 56.12%。按目前的技术条件焦炭显热的利用率可达 80% 以上。这部分能量相当于炼焦煤能量的 5%。平均每熄 1t 焦炭可回收 3.9MPa、450℃ 蒸汽 0.45～0.55t。国外某公司曾对其企业内部炼铁系统所有节能项目进行效果分析，结果干熄焦装置节能占总节能的 50%。根据宝钢的生产实绩，平均可降低能耗（标煤）50～60kg/t 左右，从而促进吨钢能耗的降低。图 8-32 所示为日本某钢铁公司炼焦炉和 CDQ 的热收支情况，其中，CDQ 可回收炼焦炉 49.4% 的热量。

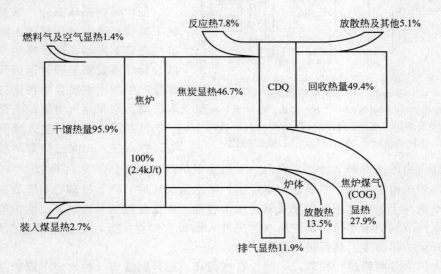

图 8-32　炼焦炉和 CDQ 的热收支情况

用干熄焦，将环境粉尘控制在小于 $30mg/m^3$ 的同时，也节约了数量可观的熄焦用水。通常采用传统的湿熄焦，每熄 1t 红焦要消耗 0.45t 水。采用干熄焦后，熄焦工序可不用水，但设备的零星用水不可避免，如扣除这部分用水，吨焦平均节水 0.43t/t。

干熄焦能源回收有两种形式：第一种将锅炉产生的蒸汽并入蒸汽网使用；第二种是利用蒸汽带动汽轮发电机发电。

（二）干熄焦余热锅炉

干熄焦锅炉是利用吸收了红焦显热的高温循环气体与除盐除氧纯水热交换，产生额定参数（温度和压力）和品质的蒸汽，并输送给热用户的一种受压、受热的设备。干熄焦锅炉是一种特殊的余热锅炉。

干熄焦锅炉是干熄焦系统的重要组成部分。如图 8-33 所示，惰性循环气体在干熄炉中冷却红焦后，吸收了红焦显热的高温惰性循环气体经一次除尘器除去粗颗粒粉焦进入锅炉，锅炉吸热产生蒸汽，被冷却的惰性循环气体经二次除尘器除去细颗粒粉焦，再由循环风机鼓入干熄炉继续循环冷却红焦。

干熄焦锅炉流程按本体烟气系统流程、本体汽水系统流程和锅炉系统分别简述如下。

1. 锅炉本体烟气系统流程

吸收了红焦显热的循环烟气从干熄炉冷却室出来，经一次除尘器除去粗颗粒焦粉后从锅炉入口进入，垂直往下先后流经二次过热器、一次过热器、光管蒸发器、鳍片管蒸发器、省煤器，最后从锅炉底部引出。如图 8-33 所示。

2. 锅炉本体汽水系统流程

锅炉给水由多级离心泵升压后向锅炉供水，除盐除氧纯水经省煤器预热后进入锅筒。锅筒炉水可分为强制循环部分和自然循环部分。

（1）自然循环部分　锅筒炉水经锅筒下降管进入膜式水冷壁，炉水吸热汽化成汽水混合物经膜式水冷壁上升管返回锅筒。

（2）强制循环部分　锅筒炉水由锅筒下降管经强制循环泵送入鳍片管蒸发器与光管蒸发器，炉水吸热汽化成汽水混合物经蒸发器上升管返回锅筒。此两部分产生的汽水混合物在锅筒中进行汽水分离，饱和蒸汽由锅筒上部导出，经一次过热器升温后，进入减温器喷水减温，然后进入二次过热器继续升温，从

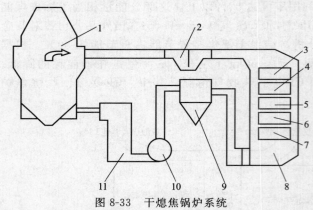

图 8-33　干熄焦锅炉系统

1—干熄炉；2—一次除尘器；3—二次过热器；4—一次过热器；
5—光管蒸发器；6—鳍片管蒸发器；7—省煤器；8—锅筒；
9—一次除尘器；10—循环风机；11—给水预热器

二次过热器引出的蒸汽即为外供主蒸汽。干熄焦锅炉汽水流程如图 8-34 所示。

（3）锅炉主给水系统　除氧器出水经锅炉给水泵加压后，再经外部热力管廊送至干熄焦锅炉，给水量与干熄焦锅炉蒸发量及锅筒水位联锁，根据反馈信号自动调节锅炉给水调节阀开度，从而调节锅炉给水量。锅炉给水首先进入锅炉省煤器，吸收炉膛内低温侧烟气热量，给水温度升至一定温度，然后进入锅筒。

锅筒内炉水分两路进行循环，一路为自然循环，循环路线为：炉水经下降管送入膜式水冷壁下集箱，进入水冷壁吸热汽化后，在密度差作用下，汽水混合物回到上集箱，经上升管

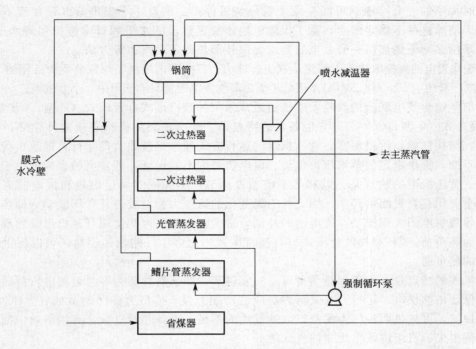

图 8-34　锅炉汽水流程示意

送入锅筒；另一路为强制循环，循环路线为：锅筒内炉水经下降管进入强制循环泵，由强制循环泵加压，送入蒸发器吸热汽化后，汽水混合物进入锅筒。

（4）主蒸汽系统　干熄焦锅炉锅筒内汽水混合物经汽水分离装置分离，产生饱和蒸汽。饱和蒸汽通过汇流管引入一次过热器，在一次过热器内与高温循环气体换热，使蒸汽上升到一定温度，再送入减温器喷水减温，将蒸汽降至一定温度，后进入二次过热器，经与高温循环气体换热升温，从二次过热器引出的过热蒸汽即为主蒸汽。主蒸汽经压力调节阀保持送出压力。主蒸汽取样化验合格后，通过外部热力管廊，供给汽轮发电站进行发电或其他生产用户使用。

干熄焦锅炉作为一种特殊的锅炉，有其自身的特点。主要是其炉管除了与热气流接触换热外，还要经受焦粉颗粒的冲刷磨损，因此对其炉管的材质有更高的要求。锅炉供水设备及水循环设备的可靠性也必须得到足够的保证，以防锅炉干烧造成炉管破损。对锅炉系统与循环风机的联锁条件要全部投入运行并保证连锁的可靠性。因此操作人员对锅炉炉管破损的迹象要密切注意，一旦锅炉炉管破损漏水，应按锅炉炉管破损后的特殊操作方法及时组织进行处理，处理完后才能恢复干熄焦的正常生产。锅炉系统防爆口要安全可靠，万一锅炉内循环气体发生爆炸，应首先冲开防爆口，减小对锅炉炉管造成的损坏。

（三）干熄焦发电

干熄焦锅炉产生的蒸汽用来发电，实行热电联产是比较好的热能利用方式。目前全世界大部分干熄焦装置均采用这一方式。即通过汽轮发电机将蒸汽的部分热能转化为电能，同时提供低压蒸汽供生产工序或其他用户使用。

干熄焦供热的特点：由于焦炉生产是逐炉推焦，所以焦炉供热具有脉动性。但是，通过干熄炉预存段的缓冲、振动给料器的焦炭流量调节和旋转密封阀的连续排焦，使干熄焦供热趋于稳定，符合汽轮发电机的供热要求。由于干熄焦自动化程度比较高，装置的联锁与保护多，有时很小的一个问题就可能导致干熄焦装置停产。因此，干熄焦蒸汽存在着不稳定因素。为了消除这些不稳定因素，除了保障干熄焦装置建设的水平和日常维护保障水平之外，还可以采用多套干熄焦供一套发电装置或提供外部热态备用汽源等方法。

干熄焦发电的规模取决于干熄焦蒸汽生产能力。目前国内最大干熄焦装置为武钢的 140t/h，过热蒸汽产量约 76t/h（38.2MPa），因此干熄焦蒸汽发电通常只能选用中、小型机组。

目前干熄焦热电联产的汽轮发电机组通常采用的汽机形式有背压式（B 型、CB 型），抽气（/凝）式（C 型、CC 型）。它们各自的特点是：背压式利用排汽直接向外供热，热能利用率高，结构简单，价格便宜。背压机组的运行方式通常是按热负荷运行，即热负荷保持排汽压力不变，提供稳定的蒸汽压力保证。而电负荷则不能保证，即发电的多少取决于热负荷的变化。背压机组的缺点是：电和热不能独立调节，不能同时满足供热和供电的需要。另外，由于背压存在机组焓降小，因此对工况变化的适应力相对较差，背压波动（即热负荷波动）会导致供电的大幅波动，使电网的补偿容量大幅增加。因此使用背压机组必须确保有稳定可靠的热负荷。CB 型抽气背压式与 B 型背压式相比多了一路抽气供热，可以提供两种不同参数的热负荷。

抽气式的特点是电负荷和热负荷可以独立调节。即当热负荷为零时可按电负荷运行，也可同时保证供热供电，运行方式灵活，适应波动能力强。C 型为一次调节抽气。CC 型为两次调节抽气，可提供两种压力的蒸汽。抽气式的不足：设备相对复杂，费用稍高，抽气隔板存在节流损失，机组内效率比非抽气式的低。

发电机的适用形式：现代发电厂中的发电设备几乎都是三相同步发电机。同步电机是一个实现电能和机械能之间相互转换的设备。当它用作电动机时，称为同步电动机，用于恒速大容量的电力驱动；当它用作发电机时，称为同步发电机。

干熄焦发电系统的主体设备汽轮机，在发电系统中起着将蒸汽的热能转变为转子旋转的机械能的作用。汽轮机是高速旋转的设备，因此在汽轮机正常运行时，应密切注意汽轮机的油系统、主蒸汽温度、径向位移、轴向位移、机体振动和轴承温度等是否正常，以确保发电系统的安全运行。

（四）干熄焦余热利用实例

1. 工艺布置

济钢有 2×42 孔 58-Ⅰ、58-Ⅱ和 JN43-80 型焦炉 4 座，两组焦炉的布置是一字形。这种布置是和烧结、炼铁平行的，是不能改变的现实。焦化厂和烧结厂只有一条道路相隔，按干熄焦的布置，2×70t/h 的干熄焦装置的"干熄炉-锅炉"轴线需要与熄焦铁路垂直布置，在济钢现有狭长地带难于实现。在充分消化干熄焦技术的前提下，经过反复论证，确定了平行布置方案。这一工艺布置修改了平面布置设计模式。从我国现有焦化企业看凡是具有 4.3m 高度以上焦炉的焦化厂都有实现干熄焦工艺的可能性，为上干熄焦企业的决策者提供了理论和实践的依据。气体流程见图 8-35。

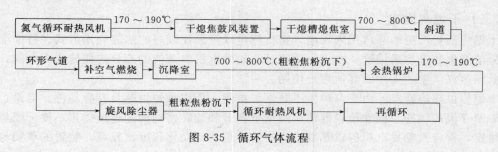

图 8-35　循环气体流程

设备国产化是国内能否推广干熄焦的焦点和热点。根据国家有关产业政策，干熄焦工艺设备的国产化率必须达到 80% 以上，而国内上干熄焦装置主要考虑投资的大小。如果 80% 的设备从国外进口，干熄焦的总投资要比国产设备翻几番，对国内企业来讲是可望而不可及的。济钢本着 80% 的目标，除电机车、鼓风、排焦装置外基本上采用国产设备，用设备的台套或重量计算都达到了 90% 以上，为国内推广干熄焦技术积累设计和制造经验。

2. 余热锅炉技术

干熄焦余热锅炉是继干熄炉后的第二套大型设备。高热的循环气体被送入余热锅炉，生产高压蒸汽，实现红焦显热的利用。我国上海宝钢全套引进日本的设备（第二、第三期工程设备为国内生产）和技术，上海浦东煤气厂全套引进的是乌克兰技术设备。济钢的干熄焦工程是通过与杭州锅炉厂合作，引进德国技术，由杭州锅炉厂完成锅炉的设计、制造。在技术消化过程中结合济钢实际情况，主要考虑了四个因素：一是能保证干熄 1t 红焦产生 0.45t 以上的蒸汽量；二是产生的蒸汽参数能保证足够的发电量，并能给化学产品回收工序提供 1.0MPa 的蒸汽；三是余热锅炉能实现国产化，便于在国内推广；四是具有经济性。根据以上原则提出了采用次高压（即 5.4MPa，温度 450℃）、全自然循环余热锅炉的方案，并大胆引进了德国的自然循环技术，和强制循环锅炉相比动力消耗低，简化了操作和维修，投运以后的实践证明，锅炉的选型是成功的。

经过半年多的运行，锅炉的各项指标稳定，达到了设计的产汽量，锅炉作为承前启后的心脏设备，在整个干熄焦工艺上发挥了核心作用，既保证了吞入高温气流，又吐出高温和次高压蒸汽，保证了后道工序的发电。

3. 干熄焦运行效果与经济效益

（1）改善了环境　炼焦行业的湿法熄焦是周围环境的重要污染来源，每 10min 湿法熄灭一炉焦炭，其所发生的废热蒸汽对大气和人类健康影响十分严重。干法熄焦的投产对环境有了很大改善，所测得的有关数据符合国家有关标准要求。

（2）有良好的经济效益　湿法熄焦与干法熄焦的最大区别在于两个方面：一是节约能源，热量得到充分的回收和利用，替代了烧煤气和烧煤生产蒸汽的装备，给生产带来方便；二是焦炭抗碎强度和耐磨强度得到较大幅度的改善，由于焦炭强度的提高对高炉生产有较大的好处。综合以上两方面干熄焦产生的经济效益一是在于熄焦本身热量的回收，二是由于焦炭质量的改善延伸到高炉产生的效益。

干熄焦热量的回收效益，即由红焦显热的回收而生产蒸汽和发电对焦化厂产生的经济效益。济钢焦化厂有 4 座 4.3m 的焦炉，配合焦炉所上的干熄焦能力为 2×70t/h 的干熄炉和 2×35t/h 的余热锅炉，年经济效益可观。

干熄焦全年总经济效益。干熄焦全年总经济效益＝直接经济效益＋延伸经济效益。干熄焦直接经济效益指干熄焦产生的蒸汽用于发电和工业、民用设施，扣除干熄焦自身的能源动力等消耗。

干熄焦延伸经济效益指高炉采用干熄焦炭炼铁，其焦比降低，高炉利用系数提高，增加铁水产量创造的延伸经济效益。

干熄焦的投资偿还期约为：建安投资/（干熄焦全年总经济效益－干熄焦投入的费用）＝6 年。

对于干熄焦的经济效益，一般可用投资偿还期来表示。干熄焦的投资偿还期各国不太一样，但差别不是很大。前苏联估算为 3~5 年，日本估算为 4~5 年，德国估算约 6 年，中国估算为 5~6 年。

第五节　炼焦生产烟尘减排技术

炼焦包括焦炉、熄焦、筛焦、储焦等工段。一般每个炉组由两座焦炉和一个煤塔组成。炼焦除尘系统包括焦炉装煤、焦炉、推焦、干熄焦、筛焦、储焦、焦转运等除尘系统。

一、装煤烟尘减排

(一) 装煤烟尘的主要有害物质

装煤烟尘中的主要有害物是煤尘、荒煤气、焦油烟。烟气中还含有大量苯可溶物及苯并芘。

(二) 烟气参数

装煤烟尘控制时的烟气参数与装煤车的下煤设施及装煤上对烟尘预处理的措施有关。目前装煤车注煤有重力下煤及机械下煤两种。装煤时的烟尘有在车上燃烧与不燃烧两种，还有车上预洗涤与不预洗涤两种，其有关参数见表8-20。

表8-20　装煤车排出口烟气参数

焦炉炭化室高度/m	烟气量(标态)/(m³/h)		烟气含尘量(标态)/(g/m³)		烟气温度/℃		接口压力/Pa	
	球面密封下煤嘴	套筒式下煤嘴	车上烟气洗涤	车上烟气不洗涤	车上烟气洗涤	车上烟气不洗涤	车上烟气洗涤	车上烟气不洗涤
7		45000～60000	2～3	8～10	75	250～300	1500	2000
6		40000～44000	2～3	8～10	75	250～300	1500	2000
5		35000～40000	2～3	8～10	75	250～300	1500	2000
4	216000～32000	30000～35000	2～3	8～10	75	250～300	1500	2000

注：表中数据为装煤车上烟气不燃烧的数据，"接口压力"是指装煤车上活动接管与地面除尘系统的自动阀门对接时的接口处压力。

通风机的风量按下式计算：

$$Q = Q_0 \frac{273 + t_1}{273} \times \frac{p_a}{p_a - (p_1 + p_2)} a_1 a_2 \tag{8-21}$$

式中，Q 为风机风量，m³/h；Q_0 为装煤车排出口烟气量（标态），m³/h；p_a 为大气压力，MPa；p_1 为烟气中饱和水蒸气分压力，MPa；p_2 为风机入口烟气的真空度，MPa；t_1 为风机入口烟气温度，℃；a_1 为系统管道漏风系数；a_2 为除尘设备漏风系数。

(三) 烟尘控制措施

1. 烟尘控制的主要形式

(1) 装煤车采用球面密封结构的下煤嘴，装煤车上配备有烟气燃烧室，燃烧后的烟气在车上进行一段或两段洗涤净化后排出。其特征是全部除尘设备、通风机均设在装煤车上。

(2) 装煤烟气在车上燃烧并洗涤、降温后，用管道将烟气引到地面，在地面上再用两段文丘里洗涤器将烟气进一步洗涤净化，使外排烟尘浓度（标态）小于50mg/m³。

(3) 装煤烟气燃烧后，于装煤车上掺冷风降温到300℃左右，再用管道将其引导到地面，经冷却后用袋式除尘器净化、排出。

（4）装煤时于装煤孔抽出的煤气在装煤车上混入大气后，用管道送到地面，经袋式除尘器净化后排出。

2. 装煤车上烟气燃烧后在地面用袋式除尘器净化的流程

烟尘控制的形式如图8-36所示。该系统是将装煤孔逸出的烟气用装煤车上的套罩捕集后，在装煤车上的燃烧室内燃烧，其烟气温度可达700～800℃，需在装煤车上掺入周围的冷空气，使其降温到300℃以下，再靠通风机的抽吸能力，送到地面进行冷却净化。

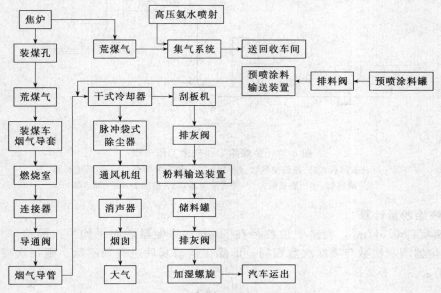

图 8-36　装煤烟气在地面干式净化的流程

进入地面除尘系统的烟气携带有未燃尽的煤粒，烟气温度近300℃。因此在烟气进入袋式除尘器之前需进行灭火及冷却。

烟气冷却器形式及降温能力的确定，要依据袋式除尘器过滤材质的耐温程度选择。目前采用的烟气冷却器有：蒸发冷却器、板式或管式空气自然冷却器、板式或管式强制通风冷却器。板式或管式冷却器本身可兼作烟气中未燃尽煤粒的惯性灭火设备。设计时根据冷却器本身的质量及温度升高，按蓄热式冷却器的原则，计算烟气被冷却后的温度。这种冷却器被加热及被冷却的周期，按焦炉各炭化室装煤的间隔时间进行计算。

（四）装煤除尘预喷涂技术

1. 预喷涂原理

装煤烟气中含有一定量的焦油，为此要采取必要的措施，防止烟气中的焦油黏结在布袋上，造成除尘系统不能正常工作。装煤烟气中焦油含量多少与煤的品种和装煤的方法有关，一般在装煤的后期产生的烟气焦油含量大。如果除尘系统从装煤孔抽出的烟气量大，特别在后期，那么在装煤过程收集的焦油量也大。捣固焦炉顶部导烟车收集的烟气中焦油量要大于普通顶装煤焦炉。

2. 预喷涂系统组成

根据预喷涂原理若在滤袋过滤前先糊上一层吸附层吸附焦油物质，可以防止焦油直接粘连布袋。工程上采用在进袋式除尘器的风管内喷涂焦粉，使预喷涂粉分布在除尘器滤袋的表面。由于焦粉取料容易，是一种很好的预喷涂粉料。预喷涂工作流程如图8-37所示。预喷涂系统主要由以下几个部分组成：预喷涂粉仓、回转给料阀、给料器、鼓风机等，一般预喷涂设施设在除尘器附近，系统工作压力 0.05MPa 左右。该喷涂系统特点如下：①可以同时向进除尘器的风管内和除尘器内送粉；②采用带轴密封的星形卸灰阀锁气，给料装置、管道连接处要求密封严密；③气源采用罗茨鼓风机或压缩空气，一般压缩空气作为备用气源。

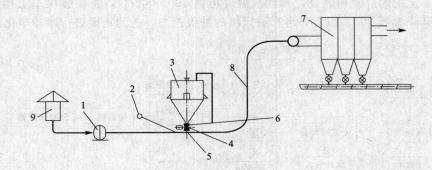

图 8-37 装煤除尘预喷涂工作流程
1—罗茨鼓风机；2—压缩空气管（备用）；3—预喷涂粉仓；4—回转给料阀；
5—给料器；6—插板阀；7—袋式除尘器；8—输粉管；9—消声器

3. 预喷涂粉量计算

焦粉密度约 $0.5t/m^3$，质量中位粒径在 $50\mu m$，除尘器表面平均一次喷涂厚度为 $10\sim 50\mu m$，除尘器清灰次数与喷涂次数相同，即除尘器清灰后进行预喷涂。则每次喷涂用粉量按下式计算：

$$Q_0 = \frac{\rho\delta S}{\eta} \tag{8-22}$$

式中，Q_0 为每次喷涂用粉量，t；ρ 为预喷涂粉的密度，t/m^3；δ 为预喷涂层厚度，μm（与装煤几次喷涂一次和烟尘的含焦油量有关，一般取 $10\sim 50\mu m$）；S 为布袋除尘器过滤面积；η 为预喷涂效率，通常取 $\eta=0.7$。

则每天喷涂量按下式计算：

$$Q = \frac{24Q_0 n_c}{nt_j} \tag{8-23}$$

式中，Q 为每天喷涂用粉量，t；n_c 为炭化室数，个；n 为预喷涂间隔装煤次数；t_j 为炭化室结焦时间，h。

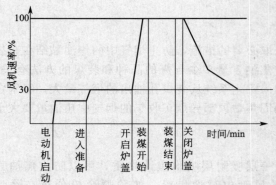

图 8-38 装煤除尘风机调速操作曲线

（五）烟尘控制的操作

对于通风机调速操作的要求如下。

（1）由中央集中控制室控制联动操作通风机的调速运转及系统运行。

（2）通风机调速动作的执行由装煤车上发送信号指令，其动作顺序是：首先开启固定风管上自动联通阀门的推杆，接着发出风机进入高速指令；上述推杆退回原位时（自动联通阀门关闭）发出风机进入低速的指令。

（3）一般情况下通风机应具备高速、低速两个运行状况。装煤烟尘控制系统风机只在焦炉装煤的过程中才使风机全速运转，其他时间风机维持全速的 1/4～1/3 运转。其运行曲线如图 8-38 所示。

（4）若采用液力耦合器作通风机的调速设备，液力耦合器的油温、油压均应参加系统连锁。

（5）通风机入口设电动调节阀门，用于风机调试及工况调整。主要包括：

① 全套装置应具备中央联动及机旁手动操作两种功能；

② 应设置系统主要部位的流体压力、温度、流量显示仪表，对通风机转数、电动机电流等参数要设计必要的显示、连锁、报警，有条件时宜将整个除尘系统在模拟盘上显示；

③ 在通风机吸入侧管道上设能自动开启的阀门，当通风机吸入侧固定干管内负压提高时，该阀门应自动开启，以防系统进入通风机的风量减少，引起通风机喘振；

④ 除尘器或通风机入口侧设防爆孔，防爆孔的位置应设在设备或管道的上部，以防爆炸时对周围人员造成伤害；

⑤ 在通风机出口的排气筒附近设测尘用电源插座，除尘器底层设电焊机电源插座，除尘器各平台上设除尘照明，并设手提灯照明的电源插座。

二、推焦烟尘减排

焦炉推焦时，焦侧由拦焦机上部及熄焦车上部产生烟气，有害物质以焦粉尘为主，并有少量焦油烟。焦油烟成分主要取决于焦炭的生熟程度，烟气中还有少量苯可溶物（BSO）及苯并芘（B[a]P）。

（一）烟气参数

推焦烟尘粒径的分散度组成见表 8-21。

表 8-21　推焦烟尘粒径的分散度

粒径/μm	<10	10～40	40～80	80～125	>125
分散度/%	1.4	20.1	43.5	18.6	16.4

注：粉尘的真密度为 1.5t/m³，堆积密度为 0.4t/m³。

推焦除尘集气吸尘罩的排烟气量可按下式计算：

$$Q = Q_1 + Q_2 \tag{8-24}$$
$$Q_1 = 3600\omega l v \tag{8-25}$$
$$l = v_g t + C \tag{8-26}$$

式中，Q 为集气吸尘罩排气量，m³/h；Q_1 为熄焦车上部集吸尘罩排气量，m³/h；ω 为集气吸尘罩宽度，m，等于熄焦车厢（罐）的宽度加 0.5m；l 为集气吸尘罩长度，m；v_g 为熄焦车接焦时的移动速度，m/s，一般取 $v_g = 0.33$m/s；t 为红焦落入熄焦车的时间，s，约为 40～60s；C 为附加值，m，$C = 0.5～1$m；v 为集气吸尘罩口的平均吸气速度，m/s，取 $v = 0.8～1.5$m/s；Q_2 为导焦栅及炉门上部集气吸尘罩抽吸烟气量，m/h，取 $Q_2 = 0.5Q_1$。

对于定点熄焦的集气吸尘罩，l 等于焦罐长度加 0.5m。

一般焦炉焦侧推焦集气吸尘罩的排烟气量参见表 8-22。

表 8-22　推焦集气吸尘罩烟气参数

炉型（炭化室高度）/m	测点位置	烟气量（标态）/(m³/h)	温度/℃	含尘量（标态）/(g/m³)	压力/Pa
7	吸气罩出口	180000～230000	150～200	5～12	−100
6	吸气罩出口	170000～228000	150～200	5～12	−1000
5	吸气罩出口	130000	150～200	5～12	−1000
4	吸气罩出口	100000	150～200	5～12	−1000

（二）烟尘控制措施

1. 推焦烟尘控制方法

（1）推焦烟尘控制应配备合理结构的拦焦机集气罩。该集气罩一般要求炉门及导焦栅上方抽吸烟气量占集气罩总排气量的 1/3；熄焦车焦箱上方抽吸烟气量占总排气量的 2/3。该集气罩与拦焦机在结构上形成一个整体，随拦焦机移动，如图 8-39 所示。

拦焦机集气罩可设计成悬挂在拦焦机上，也可设计成一部分荷重负担在轨道上。集气罩用 6mm 的碳素钢板制作，也可以用 1～2mm 的不锈钢板制作。

（2）用于炭化室——对应的自动联通阀将拦焦机集气罩捕集到的烟尘传送到地面固定干管，再送到烟气冷却、灭火设备、袋式除尘器。推烟尘地面控制流程如图 8-40 所示。

（3）将拦焦机捕集到的烟尘通过胶带移动小车传送到地面固定干管、烟气冷却、灭火设备及袋式除尘器。胶带移动小车如图 8-41 所示。

（4）在焦炉的焦侧增加一条架空的轨道，轨道上安设随拦焦机同步行走的大吸气罩及烟尘喷淋塔。

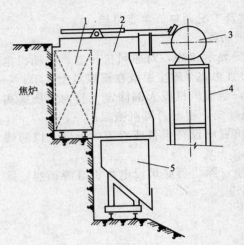

图 8-39 拦焦机集气吸尘罩示意
1—拦焦机；2—集气吸尘罩；3—自动
连接阀门；4—支架；5—熄焦车

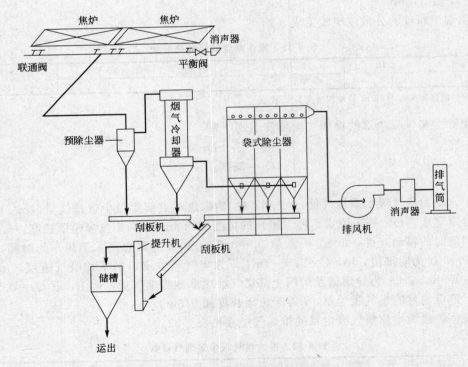

图 8-40 推焦烟尘地面控制流程

利用焦炉出焦时红焦在熄焦罐或焦箱上方产生的巨大热浮力作为动力，将推焦烟尘捕集起来加以净化处理。

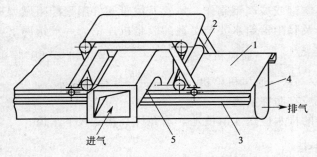

图 8-41　胶带移动小车

1—耐热胶带；2—移动小车；3—轨道；4—风管；5—活动接管

2. 烟气冷却、灭火

为防止红焦粒烧坏滤袋，袋式除尘器入口侧应设火花捕集设备，可选用流体阻力小的惯性除尘器或离心式分离器，根据袋式除尘器的过滤材料耐温度程度，考虑是否设置冷却器，烟气冷却器一般采用管式或板式空气自然冷却器。按照冷却器本身的质量及温度升高，按蓄热式冷却器的原则计算烟气被冷却后的温度。

3. 烟气控制的操作

（1）推焦烟尘具有阵发性、周期性的特点。拦焦机集气吸尘罩宜在焦炉推出红焦时才进入抽吸烟尘的状况，此时通风机高速运行，其他时间集气罩处于非抽吸状态，通风机按全速的 1/3 运转。这一要求通过通风机调速运转来实现。

（2）由中央集中控制室联动操作通风机的调速运转及系统运行。

（3）通风机转速变更的指令由推焦车上推焦杆到达推焦位置，并向前移动推焦，或推焦结束向后退时发出信号。此信号通过无线电或通过设在焦侧的摩电轨道，传送到通风机调速电动执行机构。其通风机运行曲线如图 8-42 所示。

（4）在通风机旁设控制柜，必要时用手动操作控制通风机的调速运行。

（5）通风机正常调速运行时，其吸入口或排出口的调节阀门允许呈开启状态。

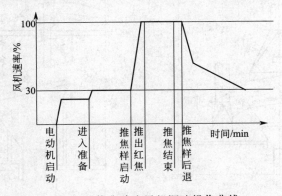

图 8-42　推焦除尘风机调速操作曲线

三、焦成品烟尘减排

（一）焦转运站除尘

（1）在焦带机头部和受料点应设机械除尘，各吸气罩的排风量按 $13\sim26m^3/h$ 确定。排气罩内空气温度按 50℃选取。

（2）除尘器选用泡沫除尘器或其他湿式除尘器。其材质用不锈钢或玻璃钢制作。

（3）通风机用不锈钢或玻璃钢制作。风管及风管阀件用聚酯阻燃型玻璃钢材质。

（4）通风机运转及除尘器给水要与工艺的胶带机连锁。一般情况下，除尘系统的启动顺序为：除尘器给水$\xrightarrow{\text{延时 2～3min}}$通风机运转$\xrightarrow{\text{延时 1～2min}}$胶带机运转。除尘器系统停止的顺序为：胶带机停机$\xrightarrow{\text{延时 1～2min}}$通风机停机$\xrightarrow{\text{延时 2～3min}}$除尘器断水。

（5）湿式除尘器应有防冻措施。

（6）湿式除尘器的排水应送入沉淀池，不允许直接送入下水道。

（二）筛焦楼除尘

1. 辊动筛除尘

焦化厂常用的辊动筛规格有八轴和十轴两种，生产能力分别为 140t/h 和 220t/h。辊轴筛的除尘排风时和吸气罩的局部阻力系数见表 8-23。

表 8-23　辊动筛除尘排风量

设 备 规 格		八轴	十轴	局部阻力系数 ζ
排风量/(m³/h)	罩Ⅰ	4000	5000	0.5
	罩Ⅱ	2500	3000	0.25
	罩Ⅲ	2500	3000	0.25
含尘浓度/(mg/m³)		2000～3000	2000～3000	

注：局部阻力系数对应于吸气罩引出风管内的动压力。

辊动筛集气吸尘罩的设置位置如图 8-43 所示。

辊动筛的除尘设备应尽可能设在辊动筛附近，以减少管道堵塞。

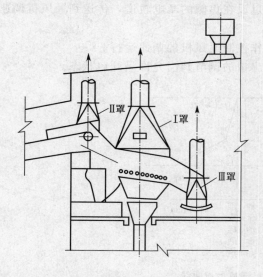

图 8-43　辊动筛集气吸尘罩位置示意

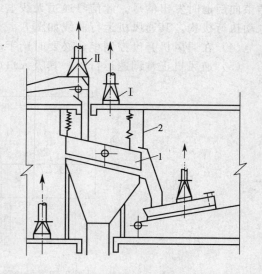

图 8-44　振动筛集气吸尘罩位置示意
1—振动筛；2—密封罩和隔气帘

2. 振动筛除尘

常用的振动筛是直线振动筛与椭圆振动筛。其集气吸尘罩的形式与设置位置如图 8-44 所示。

振动筛的除尘排风量见表 8-24。

表 8-24　振动筛除尘排风量

设 备 规 格		筛面尺寸 5000mm×3000mm	筛面尺寸 1800mm×3600mm	局部阻力系数 ζ
排风量/(m³/h)	罩Ⅰ	5000	6000	0.5
	罩Ⅱ	2500	3000	0.25
含尘浓度/(mg/m³)		2000~3000		

注：局部阻力系数对应于集气罩引出风管内的动压力。

3. 块焦胶带机排气及除尘

集气吸尘罩位置如图 8-45 所示。

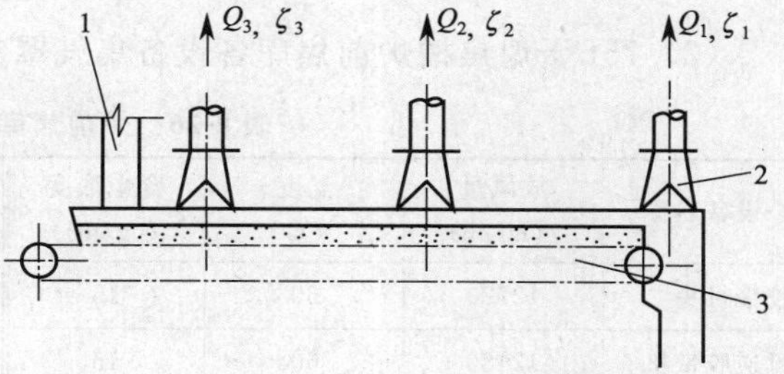

各集气吸尘罩的抽风量（Q）和集气吸尘罩的局部阻力系数（ζ）如下（ζ值均对应于集气吸尘罩引出风管的动压力）：

图 8-45　块焦胶带机集气吸尘罩位置
1—块焦溜槽；2—吸气罩；3—胶带机

胶带机头部集气吸尘罩：$Q_1=2500$m³/h，$\zeta_1=0.25$；

胶带机中部集气吸尘罩：$Q_2=2000$m³/h，$\zeta_2=0.25$；

当胶带机长度小于 10m 时：$Q_2=0$，$Q_1=3000$m³/h，Q_3 增加 500m³/h。

Q_3 按工艺落差及焦炭量计算确定。但对辊动筛工艺 Q_3 按表 8-25 中罩Ⅲ确定排风量。

4. 粉焦胶带机排汽除尘

胶带机头部及受料点设集气罩，胶带机头部排风量 $Q=2000$m³/h。受料点排风量按胶带机宽度及焦粉落差计算确定。

（三）储焦槽通风除尘

（1）储焦槽顶层室内要求换气量每小时不少于 3 次。换气可用自然排风帽或玻璃钢轴流式屋顶排风机。

（2）胶带机头部及可逆胶带机受料处应设集气吸尘罩除尘。

（3）储焦槽采用竖风道排除焦炭散发的水蒸气。竖风道用玻璃钢或混凝土制作。排风量按胶带机两端卸料口和槽口不严密处孔口向槽内进风速度 1~1.5m/s 计算。储焦槽内空气温度取 50~60℃。

（4）振动筛除尘。常用的振动筛是直线振动筛与椭圆形振动筛。小焦化厂还有 2GD1224（双层振动筛）及 GD1224（单层振动筛）两种。振动筛集气吸尘罩的设置位置如图 8-44 所示。各集气吸尘罩的排风量见表 8-25。

表 8-25　振动筛除尘排风量

设备规格		筛面尺寸 1500mm×3000mm	筛面尺寸 1800mm×3600mm	2GD1224	GD1224	局部阻力系数 ζ
排风量/(m³/h)	罩Ⅰ	5000	6000	3500	3000	0.25
	罩Ⅱ	2500	3000	2000	2000	0.25
含尘浓度/(mg/m³)		2000~3000				

注：局部阻力系数对应于集气罩引出风管内的动压力。

（四）炉前焦库除尘

（1）炉前焦库的生产工艺流程见图 8-46。

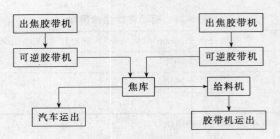

图 8-46　炉前焦库生产流程

（2）75t 干熄焦槽炉前焦库各设备集气罩参数见表 8-26。

表 8-26　炉前焦库除尘排风量及参数

设备名称	放风量 /(m³/h)	温度 /℃	含尘浓度 /(g/m³)	设备名称	放风量 /(m³/h)	温度 /℃	含尘浓度 /(g/m³)
胶带机头	12720	60	15	电振给料机	14820	60	15
可逆胶带机	12480	60	15	胶带机	3180	60	15
焦库	46800	60	15	汽车装车	18000	60	15

（3）炉前焦库的工艺设备及集气罩位置如图 8-47 所示。通风除尘系统示意如图 8-48 所示。

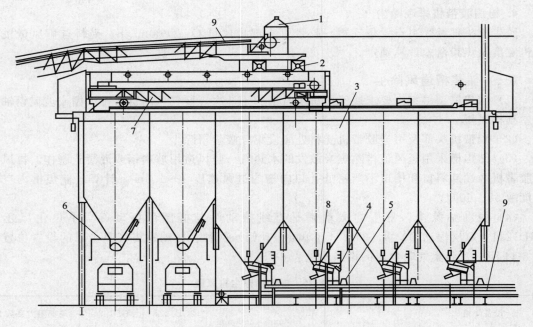

图 8-47　炉前焦库工艺设备及集气吸尘罩位置

1—胶带机头吸气罩；2—可逆胶带机吸气罩；3—焦库；4—电振给料机吸气罩；

5—胶带机吸气罩；6—汽车装车吸气罩；7—可逆胶带机；

8—电振给料机；9—胶带机

（五）切焦机室除尘

（1）切焦机工艺的生产流程如图 8-49 所示。

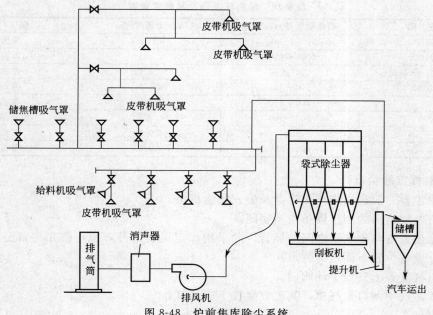

图 8-48　炉前焦库除尘系统

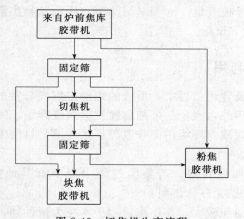

图 8-49　切焦机生产流程

（2）该生产流程中的主要有害物质是焦粉尘。

（3）各设备集气罩参数见表 8-27。

表 8-27　切焦机各设备集气罩参数

设备名称	吸气罩量/(m³/h)	温度/℃	含尘浓度/(g/m³)
固定筛入口	81500	60	15
切焦机入口	4500	60	15
固定筛	4500	60	15
振动筛	24000	60	15
振动筛出口胶带机	4500	60	15

（六）焦制样室除尘

1. 焦制样室工艺设备及除尘参数

常用的焦制样设备及其除尘参数见表 8-28。

表 8-28 焦制样设备及其除尘参数

设备名称	除尘吸气量/(m³/h)	气体含尘量/(g/m³)	温度/℃
转鼓试验机 $\phi 600$	600~1000	<0.3	常温
转鼓试验机 $\phi 1000$	1000~1500	<0.3	常温
颚式破碎机 150×250	600~800	<0.1	常温
颚式破碎机 100×60	500~700	<0.1	常温
双辊破碎机	800~900	<0.2	常温
锤式破碎机 406×175	800~900	<0.3	常温
五级振动筛	1500	<0.2	常温
手动圆盘筛	600~800	<0.2	常温

2. 焦制样室除尘设计

（1）除尘器一般选用袋式除尘器及袋式除尘机组。

（2）有条件密闭的制样设备应当密闭。

（3）除尘设备与集气罩之间的风管，除采用固定风管之外，也可使用一部分塑料软管，以适用制样设备位置不固定的特点。

（4）吸气支管上安设手动阀门。

（5）若需选用敞口集气罩，其吸气量按下式计算：

$$Q = 3600(10x^2 + F)v_x \tag{8-27}$$

式中，Q 为敞口集气罩吸气量，m³/h；x 为罩口距污染物扩散区距离，m；F 为罩口截面积，m²；v_x 为罩口风速，m/s。

四、回收焦粉的综合利用

焦化厂在焦炭的生产及转运过程中，形成的焦粉占焦炭总量的3%左右。这些焦粉除少部分被烧结厂作为粗焦使用外，大量的过细焦粉被运到废弃场。因此，如何将这部分资源进行合理而有效地利用，从而减少环境污染并改善厂区环境是目前生产中必须解决的重要问题之一。

煤尘（泥）通常是返回原料煤。若集尘过程中混杂有其他物质，则作为燃料。焦尘（泥）可归入焦粉一起给烧结工序作燃料。

焦粉表面多孔，比表面积较大，在炼焦过程中本身为惰性物，与活性组分的液态产物接触面积大，其间的结合单纯依靠固体颗粒对液相的吸附作用，配入量不宜过多，焦粉一方面减少了半焦收缩和固化阶段的挥发分析出量，降低了两个阶段的收缩度，同时由于多孔结构的刚性小，使焦饼收缩产生的应力较小，减少了焦炭的气孔率，因此，以焦粉作瘦化剂。

（一）焦粉的来源和特点

表 8-29 列出了集尘回收焦粉种类和粒度分布。

集尘回收焦粉按来源和粒度可分为三大类：干熄焦焦粉（CDQ 焦粉）、导焦车焦粉和炉前焦库焦粉（包括切焦机室、焦转运站的集尘焦粉），其中以第三种的粒度最细。当配煤黏结能力充足时，炼焦过程中粒度小的焦粉易融入焦炭的孔壁中，从而改善焦炭强度，因此该组分配入煤中是最合适的。200kg 试验焦炉试验结果显示，以 2%的各种焦炭等量取代瘦煤制得的焦炭其灰分和硫分变化不大，焦炭的强度随配入焦粉的粒度增大而降低，但其波动幅度较小。大炉试验显示，在宝钢炼焦生产中外配1%集尘焦粉对焦炭强度影响不大，SCO 炉试验表明当宝钢配煤黏结指数 G 值为 79、全膨胀为 50%时，配1%集尘焦粉尚能改善焦炭的质量。从 SCO 炉试验可知，集尘焦粉的配入方法以全部配入成型煤中为最佳。

表 8-29　某钢集尘焦粉种类和粒度分布

类　别	占比例/%	粒　度　组　成/%					平均粒度/mm
		>3mm	3～1mm	1～0.5mm	0.5～0.11mm	<0.11mm	
干熄焦	70	0.55	3.65	12.55	65.70	17.55	0.395
导焦车	5.5	0.00	1.30	5.00	49.05	44.65	0.235
炉前焦库（包括切焦机室、焦中转站）	24.5	0.00	0.08	0.04	27.26	72.62	0.126

（二）除尘回收焦粉在配煤中的应用

1. 焦粉回配炼焦工艺

使用焦粉回配炼焦工艺必须具备的条件是：配合煤的黏结性要有富余；焦粉的添加量要适中；焦粉的粒度要尽量小。采用焦粉配煤炼焦需先对焦粉进行单独粉碎后再与煤配混合进行炼焦，否则如果焦粉与其他煤种一起粉碎与生产，焦炭强度要下降很多。焦粉回配更适合于捣固炼焦配煤增加瘦化组分，而减少焦炭的裂纹形成。

2. 焦粉在配煤中的作用

（1）焦粉在配煤中主要起瘦化作用。结焦过程中焦粉本身并不熔融，其颗粒表面吸附相当一部分配合煤热裂解生成的液相产物，使塑性体内液相量减少，得到合适流动度和膨胀度的配合煤。

（2）在配合煤中添加焦粉可降低装炉煤的半焦收缩系数，改善半焦气孔结构，达到提高半焦强度的作用。

（3）在配合煤中添加焦粉可以减少相邻半焦层间的收缩差，减少焦炭裂纹，提高焦炭强度。因此，使用焦粉回配炼焦工艺必须具备的条件是：①配合煤的黏接性要有富余；②焦粉的添加量要适中；③焦粉的粒度要尽量小。

在常规配煤及顶装煤工艺条件下，根据煤源情况，适量添加 3%～5% 的焦粉进行焦粉回配炼焦工艺，在技术上是可行的。采用焦粉回配炼焦，所得焦炭的块焦率明显增加。以焦粉替代部分瘦煤，这为焦化厂提供了一条降本增效的途径。既解决了焦化厂焦粉积压问题，又节省了煤源，达到了能源二次利用的目的。但在实际应用中主要应解决配煤工艺设备（即焦粉研磨设备）的改造问题，以使焦粉达到规定的粒度指标要求。

3. 焦粉回配技术实例

某钢厂炼焦生产及运焦系统产生的集尘焦粉占焦炭总产量的 2.36%～2.47%，年集尘焦粉总量为 8.5 万～8.8 万吨，由于有大量过细的焦粉不能用于烧结，故每年有 1.95 万～2.01 万吨集尘焦粉被废弃掉，既是一种浪费，同时也严重污染环境。集尘焦粉按来源和粒度可分为三大类：干熄焦焦粉（CDQ 焦粉）、导焦车焦粉和炉前焦库焦粉（包括切焦机室和焦转运站的集尘焦粉），其中以第三种的粒度最细。当配煤黏结能力充足时，炼焦过程中粒度小的焦粉易融入焦炭的孔壁中，从而改善焦炭强度，因此该组分配入煤中是最合适的。200kg 试验焦炉试验结果显示，以 2% 的各种焦粉等量取代瘦煤制得的焦炭其灰分和硫分变化不大，焦炭的强度随配入焦粉的粒度增大而降低，但其波动幅度较小。大炉试验显示，在炼焦生产中外配 1% 集尘焦粉对焦炭强度影响不大。SCO 炉试验表明当配煤黏结指数值为79，全膨胀为 50% 时，配 1% 集尘焦粉才能改善焦炭的质量。

（三）焦粉综合利用

1. 焦粉处理生化废水

焦粉也可以处理生化废水，尤其是熄焦粉效果优于其他焦粉，因为在水熄焦时对熄焦粉产生活化作用，形成了大量微孔。熄焦粉具有自产、不用粉碎、价廉的特点，可以大幅度降低废水处理费用。吸附处理后可作配煤炼焦的瘦化剂，不产生二次污染。熄焦粉同活性炭一样完全可以循环再生使用，在忽略熄焦粉再生损失量的情况下，熄焦粉再生后吸附处理废水能力略有下降。

研究表明，焦粉虽具有一定的吸附性，但吸附容量低，对其进行改性，使其更适于废水处理就显得非常必要。以焦粉为原料，采用过二硫酸铵化学法改性焦粉，研究改性焦粉对水溶液中亚甲基蓝的吸附特性及其吸附机理。结果表明改性焦粉对亚甲基蓝的吸附符合 Langmuir 吸附等温方程，吸附过程是界面上混乱度增加的自发吸热过程；吸附过程为物理吸附所主导，吸附与二级速率方程有很好的相关性，吸附机理为颗粒内扩散控制。

2. 焦粉制备空分制氮用炭分子筛

以焦粉为原料，煤焦油、环氧树脂为黏结剂，采取先浸渍再炭化的方法制备空分制氮用的炭分子筛。当用煤焦油与树脂为黏结剂，黏结剂的含量为 20%，炭化温度为 700℃，恒温时间为 30min，浸渍时间为 30min 时制备的炭分子筛的空分性能最佳，可使空气中的氮气含量达到 90%。

3. 利用焦粉制备活性炭

焦粉具有固定碳含量高、灰分和挥发分含量低、强度高等特点，与石油焦一样能满足活性炭材料的各项要求，是一种优良的制备活性炭的材料。

制备活性炭的方法较成熟的有药品活化法和气体活化法。用焦粉制活性炭，也是从常规方法入手，用药品氯化锌、氢氧化钠和水蒸气为活化剂，依据设计方法制定不同的工艺条件进行探索，活化后制成的活性炭，作苯吸收量测定，以吸附量大小评价活性炭性能。

崔永君等以 1～3mm 粒级范围的废弃焦粉为原料，研究了废弃焦粉制备活性炭的可行性，研究结果表明：与用原煤制备柱状炭相比，以焦粉为原料时，所得产品具有非微孔（中孔和大孔）发达的特点，可用于废水处理。但是所得活性炭的比表面积和装填密度还有待进一步提高。张彩荣等研究了不同配比下活性炭性质的异同及其孔结构特征，结果表明：由焦粉制备的活性炭也具有大、中孔发达的特点，可作为廉价的净水材料。

4. 焦粉制备气化型焦

焦粉气化型焦工艺是焦粉加工利用的一条新的技术途径，主要是以焦粉为原料，添加一种有机-无机复合黏结剂，采用冷压成形的方法，生产出了冷、热强度高，热稳定性好的气化型焦。工业试验结果表明：气化型焦完全符合工业化造气用煤标准，用它来替代焦炭作为生产半水煤气的原料是可行的。此工艺解决造气用块煤或块焦供不应求和焦粉大量积压的矛盾，使制出的型焦达到高强防水，在气化炉的高温、强制通风、快速反应、料层移动条件下能够使用。用焦粉生产气化型焦，提高了焦粉的经济附加值。

5. 焦粉制备铸造型焦

利用廉价的焦粉和丰富的气煤资源，加入沥青作黏结剂，在一定配比下，可获得各项指标均达标的一级铸造型焦产品。随着气煤和沥青配入量的变化，焦炭的抗碎强度、气孔率焦炭显微结构也随之变化。沥青降低对于焦炭强度提高的影响较显著，而气煤配比减少对于焦炭气孔率降低的影响显著。

如以贫瘦煤和焦粉为原料，改性的焦油洗油残渣作为黏结剂制备铸造型焦的工艺可获得优质的二级型铸造型焦产品。贫瘦煤具有一定的黏结性，用其生产型焦，可改善型焦的热性质，使型焦具有类似于焦炭的结构和使用性能，同时生产成本也较其他煤种低，是生产冶金型焦的较佳煤种。

参 考 文 献

［1］　王纯，张殿印．废气处理工程技术手册．北京：化学工业出版社，2013.

［2］　国家环境保护局．化学工业废气治理．北京：中国环境科学出版社，1992.

［3］　胡学毅，薄以匀．焦炉炼焦除尘．北京：化学工业出版社，2010.

［4］　国家环境保护局．钢铁工业废气治理．北京：中国环境科学出版社，1992.

［5］　高建业，王瑞忠，王玉萍．焦炉煤气净化操作技术．北京：冶金工业出版社，2009.

［6］　潘立慧，魏松波．干熄焦技术．北京：冶金工业出版社，2005.

［7］　张朝辉，等．冶金资源综合利用．北京：冶金工业出版社，2011.

［8］　［苏］鸟索夫 B H. 工业气体净化与除尘器过滤器．李悦，徐图译．哈尔滨：黑龙江科学技术出版社，1984.

［9］　［美］P. N. 切雷米西诺夫，R. A 扬格主编．大气污染控制设计手册．胡文龙，李大志译．北京：化学工业出版社，1991.

［10］　陈盈盈，王海涛．焦炉装煤车烟气净化节能改造．环境工程，2008（5）：38-40.

第九章

耐火材料工业烟尘减排技术

　　耐火材料分为成型砖制品和不定型散状物料两类。

　　耐火材料成型砖制品主要有硅砖、黏土砖、高铝砖、镁砖、镁铝砖、镁铬砖、镁碳砖、炉衬砖、滑板水口砖及特殊制品砖等。砖制品车间一般包括原料准备（原料煅烧、检选）、破碎、粉碎、混合、成型、干燥、烧成和成品（存放或加工）等工段。

　　耐火材料不定型散状物料主要有镁砂、白云石砂、火泥、耐火混凝土、喷涂料、捣打料、浇注料及冶金石灰等。这类车间一般包括原料准备（煅烧、检选）、破碎、粉碎、磨碎和包装储存等工段。

第一节　耐火材料工业烟尘来源和特点

一、耐火材料工业烟尘来源

　　耐火材料的生产过程一般分为原料焙烧、混合、成型、干燥和烧成等工艺。其生产工艺见图 9-1。

　　各车间、工段的组成及产生的主要有害物见表 9-1。

表 9-1　车间工段组成及产生的主要有害物

车间	工段	产生有害物的主要设备	主要有害物
原料准备及破碎	原料仓库	抓斗吊车、火车、铲车、汽车	卸料、倒料、向料槽放料时产生灰尘
	胶带机通廊	胶带机	胶带机托辊使物料跳动等产生少量灰尘
	竖窑煅烧	胶带机、斗式提升机、出料机	窑操作区辐射热、出料时产生灰尘、窑顶废气
	回转窑煅烧	给料机、回转窑、冷却筒	产生大量余热和灰尘
	干燥筒	供料机、干燥筒、出料机	产生大量灰尘和余热
	破碎机室	给料机、破碎机、胶带机	向破碎机给料、破碎和胶带机受料时产生灰尘

车间	工段	产生有害物的主要设备	主要有害物
粉碎及混合	粉碎	给料机、粉碎机、筛子、运输设备	粉碎过程产生大量灰尘
	混合	配料、运输、湿碾机、吊车	从与料、运输到湿碾过程中产生灰尘
	焦油白云石混合	煮焦油、混砂机、吊车	生产过程中产生大量焦油烟气
	长水口混合	混合机	产生少量酒精汽、灰尘
成型	成型	吊车、料槽、压砖机	吊车向料槽放料，称料和压砖过程中产生少量灰尘
	焦油白云石成型	吊车、压砖机、运砖胶带机	生产过程中产生焦油烟气
干燥烧成及成品	干燥烧成	干燥窑、隧道窑	窑炉产生大量余热少量灰尘
	磨砖	车床、磨砖机	砖加工过程中产生灰尘或水汽
	滑板油浸	浸砖	浸砖过程中产生沥青烟余热
	石灰乳	石灰消化筒、球磨机	产生少量灰尘、余热

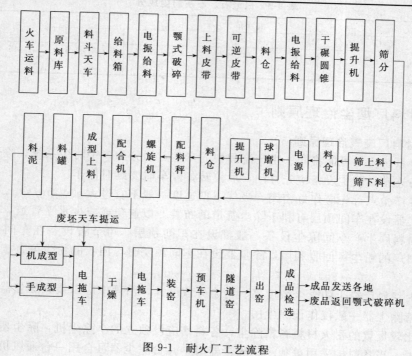

图 9-1　耐火厂工艺流程

二、耐火材料工业烟尘的特点

（1）耐火材料生产中产生的废气量大、温度高、含尘浓度高、粉尘量大。除原料、破碎机粉尘颗粒较大外，其他设备产生的粉尘较细，对大气和操作环境造成严重污染、污染面广。

① 窑炉废气，对于 3.0/3.6×60 镁砂回转窑，生产 1t 镁砂约产生 3.0 万～3.5 万立方米废气，废气中含尘量为 50～60g/m³（标），每年向大气排放粉尘量高达 4 万～6 万吨，污染半径达 5～8km；粉尘黏附性强，粉尘遇水后易结垢。

② 常温粉尘，对于原料仓库（抓斗仓库），建筑物为敞开结构，用人工从火车上卸高铝箔料（该物料的扬尘不宜太大）时，距火车 6m 处大气中粉尘浓度为 151mg/m³，30m 处为 981mg/m³，抓斗向受料槽卸高铝熟料时，料槽顶高 7.0m，距槽 6m 处大气中粉尘浓度为 453mg/m³，比卫生标准高 2.3～114.5 倍。而且粉尘的含湿量大，耐火厂物料干燥、球磨机、雷蒙粉碎机等设备的粉尘均属含湿粉尘。

（2）粉尘危害性大　耐火材料的原料含硅量高，粉尘分散度也高，一般硅石量 SiO_2 量大于 96%，黏土和高铝含 SiO_2 量大于 30%。粉尘粒度小于 $10\mu m$ 的占 30%～40%，接触这些粉尘的操作工人容易得硅沉着病和肺尘埃沉着病。表 9-2、表 9-3 给出了粉尘成分。

表 9-2　镁砂粉尘成分

| 等级 | 化学成分/% | | | | 灼烧减量/% | 密度/(t/m³) | 耐火度/℃ | 备注 |
	MgO	SiO_2	Fe_2O_3 Al_2O_3	CaO				
Ⅰ	98	<1	<1.0	<0.8	≤51	3.57	2000	大石桥
Ⅱ	96～97	<1.5	<1.5	<1.2	≤48	3.56	2000	耐火厂
Ⅲ	94～96	<2.5	<2.0	<1.5	≤48	3.55	2000	原料

表 9-3　白云石、石灰粉尘成分

| 名称 | 化学成分/% | | | | | 灼烧减量/% |
	CaO	MgO	SiO_2	Al_2O_3	Fe_2O_3	
白云石	32～34	16～19	0.2～7	0.06～0.08	0.3～0.6	45.4～46.8
石灰	>50					45～50

三、耐火材料厂烟尘治理原则

1. 耐火材料厂废气治理原则

（1）防尘系统应尽可能将同一生产流程中的产生点划分为一个防尘系统。除尘设备应与生产工艺设备连锁，除尘设备应先开动，后停转，停车时要延时停车。

（2）对各产尘点首先应作好密闭，吸气罩口速度一般不宜过大（<4m/s）。

（3）除尘器设在车间顶层有利于除尘管道的布置，以避免或减少水平管道，以防管道内积灰。耐火材料厂生产车间除尘设备一般都设在车间顶层，可节省设备在车间内的占地面积，耐火材料厂的粉尘可回收利用，除尘器设在车间顶层时，回收的粉尘可直接回送到工艺粉料槽内。

（4）耐火材料厂粉尘的含尘浓度高、粉尘分散度大，治理中应以袋式除尘器为主，旋风除尘器和多管除尘器一般仅作预除尘用。

（5）对比较贵重的耐火材料料槽除尘，各料槽应设独立的小除尘机，除尘器收回的粉料直接送回槽内。当备料槽采用单独小型除尘器时，几台除尘器可合用一台通风机，以确保除尘器和料槽负压。

（6）除尘系统通风机的机械噪声和空气噪声不得超过标准要求。

（7）对不结冻地区的小型耐火材料厂，当粉尘浓度高、粉尘无法利用和无利用价值、废水处理又能妥善解决时可选用湿式除尘器。对烧结镁砂、白云石和石灰的粉尘，属于水硬性物质，温水结垢，一般不宜选用湿式除尘器。

（8）压缩空气输送料槽除尘器，一般应设抽风机，以确保除尘器和料槽的负压，不冒灰。

2. 各类耐火材料车间除尘设备选用原则

（1）优先选用干式除尘器，首先考虑各种类型的袋式除尘器。粉尘浓度很高时，宜选用旋风除尘器与袋式除尘器两级除尘；粉尘浓度低时，当采用干式除尘回收后粉尘不能返回工艺过程再利用（如白云石、石灰竖窑上料系统），且含尘污水处理又能妥善解决时，可选用湿式除尘器；非采暖地区小型耐火材料厂，采用湿式除尘器时，其含尘污水达标排放可直接排入江河，并征得主管部门同意。

（2）烧结镁砂、烧结白云石砂以及冶金石灰的除尘系统均不得采用湿式除尘器。

（3）耐火材料粉尘比电阻均高，在未采取降低比电阻措施前，不宜选用电除尘器。

（4）炉窑排出的高温含尘废气采用袋式除尘器、电除尘器应经过经济分析综合对比确定。

（5）除尘设备应按除尘系统中含尘空气的初含尘浓度进行选择，耐火材料各生产车间、工段除尘系统的含尘浓度见表9-4，表中数据随物料条件、除尘系统的吸气点组成等因素而变化。

表 9-4　除尘系统含尘浓度 C 值

工艺过程	除尘系统中各吸气点组成	$C/(\text{mg/m}^3)$	
		Ⅰ类①	Ⅱ类②
破碎	颚式破碎机进口＋胶带机	<3000	<10000
粉碎	干碾机＋提升机＋筛子＋胶带机＋料槽	3000～5000	～20000
	反击式破碎机＋提升机＋筛子＋胶带机＋料槽	8000～10000	10000～15000
磨碎	筒磨机＋提升机＋螺旋＋料槽	10000～15000	2000～3000
混合	电子秤＋湿碾机	500～1000	500～1000
成型	供料槽＋秤＋压砖机	≤100	≤100

① Ⅰ类指硅石、镁石、白云石、黏土和高铝熟料等。

② Ⅱ类指软质黏土、白云黏土熟料及烧结镁砂等。

第二节　竖窑除尘技术

按煅烧原料分，竖窑有石灰竖窑、白云石竖窑、镁砂竖窑、黏土竖窑、高铝土竖窑等几种；按燃料分有焦炭竖窑、煤气竖窑、天然气竖窑、重油竖窑、无烟煤竖窑、煤粉竖窑等；按截面形状构造分为圆形竖窑、矩形竖窑、双膛形竖窑等形式。耐火材料厂应用较广泛的有石灰竖窑、白云石竖窑、镁砂竖窑。

一、竖窑烟尘来源和特点

1. 竖窑烟尘来源

烟气的产生由鼓风机从炉底鼓风，冷风在冷却带与烧结后的热态白云石进行热交换变成热风，热风进入烧结带与焦炭进行燃烧反应产生高温，使白云石 $[n\text{CaMg}(\text{CO}_3)_2]$ 分解，变成 MgO、CaO 的混合物，焦炭燃烧和白云石分解同时产生大量的 CO_2，形成高温烟气继续上升，与入炉的冷料进行热交换，使之预热，然后经烟囱排出。气体与炉料之间为逆流式热交换，气流上升速度为 1m/s。

根据工艺流程和原料不同，竖窑主要有以下几个污染源：

① 上料系统产生的粉尘，胶带机、单斗上料时，物料由于落差所产生的粉尘；

② 窑内焙烧时产生的烟气，从竖窑窑顶排出的烟气，其含尘浓度和温度波动较大，粉尘性质（分散度、理化性质）随物料的不同变化甚大；

③ 出料系统产生的粉尘，因齿盘出料机、托板出料机出料时以及出料机下部链板运输、手工间断运输和胶带机运料时，在物料落拨的地点均有扬尘。

2. 污染物特点

（1）废气量大。对于白云石竖窑，每烧 1t 成品产生烟气量约为 30000m^3 废气。某钢铁公司耐火材料厂 10 座 17m³ 型煅烧白云石竖窑的烟气量为 300000m³/h。

（2）粉尘颗粒大，硬密度较大，磨琢性强。

（3）某些竖窑烟气中的粉尘遇水易结垢（水硬性物质），如镁砂、白云石和石灰等粉尘。

3. 竖窑烟尘治理措施

竖窑烟尘的治理措施如下。

（1）优先采用干法除尘　干法除尘有利于粉尘的回收利用，且可避免湿法除尘带来的废水污染，特别是对镁质、白云石和石灰等遇水后易结垢的粉尘，更不能采用湿法除尘。

（2）除尘系统大型化、集中化　一般可将上料、窑内烟气以及出料抽风点集中在一个系统内，甚至将几座窑炉的烟气集中到一个大型系统。大型除尘有利于控制系统内的烟气温度。

（3）预净化措施　由于竖窑烟气的含尘很大，系统一般宜设预净化设施，以减少二段除尘器的净化负荷。其净化一般采用旋风或多管除尘器，第二段采用袋式除尘器或电除尘器。

（4）温控措施　采用袋式除尘器时，系统应考虑温度控制装置，以防滤料系统受损，一般可在系统管道上设冷风掺入阀（温度控制阀）。

（5）该系统应考虑耐磨措施　在预净化前的管道外弯侧、旋风除尘入口和锥体处，应加设铸铁板或石英砂混凝土耐磨衬里。

二、竖窑除尘技术参数

（一）粉尘性质

由于燃料和操作制度的不同，竖窑废气的温度、成分、含尘浓度各不相同。设计中的废气量、温度、含尘浓度等应根据工艺生产的实际确定或参照同类型已生产竖窑的实测值确定。也根据实际原料、燃料、产量等参数进行计算确定。几种竖窑实测废气携出的粉尘粒度分析及化学成分见表 9-5。废气的含尘浓度和主要成分见表 9-6。

（二）废气量确定

竖窑废气量一般根据相同竖窑废气分析后确定的空气过剩系数计算确定。但废气的取样和分析手续比较麻烦，竖窑废气中包含大量原料分解产生的 CO_2，需要对废气分析加以校正。当工艺不能给出废气量时，可用下述简易方法确定。

1. 按空气过剩系数计算废气量

可用下式：

$$Q = G_0 B_0 \frac{29260}{Q_{DW}^Y}[Q_1 + (\alpha - 1)Q_0] + G_0 V_f \tag{9-1}$$

式中，Q 为出窑废气量，m³（标）/h；G_0 为按出窑料计算窑的产量，kg/h；B_0 为按出窑料计的单位标准燃料消耗量，kg/kg，见表 9-7；Q_{DW}^Y 为燃料低位发热值，kJ/kg；Q_1 为燃料燃烧生成理论烟气量，m³（标）/kg；α 为空气过剩系数，根据废气分析结果，并修正因原料分解产生的 CO_2 附加于废气成分后计算求得，对焦炭或无烟煤竖窑取 1.0～1.1；Q_0 为燃料燃烧所需理论空气量，m³（标）/kg 或 m³（标）/m³（标）；V_f 为按单位出窑计的物料分解 CO_2 量，m³（标）/kg，按下式计算：

$$V_f = Xin \tag{9-2}$$

式中，X 为原料消耗系数，按出窑料计，按表 9-8 选用时，对于重油竖窑或煤气竖窑，取 $X = X_2$；对于焦炭竖窑或无烟煤竖窑，取 $X = X_3$；i 为原料的灼减，%，按表 9-8 选取；n 为原料分解产物的比容，m³/kg，对 CO_2，$n = 0.51$；对 H_2O，$n = 1.24$。

表 9-5　竖窑废气携出的粉尘粒度及化学成分分析

单位：%

工厂	竖窑类别	燃料	比重	粒度分析/μm							化学成分									
				>40	40~30	30~20	20~10	10~5	5~1	<1	TFe	FeO	Fe₂O₃	SiO₂	CaO	MgO	Al₂O₃	C	S	P₂O₅
AG厂	白云石竖窑	焦炭	1.85	76.9	8.8	6.3	3.4	4.6	—	—	—	—	0.90	2.81	4.70	45.7	1.79	12.19	—	—
	石灰竖窑	焦炭	2.59	11.6	13.6	51.2	18.5	4.2	0.7	0.2	—	—	4.86	6.79	40.26	3.1	3.21	9.90	—	—
DM矿	镁砂竖窑	焦炭	2.96	82	17.3	0.1	0.1	0.1	0.1	0.3	—	—	1.29	3.45	1.25	76.9	1.71	—	0.32	—
	镁砂竖窑	焦炭	2.96	73.6	24.4	0.3	0.2	0.2	0.3	1.0	—	—	1.98	8.00	1.04	54.44	3.80	—	0.28	—
HM矿	轻烧氧化镁竖窑	重油	3.32	64.7	16.7	10.8	5.1	0.8	0.1	1.8	0.3	0.3	0.10	0.4	0.9	63.59	0.13	0.47	—	0.03
	镁砂竖窑	焦炭	2.96	65.2	31.5	0.4	0.2	0.2	0.5	4.6	0.4	0.3	0.34	1.04	0.73	57.03	0.05	2.49	—	0.05
	镁砂竖窑	焦炭	2.55	76.7	4.6	5.8	2.9	2.7	0.6	6.7	0.8	0.3	0.84	2.20	迹	51.84	0.13	7.60	—	0.13

表 9-6　竖窑废气的含尘浓度和主要成分

工厂	竖窑类别	燃料	废气温度/℃	含尘浓度/[g/m³(标)]			废气成分/%												干废气密度/[kg/m³(标)]
							CO₂			O₂			CO			N₂			
				最大	最小	平均	最大	最小	平均	最大	最小	平均	最大	最小	平均	最大	最小	平均	
HM(X)矿	轻烧氧化镁竖窑①	重油	140	2.85	1.54	2.24	4.8	4.5	4.7	16.9	16.4	16.7	0	0	0	79.1	78.3	78.6	1.323
	镁砂竖窑①	焦炭	65	5.16	3.49	4.11	28.5	21.5	25.0	8.0	3.0	5.5	11.0	9.0	10.0	61.5	57.5	59.5	1.442
HM(J)矿	镁砂竖窑①	焦炭	105	8.71	3.39	6.52	—	—	38	—	—	15.7	—	—	2.5	—	—	78	1.305
AG厂	白云石竖窑①	焦炭	110	7.08	0.86	2.65	7.9	6.8	7.3	16.1	13.9	15.4	2.9	1.4	2.1	75.7	74.7	75.2	1.341
SG厂	石灰竖窑①	焦炭	100	4.2	0.54	1.64	—	—	—	—	—	—	—	—	—	—	—	—	—
DM矿	镁砂竖窑①(55m³)	焦炭	120	10.6	5.08	7.93	15.6	15.6	15.6	9.3	9.0	9.2	5.8	3.8	4.8	71.6	69.3	70.4	1.382
	镁砂竖窑①(47m³)	焦炭	120	1.18	0.43	0.73	12.3	11.0	11.9	10.4	10.3	10.4	8.5	8.2	8.4	70.0	68.8	69.3	1.347
DG厂	石灰竖窑②	重油	160	1.6	0.81	1.0	18.8	5	10.5	18	11	14.5	1.0	0.4	0.6	74.4	—	74.4	—
HM(J)矿	焦炭竖窑③	焦炭	300	32	8.12	17.5	—	—	—	—	—	—	—	—	—	—	—	—	—
PG厂	镁砂竖窑④	焦炭	224	2.7	1.75	2.22	—	—	—	—	—	—	—	—	—	—	—	—	—
	白云石竖窑④	焦炭	500	2.24	0.64	1.2	—	—	—	—	—	—	—	—	—	—	—	—	—
SY厂	石灰竖窑⑤	重油		0.957	0.373	0.665	17.8	10.6	14.4	14.1	5.4	10.8	5.2	1.0	3.3	75.7	70.3	71.9	1.36

① 摘自某劳研所测定报告；②系 33℃废气含尘浓度；③系 33.5℃废气含尘浓度；④系 38.5℃废气含尘浓度（已除尘）；⑤测点在排烟机后，已除尘。

表 9-7　单位燃料消耗指标

原　料	原料等级	竖窑类型	单位燃料消耗/(kg/kg)		
			焦比 B_j	实际燃料 B_{sh}	准备燃料 B_0
白云石	特级、易烧结	焦炭竖窑(带气化冷却壁)	20	36.8	33.1
	特级、难烧结	焦炭竖窑(带气化冷却壁)	25	46.0	41.4
	特级、极难烧结	焦炭竖窑(带气化冷却壁)	35	64.4	58
镁石	Ⅰ级	焦炭竖窑(带气化冷却壁)	20	39.6	35.7
	Ⅱ级	焦炭竖窑(带气化冷却壁)	18	35.6	32.1
	Ⅰ级料球	重油竖窑	—	25	35.7
石灰石	Ⅰ、Ⅱ级	焦炭竖窑	8.5	14.1	12.7
	Ⅰ、Ⅱ级	无烟煤竖窑	8	13.3	12.3
		混合煤竖窑	11	18.3	17.0
		重油竖窑	—	11.5	16.5
		煤气竖窑	—	—	16
黏土	特级,1等	无烟煤竖窑	6	7	6.5
	特级,1等	矩形外火箱燃煤竖窑	—	10	8
高铝土	Ⅰ、Ⅱ级	焦炭竖窑(带汽化冷却壁)	10	11.0	10.5
		无烟煤竖窑	7.5	8.7	8.3

注：由实际燃料换算标准燃料时，实际燃料发热值采取如下：焦炭 $Q_{DW}^Y=26334kJ/kg$；无烟煤 $Q_{DW}^Y=27170kJ/kg$；烟煤 $Q_{DW}^Y=23410kJ/kg$；重油 $Q_{DW}^Y=41800kJ/kg$；由焦比换算单位实际燃料消耗；采取表 9-8 的原料消耗系数 X_3。

表 9-8　原料消耗系数计算数据

计算参数	符号	单位	白云石	镁石	黏土	高铝土	石灰石
原料的灼减	i	%	47	51	14	14	43
出窑料的残余灼减	i'	%	0.5	0.5	0.5	0.5	5
飞灰损失(按原料计)	y	%	3	3	1	1	1.5
燃料灰增量	W	%	5.5	6.1	约1	约1.5	2
原料消耗系数计算值	X_0	t/t	1.89	2.04	1.16	1.16	1.76
	X_1	t/t	1.88	2.03	1.16	1.16	1.67
	X_2	t/t	1.94	2.09	1.17	1.17	1.70
	X_3	t/t	1.84	1.98	1.16	1.16	1.66

注：计算 W 值时燃料灰分采用 15%。

2. 按单位废气量计算总废气量

根据在相同竖窑测得的按单位燃料计的废气量指标计算竖窑排出的废气总量可按下式：

$$Q=\Delta V_0 G_0 B_0 \eta = \Delta V_{sh} G_0 B_{sh} \eta \ \ [m^3(标)/h] \tag{9-3}$$

$$\eta=\frac{K_2}{K_1}\times\frac{L_2}{L_1} \tag{9-4}$$

$$B_{sh}=B_0\frac{29260}{Q_{DW}^Y} \tag{9-5}$$

式中，ΔV_0，ΔV_{sh} 分别为同类型竖窑测得的按标准燃料计和按实际燃料计的单位废气量，m^3（标）/kg 或 m^3（标）/m^3（标），几个竖窑的 ΔV_0 和 ΔV_{sh} 值见表 9-9；η 为系数；K_1、K_2 分别为测定的和设计的排烟时间系数，可取 $K_1=0.8\sim1$，$K_2=1$；L_1、L_2 分别为测定的和设计的漏风系数，可取 $L_1=1.1\sim1.2$，$L_2=1.3\sim1.5$；B_{sh} 为单位实际燃料消耗百分比，kg/kg，也可按表 9-7 选取；29260 为标准燃料发热值，kJ/kg。

表 9-9 竖窑单位废气量

厂名	窑型	废气温度/℃	废气流量/[m³(标)/h]	排烟时间系数(Ks)	实际废气量 B=K时 L0 /[m³(标)/h]	燃料消耗量/(kg/h)	单位废气量/(m³/kg) 按标准燃料计,ΔV_0	按实际燃料计,ΔV_{sh}	漏风系数按 L0=1.1
SY厂	焦炭白云	195	18200	10600	0.8	8500	742	12.7	11.4	1.19
	石竖窑	158	174000	11000	0.8	8800		13.2	11.85	1.24
		128	16900	11500	0.8	9200		13.8	12.4	1.29
		108	16900	12100	0.8	9700		14.5	13.1	1.36
		90	16300	12300	0.8	9850		14.8	13.3	1.38
		70	17150	13700	0.8	11000		16.5	14.8	1.55
	平均值			11850		9520		14.4	12.3	1.33①
DG厂	重油石灰竖窑	160	11900	7500	1	7500	344	15.3	21.8	1.45②
SY厂	重油石灰竖	157	25100	15100	1	15100	622	17	24.3	1.53③
	新(试验窑)	260	27500	14050	1	14050		15.8	22.6	1.42④

① 废气流量测点在排烟机后烟囱上,废气自然冷却降温,两段干法除尘,焦炭发热值取 $Q_{DW}^Y=26334kJ/kg$。

② 废气流量测点在排烟机前,未掺冷风,重油发热热值取 $Q_{DW}^Y=41800kJ/kg$。

③ 废气流量测点在排烟机后。

④ 废气流量测点在除尘器前。

(三)烟气降温

竖窑废气温度一般较高,为 100～250℃,随加料、煅烧、出料呈周期性波动,活性石灰竖窑、白云石竖窑废气温度可高达 400～500℃,当除尘器和除尘风机不允许在高温下使用时,废气应进行降温,废气降温通常有两种基本方法,即掺冷空气降温和间接空冷降温。

掺冷空气降温是在高温废气中掺入外界冷空气以达到降温的目的。其优点是降温快、废气管道较短,除尘设备便于布置和管理。其缺点是掺入冷空气后使废气量急剧增加,使除尘设备和风机规格变大,掺入的冷空气量需采用自动调节才能适应废气温度呈周期性的变化。

间接空冷降温是采用长距离废气管道输送废气或增设空气冷却器,利用管道壁、空气冷却器散热降温。其优点是简单、可靠。缺点是耗用钢材多、占地面积大。

废气降温所需掺冷空气量或间接冷却所需冷却面积应根据竖窑出窑最高废气温度和除尘设备允许工作温度进行计算确定。

三、石灰竖窑除尘

石灰竖窑燃料有焦炭、重油、煤气、煤粉等几种,容积有 20m³、50m³、60m³、105m³、150m³、250m³、300m³ 等系列。根据原料、燃料、石灰要求的活性度不同,排出的废气温度、含尘浓度也各不相同。

石灰竖窑出窑废气温度较高,一般为 130～250℃,活性石灰竖窑、煤粉竖窑废气温度高达 400～600℃。含尘浓度一般为 0.9～1.7g/m³,最高也可达 4～6g/m³。

石灰竖窑废气除尘应采用袋式除尘器。活性石灰竖窑、煤粉竖窑废气温度较高时,则采用空气冷却器降温后再进入袋式除尘器净化。其流程见图 9-2。

石灰竖窑废气除尘设计应按如下原则进行。

(1)石灰竖窑废气粉尘为亲水性、黏结性粉尘,不得采用湿式除尘,应采用干式除尘。

(2)采用干式除尘时,宜选用袋式除尘器。

(3)废气温度较高时,袋式除尘器滤料应考虑耐高温材质或采用降温措施。一般废气温度为 150～300℃时,袋式除尘器应采用耐高温滤料,废气温度小于 150℃应采用掺冷风降

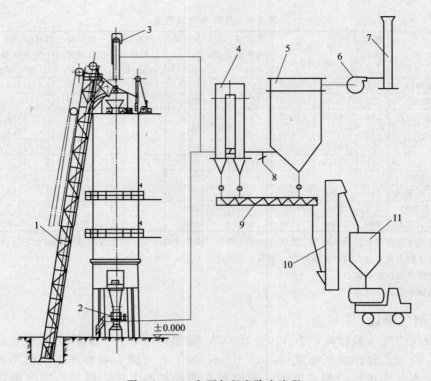

图 9-2 150m³ 石灰竖窑除尘流程

1—提升机；2—出料机；3—放散烟囱；4—管式冷却器；5—袋式除尘器；6—风机；7—排气筒；
8—掺空气阀；9—螺旋输送机；10—斗式提升机；11—储灰槽

温，废气温度大于 300℃ 应采用空气冷却器或旋风除尘器等间接冷却降温。

（4）采用其他类型除尘器时应与袋式除尘器进行综合比较后确定。

四、白云石竖窑除尘

白云石竖窑按燃料分为焦炭白云石竖窑和天然气白云石竖窑两种。焦炭白云石竖窑系煅烧白云石的主要窑型，容积有 20m³、30m³、40m³、60m³ 等系列，最大容积达 80m³ 左右。天然气白云石竖窑有 16m³ 规格型。

白云石竖窑废气温度较高，为 100～500℃ 不等，纯度高时可达 600℃。废气含尘浓度一般为 0.6～7.4g/m³。白云石竖窑废气量一般由生产确定，除采用公式(9-1)、式(9-3) 方法计算外，也可根据鼓风机量确定窑顶排烟机风量，鼓风机与排烟机的风量（Q_p）按下式计算：

$$Q_p = KQ_g \tag{9-6}$$

式中，K 为排烟能力备用系数，一般取 $K=1.15\sim1.2$；Q_g 为竖窑的鼓风量，m³（标）/h，采用回转式鼓风机的白云石竖窑鼓风量见表 9-10。

表 9-10 白云石竖窑选用回转式鼓风机举例

需要鼓风量	竖 窑 容 积/m³			
	20	30	40	60
Q_g/[m³（标）/h]	5300	7950	10600	15900

注：需要鼓风量的计算参数为：利用系数 $E_0=1.5t/(m^3 \cdot d)$；焦比 $B_{焦}=20kg/kg$；$Q_{DW}^Y=26334kJ/kg$；漏风系数 $L=1.2$；鼓风时间系数 $K=0.8$；原料消耗系数 $X_3=1.84$；空气过剩系数 $\alpha=1.1$；$L_0=7.55m^3/kg$。

白云石竖窑废气除尘宜采用袋式除尘器，当废气温度较高时，多采用旋风除尘器和袋式除尘器二级除尘，使其废气在旋风除尘器间接冷却后再进入袋式除尘器，其除尘流程见图9-3。

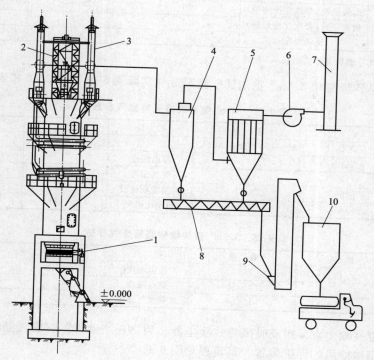

图9-3　白云石竖窑除尘流程

1—出料机；2—上料提升机；3—放散烟囱；4—旋风除尘器；5—袋式除尘器；
6—风机；7—排气筒；8—螺旋输送机；9—斗式提升机；10—贮灰槽

白云石竖窑废气除尘设计按下列原则进行：①煅烧后的白云石活性粉尘活性较强、易水解，除尘方式不得采用湿式除尘，应采用干式除尘；②采用干式除尘时，应选用袋式除尘器，选用其他类型除尘器应与袋式除尘器进行综合比较后确定；③废气温度较高时应考虑降温措施。废气温度小于300℃时，袋式除尘器应采用耐高温滤料，废气温度大于300℃应采用空气冷却器或旋风除尘器等间接冷却降温。

五、镁砂竖窑除尘

镁砂竖窑按煅烧燃料分有焦炭、重油和天然气镁砂竖窑。采用较多的为焦炭竖窑，其结构、容积与白云石竖窑基本相同。

镁砂竖窑废气温度一般为86~150℃，其温度变化随上料、煅烧、出料而呈周期性波动，当人工上料操作不及时发生"跑火"时，其废气温度可高达300℃以上。为此袋式除尘器应采用相应的冷却保护措施。

镁砂竖窑废气含尘浓度较高，一般为7~10g/m³（标），但粉尘中大粒度所占比例较大，达2/3以上，当二级除尘时，第一级可用旋风除尘器或多管除尘器。

竖窑废气量根据生产确定，也可按式（9-1）、式（9-5）方法计算，其中$B_焦$、$B_实$和B_0可按表9-11选取。

表 9-11　镁砂竖窑单位燃料消耗

原料等级	窑　型	单位燃料消耗/(kg/kg)		
		$B_焦$	$B_实$	B_0
Ⅰ级	焦炭竖窑(带汽化冷却壁)	20	39.6	35.7
Ⅱ级	焦炭竖窑(带汽化冷却壁)	18	35.6	32.1
Ⅰ级料球	重油竖窑	—	25	35.7

注：焦炭、重油实际燃料发热值同表 9-9 所注。

　　$47m^3$ 焦炭镁砂竖窑和 $3.5m^3$ 重油镁砂竖窑废气实际测定值见表 9-12 和表 9-13。

表 9-12　$47m^3$ 焦炭镁砂竖窑废气参数

项　目	单　位	数　量	项　目	单　位	数　量
废气温度	℃	86～150 短时达 300℃	废气量	m^3(标)/h	17693～18093
含尘浓度	g/m^3(标)	7.19～10	露点温度	℃	33.75～50
含水量	%	～5.25	废气密度	kg/m^3(标)	1.347
粉尘真密度	g/cm^3	2.73	粉尘堆积密度	g/cm^3	0.92
粉尘驱进速度	cm/s	4.6	粉尘比电阻	$\Omega \cdot cm$	5.97×10^9

表 9-13　$3.5m^3$ 重油镁砂竖窑废气参数

项　目	单　位	数　量	项　目	单　位	数　量
度废气量	m^3(标)/h	2867	含尘浓度	g/m^3(标)	1.18
废气温	℃	260～280	露点温度	℃	41
自然放散废气量	m^3(标)/h	1562	放散废气温度	℃	220

　　镁砂竖窑废气除尘宜采用反吸风袋式除尘器，为防止"跑火"时废气温度较高进入袋式除尘器，应采用掺冷风的保护装置，其流程见图 9-4。

　　镁砂竖窑废气除尘应按如下原则设计。

　　(1) 镁砂竖窑废气粉尘为黏结性、碱性粉尘，易结板，一般不得采用湿式除尘器，应采用干式袋式除尘器。

　　(2) 袋式除尘器滤料应采用耐碱性滤料，废气温度较高时采用耐高温滤料。废气温度短时较高，但小于 300℃ 时应采取掺冷空气降温，废气温度大于 300℃ 时应采用空气冷却器或旋风除尘器间接冷却降温。

　　(3) 采用其他类型除尘器应与袋式除尘器进行综合比较确定。

六、双膛竖窑除尘

　　双膛竖窑，又称并流蓄热式竖窑，亦称迈尔兹，用于煅烧活性石灰。

　　双膛竖窑是采用两个或三个同一规格窑体为 1 组，见图 9-3 所示，在窑体烧成带的下部设有彼此连通的通道。石灰石在窑体Ⅰ中以并流方式加热煅烧，产生的烟气经窑体之间的连接通道，沿窑体Ⅱ预热带流向窑顶，成为废气排出处理。当烟气通过窑体Ⅱ预热带料柱时，大部分热量传给石灰石，使其加热至分解温度。换向后，助燃空气流经窑体Ⅱ的预热带时，石灰石又把热量传给助燃空气，所以双膛窑的预热带起了热交换器的作用。由于热量供给温和，煅烧的石灰质量好，废热得到充分利用，是各种煅烧石灰窑中耗热最低的。

　　双膛竖窑燃料一般为煤粉，也可采用重油、天然气、煤气、褐煤等燃料。由于废气热量得到交换利用，废气温度较低，在正常情况下为 70～130℃。废气中含尘浓度一般为 5～10g/m^3(标)，易于采取净化处理措施。

　　国内已建成的双膛窑规格有日产 120t、150t、300t 几种规格。日产 300t 双膛石灰竖窑

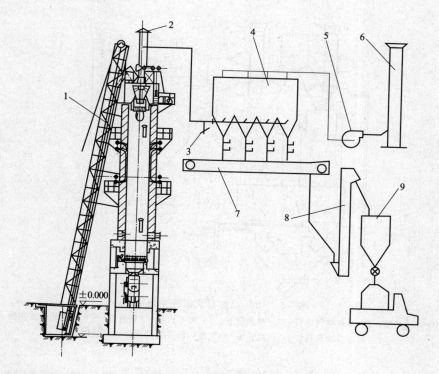

图 9-4 镁砂竖窑除尘流程

1—提升机；2—放散烟囱；3—掺空气阀；4—反吸风袋式除尘器；5—风机；

6—排气筒；7—刮板输送机；8—斗式提升机；9—贮灰槽

废气实测值见表 9-14。

表 9-14 300t 双膛石灰石废气测定值

项 目	单 位	数 量	项 目	单 位	数 量
含尘浓度	mg/m³（标）	14600	废气量	m³（标）/h	36677
产量	t/a	266.7	气温	℃	123（最高 170）
露点温度	℃	43	废气压力	Pa	−570

注：燃料为煤粉。

　　双膛竖窑废气量是根据生产产量和选用设备规格因素综合确定的。理论上双膛竖窑废气由燃烧所需空气量，石灰冷却空气量，喷枪冷却空气量，煤粉输送带入空气量，以及原料煅烧分解产生废气五部分组成。前四项根据工艺选用设备规格确定，第五项可按 $CaCO_3$ 分解公式计算确定。

　　双膛竖窑废气除尘采用干式袋式除尘器，采用回转反吹扁袋除尘器日产 150t 双膛石灰窑废气除尘，流程见图 9-5。废气实测温度变化见表 9-15。

表 9-15 150t 双膛石灰窑废气温度实测表

测定时间	年.月.日	1987.8.5	1987.8.6	1987.8.7	1987.8.8	1987.8.9
石灰石加料量	kg/周期	200	1750	1750	1750	1750
1 号窑膛温	℃	600～800	580～600	605～620	610～640	630～680
2 号窑膛温	℃	580～740	570～580	610～640	600～750	610～630
废气温度	℃	<50	100～150	75～115	170～235	75～120
石灰温度	℃	<50	140～235	75～250	85～160	75～192

注：设计窑废气量 17000m³（标）/h。

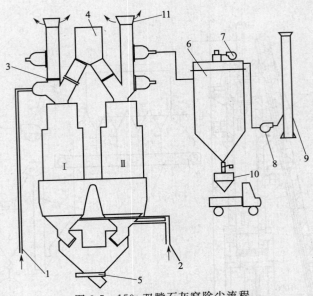

图 9-5　150t 双膛石灰窑除尘流程

1—燃烧空气系统；2—冷却空气系统；3—换向装置；4—料斗；5—出料装置；6—机械回转扁袋除尘器；
7—高压反吹风机；8—风机；9—排气筒；10—出灰罐；11—放散烟囱

第三节　回转窑除尘技术

　　耐火材料工业回转窑主要用于煅烧石灰、镁砂、硬质黏土、白云石、铝矾土等原料。燃料品种主要有煤粉、重油、天然气、液化石油气等。

　　回转窑具有生产能力大、机械化程度高、产品纯度高、质量稳定、能煅烧难烧结的碎料等优点，因此回转窑产生的废气具有温度高、粉尘浓度大、废气量大、粉尘比电阻高等特点，半干法和湿法生产的回转窑废气含湿量较大。

一、回转窑除尘烟气参数

1. 废气温度

　　回转窑尾出窑废气温度的高低是影响原料消耗的一个重要因素。当窑型和煅烧物料已定的情况下，出窑废气温度与窑的操作有很大关系。如过分强化操作，窑的供热量过多，热量不能充分利用，使窑尾废气温度升高，造成单位燃料消耗增高，加大除尘困难。

　　为了有效利用废气带走热量，并降低废气温度，工艺应考虑余热利用措施，通常有设置热交换器和余热锅炉两种方法，使废气经原料热交换器或余热锅炉后温度降到 200℃ 以下，便于采取除尘措施。

2. 废气含尘浓度

　　回转窑尾废气含尘浓度很大，一般为 $20\sim30g/m^3$（标），最大可达 $70\sim80g/m^3$（标）。回转窑尾废气含尘浓度与窑型、窑内风速、入窑原料、燃料等因素有关。

　　回转窑生产中物料与废气是逆向运动的，当窑内气体流速提高，废气携尘量必然显著增加。因此改变废气流通面积，将会改变废气的含尘量。当扩大废气出窑前窑溜子截面时对减少飞尘损失是有益的。

入窑原料在窑中煅烧会产生分解,当分解带物料的小粒度所占比例较大时或入窑物料中粉末含量较高时,废气含尘浓度较高。同样操作制度下,原料经过筛分、水洗等措施后,降低粉末含量,能降低废气含尘浓度。

当采用固体燃料时,固体燃料的灰分部分被废气带走,因此煤粉回转窑废气含尘浓度要比液体、气体燃料为高。

3. 废气量

出窑废气量是由工艺生产选用的窑头鼓风量和煅烧原料量等综合确定给出的。当无准确废气量时,可按下式进行计算确定。

$$Q = Q_0 + Q_1 + Q_2 + Q_3 + Q_4 \tag{9-7}$$

式中,Q 为排出废气量,m³(标)/h;Q_0 为燃料燃烧理论废气量 m³(标)/h;Q_1 为燃料燃烧过剩空气量 m³(标)/h;Q_2 为原料分解生成废气量 m³(标)/h;Q_3 为入窑物料物理水分蒸发生成废气量,m³(标)/h;Q_4 为漏风量,m³(标)/h。

(1)燃料燃烧理论废气量(Q_0)

$$Q_0 = Q_1 G_{sh} \tag{9-8}$$

式中,$Q_{1\alpha}$ 为 $\alpha = 1$ 时燃料燃烧生成废气量,m³(标)/kg;G_{sh} 为燃料实际消耗量,kg/h。

(2)燃烧过剩空气量(Q_1)

$$Q_1 = (\alpha_1 - 1) Q_0 G_{sh} \tag{9-9}$$

式中,α_1 为燃烧过剩空气系数,按表 9-16 选取;Q_0 为燃料燃烧理论空气量,m³(标)/kg。

表 9-16　回转窑的过剩空气系数 α 和窑尾温度

回转窑规格长度(D)×长度(L)/m×m		$\phi 1.5 \times 24$	$\phi 2.01 \times 30$	$\phi 2.5 \times 50$	$\phi 3/3.6 \times 60$	$\phi 3/3.6 \times 60$
煅烧原料		焦宝石黏土	黏土	三级高铝土一级高铝土	镁石	高铝土
燃料		重油	混合煤气	煤粉	重油	重油
预热装置		—	—	—	炉箅机	竖式预热器
空气过剩系数	α_1	—	1.1	—	—	1.1～1.2
	加料端	1.5～1.8	1.8	—	1.2	1.8
	炉箅机出口	—	—	—	2	—
	多管除尘器后	—	—	—	4	—
	窑尾排烟机	—	—	—	5	3.5
温度	窑内火焰温度	1500～1550	1280	1400～1420 1550	>1700	
	集尘室	500	350	350 500	950～1050	800～1000

(3)原料分解生成废气量(Q_2)　煅烧石灰石、白云石、镁石、黏土、高铝土时,

$$Q_2 = \frac{GI}{\rho} \tag{9-10}$$

式中,G 为入窑物量(以干基计),kg/h;I 为原料灼减,%,见表 9-17;ρ 为标准状态下废气中分解出气体密度,kg/m³(标);CO_2 为 1.964kg/m³(标);水蒸气(H_2O)为 0.804kg/m³(标)。

(4)入窑物料物理水分蒸发生成废气量(Q_3)

$$Q_3 = \frac{WG}{0.804(100 - W)} \tag{9-11}$$

式中,W 为入窑物料相对水分,%。

表 9-17　几种原料的灼减及理论消耗系数

原料	主要成分化学式	分解产物		灼减/%	理论消耗系数/(kg/kg)
黏土	$Al_2O_3 \cdot 2SiO_2 \cdot 2H_2O$	$Al_2O_3 \cdot 2SiO_2$	H_2O	14	1.16
镁石	$MgCO_3$	MgO	CO_2	52.1	2.09
白云石	$CaMg(CO_2)_2$	$CaO \cdot MgO$	CO_2	47.7	1.92
石灰石	$CaCO_3$	CaO	CO_2	44	1.785

（5）漏风量（Q_4）

$$Q_4 = (\alpha_2 - \alpha_1)Q_0 G_{sh} \tag{9-12}$$

式中，α_2 为排烟处废气中过剩空气系数，可参见表 9-16 选取。

二、石灰回转窑除尘

　　煅烧活性石灰的回转窑主要有两种类型，即带竖式预热器和竖式冷却器的短回转窑以及带链箅式预热机和推动箅式冷却机的长回转窑。

　　石灰回转窑废气温度较高，可达 1000℃，安装预热器或冷却器后，其废气温度仍高达 300～600℃。废气含尘量也较大，$\phi 1.35/1.6m \times 30.5m$ 和 $\phi 3.6/3.8m \times 70m$ 活性石灰回转窑废气含尘量实测值见表 9-18。

表 9-18　活性石灰回转窑废气测定值

项 目	入窑块度/mm	产品粒度/mm	燃料	温度/℃		水分/[g/m³(标)]		含尘量/[g/m³(标)]		废气量/[m³(标)/h]	
				窑尾	烟囱	窑尾	烟囱	窑尾	烟囱	窑尾	烟囱
$\phi 1.35/1.6m \times 3.05m$	5～50	5～45(占85%)	煤粉	1000	550	20	10	24.6	8.25	5360	11150
$\phi 3.6/3.8m \times 70m$	10～30	3～30	混合煤气	950	250			14	0.05	102000	
$\phi 4.2m \times 44m$	10～50	—	液化石油	350		露点40℃		70	20	75000	

　　$\phi 4.2m \times 44m$ 石灰回转窑废气除尘采用 $80m^2$ 电除尘器时，其废气参数、粉尘粒度见表 9-19、表 9-20。粉尘比电阻见图 9-6。除尘流程见图 9-7。

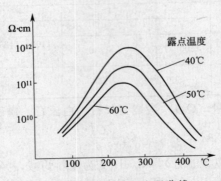

图 9-6　石灰粉尘比电阻曲线

表 9-19　石灰回转窑废气成分

项 目	CO_2	O_2	CO	N_2
成分/%	20	8	0	72
密度/[kg/m³(标)]	0.3928	0.1142	0	0.9

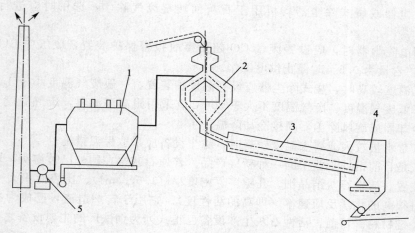

图 9-7 ϕ4.2m×44m 石灰回转窑除尘流程

1—电除尘器；2—预热器；3—回转窑；4—冷却器；5—风机

表 9-20 石灰回转窑废气粉尘粒度及成分

粒度/μm	>40	40~20	20~10	10~5	5~0	
含量/%	41.7	12.4	12.0	10.5	23.4	
成分	灼减	SiO_2	Fe_2O_3	Al_2O_3	CaO	MgO
含量/%	8.85	0.62	0.5	0.5	89.76	0.44

ϕ3.6/3.8m×70m 活性石灰回转窑废气除尘采用反吸风袋式除尘器时，其废气实测值见表 9-21。除尘流程见图 9-8。

表 9-21 ϕ3.6/3.8m×70m 石灰回转窑废气实测值

项　目	单　位	数　量	项　目	单　位	数　量
日产量	t	620	废气量	m^3(标)/h	273000
废气温度	℃	160	含尘浓度	mg/m^3(标)	29600

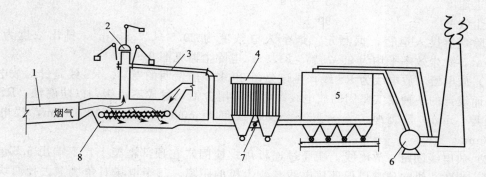

图 9-8 ϕ3.6/3.8m×70m 石灰回转窑废气除尘流程

1—回转窑；2—放散孔；3—窑顶旁通管；4—管冷器；5—除尘器；6—风机；7—管冷器旁通；8—预热机

石灰回转窑废气除尘应按如下原则设计：

（1）石灰回转窑废气粉尘为亲水性、黏结性粉尘，不得采用湿式除尘，应采用干式除尘。粉尘浓度很大时应设二级除尘，第一级除尘可采用旋风除尘器或多管除尘器。

（2）电除尘器或袋式除尘器均可用于石灰回转窑废气除尘，选用时应进行综合比较确定。

（3）采用电除尘器时，应设置废气 CO 超量事故报警保护装置，废气中 CO 含量大于 0.3％时报警，含量为 0.5％时停止供电工作。

（4）废气温度较高时，袋式除尘器应设高温保护装置，一般废气温度小于 150℃时应采用掺冷空气降低废气温度，废气温度不大于 300℃应采用耐高温滤料，废气温度大于 300℃时应设空气冷却器或旋风除尘器间接冷却降温。

（5）废气含水量较大或露点温度较高时，除尘设备应采取保温措施。

活性石灰是目前钢铁工业中的一种新兴产品。普通石灰窑在国外已被淘汰，取而代之的是活性石灰装置。活性石灰结晶细、孔隙多、密度小（1.6g/cm³）、比表面积大（7000cm²/g），而且具有很高的化学反应速率（即高的活性度）。它用于转炉造渣，已成为提高炼钢产量和质量的关键材料。目前，活性石灰生产设备已正式列为钢铁厂的主要设备之一，其产品供给转炉和烧结厂使用。

某钢厂引进一台日产量为 600t 的竖式预热器——回转窑式活性石灰设备，并配置了瑞士依来克公司生产的 81.9m² 干式电除尘器一台。

活性石灰回转窑直径 4.2m，长 42m。燃料是液化石油气，原料为经洗涤筛分成一定粒径的石灰石。先经预热器预热再送至回转窑煅烧。回转窑排出废气的净化设备规格和技术性能如下：

电除尘器规格　　　　　　81.9m²（两电场）
电场长度　　　　　　　　4.5m
有效收尘面积　　　　　　4914m²
处理废气量　　　　　　　185000m³/h
烟气温度　　　　　　　　300℃（瞬时允许达 350℃）
烟气压力　　　　　　　　－8kPa
露点温度　　　　　　　　40℃
含尘浓度　　　　　　　　≤20g/m³
排出口浓度　　　　　　　≤150mg/m³
驱进速度　　　　　　　　5.3cm/s
除尘效率　　　　　　　　99.3％

该除尘器投入运行，据测定，烟尘入口浓度为 20.5～27.8g/m³，排出浓度为 36～63mg/m³，除尘效率平均为 99.79％。81.9m² 电除尘器见图 9-9。

（1）放电极　放电线为 RS 线，是该公司 20 多年前发明的专利。RS 线是针对放电线容易折断而设计的一种结实坚固的放电线。材质可用含铝钢材或不锈钢，以防腐蚀。RS 线管部钢板厚 1mm，芒刺厚 0.5～1mm，放电线间距 500mm，全长 10510mm，放电部分长 9550mm。

（2）放电线固定　放电线上端通过连板用螺栓固定在顶部框架上，下端用 5.5kg 的重锤张紧。为防止纵向位移以保证放电线与收尘极的距离，每个电场对角线上去掉两块 C 形极板，装上两根稳定杆。稳定杆由 6.25mm 钢管制作，与每个重锤纵横相连的扁钢架连成整体。

（3）放电极振打传动　每个电场有两台 0.25kW 的行星摆线针轮减速机，设置在除尘器的顶部，通过链轮、传动轴、曲柄和悬吊绝缘子，带动振打提升杆上下直线运动。这与我国的系列产品结构大体相似。

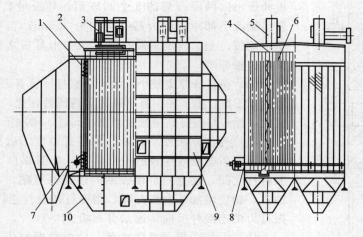

图 9-9　81.9m² 电除尘器

1—放电极；2—放电极固定；3—放电极振打传动；4—放电极振打；5—保温箱；6—收尘极；
7—气流分布装置；8—收尘极与传动振打；9—外壳与灰斗；10—活动支承座

（4）放电极振打机构　放电极振打机构设置在吊挂放电极的顶部框架上，每个电场的 4 个振打提升杆又分别连结一根型钢钢杆，杆上每隔 300mm 安装一个偏心锤，每个锤重 2.76kg，相应置于放电线的框架上，通过提升杆将重锤提起，然后一起落下，冲击力由框架传递到每根放电线上。

（5）保温箱　每个电场的放电极吊架，由 4 个石英套管支撑。石英套管装在保温箱内，保温层厚 100mm，保温箱高 2282mm，每个保温箱内装有两个 1.5kW 的电加热器，温度调节范围为 30～230℃。

（6）收尘极　收尘极板用厚 1.5mm 的钢板轧制成 C 形，宽 480mm。这种极板在该公司为定型产品。C 形极板最长 14.5m，实际应用不大于 12m。本台设备的极板净长 9540mm，加上两端连接的耳板共长 9750mm，每排 9 块，一个电场共 29 排。

（7）收尘极振打与传动　每个电场用一台 0.25kW 的行星摆线针轮减速机，通过速比为 1∶4 的链轮带动一根传动轴，轴上安装 29 个振打锤，每个锤重 4kg，锤臂为弧形。振打锤和振打砧均为优质钢，所有承受冲击的部分均用铆接或特殊加固，以保证牢靠。振打电机由定时器控制，调整定时器程序的转向开关，可改变振打频率。

（8）灰斗　除尘器下部并排设置两个长方形灰斗，每个长 10.8m，并有一条螺旋输灰机装在灰斗底部。收集的灰尘通过旋转阀送到一个横向螺旋输灰机。横向螺旋输灰机和旋转阀的传动机构及 10.8m 螺旋的传动机构互相连锁。

（9）气流分布装置　除尘器出口设置一层气流分布板，入口设三层气流分布板。入口第一层及第二层分布板安装在喇叭管内，第三层及出口分布板装在喇叭管与除尘器本体之间。分布板开孔率均为 40%，孔径为 50mm。

这台电除尘器零部件的结构特点如下。

（1）收尘极采用偏心吊挂　上部吊挂在悬吊梁内，下部除首尾两块与冲击杆用销轴连接外，其余 7 块都是插放在下冲击杆内，因此收尘极相对于冲击杆处于自由状态。由于极板上部都是偏心吊挂，极板偏心所产生的水平分力作用在冲击杆的挡块上，锤击振打时，通过冲击杆也能将振打力传递给极板。极板与冲击杆不通过螺栓相连，不存在振打力逐渐衰减的问题。

（2）收尘极安装简单　如图 9-10 所示，收尘极板两端各焊上一块 8mm 厚的耳板。该耳

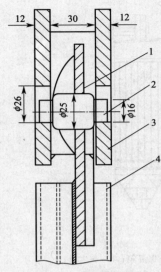

图 9-10　收尘极板固定
1—耳板；2—销轴；
3—悬吊梁；4—收尘极板

板冲压出向两面凸起的 3 个圆球面，耳板最宽处 27mm，上部悬吊梁及下部冲击杆内部空挡均为 30mm。当耳板放置其中即基本定位。上部固定只需在悬吊梁与上耳板之间插上一个带台肩的销轴即可。

（3）振打锤摩擦较小　收尘极振打锤臂有一段圆弧，曲率半径约等于振打轴半径。弧形锤臂与直锤臂相比，振打锤下落的角度大，锤头与振打砧接触及摩擦时间短，增加了振打锤的寿命。

（4）气流分布板不设专门的振打装置　进出口气流分布板均利用前后电场收尘极的振打装置。如图 9-11 所示。在收尘极振打杆之间，装上一个带铰结的连杆振打砧，在收尘极的振打轴上，相应增加 3 个振打锤，当振打锤敲打连杆上的振打砧时，振打力由连接杆反向传递给分布板。

（5）采用动配合滚珠轴承　放电极振打传动采用的动配合滚珠轴承见图 9-12。它由滚珠轴承、偏心套与锁紧螺丝组成。转轴与轴承选用动配合，安装时只需将转轴插进轴承内套，再将偏心套装在轴承内套凸缘上；然后将紧固螺钉与转轴固定，转轴即与滚动轴承内圈一齐转动。这种结构适应低速轴的特点，给安装、调整创造极有利的条件。

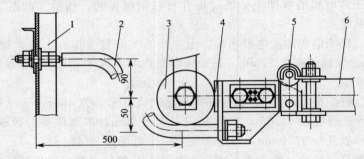

图 9-11　气流分布振打装置
1—气流分布板；2—连接杆；3—收尘极振打锤；4—振打砧；5—铰链；6—收尘极振打杆

三、白云石回转窑除尘

白云石是炉衬砖主要原料，过去采用竖窑煅烧较多，随着纯氧顶吹转炉炼钢法的推广和应用，白云石制品用量和质量显著增加，采用回转窑煅烧逐渐增多。

白云石的主要成分为 $CaCO_3$、$MgCO_3$，煅烧时碳酸盐分解，温度高达 910～930℃时分解反应基本完成。生成的 CaO、MgO 呈游离状态，具有较高的化学活性。继续升温其体积收缩，化学活性降低，体积密度不断提高。当温度达到 1600～1700℃时白云石烧结。一般白云石纯度愈高，杂质愈少，烧结愈难，通常需在 1800℃以上的高温才能烧结。白云石回转窑废气温度较高，可达 500～600℃。

白云石粉尘比电阻较高（以镁石粉尘为最高，白云石次之，石灰再次之，黏土最小），当采用电除尘器净化废气

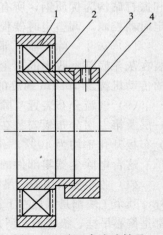

图 9-12　动配合滚珠轴承
1—滚动轴承；2—三层密封垫；
3—凹端紧固螺钉；4—偏心套

时，应采取措施提高粉尘导电性，提高除尘效率。白云石回转窑废气含尘浓度随入窑物料粉末含量、窑内风速、燃料种类和窑型变化而不同，一般为 $13\sim37g/m^3$（标）。白云石回转窑废气量由生产工艺确定，也可按公式（9-7）计算确定。

白云石回转窑废气除尘设计原则与石灰回转窑废气除尘原则相同。

四、镁砂回转窑除尘

镁砂是各种镁砖制品主要原料。镁的原料分天然矿产与人工制取两种，我国生产镁砂的原料是天然矿产菱镁矿（又称镁石），除尘竖窑外，回转窑是煅烧镁石、制取镁砂的主要设备。

镁石的主要化学成分为 $MgCO_3$，煅烧时，约 $400℃$ 开始分解，$1000℃$ 时反应完全，生成的轻烧 MgO 质地疏松，化学活性很大，继续升温，MgO 晶体长大，体积收缩，化学活性降低，镁石煅烧到 $1550\sim1650℃$ 时，生成以方镁石为主要矿物成分的烧结镁砂，烧结镁砂仍具有一定的水化性能。

干法、半干法镁砂回转窑废气含尘浓度较高，可达 $40\sim80g/m^3$（标）废气温度经物料预热器后仍高达 $150\sim200℃$。废气量由生产工艺给出或按公式（9-7）计算法确定。

国内有代表性的 $\phi3/3.6m\times60m$ 镁砂回转窑废气采用多管除尘器和电除尘器二级除尘。其除尘流程见图 9-13。其废气测定值见表 9-22，镁砂粉尘粒度、化学成分、比电阻见表 9-23～表 9-25。

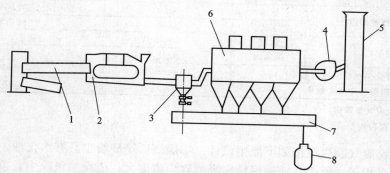

图 9-13　$\phi3/3.6m\times60m$ 回转窑废气除尘流程

1—回转窑；2—炉箅机；3—多管除尘器；4—排烟机；5—烟囱；6—电除尘器；7—螺旋；8—料仓

表 9-22　$\phi3/3.6m\times60m$ 镁砂回转窑废气测定值

测 点 位 置	多管除尘器前		多管除尘器后	电除尘器后
废气量/[m³（标）/h]	74249	98263	111243	114104
水分/[g/m³（标）]	250①	66	92	
露点温度/℃	66.5	46	50	
含尘浓度/[g/m³（标）]	82 平均 77	69 平均 77	13.7	0.05
废气温度/℃	160	180	130	110
除尘效率/%	多管除尘器 82		电除尘器 99.6	

表 9-23　镁砂粉尘粒度

粒度/μm	＞50	50～40	40～30	30～20	20～10	10～5	＜5	真密重
含量/%	74.1	4.9	6.1	6.0	5.9	2.2	0.8	2.73g/cm³

表 9-24　镁砂粉尘化学成分

粉尘成分	MgO	CaO	Fe₂O₃	Al₂O₃	SiO₂	灼烧减量
含量/%	62.04	1.32	0.84	1.23	2.82	31.75

表 9-25 镁砂粉尘比电阻

温度/℃	50	100	150	200	250	300	驱进速度/(cm/s)
ϕ 比电阻/$\Omega \cdot cm$	3.6×10^8	5.97×10^9	1.69×10^{10}	4.8×10^{10}	2.6×10^{11}	1.7×10^{11}	4.6

国内镁矿 $\phi1.35/1.6m \times 30.5m$ 回转窑轻烧氧化镁废气采用沉降除尘室除尘,其废气测定见表 9-26。

表 9-26　$\phi1.35/1.6m \times 30.5m$ 回转窑轻烧氧化镁废气测定值

项 目		单 位	镁矿Ⅲ级轻烧氧化镁
入窑块度		mm	5~50
产品粒度		mm	<5 占 85%
燃料			重油
温度	窑尾	℃	500
	烟囱内		
水分	窑尾	g/m³(标)	
	烟囱内		
含尘量	窑尾	g/m³(标)	35.5①
	烟囱内		11.6
废气量①	窑尾	m³(标)/h	6000
	烟囱内		
沉降除尘室气流速度①	标态	m/s	约 0.33
	工态	m/s	约 0.86
携尘量	窑尾	kg/h	213
	烟囱内	kg/h	70
沉降除尘室粉尘回收量		kg/h	143
沉降除尘室降尘效率		%	67

① 系按烟囱内废气量算得,未考虑集尘室漏风量。

注:沉降室断面积约 $5m^2$。

镁砂回转窑废气除尘应按如下原则设计:①煅烧后镁砂粉尘具有水化性,一般不得采用湿式除尘,应采用干式除尘,镁砂回转窑废气含尘浓度大,应设二级除尘,第一级除尘设备可采用旋风除尘器或多管除尘器;②干法除尘应采用电除尘器或袋式除尘器,选用时应进行综合比较确定;③采用电除尘器时,应设废气 CO 超量事故报警装置,废气中 CO 含量为 0.3% 时报警,含量为 0.5% 时停止供电工作;④采用袋式除尘器时,废气温度小于 150℃ 时应采用掺冷空气降低废气温度,废气温度小于 300℃ 时除尘器应采用耐高温滤料,废气温度大于 300℃ 时应设空气冷却器或旋风除尘器间接冷却降低废气温度;⑤半干法生产的回转窑废气中含湿量较大时,除尘设备应采取保温措施;⑥除尘器回收的粉尘应回到工艺生产中再用。

五、铝矾土回转窑

高铝土是生产高铝砖制品的原料。国内高铝原料大都为一水铝石、高岭土和少量三水铝石,通称高铝土(亦称矾土、高铝矾土)。

高铝土的煅烧除采用竖窑外,采用回转窑煅烧较多。高铝土的一般烧结规律是三级、四级料最容易烧结,其烧结温度为 1500℃ 左右;特级料亦较易烧结,烧结温度为 1600℃ 左右;一级料反较难烧结,烧结温度在 1600℃ 以上;二级料最难烧结,烧结温度必须高达 1700℃。废气温度随原料级别不同而不同。当不设预热装置时,废气温度可达 600~700℃;设预热装置或余热锅炉后废气温度仍为 150~250℃。

高铝土原料一般呈块状在窑内煅烧，窑尾废气含尘量比镁砂回转窑废气含尘量要低，一般为 $20\sim35g/m^3$（标），高时可达 $40\sim50g/m^3$（标）。

高铝土回转窑废气量由生产工艺给出或按公式（9-7）计算方法确定。国内 $\phi2.5m\times60m$ 和 $\phi3m\times80m$ 铝矾土回转窑废气参数见表 9-27，铝矾土回转窑废气粉尘比电阻实测值见表 9-28。

表 9-27　高铝土回转窑废气值

项　　目	单　　位	$\phi2.5m\times60m$ 窑	$\phi3m\times80m$ 窑
窑尾出口废气量	m^3（标）/h	35000	56000
窑尾废气温度	℃	$500\sim700$	$600\sim700$
余热锅炉出口温度	℃	200	$180\sim200$
含水量	g/kg 干空气	65	体积比 12%
露点温度	℃	45	50
含尘浓度	g/m^3（标）	30	40

表 9-28　$\phi3m\times80m$ 铝矾土回转窑粉尘比电阻

温度/℃	常温	50	100	150	200	250	300
比电阻/$\Omega\cdot cm$	3.14×10^{10}	3.14×10^{10}	1.0×10^{10}	2.36×10^{10}	3.14×10^{12}	1.57×10^{12}	2.36×10^{11}

国内铝矾土回转窑废气除尘多采用电除尘器，其流程见图 9-14。

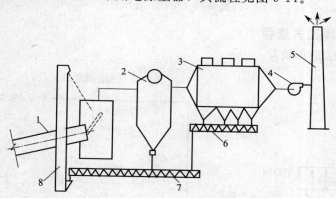

图 9-14　$\phi3m\times80m$ 高铝土回转窑废气除尘流程
1—回转窑；2—余热锅炉；3—电除尘器；4—排烟机；5—烟囱；
6—螺旋输送机；7—螺旋输送机；8—斗式提升机

高铝土回转窑废气除尘按如下原则设计：①一般不得采用湿式除尘，应采用干式除尘；②电除尘器和袋式除尘器均可用高铝土回转窑除尘，选用时应进行综合比较确定；③采用电除尘器时，应设置废气 CO 超量事故报警保护装置，废气中 CO 含量为 0.3% 时报警，含量为 0.5% 时停止供电工作；④采用袋式除尘器时，废气温度小于 150℃ 时应采用掺冷空气降低废气温度，废气温度小于 300℃ 时除尘设备应采用耐高温滤料，废气温度大于 300℃ 时应设空气冷却器或旋风除尘器间接冷却降温；⑤废气含水汽量大或露点温度较高时，除尘设备应采取保温措施；⑥除尘器回收的粉尘应回到工艺生产中再用。

六、石灰回转窑烟尘减排实例

回转窑每台日产活性石灰和轻烧白云石 600t。生产工艺流程如图 9-15 所示。其中一台烧石灰，另一台烧石灰及白云石。回转窑排出的烟气约 1000℃，通过链箅预热机料层后，由链箅下部的多个排烟孔排出，每台烟气量为 1278m³（标）/min。烟气中主要含 CaO、MgO 粉尘，其含量为 14g/m³（标），烟气温度为 320℃。

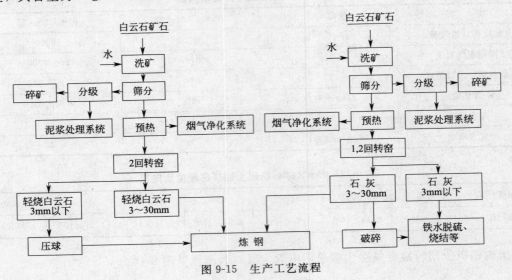

图 9-15　生产工艺流程

（一）烟尘治理工艺流程

该窑有两套烟尘治理装置。

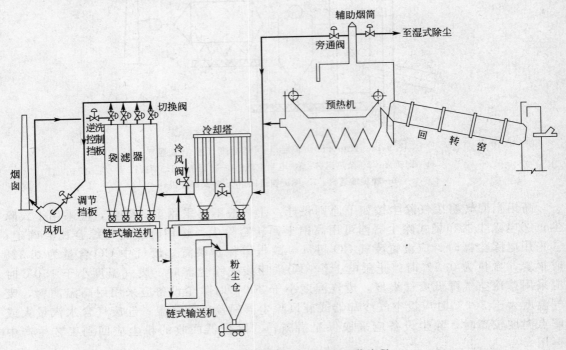

图 9-16　窑尾预热机烟尘治理工艺流程

1. 窑尾预热机烟气治理装置

每台回转窑有一套独立烟气治理装置，如图 9-16 所示，烟气从预热机排出，进入管式冷却塔、反吸风袋式除尘器和排烟机，由烟囱排入大气。冷却塔和除尘器回收的白云石粉料，送回车间内重新压球，回收的石灰粉料送铁水脱硫或烧结厂用。

2. 旁通烟道烟尘治理装置

为防止回转窑点火、停窑和事故处理时高温烟气进入袋式除尘器烧毁滤袋，设置供三台回转窑共用的旁通烟道烟气治理装置，其工艺流程见图 9-17。

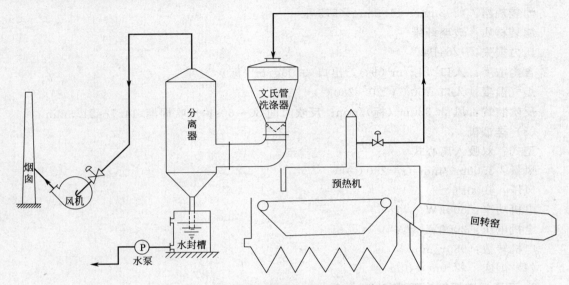

图 9-17　窑尾预热机旁通烟尘治理工艺流程

旁通烟道烟气净化系统采用湿法除尘，从预热机排出的烟气温度为 950℃，进入水冷却器使烟气冷却至 300℃，再进入文丘里洗涤器，并经水分分离器脱水，净气通过排烟机和烟囱排入大气。冷却器和除尘器排出的泥浆由泥浆泵打入浓缩池处理。

窑尾烟气处理系统主要特点如下。

（1）该烟气净化系统除正常的烟气处理系统外，还设有停窑、事故时的旁通烟气处理系统，以使回转窑排出废气能得到全面治理。

（2）系统有自控装置，操作简便，系统各设备的运行情况均将信号传递到中央控制室。

（3）烟气净化系统袋式除尘器进口前的冷却器管道上，安有热电偶控制温度装置，当烟气温度大于 280℃时，中央控制室自动报警，并进行遥控开启冷风阀，使烟气温度降至 250℃以下，确保袋式除尘器的正常工作。

（4）自然冷却的管冷塔效果良好，可使烟气温度降低 70～110℃左右，其投资稍大，但对生产管理有利，且可节约能耗和风机的电耗。

（二）主要设备

1. 窑尾预热机烟尘处理系统

（1）烟气管式冷却器

型式：列管换热（自然冷却）

管数、长度：192 根×10.4m

导热面积：1290m²

烟气量：1700m³（标）/min

烟气温度：入口 320℃；出口 250℃

压力损失：980Pa

（2）袋式除尘器

型式：反吸风型，下吸入式

烟气量：1700m³（标）/min

过滤面积：5810m²

滤袋规格：ϕ292mm×11.2mm×576 根

滤袋材质：玻璃纤维

压力损失：1764Pa

含尘浓度：入口 14g/m³（标）；出口 0.05g/m³（标）

烟气温度：入口 250℃（220～280℃）

反吹装置：风量 330m³（标）/min；反吹时间 30～60s；反吹周期 14.7～21.3min

（3）排烟机

型式：双吸入离心式

风量：3500m³/min（t＝250℃）

风压：4900Pa

电机功率：500kW

电机电压：3000V

电机转数：980r/min

（4）烟囱 ϕ2.0m×40m

2. 旁通烟道烟气治理系统

（1）水冷却器

型式：并流直接接触式

烟气量：入口 2240m³/min；出口 1454m³/min

水量：310L/min

压力损失：980Pa

烟气温度：入口 950℃；出口 300℃

（2）文丘里洗涤器

型式：VVO-45/102

烟气量：入口 1454m³/min；出口 1042m³/min

烟气温度：入口 300℃；出口 78℃

水量：1855L/min

压力损失：4900Pa

外形尺寸：ϕ3270×11700mm

泥浆排出量：1761L/min

（3）排烟机

型式：单吸入离心式

风量：1100m³/min（t＝80℃）

风压：6370Pa

电机功率：180kW

（三）治理效果

烟尘净化系统自投产以来，运行正常，效果良好，环境、经济效益达到预期要求，系统运行实际情况和净化效果见表 9-29。

表 9-29　系统运行情况和净化效果

序号	项 目 名 称	设 计 指 标	实际运行指标
1	窑尾预热机烟气净化系统		
	运转情况	连续运行 24h/d	连续运行 24h/d
	管冷塔进口温度	320℃	328℃
	管冷塔出口温度	250℃	210℃
	布袋除尘器进口含尘浓度	14g/m³（标）	约 14g/m³（标）
	布袋除尘器出口含尘浓度	0.05g/m³（标）	<0.05g/m³（标）
	布袋除尘器除尘效率	99.6%	>99.6%
	布袋更换周期	1 年左右	1.3～2 年
2	旁通烟道烟气净化系统		
	运行情况	间歇	间歇
	进口含尘浓度	14g/m³（标）	约 14g/m³（标）
	出口含尘浓度	0.1g/m³（标）	<0.1g/m³（标）
	除尘效率	99.3%	>99.3%
3	岗位粉尘浓度		3mg/m³（标）

（四）主要技术经济指标

处理烟气量　　　2556～350m³（标）/min

粉尘回收量　　　10200t/a

耗电量　　　　　46kW·h/t（产品）

耗水量　　　　　1.02t/t（产品）

排放粉尘浓度　　烟气净化系统 0.03g/m³（标）；旁通烟道净化系统 0.05g/m³（标）

（五）注意事项

烟尘净化系统与生产设备引进的滤袋运行 1.5 年后相继破损，2 年后全部换成国产滤料，试用中发现以下情况：①国产滤料缝制加工粗糙，使用寿命半年；②滤袋两端的弹簧钢圈质量差，使用不久即出现锈蚀或断裂现象，影响滤袋使用寿命；③从现有滤袋损坏情况观察，其与除尘器内部烟气结露有关，靠近除尘器外壁边的滤袋破损严重，故对除尘器增设保温层后效果改善。

第四节　悬浮窑除尘技术

悬浮窑除尘主要用于煅烧活性石灰和高纯镁砂。

气体悬浮窑的工作原理是被煅烧的物料成细颗粒或粉状从窑上部进入窑内，与煅烧的高温气体逆向运动，物料的预热和分解吸热过程与燃料燃烧和放热过程同时在悬浮状态下极其迅速地进行。由于物料颗粒小，表面积相对增大，物料、气体之间具有巨大的传热面积，传热速率极快，燃烧温度被分解平衡温度所抑制，故不会发生过烧现象。悬浮窑可煅烧小于 2mm 的细颗粒，不仅提高矿产资源的利用率，而且煅烧均匀，产品质量好，出窑后即为成品，不需再破碎。

悬浮窑内的烟气与物料成逆向流动，出窑废气含尘量较高，废气温度较高。

一、石灰悬浮窑除尘

活性石灰悬浮窑由四级预热旋流器、三级冷却旋流器、一个煅烧器和一个燃烧室组成。用竖式风动输送器把经粉碎和干燥后小于 2mm 的石灰石送入到第四级预热旋流器上升通风管内。进行与气体的热交换，再到第三级和第二级的预热悬流器内进一步被加热。加热后的物料再到煅烧器内进行快速煅烧分解，分解后的石灰经第一级预热旋流器到三个冷却旋流器被空气冷却。冷却后的物料约 150℃ 即成为成品，经称重后由竖式风动输送机送至成品料仓。废气从三个冷却旋流器冷却降温到 450℃ 左右，从第一个冷却旋流器排出进入除尘器净化。

石灰悬浮窑煅烧器内煅烧温度为 950℃，经预烧旋流器出来后的废气温度一般高达 400～500℃，设置预热器后可使废气温度降到 180～200℃，含尘浓度降到 20～40g/m³（标）。

国内石灰悬浮窑废气除尘采用冷却器降低废气温度后进入袋式除尘器除尘，其流程见图 9-18。其各部废气参数见表 9-30。

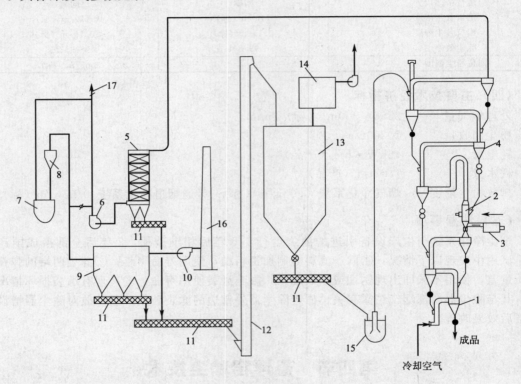

图 9-18　石灰悬浮窑废气除尘流程

1—冷却旋流器；2—燃烧器；3—燃烧室；4—预烧旋流器；5—冷却集尘器；6—引风机；
7—干燥、粉碎机；8—分级机；9—袋式除尘器；10—除尘风机；11—螺旋输送机；12—提升机；
13—料槽；14—料仓除尘器；15—气力提升机；16—排气筒；17—混风安全阀

表 9-30　石灰悬浮窑废气参数

预烧旋流器出口			袋式除尘器入口			料仓除尘器入口	
废气量 /[m³（标）/h]	温度 /℃	含尘浓度 /[g/m³（标）]	废气量 /[m³（标）/h]	温度 /℃	含尘浓度 /[g/m³（标）]	温度 /℃	含尘浓度 /[g/m³（标）]
35000	480	62	44000～38000	115～180	49	80	20

石灰悬浮窑废气除尘应按如下原则设计。

（1）石灰悬浮窑废气除尘不得采用湿法除尘，应采用干法除尘。干法除尘应优先选用袋式除尘器。袋式除尘器过滤速度应低于 1m/min。

（2）当废气温度大于 400℃时，应要求生产工艺设置预烧旋流器或预热机，降低废气温度；废气温度大于 300℃时应设空气冷却器或旋风除尘器降低废气温度。废气温度小于 300℃时袋式除尘器应选用耐高温滤料，废气温度小于 150℃时应采用掺冷空气降低废气温度。

（3）废气除尘回收的粉尘应回到生产中再用。

二、镁砂悬浮窑除尘

镁砂悬浮窑的工作原理与石灰悬浮窑煅烧工作原理相同，其区别在于煅烧温度和生产工艺选型规格有所不同，造成废气温度、含尘浓度等不同。镁砂悬浮窑废气含尘浓度要比石灰悬浮窑含尘浓度高些，一般为 30～50g/m³（标），最高可达 60～70g/m³（标），废气温度要略低，一般为 150～200℃。废气粉尘浓度、废气温度随预烧旋流器变化而不同，废气除尘应与生产工艺热能利用综合考虑，降低废气温度、方便除尘。

镁砂悬浮窑废气除尘应采用袋式除尘器，国内镁砂悬浮窑废气除尘，采用脉冲袋式除尘器，其除尘流程见图 9-19。废气参数见表 9-31。

表 9-31　镁砂悬浮窑废气参数

废气量/[m³（标）/h]		温度/℃		含尘量/[g/m³（标）]	位置
最大	平均	最大	平均		
33748	26600	200	160	60	预烧旋流器出口

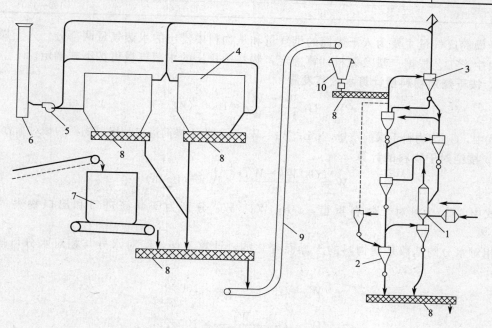

图 9-19　镁砂悬浮窑废气除尘流程

1—燃烧器；2—冷却旋流器；3—预烧旋流器；4—袋式除尘器；5—风机；
6—排气筒；7—料槽；8—螺旋输送机；9—提升机；10—供料料槽

镁砂悬浮窑废气除尘应按如下原则设计：①镁砂悬浮窑废气粉尘具有水化性，一般不得采用湿法除尘，应采用干法除尘；②干法除尘应采用袋式除尘器，选用其他类型除尘器应进行综合比较确定；③废气温度大于400℃时，应要求生产工艺设置预热机或预烧旋流器，降低出窑废气温度；废气温度大于300℃时应设空气冷却器或旋风除尘器间接冷却降温；废气温度小于300℃时袋式除尘器选用耐高温滤料，废气温度不大于150℃时应采用掺冷空气降温；④除尘器回收的粉尘应回到工艺生产中再用。

三、干燥筒除尘

耐火材料厂用于干燥原料或成品的设备主要有干燥筒、砖坯干燥器和隧道干燥器。干燥筒干燥物料后废气含尘量较大，应设除尘，砖坯、隧道干燥器因废气含量小，不需除尘。

常用的干燥筒长度为8～18m，直径1.5～2.4m、长径比一般为5～8，转速2～5r/min，安装倾斜度3％～6％，多数被干燥物料与高温烟气成逆向流动，烟气将物料干燥后携带水蒸气从入料口端排出成为废气。

干燥筒废气温度因被干燥物料允许加热温度不同而不同，一般在90～150℃范围内。含尘浓度因物料的粒度不同而不同，一般在10～30g/m³（标）废气中的水蒸气量因物料含水量变化而变化，当雨季物料含水量较大时，废气的露点温度可达50～70℃，物料含水量较小时，则废气的露点温度在30～40℃以下。蒸发强度是指每立方米容积在每小时内蒸发水量。蒸发强度随物料性质、块度、含水量和干燥筒内部结构以及操作制度不同而不同。干燥筒蒸发强度经验值见表9-32。

表 9-32　干燥筒蒸发强度和气体温度

物 料 种 类	蒸发强度/[kg/(m³·h)]	烟气进口温度/℃	烟气出口温度/℃
黏土	30～40	600～800	100～150
烟煤	40	500～700	100～120

干燥筒废气量主要为入干燥筒的烟气量和从物料中排出的水蒸气量两部分。入干燥筒烟气量由生产工艺根据产量及燃料计算确定，物料中排出的水蒸气量可按下式确定。

1. 按干燥前物料量计算水分蒸发量

$$W = G_1 \frac{W_1 - W_1'}{100 - W_1'} \times 1000 \quad (\text{kg/h}) \tag{9-13}$$

式中，G_1 为物料干燥前重量，t/h；W_1、W_1' 分别为干燥筒进口和出口物料的相对水分，％。

2. 按绝对干物料的计算

$$W = \frac{G_0(W_0 - W_0')}{100} \times 1000 \quad (\text{kg/h}) \tag{9-14}$$

式中，G_0 为绝对干物料重量，t/h；W_0、W_0' 分别为干燥筒进口和出口物料的绝对水分，％。

相对水分的基数是随物料的干燥而变化的，计算不便，绝对水分与相对水分可按下式换算：

$$W_0 = G_1 \frac{W_1}{100 - W_1} \times 100\% \tag{9-15}$$

$$W_0' = G_1 \frac{W_1'}{100 - W_1'} \times 100\% \tag{9-16}$$

式中，W_1，W_1'，W_0，W_0' 意义同上。

干燥筒废气参数因干燥不同物料而不同，国内 ϕ1.5m×15m 铝矾土干燥筒废气参数见表9-33。

表 9-33　ф1.5m×15m 铝矾土干燥筒废气参数

干燥物料	干燥筒规格 $\phi \times L/m$	废气量 /[m³(标)/h]	出口温度 /℃	含尘浓度 /[g/m³(标)]	露点温度 /℃
铝矾土	$\phi 1.5 \times 1.5$	10000	100～150	20	53

耐火材料厂干燥筒多用于粉磨设备的原料干燥，干燥品种主要有软质黏土、高铝熟料、煤等。废气除尘多采用旋风、袋式除尘器两级除尘方式，国内耐火厂 ф1.8m×8m 黏土熟料干燥筒，设计干燥产量为 1 万吨/年，废气量为 2000m³(标)/h，采用旋风除尘器、脉冲袋式除尘器两级除尘的布置及流程见图 9-20。设备实际运行后干燥量为 3.9 万吨/年，其废气参数实测值见表 9-34。

表 9-34　ф1.8m×8m 干燥筒废气参数

干燥物料	废气量 /[m³(标)/h]	出口温度 /℃	含尘浓度 /[g/m³(标)]	物料相对水分		露点温度 /℃
				干燥前	干燥后	
黏土熟料	8085	100～120	10～15	4%～20%	0.7%～0.8%	55

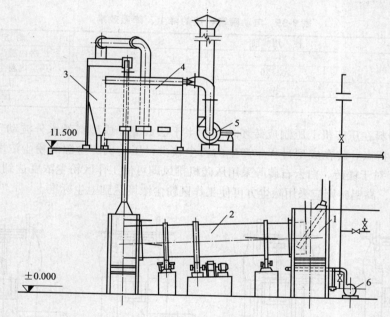

图 9-20　ф1.8m×8m 干燥筒除尘流程

1—燃烧室；2—干燥筒；3—蜗旋除尘器；4—袋式除尘器；5—排烟机；6—鼓风机

干燥筒废气除尘应按如下原则设计：

（1）一般应采用干式除尘。除尘设备应采用袋式除尘器和电除尘器。干燥筒用于干燥煤时一般不宜选用电除尘器。采用湿式除尘时含尘污水应有妥善处理措施，当直接排放时，应征得主管部门同意。

（2）采用干法除尘时，除尘设备和管道需进行保温，袋式除尘器应设置蒸汽加热装置，防止系统在启动运行时因设备内部"冷"态产生结露。

（3）采用电除尘器时，应设废气 CO 超量报警保护装置，废气中 CO 含量为 0.3% 报警，含量为 0.5% 时停止供电工作。

（4）采用湿法除尘时，除尘管道应进行保温，除尘器供水管应设电动阀并与除尘风机或干燥筒实现联锁。

第五节　砖成型加工工序除尘净化

一、砖成型工序除尘

砖成型工段将混合后的物料压制成各种形状的砖坯，主要设备有圆盘筛、摩擦压砖机、振动成型设备、液压成型设备等。

砖成型工段内主要产尘设备为压砖机，由于多数尘源无法严格密闭，其产尘量虽不大，但为保证车间达到卫生标准要求，对镁砖、白云石砖等含游离 SiO_2 较低的粉尘，厂房可采用电动喷雾机组降尘或压砖机排风方式。

砖成型厂房采用电动喷雾机组降尘，还可兼作夏天降温用，电动喷雾机组降尘，降温的实际效果见表 9-35。

表 9-35　电动喷雾机组的降尘、降温效果

项　　目	使　用　前	使　用　后	测　定　部　位
粉尘浓度/(mg/m³)	2～6	<2	厂房内粉尘浓度较低处
	10～20	4～8	厂房内粉尘浓度较高处
干球温度/℃	36	30	厂房内
相对湿度/%	50	80	厂房内

耐火砖坯粉料在压砖机上压制成砖坯均采用半干法成型。成型料的水分波动于 3%～10%，由于物料的这一特点，砖在成型过程中产生的粉尘较少，压砖机产尘源的粉尘浓度一般在 20～80mg/m³ 左右，对于镁砖、白云石砖等采用压砖机排风即可使工作区粉尘浓度达到卫生标准。而对于硅砖、黏土、高铝砖则应采用除尘方可使工作区粉尘浓度达到卫生标准。

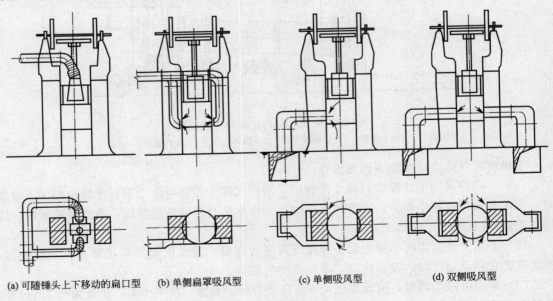

(a) 可随锤头上下移动的扁口型　　(b) 单侧扁罩吸风型　　(c) 单侧吸风型　　(d) 双侧吸风型

图 9-21　压砖机抽风除尘

压砖机排风、除尘多采用在压砖机立柱侧面或上部设抽风罩，其形式见图 9-21。由于在压砖机立柱侧面设抽风罩占用有效的操作空间，近年来压砖机制造厂根据设计需要，采用在机柱上开孔代替抽风罩，其形式见图 9-22。

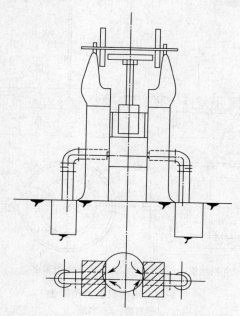

图 9-22　压砖机、机柱开孔双侧吸风型除尘

　　压砖机系统由供料槽、磅秤、摩擦压砖机、砖坯检尺台组成。压砖机排风、除尘系统电供料槽抽风罩、磅秤侧吸罩、压砖机抽风罩及砖坯检尺台抽风罩组成。因成型厂房上部吊车限制，通风管道宜采用地下风道。成型工段通风、除尘及管道布置形式见图 9-23。

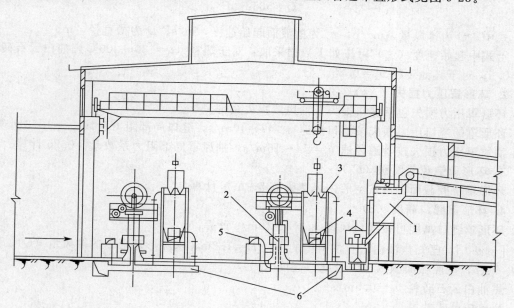

图 9-23　成型工段除尘

1—圆盘筛；2—压砖机抽风罩；3—供料槽环形抽风罩；4—磅秤侧吸罩；5—检尺台侧吸罩；6—除尘排风地沟

（一）供料槽除尘

料罐向供料槽内卸料时产生灰尘或烟气（焦油白云石料），槽口采用环形罩抽风，一般有方形和圆形两种，见图9-24。

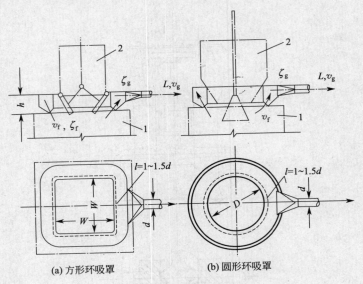

(a) 方形环吸罩　　　　(b) 圆形环吸罩

图9-24　压砖机供料槽除尘

1—料槽；2—料罐

1. 环形罩抽风量（Q）

供料槽环形罩的断面高度（h）一般均大于250mm，抽风量应按高截面环形排风量公式如下。

$$Q = 5652 v_x D \tag{9-17}$$

式中，Q 为排风量，m^3/h；v_x 为槽液面起始速度，m/s；D 为槽直径，m。

上式中起始速度（v_x）可按如下数据采取：对于热料（$t = 180 \sim 200℃$焦油白云石砖料）$v_x = 0.5$；对于其他砖料 $v_x = 0.25$。

2. 环形罩压力损失（Δp）

环形罩压力损失包括缝口损失及抽风罩损失两部分。

环形罩的缝口压力损失按缝口风速 $v_0 = 7 \sim 10$m/s，缝口局部阻力系数 $\zeta_0 = 1.78$ 计算。

抽风罩压力损失按管道风速 $v_g = 14 \sim 16$m/s，抽风罩局部阻力系数 $\zeta_f = 0.25$ 计算。

3. 环形罩空腔截面积（F_c）

环形罩空腔截面积可按空腔内风速为 $0.5 v_0$m/s 计算。

4. 环形罩缝口高度（S）

环形罩缝口高度可按缝口风速 $v_0 = 7 \sim 10$m/s 计算。

［例9-1］ 已知焦油白云石供料槽的直径 $D = 1.2$m，求圆形环形罩的抽风量（Q）、压力损失（Δp）空腔截面积（F_c）及缝口高度（h）

焦油白云石砖料 $v_x = 0.5$m/s

解：按公式抽风量

$$Q = 5652 v_x D^2 = 5652 \times 0.5 \times 1.2^2 \approx 4000 (m^3/h)$$

取缝口风速 $v_0 = 10$m/s。

缝口高度

$$hS = \frac{Q}{3600\pi D\mu_f}$$

$$= \frac{4000}{3600 \times 3.14 \times 1.2 \times 10}$$

$$\approx 0.03 \ (m) = 30mm$$

空腔内风速（v_c）为 $0.5v_0 = 0.5 \times 10 = 5m/s$

空腔截面积

$$F_c = \frac{Q}{2 \times 3600 v_c}$$

$$= \frac{4000}{2 \times 3600 \times 5}$$

$$= 0.11m^2 \ 取断面为 \ 300 \times 350mm。$$

取风管内风速 $v_g = 16m/s$

压力损失 $\quad \Delta p = \left(1.78 \times \frac{1.2 \times 10^2}{2} + 0.25 \times \frac{1.2 \times 16^2}{2}\right) = 147 \ (Pa)$

（二）磅秤侧吸罩

磅秤称量物料时除尘在上部设抽风罩，其抽风量 $Q = 600 \sim 800m^3/h$，局部阻力系数 $\zeta = 0.25$。也可根据抽风罩与产尘点距离按抽风罩口风速 $0.5 \sim 1.0m/s$ 计算抽风量。

（三）摩擦压砖机

压砖机工作在向砖模加料、压砖和模内底板落下时产生灰尘。常用排风、除尘方式有单侧、双侧下吸式和随锤头上下移动的扁口型抽风罩（见图 9-21）。当采用机柱开孔抽风时（见图 9-22），可不设抽风罩。

采用单侧或双侧下吸式抽风时，抽风罩罩口尺寸一般采用 300mm×60mm 及 350mm×70mm 两种，见图 9-25 中 L 和 W。

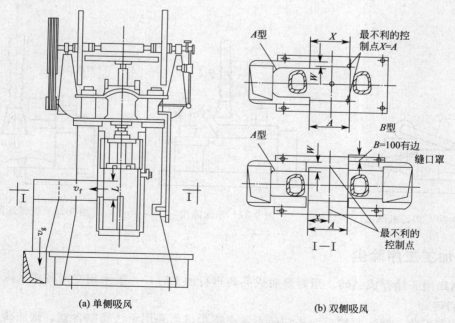

（a）单侧吸风　　　　　　　　　（b）双侧吸风

图 9-25　摩擦压砖机除尘

排风、除尘抽风量计算应保证最不利的控制点风速不小于 0.5m/s。图 9-26 断面 Ⅰ—Ⅰ

中抽风罩口尺寸 $L \times W$，一般取 $W/L = 0.2$。

各种型号压砖机排风、除尘抽风量见表 9-36。

表 9-36　压砖机抽风量

压砖机类型	工作台尺寸/m²	抽风量 L_0/(m²/h)			
		单侧抽风		双侧抽风	
		A 型	B 型	A 型	B 型
70T 高冲程	1.05×0.7	2000	1300	1000	650
160T 高冲程	1.03×0.58	1950	1280	980	640
160T(J53-160)	0.57×0.57	1100	720	550	360
200T 高冲程	1.0×0.6	1900	1250	850	630
260T 高冲程	0.8×0.8	1500	1000	750	500
300T(J53-300)	0.57×0.65	1100	720	550	360
350T			3200		1600
630T			7400		3700
800T			8400		4200
1000T			9800		4900

注：1. 抽风量（L_0）系指每个抽风罩口的风量，单侧抽风罩 $L = 2L_0$(m³/h)，双侧抽风罩时 $L = 4L_0$(m³/h)。
　　2. 表内抽风量（L_0）是指 $v_x = 0.5$m/s，$L = 0.35$m，$W = 0.07$m 条件下的数据。

压砖机抽风罩压力损失包括罩口损失和风道入口损失两部分，罩口局部阻力系数 $\zeta = 1.78$，风道入口局部阻力系数 $\zeta = 0.5$。

（四）砖坯检尺台

砖坯检尺台上设抽风罩，其抽风量 $Q = 600 \sim 800$m³/h，局部阻力系数 $\zeta = 0.25$。也可按抽风罩起始速度 $v_x = 0.4 \sim 0.5$m/s 计算确定。当物料含水量较大时（超过 8% ~ 10%）可不设抽风罩。

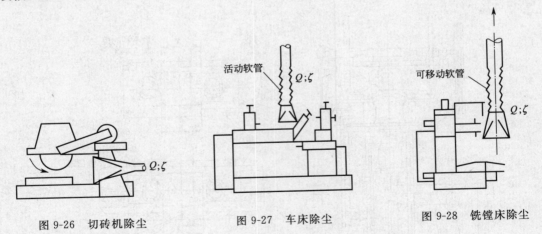

<table>
<tr><td align="center">图 9-26　切砖机除尘</td><td align="center">图 9-27　车床除尘</td><td align="center">图 9-28　铣镗床除尘</td></tr>
</table>

二、砖加工工序除尘

成品库用于储存成品砖。当需要对成品砖进行加工时，一般采用专用各式机床完成。

1. 切砖

切砖有干法、湿法两种。湿法切砖不考虑除尘。当采用干法切割含镁、碳质砖时，则应考虑除尘。常用切砖设备有 GJ10 型金刚石切割机床，其除尘抽风罩形式见图 9-27。

抽风量 $Q = 800 \sim 1100$m³/h，局部阻力系数 $\zeta = 0.25$。

粉尘浓度 $c=2000\sim3000\mathrm{mg/m^3}$。

2. 车砖

长水口砖加工时采用车床、铣床、镗床。常用车床规格有 CW6163 型普通车床和 CF7132 型仿型车床。除尘抽风罩形式见图 9-28。

抽风量 $Q=600\sim1000\mathrm{m^3/h}$，局部阻力系数 $\zeta=0.25$。

粉尘浓度 $c=800\sim1000\mathrm{mg/m^3}$。

XTK754 底座型卧式数控铣镗床除尘抽风罩形式见图 9-28。

抽风量 $Q=600\sim800\mathrm{m^3/h}$，局部阻力系数 $\zeta=0.25$。

粉尘浓度 $c=400\sim500\mathrm{mg/m^3}$。

3. 滑板砖生产除尘净化

滑板砖主要用于钢包、中间包下部出钢水口开、关之用，一般均为上、下两块滑动使用，故称滑板砖。

滑板砖生产工艺流程中，其破碎、筛分、混合、成型、干燥及烧成与常规耐火砖生产工艺流程相同，其不同在于成品砖要进行油浸、焙烧及加工等工序，其工艺流程框图见图 9-29。除尘点用袋式除尘器净化。

滑板砖油浸有卧式、立式两种生产工艺，立式真空油浸工艺流程见图 9-30。沥青烟净化见本节沥青烟治理部分。

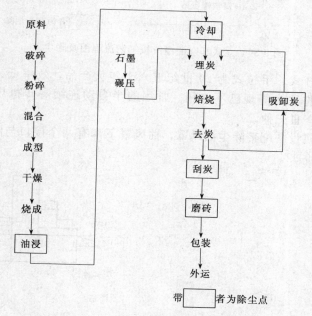

带 ▢ 者为除尘点

图 9-29 滑板砖生产工艺流程及除尘

4. 刮炭机除尘

刮炭机主要用于除掉焙烧后砖表面残留的炭粒和杂质。工艺生产中砖经回转式滚道进入刮炭机密闭小室进行加工，除尘采用在密闭小室（也称分离器）抽风方式，除尘抽风罩形式见图 9-31。

刮炭机除尘采用袋式除尘器，从刮炭机密闭小室抽风，抽风量为 $Q=2400\mathrm{m^3/h}$，接口处负压为 4500Pa。

刮炭机除尘设计时，当刮炭机密闭小室（即分离器）要求工作负压值较高时，除尘风机应采用中、高压离心风机。除尘设备应采用脉冲袋式除尘器或回转反吹扁袋除尘器。

5. 磨砖机除尘

磨砖机是为保证砖的质量对滑板砖进行再加工的设备。主要型号有摇杆式、手拉式、半

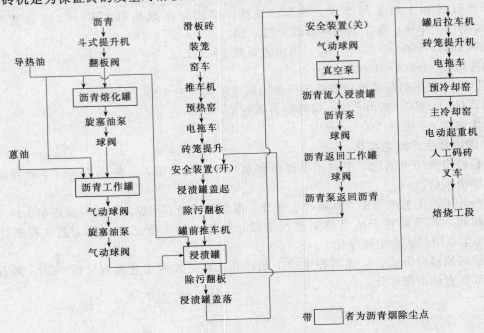

图 9-30　立式真空油浸滑板工艺流程图及除尘

自动连续磨砖机。摇杆式、手拉式为 20 世纪五六十年代产品，效率低、工人劳动强度大、除尘效果差，操作条件恶劣等现已不常用。常用的半自动连续磨砖机规格有 MZL200-Ⅰ、MZL200-Ⅱ、MZL200-Ⅲ三种。

　　半自动连续磨砖机设备配带除尘抽风罩，抽风罩下部有两个接口与除尘风管相接即可，除尘抽风示意图见图 9-32。

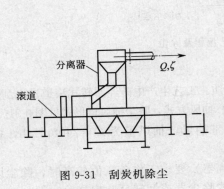

图 9-31　刮炭机除尘

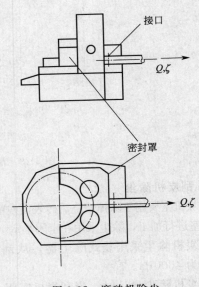

图 9-32　磨砖机除尘

抽风量（Q）及局部阻力系数（ζ）：

MZL200-Ⅰ型 $Q=2500\sim3000m^3/h$，$\zeta=0.5$；

MZL200-Ⅱ型 $Q=2750\sim3300m^3/h$，$\zeta=0.5$；

MZL200-Ⅲ型 $Q=3000\sim3500m^3/h$，$\zeta=0.5$。

粉尘浓度 $c=3000\sim5000mg/m^3$。

6. 长水口砖车间除尘

长水口砖是用于连续生产的水口砖，因其长而称长水口砖。按品种有铝碳质长水口砖和熔融石英质长水口砖。

长水口砖生产工艺特点是原料均为粉状直接进行混合，混合物料中需加入酒精或树脂等成分，并需在特定温度、湿度环境下才能进行混合。混合后的物料再经流动干燥炉干燥后才能成型煅烧，烧成后的长水口再经磨、削加工、喷涂探伤等处理后成为产品。长水口砖主要生产工艺流程见图9-33。图中除尘点一般用除尘机组除尘。

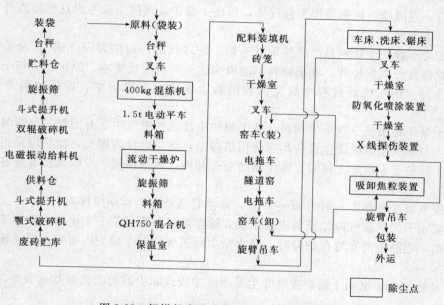

图 9-33　铝镁长水口砖生产工艺流程及除尘图

7. 石墨精制及混练机除尘

石墨是镁碳砖、滑板砖、长水口砖生产中不可缺少的原料，由于石墨粉尘密度较小，易飘动，石墨生产中精制设备和混练设备均应考虑粉尘的净化。

（1）石墨分级机　石墨分级机即石墨精制设备，其作用在于将天然石墨片状夹层间杂质除掉，成为按不同粒度要求的粉状料。

石墨粉尘密度为 $0.4\sim0.5g/cm^3$。石墨分级机除尘应根据石墨粉尘特点进行：

① 除尘抽风罩口风速一般不宜太大，以 $0.3\sim0.5m/s$ 为宜，防止风速过大抽走物料。

② 石墨分级机石墨粉尘除尘应单独设除尘系统，不宜与抽吸其他粉尘的系统合并。

③ 除尘设备应采用袋式除尘器，布袋应采用防静电滤布。

石墨分级机除尘抽风量应根据工艺需要确定。

（2）混练机　混练机作用在于将生产长水口砖的各种物料与结合剂很好混合。由于物料中含有石墨、酒精，混练机除尘设计应考虑以下因素：

① 混练机除尘抽风罩口风速不宜过大，防止风速偏大造成石墨粉被抽空影响物料配比

失调。一般抽风罩口风速以 0.3~0.5m/s 为宜。

② 混练机除尘宜单独设置系统；不应与其他设备抽风点合并。系统运行应实现自动控制。

③ 除尘设备应采用袋式除尘器，布袋应采用防静电滤布。除尘设备应有防爆和接地安全保护装置。

④ 混练机、成型厂房应设排风系统，风机和电机均应采用防爆型。排风换气次数不得小于 10 次。

混练机除尘抽风量可根据工艺要求确定。

8. 流动干燥炉废气除尘

流动干燥炉是将长水口砖混合后的物料进行干燥，使物料中水分及酒精、树脂等含量满足规定要求。

物料在流动干燥炉中成沸腾状进行干燥，从流动干燥炉中排出的废气含尘浓度大、温度高，并含有一定酒精、树脂等挥发性气体，流动干燥炉废气除尘除考虑这些特点外、设计时还应考虑以下因素。

（1）流动干燥炉中物料是严格按重量一炉一炉进行的，每炉为一"锅"，为了保证干燥后的物料除挥发分蒸发掉外，其他物料不能损失这一严格配比要求。除尘器应与干燥炉对应运行，并使每"锅"干燥过程中除尘回收的粉尘能回到干燥炉中，保证物料重量、比例不变。

（2）干燥炉是用热空气干燥物料，从干燥炉中排出的废气中含有酒精、树脂等易燃易爆挥发气体，与废气接触的除尘设备均应选用防爆型，除尘器设防爆孔，滤袋应采用防静电滤布。当除尘器位于干燥炉上部时，除尘器的配套部件，如脉冲阀、反吹风机等应有防爆保护措施。

（3）废气温度较高，一般为 80~90℃，除尘管道及除尘器均应保温。

（4）流动干燥炉废气除尘设备应采用袋式除尘器。布置应位于干燥炉上部便于使回收粉尘回到炉内，当除尘器布置在炉旁时，回收粉尘回送到流动干燥炉内可采用风动输送或螺旋输送。

长水口砖 400kg 流动干燥炉废气除尘采用脉冲袋式除尘器的废气参数见表 9-37。

表 9-37 400kg 流动干燥炉废气参数

干燥炉规格	废气量/[m³(标)/h]	废气温度/℃	含尘浓度/[mg/m³(标)]
400kg	19800	65~85	20000

9. 烧成吸卸焦装置及除尘

为了满足电炉、转炉、连续铸锭、炉外精炼工业对耐火材料制品的特殊要求，增加耐火制品的抗渣性和抗热震稳定性，滑板砖、长水口砖等相继采用"埋炭"工艺及吸卸焦装置。

石墨具有良好的导热性和韧性，不易为炉渣所浸润，砖被"埋"入炭中焙烧后即进入砖内，从而可阻止炉渣沿砖内气孔的渗透。但是炭本身有易被氧化的弱点，容易和空气中的氧以及组分中的氧化物反应而丧失其性能。所以为防止烧时产生还原反应，砖在入窑前，装在特制匣钵内，埋好炭粉，上面用焦粉覆盖，并用胶条将匣钵密封起来入窑煅烧。煅烧后，将其焦炭粉"抽吸"走后，取出渗碳砖产品，被"抽吸"走的焦炭粉储存在容器中，完成吸焦。待新砖入窑前装入匣钵中，打开贮存焦炭粉容器下阀门，焦炭粉便卸在窑车匣钵内，即完成卸焦。

吸焦过程中焦炭粉回收依靠除尘器，同样卸焦时会产生粉尘，在卸焦装置中有除尘用抽风口与除尘器相连，粉尘也经除尘器净化回收到容器中，吸卸焦装置既是生产设备，也是除尘装置。

吸卸焦装置和除尘系统运行参数由生产规模确定。吸卸焦装置及除尘流程见图 9-34。

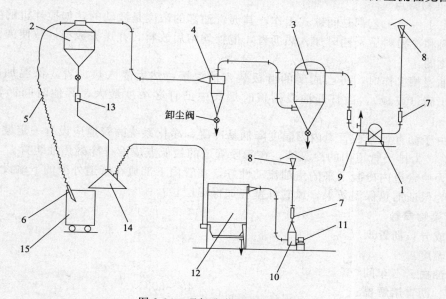

图 9-34　吸卸焦装置及除尘流程

1—罗茨鼓风机；2—分离器；3—圆形脉冲除尘器；4—旋风除尘器；5—卸焦软管；
6—吸嘴；7—消音器；8—伞形风帽；9—三通阀；10—离心风机；11—电机；
12—脉冲除尘器；13—转动装置；14—吸气罩；15—匣钵车

吸卸焦装置及除尘系统设计应按工艺要求进行并考虑如下原则。

（1）吸焦时粉尘浓度大，应采用二级或三级分离、除尘设备回收焦炭粉尘，最后一级分离的除尘设备应采用脉冲袋式除尘器。

（2）吸卸焦装置抽吸风机应采用罗茨鼓风机，其风机入口、出口端均应设消声装置。

（3）吸卸焦装置及除尘系统运行应与工艺同步实现自动化，并具有人工调整可能。

（4）当确有把握时，可将吸卸焦与除尘合并为一套系统。

三、不定型耐火材料除尘

特耐制品主要有不定形耐火材料、镁碳砖、滑板砖和长水口砖。不定形耐火材料系粉状产品，其产品用途广泛，产品配方变化繁多，但生产工艺与常规耐火砖制品生产工艺基本相同，粉碎工段完成后的粉状料即形成产品，除尘设计与硅砖、镁砖等相同。镁碳砖其生产工艺也与一般镁砖生产工艺相同，除尘设计也可按镁砖生产工艺进行。

四、沥青烟气治理

耐火材料厂主要有焦油白云石车间及滑板油浸车间两个车间生产利用沥青，生产过程中产生大量沥青烟气，污染操作环境和厂区大气。

① 焦油白云石车间是利用沥青作结合剂生产焦油砖和散状料，作为炼钢转炉炉衬用。在沥青熔解、搅拌、运输和成型时均产生沥青烟气。

② 滑板油浸车间是利用热沥青对滑板进行浸渍增加滑板的密实性。沥青熔解槽、热沥青贮槽、滑板加热炉和冷却通廊等设备均产生沥青烟气。

(一) 污染物特点及其参数

1. 污染物特点

(1) 由于生产工艺都是间歇式工作，其沥青油雾的浓度是波动的，如搅拌机的生产是每次加入热料和冷粉料后，同时加入热沥青，搅拌均匀后放料，并送去成型，致使沥青烟气的浓度是变化的。

滑板油浸槽工作时，将已成型的滑板装入油浸槽，然后灌入热沥青，保温加压 2～3h 后，卸油出砖（或板），当打开油浸槽盖时烟气中沥青雾浓度最大，其他时间沥青雾浓度较小。

(2) 由于沥青烟雾在管道内因温度降低易冷凝，净化系统的管道应设有一定坡度，坡度不小于 5‰。为排出管道内的冷凝液，在每段管道的最低点应设排冷凝焦油装置。

(3) 为使管道内冷凝下来的焦油流动性好，在管内下部或在管道外壁的下端设保温加热蒸汽管。为保证加热保温效果，风管外壁应加保温层。

2. 污染物参数

废气成分：沥青烟气。

废气温度：

焦油白云石车间	
沥青熔解槽	40～60℃
热沥青贮槽	40～60℃
搅拌机	40～60℃
振动成型机	30～45℃
压砖机	30～45℃
其他	20～40℃
滑板车间	
沥青熔解槽	50～80℃
沥青储槽	50～80℃
油浸槽	50～80℃
滑板加热炉	320℃
滑板冷却通廊	200～280℃
滑板焙烧室	250℃
油雾浓度	300～1000mg/m³
系统中油雾平均浓度	100～500mg/m³

(二) 治理技术

自 20 世纪 70 年代开始研制采用粉料吸附法及白粉预涂法净化沥青烟气，并取得良好效果。

(1) 对于焦油白云石沥青烟气，由于工艺生产中有足够的粉料可利用，应优先采用粉料吸附法，粉料吸附沥青油雾后，可直接送回工艺粉料槽内，试验证明吸附沥青油雾的粉料不影响砖的质量，系统排出口沥青含量可保证小于 10mg/m³（标）。

回收黏油粉料的除尘器宜选用袋式除尘器，其负荷不宜过高。

(2) 自开始滑板生产后，滑板（刚玉或铝镁滑板）车间的沥青烟气，由于油浸工段距制粉工段较远，且其粉料量少，一般采用预涂白粉吸附法，白粉粘油后，采用燃烧法烧掉油污后重复使用。该净化装置净化效率高，排出口沥青物浓度低，运行稳定。但设备较粉料吸附法复杂。

（3）对于沥青烟气浓度不大的净化系统，可采用焦炭过滤器方法净化，如焦油白云石压砖机或振动成型的烟气净化等。

（4）在研制沥青烟气净化措施过程中，曾试验过静电除雾法、柴油及水吸附溶解法，均未获得满意效果。

吸附法中为提高吸附效果，沥青烟气温度不宜超过 50℃ 为宜，由于烟气温度高，沥青烟气中的油气态状多，吸附效果差。温度低于 50℃ 后，油气才能呈液雾状。为此，在烟气进入除尘器前一般应设冷却器，将烟气温度降到 50℃ 以下。

（三）粉料吸附法治理焦油白云石车间搅拌机沥青烟气实例

某厂年产焦油白云石砖和散状料 1.5 万吨。

经破碎，筛分的颗粒料和粉料，将颗粒料加热至 200～300℃，与粉料一起加入搅拌机，并向搅拌机内加入冷粉料和热沥青，搅拌均匀进行成型。

1. 生产工艺流程

焦油白云石生产流程见图 9-35。焦油白云石生产中，通过搅拌机、沥青熔解槽、焦油白云石运输胶带机、振动成型机、压砖机和冷却通廊等处产生沥青烟气。

废气性质为沥青物。

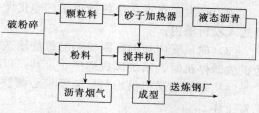

图 9-35 焦油白云石生产流程

烟气净化系统总风量约为 4000～8000m³/h，搅拌机抽风量为 2500～3000m³/h。

2. 废气治理工艺流程

搅拌机沥青烟气净化系统见图 9-36。搅拌机产生的沥青烟气浓度约为 1000mg/m³（标），由于烟气中含有粉尘，抽出烟气首先进入沉降箱，然后进入有蒸汽夹套的管道，在该管道的始端用螺旋输送机加入吸附用粉料，粉料加入量按 30～50g/m³（标）加入，粉料在管道内吸附烟气中沥青雾。管道长度一般应大于 10m，烟气最后进入袋式除尘器，黏附焦油的粉料从除尘器下部送入工艺粉料槽内。沥青烟气净化系统设备见表 9-38。

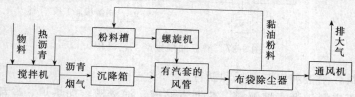

图 9-36 搅拌机沥青烟气净化系统

表 9-38 沥青烟气净化系统设备

序 号	设备名称	规 格	单位	台 数	备 注
1	脉冲除尘器	JMC-108 型	台	1	
2	离心通风机	C4-73-11,No5.5C	台	1	
3	螺旋输送机	φ150	台	1	配调速电机
4	粉尘沉降箱		台	1	

3. 治理效果（表 9-39）

表 9-39　搅拌机沥青烟气净化效果测定

测定项目	次数	粉料加入量		净化沥青烟效率		
		kg/h	g/m³	入口浓度/(mg/m³)	出口浓度/(mg/m³)	净化效率/%
沥青烟气	1	750	112	162	0.256	99.84
	2	648	97	163.6	微量	100
	3	557	83	163.6	微量	100
	4	342	51	164.9	0.05	99.97
	5	198	29.6	163.6	微量	100
平均值				162.7	0.038	99.98
烟气温度				40℃	30℃	

由表 9-39 可知，净化焦油的效率高达 99.98%，排出口焦油浓度小于 10mg/m³。

4. 经验

（1）利用工艺生产中的粉料作吸附剂，吸附沥青烟雾后又送回工艺粉料槽，既利用生产过程中的原料，又可使吸附剂取得充分的回收利用。

（2）除尘器布置在粉料槽顶层，净化设备采用立体布置，使除尘器收回的粘油粉料可直接送入粉料槽内。

（3）向风管内加的吸附粉料的螺旋输送机设有事故声光信号，并与风机联锁，当螺旋输送机故障停机时，系统风机即停止运转，以防焦油粘袋堵塞。

（4）螺旋输送机供粉料量需经精心调整，投产后，供料量不宜任意改动，以免影响系统正常工作。

（四）预喷涂吸附法治理油浸沥青烟气实例

某厂年产刚玉和铝碳滑板约 5000t。

1. 生产工艺流程

滑板油浸生产工艺流程见图 9-37。

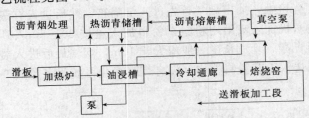

图 9-37　滑板油浸生产工艺流程

主要生产原料：刚玉和铝碳滑板和沥青。

沥青烟气主要来源于沥青熔解槽、热沥青储槽，油浸槽、加热炉、冷却通廊、焙烧窑和真空泵等设备。

烟气的性质为沥青物。

烟气量约 22000～30000m³/h（不包括焙烧窑烟气量）。

2. 废气治理工艺流程（图 9-38）

系统中活性白粉吸附剂可循环使用，粘油后的污白粉从袋式除尘器收集后，通过刮板输送机送入燃烧窑燃烧，烧掉后的白粉再送入净白粉槽储存。除尘器滤袋上，每涂一次白粉可工作 3～5 天。因此，本沥青烟气净化装置适用于没有粉料条件的沥青烟气净化。

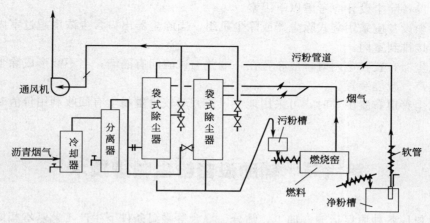

图 9-38 沥青烟气净化工艺流程

为提高对沥青烟气净化效果，进入袋式除尘器前，烟气温度不宜高于 50℃；使焦油呈雾滴状，烟温过高，焦油即呈气态，影响净化效果。

3. 设备（表 9-40）

表 9-40 主要设备表

序号	设备名称	规格	单位	台数	备注
1,2	烟气冷却器,分离器	$\phi2000mm,\phi1500mm$	台	各1	
3	袋式除尘器	约 200m²	台	2	
4	刮板输送机	40×100	台	1	
5	燃烧窑	$\phi500×4000mm$	台	1	
6	通风机	5000Pa×2500m³/h	台	1	电机 $P=45kW$

4. 治理效果

滑板油浸沥青烟气净化系统是从国外引进，净化效率高，投产后未测定，乙方设计保证值为排出口沥青物浓度小于 10mg/m³。

有条件则应对每个沥青烟气抽出点的温度、风量进行一次标定，系统原设计未设烟气冷却器，投产后发现烟气温度过高（>50℃），增设了一段烟气冷却器。

五、试验室除尘

试验室中的试样设备、材料试验机产生粉尘。常用的产尘设备及除尘抽风量见表 9-41。

表 9-41 试验室设备除尘

设备名称及型号	有害物	抽风量/(m³/h)	粉尘浓度/(mg/m³)
$\phi175$ 圆盘粉碎机	粉尘	500~700	300
$\phi200×75$ 双辊破碎机	粉尘	900~1000	300
100×60 颚式破碎机	粉尘	600~800	100
磨砖机(干磨)	粉尘	600~800	500
切砖机	粉尘	800~1100	2500
M3040A 型砂轮机	粉尘	600~800	1000
400×800 自定中心双层振动筛	粉尘	1500	500
WE-10A 型液压式万能材料试验机	粉尘	800~1000	200
$\phi550×450$ 球磨机	粉尘	500~700	400

试验室设备除尘设计应考虑以下因素。

（1）除尘设备应采用袋式除尘器或除尘机组。当除尘器出口含尘浓度超过室内卫生标准时，不得直接排到室内。

（2）除尘器布置在室内时，应布置在一端并与试验间有隔墙；当不能形成除尘室时除尘风机应设消声、减震装置。

（3）除尘管道布置困难时，可采用地下风道。对较贵重粉尘有回收利用价值时应单独设除尘系统。

第六节　辅助设备粉尘减排技术

耐火材料厂各种原料运输、加工、筛分、混合等常温条件下生产工艺基本相同，其粉尘污染源主要是由原料运输和加工过程产生的。

一、粉尘特点及其参数

1. 主要粉尘参数

原料仓库存放着半软性黏土、黏土熟料、高铝料、镁砂等，产生的粉尘是混合性的，分散分别为：$>2\mu m$ 的占 89%，$2 \sim 5\mu m$ 的占 8.5%，$5 \sim 10\mu m$ 的占 2%，$<10\mu m$ 的占 0.5%，粉尘的成分及其参数见表 9-42~表 9-47。

表 9-42　硅石粉尘成分

等　级	化学成分/%			耐火温度/℃	吸水率/%
	SiO_2	Al_2O_3	CaO		
特级	>98	<0.5	<0.5	>1750	<3
Ⅰ级	>97	<1.3	<1.0	>1730	<4
Ⅱ级	>96	<2	<1.2	>1710	<4

表 9-43　硬质黏土粉尘成分

序号	化学成分/%								耐火度/℃	密度/(t/m³)	备注
	Al_2O_3	SiO_2	TiO_2	CaO	MgO	Fe_2O_3	K_2O	烧碱			
Ⅰ	37.43	44.75	1.47	0.07	0.16	0.99	0.56	13.62	1760	2.621	A
Ⅱ	38.76	44.56	1.04	0.06	0.1	0.73	0.07	14.2	1735	2.585	耐火厂
Ⅲ	38.15	44.51	0.76	0.07	0.12	0.55	0.09	14.42	1740	2.587	原料

表 9-44　软质、半软质粉尘成分

序号	化学成分/%								耐火度/℃	密度/(t/m³)	备　注
	Al_2O_3	SiO_2	TiO_2	CaO	MgO	Fe_2O_3	K_2O	烧碱			
软质	36.89	12.1	2.12	0.07	0.5	1.89	1.06	13.6	1725	2.634	A
半软质	40.35	39.5	2.11	0.08	0.38	1.9	1.00	13.95	1745	2.655	耐火厂原料

表 9-45　高铝粉尘成分

等级	化学成分/%								耐火度/℃	燃烧减量/%	密度/(t/m³)	备注
	Al_2O_3	SiO_2	Fe_2O_3	TiO_2	CaO	MgO	K_2O	Na_2O				
Ⅰ	78.43	2.8	0.46						1790	15.17		A
Ⅱ	63	17.0	1.2	1.4	0.35	0.13	0.37	0.9	1790	14.8	3.0	耐火厂
Ⅲ	46.5	34.2	0.8						1790	14.0		原料
Ⅳ												

表 9-46　镁砂粉尘成分

等级	化学成分/%				灼烧减量 /%	密度 /(t/m³)	耐火度 /℃	备注
	MgO	SiO$_2$	Fe$_2$O$_3$ Al$_2$O$_3$	CaO				
Ⅰ	98	<1	<1.0	<0.8	≤51	3.57	2000	B
Ⅱ	96～97	<1.5	<1.5	<1.2	≤48	3.58	2000	耐火厂
Ⅲ	94～96	<2.5	<2.0	<1.5	≤48	3.55	2000	原料

表 9-47　白云石　石灰粉尘成分

名　称	化学成分/%					灼烧减量 /%
	CaO	MgO	SiO$_2$	Al$_2$O$_3$	Fe$_2$O$_3$	
白云石	32～34	16～19	0.2～7	0.06～0.08	0.3～0.6	45.4～46.8
石灰	>50					45～50

原料库的粉尘浓度由于库房建筑面积和空间较大，各处粉尘浓度差别较大，几次测定后的浓度分别为：原料槽主吸风管道内（除尘器入口管道内）的含尘浓度为 3170mg/m³，总风量为 25000m³/h，每小时处理粉尘量 70.3kg。

2. 污染物特点

（1）粉尘分散度　耐火材料粉尘除原料、破碎机粉尘颗粒较大外，其他设备产生的粉尘较细。

（2）粉尘黏性强　如镁砂、白云石和石灰粉尘黏性大，粉尘遇水后容易结垢，因此，粉尘治理中除尘净化系统的设计和运行应予以注意。

（3）粉尘和气体的含湿量大　耐火厂物品干燥机、雷蒙粉碎机等设备的抛扬尘均属含湿粉尘。

二、治理技术原则

耐火材料厂粉尘的治理设备开始均采用旋风防尘器、多管除尘器和湿式除尘器。后来改用以袋式除尘器为主的粉尘治理技术。

治理技术原则如下。

（1）应尽可能将同一生产流程中的产生点划分为一个除尘系统。除尘设备应与生产工艺设备配合，除尘设备应先开动，后停转，停车时要延时停车。

（2）对各产尘点首先应做好密闭，吸气罩口速度一般不宜过大（<4m/s）。

（3）耐火材料厂生产车间除尘设备一般都布置在车间顶层。

耐火材料厂的粉尘可回收利用，除尘器设在车间顶层时，回收的粉尘可直接回送到工艺粉料槽内；除尘器设在车间顶层有利于除尘管道的布置，以避免或减少水平管道；除尘器设在车间顶层可节省设备在车间内的占地面积。

（4）耐火材料厂粉尘的含尘浓度高、粉尘分散度大，治理中应以袋式除尘器为主，旋风除尘器和多管除尘器一般仅作预除尘用。

除尘器应按除尘系统中空气含尘浓度进行选择，含尘浓度<15g/m³ 时，可选用袋式除尘器一级净化；含尘浓度>15g/m³ 时，可选用旋风与袋式除尘器两级净化。耐火材料厂各工艺过程中除尘系统的含尘浓度参考值见表 9-48。

（5）对不结冻地区的小型耐火材料厂，当粉尘浓度低、粉尘无法利用和无利用价值、废水处理又能妥善解决时可选用湿式防尘器，烧结镁砂、白云石和石灰的扬尘属于水硬性物质，遇水结垢，一般不宜选用湿式除尘器。

表 9-48　除尘系统含尘浓度

工艺流程	吸气点组成	含尘浓度/(mg/m³)	
		硅石、镁石、白云石、黏土、高铝	软质黏土、白云石、镁砂(熟料)
破碎	破碎机进口＋胶带机	＜3000	＜14000
粉碎	干碾机＋提升机＋筛子＋胶带机＋料槽	3000～5000	≤20000
	反击(或圆锥、对辊)破碎机＋提升机＋筛子＋胶带机＋料槽	8000～10000	10000～15000
磨碎	筒磨机＋提升机＋螺旋＋料槽	10000～15000	20000～30000
混合	湿碾机＋电子秤＋料斗	500～1000	500～1000
成型	料槽＋称量＋压转机	＜100	＜100
熟料	竖窑、回转窑烟气	按工艺资料	按工艺资料

（6）对比较贵重的耐火材料料槽除尘，各料槽应设独立的小除尘器组，除尘器回收的粉尘直接送回槽内。当各料槽采用单独小型除尘器时，几台除尘器可合用一台通风机，以确保除尘器和料槽负压，压缩空气输送料槽除尘器，一般应设抽风机，以确保防尘器和料槽的负压，不冒灰。

（7）除尘管道的布置应尽量避免水平布置，以防管道内积灰。

（8）除尘系统通风的机械噪声不得超过标准要求。

三、原料仓库除尘

耐火材料厂各原料仓库的形式有抓斗式原料仓库和贮料式仓库两种。

1. 抓斗式原料仓库的除尘

大多数耐火材料厂均为抓斗式仓库。抓斗式仓库是一个条状有盖无墙式建筑，库内有铁路进料线和汽车卸料坑，上有桥式抓斗吊车可作从火车上卸料、库内倒料、堆料和向受料槽抓料之用。

仓库内卸车、倒料利堆料的扬尘是无组织的，粉尘无法控制和治理，对厂区污染严重。因此，从环保要求，仓库应为有围墙的封闭式建筑。

抓斗受料槽应设除尘（图 9-39），在料槽顶周边采用周边抽风形式，控制放料时冲出的粉尘，实践证明这种除尘方法效果较好，为提高防尘效果，减少抽风量，料槽受料口应尽量小些。

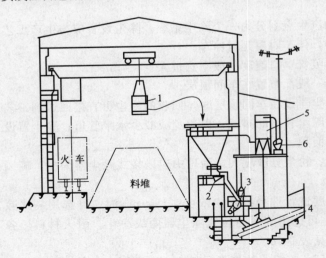

图 9-39　原料抓斗料槽除尘

1—抓斗；2—振动给料机；3—转式破碎机；
4—胶带机；5—除尘器；6—通风机

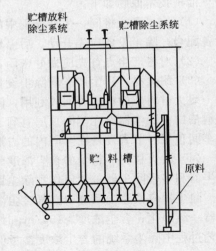

图 9-40　储料式原料仓库除尘

该除尘方式已于一些耐火材料厂应用。

2. 贮料式仓库

物料通过汽车或集装袋运入，按品种和级别储于槽内。该型式原料仓库的粉尘易于控制和治理，仓库污染小，但投资稍大，如某耐火材料厂工程实践（图9-40）。

四、破碎、筛分、磨碾设备除尘

1. 破碎机除尘（图9-41）

耐火材料厂常用的颚式破碎机有 250mm×400mm 和 400mm×600mm 两种规格。破碎机的防尘密闭罩和抽风点位置取决于给料方式。其给料方式有人工给料、给料机给料、胶带机给料、溜筛（或溜槽）给料以及液压翻斗给料等。除尘设备一般布置在破碎机上层，以利除尘器的回料。

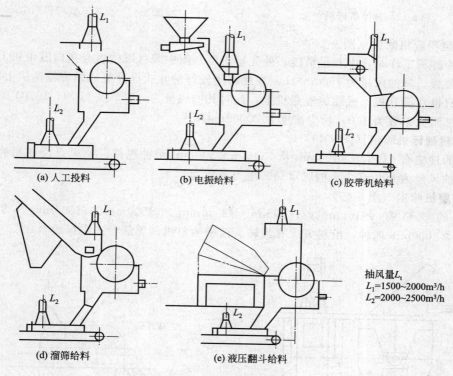

$$抽风量 L_t$$
$$L_1 = 1500 \sim 2000 m^3/h$$
$$L_2 = 2000 \sim 2500 m^3/h$$

(a) 人工投料　　(b) 电振给料　　(c) 胶带机给料

(d) 溜筛给料　　(e) 液压翻斗给料

图 9-41　颚式破碎除尘

2. 圆锥破碎机除尘（图9-42）

常用的破碎机有 900mm 及 1200mm 两种规格，吸气罩一般设在给料溜槽上或给料机上，抽风量为 1000m³/h。

各种生产工艺中的含尘浓度为：黏土熟料（筛上料不返回）为 1000mg/m³；黏土熟料（筛上料返回）为 2000mg/m³；烧结镁砂（筛上料不返回）为 3000mg/m³；烧结镁砂（筛上料返回）为 6000mg/m³；

3. 反击式破碎机除尘（图9-43）

常用的破碎机有 500mm×400mm 及 1000mm×700mm 两种规格，给料方式有电振给料和胶带机给料两种。抽风量在 500mm×400mm 时为 1500m³/h，1000mm×700mm 时为 2500m³/h，当下部为提升机时再加 500~1000m³/h，下部受料点抽出气体的含尘浓度为

$10000 \sim 15000 mg/m^3$。

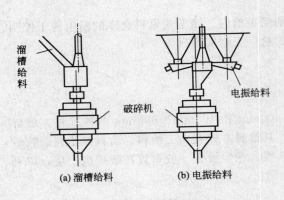

图 9-42 圆锥破碎机

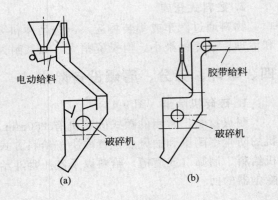

图 9-43 反击式破碎机除尘

4. 笼型粉碎机除尘（图 9-44）

笼型粉碎机工作时，中心呈负压、外壳呈正压。图中吸气罩位置是指向胶带机上出料时的吸气点位置，其抽风量为 $1500 m^3/h$，在往密闭较好的斗式提升机或螺旋输送机上出料时，吸尘罩可只设在提升机上或螺旋输送机上，此时其抽风量为 $[1500+(500 \sim 1000)](m^3/h)$。抽风罩局部阻力系数为 1.0，粉尘浓度为 $20000 mg/m^3$。

5. 对辊破碎机除尘（图 9-45）

常用的规格有 $610mm \times 400mm$ 及 $750mm \times 500mm$ 两种规格，抽风点设在机壳上或给料槽上，抽风量为 $800 m^3/h$，抽风罩局部阻力系数为 0.1。

6. 筒磨机除尘（图 9-46）

常用的规格有 $\phi 910mm \times 1800mm$、$\phi 2000mm \times 4500mm$、$\phi 1500mm \times 5700mm$、$\phi 1500mm \times 3000mm$ 四种，给料方式有旋转头溜槽给料机和无旋转头电振给料。

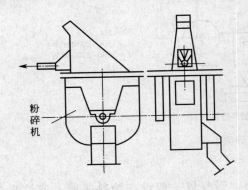

图 9-44 笼型粉碎机除尘

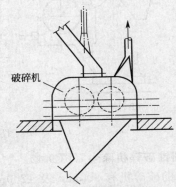

图 9-45 对辊机破碎除尘

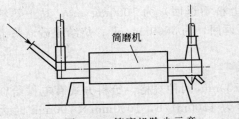

图 9-46 筒磨机除尘示意

对于无旋转头给料的筒磨机，出于密封性较好，其进料溜槽下部可不抽风、而在上部抽风。进料口抽风量不宜大于 $600 m^3/h$，否则能引起物料及湿气倒流而影响筒磨机的生产量，抽气罩局部阻力系数为 2.0。

出料口排气的含湿量大，且有一定温度，

为防止在排气管道和除尘器内结露，在干燥地区在吸气罩上（或管道）掺混车间干空气，南方地区可采用蒸汽夹套管，除尘器应设保温加热措施，掺混室内干空气装置应是可调节的装置，混风量一般约为 $1500\sim2000\text{m}^3/\text{h}$，抽气罩局部阻力系数为 1.50，筒磨机出料口粉尘浓度，不混风时为 $30000\sim100000\text{mg/m}^3$，混风时为 $10000\sim30000\text{mg/m}^3$。

7. 球磨机防尘（图 9-47）

常用的规格有 $2400\text{mm}\times400\text{mm}$，抽气罩一般设在机壳上，出料点抽尘型式决定于具体接料设备。一般抽风罩设在球磨机的外壳上，当给料溜槽落差大于 2m 时，进料口应设扩大箱。抽气罩的抽风量 $Q_1=1500\text{m}^3/\text{h}$，$Q_2=500\sim800\text{m}^3/\text{h}$，局部阻力系数分别 2.0 和 1.0。

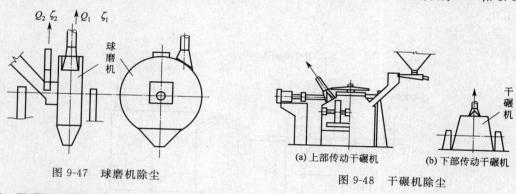

图 9-47　球磨机除尘

(a) 上部传动干碾机　　(b) 下部传动干碾机

图 9-48　干碾机除尘

8. 干碾机防尘（图 9-48）

常用的规格有 $1800\text{mm}\times600\text{mm}$、$1530\text{mm}\times400\text{mm}$ 和 $1770\text{mm}\times370\text{mm}$ 三种，其传动方式有上、下两种。上部传动干碾机抽风量为 $2500\sim3000\text{m}^3/\text{h}$，下部为 $2500\text{m}^3/\text{h}$，抽气罩局部阻力系数为 1.0。

各种生产工艺的含尘浓度为：硅石（未加水）为 $3000\sim5000\text{mg/m}^3$，涟石（加水）为 500mg/m^3，黏土熟料为 5000mg/m^3，软质黏土为 25000mg/m^3。

9. 砂子加热器（推式）**除尘**（图 9-49）

物料定量加入，加热器传动同时吹入火焰加热混合，混合后通过溜槽卸入强制混合机。加热器风量由工艺提供，或按密封小室空隙和一个检查门处速度 $0.7\sim1.0\text{m/s}$ 计算，烟气温度 50℃。

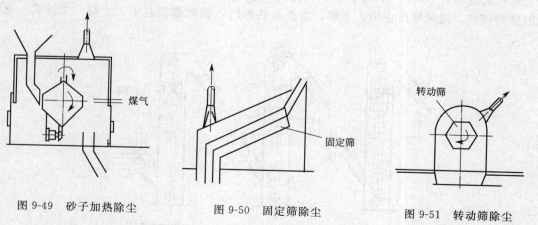

图 9-49　砂子加热除尘　　　图 9-50　固定筛除尘　　　图 9-51　转动筛除尘

a. 固定筛除尘（图 9-50）用于中、小型厂，抽风量 $1500\sim2000\text{m}^3/\text{h}$，局部阻力系数 0.5。

b. **转动筛除尘**（图 9-51）常用的有 800mm×1600mm、1250mm×2500mm 型，转动筛面有单层和双层，为保证除尘效果和减少噪声，密闭形式一般用局部密封，抽风罩设在外壳上，抽风量 1500～2000m³/h，局部阻力系数 0.5。硅石（子碾加水）为 500～1000mg/m³，软质黏土为 25000～30000mg/m³，石灰为 30000mg/m³。

10. 湿碾机除尘（图 9-52）

湿碾机是制砖车间的主要混合设备，常用规格有 1600mm×400mm、1600mm×450mm，按安装形式有平台上安装和上部传动湿碾机。平台上安装的抽风量，顶部上部的抽风罩各抽 2000m³/h，上部传动安装的湿碾机顶部抽风量 2000m³/h，局部阻力系数为 1.0。

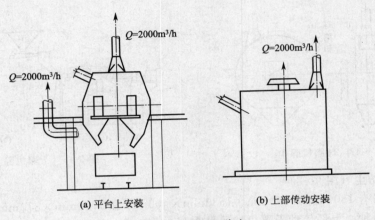

(a) 平台上安装　　　(b) 上部传动安装

图 9-52　湿碾机除尘

湿碾机的含尘浓度为：料刚加入的 90s 内 500～1000mg/m³，混碾过程中硅石 20～500mg/m³，黏土和镁砂 100～500mg/m³。

五、输送设备除尘

1. 斗式提升机除尘（图 9-53）

常用的规格有 D160、D250、D450（带式）和 HL300、HL400（链式）两种。斗式提升机的密封较好，抽风罩设在中、下部，当提升热料时，抽风罩设在中、上部。由锤式、笼型

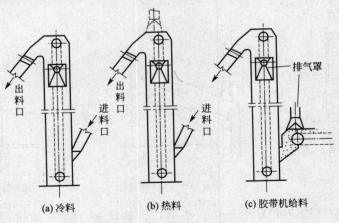

(a) 冷料　　　(b) 热料　　　(c) 胶带机给料

图 9-53　斗式提升机除尘

和反击式破碎机直接给料时，抽风量应增加 1 倍。一般抽风量按提升机每毫米抽风 3～4m³/h，采用胶带机给料时，胶带机抽风量按提升机抽风量的 50％～60％计，各生产工艺产生的粉尘浓度如下：

① 软质黏土　球磨机后 50000mg/m³，笼型粉碎机后 80000mg/m³。

② 黏土熟料　筒磨机后 20000mg/m³，干碾机后 5000mg/m³。

③ 硅石　干碾机后（未加湿）7000mg/m³，干碾机后（加湿）4000mg/m³。

④ 烧结镁砂　筒磨机后 15000mg/m³，圆锥破碎机后 15000mg/m³。

⑤ 烧结白云石料　反击破碎机后 15000mg/m³。

2. 胶带机除尘（图 9-54）

常用的规格有 500mm、650mm、600mm 三种，受料点有中部和尾部两种，当为热物料时，胶带机头也应设抽风点。抽风点的抽风量可按胶带宽度、落料高度及溜槽倾斜角计算确定，详见有关手册。

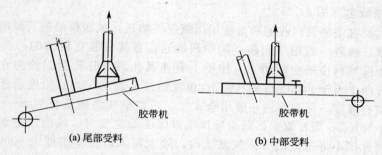

(a) 尾部受料　　　　(b) 中部受料

图 9-54　胶带机除尘

对于输送粉料的胶带机，为提高防尘效果，胶带机应采用全密闭型式。

3. 移动可逆胶带机除尘（图 9-55）

按密闭罩形式不同，一般可分外罩式和全密闭式两种。外罩式多点卸料可逆胶带机，进料口尺寸 250mm × 250mm，抽风罩设在进料点左右两个进料口位置上，罩口尺寸为 350mm×350mm，抽风罩罩口应比进料口的边缘尺寸大 50～100mm，以提高抽气效果。抽风量可按罩口至进料口顶部之间的面积内保持 1.0m/s 风速计算确定。

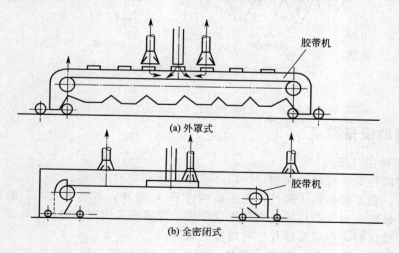

(a) 外罩式

(b) 全密闭式

图 9-55　移动可逆胶带机除尘

4. 汽车整料除尘（图 9-56）

一般有密闭室和大型吸气罩两种形式。抽风量为 $8000 \sim 10000 \mathrm{mg/m^3}$。

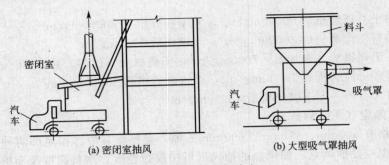

(a) 密闭室抽风 (b) 大型吸气罩抽风

图 9-56　汽车整料除尘

5. 风送料槽除尘（图 9-57）

筒磨粉和大型收尘装置回收的粉尘常用压缩空气输送，风送料槽按其料槽系统不同分为系列料槽和单槽。前者一般用于制砖车间粉料输送。直接安装在料槽的一台除尘器净化即可，除尘器位于系列料槽的中间槽上，槽壁上有连通孔洞（开孔面积约为 $0.04 \sim 0.05 \mathrm{m^2}$，即每个槽壁上开两个大于 $\phi 250 \mathrm{mm}$ 的孔），也可在槽顶上设 $\phi 250 \mathrm{mm}$ 的连通管，为防止孔底积灰，孔底应留有坡度。压力输送一般用仓式泵，压缩空气消耗量为 $10 \mathrm{m^2/min}$，即在常压下为 $600 \sim 700 \mathrm{m^3/h}$，一般在除尘器后设通风机以保证除尘效果，该粉尘主要由于料槽入孔和除尘器间密封性能不好造成的。排气系统内，除尘器入口含尘浓度为 $9000 \mathrm{mg/m^3}$，出口 $10 \mathrm{mg/m^3}$。

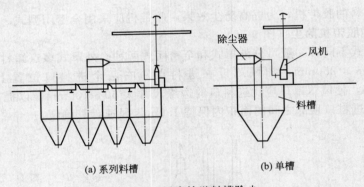

(a) 系列料槽 (b) 单槽

图 9-57　风力输送料槽除尘

六、其他辅助设备除尘

1. 压砖机除尘（图 9-58）

压砖机按吨位大小可分为大型（>450t）和小型（300t）两种。

对于硅砖、黏土和高铝压砖机，由于物料含 SiO_2 量高，危害性大，一般设除尘净化对于优质高铝、镁砖、白云石压砖机则可不设净化，直接排入大气。但对于车间比较密集的厂矿和厂区位于市区时，也应设净化处理后排入大气。

压砖机除尘系统抽风点一般由供料槽、混料斗、称量处、压砖冲头侧和砖坯检尺台组成。各抽风点的抽风量、供料按槽边抽风计算，但要注意热料和冷料的不同，混料斗按罩口

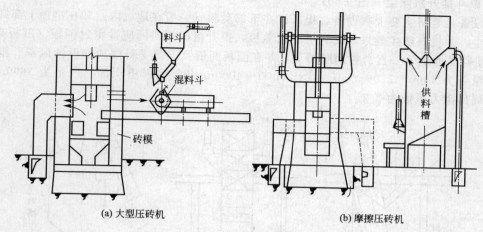

(a) 大型压砖机   (b) 摩擦压砖机

图 9-58　压砖机除尘

速度保持 $0.7 \sim 1.0 \text{m/s}$ 计算，称量处检尺台可按 $800 \text{m}^3/\text{h}$ 取，压砖冲头则可按表 9-49 取。

2. 集装袋料槽除尘（图 9-59）

集装袋料是近年来出现的方式，主要用于运送较重的物料，要求除尘器收回的粉尘接送回原料槽。一般在每个槽上设一台小型除尘器，并共同用一台通风机。抽风量可按集装袋体积和放入一袋的落料时间以及荡料量计算。

表 9-49　压砖抽风量

压砖机类型	工作台尺寸/m²	抽风量 Q_0/(m³/h)			
		单侧抽风		双侧抽风	
		A 型	B 型	A 型	B 型
7t 高冲程	1.05×0.7	2000	1300	1000	650
160t 高冲程	1.03×0.53	1950	1280	980	640
160t(J53-160)	1.57×0.57	1100	720	550	360
200t 高冲程	1.0×0.6	1900	1250	850	630
260t 高冲程	0.8×0.8	1500	1000	750	600
160t(J53-300)	0.57×0.65	1100	720	660	360

注：1. 抽风量系指每个抽风罩罩口的风量，单侧抽风量时，$Q = 2Q_c(\text{m}^3/\text{h})$；双侧抽风量时，$Q = 4Q_c$（m³/h）。

2. A 型是指抽风罩罩口尺寸为 $350\text{mm} \times 70\text{mm}$，B 型为 $300\text{mm} \times 60\text{mm}$。

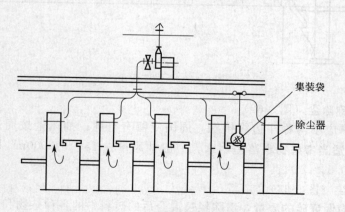

图 9-59　集装袋料槽除尘

3. 单斗提升机除尘（图 9-60）

该设备是竖窑主要上料设备，提升机在下部受料（一般在地坑内）和在窑顶上部卸料时产生灰尘。为提高防尘效果，受料坑应设盖板，提升机机架四周应设密封围板（围板高 3～4m），使其从地坑下一直密封到屋面下，并在围板两侧及上部受料槽顶部设抽风罩。围板两侧抽风量各为 1500～2000m³/h，共计 3000～4000m³/h，受料槽顶部抽风量为 3600m³/h，抽风罩局部阻力系数为 0.25。

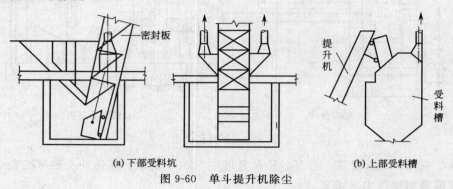

(a) 下部受料坑   (b) 上部受料槽

图 9-60 单斗提升机除尘

各生产工艺中粉尘浓度为：经筛分的白云石、石灰石料为 1000～1500mg/m³，未经筛分的白云石、石灰石料为 3000～4000mg/m³。

4. 干燥筒防尘（图 9-61）

干燥筒一般采用旋风和袋式除尘器两级除尘。由于烟气湿度大，袋式除尘器应设加热保湿措施。烟气量按生产工艺要求确定。

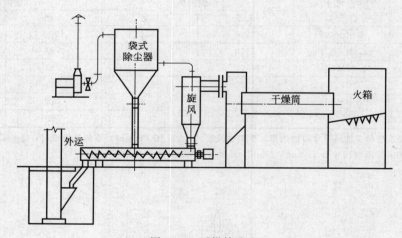

图 9-61 干燥筒防尘

5. 矿石定量称除尘（图 9-62）

定量称抽风罩应不与称斗边缘接触，周围应留有空隙。抽风量按周边缘隙速度 0.7～1.0m/s 计算，并适当考虑物料落差因素，一般抽风量在 1500～2000m³/h 范围内。抽风罩局部阻力系数为 0.5。

6. 圆盘筛除尘（图 9-63）

圆盘筛是作为保证砖的质量，清除经过混合后的砖料中的各种杂物和减少砖料的粒度偏细的一种设备。常用规格为 1770mm，一般为胶带机给料，筛下以料槽或小车接料。物料含水量一般不大于 6%。筛的顶面设可掀起的活动密闭盖板,筛下料斗、放料漏嘴设固定围罩,罩下设遮尘帘。抽风量 $Q_1 = 1000m^3/h$,按遮尘帘底边至料斗顶面间的缝隙处保持 0.5~1.0m/s 风速计算,并考虑遮尘帘不严密处的缝隙系数 1.4。

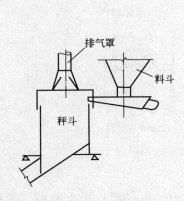

图 9-62　矿石定量秤除尘

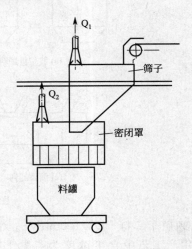

图 9-63　圆盘筛除尘

7. 电子秤除尘（图 9-64）

电子秤是用作进入湿碾前配料用的称量设备,按加料设备不同分为螺旋给料和电振给料两种。抽风量约为 500~800m³/h,或按开口缝隙 $u = 0.7~1.0m^3/h$ 计算。

8. 配料放料阀除尘（图 9-65）

放料阀一般均为扇形,严密性差,放完料后有时还要掉料,其扬尘不易控制。为保证除尘效果,放料阀除尘应为独立系统,抽风管与放料阀联动,并在每个放料阀放完后,抽风管上的阀门不得关闭,应保持 30%~40% 的风量,以保持放料阀内部负压,排除余灰。放料阀抽风量为 1000m³/h。

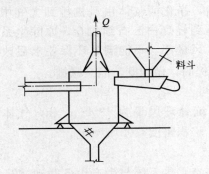

图 9-64　电子秤除尘

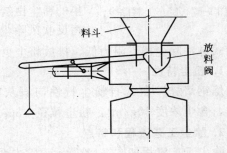

图 9-65　配料放料阀除尘

9. 储料槽除尘（图 9-66）

耐火厂储料槽体积较小,按向料槽卸料方式的不同,有胶带机卸料、螺旋机卸料、溜槽卸料和矿车卸料等形式。

抽风量（Q）及抽风罩局部阻力系数（C）取值如下:

① 胶带机卸料　$Q = 600~800m^3/h$,$C = 0.25$;

② 溜槽卸料　单仓工 $Q = 300~400m^3/h$,双仓工 $Q = 600m^3/h$,$C = 0.5$;

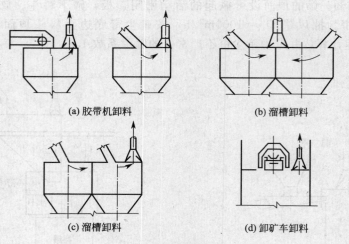

(a) 胶带机卸料   (b) 溜槽卸料

(c) 溜槽卸料   (d) 卸矿车卸料

图 9-66 储料槽除尘

③ 卸矿车卸料 $Q=1000\text{m}^3/\text{h}$，$C=0.5$；

各生产工艺中含尘浓度为：黏土熟料（碎料）为 $1500\text{mg}/\text{m}^3$，黏土熟料（粉料）为 $4000\text{mg}/\text{m}^3$。软质黏土熟料为 $15000\text{mg}/\text{m}^3$。白云石熟料为 $8000\sim10000\text{mg}/\text{m}^3$。

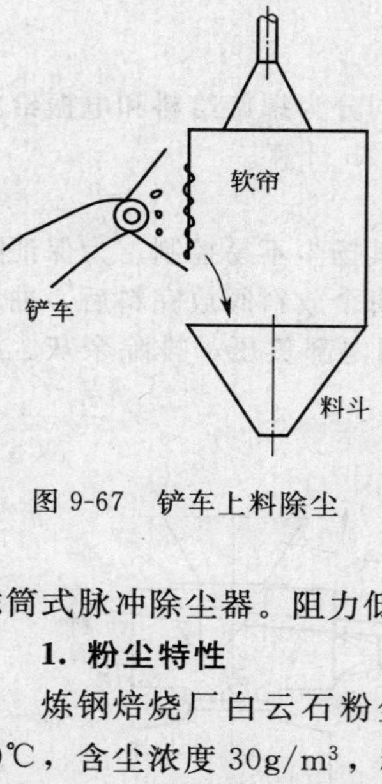

10. 铲车上除尘（图 9-67）

为减少抽风量和提高除尘效率，在密闭罩上的铲车倒料口侧应设软胶帘。抽风量按倒料开口速度 1m/s 计算。

图 9-67 铲车上料除尘

七、石灰窑辅助设备除尘实例

为净化窑原料轻烧白云石在筛分、储运、压球及向卡车装料过程中产生的粉尘而设置的除尘系统。含尘气体经吸气罩及管道，进入袋滤器净化后，净化的气体由风机排到大气中，捕集的粉尘由链式输送机运到轻烧白云石细粒仓。原除尘系统使用反吹风除尘器阻力高、风量小，不能满足环保要求后改造为滤筒式脉冲除尘器。阻力低、排放粉尘少，同时风量提高，做到既节能又减排。

1. 粉尘特性

炼钢焙烧厂白云石粉尘特性与石灰粉近似，系统处理风量为 $48000\text{m}^3/\text{h}$，气体温度 50℃，含尘浓度 $30\text{g}/\text{m}^3$，粉尘粒径$<30\mu\text{m}$ 占 70%，堆积密度$<0.7\text{g}/\text{cm}^3$。

2. 除尘工艺流程和特点

除尘工艺流程如图 9-68 所示。除尘系统有如下特点：①系统与生产设备联动，24 小时连续转动；②滤袋的清灰操作由电气控制，可用计时器自由设定清灰时间、间隔和周期；③由于白云石亲水性强，黏性大，故对除尘器进行强力脉冲喷吹清灰；④除尘配管形式比较特殊，利用运输机作为导管，料槽作为沉降槽，也就是说，不是所有吸气支管都直接接入除尘器系统的干管，而是将某些吸气支管接到运输机上或接入料槽内。而后再从运输机上或料槽内抽吸。

3. 原系统主要问题

除尘系统从日本引进，其主要问题是反吹风除尘器运行阻力高，通常在 2000Pa 以上，

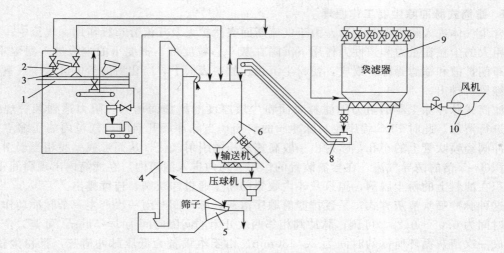

图 9-68 白云石粉碎除尘系统工艺流程
1—皮带机；2—卸料口；3—吸尘罩；4—斗式提升机；5—振动筛；6—储料仓；
7—螺旋输送机；8—刮板机；9—滤筒式脉冲除尘器；10—风机

滤袋寿命短，新袋用一年就要更换。除尘器排出口粉尘浓度达不到规定的 30mg/m³（标），针对存在问题进行技术改造。

4. 滤筒式脉冲除尘器构造

滤筒式脉冲除尘器由进风管、排风管、箱体、灰斗、清灰装置、导流装置、气流分布板、滤筒及电控装置组成。图 9-69 是除尘器构造的示意。其特点是阻力低、效率高、滤筒寿命长。

滤筒在除尘器中的布置很重要，滤筒可以垂直布置在箱体花板上，也可以倾斜布置在花板上，但滤筒斜置上半部难以清灰，从清灰效果看，垂直布置较为合理。本设计为垂直布置。花板下部为过滤室，上部为净气室。在净气室喷吹管下部装有气体导流装置，在除尘器入口装有气流分布板。根据宝钢焙烧分厂石灰生产的具体情况，除尘器设计参数如表 9-50 所列。

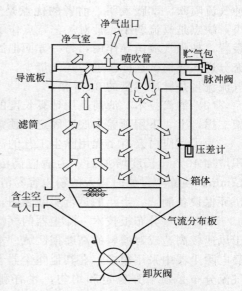

图 9-69 滤筒式脉冲除尘器构造示意

表 9-50 除尘器设计参数

序号	项 目	技术参数	序号	项 目	技术参数
1	处理烟气量/(m³/h)	95000	8	烟气入口含尘浓度/(g/m³)	<30
2	处理烟气温度/℃	<100	9	烟气出口含尘浓度/(g/m³)	<0.03
3	过滤室数①/室	12	10	清灰方式②	离线清灰
4	过滤面积/m²	2160	11	脉冲阀规格/mm	76
5	滤筒规格 φ×L/mm	φ325×1400	12	脉冲阀数量/个	6
6	滤筒数量/个	216	13	清灰压力/MPa	<0.3
7	除尘器阻力/Pa	1000~1200	14	电气控制	PLC

① 各室分开离线方式。
② 淹没式。

5. 滤筒式脉冲除尘器工作原理

含尘气体进入除尘器灰斗后，由于气流断面突然扩大及气流分布板作用，气流中一部分颗粒粗大的尘粒在重力和惯性力作用下沉降在灰斗；粒度细、密度小的尘粒进入滤尘室后，通过布朗扩散和筛滤等综合效应，使粉尘沉积在滤料表面上，净化后的气体进入净气室由排气管经风机排出。

滤筒式脉冲除尘器的阻力随滤料表面粉尘层厚度的增加而增大。阻力达到某一规定值时，进行清灰。此时 PLC 程序控制脉冲阀的启闭，当脉冲阀开启时，气包内的压缩空气通过脉冲阀经喷吹管上的小孔，喷射出一股高速高压的引射气流，从而形成一股相当于引射气流体积 3～5 倍的诱导气流，在导流装置的作用下均匀进入滤筒内，在滤筒内出现瞬间正压，使沉积在滤料上的粉尘脱落，掉入灰斗内收集的粉尘通过卸灰阀，连续排出。

这种脉冲喷吹清灰方式：是逐排滤筒顺序清灰，脉冲阀开闭一次产生一个脉冲动作，所需的时间为 0.05～0.2s，可调；脉冲阀相邻两次开闭的间隔时间为 1～5min，可调；全部滤袋完成一次清灰循环所需的时间为 20～30min。由于本设备为低压脉冲清灰，且粉尘较细，所以根据设备阻力情况，把喷吹时间适当调长，而把喷吹间隔和喷吹周期适当缩短。

6. 技术改进措施和选用技术

（1）清灰装置　传统的滤筒除尘器有两种清灰方式：一种是高压气流反吹，另一种是脉冲气流喷吹。实践表明，前者的优点是气流均匀，缺点是耗气量大；后者的优点是耗气量小，缺点是气流弱小，针对工艺特点作了两方面的改进，一方面在脉冲喷吹管下部增加导流装置，加强气流诱导作用，另一方面把滤筒上部导流风管取消，使脉冲气流和诱导气流同时充分进入滤筒。这样改进后耗气量少，气流均匀，清灰效果好，根据计算，技术改进后清灰气流流量是脉冲气量的 3～5 倍。

（2）滤筒技术　滤筒是用计算长度的滤料折叠成褶，首尾粘合成筒，筒的内部用金属网架支撑，上、下用顶盖和底座固定。顶盖有固定螺栓及垫圈。

为了适应白云石工程用除尘工艺的需要，设计中把滤筒长度加大到 1400mm，其过滤面积增加 40%，长度增加后，为适应高浓度粉尘的情况，制作时把滤筒的折缝加宽至 2～12mm。使除尘过滤时进入的粉尘容易清除，从而避免粉尘在折缝中积聚存留。该滤筒由凌桥环保设备制造。半年的运行实践表明，这两处的技术改进是非常有效的。

（3）气量分布板技术　除尘器的气流分布是很重要的，必须考虑如何避免设备进口处由于风速较高造成对滤料的高磨损区域。本除尘器选用多孔气流分布板，这种气流分布方法在静电除尘器中采用很多，在其他除尘器上很少采用。但用于滤筒式脉冲除尘器有独特要求，气流分布必须十分稳定和均匀，才有利于气流的上升及粉尘的下降。气流分布板开孔率 50%，根据计算，阻系数<2，由此可见在气流速度<0.5m/s 的情况下，多孔气流分布板可以满足滤筒式脉冲除尘器的要求。

（4）滤料选用　滤料是滤筒式脉冲除尘器核心部分，过去用的滤筒滤料一般都是纸质纤维滤料，这种滤料对>0.5μm 的粉尘有>99.9% 过滤效率，但是其缺点是容尘量偏大，反吹清灰困难，不适宜本工艺条件下的高浓度轻烧白云石粉尘。因此设计中选用了覆膜聚酯滤料，其特点如下。

① 通常的滤料是深层过滤，它依赖于滤料表面的粉尘层达到有效过滤，建立有效过滤时间约为整个过滤过程的 10%。覆膜滤料是表面过滤，粉尘不能透入滤料，无初滤期，开始就是接近 100% 的有效过滤。

② 传统的滤料在高浓度粉尘进入后，透气性下降，阻力上升。覆膜滤料以均匀细微孔径及其不黏性，投入使用后立即提供极佳的过滤性能，粉尘透过率近似零，阻力基本处于稳

定。经测试在过滤速度 $1\sim2m/min$ 工况下，其阻力约为 $300\sim500Pa$。

③ 对针刺毡滤料，一般用高能脉冲喷吹清灰才能维持滤料的常规阻力，用覆膜滤料则降低喷吹强度 $30\%\sim50\%$ 即可维持滤料的常规阻力。

（5）电气控制　过去的滤筒式脉冲除尘器都是用继电器或控制仪控制，本设计采用 PLC 微机程序控制。使除尘器的清灰过程、阀门启闭和输排灰运行均按设计程序进行工作，从而保证了整机的质量和性能。

（6）除尘器运行效果　白云石除尘系统运行后对除尘器性能按国标（GB 11653）进行实测，测定结果见表 9-51。从表 9-51 可以看出，经过改进后的滤筒式脉冲除尘器，其运行阻力、漏风率、出口排放浓度、除尘效率等技术指标均优于反吹风袋式除尘器。

表 9-51　除尘器性能测试数据

序号	项　　目	测定值	序号	项　　目	测定值
1	进口风量/(m³/h)	81000	8	设备阻力/Pa	630
2	进口全压/Pa	3700	9	漏风率/%	4.4
3	进口温度/℃	23	10	进口含尘浓度/[g/m³(标)]	3.43
4	出口风量/(m³/min)	8460	11	出口含尘浓度/[g/m³(标)]	0.0048
5	出口全压/Pa	4330	12	效率/%	99.9
6	出口温度/℃	23	13	清灰压力/MPa	0.28
7	过滤风速/(m/min)	0.625			

运行状况和实测结果表明，把滤筒式脉冲除尘器用于净化白云石粉碎、筛分、运输、贮存过程产生的粉尘是成功的。成功的关键在于对现有的滤筒式脉冲除尘器采取了一系列技术改进措施，使之适合于白云石粉尘的特点，同时选取先进、合理的设计参数，也是保证设备良好性能的重要条件。

经过多年的运行和实测表明，改进后的滤筒式脉冲除尘器运行阻力为原反吹风除尘器的 30%，排放浓度仅 $4.8mg/m^3$，滤料寿命也由 1 年提高到 5 年以上，达到了节能减排的理想效果。所以在其他工程中可以推广这种改进后的滤筒式脉冲除尘器技术。

参 考 文 献

[1] 王纯，张殿印. 废气处理工程技术手册. 北京：化学工业出版社，2013.
[2] 张殿印，王纯. 除尘工程设计手册，第 2 版. 北京：化学工业出版社，2011.
[3] 许居鹓. 机械工业采暖通风与空调设计手册. 上海：同济大学出版社，2007.
[4] 冶金工业部建设协调司，中国冶金建设协会编. 钢铁企业采暖通风设计手册. 北京：冶金工业出版社，1996.
[5] 王绍文，杨景玲，赵锐锐，王海涛. 冶金工业节能减排技术指南. 北京：化学工业出版社，2009.
[6] 张殿印，王纯，俞非漉. 袋式除尘技术手册. 北京：机械工业出版社，2010.
[7] 国家环境保护局. 钢铁工业废气治理. 北京：中国环境科学出版社，1992.
[8] 孙一坚. 简明通风设计手册. 北京：中国建筑工业出版社，1997.
[9] 黎在时. 电除尘器的选型安装与运行管理. 北京：中国电力出版社，2005.

第十章

其他工业烟尘减排与回收利用

第一节 工业锅炉烟尘减排技术

锅炉一般由"锅"和"炉"两大部分构成。锅是容纳水或蒸汽的受压部件，其中进行着水的加热和汽化过程。炉子是由炉墙、炉排和炉顶组成的燃烧设备和燃烧空间。其作用是使燃料不断地充分燃烧。由于燃料的种类和性质的不同，炉子的构造也不一样。炉是燃料进行燃烧的地方，即燃烧设备和燃烧室。

工业锅炉排放的烟气是造成大气环境污染的主要因素之一：其所含的主要污染物为 SO_2、NO_x、CO_2、CO 以及固体颗粒烟尘。

锅炉房是供给全厂生产、生活、采暖通风与空调用蒸汽（或热水）的动力站。它是属于热车间一类的建筑物。根据规范 GB 50041—92 的规定，锅炉设备的参数如表 10-1 所列。

表 10-1　锅炉设备的参数

项　　目	单　　位	蒸汽锅炉	热水锅炉
锅炉额定出力	t/h MW	1~65	0.7~58.0
锅炉额定压力	MPa	0.10~3.82	0.1~2.5
锅炉额定出口温度	℃	≤450	≤180

一、工业锅炉污染物排放量

1. 工业锅炉烟尘排放量和排放浓度

（1）单台燃煤锅炉烟尘排放量可按下式计算

$$M_{Ai} = (B \times 10^9/3600)(1 - \eta_C/100)(A_{ar}/100 + Q_{net,ar}q_4/3385800)\alpha_{fh} \tag{10-1}$$

式中，M_{Ai} 为单台燃煤锅炉烟尘排放量，mg/s；B 为锅炉耗煤量，t/h；η_C 为除尘效率，%；A_{ar} 为燃料的收到基含灰量，%；q_4 为机械未完全燃烧热损失，%；$Q_{net,ar}$ 为燃料的收到基低位发热量，kJ/kg；α_{fh} 为锅炉排烟带出的飞灰份额。链条炉取 0.2，煤粉炉取 0.9，人工加煤炉取 0.2~0.35，抛煤机炉取 0.3~0.35。

（2）多台锅炉共用一个烟囱的烟尘总排放量按式(10-2) 计算。

$$M_A = \sum M_{Ai} \tag{10-2}$$

多台锅炉共用一个烟囱出口处烟尘的排放浓度按式(10-3) 计算。

$$C_A = (M_A \times 3600)/[\sum Q_i \times (273/T_s) \times (101.3/p_1)] \tag{10-3}$$

式中，C_A 为多台锅炉共用一个烟囱出口处烟尘的排放浓度（标态），mg/m^3；$\sum Q_i$ 为接入同一座烟囱的每台锅炉烟气总量，m^3/h；T_s 为烟囱出口处烟温，K；p_1 为当地大气压，kPa。

2. 燃煤锅炉 SO_2 排放量的计算

单台锅炉排放量可按式(10-4) 计算：

$$M_{SO_2} = B \times C \times 278 \times (1 - \eta_{SO_2}/100) \times S_{ar}/50 \tag{10-4}$$

式中，M_{SO_2} 为单台锅炉 SO_2 排放量，m^3/s；B 为锅炉耗煤量，t/h；C 为含硫燃料燃烧后生成 SO_2 的份额，随燃烧方式而定，链条炉取 0.8～0.85，煤粉炉取 0.9～0.92，沸腾炉取 0.8～0.85；η_{SO_2} 为脱硫率，%，干式除尘器取零，其他脱硫除尘器可参照产品特性选取；S_{ar} 为燃料的收到基含硫量，%。

多台锅炉共用烟囱的二氧化硫总排量和烟囱出口处 SO_2 的排放浓度可参照烟尘排放的计算方法进行计算。

3. 燃煤锅炉氮氧化物排放量的计算

单台锅炉氮氧化物排放量可按下式(10-5) 计算。

$$G_{NO_x} = 453000B(\beta n + 10^{-6}V_y C_{NO_x}) \tag{10-5}$$

式中，G_{NO_x} 为单台锅炉氮氧化物排放量，m^3/s；B 为锅炉耗煤量，t/h；β 为燃烧时氮向燃料型 NO_x 的转变率，%，与燃料含氮量 n 有关，一般层燃炉取 25%～50%，煤粉炉取 20%～25%；n 为燃烧中氮的含量（质量分数），燃煤取 0.5%～2.5%，平均值取 1.5%；V_y 为燃烧生成的烟气量（标态），m^3/kg；C_{NO_x} 为燃烧时生成的温度型 NO_x 的浓度（标态），mg/m^3，一般取 93.8mg/m^3。

多台烟囱共用一个烟囱的氮氧化物总排放量和烟囱出口处氮氧化物的排放浓度，可参照烟尘排放的计算方法进行计算。

4. 烟气量的估算

锅炉生产 1t/h 蒸汽所产生的烟气量还可按表 10-2 估算：

表 10-2　烟气量估算　　　　　　　　　　　　　单位：m^3/h

燃烧方式		排烟过量空气系统 α_{py}[①]	排烟温度/℃		
			150	200	250
层燃炉		1.55	2300	2570	2840
流化床炉	一般煤种	1.55	2300	2570	2840
	矸石、石煤等	1.45	2300	2570	2840
煤粉炉		1.55	2100	2360	2620
油气炉		1.20[②]	1510	1690	1870

① 若 α_{py} 不是表中数值，则 $V_y' = \alpha_{py}'/\alpha_{py} \times V_y$。
② 油气炉为微正压燃烧时。

5. 污染排放量估算

烧烟煤锅炉产生的污染物数量见表 10-3，烧油锅炉产生污染物数量见表 10-4，气体燃料燃烧时产生的污染物数量见表 10-5。

表 10-3　典型的烧烟煤锅炉产生的污染物的数量

锅　　炉			每千克煤污染物的发生量/g					
使用范围	热负荷/(GJ/h)	型式	烟尘	SO_x	CO	C_mH_n	NO_x	醛类
公用或大型工业锅炉	>105	煤粉炉	8A	19S	0.5	0.15	9	0.0025
		旋风炉	1A	19S	0.5	0.15	27.5	0.0025
商业或工业锅炉	10.5～105	下饲、链条炉	2.5A	19S	1	0.5	7.5	0.0025
		抛煤机炉	6.5A	19S	1	0.5	7.5	0.0025
小型商业或民用锅炉	<10.5	抛煤机炉	1A	19S	5	5	3.0	0.0025
		手烧炉	20	19S	45	45	1.5	0.0025

注：A 为煤的灰分（%）；S 为煤的含量（%）SO_x 以 SO_2 计，C_mH_n 以 CH_4 计，NO_x 以 NO_2 计。

表 10-4　典型的烧油锅炉产生的污染物的数量

锅　　炉	燃料油	每升油污染物发生量/g					
		烟尘	SO_x	CO	C_mH_n	NO_x	醛类
公用或大型工业锅炉	重油	1	19.2S	0.4	0.25	12.6	0.12
商业或工业锅炉	重油	2.75	19.2S	0.5	0.35	9.6	0.12
	重柴油	1.8	17.2S	0.5	0.35	9.6	0.25
小型商业或民用锅炉	重柴油	1.2	17.2S	0.6	0.35	1.5	0.25

注：1. NO_x 发生量，对切线式烧油炉取表中数值之半。

2. 其他符号同表 10-3。

表 10-5　典型的气体燃料燃烧时产生的污染物的数量

锅　　炉	燃　　料	烟尘	SO_x	CO	C_mH_n	NO_x
公用或大型工业锅炉	天然气/(mg/m³)	80～240	209S	272	16	11200①
商业或工业锅炉	天然气/(mg/m³)	80～240	209S	272	48	1920～3680
	丁烷(液化气)/(g/L)	0.22	0.1S	0.19	0.036	1.45
	丙烷(液化气)/(g/L)	0.20	0.1S	0.18	0.036	1.35
小型商业或民用锅炉	天然气/(mg/m³)	80～240	209S	320	128	1280～1920②
	丁烷(液化气)/(g/L)	0.23	0.1S	0.24	0.096	1.0～1.5②
	丙烷(液化气)/(g/L)	0.22	0.1S	0.23	0.084	0.8～1.3②

① 表示 NO_2 数值需要乘以 $0.151\exp(-0.0189L)$，其中 L 为锅炉负荷的百分数；对切线式燃烧取 $4.8g/m^3$。

② 低值为民用锅炉，高值为商业用采暖系统。

注：1. 表中 S 为气体燃料的含硫量（mg/m³），SO_x 以 SO_2 计。

2. 其他符号同表 10-3。

根据统计资料，每燃烧 1t 煤将生成如表 10-6 所列的各种有害物质。表中所列仅是一种大概的统计数，它是随煤种不同而变化的。可以看出如果烟气不经过处理而直接排放将会对环境造成严重的污染。

表 10-6　燃烧 1t 煤所排出的各种有害物质的质量　　　　　　　　单位：kg

有害物质	电厂锅炉	工业锅炉	采暖锅炉	有害物质	电厂锅炉	工业锅炉	采暖锅炉
二氧化硫 SO_2	60.00	60.0	60.0	烃类化合物 C_mH_n	0.10	0.5	5.0
一氧化碳 CO	0.23	1.4	22.7	尘粒：一般情况	11.00	11.0	11.0
二氧化氮 NO_2	9.00	9.0	3.6	燃烧良好	3.00	6.0	9.0

根据计算与分析，燃煤中所含硫分的 95% 通过燃烧会生成 SO_2；而固体颗粒的烟尘产生量与锅炉的燃烧方式有关，如表 10-7 所列。

表 10-7　工业锅炉原始排尘质量浓度

燃烧方式	原始排尘质量浓度/(mg/m³)		燃烧方式	原始排尘质量浓度/(mg/m³)	
	煤的灰分，$A_d > 25\%$	煤的灰分，$A_d \leqslant 25\%$		煤的灰分，$A_d > 25\%$	煤的灰分，$A_d \leqslant 25\%$
链条炉排	2500	2300	手烧炉(机械引风)	2000	1800
往复炉排	2300	2100	振动炉排	4200	4000
煤层反烧(抽板顶升)	600	400	抛煤机	12000	10000
双层炉排	800	600	煤粉炉	25000	25000
下饲式	1200	1000	沸腾炉	40000	—
手烧炉(自然引风)	1400	1200			

注：表中数据与燃煤的粒度有关，煤的细颗粒含量多，则表中数值要相应地增加。

二、工业锅炉烟尘减排技术

自 20 世纪 70 年代以来，我国在锅炉除尘器的研究和开发方面取得了很大的成就，除尘器已从过去单一的干式旋风除尘器发展到现在的麻石水膜除尘器、除尘脱硫一体化除尘器、袋式除尘器和静电除尘器等多种产品，对保护环境起到了很重要的作用。表 10-8 中列出各种容量的锅炉选配除尘器的推荐配套关系。

表 10-8　锅炉选配除尘器的推荐关系

锅炉额定蒸发量/(t/h)	锅炉燃烧方式		干式除尘器型号	湿式除尘器
<1	手烧炉	自然引风	XZS,XZY,XDP	多管除尘器、湿式除尘器
		机械引风		
	下饲式		XZZ,SG	
	链条炉排			
	往复炉排			
1	链条炉排		XND-1,XPX-1,XS-1,XZD-1,XZZ-1,SG-1	
	往复炉排			
	振动炉排			
2	链条炉排		XND-2,XPX-2,XS-2,XZD-2,XZZ-2,SG-2	
	往复炉排			
	振动炉排			
4	链条炉排		XND-4,XPX-4,XS-4,XZD-4,XZZ-4,SG-4	水浴式麻石除尘器、除尘与脱硫一体化装置
	往复炉排			
	振动炉排			
6	链条炉排		XS-6,XZD-6,双级涡旋(改进型)-6	
	往复炉排			
	抛煤机炉		XCX-6,XWD-6,二级除尘	
	沸腾炉、煤粉炉		二级除尘	
10	链条炉排		XS-10,XZD-10,双级涡旋(改进型)-10	带文丘里管麻石水膜除尘器、除尘与脱硫一体化装置
	往复炉排			
	抛煤机炉		XCX-10,XWD-10,二级除尘	
	沸腾炉、煤粉炉		二级除尘	
20	链条炉排		XCX-20,XS-20,XWD-20,XZD-20,双级涡旋(改进型)-20	
	抛煤机炉		XCX-20,XWD-20,二级除尘	
	沸腾炉、煤粉炉		二级除尘	
≥35	链条炉排		带文丘里管麻石水膜除尘器、静电除尘器、袋式除尘器、除尘与脱硫一体化装置	
	抛煤机炉			
	沸腾炉、煤粉炉			

注：对环保要求高的特殊地区不排除用户要求使用二级除尘或湿法除尘、袋式除尘的可能。

(一) 多管旋风除尘器除尘

多管旋风除尘器是将若干相同的旋风子并联组合在一体的旋风除尘器，使用共同的进、出管道和灰斗。其中的旋风子是造成含尘气流旋转并分离粉尘的除尘器元件，通常具有较小的直径和较高的除尘效率，适用于捕集 $10\mu m$ 以上或更小的非黏性的小锅炉粉尘。

1. 多管旋风除尘器的特点

多管旋风除尘器是指多个旋风除尘器并联使用组成一体并共用进气室和排气室，以及共用灰斗，而形成多管除尘器。多管旋风除尘器中每个旋风子应大小适中，数量适中，内径不宜太小，因为太小容易堵塞。

多管旋风除尘器的特点是：①因多个小型旋风除尘器并联使用，在处理相同风量情况下除尘效率较高；②节约安装占地面积；③多管旋风除尘器比单管并联使用的除尘装置阻力损失小。

多管旋风除尘器中的各个旋风子一般采用轴向入口；利用导流叶片强制含尘气体旋转流动，因为在相同压力损失下，轴向入口的旋风子处理气体量约为同样尺寸的切向入口旋风子的 2～3 倍，且容易使气体分配均匀。轴向入口旋风子的导流叶片入口角 90°，出口角 40°～50°，内外筒直径比 0.7 以上，内外筒长度比 0.6～0.8。

多管除尘器中各个旋风子的排气管一般是固定在一块隔板上，这块板使各根排气管保持一定的位置，并形成进气室和排气室之间的隔板。

多个旋风除尘器共用一个灰斗，容易产生气体倒流。所以有些多管除尘器被分隔成几部分，各有一个相互隔开的灰斗。在气体流量变动的情况下，可以切断一部分旋风子，照样正常运行。

灰斗内往往要储存一部分灰尘，实行料封，以防止排尘装置漏气。为了避免灰尘堆积过高，堵塞旋风子的排尘口，灰斗应有足够的容量，并按时放灰；或者采取在灰斗内装设料位计，当灰尘堆积到一定量时给出信号，让排尘装置把灰尘运走。一般，灰斗内的料位应低于排尘管下端至少为排尘管直径 2～3 倍的距离。灰斗壁应当和水平面有大于安息角的角度，以免灰尘在壁上堆积起来。

2. 工作原理

如图 10-1 所示，含尘气体由总进气管进入气体分布室，随后进入旋风体和导流片之间的环形空隙。导流片使气体产生旋转并使粉尘分离出来，被分离的粉尘经排灰口进入总灰斗。被净化的气体经旋风体排气管进入排气室，由总排气口排出。

根据安装要求总排气管可以设置在侧向也可以安装在顶部。

3. 构造特征

多管旋风除尘器不同于一般的并联旋风除尘器。多管旋风除尘器筒径小，有共同的进气

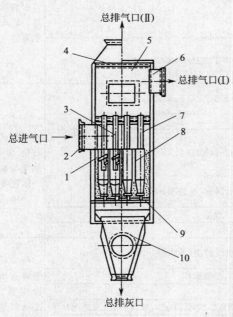

图 10-1 多管式旋风除尘器
1—导流片；2—总进气管；3—气体分布室；
4—排气室；5—总排气口（Ⅰ）；6—旋风体
排气管；7—旋风体；8—旋风体排气口；
9—旋风体排灰口；10—总灰斗

管、排气管和灰斗。

（1）多管旋风除尘器的内部布置　在多管旋风除尘器内旋风子有各种不同的布置方法，见图10-2。图10-2中（a）、（b）、（c）分别为旋风子垂直布置的箱体内、把旋内子倾斜布置在箱体内、在箱体内增加了重力除尘作用的空间减少旋风子的入口浓度负荷。图10-3为多管旋风除尘器入口和出口方向自由布置的实例。

（2）旋风子　多管旋风除尘器是由若干个旋风子组合在一个壳体内的除尘设备。这种除尘器因旋风子直径小，除尘效率较高；旋风子个数可按照需要组合，因而处理量大。

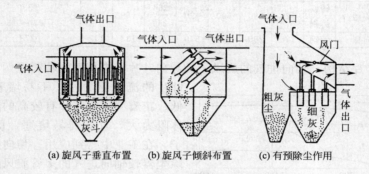

图10-2　多管旋风除尘器的布置

旋风子直径有100mm、150mm、200mm、250mm，以 ϕ250mm 使用较普遍。旋风子的详细尺寸见图10-4和表10-9。

单个旋风的除尘效率随其直径的减少而提高。但是，由各个旋风子在制造时的几何尺寸予以保证，同时，使用小直径的旋风体会相应增加旋风体的数量，这样会增加气体分布不均匀的可能性，还会增加旋风体之间气体经过总灰斗的溢流。

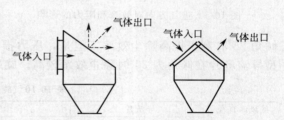

图10-3　多管旋风除尘器入口和出口方向自由布置实例

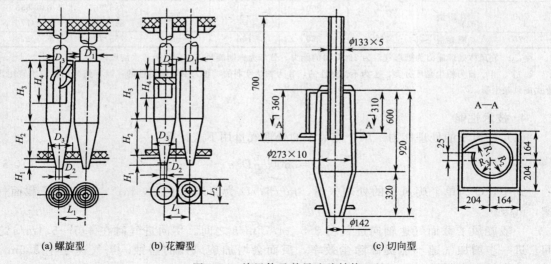

图10-4　旋风体及其导流片结构

表 10-9　旋风体尺寸　　　　　　　　　　　　　　　　　单位：mm

旋风体直径	导流片型式	外壳材料	尺　　寸									
			H_1	H_2	H_3	H_4	D	D_1	D_2	D_3	L_1	L_2
100	花瓣型	铸铁铸钢	50	150	220	140	98 100	53	40	φ100	130	125 100
150	花瓣型	铸钢	100	200	325	200	148 150	89	55	φ160	180	75
250	花瓣型	铸钢	120	350	520	315	254 259	133	80	φ230 □230×230	280	160 275
250	螺旋型	铸铁铸钢	120	380	700	490	254 259	159	80	φ230 □230×230	280	275
270	切向型	铸钢	120	200	360	310	273	133	142	273	364	300

（3）导向叶片结构　轴向进气的旋风子的导向叶片有螺旋型和花瓣型两种，螺旋型导向叶片的流体阻力小，不易堵塞，但除尘效率低；花瓣型导向叶片有较高的除尘效率，但流体阻力大，且花瓣易堵塞。切向进气的旋风子，在工业中得到应用。切向进气的多管旋风除尘器较轴向进气的多管旋风除尘器有较大的处理量、较高的除尘效率和较大的流体阻力（见图 10-5）。

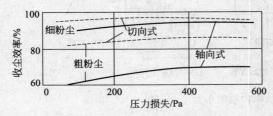

图 10-5　进气方向对效率和阻力的影响

导向叶片和旋风子的倾角采用 25°或 30°。倾角 25°有利于提高除尘效率，但是，压力损失要比倾角 30°的大。以催化剂为试料，螺旋型导流叶片在倾角为 20°时除尘效率较高。旋风子技术性能见表 10-10。

表 10-10　旋风子技术性能

旋风体直径 /mm	导流片		含尘气允许浓度/(g/m³)			放风体能力/(m³/h)	
	型式	叶片倾角	I	II	III	最大	最小
100	花瓣型	25°	40	15	—	110/114	94/98
		30°			—	129/134	100/115
150	花瓣型	25°	100	35	18	250/257	214/226
		30°				294/302	251/258
250	花瓣型	25°	200	75	33	735/765	630/655
		30°				865/900	740/770
270	螺旋型	25°	250	100	50	755/790	650/675

注：1. 旋风体处理能力为处理气温为 200℃时的能力。分母为钢制旋风体，分子为铸铁旋风体。

　　2. I、II、III 为粉尘黏度分类。I 为不黏结性的，II 为黏结性弱的，III 为中等黏结性的；属于强黏结性的不宜用多管式旋风除尘器。

4. 技术性能

（1）旋风子的处理能力　单个旋风子的处理气量用下式计算：

$$Q = 3600 \frac{\pi}{4} D^2 v \qquad (10\text{-}6)$$

式中，Q 为单个旋风子的处理气量，m^2/h；D 为旋风子直径，m；v 为旋风子截面气速，m/s。

一般旋风子截面气速轴向进气在 3.5～4.75m/s 之间。切向进气时在 4.5～5.4m/s 之间。进一步增加气速不能提高除尘效率，反而会增加旋风体的磨蚀。当气速小于 3.5m/s 时，除尘效率会明显下降，并有被粉尘堵塞的危险。

组合多管式旋风除尘器总的处理气量由下式确定：

$$Q_z = nQ \qquad (10\text{-}7)$$

式中，Q_z 为多管式旋风除尘器总处理气量，m^3/h；Q 为单个旋风子的处理气量，m^3/h；n 为旋风体数量。

（2）旋风子压力损失

$$\Delta p = \zeta \frac{v\rho_t}{2} \qquad (10\text{-}8)$$

式中，Δp 为旋风子压力损失，Pa；ζ 为阻力系数，查表 10-11；v 为旋风子截面气速，m/s；ρ_t 为温度为 $t℃$ 时的气体密度，kg/m^3。

表 10-11　旋风子的阻力系数

旋风体直径 /mm	导 流 片		阻力系数
	型　式	导流片倾角	
100		25°	
150	花瓣型		90
250		30°	65
250	螺旋型	25	85

多管旋风除尘器流体阻力系数，轴向流时，$\zeta=90$，切向流时 $\zeta=115$。

（3）旋风体除尘效率　单个旋风体的除尘效率由下式计算：

$$\eta = 1 - \frac{1}{1 + \dfrac{d_m}{d_{50}}} \qquad (10\text{-}9)$$

在 Stokes 区

$$d_{50} = \frac{1}{a} \sqrt{\frac{9\mu D_w F_b}{\rho_c H_b v_i g}} \qquad (10\text{-}10)$$

在 Allen 区

$$d_{50} = \frac{F_b}{H_b} \left(\frac{255\mu\rho D_w^2}{32\rho_c^2 a^4 v_i g} \right)^{1/3} \qquad (10\text{-}11)$$

式中，d_m 为粉尘的中位粒径，m；d_{50} 为分离效率为 50% 的分割粒径，m；μ 为气体黏度，$Pa \cdot s$；D_w 为排气管外径，m；F_b 为进气管和排气管面积之比；H_b 为排气管末端到排灰口的距离和排气管外径之比；v_i 为旋转体进口气速，m/s；ρ_c 为颗粒真密度，kg/m^3；ρ 为气体密度，kg/m^3；a 为在叶片出口处气流切向速度和轴向速度之比。

多管旋风除尘器的除尘效率，轴向流的为 80%～85%，切向流的达 90%～95%。

（二）GQX 型多管除尘器

GQX 型多管除尘器性能、外形图及尺寸，分别见表 10-12、图 10-6、图 10-7、表 10-13。

表 10-12　GQX 系列除尘器性能

规　格	锅炉蒸发量/(t/h)	处理烟气量/(m/h)	除尘器阻力损失/Pa	除尘器效率/%
GQX-B0.5-2×1	0.5		900～1200	90～95
GQX-B1-2×2	1		900～1200	90～95
GQX-B2-4×2	2	6000	900～1200	90～95
GQX-B4-4×4	4	12000	900～1200	90～95
GQX-B6.5-4×6	6.5	18000	900～1200	90～95
GQX-B10-5×8	10	30000	900～1200	90～94

规　　格	锅炉蒸发量/(t/h)	处理烟气量/(m/h)	除尘器阻力损失/Pa	除尘器效率/%
GQX-B20-10×10	20	60000	900～1200	90～94
GQX-B35-10×10(2)	35	110000	900～1200	90～94
GQX-B65-10×10(2)	65	150000	900～1200	90～94
GQX-B75-10×10(3)	75	180000	900～1200	90～92
GQX-B130-10×10(4)	130	240000～260000	900～1200	90～92

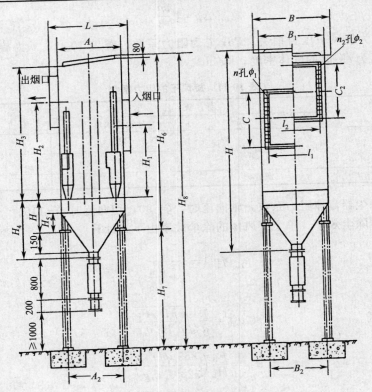

图 10-6　GQX 型除尘器（单组形式）

表 10-13　GQX 型除尘器外形尺寸　　　　　　　单位：mm

除尘器型号	锅炉蒸发量/(t/h)	外形尺寸			分离子个数		进烟口高度	出烟口高度	箱体高度	灰斗高	腿高	箱体支撑高	支架高	安装总高	除尘器组数
		长	宽	高	排	行									
代号-容量-排×行(组)	/(t/h)	L	B=N×B₁	H	U	V	H₁	H₂	H₃	H₄	H₅	H₆	H₇	H₈	N
GQX-B0.5-2×1	0.5	690	420	2120	2	1	966	1244	1380	740	820	2200	≥1920	≥4120	1
GQX-B1-2×2	1	690	720	2149	2	2	1000	1150	1356	792	820	2176	≥1973	≥4149	1
GQX-B2-4×2	2	1440	790	2600	4	2	1100	1250	1557	1033	620	2177	≥2413	≥4590	1
GQX-B4-4×4	4	1440	1390	2680	4	4	1100	1250	1633	1033	620	2253	≥2413	≥4666	1
GQX-B6.5-4×6	6.5	1440	1990	3157	4	6	1100	1250	1637	1528	620	2257	≥2908	≥5165	1
GQX-B10-5×8	10	1730	2580	4007	5	8	1150	1330	1787	2150	620	2407	≥3530	≥5937	1
GQX-B20-10×10	20	3920	3160	4660	10	10	1420	1920	2620	2030	280	3060	≥3750	≥6810	1
GQX-B35-10×10(2)	35	3920	6200	4660	10	10	1420	1920	2620	2030	280	3060	≥3750	≥6810	2
GQX-B65-10×12(2)	65	3920	7400	4660	10	12	1420	1920	2620	2030	280	3060	≥3750	≥6810	2
GQX-B75-10×10(3)	75	3920	9240	4660	10	10	1420	1920	2620	2030	280	3060	≥3750	≥6810	3
GQX-B130-10×10(4)	130	3920	12280	4660	10	10	1420	1920	2620	2030	280	3060	≥3750	≥6810	4

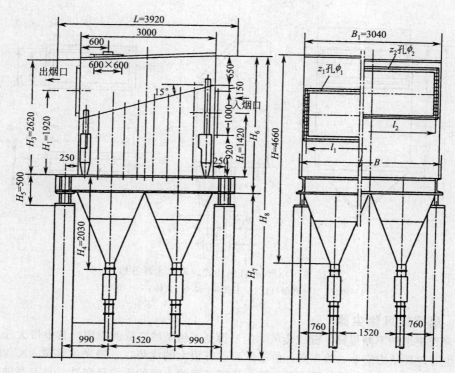

图 10-7　GQX 型除尘器（多组形式）

（三）DX 型旋风除尘器

该型除尘器品种繁多，型号各异，目前它的使用范围正在缩小，一般使用在 ≤6t/h 的锅炉上，详细选用参数见有关的锅炉房设计资料，表 10-14、表 10-15、图 10-8 介绍一种改进的 DX 型干式旋风除尘器。

表 10-14　DX 型多管斜插式旋风除尘器性能

参　数	DX-1	DX-2	DX-4	DX-6	DX-10	DX-20
配用锅炉/(t/h)	1	2	4	6	10	20
处理烟气量/(m³/h)	4000	6000	12000	18000	30000	60000
除尘效率 η/%			95.8			
分割粒径 d_{50}/μm			3.05			
折算阻力/Pa			850			
质量/kg	745	940	1619	2490	3880	7616

表 10-15　DX 型多管斜插式旋风除尘器外形尺寸

单位：mm

外形尺寸	DX-1	DX-2	DX-4	DX-6	外形尺寸	DX-1	DX-2	DX-4	DX-6
A	1472	1472	1472	2152	A_0	1392	1392	1392	2072
B	1366	1366	1348	1426	c_1	1120	1120	1120	1120
H	2795	3175	4335	4985	c_0	1080	1080	1080	1080
H_1	1475	1855	2995	2995	n_3-ϕ_3	46-ϕ12	46-ϕ12	46-ϕ12	58-ϕ12
H_2	80	80	100	140	a_1	1440	1440	1440	2122
H_3	2350	2730	3800	4420	a_0	1392	1392	1392	2072
L	530	530	530	545	b_1	248	248	248	290
ϕ_1	100	100	100	200	b_0	200	200	200	240
ϕ_2	100	100	100	200	n_4-ϕ_4	28-ϕ12	28-ϕ12	28-ϕ12	44-ϕ12
A_1	1432	1432	1432	2112					

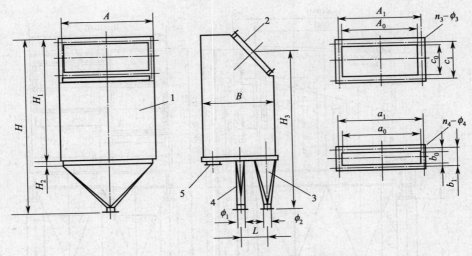

图 10-8　DX 型多管斜插式旋风除尘器外形
1—本体；2—进烟口；3—主灰斗；4—副灰斗；5—出烟口

（四）湿式旋风除尘器

随着环保要求的不断提高，湿式旋风除尘器得到了越来越广泛的应用。其中带文丘里管的麻石水膜除尘器以其结构简单、效率高、价格低而占有很大的优势，一般来说容量 10t/h 以上的锅炉都选配麻石水膜除尘器。这种除尘器的缺点是用于形成水膜的水均呈酸性，具有腐蚀性，且水量很大，因此要求循环使用以节约用水。如果不循环使用的话，既浪费水资源又会造成排水污染。常用的麻石水膜除尘器的结构示意见图 10-9 和性能及结构尺寸见表 10-16、表 10-17。

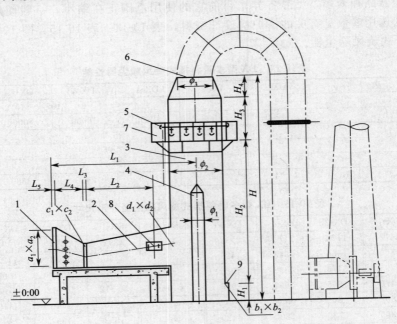

图 10-9　麻石文丘里水膜脱硫除尘器结构示意
1—烟气进口；2—文丘里管；3—捕滴器；4—立芯柱；
5—环形供水管；6—烟气出口；7—钢平台；8—入孔门；9—溢灰门

表 10-16　麻石文丘里水膜脱硫除尘器性能

项　目	φ1500/φ1400	φ1750/φ1600	φ2100/φ1850	φ3100/φ2900	φ3600/φ3400
处理烟气量/(m³/h)	15000～18000	25000～30000	50000～60000	87500～105000	172500～201000
除尘器进口流速/(m/s)	9.5～13	9.5～13	9.5～13	9.5～13	9.5～13
文丘里管喉部流速/(m/s)	55～70	55～70	55～70	55～70	55～70
筒体上升流速/(m/s)	3.5～4.5	3.5～4.5	3.5～4.5	3.5～4.5	3.5～4.5
脱硫效率/%	60～80	60～80	60～80	60～80	60～80
除尘器耗水量/(t/h)	5～6	9～10	13～15	19～21	31～35
除尘器阻力/Pa	800～1200	800～1200	800～1200	800～1200	800～1200
除尘器效率/%	95～97.5	95～97.5	95～97.5	95～97.5	95～97.5
配套锅炉容量(供参考)/(t/h)	6	10	20	35	65

表 10-17　麻石文丘里水膜脱硫除尘器结构尺寸

序号	锅炉/(t/h)	处理烟气量/(m³/h)	H	H1	H2	H3	H4	φ1	φ2	φ3	L1	L2	L3	L4	L5	a1	a2	c1	c2	d1	d2	b1	b2
1	6	18000	7450	250	4700	1650	850	180	1400	850	3925	1900	250	650	250	800	520	360	220	540	410	70	270
2	10	30000	9490	280	6310	1850	1050	240	1650	1000	4480	2200	250	830	250	920	760	450	330	650	480	100	300
3	20	55000	11760	320	7840	2400	1200	300	1850	1300	6500	3150	250	1430	250	1420	970	630	420	980	710	120	350
4	35	96250	15325	400	10775	2800	1350	450	2900	1620	7650	3535	250	1845	250	1650	1200	840	550	1450	850	150	400
5	65	187500	18840	450	11980	4450	1960	550	3400	2500	9520	4410	250	2390	250	2280	1680	1060	810	2080	1120	200	500

（五）脱硫除尘联合装置

图 10-10 为近年来开发研制的脱硫除尘联合装置,该装置与原多管除尘器串接。这样总的除尘效率可达 96%～98%,脱硫效率为 60%～80%,阻力在原多管除尘器基础上再增加 200Pa 左右。这种型式的除尘器一般推荐用在 10t/h 以下的锅炉上。TTS 型脱硫除尘联合装置外形尺寸见表 10-18。

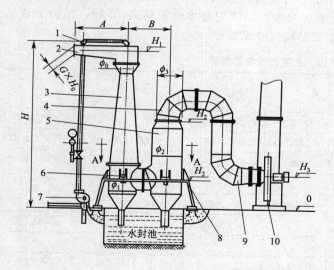
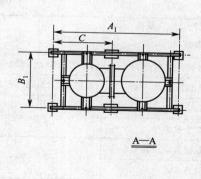

图 10-10　TTS 型脱硫除尘联合装置安装尺寸

1—管路系统；2—上联接管；3—喷射管；4—上弯管；5—旋风分离器；
6—支板；7—耐腐蚀泵；8—支承架；9—下弯管；10—引风机

表 10-18 TTS 型脱硫除尘联合装置外形尺寸

尺寸 \ 规格		TTS01	TTS02	TTS04	TTS06	TTS10	TTS15	TTS20
外形尺寸	A	1000	1000	1000	1500	1500	1200	1000
	B	665	822	1065	1307	1403	1850	2075
	H	2796	3058	3776	4285	4986	6808	7059
	H_1	2681	2933	3676	4185	4936	6406	7059
	H_2	1571	1756	2353	2736	2941	4811	5209
	H_3	600	650	900	936	1100	1025	1150
	φ_0	220	330	400	560	600	700	750
	φ_1	450	566	720	950	1000	1200	1350
	φ_2	500	594	750	1020	1100	1250	1400
	φ_3	340	426	600	736	800	1050	1200
进出口尺寸	G	756	1090	1090	1720	1720	2960	2960
	H_0	130	150	260	300	350	500	550
	D	340	426	600	736	800	1050	1200
	D_1	378	460	638	770	847	1090	1248
	D_2	414	500	624	810	882	1130	1282
	$n \times \varphi$	11×11	12×11	20×11	18×11	25×11	30×11	32×11
安装尺寸	A_1	1686	1825	2345	2893	3240	3343	3943
	B_1	616	672	830	1116	1170	1336	1550
	C					1620	1671	1971

（六）SCX-Ⅳ型除尘脱硫装置

　　本装置集除尘脱硫于一体，效率高，结构新，质量轻，占地小，耐腐、耐磨，除尘脱硫废水可循环回用，操作方便，运行费用低。分左旋和右旋两种型式，装置中设有芯管与喷嘴。使用温度小于 350℃，供水压力大于 0.15MPa。主要技术性能见表 10-19，结构示意见图 10-11，系统工艺流程见图 10-12，主要结构尺寸见表 10-20。

表 10-19　主要技术性能指标

参数 \ 规格	0.5	1	2	4	6	10	20
处理风量/(m³/h)	1500/2000	3000/4000	6000/7500	12000/14000	18000/21000	30000/34000	60000/66000
入口风速/(m/s)	14.57/19.43	14.54/19.39	14.52/18.15	16.68/19.46	17.34/20.23	17.76/20.13	17.85/19.64
出口风速/(m/s)	15.15/20.20	15.72/20.96	15.95/19.94	16.75/19.55	15.88/18.51	15.07/17.08	15.02/16.52
除尘效率/%	>95						
脱硫效率/%	不加吸收剂:～50;加吸收剂:50～90						
阻力/Pa	<1200						
水气比/(kg/m³)	0.2/0.4			0.15/0.3			
耗水量/(t/h)	0.3/0.6	0.6/1.2	1.2/2.4	1.8/3.6	2.7/5.4	4.5/9.0	9.0/18.0
循环池大小/(m²/m)	6/1.5	8/1.5	12/1.5	20/1.8	30/1.8	40/1.8	60/1.8
适配锅炉/(t/h)	0.5	1	2	4	6	10	20

　　注：表中，每种规格都有两种不同的出、入口风速和对应的处理风量、耗水量。

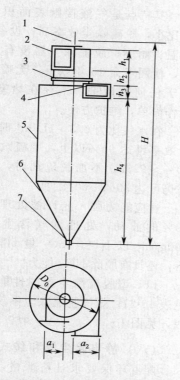

图 10-11　SCX-Ⅳ型装置结构示意

1—供液口；2—含尘气入口；3—上旋体；
4—净化气出口；5—筒体；6—锥体；7—排污口

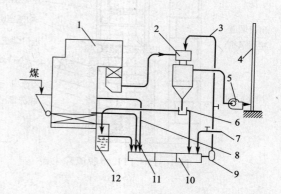

图 10-12　系统工艺流程示意

1—锅炉；2—本体装置；3—循环液；4—烟囱；5—引风机；
6—液封池；7—补水（液）；8—锅炉表面排污水；9—循环泵；
10—循环池；11—锅炉定期排污水；12—渣池

表 10-20　SCX-Ⅳ型装置主要结构尺寸　　　　　　　　　　　　　　单位：mm

型号 \ 尺寸 \ 符号	D_0	H	h_1	h_2	h_3	h_4	a_1	a_2
SCX-Ⅳ-0.5	540	1960	300	120	150	1310	150	290
SCX-Ⅳ-1.0	800	2620	450	190	250	1630	240	420
SCX-Ⅳ-2.0	900	3010	500	190	280	1940	280	480
SCX-Ⅳ-4.0	1250	4210	600	210	380	2920	320	480
SCX-Ⅳ-6.0	1650	4990	960	210	380	3080	320	650
SCX-Ⅳ-10.0	1800	5530	1230	210	600	3080	400	860
SCX-Ⅳ-20.0	2550	8105	1900	210	960	4980	750	1270

（七）JTL 型脱硫除尘器

图 10-13 所示为近年来开发研究的又一种应用于锅炉烟气湿法脱硫除尘一体化的脱硫除尘器。

它是基于气、液、固之间的三相紊流掺混的强传质机理，利用空气动力学原理，使含尘烟气与吸收液充分混合而使烟气得到净化。其流程是锅炉烟气从脱硫除尘器下端进入后以一定角度进入净化室，形成旋转上升的紊流气流与上端流下的吸收液体相碰，烟气高速、多向、反复旋切下流溶液，溶液被切割得愈来愈细，气液充分混合形成一稳定的乳化液层并逐渐增厚到液层重力与烟气动力达到动力平衡，最早形成的液层被新的液层取代而掉落，从而使烟气脱硫、除尘而得到净化。

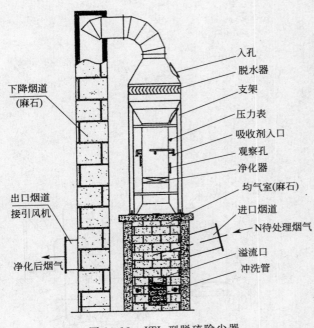

图 10-13　JTL 型脱硫除尘器

其特点是气液接触表面积大，液气比小，脱硫除尘效率高；设备耐磨、耐温、耐腐；脱硫除尘器没有运动部件，使用寿命 10 年以上；无喷嘴，适用于任何脱硫剂，不存在堵塞问题，操作简单，维护方便。

在水气比为 0.3～1L/m³ 时，其除尘效率可达 94% 以上，脱硫效率可达 80%～99%。不加脱硫剂时，脱硫效率仍可达 30%～60%。

适应能力强，允许被处理烟气量 30% 的波动，处理烟气含尘量可达 100g/m³ 以下，含 SO_2 量 50g/m³ 以下，还具有脱除 NO_x 能力。

JTL 型脱硫除尘器的性能和尺寸见表 10-21。烟气脱硫除尘系统工艺流程，见图 10-14。

（八）静电除尘器和袋式除尘器

随着环保要求日益严格，对于原始烟尘质量浓度很高，地处一、二类地区的煤粉炉，＞10t 的工业锅炉和循环流化床锅炉，在工程中已选配静电除尘器或袋式除尘器。

在煤含硫量≤1% 时，采用玻纤滤料的袋式除尘器，已有工程实例。另外，在引进设备中已有采用脉冲回转喷吹袋式除尘器的工程项目。因此，对这两种除尘器，特别是袋式除尘

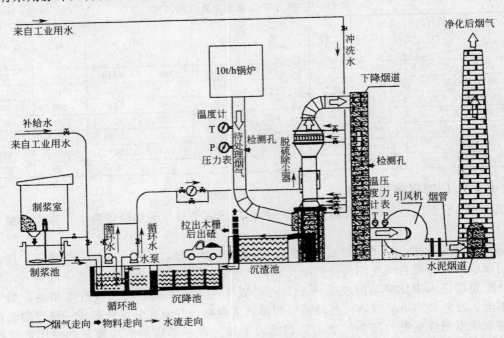

图 10-14　烟气脱硫除尘系统工艺流程

器在中、小型锅炉除尘方面的应用正在逐年增加。

表 10-21　JTL 型脱硫除尘器的性能和尺寸

型　号	处理烟气量	出口烟气含尘质量浓度	出口烟气含 SO_2 质量浓度	设备阻力	设备漏风率	出口烟气含湿量	循环液体量	耗电量风机/水泵	设备尺寸长×宽×高	设备参考质量
	/(×10³m³/h)	/(mg/m³)	/(mg/m³)	/Pa	/%	/%	/(m³/h)	/kW	/m	/kg
JTL-3	3						2.4	4/1.5	1.5×0.75×4.7	703
JTL-6	6						4.8	15/1.5	2.6×1.1×5.6	1174
JTL-10	10						8.0	18.5/1.5	2.9×1.4×6.5	1777
JTL-12	12						9.6	18.5/2.2	3×15×7	2104
JTL-15	15						12	22/2.2	3.5×1.7×7.5	2524
JTL-20	20						16	30/2.2	3.4×1.9×8	3219
JTL-25	25						20	30/3.0	3.6×2.1×8.7	3948
JTL-30	30						24	37/3	3.8×2.3×9.2	4630
JTL-40	40						32	55/5.5	4.1×2.6×9.3	6063
JTL-50	50	<100	<400	<1200	<5	<8	40	75/5.5	4.5×3×10	7566
JTL-60	60						48	75/5.5	4.8×3.3×11.5	9038
JTL-75	75						60	110/11	5.1×3.6×12	10989
JTL-85	85						68	110/11	5.5×3.9×9.5	12486
JTL-100	100						80	132/11	5.7×4.2×10	14311
JTL-125	125						100	132/11	6.2×4.7×11.5	17659
JTL-150	150						120	160/15	6.6×5.1×12.5	20911
JTL-175	175						140	160/18.5	7.1×5.6×13	24151
JTL-200	200						160	220/18.5	7.5×6×13	27292
JTL-250	250						200	355/18.5	7.2×6.7×13.5	33622

注：1. 烟气进口含尘质量浓度<100g/m³，进口含 SO_2 质量浓度<50g/m³，进口烟气温度<250℃。

2. 出口烟气林格曼黑度<1 级。

3. 液气比 0.3~1.0L/m³，循环水利用率>90%。

三、锅炉房运煤系统的除尘

锅炉房运煤系统的排风量见表 10-22。

表 10-22　运煤系统排风量

运煤系统排风量	破碎筛	皮带落煤点		皮带端部落煤点		
		皮带宽度/mm				
		≤500	>500	≤300	400~499	500~700
	15000m³/(h·m²)	1000m³/h	1500m³/h	800m³/h	1500m³/h	2000m³/h

在运煤系统的皮带起落点、转向和刮板卸煤处，运行操作时会产生大量的粉尘。因此，在各扬尘点处应设置除尘系统，使工作地点的空气含尘质量浓度达到 GBZ2—2002《工作场所有害因素职业接触限值》的要求。

运煤系统的通风除尘系统应与皮带运输机联锁运行，运煤系统的单机除尘系统布置参见图 10-15～图 10-17。运煤系统除尘器应注意防燃防爆。

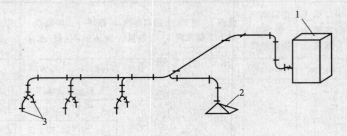

图 10-15　运煤皮带除尘系统

1—单机除尘器；2—皮带机端部除尘罩；3—双侧犁式卸料口

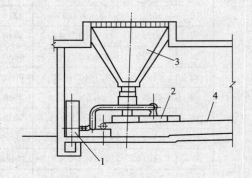

图 10-16　受煤斗落料处除尘系统

1—除尘机组；2—防尘罩；

3—受煤斗；4—皮带机

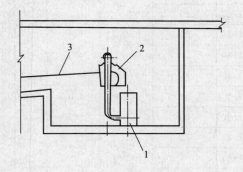

图 10-17　皮带机转向处除尘系统

1—除尘机组；2—皮带端部防尘罩；

3—皮带机

第二节　纺织工业除尘技术

一、纺织工艺及粉尘来源

纺织生产工艺流程主要包括：清棉、梳棉、精梳、并条、粗纱、细纱、络筒、捻线、摇线、织布等。

（一）纺织生产工艺流程

1. 清棉工序

（1）开棉　将紧压的原棉松解成较小的棉块或棉束，以利混合、除杂作用的顺利进行。

（2）清棉　清除原棉中的大部分杂质、疵点及不宜纺纱的短纤维。

（3）混棉　将不同成分的原棉进行充分而均匀地混合，以利棉纱质量的稳定。

（4）成卷　制成一定重量、长度、厚薄均匀、外形良好的棉卷。

2. 梳棉工序

（1）分梳　将棉块分解成单纤维状态，改善纤维伸直平行状态。

（2）除杂　清除棉卷中的细小杂质及短绒。

（3）混合　使纤维进一步充分均匀混合。

（4）成条　制成符合要求的棉条。

3. 精梳工序

（1）除杂　清除纤维中的棉结、杂质和纤维疵点。

（2）梳理　进一步分离纤维，排除一定长度以下的短纤维，提高纤维的长度、整齐度和伸直度。

（3）牵伸　将棉条拉细到一定粗细，并提高纤维平行伸直度。

（4）成条　制成符合要求的棉条。

4. 并条工序

（1）并合　一般用 6～8 根棉条进行并合，改善棉条长片段不匀的状况。

（2）牵伸　把棉条拉长抽细到规定重量，并进一步提高纤维的伸直平行程度。

（3）混合　利用并合与牵伸，使纤维进一步均匀混合，不同唛头、不同工艺处理的棉条，以及棉与化纤混纺等均可采用棉条混纺方式，在并条机上进行混合。

（4）成条　做成圈条成型良好的熟条，有规则地盘放在棉条桶内，供后工序使用。

5. 粗纱工序

（1）牵伸　将熟条均匀地拉长抽细，并使纤维进一步伸直平行。

（2）加捻　将牵伸后的须条加以适当的捻回，使纱条具有一定的强力，以利粗纱卷绕到细纱机上。

6. 细纱工序

（1）牵伸　将粗纱拉细到所需细度，使纤维伸直平行。

（2）加捻　将须条加以捻回，成为具有一定捻度、一定强力的细纱。

（3）卷绕　将加捻后的细纱卷绕在筒管上。

（4）成型　制成一定大小和形状的管纱，便于搬运及后工序加工。

7. 络筒工序

（1）卷绕和成形　将管纱（线）卷绕成容量大、成型好并具有一定密度的筒子。

（2）除杂　清除纱线上部分疵点和杂质，以提高纱线的品质。

8. 捻线工序

（1）加捻　用两根或多根单纱，经过并合，加捻制成强力高、结构良好的股线。

（2）卷绕　将加捻后的股线卷绕在筒管上。

（3）成型　做成一定大小和形状管线，便于搬运和后工序加工。

9. 摇纱工序

将络好筒子的纱（线）按规定长度摇成绞纱（线），便于包装，运输及工序加工等。

10. 成包或织布工序

主要任务：将绞纱（线）、筒子纱（线）按规定重量、团数包数、只数等打成一定体积的小包、中包、大包、筒子包，便于储藏搬运，或织布。

（二）粉尘来源和特点

1. 纺织粉尘来源

纺织机械在加工棉、毛、麻、化学纤维等纤维原料过程中，经受打击、开松、撕裂、翻滚、梳理、剥取、牵伸、卷绕、退绕等机械动作，使原料中的砂土、碎屑、短绒等物质从纤维中分离出来，形成纤维性粉尘。其中大部分与气流一起被输送集中处理，而一小部分逃逸，飘浮在空气中或散落于地面和机器表面。

纺织厂为纤维材料加工企业，纤维材料加工过程中所产生的某些粉尘往往同颗粒较大的尘杂、短绒很难分开，原料所带的粉尘及加工过程中散发的粉尘都是不规则形状，因此这些纤维尘杂、短绒也就成为除尘的对象。在开松梳理过程中，绝大多数尘杂被分离出来，同时有部分纤维被打断或梳断，这些尘杂和短纤维的一部分会从机器缝隙泄漏出来，造成局部场地空气污染而成为一次性粉尘。在退解或引导半成品时，由于联系力不够或摩擦振动等原因，引起部分纤维散发出来，称为二次性粉尘。

飘浮于空气中的纤维粉尘，在棉纺织厂称为棉尘，毛纺厂称为毛尘，麻纺厂称为麻尘。

2. 纺织粉尘特点

纺织工业粉尘具有以下特点：①形状不规则，纤维状粉尘很多；②无机物质和有机物质共存；③多数为细微粉尘，粒径在 $0.1 \sim 100 \mu m$ 之间；④具有导电性；⑤具有爆炸性，当空气中飘浮的粉尘达到一定浓度，遇到火源时会着火燃烧，甚至发生爆炸，保证安全很重要。

二、纺织工业除尘技术

纺织工业除尘设计的条件是在满足生产工艺和劳动保护的前提下，达到运行安全可靠、维护管理方便、投资少、费用低、管路整洁、排放达标的目的。

1. 除尘系统设置原则

① 同类产品的设备划为一个除尘系统，例如，将粗特纱与细特纱、纯棉与化纤分开。

② 便于与其服务的工艺设备同步启停，例如，将一套清花系统设备划归一个除尘系统。

③ 考虑不同工序对吸风量、压力稳定性的要求，除尘系统不宜过大，例如，对大型梳棉设备吸尘可分成若干系统。

④ 考虑与生产规模和除尘设备规格相适应，有的大型企业一个工序要划分为几个除尘系统，而对小型工厂，有时几个工序可合用一个除尘系统。

2. 除尘工艺流程

纺织工艺设备排放的废气中含有大量纤维、尘杂和微尘，通常采用过滤除尘方式进行净化处理。大布袋滤尘器曾作为纺织行业使用的主要除尘设备。这种滤尘器的除尘效率可以满足排放要求，在某些小厂仍有采用，但设备体积庞大，清灰效果较差，收下的纤维与粉尘混杂一起，不利于回收利用。近年来，针对纺织纤维粉尘的特点，成功开发两级过滤处理工艺，并将除尘设备机组化、定型化，在新建和改建工程中推广应用。

对于清棉工序和连续吸梳棉工序采用两级处理的除尘工艺流程，如图 10-18 所示。

第一级称预过滤器，通常多为圆盘形平板式结构，采用滤网捕集废气中的纤维和尘杂。第二级称精过滤器，一般为蜂窝形立体式结构，采用不同形状的滤袋捕集细微粉尘，使排放浓度达到规定要求。两级过滤器配设两套吸引清灰挤压设施，定期吸除过滤器表面积灰，并予以挤压增密，将纤维杂尘与粉尘分开。

主风机是除尘系统的动力设备，一般设在除尘机组的出口侧。对于清棉设备，本身带有余压，应酌情考虑是否设主风机：如果余压较大，而系统不大，管网较短，可不设主风机；反之，为确保除尘效果，必须设主风机，尤其是在利用地沟作为风道的情况下。

对于间歇吸梳棉工序在梳棉机机台上设有连续吸口，直接连通过滤机组。另在上、下部设有上吸口阀和下吸口阀，用锥形管连通，进行间歇抽吸。由于此部分纤维尘比较脏、浓度高、尘量大，因此需设增压风机，并通过纤维分离压紧器预除尘后，再接入过滤机组。除尘。

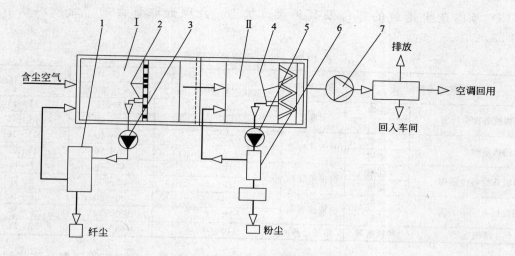

图 10-18　两级处理除尘工艺流程

Ⅰ—第一级；Ⅱ—第二级

1—纤维压紧器；2—第一级滤网及吸嘴；3—吸纤维尘风机；

4—第二级滤料与吸嘴；5—收尘风机；6—集尘挤压器；7—主风机

工艺流程如图 10-19 所示。

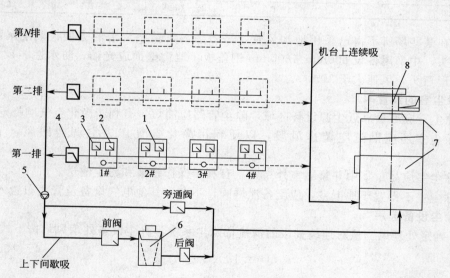

图 10-19　间歇吸梳棉机除尘工艺流程

1—梳棉机；2—下吸口阀；3—上吸口阀；4—摇板阀；

5—增压风机；6—分离压紧器；7—除尘机组；8—主风机

3. 除尘管道设计

（1）除尘管道的设计要求不积尘，并保证各排尘点的吸风量和风压及其波动在允许范围内。

（2）对多机台集中除尘系统，通过提高支管风速（18～20m/s）、控制干管风速（始端 13～14m/s、末端 10～12m/s）、支管以 30°角斜插干管等措施，确保各路阻力平衡，使吸风量偏差不大于±5%。

（3）考虑杂尘排放的部位及其种类、状态，合理选取管道的"经济风速"，见表10-23。

表 10-23 除尘管道经济风速

尘杂排出的部位		杂尘种类	杂尘状态		管道风速/(m/s)
			松散状态密度/(kg/m³)	含纤维率/%	
开清棉机各排尘风管	纯棉	弄地花	20～30	65～75	11～13
	废棉		40～45	55～65	14～16
开清棉机落棉	纯棉	清棉破籽花	55～60	30～40	13～16
	废棉		100～110	20～30	16～18
梳棉机前后吸尘落棉	纯棉	梳棉车肚花	15～20	45～60	7～14
	废棉		25～35	35～50	8～16
梳棉盖板花	纯棉	梳棉盖板花	10～15	80～90	6～14
	废棉		20～25	70～80	9～16
精梳落棉	精梳落棉	精梳落棉	10～15	85～95	7～14

（4）对清梳棉工序，排风道优先采用镀锌薄钢板制作的圆风管，钢板厚度及法兰间距见表10-24。

表 10-24 管径与钢板厚度、法兰间距

管径/mm	钢板厚度/mm	法兰间距/mm	管径/mm	钢板厚度/mm	法兰间距/mm
100～200	0.5	4～6	560～1120	1.0	2.8～5.6
220～500	0.75	4～6	1125～2000	1.2～1.5	1.8～2.1

（5）在某些场所不得已采用地沟风管，需考虑人工清扫沟道的方便，确定尾部最小断面，并在头、中、尾各设600mm×600mm钢盖板，地沟壁面应光洁，防水性能良好。地沟向上接弧形弯头，风速大于10m/s。

4. 除尘室的设置

① 除尘室应尽量靠近尘源设备区域，除尘管路应简短，有利于净化空气顺畅返回该区。

② 除尘室还应贴近空调进风段，以便利用净化空气作为空调器回风，节省空调能耗。

③ 除尘室应尽量集中并紧靠室外布置，有利于操作维修和粉尘输送。

④ 除尘室不得置于地下室，应配备泄爆阀，不允许其他电气设备及管线布置入内。

5. 除尘设备选用

（1）确定处理风量 对连续抽吸的清梳棉除尘系统，除尘设备处理风量按下式计算：

$$Q=1.1\sum(Q_S\times n) \tag{10-12}$$

式中，Q 为处理风量，m³/h；Q_S 为单台清梳棉设备设计排风量，m³/(h·台)；n 为同时工作台数；1.1 为安全系数。

对采用间歇吸模式的梳棉除尘系统应另增加间歇吸风量4000m³/(h·组)。

（2）选定除尘机组 按第二级滤尘器的额定过滤负荷 L_n（见表10-25），用下式计算二级过滤面积 F_2（m²），据此选定除尘机组的型号规格。

$$F_2=Q/Q_n \tag{10-13}$$

表 10-25 除尘机组第二级额定过滤负荷

原料品种	化 纤	纯棉中、细特纱	纯棉粗特纱	苎棉/棉	废棉
L_n/[m³/(m²·h)]	1200～1300	1100～1200	1000～1100	1000 以下	1000 以下

（3）校核除尘机组　按选定除尘机组，用下式核算一级过网风速：

$$v_{f1} = Q/3600F_1 \qquad (10\text{-}14)$$

式中，F_1 为第一级滤网有效面积，m^2。

要求 $v_{f1} \geqslant 1.5 m/s$，才能确保第一级纤尘自行飞上网面。

（4）确定第一级滤网目数　根据原料品种，按表 10-26 确定第一级滤网目数。

表 10-26　第一级滤网目数选择表

原料品种	化纤及棉	废　棉	苎麻、棉
第一级滤网目数	80 目/吋	100 目/吋	60 目/吋

（5）选择第二级滤料各类组合式除尘机组　第二级滤料通常选用阻燃型长毛绒。长毛绒滤料有 JM_2、JM_3、JM_5 等品种型号，其组织结构及过滤性能有一定差异，其中 JM_2 型织物组织较疏松，毛绒较长，过滤阻力较低，但排放浓度较高；JM_3 型织物组织较紧密，毛绒较短，过滤阻力较高，排放浓度较低；JM_5 型织物组织经特殊加工处理，具有低阻高效的特点，但价格较贵。选择滤料时宜结合工程实际，通过技术经济综合比较后选定。

6. 主风机选型和布置

（1）风量按除尘设备风量确定。

（2）全压清梳棉工序除尘风机的全压参见表 10-27。

表 10-27　清梳棉工序除尘主风机全压

工　艺	设计条件	全压/Pa	附　注
清梳工序	"不利用余压"模式	500～800	
	"利用余压"，成卷机排风增压	400～600	增压风机
梳棉工序（连续吸）	FA212，单产 25～30kg/(h·台)	1400～1500	
	FA2018，单产 35kg/(h·台)	1500～1700	
	FA203、FA2218、FA231，单产 45～50kg/(h·台)	1600～1800	
梳棉工序（间歇吸）		1200～1300	
	间歇吸管路增压，风量 4000m³/h	3500～3500	增压风机

（3）主风机选型　清棉工序除尘主风机全压较低，可选用轴流风机或低压离心风机。梳棉工序除尘风机全压较高，宜选用中低压离心风机。选择风机时，应根据处理风量和全压选定主风机型号及装机功率。SFF232 型高效中低压离心风机是纺织行业最常用的除尘风机。

（4）风机布置　主风机通常布置在除尘机组出口管路。当选用轴流风机时，应在出口做一个箱体，围住四周，向上开口排气；当选用离心风机时，宜选用 90°旋向的机型，直接向上排气。

增压风机布置在除尘机组前的吸尘管路中，带尘工作，应考虑防磨清灰措施。

7. 工程实例

某 32760 锭 504 台织机的棉纺厂，清棉车间拥有三套一头二尾的开清棉联合机组，设计三套除尘系统。另有一个废棉处理车间，配置 SFA100 型双进风凝棉机和 SFU101 型单打手废棉处理机，设计一套除尘系统。工艺流程如图 10-18 所示，设计处理风量见表 10-28，系统主要参数及设备选型见表 10-29。

由于清棉工序中 A076 成卷机的排风余压较低，而排风点离除尘设备最远，为此将排风引出地沟后与 A092 凝棉器的排风汇合，利用后者强大抽力将其带走。

表 10-28　32760 锭棉纺厂清棉工序除尘设计处理风量

工艺设备	数量/台	单台排风量/[m³/(h·台)]	合计处理风量/(m³/h)	
			清棉除尘	废棉处理除尘
A045B	5	4500	4500×5	
A002D	2	3000	3000×2	
A035	1	5500		5500
SFA100	1	5400		5400
SFU101	1	3000		3000
总计			28500×1.1	13900×1.1

表 10-29　32760 锭棉纺厂清棉工序除尘系统设计参数及设备选型

项　目	清棉除尘系统	废棉处理除尘系统
系统数量/个	3	1
处理风量/(m³/h)	31210	15300
除尘机组选型	JYFL-Ⅲ-6 型蜂窝式	JYFL-Ⅲ-5 型蜂窝式
第一级滤网	不锈钢丝网,80 目	不锈钢丝网,80 目
第二级滤料	JM₂ 型阻燃长毛绒	JM₂ 型阻燃长毛绒
主风机选型	SFF232-12N o10E 离心式	SFF232-12N o8E 离心式
风量/(m³/h)	31210	16740
全压/Pa	834	1115
电动机	Y160L-6-11kW	Y160M-4-11kW
设备阻力/Pa	<300	<300
排放浓度/[mg/m³(标)]	<0.8~0.9	<0.8~0.9

三、纺织工业常用除尘设备

（一）外吸式除尘器

外吸式除尘器是由预分离器、回转式过滤器、纤维分离器和集尘器四个主要部件组成。其中回转式过滤器部分，与各类第一级初过滤设备配套使用，可应用于纺织厂各工序集尘空气的第二级精过滤；也可单独使用作为各车间空调回风过滤。

1. 回转式过滤器

回转式过滤器是由转笼、吸嘴（及其支架和传动部件）和墙板（或方箱）三大部分

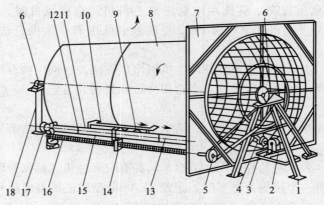

图 10-20　外吸式滤尘器

1—撑架；2—电动机和减速机；3—转笼传动皮带轮；4—张力轮；5—往复丝杆传动皮带轮；6—轴和轴承；7—墙板；8—转笼；9—吸嘴往复架；10—吸嘴；11—塑料软管；12—固定吸口；13—固定吸风管；14—往复块；15—往复架导轨；16—往复丝杆和橡胶套；17—吸风口；18—立柱

组成，需安装在一密闭的小室内，如图 10-20 所示。JYW 系列外吸式滤尘器技术性能参数见表 10-30。JYW 系列外吸式滤尘器的除尘效果，随滤料不同而不同，对无纺布、绒布效率＞95％，滤后气体含尘浓度＜1.2mg/m³。对 100 目丝网效率＞85％，滤后气体含尘浓度＜3mg/m³。JYW 系列外吸式滤尘器及其配套集尘风机性能参数分别见表 10-31 和表 10-32。

表 10-30　JYW 系列外吸式滤尘器技术性能参数

项　目			型　号											
			150/170	150/340	150/510	200/170	200/340	200/510	250/170	250/340	250/510	300/170	300/340	300/510
转笼尺寸	直径/mm		1500			2000			2500			3000		
	长度/mm		1700	3400	5100	1700	3400	5100	1700	3400	5100	1700	3400	5100
	过滤面积/m²	名义面积	8.01	16.01	24.02	10.68	21.35	32.03	13.35	26.69	40.04	16.01	32.03	48.04
		有效面积	5.14	10.28	15.42	6.85	13.71	20.56	8.57	17.14	25.70	10.28	20.56	30.84
转笼转速/(r/min)			3.75			2.80			2.25			1.88		
处理风量/(m³/h)	用于含尘空气第二级过滤	细特纱、化纤	19200	38400	57600	25600	51300	7700	31900	63800	95800	38400	76800	115200
		中特纱	14750	29500	44250	19680	39360	59040	24505	49010	73515	29500	59000	88500
		粗特纱、麻	9600	19200	28800	12800	25600	38400	15950	31900	47800	19200	38400	57600
		废纺纱	6400	12800	19200	8530	17070	25600	10630	21270	31900	12800	25600	38400
	用于空调回风过滤	纺部及准备	49000	78000	96000	74000	119000	150000	95000	160000	210000	116000	206000	280000
		织部	46000	67000	85000	61000	102000	131000	79000	135000	178000	96000	174000	248000
全机外形尺寸	长/mm	基本型	2678	4378	6078	2678	4378	6078	2678	4378	6078	2678	4378	6078
		带方箱型	2775	4475	6175	2775	4475	6175	2775	4475	6175	2775	4475	6175
	宽/mm		1978			2586			2890			3346		
	高/mm		2282			2602			3042			3498		
全机质量/kg	基本型		530	600	670	580	700	820	630	760	890	680	830	980
	带方箱型		758	828	898	896	1016	1217	1027	1157	1397	1187	1337	1487
电动机			Y801-4 型,0.55kW,1400r/min											
减速机			DWPA60 型,速比 1：40											
三角带规格			A2800			A3550			A4000			A4500		

表 10-31　JYW 系列外吸式滤尘器配套含尘风机性能参数

转笼长度/mm	吸尘风量/(m³/h)	配套集尘风机					
		型号	风量/(m³/h)	全压/Pa	转速/(r/min)	电动机	安装方式
1700(一节)	250	JF-1No.4A	320	3240	2900	Y90L-2 型 2.2kW	装在集尘器上
3400(两节)	500	C5-13No.5.2A	580	4030	2900	Y100L-2 型 3kW	装在地面上
5100(三节)	750	C5-13No.6A	1100	6200	2900	Y132S1-2 型 5.5kW	

2. JYLB 型布袋集尘器

JYLB 型布袋集尘器是由集尘风机、进风箱、布袋、箍圈、接灰袋等部件组成。含尘空气通过集尘风机，从进风箱入口进入，纤维尘杂被截留在布袋内，并逐渐下落积聚在集尘袋底部，定期运走，空气则通过布袋过滤后逸出。JYLB 型布袋集尘器的技术性能参数见表 10-33。

表 10-32　JYW 系列外吸式滤尘器配套集尘器参数

名　　称	主要性能参数	与吸尘风机配套方式
JYLB 布袋集尘器	最大处理风量 1000m³/h,阻力 200～350Pa,滤袋直径 465mm×2 只,材质棉缎纹布或棉纶布,滤后洁净空气排入机房	与 JF-1No.4A 型风机配套时,风机装在集尘器上,根据用户需要确定左、右式,面对集尘器电动机在左(右)者,为左(右)式,与 C5-13 系列风机配套时,风机装在地面上,其出口用管道与含尘器相接
JYQY 压紧式布袋集尘器	最大处理风量 1200m³/h,200～350Pa,滤袋直径 400mm×2 只,材质棉缎纹布或锦纶布,附尘挤压器,功率 0.75kW,滤后洁净空气排入机房	

表 10-33　JYLB 型布袋集尘器技术性能参数

项　　目		技术性能参数		
		<500	500～1000	1000～2000
过滤风量/(m³/h)			$B70 \times H180$	$B70 \times H180$
入口断面/mm		集尘风机入口直径 125	$B70 \times H180$	$B70 \times H180$
集尘风机	型号	JF-1No.4A	C5-13No.5.2A	用户自定
	风量/(m³/h)	320～360	580～730	
	全压/Pa	3040～3240	4030～3830	
	电动机	Y90L-2 型,2.2kW	Y100L-2 型,3kW	
	安装位置	装在本机进风箱上	装在地面上	
布袋	材质	棉纶布或棉缎纹面		
	数量	2		
	直径×高度/mm　分段式	过滤袋 φ465×1590,集尘袋 φ465×1520		
	整体式	过滤袋 φ465×3400		
	过滤面积/m²	4.6(按过滤袋 φ465×1590×2 计算)		
	过滤风速/(m/s)	<0.03	0.03～0.06	0.06～0.12
	阻力/Pa	<150	150～250	200～300
	最大纤维收集量/(kg/h)	20	30	30
	滤后空气含尘浓度/(mg/m³)	1～1.5		
外形尺寸/mm		B1220×L1120×H3770		
装机功率(集尘风机)/kW		2.2	3	用户自选

（二）内吸式除尘器

内吸式除尘器由复合式过滤器、纤维压紧器、旋风分离器和主风机四个主要部分组成。复合式圆筒过滤器部分的第二级精过滤部分也可单独设置,与各类第一级滤尘设备相配套,应用于纺织厂清、梳工序的除尘;单独使用可作为各车间空调回风过滤。

1. 复合式除尘器

XLZ 复合式除尘器由支腿、底盘、托轮、立柱、一级过滤器、二级回转过滤器、顶盘、大齿圈、旋风头、转运减速器、往复活支间歇吸嘴、集尘器等部分组成。另配有一级过滤纤维自动收集器,详见图 10-21。

（1）主要特点　XLZ 复合式除尘器将预分离器、纤维分离器和一级过滤后的连续自动收集器组合为一体,主要特点是:

① XLZ 复合式除尘器二级回转过滤器采用直齿轮传动,锥形轴向轴承托轮圈,调整方便,运行稳定可靠,磨损小;

② 一级过滤后落物采用 QZ500-A 纤维自动收集器,将粉尘纤维连续自动收集和分离一次完成,改善劳动环境;

③ 转笼高,过滤面积大,二级粉尘采用间歇式轴动吸嘴,结构简单可靠,所配高压清吸功率小,吸净度高,对二级滤料磨损仅是一般固定吸嘴的 1/20;

④ 配合不同规格的一级滤料,满足于棉、麻、化纤的清花、梳棉和废棉处理各种工艺的除尘要求。

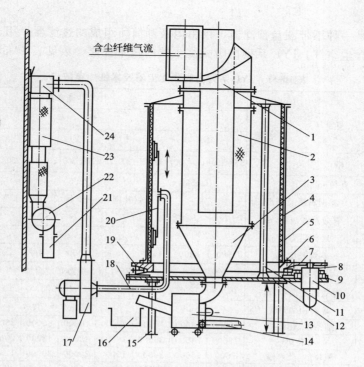

图 10-21　XLZ复合式除尘器

1—旋风头；2—一级过滤器；3—灰斗；4—二级回转过滤器；5—二级回转过滤器；6—齿圈；
7—齿轮；8—径向托轮；9—底盘；10—减速器；11—立柱；12—立柱座；
13—纤维自动收集器；14—回风管；15—支腿；16—容器；17—高压风机；18—吸管；
19—轴向托轮；20—活动吸嘴机构；21—压紧器；22—容器；23—集尘袋；24—集尘器

（2）除尘器工作原理　如图 10-21 所示，含尘纤维气流由除尘系统主风机以 20000～42000m³/h排气量输入旋风头 1，并以 14.4～25m/s 的风速螺旋压入一级过滤器 2；在离心力作用下，20～50μm 粉尘透过一级滤料，进入二级回转过滤器 5；吸附在二级滤料上，部分风量透过二级过滤器 4 排出机外，吸附在二级滤料上的粉尘由活动清吸机构 20 的吸嘴，经高压风机，以 1800m³/h 的排气量进入集尘器 24，粉尘由集尘袋 23 过滤，空气透过集尘袋 23 排出。由一级过滤器 2 的纤维尘杂，通过纤维自动收集器 13，将短纤维尘杂以最大 100kg/h 的排杂量自动排出机外，粉尘及透过纤维自动器的风量由所配小风机经回风管 14 送回主风机形成循环。

（3）主要规格　复合式除尘器规格见表 10-34。

表 10-34　复合式除尘器规格

型号	处理风量 /(m³/h)	预分离器（JP36 筛绢）			回转过滤器（中效无纺布）			外形尺寸			质量 /kg
		长度 /mm	直径 /mm	有效过滤面积/m²	长度 /mm	直径 /mm	有效过滤面积/m²	长度 /mm	宽度 /mm	高 /mm	
XLZ -27^G_Z- I	≤42000	2800	φ1260	10	2700	φ2000	14	2246	2312	4418	2500
XLZ -22^G_Z- II	≤36000	2300		8	2200		10.7	2246	2312	3918	2250

注：G 表示 XLZ 除尘器灰斗与 QZS 纤维收集器管道连接。Z 表示 XLZ 除尘器灰斗与 QZS 纤维收集器直接连接。

（4）技术参数　全机总阻力≤300Pa；除尘效率 99.5%；排放空气含尘浓度≤1mg/m³；回转过滤器功率 0.75kW；集尘风机率 3～4kW。

2. 圆筒过滤器

圆筒过滤器是一种不带圆盘预滤器，仅由内吸圆筒所组成的过滤器，用于处理含尘量较少、颗粒较细的含尘空气。JYL系列内吸式滤尘器的技术性能参数见表10-35。

表10-35　JYL系列内吸式滤尘器技术性能参数

项　目			技术性能参数								
			型　号								
			JYL								
规　格			150/150	150/300	150/450	200/150	200/300	200/450	250/150	250/300	250/450
过滤设备	第一级滤网	直径/mm	1500			2000			2500		
		滤网材质及密度	不锈钢丝网40~80目/2.54cm(1英寸)								
		有效过滤面积/m²	1.56			2.74			4.26		
		运行阻力/Pa	50~200								
	第二级滤料	圆筒长度/m	1500	3000	4500	1500	3000	4500	1500	3000	4500
		滤料材质	WS-1型非织造布复合滤料								
		有效过滤面积/m²	6.4	12.8	19.2	8.5	17.0	25.5	10.6	21.2	31.8
		运行阻力/Pa	250~400								
处理风量/(m³/h)	用于含尘空气过滤	细特纱、化纤纱	15000	30000	45000	20000	40000	60000	25000	50000	75000
		中特纱	12000	24000	36000	16000	32000	48000	20000	40000	60000
		粗特纱、苎麻纱	7500	15000	22500	10000	20000	30000	12500	25000	37500
		废纺纱	5000	10000	15000	6500	13000	19500	8500	17000	25500
	用于空调回风过滤		18000	36000	54000	24000	48000	72000	30000	60000	90000
吸嘴参数	第一级吸嘴	吸嘴转向	面对传动侧,逆时针转,面对含尘空气入口,顺时针转								
		吸嘴转速/(r/min)	4.2			4.2			3		
		吸口尺寸/mm　长度	480			630			780		
		吸口尺寸/mm　宽度	30~50								
		排尘管内径/mm	206								
	第二级吸嘴	吸嘴数/只	2	4	6	2	4	6	2	4	6
		吸嘴吸口内径/mm	47								
		往复丝杆螺距/mm	40								
		吸嘴横动速度/(mm/min)	178.5			178.5			126		
		吸嘴每转一圈横动距离/mm	42.5			42.5			42		
		吸嘴每往复一次需要时间/min	7.1			7.1			10		
		排尘管内径/mm	118			118			168		
传动系统参数	电动机型号及功率		JYS8014-0.37kW								
	减速器型号及速比		XWD-0.37-1/59,行星齿轮减速器1:59								
	主动摩擦轮直径/mm		175			175			125		
	空心轴传动轮直径/mm		980								
全机外形尺寸	长度L/mm	A型	2050	3500	4950	2050	3500	4950	2050	3500	4950
		B型	1550	3000	4450	1550	3000	4450	1550	3000	4450
	宽度B/mm		1740			2240			2740		
	高度H/mm		1740			2240			2740		
全机质量/kg	JYLA型		283	378	477	386	481	580	560	715	940
	JYLB型		198	272	350	257	354	453	390	532	713
滤后空气含尘浓度/(mg/m³)			≤1								

（三）除尘机组

1. 蜂窝式除尘机组

JYFO 型蜂窝式除尘机组实现了纺织除尘设备机电一体化、机组化。具有结构紧凑、流程合理、占地省、阻力小、能耗低、效率高等优点。可广泛应用于棉、毛、麻、化纤、造纸、烟草等轻纺工业的空调除尘系统，过滤和收集空气中的纤维和粉尘，达到净化空气的目的。

（1）蜂窝式除尘机组的工作原理 蜂窝式除尘机组是由第一级除尘机组和第二级除尘机组构成的机电一体化的除尘机组。第一级除尘机组主要过滤、分离、收集处理空气中的纤维和尘杂；第二级除尘机组主要过滤、分离、收集第一级过滤后空气中的微粒粉尘，使空气净化到可以回用或排放的标准。

蜂窝式除尘机组结构见图 10-22。

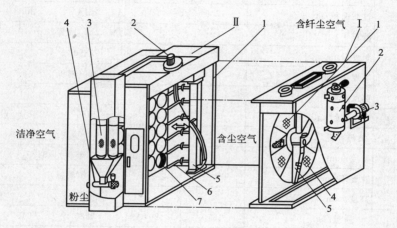

图 10-22 JYFO 型蜂窝式除尘机组结构

Ⅰ——一级滤尘机组：1—圆盘过滤器；2—纤维分离压紧器；3—排尘风机；

4—圆盘过滤网；5—条缝口吸嘴

Ⅱ——二级滤尘机组： 1—蜂窝式滤尘器；2—集尘风机；3—集尘器；4—粉

尘分离压紧器；5—吸箱；6—旋转小吸嘴；7—尘笼滤袋

第一级由圆盘过滤器、密封箱体以及组装在箱体上的纤维器和排污风机组成。其工作原理是利用放置吸嘴吸除阻留在圆盘滤网上的纤维尘杂，通过纤维压紧器分离，纤维尘杂压紧排出，集尘空气由排尘风机抽吸排回第一级箱体。

第二级由蜂窝滤尘器、密封箱体以及组装成一体的粉尘分离压紧器、集尘风机组成。其工作原理是蜂窝式滤尘器是由阻燃长毛绒滤料制成圆筒形小尘笼，按每排六只小吸嘴由机械吸臂驱动按程序依次吸除每排尘笼中的粉尘，以保持滤尘器正常工作。集尘风机通过小吸嘴吸尘并送入粉尘分离压紧器进行分离与压实收集，分离后的空气直接返回滤尘器内。

第一、二级除尘机组的电气控制元件集中组装在一个电控柜内，电控柜可以布置在除尘室内外适当的位置；在机组面板上装有电气操作箱，便于机组运行的操作。第二级除尘机组的运行由可编程序控制器自动控制，柜内装有安全保护装置。

（2）除尘机组规格性能 蜂窝式除尘机组规格尺寸见表 10-36，性能参数见表 10-37，滤料配置见表 10-38。

表 10-36　蜂窝式除尘机组规格尺寸

型 号 规 格			JYFO-Ⅲ-4	JYFO-Ⅲ-4	JYFO-Ⅲ-4	JYFO-Ⅲ-4	JYFO-Ⅲ-4
一级（Ⅰ）	网盘	盘径/mm	φ1600	φ2000	φ2300	φ2600	φ2600
		过滤面积/m²	1.80	2.94	3.77	4.67	4.67
		滤网/(目/in)	(不锈钢丝网)60～120				
	尺寸	长度/mm	1010+620(辅机)＝1630				
		宽度 B/mm	1740	2130	2520	2910	3300
		高度/mm	2580	2855			
	质量/kg		650	700	770	850	950
	装机容量/kW		3.12				
二级（Ⅱ）	尘笼	数量/(只/排)	24/4	30/5	36/6	42/7	48/8
		过滤面积/m²	17.6	22.0	26.4	30.8	35.2
		滤料	JM₁,JM₂ 或 JM₃				
	尺寸	长度/mm	1890				
		宽度 B/mm	B+350(辅机)				
		高度/mm	3359				
	质量/kg		1220	1340	1460	1580	1700
	装机容量/kW		3.69				
三级（Ⅲ）	尺寸	长度/mm	2900+620(辅机)＋3520				
		宽度 B/mm	B+350(辅机)				
		高度/mm	3359				
	质量/kg		1870	2040	2230	2430	2650
	装机容量/kW		6.81				

注：1in＝0.0254m。

表 10-37　除尘机组性能参数

型号规格	处理风量/(×10⁴m³/h)						阻力/Pa	效率/%
	除尘系统					回风过滤		
	废棉	粗特纱	中特纱	细特纱	化纤纱			
JYFO-Ⅲ-4	1.4～1.6	1.6～2.0	2.0～2.4	2.4～2.8	2.8～3.4	3.2～4.0		
JYFO-Ⅲ-5	1.8～2.0	2.0～2.5	2.5～3.0	3.0～3.5	3.5～4.2	4.0～5.0		
JYFO-Ⅲ-6	2.1～2.4	2.4～3.0	3.0～3.6	3.6～4.2	4.2～5.0	4.8～6.0	100～250	≥99
JYFO-Ⅲ-7	2.5～2.8	2.8～3.5	3.5～4.2	4.2～4.9	4.9～5.8	5.6～7.0		
JYFO-Ⅲ-8	2.8～3.2	3.2～4.0	4.0～4.8	4.8～5.6	5.6～6.6	6.4～8.0		

2. 复合圆笼除尘机组

JYFL 复合圆笼除尘机组是一种新型、高效、节能的除尘设备。

JYFL 复合圆笼除尘机组的第二级复合圆笼滤尘器，在滤料布置、机械传动和吸尘形式上采用了多层圆笼滤槽、两内侧布置滤料的结构形式，设计了多吸臂轮流吸尘机构。具有结构简单、运行可靠、适应性强、过滤面积大、机组能耗低、操作简单、故障率低等优点。

表 10-38　除尘机组滤料配置

应用条件	纺纱号（支）数	第一级滤网不锈钢丝网/（目/in①）	第二级滤料阻燃长毛绒	滤后空气含尘浓度/（mg/m³）
废棉	−58tex（−10ˢ）	120	JM₃	≤2
粗特纱	≥36tex（≤16ˢ）	100～120	JM₂-JM₃	≤0.9
中特纱	28tex（32ˢ）	100	JM₂	<0.9
细特纱（精）	≤tex（≥32ˢ）	80～100	JM₂	<0.9
化纤纱	—	80	JM₃	<0.9
空调回风	—	60～80	JM₁-JM₂	≤0.9

① lin＝0.0254m。

JYFL 复合圆笼除尘机组可广泛应用于棉、毛、麻、化纤、造纸、烟草等轻纺工业的空调、除尘系统，过滤和收集空气中干性的纤维性杂质和粉尘，使含尘空气净化，以达到回用或排放要求。

（1）结构及工作原理　复合圆笼除尘机组是由第一级圆盘预过滤器和第二级复合圆笼滤尘器构成的机电一体化的除尘机组。第一级圆盘预过滤器主要过滤、分离、收集被处理空气中的纤维和杂质；第二级复合笼滤尘器主要过滤、分离、收集第一级过滤后空气中的微细纤尘和粉尘。

圆笼除尘机组结构见图 10-23。

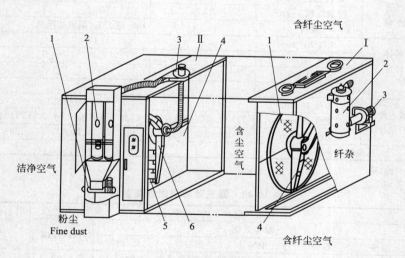

图 10-23　圆笼除尘机组结构

Ⅰ—圆盘预过滤器；1—圆盘滤网；2—纤维压紧器；3—排尘风机；4—吸嘴；
Ⅱ—复合圆笼滤尘器；1—粉尘压实器；2—布袋集尘器；3—集尘风机；4—滤槽；5—吸嘴；6—吸臂

第一级圆盘预过滤器由圆盘滤网、旋转吸嘴、一级箱体及纤维压紧器和排尘风机组成。

含纤尘的空气经过圆盘滤网时，纤维和杂质除被阻留在圆盘滤网上，旋转吸嘴利用排尘风机的风力，将纤维和杂质吸除，通过纤维压紧器分离、压紧排出，分离后的含尘空气返回一级箱体内。

第二级复合圆笼滤尘器由机架、多层圆笼滤槽、多个旋转吸臂及其吸嘴、二级箱体和集尘风机、布袋集尘器（附振荡器）、粉尘压紧器组成。

复合圆笼滤尘器的多层圆笼滤槽两内侧有阻燃型长毛绒滤料，含尘空气通过滤料时，粉尘被阻留在滤料内表面，滤后的洁净空气透过滤料排出。小槽中有带双面条缝吸口的吸嘴与旋转吸臂连接，多个旋转吸臂在特殊的换向机构作用下做单向回转运动，利用集尘风机的抽吸作用，使各吸臂的吸嘴轮流吸除被阻留在滤料表面的粉尘，并送入布袋集尘器进行尘气分离，采用新型的机械振荡装置定时落灰，粉尘通过粉尘压实器压紧排出；分离出的含尘空气透过集尘布袋排回二级箱体，避免了对环境产生二次污染。

柜面板装有"运行/调试"切换旋钮，选择"运行"方式，按"启动"按钮，除尘机组按自动程序启动；主风机与机组连锁但需单独启动。机组维修、调试时选择"调试"方式，手动操作各控制按钮。电控柜设有故障报警。

（2）复合圆笼除尘机组规格性能　圆笼除尘机组的规格尺寸见表10-39，性能参数见表10-40，滤料配置见表10-41。

表10-39　圆笼除尘机组规格尺寸

			型号规格	JYFL-Ⅲ-19	JYFL-Ⅲ-23	JYFL-Ⅲ-27
第一级 （Ⅰ）	圆盘 滤网		盘径/mm	$\phi2000$	$\phi2300$	$\phi2600$
			过滤面积 F_1/m^2	2.94	3.77	4.67
			滤网/(目/in)	（不锈钢丝网）60～80～120		
	箱体 尺寸		长度 L_1/mm	1010		
			宽度 B/mm	2130	2520	2910
			高度 H_1/mm	2580	2580	2855
	装机容量/kW			3.12		
第二级 （Ⅱ）	圆笼 滤槽		最大直径 ϕ/mm	1900	2300	2700
			过滤面积 F_2/m^2	20.8	31.7	44.5
			滤料	JM_2 或 JM_5（阻燃长毛绒）		
	箱体 尺寸		长度 L_2/mm	1750		
			宽度 B/mm	2130	2520	2910
			高度 H_2/mm	2580	2620	2990
	装机容量/kW			4.24		
机组 （Ⅲ）	最大外 形尺寸		长度 L/mm	1760＋620(辅机)		
			宽度 B/mm	2130＋450(辅机)＋	2520＋450(辅机)＋	2910＋450(辅机)＋
			宽度 H/mm	2580＋550(风机)	2620＋550(风机)	2990＋550(风机)
	总装机容量/kW			7.36		

注：1in＝0.0254m。

表10-40　圆笼除尘机组性能参数

型号规格	处理风量/（×10⁴m³/h）						阻力 /Pa	效率 /%
	除尘系统					回风过滤		
	废棉	粗特纱	中特纱	细特纱	化纤纱			
JYFL-19	1.2～2.0	1.6～2.4	2.0～2.8	2.4～3.2	2.8～3.6	3.0～4.0	≤250	≥99
JYFL-23	2.0～3.0	2.4～3.5	2.8～4.2	3.2～4.8	3.5～5.4	4.0～6.0		
YFL-27	2.8～4.0	3.2～4.8	3.6～5.8	4.0～6.6	4.4～7.4	4.8～8.0		

表10-41　圆笼除尘机组滤料配置

应用条件	纺纱号(支)数	第一级滤网不锈 钢丝网/(目/in①)	第二级滤料 阻燃长毛绒	滤后空气含尘浓度 /(mg/m³)
废棉	−58tex/−10ˢ	120	JM_2,JM_5	≤2.0
粗号纱	≥36tex(≤16ˢ)	100～120	JM_2,JM_5	≤1.5
中号纱	28tex/21ˢ	100	JM_2,JM_5	≤0.9
细号纱	≤18tex(≥32ˢ)	80～100	JM_2,JM_5	≤0.9
化纤纱	—	80	JM_2,JM_5	≤0.9
空调回风	—	60～80	JM,JM_2	<0.9

① 1in＝0.0254m。

第三节　造纸工业烟尘减排技术

造纸工业对环境的污染主要是水污染，烟尘污染是第二位的。

一、造纸工业生产工艺流程

1. 造纸工业生产过程

造纸工业分两个部分：制浆与造纸。

制浆，简单来说就是利用机械方法或化学方法或者二者结合的方法把植物原料中的纤维解离出来，制成本色或漂白纸浆的生产过程，其半成品叫纸浆。

造纸，即纸浆经打浆处理，再加胶、加填料，然后经纸机抄造成纸张的生产过程，其成品为纸。

2. 制浆造纸工艺简述

（1）备料　在化学浆系统中，备料是将原木锯断、劈开、制成一定规格的木片，禾草用切草机切成草片，然后经筛选除去杂物及尘埃供蒸解用。在机械浆系统中也可直接用原木磨浆，不需削片。

（2）蒸解　在化学法制浆系统中，蒸解是制浆生产的主要工序。蒸解的目的就是用化学药剂在一定的浓度、温度和压力下同纤维原料反应，溶出木质素，使纤维间结合力下降，解离成单位纤维的纸浆或为以后通过机械处理成纸浆创造条件。

（3）磨解　在机械法制浆中磨解是使纤维原料成浆的主要工作，它是由石磨的机械或水力摩擦作用将原木或草片磨碎成浆料。制成的纸浆称为机械浆。

（4）洗选　这个工序的目的是将蒸解出的浆料用水洗除蒸解药液及溶出物，再经筛选设备除掉粗大纤维束及其他杂质，得到均匀纯净的纸浆，便于漂白。

（5）漂白　这个工序的目的是将黄褐色的纸浆漂白成白色纸浆，供抄造白色纸张用。

（6）打浆调料　这个工序的目的是将纸浆经打浆机处理使纤维被切断、帚化、分经、压溃、水化，适于纸张成型，并增加强度，再根据纸张的品种需要，加相应的胶料（如松香）、填料（如滑石粉）、染料（如品蓝）等。

（7）抄纸　经打浆和调料好的纸浆经过这一工序抄造成型为纸张。

（8）整理　抄纸机抄成卷在纸辊上的纸为毛纸，市场需卷筒纸和平板纸。卷纸需将毛纸切边分切、选数、包装、打件。

二、备料过程的烟尘控制

（一）改进备料流程

采用稻麦草为原料进行制浆造纸的企业，备料车间的操作烟尘一直是困扰企业的难题。针对传统方法备料所出现的烟尘问题，提出了如图 10-24 所示的备料流程。

在传统备料流程的基础上，增加了切草机喂料皮带上方的开式气罩（图 10-25），加设专用风机进行抽气，使切草机的喂料皮带上方形成一定的负压。

将传统备料中的重尘和轻尘分开处理，分别采用两台风机以提高其抽风能力，并且在切草机和辊式除尘器上方设置活动式的全封闭式气罩（图 10-26），可全部将切草设备和除尘设备封闭，使得灰尘被全部抽走。

改进后流程的特点如下。

（1）继承了传统的稻麦草备料流程具有技术上成熟、简洁、操作维护方便、投资少等优点。

（2）在原来的基础上多增加了一台风机和设计精密的气罩；1#、2#风机在其规格和型号的选择上要注意，使其能够在气罩的下面 1.5m 以内产生一定程度的负压，以确保操作时荡起的尘土能被其吸走；3#风机在选择时也应注意，使其能够迅速地将谷粒和重尘及时吸走，并保证其在谷粒分离器中能产生良好的分离效果。

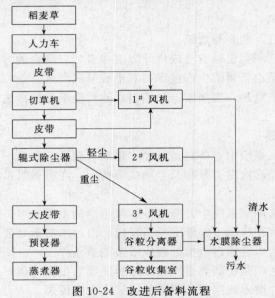

图 10-24　改进后备料流程

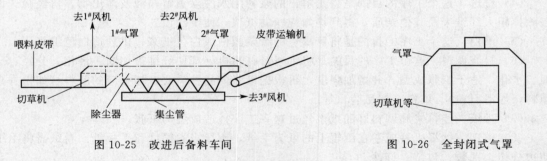

图 10-25　改进后备料车间　　　　　　　图 10-26　全封闭式气罩

（3）该系统能很好地保证生产车间内环境洁净、卫生，能有效地保护操作人员的身心健康，做到清洁生产，并且也保证了处理后的草片不被二次污染，提高了备料的质量。

（二）流化床除尘器

目前，绝大多数浆厂使用的除尘器为水膜式除尘器。由于苇末密度小，比表面积大，黏性强，湿润性差，水膜除尘器对芦苇原料的除尘效率极低，以致气流排空处的苇末随风飘扬，严重影响操作环境和工作人员的身心健康。也有少数浆厂利用原有的旧厂房对含苇末的气流进行大空间沉降，取得了较好的效果。但大多数浆厂既无进行大空间沉降的场地，又未选用其他合理的高效除尘器。因此，结合流化床的特点，提出了用流态化技术来捕集气流中的苇末的方案。该技术成功地应用于镇江金河纸业有限公司备料车间除尘系统中。经过近一年的生产运行，除尘效果良好，设备运行稳定。

旋风除尘器和水膜除尘器中，粉尘因旋转气流产生的离心力与向心气流对它作用的 stokes 阻力达到平衡。当离心力大于阻力时，粉尘甩向器壁而被除去，反之，则达不到除尘的目的。由于苇末密度小，比表面积大，在运动过程中，其阻力占主导地位，因此除尘器的效率不高。

布袋式除尘器，苇末黏附在布袋的内壁上，布袋的振动和反吹，都因苇末的黏附性强而难以把它从布袋上清除掉，以致粉尘越积越厚，阻力越来越大，最终影响除尘器正常工作。

喷淋式填料塔的填料固定，其间隙容易被流动性差的苇末堵塞。另外，塔内的气流速度低，处理大流量的气体，除尘器非常笨重，空塔喷淋，因苇末的湿润性差，气、液两相接触面积小，除尘效率不高。总之，常规除尘方法对气流中苇末的捕集不理想。

流化床除尘器属于湿法除尘，其结构如图 10-27 所示。

除尘器内由数段填料层组成，含尘气流进入除尘器时，首先经过风室，较大颗粒的灰尘因流速降低而沉降，部分灰尘在风室内与床层上部落下来的含尘水滴因碰撞、黏附和扩散效应而被捕集，落入下部灰尘收集区。其余灰尘随气流一道进入流化床区域，在此，气流流化填料，喷淋液在填料表面形成液膜，当含尘气流穿过流化填料层时，气流在填料前改变方向，绕过填料；一些惯性较大的灰尘，保持原来的运动方向，与填料发生碰撞，被其表面上的液体吸附除去；一些灰尘绕过填料时，一端与它们的表面接触，因黏附作用，而被捕集；较小的灰尘（＜0.3μm），在气体分子的撞击下，像气体分子一样，作复杂的布朗运动。在运动过程中，与填料表面上的液膜接触而被捕集。这 3 种情形综合作用，使气流中的灰尘得以除去。

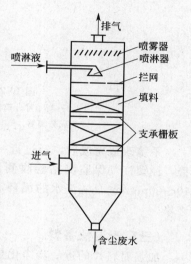

图 10-27　流化床除尘器结构

该除尘器不仅具有常规湿法除尘器的优点，还有如下特点：①适应性广，填料表面液膜可捕集几乎所有粉尘，粉尘的性质对除尘效率影响甚微；②运行可靠，填料处于流化悬浮运动状态，支承栅板的自由截面大，不会造成除尘器堵塞；③除尘效率高，含尘气流通过流化填料床层时，被填料表面液膜吸收的机会多，粉尘浓度和气体流量的大幅度变化，对除尘效率影响较少。

某纸业有限公司备料车间日切苇约 400t，共有 4 台切苇机，其中 2 台备用。苇片经 2 台旋风分离器分选后，产生流量 60000m³/h 的含苇末的气体，经小试和设备放大可行性研究后，确定采用流化床除尘器对备料车间除尘系统实施改造。除尘系统改造后的工艺流程如图 10-28 所示，运行参数见表 10-42。

表 10-42　除尘系统连续 1 年稳定运行结果

序号	气体流量 /(m³/h)	喷淋密度 /[m³/(m²·h)]	循环水利用率 /%	流化床除尘器阻力 /Pa	除尘系统阻力 /Pa	进入系统粉尘量 m³/h 浓度 /(mg/m³)	系统除尘后浓度 /(mg/m³)	流化床除尘效率 /%	除尘气体含湿量 /%	系统除尘效率 /%
1	30000	40	90	1175	1542	4470	35.8	96.2	3.7	99.1
2	30000	40	90	1080	1337	5460	41.1	98.1	3.2	99.2

采用 2 台专门设计的转换阀，2 台流化床除尘器，保证 4 台切苇机中 2 台能同时工作，采用循环水池和循环水过滤系统，节省了大量的用水。由于原来直接排空的气流中，还有一部分苇片，因此，在转换阀后增加了一级高效旋风分离器回收苇片。

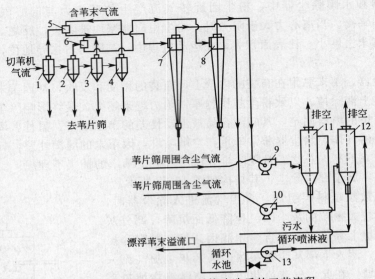

图 10-28　备料车间除尘系统改造后的工艺流程
1，2—新苇片分离器；3，4—旧苇片分离器；5，6—转换阀；7，8—长锥形
旋风分离器；9，10—引风机；11，12—流化床除尘器；13—循环水水泵

　　系统改造完成后，经过近一年的运行，运行状态良好，备料车间及其周围环境大大改善，经镇江环保监测站验收测试，除尘效率为 99%。流化床除尘器出口排放粉尘浓度为 40～60mg/m³，洗涤水的循环利用效率为 90%，流化床除尘器阻力 1200Pa，填料无磨损迹象。

（三）干湿法备料

　　加强对料片的进一步净化是提高制浆质量的重要环节，湿法净化可使料片更洁净。湿法备料由水力碎解机和脱水设备等组成，在齿盘的机械力和水力作用下，将麦草切断、撕碎，成为合格的料片由筛孔漏出，在此过程中草叶、鞘、穗于机械等力作用下被分离、粉碎随水滤出，砂、尘土等在离心力、重力作用下被分离出，得到洁净的料片。湿法备料除杂效果好，料片干净，无尘土飞扬，操作环境好，但动力消耗太大。为减少动力消耗，保证料片的合格率，尽可能地除去料片中的杂质，可采用干法切料、干法除尘、湿法除杂的备料工艺。干法切草，料片合格率高；干法除杂能除去土、石、砂等较大的重杂质，还可部分地除去草叶、草穗等杂质，动力消耗小，可减轻湿法除杂的负担，提高设备处理能力；湿法除杂在水力碎解机或辊式洗草机中进行，通过机械、水力作用能使草叶、鞘、穗与麦秆分离，并碎解除去，能除去 80% 以上的尘土、泥沙。经干切和干湿法除杂之后，较好地除去草叶、尘土等杂物，降低了料片中尘土含量，尘土含量较干法备料少 40%，蒸煮黑液中二氧化硅较原来干法备料减少 30% 多。黑液黏度降低近一半，流动性增加，可提高黑液的提取率，减少中段废水的污染，减少蒸发器结垢，提高蒸发效率，得到较高浓度的黑液，利于黑液燃烧。由于湿法净化时冷水抽出物的溶出，二氧化硅含量的降低，减少了蒸煮的用碱量 12% 以上，浆料易于漂白，可减少漂白剂用量。草叶、鞘等较多的除去减少了薄壁细胞、杂细胞数量，使浆料滤水性增加，利于黑液的提取和浆料筛选，可为提高纸机车速创造条件。干切、除尘、湿法净化虽较干法备料增加了设备投资，操作时动力消耗较大，但带来的是成浆质量提高，化学药品消耗减少，利于碱回收操作，总体上讲是利大于弊。表 10-43 是两种备料所得料片情况比较，可看出干湿备料料片质量好。

表 10-43　麦草备料各部位的比较（质量分数）

样　　品	秆/%	叶/%	穗/%	杂质/%	灰分/%
麦草原料	52.6	28.6	4.1	14.7	11.65
干法备料料片	65.9	26.9	2.5	5.1	7.91
干湿法备料料片	77.6	18.8	2.0	1.1	5.5

　　麦草料片在湿法除杂后含有较多的水分，为便于蒸煮，采用斜螺旋、压榨、挤压等脱水设备脱去部分水分，保证蒸煮液向料片中均匀渗透和扩散。实践证明料片脱水均匀，可制得较好的浆。

三、碱回收炉除尘

　　碱回收炉烟气中的碱尘，目前大多采用电除尘器去除。

　　电除尘器可以说是一种除尘效率最高的除尘器，新型电除尘器一般可除去 99.9%以上的粉尘，粉尘粒子可小至 0.3pm。虽然设备庞大，安装费用很贵，但运行费用还比较适中。因为与其他除尘器不一样，电除尘器只作用到被捕集的尘粒上，而不是作用到整个气流。

　　电除尘器一直是硫酸盐浆厂碱回收炉废气除尘的首选设备，现在大型动力锅炉和石灰窑也已逐渐更多地使用电除尘器。1985 年有关专家曾对电除尘器和湿法洗涤器之间的投资与年运行费用作了比较（图 10-29），结论是必须气流量很大时采用电除尘器才是合算的；在较高气流量时，因运行费用低所带来的节约额，将很好抵消较高的投资费用。

　　电除尘器（图 10-30）的除尘原理是，在含尘气体通过处利用高电压产生一个负电荷场，尘粒吸移负电荷，并借正电荷集尘板被吸离气流。然后定期以机械作用清除积灰。

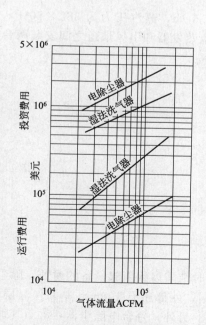

图 10-29　湿法洗气器与电除尘器的
　　　　　投资与年运行费用的比较

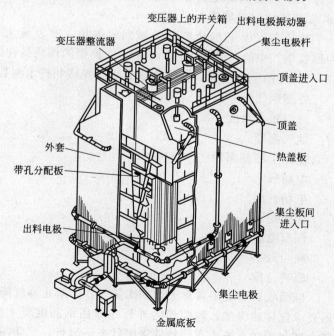

图 10-30　电除尘器结构

　　电除尘器的除尘效率与粒子暴露到静电场的时间和粉尘粒子的电阻率有关。暴露时间取决于电除尘器的截面积和气流方向的长度。电阻率是粒子吸移电荷难易的一种度量方法。

国外制浆造纸工业一般锅炉悬浮物（烟尘）排放水平为 $50\sim100mg/m^3$。在欧洲最新设计的系统已低至 $30mg/m^3$，这也成为欧洲和北美碱回收炉的排放标准。电除尘器的保证值也可达 $30mg/m^3$。

我国硫酸盐法纸浆生产流程如图 10-31 所示。自 20 世纪 20 年代有了带辅助蒸发器的喷射炉后，电除尘器就广泛应用于碱回收。碱回收装置，包括直接蒸发器在内的黑液碱回收系统，是硫酸盐纸浆厂最主要的污染源。一般从碱回收系统排出的烟气以每吨风干浆含有 $40.5\sim90kg$ 钠化合物和 $15.8\sim22.5kg$ 恶臭硫化物。包括蒸发和蒸煮在内散发到大气中去的硫化物有一半来自直接发生器的碱回收炉。

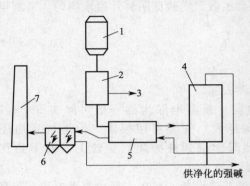

图 10-31　硫酸盐法纸浆生产流程
1—蒸煮器（170～180℃）；2—漫提器；3—纸浆；
4—碱回收锅炉；5—蒸发器；6—电除尘器；7—烟囱

碱回收系统的粉尘污染控制主要采用圆盘蒸发器——电除尘器。它实质上是整个回收系统的二次回收装置，具有除尘效率高，动力消耗少的优点。通常是将 13% 左右的稀黑液，在多段蒸发系统中首先浓缩至 50% 左右，然后再用圆盘蒸发器浓缩至 65% 左右，喷入炉内燃烧。燃烧产生的废气中含有的烟尘，其浓度一般为 $5\sim6g/m^3$，粉尘粒径约 $0.1\sim0.3\mu m$。真密度约为 $3.1g/cm^3$，堆积密度为 $0.13g/cm^3$。粉尘吸湿性小，但易溶于水。粉尘比电阻在 $120\sim160℃$ 范围内时最高值为 $10^9\Omega\cdot cm$。

某日产 170t 硫酸盐纸浆的碱回收锅炉，蒸发量为 33.6t/h，蒸汽压力为 382×10^4Pa，为回收烟气中的芒硝粉尘（Na_2SO_4），典型的作法是在圆盘蒸发器和引风烟道之间安装两台 $18\sim20m^2$ 的电除尘器，电除尘器的一般规格和技术参数是：

处理烟气量	$35000m^3/h$
进口粉尘浓度	$7g/m^3$
烟气温度	$140℃$
电除尘器截面积	$18\sim20m^2$
电场数	2
电场长度	$2.5\sim3m$
异极间距	$250\sim300mm$
配套电源	$60kV$，$300mA$
除尘效率	98%
驱进速度	$11cm/s$

碱回收炉烟气中含有大量的水蒸气，为防止烟气降温时结露以致引起设备的腐蚀，除尘器要求良好的保温，除尘器的外壳一般用钢筋混凝土捣制，外部还有 100mm 厚的保温层。整个碱灰输送系统也在严格的密闭状态下运行，严防漏风。另外，每台电除尘器还有空气加热装置。空气加热器的功率为 120kW，相当于 $4.3\times10^5kJ/h$ 热量，并配置一台风量为 $3320m^3/h$ 的风机，即保证热风温度在 100℃ 左右。当除尘器停止运行时，随即启动加热器送进热风，使除尘器内保持一定的温度。

为进一步提高除尘效率，国外最近又开发出了新型的织物过滤器（fabricfilter），据称普通多燃料锅炉利用织物过滤器可将烟尘排放水平降到 $25mg/m^3$ 以下。

四、二氧化硫吸收控制技术

（一）吸收过程概述

1. 气体吸收的原理与流程

气体吸收的原理是，根据混合气体中各组分在某液体溶剂中的溶解度不同而将气体混合物进行分离。吸收操作所用的液体溶剂称为吸收剂，以 S 表示；混合气体中，能够显著溶解于吸收剂的组分称为吸收物质或溶质，以 A 表示；而几乎不被溶解的组分统称为惰性组分或载体，以 B 表示；吸收操作所得到的溶液称为吸收液或溶液，它是溶质 A 在溶剂 S 中的溶液；被吸收后排出的气体称为吸收尾气，其主要成分为惰性气体 B，但仍含有少量未被吸收的溶质 A。

吸收过程通常在吸收塔中进行。根据气、液两相的流动方向，分为逆流操作和并流操作两类，工业生产中以逆流操作为主。吸收塔操作示意如图 10-32 所示。

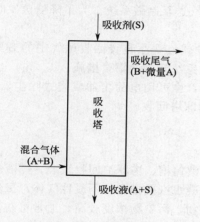

图 10-32　吸收塔操作

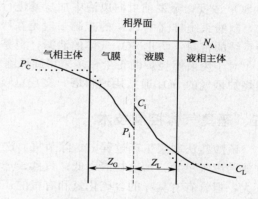

图 10-33　双膜模型示意

应予指出，吸收过程使混合气中的溶质溶解于吸收剂中而得到一种溶液，但就溶质的存在形态而言，仍然是一种混合物，并没有得到纯度较高的气体溶质。在工业生产中，除以制取溶液产品为目的的吸收（如用水吸收 HCl 气制取盐酸等）之外，大都要将吸收液进行解吸，以便得到纯净的溶质或使吸收剂再生后循环使用。解吸也称为脱吸，它是使溶质从吸收液中释放出来的过程，解吸通常在解吸塔中进行。

2. 吸收过程的机理

前已述及，吸收操作是气液两相间的对流传质过程。对于相际间的对流传质问题，其传质机理往往是非常复杂的。为使问题简化，通常对对流传质过程作一定的假定，即所谓的吸收机理，亦称为传质模型。

双膜模型由惠特曼（Whiteman）于 1923 年提出，为最早提出的一种传质模型。

惠特曼把两流体间的对流传质过程设想成图 10-33 所示的模式，其基本要点如下。

（1）当气液两相相互接触时，在气液两相间存在着稳定的相界面，界面的两侧各有一个很薄的停滞膜，气相一侧的称为"气膜"，液相一侧的称为"液膜"，溶质 A 经过两膜层的传质方式为分子扩散。

（2）在气液相界面处，气液两相处于平衡状态。

（3）在气膜、液膜以外的气、液两相主体中，由于流体的强烈湍动，各处浓度均匀一致。

双膜模型把复杂的相际传质过程归结为两种流体停滞膜层的分子扩散过程，依此模型，在相界面处及两相主体中均无传质阻力存在。这样，整个相际传质过程的阻力便全部集中在两个停滞膜层内。因此，双膜模型又称为双阻力模型。

双膜模型为传质模型奠定了初步的基础，用该模型描述具有固定相界面的系统及速度不高的两流体间的传质过程，与实际情况大体符合，按此模型所确定的传质速率关系，至今仍是传质设备设计的主要依据。

（二）二氧化硫气体的吸收处理

蒸煮系统大气污染控制小放气和大放气的气体可以回收，其回收方法有热法和冷热混合法。热法回收是从蒸煮锅放出的气体不经冷却，而借助喷射器直接通入回收锅进行 SO_2 的吸收和热量回收。

控制喷放气中 SO_2 的有效方法是对喷放气进行洗涤回收。洗涤液可用不同盐基的碱液。洗涤后的溶液回至制酸系统，SO_2 的回收率可达 97%。这对钠盐基和铵盐基操作甚为方便，但对镁盐基和钙盐基则需要复杂的泥浆洗涤系统。

蒸发系统排气的控制广泛采用的方法是将蒸发排气送至制酸系统。为了降低蒸发时排气的 SO_2 浓度，蒸发前可向废液中加盐基进行中和。

制酸系统排气中 SO_2 的控制一般是在吸收塔后设碱液洗涤装置回收尾气中的 SO_2，保持系统的密封，防止 SO_2 气体的泄漏，也是减轻制酸系统污染的重要措施。

对于废液燃烧炉的粉尘，多采用旋风除尘器捕集，也可用电除尘器或袋式除尘器捕集。燃烧炉烟气的 SO_2 通常用填料塔、文丘里吸收塔和湍球塔回收。

五、恶臭气体控制技术

硫酸盐法制浆生产过程中，除节机、洗浆机、黑液储槽、塔罗油回收系统、黑液氧化等排放的废气量大、污染物浓度低；蒸煮、蒸发和污冷凝水汽提排出的不凝性气体，虽然数量不大，但含有有臭味的含硫化氢和有机的还原硫化合物，污染物浓度较高。通常可在每一污染源装设集气系统，并将各污染源连接起来，进行集中处理。

臭气大致可分为两类。来自蒸煮器和蒸发器的废气和冷凝水浓度较高，容积较小，这类气体属于高浓度低容积气体（HCLV），称为高浓臭气。而从洗浆机、黑液槽、地沟等各处收集的臭气则属于低浓度高容积气体（LCHV），称为低浓臭气。在高浓臭气中有害化合物的浓度一般超过 10%，而低浓臭气的浓度则只有千分之几。

处理方法有燃烧法、氯化法、空气氧化法、液体吸收法、微生物法等。其中以燃烧法最经济，效果最好，应用较普遍。液体吸收法比较安全，并可回收硫。燃烧法是将收集的恶臭气体送到锅炉、石灰窑或碱回收炉内燃烧分解，其中石灰窑和碱回收炉内燃烧处理，有利于含硫气体分解，最为有效和可行，不需要另建燃烧装置，并可回收部分热量。

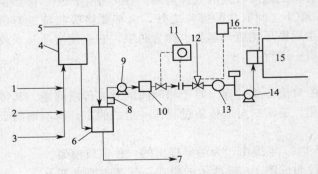

图 10-34　不凝性气体燃烧系统

1—蒸煮锅小放气及喷放不凝气体；2—多效蒸发器的不凝气体；3—松节油澌析器不凝气体；4—流量平衡装置；5—洗涤液进口；6—冷凝洗涤器；7—洗涤液出口；8—破裂片；9—辅助鼓风机；10—冷凝水捕集器；11—流量记录及控制装置；12—旁通阀；13—火焰灭阻器；14—鼓风机；15—石灰窑或回收炉；16—火焰灭阻控制器

典型的不凝性气体燃烧系统如图 10-34 所示。不凝臭气从流量平衡装置引入冷凝洗涤器除去水蒸气和松节油，经火焰灭阻器，再进入石灰窑的一次风管与空气混合而稀释，最后在窑内燃烧。不凝臭气在石灰窑内燃烧的温度一般在 1200～1400℃，还原硫化物可以完全燃烧，生成的二氧化硫大部分与石灰结合，变为亚硫酸钙。据生产实践证明，不凝臭气在石灰窑内燃烧，无论对回收的石灰质量或对苛化系统的操作都无不良影响。为了避免未被吸收的二氧化硫排放对大气的污染，石灰窑的废气应装设碱液（或白液）洗涤器洗涤。

不凝性气体洗涤的目的在于除去其中的部分硫化物和残余水蒸气，以进一步回收硫，并冷却气流，减小气流体积，同时可防止松节油烟雾引起燃烧装置故障。洗涤液可以用碱液或白液，常采用填料塔进行逆流洗涤。

不凝臭气还可用液体吸收法处理，即先用白液洗涤吸收其中的 H_2S 和 CH_3SH，再用氯水或漂白废水吸收处理剩余的有机硫化物。

要有效抑制这些废弃中的臭味，最普遍的做法是将臭气收集在一个密封系统中并加以焚烧。最近在加拿大又开发出化学氧化法，根据处理臭气效果较好，投资少，且简单易行。

高浓和低浓臭气要分别收集。一般用蒸汽喷射器将臭气从一个地方移送到另一个地方。所用管道配有必要的防爆、防火装置和冷凝水分离器。臭气燃烧时形成的二氧化硫要收集并返回到化学回收系统。

下面分别介绍三种臭气处理的方法。

（一）高浓臭气的焚烧法

在硫酸盐制浆过程中，高浓臭气是从蒸煮器和蒸发器排出的，一般送去石灰窑或碱回收炉焚烧。虽然其容积很小，但含硫量很高，表 10-44 列出其所含的主要成分，图 10-35 是芬兰常用的高浓臭气收集和处理流程。多数情况下，从汽提装置出来的气体，也与高浓臭气混合一起燃烧。

表 10-44　在硫酸盐制浆时形成和释出的臭气化合物和可生物降解物质数量

化　合　物		数量/(kgS/t 浆)	化　合　物		数量/(kgS/t 浆)
含硫化合物	硫化氢	0.5～1.0	无硫化合物	甲醇	6～13
	甲硫醇			乙烯醇	1～2
	二甲基硫	1.0～2.0		松节油	4～15
	二甲基二硫			愈创木酚	1～2
				丙酮	0.1～0.2

注：松木蒸煮时，松节油绝大部分被回收。

图 10-36 是国内某厂近期从国外引进的、兼含火炬燃烧系统的高浓臭气燃烧处理流程。可以看到，从蒸煮和蒸发过程来的高浓臭气经过公共水封槽收集后，用蒸汽喷射器抽吸，送入臭气液滴分离器，将臭气中的冷凝水分离，通过防爆器预防臭气发生爆炸，再送到火焰捕捉器。火焰捕捉器的作用是避免臭气在焚烧时发生回火，而造成设备爆炸事故。臭气经燃烧器喷到碱回收炉燃烧处理。燃烧器安装于碱回收炉的炉壁上，燃烧器喷嘴上安装有柴油和压缩空气，以便在碱回收炉启动或炉温较低时，喷入经雾化的柴油与臭气混合燃烧。

当碱回收炉发生故障，不能焚烧高浓臭气时，通过自动控制系统，臭气将自动切换，经过另一套臭气液滴分离器、防爆器和火焰捕捉器送到备用燃烧器——火炬燃烧器进行焚烧，这样确保臭气不会飘散到空气中影响环境。火炬燃烧器亦是以柴油为助燃焚烧臭气。从两台臭气液滴分离器和火炬燃烧器出来的重污冷凝水，用重污水泵送到重污水槽，再输送到废水处理站处理，避免发生二次污染。

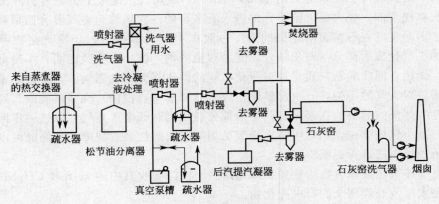

图 10-35　高浓臭气收集处理系统

（二）低浓臭气的焚烧法

低浓臭气主要来自洗浆机、黑液系统和塔罗油生产等处。为了解决臭味问题，所有这类臭气都需要加以收集，甚至包括地沟散发的臭味。收集低浓臭气在碱回收炉中焚烧的系统如图 10-37 所示。

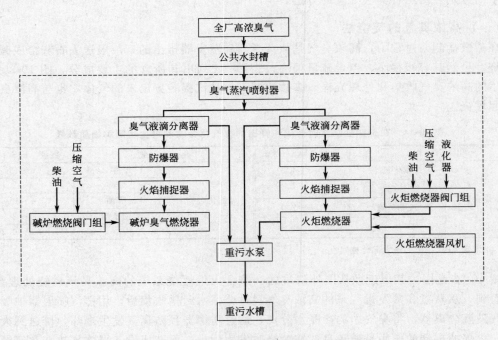

图 10-36　高浓臭气燃烧处理工艺流程

注：虚线内为国外引进设备。

为避免影响碱回收炉和石灰窑的作业，也有单独设置焚烧装置处理高浓或低浓臭气的。这种焚烧装置称为高温氧化装置（thermal oxidation）。在高温氧化（即燃烧）装置（图 10-38）中，还原硫化合物被氧化成二氧化硫。但这并不减少污染物排放，只是改变了污染物的化学结构而已。因此还必须除去二氧化硫后才能排入大气。

据称在芬兰有约 90% 的硫酸盐浆厂使用高温氧化装置。烧掉的气体主要是高浓硫化物

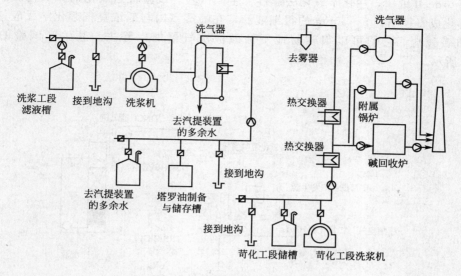

图 10-37　低浓臭气在碱回收炉中焚烧的系统

臭气。还有部分硫酸盐浆厂用同样方法处理低浓臭气；只有少数几个厂将臭气与三次风混合后送入碱回收炉。

　　高温氧化中，硫化物气体的催化氧化作用（catalytic oxidation）形成二氧化硫、二氧化碳和水汽。这种催化氧化作用适合于处理来自硫酸盐浆厂的臭气。

　　虽然国外用催化氧化法处理还原硫气体，已在小试中取得成功，但还没有投入商业运作，目前催化氧化法只用于处理溶剂和其他挥发性有机物。

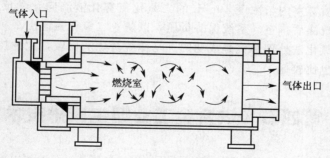

图 10-38　高温氧化装置

（三）低浓臭气的化学氧化法

　　存在于不凝气中的总还原硫（TRS）是硫酸盐浆厂臭气的原因。上面介绍了在石灰窑、碱回收炉或专用焚烧炉（高温氧化装置）中焚烧。但不凝气（NCG）的燃烧也有不少缺点，诸如吸入毒气的危险（旧锅炉由于老化而产生漏隙）、爆炸的危险、操作比较麻烦、为确保这些臭气安全地喷入石灰窑或碱炉中所需的安全装置较复杂并且操作费用和锅炉改造费都比较高。

　　加拿大制浆造纸研究所（PARICAN）已开发出简单易行的化学氧化方法。即利用强氧化剂（例如，用来漂白纸浆的次氯酸钠或二氧化氯）以化学方法氧化 DNCG（低浓度不凝气）中的污染物。这类化学品在漂白浆厂是现成的，不需要另行制造。

　　在加拿大制浆造纸研究所小型试验的基础上，2005 年在加拿大 Cascades 公司位于魁北克省的 Fjordcell 纸厂，用化学氧化法进行了生产试验。试验将强氧化剂二氧化氯溶液用压缩空气雾化成直径小到 5～50pm 的很细液滴，在喷雾室内与低浓臭气起化学反应，生成甲基磺酸和磺酸盐，它们可以很容易地用稀碱液洗气器加以除去。其生产试验的流程如图 10-39 所示。

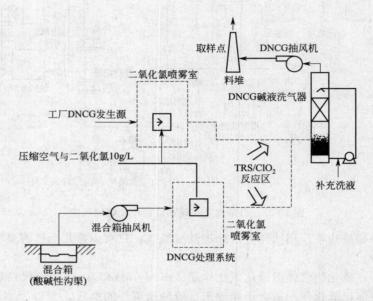

图 10-39　Fjordcell 厂低浓不凝气（低浓臭气）的收集、输送和氧化系统

　　从洗浆机、消泡槽等低浓臭气源和混合箱（工厂酸碱性沟渠）来的低浓臭气分别送入二氧化氯喷雾室，在喷雾室内与浓度 10g/L 的二氧化氯雾化液滴起化学反应，然后反应物去到稀碱液洗气器，洗涤后排空。系统保持负压，以防止二氧化氯泄出。

　　试验证明化学氧化法处理臭气是成功的。与传统焚烧法比较，此种技术的成本低廉且十分简单。设备投资也比较低。

第四节　铁合金工业烟尘减排技术

　　铁合金工业是钢铁企业中冶炼各类钢种不可缺少的还原剂和主要合金源。

　　铁合金冶炼生产一般有：电碳法（埋弧电炉-矿热电炉）、电硅热法（明弧电炉）、铝金属热法（炉外法）及湿法（酸液浸取富集）四大类。矿热电炉是钢铁冶炼所需大宗铁合金品种的主要冶炼炉种。

　　铁合金厂的烟尘污染源主要来自矿热电炉、精炼电炉（明弧电炉）、焙烧回转窑和多层机械焙烧炉等的持续排放，以及铝金属热法熔炼炉瞬时阵发性排放的烟尘。

一、有害物质及烟尘特点

1. 车间组成及有害物质

　　各类铁合金品种的生产车间（工段）组成及其生成的污染源与主要有害物质见表 10-45。

表 10-45　各类铁合金品种的车间组成及其生成的污染源与主要有害物质

车间、工段名称		生成污染的主要设备	主要有害物质
硅铁(75%,50%,FeSi) 高碳铬铁(HC FeCr 碳素) 锰铁(MnFe) 硅锰合金(SiMn) 硅铬合金(SiCr) 金属硅(Si) 硅钙(CaSi) 钨铁(WFe) 镍铁(NiFe)	原料工段	破碎机、斗式提升机、混料机、干燥机、振动给料机、料仓等	物料加工、转运、干燥等工序产生粉尘、热辐射和烟尘等
	冶炼工段	称量料仓、炉顶料仓、振动给料机、电极糊、破碎机、矿热电炉及其出铁口和浇铸场	电炉产生烟气、煤气、热辐射、出铁烟尘和铁水浇铸烟气、物料称量和电极糊破碎产生的粉尘
	精整工段	破碎机	粉尘
	硅钙制粉工段	破碎机、物料转运机械、振动筛等	物料加工、转运工序散漏粉尘,极易爆炸
钼铁(FeMo)	原料工段	破碎机、球磨机、干燥筒、提升机、料仓等	高温烟尘、粉尘、热辐射等
	焙烧工段	多层机械焙烧炉、链式输送机、集尘料斗、料仓和干式电除尘器等	高温烟尘、热辐射、常温粉尘
	熔炼工段	混料筒、中间料仓、破碎机、熔炼炉等	瞬时阵发高温烟尘、热辐射、常温粉尘
	回收工段	烟气洗涤设备、湿式电除尘器、浸出槽和沉淀槽等	洗涤设备泄漏烟气、酸气、酸雾
铝粒工段(Al)		反射炉、熔铝锅、雾化室、雾化筒、料仓等	热辐射、烟尘、铝末粉尘(极易爆炸)
钒铁(FeV)	原料、磁选工段	破碎机、球磨机、混料机,提升机、粉尘仓等	物料加工、转运过程产生粉尘
	焙烧工段	回转窑	高温烟气(含 SO_2、SO_3、Cl_2)、热辐射
	浸出、沉淀工段	浸出槽、沉淀槽	散逸酸气、水蒸气
	冶炼工段	电弧炉	高温烟尘、热辐射、出铁烟气
金属铬(Cr)	原料工段	破碎机、球磨机、混料机、提升机、料仓等	物料加工、转运过程产生粉尘
	焙烧工段	回转窑、提升机、破碎机、中间料仓等	高温烟尘、常温烟尘
	浸出、化学处理工段	浸出槽、化学反应罐等	散发酸气,并含有 Cr(Ⅵ)蒸气;反应罐排出的有害气体
	熔炼工段	筒式混料机、中间料仓、熔炼炉等	混料、卸料产生粉尘;冶炼时瞬时阵发高温烟尘、热辐射

2. 烟尘主要特点

烟尘主要特点如下。

（1）铁合金厂产生的废气量大、含尘浓度高　对于半封闭式矿热电炉,废气量（标态）为 $55000m^3/t$,含尘浓度（标态）为 $5.5g/m^3$。对于封闭式电炉废气（煤气）量（标态）一般为 $700\sim1200m^3/t$,其他窑炉的废气量（标态）为 $3000\sim100000m^3/h$ 不等,其含尘浓度（标态）为 $1.2\sim10g/m^3$。

（2）废气的烟尘危害性较大　矿热电炉的烟尘中含 10% 以上游离 SiO_2 的约占 20%,SiO_2 占烟尘总量的 90%,其烟尘粒度为 $0.02\sim0.25\mu m$ 的占 95%,危害硅尘污染区职工与居民健康。废气中还含有 SO_2、Cl_2、NO_x、CO 等有害气体,随铁合金品种不同,排放废气中其含量也不同。

（3）有较高的回收利用价值　净化回收铁合金烟尘有显著的经济效益、社会效益。钨铁电炉烟尘中含 WO_3 约 45%,钼铁多层机械焙烧炉和熔炼炉烟尘中,含 MoO 12%～50%;钒铁焙烧回转窑和熔炼炉烟尘中,含 V_2O_5 15%～20%;铬金属熔炼炉烟尘中,含 Cr_2O_3 约 60%;硅铁（75%）电炉烟尘中;含 SiO_2 约 90% 等。大部分可回炉重炼,以提高资源的收得率。含硅粉尘是水利部门水工构筑物和交通部水泥路面大量需求的添加剂,尚有许多铁合金品种的烟尘有待开发综合利用。

二、矿热电炉烟尘减排技术

矿热电炉是冶炼铁合金产品绝大部分的炉种，其冶炼工艺是：连续还原反应冶炼，炉料批量配比混匀陆续入炉，间断出铁，每间隔2～3h出铁一次，液态铁、渣共流，其基本生产流程如图10-40所示。

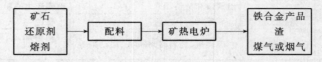

图10-40　矿热电炉生产流程

冶炼还原反应在于电炉熔池区高温电热反应，生成CO、CH_4和H_2等高温含尘可燃气体，称为炉气，它透过料层散逸于料层表面，当接触空气即形成高温高含尘的烟气，炉气量一般为700～2000m^3/t，依冶炼产品不同而异，含CO约75%，有机物0.69～35.9kg/t，SO_2 0.1～1kg/m^3，苯并芘0.058～0.28g/t。灰尘量一般为14.2～34.87kg/t，炉气温度低于700℃。

当铁合金冶炼过程对炉内物料不进行捣炉、拨料等料面操作的铁合金品种，其电炉一般为封闭型电炉。需要作料面操作的铁合金品种，其电炉一般为半封闭型电炉。按冶炼品种与炉型的不同，分为封闭型电炉的煤（炉）气净化、半封闭型电炉的高温烟气净化。

三、封闭型电炉煤（炉）气净化

全封闭还原电炉炉气量小，炉况稳定，操作自动化程度高，适宜冶炼高碳锰铁、高碳烙铁、锰硅合金等不需作炉口料面操作的铁合金产品。全封闭电炉冶炼时产生荒煤气，温度高、CO浓度高、含尘浓度高、易燃、易爆，烟尘特别细而轻，容易自燃。

（一）煤（炉）气技术参数

煤气流量、煤气温度和成分、煤气含尘量、烟尘成分与密度等，主要取决于冶炼炉况和封闭程度等综合因素，具体参数如表10-46所列。煤气量由于炉况的变化，其波动范围±25%。煤气温度在炉况正常状态下一般为小于700℃，当出现刺火、翻渣和塌料（瞬）时，煤气温度可达1000℃。烟气成分、含尘量亦均与冶炼炉况、封闭状态和入炉炉料的含湿量、颗粒等条件有密切关系。

铁合金电炉的煤（炉）气量一般由下列4个方面综合比较确定：①冶炼工艺数值；②按铁碳物料平衡以C、H_2和CH_4等挥发分还原反应生成气体量；③按经验数据0.25～0.3m^3/(kW·h)计算，其中"kW"是指电炉变压器向电炉输入功率；④按表10-46以每吨合金产品生成的煤气量计算。

（二）净化工艺流程

1. 湿法工艺流程

封闭型电炉炉盖密封、炉内炉压一般控制在10～40Pa范围内。由于煤（炉）气具有易爆、含较高有机物的特点，故以往煤气净化工艺一直沿用湿法净化工艺，湿法有利于消除不安全因数，工艺成熟。其洗涤水经冲炉渣过滤法或沉淀池凝聚法除去酚、氰、尘后，循环使用率达85%，基本不外排，消除了洗涤水对环境的污染。

净化后的煤气回收作为工业燃料使用，尘泥的综合利用待开发。

典型的煤气净化湿法工艺流程如图10-41所示。

表 10-46　矿热电炉煤（炉）气净化参数

铁合金品种	煤（炉）气量（标态）m³/t产品	煤炉气含尘量（标态）/(g/m³)	煤炉气温度/℃	煤（炉）气/%						煤（炉）气发热值/(kJ/m³)	烟尘成分/%							烟尘是颗粒分散度/%			烟尘堆密度/(g/cm³)	烟尘电阻率/Ω·cm
				N₂	CH₄	O₂	H₂	CO₂	CO		SiO₂	Al₂O₃	Fe₂O₃	CaO	MgO	C	Cr₂O₃	<10	<3	<1		
硅铁75% (FeSi 约75%)	1500~2000 （烟气）约50000	90~175 （烟气）约5.5	500~700	7.16 / 77.31	0.47 / —	— / 18.33	3.92(H₂O) / 1.3	0.54 / 3.06	87.92 / —	125000 / —	88.9	0.4	0.6	0.2	1.7	1.4	—				0.22~0.3	3.3×10¹²~5.5×10¹⁴
高铁铬铁 (HCFeCr)	约1100	40	500~800	14.7	0.74	1.0	8	6.2	70~80	10400~11300	18~22	614	5~10	<1.0	20~32	2.5~4.1	13~22				0.55	9.4×10⁴
碳素锰铁 (FeMn)	780~1050	50~150	500~700	9.8	6.2	1.2	4.4	4.3	74.1	11700	4.5	3.6	1.64	46.2	8.44	—	—				0.62~0.895	3.45×10⁸~4.7×10¹¹
锰硅合金 (SiCr)	800~1200	45~105	500~700	12	1.2	1.0	3.7~6.7	18~8.1	58~71	8000~10000	86	2.5	2.3	4.0	2.7	2.5	—	约8	约13	约9	0.654	1.3×10¹⁰~2.39×10¹¹
硅铬合金 (SiMn)	800~1200	40~60	500~700	2.5	—	0.3	8	6.2	83	10400	85~90	<0.4	0.2~5	1.0	0.3~0.7	0.5~0.8	—				0.25	1.3×10¹⁰
金属硅 (Si)											94.03	0.06	0.05	0.5	1.1	2.5	—				0.16	1.2×10¹¹
硅钙 (CaSi)				7.9		14		6.5			70	0.9	0.7	23.4	1.5	3.5	—				0.15	

注：烟尘电阻率值为 100~150℃ 范围内的测定值。

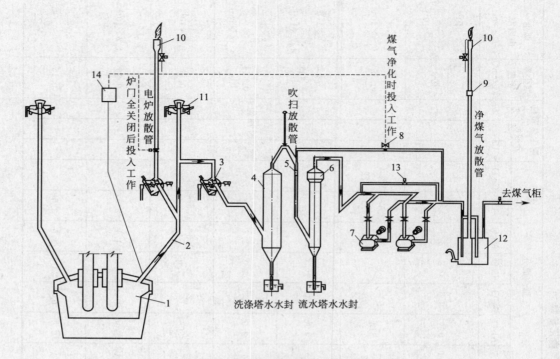

图 10-41　洗涤塔-文氏管洗涤器-脱水塔净化工艺流程

1—封闭型电炉；2—水冷管道；3—回转水封；4—洗涤塔；5—文氏管洗涤器；6—脱水塔；
7—罗茨鼓风机；8—煤气回流调节阀；9—阻止回火器；10—点燃器；11—安全水封；
12—煤气回流、放散水封；13—风机启动回流调节阀；14—炉压调节器

2. 干法工艺流程

由于湿法的局限性，近些年多采用干法工艺流程。典型的煤气净化干法工艺流程如图 10-42 所示。

（1）**系统设计处理气量**　系统设计处理气量按下式计算：

$$Q_s = G_0 Pqk \tag{10-15}$$

式中，Q_s 为系统设计处理炉气量（标态），m^3/h；G_0 为单位炉容产量，$t/(h \cdot kV \cdot A)$；P 为炉容量，$kV \cdot A$；q 为吨铁炉气量（标态），m^3/t；k 为炉气量富余系数，取 1.2。

（2）**炉气冷却**　全封闭还原电炉炉气量小而降温幅度较大，通常采用带火花捕集和预除尘功能的管壳式水冷却器冷却炉气，也可采用水冷密排管或机力空冷器。

采用余热锅炉代替管壳式水冷却器是当代技术发展的方向，尤其是大型铁合金企业，宜对多座大容量铁合金电炉集中建一个余热回收利用系统。

无论采用何种冷却设备，都必须采取防止冷却面粘灰、腐蚀、管路结垢、堵塞、热膨胀变形的技术措施，以及应会瞬时超温的监控手段。

（3）**除尘设备选型设计**　全封闭电炉的荒煤气净化后可作为二次能源和原料，要求含尘浓度（标态）不大于 $10mg/m^3$。采用正压式脉冲袋式除尘器，箱体采用圆筒形的结构，按压力容器设计，多筒体并联安装。选用 P84、PTFE 和超细玻纤复合针刺毡消静电滤料，经疏油防水处理或 PTFE 覆膜。过滤风速不宜超过 0.8m/min，清灰气源采用净煤气（或氮气）。设有完善的防燃、防爆安全监控措施，并对收下粉尘进行防自燃处理。

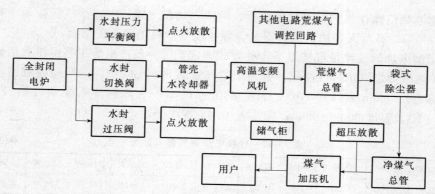

图 10-42 全封闭还原电炉干法除尘工艺流程

（4）变频调速风机选用　变频调速风机是控制电炉炉压、确保炉况稳定、安全生产和除尘系统正常运行的关键设备。变频调速风机应具有耐高温、耐磨和防腐、防爆功能，调速范围宜取 70%～100%。采用变频调速时，经常发生变频器与电动机负荷失衡现象：电动机离额定负荷尚有较大空间时，同容量的变频器已经超载跳闸。因此，变频器的选型应比电动机容量高一个规格。

（三）半封闭型电炉烟气净化

半封闭型电炉烟气净化如图 10-43 所示。

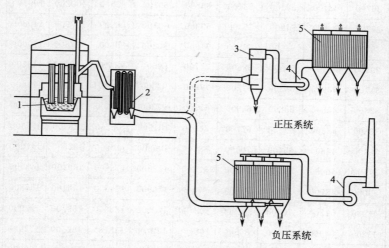

图 10-43　半封闭型电炉烟气净化设施
1—半封闭型电炉；2—U形管空气冷却器；3—预除尘器；4—主引风机；5—袋式除尘器

半封闭还原电炉采用人工加料，炉体密封性差，炉况不太稳定。半封闭还原电炉内会发生炉气和微尘的氧化燃烧，因此称内燃式电炉，我国现阶段大部分铁合金产品采用这种型式电炉生产。半封闭还原电炉在加料、捣炉、吹氧、出铁等作业阶段产生阵发性浓烈烟尘，当出现刺火、翻渣、塌料等不正常炉况时，烟气量和烟气温度会急剧升高。在生产含硅铁合金产品的过程中，其坩埚附近会产生 SiO 和 Si 蒸气，逸出料面重新氧化生成 SiO_2 粉状物，称为微硅粉，极具回收利用价值。

1. 烟气技术参数

烟气流量、烟气温度、成分、烟气含尘量、烟尘成分与烟尘密度等主要取决于冶炼炉况和半封闭烟罩侧门操作工艺，当出现刺火、翻渣和塌料（瞬）时，烟气量波动＋30％，烟气温度可达900℃，另与入炉炉料的含湿量、颗粒度等炉料条件至关重要。

半封闭型电炉烟气流量可按以下4种方式确定：①一般按冶炼工艺提供数值确定；②按表10-46矿热电炉煤（炉）气净化参数表中炉气量的80～100倍；③按经验数值，空冷系统烟气量（标态）6～8m³/(kW·h)，温度400～700℃；余热锅炉系统烟气量（标态）3～5m³/(kW·h)，温度800～100℃；④按表10-47查取。

表 10-47 硅铁电炉烟气量（标态）　　　　　　单位：m³/h

t/℃	5MW	8MW	10MW	15MW	16MW	20MW	24MW	25MW	30MW	32MW	35MW	40MW
1000	12800	20100	25100	37700	40200	50200	60300	62800	75300	80400	87900	100400
975	12900	20700	25800	3800	41300	51700	62000	64600	77500	82700	90400	103300
950	13300	21300	26600	39900	42500	53200	63800	66500	79800	85100	93100	106300
925	13700	21900	27400	41100	43800	54800	65700	68500	82200	87700	95900	109600
900	14100	22600	28300	42400	45200	56500	67800	70600	84800	90400	98900	113000
875	14600	23300	29200	43700	46600	58300	70000	72900	87500	93300	102000	116600
850	15100	24100	30100	45200	48200	60200	72300	75300	90400	96400	105400	120500
825	15600	24900	31100	46700	49800	62300	74700	77800	93400	99600	109000	124600
800	16100	25800	32200	48300	51600	64500	77300	80600	96700	103100	112800	128900
775	16700	26700	33400	50100	53400	66800	80100	83500	100200	106800	116800	135500
750	17300	27700	34600	51900	55400	69300	83100	86600	103900	110800	121200	138500
725	18000	28700	35900	53900	57500	71900	86200	89800	107800	115000	125700	143700
700	18700	29900	37400	56000	59800	74700	89600	93400	112100	119500	130700	149400
675	19400	31100	38900	58300	62200	77800	93300	97200	116700	124400	136100	155500
650	20300	32400	40500	60800	64900	81100	97300	101400	121600	129700	141900	162200
625	21200	33800	42300	63500	67700	84600	101500	105800	126900	135400	148100	169200
600	22100	35400	44300	66400	70800	88500	106200	110600	132800	141600	154900	177000
575	23200	37100	46400	69600	74200	92800	111300	115900	139100	148400	162300	185500
550	24400	39000	48700	73100	77900	97400	116900	121800	146100	155800	170500	198400
525	25600	41000	51200	76800	181900	102400	122900	128000	153700	163900	179300	204900
500	27000	43200	54000	81100	86500	108100	129700	135100	162100	172900	189100	216100
475	28600	45700	57200	85700	91500	114300	137200	142900	171500	182900	200100	228700
450	30300	48500	60600	90900	97000	12100	145500	151500	181800	194000	212100	242500
425	32200	51600	64500	96700	103200	129000	154800	161200	193500	206400	225700	258000
400	34500	55100	68900	103400	110300	137800	165400	172300	206800	220600	241200	275700
375	37000	59200	74000	111000	118400	148000	177600	185000	221900	236700	258900	29500
350	39900	63800	79700	119600	127600	159500	191400	199200	239200	255200	279100	319000
325	43300	69200	86500	129800	138400	173000	207700	216300	259600	276900	302800	346100
300	47200	75500	94400	141700	151100	188900	226600	236100	283300	302200	330500	377700
275	52000	83200	104000	156000	166400	207900	249500	259900	311900	332700	363900	415900
250	57800	92500	115600	173400	184900	231200	277400	289000	346700	404500	442400	462300

$t/℃$	5MW	8MW	10MW	15MW	16MW	20MW	24MW	25MW	30MW	32MW	35MW	40MW
225	65000	104000	130000	195000	208000	260000	312000	325000	390000	416000	455000	520100
200	74200	118800	148400	222700	237500	296900	356300	371100	445300	475000	519500	593800
175	86400	138200	172800	259200	276500	345600	414700	432000	445300	475000	519500	593800
150	103200	165200	206500	309700	330300	412900	495500	516100	519400	660700	722600	852800
125	127900	204700	255800	383700	409300	511700	614000	639600	767500	818600	895400	1023300
100	168000	268900	336100	504100	537700	672100	806600	840200	1008200	1075400	1176300	1344300

注：1. MW 是指变压器输入电炉的有效功率。

2. t 是指从半封闭烟罩排出的烟气温度。

半封闭型电炉烟气温度（半封闭烟罩排烟口的烟气温度）是根据净化工艺流程及混风量大小计算得出的。对于回收烟气显热的热能回收流程，一般控制在 800～900℃；不回收烟气显热的系统，一般采用辐射 U 形管空气冷却器冷却烟气，则烟气温度控制在 500～600℃，若烟气冷却采用在烟罩混入野风冷却，则烟气温度一般为 250℃以下（玻璃纤维滤袋）或者 130℃以下（工业涤纶滤袋）。

烟尘含尘量，烟尘成分及密度等参数见表 10-46。

2. 净化工艺流程

对冶炼工艺尚未解决的炉口料面操作（拨捣炉）的高硅质铁合金、FeSi 75%、硅钙、金属硅等品种的冶炼，由传统的敞口高烟罩发展为半封闭（矮烟罩）型电炉。半封闭罩是将电极把持器及短网等电炉主要部件均设置在罩外，烟罩口距电炉炉口 1.8m 左右，罩口以下周围设水冷围壁墙和活动封闭操作侧门，既改善了冶炼操作和电极等设备所处环境，又有效地控制了进入烟罩的助燃空气，并控制烟气温度，使烟气量大量下降，有利于节能和节省基建投资。

半封闭型电炉烟气净化工艺均采用干法净化流程，一般采用袋式除尘器。对于高硅质铁合金的烟尘电阻高达 $3.3×10^{10}～5.5×10^{12}Ω·m$，采用干式电除尘器时，则必须设置烟气增湿调质塔，使烟尘电阻率降到 $9×10^9Ω·m$ 才能适应电除尘器的特性。

干法净化工艺流程分热能回收型及非热能回收型两类。

（1）热能回收型净化工艺流程　高硅质铁合金半封闭电炉烟气的显热是个很大的潜在能源，它相当于电炉能量收入的 45% 左右，热能回收型一般设置余热锅炉回收烟气的显热，余热锅炉生产的蒸汽或热水可供采暖用。使用余热锅炉后，提高烟气温度，减少烟气量，相应地降低了袋式除尘器和主引风机的投资及运费，经济效益较显著。但采用余热锅炉必须解决粉尘黏附锅炉排管难以清除的问题。

（2）非热能回收型净化工艺流程　由于基建投资、冶炼操作和生产管理等因素，普遍采用非热能回收型净化工艺流程，如图 10-44 所示。

硅铁粉尘的综合利用，国内外试验研究成果较多，目前较实用的有 2 种途径：①硅铁粉尘经过增密处理，其堆积密度从 $0.22g/cm^3$ 增至 $0.68g/cm^3$，装袋外销供水泥厂做生产高强度水泥原料之一或作为硅粉混凝土；②在水利水电行业中的水工构筑上用作高流速下水工泄水建筑物的抗冲磨蚀、抗空蚀材料，已在水电枢纽的泄水闸等工程应用取得技术成果和经济效益。

四、矿热电炉出铁口排烟净化

矿热电炉出铁口排烟方式与电炉操作层（平台）结构形式和出铁操作平台、出铁口数量、位置等有密切关系，一般在出铁溜槽和液铁罐的上方与操作平台楼板底面之间设置垂直

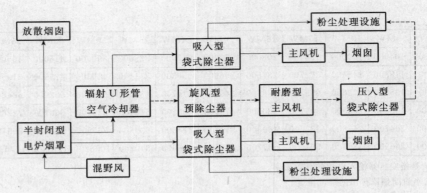

图 10-44　非热能回收型净化工艺流程

围板成为集烟罩（见图 10-45），如电炉有两个以上出铁口，则应设置环形集烟罩以捕集烟尘。烟罩的结构形式、外形尺寸应与主体工艺相协调，在不妨碍工艺操作的前提下，最大限度地将出铁口和液铁罐四周罩住，并设置围板以提高捕集率和排烟效果。

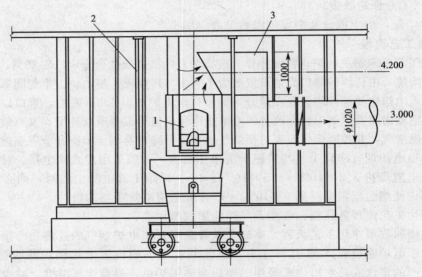

图 10-45　电炉出铁口集烟罩

1—出铁口；2—围挡板；3—集烟罩

　　封闭型电炉出铁口排烟一般设置独立的烟气净化系统，半封闭型电炉一般设置与主烟气净化系统相结合的装置，排烟风机捕集的烟气送入主烟气净化系统处理，或排烟风机捕集烟气单独处理。

　　出铁口排烟的烟气量，一般按冶炼工艺提供的经验数据采取，一般为 $45000\sim50000\text{m}^3/\text{h}$ 或按罩口截面流速 $2\sim4\text{m/s}$ 计算。

　　烟气温度一般为 $60\sim80℃$。

　　烟气含尘量约 1g/m^3。

　　多个出铁口排烟系统设计，只考虑一个出铁口的排烟气量，每个排烟管道与主烟道汇合处应设电动换向阀，以利操作控制。

　　排烟风机一般设在电炉冶炼跨二层或三层平台的适当位置，其基础应设防震措施，以防平台承受过大的振动负荷。

五、钨铁电炉烟尘减排技术

钨铁电炉属于矿热电炉法范畴,有炉体固定和炉体倾动之分别,入炉原料为 WO 精矿或白钨精矿、硅石、硅铁等。冶炼过程由加料、初炼、精炼和贫化期等组成,最后(停电)放渣。

由于冶炼工艺的需要无法密封,采用敞口炉型冶炼,冶炼过程特别在挖铁、磕勺操作时,产生高温烟尘和高温辐射。

1. 烟气技术参数

(1)烟气量 钨铁敞口型电炉的排烟罩无法做到密封,烟气量一般按排烟罩开口面积和不严密处的缝隙保持一定的进气流速,进气流速的确定为:固定式电炉 0.6~0.7m/s;倾动式电炉 0.8~1.2m/s。

亦可按电炉配备的变压器容量取 20~40m³/(h·kV·A) 计算。

(2)烟气温度 烟气温度与电炉冶炼操作密切相关,加料精炼初期,物料吸热使烟气温度有所下降,以后每加一次料,烟气温度均有明显的波动,系统设计烟气温度一般为小于 250℃。

(3)烟气含尘量 由于入炉物料料批成分的变化因素,烟气含尘量的变化很大,一般根据冶炼操作的实际经验,可按表 10-48 选定。

表 10-48 烟气含尘量

冶炼阶段	含尘量(标态)/(mg/m³)	冶炼阶段	含尘量(标态)/(mg/m³)
熔化、精炼期	1120~1400	贫化期	1530~4410
挖铁(出铁)	2060~2100	平均	1660~2550

(4)烟气成分 敞口型电炉冶炼生产时,由于混入大量冷空气,使各冶炼期烟气成分变化不大,烟气成分如表 10-49 所列。

表 10-49 烟气成分

冶炼期	烟气成分/%			
	N₂	O₂	CO₂	其他
精炼	80.6	18.0	1.0	0.4
挖铁(出铁)	80.4	18.45	0.9	0.25
贫化	80.75	17.9	1.1	0.25

注:表中其他成分主要是 CO、SO₂ 及有色金属的挥发物,烟气密度(标态)约为 1.3kg/m³。

(5)烟尘成分 烟尘化学成分见表 10-50。

表 10-50 烟尘化学成分 单位:%

采样地点	化学成分					
	WO₂	FeO	SiO₂	MnO	S	其他
除尘器灰斗	44.8	20.99	7.99	9.05	0.23	17.26
屋面积灰	41.84	17.85	11.76	8.94	0.23	19.4

注:表内其他成分含有 P、S、C、Al₂O₃、Cu 及 Bi 等。

烟尘堆积密度约为 2.2t/m³,烟尘平均密度约为 3.85t/m³。

(6)烟尘分散度

<1.5μm	78.7%
1.5~3μm	18.6%
>3.6μm	2.7%

2. 烟气净化工艺流程

为治理烟气和金属原料的回收综合利用，一般烟气净化工艺均采用干法净化工艺流程（图 10-46），通常选用袋式除尘器。

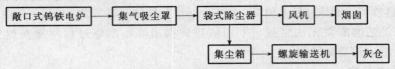

图 10-46　钨铁电炉烟尘治理工艺流程

袋式除尘器处理钨铁粉尘比较成熟，其净化效率可达 99％以上，但维护管理要求较严格。

六、原料成品、料仓除尘

钨精矿、硅铁及焦炭均存放在各自的料仓中。料仓受、卸料和胶带输送机的受、卸料等处散发常温粉尘，应设计除尘系统。

各料仓的胶带输送机的受料点、卸料点，振动称量给料机卸料点等散发常温粉尘，根据一般除尘系统设计原则，可设置分散独立的小系统，或集中的大系统，如图 10-47 所示，除尘器选用袋式除尘器。

电极糊破碎和合金成品破碎采用颚式破碎机，一般设置独立的袋式除尘系统。

七、硅铁矿热炉烟尘减排与回收实例

某硅铁矿热炉烟气治理，包括新建一套集除尘、SiO_2 回收及相应的电控于一体的系统，

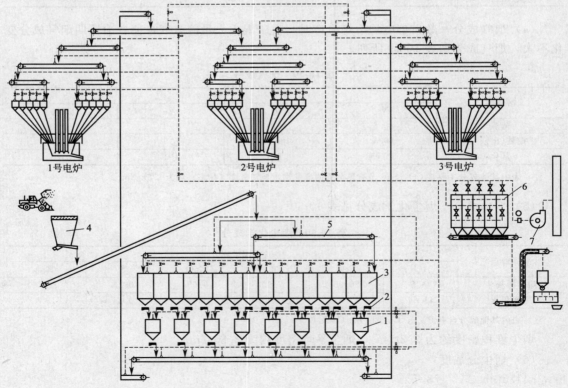

图 10-47　料仓配料设施除尘系统

1—称量料仓；2—振动给料器；3—料仓；4—炉顶料仓；5—胶带输送机抽风点；6—袋式除尘器；7—主风机

用于净化 $2 \times 6300kV \cdot A$ 硅铁矿热炉在生产过程中产生的烟气，并且有效回收粉尘中的 SiO_2。除尘工艺设计技术性能指标见表 10-51。

表 10-51　除尘工艺设计技术性能指标（每台炉）

序　号	项　　　目	参数或指标
1	处理烟气量/(m³/h)	80000～90000
2	处理烟气温度/℃	<250
3	过滤面积/m²	2375
4	滤袋材质	玻纤覆膜复合滤料
5	过滤速度/(m/min)	0.56～0.63
6	设备阻力/Pa	800～1600
7	入口含尘浓度(标态)/(g/m³)	<30
8	出口含尘浓度(标态)/(mg/m³)	<30
9	除尘效率/%	>99.5
10	回收的硅粉中 SiO₂ 含量/%	≥92

（一）除尘工艺设计

1. 系统工艺流程

系统工艺流程（见图 10-48）所示。

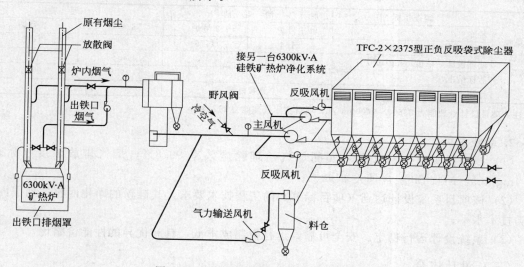

图 10-48　硅铁矿热炉烟尘治理工艺流程

2. 除尘设备及配件选型

（1）预采器　根据宁夏某铁合金厂提供的技术目标要求——经回收处理后的粉尘中 SiO_2 大于 92%。该工程的第一级分离设备采用预采器。预采器的工作原理是将粉尘颗粒经旋风处理，大颗粒粉尘在离心力作用下，沿筒壁旋转，沉降于灰斗，从而达到提高料仓粉尘中 SiO_2 含量的目的。

（2）除尘器　硅铁合金炉在冶炼生产过程中所产生的烟气特点：高温、所含粉尘质轻粒细。除尘器是该系统的关键设备，需低阻高效，并且除尘器的清灰再生性能要好，因此，采用了上海市凌桥环保设备生产的正压式反吸袋式除尘器。

（3）微孔薄膜复合滤料　对于微细粉尘的污染控制和回收，微孔薄膜复合滤料具有其他滤料无可比拟的优越性。由于 SiO_2 粉尘质量非常轻（宽度约为 200kg/m³），而且黏性比较大，如采用不覆膜的滤料清灰不容易清彻底，致使滤料袋外表面残留粉尘层，增大除尘器的运行阻力，由于微孔薄膜复合滤料所固有的优越性能，粉尘不易在其表面黏结，清灰十分彻底，因此除尘器能在低阻下运行。

（4）特殊星形卸灰阀 在星形卸灰阀的阀芯结构设计中，对侧板和叶片采取严格的密封措施，采用外置型轴承，阀芯采用进口特氟龙涂层抗腐防黏结处理，密封性能好，故障率小，运转灵活，检修方便，使用寿命长。

（5）灰斗防结料装置 因粉尘质轻粒细且黏，在灰斗内部易产生粉尘搭桥板结现象，影响除尘器的正常运行。选用仓壁振动器装置预防灰斗结料。

（6）气力输灰系统 输灰系统早期为螺旋输送机输送方式，后改为刮板机、斗提机、储灰罐等更可靠的方式。但仍然存在易损件多，维护检修工作量大，环境二次扬尘不能彻底根治的问题。根据国外除尘技术发展动向和实际应用经验，气力输灰方式可以更全面地解决这方面的问题。因此，该项目采用气力输灰系统对除尘器收集的粉尘进行集中处理。

（二）运行效果

1. 测试数据

经安装调试成功，除尘系统达到设计要求。测试数据见表 10-52。

表 10-52 系统运行后的技术指标及投资情况

	调查指标	治 理 前		治 理 后	
	名称	1 号炉	2 号炉	1 号炉	2 号炉
污染物排放情况	处理设施前浓度/(mg/m³)	2164	1475	2164	1475
	处理设施后浓度/(mg/m³)			3.3	3.3
	达标情况/%			99.8	99.8
	排放去向	直接外排		排入大气	

注：项目设计处理能力 83500～94000m³/h，项目实际处理能力 112345m³/h。

2. 验收意见

（1）该项目实施运行 1 年，实测烟气治理除尘效率 99.8%，烟气排放浓度（标态）19.4mg/m³，回收 SiO_2 含量大于 92%；

（2）该项目系统设计达到（项目标书）的工程技术要求，其硅粉的净化回收达到国内外同类技术水平；

（3）系统设计运行稳定、安全可靠，运行机制成本低，具有优异的性能价格比。

（三）设计体会

（1）系统设计参数的确定 为了科学地进行除尘系统的设计，准确地确定除尘系统的处理烟气量和设计系统的阻力是非常必要的。排烟量不能太小，合理的烟气量能保证冶炼时烟气不"外冒"，不致污染工作环境；但是风量又不能太大，因为大量烟气会带走大量的热量，影响电炉的正常冶炼。另外，系统阻力的正确计算能保证风机在工作点上运行。防止风机运行偏离工作点，由此导致的系统风量不足或抽力不够。

（2）除尘器技术性能参数的确定 考虑到本系统处理的粉尘属于超细粉尘，即中位径 d_{p50} 很小，粉尘粒径均为亚微米以下。因此除尘器的风速不可太高，该项目除尘器过滤风速设计值约为 0.50～0.60m/min，实践证明此过滤风速范围是可行的。

（3）反吸风系统 为了实现正压除尘器的"三状态"清灰，防止粉尘沉降中途回吸，该项目选用了回转切换停风阀。在反吸风系统成功运行停止阀，由于停止阀采用汽缸控制，因此可减少粉尘通过反吸风管道循环进入除尘器的可能性。

（4）输灰系统设计 除尘收下 SiO_2 特性——粉尘粒径超细、质量轻，堆积密度约为

$0.26t/m^3$，因此 SiO_2 粉尘的输送设计采用高压气体输送。通过高压风机的抽吸作用，粉尘被集中输送至料仓，最后装袋外运。

（5）硅粉回收　除尘器收集的硅粉、粒度极细，成分以 SiO_2 为主，堆积密度约为 $220kg/m^3$，在扫描电镜下观察呈球状，非晶质玻璃相，粒径绝大部分小于 $1\mu m$，最细 $0.01\mu m$。硅粉可在化工、水泥、耐火材料、水工、抗腐蚀等方面应用。

八、钼铁冶炼烟尘减排技术

钼铁冶炼产生烟尘主要是原料工段的焙烧炉和熔炼工段的熔炼炉，其次是原料的干燥、破碎、运输等过程。

（一）焙烧炉烟尘净化

1. 烟气技术参数

（1）烟气量　烟气量应从使焙烧炉各层均处于微负压 $-2\sim-5$ Pa 操作工况下确定，以满足回收铼（Re）和烟气净化需要，实测的烟气量见表10-53。

（2）烟气温度　焙烧炉烟气中含有 SO_2、SO_3 及铼的氧化物等气体，铼元素造成烟气的露点温度较高，约为 $170\sim190℃$，为此进入除尘器之前的烟气温度必须高于露点温度，一般进入除尘器之前的烟气温度应控制在 $200\sim250℃$，从焙烧到除尘器的管道降温应进行严格控制，管道须设置保温隔热层，一般烟气温度见表10-53。

（3）烟气含尘量　焙烧炉烟气含尘量的数据见表10-53。烟气净化设计必须满足钼精矿、铼金属及二氧化硫的回收要求。

表 10-53　焙烧炉的烟气量、烟气温度及含尘量

焙烧炉性能		烟气量(标态) /(m^3/h)	烟气温度/℃	含尘量(标态) /(g/m^3)
层数/底面积/m^2	产量/(t/h)			
8/140	$0.55\sim0.58$	$11300\sim12200$	452	$1.97\sim2.47$
12/280	0.84	17200	$400\sim500$	$2\sim2.5$

（4）烟气成分　烟气成分及其密度见表10-54。

表 10-54　焙烧炉的烟气成分及密度

烟气化学成分(体积分数)/%					烟气密度 /(kg/m^3)
SO_2	CO	CO_2	O_2	N_2	
约1.2	1.7	6.59	13.06	77.45	约1.3

（5）烟尘成分　烟尘的化学成分及其密度见表10-55。

表 10-55　烟尘的化学成分及密度

取样部位	烟尘化学成分/%						烟尘密度 /(t/m^3)
	Mo	SiO_2	FeO	CaO	Al_2O_3	MgO	
降尘斗	50.73	10.86	2.11	2.94	2.35	2.44	密度1.28
电除尘器	44.05	9.6	2.25	1.05	0.87	3.41	堆积密度0.522

（6）烟尘颗粒分散度　烟尘颗粒分散度见表10-56。

表 10-56　烟尘颗粒分散度

粒度	<3.3	6.6	9.9	13.2	16.5	19.8	>20
质量分数/%	44	24.5	13	5.5	4.3	1.4	7.3

2. 烟气净化工艺流程

烟气净化工艺流程须满足下列要求。

（1）从烟气中回收钼精矿　钼精矿焙烧过程中约有 5% 的钼精矿被烟气夹带，如不加以回收，不但使冶炼工艺金属回收率降低，而且给回收铼和处理 SO_2 造成很大困难，为此选择干式除尘器的净化率必须高于 95% 以上。

（2）从烟气中回收稀有金属铼（Re）　烟气中的铼是以气态氧化物存在，当烟气温度冷却到 100℃ 以下时，大部分铼氧化物以 $1\mu m$ 的粒度呈烟雾状出现，回收铼一般常用湿式净化设备。

（3）烟气含 SO_2 必须治理，消除其污染，并为 SO_2 综合利用创造条件。

根据钼精矿焙烧炉的烟气上述特殊性，其烟气净化工艺流程一般如图 10-49 所示。

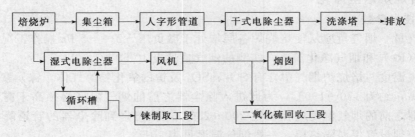

图 10-49　钼精矿焙烧炉烟气净化工艺流程

烟气净化工艺流程布置和设计时，需注意以下几点。

（1）焙烧炉至干式电除尘器管道应尽量缩短，以保证进入除尘的烟气温度在 200~250℃，否则应有加温设备。

（2）烟气管道应保温（耐火砖衬里），其倾斜角度不应小于 50°，以防止管道内积灰。

（3）集尘箱或集灰斗内，烟气通过的流速一般按 2~3m/s 设计，集灰装置应考虑保温以防内表面结露腐蚀，集尘箱卸灰装置应严格密闭，以防止冷空气渗入。

（4）一般选用四电场卧式干式电除尘器，电除尘器的外壳应有保温设施，粉尘输送一般配螺旋输送机运至集中卸灰点。

（5）为满足干式电除尘器的工作特性，在进入电除尘器之前，应设置降低烟气电阻率的调质塔。

（6）湿式电除尘器一般采用立式管状结构，极管为不锈钢管内衬铅板或采用复合塑料及纯塑料等耐腐蚀材料制成。湿式电除尘器的主要任务是捕集从洗涤塔后烟气中夹带的酸雾。

（7）洗涤塔主要任务是将烟气温度降至 50℃ 以下，使铼的氧化物得到充分的冷凝，同时将烟气含有的 SO_2 被水吸收而形成 H_2SO_4，H_2SO_4 与铼反应而形成的酸液经反复吸收多次，当达到富集浓度后再进行铼的萃取工艺。因此，洗涤塔的材质必须由耐酸材料制成。

（8）主引风机一般采用不锈钢制成，当选用锅炉引风机时必须将烟气温度再行加热到 170℃ 以上，以防止腐蚀。

（二）钼铁干燥筒（窑）烟尘净化

钼铁干燥筒（窑）是干燥钼铁熔炼的原料，设计参数应按冶炼工艺数据，并与有关实测数据综合比较确定，见表 10-57。

表 10-57 干燥筒（窑）烟气技术参数

转筒干燥机 /mm×mm	干燥物料	产量 /(t/h)	烟气量(标态) /(m³/h)	烟气温度 /℃	含尘量(标态) /(g/m³)
φ1150×5000	钢屑	1.14	1540	257	1.47
	铁矿	1.06	1440	350	3.68
	硅石	0.58	1480	233	2.37
	石灰	0.305	1155	300	0.93

干燥筒烟气中的烟尘净化流程一般采用两极除尘，第一级高效旋风除尘器，第二级袋式除尘器。

（三）钼铁熔炼烟气净化

钼铁熔炼炉烟气技术参数可按如下确定。

（1）烟气量　根据实际测定，一般熔炼炉集烟罩排气量按 3000～5000m³/(h·t) 计算。

（2）烟气温度　熔炼炉物料反应时的烟气温度，一般约为 1500℃，最高可达 2000℃，经混合大量冷空气后，混合的烟气温度控制在 200℃左右。

（3）烟气含尘量　由于钼铁熔炼炉冶炼工艺是瞬时爆发型，集烟罩、排烟管道内烟气含尘量波动颇大，其实际数据见表 10-58，按表中测定数据，设计宜取 28～30g/m³。

表 10-58　烟气含尘量（实测数值）

序号	含尘量(标态)/(g/m³)	总平均含尘量(标态)/(g/m³)
1	51.2	
2	14.25	27.84
3	15.3	
4	30.6	

（4）烟气成分　烟气成分见表 10-59。

表 10-59　烟气成分

烟气	CO_2	CO	O_2	N_2
体积分数/%	0.43	5	14.3	80.25

（5）烟尘成分　烟尘的化学成分见表 10-60。

表 10-60　烟尘的化学成分

序号	Mo	SiO_2	FeO	Al_2O_3	MgO	CaO	备注
1	19.2	13.22	7.48	11.21	0.35	0.83	
2	19.01	14.68	8.01	14.86	0.95	0.83	
3	22.49	13.40	6.94	12.11	0.87	微量	
4	22.47	13.44	8.87	13.96	0.81	微量	电除尘器
5	23.40	14.60	8.62	12.59	0.14	0.54	

（6）烟尘颗粒分散度　根据对烟尘分析，烟尘颗粒分散度大致为：0～100μm，40%；100～500μm，60%。

由于熔炼炉冶炼工艺为瞬时爆发反应，物料被高温高速反应气流夹带比例比较大，因此烟气净化工艺必须考虑钼金属的回收，钼金属收得率对冶炼生产至关重要，对此净化工艺流程应选用净化效率高的除尘器。为了充分回收钼，一般采用干式净化工艺流程，净化设备为袋式除尘器。烟气净化工艺流程如图 10-50 所示。

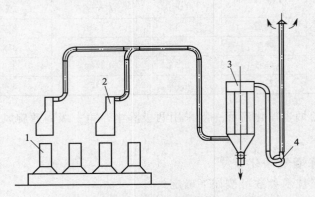

图 10-50　钼铁熔炼炉烟气净化工艺流程
1—熔炼炉；2—回转集烟罩；3—袋式除尘器；4—主引风机

（四）原料破碎、输送和配混料设施除尘

原料破碎、输送和配混料设施的通风除尘应根据破碎、输送设备的形式和输送方式确定。设计中首先要求工艺尽可能设置密封罩，一般设置集中或分散的除尘系统。

（五）铝粒烟气温净化

烟尘净化的设计参数，一般按工艺参数确定，或参考表 10-61 的数据。

表 10-61　铝粒烟气净化设计参数

工艺设备	烟气量(标态)/(m³/h)	烟气温度/℃
喷雾筒	为压缩空气量的 15～20 倍	180～200
雾化室	为压缩空气量的 6～10 倍	200～250
熔铝锅	按排烟罩口保持 2m/s 速度计算	—
铝粒卸料	按及气罩口保持 2～3m/s 速度计算	常温

烟尘净化工艺一般采用以下两种流程：①工艺设备→高效旋风除尘器→水洗冲激除尘器→主引风机→烟囱排入大气；②工艺设备→袋式除尘器→主引风机→烟囱。

设计时必须考虑下列措施以确保安全生产：①进入除尘器的烟气温度一般不应超过150℃，以预防铝粉燃烧；②风机和电动机应选用防爆型；③管道阀门等活动部件均应采用非金属材料制成；④风机室应设事故通风，以防止空气中粉尘浓度高，引起燃烧和爆炸。

（六）钼铁熔炼炉烟尘减排实例

1. 生产工艺流程及主要原料

钼铁冶炼的主要原料为：熟钼精矿、钢屑、硅石和石灰，用铝粒作还原剂。

钼铁冶炼工艺采用金属热法，又称炉外法，熔炼炉由多个炉筒和大沙坑组成，炉料装入炉筒引燃后，即刻瞬间高温氧化反应，还原熔炼成钼铁合金。生产工艺流程如图 10-51所示。

2. 烟尘来源、性质及处理量

烟尘来源熔炼炉瞬时剧烈高温氧化还原反应时喷发的废气，烟柱呈蘑菇云形，喷发时间每炉次持续 12min。

钼铁熔炼炉烟气主要含钼尘（精矿粉）和烟尘组成。

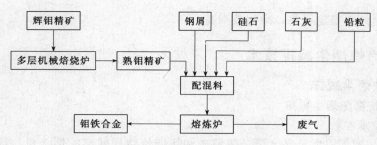

图 10-51　钼铁生产工艺流程

熔炼炉温度 2000℃时，烟气量约分 99500m³/h，平均含尘量 3.59/m³，烟尘颗粒分散度：0～5μm 为 50%，5～10μm 为 30%，10～50μm 为 20%。废气成分见表 10-62，烟尘成分见表 10-63。

表 10-62　钼铁熔炼炉废气成分

成分	CO_2	CO	O_2	N_2
体积分数/%	0.43	5	14.3	80.25

表 10-63　钼铁熔炼炉烟尘成分

成分	Mo	SiO_2	FeO	Al_2O_3	MgO	CaO
质量分数/%	23.60	14.68	8.62	14.86	0.94	0.54

注：取样于袋式除尘器灰斗。

3. 治理工艺流程和设备

治理工艺流程如图 10-52 所示。

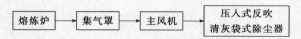

图 10-52　钼铁熔炼炉废气治理工艺流程

主要设备见表 10-64。

表 10-64　主要设备

设备名称	规　格		台　数
压入型低气布比袋式除尘器	处理气体量	62000m³/h	1
	滤袋室室数	6 室	
	滤袋规格	φ300mm×8000mm	
	每滤袋室袋数	48 条	
	滤袋总数	288 条	
	有效过滤面积	2116m²	
	滤袋材质	"208"涤纶	
主引风机	9-35 型离心式		1
	风量	62000m³/h	
	风压	4675Pa	
	配套电动机功率 115kW		

4. 治理效果

钼铁熔炼炉排放属阵发性烟气的治理。

净化设施投产以来，捕集率高达 96%，设备利用率 100%，净化效率稳定在 98% 左右，排放浓度符合国家排放标准，并回收了大量钼精矿粉。

除尘器除尘效率稳定可靠，净化效率高。

九、钒、铬冶炼烟尘减排技术

（一）钒铁烟尘减排

1. 钒铁回转窑尾烟尘减排

（1）烟气技术参数

① 烟气量、烟气温度及含尘量。钒精矿和钒渣焙烧回转窑的烟气量、烟气温度及含尘量应按工艺数值和表 10-65 的数据综合确定。

表 10-65　回转窑尾烟气量、烟气温度及含尘量

回转窑规格 /mm×mm	焙烧物料	烟气量（标态）[①] /(m³/h)	烟气温度 /℃	烟尘量（标态）[①] /(g/m³)
φ2300×38000	钒精矿＋芒硝、食盐	5800～6200	450～550	7～9
φ2300×38000	钒渣＋纯碱、食盐	4000～4400	300～380	7～8
φ2300×40400	钒精矿＋纯碱、食盐	7000～7500	400～450	8～10

① 烟气量为计算值，是按实际燃料消耗及烟气中含氧量进行计算得出。

注：窑尾灰箱的负压值一般按 196～248Pa 考虑。

② 烟气成分。烟气成分与钒渣焙烧所用的燃料及附加剂有关，如焙烧工艺采用芒硝和纯碱做附加剂时，其烟气成分中的有害物均以二氧化硫为主，二氧化硫与三氧化硫的比值为 20 倍左右，其主要反应式如下：

$$2FeO \cdot V_2O_3 + 2\frac{1}{2}O_2 \longrightarrow Fe_2O_3 + 2V_2O_5 \tag{10-16}$$

$$Na_2SO_4 \longrightarrow Na_2O + \frac{1}{2}O_2 + SO_2 \tag{10-17}$$

$$Na_2O + V_2O_5 \longrightarrow Na_2O \cdot V_2O_5 \tag{10-18}$$

反应式中 SO_2 量，取决于芒硝（Na_2SO_4）的加入量和其分解率为 90%，烟气量（标态）为 6000m³/h，则烟气含 SO_2 体积为 17m³，烟气含 SO_2 体积为 17/6000＝0.285%。

由此可知，用芒硝、食盐、纯碱为附加剂时，烟气成分发生了明显的变化，SO_2 的含量随附加剂食盐量的增加而逐渐减少，而 SO_3 的含量逐渐增加，当附加剂中芒硝与食盐之比为 5:1 时，烟气含少量或微量的 SO_2 与 Cl_2；当芒硝与食盐之比小于 5:1 时（即食盐配量稍增加时）烟气以 SO_3 为主；若食盐继续增加，烟气变成以 Cl_2 为主了。

焙烧工艺采用食盐、纯碱作附加剂时，烟气成分主要是氯气，其反应式如下：

$$NaCl + \frac{1}{2}O_2 \longrightarrow Na_2O + Cl_2 \tag{10-19}$$

可见 Cl_2 的生成量主要取决于食盐的加入量及其分解率。一般焙烧工艺，食盐加入量约为下料量的 6%～8%，分解率为 85% 左右。如焙烧窑的下料量为 1.5～1.7t/h，烟气量（标态）6000m³/h，烟气含氯的成分见表 10-66。

表 10-66　烟气含 Cl_2 的成分（食盐作附加剂）

Cl_2 产生的程度	Cl_2 生成量/kg	烟气含 Cl_2 体积容积/%
最小	70	0.32
中等	83	0.38
最大	94	0.45

钒铁回转窑尾烟气成分的测定数值见表 10-67。

表 10-67　回转窑尾烟气成分（食盐作附加剂）　　单位：%

Cl₂	CO₂	O₂	CO	N₂
0.2	3.4	14.4	1.8	80.2
0.8	2.8	15.2	0.5	80.7
0.6	3.0	15.2	2.8	78.4
0.4	5.6	15.6	4.2	74.2

注：回转窑燃料为燃油。

③ 烟尘成分。烟尘成分的测定值见表 10-68。

表 10-68　回转窑烟尘成分　　单位：%

CaC₂	MgO	Al₂O₃	SiO₂	V₂O₅	FeO	Na₂SO₄	NaCl	Na₂CO₃
3.02	0.32	3.52	21.3	12.28	4.12	3.5	2.34	8.48

④ 烟气含水量。烟气中含水量测定值（标态）为 $48g/m^3$ 左右。

（2）烟气净化工艺流程的设计

① 烟气净化的特殊要求。钒铁回转窑尾烟气中含有 Cl_2、SO_2 及 SO_3 等气体及钒精矿、钒渣等原料，具有重要的回收价值，其要求如下。

a. 对于确定 Cl_2、SO_2 气体不回收的净化工艺，则净化系统的净化效率为 98.5%，排放气体的含尘量（标态）要求小于 $100mg/m^3$；对于回收 Cl_2、SO_2 气体的净化工艺，其总的净化效率为 99.5%，即在 Cl_2、SO_2 回收设施前的烟气含尘量（标态）要求在 $20\sim50mg/m^3$ 左右，以保证综合利用的产品的质量。

b. 由于烟气中含有 Cl_2、SO_2、SO_3 等气体及水蒸气，要求管道及净化设备均设保温，以防止设备及管道被腐蚀、积灰堵塞。

c. 管道布置倾斜角度要求不小于 50°，应尽量避免水平布置，否则在水平管道上每隔 $4\sim6m$ 应设置积灰斗，灰斗下部应设闸板阀，以定期清理和排卸积灰，管道的转弯处应设清扫人孔。卸灰装置应采用双级卸灰阀，以防冷空气渗漏进入。

② 烟气净化工艺流程确定。根据钒铁回转窑尾烟气的特殊性及 Cl_2、SO_2 及 SO_3 等回收综合利用的要求，烟气净化工艺流程基本上用以下两种方式。

a. Cl_2、SO_2 回收时：回转窑烟气→旋风除尘器→干式电除尘器→洗涤塔→湿式电除尘器→主引风机→回收设施。

b. Cl_2、SO_2 不回收时：回转窑烟气→旋风除尘器→干式电除尘器→主引风机→烟囱。

在净化设备选型中，旋风除尘器、干式电除尘器的外壳必须设保温层，以防止结露腐蚀。洗涤塔、湿式电除尘器应采用耐腐蚀材料制成。主引风机用于回收流程时，风机必须用耐腐蚀材料制成。

2. 电冶炉烟尘减排

钒铁电冶炉的炉型为电弧炉，冶炼工艺与炼钢电弧炉相仿。

钒铁电冶炉烟气设计参数一般按冶炼工艺数据采取。对于 1.5t 电炉烟气设计参数如下：

烟气量（标态）	$35000\sim45000m^3/h$
烟气含尘量（标态）	$2\sim3g/m^3$
烟气温度	$40\sim80℃$，最高 $150℃$
烟尘堆积密度	$0.5t/m^3$

烟气化学成分   CaO 为 10.42%，MgO 为 18.87%，Al_2O_3 为 0.91%，SiO_2 为 2.6%，V_2O_5 为 0.36%

电冶电炉烟气净化一般采用干法净化，可参照炼钢电弧炉烟气净化工艺流程。

3. 原料准备及磁选工段通风除尘

钒渣的破碎、球磨、磁选、配料、混料及物料运输过程中均产生粉尘，应根据产尘设备的类别、数量、物料运输方式，确定除尘方式，一般尽可能要求工艺设置局部密闭罩，设置集中或分散的除尘系统。

除尘设备一般选用袋式除尘器，干灰应考虑重新返回工艺生产流程使用，以使钒渣得到回收。

（二）金属铬烟尘减排

金属铬生产工艺为：铬矿、纯碱、石灰石计量混合后，在回转窑内焙烧成熟料，熟料用水浸取，浸取液用硫黄还原成氢氧化铬，氢氧化铬经煅烧得氧化铬，氧化铬采用炉外铝热法冶炼为金属铬，其工艺流程如图 10-53 所示。

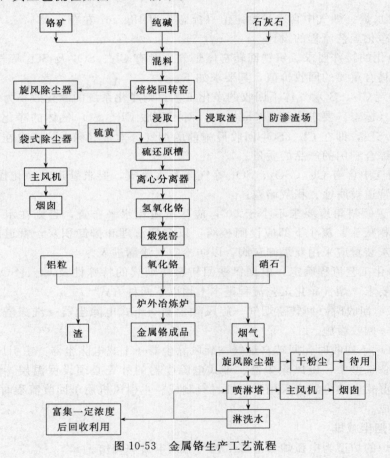

图 10-53 金属铬生产工艺流程

1. 窑炉设计的烟气净化

（1）回转窑烟气净化 一般回转窑的规格为 $\phi2300mm \times 32000mm$，下料量 2.5～3.0t/h，大窑一般均烧残渣油，窑尾设有砖砌的沉灰箱，烟气经灰箱沉降灰尘后，进入烟气净化，从灰箱引出的烟气参数如下。

烟气量（标态）7500～12000m³/h；烟气温度 550～600℃；烟气含尘量（标态）6～8g/m³；烟气成分：CO 为 10%，O₂ 为 8%，CO₂ 为 3.6%，N₂ 为 78.4%；烟尘成分：SiO₂ 为 6.6%，TCr₂O₃ 为 11.8%，Cr（Ⅵ）为 0.16%，Fe₂O₃ 为 4.16%，Na₂CO₃ 为 14.4%，Al₂O₃ 为 2%，CaO 为 19.6%，MgO 为 21.2%。

烟尘成分与入窑的生料成分相近似。

回转窑烟气具有湿度高、含尘量高的特点，应考虑热量回收与粉尘物料回收。烟气净化工艺流程一般为旋风除尘器、袋式除尘器两级干式除尘，进入袋式除尘器的烟气温度必须低于 200℃。

（2）铝热法熔炼炉烟气净化　金属铬冶炼工艺为炉外铝热法冶炼，制取金属铬，铝热法为瞬时爆发型，瞬时间爆发大量烟尘，烟尘含氮氧化物、六价铬和氧化铬，烟气为棕色有毒气体，其主要成分为 NOₓ、N₂ 和 O₂。烟尘主要成分为：Cr₂O₃ 60%，其余为 Na₂NO₃、Al₂O₃ 等。

一座年产 1500t 金属铬的炉外熔炼炉，其处理烟气量为 100000m³/h，烟气温度为 60℃。

根据炉外铝热法冶炼过程的特殊性，一般设置干湿混合的净化工艺流程：第一级为组合式旋风除尘器，第二级为喷淋塔。

组合式旋风除尘器主要回收含 Cr₂O₃ 60% 粉尘，喷淋塔主要吸收氮氧化物，以回收 Na₂Cr₂O₄ 的溶液，实现综合利用。

2. 原料工段通风除尘

原料破碎、粉碎、混配的各种设备及运输过程所产生的粉尘，应根据产尘设备的类别、数量、物料运输方式确定除尘方式，一般尽可能要求工艺设置局部密闭罩，设置集中或分散的除尘系统。

（三）金属铬烟尘减排技术实例

1. 生产工艺流程及主要原料

金属铬生产工艺：原料（铬矿、纯碱与石灰石）入回转窑内焙烧，烧后的熟料用水浸取，浸取液用硫黄还原，制成氢氧化铬 [Cr(OH)₃]。煅烧得三氧化二铬（Cr₂O₃）。氧化铬用外炉铝热法冶炼，制成金属铬。

主要生产原料：铬矿、纯碱、石灰石和硫黄，铝粒作还原剂。

2. 废气来源、性质及处理

废气来源于熔炼炉，每炉次约 20min 短暂时间内排放含氮氧化物、六价铬和氧化铬的废气和烟尘。

废气为有毒冶炼气体，其所含烟尘由 Cr₂O₃、NaNO₃、Al 等组成。废气主要成分为 NOₓ、N₂ 和 O₂ 等。废气处理约 80000m³/h。

3. 烟尘治理工艺流程和设备

熔炼炉废气治理工艺流程如图 10-54 所示。

主要设备见表 10-69。

4. 治理效果

炉外铝热法冶炼炉的烟气是爆发性间歇产生的，因此捕集较困难，烟尘治理工程投产后运行较好，基本消除了氮氧化物棕色气体，排气目测无色，废气捕集率达 98% 左右。

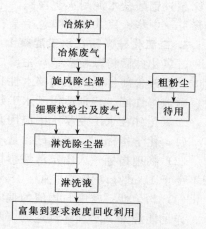

图 10-54　熔炼炉废气治理工艺流程

治理工程间歇运行，处理气量最大可达 100000m³/h，可回收含 Cr₂O₃ 60% 的干粉和含

Na_2CrO_4 100g/L 的溶液，Cr_2O_3 干粉外销，经济效益显著。

表 10-69　主要设备

设备名称	单位	规格	台数	备　注
旋风除尘器	组	ϕ1200 每组 2 个串联	2 组并联	风量 80000m^3/h，风压 3500Pa
淋洗除尘器	台	ϕ3200mm	1	
引风机	台	Y5-47No12.4D	1	
配套电动机	台	Y315S-4，$N=110$kW	1	

十、铁合金粉尘回收利用

铁合金冶炼品种很多，其排放的烟尘也很复杂，同时回收利用途径多种多样，回收价值很大，值得特别重视。

(一) 二氧化硅微粉的利用技术

硅铁合金生产，排放大量二氧化硅微粉，可用于建筑材料等。

1. 配置高强混凝土

二氧化硅微粉可作为混凝土掺合料配置高强混凝土，其强度等级为 60MPa 和 80MPa。

硅粉品质要求：SiO_2 大于 85％，烧失量小于 6％，比表面积大于 20m^2/g（用炭吸附法测定），强度等级为 60MPa 和 80MPa。

掺二氧化硅微粉的高强混凝土国外已用于海洋石油钻井平台、大跨桥梁、隧洞、耐磨耐腐路面、高层建筑和水利工程中。我国利用二氧化硅微粉作混凝土掺合料配置的高强混凝土也已在隧道工程、海港工程中应用。

2. 二氧化硅微粉在不定型火材料中应用

不定型耐火骨料是由耐火骨科和粉料结合剂或另掺外加剂以一定比例组成的混合料，能直接使用，是一种不经煅烧的新型耐火材料。

在不定形耐火材料中尤其以低水泥系列耐火烧注料中掺入适量的二氧化硅微粉与高效减水剂可降低浇注料的水泥用量和拌合用水量，提高体积密度，使气孔率降低。同时由于二氧化硅微粉具有很高的活性，可以提高浇注料、喷补料的常温、中温、高温强度。其各项性能指标超过铝酸盐水泥耐火浇注料。不定形耐火材料用二氧化硅微粉的技术要求、试验方法等请参见《中华人民共和国黑色冶金行业标准》（YB/T 115—2004）。

3. 二氧化硅微粉在水工混凝土中应用

二氧化硅微粉颗粒极细，主要成分是二氧化硅，掺入混凝土中具有的火山灰效应和微粒效应，能改善新拌混凝土的泌水性和黏聚性，增加混凝土的强度，提高混凝土的抗渗、抗冲磨、耐蚀等性能。特别适用于水工建筑物中有抗冲磨、耐蚀等要求的部位。

二氧化硅在水工混凝土中应用其品质指标如下。

(1) 化学指标　二氧化硅含量不小于 85％，含水率不大于 3％，烧失量不大于 6％。

(2) 物理指标　火山灰活性指标不小于 90％，细度 45μm，筛余量不大于 10％，比表面积不小于 15m^2/g（任选一种）。

(3) 均匀性　密度与均值的偏差不大于 5％，细度筛余量与均值的偏差不大于 5％。

详见能源部、水利部制定的《水工混凝土硅粉品质标准暂行规定》。

(二) 钼铁尘的综合利用

钼铁冶炼时，粉尘通过熔炼炉烟罩后，进入布袋除尘器集尘箱，经由管道进入布袋内壁。当布袋内壁产生一定阻力后，开始反吹风，把粉尘吸落到灰仓。清灰之后，回转星形阀，螺旋输送机将灰送出，回炉作钼铁原料利用。钼铁渣中含有 0.3%～0.85% 的钼，国外采用磁选的方法得到 4%～6% 的钼精矿，回收使用。

（三）铬尘的综合利用

通常，铬铁合金厂中固体废弃物主要来源于高温生产工艺中产生的炉渣和尘泥。高碳铬铁渣黏度大、熔点高，渣铁无法完全分离。一般来说，每生产 1t 高碳铬铁合金大约要产生 1.1～1.2t 废渣；同时在铬铁合金埋弧炉冶炼过程中，由于元素的高温蒸发、电极孔飞溅出的渣铁和装料过程中炉料细小颗粒随尾气排出还会产生约 25kg 的烟尘。对于铬铁合金粗烟尘在造球后可以直接返回到埋弧炉，而细烟尘不宜直接回收，可以采用湿法冶金工艺回收锌或采用固化/稳定化工艺来生产水泥或黏土砖。

（1）作炼铁熔剂　将铬渣作为熔剂配入铁矿粉中，经烧结制成自熔性烧结矿用于炼铁，这样渣中六价铬得到彻底还原，并做到无害治理。但所得生铁含有少量的铬（1%～2%），可作特种生铁利用。

（2）附烧铬渣　旋风炉热电联厂附烧铬渣的方法是 20 世纪 80 年代后期发展起来的新型铬渣还原解毒的治理新技术，鉴于旋风炉附烧铬渣具有热强度大、炉温高的特点，它能在较小的空气过剩系数下，形成一定的还原区和还原动力，有利于六价铬的还原解毒，使六价铬还原成三价铬。燃渣又以液态排渣方式排放出来，再经水淬固化为玻璃体，在沉渣池内沉降，这种铬渣可用做建筑材料。水淬水循环利用，不排水。尾渣经电除尘器除尘，经电除尘后捕集的尾灰全回熔，消除了二次污染，保护了大气环境。

（四）钼铁粉尘的回收利用实例

年产钼铁 3500t 铁合金厂采用炉外冶炼法生产钼铁，即在反应炉内，烧后的熟钼矿为主要原料，用铝粉、硝石作还原剂，用镁点燃还原剂的金属热法进行冶炼。炼料在炉内反应强烈，瞬时炉内可达 2000℃ 的高温，并产生大量含尘的烟气，短时间内含尘烟气的产生量可达到 99500m³/h，平均含尘量为 35g/m³，每炉含尘烟气的排放时间为 12min。

1. 含钼粉尘的产生量及组成

冶炼钼铁，每炉约产生含钼粉尘 45kg，平均每吨钼铁产生 12.4kg。

含钼粉尘的化学组成及含量：MoO_3 60.5%，SiO_2 14.7%，FeO 8.0%，Al_2O_3 14.9%，MgO 1.0%，CaO 0.8%。

含钼粉尘的粒度分布为：0～5μm 的占 50%，5～10μm 的占 30%，10～50μm 的占 20%。

烟气成分为：N_2 83.3%，O_2 14.3%，CO 2%，CO_2 0.6%。

2. 粉尘收集工艺及操作条件

粉尘经过烟罩后，正压进入布袋除尘器集尘箱，经由短管进入布袋内壁。布袋材质为 208 工业涤纶绒布，布袋长 8m，直径 0.3m，中间按等距离分为 5 段，用铝圈夹箍把布袋支撑起来。当布袋内壁产生一定阻力后，开始反吹风，把粉尘吸落到灰仓。清灰之后是回转星形阀，螺旋输送机将灰送出，回炉作炼钼铁原料利用。

粉尘收集的操作条件是，在点燃炉料的同时，启动风机，待自动切换后，开启蝶形阀板呈 55°，冶炼 20min 后，当操作室的 U 形压力计的阻力达到 1177～1569Pa（120～160mm H_2O）时，开始反吹，清灰操作（反吹）时，将蝶形阀板关至 0 位，再依次打开 1# 仓反吹阀板，反吹时间 10min。六个仓轮流清灰，其余五个仓处于过滤的工作状态，按次序完成六个仓的反吹清灰后，关停反吹风机、关闭反吹阀板。

3. 主要设备

（1）型号 9-35 型 13.5 号离心风机一台，风量 6.2×10⁴m³/h。风压 4677Pa（477mmH₂O），

配套电动机功率为 155kW。

（2）布袋除尘器高 14m，长 9m，宽 5.5m，总高度 25m，共 288 个布袋，有 12 个检修门，中间设有检修通道。

（3）回转星形阀直径 400mm，分别由 6 台 JTC 型减速异步电动机驱动。

（4）设有 6 个 CE600 仓壁振动器，防止棚料振动。

（5）ϕ400mm 螺旋输送机，长 13m，由一台 17kW 电动机与 EQ500 减速机驱动。

操作室室内面积 16m²，设有控制台。6 组 U 形压力计、自动降压启动器。

4. 处理效果

从环境效益上讲，钼尘是重污染源，直接影响厂区工人的身体健康。建了治理设施后，消除了冶炼中产生的"烟尘"，解决了一大公害；从经济上看，每炉可回收钼尘 45kg，平均每冶炼 1t 钼铁收尘 12.4kg，其平均含钼量为 14%，折合成含钼 45% 的熟钼矿为 3.84kg，全年可回收 MoO₃ 13.44t。

（五）铁合金厂冷凝硅粉的回收利用实例

1. 生产工艺及烟尘来源

铁合金厂的冷凝硅粉是冶炼工业硅和 75% 硅铁时收集的烟尘。日产工业硅 2.29t，年产约 800t。

（1）冶炼工业硅主要原料

硅石：$SiO_2 \geq 99\%$，$Al_2O_3 \leq 0.3\%$，$CaO \leq 0.2\%$，$Fe_2O_3 \leq 0.15\%$。

石油焦：按灰分 <0.5%，挥发物 >12%。

木块：无铁钉，无树皮。

木炭：无含铁杂物。

（2）生产工艺　硅石、石油焦、木炭、木块，经精确配料（±0.5kg）后称作炉料，炉料倒在炉口四周平台上，拌匀后用煤铲一铲一铲地加入炉内（2700kVA 矿热电炉），使电极四周的炉料形成均匀的锥体，不允许偏加料，加料速度必须与用电量的多少相适应，使电极稳而深地插入炉料，炉气经炉膛上部料面均匀排出，炉料沿炉缸上部的整个有效截面而下沉，熔体硅出炉正常，出炉量与电量和原料消耗一致，电极的电流负荷稳定。每次出炉排放出少量液态熔渣，其凝固后便是硅铁冶炼渣（这种渣非本文所述的渣）。工业硅生产工艺流程见图 10-55。

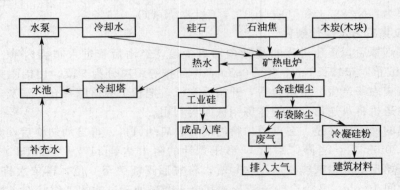

图 10-55　硅铁生产工艺流程

（3）硅粉的来源　在冶炼工业硅时，炉口上的炉气（烟气）经吸气罩收集，用风机压入布袋除尘器，净化后的烟气排入大气，布袋除尘器收集到的粉尘即为冷凝硅粉。

2. 冷凝硅的产生及其组成

（1）冷凝硅粉的生产过程　硅石中 SiO_2 被碳还原生成 SiO 和 Si，其反应如下：

$$SiO_2 + C \longrightarrow CO + SiO$$

$$SiO + \frac{1}{2}O_2 \longrightarrow SiO_2$$

$$2SiO \longrightarrow Si + SiO_2$$

实际上炉子内反应十分复杂，在炉子各部分存在着数量不等的、分布不同的固液态 Si、SiO_2、SiC、C 和气态的 SiO、CO、SiC、Si 等。在实际生产中电极上吊挂着许多白色的细粉，电极"刺火"及排出工业硅时冒出的白烟，经分析其主要成分是 SiO_2，它们是蒸气硅（Si）及 SiO 气化合被氧化的产物。生产硅铁时，硅的挥发损失除硅蒸气外，绝大多数是以 SiO 形式逸出料面。同时还证明 SiO_2 的还原是分段进行的，像其他氧化物一样，从高价到低价再还原成 Si，该反应比 SiO_2 在高温下直接还原成 Si 的反应进行得更快。据有关文献报道：在电弧下，弧光温度高达 $6000℃$。沸点为 $2250℃$ 的 SiO_2，在高温的弧光区都可以挥发成蒸气。SiC、SiO_2 在电弧下变成气态，在上升过程中，在炉料孔隙中继续与固态 C、气态 SiO 等进行一系列反应。

其反应式如下：

①	$SiO_2 + 3C \longrightarrow SiC + 2CO$	(10-20)
②	$2SiO_2 + SiC \longrightarrow 3SiO + CO$	(10-21)
③	$SiO_2 + SiC \longrightarrow 3Si + 2CO$	(10-22)
④	$3SiO_2 + 2SiC \longrightarrow Si + 4SiO + 2CO$	(10-23)
⑤	$SiO + 2C \longrightarrow SiC + CO$	(10-24)
⑥	$SiO + CO \longrightarrow SiO_2 + C$	(10-25)
⑦	$3SiO + CO \longrightarrow 2SiO_2 + SiC$	(10-26)
⑧	$2SiO \longrightarrow Si + SiO_2$	(10-27)

少部分 SiO 离开炉料，逸出料面，在炉口与空气中的氧发生氧化反应（$2SiO + O_2 \longrightarrow 2SiO_2$）生成 SiO_2 超细粉尘，随烟气排出，经吸烟口收集，进入除尘器，净化后的气体排入大气，被除尘器捕集的粉尘，就是冷凝硅粉（每年产量约 220t）。

冶炼 75％硅铁时，形成冷凝硅粉的过程与冶炼工业硅基本相同。

（2）冷凝硅粉的化学成分　由于冷凝硅粉在高温、多相、多元素的复杂条件下形成，因此，冷凝硅粉玻璃体内不可避免地固溶和黏附着其他元素，在回收过程中也混杂了烟气中的炭粒。

冷凝硅粉的化学成分因电炉冶炼的硅铁品种和所用原料的不同而有所变化。

上海铁合金厂工业硅冷凝硅粉化学成分示于表 10-70、表 10-71 中。

表 10-70　工业硅冷凝硅粉化学成分　　　　　　　　　单位：％

成分	SiO_2	Al_2O_3	Fe_2O_3	MgO	CaO	SO_3	烧失量
含量	81.7~96.78	0.12~0.76	0.20~0.97	0.20~0.70	0.13~0.67	0.22~0.46	0.71~0.64
平均含量	93.4	0.5	0.6	0.7	0.4	0.4	3.6

表 10-71　75％硅铁冷凝硅粉化学成分　　　　　　　　　单位：％

成分	SiO_2	Al_2O_3	Fe_2O_3	CaO	MgO
含量	79	3.21	7.86	1.30	1.01

75％硅铁冷凝硅粉，经二级分离后化学成分示于表 10-72。

表 10-72　75％硅铁冷凝硅粉二级分离后化学成分　　　　　　单位：％

成分	SiO$_2$	Al$_2$O$_3$	Fe$_2$O$_3$	CaO	MgO	SO$_3$	K$_2$O	Na$_2$O
一级旋风	68.56	3.54	10.35	1.08	1.14	1.01	0.69	0.44
二级布袋	87.16	1.58	2.56	0.29	1.33	0.67	0.91	0.52

（3）冷凝硅粉的性质

① 外观。冷凝硅粉是灰色细粉末，具有优越的火山灰性能，颜色依其含碳的多少而有深有浅，其比表面积为 25m^2/g，堆积密度在 0.19～0.22g/cm^3，自然倾斜角＞38°～43°，不容易从容器中卸出，装袋以后，堆放时间稍长，冷凝硅粉就会压得密实，使堆积密度增加。冷凝硅粉真密度为 2.2g/cm^3。

硅粉的比电阻较高，当温度在 50～100℃变化时，其比电阻为 5.5×10^{11}～3.8×10^{12}Ω·cm。

② 冷凝硅粉粒度分布。工业冷凝硅粉的粒度分布示于表 10-73。

表 10-73　工业冷凝硅粉的粒度分布

粒度	0～0.3μm	0.3～0.5μm	0.5～0.7μm	0.7～1.0μm	1.0～5.0μm
分布	51.1％	20.4％	6.4％	4.8％	14.3％

我们从冷凝硅粉的扫描电镜照片中可以看到，冷凝硅粉为粒径 1μm 以下的微小颗粒，其表面力很大，在一般情况下，冷凝硅粉颗粒常团结在一起，自然倾角斜＞30°～43°。

3. 冷凝硅粉的回收与利用

（1）冷凝硅粉的捕集　硅铁电炉排出的含尘烟气，采用袋式收尘器捕集见图 10-56。

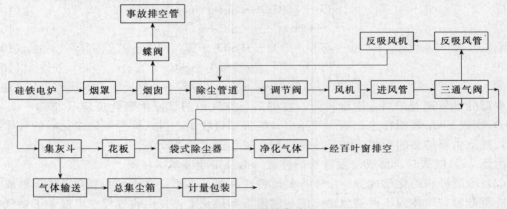

图 10-56　硅粉捕集流程

在一台 2700kW 工业硅电炉上，采用正压式反吸清灰玻璃纤维大布袋除尘器，1983 年投入运行，经过几年的生产实践，认识到硅铁电炉烟尘，具有以上物理性质，所以对袋式除尘器提出了更高的要求，回收冷凝硅粉的除尘器，除有一般袋式除尘器的要求外，必须满足以下要求。

① 滤袋的过滤风速应控制在 0.4m/(min·m^2)。

② 滤袋织物表面必须光洁。

③ 为使粉尘下降集中到灰斗中，清灰过程必须做到：

正常过滤（正压）──▶反吸清灰（负压）──▶领直落灰（正负零零）──▶正常过滤（正压）。

④ 滤袋内必须有支撑环，每隔 1 米 1 个，防止反吸时布袋吸瘪。

⑤ 吊挂滤袋采用链条，便于调节滤袋长短。

⑥ 要力求滤袋拆装方便，便于检查，更新。

（2）冷凝硅粉的利用

① 用作建筑材料，冷凝硅粉具有火山灰性能，混凝土中掺用冷凝硅粉，能降低砂浆水灰比，提高其和易性；用冷凝硅粉生产水泥，具有较高的耐酸性和很好的耐热性能；冷凝硅粉作为水泥掺合料用于建筑行业，和适量的超塑化剂可以配制高强混凝土。外掺冷凝硅粉和超塑化剂配制高强混凝土，具有以下特点：a. 可以采用市场供应材料即普通 525 号水泥，符合 300 号以上混凝土用材要求的砂、石和国产超塑化剂就可以配制坍落度为 10cm 左右的 $60N/mm^2$ 的高强混凝土，配制 $80N/mm^2$ 的混凝土，用材要求也不很严格，不需专门加工；

b. 掺冷凝硅粉配制高强混凝土，强度潜力很大，经挑选的粗骨料曾配制出抗压强度达到 $125N/mm^2$ 的超高强混凝土。

制作硅粉高强混凝土，水泥的用量大大低于普通高强混凝土。

用冷凝硅粉配制的高强混凝土，具有高强混凝土收缩值小，水化热低，混凝土抗拉强度高和抗渗、耐酸侵蚀、耐磨等性能好的特点。

② 冷凝硅粉应用于化工行业。某化工厂用冷凝硅粉生产水玻璃（泡花碱）其工艺如下。

$$Na_2CO_3 + nSiO_2 + mSiO_2 \xrightarrow[150℃]{加压} Na_2O(n+m)SiO_2 \tag{10-28}$$

该工艺生产的水玻璃，模数在四以上，达到国内先进水平。

③ 某钢铁总厂将冷凝硅粉用于高温喷涂，筑炉材料。

冷凝硅粉还可制作耐火浇注材料。某耐火材料厂用硅粉生产耐火浇注材料，这种耐火材料已用于上海宝钢。

④ 冷凝硅粉可代替炭黑，掺入硅粉的橡胶，具有较大的相对延长性，较好的抗裂性和耐磨性，同时使橡胶的绝缘性提高，吸水率降低。

⑤ 把 15% 的石灰石粉和 5% 的水玻璃加入到 85% 的硅粉中，经搅拌，加热压成 10mm 左右的小块，常温放置 40h，再将块料按 10% 配入硅铁生产的原料中，用通常的方法冶炼，所生产的硅铁质量较理想。

⑥ 生产液状冷凝硅粉　将冷凝硅粉、减水剂、水、稳定剂和填充剂混合，可制成液状冷凝硅粉，其生产工艺流程见图 10-57。

图 10-57　液状冷凝硅粉生产工艺流程

⑦ 生产粒状冷凝硅粉　先将冷凝硅粉和填充剂混合，进行喷雾处理，喷雾处理过程中加入减水剂和水，然后干燥，制成粒状冷凝硅粉，生产工艺流程见图 10-58。

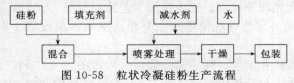

图 10-58　粒状冷凝硅粉生产流程

（3）主要设备　烟罩、管道，各种阀门，袋式除尘器，风机，输灰设备。

（4）工程运行情况及主要技术经济指标　该工程由 3 名除尘工进行日常管理操作，另有机修工人负责日常维修，每天回收冷凝硅粉 0.6t，收到较好的环境效益和经济效益。

4. 工程特点经验教训和建议

铁合金厂 2700kV·A 工业硅电炉除尘，原设计过滤风速为 0.6m/min，运行之初，阻力升高，清灰困难，后来把滤速逐步调小至 0.44m/min 才运行正常，滤袋内粉尘能正常清理、清灰后阻力可恢复，几年来运行正常。

(1) 电炉烟罩是捕集烟气的主要设备，有条件的电炉建议可改为矮烟罩，有利于烟气捕集。

(2) 采用矮烟罩后，烟气温度升高，可采用余热锅炉降温。

(3) 为了提高冷凝硅粉的品质，可采用二级分离，除去一部分杂质，提高 SiO_2 含量。

(4) 冷凝硅粉可采用压密包装，或造粒包装，便于运输。

第五节 垃圾焚烧烟气净化技术

垃圾焚烧是一种对城市生活垃圾进行高温热化学处理的技术。将生活垃圾作为固态燃料送入炉膛内燃烧，在 800～1000℃ 的高温条件下，城市生活垃圾中的可燃组分与空气中的氧进行剧烈的化学反应，释放出热量并转化为高温的燃烧气体和少量的性质稳定的固体残渣。当生活垃圾有足够的热值时，生活垃圾能靠自身的能量维持自燃，而不用提供辅助燃料，垃圾燃烧产生的高温燃烧气体可作为热能回收利用，性质稳定的残渣可直接填埋处理，经过焚烧处理，垃圾中的细菌、病毒等能被彻底消灭，各种恶臭气体得到高温分解，烟气中的有害气体经处理达标后排放。因此，可以说焚烧处理是实现城市生活垃圾无害化、减量化和资源化的最有效的手段之一。

城市生活垃圾焚烧技术发展至今已有 100 余年的历史，最早出现的焚烧装置是 1874 年和 1885 年，分别建于英国和美国的间歇式固定床垃圾焚烧炉。目前我国许多大中型城市由于很难找到合适的场址新建生活垃圾填埋场已纷纷建设城市生活垃圾焚烧厂。城市生活垃圾焚烧技术成为近年来解决垃圾出路问题的新趋势和新热点。

城市生活垃圾焚烧烟气主要成分为 CO_2、N_2、O_2、水蒸气等及部分有害物质，如 HCl、HF、SO_2、NO_x、CO、重金属（Pb、Hg）和二噁英等。为了避免因城市生活垃圾焚烧对环境产生的二次污染，一般要求对垃圾焚烧烟气净化处理后才能向大气中进行排放。随着人类对环保要求的日益提高、环保科技的日益发展，城市生活垃圾焚烧烟气净化处理技术也随着发展和升级。生活垃圾焚烧炉烟气净化处理技术有许多种，按烟气净化处理系统中是否有废水排出，可分为湿法、半干法和干法等。每种工艺都有多种组合形式，且各有优缺点。

一、湿法净化技术

城市生活垃圾焚烧烟气湿法净化处理工艺有多种组合形式，且各有特点。总的来说，湿法净化处理工艺具有污染物去除效率高、可以满足严格的排放标准，一次投资高，运行费用高，存在后续废水净化处理等特点。代表性的工艺流程如图 10-59 所示。

工艺流程组合形式为预处理洗涤塔＋文丘里洗涤塔＋吸收塔＋电滤器。净化过程大致如下。

(1) 预处理洗涤器具有除尘、除去部分酸性气体污染物（如 HCl、HF 等）和降温的功能，粒度大的颗粒物在该单元得以净化，含有 $Ca(OH)_2$ 的吸收液循环使用，并定期排放至废水处理设备经水力旋流器浓缩后进行处理，同时加入新鲜的 $Ca(OH)_2$。

(2) 烟气经过处理后，进入文丘里洗涤器，较细小的颗粒物在此单元内得以净化，并进一步去除其他污染物，文丘里洗涤器的吸收液可循环使用；

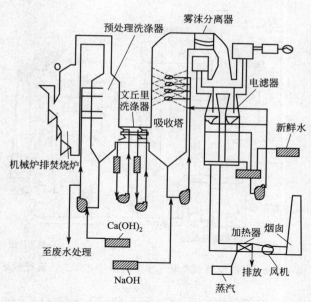

图 10-59 生活垃圾焚烧烟气湿法净化处理工艺流程示意

（3）烟气经文丘里洗涤器时，在较低的温度下可使有机类污染物得以净化处理。

（4）从吸收塔排出的烟气经过雾沫分离器后进入电滤单元，使亚微米级的细小颗粒物和其他污染物再次得以高净化处理，电滤单元由高压电极和文丘里管组成，低温饱和烟气在文丘里喉管处加速，其中的颗粒物在高压电极作用下带负电荷，随后与扩张管口处的正电性水膜相遇而被捕获，电滤单元的洗涤液定期排放并补充新鲜水。该工艺可使烟气中的污染物得到较彻底的处理，烟气排放可达到较高的要求，但工艺复杂，投资和运行费较高。

二、半干法净化技术

城市生活垃圾焚烧烟气半干法净化处理工艺也有多种组合形式，并各有特点。半干法净化工艺的组合形式一般为喷雾干燥吸收塔＋除尘器。吸收剂为石灰、石灰经粉磨后形成粉末状并加入一定量的水形成石灰浆液，以喷雾的形式在半干法净化反应器内完成对气体污染物的净化过程，浆液中的水分在高温作用下蒸发，残余物则以干态的形式从反应器底部排出。携带有大量颗粒污染物的烟气从反应器排出后进入静电除尘器，烟气从烟囱中排向大气。除尘器捕获的颗粒物以固态的形式排出，反应器底部排出的残留物可返回循环利用。代表性的工艺流程如图 10-60 所示。

由于袋式除尘器是利用过滤的方法完成颗粒物的净化过程，当烟气通过由颗粒物形成的滤层时，气态污染物仍能与滤层中未起反应的 $Ca(OH)_2$ 固体颗粒物发生化学反应而得到进一步净化。因此，在同等条件下，半干法净化工艺中的除尘器优先选用袋式除尘器。

至于半干法净化处理工艺反应塔中的化学反应，随着所加试剂的不同而有所区别，一般来说大致有以下几种可能的形式：

$$Ca(OH)_2 + 2HCl \longrightarrow CaCl_2 + 2H_2O \tag{10-29}$$

$$Ca(OH)_2 + SO_2 + \frac{1}{2}O_2 \longrightarrow CaSO_4 + H_2O \tag{10-30}$$

$$CaO + 2HCl \longrightarrow CaCl_2 + 2H_2O \tag{10-31}$$

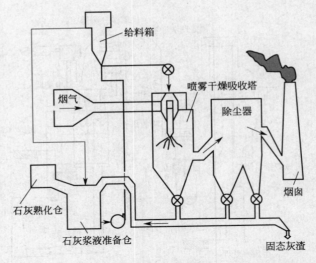

图 10-60　生活垃圾焚烧烟气半干法净化处理工艺流程示意

$$CaO + SO_2 + \frac{1}{2}O_2 \longrightarrow CaSO_4 + H_2O \tag{10-32}$$

$$CaMg(CO_3)_2 + 4HCl \longrightarrow CaCl_2 + MgCl_2 + 2H_2O + 2CO_2 \tag{10-33}$$

$$CaMg(CO_3)_2 + 2SO_2 \longrightarrow CaSO_3 + MgCO_3 + 2CO_2 \tag{10-34}$$

$$CaSO_3 + MgSO_3 + O_2 \longrightarrow CaSO_4 + MgSO_4 \tag{10-35}$$

三、干法净化技术

（一）工艺流程

城市生活垃圾焚烧烟气干法净化处理工艺与湿法和半干法一样也有多种组合形式。代表性的工艺流程如图 10-61 所示。

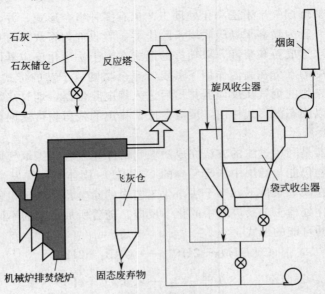

图 10-61　生活垃圾焚烧烟气干法净化处理工艺流程示意

干法净化处理工艺的组合为干法吸收反应器＋除尘器，其工艺流程的特点是烟气从焚烧炉的余热锅炉中出来后直接进入干法吸收反应塔，与 $Ca(OH)_2$ 粉末发生化学反应，从反应器中排出的气固两相混合物经旋风除尘器除尘后进入高效除尘器除去烟气中的有害颗粒污染物，净化后的烟气经烟囱排向大气，收尘器捕获的产物部分以固态废弃物的形式排出，部分未反应完全的试剂可循环使用，以节约吸收剂。

（二）工程实例

应用垃圾焚烧发电技术，不但找到了处理垃圾的办法，而且是能源有效利用的途径。某火力发电厂垃圾焚烧发电技术改造工程，其锅炉后置设备为 JPC512-6 型低压长袋脉冲袋式除尘器。

1. 主要烟气参数

该火力发电厂垃圾焚烧发电技术改造工程设计为日处理 600t/d 生活垃圾。由于生活垃圾为低热值物质，且水分较大，在焚烧垃圾时还要加入部分煤以提高热效，在焚烧的过程中，产生粉尘及有害气体，有害气体的成分主要为 SO_2、HCl 等酸性气体。

（1）垃圾焚烧炉进流化床反应塔前的主要烟气参数见表 10-74。

表 10-74　进入前主要烟气参数

序号	名称	数值	序号	名称	数值
1	烟气温度/℃	175	6	HCl 含量/[mg/m³(标)]	799.4
2	最高温度/℃	190	7	SO₂ 含量/[mg/m³(标)]	902
3	烟气压力/Pa	−7000	8	H₂O(气)含量/[mg/m³(标)]	90459
4	烟气量/[m³(标)/h]	99100	9	O₂ 含量/[mg/m³(标)]	84740
5	含尘量/[g/m³(标)]	59.4			

（2）经过流化床反应塔、低阻分离器后进入袋式除尘器的主要烟气参数见表 10-75。

表 10-75　进入后主要烟气参数

序号	名称	数值	序号	名称	数值
1	烟气温度/℃	135	5	HCl 含量/(mg/m³)	380
2	最高温度/℃	140	6	SO₂ 含量/(mg/m³)	3295
3	烟气压力/Pa	−9000	7	H₂O(气)含量/(mg/m³)	105586
4	烟气量/(m³/h)	105000	8	O₂ 含量/(mg/m³)	86180

（3）含尘气体经过袋式除尘器后最终粉尘排放要求小于 $50mg/m^3$。

2. 工艺流程

从垃圾焚烧炉内出来的烟气，从循环流化床脱硫塔的底部进入脱硫塔中脱除掉大部分 SO_2、HCl 等酸性气体，由脱硫塔的顶部排出，经低阻分离器脱除 $50\% \sim 70\%$ 的粗颗粒后，进入袋式除尘器，经袋式除尘器处理后的干净气体经过引风机排出烟囱（见图 10-62）。

因为系统温度过高或过低都会对滤袋产生不良影响，所以设置了旁路烟道对除尘器滤袋进行保护，以防止温度过高时烧坏袋子，降低寿命，温度过低时气体结露糊住滤袋，造成阻力急剧上升，影响系统通风。

3. 袋式除尘器性能参数

袋式除尘器性能参数见表 10-76。

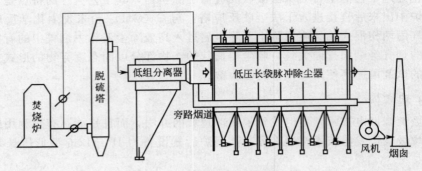

图 10-62　垃圾焚烧发电工艺流程

表 10-76　袋式除尘器性能参数

设备	项目	参数	设备	项目	参数
低压长袋脉冲喷吹除尘器	设备规格	JPC512-6	低压长袋脉冲喷吹除尘器	脉冲阀数量/个	78
	处理风量/(m³/h)	<150000		入口浓度/[g/m³(标)]	<500
	过滤面积/m²	72		出口排放/[mg/m³(标)]	<50
	滤袋规格/mm	φ30×6000		清灰压力/MPa	0.25～0.40
	过滤风速/(m/min)	0.82		设备阻力/Pa	<1500
	滤袋材质	玻纤覆膜＋防酸处理		壳体负压/Pa	−9000
	脉冲阀规格　淹没式	3″			

4. 产品结构特点

JPC512-6 低压长袋脉冲除尘器采用的是在线清灰、离线检修方式。进气方式为水平进气、水平出气，中间为斜隔板将过滤室与净气室分开。

为了适应系统中气体含尘浓度高的特点，设计时，在各个袋室增加了一个挡板，一方面防止含尘气体直接冲刷滤袋，另一方面气体中较大的粉尘颗粒由于碰撞而改变方向，可以直接落入灰斗内部。在灰斗内部为了防止积灰和板结，除了灰斗的倾角设计增大外，还在灰斗的外壁敷设了加热电缆，使灰斗始终处于较高的温度，另外还在灰斗侧面设计了振动电机，也是为了防止积灰和板结。

为了防止设备漏风引起结露，整个除尘器的灰斗全部采用尖灰斗，先对每个灰斗进行锁风，然后由拉链机输灰，有效地保证了锁风效果与输灰的顺畅。另外，对灰斗中的灰量采用自动控制方式，即用高低料位计给控制柜提供信号以决定放灰多少，从高料位始，到低料位止，既防止存灰过多，又能利用灰来密封，起到锁风的目的。

为了防止在锅炉点燃时温度过低而发生结露现象，在除尘器的前部设计了热风循环系统，在除尘器开机之前对整个除尘器进行预加热，防止通烟气时由于除尘器内的温度过低而发生结露，影响滤袋的使用效果及寿命。

四、医疗废物焚烧烟气净化

1. 焚烧工艺

医疗废物是指《国家危险废物品录》所列的 HW01、HW03 类废物，包括在对人和动物诊断、化验、处置、疾病防止等医疗活动和研究过程中产生的固态或液态废物。医疗废物携带病菌和恶臭，危害性更大，除了焚烧外，还应采取高压灭菌、化学处理、微波辐射等多种无害化处理措施。医疗垃圾的焚烧工艺以热解焚烧为主，也可采用回转窑式焚烧炉。影响医疗废物焚烧的主要因素有停留时间；燃烧温度和湍流度，被称为"三T"要素，即 Time、

Temperature、Turbulence。

（1）**热解焚烧** 热解焚烧炉属于二段焚烧炉，第一段废物热解、第二段热解产物燃烧，有分体式，也有竖式炉式。先将废物在缺氧和 $600\sim800℃$ 温度条件下进行热解，使其可燃物质分解为短链的有机废气和小分子量的烃类化合物，主要热解产物为 C、CO、H_2、C_nH_{2n}、C_nH_{2n+1}、HCl、SO_x 等，其中含有多种可燃气体。废物烧成灰渣，由卸排灰机构排入灰渣坑。热解尾气引入二燃室，在富氧和 $800\sim1100℃$ 高温条件下完全燃烧，确保尾气在此段逗留时间 2s 以上，使炭粒、恶臭彻底烧尽，二噁英高度分解。热解焚烧炉的燃烧原理和工艺设计具有独创性：炉体为中空结构，预热空气或供应热水，回收余热；利用医疗废物热解产生的可燃气体进行二段燃烧，除在点火时需用少量燃油外，焚烧过程基本上不用任何燃料；对进炉废物无需进行剪切破碎等预处理。这些都是其他类型焚烧炉无与伦比的。

（2）**回转焚烧** 回转式焚烧炉来源于水泥工业回转室设计，但在尾部增设二次燃烧室，所以也属二段焚烧炉。废物进入回转窑，借助一次燃烧器和一次风，在富氧和 $900\sim1000℃$ 温度条件下，在连续回转湍动状态实现干燥、焚烧、烧尽，灰渣由窑尾排出。未燃尽的尾气进入二次燃烧室，借助二次燃烧器和二次风，在富氧和 $900\sim1000℃$ 温度条件下安全燃烧，确保尾气逗留时间 2s 以上，使炭粒、CO 彻底烧尽，二噁英高度分解，并抑制 NO_x 的合成。

回转焚烧炉最突出的优点：焚烧过程中物料处在不断地翻滚搅拌的运动状态，与热空气混合均匀，湍流度好，干燥、燃烧效率高，并且不会产生死角，对废物的适应性广。回转焚烧炉的缺点是占地面积较大，一次投资较高，另外对保温及密封有特殊要求，运行能耗较高，适宜用于 20t/d 以上的较大规模有毒废物焚烧。

2. 焚烧污染源及其处理工艺

医用废物焚烧烟气的污染物，就其大类包括颗粒物、酸性气体、有机氯化物和重金属，与生活垃圾焚烧烟气基本相同，只是成分更为复杂，二噁英的含量相对较高，重金属的种类相对更多，毒性及其危害性更为严重。

医用废物焚烧烟气中各种污染物的治理技术及其处理工艺流程也与生活垃圾焚烧烟气基本相同，几乎都采用以袋式除尘器为主体的干法、半干法多组分综合处理工艺。

3. 医疗垃圾焚烧炉尾气净化实例

医疗垃圾焚烧炉尾气成分取决于废物成分和燃烧条件。根据医疗废物的种类，本设计按焚烧炉尾气的污染成分包括粉尘、HCl、NO_x、SO_x、CO 和二噁英来设计。目前对于医疗垃圾焚烧炉尾气治理采取的工艺方案主要有湿法、半干法和干法。本方案采用干法去除有害气体工艺。

（1）**工艺流程** 该流程"综合反应塔＋袋式除尘"尾气治理工艺。这是国外医疗垃圾焚烧处理采用最多的除有害气体工艺；该工艺是用高压空气将消石灰、反应助剂和活性炭直接喷入综合反应器内，使药剂与废气中的有害气体充分接触和反应，达到除去有害气体的目的。为了提高干法对难以去除的一些污染物质的去除效率，反应助剂和活性炭随消石灰一起喷入，可以有效地吸收二噁英和重金属。综合反应塔与袋式除尘器组合工艺是各种垃圾焚烧厂尾气处理中常用的方法。优点为设备简单、管理维护容易、运行可靠性高、投资省、药剂计量准确、输送管线不易堵塞等。

综合考虑设备投资、运行成本以及操作的可靠程度，为确保医疗卫生废物焚烧排放的烟气中含有的各种污染物能达到《危险废物焚烧污染控制标准》（GB 8484—2001），干法反应塔＋袋式除尘器的烟气净化系统是较为先进的。

综合反应塔＋袋式除尘烟气净化系统工艺流程如图 10-63 所示。

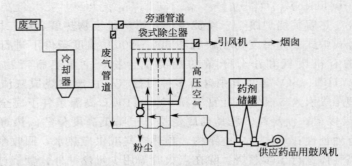

图 10-63　综合反应塔＋袋式除尘烟气净化系统工艺流程

（2）袋式除尘器的作用　袋式除尘器作用是用来除去废气中的粉尘等浮游物质的装置，但用于医疗垃圾焚烧炉后的袋式除尘器，由于在气体中加入反应药剂和吸附剂，废气中的有害气体被反应吸附，然后通过袋式除尘器过滤而除去。关于利用袋式除尘器除去有害物质的机理如下。

废气中的粉尘是通过滤袋的过滤而被除去的。首先是由粉尘在滤袋表面形成一次吸附层，随着吸附层的形成，废气中的粉尘在通过滤袋和吸附层时被除去；考虑到运行的可靠性，一次；吸附层的粉尘量大致为 $100g/m^2$。

一般医疗垃圾焚烧炉的袋式除尘器过滤风速为 $1.0m/min$ 以下。医疗垃圾焚烧炉废气中的重金属种类如表 10-77 所列，基本上可被袋式除尘器所除去，汞（Hg）的去除率略低些，这是由于汞的化合物作为蒸气存在的原因。

表 10-77　垃圾焚烧炉烟气重金属含量及去除率

重金属	除尘器入口 /(g/m^3)	除尘器出口 /(g/m^3)	去除率 /%	重金属	除尘器入口 /(g/m^3)	除尘器出口 /(g/m^3)	去除率 /%
汞(Hg)	0.04	0.008	80	锌(Zn)	44	0.032	99.9
铜(Cu)	22	0.064	99.7	铁(Fe)	18	0.23	98.7
铅(Pb)	44	0.064	99.8	镉(Cd)	0.55	0.032	94.1
铬(Cr)	0.95	0.064	93.2				

袋式除尘器不单单是用来解决除尘问题，而作为气体反应器，用以处理工业废气中的有害物质；我国 2001 年开始实施的《危险废弃物焚烧污染控制标准》（GB 18484—2001）规定：焚烧炉的除尘装置必须采用袋式除尘器，同时袋式除尘器也就起着反应器作用。

袋式除尘器的"心脏"是滤袋，国外采用的主要是玻璃纤维与 PTFE 混纺滤料。为提高其可靠性，袋式除尘器的滤袋可以选用 P84 耐高温针刺毡或玻璃纤维与 PTFE 混纺滤料；这种滤料比单一的玻璃纤维针刺毡、PPS 滤料在耐酸、耐碱和抗水解性上更为可靠；使用温度可达到 240℃以上。

医疗垃圾焚烧炉尾气经除尘后，通过引风机排入大气。引风机的工作由炉膛的压力反馈信号控制，当炉膛内的负压小于$-3mmH_2O$ 时，引风机转速提高，使系统中的负压维持在一定水平之上；当炉膛内的负压过高时，引风机转速降低，以避免不必要的动力消耗。烟气经过上述净化系统处理后可确保达标排放。

对于 $1t/h$ 的焚烧炉，袋式除尘器采用 LPPW4-75 型，过滤面积 $300m^2$，过滤风速 $0.8m/min$ 以下，系统阻力为 $1000\sim1200Pa$，脉冲阀采用澳大利亚 GOYEN 公司进口产品，保证使用寿命 5 年以上；配置无油空气压缩机及相应的配件、PLC 控制仪等。

（3）控制系统　为了提高危险废物焚烧的自动化水平，有效地控制废物焚烧的全过程，最终达到废物的完全焚烧、安全正常生产的目的，整个焚烧系统采用集散型计算机控制系统。由中央控制室进行系统集中控制管理，并通过专用计算机形成控制器，对计量、车辆、燃烧等子系统进行分散控制，控制分散全场的不稳定性。从而提高整个系统的可靠性，同时也通过功能分散改善整个系统的可维护和扩展性。各焚烧设备和烟气处理装置进口、出口，均有温度、废气成分自动检测和反馈、负压检测、显示；燃烧器开、停信号显示；各种风机泵开、停信号显示；各类报警等。

（4）医疗垃圾焚烧炉尾气处理脉冲袋式除尘器技术参数见表 10-78。

（5）技术性能指标　a. 排放尾气中二噁英浓度＜0.1n-TEQ/Mm^3；b. 尾气中粉尘浓度＜0.01g/m^3；c. 尾气中氯化氢浓度＜0.032g/m^3；d. 尾气中二氧化硫浓度＜0.114g/m^3；e. 排放尾气中氮氧化物浓度＜0.072g/m^3；f. 排放尾气中水银浓度＜0.01g/m^3；g. 排放尾气中镉浓度＜0.01g/m^3；h. 排放尾气中铅浓度＜0.01g/m^3。

表 10-78　医疗垃圾焚烧炉尾气处理袋式除尘器技术参数

序号	项目	性能参数	其他要求	备 注
1	除尘器型号规格	LPPW4-75	高温型	
2	除尘介质			医疗垃圾用
3	废气温度/℃	160～200		
4	数量/台	1		
5	含尘浓度/(mg/m^3)	除尘器入口	2000	
		除尘器出口	＜20	国家标准为80
6	除尘器阻力/Pa	1500～1700		
7	除尘器室数/室	4		
8	过滤风速/(m/min)	＜0.8		
9	过滤面积/m^2	300		
10	最大处理风量/(m^3/h)	15000		
11	除尘器耐压/Pa	−6000		
12	脉冲喷吹压力/MPa	0.5～0.7		
13	脉冲耗气量/(m^3/min)	0.22		

五、垃圾焚烧烟气净化新技术

以机械炉排垃圾焚烧炉为代表的传统垃圾焚烧法焚烧垃圾所产生的垃圾焚烧灰渣和烟气中均含有一定量的二噁英，且这些二噁英很难处理。为了能从根本上较彻底地扼制垃圾焚烧过程中二噁英的产生，开发了二噁英零排放城市生活垃圾气化熔融焚烧技术，并开始推广应用，与此相适应的垃圾焚烧烟气净化处理技术与传统的相比有所变化，整个工艺流程是在干法处理工艺的基础上改造演变而来，与传统的湿法和半干法工艺相比大为简化。

1. 烟气急冷技术

城市生活垃圾气化熔融焚烧技术由于在焚烧中喷入了固硫、固氯剂，大部分硫和氯与添加剂反应形成稳定的化合物进入熔融渣中。由于炉内焚烧温度高，垃圾中原有的二噁英已被分解，高温熔融焚烧炉中的熔融渣和焚烧烟气也很难重新合成二噁英，故从焚烧炉排出的高温烟气中二噁英的含量几乎为零。根据二噁英的形成机理可知，焚烧烟气在含有 HCl、二噁英前体物、O_2、$CuCl_2$ 和 $FeCl_3$ 粉体等物质并在适宜温度（400℃左右）的条件下极易形成二噁英。为了扼制焚烧烟气在烟气净化过程中二噁英的再合成，一般采用控制烟气温度办法。通常是当具有一定温度（此时温度保持不低于500℃为宜）的焚烧烟气从余热锅炉中排出后采用急冷技术使烟气在 0.2s 以内急速冷却至 200℃以下（通常为 100℃左右），从而跃过二噁英易形成的温度区。与此相配套的设备为急冷塔。急冷塔的结构形式很多，通常为圆筒状水喷射冷却式，其结构示意如图 10-64 所示。

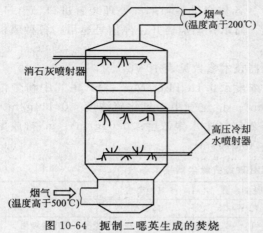

图 10-64　扼制二噁英生成的焚烧
烟气急冷塔结构示意

2. 活性炭喷射吸附技术

活性炭具有极大的比表面积和极强的吸附能力等优点。即使是少量的活性炭，只要与烟气均匀混合和充分接触，就能达到很高的吸附净化效率。近年来，随着环保标准的日益严格，为确保 Hg 等重金属和二噁英的零排放化（极低的排放标准），城市生活垃圾焚烧厂烟气处理净化系统中常常采用活性炭喷射吸附的辅助净化技术。目前有两种常用方法：一是在袋式除尘器之前的管道内喷射入活性炭，使烟气进入袋式除尘器之前就能与活性炭充分混合和接触，将烟气中的有害物吸附掉，进入除尘器内与其他未被吸附的固态颗粒物一道被除尘器所捕获；

另一种则是在烟囱之前附设活性炭吸附塔，对烟气中的有害物质进行进一步的吸附净化处理。两种烟气净化工艺流程分别如图 10-65 和图 10-66 所示。

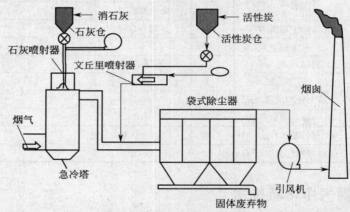

图 10-65　袋式除尘器前管道喷射活性炭吸附烟气净化工艺流程示意

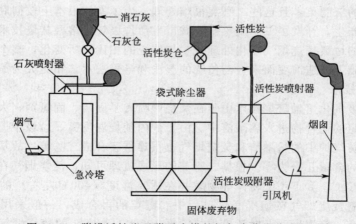

图 10-66　附设活性炭吸附反应塔的烟气净化工艺流程示意

参 考 文 献

[1] 王纯，张殿印. 废气处理工程技术手册. 北京：化学工业出版社，2013.

[2] 许居鹓. 机械工业采暖通风与空调设计手册. 上海：同济大学出版社，2007.

[3] 左其武，张殿印. 锅炉除尘技术. 北京：化学工业出版社，2010.

[4] 嵇敬文，陈安琪编著. 锅炉烟气袋式除尘技术. 北京：中国电力出版社，2006.

[5] ［美］P. N. 切雷米西诺夫，R. A 扬格主编. 大气污染控制设计手册. 胡文龙，李大志译. 北京：化学工业出版社，1991.

[6] 《工业锅炉房常用设备手册》编写组. 工业锅炉房常用设备手册. 北京：机械工业出版社，1995.

[7] 黄翔. 纺织空调除尘技术手册. 北京：中国纺织出版社，2003.

[8] 汪苹，宋云. 造纸工业节能减排技术指南. 北京：化学工业出版社，2009.

[9] 王绍文，杨景玲，赵锐锐，王海涛. 冶金工业节能减排技术指南. 北京：化学工业出版社，2009.

[10] 张殿印，王纯. 除尘器手册. 北京：化学工业出版社，2005.

[11] 吴善淦. 垃圾焚烧炉用袋式除尘器应注意的问题. 袋式除尘工程技术论坛/讲座文集（第七期），2011.

[12] 陈隆枢，陶辉. 袋式除尘技术手册. 北京：机械工业出版社，2010.

[13] 黎在时. 电除尘器的选型安装与运行管理. 北京：中国电力出版社，2005.

[14] 张朝辉，等. 冶金资源综合利用. 北京：冶金工业出版社，2011.

[15] 杨飏. 烟气脱硫脱硝净化工程技术与设备. 北京：化学工业出版社，2013.

[16] 锅炉房实用设计手册编写组. 锅炉房实用设计手册. 北京：机械工业出版社，2001.

江苏金通灵流体机械科技股份有限公司
Jiang Su Jin Tong Ling Fluid Machinery Technology Co., Ltd

　　江苏金通灵流体机械科技股份有限公司是一家在深交所创业板上市的国家高新技术企业（股票代码300091）。公司坚持走技术创新道路，与中科院热物理所、西安交通大学、美国ETI公司等国内外知名科研院所开展合作，建立了省级工程技术中心，拥有多项授权和发明专利。

　　公司多年来一直专注于流体机械领域，主要产品有高效离心空气压缩机、离心蒸汽压缩机、二氧化碳压缩机、制冷压缩机、单级高速离心鼓风机、新型蒸汽轮机、多级高压离心鼓风机、大型工业鼓风机等，广泛应用于钢铁冶炼、火力发电、新型干法水泥、石油化工、污水处理、医药、食品发酵、MVR、纺织化纤、制药、船舶及核电等领域。

■ 钢厂转炉煤气鼓风机

■ 大型工业除尘风机

■ 焦炉煤气鼓风机

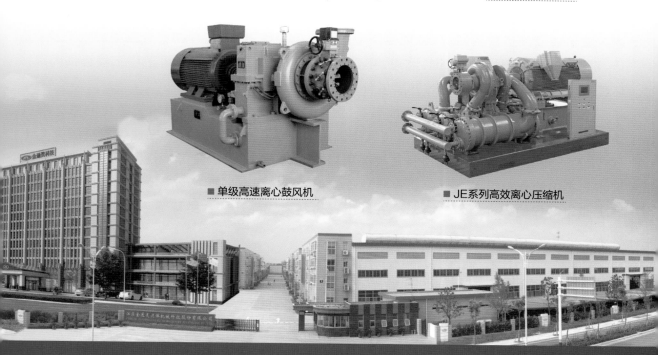

■ 单级高速离心鼓风机　　　　　　　　■ JE系列高效离心压缩机

▶ 地址：江苏省南通市钟秀东路666号　　　▶ E-mail：jtlf@vip.sina.com
▶ 电话：0513-85198517/85198492　　　　▶ 网址：www.jtlfans.com
▶ 传真：0513-85198519

中冶建筑研究总院有限公司

中冶建筑研究总院有限公司（简称"中冶建研院"），其前身是始建于 1955 年的原冶金工业部建筑研究总院。是我国环境保护、土木建筑以及工程材料领域的大型综合性科研机构，也是我国最早从事工业环境保护与污染防治技术研究与应用的科研院所和国务院首批授予具有环境工程硕士研究生培养资格的科研单位。是国家唯一的"工业环境保护国家工程研究中心"和"钢铁工业污染防治国家工程技术中心"的依托单位。2000 年，中冶建研院为适应国家科研体制改革的要求，改制为公司制企业。经过近 60 年的建设，公司已经发展成为集技术与装备研发、工程设计与 EPC 总承包、项目投资运营管理、技术服务为一体的高新技术企业，现隶属于世界 500 强——中国冶金科工集团有限公司。

中冶建研工程技术有限公司是中冶建研院专业从事技术与装备研发、技术服务与人才培养、工程设计与项目 EPC 总承包、设备制造与成套、环保设施投资运营业务的全资子公司，沿承中冶建研院在环境保护领域的所有商誉和无形资产，注册商标"中冶环保"；是能够向社会提供整体环境解决方案的环保科技型企业和向社会提供综合环境服务的运营商。

公司持有环境工程（水污染防治、大气污染防治、固废处理处置、物理污染防治）4 项甲级设计资质；建筑行业建筑工程甲级、市政行业（排水工程、环境卫生工程）甲级设计资质；工业废水甲级、除尘脱硫甲级、工业固废甲级、生活污水乙级——四项环境污染治理设施运营资质；建设项目环境影响评价甲级资质；工程勘察专业类岩土工程（设计、勘察、测试监测检测、咨询、监理）甲级资质；建筑、生态建设和环境工程工程咨询丙级；环境监测计量认证合格证书等开展多种环境服务的资质证书。

公司通过自主研发、技术集成与持续创新，在节水、污水处理与资源化利用、烟气净化与噪声治理、固体废物处理与资源化利用等环境保护领域承担和完成了包括国家"十五"、"十一五"、"十二五"科技攻关项目在内的 66 项科研任务，获得了包括国家科技进步奖在内的省部级以上科研成果奖励 34 项，获中国专利授权 66 项，开发出众多具有自主知识产权的先进技术与装备，并利用上述科研成果实施各类环保项目近 200 项，实现了产业化。

自主研发的多流向强化澄清器

焦化煤化工生产废水深度处理与资源化利用技术

主要技术专利、专长涵盖：钢铁企业全厂污水处理与资源化利用技术，焦化／煤化工生产废水深度处理与资源化利用技术，大型钢铁联合企业节水减排集成技术，市政污水处理技术，烧结烟气同时脱硫脱硝协同控制技术，新型脉冲袋式除尘技术与装备，塑烧板除尘技术与装备，变风量除尘系统节能技术，转炉煤气干法净化回收技术及成套设备，钢渣有压热闷自解技术，钢渣中金属回收工艺技术，低能耗钢渣粉磨生产工艺，钢铁渣粉作混凝土掺合料技术等。

近年来，公司利用自有知识产权技术优势，采用 BOO、BPO 模式与我国多个钢铁联合企业合作推进环境服务业，服务领域涵盖了钢铁生产流程中的烟气净化、矿渣、钢渣处理与资源化利用、污水处理与资源化利用及企业节水与供水安全等多个领域，在发挥环境效益的同时，也为合作各方也带来了可观的经济效益。

未来，公司将坚持走科学发展与自主创新道路，为改善我国环境质量，促进绿色经济与可持续发展做出更大贡献。

烧结烟气同时脱硫脱硝协同控制技术

新型脉冲袋式除尘技术与装备

变风量除尘系统节能技术

钢渣辊压破碎－自压热闷处理技术与装备

钢渣中金属回收工艺技术

中冶环保

地址：北京市海淀区西土城路 33 号　　邮编：100088

电话：010-82227600　　　　传真：010-82227657

网址：http://www.mcczyhb.cn

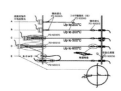

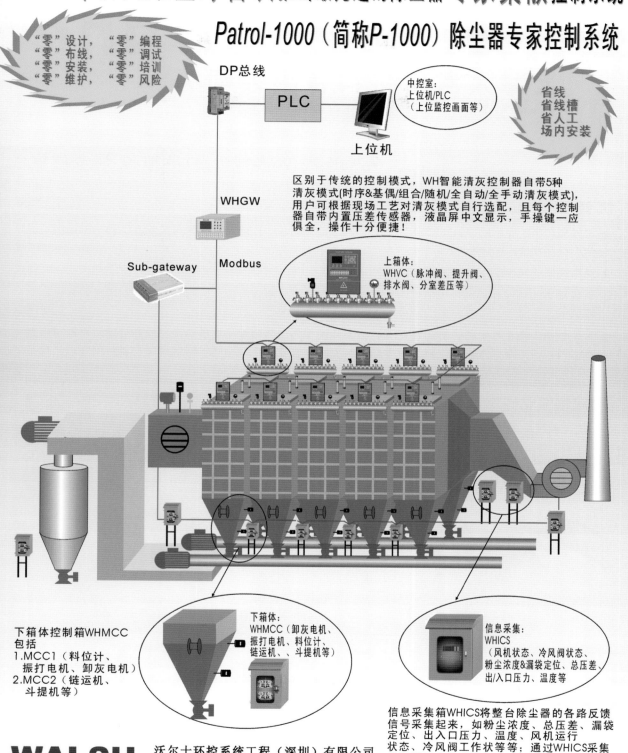

2006年沃尔士在全球首次推出最先进的除尘器专家集散控制系统

Patrol-1000（简称P-1000）除尘器专家控制系统

"零"设计，"零"编程
"零"布线，"零"调试
"零"安装，"零"培训
"零"维护，"零"风险

省线
省线槽
省人工
场内安装

DP总线

PLC

中控室：
上位机/PLC
（上位监控画面等）

上位机

WHGW

Sub-gateway

Modbus

区别于传统的控制模式，WH智能清灰控制器自带5种
清灰模式(时序&基偶/组合/随机/全自动/全手动清灰模式)，
用户可根据现场工艺对清灰模式自行选配，且每个控制
器自带内置压差传感器，液晶屏中文显示，手操键一应
俱全，操作十分便捷！

上箱体：
WHVC（脉冲阀、提升阀、
排水阀、分室差压等）

下箱体控制箱WHMCC
包括
1.MCC1（料位计、
振打电机、卸灰电机）
2.MCC2（链运机、
斗提机等）

下箱体：
WHMCC（卸灰电机、
振打电机、料位计、
链运机、斗提机等）

信息采集：
WHICS
（风机状态、冷风阀状态、
粉尘浓度&漏袋定位、总压差、
出/入口压力、温度等）

信息采集箱WHICS将整台除尘器的各路反馈
信号采集起来，如粉尘浓度、总压差、漏袋
定位、出入口压力、温度、风机运行
状态、冷风阀工作状态等等；通过WHICS采集
并发送至上位系统

WALSH

沃尔士环控系统工程（深圳）有限公司
Walsh Environment Protection Engineering(Shenzhen)Co.,Ltd
Walsh Loop Control Engineering(Shenzhen)Co.,Ltd

地址：深圳市南山区侨香路4068号智慧广场A座1802
电话：0755-25627688　　传真：0755-25628784
电邮：info@walsh.com.cn

Http://www.walsh.com.cn

PTFE Membrane

上海大宫新材料有限公司
Shanghai Da Gong New Materials Co.,Ltd

卓越品质　优化创新　行业前列　服务诚信

优势体现

★ 可捕集粒径0.3μm以下的超细粉尘；开孔率85%～93%；孔径分布均匀可控制在0.05～3μm内；优异的过滤效率（99.99%以上）。

★ 可实现低于10mg/m³的排放标准。

★ 可根据不同行业处理的粉尘及工况特点提供相应孔径的覆膜滤料，以做到量体裁衣实现对粉尘的高效截留。

★ 在正常使用情况下运行，可实现36个月以上的使用寿命并根据用户的维护经验和管理水平而得到延长。经过多年在实际工况中的应用表明，以脉冲清灰方式运行的除尘器设备阻力会长期保持平稳且运行阻力很低。

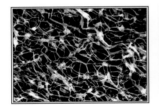
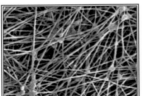
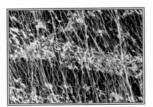
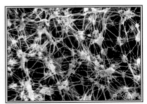

DAGONG-TEX® PTFE微孔膜电镜照片

PTFE覆膜滤料

PTFE覆膜滤袋

PTFE覆膜滤筒

　　上海大宫新材料有限公司成立于1995年，一直以来，公司致力于PTFE膜及PTFE覆膜滤料的研发和开发，并在行业内取得骄人业绩，已通过ISO9001:2008质量管理体系认证，获得UKAS认证证书。

　　公司产品主要分为四大类：气体过滤、液体过滤、精密过滤和高效过滤，已分别应用于水泥、电厂、冶金、颜料、染料、化工、建材、机械、食品等行业。10000T/D级水泥生产线排放实现<10mg/m³。

上海大宫新材料有限公司

地址：中国.上海市青浦工业园区新达路836号　邮编：201700　电话：(86)021-69213550　69213551
传真：(86)021-69210580　E_mail：dagong@dagong-tex.com　网站：www.dagong-tex.com

CATICO

北京柯林柯尔科技发展有限公司
Beijing Clean Air Technology Innovation Co., Ltd.

烧结板（塑烧板）除尘器 干法除尘技术革命性突破

除尘效率：99.999%　　　排放：＜1mg/m³

使用寿命：10年以上　　　抗静电、耐强湿、耐磨损、耐酸碱

　　北京柯林柯尔科技发展有限公司致力于烧结板（塑烧板）除尘设备及系统的研发、生产及销售。通过与德国禾鼎过滤技术有限公司的全面合作，以许可证方式在中国研发、生产及销售德国禾鼎过滤技术有限公司全系列专利产品烧结板除尘器，并使用HERDING® 商标。

　　烧结板除尘技术是近20多年来干法除尘技术革命性的突破，烧结板除尘器排放小于1mg/m³，使用寿命长达10年以上，耐强湿、耐磨损、耐酸碱、抗静电。经过20多年的不断创新、发展，烧结板除尘技术已广泛应用于化工、制药、冶金、电力、汽车、建材、采矿等诸多领域，取得了良好的运行效果及销售业绩。

　　秉承为用户提供最合适产品的理念，北京柯林柯尔科技发展有限公司与德国禾鼎过滤技术有限公司协同工作，共享数据库资源，从现场原始数据的测定、分析，产品的设计、制造、安装、调试到用户的培训与售后跟踪，为用户提供全方位服务。

应用领域：

化工行业	制药工业	食品工业	烟草工业
陶瓷工业	冶金工业	水泥工业	玻璃工业
塑料工业	采矿业	汽车制造	激光加工
超细粉体加工	静电粉末喷涂		

- 公司地址：北京市朝阳区酒仙桥路甲12号电子城科技大厦13层 1313号
- 邮编：100015
- 电话：010-64379288 64335498 64379202 64379212
- 传真：010-64379284
- email: sales@caticol.com
- http://www.caticol.com

- 工厂地址：燕郊经济开发区华隆工业园
  电话：010-61596359　传真：0316-3313153

- 上海办事处：
  电话：021-66751653　传真：021-66751654

佛山市南海区吉隆环保设备有限公司
Foshan nanhai jilong environment protection equipment Co.,Ltd

型号：HL-ZX5-800（扁袋脉冲除尘器）

型号：HL-ZX3-480（扁袋脉冲除尘器）

型号：HL-ZX2-320（扁袋脉冲除尘器）

型号：HL-ZX4-240（扁袋脉冲除尘器）

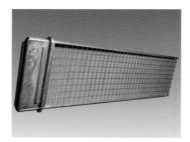

扁袋脉冲除尘器　配件笼架

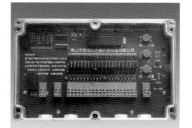

扁袋脉冲除尘器　自动喷吹控制仪

型号：HL-ZX1-40（扁袋脉冲除尘器）

型号：HL-ZX1-80（扁袋脉冲除尘器）

　　佛山市吉隆环保设备有限公司是专业生产销售扁袋脉冲除尘器。十多年从事环保设备机械行业，以制造环保设备机械为主，与国内环保科研设计单位和大型环境工程公司合作开发高科技环保设备机械，治理工业大气污染，改善生活工作环境。当今升级改造大环境下，吉隆环保凭着多年制造环保设备机械经验，以优质低价格理念，设计制造HL-ZX扁袋脉冲除尘器，扁袋脉冲除尘器系列。是一款国外引进高新技术的除尘器。HL-ZX扁袋脉冲除尘器体积小、过滤面积大、阻力少、全自动控制在线脉冲喷吹清灰，标准化设计，单元组合式安装，大大降低除尘器运输现场安装成本。处理后颗粒物排放浓度10mg/m³以下，达到国家要求高的地区排放标准。在除尘器生产工艺上采用数控设备加工，专用流水线设备、提高生产效率。扁袋笼架、脉冲控制仪、除尘器配件自行设计制造。价格比较优惠，可与各环境工程公司设备供货。适合冶炼，陶瓷，制鞋，家具制造业，食品医药，印刷，电子、饲料、皮革、化工、橡胶、塑料、研磨、铸造、锅炉、农业、水泥、表面处理各行业的粉尘烟气过滤处理设备。

电话：0757-86365139 86138939　　　传真：0757-86361769　　　E-mail：iv69@21cn.com
Http://fsjilong.com　　　厂址：佛山市季华东路石石肯四村西一工业区